JN176961

地域素材活用

生活工芸大百科

農文協 編

農文協

はじめに

30年ほど前に出会った諏訪市の高校の先生の話がいまでも記憶にのこっています。生糸の生産で知られた長野県諏訪市に生まれた彼の母親は，息子の大学入学に際して糸を紡いで黒く染め，布地に織って，彼の学生服を仕立ててくれたそうです。繭から糸を紡ぎ，絹糸で布に織りあげ，これを学生服に仕立てていく手間のかかる作業。その母親はすでに亡くなっていて，彼もすでに50代の後半と思われる歳でしたが，手づくりの学生服はいまでも着られるほどしっかりしているので，大事にとってあるとのことでした。人は亡くなってもその人が手塩にかけたものはそのまま残る。手づくりの生活工芸品というのは，この手づくりの学生服に通じるものがあると思います。かつて人が手を掛けたあとが，手づくり品の存在感を生むのかもしれません。老若男女を問わず，手づくり品への志向は強くなっているようですし，自ら手づくりする人も増えています。身近な自然素材でつくられた生活工芸品は，かつてあった生命が生あるうちに蓄積したものを，別の形にして半永久的に生き続けるものにかえたもの。連綿とした生命のつながりの結節点にあるのが生活工芸品といえるかもしれません。

この本では，稲わら，麦わらや竹をはじめとして，藍や茜，紅花などの染料植物，繊維から糸を紡いで布に織ることができる麻，カラムシ，棉や蚕・羊などの動植物，蔓を編んでバスケットや花器をつくれるアケビや藤のような植物，椅子やテーブル，箸，茶碗，お盆，皿などの食器，小正月の飾り物や玩具などに加工できるスギ，トチノキのような樹木，蝋をとって和ろうそくにできるハゼやイボタロウムシ，素材を保護し美しく仕上げる漆や柿渋など，工芸的に利用できる素材を50あまり取り上げ，それぞれの素材について植物（生物）としての特徴，利用の歴史，用途と製造法，素材の種類・品種と生産・採取についてまとめています。また，草木染，蔓・草・樹皮で編む（籠や花器），柿渋，木製家具・加工品，木製食器・調理器具，ドライフラワー，押し花，和紙については，このテーマで項目を設け，利用の歴史，素材選択，用途と製法について，それぞれを専門とする著者に総論的に執筆いただきました。

日本にはかつて盛んにつくられながら，今ではすっかり忘れられてしまったものがあります。たとえば，明治日本の外貨獲得に一役買ったという麦わらで編んだ「麦稈真田」であり，1960年代に栽培が終わったとされる亜麻などです。高度経済成長の時代を経過する間に，これらの工芸素材は経済性，効率性を求める時代の要請のなかで，プラスチックや化学繊維に置き換わっていきました。

いま，田園回帰が志向され，地方創生がいわれる時代です。本書が，若い世代を含めた手づくり工芸品に関心のある方々はもとより，公共図書館や学校図書館，地域振興をはかる自治体の担当者や現場で活動されている方々などに読者を得ることで，忘れられていた地域資源，手づくり工芸品の地域素材にあらためて光があたり，活用されるための一助となれば幸いです。

2016年1月

一般社団法人 農山漁村文化協会

C O N T E N T S

はじめに

藍 アイ……2

藍染の方法 10

茜 アカネ……16

草木染……18

木通（通草）アケビ……32

アケビ蔓を編む 36

蔓・草・樹皮で編む……40

麻（大麻）アサ……62

椚 アベマキ……70

亜麻 アマ……74

藺草 イグサ……80

稲ワラ イナワラ……98

縄の綯い方 134
稲ワラリースのつくり方 138
注連縄のつくり方 140
ワラ縄でつくる 142
敷物を手製の俵編み器でつくる 144
ワラ草履のつくり方 146

犬槐 イヌエンジュ……154

イボタロウムシ……158

漆 ウルシ……166

浄法寺漆器 174

蚕 カイコ……176

柿渋……182

柿渋エキス 192
新たに開発された柿渋抽出技術 194

苧 カラムシ……198

黄柏 キハダ……204

桐 キリ……206

樟・大樟 クスノキ……212

梔子 クチナシ……218

クチナシで染める 220

黒文字 クロモジ……222

ケナフ……224

楮 コウゾ……232

黄麻 コウマ・ジュート……240

C O N T E N T S

榊 サカキ……244
樒 シキミ……246
七島藺 シチトウイ……248
科の木 シナノキ……250
車輪梅 シャリンバイ……254
棕櫚 シュロ……260
除虫菊 ジョチュウギク……264
杉 スギ……270
野田の醤油醸造と桶・樽製造 286
岩谷堂箪笥 298
箸 304
吉野杉皮和紙 309
線香 318
木製家具・加工品……320
木製食器・調理器具……344
栴檀 センダン……364
竹 タケ……368
竹ひごをつくる 380
四つ目編みのかごを編む 384
椿 ツバキ……390
黄八丈 399
栃の木 トチノキ……402
白膠木 ヌルデ……408
芭蕉 バショウ……410
櫨 ハゼ……416
羊 ヒツジ……422
羊の恵み——衣食住 430
羊毛の特徴 434
羊の品種と羊毛 436
毛刈り・スカーティング・洗毛 439
羊毛を染める 441
毛質のちがいを生かす 442
糸を紡ぐ 444
フェルトをつくる 446
織る 448
瓢箪 ヒョウタン……450
藤 フジ……454
紅花 ベニバナ……460
ドライフラワー……466

ドライフラワーのバスケット，
壁飾り，リース　474

押し花 ……478

押し花のカード，しおり，ろうそく 483

松 マツ ……486

水木 ミズキ ……496

弥治郎こけし（宮城県白石市）　498

三椏 ミツマタ ……500

和紙 ……506

麦わら ムギワラ ……514

編み細工　521
張り細工　524

紫草 ムラサキ ……528

山桜 ヤマザクラ ……538

サクラの落ち葉で染める　543

棉 ワタ ……546

綿糸を紡ぎ布を織る　551

稲わらでつくる人形・動物 …153

麦わら細工──明治時代の
輸出品「麦稈真田」ほか ……269

竹細工に使えない
タケの話 ……389

農産物直売所で見つけた工芸品①
背負子とバッグ ……407

農産物直売所で見つけた工芸品②
ストラップ ……415

農産物直売所で見つけた工芸品③
ネックレス，ストラップなど …453

植物・動物・品種名索引　554

事項・用語索引　563

参考文献　582

地域素材活用

生活工芸大百科

農文協 編

藍

Polygonum tinctorium Lour.

植物としての特徴

わが国で栽培されているアイは，主にタデ科に属する一年草のタデアイである（写真1）。アイ（タデアイ）は学名を*Polygonum tinctorium* Lour.（*Persicaria tinctoria*(Aiton)Spach），英名をPolygoum indigoという。

通常2月下旬から3月上旬に播種が行なわれ，約20日で発芽する。播種後35日頃の苗には子葉のほかに2～3枚の本葉が生じており，本葉が5～6枚になると下位の腋芽から盛んに分枝を始める。開花の頃には十数本の茎枝を生じ，草丈も60～80cmに達する。

茎は表面が滑らかで緑色または紅紫色を帯びており，円柱形で茎質はやや柔らかい。葉は長楕円形の披針状で先が尖り，全緑の草質で無毛である。葉長は10cm内外，葉幅は5cmほどで短い葉柄があり，1茎に十数枚互生する。托葉は膜質で円筒状に葉を包んでおり，縁には長い毛がある。草状は直立型とやや匍匐型を呈するものがある。

花は雑草のタデと類似しており，茎の上部の数節から枝を出し，稲穂状の花穂をつけ7月中旬頃に開花する。花色は淡紅色または紅紫色の品種が多いが，白色のものもある。花弁はなく，雄しべは6～8本あり，萼よりも短い。葯は淡紅色を帯び子房は楕円形で，その頂に3個の花柱がある。開花は不揃いであるが，1株の開花期間は1か月以上の長期にわたる。種子が成熟すると花穂は茶色くなる。

写真1　アイの花穂（品種「小上粉」赤花）

成熟した種子は三角形で両端がやや尖り，通常萼で包まれている。萼を除くと光沢のある濃褐色または茶褐色の種子となり，大きさは2mmほどである。種子の1Lの重さは約550gで，1g当たりの粒数は約400粒である。

利用の歴史

アイ栽培の歴史

アイは葉に青藍（indigotin）を含み，古くから藍染料を得る目的で栽培されてきた。わが国におけるアイ栽培の起源は諸説あり一定しない。舒明天皇の時代に遣唐使がインド産のアイを持ち帰り，播州（播磨；現在の兵庫県西南部）に植えたのが始まりともいわれているが，インド産のアイはマメ科に属するものであり，わが国で大半を占めるタデアイとは異なる。したがって，インド輸入説より中国輸入説が多くの支持を集めている。また一説によると，僧曇徴の渡来する前，すでにアイが栽培されていたとの説もある。

アイを使って衣服の色を染めたのは元明帝714（和銅7）年が初めで，染殿をつくり縹（はなだ；青）色に染め，一時，禁色のごとく尊んだと伝えられている。また，奈良県明日香村の高松塚古墳出土の壁画には，鮮やかな青色で彩られた服を着た女性が描かれており，この時代からアイを利用した染色がなされていたことがうかがえる。

一方，江戸～明治時代のアイの大産地であった徳島阿波藍の起源は，蜂須賀家政公が阿波藩主に封じられてより30年後の1615（元和元）年に播磨から移入されたのが初めてであると多くの郷土史に記されている。しかし，それ以前から阿波藍は

1

2

3

4

植物としてのアイ

1 「小上粉」白の葉
2 「赤茎小千本」の葉
3 萼に包まれた成熟した種子
4 種子

存在していたらしく，1837（天保8）年の「阿州藍草貢之記」によると，今から約1,000年前，村上天皇の時代に「諸国の藍の中で阿波から奉った藍が最も良い」と記されていることから，藩政時代以前からかなりの藍作（アイの栽培）が行なわれていたと思われる。

阿波以外の産地については，京藍や摂津藍の歴史が古く，特に，洛南東寺周辺で栽培されていた京藍（水藍）は良質であったと「阿波藍譜」に記されている。また，武州（武蔵）藍や芸州（安芸）藍も江戸中期～明治初期にかけ生産を増やし，阿波に次ぐアイの産地であったようである。

全国的な栽培面積および生産額が明らかとなったのは明治中期以降で，当時の資料を見ると，藍作は1877（明治10）年頃から急速に発展し，1897年頃には最盛期を迎えた。栽培地帯は全国に広がり，作付け面積は5万haに達した。しかし，このころからインド藍の輸入が徐々に増加し，作付け面積の伸びは鈍くなった。さらに，ドイツで工業化に成功した合成藍の輸入を機に，藍作の減少は加速度的に進み，大正末期には作付け面積が4,500haまでに落ち込んだ。

現在，生産の大半は徳島県が占めており，近年の県内作付け面積は約15ha前後で推移している。

徳島県でのアイ栽培と利用

かつて国内アイの大半を生産した徳島県も，1965（昭和40）年には栽培面積4ha，葉藍生産量12tにまで減少し，民芸家などの愛好家の利用で文化財的に生産が維持されている状況であった。

郷土産業である阿波藍の保存のため1967年に，本県においてアイの生産者や実需者，行政，教育関係者などが集まり，阿波藍生産保存協会が設立された。この協会はその後，1972年に阿波藍生産振興協会と改称され，1996（平成8）年には他の農産物生産振興団体と統合され，徳島県ふるさと農

写真2　藍染めの比較

すくもによる絹染め

生藍の絹染め

産物振興協会阿波あい生産振興部会として改組されたが、2008年に解散した。近年では染料以外の用途開発の取組みが盛んで，2013年には，異業種企業の連携により染め物以外で新たな商品開発などに取り組む徳島藍ジャパンブルー推進協議会や，栽培・加工・薬学の各分野の研究者が機能性や効能などの研究を通じ，新たな用途開発を目指すプロジェクトチームが発足している。

一方，1978年には，アイの生産からすくも製造までを担う「藍師」の会である，阿波藍製造技術保存会が設立された。この会では，すくもの製造技術の保存・発展を目的に，後継者への技術研修や製造技術の記録などの活動をしている。

そのほかアイに関する見学，体験施設は表1のとおりである。見学・体験には予約や実費が必要なものがあるため，利用に関しては各施設に問い合わせ願いたい。

こうした各団体の協力を得て，学校教育機関における藍作や染めの体験学習が近年増えている。また，自然志向，本物志向の風潮のもとに生活改善グループやサークルが染めを行ない，物産展，農産市などでの展示販売の活動を行なっている。

用途と製造法

成分特性

アイに含まれる青藍（indigotin）は暗青色でほとんどの有機溶媒に溶けにくい特性をもつ。そのため，染料を得るためには，青藍を溶解性の白藍（leuco indigo；還元型インディゴ）に還元しなければならない。この白藍はアルカリ溶液に可溶であり，この溶液に糸や布を浸す。その後，糸や布を引き上げて空気にさらすと，白藍は酸化反応を起こし，再び不溶性の青藍に構造が戻り，染色後は色が抜けない。

また，藍染め作品で，色合いの薄いものや赤味

表1　徳島県内の見学および体験施設

施設名	住所	電話番号	施設の内容
田中家住宅 （国指定重要文化財）	名西郡石井町藍畑字高畑705	088-674-0707	藍商屋敷見学
吉田家住宅 「藍商佐直」	美馬市脇町大字脇町53 （重要伝統的建造物群保存地区うだつの町並み内）	0883-53-0960 （美馬市商工観光課）	藍商屋敷見学
藍住町歴史館 「藍の館」	板野郡藍住町徳命字前須西172	088-692-6317	藍商屋敷見学 藍染め体験
松茂町歴史民俗資料館・ 人形浄瑠璃芝居資料館	板野郡松茂町広島字四番越11-1	088-699-5995	藍染め体験 資料の収集，保存，展示
藍染工芸館 （(株) 阿波友禅工場）	徳島市応神町東貞方字西川渕81-1	088-641-3181	藍染工場見学 藍染め体験，藍染商品販売
本藍染矢野工場	板野郡藍住町矢上字江ノ口25-1	088-692-8584	藍染め体験 藍染商品販売
古庄染工場	徳島市佐古七番町9-12	088-622-3028	藍染工場見学 藍染め体験
織工房藍布屋 （岡本織布工場）	徳島市国府町和田字居内161	088-642-0062	藍染工場見学 藍染め体験

を帯びたものが見受けられるが，これは青藍が直接作用しているのではなく，アルカリ溶液のpHの高低やタンニンなどのほかの物質作用によるものであると考えられる。

すくも・藍玉への加工方法

アイは通常乾燥させた葉（葉藍と呼ばれる）を秋から冬にかけて堆積し，発酵させて，「すくも」または「藍玉」と呼ばれる染料に加工される。

まず葉藍1.5tを単位として寝床（葉藍を堆積発酵させる建物）に入れて堆積する。その後は5～7日ごとに灌水と堆積した葉藍を積み直す「切り返し」という作業を繰り返して発酵させる。この切り返し作業は葉藍の良否によって異なるが，通常15～20回行なわれる。発酵の調節は，発酵が進むにしたがって灌水量を減らし，堆積を高くし，むしろで上部や周囲を覆い，重石を載せることなどにより行なわれている。

ふつう80日程度で発酵が終わり，暗褐色の固形物となり「すくも」ができあがる。一方，運搬や保存をしやすくするため，生産の盛んな頃に多く製造された「藍玉」は，「すくも」を臼や藍練機によって搗き固めてつくられた。

染料としての利用

このようにして加工されたすくもは西陣織や大島紬，久留米絣などの伝統織物産地や藍染め作家に多く出荷されている。また，近年ではカルチャースクールや学校教育機関への出荷が年々伸びている。

アイの健康機能性

古くから藍染めの衣類には防虫・防菌効果があるといわれている。また，藍玉は漢方薬として口内炎や嘔吐に用いられ，藍汁は鎮歯痛剤や痔薬に，種子は虫害の解毒剤や解熱剤として用いられていたようであるが，その効能成分や薬効は定かでなく，伝承として語り継がれてきた。近年アイの機能性に関する研究は様々行なわれており，ポリフェノールによる抗酸化性などが確認されている。

アイによる染色の方法

アイを染色に使う場合は「すくも」または「藍玉」をかめなどに入れ，溶液（藍建て）としなければならないのであるが，ここでは徳島県でよく行なわれている例と，染色を趣味でされる人が簡単にできる生葉建ての方法を記す。

灰汁発酵建てによる染色　まず，篩にかけた灰に90℃の湯を入れて攪拌し，10分おいて上澄み液をとる。これを1番灰汁（あく）という。もう一度90℃の湯を入れて攪拌し，別の容器に上澄み液をとる。これを2番灰汁という。次にぬるま湯を入れ，同様に3番灰汁，4番灰汁をとる。さらに水を入れ，同様に5番灰汁，6番灰汁をとる。

次に，このようにしてとった灰汁で藍建てをする。約250Lの藍がめにすくも28kg，5番灰汁60L，6番灰汁60L，消石灰300g，および酒900ccを入れて攪拌する（仕込み）。その後，綿布を染料液に浸け，水洗後青く染まっていたら，消石灰100gを入れ攪拌する（中石）。さらに2番灰汁120Lを入れて攪拌する（口上げ）。通常中石は，仕込みから2～3日後に行なうが，諸条件により遅れることもある。再び試染をし，青く染まったら，消石灰100gを入れ攪拌する（止石）。

止石の2～3日後染色を始める。染色は1日おきに泡を立てないように静かに行ない，攪拌は毎日行なう。pHは10.5～11.5程度に灰汁で調整し，温度は25℃前後で管理する。

水酸化ナトリウム発酵建てによる染色　約250Lの藍がめにすくもを28kg，消石灰500g，および熱湯120Lを入れ，さらに水酸化ナトリウム300gを水に溶いて加えて攪拌する（仕込み）。翌日，ブドウ糖300gを加えて攪拌し，以降，毎日攪拌を続け，pHが10.5以下になったら消石灰300gを加える（中石）。さらにぬるま湯120Lを加え攪拌する（口上げ）。また毎日攪拌を続けpHが10.5以下になったら消石灰200gを加える（止石）。

染色は灰汁発酵建て同様，止石の2～3日後に始め，泡を立てないように1日おきに静かに行なう。攪拌は毎日行なう。pHは10.5～11.5程度に水酸化ナトリウムで調整し，温度は25℃前後で管

1　2　3　4　5　6　7　8

灰汁発酵による藍建ての工程

1　灰を篩にかける。
2　篩にかけた灰に90℃の湯を入れ攪拌する。
3　上澄み液を取ることを繰り返し，1番灰汁から6番灰汁までをつくる。
4　仕込み。藍がめに「すくも」，灰汁，消石灰，酒を入れて攪拌する。
5　消石灰を入れて攪拌（中石）。
6　灰汁を入れて攪拌（口上げ）。
7　消石灰を入れて攪拌（止石）。
8　発酵がすすみ約4日で藍色の泡（藍の華）が出る。日々大きくなり約7日で染めに使える。

理する。

生葉建てによる染色　生葉建ては染色を趣味でされる人が簡単にできる方法である。まず，アイの葉のみを300g採取し，きれいに水洗いする。次にミキサーに冷水550ccと葉を一握り入れ，ミキサーを回す。細かくなったら残りの葉を2～3回に分けて加え，ドロドロの液状にする。その液体を網袋などでこし，液体をバケツに移す。同様にこの作業を繰り返しバケツに加え，バケツ一杯にするのであるが，最後の液をつくるときに途中でミキサーを止め，葉300gに対し30ccの割合で石灰を加え，再びミキサーにかけ，バケツに加える。

次にバケツの液の中に葉300gに対し10ccのハイドロサルファイトを加え，液の色が黄緑色に変色するまで攪拌する。黄緑色に変色したら10分ほど置き，染色を始める。ハイドロサルファイトは少しずつ液体が変色するのを見ながら加え，入れすぎないよう注意する。

素材の種類・品種と生産・採取

タデアイ品種の変遷

かつて関東では丸葉や柳葉，中部地方では縮葉や丸葉，中国地方では青茎小千本や巻葉などが栽培されており，タデアイの栽培は広く分布していたものと考えられる。徳島県内でも20種ほどの品種が栽培されていたようであるが，その多くは異名同種であるらしく，実用的に栽培された品種は，青茎小千本（あおくきこせんぼん），赤茎小千本，百貫（ひゃっかん），小上粉（こじょうこ）の4品種である。なかでも青茎小千本は，阿波藍の全盛期に最も多く栽培された品種であり，江戸時代から明治中期にかけて阿波藍といえば本種を指したという。

また，徳島県で今でも栽培されている小上粉は，旧農事試験場四国支場（現徳島県立農林水産総合技術支援センター）で育成された。これは水藍と呼ばれた京都の品種からの純系淘汰により1893（明治26）年に選抜育成され，1897年以降に普及して移された品種である。

現在では品種の育成は行なわれておらず，藍作農家において栽培されている品種は，小上粉と赤茎小千本が大部分を占めている。

主要品種の特徴

小上粉　旧農事試験場四国支場において収量・品質ともに優れた特性をもっていることが認められ，1897年以降に普及して移された品種である（写真3）。現在においても主力品種であり，7～8割がた本種が栽培されている。本種には花色が淡紅色のものと白色のものがあり，一般には白花の系統が栽培されている。特徴としては，枝葉の分枝が非常に多く，繁茂が旺盛であることが挙げられる。しかし一方で匍匐性が強く，刈取り作業などの効率が悪く作業能率に劣る面がある。タデアイのなかではやや早生に属し，早植えほど収量性は高く，再生力も強いため2番刈りでも収量は高い。

青茎小千本　阿波藍の全盛期に最も多く栽培された品種である。本種は茎が直立し株の開張が少なく，匍匐性がないのが他の品種と著しく異なる点である。茎は若い苗の段階では緑色であるが，本圃に定植され生育が進むにつれ赤みを帯びるようになる。花色は淡紅色でありタデアイのなかではやや晩生に属する。葉藍の品質はきわめて良好であるが，欠点として2番刈り収量が劣る。

赤茎小千本　別名，縮藍（ちぢみあい），岩手藍ともいう（写真4）。アイの全盛期に多く栽培された青茎小千本という品種と草状が酷似している。青茎小千本との違いは，苗の頃から茎や下位節に生じる不定根（ヒゲ根）に赤みを帯びる点である。草状は茎が直立しており株の開張も少ない。また匍匐性もなく，栽培の管理作業性は小上粉よりも優れている。しかし，葉藍の品質は小上粉や青茎小千本より劣るとされている。

百貫　本種は花色が純白で茎が青い。また茎枝が四方に開張するが，その程度は小上粉よりも少ない。葉藍の収量は多く，1番刈りで70貫，2番

写真3　小上粉（白花）

写真4　赤茎小千本

刈りで30貫，合計100貫収穫することも可能であるということからこの品種名が付いたといわれている。葉藍の品質は最も悪いとされている。

タデアイ以外の染料植物

青藍をもつ染料植物として，タデアイのほかに山藍，琉球藍などがある。また，世界的にはヨーロッパを原産地とするアブラナ科のウォード，インド地方に産するマメ科のインド藍などが有名である。

琉球藍　琉球藍（りゅうきゅうあい）はキツネノマゴ科に属する草丈60～90cmほどの常緑植物である。原産はインドアッサム地方で，中国雲南地方を経て沖縄および鹿児島県南部に伝わったといわれている。葉長は5～20cmで長細く，花状はアサガオに似ており，花色は青紫色である。馬藍，大藍，山藍，木藍と呼ばれることもある。

大青　大青（たいせい）はウォードと同じアブラナ科の二年草である。18世紀中頃に中国から北海道に伝わったといわれている。蝦夷大青とも呼ばれる。

インド藍　マメ科に属するタイワンコマツナギ（*Indigofera tinctoria*）およびナンバンコマツナギ（*Indigofera suffruticosa*）を指す。西インドからヨーロッパ，南米に分布しており，日本では奄美・沖縄で帰化し自生している。草丈は1～2mになり，南蛮大青・木藍とも呼ばれる。

ウォード　アブラナ科に属する二年草で，大青の一種である。原産はヨーロッパで，バイカル湖周辺まで分布している。ヨーロッパでは最も古い染料のひとつである。

山藍　トウダイクサ科に属する多年草である。古くからすり染め染料や薬として使われてきた。山藍（やまあい）は青藍を含んでおらず，本格的な建て染めには使用できない。

栽培，調製の留意点

タデアイは1年1作であるが，収穫は2～3回行なうことができる。栽培にあたっては，まず保水力が高く肥沃な土壌で，灌水の便利な場所を選ぶ。栽培管理は育苗期と定植後に大別できる（図1）。

育苗　育苗期の管理は播種作業を2月下旬か

月	2			3			4			5			6			7			8		
旬	上	中	下	上	中	下	上	中	下	上	中	下	上	中	下	上	中	下	上	中	下
栽培管理作業			○苗床準備	○播種			○本圃準備		○定植	○追肥、土寄せ		○追肥、中耕培土			○追肥	○1番刈り	○追肥		○追肥	○2番刈り	

図1　アイの栽培暦の一例

写真5　定植期のアイ苗

ら3月上旬に行ない，1m²当たり約7gの種子を散播する。播種後はローラーなどで鎮圧して，その上に砂を少量かけるが，砂の上をさらに燻炭で覆い，十分灌水する。苗床40m²で10a分の育苗ができる。

播種後の管理は発芽期に再び十分灌水し，後は極力節水して根の発達を促進させる。間引きは本葉2～3枚頃に2cm間隔くらいに行なう。基肥は化成肥料を用い，1m²当たりの各成分量で窒素20g，リン酸15g，カリ20gを施用する。追肥は移植1週間前に尿素を液肥で少量施用する。

定植とその後の管理　4月中旬～5月中旬に苗の本葉が7～8枚に達したものを定植する（写真5）。栽植様式はうね幅80cm，株間40cmの1条植え，またはうね幅120cm，条間50cm，株間25cmの2条植えで，1株5～6本を移植する。肥培管理は窒素を重点に施用し，施肥と同時に中耕培土を行なう（表2）。病害虫の発生は一般に少ないが，虫害が見られる場合は有機リン剤を散布する。

表2　施肥の一例

	3要素量（kg/10a）			備考
	窒素	リン酸	カリ	
基肥	10	10	10	そのほかに堆肥1～2t/10a
第1回追肥	5	5	5	定植1週間後
第2回追肥	10	10	10	定植30日後
第3回追肥	20	—	—	1番刈り10日前
第4回追肥	10	15	10	1番刈り1週間後
第5回追肥	15	—	—	2番刈り10日前

収穫と乾燥　収穫は1番刈りを7月上旬，2番刈りを8月中旬以降に行なう。いずれも花穂の抽出前の茎葉がよく充実した時期に刈り取る。刈取り作業は朝露がなくなれば開始し，刈り取ったアイを薄くうね上に広げて乾燥させる。

翌日これを反転して，全体が半乾状になったころ，動力脱穀機を用いて茎と葉に区別する。そして，さらに葉のみを乾燥させて葉藍とする。なお，葉藍は濃藍色で香りが高く，葉肉の厚いものほど良質とされる。

写真6　栽培中のアイ畑

藍染めの方法

生葉染め・煮出し染めと藍建て

藍染の方法には，藍の生葉を利用する「生藍染め（藍の生葉染め）」と，その応用で生葉を煮出して染める「煮出し染め」，藍草から染料にしたもの（蒅や沈澱藍）を発酵させて染める「藍建て」とがある。生藍染めでは絹は染まるが，木綿はよく染まらない。藍建てでは絹も木綿もよく染まる。

すぐにできる「生葉染め」

青色色素のもとはインディカン　生葉には青色素（インディゴ）は含まれておらず，インディカンというインディゴのもとになる物質が含まれている。生藍染めのメカニズムは，生葉がミキサーなどでつぶされると，インディカンが分離されて葉のなかに含まれている酵素と反応してインドキシルに変わる。このインドキシルが繊維に浸みこみ，酸化して2個のインドキシルが結合するとインディゴに変化して青く染まる。

したがって，生藍染めは酵素が熱変性しないようにミキサー処理には水を加える必要がある。インドキシルは動物性の繊維によく染まるが，植物性繊維にはほとんど染まらない。素材としては絹が適しているが，木綿や麻はよく染まらない。生葉染めのやり方を13頁に示した。

生葉染めのポイントを以下に示す。

生葉染めは手早く　インディカンが酸化してインディゴになる時間は早い。きれいな色を染めるには手早く5分以内にミキサー処理して染料を抽出する。そのためにはミキサー処理の前に，布の前処理，染料道具を揃える，濾し布やタオルの準備などすべてを完了させておく。染色時間も15分程度がよく，できるだけ早く乾かすことが大切である。乾きがわるいと灰色がかってしまうので注意する。絹ストールならタオルで水分を取り，風を通して乾かし天日干しする。生葉染めは薄い

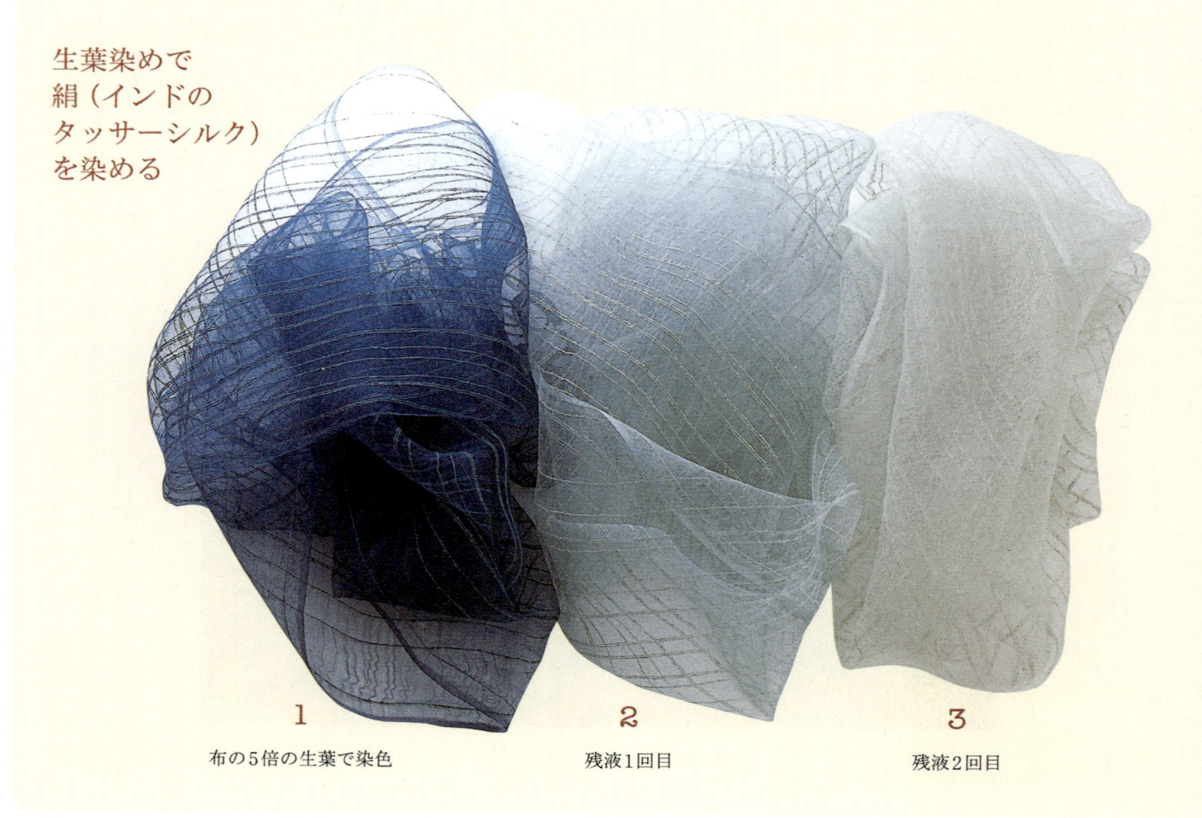

生葉染めで絹（インドのタッサーシルク）を染める

1 布の5倍の生葉で染色

2 残液1回目

3 残液2回目

色なので乾いたらすぐに室内にとり込み，たんすなどの日が当たらないところに保管する。

染める絹布の重さは20～50gまで　家庭用のミキサー1台で生葉を5分以内に処理できる最大量の目安が100gである。染める絹布の2～5倍の藍の葉が必要だから，絹布の重さは20～50gが限度ということになる。

生葉は鮮度が命　藍の葉を摘みとるときや水洗いのときに葉を傷つけると，傷口の部分でインディカンが酵素と反応してインドキシルになり，酸化してインディゴになる。乾燥すると同様にインディカンがインディゴになるので，つみとったらできるだけ早く鮮度のいいうちに染色することが必要である。

生葉を使う「煮出し染め」

煮出してインディカンを抽出　藍の生葉に含まれるインディゴの前駆体であるインディカンは，水に溶けやすく熱湯で煮ると抽出される。これを応用して染めるのが煮出し染めである。熱湯の中に藍の生葉を入れ10分ほどぐらぐらと煮て藍の葉を取り出すと，煮汁中にインディカンが溶け出ている。

酵素は生葉から抽出　生葉に含まれる酵素は煮出す時の熱で失活しているので，新たに酵素を加える必要がある。酵素は生葉染めと同じ要領で生葉をミキサー処理して抽出する。抽出した酵素を加える時には，必ず煮汁を40℃以下に冷ましておくこと。酵素は高温では失活するからである。酵素は少量でも反応するので，煮出し生葉の重さの約10分の1を用意すればよい。また時間をおいても酵素の働きは変わらないので，冷蔵庫で保存すれば1週間は使える。この酵素と反応してインディカンがインドキシルになり繊維に染み込んで，繊維内で2個のインドキシルが酸化結合してインディゴになるので青く染まることになる。

生葉煮出し染めは大きな布も染められる　生葉煮出し染めは，可能な限り多くの葉からインディカンを抽出することができる。しかも酵素を添加した時点で染色が始まるので，生葉染めのような

煮出し染めで
絹（オーガンジー）を染める

時間の制約がない。染色時間も生葉染めよりも長くなり30～40分かかるが，ゆっくりと染色することができる。

煮出し染めで絹のオーガンジーを染める方法を14頁で紹介した。

「すくも」を発酵させて染める「藍建て」

タデアイ（阿波の藍玉・すくもの素材），リュウキュウアイ（沖縄の泥藍），インドアイには青色素であるインディゴが含まれている。青を発色するインディゴは水に溶けにくい不溶性のものだが，還元されると水に溶けるロイコインディゴ（還元型インディゴ）に変わり，絹や木綿などの繊維に染まりやすくなる。この還元反応には微生物による発酵が関与しているので，この染色法を「藍の発酵建て」と呼んでいる。繊維を青く染めた後に，空気にふれて酸化されると水に溶けにくい不溶性のインディゴにもどり，青色が定着するしくみである。この一連の反応には染料液がアルカリ性である必要がある。

藍建てでインド木綿のカディを染める方法を14頁で紹介した。

色のバラエティーを生み出す重ね染め

ひとくちに藍色といっても，染める布や染め方によってさまざまである。淡い藍色から濃い藍色までの染め方があるし，他の染料と重ね染めすることで，さまざまな色合いを出すこともできる。藍染めと他の染料との組合わせで，さまざまな色合いを生み出す伝統的な重ね染めを15頁に紹介した。

藍建て染めで
綿（インド木綿のカディ）
を染める

1　1回染め
2　2回染め
3　3回染め
4　4回染め
5　5回染め

1 2 3 4 5 6 7 8 9 10 11

生葉染めのやり方

1 布10gの前処理。中性洗剤を入れた湯に15分布を浸してから，水を替えてよく水洗いする。
2 葉と茎を分けて布の五倍量にあたる50gの葉を用意する。葉は傷つけないようにする。茎も染料となる。
3 水700mL，生葉50gを入れて1分間ミキサーにかける。手早く処理する。
4 ミキサーにかけたら布で濾して，染料液をとる。ミキサーから濾すまでの全体の処理を5分以内に終える。
5 染料液に前処理した布を入れて15分間浸し染めにする。
6 染料液の中では，ムラのできないように布を絶えず動かし続ける。
7 15分染めたら，かるくたたんで，手のひらで押してしぼる。
8 布を広げて空気にあてる。
9 4回ほど水を替えて，よく水洗いする。
10 タオルに巻いて脱水し，できるだけ早く乾かす。すぐに乾かさないと色がくすむので，風を通し，天日干し。
11 乾燥させてできあがり。染料残液に，新しい絹ストールを入れると緑みの薄い水色に染まる。

煮出し染めのやり方

1　　　　2

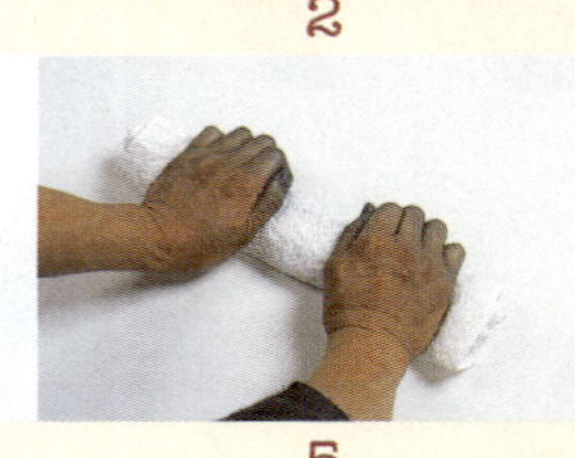

3　　　　4　　　　5

1　布40gに対し10倍（400g）の生葉を用意。2等分し，それぞれ湯4Lで沸騰後10分間煮出す。
2　濾して汁をしぼり，残りの200gの生葉を同様に煮出し，40℃以下になるまで冷ます。
3　生葉40gをミキサーにかけて布で濾し，酵素液をとる。酵素液はあらかじめつくっておいてよい。
4　染料液に酵素液を入れてかき混ぜ，前処理した布を30～40分間浸し染めにする。布は動かし続ける。
5　しぼってよく空気にあて，水洗いしてタオルで脱水。風を通して水気をとり，天日干しして仕上げる。

藍建て染めのやり方

1　　　　2

3　　　　4　　　　5

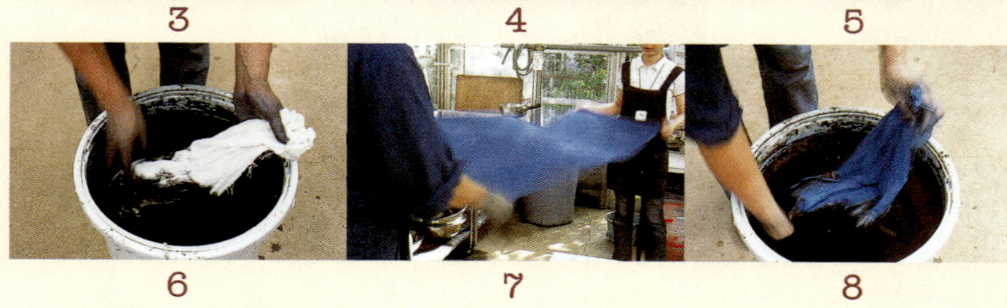

6　　　　7　　　　8

1　すくも2.8kgに木灰1.4kgを加えて，熱湯35Lを入れる。
2　湯が全体にいきわたるまで，よくかき混ぜる。染料液少しを小皿にとり，pH測定10.5～10.8なら問題ない。
3　pHが10.5以下のときは，少量の石灰を加えて調整する。毎日1回かき混ぜて，pHの状態を確認する。
4　3日ぐらいで藍独特の臭いがし，液面に赤紫の膜ができてくる。7日ぐらいで染色できる。
5　染める前に，液面に浮かぶ藍の華（藍色の小さな泡）を取り除く（染色後，華はかめにもどす）。
6　前処理した布をななめに入れると空気が入らない。ムラができないように液面から出さずに動かし続ける。
7　水洗いして空気にあてて5分間酸化。布を広げて風を通すと，よく発色する。
8　染色・酸化を2～3回繰り返し，よく水洗し脱水する。天日干しして仕上げる。

藍染めの重ね染めのいろいろ

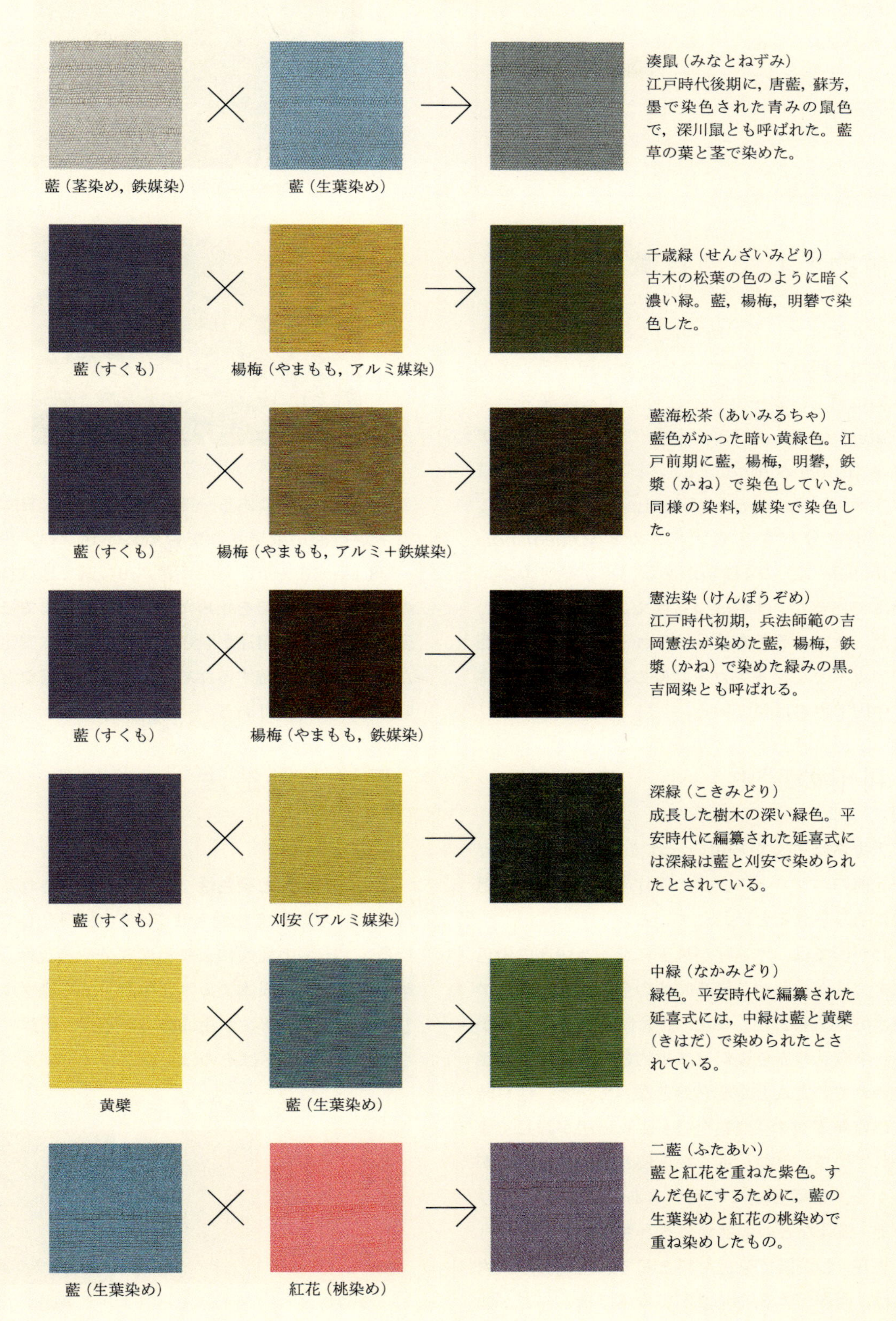

湊鼠（みなとねずみ）
江戸時代後期に，唐藍，蘇芳，墨で染色された青みの鼠色で，深川鼠とも呼ばれた。藍草の葉と茎で染めた。

千歳緑（せんざいみどり）
古木の松葉の色のように暗く濃い緑。藍，楊梅，明礬で染色した。

藍海松茶（あいみるちゃ）
藍色がかった暗い黄緑色。江戸前期に藍，楊梅，明礬，鉄漿（かね）で染色していた。同様の染料，媒染で染色した。

憲法染（けんぽうぞめ）
江戸時代初期，兵法師範の吉岡憲法が染めた藍，楊梅，鉄漿（かね）で染めた緑みの黒。吉岡染とも呼ばれる。

深緑（こきみどり）
成長した樹木の深い緑色。平安時代に編纂された延喜式には深緑は藍と刈安で染められたとされている。

中緑（なかみどり）
緑色。平安時代に編纂された延喜式には，中緑は藍と黄檗（きはだ）で染められたとされている。

二藍（ふたあい）
藍と紅花を重ねた紫色。すんだ色にするために，藍の生葉染めと紅花の桃染めで重ね染めしたもの。

茜

Rubia spp.

写真1　西洋アカネの草姿

写真2　日本アカネの草姿

植物としての特徴

アカネはアジアの暖帯に広く分布する多年生植物で，西はアフガニスタンまで達する。アカネ科に属し，ヨーロッパに分布する西洋アカネ（*Rubia tinctorum* L.），中国に分布する中国アカネ（*Rubia cordifolia* L.），日本に分布する日本アカネ（*Rubia cordifolia* L. var. *mungista*），インドに分布するインドアカネ（*Oldenlandia umbellata* L.）の4種類がある。インドアカネは灌木であるが，ほかはつる性である（写真1，2）。また，含まれる色素成分はそれぞれ異なるが，西洋アカネとインドアカネは似ており，日本アカネと中国アカネは似ている。

利用の歴史

アカネは古くから用いられていた染料植物で，紀元前のエジプトの衣類の断片やインドの古染色織にもみられるといわれている。

わが国では，卑弥呼が魏王に贈った絹布の染色にアカネが使われ，飛鳥時代の令の服色真緋はアカネで染められた。また，正倉院の宝物の調査から，染織品の赤色染料は基本的には日本アカネが使われていたことが明らかとなっている。江戸時代の宮崎安貞の『農業全書』に栽培法が詳しく書かれていて，かなり古くから使われていたことがわかる。生薬としての利用もあり，通経・浄血・解熱・強壮などの薬効があるとされている。

現在，わが国で染色材料として利用されるアカネは，西洋アカネやインドアカネでほとんどが輸入であり，趣味のある一部の人々の間で，日本アカネが自家用栽培されているにすぎない。1994～98（平成6～10）年にかけ，山梨県で地域特産の開発で試験栽培を始めたが，定着するまでには至らなかった。用途が限られているだけに安定した経済生産を継続するためには，契約栽培などの販路獲得が必要である。

用途と製造法

染料

アカネの種類と染色性　地下部に形成される箒（ほうき）状の根を乾燥させて，染色材料として用いる。アカネの種類により色素成分や染色性，堅牢性が異なる。日本アカネと中国アカネはプルプリン，ムンジスチンが主成分であるが，西洋アカネ，インドアカネはそのほかにプソイドプルプリ

写真3　西洋アカネによる染め色

無媒染

アルミ媒染

鉄媒染

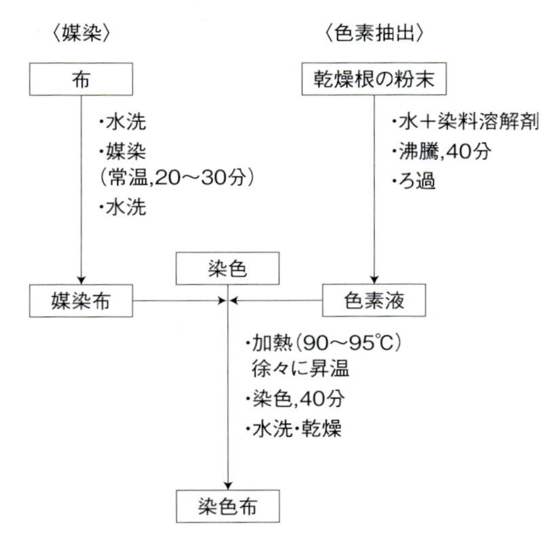

図1　アカネによる染色の工程

ン，アリザリンを含有している。

絹布の染色性は，西洋アカネは真っ赤に染まるのに対して，日本アカネは緋色で真っ赤にはならない。インドアカネは西洋アカネに近い色に染まり，中国アカネは日本アカネに近い色に染まるが，やや赤く染まる。対光堅牢性や洗濯堅牢性は日本アカネよりも西洋アカネのほうが優れている。

あかね染めの原理　藍（アイ），黄柏（キハダ）などは単色性染料で媒染剤（金属塩など）がなくとも染まり，ひとつの色しか出すことができない。しかし，アカネ，紫根などは多色性染料で媒染剤の種類（アルミニウム塩，銅塩など）によってさまざまな色に染めることができる（写真3）。

アカネによる染色は，色素の抽出と染色する布の媒染が必要である（図1）。アカネは栽培あるいは山野から採取した根を乾燥した粉末を用い，粉末重量の50倍の水と染料溶解剤0.1％を加え，40分煮沸した後，ろ過して染液とする。一方，染色する布は，あらかじめ適当な媒染剤（カリ，ミョウバン）で媒染しておく。

染色は加熱可能な容器に染液を入れ，沸騰させ，染色布を40分程度染色した後，水洗，乾燥する。

薬用利用

根にアントラキノン系色素が含まれ，通経，浄血，解熱，強壮剤など生薬として利用される。また，抗腫瘍活性も注目されている。

素材の種類・品種と生産・採取

アカネは，主に山野に自生する株の採取によっていることから，栽培種的なものはないといってよい。ただ，採取地ごとの染色性をみると，色調が若干異なることが確認されていることから，優良系統の選抜は可能かもしれない。

苗は山野に自生している株を掘り取り，株分けして植える。また，ある程度の規模で栽培をするときは，挿し木ないしは実生で苗を確保する。挿し木よりも実生のほうが活着，生育もよい。植える時期は5月頃で，栽植密度は5,000株/10a前後とする。11月頃には掘取りができ，生重で100～200g/株程度の収量が得られる。根が細根となるので，植付け土壌は粘土質の土壌は避け，排水がよく有機質の多い土壌がよい。肥料は少なめでよく，基肥窒素で4kg/10a程度である。途中の管理は不要であるが，雑草抑制のためにビニールマルチが効果的である。

根の掘取りは，地上部が枯れる晩秋頃に行なう（写真4）。収穫株数が少ない場合はスコップで掘り取るが，大規模に栽培する場合は掘取り労力を軽減するため，トラクターないしは耕耘機にサトイモの掘取り機をつけ，牽引させて掘り取る。掘り取った株は，流水ないし動噴などの水圧を利用して付着した土を洗い流し，乾燥させる。乾燥は一般に天日乾燥であるが，大量に処理する場合は，乾燥機が必要となる。

写真4　掘り上げられた一年生のアカネ

草木染

利用の歴史

染め織りは農耕とともに

染め織りを始めるにあたって，私たちの祖先がいつから農耕を始めたかを知っておきたい。染め織りはある日突然発生した技術ではないからである。農耕を始めた民族は定住し，定住すると住居をつくり，作業の内容に合った労働衣がつくられたであろうが，縄文から弥生期に果たして染めや織りはあったのだろうか。つまびらかではないが，木の皮や草の葉を編むことでつくる衣らしきものがあったようである。

縄文前期では大麻やアカソの繊維で縄をなったり，編布（あんぎん）が姿を見せる。これは米俵を編むのと同じ原理で，晩期に入ると平織りの布らしきものが出てくる。わずかの資料ではあるが，遺跡からの発掘品の中にこれらが見られる。古墳期に入ってようやく布といえるものがつくられるようになった。しかし，染める技術はまだ草の汁や丹土（につち；水銀と硫黄とを化合してできた赤色の土）をすり付けるぐらいの技法だったであろう。

人々が土地に定住し，農耕生活も定着し，大和朝廷により統一される5世紀ころから，衣や裳（も）に帯を締める着物へと急速に発展した。織りも染めも大陸からの文化移入によるものであろう。技術も著しく発展を見せた。もちろん動物性繊維（絹など）も姿を見せはじめている。

農耕の一部としてクワを植え，アサをまき，ワタを植える。染めや織りの手法による衣生活を営みはじめる。今日これらの時代にさかのぼっての技術や材料を見つめ直し，新しい発見ができないものか，それから出発してみたいものである。

中国，朝鮮からの影響

わが国における産業としての染め織りは，中国，朝鮮の影響を受けて発達してきた。呉藍，韓藍。「くれない」と「からあい」と読むが，くれないは「紅花」で，からあいは「藍」のことをさしている。いずれも中国あるいは朝鮮と，伝来したもとの国の名前をつけたものである。渡来したころには，赤も青も「藍」とされ，染料のことであったようだ。当時は，紅師，紅屋，紅染師，もみ師と呼ばれていた。

染物が専業化するのは室町時代から江戸時代の初めのことで，紺屋，茜（あかね）屋，紫屋と，染料によって独立した商いを始めるようになった。赤を染める職人は旗指物など武家の調度品を染めるのに，大名のお抱えとなることが多かったようで，金に糸目をつけずに仕事をさせてもらっていたようだ。当時，赤は藍よりはるかに高価であったゆえんも，ここらにあるのかもしれない。

一般民衆は赤などはほとんど楽しむことはなかった。紺屋で糸染めをしてもらったり，手織りした布を無柄に染めてもらったりしていたくらいで，江戸時代の末から明治のころの古着をみると，赤はほんのわずか襟裏や裾裏にみることができるていどである。赤く染めた絹の裏地を「紅(もみ)」とか「もみ裏」と呼ぶ。「胴抜」に江戸縮緬（ちりめん）の端布などが縫い合わせられたものに出合うと，目を引きつけられる。今のサラリーマンの，背広に少々明るめのネクタイ姿にも似ていたのだろうか。

もう百年以上も前の話だが，一般の主婦たちは紺屋で糸を染めてもらい，それを自分で縫って仕立てていた。赤の色は，イチイをつかった赤褐色やアカネを少々使うくらいであっただろう。当時，アカネにしろベニバナにしろ，おもに薬として使われており，野良着を染めるにはあまりにぜいたくすぎたのだろう。

写真1　自生アカネで染めたスカーフ

写真2　柿渋染めのテーブルセンター

合成染料の登場

「草木染」とは，植物などの天然染料のみで染色したものであり，天然染料による染色は長い歴史とともに受け継がれてきた。合成染料が使われるようになったのは，19世紀に入ってからである。1856年，イギリスのパーキンは，石炭化学によってつくり出されたアニリンでマラリヤの薬を合成しようとして，絹を赤紫色に染める色素を発見した。これが世界最初の合成染料モーブである。

その後，藍からとれる色素インジゴ，アカネの主成分のアリザリンが化学的に合成されるようになり，日本にも合成染料がどんどん入り込み，1897（明治30）年頃を境に，天然染料はほとんどが合成染料にとって代わられたのである。

地域素材を生かした草木染

藍染やベニバナなどを活用した産業としての染め織りは海外の技術に学びつつ発展してきたのだが，一方では，森の恵みを活用した草木染が地域地域で育まれてきた。たとえば，アイヌの厚司（あつし）や沖縄の芭蕉布などはその地域で生まれたもので，織られた布もその地域の気候風土に合っていたのである。材料は地域に豊富にあるものを利用し，生活のなかから工夫されてきた技術もこの材料に合わせた範囲のものである。こうしてできたものは，それ自身で十分美しく，生活のなかにとけ込んできた。大島紬の泥染や八丈島の黄八丈にしても，その地でもっとも多く入手できる材料をふんだんに使って生産され，島外に流通させることで人々は生活を営んできた。これらの地域で生まれた染めなどの知恵には学ぶべきことが多い。

たとえば他の地域にはないバショウという植物があったから，沖縄に芭蕉布が生まれたというように，もっともその地域の個性につながるものや，伝統的なものを再発見してみるべきであろう。新潟県の旧山北町では，シナの木の皮からシナ布を生み出した。これは長い歴史をもっているが，近年，布をさらに小品に加工して商品化している。富山県の入善町では主婦グループが，青刈りの稲わらで神棚の「しめ飾り」をつくり，生活協同組合での販路を見出すまでになっている。

草木染の魅力

青い葉っぱをしぼると青い汁が，赤い花からは赤い汁がでてくる。あたりまえのことだが，それは単に汁であって，必ずしも染料としての色素成分ではない。この汁は，日光にさらすと退色して黄色になったり，赤い汁の色もやがて酸化すると紫から黒に変色したりする。つまり，植物からしぼった汁は，単に植物がもっている色素にすぎない。染料とは，植物が本来もっている隠れた色素成分を煮たり発酵させたりして水に溶かし出したものである。だから，私たちが見た表面の色からは考えられない色を発するのである。

草木染には，自然な色との出合い，自然と触れあう心地よさを感じる，不思議な魅力がある。植物からとる染料には多種類の色素が含まれる場合が多く，浸透力が高いため，深みのある色に染まる。植物の種類や摘む時期，染色する季節などによって色は変化し，媒染剤の種類や技法によっても，色が変わる。さらに，薬効のある物質を含んでいる場合もあり，健康にもよい。

「自然志向」や「健康志向」の強まりのなかで，近年，草木染への関心が高まり，各地で草木染の体験教室も盛んに行なわれている。農村では，地域の資源を生かした草木染製品を直売所に並べて店の魅力を高めたり，産直で都市民に農産物を送る際に，ちょっとした草木染製品を添えたりするなど，農村と都市を結ぶ魅力的な商品として，今後発展させたいものである。

農村では，当然，地域の資源を活用することが基本になる。野山の植物だけでなく黒豆，黒米，柿渋，チューリップの花びら，穀類の稈などを染料に使えば味わい深い草木染ができる。染められる素材も古着や和紙の古紙，マユ，あるいは最近注目されるケナフを活用するなど，さまざまな展開が考えられる。

「梅干し」など，台所にも草木の特性を利用したものがたくさんある。草木染の多くは主婦たちの仕事であった。衣服を染めたり，食卓の彩りにも使われてきた。「染め」という仕事は，「台所」につながってくる。農家，農村から都市市民へ，草木染の流れを大きくしたい。

素材の選択
──主原料の選択

伝統的な染料素材

中国で工夫され，わが国に伝わった染料素材を概観すると，次のようである。

黄色系統　ミカン科の植物のキハダ（黄檗），黄味をおびた赤い実をつけるクチナシ（梔子），多年草のダイオウ（大黄），カリヤス（刈安）など。鮮やかな黄色としてはウコン（鬱金）がある。

赤系統　現在でもよく知られているのがベニバナ（紅花）である。エジプト地方の原産とされ，日本へは飛鳥時代に伝えられたようだ。なお，ベニバナは口紅，頬紅，食紅としても使われている。アカネ（茜）は赤根とも書き，最も古くから使われている素材のひとつである。

紫，青系統　スオウ（蘇枋），アイ（藍）などが知られている。スオウはマメ科の灌木で心材を材料にし，紫系の染料になる。ほかにもクヌギ（櫟），カシ（樫），シイ（椎）といったブナ科の植物，チョウジ（丁子），ヌルデ（五倍子；ごばいし），ハンノキ（矢車附）といった植物が使われた。

野山の素材

草木染に使うことができる草花はたくさんあり，利用する部分によっても発する色は違ってくる。葉・枝・幹・皮・実・根すべてが染料として使えるものもあれば，葉だけしか使えないものがあったり，植物によっていろいろである。主な植物のその利用部位を表1にまとめた。

セイタカアワダチソウやマリーゴールドなどは，黄色の花も，緑色の葉も，染めてみると黄色に染まる。つまり見た目にはいろいろの色素をもっていても単一の色素成分をもっていることになる。自分の手で一つひとつ実験し体得していっていただきたい。

なお，野山を歩いて素材を採集できなくても，野菜や花屋の花で，草木染はできる。その例を表2に示した。

草木採集のタイミングとポイント

草木を染料として使うには，草や木の種類によって採集の時季を選ぶ必要がある。適期を過ぎると，色が濁ってくるものがあったり，なかにはまったく染料として使えないものもある。

採集してすぐに使うもの

ヨモギ，キク　ヨモギはもち草といって，早春の若葉を食用とするが，染料として使うときは，硬くなって食用にできなくなった以降のものを選

表1　草木染の素材

素材名	使用部位	使い方	備考（採取季節）
アカネ	実	生	秋
アカネ	根	乾	夏～秋
アメリカセンダン草	全草	生	夏～秋
イタドリ	根	生	秋
イタヤカエデ	緑葉	生	夏～初秋
イチイ	幹	乾	通年
イロハモミジ	緑葉	生	夏～初秋
ウメ	枝	生	春
ウメ	樹皮	生	春（樹・葉も染まる）
ウメモドキ	緑葉	生	秋
ウリハダカエデ	緑葉	生	夏
ウルシ	緑葉	生	夏
エンジュ	花・蕾	生	秋
オウレン	根	生・乾	秋
オオヤマザクラ	枝	生	春（葉も染まる）
カモマイル	葉	乾	専門店で購入
キササゲ	葉	生	夏～秋（種ざや・樹も染まる）
ギシギシ	根	生	秋
キビ	葉	生・乾	秋
クヌギ	殻斗	乾	通年（葉・樹も染まる）
クルミ	緑葉	生	夏～秋（果皮・樹皮も染まる）
コチニール	虫	乾	専門店で購入
コバノガマズミ	枝・葉	生	秋
シラカバ	樹皮	生	通年（葉も染まる）
スイバ	根	生	秋
スオウ	樹木	乾	専門店で購入
スギ	樹皮	生	夏～秋～冬
スギナ	全草	生	夏
ススキ	全草	生	夏
ズミ	葉	生	夏～秋（樹も染まる）
セイタカアワダチソウ	全草	生	秋
ソヨゴ	緑葉	生	通年
ターメリック	根	乾	食品店で購入
タマネギ	表皮	乾	通年
タンポポ	花	生	初夏（一番咲きの花が染まる）
ツバキ	殻斗	生	秋～初冬
ドウダン	緑葉	生	夏
ドクダミ	緑葉	生	夏
ナンキンナナカマド	枝・葉	生	夏
ニシキギ	枝・葉	生	夏
ヌルデ	緑葉	生	夏
ネム	葉	生	春～夏（樹・根も染まる）
ヒノキ	樹皮	生	夏～秋～冬（樹皮も染まる）
ペパーミント	葉	乾	専門店で購入
ボケ	枝・葉	生	春
マンサク	枝・葉	生	夏～秋（樹も染まる）
ミツバツツジ	緑葉	生	春
ミヤマガマズミ	枝・葉	生	秋
モクレン	葉	生	夏
ヤブデマリ	葉	生	夏～初秋（枝・樹も染まる）
ヤマハギ	枝・葉	生	秋
レンゲツツジ	緑葉	生	初夏

注　「生」は，採集してすぐに使う。「乾」は干して保存できるもの

表2　台所や花屋にある草木染の素材

品目	利用部位	色合い
シソ	葉	うす紫，黄青色
ナス	皮	うすグレー
タマネギ	皮	黄色，茶色
ニンジン	緑葉	黄色
トウガラシ	緑葉	黄色，青グレー
パセリ	緑葉	うす緑
ブロッコリー	緑葉	黄色，黄グレー
ホウレンソウ	緑葉	黄グレー
紫キャベツ	葉	うす青，うすピンク
ブドウ	果皮	うす紫
ブルーベリー	果皮	紫色
クリ	果皮	うす茶
青ミカン	果皮	うす緑
クロマメ	実	うす紫
コーヒー	葉	うす茶
紅茶		茶，茶グレー
緑茶		茶，茶グレー
ウーロン茶		茶，茶グレー
カレー粉		黄色
センリョウ	緑葉	茶色
マツ	枝葉	グレー，茶色
サクラ	枝	茶色，金茶
ロウバイ	枝	茶色
コデマリ	枝	茶色
ユキヤナギ	枝	茶，茶グレー
ネコヤナギ	枝	茶，茶グレー
ナンテン	枝	黄色
ヒイラギナンテン	枝葉	黄色，黄グレー
マーガレット	全草	青グレー
ススキ	葉	黄色

注　塩化第一鉄または酢酸銅で媒染し，標準的な煮染めによる色を示した

ぶ。深い青グレーに染め上がる。

タンポポ（花） 最初に咲いた花を使う。3番，4番咲きになると，うまく染まらない。

クヌギ，クリ，ナラ，カシワ まだ紅葉しない時期の，深い緑の葉を採集する。枯れた葉は利用できない。

ススキ 出穂前で広葉のよく育ったものを採集する。

チューリップ（花） 開花直後の花びらを使う。赤，紫，黄など，花の色によって染め上がりの色が違うので，色別に採集する。

クズ 開花前を使う。

ウメ，リンゴ，ナシ 枝葉ともに，開花前が適している。早春，まだつぼみの硬いうちに枝を剪定するが，その枝を利用するとよい。

トチ，クルミ 枝葉だけでなく，果皮もたいへんよく染まる。手に入るならぜひ染めてみるとよい。果実はなるべく木についているうちに採集する。

干してから使うもの

乾燥保存できるものはそれほど多くない。樹木のなかには時として何十年，何百年を経たものでも染まるものがある。

ゲンノショウコ 開花前後に採集。根ごととって水洗いした後，陰干しする。

サフラン 開花時期に雌しべをピンセットで摘み取り，天日ですばやく乾燥させる。

アカネ 根を掘り上げ，土のついたまま天日干しする。

クチナシ 完熟に近い黄色くなってきた実を摘み取って干す。

クリ（イガ） 落下したイガもたいへんよい染料として使うことができる。よく干して，虫が発生しないようにして保存する。

クリ，ナラ，クワ，ケヤキ，カツラ，サクラ，ウメ，ウワミズザクラ これらの樹木は，幹を使いやすい寸法に切り，そのまま保存する。樹皮をはぎ取っておくと虫が発生しない。

キハダ 幹から皮をはぎ取り，コルク質の外皮をはがして，中身の黄色の部分（中皮）だけを自然乾燥させる。生のうちに5～10 cmくらいの大きさに刻んで干しておくと，後から切りやすく，使いやすくなる。

ベニバナ 開花したらすぐに摘み取り，天日干しする。

ナラ，クヌギ，ハンノキ 実を採集して保存する。実は落下したものでも，枝についているものでもかまわない。

チョウジ，ローズマリー，カミツレ，ターメリック 採集したら陰干しに。実や根は天日干しにして保存する。

ザクロ 実を数個に割り，種子を取って切り刻んだのち干す。

素材の選択
——副素材の選択

媒染剤の種類

市販の媒染剤 市販の媒染剤は専門店や薬品店で入手できる。媒染剤（薬品）について代表的なものを取り上げる。

塩化第一鉄 これは鉄さびの結晶だと思ってよい。水によく溶けるが，さびが分離するので長くおかない。また媒染した場合，よく水洗をしないと糸の中に残留し斑点が出たりするので注意する。茶から黒系の発色に使う。

塩化第一錫 劇物指定だから十分注意して取り扱う。紫系の発色に使う。

酢酸銅 寺の屋根や銅像が青くさびてできる物質と同じもの。黄系から茶の発色に使う。

炭酸カリウム 灰の中に含まれる成分と同じもので，水溶性が高く使いやすい。食品加工用の添加物でもある。

酢酸アルミニウム 酢酸塩とアルミ塩との複分解でできる金属塩で，防水加工剤として使われる。

ミョウバン ナトリウム，カリウムなど一価金属とアルミニウム，クロム，鉄などの三価金属が結合した塩結晶の総称で，食品添加物などに利用される無色無臭の結晶薬品である。

酢酸90%　食酢には3～5%の酢酸しか含まれていないので，90%酢酸を使うと少量ですむ。

消石灰　単に石灰ともいう。グラウンドのライン引きや畑の肥料として使われるものである。

自家製の媒染剤　草木を燃やした灰の中に含まれているカリウム分を，灰汁のかたちで媒染剤として利用することができる。最高といわれるものは，ツバキまたはツバキ科の木や枝葉を燃やし，その灰から取るのだが，ワラや庭木の剪定した枝葉類でもかまわない。つくり方は燃え尽き火が消える瞬間，灰が赤いうちにスコップで，水を張ったバケツの中へ入れる。一夜そのままとし，翌日上澄み液を汲み取ってごみを取りのぞき使用する。

媒染剤の選択

染料と媒染剤による発色の例を表3に示した。

製造方法

草木染の原理

媒染をぬきに染めを完成させることはできない。媒染は染料の発色と固定を促すもので，図1のように，色素成分を繊維の上に，あるいは中に封じ込める，あるいは成分と薬品の個性との化学反応を起こさせるものである。ウメの実の酸とシソの葉の色素とが化学反応を起こし，真っ赤な梅干しができるのも，この媒染の原理である。

草木染の工程

染料の選択

農村，山村はもちろん都市部においても，草や木のなかに染めに使用できるものはいくらでもある。それぞれがもっている色素成分を選び出すことである。しかし自然のものであるがゆえに，採集する場所や時期により多少の色が違うものがある。したがって何を何で何色に染めるというように，おおよそ決めたうえで草木を選ぶことである。

染料の使用量

染め液の分量は，少なくとも染める布や糸が十分浸って染めむらにならないよう，煮染め中に布や糸を動かせる量は必要である。煮染めの場合などはとくに，煮詰まっていくために，終わりの頃には液が足りなくなってくる。あわてて薄めると，できあがりに染めむらができる原因にもなる。煮詰まって不足ぎみになったりしたときは，2度目の染め工程に入る前に足してやる。3～6Lくらいつくれば，たいていのものは染めることができる。

染料の量は布や糸の量によって決めるが，草や

表3　染料と媒染剤による発色の一例

	酢酸銅（茶系）	酢酸アルミニウム（黄系）	塩化第一鉄（グレー・黒系）	塩化第一錫（紫系）
アメリカセンダンソウ（全草）	キツネ色	黄色	ミル色	赤黄色
イタドリ（根）	黄カバ色	黄茶色	ウグイス色	黄カバ色
イチイ（木）	赤トビ色	赤カバ色	紫トビ色	紫トビ色
ウメ（木）	茶色	赤カバ色	ネズミ色	肌色
エンジュ（花蕾）	黄茶色	黄色	黄緑色	黄色
キササゲ（葉）	濃黄色	黄色	ウグイス色	黄色
クヌギ（葉）	カバ色	カバ色	紫褐色	赤茶色
クルミ（果皮）	濃茶色	うす茶色	昆布茶色	赤茶色
シラカバ（皮）	柿色	うす赤色	藤ネズミ色	
ススキ（全草）	黄茶色	緑茶色	ミル色	
セイタカアワダチソウ（全草）	黄茶色		ミル色	黄色
ナラ（枝葉）	茶色	うす茶色	グレー色	黄茶色
ターメリック（根）	ウコン色	ウコン色	金茶色	黄色
ヌルデ（葉）	黄茶色		紫グレー色	肌色
タマネギ（皮）	金茶色	赤茶色	茶色	カンキツ色
ヤマブドウ（実）	うす紫色	うす紫色	うすグレー色	紫色

注　およその色名を和名で表わした

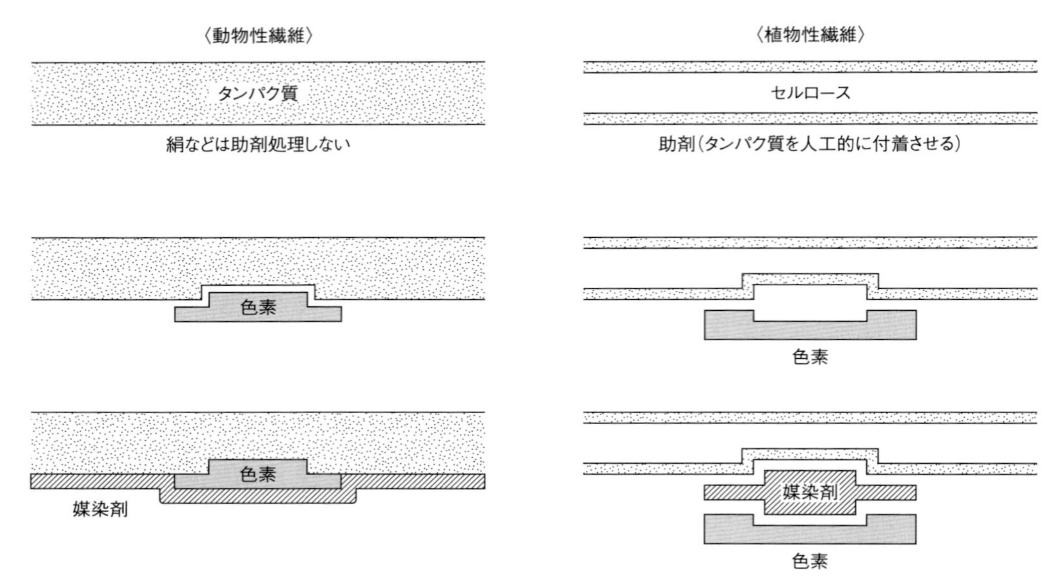

図1　媒染剤の働き

木に含まれている色素成分によっても異なる。色素の出やすいものは少なめに，出にくいものは多めに入れる。およその目安として，生の植物（葉・根・幹に関係なく）なら布などの量と同量，乾燥しているものならばその半分量とする。粉末状になっているものならば20％くらいの量と考えればよい。

染料の煮出し方

適当な寸法に切る　草や木をとってきただけでは使いこなすことはできない。色素を煮出すのにもっとも有効な寸法に切ることから始める。野山から採集してきたら，葉では，鋏（はさみ）を使って，5cmくらいなら二つ切り，10cmになると三つ切りくらいにする。枝類なら1～2cmくらいにぶつぶつと切る。幹などは5～6cmの長さに切り，さらに薄く割って，さらにまた細く割る。大きな幹ならば，鉈（なた）で八つ割りして木っ葉状にしてもかまわない。ススキなどの長い草は4～5cmくらいに切る。ともあれ，極力小さくすることである。

こうして草木を小さくしたものを鍋（寸胴鍋または浅鍋）に入れて，色素を煮出す。

量と色目に配慮して煮出しの回数を決める　何回煮出すかが問題で，染める糸や布の量によって染料の量が変わってくるが，どんな場合でも染め液は多めに煮出しておく。また，染めたい色目によっても何回目の液を使うかが変わってくる。

草や木は化学染料と違って何種類もの色素をもっている場合がある。赤の奥に黄色の色素があるように，またアカネのように1回目と10回目とでは色はもちろんだが，鮮明度までも違う。植物によっては1回目の煮出し液は使用せず捨ててしまうものもある。樹皮や根茎は5～10回，幹材は6～8回，草類は2～4回と染め液を煮出す。取った液は回数別に使ったり，合計して染料とすることもある。

染料は必ずこしてから使う　よく，染料となる材料をティーバッグのようにネット状の袋や布袋に入れて煮出し，袋を引き上げてそのまま染めにはいる人もいるが，これはよくない。染料はテトロン布または木綿布で一度こしてから染めに使うようにする。

粉末状のものならなおさらで，2度，3度とこして，浮遊物やおりなどを取り去り，より澄んだ染料をつくるようにする。それが美しい染め上がりのコツであり，じっくりかまえてとりかかりたい。

染める前の下準備

草木は生きており，乾燥したものでも生きものである。それと同じように布や糸も生きているものである。水気や，ちり，油を呼ぶような保管はよくない。

ウールの処理　市販の玉巻きのものは60 cmくらいのかせ糸にもどしておく。毛糸類は染める前には何もしなくてよい素材だが，染めに入る直前にぬるま湯に通して軽くしぼっておく。染めむら防止にもなる。

絹の処理　つくるものに見合った布取りをしたら，切り口の糸がほつれてこないよう白糸でかがっておく。織り方や糸の種類や番手で名称は違っても，主原料が絹であれば皆同じように扱う。前処理はしなくてもよいが，染める前にぬるま湯に通しておく。

木綿の処理　一口に木綿といっても糸や織り方や使用目的により生地としての性質が違う。木綿は動物性繊維のようにタンパク質がなくセルロース質なので，人工的にタンパク質の付着加工をしたほうがよい。これを「豆汁づけ」または「タンパク質処理」といって歴史の古い技法で，今日でも行なっている処理法である。

豆汁のつくり方は，次のとおりである。白ダイズ120 gを水1Lに一夜ふやかし，翌日ミキサーにかけて布でこす。かすをもう一度水500 ccほど加えミキサーにかける。できた豆汁を10倍に希釈し使用する。使用する量により豆と水の量を増減すればよい。

媒染剤の濃度と量

媒染剤の量は，染める糸や布の量によって違ってくるので，あらかじめ染める材料の重さを計っておく。その重さが，染めの仕事をしていくうえでの目安となる。媒染剤の量の決め方も，その重さを目安にする。計った重さに対する割合を示すと，酢酸アルミニウム5%，塩化第一錫2%，酢酸銅3%，ミョウバン8%，塩化第一鉄1.5～2%を標準として媒染剤を水に溶かし，液をつくる。

媒染のしかた

布や糸が液の上に浮き上がっていたり，布の下のほうに空気が入ったりしている状態はよくない。よく浸け込み，空気を抜きながら媒染する。そのためには，ときどき上下を反転させるようにする。

終わったら，2度目の染めにはいるのだが，媒染剤によっては定量で使っても，その性質上糸や布に付着しすぎているものがある。鉄，錫（すず）などは，とくに水の中でかるく振り洗いしてから染めにはいる。

必要な道具

小さなハンカチくらいのものを染めて楽しむなら，それほど大きな容器はいらない。筆者はもともと草木染は台所でもできるという考え方だが，浴衣やのれん大のちょっと大きいものを染めようとすると，台所にある鍋類だけではむりになる。ガス台も日常料理に使っているものでは小さくて不安定で，作業中に危険もともなう。染めるものに見合った容器や道具を準備することである。

染色をするにあたっては，容器や道具の大きさだけでなく，その材質に注意が必要である。廃品利用は大いにけっこうだが，スチール製（鉄）は絶対に避ける。容器の鉄が溶け出して色が濁ってしまい，美しい色の仕上がりにならない。また，染めたものが鉄製品にふれると黒く汚れになったりするので，注意が必要である。容器は，ステンレス製，ガラス製，ホウロウ製のもの，バケツはプラスチック製のものを利用する。

「大は小を兼ねる」というが，集める染色材料の種類や量によって，いくつかの大きさの容器を用意して使い分けるようにするとたいへん便利である。わざわざ染色専門店で購入しなくとも，近所の荒物店やホームセンターで扱っている料理用や庭仕事用品のなかにも利用できるものがある。それらを購入して染色専用の容器として使うとよい。

素材の違いと加工方法

加工したい材料があるなら，あるいはつくり出したい製品の企画を立てたなら，それに向く素材を選定し，その素材のもつ利点と欠点を知っておくべきである。たとえば，樹皮などは風化（酸化）

1

2

3

4

黒豆で染める

1 染料を煮出す。5Lの水で約15分煮出して1回目を取ったら，水4Lを追加し，2回目の煮出しを15分行なう。
2 染め。1回目と2回目の煮出し液を合わせ，20分染めに入る。
3 媒染をする。30分間浸けておく。媒染剤には塩化第一鉄1.5gを用いる。
4 煮染め。「染め」で使った液に糸をもどし煮染めをする。このあと水洗いして干す。染料に煮出しから干しまでの工程を3回くり返して仕上げる。

すると赤く色づくものだが，その欠点を利用する方法もある。あるいは黄色発色もするがどうも透明感がないというのであれば，グレーの発色をさせると大変美しい透明感のあるものが得られる場合があるなどである。テストをくり返して見つけ出すことである。草の穂を利用したいときは，適期に採集し，クセの付かないよう吊し干しにし，日陰に干すなど最初から素材として扱うことが大切である。

染料として保存する場合でも，樹木は丸太のままにしておき使用直前に切り割りをするほうがよい。葉や草は採集したなら水洗いし陰干しにして，紙袋などに保管する。根類は土付きのまま日干しし，使用前に水洗いするなど，素材のもつ性質を損なわないようにする。

草木染の例──黒豆で染める

黒豆で絹糸を独特な黒に染める　「丹波黒」という大変人気の高い品種がある（写真3）。等外品や不出来なものを染色に使うと，やや発色に不十分ではあるが紫を帯びた黒が染まる。染め重ねることで美しさを増す。布染めには不向きであるが糸染めにはよいようだ。

準備するもの　絹糸は緯（よこ）糸用として400g，経（たて）糸用として400g。黒大豆2.4kg，塩化第一鉄4.5kg，ステンレス鍋（30cm）1個，ステンレスボウル（大）1個，ポリバケツ（10L）2個，テトロン布（60cm×60cm）1枚，ざる1枚，染め棒（ステンレスまたは塩化ビニール棒）1本，ゴム手袋1組，計量カップなど。

染めの手順と留意点　染めの手順は上の写真に示す。次の点に留意する。

写真3　黒豆染めに使用する「丹波黒」

・絣（かすり）着物地は本格的に高機（たかはた）を使った織り技術をもっている人でないとできない。

・絣立ては染めに入る前の仕事になるが，ここでは省略し染めのみを取り上げた。

・3回まで染めをしているが，4～5回と染め重ね黒色に深みを出すとよい。

・使用済みの豆（染材）は肥料や飼料として処分するとよい。

草木染の例
――黒米のぬかで絹糸を染める

染料として古くから使われてきた黒米　「古代米」「薬膳料理」などで注目されている赤米や黒米。そのぬかによる染めは早くから知られ，利用されてきた（写真4）。

用意するもの　絹糸400 g，黒米ぬか400 g，酢酸アルミニウム4 g，酢酸10 cc，ステンレスボウル（大）1個，ステンレス鍋（30 cm）1個，染め棒（ステンレスまたは塩化ビニール管）1本，テトロン布（60 cm × 60 cm）1枚，ざる1枚，ポリバケツ（10 L）2個，ゴム手袋1組，菜ばし1連，計量カップほか。

染めの手順と留意点　染めの手順は次ページに示す。次の点に留意する。

・米ぬかは粉末状なので，何度か煮出しして取った染料はそのまま使うのではなく，少し時間をおいてからもう一度染料を布でこし，微粒のかすを取り除いて染めにはいる。

写真4　黒米のぬかで染めた着物

1

2

3

4

5

6

7

8

黒米のぬかで絹糸を染める

1　酢酸を添加して染料を煮出す。黒米ぬか400 g を水5Lの中に入れ，酢酸5 cc を加えて30分鍋で煮出す。

2　染料を取る。ポリバケツにざるをのせてテトロン布をかぶせ，その中に鍋のなかみをあける。ぬかは再び鍋にもどし5Lの水と酢酸5 cc を入れて煮る。この「煮出し―染料をとる」工程を3回くり返す。

3　糸の前処理（湯通し）。染めに入る前に糸をぬるま湯に浸けておく。

4　染めに入る。染料を鍋に移し，湯通しした糸を染め棒に通し棒を上下回転させる。

5　染めの開始。60 ～ 80℃ぐらいの温度で染める。染め液はたっぷりめに使う。

6　媒染。ボウルに酢酸アルミニウム4 g を溶き媒染液をつくり，染めた糸を媒染液に浸ける。1回目の染めが終わると媒染に入る。液が出ないよう注意。

7　水洗い。2回目の染めが終わって水洗いする。

8　陰干し。風通りのよい直射日光の当たらないところで干す。

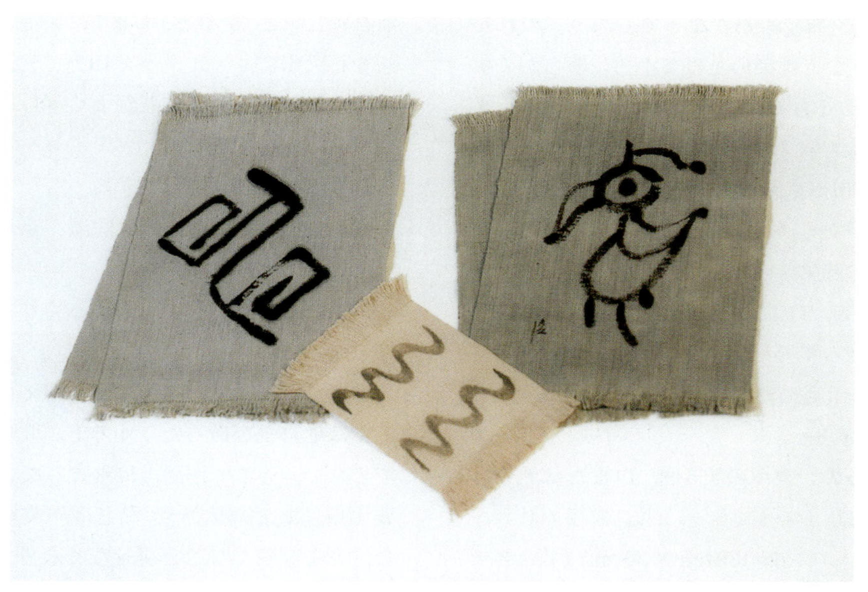

写真5　柿渋染めの製品
地染めした卓布に松煙と弁柄で調製した柿渋で手描きしたもの

・染め液は多めにつくってあるので，糸の色目を濃くしたいときは「中干し」を1日ほどしてから染めを重ねる。

草木染の例──青柿の果汁染め

柿渋の多様な利用　天然の染料のひとつに「柿渋」がある。青柿から果汁をしぼり，染料・塗料として古くから多用途に使われている。柿渋は防水性・防腐性や伸縮に強いので漁網，雨具，型紙，建築塗料さらには漬物樽や酒袋にまで使用されていた。近年，布や糸を染めることにも利用が増している（写真5）。

柿渋の染料利用のポイント　染料としての柿渋の特徴には以下のようなものがある。

・生しぼり汁も染料として利用できる（写真6）。

・搾取した果汁は2年，3年，5年ものと発酵したものをそれぞれ目的別に使用する（写真7）。

・長年保存しておくと「オロ（おり）」が沈澱するが，布でこして使用する。

・水などを加え増量することができるが，いったん乾燥すると溶けなくなる。

・柿渋は干すことで酸化し赤褐色となり，塗りあるいは染め重ねるとより濃く強く光沢が出る。

・「松煙」や「弁柄」を調合し塗料として使用することができる。

柿渋染めの欠点として，染め重ねると光沢が出

写真6　カキの実の圧搾
圧縮機で果汁と果肉に分離する

写真7　しぼりたての果汁（柿渋）
タンクに入れて発酵を待つ

てくるが，糸（布）は固くなってしまう。のれんやクッションなどは染め上げてから，軟らかくする加工が必要である。近年市販されはじめた柔軟仕上剤に「ユニソフナーSS」（販売者：田中直染料店，京都市下京区松原通烏丸西入，TEL. 075 - 351 - 0667）がある。これを規定量にそって処理するとよい。柿渋生産者には，神代敏正氏（富山県富山市平岡199，TEL. 076 - 436 - 6006）らがいる。

青柿をしぼって発酵したものが「柿渋」として使われるが，手軽に青柿の汁を取って染めることができる（写真8）。

用意するもの　カキの実5個，白または地染めをした染め用布（コースター）2枚，厚手のビニール袋1枚，テトロン布（30 cm × 30 cm）1枚，ステンレスボウル2個，木槌1本，筆（またはハケ）1本，消石灰2 g，洗濯バサミ数個。

染めの手順　①青柿の実5個を厚手のビニール袋に入れ，木槌でトントン砕きつぶす。

②ステンレスボウルに木綿布をかぶせ，砕いたカキの実をあけ果汁をしぼる。

③しぼった果汁を筆またはハケを使ってコースター生地に模様を描く。

④3 ～ 4日間，天日干しする。

⑤媒染剤づくり。ステンレスボウルに水2 L，消石灰1 ～ 2 gを溶き，すましておく。

⑥石灰水にコースターを10 ～ 15分間浸ける。

⑦水洗いする。媒染液がよく落ちるよう振り洗いする。

⑧空気酸化し発色してくる。もう一度水洗いして陰干しにする。しぼらず洗濯バサミで挟んで干すとよい。

⑨乾いたら当て布をしてゆっくりアイロンをかける。

留意点　柿の渋は樹脂によく似ているので，加工中は他に飛び散ったりすると，取り除くことはできない。そこで作品上に飛点しないよう注意を要する。また，筆，ハケなどは作業を中断する場合，毛先が硬くなると戻せなくなるため，よく水洗いしておかなければならない。

草木染の例
──チューリップの花びら染め

花弁染めに適したチューリップ　花の咲く草木は多くあるが，花弁による染めとなるとごく限られている。また少々染まる花があったとしても，染料としてはあまり染め上がりが堅牢でなかったりする。そんななかでチューリップの花弁による染めはかなり優秀である（写真9）。多くの品種の

写真8　青柿の果汁をハケ描きしたコースター

なかからどれを選ぶかでも色が決まるが，媒染剤を変えることでまったく別の色が発色したりもするので，テストを重ね，最も ふさわしい品種と媒染剤の相性を見つけ出したい。

花弁の採集も重要な仕事である。チューリップは咲く時期がごく短期間なので，いち早く取り寄せ，より早く染料化しなければならない。球根を大きくするため栽培農家では開花と同時に花を摘み取るので，一度に大量に出てくる。さいわい，染料は液化して冷凍保存することができる。

富山県砺波地方の特産チューリップは第二次世界大戦後いち早く農家で栽培され，今では国内外に売り出されている。1996（平成8）年にチューリップ四季彩館がオープンされ，チューリップを通年栽培している。1952(昭和27)年からフェアーが開かれ，シーズン中は400種にも及ぶ花が咲きみだれる。地区の主婦たちによって染め始められたチューリップの花びら染めが，チューリップグッズの目玉として人気が出てきている（夢工房「花遊仙」，代表・仙道智子，富山県砺波市三郎丸8-1，TEL. 0763-32-6040）。

用意するもの　用意するものは次のとおりである（ハンカチ2枚を標準として）。チューリップ（花弁）300個以上，ステンレス鍋1個，ステンレスボウル1個，ポリバケツ（20 L）1個，テトロン布（30 cm × 30 cm）1枚，菜ばし1連，ゴム手袋1組，計量スプーン（小）1本，温度計1本，酢酸銅（媒染剤）0.3 g，酢酸（小スプーン）1杯。

染めの手順　花びら染めの手順は以下のとおりである。

①花びらを水洗いしたあと，手でもむ。

②もんだ花びらに水1Lと酢酸小さじ1杯を加えて1週間浸け込む。

③花びらを浸けた液に水3Lを足して15分煮出す。

④煮汁を布で濾（こ）し，1日ほど放置する。

⑤放置した煮汁を再度布で濾す。

⑥濾した煮汁にハンカチ2枚を入れて15分煮染めする。

⑦媒染剤の酢酸銅を加え，50 ～ 60℃で20分加熱して媒染する。

写真9　チューリップの花弁で染めたカジュアルベスト

⑧媒染したハンカチをさらに15分煮染めする。

⑨水洗いして脱水する。

⑩陰干しして仕上げる。

留意点　チューリップは品種や媒染剤の使い分けで予想外の色が発することもあるので，量的に染めたいときは，染料もそれなりに多くつくっておくとよい。また，チューリップ染めの場合に限るが，媒染は50 ～ 60℃に加熱しながら行なうとよい。

木通（通草）

Akebia spp.

植物としての特徴

アケビはアケビ科アケビ属の落葉つる性植物で，東アジアの温帯地域に広く分布する。果実は長楕円形で，8～10月に成熟すると果皮が縦に裂開し，多数の黒色の種子を含む液果が現われる。日本には主にアケビ（アケビカズラ；*Akebia quinata* Decne.）とミツバアケビ（*Akebia trifoliata* Koidz.）が自生している。アケビ（アケビカズラ）は5枚の小葉をもち，淡い紫色の雄花をつけるのに対し，ミツバアケビは3枚の小葉をもち（写真1），濃い紫色の雄花をつける。

一般には，これらとその雑種を総称してアケビと呼んでいるが，ミツバアケビのほうが果実が大きく，外観が美しいものが多いため，生産現場ではアケビといえば主にミツバアケビをさす。以下では，特にアケビ（*A. quinata*）をさす場合はアケビカズラと表記した。

利用の歴史

蔓の利用

アケビの蔓（つる）からつくられるかごは，古くから炊事や農作業などに利用されてきた。江戸時代には農閑期の副業として日用品づくりが盛んに行なわれていたが，工業製品が普及し始めると徐々に需要が減り，昭和30年代まで買い物かごとして使われていたのを最後にほとんどみられなくなった。

その後は技術を受け継いだ数少ない作り手によって生け花用の花かごなどがつくり続けられ，工芸品として高値で取引きされていた。近年，軽く自然な風合いのアケビ細工が見直され，トートバッグ風のかごや，マガジンラック，ランプシェードなど，現代の生活に取り入れやすいデザインの製品がつくられるようになっている。

食用利用

山形県を中心とした東北地方では，アケビは古

写真1　ミツバアケビの蔓（つる）。葉は3枚で日当たりのよい場所に自生

蔓細工による
現代風作品

1　アケビだけで編んだバスケット（製作：谷川栄子）
2　アケビとクズの蔓でつくった鳥の巣プランター

くから果実（果肉）は貴重な甘味源として，種子は油（食用または灯火用）の原料として，果皮や新芽は山菜として，蔓はかごなどの日用品の材料として広く利用されてきた。今も代表的な秋の味覚の一つとして親しまれている。その需要に着目し，山形県では1980年代に中山間地域の新たな作物として栽培が始まった。現在も全国生産量の8割以上を占め，一部は大都市の市場にも出荷されている。

また，米の減反や他作物の価格低迷により転換作物が模索されるなかで，中山間地域活性化の一環として，他県でもアケビが地域特産品の一つとして注目され，産地形成が図られてきた。

用途と製造法

蔓・葉の利用

アケビの蔓は，古くからかご，ざるなどの日用品に加工され利用されてきた。アケビ細工は耐久性に優れ，使い込むうちに飴色のつやを帯びる。蔓細工の体験教室も人気を集めている。

工芸品の材料としては，枝や棚に巻きついていない，まっすぐな蔓が適している。春先に株元から生ずる匍匐枝（ランナー）を地面に沿って伸長させておき（園地作業に支障を生じさせるため，通常はかき取ってしまう），夏から秋にかけて刈り取って乾燥させる（写真2）。

編む前に水かぬるま湯に浸し，蔓を柔らかくしてから編み上げる。熱湯に浸して皮を剥いてから編むと，白く上品な作品に仕上げることができる。果実収穫後の冬に剪定で切り取った曲がった蔓を用いても，素朴なリースや乱れ編みの盛りかごなどをつくることができる。作品販売のほか，蔓細工の体験工房も各地で人気を集めている。

写真2　蔓を採取する
植物体の養分が少なくなる夏から秋にかけての時期が最適。翌年のことを考えて芽の部分を残すように採る

染料，盆栽・生け花

染料　葉と蔓は草木染めに用いることができる。生の材料を細かく刻んで煮出した染液に浸し，媒染剤で好みの色に発色，定着させる。アルミまたはスズを用いると黄色に，銅では黄茶色に，鉄ではうぐいす色に発色する。

盆栽・生け花　アケビは実もの盆栽としても親しまれてきた。盆栽には，葉が小さめでバランスのよい姿に整えやすいアケビカズラが好まれる。アケビカズラの変種の一才白アケビは，挿し木後1～2年で白い花と果実をつけるため，小品盆栽として人気がある。1株では結実しないので，異なる品種の花粉を受粉する必要がある。そのほか，果実のついた枝は，秋の山里の風情を感じさせる花材として生け花に利用される。

薬用利用

アケビカズラの蔓「木通（もくつう）」は，アケボサイド（Akeboside），ステロール（sterol）類，カリウム塩などを含み，生薬として利用されるほか，漢方にも配合処方されている。

開花期に蔓の木質化した部分を採取し，輪切りにして乾燥させたものを煎じて服用する。消炎，利尿，鎮痛，関節リウマチ，神経痛，月経不順などに効果があるとされる。目の炎症には，果実を乾燥させたものを煎じて服用する。

食用利用

アケビの果肉にはビタミンCが豊富に含まれている（写真3）。ビタミンC含量はキウイフルーツやイチゴと同程度であり，果肉100gで1日の必要量の半分以上をとることができる。果皮にはカリウム，食物繊維が多く，独特の苦味がある。

アケビカズラやミツバアケビの種子からとれる油の主成分は，1,2-ジアシルグリセロ-3-アセテート（DAGA）である。DAGAは一般の食用油より，食後の血中中性脂肪を上昇させにくいため，体脂肪がつきにくくなるとされている。

果肉　果実が完熟すると果皮が縦に割れ，多数の黒い種子を含む半透明でゼリー状の果肉が現われる。果肉は生食することができ，種子ごと口に含んで果汁をしゃぶる。種子は捨てることが多いが，毒性はないため噛み砕いたり飲み込んだりしても問題ない。

果皮が開いた果実は傷みやすいため，当日中に生食しないものは加工するとよい。果肉に砂糖を加えて煮ると，シロップ煮になる。また，果実（丸ごとまたは果肉のみ），レモン，氷砂糖をホワイトリカーに約1か月漬け込むとリキュールができる。果実を丸ごと使ったものは苦味のある仕上がりになる。

ほかに，裏ごしして種子を除いた果肉を使ったゼリー，アイスクリームなどがある。裏ごしした果肉は黒ずみやすいので，すぐに少量のレモン汁をかけるとよい。

果皮　一般にアケビといえば果実の中のゼリー状の果肉を生食するというイメージがあるが，山形県を中心とした東北地方では，果皮をさまざまな方法で調理して食用にしている。かつて野菜が手に入りにくかった冬場の保存食として重宝されてきた経緯から，長期保存のきく加工食品も多い。

果皮には強い苦味があるため，湯通しや塩もみをして苦味の程度を調整する。代表的な調理方法としては，果皮の中に挽き肉や山菜を詰めたものを焼いたり，油で揚げたりする詰め物料理や，細切りにした果皮を炒め，味噌や醤油で味付けする炒め物，天ぷらなどがある。

果皮は乾燥または塩漬けすることで，長期保存することができる。最近では，丸ごとまたは細切

写真3　アケビの果肉。品種は「鷹紫」

りにした果皮を真空パックして冷凍したものが，旅館や飲食店向けに販売されている。

素材の種類・品種と生産・採取

品種系統の特性

生食用利用の品種については，各産地で生産者がそれぞれ近隣の山林から採集した株を園地に植栽し，果実形質・栽培性に優れた系統を選抜し，栽培してきた。生食用品種の選抜は，果実の大きさ，果形，着色，熟期，店持ち，輸送性，雌花の着生量，うどんこ病耐性などに着目して行なわれている。以下に，いくつかの系統をあげた。これらの命名されている系統はすべて青果での出荷を目的に選抜されたものである。

着色に優れた選抜系統

鷹紫（たかむらさき） 山形県白鷹町のアケビ生産グループが選抜した優良品種。早生で，8月下旬から9月上旬頃に熟する。楕円形の果実は，果重250～300 gと大きく，果皮は鮮やかな紫色に着色する（写真3参照）。

秋月（しゅうげつ） 山形県朝日町の斉藤孝太郎氏が，採集した野生系統から選抜した優良品種。9月下旬頃に熟する。果実は短楕円形で，果重220 g程度になり，果皮は濃紫色に着色する。

生食用優良系統の品種選抜と利用

果実は，産地により統一名称を冠して出荷されていることもあるが，外観や品質が一定していないことが多い。近年，優良系統の一部が品種として扱われ，苗木が販売されている。しかし同じ品種名で販売されている苗木でも特性に違いがあったり，栽培条件によって特性が変化したりすることがあるため，導入の際には地域ごとに適応性を見極める必要がある。

生食用として200 gを超える外観が美しい果実が観光地の土産物店に並ぶほか，大都市の市場に出荷されて，高級果物店などで販売されている。調理用としては100 g前後のものが好まれ，契約農家または農協から旅館・料理店などへ直接納入されることが多い。

紫宝（しほう）No. 1 群馬県園芸試験場中山間支場で，購入した紫宝の実生苗から選抜された早生系統。果重は約220 g，果皮の厚さは11 mm，果形は長円錐形，果皮色は淡青紫色。うどんこ病にやや強い。

紫宝No. 9 群馬県園芸試験場中山間支場で，購入した紫宝の実生苗から選抜された晩生系統。果重は約150 g，果皮の厚さは8 mm，果形は長楕円形，果皮色は濃青紫色。

栽培の留意点

アケビの栽培は比較的冷涼な地域の，日当たりと排水がよく土壌が肥沃な緩斜面に，棚仕立てにする。10 a当たり200本程度定植し，樹冠の拡大に応じて間伐して最終的には約半分にする。収穫期を分散させるために，熟期の異なる複数の系統を混植する。アケビは自家不和合性であるため，受粉樹として花粉の多いアケビカズラを混植することもある。

展葉期のアブラムシの発生に注意し，開花期には必要に応じて人工授粉を行なう。開花後，1花そうに1～2果になるように摘果し，うどんこ病を予防するために袋かけをする。

8月下旬から10月上旬にかけて，果実の緑色が淡くなって紫色に色づき，縫合線（縦方向の割れ目）がはっきり見えてきたら，果皮に傷をつけないようていねいにハサミで収穫する。裂開した果実は傷みやすいため，生食用としては流通させず，加工原料としての活用をはかる。

アケビ蔓を編む

蔓の採取と取扱い

秋のイネ刈りが終わってから　今は休んでいるが，アケビ蔓の採取によく歩いた頃は，イネ刈りがすんでから山に出かけた。よそ様の山に蔓をたくさん見つけたら，お酒を一升か二升持って，お願いしてから入山したもの。

あまり早い時期だと，蔓の組織に水分が多く，ゆるんでいて，乾いてからシワになるような気がする。野山が紅葉して，蔓の水分も少なくなってからがいい時期だと思う。

日当たりのよい山の入り口　私が使う素材はアケビが大半である。フジの蔓は強すぎて編むのにとても力がいるし，手もかなり痛い。クズは，やわらかくていいのだが，乾くと蔓がやせて見た目も貧弱になってしまう。スイカズラの太い蔓は，白っぽくて素敵だが，あまり多く自生していないので，なかなか手に入らない。

その点アケビは，私の住む岩手県一関市ではたいていの雑木林にある。日当たりがよく，土地が肥えているようなところに多く自生している。

樹にからんでいる蔓，地面を這う蔓　アケビ

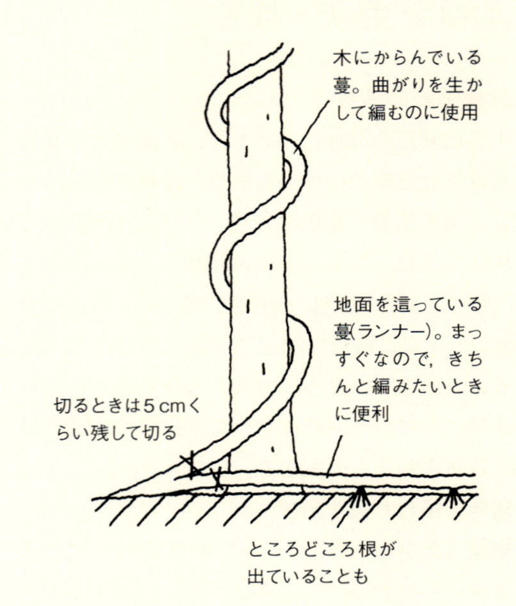

からむ蔓とランナー
蔓は採取しながら育てる。元を少し残して切ると，翌年，翌々年に再生する。ランナーなどは再生したもののほうが品質がよくなる

アケビの蔓で編んだ乱れ編み籠。樹にからんだ蔓でつくる

は，樹などにからんでいる地上部の蔓と，地面をまっすぐに這う蔓（ランナー）に大別される。ランナーはしなやかでまっすぐなため，バッグや小物，民芸調のものや，実用的なカゴなど，思い通りの形に自由自在に編める。

樹にからんでいる蔓は，クセがついているので，なかなか思いどおりに形づくれない。無理に曲げると折れたり，皮にヒビが入ったりして見苦しく，商品価値も下がってしまう。蔓のクセに合わせて自然任せに編むと，多少いびつでも面白味があって，どちらかというとそういうもののほうが，直売所での人気もあるようだ。

樹にからんでいる蔓は，採取して早めに編んだほうがヒビなどが入らずにすむ。ただ，採取した直後の，まだ蔓がみずみずしいうちに編むと，表皮がむけてしまうこともある。

ランナーはしっかり乾燥させてから，水に浸してやわらかくして編む。水に浸す時間は，季節や温度によって違う。また採取のときは輪にして持ち帰るのだが，そのままにしておくとクセがついて編みにくくなる。なるべく早く輪をほどき，太さ，材質で区分けし，まっすぐにして乾燥させておくと，あとの作業が楽になる。

乱れ編み籠をつくる

10個，20個と編んでいくうちに手が覚えて，蔓がさばけるようになる。蔓編みは要するに「身体で覚える」もののようだ。ここでは乱れ編みを紹介する。蔓の行きたいほうに，自由に蔓を組んで編む方法で，普通は同じ太さの蔓で編むが，太い蔓・細い蔓を入り交ぜに編むと，よけいにおもしろみが出る。

籠の編み方を，ランナーを採る，樹にからんだ蔓を採る，家に持ち帰ってからの前処理，蔓を編む―乱れ編み籠をつくる，の順で紹介する。

1

2

3

ランナーを採る

1　樹にからんでいる蔓と地上でまっすぐに伸びたランナー。山歩きにはハサミが必携の道具。
2　株元数cmを残して切る。こうすることで翌年もいいランナーが出る。
3　切り取ったランナーから出ている根は少し余裕を残して切る。その年伸びたランナーには根がない。乾いたときに根の切り痕が芯のように飛び出て編む前の処理がたいへんになる。

樹にからんだ蔓を採る

1　上方にある蔓は手の届く範囲としている。樹に食い込んで採りにくい蔓も採らない。
2　地にある蔓も株元を少し残して切る。
3　からんだ蔓はくるくると外すが，無理に引っぱったりしない。
4　樹にからんだ蔓は葉を落とし，枝分かれしているものは切り分けて１本ずつ輪にする。
5　輪に巻いて持ち帰る。

1

2

3

4

5

家に持ち帰ってからの前処理

1　ランナーはすぐにまっすぐに伸ばしておく。色，太さなど品質ごとに分けて縛って干す。
2　採ってきた蔓。１日でこの20倍くらいの量を採り，ひと冬の間，編み作業が続けられるようにしている。
3　納屋で保管する。

1

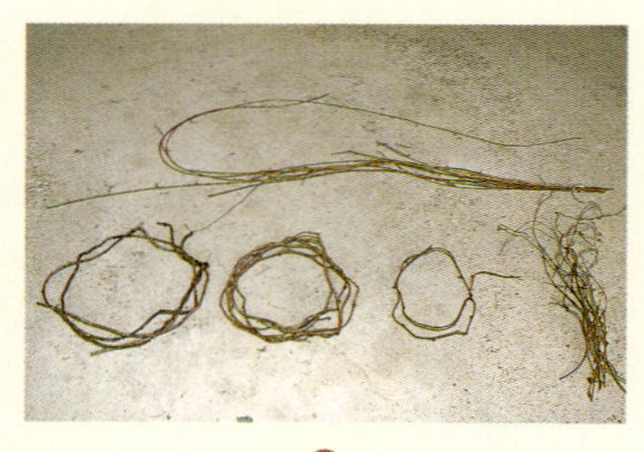

2

3

1　2　3　4　5　6　7　8

蔓を編む――乱れ編み籠をつくる

1　保管した蔓は乾燥しているので，軟らかくなるまで水に浸ける。冬は1日以上浸ける。
2　樹にからんでいた蔓を使う。まず2本を輪にする。
3　自然の曲がりを利用して蔓の行きたい方向に行かせてやる。
4　だんだん形になってきた。
5　形が決まる。当初からこの形を頭において作業していた。
6　底が水平にならなかったので，別の蔓を巻いて台をつくる。
7　籠の底に輪を蔓で留めると籠のすわりがよくなる。
8　完成。新しいデザインを考えついたら，5～6個同じようにつくって製法をマスターする。

蔓・草・樹皮で編む

利用の歴史

戦後生活の変遷と民具見直しの機運

戦後の一時期身のまわりの何もかもが急激にビニール製品に一変した時代があった。高度経済成長も一段落した1975（昭和50）年ころからは，さらなる豊かさを求めてのことであったろうか，自然素材を使った輸入品，籐のバスケットブームが起こり，婦人雑誌などでお洒落なインテリアを兼ねたバスケットが頻繁に紹介された。だが，この時代は，わざわざお金を出して買うよりも，地域のお年寄りが昔ながらの素材でつくった籠（かご）のほうがより身近な存在であっただろう（写真1）。売場の産品を入れる容器として籠が使われていたのをしばしば見かけた。

それを大きく変えたのは，プラスチック製品の飛躍的な開発であったように思う。以前のビニール製品のように形が崩れることもない，頑丈なプラスチック製のカートンが，収穫物の運搬だけでなく，産直店にむきだしのまま並べられている光景を目にするようになった。

今，農山村は大きく変わり始めている。高齢化が進んではいるが，自らが暮らしてきた地域への考え方も変わり，自らすすんで都会から戻る人，町から移住する人たちを迎え，農山村の担い手は若い世代に移っている。産直店で使われる容器も，それまでのプラスチック製のカートンから，素朴なリンゴの木箱や輸入品ではあるが洒落た籠に変わってきた。最近では，百円ショップで売られているような花籠や容器などを用いて，以前のような産物の羅列から，装飾としての統一感を出すような努力をしているところもある。

伝統技術の見直し

「編む」「結ぶ」「組む」技法は，布織りやテキスタイルに属するもので，立体に形づくるか平面にするかで「編む」と「織り」を区別している。

アンギンと呼ぶ縄文時代の古代服は，草木の繊維を使い，「結ぶ」「編む」「組む」という指先での手作業が始まりであった。後に，木の幹や二股枝を使った，ござ織りの機械の始まりとなった器具が工夫され，平面に「編み」「織り」したものを，立体の衣服に形づくっていったと思われる，

海外では，籠づくりは，絨毯や，絵画を織り込んだ壁飾りを含めて，つるや草，割板，草木の繊

写真1　稲わらの背負い籠

写真2　フジツルの壁花篭

維を素材にした製品がつくられており，テキスタイルと表現されている地域がある。その技法を生かし，テキスタイルバスケット，バスケタリーと呼び，アートな装飾やインテリアとして日本にも広がりつつある。

日本では，ござ織りと呼ばれる，平面に織ったシートまたは布状のものをつくり，それを立体的に組んだ炭俵や雪踏みなど，数々の生活必需品が生まれている。「結ぶ」技法では，七宝結びなどの編み袋がある。

日本の気候風土に育った日本の素材の質感や色合い，風情を生かして，「織る」「結ぶ」「組む」の技法をよりシンプルにしてアートに造形し，店内装飾や壁面装飾として使うと，自然の色の豊かさのなかにモダンさを表現することができる。

身近な素材を使った民具の魅力

昔の人が身近な自然を素材として生かし，農作業や日常生活に重宝に使いつづけてきた道具や容器，籠など，いわゆる民具と呼ばれるそれらのものは，「和のインテリア」として海外で人気を博し，今では日本の都会の人々にも驚くほどファン層が広い。使うためにつくられたそれらのものは，使いやすいように何世代にもわたって，それぞれの時代に，それぞれの地域でさらに使い勝手のよいものへと工夫され，華美な装飾を省き，無駄のない「用と美」を兼ね備えた最高の道具や容器となった。歴代つくられ使われてきたそのものが，その地域独特の個性を打ち出す。都会の自然を愛する人々はそう考え始めている。

海外では暮らしのなかに「籠」が定着

イギリス，フランス，スペインなどの欧州，デンマーク，スウェーデンなどの北欧，アメリカ，そして東南アジアなどを回り，機会あるごとに「籠の素材と形態」についてみてきた。籠づくりの素材は，そこの国でも身近にある植物が使われており，その植物の科，属，種は日本とほとんど同じ仲間である。また不思議なことに，その形や製作に使われている技法も驚くほど同じである（写真2）。

ただ近年の日本での「籠」ブームとは，その根底においてかなり異なっているように思われる。

1）日本では近年インテリアや飾り物として認識している人が多いが，海外では暮らしのなかで生かして使われる実用品，必需品であること。

2）籠職人の技能を一般人も高く評価しており，籠職人も誇りと信念をもっていること。

3）子どもたちが，自分が育った暮らし方を愛し，自分たちも伝統ある生き方を望んでいること。

4）一般の人々の美意識が培われており，仕立てのよい籠はよく売れていること。

5）籠づくりに行政の支援がある。北欧では「国立ヘムスロイド協会」が設立され，伝統的な手工芸技術にマイスター制度がとられている。フランスのロアーヌ地方では，村全体を「柳の籠」職人の集合体として行政がサポートし，製品の流動の支援やグリーンツーリズムの一環にのせていること。

アメリカや欧州の各国では，農作業や生活の容器として使われてきた日本の「籠」は大変好評を博している。日本の「籠」は，その技術の高さ，仕立てのよさとともに世界の第一人者であると感じとっている。その地域の土着の「籠」を，さらに素材と技術を吟味して仕立てることに自信と誇りをもつことが大切である。あれこれ海外から加工法を学ぶよりも，むしろ海外の行政の取組み方を学ぶ必要がある。

昔のもののよさ，力強さを大切に

近年のブームをみていると，むやみに形を近代風に変えたり，素材を変えたりしてしまい，民芸店のお土産的になってしまっているのではないか。どこか，そのものが伝える力が欠けているのである。昔のもののよさ，素晴らしさを認識しなければならない。そのうえで，日常的にみる自然を素材として見抜く目と，それを使う知識を再認識することが大切である。具体的には，1）素材を選択する眼，2）バランス感，3）素材の組合わせ，4）製作技術の訓練，5）今の暮らしにあう用途から，籠の大きさや形の工夫，などが必要になる。

たとえば，雪国で生活の道具として使われていたカンジキに使われた技法を取り込むことによって，作品は見事に力強さを増す。蓑（みの）づくりに使われた技法，俵づくりに使われた技法など素晴らしい伝統技法があり，それを現代に生かす感性と技術が求められている。

素材の選択

つる・草・樹皮の特徴と利用

籠などの容器の素材は，農村であればいたるところにころがっている。つる（蔓），草，樹皮，樹の細枝や剪定枝などあらゆるものが材料になる。

表1に，つる・草・樹皮の特徴，採集の時期，用途などをまとめてみた。いつも頭の中にインプットしておいて，季節の動きを感じとり，農作業の収穫と同じ感覚で，その素材採集の旬に少しずつ集めておくとよい。春一番に香り咲くジンチョウゲの枝を折ったとき，木の皮も一緒にどこまでも剥けて，なかなか切り離すことができなかったという経験がおありだと思う。ジンチョウゲはコウゾの仲間で，樹の皮は細長くひも状に剥ける。そんなかつての感性を取り戻しながら，素材採集をすすめたい。身近な土手に雑草として植生するアカソ，アオソなどの草，シュロやシナやフジなどからの繊維，トウモロコシ，タケの皮なども乾燥しておき，結んだり組んだりする副材として使えば，ビニールひもなどを使う必要はなくなる。山に入らなければ素材を見つけられないなどといった，おおげさなことではない。

雪国で使われてきたカンジキは，サルナシ（コクワ）やマタタビ，ブドウの太いつるなど，曲がりやすい木の枝でつくられている。カンジキは日本の雪国そのものを表現するすばらしいインテリアでもあるが，単純な籠にそれらの曲がる材をフレームに添えると見違えるほど力強さを増す。また，庭の剪定枝，林道の枝打ち材の細枝，二股枝，三股枝など，都会ではなかなか入手できない素材がゴロゴロしている（写真3～5）。

つる類の見分け方と採取方法

つるの採集適期　つる類には，木に巻きついて伸びるタイプのつると，地面に根ひげをつけて伸びるタイプのつるの2タイプがある。

前者は，近くに木があると，光を求めて木に巻きつきながら上へと伸びていき，木全体にマント状に覆いかぶさっていく。都会の空地でも，どんな山村でも見かけることができる。太かったり細かったり，枝や節があったりするが，自然の曲がりを上手に生かすことで，野趣に富んだ形づくりができる。

後者は根元から先端まで比較的太さも均一で，弾力に富む。技術があれば仕立てのよい形づくりができる。

一般につる類の採取時期は，秋～落葉頃（冬前）までである。つるは長く伸び，木質もしっかりとして弾力をもち，木肌もつややかである。春のつるは生長期であるため，つるに養分をたっぷりと含んでいて虫がつきやすい。製作した籠からボロボロと粉が落ちてくることがあるが，それは虫に食べられていることが多い。晩秋から冬どりしたつるは，木肌がゴツゴツとして色も黒ずみ，材質が硬くなる。

つるの採取と保存　つる類は，日当たりのよい場所に多く見ることができる。木に巻きついて伸びるタイプも，地面を這うタイプも，一株見つけると数本または数十本のつるを手に入れることができる。

道具：鋏（はさみ）と高枝鋏，折りたたみ鋸（のこぎり），あれば鉈（なた），折りたたみ小型鋸，束

写真3　二股枝2本を使った田園プレート
庭木のカキ，クリの樹は果実を採りやすくするために枝打ちすることが多い。正月に使ったヤナギの枝で編んでいる

写真4　三股枝のリーフトレイ
ビワの三股枝を，細いつるで単純に編んだトレイ

写真5　太いつる，曲がる枝を使ったバスケット
ブドウ，マタタビ，サルナシ，ツルウメモドキなどのつるや，カンジキとして使う曲がる枝を使う

ねるひも・荷札・軍手。これらは，すべての採集に必要な道具である。

とり方：木にからみついたつるは，枝をいためないよう，ていねいに巻き戻しながら採集する。地面を這うタイプも同様である。どちらも次の年の芽吹きを期待するときは，根こそぎとることはしないで，地際から3cmほど残してカットする。

乾燥と保存：とったつるは束ね，風通しのよい日陰で1週間ほど乾燥させる。多湿と直射日光が当たる場所を避けて保存する。

草類の見分け方と採取方法

草は，大都会でもビルの谷間の空地や高速道路の沿道，郊外の休耕田など，どこにでも繁茂している（表2）。刈っても刈っても伸びてくるじゃまもののなかに，イネ科，スゲ科など，昔の人たちが生活の必需品として利用していた籠づくりの素材をたくさん見かけることができる。昼夜の温度差があり，日光も適度に当たり，風通しのよい場所に育つ草が，素材として，粘りもあり，強く良質である。

草の採集時期　空気の乾燥した7月下旬～8月上旬，カンスゲ類は彼岸の頃，株の中心から出る新芽を抜いて使う。旬の時期に採取する草は，丈も長く，強さと弾力があり，その素材のもつ本来の色や質感がよい。

草の刈り方から乾燥・保存　道具：鋏または鎌，束ねるひも，軍手。

刈り方：刈取り前後の3日間は降雨がないと予想されるタイミングをねらって刈り取る。刈り方は，草のできるだけ根元近くに鎌または鋏を入れて，できるだけ長く刈り取る（写真6）。

乾燥：刈ったらすぐに，農道の焼けたコンクリートの上に散らしながら刈取り作業を進める。色よく仕上げるコツは，刈り取ったら日陰の風通しのよい場所で速乾することが，良質の材料を得るポイントである。ガマやコモなどは下部の袴をはずして乾燥する。直射日光に当てると色が抜け

表1　編み・組みに使うつるの特徴と使い方

名前 (カッコ内は地方名)	分類	弾力	耐久強度	つるの特徴	利用
アケビ	アケビ科	◎	◎	・一般に9月中旬～落葉前に採取したつるは紅茶褐色。それ以降になると黒ずんでくる ・付着根をつけて地面を這い育つ材は，節も低く，まっすぐで弾力がある ・ミツバアケビは細めで色もよく良質。とくに東北の材は良質	・地を這ったつるは，まっすぐなので形づけしやすい ・太いつるは半割り，または面を挽いて使う ・昔はぬるま湯や，池に半月ほど浸けて，外皮を剥（は）ぎ，白いつるとして使った。生なり色でつる本来の節や曲線があり，自然の風合のなかにも繊細な美しさがある
ミツバアケビ		◎	◎		
ゴヨウアケビ		◎	◎		
ムベ (トキワアケビなど)		◎	◎	・若いつる＝緑色。乾燥つる＝灰黒色 ・ムベはつるが他に比べて長く太く伸びる ・木質は柔らかだが，他のアケビ科の材とくらべ長持ちしない	・太いつるも楽に使える ・農作業容器に適
クズ	マメ科	◎	△	・肌が粗く灰黒色 ・木質化したつるは弾力がある	・地に根ひげをつけて伸びたつるを利用 ・半割りや皮を剥いで編みや巻きに用いる ・繊維をとる
フジ (ノダフジ，ムラサキフジ)		◎	◎	・やや灰色がかった皮目がある ・這って伸びたつるは肌がつるつるで美しく，弾力と質感がある ・乾燥地，日照の強い場所に植生するつるは柔軟性に欠ける	・とってすぐ柔らかいうちに細工する。一般にフジは，乾燥するとやせる度合が大きい ・質感あるわりには，太くても一晩水に浸けると，柔らかくなる。中～大の籠に向く ・太いつるから繊維をとり，縄をなって背負い籠のひもや袋をつくった
ヤマフジ (ノフジ)		◎	◎		
ナツフジ		◎	◎		
ツヅラフジ (オオツヅラフジ)	ツヅラフジ科	◎	○	・若いつる＝緑色 ・乾燥したつるは光沢のある黒褐色。細かい縦筋がある	・糸ツヅラと呼び，糸のように細いつるの種もある ・小さな籠から大きな籠まで細工しやすい
アオツヅラフジ (カミエビ)		◎	○		
コリヤナギ	ヤナギ科	◎	◎	・品種により赤茶・青色 ・しまった質感がある ・同じ種でも土壌・気候により弾力，長さ，色が異なる	・1週間くらい湯にもどすと驚くほど柔らかくなる ・太いものは割って，または曲げて籠のフレームにする ・皮を剥いで剥（む）きヤナギとしても使う ・皮の繊維も強い
シダレヤナギ		△	△	・つるりとしたしなやかな細い柳が長く垂れる ・青色から，乾燥するとあめ色に変わる	

名前 （カッコ内は地方名）	分類	弾力	耐久強度	つるの特徴	利用
ヤマブドウ	ブドウ科	○	○	・木肌はザラザラの茶赤っぽい皮で覆われ節が曲がっている ・弾力，粘りあり ・節が太く，曲がっている	・木質化した太いつるは，粘りがあり，籠のフレームやカンジキなどの骨組み材に利用 ・樹皮は繊維として縄に利用
ノブドウ （ザトウエビ）		○	○	・木肌はザラザラの茶赤っぽい皮で覆われ節が曲がっている ・細いジグザグ状のつる	
エビヅル （エビカズラ）		△	○	・木肌はザラザラの茶赤っぽい皮で覆われ節が曲がっている ・つるがエビのようにジグザグに曲がっている	
サンカクヅル		○	○	・茶褐色でタテに筋が入る。古くなると裂け目が入る	
ツタ （ナツヅタ，アマヅル，アマヅラ，ツタモミジ）		△	△	・木肌は灰色っぽくザラザラ ・葉に対生して出る吸盤のある巻きひげが特徴	・数本まとめて編む
キヅタ （フユヅタ）	ウコギ科	△	△	・一般に黒褐色 ・付着根がある ・木質化したつるは，ナツヅタより弾力がある ・茎は気根を出して他の植物の幹にからんで伸びる	・付着根をつけたつるはしなやか。乾燥すると，やせ方が著しい
マタタビ	マタタビ科	◎ 木質化すると	◎	・灰白色のざらざらした肌 ・質感が粗い	・丸のままでは編みに不可。まっすぐなつるを割って使う ・木質化したものは弾力，強度とも強く，暗渠に使われるほど丈夫で腐りにくい ・ツルハシ，カンジキとして利用
ミヤママタタビ			◎	・マタタビより高い場所に生える	
サルナシ （コクワ，スイトウボク，シラクチヅル）			◎	・皮が縦に剥がれ，内部の肌はきれいな赤褐色	
ツルウメモドキ	ニシキギ科	◎ 木質化すると	◎	・白い斑点があり，全体は赤褐色で美しい ・木肌はつるつるして枝振りが美しい	・樹皮の繊維も強い ・木質化したつるはカンジキ，ツルハシに
サネカズラ （ビナンカズラ）	モクレン科	◎	△	・黄褐色。つやがある ・節間の長さが不均一 ・一般にはあまり太くならず，太っても2cmくらい ・弾力あり	・しなやかで編みやすい ・樹皮の繊維も強い
ヘクソカズラ （サオトメバナ，オトメカズラ，ヤイトバナ）	アカネ科	◎	△	・茶っぽい ・つるはがんじょう ・長く伸びて，太さも下部1.5cmくらいになる	・7m以上に長く伸びるが，細いので小さな籠用 ・とってすぐ使う

名前（カッコ内は地方名）	分類	弾力	耐久強度	つるの特徴	利用
テイカカズラ	キョウチクトウ科	◎	△	・灰白色～黒色 ・つるは比較的素直な伸び方をしている。付着根があり，地上を這ったり，他の幹に這い上がる ・針金のように細く手ざわりはかたくしまっているが，弾力がある	・小ぶりな籠用 ・数本まとめて編む
スイカズラ（ニンドウ）	スイカズラ科	◎	△	・表皮を剥ぐと青藤のような美肌 ・一見アケビのつるに似るが，表皮が剥がれやすく，アケビより質感が軽い ・弾力がある	・表皮を剥いで使うとつやがあり，白っぽいつるで美しい
サルトリイバラ	ユリ科	△	△	・緑色でつるつる ・つるは枝分かれしてジグザグ状。曲がったとげがある	・細かな作業には無理
クマヤナギ（クロガネカズラ）	クロウメモドキ科	◎	◎	・弾力あり強靭。黄緑色から黒紫褐色になる。タテに割れ目が入る	・馬のムチ，雪国の輪かんじき，杖の材に用いられた

注　つる一般の採集時期は9月中旬か秋紅葉，落葉前
弾力，耐久強度：◎＝非常に弾力（強度）がある，○＝ふつう，△＝やや弾力（強度）が劣る
ヤナギはつる素材ではないが，扱い方が同じなのでとりあげた。また，つるものは育つ気候風土によって極端な違いをみせるので，あくまでも目安と考えること

るので注意する。

保存：新聞紙にくるんで，湿気のない冷暗場所に保存する。

わらの見分け方と採取方法

わらには，しめ縄用に栽培する「実とらず」のわらと，脱穀後のわらがある。しめ縄用に用いる青さを保ったわらは，出穂前に刈り取り，乾燥させた後，冷暗室に保管する。脱穀後のわらは，適切な後処理を行なえば，あめ色でつややかな素材となる。

稲の種類とわらの質　米には粳種と糯種があるが，粳種よりも糯種のわらのほうが柔らかくてつやもあり，細工しやすい。一方，材質はもろく，製品にしたとき耐久性がないため，わら加工の職人のなかには，糯米のわらはわら製品には向かないという人もいる。つくるもの，使う技法によってわらの種類を使い分けるとよい。

適度な日当たりと風通しのよい，肥沃な砂壌土に育った水稲のわらがよい。早晩性でみると，早く穂が出る早生種よりも，晩生種のようにじっくりと育つ品種を，昔ながらの堆厩肥を施して育てたもののほうが，茎に「モトウラなし」といって，根元と先との茎の太さにあまり違いがない。草丈も適度に長く，しなやかで色つやもよい。また，袴の部分が小さく，はがれやすいといわれている。

筆者の個人的な実感であるが，食べて粘りのあ

写真6　根元近くに鎌を入れ，できるだけ長く刈る

表2　編み・組みに使う草の特徴と使い方

草種名	素材としての特徴	弾力	使い方			利用
			編み	組み	縄	
イグサ（藺草）	茎を使う。なめらかで光沢がある。乾燥すると青白～黄褐色になる	○	○		◎	・草履，蓑，笠，敷物 ・別名「イ」。畳表の材料として栽培。昔は灯心に使われ，別名「トウシンソウ」ともいわれた
ホソイ	イグサにそっくりだが，茎につやがなく青白い緑色	○			○	・草鞋（わらじ）
イネ（稲）	イネのわらには，しめ縄用に使う，まだイネが青い時期（穂が出る前）に刈り取ったわらと，米が実ったあとそれを脱穀して残されたわらがある。筆者の実感では，食べて粘りがあり，美味しい米のわらは，しなやかで弾力がある一方コシもあり，良質なわらのように思う	◎	◎	○	◎	・正月のしめ飾り用のわらは実とらずのうちに青刈りし，冷暗室に保存される ・穂のついている茎を抜いてつくった縄はミゴ縄と呼ばれ，丈夫 ・糯米のわらは粘りもあり，光沢も抜群 ・衣食住全域に利用
オギ（荻）	ススキとオギは異なる。小穂にノギがなく，花穂は銀白色でススキよりふさふさしている			○		・「荻」。日よけのすだれ材にも用いられた ・屋根材，壁材
カゼクサ（風草）	赤紫色の小さい穂を多数つける。採取時期やその年の雨の多い少ないなどで乾燥後の色合いが極端に異なる	○	○		◎	・草履。縄になって，袋もの ・名前には，多数つけた細くやさしい穂が風にそよぐという意。別名ミチシバとも
ススキ（薄・芒）	小穂にノギがつき出している。花穂は灰白色。別名カヤ，オバナ。硬くて，茎は丈夫			○		・茎，葉ともに屋根材や雪囲いに用いられた。『古事記』：カ「上」ヤ「屋」の意で，屋根を葺（ふ）く草の総称。神仏の飾り。秋の七草の一つ。「尾花粥」「すすき粥」
チガヤ（茅・萱）	葉は基部にいくにつれ，狭く柄のようになり，硬い			○		・蓑，屋根葺き材，炭俵，穀物入れ ・地下茎は薬用
チカラシバ（力芝）	採取時期やその年の気候状況などで乾燥後の色合いが極端に異なる。葉や茎の途中からはなかなか引きちぎれないことからの名称。秋，草むらを歩くと実が衣服につくので身近な草	◎	○		◎	・中心の新芽を抜いて使う ・草履，縄になって道具入れ，スカリなど
トウモロコシ（玉蜀黍）	実を包む皮を使う。食用は皮が柔らかく薄い。飼料用は厚く大きく，柔らかい。細工しやすい。ソルゴーは葉，皮とも粘りがありなかなかよい色合い	◎	○		○	・草履，籠 ・日本へは18世紀，ポルトガルから長崎へ伝わった

草種名	素材としての特徴	弾力	使い方			利用
			編み	組み	縄	
マコモ (真菰)	乾燥すると光沢のある黄白色となる。ガマに似ているが乾燥後の色合い，質感が違う	◎	○	○	○	・葉先は繊維状に裂けてくるが，まとめて使うと色合いが美しい ・背当て，七夕馬，薬用，マコモ墨 ・古代の重要な穀物だった。仏前の敷物や牛馬の動物をつくる。茎葉は利尿材。食用，薬用，編み草として親しまれてきた
ヨシ (葦)	茎を使う。中空で硬い			○		・細い茎はすだれに，太い茎はよしずに用いられた。茅葺き屋根の下張りにも。根茎薬用。筌，簀
ガマ (蒲)	乾燥後は緑色が消え，光沢が出てこくのある色合いになる。採り旬やその年の気候，植生地により驚くほど弾力が異なる。葉幅はコガマ，ヒメガマが0.5～1cm。ガマは1.5～2cmで柔らかく使いやすい	◎	○	○	○	・草履，脛当て，蓑，敷物，籠類。花粉を傷薬 ・座布団の元祖は蒲（ガマ）の円座。中空なので水分を吸いやすくカビを生じやすい
カヤツリグサ (蚊帳吊草)	茎，葉が強い。乾燥後の色，質感はなかなか良い	◎	○	○		・屋根材，敷物 ・茎は強さを利用して子どもの遊び草となる
サンカクイ	茎を使う。茎の切り口は三角形。柔らかい。中には「すきま」がある	◎	○	○	○	・畳，ゴザ ・東北ではミカドとも呼ばれる
スゲ (菅)	以下スゲ属3種いずれも，基部は褐紫色を帯び，茎の切り口は三角形，水をはじき軽く強靭。葉はややざらつくが弾力あり。採取時期や陽あたりによって材質が左右される。(カサスゲ）大型多年草。高さ2mほどに成長。採取時期：盆過ぎ～9月の上旬。(オクノカンスゲ，ミヤマカンスゲ）日本列島に自生。奥会津地方ではこの2種を総称してヒロロと呼ぶ。常緑，光沢あり。長さ30～40cmと短い。採取時期：ミヤマカンスゲが8月下旬～9月の初め，オクノカンスゲは7月初め頃	◎	○	○	◎	・草履，蓑，笠，屋根葺き材，籠，縄。利用は広範囲 ・すげ笠や箕に用いられた。スゲの仲間は大変多く，また同じ草でも地方が変わると呼び名が変わるため，同定は容易ではない
フトイ (太藺)	茎を使う。なめらかで柔らかい。切り口は丸い。中空なので水分を吸収しやすい。花穂が比較的落ちにくくかわいい。名前は太いイの意味	◎	○		○	・畳，草履 ・近縁種トトラの茎を編んでボート

草種名	素材としての特徴	弾力	使い方			利用
			編み	組み	縄	
ホタルイ（蛍藺）	茎を使う。切り口は丸い。中空。花穂が比較的落ちにくく，かわいい	◎	○		○	・草履

注　採集時期は一般に7月末～8月10日までの空気の乾燥した頃

る美味しい米がとれたわらは，しなやかで，弾力，コシともに備えた良質なわらではないかと感じている。

刈り方から乾燥・保存　刈り方：脱穀後のわらを利用する場合は，穂が実った稲の株元にできるだけ近いところに鎌を入れ，草丈を長くとれるように手刈りする。脱穀後は十分に乾燥させる。

乾燥：乾燥の仕方には，1）地面に干す「地干し」，2）田んぼに立てた棒に交互にさして積み上げる「棒干し」，3）架木にかけて干す「架木干し」がある。乾燥で最も大切なのは，むらなく，素早く，十分に乾燥させることで，そのためには3）「架木干し」が最も適している。長期間風雨にさらしたまま積み上げておくと，わらが発酵して繊維が弱くなり，色つやも悪くなる。

保存：乾燥後は屋根裏などで，適度な乾燥状態が保たれるように保管する。

樹皮類の見分け方と採取方法

おだやかな日照と風通し，湿度をもった森林に育つ樹の皮は，なめらかで，厚さも一定で弾力に富む。樹の皮を剥（は）ぐと樹は死んでしまうため，勝手に樹皮を剥ぐことは許されることではない。情報をキャッチし，あらかじめ声をかけておいて，タイミングを逃さず捨てずに再利用しよう（表3）。直径7～8 cm，長さ30 cmの樹皮があれば，小さな花籠を形づくることができる。

樹皮を入手するタイミングには，1）庭木，街路樹，公園などの剪定枝，2）家の建てかえ，新築のとき声をかける，3）村道の計画，道路拡張の情報をキャッチする，4）製材所や貯木場，5）森林の枝打ち作業どき，6）間伐材，などがある。

樹皮を剥ぐ時期　樹木の生長期の春芽吹き初めから7月末まで。この時期は形成層の動きが活発になり，樹皮は剥げやすく，弾力があり，柔らかで樹肌も美しい。

樹皮の剥ぎ方から乾燥・保存　採取するときの道具：鋸，カッターナイフ，ヘラ（竹ベラまたは樹皮ヘラ），鋏，メジャー。

剥ぎ方：①できるだけ曲がりがなく大きな節のない部分を選び，長さを決めてカットする。②カッターナイフを入れ，樹皮に切込み線を入れる。③樹皮の切れ目に竹ベラまたは鉈先を入れ，皮を少しずつ剥がしていく。④めくれた部分に手を入れ，指先で木部との感触を確かめながら皮を木部から剥がしていく（写真7～9）。

写真7　カッターナイフで樹皮に切込みを入れる

写真8　切れ目に竹ベラを入れて少しずつ剥がす

写真9　指先で木部との感触を確かめながら皮を剥ぐ

表3　樹皮として使える樹と特徴

樹種名	分類	樹皮の特徴	弾力	強度	使い方			利用
					幅広	テープ状	縄として使う	
ブドウ（葡萄）	ブドウ科	樹皮の浮く時期はごく短期間で，地域により異なる。縦に剥（は）ぐ。何枚かの層になっている。外皮は捨て，内側の赤褐色の樹皮を使う	◎	◎		○		・ゴムのように柔らか。繊維をとり，縄のように撚（よ）ることも可能 ・細幅に整えて，コダシなどの生活器具に広く利用 ・たいまつ，網
フジ（藤）	マメ科	内皮は淡黄白色。年輪に沿って縦に剥ぐ	◎			○		・海水に強いので，繊維で縄を綯（な）い漁網に ・強度と弾力を加える目的で，イタヤカエデなどの挽板とともに使われる ・つる素材として多角的に使われている
サクラ（桜）	バラ科	樹種や育つ環境により，外皮の皮目の表情が違う。どれも弾力・強度あり。内皮は赤茶色で，なめし皮のよう。テープ状の利用は，皮目に沿って横に剥ぐ。ベストシーズンに剥いだ皮は，薄皮であっても粘りがあり割れない。一般にやせた土地，空気の汚れた土地に育つ樹皮は，荒れてゴワゴワしているが，山中・林に育つものはなめらか	◎	◎	○	○		・樹皮のなかで最も粘力があり丈夫で破れにくい ・薄く剥いで印籠・茶筒・箱などの樺細工や鉈（なた）鞘巻き。幅広に剥いで農作業の具など資料あり ・強度を補う目的で他の材とあわせて使うことも多い
シラカバ（白樺）	カバノキ科 カバノキ属	ベストシーズンに剥いだ樹皮は弾力も粘りも強い。外皮がポンとはずむように剥がれる。旬を逸した時期は横破れをおこしたり内皮がつく。内皮がついた樹皮は折り曲げ不可能。時期を逸したものは横割れしやすい。木部への移行が他にくらべ早く，採取適期も短期間と思われる。種類により樹皮の厚い薄い，質などかなりの差がある	◎	○	○	○		・何枚も層になっている。外の薄い白皮を剥がすと，驚くほど粘りが出る。油脂が多く，たいまつに使われた ・ウダイカンバ：たいまつ明かり ・シラカバ：屋根葺き・竹皮代用・小刀の鞘・合わせ箱・縫い合わせ・色紙・短冊 ・北海道アイヌ民族地域に資料が多い
ヤマグワ（シマグワなど）（山桑）	クワ科	柔らかい。軽い。紙質に似ている	○	△				・コウゾ属と同じ扱いで和紙に混合。戦時中は軍服の材に用いた。養蚕飼料。薬用

樹種名	分類	樹皮の特徴	弾力	強度	使い方			利用
					幅広	テープ状	縄として使う	
スギ（杉）	スギ科	自然林育ちが良質。葉は常緑で針状で枝にらせん状に並ぶ。まっすぐに立つことから直（す）木（き）といい，スギとなった	◎	○	○	○		・背負い籠 ・社寺の生垣，屋根葺き。広く建築材や曲げ物 ・弥生時代の田んぼからくさびで削った板が見つかっている ・防腐的役目をする
ヒノキ（檜）	ヒノキ科	常緑。気孔線Ｙ字。芳香とつやあり。こすり合わせて火をつくったことから「火の木」	○	○	○	◎		・建築材，小物材，曲げ物，屋根葺き ・樹皮をたたいて繊維として縄（マイハダ）をつくる
ネズコ（クロベ）		常緑。材はヒノキに似るが，やや黒味を帯びる。気孔線Ｖ字	○	○	○	○		・曲げ物やコダシなど ・良質のものは粘りあり丈夫
ヒバ（檜葉）		常緑。葉は濃緑色で光沢あり。裏面が白っぽい。気孔線Ｗ字	○	○		○		・下北半島で多く利用されコダシ，袋もの。東北地方ではヒノキは分布しないので，ヒバを篩，せいろなどの曲げ物に幅広く使った
クルミ（胡桃）	クルミ科	オニグルミ，サワグルミ，ノグルミ。いずれも内皮は空気に触れると黒変する。鬼皮を削るとかなりの折り曲げが可能	◎	◎	○	○		・農作業の箕や生活容器に幅広く利用 ・葉・果皮・根・皮にニンニン色素があり染料に。核実は食用。容器
ヤナギ（柳）	ヤナギ科	樹種は多いが全般的に弾力に富む。強靭，復元力が強い。内皮は褐色	◎	◎	○	○		・鬼皮は削って使う ・繊維を縄としてコダシや小袋 ・つるはカンジキとして使う
ホウノキ（朴木）	モクレン科	内皮は白褐色で美しい。軽い。植生地域，樹齢により粘りに差あり	○	○	○	○		・復元力を利用した容器 ・朴葉焼きの葉として親しまれている ・利尿剤
ウリハダカエデ（瓜肌）	カエデ科	内皮は白褐色。柔軟。軽い。繊維質	◎	○	○	○		・繊維を籠。背負い籠のひもや袋もの
アオダモ（青蝋）	モクセイ科	薄くなめらか，柔軟。内皮は灰褐黒色。木部への移行が早いようだ	◎	◎	○	○		・復元力を利用した容器 ・浸出液は染料に

樹種名	分類	樹皮の特徴	弾力	強度	使い方			利用
					幅広	テープ状	縄として使う	
キハダ(黄蘗)	ミカン科	コルク層厚く，分離する。内皮は鮮黄色で軽い。縦に木目あり	△	△	○			・コルク層は屋根葺き，壁板 ・黄色染料。薬用
ケヤキ(欅)	ニレ科	内皮は茶褐色でなめらか。薄い。硬い。気候・土壌・樹齢により差あり	◎	◎	○	○	○	・復元力を利用した容器が多い ・内皮から繊維をとる ・屋根葺き，壁材
オヒョウ		内皮は茶褐色でなめらか。ヌメリ多い。短時間水に浸すだけで柔らかくなる。軽い。乾燥後の反り，変形が強い	◎	△	○	○	○	・短時間水に浸すだけで柔らかくなる。軽い。乾燥後の反り，変形が強い。内皮より繊維をとる ・樹皮繊維で織った布を厚司（あつし）といい，アイヌが用いた ・繊維を縄としてコダシ。古代布
シナ(科)	シナノキ科	（シナノキ〈暗灰色〉，オオバボダイジュ〈紫灰色〉，ヘラノキ〈灰褐色〉）樹齢6～8年ぐらいの木の内靭皮繊維を付けた外皮で編組み。内甘皮の靭皮繊維は剥がして繊維として使う。繊維は茶褐色，強靭，水に強い	◎	◎		○	○	・合板材・製紙原料。庭園街路樹に用いる。6～7月開花。 ・織る，縛る，結ぶ素材として最も優れている。シナ布，酒・醬油のこし布。漁網や船舶用網。古くは縫い糸，釣り糸，馬具など，さまざまな民具に利用

乾燥・保存：剥がした皮をばらばらにして，風通しのよい場所で乾燥する。乾燥後は湿気のない納屋などに保管する。

製造方法

つる類を素材にした籠の加工

籠づくりの基本　布が縦糸（経糸）と横糸（緯糸）で織られているように，籠づくりも，布の縦糸にあたるタテ材と横糸にあたるヨコ材（アミ材）で構成されている。弾力のある太いつるを必要な寸法にカットしてタテ材とし，いくらか細めで柔らかな材をヨコ材とする（図1）。

形づくり　籠の形づくりは，①底をつくる→②側面を編む→③縁を止める→④籠の本体に持ち手などをつけて完成，となる。

底の形を円にするか，四角にするか，楕円にするかによって，タテ材の組法を選択する。編み方もセーターの編み柄と同様，さまざまな手法があり，縁の止め方とともに，つくる籠の表情を決める最大のポイントとなる。縁の止め方は，タテ材の長さ，太さ，弾力によって決めることになる。

タテ材の長さと本数　大きい籠をつくろうとすれば，タテ材の本数も多くなり，その長さも必要になる。最も基本となる長さと本数の決め方は次のようになる。

たとえば，直径20 cm×高さ20 cmの籠をつくるとすると

タテ材の長さ＝（底の直径）＋（側面の高さ×2）＋（縁止めに必要な長さ×2）

つまり，タテ材の長さは

20 cm（底の直径）＋20 cm（側面の高さ）×2

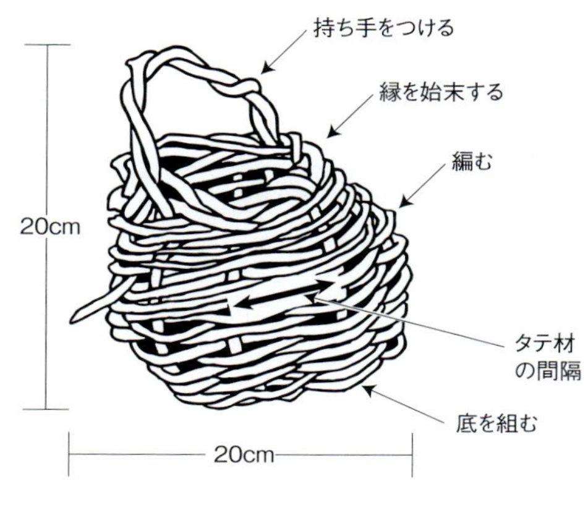

図1　籠づくりの基本

＋20 cm（縁の止め分）×2＋α（約6～10 cm）

となり，約110 cmのタテ材の長さが必要になる。

また，タテ材の本数は

タテ材の本数＝{(直径×円周率（3.14)）÷タテ材の間隔（3.5 cmくらい)}÷2±1

（タテ材の本数が偶数組みのときは＋1，奇数組みのときは－1）

つまり，底の直径が20 cmの籠の場合は，9本のタテ材が必要になる。

下準備　①保存しておいたつるを水またはぬるま湯に一晩浸けて，材を柔らかくする。

②タテ材とアミ材に選別する。

③タテ材を必要寸法にカットする。必要な寸法と本数については前項参照。

素材の選択と加工のポイント　つるの種類によって，太さやしなやかさなどに特徴がある。「素材の選択」の項を参考にしながら，加工する籠の種類や形などを選択するとよい。

山アケビで花籠を編む

同じ技法を使い，アケビ籠を編むことができる（写真10）。タテ材の本数を多くとって底直径の大きな籠にしたり，タテ材の寸法を長くとって高さのある籠にしたり，応用が可能である。ここでは底18 cm×高さ18 cmの花籠をつくる手順を示す。

必要な道具・材料　必要な道具と材料はメジャー，鋏，通し穴をこじあけるためのマイナスドライバーと，木にからまって伸びたつる（直径5～8 mm，長さ5～10 m）を7～8本用意する。

下準備とつくり方　①太さ5～8 mmのつるを水またはぬるま湯に一晩浸けて柔らかくする。その後，横枝や根ひげ，節などを取る。そのつるを，太い材はタテ材として，細めの材は編み材に分ける。

②タテ材をカットする。必要寸法は80 cm（底18 cm＋側面18 cm×2＋縁止め10 cm×2＋α），縁止めは「ひねり止め2回（10 cm)」。本数は，80 cm×4本，40 cm×1本。

つくり方は次ページに示す。

草類・わら加工の基本

草やわらの加工には，大きく2つの方法がある。1つは「素材のまま使う」方法，もう1つが「縄や三つ編などにまとめてから使う」方法である。

加工，つまり「編み」「組み」する方法は，前述したつる素材とほぼ同じだが，草やわらは丈が短いために加工の手順（工程）が工夫され，たくさんの技法がある。大きく分けると，1）底から始める，2）縁から始める，3）シートをつくり組み立てる，となる。1）はお櫃（ひつ）入れや赤ちゃんのおもり籠「エジコ」（地方によっては「いずこ」といった呼び方がある），2）は蓑，3）は炭俵つくりに用いられてきた技法である。つくるものの大きさや用途によって，その技法を選択することに

写真10　山アケビの花籠

山アケビの花籠のつくり方

1　タテ材と横のタテ材を中心で十字に組む。下に40 cmのタテ材をはさみ，80 cm 2本を上下に並べ，横のタテ材2本を左右に，中心で十字に並べる。

2　アミ材をヨコ・タテ材の一組に、下から上へと回してかける。

3　タテ材の四方をアミ材で上→下→上としっかり締めて巻く。

4　アミ材でタテ材の編み目の方向を変えて3～4回巻いて，タテ材をしっかり固定する。タテ材を分ける。

5　タテ材を1本ずつ分けて，アミ材をタテ材の上・下とかけてザル編みする。アミ材をつなぐときは，タテ材の上で1～1.5 cmくらい交差させ，そのまま編み進む。タテ材に丸みをつけ，底から側面に立ち上げる。

6　少し内側に入れ込むように形づけて，高さ17 cmまで編む。

7　タテ材を隣のタテ材にかけて内側に入れ，縁を止める。写真は縁を止めたところ。

8　持ち手をつける。縁にアミ材を輪に通して，ねじって編み目に通して止める。

なる。

草類の下準備　草全体に霧を吹きかけ，1時間ほど新聞紙に包んで全体を柔らかくする。使う前にごみや枯れた葉などを除いて整理する。

わらの下準備　細工前の下準備として，①わらをすぐる，②わらを打って柔らかくする，という2つの準備がある。

わらのすぐり方　わらをすぐるのは，わらの根元のほうにある袴の部分を取るためである。手を熊手のようにして，ていねいに不要なものを取る。きれいに整理すると，はじめのわらの量の半分くらいになる。

わらの打ち方　わらを打つのは，細工しやすくするためである。打つ前に，わら全体にまんべんなく霧を吹きかける。それを新聞紙で包み，さらに全体が均一に湿るようにする。そのわらを輪切りにした木株や木机の上に置き，棒（握りやすい太さのもの。木の幹やバットなどでもよい。たたく部分の直径が10～12 cmくらい）でたたきながら，わらの繊維をほぐして柔らかくする。節の部分は硬くて折れやすいので，やさしく入念に打つ。つくる籠によってたたく程度を変え，細工しやすい柔らかさに仕上げる。

大量のわらを打つときは，コンクリートの道路の上にわらを並べ，自動車のタイヤで往復させると程よい柔らかさとなる。

素材の選択と加工のポイント　「素材の選択」の項を参考にしながら，素材の持ち味を生かした籠に仕上げるとよい。草の種類はもちろん，乾燥の仕方によって色やつやも異なるので，組合わせ方によってさまざまな表情の籠を仕上げることができる。

草でつくる三つ編み籠

小さく形づくれば小物籠，大きくまとめると野菜類の収穫物やいもを入れてディスプレイ用に用いる籠として重宝する。この技法は，ガマ，スゲ，カゼグサ，わらなど，柔らかい・硬い，長い・短いにかかわらず，どんな素材でも使えて，三つ編みができるならば籠をつくったことがない人でも形づくりができる（写真11）。

ここでは，農道でよく見かけるチカラシバを使った底径10 cm×高さ5 cmの小物入れの三つ編み籠を例に，底からつくる技法の基本を紹介する。

必要な道具・材料　鋏，畳針10本（百円ショップで売っているバーベキュー用の金串でもよい），タコ糸，木型に使うざる（プラスチック製の水切りざる）と，チカラシバ（乾燥したもので直径10～12 cmの束）を用意する。

下準備とつくり方　材料にする草材に霧吹きで湿気を与え，新聞紙にくるんで1時間ほどおいて柔らかくする。使う前に根元の硬い部分をカットする。

つくり方は次ページに示した。

わらで雪踏みの花生けを編む

雪国で，深い雪を踏みしめて道をつくるときに使っていた雪踏みを，季節の枝物などを投げ入れる花生けとして，郷土料理店やそば屋などのインテリアに（写真12）。

細縄でシートをつくっていくが，炭俵と同じ技法で，丸太や木の幹を簡単に昔のござ織り形式に組んで，ござ織り方式でわら束を組むと，左右均等のシートを簡単につくることができる。

シートで組み立てる技法として，ここでは稲わらを用いた底径28 cm×高さ45 cm，持ち手まで80 cmの雪踏みの花生けを例に基本的技法を紹介する。

必要な材料　稲わら直径30 cmの束（タテ材として使う。ストロータイプのできるだけ長いわら

写真11　三つ編み籠

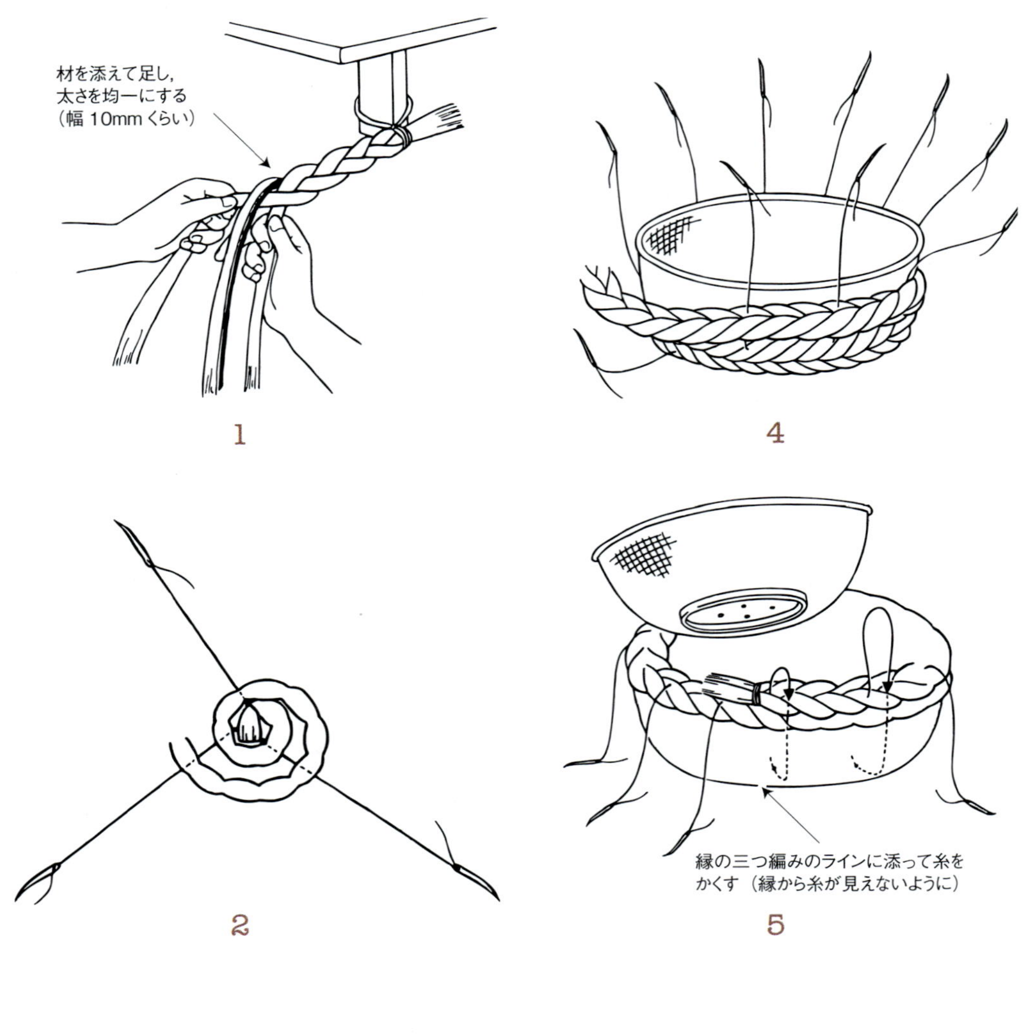

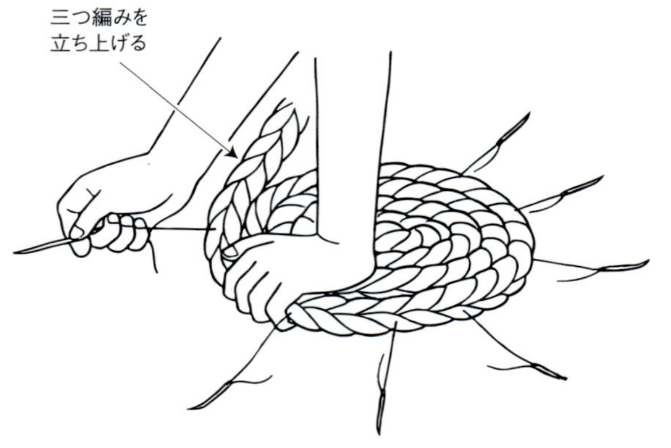

三つ編み籠のつくり方

1　材料を直径1.5 cm くらいの太さに束ね，根元をタコ糸で結び，三つ編みする
2　針で止める。針にタコ糸を通し，3か所針を通す
3　針糸を増やし，直径10 cm の底の部分をつくる
4　ざるの底に穴をあけ，糸を通して底面を止めつけ，ざるの側面に立ち上げる。そのまま針を通しながら5 cm の高さまで
5　ざるをはずす。糸を側面に通し，底で結び止める

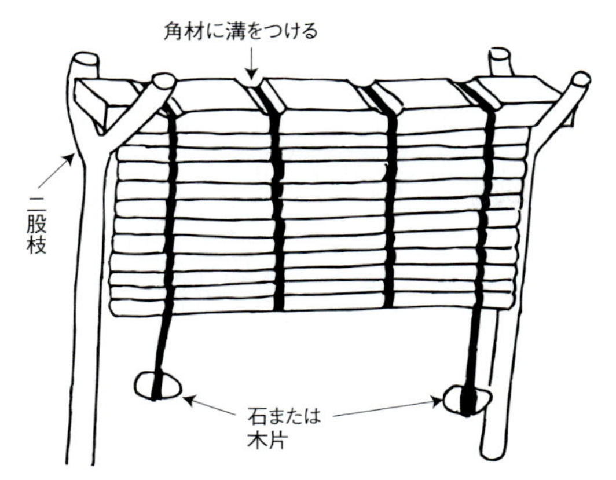

図2　棚組みでシートをつくる方法

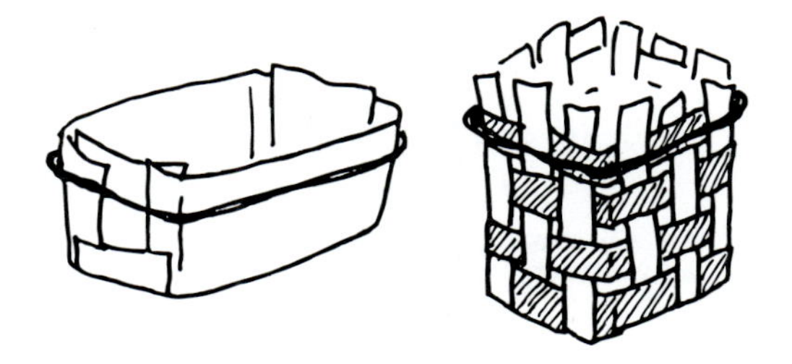

図3　樹皮加工の基本
左：広幅の場合，右：細幅の場合

がよい。タテ材にカヤツリグサやチガヤを使ってもよい)，細縄（市販品を利用。太さ4mm程度のもの15m，2mm程度のもの5m，8mm程度のもの3m。もちろん自分で縄を綯（な）って準備してもよい)。

つくり方　シートは図2のように棚組みでつくる方法と，手で2本縄をかけながらつくっていく方法がある。棚組みの器具は簡単なので，二股に分かれた枝と角材を使って自作するとよい。器具を使わない場合は，次ページの図の1のように，一束一束，手で2本縄をかけながらシートを編んでいくとよい。次ページの図に従って各工程でのポイントを以下で述べる。

①長さ70～80cmのしっかりしたわら7～8束を一束とし，太さ8mmの細縄に直径4mmの縄を輪にかけて，わら束をはさむようにして2本縄をかける。

写真12　雪踏みの花生け

②2本縄をかけながら，側面のシート横幅（底直径28cm×3.14＝約88cm）をつくる。やり方だが，わら96束をシート横幅寸法に並べ，棚組みと矢来組みとする。組んでいる途中で太さや長さが足りなくなったときは，最初のわら束に新しいわらを添わせてつなぐ。

③底をつくる。太さ8mmの縄を渦巻き状に形づけ（直径28cm)，4mmの縄でコイル巻きする。

④組んだシート（②でつくったもの）を結んで止め，円筒にする。コイリングの底（③でつくったもの）を円筒の底部に入れ，円筒の底部の材を曲げる。細縄（4mm）で，コイリングの底とあわせてグシ縫いし，底と円筒の側面をしっかり止める。

⑤持ち手と縁を止める。持ち手は，左右8本の三つ編みをつくり，輪にして，細縄をしっかり巻いて止める。

縁止めは，外へ出したタテ材を2本縄で押さえ止める。

樹皮加工の基本

入手した樹皮素材が広幅か細幅かによって，加工の仕方が異なる（図3)。

広幅の場合　折ったり曲げたりして形を整形していく方法と，樹皮本来がもっている復元力を利用する方法とがある。両技法とも，そのまとめ方は段ボールのBOX容器を形づくる要領で，簡単である。ただし，素材のもつ個性をどう生かすか

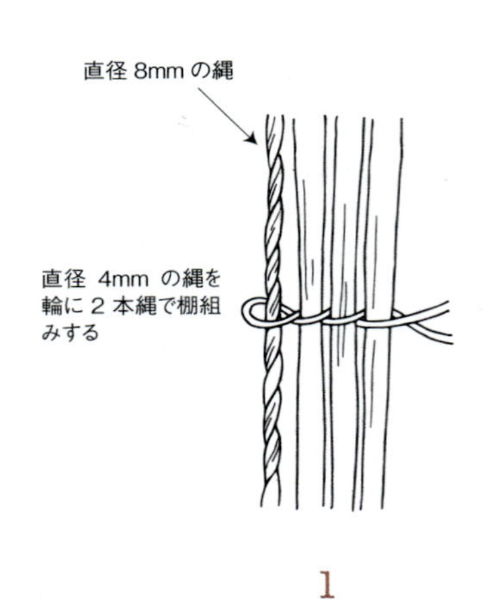

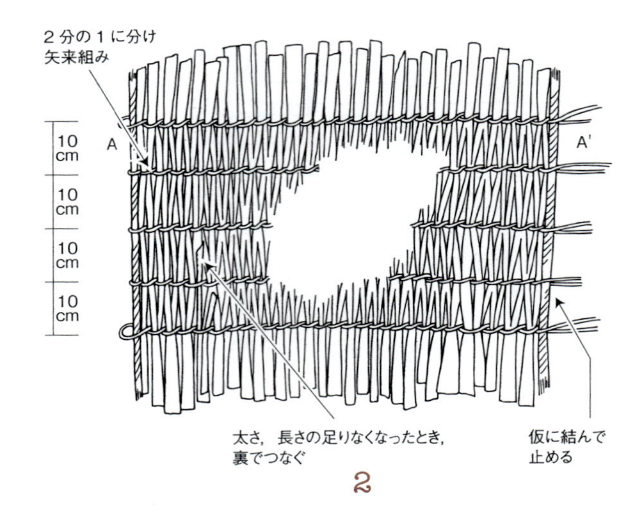

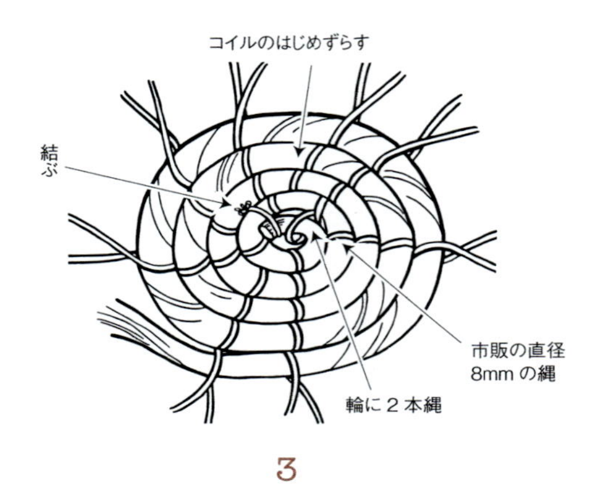

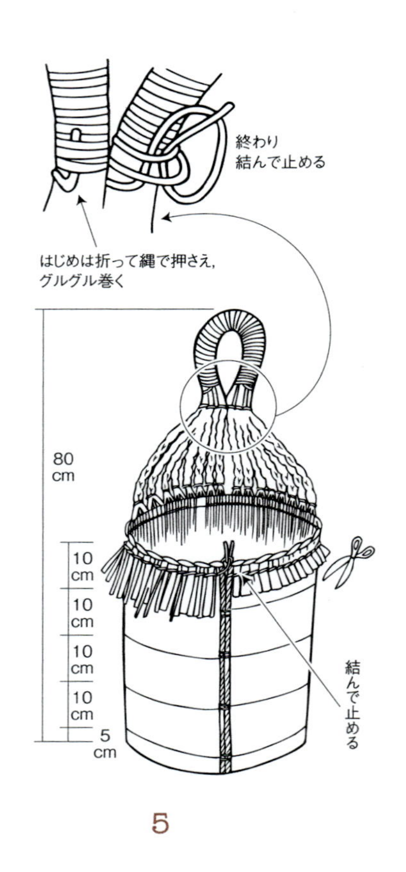

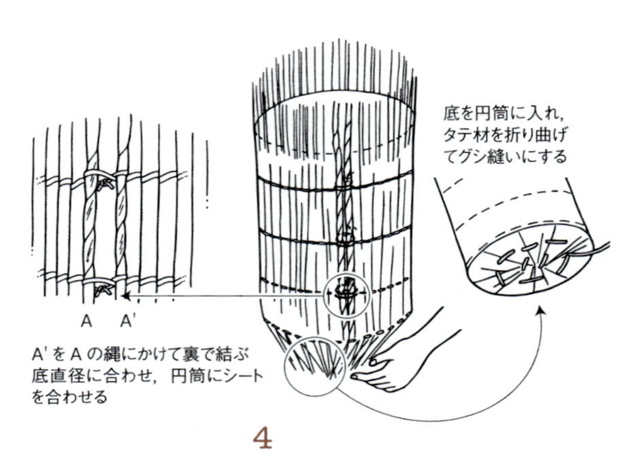

雪踏みの花生けを編む

1　しっかりしたわら5〜6本を1束とし2本縄をかける。高さ70〜80 cm
2　96束を横の長さ，つまり底の直径分約88 cmを棚組みと矢来組みをする。あいだのあかないようつめて棚組み（簡単な器具でつくる）
3　縄でコイリングの底（直径28 cm）をつくる
4　シートを円筒にし，側面と底を止める
5　持ち手と縁を止める

写真13　幅広の樹皮を使った箕ざる

が，形づくった容器の価値を決めるポイントとなる（写真13）。

細幅の場合　テープ状に幅を決めて，「編む」技法と「組む」技法を用いる。

どちらかというと，広幅の場合は作者の感性に依存する比率が高く，細幅の場合は技術を持った仕立てのよさが価値を決める。

素材の選択と加工のポイント　樹皮は，樹の種類によって，色，なめらかさ，皮目，凹凸など実にさまざまな表情をしている。また，同じ樹種でも，若い樹と老木では持ち味が違ってくる。採集できた樹皮素材の大きさによって加工する作品だけでなく，その技法も異なる。「素材の選択」の項を参考にするとよい。

樹皮で箕ざるを編む

農作業に昔から使われてきた箕（み）は，直売所などで，穀物や木の実，コクワやサルナシの実などを入れてディスプレイすると，田舎暮らしの豊かさを演出できる。

50 cm四方の大きさがあり，丈夫で粘りのある樹種なら，どんな樹種でもかまわない。ただし浅い容器なので，クルミ，サクラ，スギ，ケヤキなどのように，内皮の色がきれいな皮を選ぶとよい。ここでは32 cm × 28 cm × 8 cmのものをつくる。

必要な道具・材料　メジャー，銅線のワイヤー，カッターナイフ，目打ち，タタミ針，食卓用ナイフ，スプリングクランプと，42 cm × 37 cmの大きさのサワグルミの樹皮1枚，つる（ブドウ，フジ，クズなど，どんなつるでもかまわない。太さ6～10 mm × 長さ100～120 cmのもの2本），縁巻き材（ブドウの皮1.0～2.5 cm幅× 120 cmのもの5本。市販のしゅろ縄や麻ひもなどでもよい）を用意する。

下準備とつくり方　下準備とつくり方を次ページに示す。

樹皮で一輪ざしを編む

山仕事で腰にぶら下げて使う「鉈入れ」の形と技法を，花籠に応用した。樹皮の幅や長さを変え，収穫物をディスプレイするための大きな籠や小さな籠にアレンジできる。

必要な道具・材料　定規，カッターナイフ，洗濯ばさみと，ネズコ（スギ，サワラ，サクラ，シラカバ，クルミ，ヤナギなど，どんな樹種でも使える。多少破れていても，寸法の短い材であっても使うことができる），細縄（70 cmと120 cmの細縄を各1本ずつ）を用意する。

下準備とつくり方　素材を平らに延ばして，2 cm幅にカッターナイフでカットする。

つくり方は61ページのとおりである。

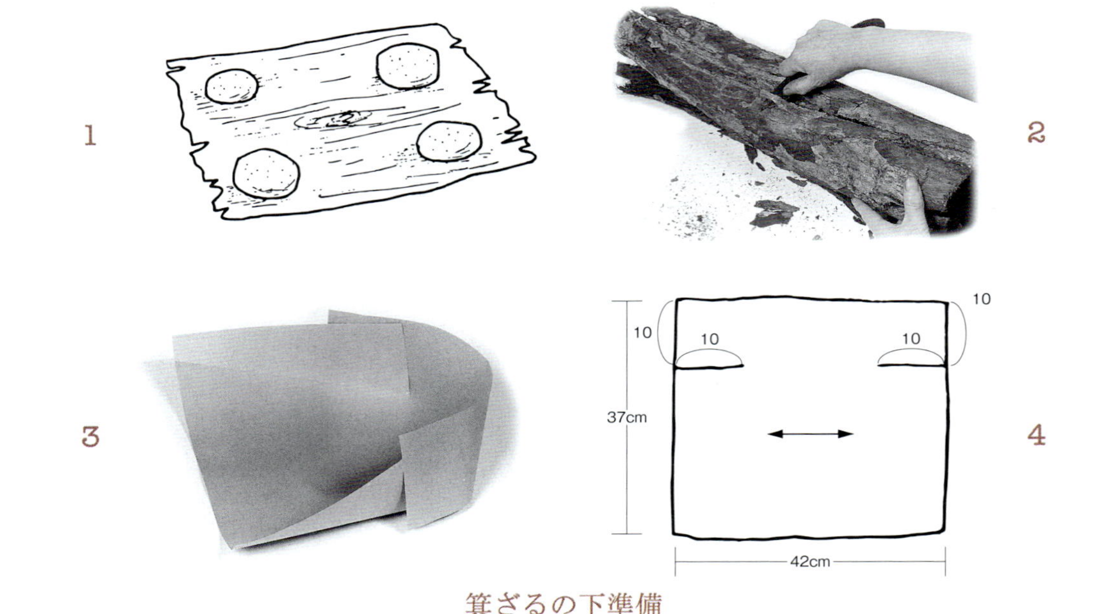

箕ざるの下準備

1　水またはぬるま湯に材料を一夜浸けて柔らかくする。樹皮の上に重石をおいて平らに延ばす
2　厚い鬼皮がついているときは，食卓用のナイフか鉈（なた）の背で樹皮表面の荒皮を削り落とす
3　型紙をつくり，仮組み立てする。切り込みを入れ、折れ線には節がこないようにする
4　型紙（42 × 37 cm）。折れ線に節がこないように注意する

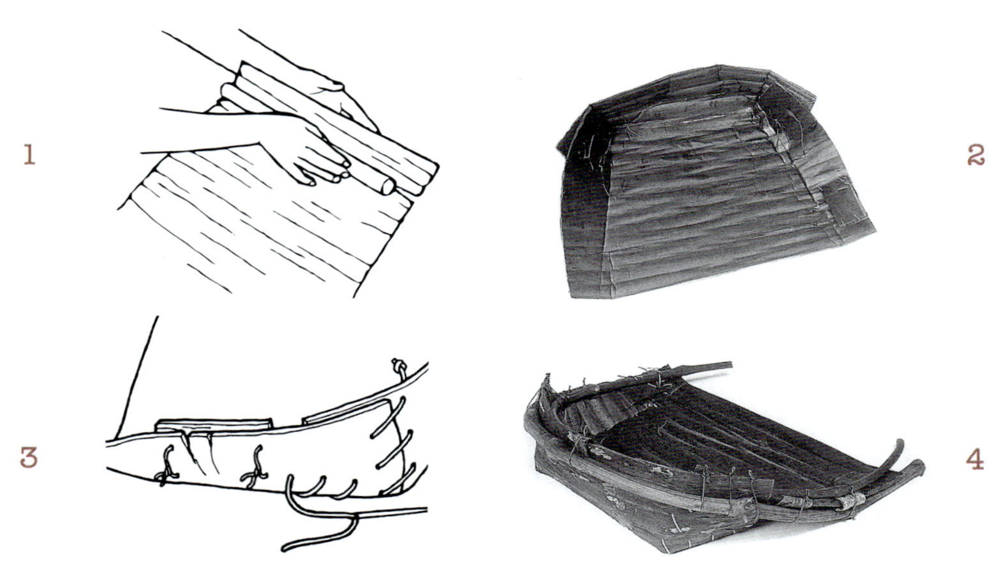

箕ざるのつくり方

1　型紙に合わせて，切り込み線をカッターで切る。目打ちや鋏で折れ線をつけ，この線にそって丸棒などを添えて側面に折りぐせをつける
2　折れ線部分を折り曲げ，全体を曲げながらワイヤーで仮止めする
3　目打ちで通し穴を開け，シュロ縄で縫う
錐で穴をあけながら畳針で縫う。もし割れそうなところがあれば折れ線部分を折り曲げ，全体を曲げながらワイヤーで仮止めし，端切れをあてて補強しておいてもよい。これはフレームをつけるときに取ってもいいし，そのままつけておいてもよい。その場合は細かい繊維かタコ糸などで止める
4　箕の形に合わせ，つるを内と外に添え，曲げぐせをつけシュロ縄で止める。ブドウの皮があれば，その上をきれいに巻いていく

一輪ざしのつくり方

底を組む

1）まずタテ材の中央で ABCD の順に格子に組む
2）次に細いつるを輪に，2 本縄をかけてしっかり根締めして四隅を固定する

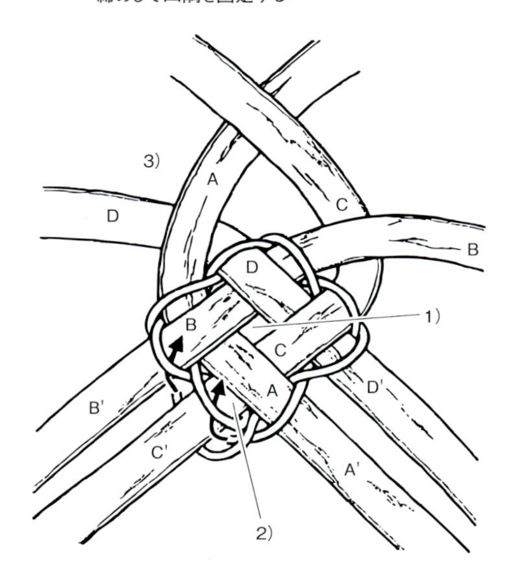

側面を組む

3）AD，A'D'，BC，B'C'，を互いに組む
4）次に斜めに四つ目に組み，AC，AB，BD，D を洗濯ばさみで止めながら斜めに組んで高さをつける
5）細い縄で止める

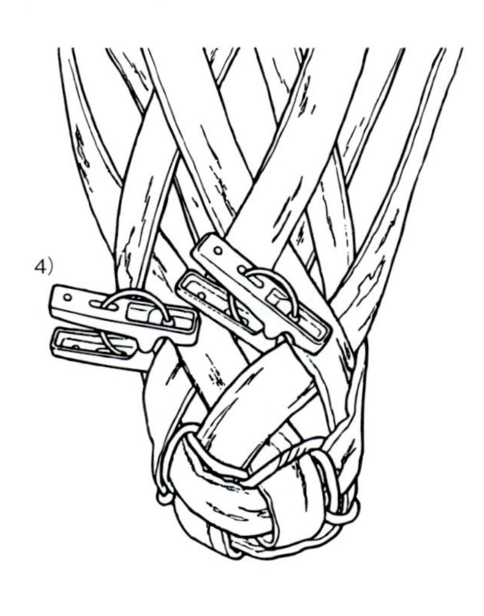

飾り縄を結ぶ

6）アクセントに細縄を結ぶ
7）かけひもをつける

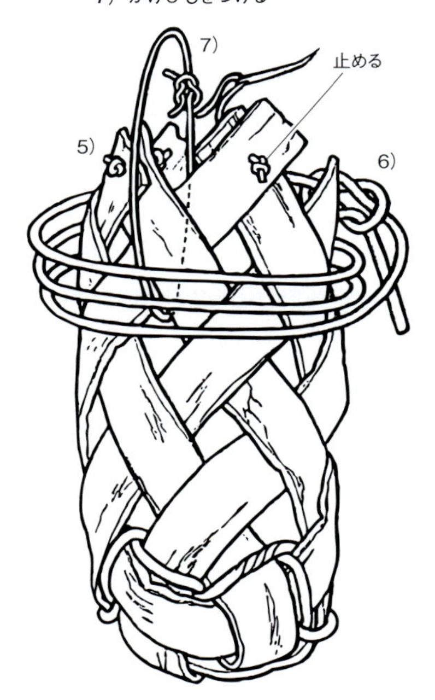

作品例

テープ状にカットした樹皮による一輪ざし

麻（大麻）

Cannabis sativa L.

植物としての特徴

アサ（麻）と称するもののなかには大麻（タイマ）のほかに亜麻（アマ），苧麻（チョマ〈カラムシ〉），黄麻（ジュート），洋麻（ケナフ），マニラ麻，サイザル麻など20種類以上ある。用途は似ており衣服，ロープ，漁網などに利用されているが，植物学的には類縁ではない。ここでは日本で古くから栽培されてきた大麻をアサとして紹介する。

アサ（以下では大麻；タイマ）はアサ科の一年生草本の雌雄異株で，英名はhemp，学名は*Cannabis sativa* L.である。ロシア種，イタリア種，中国種，インド種，日本種に分化している。草丈は2～3m，葉は掌状で5～9裂し，種子は灰色～黒色の光沢のある球形で，千粒重は30g程度である。

利用の歴史

分布と利用

原産地は中央アジアとされており，紀元前2000年頃にはボルガ河畔で栽培されていた記録があり，ヨーロッパには紀元前1500年頃伝播したらしい。古代から18世紀までは世界各地で紙やロープ，衣料素材として広く利用されてきた。種子は調理用や鳥類のえさに使われている。

写真1　アサの草姿

インド種には花穂や葉に催眠・麻酔作用のあるTHC（テトラ-ヒドロ-カンナビノール）が含まれ，薬用や一部麻薬として使われることがある。

1981年の世界の繊維用アサ（大麻）の作付け面積は約47万ha，生産量25万tで中国，インド，ロシアが主産地である。第二次世界大戦後，約50年間ヨーロッパやカナダで栽培が禁止されたが，1990年代になって栽培が解禁され，徐々に作付けが増えようとしている。なお，アメリカや日本は栽培をまだ禁止ないし制限している。

期待される利用の広がり

アサはやせ地でも栽培でき，少ない肥料や農薬で100日前後の短期間に2～3mの大きさに急速に生長するため（写真1），地球環境によいエコロジー素材として注目をあびはじめている。その利用法も従来からの繊維のほかに表1に示した利用法が今後発展することが期待されている。

特にTHCをほとんど含まない品種を用いた産業利用の可能性が大きい。茎からとれる繊維は綿の数倍の引張り強度，耐久性があり紐（ひも）やロープ，衣類に使われるが，さらに紙や，建築用材料，装飾品（写真2），塗料，プラスチックなどにも加工できる。ドイツやカナダでは大麻の茎を石膏で固め建築資材として利用しているが，防火性，防寒性があるとされている。アサから紙をつくると同じ栽培面積から木材の4倍の紙を生産できるという試算もされている。パソコンのプリンタ用紙としての利用も計画されている。

繊維としての利用

日本でもアサは古来から繊維用として栽培されていたようで，1万2,000年ほど前の縄文遺跡（福井県鳥浜遺跡）でアサの種子が発見されており，縄文土器の模様はアサの縄模様とされている。

表1　アサの4つの利用分野と国内外の動向（赤星，2001）

	品種	利用部分	用途	日本	海外動向
①産業利用	繊維型（向精神作用なし）	茎・種子（アサの実）	衣類，化粧品，建材，紙，食品，プラスチック，エネルギーなど	未発達，草創期栽培免許制	市場拡大中。創業期栽培免許制
②伝統工芸			アサ織物，民芸品，神事用，結納品，花火，弓弦など	少数存続，後継者不足	途上国では経済自立の手段になる
③医療用	薬用型（向精神作用あり）	花穂・葉	鎮痛剤，制嘔薬，緑内障治療薬，神経性難病薬など	使用および研究を法律で禁止	医療使用を許可する国が出てきた
④嗜好品			ソフト・ドラッグ（マリファナ，ハッシッシなど）	所持禁止	個人使用を認めている国もある

『魏志倭人伝』，『古事記』，『日本書紀』にアサの栽培，衣類をつくっていた記述がある。安土桃山時代にワタが栽培され始めるまでは衣服繊維の中心であり，貴族の絹，庶民の布（アサ）であった。ワタのほうが保温性が高く，江戸時代には庶民の衣服として中心となっていったが，アサは通気性がよいので夏の衣服として用いられた。

麻繊維は引張り強度が強く，特に湿潤状態で強いため布袋，縄（ロープ）や漁網に用いられてきた。しかしこれらの利用も，明治時代に中国産のアサ（シナ麻），大正時代にマニラ麻，第二次世界大戦後は化学繊維の導入により特殊な用途を除いて減少してきた。

一方，神道の世界では，アサはオオヌサと呼ばれ罪やけがれを祓（はら）う神聖な植物，神様の印とされ，神事や天皇の行事用に用いられてきた伝統がある。アサが早くまっすぐに生長することから，子供の健やかな成長を願い，衣服に放射状のアサの葉模様をあしらえることも広まった。

作付けおよび利用の変遷

作付け面積は最高時が1898（明治31）年で約2万6,000 haであり，大正初期が1万2,000 ha，昭和初期が7,800 ha，1935（昭和10）年には6,200 ha，第二次世界大戦中は軍事用の綱，網としての需要があって一時的には（1941～1942年）1万5,600 haになった。しかし，戦後は大麻取締法（1948年）の制定により作付けが規制され，また化学繊維の普及により激減した。

写真2　ランプシェード「結ランプ」
アサの繊維でつくられている（栃木・野洲麻紙工房製）

具体的にみると，戦争直後の1946年は4,800 ha（栃木県が約5割）であったが，1950年4,000 ha，1962年2,000 ha（栃木県が約9割），1967年600 ha，1974年200 ha，1998（平成10）年12 ha（うち11 haが栃木県）と減少の一途である。もっとも新しい2000年の資料では全国の作付け面積が10.4 ha，うち栃木県が10 haで，ほかに岩手，福島，群馬，鳥取でごくわずかに作付けされている。栃木県で若干栽培されているのは鹿沼市，栃木市西方町，葛生町（現佐野市）の日光火山系の中山間地帯で土壌や気象条件がアサの栽培に向いていることと，栃木市や鹿沼市に麻問屋などの流通経路が残っていることによる。現在の栽培者は30名程度しかいない。

しかし，栃木県のアサは江戸時代に栽培開始され野州麻として確立したが，高値で取引きされたため，実際には織物としてはほとんど利用されなかった経過がある。そこで明治時代に愛知県蒲郡市形原地区で野州麻から網やロープに加工されたが，これも高価なためにシナ麻，マニラ麻，そして戦後は化学繊維に替わってしまった。

現在の国産アサの用途は特殊用途に限られており，かつての使用中心であった衣類やロープ，漁網，蚊帳などにはほとんど使われていない。

用途と製造法

繊維としての特性

アサの主な用途であった繊維としての特性を概括する。麻と呼ばれるグループの繊維（セルロース）には2種類あり，茎の表皮の下の靫皮組織と呼ばれる柔らかい繊維を取り出す軟質繊維と，葉の葉脈から繊維を取り出す硬質繊維とである。前者にはアサ（大麻），苧麻，亜麻，黄麻があり，後者にはマニラ麻やサイザル麻がある。軟質繊維の苧麻，亜麻は吸湿性，通気性に優れ夏の衣料に向いている。黄麻は衣料用には向かず麻袋や帆布に使われる。マニラ麻やサイザル麻の硬質繊維は硬く強靭なためロープに使われる。

表2に繊維の特性を示したが，アサは引っ張り強度に強くナイロンやポリエステルにも匹敵する。特に湿潤時に強い特徴がある。つまりアサ（大麻）は軟質繊維としての柔らかさと，強靭性を併せもっており，柔らかすぎず硬すぎずに織物にも網やロープにも利用できる。

利用部位と加工用途

アサは皮の部分と木質部（麻幹；おがら）に分けられ，皮からは表皮のついた皮麻（ひま）と表皮も除いた精麻（せいま）がとれるが，皮麻の繊維は畳表の経糸（たていと），釣り糸に使われ，精麻は畳糸，釣り糸，高級下駄緒の芯縄，凧糸，相撲の化粧回し，横綱の綱，馬具糸，弓弦などに使われている。精麻はさらに神事用として，神社の注連縄（しめなわ），御札，幣束（へいそく），結納品の共白髪や天皇即位後の「大嘗祭」儀式などに用いられる。麻幹はカイロ灰，花火の材料とされている。

種子の食用とその他の利用

アサの種子は，その栄養成分が表3のようにダイズと似ており，良質のタンパク質，多くの脂肪酸を含み（表4），七味唐辛子の材料であるが，今後は食用油や石けん，シャンプー，燃料にも利用できる可能性がある。しかし，いずれの新しい利用法も産業としての加工法，装置が未確立で，コストを減らすための研究が必要である。

野州麻にみるアサの加工品

過去の用途も含めアサ（精麻，皮麻）の加工品について野州麻の実例にそってふれてみる。

網・ロープ　明治時代に愛知県蒲郡市形原地区で網づくりの機械化が実現し，野州麻を原料に網やロープがつくられ，その後栃木県でも整綱産業が興った。日清・日露戦争，第二次世界大戦の戦時中には需要も増えたがその後の推移は先に述べたとおりである。現在は神社の鈴縄，鰐口の綱紐，太鼓紐，秩父山車の綱がつくられている。

漁網・釣り糸　アサの湿潤時の強度が強いことから漁網や釣り糸に特徴的に加工されてきた。特にブリ，カツオ，スズキなどの大型魚に使われた。愛知県形原地区だけでなく太平洋沿岸地区で野州麻が用いられた。

織物　麻織物や蚊帳などに使われた。滋賀県愛知郡の近江上布，近江八幡市の蚊帳が有名であった。精麻から麻糸をつくるには，精麻を細かく裂いて指先で均等の太さにつなぎ，経糸用，緯糸（よこいと）用に加工され機織（はたおり）機で布に織られた。近江上布は通気性のよい夏服の高級衣料として知られる。奈良県の麻を使用した「奈良

表2　繊維の性質

繊維		引張り強さ 標準時（GPa）	引張り強さ 湿潤時（GPa）	比重	公定水分率（%）	熱的性質 軟化点（℃）	熱的性質 融点（℃）
レーヨン	S普通 S普通 F普通 F強力	0.33～0.42 0.48～0.56 0.23～0.31 0.42～0.70	0.19～0.27 0.36～0.44 0.11～0.16 0.33～0.55	1.50～1.52	11.0	軟化しない	溶融しない 260～300℃で 着色分解し始める
ポリノジック	S	0.50～0.70	0.37～0.56	1.50～1.52	11.0	レーヨンに同じ	
キュプラ	F	0.24～0.36	0.15～0.25	1.50	11.0	レーヨンに同じ	
アセテート	F	0.14～0.16	0.08～0.10	1.32	6.5	200～230	250
トリアセテート	F	0.14～0.16	0.09～0.11	1.30	3.5	250℃以上	250
プロミックス	F	0.38～0.48	0.34～0.45	1.22	5.0	約270℃で分解	
ナイロン66	F普通 F強力	0.50～0.65 0.65～1.0	0.45～0.60 0.60～0.90	1.14	4.5	230～235	250～260
ナイロン6	F普通 F強力	0.48～0.64 0.64～1.0	0.42～0.59 0.59～0.86	1.14	4.5	180	215～220
ポリエステル	S普通 F普通 F強力	0.57～0.79 0.52～0.73 0.77～1.1	0.57～0.79 0.52～0.73 0.77～1.1	1.38	0.4	238～240	255～260
アクリル	S F	0.25～0.51 0.35～0.57	0.20～0.46 0.32～0.57	1.14～1.1	2.0	190～240	不明瞭
アクリル系	S	0.25～0.45	0.23～0.45	1.2	2.0	150	不明瞭
ポリプロピレン	F F	0.36～0.60 0.60～0.72	0.36～0.60 0.60～0.72	0.9	0	140～160	165～173
綿（アプランド）		0.41～0.67	0.07～0.45	1.54	8.5	150℃で分解	
羊毛（メリノ）		0.12～0.20	0.09～0.19	1.32	15.0	130℃で分解	
絹		0.35～0.51	0.25～0.35	1.33～1.45	11.0	235℃で分解	
麻（亜麻） （ラミー）		0.74～0.83 0.86	0.77～0.87 12.0	1.5	12.0	130℃ 5hrで黄変 200℃で分解	

注　『繊維のおはなし』日本規格協会より　S：ステープル，F：フィラメント

表3　アサの実とダイズの成分比較

	タンパク質	脂肪	炭水化物	繊維	灰分	水分
アサの実	29.5	27.9	31.3	22.7	5.4	5.9
ダイズ（国産乾）	35.3	19.0	28.2	17.1	5.0	12.5

注　五訂日本食品標準成分表より

表4　アサの組成成分（乾物，可食部100g当たり）

項目	成分値	単位
廃棄率	0	%
エネルギー	463 1937	kcal kJ
水分	5.9	g
タンパク質	29.5	g
脂質	27.9	g
炭水化物	31.3	g
灰分	5.4	g
無機質		
ナトリウム	2	mg
カリウム	340	mg
カルシウム	130	mg
マグネシウム	390	mg
リン	1100	mg
鉄	13.1	mg
亜鉛	6.0	mg
銅	1.30	mg
ビタミン		
A		
レチノール	(0)	μg
カロチン	20	μg
レチノール当量	3	μg
D	(0)	μg
E	4.0	mg
K	50	μg
B_1	0.35	mg
B_2	0.19	mg
ナイアシン	2.3	mg
B_6	0.39	mg
B_{12}	(0)	μg
葉酸	81	μg
パントテン酸	0.56	mg
C	Tr	mg
脂肪酸		
飽和	2.91	g
一価不飽和	3.45	g
多価不飽和	19.35	g
コレステロール	(0)	mg
食物繊維		
水溶性	1.2	g
不溶性	21.5	g
総量	22.7	g
食塩相当量	0	g

注　五訂日本食品標準成分表より

さらし」にも使われた。織られた麻布はさらされた後，衣料や茶巾などに加工される。

下駄の芯縄　原料のアサを硫黄で蒸して漂白し，適当な長さに切断して綯（な）え台を使って手撚（よ）りしてできる。野州麻は他の産地より強靱さがやや不足するが，つやがあって美しいことで使われたらしい。現在は高級な下駄にしか使われていない。

凧糸　静岡県浜松市や新潟県白根地区の凧上げ用の凧糸に使われている。江戸時代は手撚りであったが，明治以降は機械撚りでつくられた。野州麻の強さと硬すぎず柔らかすぎずの感触がよいらしい。

横綱の綱　大相撲の横綱土俵入りの綱は野州麻でつくられる。

一つの横綱には8～12kgのアサが使われる。米ぬかでもんで柔らかくした後，中央部が太くなるように銅線を心棒にしてアサを巻き付け，表面をさらした木綿で巻き付ける。これを3本用意し，撚り合わせて横綱とする。

神具，縁起物，その他　先述した神事用具のほかに，神社の神官がつける狩衣，おはらい時に使用する御幣，鈴緒に付ける綱など多くのアサの用途がある。縁起物では結納の際の共白髪が有名だが，最近ではこれも輸入品になりつつある。弓弦は精麻のなかでも強靱で最も品質のよいものが使われる。

畳の経糸　皮麻の大部分は畳の経糸（たていと）で，広島県，岡山県で使われた。皮麻はほかに荷縄，撚り糸にわずかに使われた。

アサ紙など新しい動き　海外のアサに対する考え方の変化，有望なエコロジー素材としてのとらえ直し，産業用アサとしての活用を模索するなかで，アサの産地でも新しい動きがある。

ほとんど唯一国内に残された産地，栃木県粟野町（現鹿沼市）永野地区の若い後継者である大森夫妻は「野州麻紙工房」を2001（平成13）年に開設し，アサの麻垢や麻幹，精麻のくずなどを材料にアサの紙をつくっている（写真3）。その工程は次のとおりである。

①アサの繊維を煮詰め押切りで細かくする。②ひたすら叩く。③水の中でよく混ぜる。④トロロアオイを加えさらによく混ぜる　⑤枠で紙を漉く。アサ紙をランプシェードやタペストリーなど

写真3　大麻紙。独特の色合いと強さが特徴である（栃木・野州麻紙工房製）

にしインテリアとしての利用法を研究している。アサ農家の経営のなかにどう生かしていくか課題はあるが，頼もしいチャレンジである。

副産物の利用

精麻をつくるときに皮を剥ぎ取った残りの木質部が「麻幹」であるが，白くまっすぐに伸びたものがよいとされる。麻幹やアサひきのかす，実の利用法を紹介する。

カイロ灰，火薬　麻幹を蒸し焼きした灰に，おがくずを蒸し焼きしてつくった素灰を加えてできる。カイロ灰は大正時代から昭和中期にかけて盛んであったが，使い捨てカイロの出現でほとんど使われない。また麻幹は花火用の火薬に混ぜて使われる。

屋根材，雑具　麻幹は屋根材に使われ，伝統的に麻幹で屋根をふく寺社もある。雑具としてはお盆の迎え火，送り火の松明，生け花の材料などがある。

麻垢（おあか）　精麻をつくるアサひきのときにできるかすで，水洗いして干すと商品になり，紙の原料，壁土の混ぜもの，堆肥の材料になったが，現在は使われない。

麻種　七味唐辛子の材料や鳥の飼料，ボイル油，食用油，燈用油に種子が使われたが，現在は大麻取締法の規制で厳しく管理されている。

製麻＝アサひきの工程

代表的なアサの加工品の材料である精麻の栃木県における製麻過程（アサひき）について述べる（図1）。

アサ抜き（収穫）　4月上旬に播種したアサの茎は，約100日経過した7月中旬頃から株元がやや黄ばんできて収穫できる。収穫はほとんどが手作業で，5～6本束ねて抜き取って積み重ねていく（写真4）。

生育量のやや小さいアサは，バインダーを改良した収穫機でも刈り取れる。午後に行なう湯かけ，アサ干しの作業ができる分量だけ収穫する。

アサ切り　アサを抜き取った後，アサの株元を切り揃え，独特の直刀の形をしたアサ切り包丁で葉を落とし（葉打ち），直径40 cm程度の束にまいて，さらに先端を切り揃える。切り揃えるには押し切りなどを使っていたが，最近では肩掛けの草刈り機を用いている。長さは2 m程度（6尺5寸）に揃えるが，アサの生育量に応じて仕分けをする。

湯かけ　アサ切りした生アサを熱湯に入れて色を落とす（写真5）。湯かけはアサ切りした午後3時頃から夜にかけて行なう。身長ほどのアサ風呂（鉄砲桶）に鉄砲釜を据え付け，マツやスギ

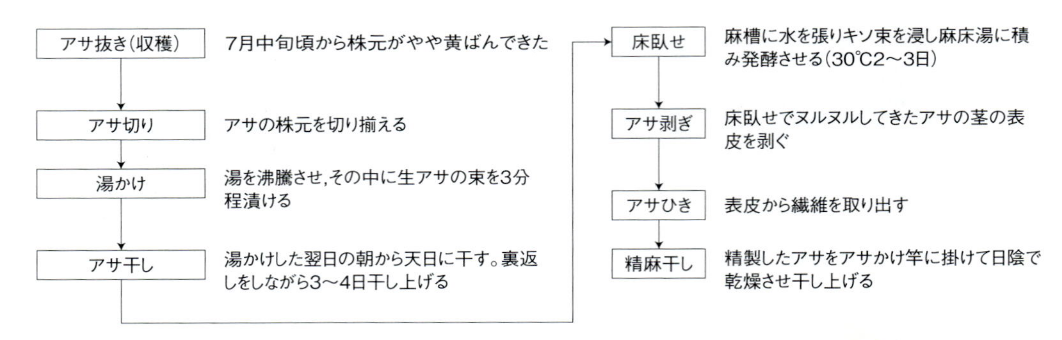

図1　製麻（アサひき）の工程

を燃やして湯を沸騰させ，その中に生アサの束を3分程度浸けると，その後のアサ干し中に緑色が抜ける。浸す時間が短いと青みが残る。

アサ風呂は以前は木製であったが，現在は鉄製に替わった。

アサ干し　湯かけしたアサは翌日の朝から天日で，地面に着かないように丸太やタケを敷いた上に干す。裏返しをしながら3～4日で干し上げると白いキソができる。この時期の天候によって乾燥具合，品質が影響されるので，最近は雨よけのビニールハウスの中で干している。干し上がったキソは納屋の2階など湿気のないところに，次のアサひき作業まで保存しておく。

床臥せ　アサの茎を発酵させ繊維を剥（は）ぎやすくする。長さ2.3m，深さ35cmほどの麻槽（おぶね）に水を張り，キソ束を浸してから麻床場（おとこば）に積んでわら・こもで被い，温度は30℃程度で2～3日発酵させる。連続してアサひきをするため，2～3日分を順番に積み替えていく。

アサ剥ぎ　発酵して表面がヌルヌルしてきたアサの茎から表皮を剥ぐ（写真6）。2～3本のアサをまとめて元から10cm程度で折り，そこから皮を剥ぎ重ねていくが，すべて手作業である。残った心が麻幹である。

アサひき　アサ剥ぎで取り出した表皮から繊維を取り出す作業で，以前は手ひきをしていたが，現在は電動のアサひき機が使われている（写真7）。取り除いたかすが麻垢（おあか）である。

精麻干し　精製したアサをアサかけ竿に掛けて，日陰で乾燥させる長さを測って切り揃え，風通しをよくして干し，干し上がったら束ねて保存しておく。4貫目（約15kg）を1把として束ね，取引きされる。

床臥せ以降のアサひき作業は8月下旬から11月上旬に行ない，冬は行なわない。ひき残ってしまった場合は春になってから行なう。

素材の種類・品種と生産・採取

無毒系統の育成

アサの種類，品種はもともと在来種で，青木種，赤木種，白木種があった。第二次世界大戦前は各地に地方種があったが，戦後は大産地の栃木種に統一された。栃木県農業試験場では，それらを素材にして1934（昭和9）年には栃試1号，1950年には南押原1号を育成した。

しかし，本来日本種は幻覚性成分THCの濃度が低いにもかかわらず，盗難など社会的問題が大きくなってきたので，栃木県農業試験場では無毒のアサの品種改良に取り組んだ。九州大学で在来種から発見された幻覚性成分をほとんどもたないアサ種（CBDA種）の選抜系と栃試1号を交配して，白木種の無毒アサ「とちぎしろ」を1982年に育成した。現在栃木県の栽培種はこの「とちぎしろ」に限定されており，それによって盗難事件はなくなった。「とちぎしろ」は中生種で倒伏にやや強く，在来種並の収量・品質が備わっている。

海外には無毒系統がたくさんあり，今後産業用としてアサが栽培される場合は，それらを材料にしてより良い品種を育成する必要がある。

栽培，調製

アサの栽培の概略を述べる。栽培にはまず大麻取締法に基づいて，知事の許可が必要である。アサは生長が早いが，風害や虫害にやや弱い。

写真4　アサ抜き（収穫）

写真5　湯かけ

写真6　アサ剥ぎ

写真7　アサひき

3月上中旬に畑の準備を始め，苦土炭カル・油かすなどを全面に散布後，耕耘砕土する。生育を揃えるため種子は風選後，5 mmおよび3 mmの篩で大粒と小粒を除く。施肥は10 a当たり堆肥1 t，苦土炭カル60 kg，窒素10 kg，リン酸15 kg，カリ8 kgを施用する。播種期は4月上旬で，播種量は10 a当たり4 kgが目安で，条間20～30 cm，株間3～5 cmで密に播種する。播種は手押しの播種機で行なう。

出芽後4～5日で除草を兼ねた1回目の土寄せ，4月下旬に2回目の土寄せを行なう。5月中旬の草丈が50～60 cmになった頃，伸長の旺盛な株と不良株を取り除き生育を揃える。7月上旬には再び生育の劣る株，病虫害を受けている株を間引き，生育を揃える。7月中旬には茎葉がやや黄化してくるので収穫する。生育を揃えることがアサづくりのポイントとなる。種子とり用のアサは，6月初旬に精麻用より粗く播種して太い茎をつくり，10月に収穫する。

2000（平成12）年の資料では，生茎の収量は10 a当たり1.5～2.0 tで，乾燥茎重は500～600 kg，精麻は50～60 kg，麻幹（おがら）は400 kg程度である。精麻は品質によって価格差が大きいが，kg当たり8,000～1万円，麻幹はkg当たり250円であるので，10 a当たりでは精麻が50万円，麻幹が10万円ほどである。加工品の材料としてはかなり高価であり，今後コストを思い切って下げていかないと用途はごく限定されるものと懸念される。

なお，アサの収穫後の畑にはソバやアズキをまく。栃木県の粟野町（現鹿沼市）永野地区では，アサ跡にソバを栽培し，農家直営のソバ店を運営して村づくりに役立てている。

椚

Quercus variabilis Blume

植物としての特徴

生育環境と分布

アベマキは暖温帯の花崗岩，花崗質斑岩，石英斑岩などを基岩とする壌土または埴質壌土などに広く分布する落葉高木（ブナ科コナラ属）で，高さ20 m，直径70 cmになる。深根性で土壌層の深い肥沃地を好み，日当たりのよい弱乾性の山麓緩傾斜地や平坦地で最もよく成長し，点生または小群生する。しかし，耐乾燥性や耐やせ地性はクヌギよりも強く，雨量の少ないやせ地や尾根筋でも育つ。

本州（山形県，長野県以南，静岡県以西），四国，九州北部，朝鮮半島，中国東北部，チベット東南部，台湾，インドシナ半島の山地に分布し，国内では，静岡県以西の太平洋側，近畿地方，降水量が少なく乾燥する瀬戸内海沿岸地方，中国地方に多い。人工的な植林は，「アベマキコルク」の採集，シイタケ原木としての利用のために，岐阜，愛知，福井，広島，岡山，島根，愛媛，福岡，熊本などの県で多くの実績がある。

形状

温帯，暖帯あるいは暖温帯の山地に生育する落葉広葉樹で，樹姿，性質は同じコナラ属のクヌギによく似る。幹は直立する。樹皮は堅く灰褐色であり，不規則に深く縦方向に不揃いに割れる（写真1）。樹皮にコルク層がよく発達し，樹皮全体に弾力がある。コルク層は1～3 cmの厚さで年輪状の層をなし，厚さ10 cmになることもある（写真2）。厚さはコルク樫（写真3）に比べ半分ほどである。コナラ属の樹皮は負傷すると樹液が浸出するが，アベマキの樹皮に傷がついてもコルク層がすこぶる厚いため，樹液の浸出を見ない。

葉は互生し，細長い長楕円形で多数の側脈が平行して走り，その先端は葉の縁よりも突出する。葉の表面は緑色で，光沢があり無毛，裏面は淡黄褐色または灰白色で，短い星状毛が密生し白くみえる（写真4）。老葉になっても星状毛は密生する。

アベマキは雌雄同株で，花は4月下旬から5月中旬ごろまで開葉と同時に咲く。風媒花である雄花序の長さは3～6 cmあり，新枝の基部からひも状の花序を下垂する。雄花は黄褐色，萼は3～5裂し，4～5本の雄ずいがある。雌花は新枝の上部の葉腋に1～2個直立する。雌花は総苞に包まれていて子房は3室あり，花柱は3個で先が広がり内面が柱頭である。開花終了後の5月中旬ごろにはすでに直径2 mmの小さな堅果が形成されるだけで，受精した年にはほとんど成長しない。

写真1　アベマキとクヌギの樹皮

アベマキの樹皮

クヌギの樹皮

写真2　アベマキの断面にみるコルク層（香川大学）

写真3　コルク樫のコルク層

果実は堅果であり，成熟までに2年間を要する。開花翌年の秋，すなわち2年目の8月ごろに急速に成長し，果実の色が緑色から淡黄色を経て褐色に変化するとともに，10月中下旬に成熟して落下する。殻斗は浅い皿状でほとんど柄がなく，外側には線型で長く伸びて背反し，反り返った鱗片（鱗毛）の密生する殻斗に下部が包まれる。クヌギに比べ果実（堅果）は縦長であり，殻斗の鱗片はよく発達している。アベマキの果実（堅果）は卵形で長さ1.5～3cm，重さ4～7gである。果実には胚乳がなく，子葉は肉質で栄養分を蓄える。9月下旬以降発芽能力をもつようになる（写真5）。

アベマキによく似ている樹種としてクヌギがある。アベマキは樹皮のコルク質層が厚く，クヌギに比べてシイタケ原木としてはあまり適さない。見分け方としては，アベマキの樹皮にはコルク質層が発達していること，葉の裏に星状毛が密生しており，白いことなどで区別するが，両種は互いに交雑するので雑種（アベクヌギ）もみられる。

利用の歴史

昭和初期のアベマキコルク

アベマキは，現在では薪炭材あるいはシイタケ原木材としての利用が大部分であるが，昭和初期までは，樹皮のコルク層を利用することが重要であった。樹皮から採取する「アベマキコルク」は軽くて弾力性があって強く，断数性，耐磨耗性，液体の不浸透性，耐酸性，音響特性にも優れ，火にも強い。さらに耐腐朽性があり腐りにくいの

写真4　アベマキとクヌギの葉裏
アベマキ（左）には星状毛が密生しているため白くみえる

写真5　アベマキの果実
殻斗の鱗片はよく発達しているのが特徴

で，ビンの栓，湿気や熱の絶縁材料（板），防音，防虫としてのコルク板，炭化コルクに利用される。最近のアベマキコルクは塩化ビニールなどで化学処理され，同様の目的に利用されている。樹皮に含まれるタンニンは漁網の染料とされた。

シイタケ栽培の原木，薪炭材

シイタケ栽培においては近年，クヌギ，コナラ，ミズナラの原木不足や原木価格の高騰がシイタケ栽培の経営に打撃を与えているが，アベマキはコナラ属のなかでは蓄積の多い樹種なので，コルク層を剥皮したアベマキのシイタケ原木としての利用法を開発する必要がある。これまでにアベマキのコルク層を十分に剥皮するとコナラ，クヌギに近いホダ木を得ることができたとする報告もある。

アベマキは最近のアウトドアブームのなか，ススの少ない堅い薪や，着火しにくいが長時間燃える白炭などの薪炭材に利用されている。アベマキは組織学的特徴，物理的性質および強度などの機械的性質から，今後不足しているミズナラ材に類似・代替する利用が可能と考えられ，建築内装材の原材料としての開発が進められている。

用途と製造法

樹皮の利用──コルクの素材

アベマキは15～17年生で胸高直径12cm，樹皮（外皮）のコルク層の厚さ1～2cm，30年生で胸高直径20cm，外皮の厚さ2～3cm以上に達する。このため，コルクの採取は，植えてからの樹齢15～16年，最大20年生になってから最初のコルクを剥皮採取する（初皮という）。初皮の剥皮後に再形成されたコルクは，約8～9年あるいは10年間隔で厚さ約2cmのコルク板が得られる（再皮という）。すなわち，アベマキコルクは，アベマキの植栽後15～20年が経過すると，約10年間隔で何度でも採取できる。

初皮と再皮には品質的な差があるといわれているが，物理的性質は明らかにされていない。コルクは剥皮後2～3年風雨にさらすと弾力，色沢がよくなる。

剥皮する際に形成層を傷つけるとその後の成長が顕著に抑制され，そのため枯死することがある。さらに1か所の剥皮は量大90cmの長さまでとする。剥皮があまり長いとその後の成長力を弱め，2回目以降良質のコルクを得ることができない。剥皮は樹液流動の盛んな5～7月の4か月間に行ない，幼齢樹は老齢樹よりも，また湿潤地は乾燥地よりも剥皮を早く行なう。厚皮を収穫する場合は，30年生前後で初回の剥皮を行なう。

コルクは日当たりのよい乾燥地に生育する壮齢期の二番皮以降の品質が最も良好である。樹皮の品質は弾力および粘力によって決まる。立木時のコルク品質の評価は，樹皮の裂け目（割れ目）が縦に通直なものは品質が良好で，亀甲のように縦横に裂け目を生じるものは品質が不良である。

その他の利用

アベマキは街路樹，公園樹，庭園樹にも適し，観賞効果が高い。果実は75％以上のデンプン（アミロース）のほかに，タンパク質を多量に含むので，木灰汁であく抜き（アルカリ処理）したうえでデンプンを製造し，食品加工に用いる。中国では果実と殻斗は青杠碗と呼ばれ，健胃剤，下痢や咳止めに用いられている。

材は有用な環孔材で，心辺材の境界はあまり明瞭ではないが，辺材は灰白色または黄褐色であり，心材は淡褐色または赤褐色を示す。木理（木目）は粗く，気乾比重は0.98 g/cm^{2}とやや堅硬である。年輪幅はやや不明瞭で不規則な波状を呈する。

建築内部の造作材，床柱，装飾材，器具材（農具，台，柄，漆器の木地），杭材，車輛材（荷車，車輪，車軸），下駄材，チップ材，薪炭材，コルク材（樹皮利用），シイタケ原木（シイタケの発生量はクヌギ原木に劣る）などに用途が広い。しかしながら，建築，器具材以外の用材としての利用は，コナラ属の他樹種の代替材があり，あまり重要ではない。

素材の種類・品種と生産・採取

種類・品種

アベマキの育種は，シイタケの原木の選抜育種が行なわれただけで，用材，材質特性，コルク生産のための樹皮形質に関する本格的な育種は行なわれていない。中国地方のアベマキ，クヌギが混生する二次林には，アベマキ，クヌギ以外に両者の中間的な形質をもつ個体が自生する。これらの樹皮のコルク層はアベマキのように発達せず，クヌギのような樹皮をもつ。アベマキとクヌギの自然雑種であると考えられており，アベクヌギ，ミズアベと称している。

シイタケ栽培者によると，アベマキ，アベクヌギ，クヌギではシイタケの発生量，品質が異なり，アベクヌギはシイタケ原木に適し，良質のシイタケが発生するという。このような種間雑種の原木特性については研究の余地がある。

アベマキは挿し木の発根性が悪い。さらに接ぎ木の不親和性がきわめて強い樹種なので，接ぎ木後の枯損率が著しく高い。不親和性を解決するには，組織培養苗の利用による増殖が考えられる。

実生による植栽

種子の採取　開花結実を開始する樹齢は10年生前後である。隔年で並～豊作になる。凶作年は果実の確保が困難な場合が多い。10月中旬ごろ成熟を待って，枝についている果実をもぎ取る。しかし，枝にはその年に形成された幼堅果がついているので，枝を折ってはいけない。落下した果実を利用する場合は，あらかじめ樹冠下の草を刈り，落下した果実を見つけやすくしておく。果実の中にはゾウムシ類の幼虫，卵などが入っているので，殺虫処理を行なう。

種子の保存　アベマキの果実は，乾燥させると発芽能力を失うので，低温保湿貯蔵する。ポリ袋に果実を入れ，適度に湿り気のある砂やバーミキュライトなどと混ぜた後，春まで3～5℃の冷蔵庫内に貯蔵するとよい。この際，水分が多いと貯蔵中に果実が発芽し，腐敗するので注意する。アベマキの長期貯蔵は困難で，翌年の夏を越すと発芽率が大幅に低下する。果実は休眠が浅いので発芽促進処理の必要はない。果実の大きさは，1L当たり150粒，1kg当たり210粒であり，発芽率は80％である。

播種　まきつけは3月ごろ行ない，1m^{2}当たり150粒程度を条まきする。果実は横向きにして3cmの深さにまきつけ，その上に果実の2倍程度の土をかけ，板で軽くおさえる。覆土は畑土でよい。なお果実は秋に地上に落下後，短期間に幼根が発芽し伸長するが，すでに幼根が出ている果実は，幼根の基部を3～4cm残して先を切り取ってから，まきつけると主根が数本に分かれた「分岐根苗」ができる。野ネズミなどの食害のおそれがある場所では，板で囲いをした苗畑にまきつけ，床面を金網で覆っておく。

発芽，育苗　4月下旬～5月中旬に発芽する。発芽後は日覆いの必要はない。アベマキ苗はすす病やうどんこ病が発生するので，マンネブ水和剤400倍，ベノミル水和剤1,500倍などで病虫害の予防を行なう。1年生苗木（まきつけ当年）の苗長は40～50cmとなる。得られた苗木は翌年3～4月に25本/m^{2}の密度で床替えを行なう。アベマキの苗木は直根性で細根が少ないので，床替え時に直根を15cm程度に切り詰めると移植しやすく，細根の多い苗木ができる。しかし，直根には栄養分が蓄積されているので，極度に短く切り詰めると成長が不良となる。

2年生の苗木の総長は100cm，地ぎわ直径は2cm程度となるので，山行き苗として利用する。

亜麻

Linum usitatissimum L.

写真1 アマの開花

植物としての特徴

アマは，アマ科のアマ属に属する一年生草本である。アマ属には100以上の種があり，染色体などからV群に分類される。そのうち実際に繊維作物として栽培されているのは，II群に属する*L. usitatissimum* L.の1種類だけである。生育日数は85～100日で，草丈は1m前後になり，茎の太さは1～2mm，茎の頂部で3～5本に枝分かれする。

葉は披針形で小さくて葉柄がなく，草丈の伸長に伴い数を増して50～80枚程度になる。根は1本の主根と多数の側根があり，根の伸長は開花期頃まで続き，その後は伸びが遅くなる。花の色は，普通の栽培種は白色か青色であるが（写真1），品種によっては淡桃色や濃紫色を呈する。種子は長卵形で扁平，先端がわずかに湾曲し，褐色で光沢がある。外皮は粘液層をもち，水分を吸収すると寒天状になる。

利用の歴史

アマの原産地は温暖な中央アジアで，そこからエジプトに導入され，さらにフランス，ベルギー，オランダ，ドイツに伝えられたといわれている（写真2）。アマは人類が衣料として用いた繊維のなかで最も古いものであり，紀元前3600～3300年にはエジプトで栽培されていた。現在はロシア，フランス，ベルギー，オランダ，カナダなどで栽培され利用されている。

写真2 アマ（リネン）畑 フランスのフランダース地方

日本では，元禄年間（1688～1704）に油（亜麻仁油）を薬用とするため，江戸の王子薬草園で栽培されていた。繊維作物としては，1867（慶応3）年に札幌の大友亀太郎と函館のプロシア人ガルトネルによる試作が栽培の始まりといわれている。本格的な栽培は，1887（明治20）年に北海道に製麻会社が設立されてからである。その後，軍需品（兵士の衣類，野営用テント地，ゲートルなど）として利用量が増大し（写真3），作付け面積も拡大され，1920（大正9）年には総生産量が4万5,000 tに達した。

日本の主産地は北海道で，全国の約90%が生産され，残りは本州や九州の各地で栽培されていた。しかし，第二次世界大戦後は軍需品としての利用がなくなり，またナイロンやポリエステルなどの化学繊維との競争，さらに外国からの安い輸入ものにおされ，次第に作付け面積が減少し，1967（昭和42）年北海道での製麻工場の撤収とともに日本での栽培は終焉した。

アマは他の作物よりも収穫が早く，農家にとっては盆を過ごすための貴重な収入源であった。各工場の敷地には，農家から出荷されたアマの束が山積みされ，浸漬が終わったアマが乾燥される時期になると，異様なにおいが辺り一面に漂い，アマ生産地帯の独特な雰囲気を醸し出していた。

用途と製造法

アマ繊維，種子の特性と用途

アマの繊維は，水分の吸収性が優れているため，寝具や高級下着に利用され，また水分の発散が早いために夏用の背広（高値で庶民には高嶺の花であった）やハンカチなどに加工されていた。さらに水分を吸収すると膨潤する性質があり，消防のホースとしては最適な素材であり，耐久性にも優れ広く使用されていた。

このようなアマの繊維は，細い糸を紡ぐのにも適しており，張力や摩擦に強く，柔軟で水分の吸収と発散が早い。また，熱の伝導性がよいため肌着，服地，テーブルクロス，ハンカチ，天幕，帆布，消防ホースなどに広く用いられる。さらに，撚（よ）り糸は畳糸，ミシン糸，レース糸，靴縫糸，漁網としても利用される。

種子からしぼった油は亜麻仁油（リンシードオイル）と呼ばれ，比較的乾燥が早いため，印刷用インク，油絵具，各種塗装用ペイントなどに用いられ，最近は，種子や油が健康食品として利用されている。アマの種子（写真4）は北欧では日常食に取り入れられているが，種子中のリグナンには女性ホルモンを補う働きがあり，更年期障害のほてり症状などを改善する。

アサ（麻）の種類

アサ（麻）には表1のように，アマ（亜麻・リネン），チョマ（苧麻・ラミー），タイマ（大麻・ヘンプ），コウマ（黄麻・ジュート）などが含まれる。特に衣料用として，現在ではリネンとラミーが代表的なもので，最近ではタイマも衣料用にも使われつつある。ただし，家庭用品品質表示法で「麻」と表示することが認められているのは，このリネ

写真3　アマから紡績された糸

写真4　アマの実

表1　麻の種類と用途

名称／別名称（英名）	種類	性質	主な産地	主な用途
◎軟質（靭皮）繊維				
亜麻／フラックス*，リネン**（*Flax，**Linen）	亜麻科	一年生	ロシア，ポーランド，ルーマニア，チェコ，フランス，ベルギー，中国	衣料用，資材用，寝装用
苧麻／ラミー，からむし，支那麻（Ramie）	蕁麻科	多年生	中国，フィリピン，ブラジル	衣料用，寝装用，資材用
大麻／麻，皮麻，精麻，ヘンプ（Hemp）	桑科	一年生	ロシア，イタリア，ルーマニア，韓国	ロープ，新縄
黄麻／ジュート，印度麻，つなそ（Jute）	田麻科	一年生	中国，インド，タイ，バングラデシュ	麻袋，括糸，ヘッシャン，クロスカーペット基布
洋麻／ケナフ，アンバリ（Kenaph）	錦葵科	一年生	インド，台湾，ロシア	黄麻代用
ボウ麻／青麻，きりあさ市皮（Indian-mallow）	錦葵科	一年生	中国	黄麻代用
◎硬質（葉脈）繊維				
マニラ麻／アバカ（Manila hemp）	芭蕉科	多年生	フィリピン	ロープ，麻，麻田，トワイン，括糸，帽子用
サイザル麻／シザル麻，ヘネケン（Sisal hemp）	石芯科	多年生	メキシコ，フィリピン，インド	マニラ麻代用，ロープ，カーペット
マゲイ（Maguey）	竜舌蘭科	多年生	メキシコ	マニラ麻代用
マオラン／ニュージーランド麻（Newzealand flax）	竜舌蘭科	多年生	ニュージーランド	マニラ麻代用，ロープ

ンとラミーの2種類で，他の麻類は指定外繊維として「麻」の表示はできない。

以下ではアマの原料精製から紡績までの工程を簡単に説明する（図1）。

アマ紡績原料の精製

アマは靭皮（じんぴ）繊維であるので，これを紡績原料とするまでに，草丈0.8～1.0m，直径0.8～2.0mmの生長したアマ茎を木質部と靭皮部に分類する。この工程は，木質部と靭皮部との結合を弱める浸水工程（Retting）と外皮および木質部を機械的に破砕し除去する製線工程（Scutching）からなり，ここで長繊維である正線（Scutched Line）と短繊維である粗線（Scutched Tow）に分類する（写真5）。浸水は一般的に微生物による発酵作用を利用する独特の工程で，水中に浸漬して行なう水浸水（Water Retting）と地上に倒して行なう雨露浸水（Dew Retting）に大別される。

浸水は繊維束を分裂しやすくし，後の紡績工程での可紡性に与える影響が大きく，重要な工程である。浸水による減量はおおよそ20%前後で，製線工程での歩留りは干茎に対して正線でおおよそ17%前後，粗線でおおよそ7%前後といわれる（写真6）。

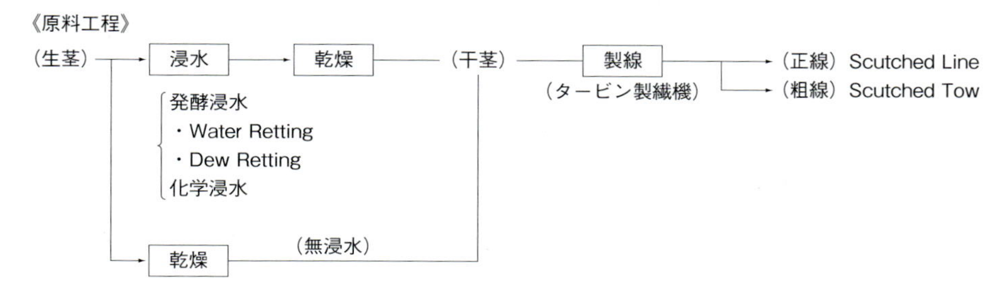

＊発酵浸水（Retting）：亜麻茎の靭皮部と木質部を分離（ホグシ）しやすくする
・Water Retting：河・池に浸漬し微生物で発酵させる
・Dew Retting：地上に放置し雨露で発酵させる
＊化学浸水：薬品（主に酸処理）で亜麻茎（繊維）を分解（分離）させる
＊製線：干茎から破砕した木質部を除去し靭皮繊維を取り出す工程
＊正線・粗線：製線された長い繊維（Scutched Line）を正線，木質とともに分離された短い繊維（Scutched Tow）を粗線とよぶ

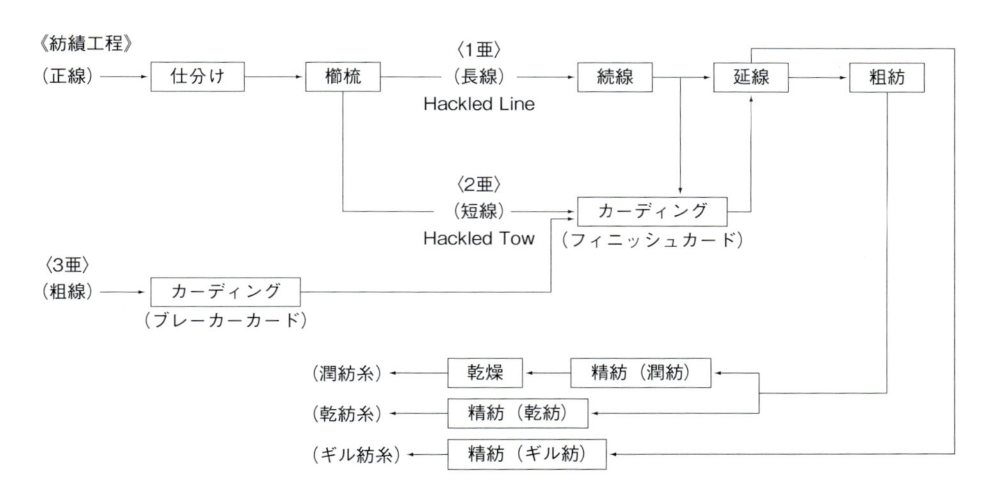

＊1亜：長線，2亜：短線，3亜：粗線
＊カーディング（梳綿）：針布等を使い繊維塊を梳って単繊維に分離し繊維を揃え綿状にする
＊櫛梳：繊維束を分裂させ，平行度を上げて繊維塊のもつれ，外皮・木質部を除去する
＊続線（スライバー）：繊維の平行度を上げ，撚りのない帯状またはロープ状にする
＊延線（ダブラー）：均一性に向けスライバーを重ね（ダブリング）合わせていく
＊粗紡（ロープ）：精紡の前にスライバーをドラフトして細く，配向性を高めていく

図1　リネン原料・紡績工程（原草～紡績糸まで）

写真5　紡績工程でのアマの状態

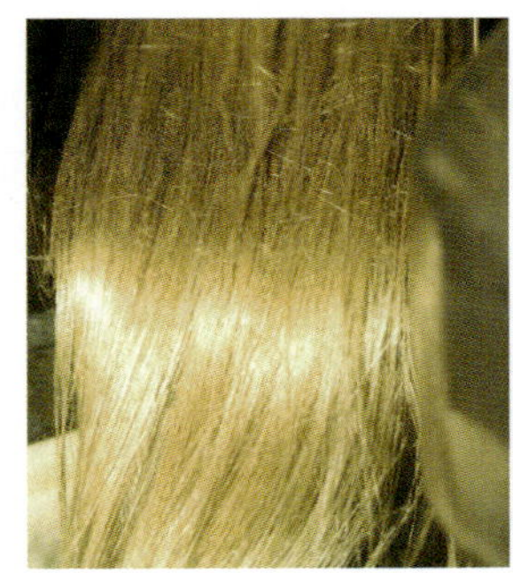
原料繊維の段階

粗線（ロープ）

仕上がったアマの糸

写真6　アマの干茎

アマ紡績工程

紡績での可紡性をよくするため，櫛梳（せつりゅう）工程（Hackling）において繊維束を分裂させ平行度を上げて，繊維塊，もつれ，外皮，木質を除去する。この工程で得られた繊維は長く，長線（Hackled Line）と称し，長繊維紡績に使用され，脱落した短い繊維は短線（Hackled Tow）と称し短繊維紡績に使われる。

亜麻紡績の精紡方式には乾式と湿式とがある。乾式（乾紡タイプ）では繊維が繊維束として挙動するため細番手を紡出することは難しく，通常，アマ式紡績では麻番手で20（L）程度までである。この麻番手とは，糸の太さを表わしており，1ポンド＝453.59gのアマで300ヤード＝274.32mの何倍の長さの糸がとれるかを示す。太さはリネンのLで示し，たとえばL20番手は1ポンドのアマから300ヤードの20倍6,000ヤードの糸をとったものという意味で，数値が大きいほど糸は細くなる。アマ式紡績ではL20番手までが普通だが，特別の処理をすることにより現在，麻番手で40～50（L）クラスの紡績が可能となっている。

湿式（潤紡タイプ）は，リネン独特の方式で，撚りをかけていない繊維の集合体であるローブは温湯に浸漬されてから，ドラフト（長さの方向に引きのばすこと）され紡出される。したがって単繊維を膠着しているペクチン質はこの温湯作用により膨潤軟化するため，ドラフトゾーンで単繊維化の挙動をし（1本1本に分かれ），麻番手で100～150（L）の細番手の紡出が可能である。湿式で紡出された糸は糊付糸のような状態となり，コンパクトで毛羽の少ないのが特徴となる。

そのほか，ギル紡はアマ乾式紡績の一種で，現在次第に減少しているようだが，ギル上でドラフトされ，太番手用で，麻番手の5～14（L）クラスである。スライバーから直接紡糸するため，繊維配列のよい張力の高い糸を得ることができる。

海外の利用に学ぶ

アマ（リネン）は，人類最古の衣料といわれ，紀元前8000年にはすでに栽培されていたとされる。古代エジプトでは神に許された織物として神官の衣服や神事に用いられたり，一般の衣服にも使われたりしていたことが，ファイユーム（Fayum）遺跡でのリネン布の出土や古い文献からも明らかになっている。またピラミッドから発掘されたミイラを包んだ白布もリネンで，その後，藍で染められたものも発見されている。スイスの湖上住居跡では新石器時代の民族がリネンの衣料や船の帆やロープをつくっていたことも明らかになっている。聖書にも記されている繊維として，18世紀には特に多くの生産高を示した。

素材の種類・品種と生産・採取

品種

アマは元来海外からの導入作物であり，ロシア，ベルギー，オランダなどから種子を入手して栽培していた。導入あるいは日本で育成された主な優良品種には，ペルノー1号，サギノー1号，サギノー2号，南捷，南翼，雲竜，青柳，ウイーラ，ノーブレス，ヒブラ，レイナがあり，いずれも繊維を取るために栽培されていた。

特性としては，サギノー1号，サギノー2号，南捷，南翼，雲竜，青柳は収量は多いが，比較的茎が太くなる傾向があり，そのため歩留りが悪く，さらに繊維を取り出す工程でちぎれて繊維が短くなる。ペルノー1号，ウイーラ，ノーブレス，ヒブラ，レイナは茎が細くてやや長く，歩留りがよく，長くて良品質の繊維が得られる。

栽培の留意点

栽培適地

アマは気候に対して適応性の高い作物であるが，栽培には，やや冷涼な気候で成熟期から収穫期にかけて降雨量の少ない地帯がよく，土壌的には排水の良好な肥沃地が最も適している。

栽培管理

整地と播種　アマは種子が小さいため，整地をていねいに行なうことが重要である。整地が悪いと出芽不良となり，立毛本数が減少し収穫量が低下する。播種時期は，北海道では4月下旬～5月上旬，関東は3月中旬，東海近畿および四国は2月下旬～3月上旬，九州は2月中下旬である。

播種方法は密条播または散播とするが，10a当たり7.2～9.6kgの種子量が必要である。なお，アマは連作を最も嫌う作物であり，一度作付けした畑では6～7年は栽培することができない。前作物としては，コムギ，エンバク，ダイズ，インゲンなどがよく，トウモロコシ，ソバ，エンドウ，テンサイなどは不適である。

施肥量　肥料は全量基肥とし，耕起前に半量を散布し，耕起後残りの量を散布していねいに整地する。北海道での10a当たりの標準施肥量は，窒素3.5kg，リン酸7kg，カリ4kgである。窒素が多すぎると倒伏したり，成熟期が揃わなかったりして品質が不良となるので，地力にあわせて調整する。

除草　除草は，アマ栽培のなかで最も重要な作業である。雑草が繁茂すると「毛アマ」となり，収量が減り，品質も悪くなり商品価値が低下する。手取り除草は労力がかかるため，除草剤の使用が適切である。

病害虫　病気ではアマ立枯病，アマさび病，アマ炭疽病，リゾクトニア病などが発病し，害虫ではヨトウガ，ヒメビロウドコガネ，ウリハムシモドキ，フキバッタなどの被害が発生する。

収穫と調製

収穫適期は，茎の下半分が黄変し，葉が落ちて畑全体が淡黄色になったときで，北海道では，7月下旬～8月上旬である（写真7）。収穫が早すぎると減収し，遅すぎると二次生長や倒伏の被害を受ける。

収穫したアマは乾燥する。方法には，抜き取った茎を2～3日畑に放置し，乾くまで毎日手返しする地干し法，小さく結束して寄せ立てる島立て法，小束を井桁に積む栈積法，横木にバラのまま寄せかけ，夜間や雨が降ったときにビニールなどで覆うバラ干し法があり，それぞれ長所や短所がある。

茎を握って湿り気がなくなれば，風通しがよく排水の良好な場所に2～3週間本積みする。本積みの終わり頃になると茎の青味がとれ，アマ特有のビワ色になる。本積みが終わった茎は，脱穀機などで脱種する。脱種した茎は小さく結束し，50～60個をまとめて穂先を内側にし，根元を揃えて3か所を縛り製品として出荷する。

写真7　アマの収穫

藺草

Juncus effusus L.
var. *decipiens* Buchen

植物としての特徴

日本の畳表の原材料であるイグサ（*Juncus effusus* L. var. *decipiens* Buchen）は，*Juncus* 属（イグサ属）に分類される多年草である。*Juncus* はラテン語で「結ぶ」という意味がある。イグサの草丈は長いもので160 cm 以上となり，硬くて弾力性に富んでいるから，古来より何かモノを結ぶときに使っていたものと思われる（写真1）。現に新潟の名物「笹団子」を結んでいる植物もイグサであるし，語源からも言えそうである。

日本名には，藺（い，ゐ），藺草（いぐさ），為伊（ゐい），小髭（こひげ），薦草（こもくさ），鷺の尻刺し（さぎのしりさし），燈心草（とうしんそう），結い草（ゆいぐさ）などがある。

原産地はインドで，シルクロードを経て朝鮮半島に入り，その後日本に伝わったといわれる。イグサの仲間である *Juncus* 属は約220種あり，世界各地に自生している。*Juncus* 属の特徴は大きく2点あり，一つは一般的に酸性土壌に比較的強いこと，もう一つは *Juncus* 属が比較的気温や湿度の高い地域で育ちやすいことである。ただ，日本では，北海道から沖縄まで全土に自生している。一般的には山の中や湿った場所，湖沼・河川などで *Juncus* 属の植物を見かけることが多く，その仲間は日本には約30種あるといわれている。

写真1　6月下旬に収穫されたイグサ。
160 cm 以上の草丈となる（熊本県八代市）

このようにイグサは環境の変化にも比較的柔軟に対応できる植物である。形態上は全体に毛がなく，葉身は扁平，円筒状，鱗片状など様々であり，花は一般的に両性で，果実に多数の小型の種子がある。現在，畳用や食用として栽培されている品種は‘コヒゲ’である。

利用の歴史

海外でのイグサ利用

世界でイグサ属植物を研究している国は少ないが，雑草として，また飼料化についての研究が行なわれている。特殊なものでは汚水の浄化や塩類集積土壌の除塩についての研究も行なわれているという。しかし，生活するうえで「イグサ」とどのようにかかわったかということについての文献はきわめて少ない。

織物としての一例では，国士舘大学イラク遺跡調査団によって発掘されたアル・タール洞窟遺跡から，紀元後1～3世紀頃の墓が発見された。織物にくるまった遺体の下には絨毯が敷かれ，その下にヒツジとラクダの毛を撚（よ）り合わせた経（たて）糸で，イグサ属植物を目迫織（めせきおり；織り方の一種で，イグサの織目が交互に重なり配〈はい；織目のひとつの山のこと〉ができていない織り組織）状に織ったむしろが出土した。この植物種は日本にはないが，イラクには現在も自生している。紀元後1～3世紀は日本の弥生時代であり，すでに山野に自生しているイグサからむしろがつくられていたことになる。

イギリスでは17世紀までは，刈り取った青いイグサを敷物の代わりに床に敷き詰め，また，教会の床にもハーブとともにイグサを敷いていた。王侯・貴族の行列の通る道や，祝言の日には教会までの道にまいた。シェークスピアの『ヘンリー四世』ほか多くの作品のなかにも，イグサについての記載が随所にみられる。また，シェークスピア劇場の土間にはイグサを敷き詰め，屋根も当初イグサで葺（ふ）いてあったが，火災のあとは瓦葺きとなった。

イングランド北部の湖水地方では，現在も7月下旬から8月上旬にかけて献堂記念祭といって，村人が刈ったイグサを教会の床に敷いたり，花輪をつくって壁に飾ったりする祭りが行なわれる。

イグサはしなやかで，床に敷いて踏むにまかせるところから温順の象徴とされたり，アイルランドの一部では魔除けにも使われたりする。そのほかにも，イグサについての諺は多い。

ニュージーランドでも多種のイグサ属植物が自生し，イギリスから移住した人たちの住居は，屋根をイグサで葺いていた。

日本での利用の歴史

畳表　イグサは古来山野に自生し，その茎は細くかつ強靱で美麗なため，それを刈り取り，縄に編んだり，マコモ，ガマ，フジ，タケなどとともに古くから敷物などに編まれたりしていた。正倉院，法隆寺，法輪寺などの宝物のなかには藺筵（いむしろ）が見られる。『延喜式』（927年）では各所に畳，席，筵などの文字があり，絵巻物にも畳を敷いた状態が見られる。日本の水田でイグサ栽培を始めたのは，おそらく15世紀以降と思われる。

現在日本でつくられているイグサ製品には，畳表，花筵，上敷などの長い茎で作製する敷物類と，それよりやや短い茎で作製する中指表（なかざしおもて）や雑貨品その他がある。代表的なものは畳表で，日本で生産するイグサの85%以上を占める（写真2）。

しかし，日本でのイグサ作付け面積が激減するに伴い，畳表の輸入は増えて，いまや日本の畳表需要量の70%以上が外国産と推定される。

畳表はイグサのほかにシチトウイでも織られるが，シチトウイは大分県でわずかに栽培されている

写真2　イグサ（左）とそれを使った畳表（熊本県八代市）

るにすぎず，大部分は中華人民共和国から輸入されている。シチトウイで織った畳表を装着した畳は，原則として畳縁をつけない。この畳は耐久性に優れ，柔道場の畳として使われていた。また，シチトウイの畳表は火や湿気に強いため，暖炉のある雪国などで利用された。シチトウイの栽培上の問題点は，刈取り後茎を縦に半分に裂いて乾燥するため，作業能率が低いこととイグサの畳表に比べて外観が粗雑に見えることである。

薬草　薬草としてもイグサは古くから利用されてきた。日本最古の本草書であり，わが国最古の植物事典であり，医学事典でもある『本草和名』（918年）にも，「本草外薬七十種」の中にイグサの別名である「燈心草」として記載されている。ただし，分類学的には「燈心草」は現在の栽培種である‘コヒゲ’とは近縁ながらも別種である。ここにいう「外薬」とは物質としての身体に関わるもの，「内薬」とは霊的な身体に関わるものとして定義されている。外薬七十種の中にイグサが記載されていることは，イグサが生命を完全なものとするもの，つまり薬草として古来存在していたことをうかがわせる。

また，日本最古の医書『医心方』（984年）や江戸時代に編纂された百科事典である『和漢三才図会』（1712年），薬草が記載されている『本草綱目啓蒙』（1803年）でも，イグサの薬草としての歴史

がわかる。江戸時代の川柳（1765年に第一編が刊行された誹風柳多留の第六編）に「燈心を誰に聞いたか嫁は飲み」というのがある。この当時，イグサを飲むと早く懐妊するとされ，懐妊を願ってイグサを飲む風潮があった。また1886年の『和方一万方』には，小児の夜泣きに，イグサを黒焼きにして細かく砕き，これを乳首に塗って小児に含ませると効果があると記されている。

近年の文献では，『岡山の薬草』（奥田拓男監修，山陽新聞社）の中に「秋に地上部を刈り取り，水洗いして乾かす。利尿に刻んだものを一回量5～10gを煎じて飲む。また腎臓病にもよく，子供の夜尿症を治すといわれる。一日量15gを煎じ，三回に分けて飲ませると良い。婦人のむくみや膀胱炎で排尿時に痛み，灼熱感のあるときにイグサを20gを干し柿一個と煎じて飲む」という記述がみられる。

『漢薬の臨床応用』（中山医学院編）では「小児の夜泣きなどの症状にはイグサを1束煎じて服用させると良い，また夜間の眠りが浅い不眠症の成人にはイグサの煎湯を就寝前に服用させると良い」とも書かれている。このほかにも生薬関連の文献に，膀胱炎，水腫，小便不利，黄疸による発熱や扁桃腺炎，不眠，小児の夜泣き，創傷の効能が書かれている。

このような薬効があるにもかかわらず，明治時代以降は西洋医学の発展によりイグサの薬草としての使用が途絶え始める。

イグサは戦前までは青森県を北端として全国ほとんどで栽培されていたが，現在日本で栽培されているイグサの約95%は熊本県産であり，次いで福岡県，沖縄県，高知県，広島県と続く。このなかで今でも，イグサの薬草としての利用歴を唯一聞くことのできる地域が沖縄県である。沖縄ではイグサを「ビーグ」と呼び，栽培の歴史は140～160年である。沖縄県中部のうるま市（与那城地区，具志川地区）で，県内のほとんどのイグサが栽培されている。沖縄県での薬としての利用は戦前まで盛んであり，聞き取り調査を行なったところ，年齢が60代後半以上の住民からは，薬草としてイグサを使った経験があるとの回答を得た。幼少時にイグサを黒焼きにしたものを酢に浸けて，これをろ過して飲むことで喘息の改善に使っていた話や，お腹の張りや，熱が出たときにイグサの

表1　イグサの利用法

利用部	用途	製品
茎	畳表	引通表，中継表 本間間（京間），六二間（佐賀間），六一間（安芸間），三六間（中京間），五八間（田舎間・江戸間），五六間，その他（団地間，公団サイズ）
	花筵	紋織花筵（織込花筵），捺染花筵
	上敷	諸目
	龍鬢	大目，小目
	円座	渦円座，飛円座
	藺編笠	虚無僧笠，浪人笠，鳥追笠，流鏑馬笠，綾藺笠，コッポツ笠，備前笠
	雑貨	買物かご，テーブルセンター，コースター，スリッパ，マット，座布団，枕
	紙	和紙
	粉末	茶，ふりかけ，めん，あめ，まんじゅう，こんにゃく，アイスクリーム，ジュース，その他
髄	灯心	和ロウソク，採煤，舌苔除去
表皮	蓑	
表皮・茎	紐・縄	

イグサを使った各種の雑貨

1　スリッパ
2　ランプシェード
3　飾り物ほか
4　浪人笠
5　帽子
6　飛び円座
7　渦円座

1

2

3

4

5

6

7

根元の茎の部分を取り出して，しぼって飲まされたことがあるという話を聞くことができた。

また『沖縄の薬草百科』によると，イグサとアキノワスレグサ（*Hemerocallis fulva* var. *sempervirens*），さらに豚肉を混ぜて炊いて食すると，尿道炎や解熱，血尿，むくみ，睡眠障害，胃病が改善すると記されている。沖縄では米軍の占領以降，西洋医学が浸透し始めたため，イグサの薬草としての利用が途絶え，現在ではイグサを薬草として利用していない。

写真3　畳

用途と製造法

イグサと畳表

日本でのイグサの用途　日本におけるイグサの用途は，畳の表面に装着する畳表（写真3）や，花筵，上敷などの敷物が大部分で，特殊なものとして一部で編笠，円座，縄その他雑貨品などがある（表1）。また，茎の髄が和ロウソク用や製墨に必要な煤（すす）採取用などの灯心に使われている。1m以下の短いイ茎は，円座，テーブルセンター，各種の笠類・かご類，イ縄，スリッパ，その他雑貨品に加工利用される。近年熊本県では，短いイ茎の根元近くを1～2か所縄で編み，果菜類の敷き草として利用している。

昔はイグサの茎が利尿，安眠，止血，夜泣き防止などの薬用に用いられた。近年，清浄栽培したイグサ茎の粉末を菓子，めん類，飲料などに加えて，食品としての利用も一部で行なわれている。

イグサの栽培と畳表の品質　イグサは長日性植物であるが，気温，日照，降雨などの関係で，南北の中緯度地帯に主に生育する。緯度が低くなるほど，夏季には急激に高温になるためイグサの茎がもろくなり，畳表にした場合に耐久性が劣る。中国のイグサ主産地は日本の主産地より南にあるため，現在の栽培条件では，どうしても品質が劣ることになる。以前の中国のイグサは，莆草といって，茎が太く，固い品種であった。しかし，現在日本向けに輸出されているイグサ製品は，大部分が日本から導入されたイグサ品種で織られているが，品質は劣る。

日本のイグサは，1950年代まではほぼ全国的に栽培され，それら各県で生産される畳表は産地名を付して，名取表（宮城），氷見表（富山），小松表（石川），近江表（滋賀），出雲表・石見表（島根），備中表・備前表・早島表（岡山），備後表（広島），土佐表（高知），筑後表・大牟田表（福岡），肥後表・八代表（熊本），国富表（宮崎），琉球表（沖縄）などと呼ばれ，気候風土によってそれぞれ品質に特徴がみられた。

たとえば積雪地の小松表は，茎が太く，固く，耐湿性が特徴であった。備後表は瀬戸内の温和な気候のもと，細くて粘りのあるイグサによって織られ，耐久性と美麗さが最高級品として評価されている。

畳の作用

畳は住宅などの床材としての機能とともに，床に敷くマットの役目や，洋間における椅子と同じ機能，さらにベッドとしての機能を併せもっているので，均一性が要求される。洋式の住生活では，これらの機能が別々の家具で発揮されるが，畳は住生活に必要な面積を多面的に使える効果，特色をもっている。そのほかにも次の利点がある。

吸湿・放湿作用　日本は年間を通じて降水量が多く，夏は蒸し暑い。畳は部屋の湿度が高いと吸湿し，湿度が低くなればその湿気を放出して，部屋の湿度を調節する機能をもつ。吸湿の程度は9.3～15.5%といわれる。また，吸湿作用は使用した染土によって差がある。

保温・断熱作用　畳はその材料となるイグサ・稲わらともに体内に空気を多く含むため断熱性があり，外気の乱入を防ぐので，特に冬季の保温性に富む。

吸音作用　畳の敷いてある部屋は静かで精神的に落ち着くといわれる。これは畳が音をよく吸収するためである。近年の住宅は，合板その他プラスチックなどによる建材や調度品が多くなり，音を反射伝達する。また，いろいろな電気製品からも大小の騒音が発生する。畳は，これらの音を吸収する。

難燃作用　畳自体はタバコの火などで焼け焦げはできるが，硬く締まっているため急には燃えにくい。火災の延焼を防ぐ作用もある。

空気浄化作用　イグサはNO_2などの窒素酸化物を吸着し，部屋の空気を浄化するといわれてい

表2　畳の間の名称と畳の規格

名称	長さ	幅	備考
本間間（ほんけんま）	191 cm（6.3尺）	95.5 cm（3.15尺）	京間，関西間
六二間（ろくにま）	188 cm（6.2尺）	94.0 cm（3.10尺）	佐賀間
六一間（ろくいちま）	185 cm（6.1尺）	92.5 cm（3.05尺）	安芸間
三六間（さぶろくま）	182 cm（6.0尺）	91.0 cm（3.00尺）	中京間
五八間（ごはちま）	176 cm（5.8尺）	88.0 cm（2.90尺）	関東間，江戸間，田舎間，狭間
団地間（だんちま）	170 cm 以下	85 cm 以下	五六間，公団サイズ

る。イグサの茎には炭素源，窒素源が豊富で脱窒菌も存在するが，十分な水分が存在し，かつ酸素濃度が5%以下での嫌気状態でなければ，脱窒はしないようである。また，イグサにはNO_2吸着とともにNOの生成が認められ，この現象は稲わらなどには認められず，イグサ特有のNO_2還元反応ではないかと考えられている。

精神鎮静作用　イグサ，畳表などから発散されるほのかな独特の香りは，精神の鎮静に役立ち，安眠を誘う効果がある。

感触作用　畳は疲労を吸収するといわれ，畳の上を歩くとき，踵（くびす）に受ける衝撃は，木，プラスチック，コンクリートなどの床に比べて少ない。

畳表の規格，原料，製造

畳表の種類と規格

畳は地域によって規格が異なるため，それに使用する畳表もいろいろな規格が存在する。

畳の幅は長さの2分の1になっており，使用する畳表もそれぞれの規格に適応する幅以上のものをあてる（表2）。したがって，幅の広い畳表には長いイ茎を使用するので，畳表の価格も高価である。

畳表には日本農林規格（JAS）のほかに，生産各県にいろいろな規格があって，価格の高低が著しい。畳表の織り方には動力織りと手織りがあり，現在はほとんどが動力織りである。手織品は広島県に特殊な用途としてわずかに残っているにすぎないが，畳表としては最高級品である。

日本の住宅で一番多く使用されているのは五八間で，新築される家屋の畳も，五八間もしくは団地間が多い。部屋の広さは畳の枚数で表現しているが，同じ6畳間であっても本間間と五八間では広さがかなり違う。日本人の体格は大きくなってきているのに，土地が高価なためもあって，畳の大きさは逆に小さくなる不思議な現象が起きている。

日本農林規格の1種表は本間間に，2種表は三六間に，3種表は五八間にそれぞれ相当する（表3）。

畳表利用における良質乾燥茎の条件

畳表など多くの敷物類は，収穫乾燥した時点の茎の形態をそのまま保って製品化されるため，収穫乾燥したイグサの品質がいつまでも影響することになる。したがって，用途別の原料イグサの品

表3　畳表の日本農林規格（抜粋）

種類		1種表	2種表	3種表
幅（cm）		95.0（+）0.5	91.0（+）0.5	89.0（+）1.0
長さ（cm）		205以上	196以上	191以上
経糸の数（本）		134	128	126
耳毛の長さ（cm）		7.0（±）2.0	7.0（±）2.0	7.0（±）2.0
経糸の種類		麻糸または綿糸	麻糸または綿糸	麻糸または綿糸
経糸が麻糸（kg）	特等	2.00以上	1.85以上	1.80以上
	1等	1.85以上	1.70以上	1.65以上
	2等	1.70以上	1.55以上	1.50以上
経糸が綿糸（kg）	1等	1.75以上	1.60以上	1.55以上
	2等	1.60以上	1.45以上	1.40以上
	3等	1.45以上	1.30以上	1.25以上

注　経糸の数のうち，合成繊維糸の数は，1種表では44以下であること，2種表・3種表では42以下であること。経糸の種類は，麻糸，綿糸または合成繊維糸（合成繊維糸にあっては，麻糸と併用する場合に限る）。織り方は通織りとしたもの。水分13%以下。このほか裏毛の長さにも規定がある

写真4　京間の耳毛と証票
広島県産イグサを広島県で製織した畳表。証票には氏名などを記入してある

質を上げるには，栽培・収穫乾燥・選別などに特に注意が必要である。

良質な畳表は，1）均一で落ち着いた色調と品位をもち，2）各種のキズや使用に際しての不快感がなく，3）耐久性がある，などの品質を備えていることが要求される。したがって，その原料となるイグサ乾燥茎（以下イ茎と呼ぶ）の備えるべき条件としては，次の性質が要求される。

長さは120 cm以上（1株の最長茎は140 cm以上）　本間の良質畳の幅を満たすためには，イ茎は長さ120 cm以上は必要である。イグサの生産では，短いものをいくら多収しても意味がない。また，イ茎の先端は細く枯れ込みもあり，根元は白化するので，これらを除いた部分が長いほど優美な畳表となる。極上の畳表を生産するには，1株の最長茎は140 cm以上で，よく揃ったものがよい。引張り強さは茎の長いものに強い傾向がみられるので，重厚で丈夫な畳表を織るには，茎の長さが最も重要な因子となる。

高級畳表は耳毛（製織されたイグサの根元または先端が畳表の両幅の小目から出ている部分），特に根元の部分が12 cm以上ある（写真4）。

太さと斉一性　イ茎の太さは1.2～1.4 mmで細く，かつよく揃ったものが畳表に加工して美しいが，極端に細いと耐久性が劣り，製織能率も低下する。反対に太いと，畳表の織り目が粗くなり，美観を損じる。ただ，湿度の高い地帯で使用する畳表は，その感触から茎の太いものが好まれる。

茎の太さは斉一でないと美麗な畳表はできない。イ茎は中央部が太く，先端と根元が細くなるが，できるだけ上下および中央部の太さが揃うことが必要である。

イ茎の太さには品種の影響が大きく，環境や栽培条件は従的要因となるが，太さの斉一性は栽培条件に支配されるところが大きい。

色調・光沢・元白　銀白色で光沢があり，元白が少ないのがよい。元白とは，茎の根元の葉鞘を除いた白い部分をいう。イグサ茎の生長点は葉鞘内の根元にあり，細胞の分裂・肥大によって茎を押し上げて伸長する。葉鞘から露出した茎組織では順次葉緑体が形成される。しかし，元白，すなわち倒伏や過繁茂による地際部への透光量の不足，茎の伸長が旺盛な場合には，茎基部の伸長部に葉緑体の形成が伴わないため，白いままで残ってしまう。

イグサ・畳表の品質では，これまで最も重点がおかれていたのは乾燥後または製織後の色沢で，銀白色から淡緑色の範囲の落ち着いた光沢のある色調が好まれた。しかし，青畳という表現があって，畳は青いものという誤った観念があるが，青み（緑色）の強いものほど畳に敷いた場合に早く褐色に変化し，その変色の度合が大きい。また，青みの強い畳の部屋は広く感じるものの，落ち着かないといわれる。

イ茎の色調・光沢は，品種・出芽時期・肥培管理・収穫時期・収穫後の染土処理法・乾燥や貯蔵の方法などによって異なるので，厳密に色調を揃えることは困難である。

収穫後の乾燥茎の色調に及ぼす影響が最も大きいのは染土で，その産地や濃度によって微妙に変化する。すなわち，イ茎の色調は，茎の色と染土粒子の色が混合されて人間の目に映るので，茎への染土付着量が多いと，その染土の影響が強く出る。逆に，茎への染土付着量が少ないと乾燥茎の生地がでるため，青みを増すことになる。また，粘土の多い染土を使うと，染土液の濃度が高い場合や，熱風乾燥などの高温による急激な乾燥で，イ茎の収縮により染土が剥離し，イ茎の青みが強

写真5　イグサの先枯れ
先端部が5cmほど枯れたようになるのが成熟のめやす

写真6　黒すじ
年を経て畳にバーコードのような黒すじが入る。これはイグサの中の未消化窒素が原因と見る人もいる

くなる。

引張り強さ　高級畳表の原料は，イ茎1本の強度が6kg以上に耐え，そのときの伸び率が1.5%以上であることが望ましい。畳表の製織に際して，経糸の運動がイ茎にかかる力は相当強く，この力に耐える強度・伸張をもつことが必要である。引張り強さが弱く，伸び率の低いイ茎は，製織中に「イ切れ」が頻発し，厚い良質の畳表は織れない。

引張り強さは産地や栽培法によって異なり，また，収穫時期およびイグサの茎の生育日数によっても差がみられる。栽培法では7月中旬収穫の普通刈り栽培で，5月下旬出芽，生育日数45～60日で収穫したものが強い。

硬軟・弾性　軟弱なイ茎ほど一般に弾性が劣り，製織時に「イ切れ」が多くなり，畳表の耐久性も劣る。反対に硬質のイ茎はもろく，やはり「イ切れ」の原因となるし，畳表の目が粗くなる。一般には太い品種が硬質である。

先枯れ　先枯れは2～5cmが適当である。イ茎は出芽してから40～50日で伸長を停止し，先端から基部に向かって次第に枯れていく。先枯れのない茎は未熟茎で，畳表の原料としては劣る（写真5）。

着花　無いのがよい。着花茎が多いと，収穫，乾燥，選別，製織その他の作業や畳表の品位に著しく支障をもたらす。着花は品種・植付け時期・冬季の温度・肥培管理などによって多少がある。

変色茎　茎の変色は，収穫茎の片面に部分的に黄褐変する現象や，老衰または過繁茂・倒伏・茎の接触摩擦などによる通気不良，害虫被害，収穫後の発酵などが原因となっている。このほか「黒すじ」といって畳に敷いてからイ茎が黒褐色になる原因不明の変色茎もある（写真6）。

香り　畳表の色調・外観に次いで，香りは畳表のイメージ形成に大きな役割を果たす。イグサや畳表の香りは，イグサ本来の成分に，付着した染土が化学反応することで現われる。染土の種類や処理によって香りは異なるが，爽やかな香りが好ましい。近年合成香料も出現している。

畳表の製造工程

選別　製織する畳表の用途・種類（本間間，六二間，六一間，三六間，五八間用など）によって，何段階かの寸法による階級を決め，長いものから順次選別機で抜き分けていく。県ごとに一応の選別基準はあるが，イ茎の品質によっては，長く選別をしても下の階級（幅の狭い畳表）に落とすことがある。キズのある茎や変色茎は取り除く。同一階級の選別イ茎は直径15～20cmの束にしておく。

選別寸法が低くなる（短くなる）ほど，同じ階級のなかでの老熟茎と若茎との品質差が大きくなり，製品の品位が低下する。

加湿　選別したイ茎は加湿器または霧吹きによって湿り気を与え，イ茎を軟らかくして製織時にイ茎が経糸によくなじむようにする。加湿が過ぎると畳表製織後の乾燥が遅れ，変色をまねくことになる。加湿はその日に製織可能な量だけにし

写真7　畳表製織前のイグサの選別
少しでもキズや色むらのあるものは棄却する。上からの目線で見ることが大切

写真8　製織

写真9　仕上げ

写真10　検査

ないと，次の日には変色する。

肉眼選別　織機にかける前に，肉眼で短茎のもの，キズや変色したイ茎を取り除く。良質畳表を織るためにはきわめて重要な作業である（写真7）。このときの選別の良否が，畳表の品位を決定する。

製織　織機の調子を整え，適当な速度で織る。イ切れ，糸切れ，二本差しなどの場合は織機を止めて調整する（写真8）。

乾燥　製織した畳表は規格に合わせて切断し，端留めを行なう。畳表は水分を含んでいるので，短時間で陽乾する。長く陽光にさらすと変色（日焼け）する。

仕上げ・保管　乾燥した畳表は，肉眼で表裏のキズ，色違い，汚れの有無などを確かめ，キズなどは補正する（写真9）。補正できない畳表は廃棄する。仕上げ後は折りたたむなどして，湿気の少ないところへ保管する。

検査　日本農林規格および各県の規格によって検査を受ける（写真10）。

織込花莚の種類と製造

織込花莚の種類

イグサから作製される花莚（花ござ）は，1878年（明治11年）に岡山県の磯崎眠亀氏が錦莞莚（きんかんえん）を発明し，英国などへ輸出されだし，続いて他の県でも花莚を作製・輸出するようになった。1893年には，岡山県産の花莚はわが国の輸出10品目のなかに入った。花莚には，染色したイグサを用いて紋様を織り出す織込花莚と，染色しないイグサで製織した無地のござに紋様を型染めする捺染花莚とがあるが，現在はほとんどが織込花莚である。

織込花莚には掛川織，紋織，袋織（風通織），大目織，目迫織などがある。

掛川織　約3 cmの大きな織り目と約1 cmの小さな織り目を繰り返した単純な組織の花莚で，緯（よこ）に織り込むイグサの色の変化で紋様を織り出す。経糸が太いのが特徴で，手織りでは「ヘラノキ」の内皮を撚った経糸を用いる。原料イグサは組織の織り目が大きいので，織りキズの発生するおそれのない，長くて粘りのある太さの斉一なものを精選する必要がある（写真11）。また，経糸数が92～98本と少なく，かつ太いので，織込み密度は緻密なものになるため，製品は重厚で肌ざわりのよいところに特徴がある。

写真11　織込花莚（掛川織）の製織と染色イグサの選別

写真12　織込花莚（紋織）

紋織　花莚のなかでは一般的な製品である。柄出しはほとんどジャガード方式である。ジャガードとは，意匠図の紋様に従って，穴をあけた紋紙の選択作用で，それぞれの経糸のイグサが通る部分を変化させることにより，決められた紋様を織り出す装置である。耳組み以外の経糸数は，京間227本，五八間で209本である。紋織花莚は，複雑な紋様を織り出すところに特徴がある（写真12）。紋様が複雑となるだけ，他の花莚に比べると柄の製作に苦労が多い。

袋織（風通織）　袋織は重ね組織りの表裏の位置を交換して紋様を現わすもので，色面を截然と区切って織り出すところに特徴がある。製品は耐久力があるものの，イ茎の太さを斉一にするなど原料の精選に注意が必要である。

大目織　約3 cm幅の大きな織り目を繰り返した単純な組織の花莚で，弾力性に富み，肌ざわりが軟らかく，一枚仕立てで「寝ござ」に多く用いられる。柄出し方式は掛川織と同じである。

目迫織　織り目が交互に重なり，染色イグサを縞模様に織り込んだものは寝ござなどに仕立てられる。厚みがなく，弾力性に欠けるが，折り曲げても折れにくいところに特徴がある。

織込花莚の製造工程

図案の決定　織込花莚の模様については，花柄や幾何模様が主体であったが，最近は総柄（総色）なども出回っている。このため，室内装飾，流行色など消費者の嗜好を十分検討して，下書き図案を作製する。この図案を基に専用の方眼紙を用いて，図案および色を確定する。

紋紙の作製　現在は複雑な柄ができるジャガード式織機が普及し，紙でつくられた紋紙が使用されており，紋紙の穴に従って図案の模様を織り出す。

イグサの準備　織込花莚に使用するイグサは，茎の太さが斉一で，先枯れが少なく，根元が細くないものが適し，染色しやすい柔軟性のあるものが望ましい。耳を組む関係から畳表用より15 cm程度長いものが必要である。

ねごま（根駒）の作製　イグサを一握りの大きさに小分けして，根元を麻糸で括（くく）る。これによって染色が容易となり，染色中の散乱が防止され，天日乾燥が便利になる。

染色　花莚は図案により多様な色調のイグサを用いるため，目的にあった色合いに染色する。一般的な染色法としては，塩基性染料を用い，目的とする濃度で10～30分間煮沸して染色する。塩基性染料は，赤はローダミン，マゼンタなど，黄はオーラミン，クリソイデンクリスタルなど，青はメチレンブルーなど，緑はマラカイトグリーンなど，紫はメチルバイオレットなど，茶はビスマルクブラウンその他があり，単色または2～3の色を組み合わせて独特の色を発現させる。

その他の染料としては，反応染料，酸性染料，媒染染料，カチオン染料，分散染料などが使われるが，染色操作が複雑であったり，染色後の堅牢度に差があったりするので，花莚業者によってそれぞれ取捨選択される。

龍鬢表

龍鬢（りゅうびん）表は，流備表ともいう。イグサを夏では1週間，冬では約1か月間夜露にさらし，反転を繰り返しながら陽乾し，黄白色に脱

写真13　材料のイグサを夜露にさらしては日中そのまま天日で乾燥することを繰り返し，イグサの茎を黄白色に脱色する

写真14　龍鬢表の大目（小目の場合もある）

色する。畳表やござに使用する。変色しないので床の間や装飾品の展示台の敷物に適する。畳表には大目と小目があり，原料イグサは茎が太く，強靱なものがよい（写真13，14）。近年は薬品で脱色することも行なわれているが，均質にはならない。

灯心とイグサ

行燈の芯への利用　イグサは，行燈（あんどん）の芯として利用できる。イグサの断面はスポンジ状のハニカム構造をとっており，様々なものを吸い込む力に優れている（写真15）。このスポンジ構造は同様に油をよく吸い上げる性質をもつために，江戸時代から，行燈の灯心として用いられてきた。このためイグサは燈心草とも呼ばれていた。当時は行燈の中に皿を入れて，皿のなかに燃料の菜種油を注ぎ，イグサの灯心部分（イグサの外皮を取り除いたもの）を2本並べて皿から一端を出して，火をつけていた。イグサは一般生活に

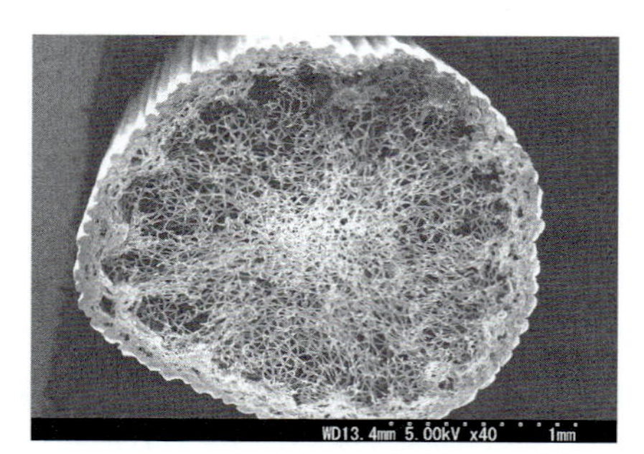

写真15　イグサの断面拡大写真
スポンジ状のハニカム構造になっていて吸着力が強い

欠かせない必需品であり，「燈心売り」という行商人もいたという記録も残っている。

灯心の製造工程　ロウソクや油で明かりをともしたり，墨用の煤を採取する灯心に，イ茎内の髄が利用された。灯心採取用のイグサは，太くて髄の緻密なものがよい。灯心用イグサの産地は，江戸時代から利根川流域および霞ヶ浦近辺の低湿地帯が有名である。イグサの灯心でつくった和ロウソクは，煤が少なく，炎が揺らいで幻想の世界をかもし出す。ロウソクの製作工程は次のようである。

1）灯心の採取・乾燥：イ茎を湿らせ，針で茎を裂きながら髄を抽出し，一握り程度の束にして陽乾し，出荷する。残りの皮部は蓑（みの）や縄の原料に用いる（写真16）。

2）ロウソク用の灯心作製：和紙に灯心を巻き付けてロウソクの心の部分を手作業で作製する。

3）和ロウソクの作製：この灯心に，ハゼの実から採取して溶かしたモクロウ（木蝋）を何回も塗りつけて成型する。

畳堤としての利用

畳は洪水の防止にも使われ，畳堤（たたみてい）と呼ばれた。現在でも，兵庫県たつの市（揖保川），宮崎県延岡市（五ヶ瀬川下流），岐阜県岐阜市（長良川）に残っている。いずれも長年，水害に悩まされている場所であり，明治時代から昭和時代初期にかけて造られた。堤防に畳が入るぐ

写真16　灯心にするイグサの調製

灯心の採取。イグサを1本1本裂いて灯心を取り出している

イグサから採取した灯心の乾燥

写真17　薬湯としての利用

薬湯に使用するイグサ

「イグサの薬湯」(左は鉢植えされたイグサ，中央がイグサ入りの布袋)

らいの幅7cm程度の隙間があり，洪水が起こると周辺の住民が自ら畳を持ち寄り，この隙間に畳をはめ込んで堤防を越えようとする水を防いでいた。

イグサの抗菌力の活用

薬湯　薬草としてのイグサをもう一度見直そうと，2005年から2010年にかけて，イグサ産地である熊本県や福岡県では，イグサの薬湯（イグサ風呂）に取り組んだ。これはイグサを粗く粉砕したものを布袋に入れて温泉に浸けるというもので（写真17），透明な淡黄緑色に染まり，畳表の香りがほのかに漂う。イグサの栽培では，先刈りしたイグサ（注：イグサ栽培は12月ごろ苗を植え，4月ごろに伸びたものをいったん刈り取る。これを先刈りという）や畳表にできない丈の短いイグサなど，生のイグサが大量に排出される。これらのイグサは野積みにされたり，焼却処分されたりしてきたが，その有効利用の研究がすすめられている。薬湯への利用は本来廃棄処分されていたイグサの有効利用にも大いに役立つものである。

イグサの薬湯の効用としては，まず挙げられるのが抗菌効果である。イグサの水抽出液には抗菌作用があることが筆者らの研究で明らかとなっており，循環浴槽でしばしば肺炎を引き起こして深刻な問題となるレジオネラ菌や，衛生環境の指標菌となる大腸菌で，MIC（最小発育阻止濃度；MIC, minimum inhibitory concentration）0.78～20 mg/mLの抗菌活性が認められている。また抗菌効果は熱やpHにも安定的であり，入浴施設の様々な泉質，泉温にも対応可能である。現在レジオネラ菌対策の主流である塩素殺菌は，濃度管理に難があるほか刺激臭・泉質が変化しやすい，アトピー性皮膚炎を増長するなど問題も多い。これに替わってイグサは，安全性の高い新規微生物制御法となる可能性を秘めている。

また，『新訂和漢薬』（1980年）によれば，イグサ風呂は，炎症，切り傷，打撲の改善にも寄与するとある。利用者へのアンケートではこのイグサ風呂は，お肌がスベスベになる効果（保湿効果）が高まるとの意見が多い。

イグサ石けん　イグサは，ヒトをはじめとする

表4　イグサの一般的な化学組成

項目	測定値（g/100g乾燥）
タンパク質	18.9
脂質	0.6
食物繊維	**63.0（水溶性3.7，不溶性59.3）**
糖質	11
カリウム	2.37
カルシウム	0.16
マグネシウム	0.11
ナトリウム	34×10^{-3}
鉄	3.3×10^{-3}
亜鉛	3.4×10^{-3}
アスコルビン酸	7.0×10^{-3}
βカロテン	6.5×10^{-3}
総トコフェロール	6.4×10^{-3}
ルテオリン	38.8×10^{-3}
総クロロフィル	283×10^{-3}

動物において常時保菌されているサルモネラ菌，また大腸菌O-157，O-26，O-111をはじめとする腸管出血性大腸菌群，脱脂牛乳食中毒事件の原因菌であった黄色ブドウ球菌など，多くの食中毒細菌に対して抗菌力を発揮することが現在までに筆者らの研究で明らかとなっている。食中毒を防止する一番の有効手段は手洗いであり，手洗いの石けんの中にイグサの抽出液を添加することで抗菌力の高い「イグサ石けん」をつくり，こまめに手洗いを慣行することが，食中毒未然防止につながるものと考えられる。

簡単なイグサ石けんのつくり方　まずイグサを熱水で煮て，抽出液をつくる。次に水酸化ナトリウム（カセイソーダ）を容器に入れ，イグサ抽出液を加えながら水酸化ナトリウムを溶かす（水酸化ナトリウムは劇物なので取扱いは要注意。とくに溶かすときに多くの熱が発生するので気を付ける）。これに油を少しずつ入れて混ぜていく。さらに，とろみがでるまで攪拌し，とろみが出たら容器に流し込んで固めると，イグサ石けんが出来上がる。石けんが固まってもすぐに使用せず2週間から3週間ほど置いてから使うのが良いとされる。イグサ抽出物の保湿効果によるものか，使用後に手のスベスベ感が認められることが多い。

抽出液でなくイグサそのものを石けんに加えてもよい。ただし，イグサは細かく粉砕すること。

食用としての利用

イグサの栄養的価値

イグサは無水物換算でタンパク質が18.9%，脂肪が0.6%，糖質11.0%，食物繊維63.0%，灰分6.5%であり，カロリーは125kcal/100g無水物である（表4）。そのほかビタミンやミネラル類にも富み，カリウムやカルシウム，ビタミンAやEが比較的多く含まれる。一般的に，緑黄色野菜の基準は「カロテン含有量が可食部100g当たり600μg以上」とされるので，カロテン量が100g当たり6,500μgであるイグサは「緑黄色野菜」と同様の効果が期待できる。

イグサは，食物繊維が多い。食物繊維は無水物換算で100gあたり63gを占める。63%のうち水溶性の食物繊維は3.7%，不溶性の食物繊維は59.3%であり，不溶性食物繊維が大半を占める。モロヘイヤ，ゴボウ，ケール，パセリ，シシトウは無水物換算で40%程度，ピーマン，ホウレンソウ，ニラは25～35%程度，小麦胚芽，ゴマ，トマト，サツマイモ，パパイヤは5～20%程度の食物繊維含有率であるから，農作物のなかでもかなり高い部類に属する（図1）。

食物繊維は肥満防止作用，コレステロール上昇抑制作用，血糖値上昇抑制作用，大腸ガンの発生抑制作用，有害物質の除去作用など多くの効能を有し，イグサの食用可能性が広がる。

また，筆者らは，イグサ非摂取7日間とイグサ摂取14日間（イグサの摂取量は4.5g/day）における排便や身体計測，血液検査に及ぼす影響について比較調査を行なった結果，14日間のイグサ摂取により，被験者のウエスト周囲径は平均で4.6cm減少した。イグサを摂取することによる排便回数や排便量の増加が，腸内容の大腸内滞留時間を短縮させ，結果として被験者のウエスト周囲径が減少するものと考えた。

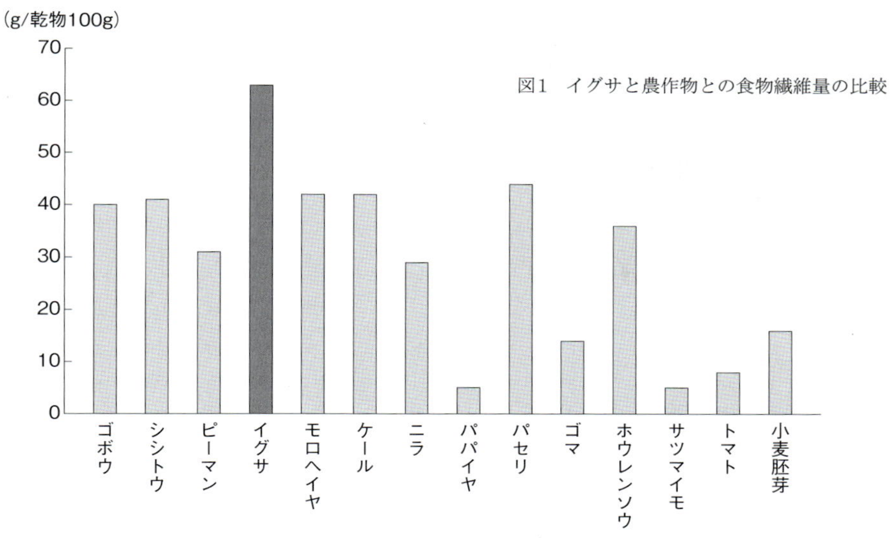

図1　イグサと農作物との食物繊維量の比較

イグサ粉末

イグサの食用粉末の製造法　食用のイグサは畳用と同じように苗を12月ごろに畑に植え付け，無農薬で一貫して栽培して，5月ごろにイグサが80 cm程度の丈にまで伸長したものを刈り取っている。イグサは灰汁が多いので，灰汁抜きすることにより嗜好性を高められる。

①イグサを2～3分水煮処理する。水煮時間が長くなるとイグサの風味がなくなるため注意する。灰汁も若干は除去でき，食用イグサの新緑色のもとであるクロロフィル成分の分解を遅らせるのである。畳表が時間とともに緑色から黄色に変化する現象と同じように，食用イグサの新緑の色は放置すると消失する。イグサに含まれるクロロフィルの成分が分解されるためである。刈り取ってすぐのイグサを数分間水煮処理することで，色落ちを遅らせるのである（ブランチング処理）。

②pH2.7の酸性溶液をかけて殺菌し，55℃で5～6時間乾燥させる。

写真18　イグサ粉末

③これを粉砕機にかけ10 μm程度にまで粉末化する。イグサは粉末化で，抹茶のような爽やかな風味へと変化する（写真18）。

イグサ粉末利用の留意点　63％という高いイグサの繊維質を感じさせないためには，食品の粘度（粘り気）や弾力性を上げることが重要である（粘弾性の増加）。アイスクリーム，飴類は粘性が高く，またそうめん，うどんなどは粘弾性の高い食品であるため，イグサをまぜても繊維質はあまり感じられない。また，パンやめんなどの生地に混ぜる場合は，添加量が多すぎると焼き上げた後の色合いが濃く，見た目によくないので加減する。イグサの食物繊維は水分を吸収しやすいので，パンやめんなどの生地類に水を多めに配合する。

イグサ食品

イグサの食用化は，熊本県八代市のイナダ有限会社の稲田剛夫氏が1994年頃からイグサ粉末をお茶，まんじゅうなどに添加して，「イグサのお茶」，「草枕の旅」として売り出したのが初めである。当時「イグサは敷物でしかない」という先入観が先立ち，イグサ食品の普及に大変苦労したようだ。1999年当時，国立八代工業高等専門学校生物工学科助手であった筆者は，イグサの機能性に関する研究によってイグサの需要を健康食品，さらには医薬品産業にまで広げてゆくことが重要で

写真19　いぐさ青汁

あると考えてイグサ食品の開発に取り組んだ。

いぐさ青汁　熊本市の株・王樹製薬と筆者でいぐさ青汁の共同開発に着手した。イグサは食物繊維含有率が63%と高いことから，粉末化しても繊維分が残ってしまい，これがざらつきとなり，飲みやすくならない。このような繊維分の多いものを飲みやすくするためには，青汁の粘度を高めることが重要となる。そこで青汁に粘り気が出るように天然の高分子化合物を配合し，更にクエン酸を加えることで，ノド越しが良くなるように工夫した。クエン酸は「果物のすっぱさ」のもとになる有機酸であり，清涼感をもたらすものとして，多くの清涼飲料水などにも含まれている。こうして液状の「いぐさ青汁」が完成した。

青汁の粉末化　当初，「いぐさ青汁」は液状の製品として開発された。ただ，液状では，商品の輸送・保存はすべて冷凍あるいは冷蔵になってしまい，取扱いが困難となる。そこで取扱いが容易な「粉末化した」イグサの青汁を開発した。粉砕する粒度をさらに小さくすることで，青汁を消費者が水を加えて飲んだときでも，ノド越しが良くなるように改善した。またイグサのクロロフィルの色落ち防止に抹茶の粉末を混ぜた。

イグサは青汁のような健康食品である。ポイントはイグサがもつスーパーオキサイドの消去活性にある。スーパーオキサイドは活性酸素種のなかの一つであり，少量では免疫効果を発揮するものの，体内に多量に蓄積した場合，ガンなど様々な疾患を引き起こすことで知られている。ESR（電子スピン共鳴）法を用いて，イグサのスーパーオキサイド消去活性（SOD様活性）を測定した結果，イグサ（生）は4200単位/gのSOD様活性を有していた。

また青汁の原材料として知られているケール（生）のSOD様活性を測定した結果，880単位/gであった。食物繊維量もケールが42%に対し，イグサは63%であった。イグサは青汁のもとであるケールに比べて栄養性，機能性の点で優れた部分があることから，青汁にしてもケールの青汁に負けずと劣らない健康食品として，広く普及していくのではないかと期待している（写真19）。

烏龍茶の苦みを和らげ焼酎を飲みやすく　烏

表5　イグサ品種の主要特性

品種名	茎長	1株長茎数	茎の太さ	花房の多少	茎の硬さ	主な普及県
ひのみどり	やや長	多	細	かなり少	やや軟	熊本
筑後みどり	長	やや多	中	やや少	中	福岡
岡山みどり	長	やや多	中	やや少	やや硬	岡山
ふくなみ	長	中	中	やや多	やや硬	福岡
せとなみ	やや長	多	やや細	かなり少	やや軟	広島
きよなみ	やや長	中	やや太	やや少	やや硬	熊本
いそなみ	やや長	中	中	やや少	やや硬	広島，福岡
あさなぎ	やや短	やや多	やや細	やや少	中	広島，福岡
岡山3号	やや長	やや多	中	中	中	熊本
しらぬい	やや長	やや多	中	中	中	熊本
夕凪（ゆうなぎ）	やや短	中	細	かなり少	硬	熊本
ひのはるか	やや長	中	やや細	かなり少	やや硬	熊本

写真20　苗
1次苗の先刈りをすませたものを2次苗として移植。苗の腋芽から延びてくる茎を収穫する

写真21　い（藺）田植え

龍茶や緑茶には独特の苦味がある。この苦味成分は「タンニン」という物質である。イグサはスポンジのような多孔質のハニカム構造をとっているため，大気汚染の原因物質の1つであるNOx（ノックス，窒素酸化物）や，シックハウス症候群の原因物質の1つでもあるホルムアルデヒドなど，様々な物質を吸着する。国立八代工業高等専門学校生物工学科塩澤正三教授（当時）と筆者の共同研究により，イグサはタンニンをも吸着することが明らかとなった。また，烏龍茶にイグサを添加すると飲みやすくなった。イグサは自身にもタンニンが含まれており，烏龍茶に入れると，烏龍茶中の過剰なタンニン量だけを吸着するため，烏龍茶の味を保ちつつ苦味を和らげる結果をもたらしたものと思われる。

また，焼酎などの酒類にもエタノール以外に多くの「夾雑物質」が含まれている。この夾雑物質が，時には酒の味を形成する一方，飲みにくさにもつながる。イグサのすぐれた吸着機能で，焼酎などの酒類が飲みやすくなるようだ。

素材の種類・品種と生産・採取

イグサの品種

現在日本で栽培されている主なイグサ品種および特性の一部の概略を表5に示す。

イグサ品種の特性は，栽培地域・栽培管理・収穫乾燥の違いによって微妙に変化するので，収量・品質の状態を見ながら品種の選択をする必要がある。

イグサの栽培と作付け

イグサ栽培　イグサは株分けで苗を増やし，11月下旬～12月上旬に，水田に植える（写真20, 21）。種子から実生を養成するのは成苗まで日数を要し，生育が揃わないので用いない。土壌のpHは6～7の範囲が最も好ましく，敷物用に栽培されるものは，5月頃までに伸びたものを45 cmほどの高さで先を刈り取る（先刈り，写真22）。イグサは長日性植物なので，日長の増加する5～7月が最も伸びる時期となる。その後，敷

写真22　先刈り

ガソリンエンジンで細かな刃を回転させる仕組み

2人掛りで条間を歩きを先刈り機で刈る

写真23　刈取り前の網張り
網を張って刈取り直前までイグサの倒伏を防ぐ

写真24　刈取り

物用は7月頃に刈り取られる（写真23，24）。草丈の短いものでよければ，市販のプランターなどでも株分けしながら容易に栽培できる。

作付け面積の推移　イグサの作付け面積は1964（昭和39）年に1万2,300 haで最高を記録した。1960年代の当時には，熊本の産地ではイグサのことを「青いダイヤ」と呼んでおり，ダイヤモンドぐらいに栽培価値の高い農作物として，地元の経済を大きく支えていたのである。その後は増減を繰り返しながら減少の方向にすすみ，現在は作付面積約700 ha（平成27年）という状況となっており，イグサ農家の多くは廃業ないしは他の作物へ転換した。生産農家の高齢化や跡継ぎの不在は深刻な問題であり，イグサ栽培用の農機具ばかりでなく，畳表製造に使う製織機も生産中止に追い込まれつつある。決して大げさな話でなく，国産イグサは絶滅の危機にある。

1,300年以上の歴史をもつイグサを日本人1人1人がもう一度見直し，日本の素晴らしい伝統文化を絶やすことなく，イグサの良さを再認識してほしいと切に願っている。

収穫と泥染め

収穫の要点　乾燥したイグサはそのままの形で，主として畳表に加工されるため，原料イグサは一定の長さがなければならない。また，長日性植物であるためと，30℃以上の高温ではイ茎の伸長が止まり，先枯れや変色茎・枯死茎が増加し，原料としての価値がなくなる。したがって，酷暑の時期になるまでに収穫（刈取り，泥染め，乾燥）を行なわなければならない。

畳表の原料としては，刈取り前45～60日の間に出芽した茎が，長くて最良質であるため，栽培の主眼は，この時期に多くの分げつを発生させ，それを十分に伸長させることにある。そのため，本田栽培では，植付け苗の掘り取り，株分け，植付け，水管理，除草，施肥，先刈り，病虫害防除，網掛け，収穫その他の作業に十分留意しなければならない。

また，収穫時期は高温のため刈り取ったイグサは変質しやすいので，諸作業は迅速にしなければならない。特に刈取りは日差しの弱い時刻に行なってイ茎のしおれを防止しなければ，染土の付

写真25　泥染め前（無染土）と泥染め後の比較

泥染めしない生イグサ（無染土）の表面には気孔がみえる

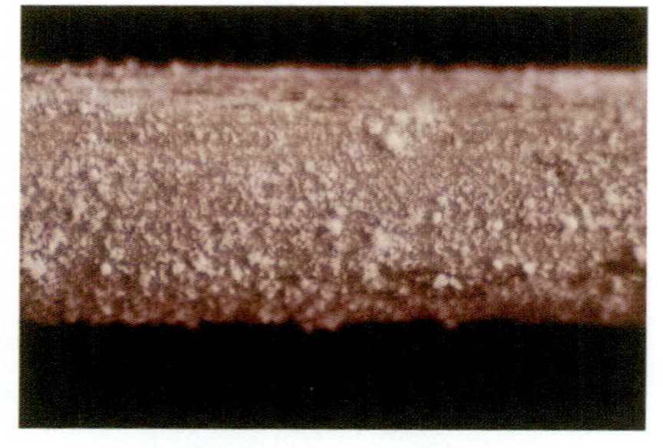

泥染め（染土したもの）後の生イグサの状態

1

2

3

泥染め作業

1　染土
2　染土を溶いた泥水にイグサをくぐらせて，茎に染土液を付着させる。この後は天日乾燥
3　泥染め後のイグサ

着が悪くなる（写真25）。

泥土の選択と泥染め　染土は，熊本・岡山・福岡各県は主として兵庫県淡路島産を，広島県は県内産の染土を使用する。泥染の効果は，1）イ茎に染土液をまぶすことにより，繊維の糊付けと化粧の役目をもつ，2）乾燥を均一に早くする，3）染土の皮膜によりイ茎を保護し，イグサ独特の香りを発するなどである。イグサの香りは染土の生成母岩によって異なり，香りで産地をある程度判別することができる。

1970年代から染土粉じんによる生産者の塵肺症問題が起こり，無染土または染土使用量の軽減についての試験研究が実施されてきたが，イグサの色調や香り，製織の困難性などで染土使用の廃止までには至っていない。ただ，一部ではあるが無染土イグサによる畳表の製造が行なわれている。

花莚などイグサを染色する場合は，染土があるとそれに染料が吸着され，茎への染着が十分でなく，製品になってからも染料がはげて衣類などが染まるので，染土使用量は極力制御する。

稲ワラ

Oryza sativa L.
（イネ）

植物としての特徴

ワラの形状と物性

ワラの活用を考えるに際しては，ワラがどのような構造をなし，どのような物的特性を有しているかを了解しておく必要がある（図1）。ここでは，その概要を記すことにしよう。

葉の形状

ハカマとも呼ばれる葉は，細長い形状の葉身（ようしん）と，刀の鞘（さや）のように茎を包んでいる葉鞘（ようしょう，はざや）からなっている。葉身は，単子葉（たんしよう）植物の特徴として，葉脈が縦方向に何本も通っている。葉身の数は，品種，栽培条件などによって異なるが，通常，寒冷地で多く栽培されているアキタコマチなどの早生（わせ）で14～15枚，温暖地での栽培が多いヒノヒカリなどの晩生（おくて）で16～17枚である。その長さは，上位の位置についているものほど長い。最も長いのは止葉（最上位の葉）から下の3枚目の葉身で，それから下の葉身は次第に短くなっている。葉鞘は，その両縁が薄く，互いに重なり合って茎を包み込み，茎を補強する大きな役割を担っている。

茎の形状

茎は，光合成を担う葉を支え，光合成によって葉がつくりだす産物をイネ全体に行き渡らせるとともに，葉が光合成を行なうのに必要とする水や無機養分を根から葉に受け渡す働きを担っている。茎に葉がついている部分を節（ふし，せつ），節と節との間を節間（せっかん）という。茎の表層は葉鞘によって覆われているが，その下は，節と節間からなっている。節間の中空になっている中心部（髄）は髄腔（ずいこう）といい，髄腔の茎は稈（かん）と呼ばれる。

節間の数は，通常14～17個である。しかし，下位から数えて約10節間まではほとんど伸びず，全体で2 cmにも満たない。それより上位の5～6節間は伸長茎部と呼ばれ，節間が長い。また，最上位の穂と接する穂首部から止葉節までは，穂首節間と呼ばれる。この穂首節間は，細くてしなやかで，茎を構成する節間のなかで最も長く，約30 cmにも達する。この穂首節間より下位の節間は次第に短くなり，穂首節間から数えて第5節間の長さは約2 cmほどになる。したがって，茎の長さは，伸長茎部，とりわけ上位の節間の長さによって決定される。なお，茎の長さや太さは品種や栽培条件によって異なるが，穂に大量の実をつけるイネ（短稈実重型）の品種改良がなされ，今日の栽培イネの茎の全長はたいてい地上50 cmほどである。

ワラの葉や葉鞘を取り除いた茎は，ミゴ（稈心）・ワラシベ（蕊，稭）と呼ばれる。ミゴ・ワラシベを不要なワラのくずとする解説がみられるが，それは史実と異なる。後にみるように，ミゴ・ワラシベは貴重なワラの部位として特異な活用がなされた。

図1　農民が描いたワラの図

穂の形状

穂首節間上端の節（穂首節）より上の部分が穂である。穂の主要な要素は，基部，穂軸，1次枝梗，2次枝梗，小枝梗，副護穎，小穂・穎花（えいか）である。穂の主軸（穂軸）は8～10節からなり，各節から1本ずつ1次枝梗が分岐する。その1次枝梗の基部寄りの数節から2次枝梗が分岐し，さらに，2次枝梗の各節と1次枝梗の先端から短い小枝梗が分岐する。そして，小枝梗の先端に，1次枝梗の場合5～6個，2次枝梗の場合には2～4個の小さな穂がつく。1つの穂には200個の穎花を形成する潜在能力があるが，一般の品種・栽培条件では，通常80～100個となる。

ワラの物性

引張りに対するワラの強さ　ワラの抗張力の大きさには，部位によって差がある。それを平均値で示すと，もっとも強い部位は鞘付きの節間（21.8kg），次いで鞘付きの節（13.4kg），鞘なしの節間（13.1kg），鞘（10.4kg），節（4.4kg），葉（3.4kg）の順である。このことは，茎稈全体を引張ると節部でワラが切断することを示している。また，茎稈の上部と下部では，節と節間が下部になるほど強くなるのに対し，鞘は逆に上部にゆくほど強くなっている。

なお，イネとワラとでは，相対的にほぼどの部位もワラのほうが強い。刈取り後およそ1年間乾燥させたワラのほうが，イネそのものよりも，引張りに対して大きな抵抗力を発揮する。とりわけ，葉（2.4倍），鞘（1.9倍），穂首節（1.8倍）などの部位における強度の増加が認められる。

曲げに対するワラの強さ　1本の茎に曲げの力を作用させた場合の挫折荷重，つまり，1本の茎にどのくらいの力がかかると折れるかを調べると，次のようである。曲げに対する抵抗は，節，節間ともに，下位になるにつれて強くなる。これは，下位ほど茎の径が大きくなり，節間が短くなることに起因する。先端に重い籾（もみ）がついても，根元が折れ曲がらない構造になっているのである。

なお，1本の茎の曲げ荷重（挫折荷重）の最大値は，およそ240gである。つまり，1本の細い茎であっても，およそ240gの力がかかるまで，曲がっても折れてしまうことはない。これに対して，1本の茎の引張りの力に対する抵抗力（抗張力）は，最大で16.5kgである。すなわち，挫折荷重は，抗張力のおよそ1/70である。

こうして，稲の茎の強さを抗張力と挫折荷重とで比較すると，引っ張る力に対してのほうが強く，曲げに対する抵抗力のほうが弱いことになる。しかし，ワラの茎の挫折荷重が抗張力に比して弱いとはいえ，イネの穂先に実がつくようになっても，また，風が吹き荒れても，イネは容易には倒伏しない適度な強さを有している。

伝承された知恵の蓄積に基づいて　ワラの引っ張りや曲げに対する抵抗力は，実験によって，上のように数値にして把握することができる。しかし，先人たちによって伝えられてきたワラについての理解は，数値ではとらえきれない質的な側面に注目したもので，きわめて定性的である。いや，定性的にワラの特質を語り伝えることで十分であったともいえる。定性的把握は，ときとして，定量的・客観的把握をしのぐことすらあるからである。

日本人の生活のなかでさまざまに展開されてきたワラの活用方法には，世代を越えて伝承されたすぐれた知恵が累積されている。先人たちは，ワラと交わる経験の積み重ねのなかで，ワラの構造的ならびに力学的な特性を把握し，それをもっともよく生かす方法を考案しながら，ワラの活用技術を後世に伝えてきてくれた（写真1）。

写真1　円座の編み模様
日常の必要が生み出す無駄のない「用の美」

私たちは，「ワラの文化」が私たちの時代にこの国から姿を消してしまわないように，ぜひ，先人たちが育みつむいできたワラに関する技術・知恵を掘り起こし，私たちの手で「ワラの文化」を蘇生・創造していきたい。それは，私たちに託された使命である。

ワラと日本人

第二の米・ワラ

わが国は，およそ2,000年にわたって，「おらが在所に来てみやしゃんせ，米のなる木がおじぎする」（花笠音頭・山形）と土地自慢唄にも歌われ続けてきた「米のなる木」を栽培してきた。南北に細長くしかも四季寒暖の差が大きな日本各地で元来熱帯性植物であるイネを栽培することができるようになったのは，日本人のイネ栽培に対する強い意欲と研究の蓄積によって，気候への順化や早熟促進などの品種改良がなされてきたからにほかならない。日本の文化が稲作農耕文化と規定されてきた背後には，「米のなる木」を育てることに生涯を賭けてきた多くの先人がいたからである。そのような歴史のなかで，世界の稲作文化圏において類をみないほど多様な発展をとげたもうひとつの文化が，この日本に生まれた。「米のなる木」，「お米の親」とも呼ばれるワラを最大限に活用する文化，すなわち「ワラの文化」がそれである。

一定の地域に定住可能な稲作農耕生活が展開されるようになってからは，ワラは，定期的に入手が可能で，しかも，高い入手確実性を有する資材となった。そのため，収穫量の予測や使途計画を立てることができるようになった。また，ワラは，軽く，柔軟で，容易に加工でき，ある程度の強靭さと耐久力をもち，通気性や保温性にすぐれている。それは，家畜の飼料や敷料，農作物の肥料（養い）になる。暖房や煮炊きのための燃料にもなる。火をつけると焼却し，灰化する。その灰は，肥料はもちろん，焼物の釉薬，染色の媒染などに用いられる。衣食住，運搬，遊戯，祭祀などの生活の全面において稲ワラを素材としたさまざまな生活用具がつくられ，使用された。ワラは，きわめて多様な活用が可能な，身近に存在する，利便な生活資材であった。それゆえにこそ，ワラと日本人の生活とは一体化し，ワラなくして日本人の生活は成り立たなかった。日本人は，ワラのなかで生を与えられ，ワラとの交わりの生活を生涯貫き，そして，ワラによって彼岸に送られた。

「ワラの文化」は，まさに，日本人の生活文化そのものであった。

消えゆく「ワラの文化」

しかし，この「ワラの文化」に大異変が生じた。「ワラの文化」の消失である。

1960年代は，日本における「ワラの文化」の大きな変節点であった。プラスチックス製品の登場と普及は，伝統的な「ワラの文化」を消失させた。「ワラの文化」だけではない。山野が育んでくれるさまざまな自然素材を用いて生活用具を制作してきた農山村におけるものづくり文化が，急速に姿を消していった。農山村の家々の茶箪笥（たんす）には，宝物を飾るかのように，プラスチックス製品が並べられるようになった。家々に伝えられていた漆器の多くが，プラスチックスの容器にとってかわられた。そして，ワラは焼かれ，煙と化すようになった。それ以来，農山村におけるさまざまな自然素材を活用しての生活用具づくりは影を潜めたままであり，ワラが活用されている姿もほとんどみられない。

「ワラの文化」が健全なかたちで息づいていたときには，自然と人間の2つの世界がしっかり結びつき，循環型の生活システムが構築されていた。大地が与えてくれたワラをさまざまなかたちで生活のなかで生かし，それらを最終的にすべて大地に還し，その大地から再び，新たな生命体としてワラを生誕させる不断のつながりの輪が，自然と人間との間に築かれていた。しかし，この循環型生活システムが崩壊してしまった今日，私たちの暮らしは，多くの品々がゴミとして廃棄され，美しい自然と地球を傷めつけるものに変質してしまった。

「ワラの文化」の蘇生は21世紀の使命

いったい，豊かなかたちで育まれてきた日本の

ワラ文化の復興

1　道祖神(長野市大岡芦ノ尻地区)
2　「籾殻まんじゅう」を使った器
3　ワラ製のバスケット
4　俵編みの伝承
5　子どもたちが制作した腰壁を飾る「ワラ絵のパネル」
6　ワラのモニュメント

1

2

5

3

4

6

「ワラの文化」は，どこにいってしまったのだろうか。今日では，都市はもちろん，多くの農山村においても，「ワラの文化」が姿を消してしまっている。

たとえば，1967（昭和42）年と1978（昭和53）年の全国におけるワラ縄生産の事業所数を比較すると，わずかこの10年の間の激減は著しく，1967年に全国各地に2,000ほどあったワラ縄の事業所が，1978年にはその5分の1ほどになってしまっている。同じく，全国におけるワラ加工品の事業所数もはなはだしい減少ぶりで，1978年にはわずか300足らずである。そして現在，全国の電話帳のなかから，ワラ縄製造やワラ加工品製造の項目自体が姿を消してしまっている。

しかし，日本人が稲作農耕民族として米を生産していく限り，ワラは永遠に収穫可能な資材である。その量は，筆者の試算によると，日本各地で毎年生産されるワラをすべて生かして仮に太さ1cmのワラ縄を綯（な）ったとすると，なんと，地球と月との間を36往復もできるまさに天文学的な長さに達する。毎年これほど大量に生産され入手することが可能なワラに，新しい価値を再発見し，その活用を再生したり新たな方途を探究したりしていくことは，21世紀における大きな課題である。

ちなみに2006（平成18）年秋の日本国内における稲ワラの生産量9,049千tがどのように活用されたかをみると，飼料用931千t（10.3％），敷料用361千t（4.0％）で，堆肥用579千t（6.4％），加工用65千t（0.7％），すき込み・その他6,871

千t(75.9%)，そして，焼却243千t(2.7%)である。焼却されていくだけのワラの処理などは，「米のなる木」,「お米の親」としてワラを尊び，ワラを生活のなかに生かしてきた先人たちの思いと，大きくかけ離れてしまっている。

「ワラの文化」の価値を再発見し，その蘇生に向けての確かな歩みを築いていくことは，今世紀に生きる私たちの使命である。「ワラの文化」は決して古くない。ワラを知らないままに育ってきた多くの若年世代にとっては，ワラは，新しく珍しい素材である。豊かな自然との共住や地方の風土・文化への関心を高めていく志向も，幅広い世代に広まりつつある。また，日本における「ワラの文化」はその生誕の当初から資源循環型の活用に根差したものであったから，今日世界的に目指されている資源循環型社会の形成・構築にも，示唆しうる要素を豊かに内包している。

まさに，21世紀に生きる私たちの使命は「ワラの文化」の蘇生にあるといって過言ではない。

利用の歴史

ワラの文化の歴史

イネの根刈り収穫・脱穀体系が生んだワラの活用

平安時代以後には多くの絵巻物が現われる。その1つに『一遍聖絵』がある。1299（正安元）年の奥書をもつこの絵巻物は，時宗の祖である一遍上人智真（1239～89）の誕生から示寂（有徳な僧の死）に至る生涯の記録，とりわけ諸国を遍歴し念仏を勧進した様子を各地の風物を背景として描いたものである。それには，美しい四季折々の田園風景が随所に描かれている。美的色調のなかに，収穫期を迎えて穂を垂れた田の様子や刈取りに精出す常民たちの生き生きとした姿も，表現されている。それは，まさに，日本の原風景である。イネとともに生活を送ってきた日本人にとって，精写された田園風景は日本人の心の奥深くに刻み込まれた風景そのものである。

その田園のなかから，「ワラの文化」が生まれた。先人たちは，ワラシベ1本をもむだにすることなく，それを生活のあらゆる場面で積極的に活用する文化を築いてきた。日本人にとって，ワラは大切な生活資材であったのである。それは，物質文化のみならず，日本人1人ひとりの精神にも深く染み込んだ，「心の文化」でもある。

ところで，イネをその根元から刈り取るいわゆる根刈り収穫法が日本で行なわれるようになるのは，一般に，柄の付いた鉄鎌が登場する時代，すなわち7～8世紀ごろのことである。平安時代中期の11世紀初頭，清少納言は，『枕草子』のなかで，8月晦日（みそか）ごろ太秦（うずまさ）に参詣する途中の叙景として，当時の収穫の様相を次のように描写している。

「穂に出でたる田に，人いと多く騒ぐ，稲刈るなりけり。（中略）是は女もまじらず。男の片手に，いと赤き稲の，本（もと）は青きを刈り持ちて，刀か何にかあらん，本を切るさまの安げに，めでたき事に，いとせまほしく見ゆるや」

ここで清少納言が「刀か何にかあらん」と書いたのは，柄付きの鉄鎌であろう。彼女は，「本は青きを刈り持ちて」,「本を切るさまの安げに」と記して，当時の収穫方法が根刈りであったことを伝えてくれている。しかもこの光景が太秦への参詣途上のことであったから，11世紀初頭には，根刈り収穫法が広く一般化していたことをも教えてくれている。

また，5月初頭に，カッコウの鳴き声を求めて外に出た清少納言は，ある田舎屋でイネの実を扱（こ）き取った後に挽臼（ひきうす）を用いて，籾殻（もみがら）を除去して玄米を得る籾摺り（もみすり）の作業に出会っている。

『枕草子』に記載されている根刈り収穫法と籾を扱き取る脱穀法が早くから定着していたことは，同時に，米の収穫とともに入手できるワラを生活のなかで活用する知恵が一般化していたことを意味する。日本人は，生活を成り立たせる資材としてワラを評価し，古くから，それに高い価値を置いてきたのである。わが国においては，ワラに対する社会的および生活的需要が早くから存在していたのである。

根刈り以前の穂首刈り

注意しておかなければならないことがある。上の『枕草子』に描かれたような情景がみられるようになるのには，先人たちによるイネ栽培の工夫と実践の蓄積があったことを忘れてはならない。

イネが実をつけ，頭を垂れ，いざ収穫と思っても，田に水がたまっているような状態では，根刈りができない。湿田から乾田になり，田に入っても足をとられないようになって初めて，長柄の鎌による根刈りができるようになった。つまり，イネの成長期には水を供給して湿田とし，イネの収穫期には排水して乾田とする，この灌漑技術が確立される必要があった。人為的に田に給水・排水する灌漑技術が確立し定着したことにより，イネの根刈りが行なえるようになり，ワラを入手することができるようになったのである（図2）。

このような灌漑が未発達な時代はどうであったのだろう。田は，まさに，湿田であった。流れがせきとめられたいわば水溜りに籾を直播き（じかまき）し，水底に沈んだ籾が根を張って芽を出し，茎を伸ばし，やがて穂が水面から顔を出すようになったとき，人びとは，大きな田下駄を履いたり，小舟などに乗ったりして水溜りに繰り出し，水面から顔を出している穂先を採取した。いわゆる石包丁（いしぼうちょう）による穂首刈りである。石包丁の多くは，粘板岩などを磨いて刃がつけられたものである。その石板に2つもしくは3つあけられた穴に紐（ひも）を通し，その紐を手の甲にかけて石包丁を手中に入れ，刃先でイネの穂を摘み取る（図3）。この穂首刈りの段階では，イネの茎や葉は水中にあるから，ワラを容易に入手す

図2　長柄の鎌による根刈り収穫
宮崎安貞『農業全書』より

図3　石包丁による穂首刈り

ることはできなかった。

「ワラの文化」の開花には，灌漑の発達による根刈り収穫が定着しなければならなかった。

イネの産物としての根株，ワラ，籾殻，糠

根刈り収穫法と籾を扱き落とす脱穀法とが定着すると，イネは，刈取りから精米までの過程で，いくつかの産物をもたらしてくれるようになる。刈取りの後に残る根株（ねかぶ），脱穀によって得られるワラ，籾摺りによって玄米と分離される籾殻（もみがら），そして，精米の際に白米と分離される糠（ぬか）などである。これらの産物を，先人たちはすべてむだなく活用してきた（図4）。

根刈りした後に大地に残る根株は，春先の田起しによって田土と混ぜ，腐熟させて有機質肥料と

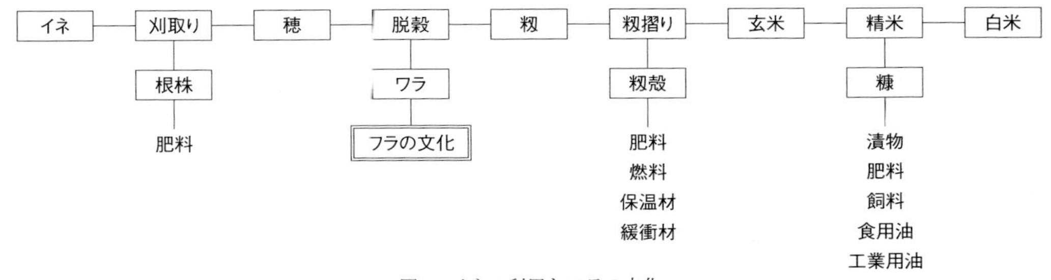

図4　イネの利用とワラの文化

した。籾を落とした後の茎葉部であるワラは，後にみるように，生活の全面にわたって多様に活用した。

籾摺りの過程で得られる籾殻もさまざまに利用した。籾殻をそのまま，あるいは焼いて炭化ないし灰化したものを田畑にまいて，肥料にした。作物の苗の育成促進や寒害からの保護のため，籾殻を黒く焼いて苗床にまいたりもした。ダイコンやイモの貯蔵には，保温材として籾殻を用いた。枕の詰め物，容器に入れた卵や果実の緩衝材・保護材ともなった。また，燃料としても用いられ，穀倉地帯では籾殻専用の竈（かまど）が創案され使われた。牛馬の飼料として籾殻が用いられることもあった。さらに，養蚕のワラダ（蚕の孵化から上蔟までの期間，飼育に使われる籠状の編み物）の湿気止めとしても使われた。このように多様な籾殻の利用は，籾が有する保温性・断熱性・緩衝性・有機質性などの特性をすぐれて生かしきったものである。

玄米を白米にする精米時に生じる糠は，田畑の肥料や牛馬の飼料にするほか，漬物用の床をつくるのに用いられる。糠床にはダイコン，キュウリ，ナス，ニンジン，ミョウガなどが漬けられ，日本人にとってなくてはならない糠漬けが提供される。また，糠からは食用ならびに工業用の油が製造された。学校や家の廊下は，子どもたちによって，糠袋でピカピカに磨きあげられた。

こうして，根株，ワラ，籾殻，糠などがすべてむだなく活用されてきた。このような刈取り，脱穀，精米の過程で得られるそれぞれの産物を，「副産物」ではなく，「主産物」ととらえたほうが，先人たちの考えに合致しているように思われる。「副産物」は，「主産物」の製造過程で必然的・付随的に派生する産物であり，基本的に，「主産物」のほうが価値が高く，「副産物」のほうが価値が低い。しかし，たとえば，根刈りによって得られるワラは，米よりも価値が低いといえるだろうか。「ワラはお米の親」，「ワラは第二の米」といわれてきたように，日本人はワラに大きな価値を置いてきた。籾殻や糠に対しても，日本人は大切な資材としての価値を置いてきた。それらは，「主産物」そのものであるといってよい。それゆえに，刈取り，脱穀，精米の過程でそれぞれに価値を有する複数の主産物を入手し，それらを有効に活用してきた文化を，「産物活用文化」と呼ぶことにしたい。

「ワラの文化」そのものも，実に，このような「産物活用文化」の一要素とみなすことができるのである。

三浦直重が1862（文久2）年に著わした『米徳糠藁籾用方教訓童子道知辺』（日本農書全集第62巻所収）には，その表題が示しているように，米のありがたさのみならず，米を入手する過程のなかで産出される糠，ワラ，籾殻のまさに知恵に富んだ活用方法が記述されている。先人たちは，「産物活用文化」の重要性を，次世代にきちんと伝えようとしてきたのである。

ワラ利用の体系

ワラの利用を前提としたイネの根刈り収穫が行なわれるようになると，日本各地に，地干し，棒掛け，多段式の掛干しなど，収穫時のさまざまな乾操方法が発達する。そして，根刈りされたイネあるいは籾が扱き落とされたワラは，たとえば『大泉四季農業図』にみえるニホのように大きな山状に野積みされて貯蔵されるか，あるいは納屋，ワラ小屋，母屋の屋根裏・ツシなどに貯蔵される。人びとは，これらの貯蔵ワラを必要に応じて取り出し，さまざまに活用した（図5）。

ところで，ワラは，葉・ハカマ，茎・稈，ミゴの3つの部位からなっている。これらのハカマ，茎・稈，ミゴのすべてが，まったくむだなく活用されてきた。

まず，脱穀によって得られるワラは，そのままのかたちで，燃料，飼料，肥料，敷ワラとして用いられた。敷ワラは畜舎に敷いて牛馬に踏ませたもので，最終的には肥料として田畑に戻される。家畜舎は，ワラを素材として貴重な有機質肥料を生産する場であったのである。

ワラは，その葉・ハカマが取り去られて，すぐりワラとなる。ワラ工作に用いられるワラのほと

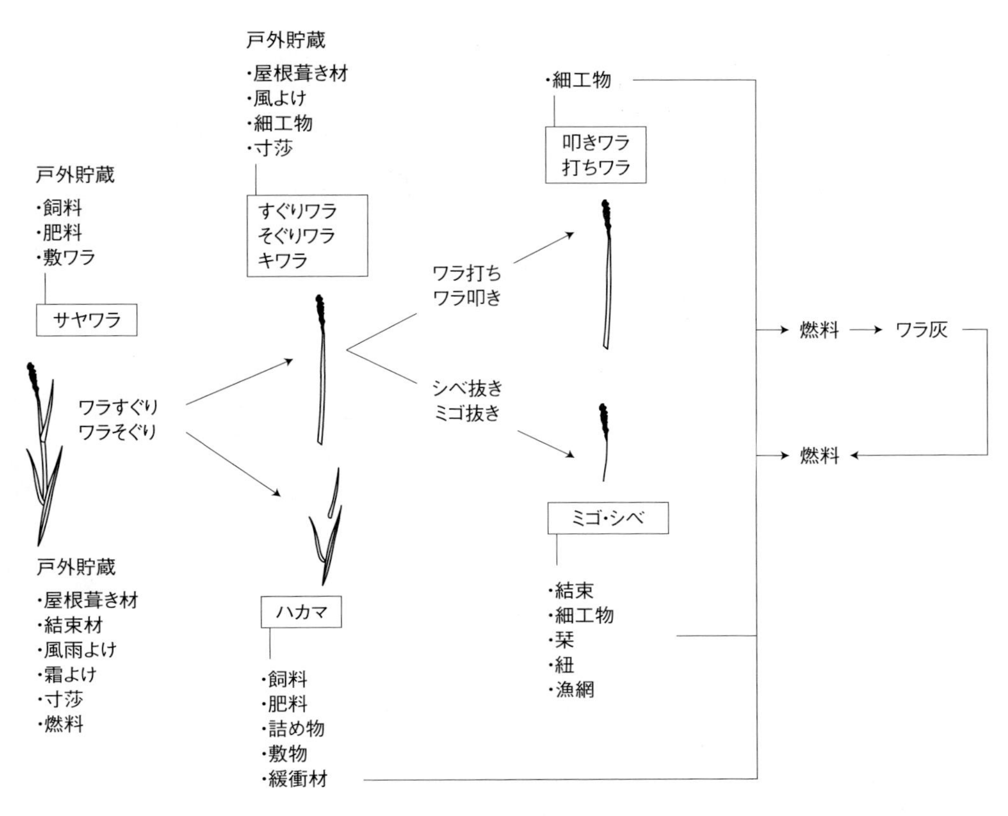

図5　ワラの利用体系

んどは，葉・ハカマを取り去るワラすぐりの工程を経たすぐりワラである。このワラすぐりによって茎・稈から取り除かれた葉・ハカマは，各種の容器や寝床，蒲団（ふとん），沓（くつ）類などの詰め物として用いられたばかりか，燃料，飼料，肥料としても活用される。また，すぐりワラは，単独にかあるいはカヤ（茅）と併用されての屋根葺き材，住居や小屋の風雨よけ，土壁に塗り込まれる寸莎（すさ），あるいは各種細工物の材料として用いられる。すぐりワラはキワラとも呼ばれるが，たとえば，シメナワ（注連縄）・シメ飾りの多くは，このすぐりワラを用いて制作される。また，すぐりワラを叩（たた）いた叩きワラは，後にみるように，さまざまな生活用具を生み出す。

すぐりワラの先端部のミゴ・ワラシベを利用するには，それを茎・稈から抜き取るミゴ抜き・シベ抜きが行なわれる。ミゴは強靭さと光沢を備えているので，漁網や特に精巧な細工物をつくる材料となるばかりか，栞（しおり）や結束材などに活用される。

このように，ワラの全体が実に目的的にむだなく活用されるところに，「ワラの文化」の特徴がある。ワラはそれを構成する部位の特質に応じて，まったくむだなく，活用されたのである。まさしく，「ワラの文化」の所産は「一物全体活用」の成果である。

生活の全面における多様な活用

ワラは，上にみたように燃料，飼料，肥料などのいわばエネルギー源として利用されるとともに，生活用具づくりの素材として盛んに活用されてきた。その領域は，衣食住のみならず，労働，運搬，通過儀礼や年中行事，子どもたちの遊戯の世界にまで及んでいる。およそすべての生活領域で，ワラの生活用具がつくられ使用されてきたのである。

衣生活においては，頭にミノボッチと呼ばれる被り物をつけ，背や肩や腰を蓑（みの）や背中当てでくるみ，手にはワラ手袋をはめ，足には脛巾

ワラを使った履物

1 雪踏み俵
2 雪踏み俵をで新雪を踏み固めて道をつくる
3 深沓
4 沓（くつ）
5 草履
6 馬の沓

2

4

5

1

3

6

(はばき)，草履（ぞうり），草鞋（わらじ），馬の沓など，上の写真にみるような多くの履物を着装した。雪国の人びとが制作した深沓（ふかぐつ）や新雪を踏み固めるための雪踏み俵などもある。頭の上から足の先にいたるまで，日本人は，身体の全体をワラで包んできた。

食生活においても，次ページの写真のようなワラ製の器物が数多く使われる。飯櫃（めしびつ）入れ，鍋（なべ）敷き，鍋つかみ，イロリ（囲炉裏）の火棚に吊るして川魚の燻製などをつくるためのベンケイ，塩の苦塩（にがり）を取り除くためのシオタッポと呼ばれる容器，束子（たわし），そして，美しい卵のパッケージ（図6）などもある。

住生活においては108ページの写真のように，小屋組み・扠首（さす）組みのワラ縄，畳の床，敷き莚（むしろ），円座，ワラ蒲団（ふとん），近代的造形感覚にも通じる椅子，縄暖簾（のれん），幼児の保育容器である嬰児籠（えじこ），箒（ほうき）など。とりわけ，民家の小屋組みはワラ縄によって部材の結束がなされたが，そのワラ縄は，近隣の人びとがつきあいの程度に応じて相当量を持ち寄ったものであった。ワラ縄は，ものを結束する物理的な機能ばかりでなく，人びとの心をしっかりと結びつける役割をも担っていた。

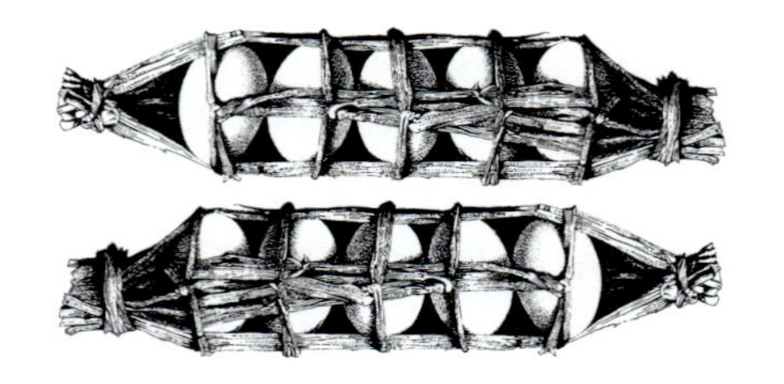

図6 ワラでつくった卵パッケージ

1

2

3

ワラを使った
食生活用具

4

5

1 イロリの上方の火棚に吊るされたベンケイ
2 ベンケイを使って川魚の燻製をつくる
3 羽釜入れ
4 陶器入れ
5 飯櫃入れ

生業関係では，穀物を収納する叺（かます）や俵，日本の産業革命を支えた物質的基礎ともいわれる養蚕具の蔟（まぶし，写真2），牛や馬に履かせた草鞋など。また，運搬用具では，背負ったり腰に結わえたりする縄袋，砥袋（とぶくろ），背負い梯子（はしご），土砂運搬の畚（ふご，もっこ），背負い運搬のための負い縄などがつくられた。

日常生活用具ばかりではない。私たちは，シメナワ・シメ飾りによって神々を里に招き，神仏への供物をワラ皿に盛り，盆にはワラ火を焚いたりワラ馬やワラ人形をつくったりして死者の霊を送り迎えした。外からさまざまな災厄が侵入しないようにと願って，集落の入口に大きなワラ人形を据えたり，巨大なワラ草履を吊るしたりする地域もみられる。幸運をわかちあうときには，ワラの苞（つと）に入れた祝いの品が隣人や親類に贈られた。子どもが初誕生を迎えると，草履や草鞋を履かせて祝い餅（もち）を踏ませ，負い縄で祝い餅を背負わせる習俗もみられる。さまざまな信仰，祝祭，儀礼においても，ワラは重要な資材としての地位を与えられていた。ワラは日常的なケ（褻）の生活のみならず，非日常的なハレ（晴れ）の生活においても，欠かせない資材であった。

子どもたちの遊びの世界においても，縄跳びに代表されるように，ワラは遊具制作の素材としても欠かせなかった。

衣食住，生業，運搬，祝い，祭り，遊びなどの生活の全面にわたって，ワラを素材とするさまざまなものづくりが行なわれた。日本人は，ワラのなかに生まれ，ワラのなかで育ち，ワラのなかで彼岸に送られ，そして，ワラによって彼岸からこの世に迎えられた。私たちすべての暮らしに，ワラは欠くことのできないものであった。

衣食住，生業，運搬，祝い，祭り，遊びなどの生活の全面にわたって行なわれてきたワラのものづくりは，各種の絵巻物に具体的にみることができる。

絵巻物にみられるワラの生活用具

絵巻物は，主に平安時代から鎌倉時代にかけて描かれた絵画史料である。どのようなワラの活用が絵巻物に描かれているか，紹介しよう。

尻切れ草履：『北野天神縁起』第8巻火事場の図。

住居に使うワラ

1　屋根を支える扠首（さす）組に使われたワラ縄
2　壁材としてのワラ利用

1

2

ワラを使った日常生活用具

1　ワラ枕
2　イロリのまわりの敷き莚（むしろ）と円座
3　乳児を入れる嬰児籠（えじこ）
4　ワラ箒

1

2

3

4

店先に草履や草鞋を吊るして商う光景：『一遍聖絵』第6巻伊豆三島神社前の図や『福富草紙』。聖人の臨終に合掌する民衆たちの腰に巻かれている縄帯：『一遍聖絵』第12巻兵庫光明福寺の図。俵や桟（さん）俵：『信貴山縁起』など。ワラ苞：『一遍聖絵』，『石山寺縁起』。鍋掴（つか）み：『慕帰絵詞』第8巻性智房の台所の図。草葺き屋根と棟縛り縄，蓆（むしろ）・莚や畳，円座・ワラ座：『一遍聖絵』第4巻筑前武士の酒盛りの図。薦（こも）・簾（すだれ）：『一遍聖絵』第7巻大津関寺前の町家の図。蓆屋根，菰（こも）壁，菰塀，莚塀，薦衝立（ついたて）：『一遍聖絵』第8巻美作一宮前の図。腰掛け：『信貴山縁起』山崎長者宅裏の図。箒：『絵師草紙』，『春日権現験記』，『法然上人絵伝』，『慕帰絵詞』など。シメナワ：『一遍聖絵』大和当麻寺の村落風景。道切り縄：『一遍聖絵』第4巻筑前武士の家の図や『法然上人絵伝』第1巻漆間時国の屋敷の図。縄綯いの光景：『春日権現験記』第14巻。住居内の敷物としてばかりでなく農作業に多用された莚を売り歩く男：『法然上人絵伝』第38巻。畚（もっこ）：『当麻曼荼羅縁起』当麻寺の染井を掘る図や，『石山寺縁起』石山寺草創に際し土運び

写真2　養蚕具。蚕が繭（まゆ）をつくるための蔟（まぶし）

写真3　平安時代の腰掛け
「とん」と呼ばれ，女官が使った

する人夫の図。そのほか荷縄，負縄，牛馬用の手綱・胸懸・尻懸・腹綱・鞍・沓，船運用の舫（もあい）縄・蓆帆・苫（とま）などが各種の絵巻にみえる。

こうして，平安時代には，生活全般にわたってワラが活用され，ワラ加工品の制作や販売を生業とする人びとも出現していたことが知れる。稲作技術の進展と根刈り収穫法の定着とによって「ワラの文化」を全面的に開花させたのは，まぎれもなく平安時代であった。近年まで展開されてきた「ワラ文化」の基礎は，平安時代にすべて確立されていたといって過言ではない（写真3）。

「非ワラの文化」＝スゲ・ヨシ・ガマ・シュロなどの活用が基層に

「ワラの文化」は，上にみたように，根刈りと脱穀の技術が定着するようになって，平安時代に確立された。しかし，ワラを入手することができたからといって，「ワラの文化」が成立しえたのではない。「ワラの文化」の成立には，それに先行して，花開き，生活に定着していた「非ワラの文化」の存在が欠かせなかった。おそらく，「非ワラの文化」がなかったとしたら，生活の全面に展開される「ワラの文化」はありえなかったであろう。

「非ワラの文化」とは，各種の軟質植物繊維を広く生活において活用する技術の体系である。ワラを自由にそして幅広く活用することができるようになる以前には，すでに縄文時代から，スゲ，ヨシ，ガマ，シュロなどの各種の植物繊維が広く用立てられていた。このようないわば「非ワラの文化」が，ワラの利用を可能にした根刈り収穫と籾の脱穀とが定着する以前から，確実に存在していた。また，タケなどを割って編み組みするものづくり，さまざまな蔓（つる）植物を用いての生活用具づくりなどが，「ワラの文化」の生誕以前から行なわれていた。

「ワラの文化」は，このような「非ワラの文化」を基層として花開いたのである。現に，「ワラの文化」の中には「非ワラの文化」において育まれてきたものづくり技術がさまざまに生きている。

ところで，およそ，植物繊維一般の利用は，

1）もの（生活財，生活用具）を構成する素材としての利用

2）燃料，肥料，飼料などのエネルギー源としての利用

3）食用や薬用としての利用

に分類することができる。このうち，1）には，

A：素材の原形状を残したものづくり（make ～ of…）

B：素材の原形状を残さないものづくり（make ～ from…）

とがある。後者Bの例としては，コウゾ（楮）やミツマタ（三椏）の繊維素材から紙を漉（す）くことや，フジ（藤）の樹皮の繊維を紡いで布を織ることなどが挙げられよう。

このような分類のそれぞれに，各種の植物が対応づけられる。ワラは，このうち，Aばかりでなく Bのものづくりにおける構成材としても用いられる。すなわち，ワラは，ワラ加工品にみられるように原形状を残したままで生活用具づくりに利用されるとともに，ワラを燃焼させてワラ灰と

して用いたり，ワラ繊維からワラ紙を漉いたりする事例のように，素材の原形状を残さないかたちでの活用もなされる。また，ワラは，燃料，肥料，飼料のようなエネルギー源としても使われる。恐慌の際にはワラが食材となった記録も残されている。

数多くの軟質植物繊維が生活のなかで利用されてきた。各地の風土と対応して入手しやすい植物が，それぞれの素材特性に適合したかたちで使い分けられてきた。たとえば，背負い運搬に用いる背負い袋は，ワラやワラ縄のほかに，スゲやガマ，ヤマブドウ，フジ，アケビ，シナなどの表皮や蔓（つる）によっても制作された。また，草鞋は，ワラやワラミゴのみならず，タケ皮，モロコシ皮，シナ皮，シュロ，アサ，スゲなどを用いてもつくられた。こうして，機能上は同じ生活用具であっても，地域や使用目的などによって用いられる材料が異なる。特にワラの入手が困難な山間部においては，平坦部でワラを素材として制作する生活用具を，ワラ以外の軟質植物繊維を素材として使用する例は多い。

ワラの利用技術は，ワラ以外の植物の利用，なかでも軟質の植物繊維を生活用具の素材として利用する各種の技術と深い関連がある。このことは，ワラを素材としたワラ加工品とワラ以外の軟質植物繊維を素材とした細工物との間に共通する手法が存在することから，容易に推察される。つまり，ワラの活用技術のなかには，イネづくり以前からすでに存在していた軟質植物繊維を利用する「非ワラの文化」から受け継がれた多くの要素が混入している。逆に，「ワラの文化」のなかで昇華された各種の技術が，非ワラの軟質植物繊維利用に影響を与えたこともあったであろう。総じて，日本における「ワラの文化」と「非ワラの文化」との間には，互いの工作技術の出会いと交流があったといえる。

常民たちによる生活造形

「ワラの文化」は，手づくりの文化である。そのほとんどは，特別の道具や機械を用いずに，常民（民俗文化を保持・伝承する担い手）たちによって手づくりされたものである。

ワラをすぐり，打ち，綯（な）い，組み，編み，織り，束ねなどしながら，特に，冬期間には家族総出でワラ仕事が行われた。ときには，隣人たちが寄り集まって，世間話に花を咲かせながらワラ仕事が行なわれた。それは，人びとにとって，冬の寒さに耐えながらのつらい仕事であるに相違なかったが，人間関係を確かめ，より緊密なものにしていく交わりの機会でもあった。

そのような交わりのなかで，ワラ工作の技術は青年たちや子どもたちに伝えられていった。「縄綯いができて一人前」などといわれるように，地域に居住する人びとすべてが，共有の生活技術として「ワラの文化」を習得し，地域社会の成立を支えた。縄綯いを基本として広範に展開された「ワラの文化」は，常民たちによる常民たちのための生活造形文化なのである。

ワラ縄を基礎とする生活造形

生活必需品としてのワラ縄

ワラ縄は，下葉をすぐったワラ稈を叩いて，右あるいは左に綯ったものである。右綯い縄は労働用，左綯い縄は儀礼用などと使い分けている地方も多い。明治末期に佐賀県人の宮崎林三郎が足踏み式縄綯い機を考案したことにより，ワラ縄生産は手綯いから機械綯いに移行していった。1955（昭和30）年当時の統計によると，わが国におけるワラ縄の年間生産量は2億2500万kgと推定され，中縄（太さ10～12 mm）にして地球を140回まわるほどの長さに達していた。

なぜ，そのように大量のワラ縄が生産されていたのであろう。それは，いうまでもなく，実にさまざまな生活領域においてワラ縄が必要とされていたからである。梱包用，家づくり，祭礼用，遊戯用など，その活用範囲は，すでに江戸時代において実に広大であった。

その必要性と活用の一端を，みていくことにしよう。

1834（天保5）年，細木庵常らによってまとめ

ワラ縄の活用

1　ワラ縄
2　縄綯い機
3　炭俵を締めるワラ縄
4　背負子（しょいこ）
5　竹を結束するワラ縄

1

2

3

4

5

られた土佐藩の農書『耕耘録』には，籾俵づくりに必要なワラ縄の量が克明に記されている。それによると，籾俵1俵をつくるのに32尋（ひろ），約53ｍが必要とされている。ワラ縄は俵づくりに利用されるだけではない。同じ『耕耘録』には，正月11日の仕事初めとして，「同日幡多郡ニては畚，持籠，荷縄，鍬の緒，水の緒，馬の鼻縄，腹帯，尻搔なと，凡藁細工ニ懸事一切の農具一日限ニ作り揃，家毎ニ懸ならへ，農具祝とて雑煮，吸物なと設て賑々敷祝ふなり」とある。そして，この日を境として春の田仕事が始まるまでの期間，連日連夜ワラ仕事が家を挙げて行なわれた。

ワラの生活用具は1年間に多量に生産・消費された。そのため，たとえば，1823（文政6）年大和国山辺郡乙木村（現天理市）の山本喜三郎が著わした『山本家百姓一切有近道』に「あまけわら細工壱人前之事。俵あみ十五，さん俵五百，ふとなわ五尺たぐり三百，ほそなわ四百，草履二十足，わらし十足，足中三十足，莚四まい，大ふご四ッ，そこたてるの六ッ，小ふご三荷，そこたて八ッ，わらそぐり三十束，さんばいこない七束，干粕六俵，種粕十五玉，地粕ならハ中人者や女にはたかすべし」とあるように，1日にして数多くの品が制作される必要があった。そして，ものづくり用のワラだけでも，「たわらあみわら弐反半，小道ひわら二反，〆四反わらすれハ，随分たくさんと心得へし」とされたのである。すなわち，山本家は田4反のイネづくりから得られるワラすべてを，山本家が1年間に必要とするワラ縄づくりに供した。加えて，屋根づくりおよび屋根替えに際しても，大量のワラ縄が必要であった。

家々のつながりを象徴するワラ縄

草屋根の葺き替え方法には，差し替え（傷んだ箇所に葺材を差し込んで補修する方法），葺き重ね（古い屋根の表面のみを取り去り，その上に新しい葺材を重ねて葺く方法），総葺き替え（葺材をすべて新しくし，ときには合掌・叉首構造も新しくする方法）の3つがある。こうした草屋根の葺き替え・補修は，農家の年間作業日程に組み込まれ，村人たちの共同労働によって行なわれた。

新潟県中魚沼郡中里村小原に現存し当時百姓旦那と呼ばれていた上層農家の広田家における1803(享和3)年の新築に関する2綴りの普請帳『家作普請衆中覚帳』および『家かため御見舞帳』によれば，約10か月の普請期間の間に，村人から各種の「家見舞」があった。「家見舞」には，広田家が所在する小原村はもちろん，10 km以上遠方の村人も訪れた。人びとは「地がら」(礎石が置かれる位置の土を搗き固める作業で，モンキツキ・ドンツキなどと呼ばれる)に労力提供したばかりか，米，タケ，カヤとともに大量のワラ縄を贈り物として持参している。「家見舞」に訪れた人びと（総員259人）のおよそ半数（135人）が，1人当たり3～5把のワラ縄を携行してきた。

草屋根の葺き替えはどの農家にあっても必ず巡ってくる作業であったから，人びとは計画的にそのための材料確保と準備を行なった。また，労働や物品を提供してくれた家で屋根替えが行なわれるときには，末代にわたってまでも，ワラ縄を持参して手伝いにかけつけたり，相当の物品を贈ったりした。

ワラ縄は，家々を成り立たせ不断のつながりを構築・維持する資材でもあったのである。

必須の生活技術としての子どものワラ縄綯い

路傍の朽縄（くちなわ）を拾って「蛇だぞ」と仲間をびっくりさせるたわいのない遊びが，かつての子どもたちの世界にはあった。子どもたちは，ワラ縄遊びを自らつくり出していた。それは，ワラ縄綯いが，おとなの世界への仲間入りに必須の生活技術であったことと無縁ではない。子どもたちは自分たちでワラ縄を綯い，各種の遊びを行なった。ワラ縄遊びは，子どもたちが大人の仲間入りをしていくための入り口でもあったのである(写真4)。

汽車ごっこ　長いワラ縄を輪にしたなかに子どもたちが入って，先頭の機関車と機関手の後方に客車と乗客が縦列に連なり，「ポー，シュ，シュ，シュ…」の機関手の合図で機関車が走り出すと，

写真4　ワラ縄綯いを伝承する

「シュシュ，ポッポ，シュシュ，ポッポ…」と声を上げて乗客たちも走り出す。

ブランコ　小屋の梁（はり）や大木の枝などに両端を結びつけたワラ縄をU字型に垂らして，ブランコ遊びをした。縄に腰掛けた子どもを脇に立った子どもがクルクルまわすと縄が撚（よ）れあがり，手を離すと逆方向に回転する。子どもたちは錐（きり）もみしながら回転する遊びを楽しんだ。

枝乗り　しなりがあって折れにくい木の枝にワラ縄をかけて，数人の子どもが引いたり力をゆるめたりして枝をゆする。枝に乗った子どもは，振り落とされまいとしっかりつかまりながら楽しんだ。

縄輪打ち　長いワラ縄の両端を2人がもち，打ち手が輪を描くようにして前に振ると，縄は輪を描きながら前方に進んで相手方まで届く。相手方は，打たれまいとして，打ち手の方向に逆の輪を描いて遊んだ。

縄跳び　縄跳び縄には，長縄と短縄とがある。長縄は数人で一緒に行なう縄跳び用のもので，2.5～4.5mほどの長さである。「おじょうさま，お入りなさい…」，「郵便屋さん，落し物…」，「大波，小波，ぐるりと回って…」などで始まり，「一抜けた，二抜けた…」と歌いながら，1人ずつ抜けていく。短縄は1人跳びのもので，縄の両端を左右の手にそれぞれ2回ほど巻き，縄の中央を足で踏んだときに左右の手が両肩の高さになるぐらい

がよいとされた。片足で跳んだり，後方回転させたり，腕を交差させたり，2度回しなどして，跳んだ回数を競い合った。ワラ縄という単純な道具を用いて，子どもたちはいろいろな遊びをつくりだした。

縄は，ワラを足していくことによって，いくらでも長く綯っていくことができる。必須な生活技術としてのワラ縄綯いは，「子孫縄縄」のことばのように，「絶えずに続く」意として「縄」が用いられる文化をも生み出した。

日本人の生活のなかで広範に活用されてきたワラ縄の文化は，実に深遠でもある。

ワラ縄の昇華としてのシメナワ

悪霊を阻止する索（おおなわ）

上にみたように必須の生活技術であったワラ縄綯いを習得するために子どもたちはさまざまなワラ縄遊びをつくってきたといっていいが，ワラ縄は，原初的には，いったいどのようなものであったのだろうか。それは，どんな機能を有していたのであろうか。

6世紀中国の湖南湖北地方の民間に行なわれていた年中行事を伝える『荊楚歳時記』の元旦の項には，「荘周を按ずるに云う。鶏を子に掛くる有り。葦索を其の上に懸け……門前に煙火・桃神・絞索・松柏を作し，鶏を殺し門戸に著くは疫を逐う……」と記されている。守屋美都雄の解説によると，ここに出てくる葦索および絞索の「索」は縄の意だという。つまり，中国の民間古俗として，悪鬼を縛るための呪具である葦（ヨシ）でつくられた縄すなわち葦索を門前にかかげ，悪鬼が家に侵入してくるのを防ぎ，平穏な新年を迎える行事が行なわれていたのである。

この「索」は，日本におけるシメナワに通ずるものではないかと思われる。日本のシメナワの源流を大陸に求めることができるとすれば，わが国においても古くは『荊楚歳時記』記載のように悪霊の侵入を阻止するための呪術的な縄が存在したことであろう。また，シメナワの原型は「悪霊の侵入を阻止するための呪術的な縄」としての権能を有していたのであろう。それゆえに，その縄は福を招き入れるものとして，神聖視されたのであろう。このように考えると，『荊楚歳時記』記載の葦索・縄は，外と内の境を表示する「標（しるし）」であったともいえる。そして，日本におけるシメナワも，原初的には，「標」の機能を有していたと考えられる。

標としてのシメナワの2つの系統

「標」の観点から，シメナワの由来と役割を考えてみよう。それには，「記号的な標」と「象徴的な標」の2つがある。

記号的な標は，たとえば『万葉集』巻8に収められた山部宿弥赤人の歌，「明日よりは春菜（はるな）採（つ）まむと標（し）めし野に昨日も今日も雪は降りつつ」と歌われた標である。古典文学大系本『万葉集』の頭注によれば，「標めし野」とは「シメを結った野」であり，「今日でも奄美群島の喜界島では，海の寄木や寄石などを拾った場合，運搬するまでの間，ワラなどを結んでおいて所有者のあることを標示する。また，宮崎県では，共有林の萱（かや）を刈るのに数本の萱の頭を結んでシメをするところがある」と記されている。すなわち，赤人の歌にみえる標は，「ここは自分が春菜を採集しようとする場所ですよ」と他者に向けて宣言した，いわば空間占有の標識なのである。当該の家の所有権・占有権を示すために生活用具などにつける家印（いえじるし），伐採した木材の所有者が誰であるかを表示するために木材の幹に鉈（なた）や斧で彫りつける木印（きじるし）なども，この種の標である。記号的な標は印（しるし）であり，それがあることによって占有の状態を標示したものといえる。印を結い，挿し，立てるなどして，人びとは占有を表現したのである。

一方，象徴的な標とは，歳神の降臨を待つ祭場の標示という記号的標の機能に加え，具体的には目にすることのできない超人間的・超自然的な神・神霊が寄りついてくれるもの，すなわち依代（よりしろ）・神坐（かみくら）としての意味を内包したものである。柳田国男が『村のすがた』において「春は桜が咲き種おろしの用意が整ふと，苗代に注連（しめ）を張り，水口（みなくち）に斎串（いぐし。小枝に幣・ぬさをかけて神に供える串）を立てて，そこに家々の田の神が迎へられる」と描写したようなシメは，まさに神のシンボルである。それは，神を迎えるための神坐としての標である。

こうして，標には2つの種類がある。前者は空間占有を他者に向かって宣言し標示するための標，後者は神の依代・神坐としての標である。前者は「縄張り」の系譜，後者は「依代」の系譜であるといってもよい。この2つの系譜が互いに融合しあいながら，今日のシメナワの造形が形成され，伝承されてきたといえよう。

江戸時代の文献にみられるシメナワ

『類聚近世風俗志・守貞漫稿』第23編春時には，「正月の門松」としてシメナワのことが，「京坂にてはしめと云　江戸にては惣じてしめともかざりとも云　京坂にては此大根じめ牛房じめ二種ともに牛房しめと云　（中略）　近年江戸にて稲穂の付たる藁（わら）を以て輪注連を少し大形に精製し或は奉書紙を蝶の如く折たるなど飾りとなしたるを床の間或は座敷の内然るへき柱なとに掛ること風流を好む家に専ら用之」と記されている。また，『和漢三才図会』巻第19には，「按ずるに，注連縄（しめくへなわ）は，神前及び門戸に之を引張り，以つて不潔を避く。其の縄稲藁を用ゐ，毎に八寸許りの本端を出す。数七五三茎之れを左に絢ふ。故に端出の縄と名づく。凡そ米穀は生命を繋ぐ。至宝なること衆草の之れ加ふる者無し。神明之れを賞美す」と記されている。さらに速水春暁斎が1806（文化3）年に著した『諸国図絵年中行事大成』には，「門松餝藁」として，「今日より十五日まで門前左右に各松一株竹一本を立，上小竹二本を横たへ餝藁を付，是に昆布，炭，橙，蜜柑，柑子，柚，橘，穂俵，海老，串柿，穂長を付る。（中略）間口に応じ注連飾を張り其余裏口，井戸，竃，神棚，湯殿，厠に至迄松を立，輪飾りとて注連を輪にして懸る」と記されている。こうした文献にみられるように，シメナワは神聖な場所・空間を示すいわば標として，古くから用いられてきた。それゆえに，その制作は厳粛になされ，シメナワの材料であるワラの保存にも，人びとは注意を払った。

『耕耘録』は，「稲刈」の項でまず「注連の穂」という標題を設け，「年頭ニ産土の神社へ供するを先として，居宅の門荘，庭荘の松竹に掛る料の稲穂を云う。まづ稲を刈初る時はおのおの吾佃の内ニて禾子の脆からぬ稲のよく登たるを撰て格別ニ刈分，清浄ニ干上て下葉を去，茎を磨きて藁苞ニ包，庭木などに高く結付，雨覆を被けて囲置ものなり」と記している。つまり，シメナワづくりに用いるワラは，もっともよく実り籾が落ちないような立派な穂を選択し，清浄に乾燥させ，ハカマをすぐったうえでワラ苞（づと）に包み，雨に濡れないように保存しておかれたのである。こうして，シメナワづくり用のワラは別格扱いされた。これというのも，シメナワが神の標，神を迎え入れる標であったからである。

シメナワにこめられた意匠

正月は，歳神の来臨を請い，穀霊や祖霊の復活を祈り，豊かな稔（みの）りを期待し，1年の生活の平安無事を祈念する，きわめて複合的・総合的な行事である。この正月行事に登場する鏡もち（餅），門松，シメナワなどの飾りものは，いずれも，歳神を迎える道標（みちしるべ）であり，私たちが神々と交歓するための媒体であり，凶事（まがごと）から私たちを守護してくれる象徴でもある。それゆえに，正月飾りは，清楚で，しかも，生命感の満ち満ちた造形物になっている。なかでも，シメナワは，それを代表するものといってよい。

「志めかけて立たる門の松にきて春の戸あくるうくいすの声」（夫木和歌集）。シメ飾りを掛け門松を立てて正月を迎えるその門口に，春が訪れてきたことを告げるかのようにウグイスの鳴き声が聞こえる。おめでたい正月の光景が，目にも鮮やかに浮かびあがる。

シメナワには，注連縄，七五三縄，標縄などの漢字が当てられる。また，尻久米（しりくめ）縄，端出之縄ともいわれ，左絢いされた縄の末端を切らないでそのままにしておくのが通常である。そ

シメナワ（しめ縄）

1　民家の天井に飾られたシメナワ
2　神社の鳥居に飾られたシメナワ
3　出雲大社神楽殿の大シメナワ
4　神木に飾られたシメナワ
5　神棚に飾られたシメナワ
6　編み方の独特なシメナワ

の形状には，牛蒡（ごぼう），一文字，輪飾りなどがある。すでに『日本書紀』の天の岩戸の条に「端出之縄を界（ひきわた）し」，「左縄といふ」などの記述がみられるから，今日に伝わるシメナワには相当に古い歴史があるといえる。

人びとは，新しい稲ワラを用い，歳神を迎えるための標として，また，内と外とを区画して浄と不浄のけじめをつけるものとして，シメナワを制作してきた。新しい稲ワラが用いられるのも，シメナワが農の神を迎え入れる標でもあったからである。その意匠は地域によってさまざまだが，いずれにも，新年がかぐわしくあれと願う人びとの心が表出されている。

正月の神を迎え祀るのに，人びとはねんごろの準備をした。季節の青葉や果物を供物として添え，願いを込めた。たとえば，「深山にありて露霜にもしをれぬ」（世諺問答）ゆずり葉をシメナワに飾り，「代々栄えますように」との思いからダイダイ（橙）の実などをシメナワに添えた。シメナワに象徴される正月飾りには，神を迎え平穏な生が送れるようにと願う人びとの心が表出されている。

祈りの美の象徴としてのシメナワ

出雲大社（いずものおおやしろ）。神話の国の大社には，日本一大きなシメナワが懸けられている。長州藩主毛利綱広によって1666（寛文6）年に寄進されたといわれる銅の鳥居を抜けると，拝殿がある。ここには，長さ7m，胴まわり4m，総重量約1.5tのシメナワが下げられている。これよりもさらに大きな日本一のシメナワは，拝殿の左側に位置する神楽殿にある。神楽殿の大シメナワは，「出雲大社平成の大遷宮本殿遷座祭（2013年5月）」ならびに「出雲大社教特立130年大祭（2012年8月）」を祝して，2012年7月，4年ぶりに懸け替えられた。その長さ13.5m，胴まわり最大8m，総重量4.4t。有志によって6～7年ごとにつくりかえられ奉納される巨大なシメナワである。

超自然的・超人間的なものとして神々が存在することを疑わなかった日本人は，おそらく，人間の営為を精いっぱい神々に伝えようとして，こんなにも大きなシメナワを制作しつづけてきたのであろう。この力強い造形，この美しい造形，そして，この巨大さは，神への帰依の反映である。

それにしても前ページの写真でみたように，日本各地には実にさまざまな形状のシメナワがある。それぞれの地域において独自のシメナワが創作され，現代まで伝承されてきた。いずれをとっても美しいその形状は，地域社会が有していた造形力の素晴らしさ，優秀さを想起させる。

同時に，シメナワに清潔な躍動美を感じることができるのは，まさに，それらを生み出してきた日本人の「心の文化」，「祈りの文化」に触れるからであろう。すなわち，自然に真っ向から対峙して人間世界を構築するといった近代文明とは異なり，超自然的な力としての見えざる神々を常に意識しながら，神々とともに住まう空間の創造と伝承を大切なものと考えてきた日本人の祈りの心を，そこに発見するからであろう。事実，日本人の生活にあっては，住居や屋敷の空間に，また村や町の空間に，標が配列され，いわば「神とともに住まう空間」が演出されてきた。日本の住居が，単に荒々しい自然から人間を守るシェルターという機能に加え，「神々を住まわせ，神々とともに住まうための空間」という意味を有するゆえんは，ここにある。

シメナワの基底をなす「祈りの美」は，時代を超えて普遍である。

外国人のみたシメナワの美

アメリカ東部ボストン郊外のセイラム・ピーボディー博物館には，「モース・コレクション」と呼ばれ，3万点にも及ぶおよそ100年前の日本の生活用具が収蔵されている。アメリカの生物学者モースは，明治維新政府に招かれた「お雇い外国人」の1人として，明治10年代に3度日本を訪れている。その間にまとめた東京の大森貝塚に関する発掘調査報告書は，日本に初めて科学的考古学の方法をもたらしたものとして広く知られている。日本各地への旅のなかで彼が採集したコレクションは，富国強兵・殖産興業をスローガンに近代国家の建設途上にあった当時の日本と日本人の生活の様相を，今日の私たちに教えてくれている。

その「モース・コレクション」のなかに，シメナワがある。彼は，滞在記録『モースの日記』に，「明治11年12月下旬東京にて」として，「新年用の飾りものは，さまざまにねじりあげ，編み上げた稲ワラでできている。それを家の入り口と屋敷内の祠（ほこら）とにかけることを，日本の人びとは習いとしている。美しい意匠が多く，なかには相当凝ったつくりのものもある」と記している。

シメナワのすぐれて美しい造形は，外国人の眼をもしっかりととらえて離さなかった。モースは，そのシメナワの美しさの背後に，それに託しつづけてきた日本人の祈りの心をみてとっていたのかもしれない。

福島県奥会津のシメナワ

常民たちのシメナワの様態は，次のようである。

奥会津三島町には，アマテラスが天の岩戸から

写真5　ノシ・サシと呼ばれるシメナワを木の枝に懸けて山の神に祈る

出でました直後，再び窟内に戻らぬようにと急いでその口に縄を張ったという故事から，シメナワが生誕したと伝えられている。この地のシメナワは棒ジメで，シメノコという垂れワラを，右から7本，5本，3本と下げる（写真5）。正月のシメナワは12月28日に制作される。家の主人が厳粛な気持ちでつくるのは他の地域と同じだが，三島町のシメナワは右綯いである。12月31日にシメナワをトシダナや玄関，蔵の入り口に懸ける。この正月のシメナワは，122ページの写真のように，1月15日のサイノカミの火祭りで燃やされる。集落ごとに行われるサイノカミでは，ワラや豆殻（まめがら），カヤなどを巻きつけた大きな杉の木の柱に火をつけ，その火のなかでシメナワが焼かれる。

この地方のヤママイリ（山参り）は，1月2日あるいは11日である。この日，山へ行き，木の枝に縦型のノシ・ノサと呼ばれるシメナワを懸けて，山の神に山仕事の安全を祈る（写真5）。山参りをする15～16歳以上の男子は，前日までに，山の神がよりついてくれるノシ・ノサをつくっておく。秋祭りのシメナワは，小走り（部落に用事のあるとき連絡してまわる人）の番に当たった者が区長宅で制作し，鳥居とお宮の本殿に懸ける。古いシメナワは，境内のスギの木に結びつけておかれる。

用途と製造法

一物全体活用

部位ごと特質をわかって使いこなす

ワラの活用に際しては，先人たちが築いてきた「ワラの美学」を遵守することが肝要である。それらは，いずれも，伝統的な「ワラの文化」に内包されていた美学にほかならないからである。

ワラ1本に着目してみよう。たとえば山形県地方では，ワラ1本の部位に次のような呼称が付されている。

1）穂先から第一節まで：ミゴ
2）第一節から第二節まで：イチノフシ
3）第二節から第三節まで：ニノフシ
4）第三節から第四節まで：サンノフシ
5）第一節から出ている葉：センコ
6）第二節と第三節から出ている葉：フクダ
7）第四節以下から出ている葉：クタダ
8）刈株：イナスビ
9）苗の根：シッツキ

ワラが細部にわたってこれほどまで細かく呼び分けられているのは，何を意味しているのであろう。それには事由がある。すなわち，それぞれの部位がもつ特質に応じて次のような使い分けがなされてきたからである。

1）ミゴの穂先部：極細，しなやかさ，強靭さ，光沢のある美しさを生かして，筆の穂に利用。

2）ミゴ：細さ，しなやかさ，強さ，光沢性，美しさを生かして，たとえば箒，綱や網などに利用。

3）イチノフシ，ニノフシ：太さ，強さを生かして，たとえば履物などに利用。

4）フクダ：柔らかさ，強さを生かして，賦形材としてクタダとともに蒲団の詰物などに利用。

5）クタダ：柔らかさを生かして，たとえば蒲団の詰物に利用。

6）イナスビ：吸水性，多孔性，保温性などを生かして，たとえば特殊育苗床として利用。

7）シッツキ：強さ，柔らかさ，その特異な形状を生かして，たとえば人形，敷物などに利用。

先人たちは，ワラの各部位がどのような特質を有するか熟知し，それぞれの特性を最大限に生かす利用方法を開発してきたのである。

背中当てにみられる「用即美」と「素の美」

具体的事例に基づいて，ワラ加工品の意匠について考えることにしよう。

山形県鶴岡市の致道博物館には重要有形民俗文化財に指定された「祝いばんどり」と呼ばれる背中当てが展示されている。それは嫁入り道具を運ぶために使われてきた背中当てで，色布の肩当てがつけられたり，荷をつける面に鮮やかな家紋が編み込まれたりしている。特別の祝いに使用される背中当てゆえに，ねんごろの装飾がなされているのである。

普段使いの背中当てにも，装飾と思われるような意匠がみられる。しかし，それは単なる飾りではない。たとえば，背側に縄が網状に編み込まれた背中当てがある。それは，重い荷物にも耐えるための補強とともに，背を傷めないクッションでもある。また，表側の下部に拳（こぶし）のようなかたまりが規則的に並んでいる背中当てがある。ほとんどみえない箇所に装飾がなされていると，見誤ってはいけない。それらの拳は，雨粒や雪が脚に直接あたって歩きにくくなるのを防いでくれる機能をもっている（写真6）。

単なる装飾とも見誤りがちな造形も，生活における実用性こそが至上の鉄則として制作されるワラ加工品においては，たしかな存在理由のある意匠そのものである。それには，使い手への心配りが満ち満ちている。

ワラ加工品は，美の表現そのものを意図して制作されたものではない。ワラ加工品の美は，実用を目的として制作された結果において，自然に具現されたものである。つまり，用のなかに内包され，その用を通して美が現われたといえる。こうして，ワラ加工品は「用即美」の典型である。

ワラ加工品のワラには，着色をしない。それにより，ワラそのものの美，「素の美」が表出されている。およそすべてのワラ加工品は，それ自体「素の裸」であることによって，堂々とその存在を主張している。こうして，ワラ加工品は，ワラそのものの素性をそのままに生かした「簡素の美」を特色としているといってよい。

朽ちることを前提にした使い廻し

ワラ加工品の美は「亡びを前提とした美」でもある。およそすべての物質に寿命があるように，ワラ加工品にもいずれは寿命が訪れる。むしろ，ワラ加工品は，その寿命が相対的に短いというべきかもしれない。しかし，寿命が短いことを知りつくしていた人びとは，ワラとの適切なつきあいかたを生活の習いとして培ってきた。

草履や深沓が雨や雪に濡れると，イロリ（囲炉裏）の上の火棚に吊るして，乾燥させた。また，1年間の家族生活で必要とされるおよそすべての

写真6　背中当て

臀部まであたたかく守ってくれる意匠。左：外側，右：内側・背側

荷が背にくいこまないように，ワラを厚く巻いて荷の重みを受けとめる

規則的に並べられた拳のようなワラの網は，雨雪が脚に直接かからないための工夫

ワラ加工品はたいがい冬の農閑期に制作されたが，完成品は，それが使用されるまで，母屋の屋根裏・ツシに貯蔵された。なぜなら，そこはイロリから立ちのぼる煙によっていつも乾燥し，虫を寄せつけないところであったからである。

ワラの背中当てにほころびが生じると，女性たちは冬のひだまりに腰をおろして，つくろいをした。新しいワラやぼろ布をほころびに差し入れ，補修に補修を重ねた。ワラ屋根が朽ちると，男たちは傷んだ箇所に新しいワラを差し入れた。男も女も，ワラの寿命を知りつくしていたから，修繕の技術をきちんと身につけていたのである。

また，次のような使いかたもみられる。美しい矢羽根模様のネコ編みの莚（むしろ）や機（はた）で編まれた莚は，完成すると，まず，イロリまわりの敷きものとして用いられた。ヒドコ・イジロなどと呼ばれるイロリは，住まいの中央に位置して常に火が焚かれ，人びとが集まるところであったから，踏まれることによってケバがなくなり，編み目がつんだものになっていく。こうしてしばらくイロリまわりで用いられた後に，農作物の脱穀・乾燥に野外で使用されるようになる。目のつんだ莚は，小豆や胡麻のような小さな穀物の脱穀・乾燥を行なえるほどになる。脱穀・乾燥に用いながらほころびが生じると，新しいワラで補修が行なわれた。補修を重ねながら使用していくなかで，もうこれ以上は莚の機能を果たすことができないという段階が訪れると，今度はそれを一寸ほどに切って，真壁の寸莎（すさ）として用いた。

このように，補修を重ねながらワラの命を長らえていくのだが，それでも，いずれは，生活用具としての最終的な寿命が訪れる。その段階を迎えると，人びとはそれが果たしてくれたさまざまな役割に感謝しながら，堆肥として腐熟させるかあるいは焼いてワラ灰をつくるかして，大地を肥やし養うために，ワラの生まれ故郷に帰した。そして，大地に帰されたワラは，新たな作物を育てる糧となった。ワラが新しいワラを育てたといってよい。

「ワラの一生」は，すぐれて，循環的である。大地から生まれ，人間世界においてさまざまに活用され，そして，大地に戻されていく。大地に戻されたワラが，ふたたび，新たな生命としてのワラを育てていく。「ワラの一生」には終焉がない。自然の生態系をけっして阻害することなく，自然と人間の世界とを有機的に，循環的に，結びつけている。まさに，「ワラの一生」は，輪廻転生の世界である。

「ワラの文化」の背後には，自然によって生かされる人間と自然との間に，このようなシステムがあった。それも，先人たちが育んできた大切な美学である。

多様なワラの活用実践

純正の稲ワラ灰による自然の造化

このような認識に基づき，21世紀には，まさに，「ワラの文化」の再興に向けての広範な実践が望まれる。いくつかの実践を紹介しよう。

焼物は土と火の芸術といわれる。この土と火の芸術にとって，稲ワラは欠くことのできないものであった。

丹波立杭窯は，兵庫県篠山市今田町立杭にある。南北に細長いかたちで開かれた集落の東側を流れる四斗谷川沿いの山の斜面を這い登るように，いくつかの登り窯が築かれている。往時のままの姿をとどめたその景観は，焼物の里・陶境の風情を漂わせている。

立杭の近くの地に須恵器を焼いた窯祉がみられることから，丹波焼は奈良・平安のころから始められたと考えられている。こうした古代からの須恵器窯を前身にもつ民窯として今日の立杭に登り窯・蛇窯が築かれたのは，江戸時代1752（宝暦2）年のことである。以来，立杭においては，瓦，煉瓦，土管，酒樽などに加え，穀物・酒・茶などを入れるさまざまな壷，水甕(かめ)，徳利(とっくり)，花瓶，茶碗や飯碗，皿，箸置，鉢，桶，擂鉢（すりばち）など，生活における多様な日用雑器が制作されてきた。周知のように，瀬戸，常滑，越前，信楽，備前などの古窯も日用雑器を生産してきたが，瀬戸は官窯的な色彩が強かったし，常滑や越前の焼物は武家や社寺の需要に応えたものであったし，信楽や備前のものは古くから芸術的趣向の強い茶陶の性質を帯びていた。その点，丹波立杭窯は，歴史を一貫して，民衆が日常的に使用するさまざまな生活雑器を生産してきたのである。

陶工たちは，小さな口から窯に薪を投げ入れる。窯のなかで勢いよく燃える薪の灰が器物に直接振りかかり，それが自然の灰釉となり，あるいは流れ，あるいは飛散し，白・黄・緑・青・茶などさまざまな色に変容する。美術家たちが好んで灰被（はいかづき）と呼んできたこの現象は，窯のなかで繰り広げられる人為を越えた「神の技」であり，「大自然の造化」である。

この古くからの灰被とともに，立杭の里は，流掛（ながしがけ）と呼ばれる特有な技法を生み出した。それは，鉄汁と木灰やワラ灰を素材とする釉薬（灰ダラ）を，竹筒などで流しながら，器物にかけていく方法である。この灰ダラが，黄土や鉄汁を素材とした赤ドベと呼ばれる釉薬とともに，立杭焼に多用されてきた。立杭の焼物の特色は，「大自然の造化」としての灰被，そして，灰ダラや赤ドベの流掛と灰被との融合の妙味にある。陶工たちは，いずれかの方法によって，器物を窯に預け，窯のなかで展開される「大自然の造化」にその最終の意匠をゆだねてきたのである。

いま，立杭の青年たちの間に，このような伝統的手法を遵守しながら，本来の民窯のありかたを模索する動きがみられる。各地で試みられている新しい作陶の方法が立杭に持ち込まれ，先人たちがこの地に築いてきた土着の伝統的造形文化が消失しかねない兆しがみえ始めたとき，青年たちのその思いはゆるぎないものとなった。化学肥料を使わない米づくりを行なって純正の稲ワラを収穫し，本来の灰ダラによって「大自然の造化」としての立杭焼を創作しようというのである。この地の青年たちの目は，土と火と，そして，ほんものの稲ワラ灰に向き始めている。

草鞋づくりが生き甲斐だけんね

島根県太田市仁摩町　島根県の太田市仁摩（にんま）町では，草鞋づくりが行なわれている。65歳以上の高齢者が総人口の1/4を占めるこの町にあって，馬路地区の高齢者約10人は，「生き甲斐だけんね」，「ぼけ防止にもってこいだけんね」と，昔ながらの方法で草履や草鞋づくりなどを行なっている。町長は，「行政が積極的に販路拡大に乗りださねば」との思いから，草鞋を持って京都の映画村などにセールス行脚に出かけている。そのような町の姿が新聞などに紹介されると，町役場の電話がひっきりなしに鳴り始めた。京都の映画村からは小道具に用いたい，金沢市からは百万石祭りに使いたい，奈良県吉野町の山寺からは托鉢の修業僧に履かせたいと，注文が飛び込んだ。福山市の博物館からは，「展示用の草鞋や草履を送ってほしい」と電話があった。北九州市の氏子組織からは，祭礼用草鞋の注文があった。また，兵庫県西脇市の保育園からは，「裸足保育をしたいので，園児たちが履く草履を送って」との申し込みがあった。電話が各地からかかるたびに，高齢者たちは「心を込めてつくらにゃ」と腕によりをかける。

新潟県長岡市小国町　雪の漂白力を生かした小国和紙の生産地として知られる新潟県長岡市小国町の高齢者約30人が組織している「ふるさと民具生産組合」は，シメ飾り，宝船，ねこちぐら，米俵，ワラ沓，蓑，草履などのワラ加工品制作にいそしんでいる。ここでは，もう20年以上も前から，ダイコンジメ専用の背丈の高い台湾稲を90 aほど栽培するまでになっている。

山形県鶴岡市藤島地区　1985（昭和60）年に有機農業研究会とワラ細工研究会を立ち上げた庄内たがわ農協藤島支所では，毎年10月に「日本藁文化大祭」が行われている。この大祭に向けて，日ごろから高齢者たちがワラ縄綯い，ワラ筆づくりなどの指導を子どもたちに行ない，その成果が大祭で披露される。子どもたちがつくったワラ筆で，大祭に集まった人たちが書道をし，その全作品が壁に飾られる。ワラ細工研究会メンバーによって制作されたワラ加工品の展示・販売には人だかりができ，メンバーによって創作された大型のワラ牛やワラ馬には家族連れが乗って記念写真を撮っている。大祭では，草履づくり大会，縄綯い大会なども行なわれる。25年以上にもなる「日本藁文化大祭」は，今では，藤島地域のみならず周辺地域の人びとからも楽しまれる催事になっている。

宮城県栗原市金成地区　1950（昭和25）年ごろから「ワラは貴重な資源」，「ワラを焼いたら笑われる」の標語とともにワラの有効利用を広く呼びかけてきた宮城県においては，「八日会」のメンバー約20人が中心となり，農家との契約のもとにさまざまなワラ加工品生産を行なっている。現在では，ワラ縄，莚，叺（かます）などの部門で，質量ともに日本一を誇っている。日本庭園の伝統美にもなっている冬の「雪づり」，植物の根を守る「根巻き」，害虫から樹木を守る「菰（こも）巻き」など，栗原市金成地区の工場では，春秋の需要期には生産が注文に追いつかないほどだという。この工場では，莚生産も行なわれている。

山形県河北町谷地など　山形県河北町谷地の農家には干支にちなんだワラ工作をして30年のベテランたちがいる。その作品は「ワラの質を巧みに活かし素朴な温かさを伝えてくれる」と好評で，全国各地からの注文に追われている。また，千葉県館山市安東の農家では，毎年米の収穫が終るとゴボウジメ，玉飾り，組飾り，輪飾りなど大小さまざまなシメ飾りを制作し，御幣・ウラジロ・ダイダイなどで化粧して，12月中旬には市内や都内に出荷している。新潟県新発田市大友の高齢者たちは，雪の季節になると寄り集まり，「もうけよりは文化の継承」を合言葉に，ミニチュアの雪深沓や蓑などをつくっている。1980年の暮から草履保育を行なっている福井市の保育園では，「土踏まずができてきて，児童たちの足指が実にたくましくなってきた」と，草履保育の効用を立証している。

高齢者たちが中心となり地域に伝えられてきた「ワラの文化」の継承を図っている地域は，けっして多くはないが，日本各地にみられる（写真7）。それらの地域における「ワラの文化」の継承・発展活動を実地見聞したり，また，それらの地域間

写真7　高齢者によるワラ加工の伝承
島根県太田市仁摩町

での情報交流・情報交換などを行なうことは，今後の「ワラの文化」の再興にとっても意義深い。

心をつなぐワラの活用：福島県三島町

福島県三島町は，12月から4月まで，1年の3分の1近くが雪に埋もれる奥会津の過疎山村である。この地の人びとは，昔から，その期間に，山野に自生する草木類や狭い耕地で入手できる貴重なワラを用いて，さまざまな生活用具づくりを行なってきた。全国各地の農山村が工場誘致やゴルフ場建設などによって地域振興を目指すなかで，1981年に，三島町では10箇条からなる憲章に基づいて，「生活工芸運動」を始めた。①家族や隣人が車座を組んで，②身近な素材を用い，③祖父の代から伝わる技術を活かし，④生活の用から生まれる，⑤偽りのない本当のもの，⑥みんなの生活のなかで使えるものを，⑦山村に生きる喜びの表現として，⑧真心をこめてつくり，⑨それを実生活のなかで活用し，⑩自らの手で生活空間を構成する。温故知新の精神に立って，伝統的なものづくり文化を再評価し，山村における自らのものづくり文化を継承・発展する取組みを，町民の多くが始めたのである。

高齢者たちは，毎年12月に入ると集落公民館に稲ワラを持ち寄り，シメナワづくりを行なっている。ストーブを囲んで車座になり，和気あいあいに作業が進む。「お年寄りのつくったものだから，無病長寿を祝うのに縁起がいい」と町民たちからも好評で，この町の家々には高齢者がつくったシメナワが飾られる。マタタビで笊（ざる）をつくる人のまわりには男性の輪ができて，マタタビ工

作が伝授されていく。ヒロロを用いて抱えバッグを編み組みする人の近くには女性が集まり，賑やかな会話をはずませながら，ヒロロ工作が広まっていく。ワラ工作はもちろん，山葡萄蔓などの編み組みものもみられる。35年ほども続けられてきたこの町の「生活工芸運動」は町の隅々にまで定着し，ものづくりを生き甲斐にする高齢者たちが実に元気である。

この町の温故知新の精神は，伝えられてきた生活習俗の継承にも生かされている。町を構成する多くの集落では，1月15日，サイノカミが行なわれる。集落ごとに，バンバ・シロなどと呼ばれる祭場に，稲ワラを巻きつけたスギや雑木の御神体を立て，その先端に和紙の御幣が飾られる。冬の短い陽が落ちてとっぷり暗くなると，厄年を迎えた男子が松明（たいまつ）に採火し，列をつくって祭場に向かう。松明が祭場に着くと，集まった村人たちから一斉に大きな拍手と歓声がおこる。合図とともに松明でサイノカミに点火されると，勢いよくワラ火が夜空に舞いあがる（写真8）。ワラ火は御神体をなめるように上に燃え広がり，先端の御幣に迫っていく。人びとからは，夜空をつんざかんばかりに「がんばれ，がんばれ」の大合唱がおこる。ついに御幣に火が届いてそれが燃えあがると，今度は，「そおれ，そおれ」の掛声とともに，大きな拍手が夜空に響く。赤々と燃えるワラ火の明かりに照らされて，祭場のあちらこちらで，年祝いの人や新婚の夫婦が村人たちによって胴上げされている。

耕地が狭小で稲ワラの乏しい山村三島町にあっては，ワラを燃やすことなど日常生活では考えられないほどに，それは貴重な資材である。しかし，このサイノカミの火祭りの日だけは，町を構成する多くの集落で，大きく高くワラ火が燃やされ，夜空を赤々と染める火に，人びとは家や村の1年間の平安を託し，無病息災を祈念する。

おそらくこの三島町のサイノカミが集客を目的とした観光事業であったとしたら，「がんばれ，がんばれ」や「そおれ，そおれ」の声はおきないであろう。このワラの火祭りが村人たち自身の祭りで

写真8　火が放たれた三島町のサイノカミ

写真9　雪中田植え（三島町）

あるからこそ，人びとの唱和が，大地から湧きおこる唄，山村の民の唄として，周囲の山々にこだまするのであろう。それは，高く積もった雪，降りしきる雪を払いのけ，人びとが春を呼ぶ唄でもある。そして，夜空に燃えるワラと御幣の火に心を合一させながら，三島町の人びとは，同じ時間と空間のなかで，「三島町こそわがふるさと」をあらためて確認しあう。ワラとその燃える火は，人びとを近づけ，人びとの心を通わせあう。

この三島町では，小正月の行事として，雪中田植えが行なわれる（写真9）。埋もれそうに積もった雪のなかを，籾殻を入れた1升枡（ます）を持ち，豆殻・松の枝・ワラ束を小脇に抱えながら，家の主を先頭に家族一同が雪に埋まった田畑に現われる。集落の社に一礼し，半畳ほどの面積になるよう，籾殻を雪の上にまく。そこが，田畑山林に見立てられる。そこに，豆殻・松の枝・ワラ数本を1つに束ねたもの12本が，順次植え付けられる。豆殻は畑作物を，松の枝は山の木々を，ワラはイ

写真10　ワラボーの圧縮試験

ネを，それぞれ象徴している。12本の植付けが終わると，社に一礼し柏手を打つ。1年の始まりにあたって，田畑山林における作物づくりや収穫がなされることを神に報告し，それらが順調に行なえることを神に願う行事である。家族の心を神に届け，神と共生していく儀式である。

また，山仕事を主とする家庭では，主が新ワラで手づくりしたノシと呼ばれる輪飾りを持ち，裏山に登り，雪から顔を出している木の小枝にノシを奉納し，合掌して神に願い事を唱える（写真5参照）。「今年も山の神様，どうぞ荒れないでください。そして，この1年間，さまざまな山の恵みを私たちに与えてください」と。心を神に届け，神とともに生かされることを神に願うのである。

それぞれの村や地域に伝えられてきた伝統的な習俗がほとんど消えていくなかで，サイノカミや雪中田植えなどが生き続けている三島町の生活文化。この町の高齢者は，どなたもにこやかである。穏やかで笑みを絶やさないその姿は，この町の生活文化の豊かさを象徴しているように思われる。

ワラボーの椅子と遊具

収穫後1か月間天日乾燥させたワラを束ねて，円柱状の棒をつくる。全長50 cm，直径6 cmである。端から10 cm間隔で，ワラ束をしっかり結わえる。そのようにして制作したワラ棒「ワラボー」に上から力を加えて，圧縮強度を測定してみる。1本の「ワラボー」が，なんと，約120 kgの荷重に耐えられることが判明した（写真10）。

この「ワラボー」3本を脚とした椅子をつくる。理論的には，360 kgの荷重がかかっても十分に絶えられる椅子である。相撲取りが座っても，壊れない椅子である。また，「ワラボー」を幼稚園児たちに自由に使ってもらう。園児たちは「並べる」，「積む」，「立てる」などして，面をつくったり，立体をつくったりする。「ワラボー」を並べて「これベットだよ，おやすみ」などといって横になる子どももいる。「ワラボー」を積み重ねて，「僕のおうちができた」などと，はしゃぐ子もいる。また，「ワラボー」で馬をつくり，乗ってもらう。「ワラボー」を組み合わせてジャングルジムをつくり，遊んでもらう。園児たちからは，「安心（ぶつけても痛くない，けがをしないなど）」，「心地よい（柔らかくて温かい，香りがするなど）」，「手軽（軽いので運べる，手頃な寸法など）」，「楽しい（さまざまな遊びができる，共同で遊べるなど）」の感想が聞かれた。

ワラボーの活用例

1　椅子
2　遊具
3　ジャングルジム

1

2

3

「ワラボー」の活用は，さまざまに展開可能である。野外モニュメントにもなる。しっかりしたジョイントを工夫すれば，大型のジャングルジムもつくれる。

もちろん，「ワラボー」の寿命は，木材や金属，プラスチックなどに比べ，相対的に短い。自然のうちに風化していく。しかし，「もの」は単に寿命が長ければよいのではない。いまや，寿命が訪れたときに環境を傷めずにどのように処理することができるかを，デザインのコンセプトとしてしっかりと据えることが肝要である。そのような視点から「ワラボー」の活用を眺めると，ローマテリアルのワラのもつ今日的かつ未来に向けての価値がみえてくる。

「ワラの文化」の再興には，このように創造的実践も欠かせない。

ワラ・籾殻くん炭による水質浄化

かつては調理用・風呂用・洗濯用などさまざまに活用することができた水路の多くが，今日では汚染されてしまっている。家の前に水路があっても，生活とは無縁になってしまっているものも多い。汚染の元凶は家庭から流れ出る生活雑排水である。このような水路の水質を改善するために，毎年大量に産出される籾殻を活用する手立てを試行した（写真11）。

ワラや籾殻は，生分解によって土に還ってくれる「環境にやさしい」循環型素材である。また，ワラや籾殻に火をつけ，適度に炭化させ，ワラ・籾殻くん炭をつくる。自然素材はおよそ多孔質構造だが，炭化によって，よりいっそう多孔質化が進展する。この炭化したワラ・籾殻くん炭を袋詰めして，水路に浮かべておく。一定期間後には，汚濁した水質の透視度が増して浄化され，次のような変化が生じる。

上流地点では魚類が生息できないほどに汚染された水質が，袋詰めしたワラ・籾殻くん炭を通過した下流地点では，水素イオン指数の上昇がみられ，魚類の生息が可能なほどになる。また，上流地点では水生植物の根腐れが生じるほどに汚染された水質が，ワラ・籾殻くん炭の下流では，溶存酵素が増加して根腐れを生じないほどに浄化される。また，水路に浮かべたワラ・籾殻くん炭には多数の微生物が付着し，水質浄化の相乗作用をしてくれる。水に浮かべたワラ・籾殻くん炭の袋にアヤメなどの水生植物の根を植えつけると，水路に花を咲かせ，水質浄化の役割も担ってくれる。

このワラ・籾殻くん炭は，特に，家庭からの雑排水のなかに含まれる油成分の浄化に有効である。倍率を500倍ぐらいにして電子顕微鏡でのぞくと，ワラ・籾殻くん炭の小さな孔のなかに汚泥の元凶である無数の微粒子が閉じ込められていることがわかる。

秋の収穫時には，新しいワラ・籾殻くん炭と交替する。そして，微粒子を無数に閉じ込めたワラ・籾殻くん炭は堆肥として田畑に戻す。この試行は，水質浄化とともに「資源循環システム」の再構築を目指した，ローマテリアルの活用法である。

写真11　籾殻くん炭による水質浄化

籾殻を適度に炭化させ，籾殻くん炭にする。

多孔質の効力を高めた籾殻くん炭を袋に詰め，これを用水に沈めて水質浄化をはかる。

原料ワラの刈取りから貯蔵まで

ワラの選択基準

シメナワ・シメ飾りなどの制作販売を行う場合には，長稈品種を栽培し，実が熟す以前，まだ稲稈が青いうちに青田刈りと称して刈取りを行なう。このような特別の場合を除いて，一般のワラ加工品づくりを行なうには，通常，米の収穫とともに得られるワラが用いられる。

ものづくりにもっとも適した原料ワラの選択基準は，経験則として，およそ次のようにいわれている。

・適期に刈り取られて十分乾燥され，光沢があるものがよい。

・刈取り後の風雨や日光による光沢の消失を少なくするためには，早期収納が望ましい。

・稈の太さがほぼ均一で，長稈のものがよい。

・繊維が緻密で靭性に富み，節が折れたり抜けたりしないものがよい。

・陸稲に比べて水稲ワラのほうがよい。

・うるち米のワラより，もち米のワラのほうが粘り気があって，ものづくりに適する。

・品種によって稈の長短，細太，軽重の別があるが，特に短稈の品種を除くと，たいがいのワラをものづくりの素材とすることができる。

・ものづくり素材としてのワラの質は，晩生種より，早生種・中生種のもののほうが利用性に富む。生育の遅れはワラの品質を下げてしまう。

・生育が順調で健全なものがよく，太さや長さが不揃いな発育不斉一のものや干害，水害，病虫害などを被ったものはよくない。

・特に良質なシメナワや酒樽の化粧菰などを制作するには，出穂の前に刈り取ったワラを使うのがよい。

・収穫後，長期間風雨にさらされて光沢を失ったものや，乾燥が不十分なために発酵したようなものは，仕上がりの外観ばかりでなく耐久力が劣るのでよくない。

・収穫ワラの乾燥方法には，地干し，棒干し，掛干し（架干し）などがあるが，ものづくりにもっとも適したワラの乾燥法は掛干しで，地干しのものは手返しを頻繁にしないと乾燥・光沢が悪く，棒干しのものも乾燥むらが生じたり形状に癖がついたりしやすい。

・湿田より乾田，二毛作田より一毛作田，砂質田より埴質田のワラのほうがよい。

・耕土の浅いところのワラより，深い耕土で育ったワラのほうがよい。

・肥料が施されたワラは繊維が強靭で，追肥を数回施したワラは弾力性に富んで節折れも少ない。

・古いワラより新しいワラのほうが，総じてものづくりには適している。

・多雨年のワラより日照年のワラのほうが，光沢や弾力性があり，しなりもよい。

・水温の低い田に育った稲ワラは品質がすぐれている。したがって，同じ一枚田のなかでも水口に育ったワラのほうが腰が強く，ものづくりには適している。

上のようなワラの良否を見定める基準によって，ものづくりに適したワラを収穫する次のような工夫がなされてきた。

・もち米ワラはものづくり用，うるち米ワラは燃料，肥料，飼料用に使い分ける工夫。

・水口に近いところで育ったワラをものづくり用に収穫し，それ以外を燃料・肥料・飼料などに当てる工夫。

・シメナワなどを制作するため，水口周辺のイネを出穂前に丁寧に青田刈りする工夫。

刈取り

宮崎安貞の『農業全書』（1697年）巻頭の農業図には，当時の根刈りの様子が描かれている。また，石川県能美郡犬丸村の北村良忠が1849（嘉永2）年に著した『労働図解』には，利鎌（とがま；よく切れる鎌）を用いてイネ刈りをする様子が描かれている。これらの図が示すように，江戸時代には根刈りの技法が民間に広く採用されていた。

また，金沢藩において百姓の総元締として農業技術や農家経営の面で指導的立場にあった土屋又三郎が1707（宝永4）年に著した『耕稼春秋』には，当時のイネ刈り能率が，「一日一人して中把百五十束或は百八十束，小把は二百束より二百五十束，二手打は百束或は百三十束刈」であったと記されている。小束一束は1把4～6株のもの12把，すなわち60株前後と考えられるから，1人が1日に根刈りできる量は，小把で12,000～15,000株ということになる。当時の田植えの株数は加賀や能登地方では1歩（約3.3 m²）49株が標準とされていたから，反（約10 a）当たりの総株数はおよそ14,700株である。したがって，小把にして12,000～15,000株の根刈り能率とは，1人が1日1反前後のイネを根刈りすることが可能であったことを意味している。

ちなみに，動力刈り刃でイネ株を刈り取りながら連続的に結束を行なう現在のバインダによると，作業能率は毎時7～9 aである。

乾燥

刈り取った稲は乾燥させる。その方法には，大別して地干しと掛干し（架干し）の2つがある。地干しには，寝せ干し，立て干し，積み干し（稲小積み）がある。また，掛干しには，棒掛け，一段架干し，多段架干し，自然木利用の多段架干しなどがある。

大阪の医師寺島良安が1713（正徳3）年に編んだ図解百科事典『和漢三才図会』をはじめ，『豊稼録』や『広益国産考』など多くの江戸時代農書に，イネ架の図が描かれている。このことは，地干しに比して掛干しがすぐれていると考えられていたことを示している。このような事情は，明治時代においても変わらなかった。酒勾常明の1887（明治20）年の著作『米作新論』には，掛干し乾燥法のことが次のように説明されている。「沼田なれば，あるいは畦畔，あるいは路傍，あるいは堤塘等に稲を並列し，または稲架を作りて乾燥せしめざるべからず。しかして稲架を作れば，僅小の面積を要するのみにて多くの稲を乾し得べきをもって，はなはだ便なりとする。中国，西国等はおおむね宅地または田畔，路傍等に稲架を設けて乾燥の便に供す。（中略）また，ここに一の便法あり，すなわち畦畔に適当の距離を計り，赤楊（ハンノキ）の類を栽植し，その枝葉は刈り込みて繁茂せ

1

2

3

4

ワラの乾燥

1 多段式の掛干し
2 立て干し
3 積み干し（稲小積み）
4 ワラコヅミ（佐賀県白石平野）

しめず，ただちにこれを稲架の支柱となさば，単に腐朽せし横木を代ゆるのみにして至極経済のことなりとす」と。

さらに，同書は，地干しに比して掛干しのすぐれている点を，「稲架なれば雨稲を湿おすも，水気ワラの上を流れて地上に落ち，かつ稲は地表に接せざれば乾くこと速やかにして，自然，蒸の害少なしとす」と記している。

江戸時代や明治時代の農書が掛干し乾燥を推奨しているのは，掛干しのほうが良質のワラを入手することができるためである。とりわけ，ワラ加工品に適したワラ乾燥は掛干しである。

なお，841（承和8）年，太政官府によって，収穫イネの地干しに代わる架干し乾燥が全国的に奨励されている。すでに平安時代初期には，脱穀後の稲ワラを有効活用しようとする意識が明確であったといえる。

脱穀

江戸農書からは，次の3つの脱穀法がうかがえる。

手揉み脱穀法　1682（天和2）年の序を有する『百姓伝記』は，種籾の取扱いを慎重にすべきであると説き，特に扱箸（こきばし）で扱くことを禁止し，手で揉み取ることを奨励している。この手揉み脱穀法は，種籾用になされたものであろうと思われる。

扱箸脱穀法　扱箸には，およそ2種類が認められる。1つは，『農業全書』巻頭付図にみられるものである。これは，座した女性が莚（むしろ）の上に立てて用いるほどの寸法（およそ1尺5寸，約45 cm）である。別の1つは，『和漢三才図会』に現われる長さ2～3寸（およそ6～9 cm）ほどのものである。また，『耕稼春秋』には，竹管から鉄製のものへと扱箸が発展したことが記されている。

千歯脱穀法　江戸時代後期に一般化したもので，竹製と鉄製とがある。千歯に関する最も古い記載は『和漢三才図会』にみられ，扱箸と比べて能率が10倍も増すとの説明がなされている。1823（文政6）年山崎美成が著した『農家必読』や『労働図解』にも当時の千歯脱穀の図がみえる。明治時代にも千歯が主要な脱穀具として用いられていた。

なお，柳田国男は，『木綿以前の事』のなかで，竹歯の千歯であるカラハシの能率は1人1日稲36把，籾7斗（約126 L）21貫（約78.8 kg），鉄製の千歯の場合にはその2倍と書き記している。ちなみに，現在用いられる動力脱穀機の籾処理能率は毎時0.7～1.0 kL，自動送付式脱穀機では1.5 kLである。

貯蔵

脱穀によって得られるワラの量はどのくらいであろうか。

陸奥国会津郡高久組幕の内村における諸事の世話役・肝煎（きもいり）であった佐瀬与次右衛門が1684（貞享元）年に著した『会津農書』に記載された資料を整理すると，

中田1反歩の稲の総収穫量：79束4分5厘8毛，2石8斗（1束＝米3升）

乾田の場合　3株＝1把　6把＝1束＝18株＝すぐりワラ3把

湿田の場合　2株＝1把　8把＝1束＝16株＝すぐりワラ3把

である。また，1948（昭和23）年の農林省調査結果によれば，「反当り稲ワラ生産量（全国平均）：水稲365.65 kg　陸稲205.1 kg」である。また，同年の石川県調査によれば，「反当り稲ワラ生産量（石川県平均）：早生（農林一号）461 kg　晩生（銀坊主）525 kg」である。最近のワラの反当たり収穫量は，反当たり米収穫量とほぼ同量と考えられる。

脱穀によって得られるワラは，戸外もしくは戸内に貯蔵される。

戸外貯蔵の代表は一般的にニホ（堆）と呼ばれ，円錐形に高く積み上げたものである。古くは刈り取った穂付きのイネ束をニホに積んでおいたが，現在では脱穀後のワラ束がワラニホとして積まれる。このニホの呼称は地域によってさまざまで，折口信夫によれば，ニホのほかにススキ，スズシ，スズシグロ，スズグロ，スズミ，ニエ，ニオ，ニゴ，ノウ，ホヅミ，コヅミ，ボト，ボゥド，イナムラボゥド，クマ，クロ，グロ，ワラグロ，トシャク，ジント，イナムラ，イナブラなどがあるという。また，『道具揃』にも，「田壷，取掛，廻積，抱積，共蓋積，乾上積，以上六称あり。所によりて通名す」と記され，地域がそれぞれの呼称をもっていたことが知れる。佐賀県白石平野には，ワラコヅミと呼ばれ，あたかも切妻型民家のような野積みがみられる。

屋内貯蔵の場合は，母屋の屋根裏・ツシあるいは付属屋に収納される。母屋のツシはワラの貯蔵空間として最良であった。イエの中央でイロリの火が燃えていたから，その煙によってワラが常に乾燥した状態で保存されたのである。ワラを良質のまま保存するには，雨を避け通気性をよくしておくことが肝要であったから，農家建築にはその工夫が随所にみられる。

なお，通常，戸外貯蔵と戸内貯蔵とではその後のワラの利用に差異がみられる。すなわち，燃料や肥料，飼料，敷ワラなどいわばエネルギー源として用いられるワラは主に戸外貯蔵されたもの，また，縄，莚，叺（かます）など各種の生活用具づくりに用いられるワラは戸内貯蔵されたものである。

原料ワラの調製（ワラづくり）

前処理

この工程は，収穫したイネを脱穀・乾燥した後のワラがすぐりワラ，叩（たた）きワラ，切りワラになるまでの過程である。この工程において，ワラを用いた生活用具づくりに向けて，ワラの処理が行なわれる。脱穀・乾燥したワラがそのままのかたちで次の細工工程に移行することはほとんどない。ワラの工作と成形を容易にするとともに最終品の品質を高めるために，このワラ工作のための処理が行なわれる。ほとんどのワラ工作品は，まず，この工程を経る。

すぐりワラ，叩きワラ，切りワラの3つの工程は，最終成形品と対応している。たとえば，すぐりワラはある程度の固さが要求される苞（つと），束子（たわし），箒（ほうき）などに，叩きワラは

写真12　ワラすぐりの道具

写真13　ワラをすぐる。千歯扱きの要領で株元の葉を扱き落とす

細工のしなやかさや繊維の緻密性・強靭性が必要とされる草鞋や草履などに，そして，切りワラは材料が一定の長さに揃っていることが要求される蓑や脛巾（はばき）などに，それぞれ用いられる。また，莚や縄を大量に制作する場合には，ワラすぐりの作業が省略される。ワラ打ち作業を先に行なってから，ワラ束を土間などに軽く突きながら揃え，同時に，スベ（下葉）の部分を振り落とす手順がとられる。

ワラすぐりとワラ打ち作業の詳細は次のようである。

ワラすぐり

ワラすぐりは，スベ・シベ・ハカマ・クタダなどと呼ばれるワラの株元の葉を扱き落とす作業である。これには，手すぐりと称し，道具を用いずに手によってすぐる方法がある。また，手すぐりでは指先を傷めることもあるので，櫛歯状の道具を用いたり，さらには，動力を利用して円筒状の櫛歯を回転させてワラをすぐる回転ワラすぐり機などによる方法も発達した。

手すぐりは少量のワラをすぐる場合に行なわれるが，1把ずつ元・根本を下にして3回ほど突いて揃え，穂先をねじって左手でしっかりつかみ，右手の指先を熊手状に広げて葉を扱き落とす。櫛歯状器，千歯，回転脱穀機などを利用する場合も，原理的にはこの手すぐりと同じである（写真12, 13）。

この工程で留意したいのは，ワラすぐり専用の特別な道具を必要としない点である。まず，手ですぐることが可能であるし，脱穀具の千歯，耕起用の鍬・マンガ，除草具のガンヅメなどの農具によってすぐることも可能である。そのため，ワラすぐり専用の櫛歯状器・ワラすぐり器をもたない地域も多くみられる。ここには，道具の多目的的利用，転用的利用がみられる。

ワラ打ち

ワラ打ちは，ワラ叩きを行なってワラの繊維部と他の部分とを分ける作業である。このワラ打ちによって，ワラは，容易に工作・成形が可能なほどに柔軟になり，同時に，強靭なものとなる。

ワラ打ちの代表的方法は手打ちである。これは，ヨコヅチ・テンヅチ・ツツボウ・チチンボウ・ワラハタキヅチ・ワラウチヅチなどと呼ばれる手槌（つち）を用いて，ワラ打ち石や逆さにした臼の上で，打ち揉みほぐす方法である（写真14、15）。手槌は，カシ，ケヤキ，ハナノキ，マツなどを材としてつくられる。穀物や餅などを打つ杵（きね）が用いられることもある。『加賀農耕風俗絵図』では，手槌とともに長柄の杵がワラ打ちに

写真14　ワラ打ち石と手槌

写真15　ワラ打ち

用いられている。

ワラ打ち石はワラブチイシ・ジンジャイシなどとも呼ばれ，直径30～40 cmの河原石が用いられる。多くの場合，それは土間の一隅に位置し，半ば以上埋め込まれている。このワラ打ち石の前に莚を敷いて座り，効き手に槌を持ち，反対の手でワラ束を回しながらワラ打ちを行なう。ワラ打ち石はたいがいこのような埋め込み式，固定式だが，ときに臨んで据え付け，作業が終わると片付ける場合もある。かつては，ワラ打ち石の表面の湿り具合でその日の天候を読み，雨天時には終日ワラ工作が行なわれた。もちろん，ワラ打ち石を土足で踏むようなことは禁忌とされた。土間の一隅に少しばかり顔を出したこのワラ打ち石は，農家生活を表象するひとつのシンボルでもある。

ワラ打ちにあたっては，特に節部を入念に叩く。1本のワラ稈の引張り強度は節間部が約20 kgであるのに対し，節部は約4 kgである。つまり，ワラの節部は特に切れやすい。ワラ打ちはこの節部を叩くことによって，単位断面積当たりの繊維数を増加させ緻密度を増すための作業である。ワラは，叩かれることによって弾力性を増し，引張りや剪断に対する抵抗力を増大させる。また，叩くとより多孔質の構造になるので，保温性や吸湿性に富む材料となる。このように，ワラ打ち作業には科学的合理性がある。

手打ち作業は，ワラ工作工程のなかで最も重労働である。およそ1.5～2.5 kgの槌を片手に，何度も打ちつける動作を反復することは，成人男子にとっても厳しい労働であった。そのため，ア

イウチ・ドッカエコなどと称して2人で調子を取りながら打つことや，ワラ打ち唄を歌って作業能率を上げる努力がなされた。冬場に各戸から聞こえるワラ打ちの音やワラ打ち唄は，常民たちのいわば生活の音でもあった。隣の家から聞こえるワラ打ちの音は，隣の人たちが元気であることの証であった。その音に応えるように，ワラ打ちを始めることも少なくなかった。ワラ打ちの音は，人びとの間のコミュニケーションそのものでもあった。

ワラ打ちは，完成するワラ加工品の質の良否を決定する大きな要因となるため，ある程度の経験と熟練を必要とした。そして，かつては，男女を問わず誰もが身につけておかなければならない生活技術であった。そのため，農家の子どもたちにとっては，最初の技術修得，家事手伝いがこのワラ打ちであった。子どもたちは，ワラ打ち作業が十分行なえるようになってはじめて，おとなの世界に仲間入りできたのである。

手打ちによらない場合は，各種のワラ打ち機が用いられる。そのワラ打ち機には，衝撃力利用型と押圧力利用型とがある。前者には，竹の弾力性を利用する足踏み式のもの，水車の杵に似た方式のもの，それをモーターによって動かすものなどがある。また，後者には，人力によってハンドルを回すもの，動力によるものなどがある。押圧力利用型ワラ打ち機は，衝撃力利用型に比べ，能率面ではまさるが打ちワラの質では劣る。しかし，良質の打ちワラを得るには，これらのワラ打ち機に頼らずに，手打ちするに限るといわれる。

ワラ工作のためのワラの前処理は上に記したワラすぐりとワラ打ち作業が中心だが，ほかに，鋏（はさみ）や押し切りなどでワラを切ったり，工作に先立ってワラに霧を吹いて湿気を与えたりする作業などもある。

これらの前処理がなされたワラを長期間保存するようなことはない。とりわけ打ちワラは，乾燥させないで，なるべくその日のうちに用いられる。乾燥すると硬化して工作がしにくくなるからである。莚やビニールなどに包むことにより，使い残しの打ちワラの乾燥をある程度防ぐことはできる。しかし，良質のワラ加工品を制作するためには，ワラ打ちしたものをすぐに工作することが肝要である。なお，ワラ打ち前のワラはキワラ・カッツァワラ，ワラ打ち作業が加えられたワラは打ちワラ・叩きワラと呼ばれるのが通例である。

ワラ工作の工程

ワラすぐりとワラ打ちに代表されるワラ工作に向けてのワラの前処理（ワラづくりとも呼ばれる）がなされると，次には，それを用いての工作が始まる。これは，素材に手を加えて造形化していく工程であるから，ワラ工作技術のまさに中核となる。

工作技術すなわち造形技術は，大別すると，線状，面状，体状の3つの形態をつくる技術に分かれる。これらの線，面，体をつくる技術を，ここでは，主要技術と呼ぶことにする。ワラ加工品の工作は，この主要技術と，それに付帯する，たとえば主要技術によって制作されたものの端を処理するような，いわば補助的技術とからなる。以下に，これら主要技術とそれに付帯する補助的技術をみていこう。

線状形態造形技術

打ちワラを線状に造形する技術には，撚（よ）り，縄綯（な）い，三つ編みなどがある。これらの技術は多くのワラ加工品に登場するが，なかでも，縄綯いは最も基本的な技術である。

縄には，荷づくり縄（普通縄），樽掛け縄，堅縄などのほかに，ワラ束3本を綯った三つ子縄，撚りの弱い縄数本を撚り合わせた綱の子縄，ミゴの部分で綯ったミゴ縄，左綯いの左縄，ワラに撚りをかけ糸で巻いて連続させた糸巻き縄などの特殊なものもみられる。また，農林物資規格法に基づく縄の日本農林規格によると，たとえば1953（昭和28）年の場合，荷づくり縄には，1.5分（分は約3mm），2分，2.5分，3分，3.5分，4分，5分，6分，7分と9段階の規格が設けられていた。

縄綯いは，2つのワラ束に下撚りをかけながら上撚りをかけていくことによって線状形態を制作

写真16　莚編み機を使った莚づくり

写真17　俵編み機を使った俵づくり

していく技術である。手綯い縄の言葉があるように縄は古くからすべて手作業で制作されてきたが，近年では，自動縄綯い機，三つ子縄機，綱づくり機などが使われるようにもなっている。なお，縄の綯い目を少し戻し，その隙間に縄や紐を通していわば縄を縫っていく技法がある。中村たかをはこの技法を縄縫いと呼んで，カタデ型，メグリ型，テル型の3つを挙げている。

面状形態造形技術

面状形態を制作する技術にはいろいろある。莚編みの技法によって莚や叺がつくられ，猫編みで猫莚や背中当てなど，俵編みで俵や菰（こも）など，草鞋編みで草鞋や草履に代表される履物の台など，各種の組み技法によってワラ沓（ぐつ）の爪先やワラ手袋など，巻編みによって円座やエジコなどが制作される。それ以外にも，蓑（みの）をつくる蓑編みや網類をつくる網編みなどの技法がある。

莚編み　莚編みには，莚編み機が利用される（写真16）。これは織物の機と構造的・原理的に類似し，織物機にみられる綜絖（そうこう）もオサ（筬）などと呼ばれて用いられる。緯（よこ）に2～3本のワラ，経（たて）にワラ縄が使われる。

俵編み　俵編みは，ケタ・コモアシ・コンバシマタなどと呼ばれる編み台を用いて緯ワラを双子（ふたご）の経縄で交互に取込んでいく手法で（写真17），双子編みともいわれる。

猫編み　猫編みは，莚編みとともに，敷物類の制作に用いられる代表的な編みの技法である。この2つの技術によって編まれた完成品はともに厚くて丈夫だが，編みの手順は両者まったく異質である。猫編みは，経縄を猫ブセダイ（猫伏せ台）に張り，それに緯ワラ4～5本をからませ，1段編むごとに叩き木で叩いて固くしめる。また，莚編みには木製のオサやタケのヒ（杼）が使われるが，猫編みではオサやヒを用いず，すべて手で編んでいく。その手の動きが爪でものを掻く猫の手に似ているので，猫編み技法は猫掻きともいわれる。こうして編み終わった面には，美しい矢羽根文様ができあがる。

草鞋編み　草鞋編みは，構造的に莚編みに似ている。経となるヒキソと呼ばれる4本の芯縄を両足の親指あるいは草鞋編み台に掛け，これに緯ワラをS字状に掛けていく。この草鞋編み技法は丈夫な面状形態をつくるため，各種履物類の台・底部以外にも，背負い籠（かご）の負い緒や牛馬沓の制作などに採用されている。

組み　組みは，基本的に経と緯との区別がなく，2筋以上のワラを交互に上下させることによって安定した平面をつくる技術である。組みの技法は種々あるが，その最も簡単なものは，直角に交わるワラ束が交互に上下する，平組みである。タケを主材料として行なわれる籠細工にみられる市松（いちまつ），網代（あじろ），四つ目，六つ目などの多くの組み技法のいくつかが，部分的にワラ細工にも取り入れられたものと思われる。

巻編み　巻編みはワラ束をトグロ状に編んでいく手法で，巻籠細工に対応するものである。この巻編みは，トグロ巻きのワラ束を固定する方法によって，大きく2つのタイプにわかれる。1つはトグロ巻きのワラがそのまま閉じ合せのワラになる形式，1つはトグロ巻きワラとは別に用意され

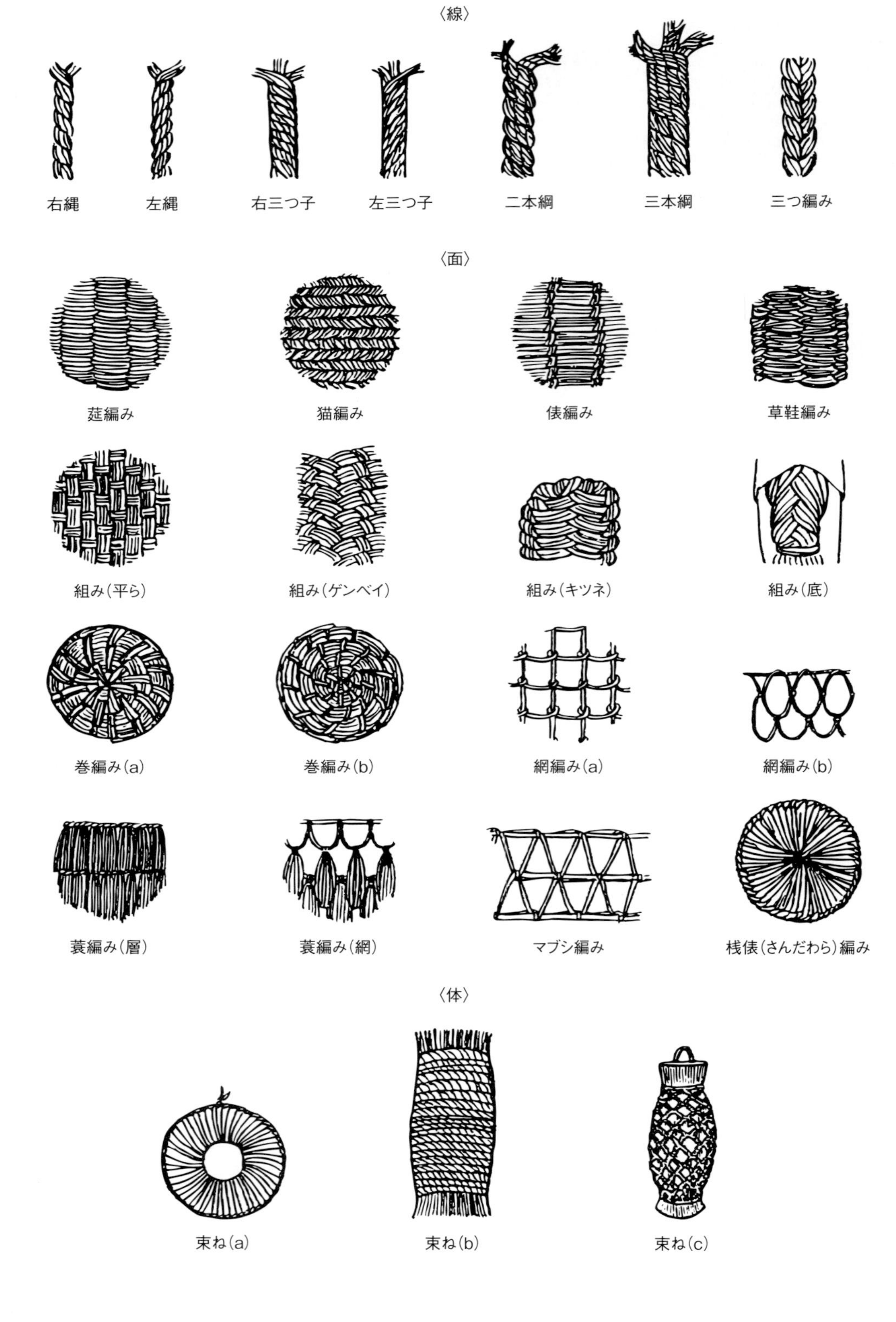
〈線〉
右縄
左縄
右三つ子
左三つ子
二本綱
三本綱
三つ編み
〈面〉
莚編み
猫編み
俵編み
草鞋編み
組み(平ら)
組み(ゲンベイ)
組み(キツネ)
組み(底)
巻編み(a)
巻編み(b)
網編み(a)
網編み(b)
蓑編み(層)
蓑編み(網)
マブシ編み
桟俵(さんだわら)編み
〈体〉
束ね(a)
束ね(b)
束ね(c)

図7　線・面・体の細工技術

たもので閉じ合せる形式である。

蓑編み　蓑編みには2つの型がある。蓑編みでつくられた平面は表と裏とで形状が異なり，片面にはワラの先端が垂れ下がっている。このワラの垂れ下がり方に，層状型と点状型とがある。

網編み　網編みにも2つの形式が認められる。経ワラと緯ワラによってつくられるものと，V字型の連続によってつくられるものの2つである。

体状形態造形技術

体状形態をつくる技術として束ねがある。ワラ人形やワラ馬は，この技法を用いてつくられたものが多い。イロリの火棚に吊りさげられるベンケイも，束ねの技法によっている。ベンケイの意匠にみられるように，束ねたワラを固定するために，縄で縛ったり，縄を巻き付けたり，ワラを巻き付けたり，あるいは，網を被せたりする。これによって，束ねられたワラの表面にさまざまな意匠がつくりだされる。

*

ほとんどのワラ加工品は，以上にみてきた主要技術によってつくられる(図7，8)。これら線，面，体の技術を総計すると26種類になる。先人たちは，これら26種類の技術のなかから目的とする製品の形状，用途，機能に適合した技術を選択し，そして組み合わせ，各種のワラ加工品を制作してきたのである。

仕上げ

仕上げのプロセスは，上にみたワラ工作を終えた製品からケバと呼ばれる余分のワラを切り取る，あるいは，形状を整えて，生活における実際の使用に支障のないようにすることがその目的である。ケバを取り除くには，小刀や鋏などのほかに，ケムシリと呼ばれる刃物が用いられることもある。また，特にこのような道具を使わずに，ワラシベ・ハカマなどでこする，あるいは，ワラ屑を燃やした火に製品をかざしてケバを焼いてしまうことも行なわれる。

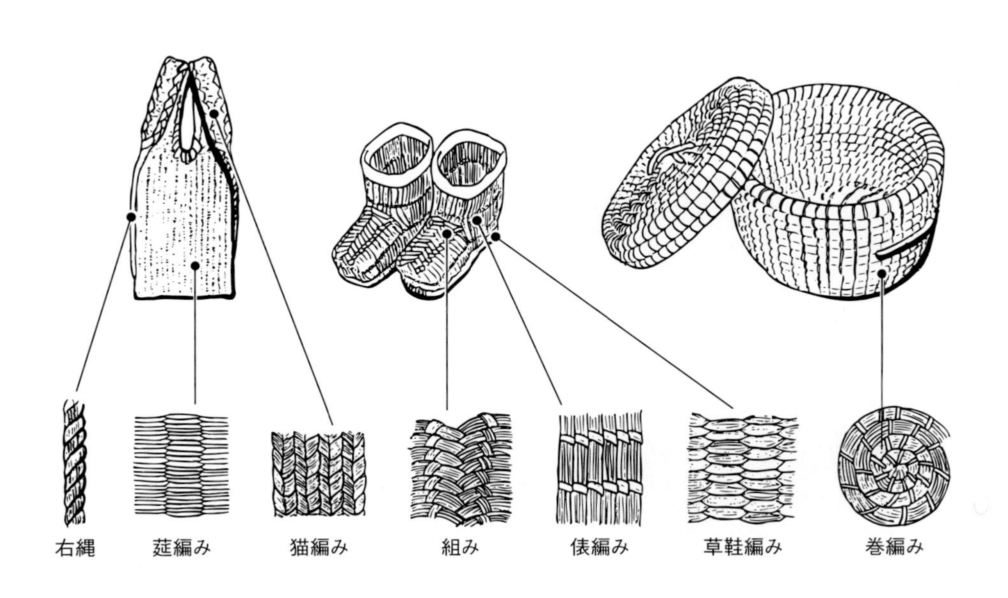

図8　ワラ製品に使われる細工技術

縄の綯い方

綯い方の手順とポイント

ワラ加工品のなかでも縄が最も基本的な加工品である。ここでは，ワラ加工のスタートとなる縄の綯（な）い方のポイントをまとめ，その方法を写真で紹介する。

ワラすぐり――枯れ葉やかすを取り除く　ワラの根元のほうには，枯れ葉やよごれたかすがついているので，そのままでは使いにくい。ワラすぐりをして「はかま（下葉）」を取り除いてきれいにする。

すぐるワラの量は両手で軽くつかめるぐらいがちょうどよい。ワラすぐりをすると，すぐる前のほぼ半分くらいの量にワラが減る。

ワラ打ち――ワラを柔らかくする　ワラは硬くて，そのままでは細工しにくい。そこで木槌を

1

2

3

4

ワラすぐりのやり方

1　ワラ加工の道具。左はワラすぐりにあると便利な手製の千歯扱（こ）き，奥は木槌とワラ打ち石，手前はすぐったワラ。
2　穂先を両手でしっかりにぎって，根元から3分の1ぐらいのところを千歯扱きにひっかける。ワラを持ち手のほうに深く入れすぎると，丈夫な上の葉までひっかかって，ワラが細く弱くなってしまうので注意する。
3　ワラの量が少しなら素手で十分。ワラの中に指を広げて入れ，根元に向かって指を通す。束から抜いたときに指にひっかかった枯れ葉やかすが取り除かれる。
4　ワラすぐりの前（左）と後（右）。ワラすぐりをすると，すぐる前のほぼ半分ぐらいの量になる。

使ってワラ打ちをする。叩（たた）くとワラが柔らかくなり，弾力性も増していっそう丈夫になる。とくに節の部分は切れやすいので，しっかりたたいておく。

ワラを手で回しながら全体を叩くようにする。

縄綯い──撚りをかけることがポイント　ワラすぐりとワラ打ちがすんだら，縄綯いに入る。縄綯いのポイントは，撚（よ）りをかけながら綯って，1本にしていくことである。

数本ずつ2つに分けたワラを左手の手のひらにのせ，その上に右手の手のひらをおく。そして，左手は動かさず右手の手のひらを強く前方にこすって，2つのワラをくるくる回して撚りをかけながら，ねじって1本にしていく。

ワラの本数は，つくるものによって変わる。

縄が細くなる前にワラを足す　ワラの先端にいくに従って縄がだんだん細くなっていくので，長い均一な太さの縄にするためにはワラをつぎ足していく。

1

2

ワラ打ちのやり方

1　すぐりワラを，霧吹きや濡れ雑巾などで全体に湿らせる。前年のワラなど乾燥が激しいワラは，さっと水に通すと使いやすくなる。

2　すぐりワラを木槌でしっかり叩く。1か所に10回前後，左手でワラ束をねじりながら回して，まんべんなく叩くと繊維をいためず，早く上手にできる。

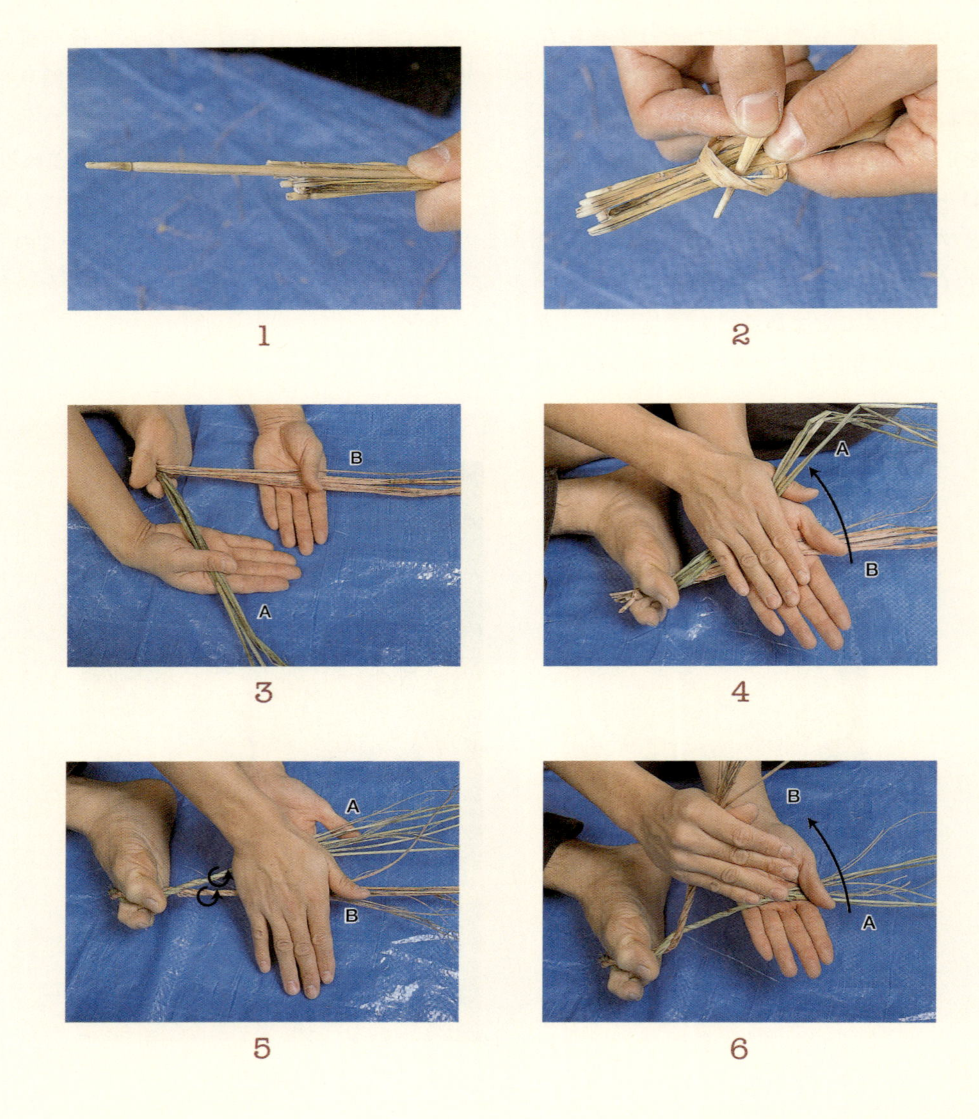

1 2 3 4 5 6

縄綯いのやり方

1　太めのワラを8本ぐらい元を揃えてつかみ，元をしばるために丈夫そうな1本を5cmくらい抜き出す。
2　抜き出したワラを元に巻きつけてしばる。しばらないと元がばらけて，撚りがかけにくい。
3　腰をおろしてすわり，元を足の親指ではさみ，4本ずつAとBに二等分する。同じ本数でも太さがちがうときは，細いほうにワラを加え，AとBの太さを同じにすることが重要。
4　AをBと交差させ，Aの撚りをかける部分を左手の親指の付け根に近いところにおき，右手の手のひらをその上にのせる。撚りをかけるときの手足の位置は写真のようになる。
5　下の左手は動かさず，上の右手の手のひらを強く押しつけながらこすり出す。するとA・Bのワラがくるくる回りながら左手の指先に移る。
6　Aの撚りがもどらないように左の親指で押さえ，Bを右手でつかんでAの左にねじってもってくる。
7　こんどはBを左手の親指の付け根に近いところにおき，右手の手のひらを強く押しつけながらこすり出す。B・Aのワラがくるくる回りながら左手の指先に移る。再びAをBの左にねじってもっていくと，A・Bが手順4のような元の位置にもどる。これを繰り返す。
8　よくみるとA・Bが交互にねじれて，縄になっている。

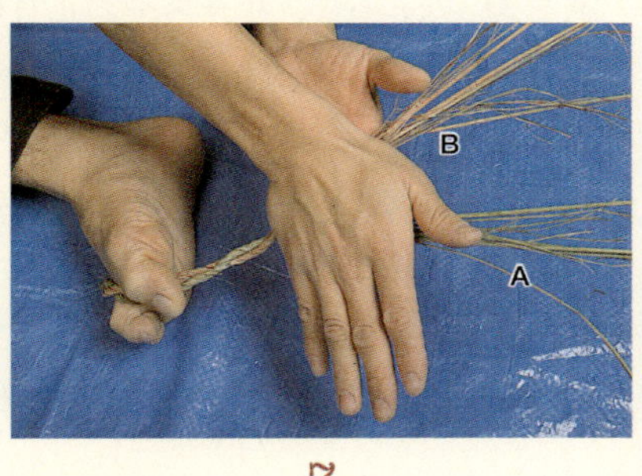

7

8

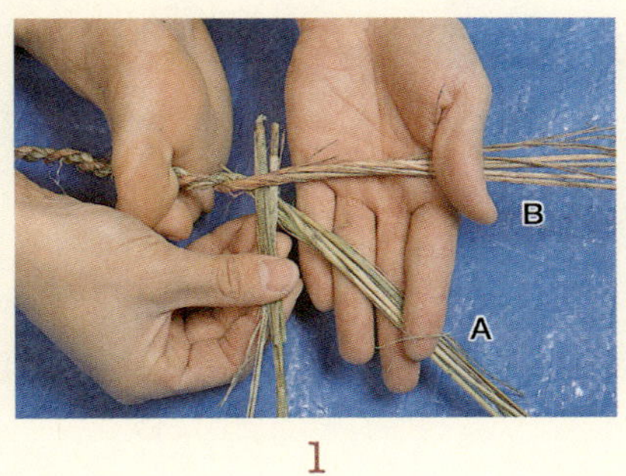

1

2

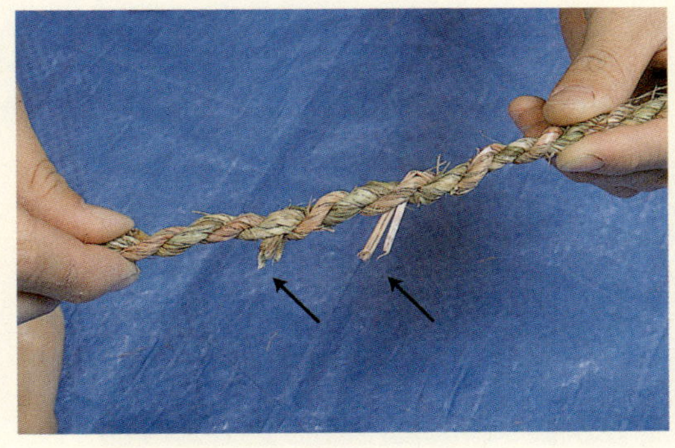

3

ワラの足し方

1　撚ったあと，ねじる前の右側のAのワラに，最初の本数の半分（2本）くらいのワラを右手で持ち，A・Bのねじれの間にはさみこむ。ワラを足して挿しこんだAを，Bの左側にねじって撚りをかけて綯う。

2　同じように，右側にきたBにもワラを足して，綯っていく。縄の太さが同じになるよう，少しずつ何回も足していく。

3　つぎ足した部分はワラの先がはみ出るので（矢印），最後に鋏（はさみ）で切り，きれいにする。

稲ワラリースのつくり方

ふたりで綯う手軽な2本編み

縄を綯（な）って，リースやお正月の注連飾りや注連縄をつくる方法である。手のひらを強くこするようにして縄を綯う方法は，力が必要で，なれないとうまくできないが，2人で両手で綯う「2本編み」なら誰でもできる。

ワラ打ちしていないワラを濡らして使う　ポイントは，ワラ打ちをしていないワラを使うこと，

1

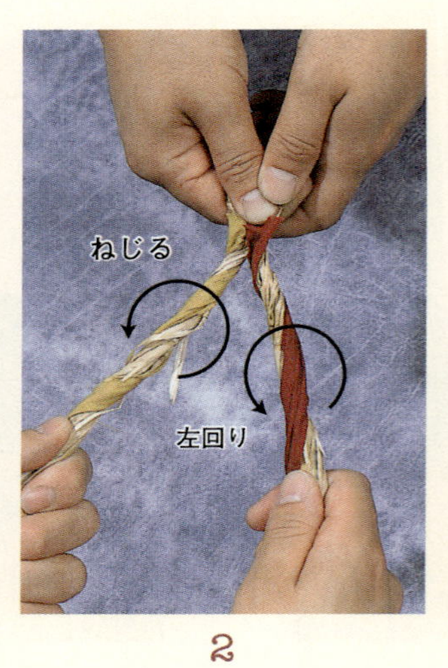

2

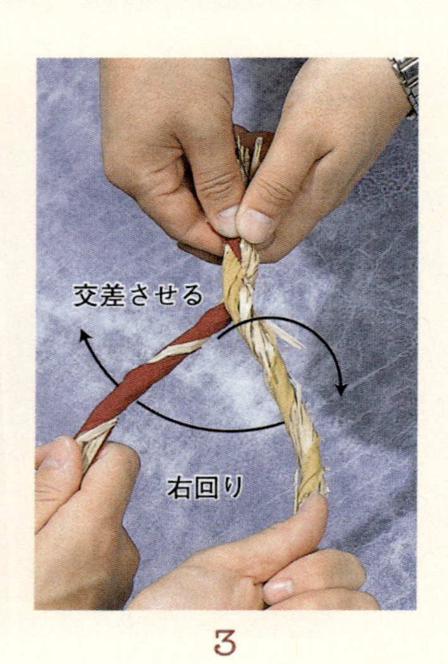

3

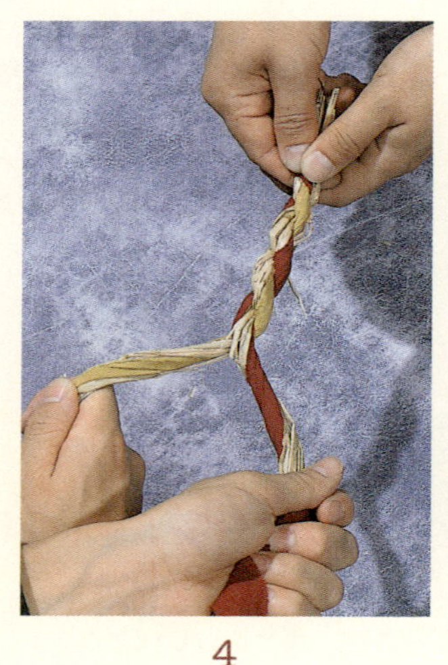

4

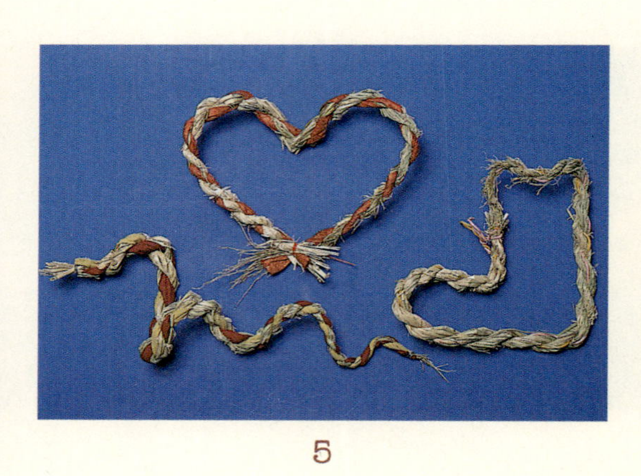

5

2本編みリースのつくり方

1　赤と黄色の柄布を入れたワラ束を用意し，根元をしばって2つに分けておく。根元は誰かに持って押さえてもらう（机の足などに根元をしばっておけば，1人でもできる）。

2　根元から5～7cm先を左右の手に持ち，左右それぞれのワラを左回り方向に3回撚る。「撚って，撚って，撚って」と親指と人指し指でワラを手のなかで回転させる。

3　左手を右手の上にまわして右に交差させ，「ねじる」。そして，左右の手を持ち変える。

4　2と3を繰り返して綯っていく。ワラを足すときは，下（左）になったほうにワラを挿しこんでから，撚ってねじり，もう片方に同じように足す。

5　針金・柄布入りおしゃれ縄で，いろいろな形がつくれる。左から針金入り縄でつくったヘビ，ハート，長ぐつ。

水に濡らして柔らかくしたワラで編むことである。こうすることで，乾燥したときに太く硬い部分のワラが盛り上がり，フワーッとした立体感のある縄になる。

よく撚りをかけてねじる　もうひとつのポイントは，撚（よ）りをよくかけてねじること。左右の手で持ったワラを，同時に同じ方向に数回撚ってから，左右のワラをねじっていく。このとき大切なことは，両方のワラを同じ方向に撚り，ねじる方向は撚る方向と逆にすること。左回しに撚るときは，右回しにねじる。この方法で，ワラに色のきれいな布や針金を入れて綯えば，おしゃれで，ワラ細工が自由自在にできる縄ができる。

基本的な２本編みリースと，自然の趣向を加えたリースを紹介する。

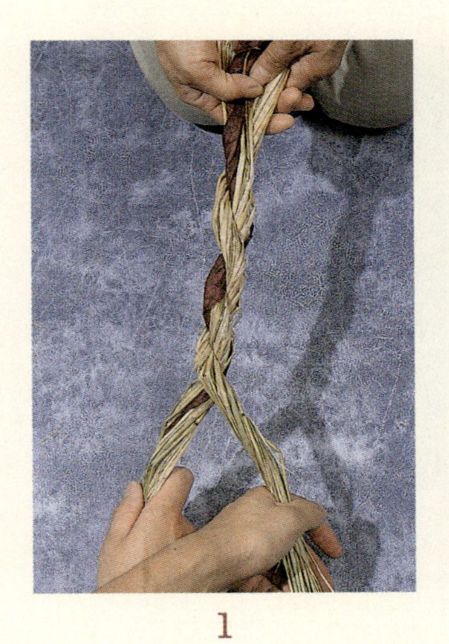

1

2

3

4

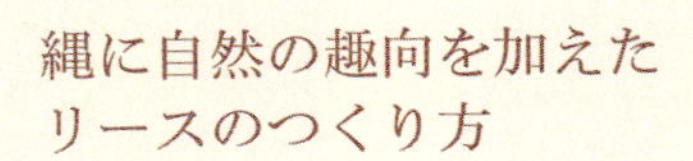

1　紐状にした柄布を，ワラ打ちをしていない水に濡らしたワラに入れて作業する。
2　縄を輪にして，交差したところを針金でとめる。壁かけ用リースは，とめ金具として針金を少し長めに残しておく。
3　ホオズキ，松ぼっくり，木の葉，ドライフラワーなど，飾りつけるものを針金でまとめる。
4　縄をとめた針金をかくすように，3の飾りをつける。小さな飾りは木工用ボンドで直に時間をかけてくっつけてもいい。
5　出来上がり。水に濡らしたワラは乾燥するとフワーッとした立体感がでる。

5

注連縄のつくり方

「三つ子」で太い注連縄をつくる

神社などにかざりつけられる太い注連縄（しめなわ）は，「三つ子」という綯い方でつくられる。まず2束を「2人縄」で綯い，その縄の目にそって3つ目のワラをよじりながら巻きつけていくやりかたである。

「三つ子」の綯い方

1 ワラを90本ぐらい用意して，三等分する。
2 ワラを撚りやすいように，3つのワラ束に，あらかじめ右回しの撚りをかけておく。
3 まず2束の根元を合わせ，両方を右回しに撚ってから，右手を左手の上を通して左回りにねじり，左縄に綯っていく。
4 3を繰り返して穂先まで綯う。
5 綯った縄と残りのワラ束の根元を合わせ，残りのワラ束を右に撚りながら，縄のみぞ（矢印）に左回りにねじり，巻きつけていく。巻き終わったら根元と先を針金や紐でとめ，きれいに切り揃える。
6 「三つ子」縄（左）と，普通の縄（いずれも左縄）。

注連縄のワラはワラ打ちをせず，すぐっただけのワラを使う。そのほうがまっすぐ伸びて，はりのある注連縄になる。注連縄はワラ束を右に撚って左にねじる左縄にすることが多い。

この「三つ子」の綯い方を紹介する。

カラフルで簡単な三つ編み縄をつくる

縄を「綯う」のは慣れないとうまく形がつくれないが，おさげ髪のように「編む」感覚なら比較的簡単である。色布を入れて編めばカラフルな縄になる。また，中にワイヤーを入れて編めば形も自由にできる。三つ編み縄の編み方を紹介する。

7

8

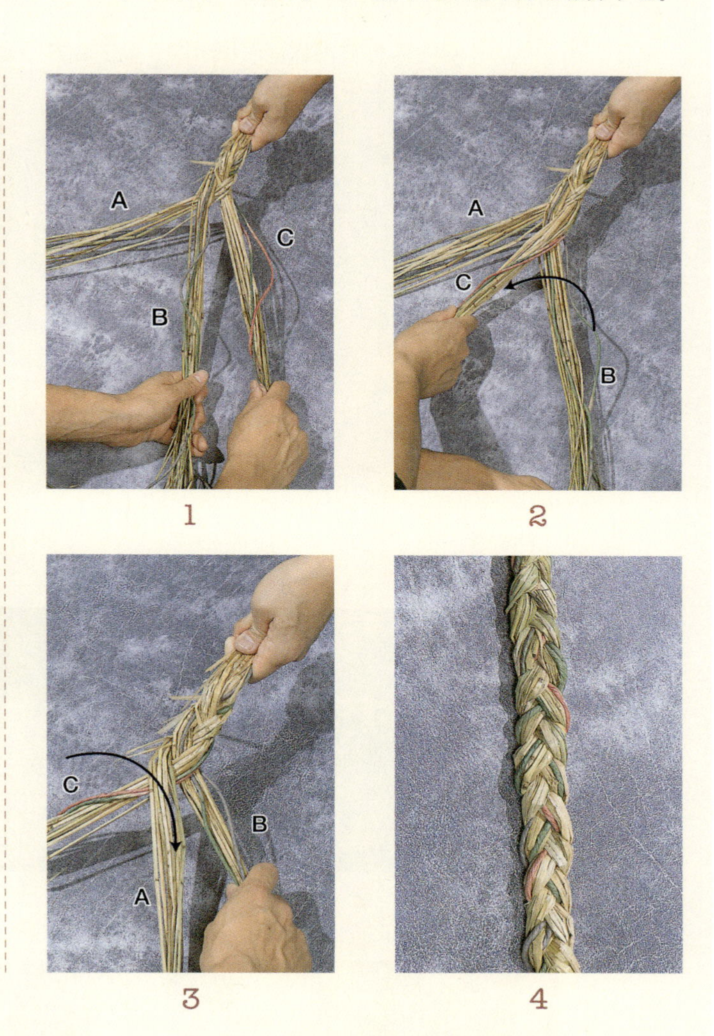

「三つ編み縄」の綯い方

7　10本くらいのワラを二つ折りにして縄に巻きつけてしばり，「下がり」を3つつける。
8　ダイダイやセンリョウの実などをつけて，完成。

1　柄布や柄布を紐にしたものを入れたワラ束を3つに分け，根元をしっかり押さえてもらい，右2本を持つ。
2　撚りは入れずに，外側の右の束を真ん中の束の左にねじってもっていく。
3　次に左側の2本を持って，外側の左の束を真ん中の束の右にねじってもっていく。2，3を繰り返す。
4　出来上がり。

ワラ縄でつくる

ふち縄に，経（たて）縄と緯（よこ）縄を巻いて丸かごをつくる。ふち縄は針金入りにすると丈夫である。巻いていく緯縄は，細いほうがつくりやすい。以下に一番シンプルな丸かごと，ワラ縄を使ってつくる箸置きののつくり方を紹介する。

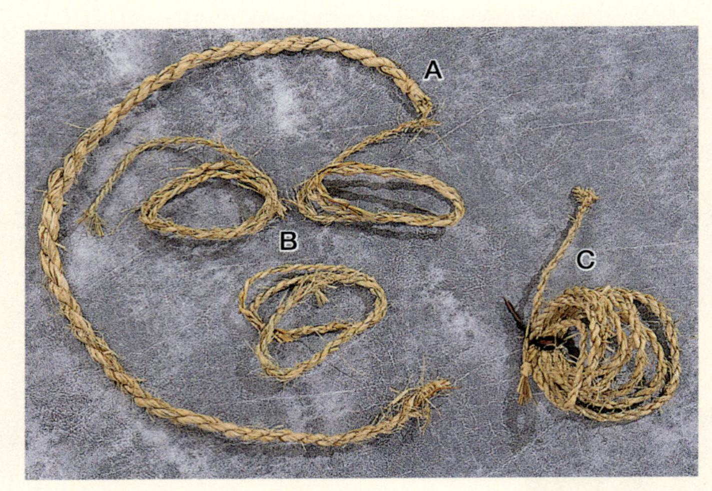

1

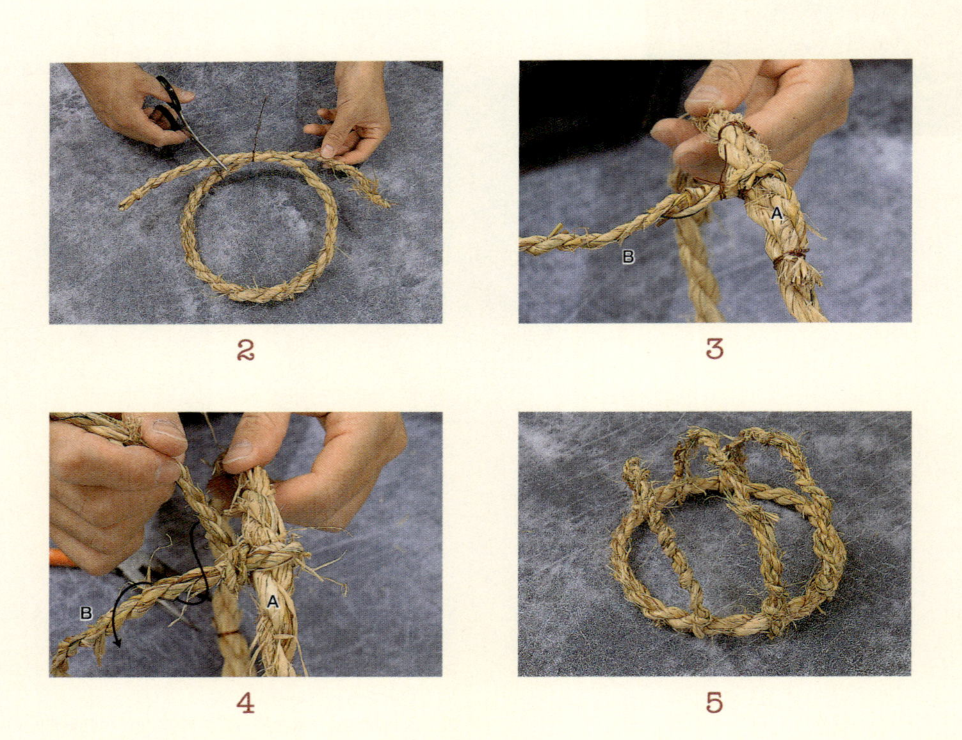

2　3　4　5

6

7

8

丸かごのつくり方

1 用意する材料。A：10～12本のワラで綯った太い縄（針金入り）1本，B：6～8本で綯った縄3本，C：4～6本で綯った細い縄約2m（市販の細い縄や麻紐でもいい）。
2 ふち縄となるAを直径10～15cmの円にして，かごのふちをつくる。交差したところを針金でしっかりとめる。もっと長い縄で円を大きくすれば，大きなかごになる。
3 かごの底の経縄となるBを，Aに1回しっかり巻いて，針金で固定する。
4 深さを決めて，Bを反対側のAに1回巻いて，Bに巻きつけながらもどす。Bのはしは，ほどけてこないように針金でとめるか，Bの撚りの中に入れてはさんでとめる。
5 Bの残り2本も同じように，Aにとりつける。3本の間隔を同じにし，底が丸くなるように長さを決める。
6 緯縄となるCを，かごのふちにしたAにしばってとめ，3本のBに直角に，Bの間隔が変わらないように，底が丸くなるように巻いていく。
7 半分編んだら，Cのはしは A に巻きつけてしばってとめる。残りの半分も同じように編む。
8 完成。緯縄にもっと細い縄を使えば，きれいにできる。

箸置きのつくり方

ワラ縄を使えば、雰囲気のある箸置きもつくれる。つくり方は簡単。まず稲穂を小さく束ねる。次にワラ縄で輪をつくり、交差したところで稲穂の束とワラ縄をワイヤーでくくって留める。

敷物を手製の俵編み器でつくる

昔は「俵編み器」で菰（こも）を編み，米を入れる俵をつくった。この俵編み器を手づくりして，柄布を裂いたものを糸にして小さな敷物に編み込んでみた。俵編み器は木の枝や廃材などで簡単にできる。以下にその方法を紹介する。

手製の俵編み器のつくり方

1

2

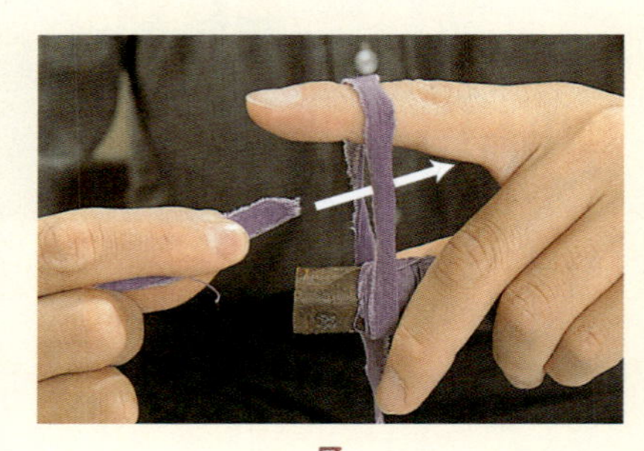

3

4

5

1　道具・材料は，ワラ（俵編み器の幅に合わせて切っておく）と，柄布を裂いてつくった紐（細めの縄，麻紐を使えば昔の菰のようになる）。

2　編み紐の真ん中に目印をつけ，両はしから重石のコマ木（中央を細く削った棒）に巻きつけていく。紐の長さは，つくる敷物の長さの約3倍必要。

3　目印の5～10cm近くまで巻いたら，最後に巻いた紐の輪の中に通して結ぶ。こうすると重石をたらしても紐がほどけてこない。

4　同じように反対側からも巻いていき，最後に重石のコマ木ごと輪の中に通して結ぶ。

5　紐の目印のところを横木のV字型のみぞにはさむように，2つの重石のコマ木を横木の前後にかける。

1

2

3

4

敷物のつくり方

1　横木にワラを4～5本揃えてのせ，あみ紐を前後に交差させ，手前の紐をみぞにはさんでずり落ちないようにする。ワラの本数が多ければ太く目のあらい敷物が，少なければ目のこまかな敷物になる。

2　編んだワラの上に次のワラを置き，同じように紐を前後に交差させ，繰り返し編んでいく。布紐はねじりを入れながら編むと，きれいにできる。

3　途中でワラの代わりに柄布の紐や植物の茎などを入れると，しゃれた雰囲気がだせる。

4　好みの長さの敷物になったら，前後の紐を結んでしばる。ワラ細工を置く敷物や，飾りをつければ壁掛けに変身。

ワラ草履のつくり方

ワラ草履（ぞうり）は，はじめがちょっと難しいが，コツさえつかめば1時間ぐらいで片足分ができる。

ワラ草履は温かくて，足の健康のためにもいい。くつや今のゴム草履と違い，ワラ草履は足裏

1

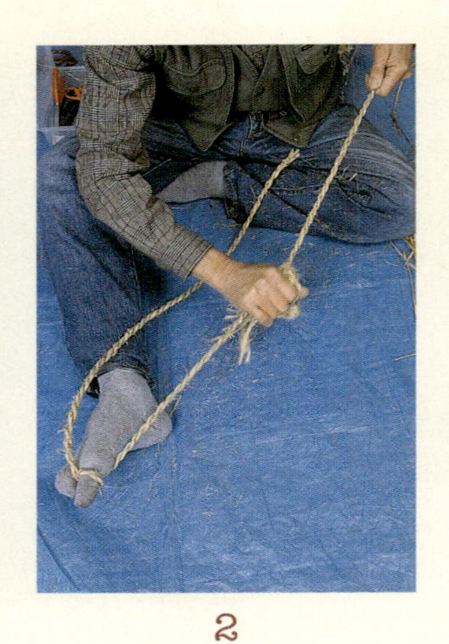

2

わら草履の材料準備

1　片足分の材料として，まず，ワラを編んでいく経縄（心縄）用に，ワラ8本くらいで綯った丈夫な縄を用意する。あまり太いと丈夫だが編みにくい。長さは，草履をはく人の両手を左右に広げた長さ（ひとヒロ）にする。左右の草履に1本ずつ，2本必要。さらにワラ1束と，ピンクの布を飾りつけたはなお（よこお）用のワラ縄ひとヒロ。

2　縄はワラを編み終わって引っ張ってしめるときにひっかからないよう，くずワラなどを丸めたもので表面をしごいてすべりをよくしておく。縄に編んでいくワラは，よくすぐり，よく叩いて，柔らかくしておく。量は片足分で直径10 cm くらいの束が必要。

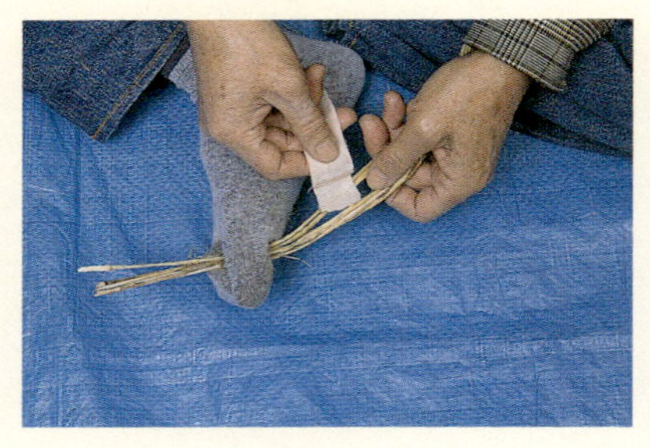

1

2

3

はなおを綯う方法

1　4～5本のワラの根元から10 cm くらいのところを足で押さえ，幅1.5 cm，長さ40～50 cm ぐらいの色布のはしをワラにはさむ。柄布を巻きつけると華やかになり、はなおがあると足も痛くなりにくい（「はなお」を「よこお」と呼ぶこともある）。

2　柄布をていねいに30 cm くらいまで巻きつける。これを2本つくる（1本でもよい）。

3　柄布を巻いた2本のワラを根元と穂先を合わせ，布を巻いた部分を両手で綯う。これが片足分のはなおになる。

の長さより短くして，足の指やかかとが草履より少し外に出るようにする。体重が草履のふちとなる経（たて）縄（心縄ともいう）にかかるようにしないと，編んだワラに体重がかかり，早くすり切れてしまうからだ。

以下，順を追って説明していく。

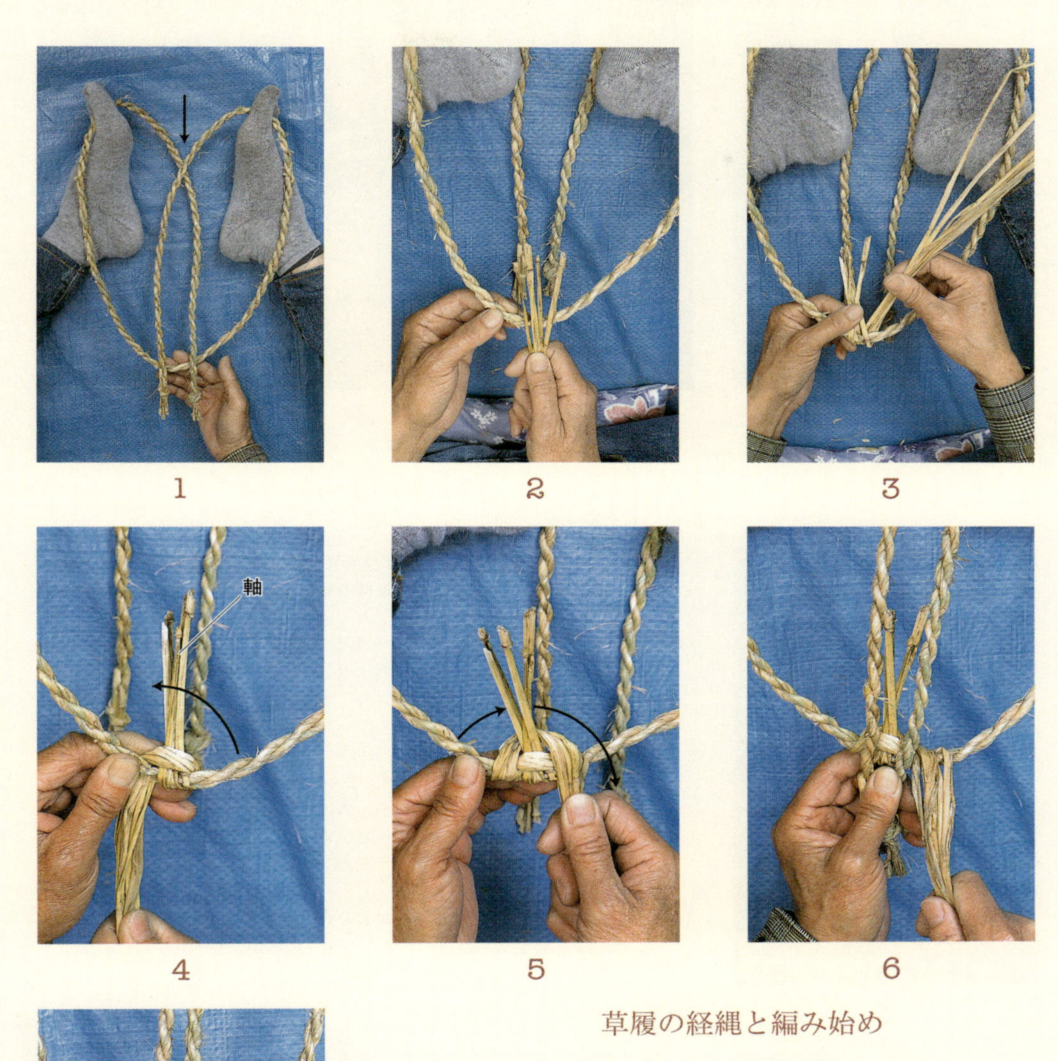

1　2　3　4　5　6

7

草履の経縄と編み始め

1　すわって両足を少し開いて前に出し，縄を4等分してハート型の両先端を両足の親指に引っかけ，左右の縄をハートのくぼみで交差させる（矢印部）。交差させることが重要で，交差させないと最後に経縄を引いてもしめられない。交差させた縄の両はしをハート型の中央，ちょうど縄の長さの半分のところまでもってくる。

2　ワラを4～5本とり，ハート型の縄の真ん中に，ワラの根元のほうを軸として5cmくらいはみ出させてのせる。

3　ワラをつま先の縄の下に折り曲げて上に出す。

4　折り曲げたワラを，出した軸の上を通して左側にもっていき，つま先の縄の下にまわして軸をしめる。

5　さらに軸の下を通して右側にもっていき，つま先の縄の上に出す。これで編むワラがつま先部にしっかり結束する。

6　軸のワラの左右に，中央の2本の経縄の両はしを，つま先部の縄より5cmほど外に出して上に置く。

7　軸と2本の経縄をいっしょに，4，5のようにワラでしっかり巻きつける。軸にしたワラは，下から手前に折り曲げておく。

1

2

つま先部を編む方法

3

1　4本の経縄に，ワラを上下交互に通して編み込んでいく。左手の人差し指，中指，薬指を経縄のそれぞれの間に入れて引き，編んだワラがゆるまないよう，とくに左右の間を強くつめ，つま先が丸くなるようにする。丸くするコツは，左手の指を経縄の3つの間に入れ，手元に強く引きよせ，ワラをすきまなくつめながら形を整えていくことである。

2　ワラが短くなったら，短くなったワラは真ん中の経縄の間から下（底）に出し，つぎ足す4～5本のワラも，根元を真ん中に挿しこみ，指で押さえてつぎ足す。さらに編んでいく。

3　つま先部を編み終わったら，両足と左手で経縄をピンと同じ間隔に張り，編んだワラを手元に引きよせ，すきまをつめながら編んでいく。外側の経縄にワラを巻いて折り返すときは，ワラをねじりながら巻きつける。

4　途中で幅がせまくならないように，調節しながら編む。草履の長さは，はく人の足裏の長さより短くするが，半分から3分の2ほどまで編んだら，はなおを草履の左右に取り付ける。

4

1

2

3

4

5

はなおの処理方法

1 布を巻いたはなおを2つに折り，つま先から1cm ぐらい内側の中央に，はなおの中央がくるように置いて，左右の取り付ける位置を決める。あまり先につけすぎると，足の指が出すぎてケガをしてしまうので注意する。

2 左右の取り付け位置が決まったら，その位置まで2本で綯ったはなおをほどき，経縄にまたがせ，内側のワラを経縄に編み込み，短くなったら真ん中で底に出しておく。

3 もう一方の外側のワラは，またがせた経縄の下に回して，はなおに1回巻く。

4 はなおに1回巻いたら，経縄の外に出して手順2と同じように編んでいく。

5 左右にはなおをつけたら，つま先部を編んだときにワラをつけ足したのと同じように，再び真ん中に4～5本のワラを挿しこみ，目標の長さよりやや長くなるまで編んでいく。

1

2

3

4

5

草履部分の仕上げ

1 右（または左）足の親指から経縄をはずし，つま先に出しておいた2本の経縄のうち，はずした左（または右）の縄を途中まで引っ張る。引っ張ると編んだワラが引きよせられ，さらにつまる。
2 左（または右）の足の親指から経縄をはずし，右の経縄には再び足の親指を入れ，草履のつま先に出ている右（または左）の縄を途中まで引っ張る。
3 両足とも経縄からはずして引っ張ると，草履のかかと部で，経縄が交差してくる。
4 最後につま先に引き出された2本の経縄を，思い切り力を入れて引く。すると，かかと部がぐっと引きしまって丸くなる。この作業がワラ草履づくりの醍醐味である。
5 底にはみ出したワラを切り，きれいにする。

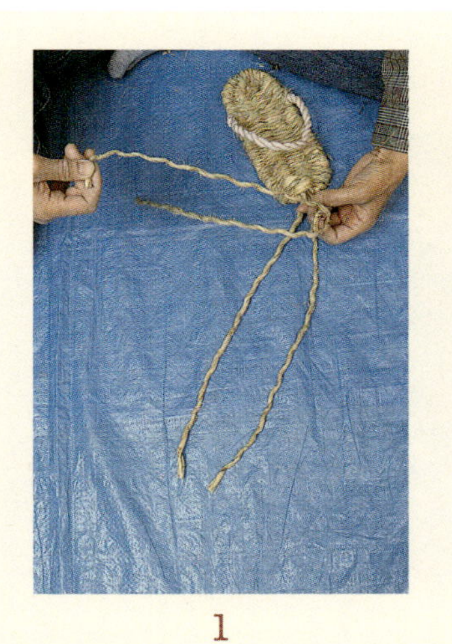

1

2

3

4

5

6

7

はなおの取り付けから仕上げ

1　引き出した左右2本の経縄を，それぞれ撚りをもどして2本ずつにする。
2　2本ずつにほどいた左右の経縄から，左右1本ずつを2～3回撚りをかけて綯い，はなおを間にはさむ。
3　はなおに1回巻きつける。
4　はなおをひねって裏返しにする。
5　巻いた残りの縄をはなおの裏で綯って，1本の縄にする。
6　綯った縄のはしを竹べらにはさみ，つま先から1cmくらい内側に刺す。
7　底で縄を強く引き，はなおの中央を草履に密着させる。

8

9

10

8　底に出した縄を左右どちらかの経縄にまたがせ，竹べらで刺して表に出して，強く引きしめる。
9　表に出した縄を，もういちど経縄をまたがせて，はなおの取り付け部近くに刺して裏に出す。
10　底にはみ出た縄と，つま先のほどいたままの2本の経縄を元から切り，表面のワラくずもきれいに切る。
11　出来上がり。もうひとつを同じようにしてつくれば完成（ワラ草履は左も右も区別がない）。

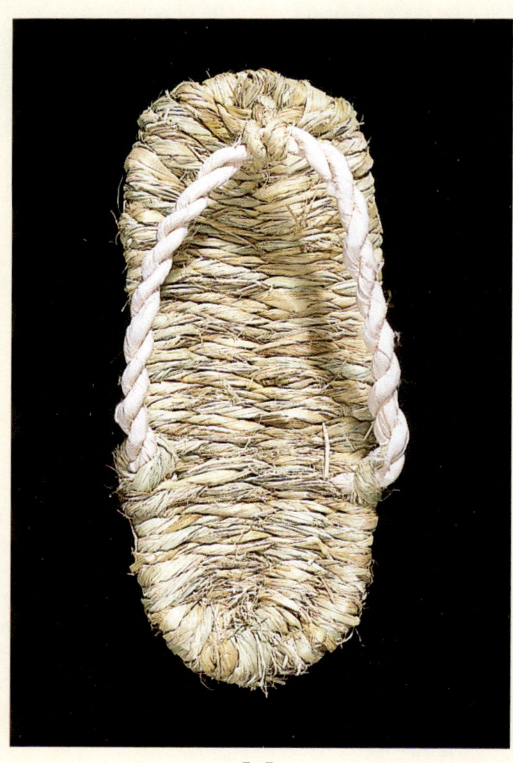

11

稲ワラでつくる人形・動物

ワラでつくる縁起物

引き馬

紐のついた台にワラ馬をのせ，子どもたちが集落中を引き歩く盆の行事。馬は幸を運ぶ動物として崇められており，子どもたちが集落中ひき歩くことで村中の災厄が除かれ，幸がもたらされるという。

ワラの鶴・亀

鶴亀は長寿・招福の動物として親しまれてきた。この鶴亀を一対にした作品もある。

写真上　ワラの引き馬。ワラ馬は祖先の精霊を運ぶとする地域もある
写真下　ワラの鶴・亀。尾は古代米の穂

子どもと楽しむ
ワラ人形・ワラ動物

一握りほどのワラを束ねて形をつくり，黒いマチ針を差し込んで目に見立てた。ワラに初めて接する子どもでもつくれるように，曲げる，巻くなど比較的簡単な操作でできる細工とした。ワラを縛るひもの色やワラの長さ・太さを変えれば，男女，大人と子どもなど，さまざまにつくれる。いろいろに動物を造形しての動物園づくりも，子どもには楽しい。

写真上　ワラ人形
人形の頭の上に伸びているのは，ワラのシベ（蕊）で，愛嬌のある人形になった

写真下　ワラ動物（いずれも長瀬公秀の作品）

犬槐

Maackia amurensis
Rupr. et Maxim.

植物としての特徴

イヌエンジュはマメ科イヌエンジュ属の落葉高木で，高さは15m程度まで生長する。中国東北部，朝鮮半島，沿海州に分布する*Maackia amurensis*を母種とし，本州（東北，関東，中部）から北海道に分布する。

おもに落葉広葉樹林や針広混交林の中に点在しているが，まれに広葉樹林の中で集中して生育することもある。しかし，生長が比較的緩慢で，本種が自生する林内では林冠を形成する上層木の下に位置するため，被圧される（優先木に圧迫される）ことが多い。

利用の歴史

建築用材・枕木から木工芸品へ

イヌエンジュは腐食耐久性や摩耗耐久性に優れているため，かつては建築用柱材や鉄道枕木，農具の柄，機械部品などに使われていた。しかし需要構造の変化や天然林から生産される大径材が少なくなったことから，現在ではこれらの用途としてはほとんど使われていない。最近では床柱材としての利用のほか，木工芸（ウッドクラフト）ブームにより，装飾・工芸品や食器としての価値が高まってきている（表1）。

さらに，樹木は剪定や移植に強く，根に根粒菌を持つため，公園・街路などの緑化樹として利用されている（写真1）。

写真1　街路樹のイヌエンジュ

表1 イヌエンジュの利用

利用部	用途	備考
幹	建築用	床柱，床框，落し掛け，内装材，フローリング
	家具用	指物，鏡台，針箱
	器具用	食器（カップ類，スプーン，皿），盆，菓子器，壺，農具の柄，車両用部品，鉄道枕木など
	工芸用	標札，名刺入れ，ウッドピン，彫刻民芸品など
樹木	観賞用	公園樹，街路樹など
	燃料用	薪炭材

北海道でのイヌエンジュ活用

北海道でイヌエンジュを加工販売しているのは，津別町の津別木材工芸舎，北見市の安藤木材店などである。かつては旭川市や新十津川町にイヌエンジュの工芸品を制作する職人がいたが，現在は生産していない。

北海道オホーツク管内の市町村では，木とのふれあいと地場産業の活性化をテーマにクラフト施設をつくり，技能者の育成と製品の展示・販売を行なっている。これらの工芸関連施設（遠軽町木楽館，遠軽町丸瀬布木芸館，遠軽町生田原ちゃちゃワールド，津別町木材工芸館，北見市オホーツク木のプラザ，置戸町オケクラフトセンター森林工芸館など）は連携して「オホーツク・クラフト街道」を結成している。

一社・オホーツク森林産業振興協会が運営している北見市のオホーツク木のプラザでは，事業の一つとして，オホーツクウッドクラフト振興部会を結成し，クラフトなどの需要開発や高次加工への取り組み，需要拡大のためのイベントの開催などを進めている。さらに，置戸町オケクラフトセンター森林工芸館では，クラフト製品の職人養成のための作り手養成塾を開講して人材育成に努めている。

旭川市にある北海道立総合研究機構林産試験場では，「木と暮らしの情報館」で北海道内各地のクラフト品を紹介しているほか，ホームページで情報発信をしている。

用途と製造法

イヌエンジュの材は緻密で強くねばりがあり，心材に腐れや割れが入りにくい。水分や養分のパイプの働きをする導管が年輪に沿って並ぶ環孔材のため，年輪幅の大きいほうが強度は高い。鋸挽（のこびき）加工性や鉋（かんな）掛け加工性は容易である。大径材は高級床柱材などの建築用や家具用として（写真2），また，中小径材は器具用，工芸用として（写真3，4）利用される。

和風建築のなかでは，長尺の大径材は辺心材色のコントラストを生かした床柱として重用され，床框（とこがまち），落し掛け（おとしがけ）など

写真2 イヌエンジュの床柱材

表面を加工している

流水を思わせる木調

木工品の数かず

1　タンブラー
2　コーヒーカップ，スプーン，ソーサー
3　茶櫃，盛器，サラダボール，碁石入れ，菓子器

1

2

3

にも用いられてきた（図1参照）。心材が暗赤褐色，辺材が淡黄白色で，心材と辺材とのコントラストが明瞭なため，材色の違いを生かした民芸品などにも利用されている。

素材の種類・品種と生産・採取

イヌエンジュの近縁種

イヌエンジュの類似種であるハネミイヌエンジュは本州中部以南の暖帯に分布し，分布域が異なる。ハネミイヌエンジュは，イヌエンジュと同様に材の耐久性の高さや木理（きめ）の美しさのため，建築・器具材として利用されるほか，庭園樹，街路樹として利用される。本州南部から沖縄にかけての暖帯域に分布する同属のシマエンジュは，沿海地や明るい林内に生育し，横に広がって高木とはならない。

イヌエンジュ材はエンジュと呼ばれることがあるが，中国原産のエンジュとは属の異なる別種である。エンジュは街路樹などに利用されるほか，材は暗褐色で緻密なため工芸品などに利用される。また，エンジュにはルチンと呼ばれる色素が含まれ，漢方薬などに利用されているが，イヌエンジュは薬効が期待できない。

苗木の養成とその後の生長

苗木生産は通常播種によって行なわれるが，種子の豊凶の周期が3～5年で苗木の供給が不安定である。種子は10月中旬～11月に褐変した莢ごと採取し，精選後とりまき，または保湿貯蔵して翌春に播種する。精選種子の発芽率は60～70％と高い。

北海道では2年生苗で苗長35 cm程度，3年生

写真3　木彫り
ふくろうの彫り物

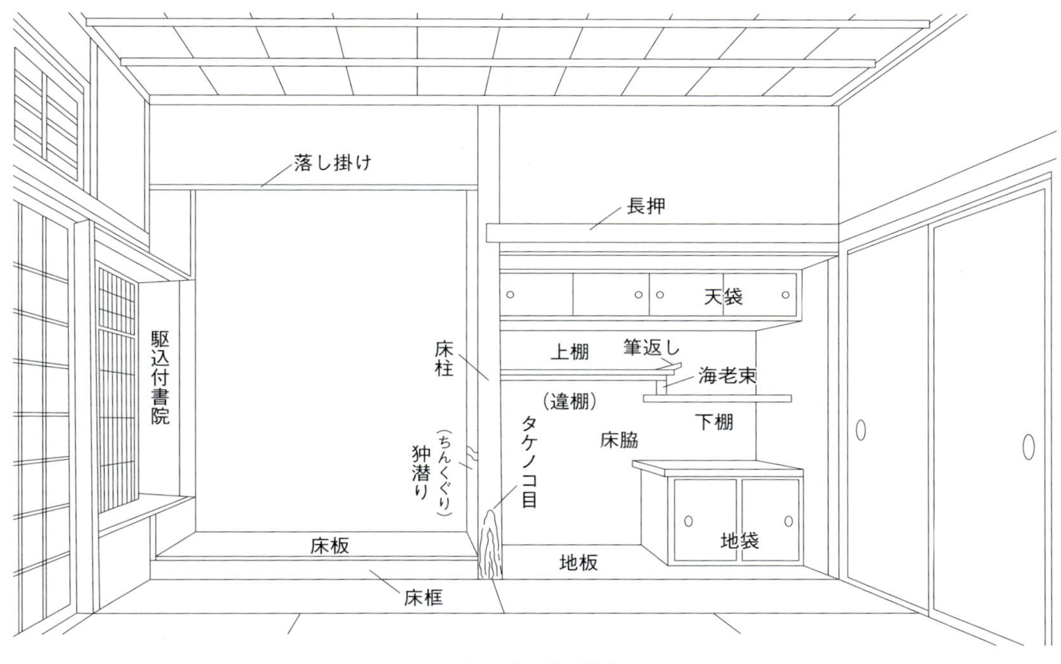

図1　床の間の構造

苗で50 cm程度になる。高さ40 ～ 50 cmの苗木を山地に植栽すると，5年で1～1.5 m程度に生長するが，植栽当初の生長は遅い。また緑化樹としては通常樹高3 m程度の大苗を使用する。根は貯蔵根型で根粒菌を持っているため，生残率は高い。仮軸分枝タイプのため，生育初期には枝と幹の区別がつかず主軸が直立しないので，枝打ち，芽かきなどを行なうとよい。萌芽力が旺盛なので，台切りにより萌芽枝をまっすぐに仕立てる方法もある。

イヌエンジュは挿し木による増殖も可能であるが，樹勢のある若木から穂木を採取しなければ発根率は低く，根量も少ない。

北海道の国有林ではイヌエンジュの多い天然林を遺伝子保存林とし，地表処理を行なって天然下種更新の促進を図ったり，稚幼樹の生長促進のため上層の形質不良木を伐採したりするなどの施業方針を立てているところもある。

器具，彫刻材としては小径木や短尺材でも可能であるが，床柱材に利用するためには直径18 cm以上のまっすぐな材が必要である。北海道の天然林ではこの大きさに生長するために60 ～ 70年程度かかるが，人工造林による密度管理を行なえば収穫までの年数の短縮は可能である。

写真4　イヌエンジュを利用した壺類

イボタロウムシ

Ericerus pela Guerin

生物としての特徴

イボタロウムシ（*Ericerus pela* Guerin）はカタカイガラムシ科に属する1属1種のカイガラムシで，中国では白蝋虫と呼ばれ，学名の種小名pelaは白蝋の中国音ペーラに由来する。分布は日本から朝鮮半島，中国，ロシア，ヨーロッパまでユーラシア温帯地域の広い範囲にわたる。

寄主植物はイボタ，ネズミモチ，トネリコなど，モクセイ科の樹木に限定される。

カイガラムシ類はすべて雌雄で形態が全く異なり，生態や生活環も大きく異なる。イボタロウムシも基本的にカイガラムシ一般に見られる生活様式と共通しているが，孵化幼虫の移動性が雌雄によって顕著に異なることや，雄幼虫の顕著な集合性と多量のロウ（蝋）分泌など，いくつかの点で他のカイガラムシ類には見られない特異な生態をもっている。

イボタロウムシはロシアの寒冷地で2年1世代が知られているが通常は年1世代で，枝に固着・寄生した雌成虫で越冬する。翌春，虫体は径10 mmほどの球形に膨らんで体皮は硬化し，カプセル状の卵嚢（らんのう）となってその中に平均1万2,000個を産卵する（写真1）。卵は4～5月ころ孵化し，卵嚢から脱出した幼虫は雌雄別々に移動して葉面に定着・寄生する。その際，雄では負の走光性と強い集合性を示し，移動性に乏しく親の卵嚢の近くの葉裏に大集団を形成して定着するのに対し，雌では正の走光性と長距離の移動性があり，卵嚢から遠く離れた葉の表面に移動・分散して定着する（写真2，3）。

葉面に定着・寄生した幼虫は1か月足らずで2齢となり，葉面から枝に移動して定着・寄生する。この際，雄は枝を取り巻くように密に集合して寄生し，大量のロウ物質を分泌し，成長とともに厚い白蝋層を形成する（写真4）。写真の白蝋の中に点々と見えるのは親世代の卵嚢である。雄は寄生密度が低すぎると十分な蝋層を形成できずに死滅してしまう。一方，雌は大きな集団をつくることなく主に樹の先端部に近い枝に分散して固着・寄生し，顕著なロウ物質を分泌することなく成長する。

写真1　カプセル状の卵嚢となった雌成虫

写真2　葉裏に定着・寄生した雄1齢幼虫の集団

写真3　葉表に定着・寄生した雌1齢幼虫

枝に定着・寄生した2齢幼虫は，8～9月になると，雄は厚いロウ塊の中で前蛹・蛹を経て1対の翅を持った成虫となるのに対し，雌には前蛹・蛹の時代がなく，2齢幼虫が脱皮すると3齢で無翅の成虫となる。雄成虫には口器がなく短命で，羽化するとすぐにロウ塊から脱出し，固着した雌成虫に飛来して（写真5）交尾をすませて死んでしまうが，雌はその後も枝に固着・寄生したまま成長を続け，越冬して春を迎える。

なお，カイガラムシに見られる前蛹・蛹を経て羽化する雄の変態は，見かけ上完全変態と同じであるが，翅は外表皮が発達して形成されるので副変態と呼ばれ，不完全変態の一型とされる。

利用の歴史

「いぼた」という名は，イボの根元を絹糸で縛った後，熱して溶かしたイボタ蝋を塗るとイボが取れるとされる「イボ取り」から変化したものである。現在の日本ではイボタロウムシの養殖は行なわれておらず，市販品はすべて中国からの輸入品で，イボタ蝋，白蝋，虫白蝋，トバシリ，トスベリ，ヤマオシロイ，水蝋，伊保田，伊保多などとも表記される。中国語では白蜡 (pe-la)，英語では white wax, pe-la, Chinese insect wax などと呼ばれるが，日本で「白蝋」という名前の商品はハゼノキの実から採取した木蝋を日に晒して漂白した蝋を指すほか，パラフィンなどを混ぜた「丸徳イボタ」という安価な普及品もある。純粋なイボタ蝋にも等級があり，一等は白く，割ると粒状になるが，二等は色がやや黄色く，繊維状に割れる。

中国での利用

中国では3世紀頃の『名医別録』（編者不詳）の記載から，医療目的に使われていたようである。蝋型鋳造の青銅器は紀元前5世紀頃から製造されていたほか，漢時代には中国西南部で臈纈（ろうけつ）染めがつくられていたが，その文献での記述は1282～1296年に書かれた周密著『癸辛雜識』が最古である。また，1178年の『嶺外代答』の第6巻の「服用門」には傜（ヤオ）族の藍を使った臈纈斑布の製作技法が記載されている。正倉院所蔵の「羊木臈纈屏風・象木臈纈屏風」は，点蝋技法で染められた幕の一部であるといわれている。

人工的な養殖もこの頃には始まっており，河北

写真4　雄幼虫が分泌形成したロウ塊。点々と見えるのは親世代の卵嚢（トウネズミモチの枝）

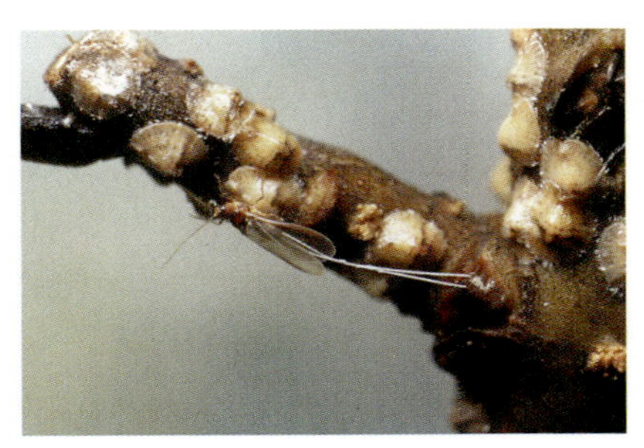
写真5　若い雌成虫に飛来した雄。交尾後に死亡する

省から江南省の淮河の一帯に養殖地が広がっていたという。すでに唐時代には敦煌石窟に残された写経に代表される手書き用の固い黄色い艶紙の巻子への利用も盛んになっており，明代には汪机『本草録編』，李時珍『本草綱目』，徐光啓『農政全書』などにイボタ蝋の利用について記述がある。

中国では蜜蝋を黄蝋（黄蜡），イボタ蝋を白蝋（白蜡）と呼ぶが，漂白された蜜蝋も白蜡といわれることがある。全生産量の90％を産出する最大産地の四川省では「川白蜡」，または「川蜡」とも呼ばれ，工業材料に用いられている。融点が動物蝋のなかで最も高く，流れにくく煤が少ないことから，漢時代から蜜蝋を使って製造が始まっていた蝋燭の材料の主流となった。

明時代にはイボタ蝋が蜜蝋の倍の価格で取引されたことから生産が増加した。イボタ蝋が最初にヨーロッパに伝わったのは1615年で，中国特有の蝋ということから，白蝋の湖南地方の方言 pe-la がそのまま英語名となった。

日本での利用

蔀　関月『日本山海名産図会』(1799) には，「会津蝋」として「本草蟲白蝋といひて奥会津で採る蝋なり是はイボクラヒといふ虫を畜なふて水蝋樹という木の上に放せば自然に枝の間に蝋を生して至く色白し其虫は奥州にのみありて他国になし（中略）又此蝋を刀剣に塗れば久しく志ろく錆びを生ぜず，又疣（いぼ）に貼れば落，故にイホオトシの名あり，今蝋屋に售（う）る会津蝋といふ物真偽おぼつかなし」とあるが，会津地方にはイボタ蝋の生産と利用についての記録が残っていない。

明治初期に日本に滞在したドイツ人のラインは著書『The Industries of Japan』の注釈部分で，同じドイツの農芸化学者で，農商務省の招聘を受け，駒場農学校教授を兼任していたマックス・フェスカ博士の助手が入手したイボタ蝋について，次のように記述している。

「“イボタは主に九州の筑前，筑後，豊前で収穫され，大阪経由で販売される。生産量は全体でも1年にわずか2,000斤（約1,200 kg）である。価格は100斤で30から70円である。日本人はこの油脂を家具の塗装に用いる。”この少量の素材見本をフェスカ教授から送ってもらったが，明るく灰色～白の小麦粉のような柔らかい塊である」

東京に住んでいたフェスカが明治初期のイボタ蝋の主生産地は九州で，その用途は家具の艶出しであったということを述べていることからも，会津での生産と蝋燭利用は疑わしい。

用途と製造法

イボタ蝋の主成分はセロチン酸，イボタセロチン酸，セリルアルコール，イボタセリルアルコールなどである。比重0.97で，ベンゼンやナフサなどによく溶ける。イボタ蝋は他の蝋と比較して融点が高く（イボタ蝋・カルナバ蝋約82℃，蜜蝋62～65℃，ハゼ蝋約52.6℃），その特性を生かした利用が行なわれている。

市販のイボタ蝋

現在日本で市販されているイボタ蝋のほとんどは固形の四角い塊で，蝋の専門店，染織材料店，木工道具取扱店などで購入できる。虫体を含む，

写真6　左：イボタ花，右：純伊保田蝋

写真7　イボタ花を木綿布に包んだタンポ

写真8　ろうそくの比較
左：イボタ蝋で試作されたろうそく
右：一般のパラフィンろうそく

写真9　点火したイボタ蝋のろうそく

枝からこそげ取った柔らかい状態のものは「イボタ花」という名称で，漢方薬店や，漆工材料店で小分けされて販売されている。イボタ花は綿布か麻布に包み，口を縛りタンポ状にし，布目から出る粉末の蝋を利用して木などを磨くのに適している（写真6，7）。

蝋燭（ろうそく）

イボタ蝋を使った蝋燭は白く，高温下でも溶けにくく，燃やしても煤が出にくいということから，中国では明時代に，それまでの主材料の蜜蝋にとって変わった。17世紀の宋應星著『天工開物』には，「蝋燭を作るには，桕（註：ナンキンハゼ）の皮油が上等で，蓖麻の種子，桕混油の一斤ごとに白蝋をまぜて固めたもの，同じく白蝋を入れて固めた諸種の清油（中略）の順である」とあり，1920年の矢野宗幹「白蠟蟲養殖試験」（林業試験報告11）には，「支那蝋燭原料の約1割が本種であり，牛脂または豚脂7～8に白蝋2～3割を混ぜるほか，他の各種蝋燭は点火の際に蝋が溶け落ちるのを防ぐため，この溶液中に入れて外皮を作る」，また，1921年の沖田秀秋著『薬用動物製造学』には，「極上の蝋燭は1ポンドにつき2オンス半（62.5g）の白蝋を含み，劣等品は1オンス（25.0g）以下」とあり，白蝋単独では使用されていなかったようである。

前出の『天工開物』には，「苦竹を切って2つに割り，水で煮てふやけさせた後，小さな竹の箍で合わせ，その中に溶けた蝋を流し込み，芯を差し込み固まったら箍を外して取り出す他，木を削って型を作り，紙を切って一端をその上に蒔いて紙筒を作り，それに流し込む」という方法が記されている。日本では会津で蝋燭がつくられていたとする文献もあるが，イグサの灯心に溶けた蝋を何度もかけてつくる会津の手がけ法では，80℃以上でしか溶けないイボタ蝋の使用は現実的でなく，漆蝋やハゼ蝋を晒してつくられた「白蝋」と混同されていた可能性が高いと考えられるが，福井などで行なわれている木型を使う方法なら製作は可能である。

艶出し，汚れ防止，仕上げ塗布剤

艶出し，仕上げ磨き　桐箱，桐下駄，桐箪笥などの材の白さを残したい桐製品や，琴などの和楽器の艶出しに使われる。美術品を保存する桐箱には，箱に墨書きを行なう場合があるが，親水性があるイボタ蝋は墨書きの文字をはじかないという特性があり，これはほかの蝋では代用がきかない。

琴の製作の場合，桐材の甲の表面をコテで焼いた後，「カルカヤ」というススキの根を束ねた道具を用い，焼け焦げた部分を落として木目を浮き出

写真10　敷居スベリ用の蝋

させ，イボタ蝋で仕上げ磨きを行なう。そのほか，翡翠，ソープストーンなどの石細工，象牙，唐木細工，鎌倉彫の仕上げ磨きにも用いられる。イボタ蝋は素材の組織の奥まで浸透しないため，素材の持つ色や風合いを変えることがない。また，皮革製品にもなじみがよく，中国では靴クリームの材料にもされている。

イボタ蝋を染み込ませた「つやぶきん」　イボタ蝋を木綿や麻布に染みこませた「つやぶきん」というものがあれば，一般家庭での簡単な日常の手入れに使うことができる。東京のタバコ用品販売店でも製造販売されているものが知られているが，1844年の『重修本草綱目啓蒙』には「よく熱した薬罐の上に木綿の布を置き，その上をイボタ蝋で擦れば布目に蝋が入る，これをざっと洗って使う」というつくり方が記載されている。これは，碁の白石，パイプ，木製万年筆の手入れに最適であるという。同じ名称の安価なものには，シリコンを含んだ製品もあるが，長年の使用で器物にシリコンが白く残る場合がある。

敷居スベリ　「トバシリ」，「トスベリ」という別名があるように，滑りが悪くなった敷居に塗ることで障子や襖の開閉がスムーズになる。そのため，敷居の幅に合わせたサイズにつくられたイボタ蝋製品が販売されている（写真10）。

SPレコードの手入れ　SPレコードはイボタロウムシと同じカイガラムシの一種，ラックカイガラムシの分泌物「ラック樹脂（シェラック）」でつくられている。そのため，イボタ蝋の馴染みがよく，イボタ蝋で磨くことで細かい傷を埋めることができ，雑音が減るという。

彫金，鋳金細工の仕上げ　艶を出すだけでなく，金属の表面をイボタ蝋の薄い層で覆うことで錆止めと色止めの効果もある。刀剣への利用は，現在では新刀制作時の最終段階で，超合金の棒で鎬と棟を磨く際の潤滑剤として用いられるのみである。勘違いされやすいが，ドラマなどで見る刀剣の手入れに使われる打ち粉（丁字油をぬぐい取るための内曇砥の粉）は全く別のものである。

掛軸　表具師は，数珠を用いイボタ蝋を掛軸や巻子の裏側に擦り，巻き作業を容易にする。

紙の艶出し，滲み止め　紙の表面に塗り磨いて艶を出すほか，墨や絵具の滲み止めとしても使用されていた。現在では製作方法が不明となっている中国の「熟紙」の材料でもあった。

生糸などの艶出し　繊維を傷めたり変色させたりすることなく，上品な艶を出すことができる。

刃物研ぎ　鑿や鉋の刃の裏押しする際，砥石の右端（右利きの場合）にあらかじめイボタ蝋を塗っておくことで，裏の細い接地面の減りを防ぎ，裏透きを長持ちさせることができる。

染め物，医薬品ほか

ろうけつ染め　中国には漢時代につくられたイボタ蝋を用いたろうけつ染めの布が残っている。高い融点を生かして，ほかの蝋ではできない石垣

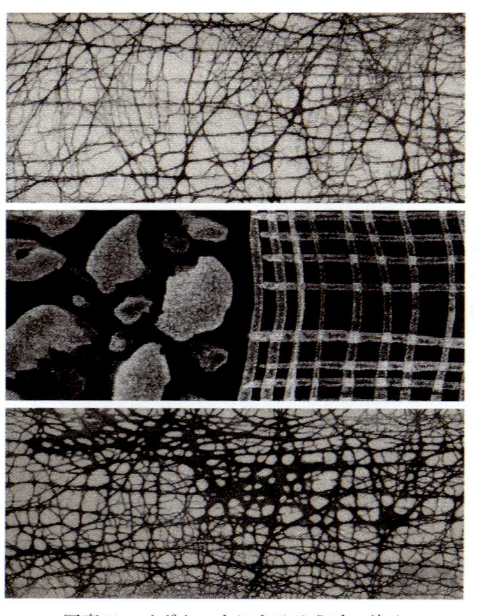
写真11　イボタロウによるろうけつ染め
（提供：田中直染料店）

状の独特の亀裂を入れることができる（写真11）。

偽珊瑚の製造　「林業試験報告11」や『薬用動物製造学』には，イボタ蝋に朱を混ぜて偽珊瑚をつくるという記述がある。

医薬品　その名のとおりイボを取るという民間療法のほか，漢方では止血，痛み止め，生肌，強壮，利尿効果があるといわれている。また，服用しても無毒であることから，丸薬や食品の艶出しや，腐敗しないことから軟膏や膏薬の材料とされていた。近年では高級化粧品の材料にもなっている。

工業的利用　カラーコピーのトナー，高機能プラスチック離型材，電子工業用精密機械の蝋型，防湿，密封，絶縁材，防錆材，潤滑材，マイクロカプセル添加剤などに用いられるほか，蜜蝋と混ぜて模型製作の素材としても用いられる。

イボタロウムシの養殖と白蝋生産

イボタロウムシの養殖

現在，イボタロウムシの養殖が行なわれているのは中国のみで，唐代（10世紀）ころから雲南・四川・湖南省などを中心に伝統的手法によって養殖がなされてきた。養殖のための幼虫接種用の卵嚢は種虫と呼ばれ，養殖においてきわめて特徴的なのは，種虫の生産と白蝋の生産がそれぞれ別の地域で別の生産者によって行なわれていることである。これら両地域が数百 km も離れている例も少なくない。いずれの生産地も換金作物のほとんどない山間部の低収入地帯であり，白蝋と種虫の生産は零細ながらも農家の重要な収入源となっている。

ここでは種虫生産地として雲南省東北端の昭通市炎山地区，白蝋生産地として四川省中央部の峨眉山山麓地域を例に，養殖・生産の様子を紹介する。

種虫の生産　種虫の生産地，炎山は標高1,700 m の山肌にはりついたような寒村で，年平均気温15.5℃，年間降水量730 mm，山間の僻地

写真12　種虫生産地の炎山地区（雲南省昭通市）

写真13　種虫養殖用の種虫接種（トウネズミモチ）

ながら良質の種虫生産地として定評がある（写真12）。種虫生産用の寄主樹木はトウネズミモチで，種虫の養殖に際して雄は種虫の卵を受精させるに必要な個体数を超えた寄生は有害無益な存在であり，雄の排除と密度コントロールが欠かせない。

種虫生産用の種虫はトウモロコシの葉で包み，トウネズミモチの樹幹にくくりつけて接種する（写真13）。この接種位置によって長距離移動が可能な雌だけが葉面に到達できるが，雄は葉面に到達して集団を形成することができず，ほぼ完全に排除されてしまう。ただ，このままでは受精に必要な雄が存在しないことになってしまうが，種虫収穫の際，枝にわずかに取り残した雌から生じた雄集団が受精の役割を果たしている。こうして雄を排除しつつ効率的に種虫を生産するという課題を巧妙な伝承技術で見事に成し遂げているのである。

種虫となる卵嚢は細い枝に寄生して卵がこぼれにくいものが良質とされ，卵の充満した5月初旬頃に枝から剥がして集め（写真14），買い付けに来た生産者や仲買人に売り渡される。

写真14　収穫された種虫（卵嚢）

写真15　天敵の一種。*Chilocorus* sp.

天敵　養殖にあたって，大きな阻害要因となるのはイボタロウムシを食害したり，体内に寄生して殺害したりする天敵である。虫体を食害する捕食性の天敵にはアカホシテントウムシ類 *Chilocorus* spp.（写真15）やヒゲナガゾウムシの一種 *Anthribus lajievorus* などがあり，アカホシテントウムシ類は雌の虫体や雄の蝋塊中の幼虫や蛹を暴食する。

寄生性の重要種には日本にも分布するイボタロウオスヤドリコバチ *Microterys ericeris* がある。イボタロウオスヤドリコバチは，ロウ塊内の雄に寄生するほか，雌の体内にも寄生して種虫として各地に運ばれて増殖する。

白蝋の生産

白蝋の生産地として知られているのは四川省の仏教聖地，峨眉山の山麓一帯で，400年近い歴史をもつ。古くから中国では「高山産虫不産蝋，低山産蝋不産虫（高山地域では種虫を生産できるが白蝋は生産できず，低山地域では白蝋を生産できるが種虫は生産できない）」という言い伝えがあり，生産者の間では種虫と白蝋の別地域生産は常識とされ，白蝋の分泌の多寡も単に標高によるものと考えられてきた。

峨眉山麓の白蝋生産地域は海抜500～900 mにあり，年平均気温14.2℃，降水量1,500 mm，日照時間925時間で，雨が多く，日照の少ない地域であり，イボタロウムシの生息にとっては決して良好な環境ではない。しかし，この成長に不適当

写真16　生産地による白蝋分泌層の違い
四川省の白蝋生産地でも地域の条件によって蝋層に違いがある。左は標高2,000 mの喜徳，右は標高300 mの安康で収穫されたもの

写真17　白蝋の生産地　峨眉山山麓地域（四川省峨眉市）

写真18　峨眉白蝋生産地のシナトネリコの枝に形成された白蝋

な環境ストレスが一種の防御反応として白蝋の分泌を増加させていることが明らかとなった（写真16，17）。

白蝋生産用の樹木は雲南省ではトウネズミモチが用いられるが，峨眉山麓ではシナトネリコが用いられる（写真18）。5月中下旬に，購入した種虫を数個ずつトウモロコシの葉やナイロンメッシュの小袋を使って枝にくくりつける。白蝋生産においては，種虫生産の場合とは逆に雌は無用の長物であり，雌の定着をできるだけ避けるため，種虫は幼虫の孵化開始後2～3日経過し，先に卵嚢から脱出する雌をある程度除去した卵嚢が用いられる。しかし，定着を果たした雌も生育に不良な環境条件に加え，雄が高密度に寄生した枝では栄養不足のためか成虫になるものはほとんどなく，枝には雄の厚い白蝋のみが形成されることになる。

白蝋の収穫　枝に寄生した雄の蝋層は2齢末期に最大となり，脱皮して前蛹になると蝋の分泌も終わるので，前蛹～蛹期の8～9月に収穫する。蝋の着生した枝を切り落し，蝋を手で掻き落としてかごに集め（写真19），鉄の大鍋の熱湯で融かす（写真20）。融けて水面に浮いた蝋を掬って固めたものが「一次蝋」，さらに鍋の底に沈んだ大量の蛹を取り出し，約2mほどの細長い袋に詰めて（写真21）再び大鍋の湯の中で揉みしごきながら虫体内の蝋を抽出したものが「二次蝋」である。

二次蝋の収穫量は一次蝋に匹敵するともいわれる。「一次蝋」はほぼ白色の結晶状であるが，「二次蝋」はやや褐色を帯び（写真22），成分的にも異なるものと考えられるが，これらは伝統的な流通経路を経て混合されたり，あるいは，純白の白蝋に精製されている。

白蝋生産コストダウンの課題　中国におけるイボタロウムシの養殖は，もっぱら伝承技術に支えられてきたが，これら伝統的な技術には多くの科学的合理性のあることが明らかとなり，じつに巧妙な養殖法として伝承されてきたことに驚かされる。しかしこうした伝統的技術も，種虫の接種量，天敵の除去，優良系統の作出，養殖用樹木の剪定・栽培管理など，まだまだ改善の余地が残されている。そして何よりも生産者の生活を保障しながら，種虫と白蝋の同地域生産によるコストダウンをはかることが求められている。

写真19　枝を切り落とし手で掻き落として白蝋を収穫

写真20　蝋塊を熱湯で融かす
蝋塊中には蛹が入っている

写真21　底に沈んだ蛹を袋に詰め，再度熱湯で虫体内の白蝋を抽出

写真22　固められた一次蝋（左）と二次蝋（右）

漆

Toxicodendoron vernicifuluum F. Berkley

植物としての特徴

漆は，ウルシノキから採取される樹液である。学名は*Toxicodendoron vernicifuluum* F. Berkley，マンゴーやカシューナッツと同じウルシ科で，ウルシ属の落葉高木である（写真1）。日本のほか，中国，朝鮮半島にも分布している。日本に自生するウルシ科の植物はほかにツタウルシやハゼノキなどがあるが，樹液を採取して利用するのは主としてウルシノキである。

日本では，九州から北海道まで広く分布している。江戸時代，漆の植栽が盛んにされたため全国各地で見られたが，現在ではごくまれに野生の漆を見ることがあっても，ほとんどは漆の産地である岩手県，茨城県，京都府，岡山県などごく限られたところでしか目にしなくなっている。

写真1　ウルシノキ

ウルシノキには，イチョウと同様に雄木，雌木があり，4～5月ごろ葉が出て，5月下旬～6月ごろにそれぞれ雄花，雌花を咲かせる。9～10月になると，雌木に種子ができる。

日本の漆の成分は，主成分はウルシオールで，糖タンパク質，ゴム質，ラッカーゼ，水分が他に含まれる。主成分の量は，外国産に比べ多いという。

また，東南アジアでも漆と似た樹液の採取をしている。北ベトナムや台湾で採れるものは，ベトナム漆（安南漆）や台湾漆といい，ハゼノキの一種から採取している。その主成分はラッコールである。ミャンマー，タイ，ラオスでは，黒樹（ブラックツリー），ビルマウルシから，カンボジアや南ベトナムなどでは，カンボジアウルシから採取しており，どちらも主成分はチチオールである。

日本で流通している漆のほとんどは外国産（主に中国産）であり，日本産はわずか2%程度でしかない。そのうち岩手県（二戸市浄法寺町）が7割強の産出量を誇っている。ウルシノキの本数も岩手県が一番多く，他の産地は掻く木の本数を抑えながら，植林を行なって増殖させているところである。

利用の歴史

樹液の利用

漆と人のかかわりは，石鏃（せきぞく；石の矢尻）などを矢に付ける接着剤に利用したのが始まりとされている。出土品では，福井県若狭町鳥浜貝塚（縄文時代草創期～前期）から出土した約1万2,600年前の漆の木片，東京都東村山市下宅部遺跡（縄文時代後期～晩期）から出土した漆液採取跡のある杭がある。他の遺跡からも漆塗りの弓，櫛，土器，腕輪など縄文時代には様々な漆塗り製品が出土している。縄文時代の漆工は，赤色漆が特徴的で，水銀朱と弁柄が使われていた。

弥生時代に入ると，弓や櫛などのほか，短甲にも塗られたものが出土してくる。古墳時代に入ると，それまでの祭祀用具や装身具などのほか，漆塗りの盾や刀装具といった武器武具の出土も多くなり，夾紵棺（きょうちょかん；布地を重ね，漆で固めてつくった棺で，乾漆〈麻布を重ねて漆で固めた漆工芸品〉の手法でつくられる）も7世紀ころからみられるようになる。この技法は大陸から伝わってきたとみられ，その当時の大陸との関わりを考えるうえでの興味深い漆工品となる。

飛鳥・奈良時代には，大陸の新しい技術が導入され，大陸文化の影響が漆工作品に色濃く出てくる。この時代には，法隆寺の玉虫逗子がつくられているほか，正倉院の宝物になっている螺鈿（らでん；貝殻の内側を薄片にして漆器や木地の表面に嵌め込んだ工芸品）の施された琵琶など多くの漆芸品がもたらされたりした。螺鈿，平脱（へいだつ；金銀の薄い延べ板を貼りこむ技法の漆芸品），金銀絵などの技法も伝わる。この頃から漆部連（ぬりべのむらじ），漆部司（ぬりべつかさ）といった官設の漆芸組織が組まれたり，漆液を徴発したりしている。平城京の跡地からも漆塗りの飲食器が出土しており，当時の生活を彷彿とさせる。また，寺院の仏像製作などにも使われ，乾漆像も多くつくられた。奈良時代の漆工品には，ほとんど赤色の漆が用いられていないのが特徴である。

平安時代に入ってからは，遣唐使の廃止に伴い，大陸文化の影響が少なくなり，日本独自の技法である蒔絵が発達し，調度品に多く用いられた。螺鈿も宇治の平等院や平泉の中尊寺金色堂など建造物にも取り入れられた。

鎌倉時代は，蒔絵，螺鈿ともにより発達し，武家の台頭とともに豪壮なものがつくられた。また，漆器も普及し，鎌倉市内の遺跡をはじめ広島草戸千軒町遺跡など地方の遺跡からも漆絵の描かれた漆器が大量に出土したりしている。室町時代には，蒔絵の技法が完成したといわれ，その技術の高さは江戸時代まで続いた。明との勘合貿易により，堆朱（ついしゅ）の技法ももたらされ，禅の思想や茶道の様式美に漆芸品が影響した。戦国

写真2　漆器

時代になると，西欧との交流が生まれ，西欧人好みの蒔絵を施した漆芸品がつくられ，南蛮漆器として輸出された。それらは，多くの西欧人を魅了し，王侯貴族たちがこぞって蒐集していた。

江戸時代に入ると，町人文化が花開き，絢爛な漆芸品がつくられた。本阿弥光悦や尾形光琳といった有名な工芸家も生まれた。また，各藩でウルシノキの植栽の奨励も盛んに行なわれ，現在も漆器の産地として有名な輪島塗，会津塗，香川漆器などの産地が生まれた。

明治以降は，藩の保護もなく，小さな漆器の産地はどんどん消えていき，漆器が高級なものとなり，庶民の生活から離れていってしまった。

現在の漆の使い道は，工芸品と呼ばれる芸術作品または文化財の修復となっている。

用途と製造法

漆の性質

ウルシノキから採れる樹液は，昔から塗料や接着剤として利用されてきたが，現在では主に塗料として用いられている。胎（たい；素地）の保護はもちろんのこと，見た目の美しさも漆のもつ優れた性質である。ペンキなどの塗料と異なり，硬化するのに水分を必要とするが，他の溶剤が不要，酸やアルカリに強い，熱に強い，抗菌性がある，絶縁性がある，接着力に優れているといった特徴がある。

また，王水（濃硫酸と濃硝酸の混合液）でも溶けないが，紫外線に弱く，紫外線を受けると塗膜が分解され，最後には土に戻ってしまう。非常に

環境にやさしい素材であるとともに，硬化の際ほかの溶剤を必要としないため，シックハウスなど健康への影響が少ない。

しかしその一方で，漆は多くの人がすぐ思い浮かべる「かぶれ」を引き起こす。これは皮膚とウルシオールが接触した際に引き起こすアレルギー反応である。患部は，炎症による熱を伴い，かゆみ，腫れ，水泡を生じさせる。特に皮膚のやわらかい部分（腿の内側，手首など）に起こりやすい。漆が手についたことを知らず，気がつけば全身にかぶれが及んでしまったということも少なくない。

直接漆に触れなくとも，木の下を通っただけでかぶれる弱い人もいれば，全くかぶれない人もいる。塗師のような漆に携わる職人でも，かぶれることはある。何回かかぶれるうちに徐々にかぶれの程度は軽くなる。筆者も1年で4回かぶれたことがあったが，回を重ねるごとにかぶれの程度が軽くなり，治りも早くなっていた。

漆の種類と用途

荒味漆　ウルシノキから採取された漆（荒味漆；あらみうるし）は，木の皮といったごみや水分が多くそのままでは塗りには適さない。漆は，採取される時期により呼称が異なる。6月下旬～7月中旬に採られたものは初漆（はつうるし），7月下旬～8月末までのものは盛漆（さかりうるし），9月の初め～末までのものは末漆（すえうるし），10月初め～中旬のものは裏目漆（うらめうるし），10月下旬～11月にかけて採ったものは止め漆（とめうるし）という。現在では需要がほとんどないので，おおよそ9月いっぱいで漆掻きを終える人が多い。

ウルシオールの含有量　それぞれ成分量や性質が異なる。初漆は，盛漆に比べ乾きが早くて水分量が多く，盛漆は乾きは初漆に比べ遅いが，山吹色で艶がよく，ウルシオールの成分量が一番多い。末漆は，盛漆より色味が白っぽくなり，粘りが強く，肉持ちがよい（塗膜が厚くなる）という。

また，漆の性質は職人によっても異なり，また同じ職人でもその年々の天候により同じ時期の漆でも成分量などが異なる場合がある。

ナヤシ，クロメによる生漆の改質＝精製漆　荒味漆からごみを取り除いたものが生漆（きうるし）で，これは摺り漆や下地に使用される。

さらに生漆の成分を均一化し（ナヤシ），水分を飛ばし（クロメ）たものが精製漆と呼ばれ，これに油を添加したり，顔料を混ぜたりしている。それらは，中塗り，上塗りなどに利用される。

ナヤシは，生漆を攪拌し，含まれる粒子を細かくする作業で，ウルシオールと糖タンパクの結合を促進させ，塗った漆器の表面の光沢をよくし，刷毛目が残らないようにする目的で行なわれる。クロメは，約40℃前後に温度を保ち，攪拌させながら水分量を当初の10分の1程度まで減らす作業である。現在では上部からヒーターなどで加熱しているが，かつては炭火や夏場の天日を利用していた。クロメを行なうことで，ウルシオールの重合をはじめとした様々な化学反応が起きやすい状態をつくり，堅牢な塗膜をつくる働きを高めている。

現在では，精製工程の研究・改良が進み，3本ロールミルを用いた漆の精製やかぶれない漆などが生まれている。

なお，漆器の製造については項を改めて紹介したい。

樹液以外の用途

実の利用──漆ろう，ワックス，コーヒー　関西など西日本ではハゼの木から蝋を採取していたが，東北地方では漆の実から漆蝋を採取し，ろうそくや鬢付け油，口紅の原材料としていた。江戸時代は，漆だけでなく漆蝋も，他領持ち出しを固く禁じられていたようである。

お雇い外国人として来日していたE. S. モースは，その著書『日本その日その日』のなかで，岩手県二戸地域を通過した際に目にした漆蝋の搾り取り作業について述べている。岩手県一戸町にある御所野縄文館には，復元された蝋搾りの道具が展示されており，モースが見た作業風景を思い浮かべることができる。過去には実際にそれを用いて蝋搾りの実験がなされている。

写真3　ウルシノキの林

また，浄法寺地域では，麻袋に漆の実を入れ，ワックスの替わりに校舎の床磨きに利用していたという話もご年配の人からよく聞く。そのほか，蝋成分を除去し，中の種を炒って煎じた漆の実のコーヒーもつくられたりしている。しかし現在では，ろうそくを使用することがないため，実の利用はほとんどない。

二戸市浄法寺町の歴史民俗資料館では，アバギ（漁業の定置網用の浮き）とともに，穂状についた漆の実を一粒ずつバラバラにする漆の実落としという道具や，層になっている様子を観察できる搾られた蝋の塊も展示されている。浄法寺周辺に来られることがあれば，御所野縄文博物館とともにぜひ訪れていただきたい。

花，新芽，樹皮の利用　実以外では，花を焼酎に漬け込み，漆の花の焼酎をつくったり，漆の新芽を天婦羅にして食べたりしている人もいる。商品化されたものとしては，漆の花から集めた蜂蜜がある。かぶれることはなく，くせがないので様々な料理に使いやすい。また，ウルシノキは漢方薬ともなっており，韓国では，ウルシノキの皮を鶏肉と煮込んだオッタック（漆鶏）という料理がある。

材としての利用　木材部は，軽くて耐水性が高いことから，昔は漁業の定置網用の浮き（アバギ）として，北海道から九州まで全国に出荷されていた。漆を掻き採ったのち伐採されたウルシノキからアバギをつくる作業は，冬期間の漆掻き職人の副業となっていた。しかし，プラスチックやガラス製のものが出てくるとその需要は減り，昭和30年ころから使われなくなった。そのほかにもブドウ畑の杭や家の周囲の垣根杭に利用されていたが，今では木材の利用はほとんどなく，漆掻き職人が薪ストーブの燃料として使う程度にとどまっている。

ウルシノキの木材部は，密度，強度ともに一般に使用されるスギやカラマツと同程度で，加工性がよいと考えられ，材が黄色いという特徴をもっている。建築材として利用するには，15～20年程度で伐採してしまうため直径が小さく不適ではあるが，花器や名刺入れなどに加工されている。材の黄色は，ポリフェノールが含まれていることに起因し，抗酸化性や抗菌性などの性質をもっている。この成分を利用した漆染めも行なわれている。

樹液の採取＝漆掻きの工程

以下では，岩手県二戸市浄法寺町での漆掻きについて述べていく。

採取時期と採取量　ウルシノキは，浄法寺町では植栽してから15～20年たったものを掻く（写真3）。だいたい1升瓶の底の太さぐらいが目安である。なお，温かい地方では，10年ほどで掻くこ

写真4　漆掻きの道具

左から，タカッポ，カンナ，ヘラ，カマ

堅くなった樹皮はエグリで傷をつける

タカッポにヘラを使って漆を集める

とができるという。

漆掻きは，気候や地域の違いによって期間には若干の差があるが，おおむね6月の入梅前ごろから10月または11月までの約半年間に，漆掻き職人によって行なわれる。職人は，通常シーズンが始まる前に木の所有者と契約して原木を確保し，1シーズンでおおよそ400本のウルシノキから漆を採取する。日頃からウルシノキの植栽されている場所を探しておくことが肝要で，適当な太さになると所有者と交渉し，事前に購入することになる。

そのシーズンに掻き採る木の本数が決まると，場所や地形などを考慮して，一般的には4等分し，4日間ですべてのウルシノキを回れるようにする。これを四日山という。こうすると，5日目ごとに新しい傷をつけられることとなり，前につけられた傷からウルシノキが回復する時間を持たせることで，より多くの漆を採取できるようになる。ただし，職人や本数によって何日間で回るかは異なってくる。

木の生育状況や職人の技量により採取される漆の量は異なるが，20貫目（約75 kg）採取できれば一人前といわれる。ウルシノキ1本からは，1シーズンでだいたい200 gくらい採取できる。

採取道具　漆掻きの専用道具には，カマ，カンナ，ヘラなどがあり（写真4），腰につけた道具袋に入れて作業を行なう。カマは，「皮はぎカマ」などともいい，木の粗皮を削って幹の表面を滑らかにし，傷をつけやすくする。カンナは，カマズリした箇所に傷をつける道具で，先端が二又に分かれた特徴的な形をしている。ヘラは，傷から滲み出てきた漆を掻き採る道具である。採取した漆は，タカッポやカキタルと呼ばれる採取した漆を入れる容器に入れる。

このほか，エグリ（裏目掻きの際に，カマの代わりに使われ，堅くなった樹皮を削る），ゴングリ（タカッポから木樽に漆を移す際に使用する）などがある。

カマ，カンナなどの刃物は鍛冶職人から，漆を貯蔵しておく木樽は樽職人から購入するが，刃物の柄付けやタカッポは，職人が自分で作製する。また，カンナの曲がっている部分の幅とヘラ先の幅を合わせるといった道具の微調整も自分で行なう。道具の使い方や手入れの仕方などは職人個々で異なる。

「殺し掻き」と「養生掻き」　漆掻きの大まかな流れは，山入り→目立て→上げ山→辺掻き→伐採である。このような掻き方を「殺し掻き」という。この方法は，明治時代に福井県から出稼ぎに来た漆掻き職人たち（越前衆）によって伝えられたものである。生産量が増え，その分収入も増加するので，浄法寺町の漆掻き職人たちの間に広まったという。彼らのなかには浄法寺町にそのまま定住する人もいて，現在もその子孫が住み続けている。同時に，浄法寺でそれまで使っていた漆掻き道具より優れた道具も伝えられた。

殺し掻きが伝わる以前の江戸時代は，数年に一度の頻度で1本のウルシノキから樹液を採取する「養生掻き」が行なわれていた。この方法では，採取できる樹液の量は少ないが，漆の実を多く採取することができた。実を蠟燭の原材料として利用していたため，樹液の採取よりも優先させた方法である。

殺し掻きの手順　以下では，漆掻きの工程（殺し掻き）について述べていく。

山入り　6月初旬ごろにウルシノキの周囲の雑草などを刈り払う。安全な足場を確保し，ウルシノキの風通しをよくし木が乾きやすくする目的で行なわれる。

目立て　入梅のころ6月中旬に行なわれる。1辺目（漆の傷は，1本，2本ではなく，1辺，2辺と数える）。これ以降にウルシノキにつける傷の基準になるとともに，木にこれから漆を掻くことを知らせる作業ともなる。1本の木には，おおよそ左右5か所ずつ，計10か所の傷がつけられる。その場所は，それぞれの木を見て決めていく。

このときはキミズ（生水）という漆が乾く成分が出てくる。舐めると甘いといわれている。2辺目，3辺目と作業が進むにつれ，だんだんとキミズの量より漆の量が多くなっていく。

掻き方　まずカマで皮をはぎ（カマズリ），はぎ終わったらカンナで傷をつけていく（写真5，6）。漆がにじみ出てきたら（写真7），ヘラ（写真8）で漆を掻き採り，タカッポへ溜めていく。カマズリの際は，幹の白い部分を出さないように注意する。はぎすぎて幹が出たところに日光が当たると日焼けして乾燥してしまうからである。カンナも漆の出る部位より深く入れすぎないように注意しないと，木を弱らせてしまう。

傷は全体として，卵型あるいは扇型になるよう，木の太さを見てつけていく。

上げ山　6月下旬に花が咲いたころ，2本目の傷（2辺目）をつける作業（写真9）。目立てよりも長くつける。

辺掻き　6月下旬～7月中旬（2辺～7辺前後）は初辺（はつへん），7月下旬～8月末（8辺～18辺）は盛辺（もりへん），9月の初め～末まで（～22辺前後）のものは末辺（すえへん）という。

作業は目立てや上げ山と同じであるが，特に盛辺のころは漆がよく出てくるため，決まった本数

写真5　カマで削る

写真6　カンナで傷つける

写真7　ウルシノキの樹液

写真8　ウルシを掻き採るヘラ

写真9　上げ山

（たとえば10本）に傷をつけ1回漆を掻き採り，次の決まった本数に傷をつけ，その間に出てきた漆をまた掻き採るという作業を行なう。だいたい1本の木から3～4回掻き採る。

漆掻きの勘どころ　漆掻きは，雨の降っている日しか休みにならず，真夏は早朝から日没まで作業を行なう。雨の日に漆を掻くと，ゴマが入り（傷に黒い斑点が生じた状態），それ以降漆が出なくなる。晴れや曇りであっても，木が濡れているとき，極端に寒いときなど，作業をすると木によくないと思われるときは作業をせず，木が乾くまで待ったり，木を休ませたりする。盛辺で多くの漆が採れるよう，初辺の頃は木の状態を見ながら弱らないよう木を育てていく。初辺の3辺目くらいからだんだんとカンナで傷をつけた後，メサシを入れていき，盛辺の頃は傷全体にメサシを入れる。曇りや雨の降りそうな日は，漆の出がよいという。

また，日中のとても暑い時間帯（昼から午後3時くらいまで）は，熱中症を避けるため，作業は行なわない。

上記以外に，裏目掻き，止め掻き，枝掻き，根漆といった作業もあるが，手間が多く採算がとれない，需要がないといった理由から現在は行なわれていない。

漆の採取が終了すると，伐採を行なう。こうすることで，翌年の春に切株や根から萌芽樹が出てきて，林が再生されていく。

中国など海外では，養生掻きを行なっているようである。幹にV字に傷をつけ，漆を掻き採ったり，あるいは竹筒などに漆が溜まるのを待って採ったりしている。

素材の種類・品種と生産・採取

種類・品種

ウルシノキには，一般に品種がないといわれている。産地によっては漆のよく出る木を親木として増殖しているところもあり，森林総合研究所を中心に漆のよく採れる優良系統を選抜する研究が進められている。品種ではないが，漆掻き職人によると，樹肌の違い（モチ肌，ナシ肌）により採れる漆の量が異なるということである。

植林

適地と植栽時期　ウルシノキを植栽する場合，漆掻きを行なう際に漆がよく出るよう育つ場所を選ぶ必要がある。植える場所は，水はけがよく，土壌養分に富んだ土地が理想である。研究によると，成長がよい場所は，主に傾斜上に分布する褐色森林土であり，酸性度が高い土壌では成長がよくないという。酸性土壌では苦土石灰などを用いて，土壌pHを矯正する。

植栽本数は，1ha当たり800～1,200本を目安にする。ウルシノキは陽樹で，かつ被圧の影響を受けやすいからである。杉のように密植すると，成長するにつれて光の取り合いとなり，互いの成長が妨げられる。わずかな接触，被圧でも木同士が枯死するおそれがあるので，適正な立木密度が重要となる。

植栽する時期は，春または秋の2回である。春は，桜の開花の少し前，概ね3月下旬から4月中旬までに，秋は雪の降る前，11月上旬から中旬までに植え付ける。植え穴の深さを30cmほどにし，覆土後は軽く土を踏みながら一周し，根固めをする。さらに上に軽く土をかぶせておく。刈り払いのときに誤って刈ってしまわないよう竹などを目印にさしておく。

繁殖──実生法，分根法　植栽する苗は，種子から育てる方法（実生苗）と根から育てる方法（分根苗）の2つある。

実生法　実生の場合は発芽しにくいので，きちんとロウ成分を除去する。漆がよく採れたウルシノキから実を採取し，1か月間乾燥させて，果皮を除き翌年の春まで通気のよいところで乾燥させる。4月中旬から下旬の時期に，濃硫酸（濃度98％）に浸けて10分間棒でかき混ぜ乾燥した種子の表面のロウ成分を除く。温水によるロウ成分除去は，発芽率では濃硫酸処理に比べ落ちるようである。

脱ロウした種子はよく水洗いし，ときどき水を変えながら1週間水に漬けてから播種する。発芽した後11月ごろに仮植えし，次の春，展葉する前に床替えをして，1年間養生して植栽する。

分根法　分根の場合は，漆がよく採れたウルシノキに目印をつけておき，翌春早くにその木から根を掘り取る。鉛筆サイズの根がよく，やや斜めにして30 cm間隔で植え付け，上部の切り口が隠れる程度に土をかぶせ，分根と土の間に隙間ができないよう軽く土を押さえておく。およそ4週間で芽が出てくるので，成長のよい苗木を植栽用に育てる。一度に大量の根を集められないが，漆の出のよい木を選べば，その性質をそのまま受け継がせられる。

苗木植栽ではないが，掻き採られたウルシノキは最後に伐採されるが，次の春に切り株の周辺から新たに出てきた芽を育てる方法もある（萌芽更新）。その場合，切り株から出てきた芽は折れやすいので，そこから少し離れた所から出てきた芽で，ぐらつかないものを選んで育てていくとよい。萌芽更新したものは，苗木を植栽したものよりも成長が早く，採取までの期間が短くなる。また，費用の面でも下草刈りなど保育管理の費用だけで済むので，あまり負担がない。

栽培管理

よく漆を産出するウルシノキを育てるには，施肥や下草刈りなどの保育管理が重要である。施肥は，植栽地が元耕作地であったかどうかで変わる。

植栽してから4～5年くらいまでは，雑草の被圧を防ぐために刈り払う。最低でも年1回は行なう。6年目以降であっても，つる被害や害虫被害を避けるため，根元周辺の刈払いは行なうこと。アケビ，クズなどのつる植物は，日光が当たりにくくして成長を阻害したり，幹に巻きついたり，あるいは雪折れの原因になったりするので，注意する。枝打ちは，漆の生産に必要な葉が少なくなってしまうので，生育に支障がない限りあまり行なわない。

ウルシノキの病害には白紋羽病，炭疽病，樹液異常漏出，虫害にはクスサンがある。

白紋羽病は，ウルシノキを枯死させるので，早急に対応する。罹患すると，葉が黄色く変化する，早くに落葉する，葉が萎れて枯れるといった症状を呈する。罹患した木があった場合は，根ごと掘り出すようにする。土中に根が残っていると，そこから周囲に感染していくので，細い根もきちんと除去する。

炭疽病は，葉や葉柄などが侵され，被害が進展すると葉が枯れて脱落する。特に若いウルシノキで被害を起こしやすい。

樹液異常漏出は，枝や幹から人為的に傷をつけていないにもかかわらず，漆が流出する病気だが，有効な処置もまだ見つかっていない。

クスサンは，幼虫が大発生するとほぼすべての葉が食い荒らされてしまうので，1匹でも見かけたら農薬を散布する。早急な対応が必要である。その年に掻かない木であっても，木が弱るので，次の年の漆の出方はよくないという。

また，近年はニホンジカやツキノワグマなど動物による苗木の葉の食害や樹皮を剥がれるといった被害も多く，防御柵や電気柵で被害を防ぐところもある。漆掻きのシーズン中は，クマとの遭遇の危険性も高いので，爪痕や毛の付着を見つけたときには要注意である。

浄法寺漆器

由来と歴史

縄文時代晩期の遺跡である是川遺跡（青森県八戸市）から漆塗りの土器や漆塗りの飾り弓などが出土しているように，岩手県を含む陸奥は，ウルシノキが豊富な地域だったようである。奈良時代から漆の産地であったようで，陸奥殿から漆を購入したとの記載がみられる。こうした記録により，浄法寺地域は漆の産地であったのではないかと考えられるが，いつの時代から漆の産地であったのかは定かではない。

浄法寺塗の起源がいつかは明確ではないが，一説によると浄法寺町にある天台寺に起源があるといわれ，漆を使った「天台寺」の勅額（伝聖武天皇の宸筆），吉凶を占う筮竹（ぜいちく）を入れた筒などの寺宝が残されている。天台寺の僧侶たちが自分たちでつくっていた什器を参拝者らに供するようになり，漆器とともに塗りの技術も庶民に広まったといわれている。そうして広まった漆器は，「御山御器（おやまごき）」と呼ばれ，現在もその名が伝わっている。これらは，飯椀・汁椀・皿の三ツ椀を指し，御器とはいうものの普段使いのもののことである。

なぜこうした呼び名がついたかは，かつて天台寺の例大祭の日に境内の露店で漆器が販売されていたため，「漆器＝御山」として庶民の生活に浸透したから，といわれている。御山とは，天台寺のある山の敬称である。

写真1　浄法寺漆器

この地域では，江戸時代に入ると盛岡藩の領内に組み入れられ，ウルシノキの栽培が盛んに奨励された。金箔を貼った雅な「箔椀」がつくられ，藩主への献上品とされた。

明治時代になると，江戸時代につくられていた箔椀は廃れるが，「御山御器」をはじめとした庶民の漆器は，大正・昭和にかけて需要が高くなり，海外にも販路が広がったという。

しかし，生活様式の変化により，戦後大きく衰退し，いったん昭和30年代に途絶えてしまったが，昭和50年代に入り，漆器づくり復興の運動が始まった。岩手県工業試験場（現岩手県工業技術センター）の援助もあり，浄法寺塗が復興されたが，かつて浄法寺地域で製作されたものとは下地などが異なる。

現在，伝統的工芸品に指定を受けている「浄法寺塗」は，二戸市浄法寺地区や八幡平市安代地区，滝沢市，盛岡市を含む地域でつくられている。

浄法寺漆器の各種製品と特徴

主に浄法寺地域でつくられているのは，御山御器と呼ばれる飯椀・汁椀・皿の三ツ椀である。特に椀は，江戸時代には，この地域で箔椀がつくられ藩主に献上されていた。こぶくらと呼ばれるどぶろくを飲むお椀を小型化したものや，よだれかけの飾りが付いたひあげ（片口）もつくられた。また，虎塗りと呼ばれる黄色地にろうそくの煤で模様を描いた漆器が製作されたり，皿に銀杏や桃などの絵柄を描いた絵皿も戦前まで盛んにつくられたりしていた。

現在でも椀がこの地域では製作されているが，弁当箱やシャープな形の漆器，箸，匙なども製作されている。

浄法寺漆は，岩手県二戸市浄法寺地区で採取される漆のことで，国産漆の生産量の7～8割を占めている。採取される漆は，外国産の漆に比べ，乾きが遅いが，発色がよく，硬化すると非常に硬くなるという特徴をもっている。特に塗ってから2年後にぐっと硬くなると話す塗師もいる。

そうした浄法寺漆を使ってつくられた浄法寺の漆器は，普段使いの器として製作されているものがほとんどなので，食卓に馴染むように，シンプルで使いやすいデザインを追求している。大半が無地の朱，黒，溜色の単色である。また，仕上げの研磨をしておらず，塗師たちは「塗師の仕事は7割までで，あとの3割は使い手が完成させる」と言う。長く使うほどに美しく磨かれていくのが特徴の漆器である。

製造方法

一般的な漆器の製造工程は，大まかにいうと下地付け→下塗り→中塗り→上塗り→磨きとなるが，上塗り後に磨きを行なわないものもある。産地にもよるが，たとえば輪島塗のように各工程に専門の職人がいて一つのものをつくり上げる分業制をとっているところもあれば，全工程を1人で行なっているところもある。また原料の漆は，すべての工程で浄法寺漆を使用している場合もあるが，製作者によって異なるので，購入の際は確認されるとよい。

浄法寺漆器の製造工程は，木固め→下塗り→研磨→中塗り→上塗りである。下の写真によって工程を追ってみよう。

浄法寺漆器の製造工程

1　木固め：木地をサンドペーパーでよく磨いた後，漆をしみこませる。
2　下塗り：精製漆にベンガラを混ぜてつくった下塗り用の漆を塗る。
3　研磨：硬化させた後，塗り重ねたときの漆の密着をよくするため，研ぎ炭や耐水ペーパーで研ぐ。
4　中塗り：塗って研いでを7～8回繰り返す。
5　上塗り：ごみをつけないよう，上塗り部屋で最後の塗りをする。磨きは行なわない。

蚕

Bombyx mori L.

写真1　カイコとクワコの成虫（白いほうがカイコ）

生物としての特徴

家畜化された昆虫カイコ

カイコ（チョウ目カイコガ科，*Bombyx mori* L.）は，ガの仲間の昆虫であり，成虫には羽もあるが，飛ぶことはできない。カイコの先祖にあたるクワコ（*Bombyx mandarina* Moore）から，できるだけ多くの糸を吐く虫を選んで育てるということを繰り返しているうちに，クワコとはちがう性質や形をもつ虫になってしまったのである（写真1）。

クワコはエサを探して活発に動き回り，成虫は空を飛ぶ。しかしカイコは人間がエサを与えるまでじっと待っていて，エサをもらえないと死んでしまう。ニワトリが空を飛べなくなったのと同じように，カイコも家畜化された昆虫なのである（写真2）。

カイコは，牛や羊と同じように人間に飼われることにより，野生とは違う性質をもつようになった家畜といえる。世界各地に養蚕が広まり，発展を続けてきた結果，それぞれの土地ごとにマユの色や形，性質が違う品種が生まれた。

カイコは，形蚕（かたこ）といい，白い幼虫の背中に黒い斑紋があるものが多いが，中国系の品種には，姫蚕（ひめこ）という斑紋がないものがある。幼虫の体型も日本の品種は比較的細長いのに対し，中国の品種はずんぐりしていることが多い。インドや東南アジアのように暑い地域の品種は小さいが丈夫で病気にも強い。

マユの形は品種によって決まり，楕円形のもの，真ん中がくびれた俵型のもの，細長く伸びたもの，球形に近いものなどがある。マユの形は，幼虫の体型に則してつくられる。

日本のマユは真ん中が少しくびれた細長い俵型が多いのに対し，中国の品種はまるいマユをつくるものが多い。インドや東南アジアなど暑い国のカイコのマユは概して小さく柔らかい。マユの色は白が多いが，中国や朝鮮半島には赤や緑がかった黄色いマユをつくる品種がある。ヨーロッパには，肌色のマユをつくるカイコもある。

写真2　カイコとクワコの幼虫（5齢）

カイコの幼虫

クワコの幼虫

利用の歴史

写真3　時代によるマユの大きさの比較。2つずつ組で，左から江戸時代，明治時代，現代。次第に大きくなっている

シルクロードを通じて伝播

カイコを飼いマユをつくらせ，絹を得る養蚕は，古代（紀元前3000年ごろ）の中国で始まり，のちに世界に広まったと考えられる。中国からヨーロッパにつながる内陸交易路はシルクロード（絹の道）と呼ばれるが，これは交易の中心が絹であったことに注目した近代ドイツの研究者による命名である。

絹を手にしたヨーロッパ人たちはその軽さや美しさに驚き，つくり方を知りたがったが，それは長い間，謎であった。中国の皇帝がカイコや養蚕技術を秘密にして，その国外持出しを厳しく禁じていたからである。しかし長い年月の間には，カイコの卵や養蚕技術が国外に漏れ伝わり，シルクロードに沿って世界中に技術が広まった。

絹は中国から日本や東南アジア，インドなどにも運ばれた。日本の古い文献には，西暦195年ごろ朝鮮半島からきた功満王がカイコの卵をもたらしたことが記録されている。

また2,000年以上前の弥生時代の遺跡から絹の布が発見され，中国の歴史書にも，邪馬台国での養蚕の記録があることから，遅くとも弥生時代の中ごろには日本に養蚕技術が入ってきたと考えられる。

日本でも古代から養蚕に取り組んできたが，江戸時代までは絹の生産は国内の分だけでは足りず，中国から輸入していた。海外への絹の輸出は江戸時代末期からのことで，ヨーロッパで微粒子病というカイコの病気によるマユの生産激減が，日本からの輸出が増える契機となった。

品種改良で大きくなったマユ

江戸時代末期から現代までマユの大きさは，次第に大きくなっている（写真3）。明治時代の初めまでは，できるだけ大きなマユをつくるカイコを選んで育てることを繰り返し，品種改良に取り組んだ。その後，中国やヨーロッパの品種との交配で新しい品種が作出された。1906（明治39）年，東京帝国大学の外山亀太郎がメンデルの法則に従った研究をすすめ，カイコの品種改良は急速に進んだ。

現在，農家で飼育されているカイコは，2種類の品種をかけあわせた卵から生まれた一代雑種が使われる。これは外山亀太郎が発見した手法で，別々の品種を掛け合わせると，その子どもは親の品種よりも丈夫で大きくなる性質を利用したものである。この発見はマユの生産がほぼ倍増するほど画期的なものだった。

外貨獲得の象徴としての生糸を支えた「女工哀史」

明治政府は殖産興業を進めるため，率先して外国の進んだ技術を導入した。政府は養蚕を奨励するとともに，海外の最先端の設備による官営製糸工場を群馬県富岡市に設けるなど，技術の普及・改良に力を入れた。その結果，マユの生産量は増加し，絹糸の品質も向上していった。日本の殖産興業政策はヨーロッパの工業国に追いつき，軍備を増強（富国強兵）するには，輸出による外貨の獲得が必要だった。その代表格が生糸であり，最盛期には日本の輸出額の半ばを占めている。

こうして明治時代に養蚕・製糸業は花形産業となった一方で，実際にカイコを飼う養蚕農家の人たちや製糸工場で働く人たちは大変な苦労をしたといわれる。まだ労働基準法もない時代のこと，製糸工場の女工の多くは農村の娘たちで，小学校を卒業するかしないかのうちに働きに出た。仕事はとても厳しく，粗末な食べ物で1日12時間以上も働かされて，体を壊したり亡くなったりする女工もいたといわれる。

日本は昭和の初めごろまでは世界一のマユ生産国だったが，合成繊維の発達などにより衰退した。現在，世界でマユの生産が最も多い国は中国であり，インド，ブラジル，中央アジアの国々がこれに続いている。

用途と製造法

私たちが着ている衣服は，綿，ウール，アクリル，ポリエステルなど色々な繊維素材でつくられている。絹もそうした繊維素材のひとつだが，他の繊維にはない，さまざまな優れた特徴がある。

絹の特徴

最高級生地のシルク＝絹織物の原料は，カイコの幼虫がサナギになるときにつくるマユからとる絹糸である。カイコのマユは1本の長い糸でできており，長いものでは1,500 mにも及ぶ。絹は，独特の光沢をもつ美しさに加え，軽さ，しなやかさ，強さ，適度な保温性，吸湿性など，繊維としての優れた性質をもっている。

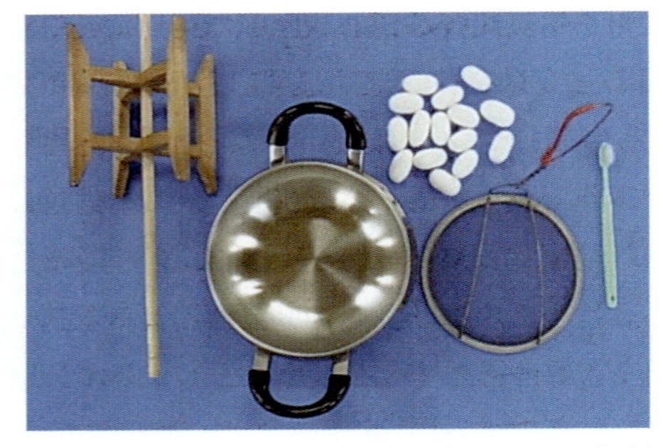

写真5　必要な道具。乾繭，歯ブラシ，金網，鍋，糸車（糸枠）

絹はとても薄くしなやかな布をつくることができるが，これは絹が非常に細く長い繊維からできていることによる。1本の繊維の太さは1 mmの100分の1しかないが，その長さは800～1,500 mにも及ぶ。

細いけれどもとても強く，絹糸の引っ張り強度は同じ太さの鋼鉄と同程度であり，ナイロンやポリエステルといった化学繊維よりもはるかに強い。

写真4　絹織の着物

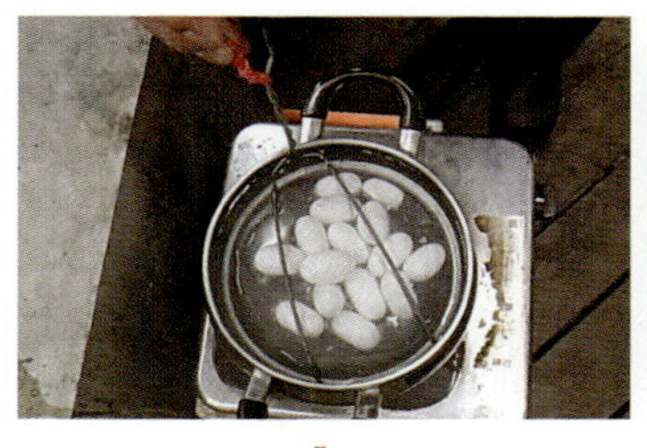

1

2

3

4

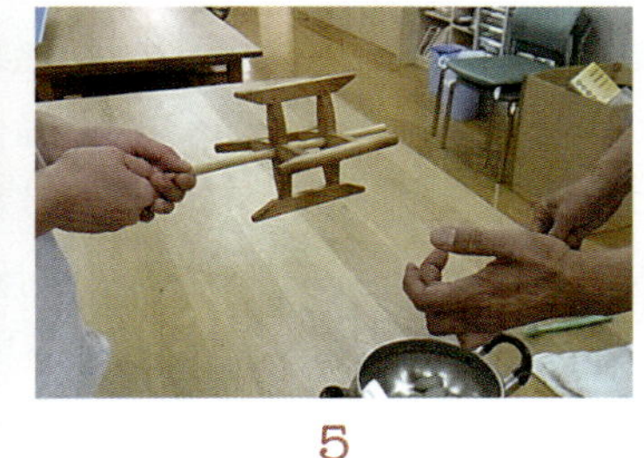

5

マユから糸をとる

1　鍋にマユがつかるくらいの量の湯をわかし，沸騰してきたら，マユ（乾繭）3～10個を入れ，上から金網のザルを沈めてマユが完全に湯の中に浸かるようにする。
2　沸騰させて3分ほど煮る。
3　鍋の湯の中にマユを浸けたまま，歯ブラシでマユの周りをなでるように回していくと，先端に糸がからみついてくる。
4　マユの糸口をいくつかみつけたら，引っ張っていくと，やがてきれいに糸がたぐれるようになる。1本だけだと切れやすいので，3～5個のマユの糸口をまとめてたぐる。
5　たぐった糸を糸車に巻き付けていく。二人一組で，一人は糸車の軸を持ち，もう一人が糸車を回して巻き取っていくとやりやすい。

こうした優れた性質の秘密は，絹がフィブロインという特別なタンパク質からできていることにある。フィブロインの分子が規則正しく並んでいるから，しなやかでありながら強い。タンパク質でできているから汗を吸いやすい。繊維の断面が三角形で，繊維と繊維の間に空気をためることができるため保温性がよい。絹の布に光沢があって美しいのは，繊維の三角形の断面が内部で光を反射するからである。

絹の用途

絹は，その優れた特長を生かし，着物をはじめとする絹織物やドレスなど高級衣料の素材として使われることが多い（写真4）。絹づくりはカイコを育て，マユをつくらせるところから始まる。マユが完成し，カイコが蛹になったら，乾燥後，湯や蒸気で煮熟し，糸をとっていく。女性の和服を1着仕上げるためには，約2万6,000個のマユが必要といわれる。

マユから絹糸をとる

用意する道具は写真5に示すものである。①マユを煮る鍋。②金網ざる：鍋の中にすっぽり入るサイズ。マユを湯の中に完全に沈めるために使う。

③割り箸：マユの糸口を探すために使う。幅広の側の端から1cmほどをカッターナイフなどで細かく裂き，ブラシ状にする。写真5にあるように，歯ブラシでもよい。

④糸車：六角形に切ったボール紙2枚と割り箸を組み合わせてつくる。絹糸の巻き取り用。

マユから絹糸をとる手順は，上の写真のとおりである。

素材の種類・品種と生産・採取

カイコの種類・品種

カイコの祖先であるクワコは，中国，朝鮮半島，日本など東アジアの山野に広く分布している。日本のクワコと中国のクワコには少し違いがあり，カイコの祖先となったのは中国のクワコである。日本でも近くに桑の木があるようなところなら，野生のクワコが飛んでくることがある。クワコとカイコは互いに交尾して卵を生むことができ，その卵は孵化して成虫まで育つ。

カイコの親戚にあたるガの仲間のなかにも立派なマユをつくる種類があり，そのいくつかは野外で飼育してマユをつくらせ，糸をとるのに利用されている（野蚕という）。たとえば日本では緑色のマユをつくるヤママユガ（写真6），中国ではサクサン，インドではタサールサンやエリサンなどである。中国にいるサクサンは，ヤママユガに似ているが，マユの色は茶色で，野蚕のなかでは最もマユの生産量が多い。

インドにはタサールサン，ムガサン，エリサンという3種類の野蚕がいる。タサールサンは大きくて固いマユをつくる。ムガサンはサクサンに似た野蚕である。

エリサンはヒマやキャッサバ，シンジュの葉を食べる野蚕で，日本でも第二次世界大戦中に飼育されたことがある。

ヤママユガは天蚕とも呼ばれ，クヌギの葉を食べてきれいな緑色のマユをつくる。このマユからとった糸はきれいな金色で，高級な織物ができる。

カイコからマユができるまで

マユになるまでのカイコの成長は右の写真で見るとおりである。

カイコの卵には休眠卵と非休眠卵があり，孵化の時期が違う。産卵後2～3日たっても色が変わらず黄色いままなら，非休眠卵か未受精卵である。非休眠卵は10～14日で孵化する。産卵後黄色い卵が2日くらいで茶褐色～灰褐色になれば，休眠卵とみてよい。休眠卵は3か月以上5℃の低温に置かないと孵化しない。

孵化したばかりの幼虫は，毛が生えているので毛蚕（けご）ともいう。蛹化は5齢になって行なう。この間，カイコのエサは新鮮なクワの葉，無農薬の葉でなければならない。人工飼料としてダイズの絞り粕の粉末とクワの葉の粉，澱粉，ビタミンなどを混ぜてつくったものも販売されている。人工飼料では1本（500 g）でカイコ7～10匹を飼える。

カイコのマユは床面と壁面がある場所につくられる。このため，5齢になったら早めに，マユをつくりやすいように4 cm×3～5 cm区画の個室を厚紙でつくっておく。7～8日すると頭をあげて糸を吐き始めるものもある（熟蚕という）。熟蚕はマユづくりのための個室に移す。

絹糸をとる場合は，蛹化した時期に冷凍庫に一晩入れたあと，直射日光の当たる場所に1週間ほど置き，乾マユにする。これが糸紡ぎの原料となる。

卵

幼虫

成虫

写真6　日本の野蚕であるヤママユガ

カイコからマユになるまで

1　カイコガの成虫。羽化してマユから出てくるところ。
2　メス（左）とオスの交尾。
3　産卵
4　卵。孵化の2～3日前に卵の一部に青黒い点を残して灰青色になる。孵化前日には青黒い点が消え全体が灰青色になるので，パラフィン紙などに包み室温に置く。
5　孵化直後の1齢幼虫。毛蚕ともいう。孵化を確認したら，きれいな紙の上に置くようにする。
6　1齢幼虫。幼虫100匹に与えるクワ量は1日目が朝晩で5g，3日目には7g（大きい葉で2枚）程度。
7　4齢幼虫。与えるクワ量は1日目で50g，5日目では160g（大きい葉で40枚程度）となる。
8　5齢幼虫。1日目のクワ量は180g，9日目には540g程度を与える。5齢になると急に大きくなるので30㎝四方に50匹くらいを目安にスペースを確保する。箱の掃除は毎日行なうこと。
9　マユづくり。5齢幼虫は7日もするとクワの葉を食べなくなり，やがて糸を吐いてマユをつくり始める。マユは3日ほどで完成する。
10　マユを吐き始めたカイコの5齢幼虫。
11　蛹化。マユをつくり始めて4～5日すると，マユの中で脱皮して蛹になる。
12　羽化。蛹になってから10～15日でマユの中で羽化し，マユから出てくる。ちなみに幼虫はマユを取り除かれても羽化できる。

柿渋

利用の歴史

柿渋とはカキの未熟果を潰し，圧搾して得た液を発酵させてつくる褐色の液体のことである。この液体には多量のカキタンニンと，発酵の過程で生成された酢酸，酪酸，プロピオン酸などの揮発性有機酸が含まれ，特有の柿渋臭を有する。

柿渋は乾燥すると容易に不溶性の強靭な皮膜を形成し，防水・防腐効果をもたらすため，古くから，木製品・和紙への塗布や麻・木綿などの染色に利用され，漆に匹敵する塗料として重要な役割を果たしてきた。

漁網，養蚕用具，醸造用搾り袋，染色用型紙などの生産用具や，渋紙，紙衣，和傘，渋団扇，漆器などの生活用具をつくるうえで必須とされ，特に自給自足的な農山漁村の生活においては日常的に用いられてきた。

近世の農書などの文献史料からは，柿渋の利用と生産が盛んに行なわれ，カキが食用とともに柿渋採取用としても栽培されていたことがわかる（図1，2）。主な産地としては，備後（広島県），山城（京都府），武蔵（東京都・埼玉県など）が知られる。しかし，戦後，合成繊維や合成樹脂塗料が普及することにより，柿渋の用途は激減し，現在は清酒製造における除蛋白を目的とした清澄剤としての利用が大半を占めている。

柿渋の伝統的利用の諸形態

漁網への利用　漁網には，戦後になって，ナイロン製の網が登場するまでは，麻や綿糸などの天然の繊維が使われていた。天然繊維の漁網においては，網の腐蝕を防止し，いかに長持ちさせるかが漁具管理上大きな課題であり，様々な工夫がなされてきた。その主なものに網染めが挙げられ，化学染料が登場するまでは，網染めのほとんどはタンニン成分を多くむ樹皮や果実から得たエキスが用いられた。明治後期に南洋諸島に繁茂するマングローブなどの樹皮から採取した「カッチ」が輸入され普及するまで，柿渋は最も重要な網染め剤として使われてきた（写真1）。

なお，これらの柿渋をはじめとする網染め剤は，漁網だけではなく釣り糸にも用いられ重要な役割を果たしてきた。

木製容器への利用　木製容器は土器，陶磁器などとともに，わが国における食器として重要な役割を果たしてきた。木製食器の代表的なものとして，椀や曲げ物などがあげられるが，これらに漆が塗られたものは，美しさと堅牢さを兼ね備えた漆器として，古くから日本人の生活とは切り離せないものとなっていた。

漆器造りは，素地（漆器の器胎をつくる），髹漆（きゅうしつ；漆塗りを施す），加飾（蒔絵や螺鈿〈らでん〉などを施す）の3つの工程からなってい

写真1　柿渋で染められた壷網（魚津市立歴史民俗資料館所蔵）

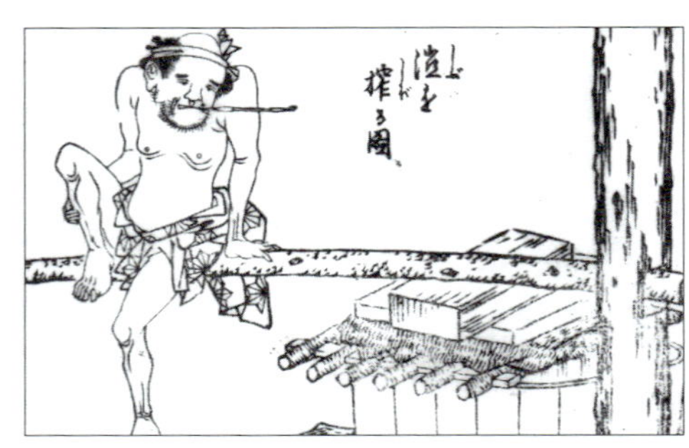

図1　柿渋を搾る図　大蔵永常『広益国産考』

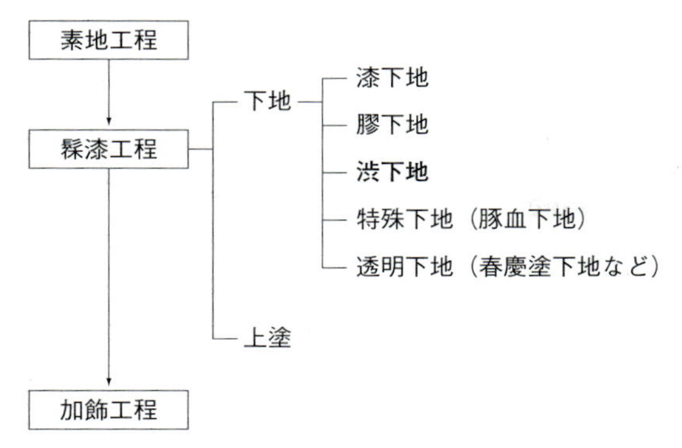

図3　漆器の製造工程と渋下地

る（図3）。

柿渋は，髹漆工程の下地工程において，渋下地という技法のもとで用いられてきた。下地にはいくつかの種類があるが，最も本格的だとされている生漆に砥粉（とのこ）などの下地粉を混合したものを下地として塗る漆下地と，生渋に炭粉などを加えたものを素地に塗る渋下地が主であった（写真2，3）。渋下地は漆が素地に過度にしみ込むのを防ぎ，高価な漆を節約できる。この技法は漆器考古学の知見では11世紀に遡るとされ，廉価で比較的堅牢度の高い漆器生産が可能となり，柿渋が漆器普及に大きな役割を果たしたと考えられている。

衣類への利用　現代の日常生活においてほとんど見られなくなったが，昔の暮らしのなかでは，柿渋が防水・防腐効果を持つことから，布や糸の染色に用いられていた。柿渋で染めることは「渋染め」といわれ，近世の『雍州府志』（1684年）はじめ幾つかの文献に見ることができる。18世紀中葉に刊行された『日本居家秘用』（1737年）には，「渋染乃法」として詳しい記載がある。同書は日

写真2　和歌山県の黒江漆器の渋下地塗り工程

写真3　黒江漆器の椀と膳

用の知っておくべきことを略説したものであり，近世中期において，渋染めは各家々において日常的に行なわれていたと推察される。

和紙製品への利用　和紙は日本の風土に培われ，つくられてきたもので，古くから日本人の生活のなかで利用され，日常生活に欠かせないものであった。和紙が日常生活において頻繁に用いられた時代には，防水，防腐効果とともに強靭さを増すために，柿渋が和紙に塗布処理された。日用品としての渋紙，紙子，和傘，渋団扇のほかに，小紋染めや紅型染めなどで使われた型紙などがあげられる（写真4～6）。

柿渋を和紙に利用した最も原初的形態は渋紙

図2　柿油（渋）をつくる図　『教草』（1873年）より

写真4　近世末期の紙子長着
（紙の博物館所蔵）

写真5　伊勢型紙（南部芳松・作，鈴鹿市所蔵）

写真6　柿渋が塗られた江戸時代の版本の表紙

であると考えられる。近世初頭の『日葡辞書』には，「Xibucami（シブカミ）荷物を包むためなどに，青柿の汁で貼りつけた厚紙」と記載された「シブカミ（渋紙）」の項目が見られ，補強を目的として柿渋が利用されたことを示唆している。江戸後期の風俗誌の基本文献とされる『守貞謾稿』には「渋紙・敷衾売り」の項があり，塵の除去や防虫効果について触れられており，敷物として用いられた記載がある。敷物としての利用は，渋紙利用の歴史のなかで最も遅くまで残り，昭和の時代にも使用され，利用価値が高かったことが推察できる（写真7）。

紙子は和紙を糊で貼り合わせ，柿渋を塗って干しあげ，良く揉んで，砧打ちし，衣服に仕立てたものである。江戸中期以後，安価な紙が出回るようになり，庶民生活に紙が入ってくると，紙子は暖かく，安価なため庶民生活によく利用された。当時の庶民層の衣生活を支えていたといっても過言ではない。

建築塗料としての利用　柿渋が建築塗料として用いられたのは，防水・防腐効果を期待したもので，『建築大辞典・第2版』には「渋塗り」という項目があり，「柿渋を塗った仕上げ。含有タンニン酸による防腐効果がある。主として木造外壁に塗る」と説明されている。『図説建築用語事典』には「生渋には水分が80%，揮発酸，タンニンが5%含まれ，塗布されると揮発酸や水分は蒸発，揮発し，タンニンが酸化され赤褐色の皮膜を生じ，水やアルコール不溶のものとなる」と防水・防腐効果が現われる仕組みについても記している。また，日

写真7　反故紙に柿渋を塗り，貼り合わせてつくった敷物
床板の上にこれを敷いて使った（京都府宮津市上世屋）

本建築学会発行の『学術用語集　建築学編』にも「渋塗りastringent juice work」として挙げられているところから,「渋塗り」は一般的な技法であったと考えられる。

江戸時代末の民家の下見板などの板塀に墨渋を塗ることが日常的に行なわれており,柿渋は当時一般的な塗料であったことが窺い知れる。

1917（大正6）年,古くからの柿渋生産地備後因島の柿渋造りを記した「因嶋の柿漉製造法（下）」（『果樹』175号）では,大正初期における柿渋の主たる用途として,従来の漁網染色や和紙の塗料などとともに,家屋や船舶への木材塗料としての利用があげられ,大正時代においても柿渋が一般的な塗料として利用されていたことがわかる。

しかしその後,明治時代に導入されたクレオソートやペンキが普及することで,塗料としての柿渋は急速に姿を消していくことになる。

醸造用資材への利用　酒づくりにおいて,柿渋は,搾り袋（酒造の場合は酒袋と呼ぶ）の染色剤,木桶などの酒造用具への塗料などとして用いられてきた。柿渋による酒袋の染色については近世前期の文献史料にみることができる。

搾り袋：酒袋とは醪（もろみ）を入れて搾って酒を得るときに用いる袋で,容量は5～9Lである（写真8）。醪の入った酒袋を酒槽（さかふね）に並べ重ねて入れ,圧搾するので槽掛（ふなかけ）とも呼ばれた。酒袋には,戦後ナイロンやビニロンなどの合成繊維製品が開発されるまでは,木綿の太糸を荒目に織ってつくった袋を柿渋で染色したものが使われていた。搾り作業を行なったまま放置すると,木綿の繊維の撚りが戻り,目詰りを起こしてろ過しにくくなるので,毎年,夏季に柿渋で染色し直された。これは「渋染め」と呼ばれ,玉渋（製造後,1年以内の新渋に対して古い渋のことをいう）を希釈した液に酒袋を浸漬し,天日で乾燥させる作業である。通常,これを数回くり返す。

酒袋を渋染めするのに必要な柿渋量は,一個半仕舞（酒を仕込むうえでの1単位で,米の量では15石）当たり3,000枚の酒袋が必要で,1枚につき3～4回浸漬して渋染めされるのが普通であり,少なくともこの用途に厖大な量の柿渋が使われていたことが推察できる。

写真8　酒袋

なお,酒袋のほかに,醤油製造用の搾り袋も酒袋と同様な方法で柿渋で染色された。この渋染めの技術については,明治後期の粕酢製造の文献である『粕酢醸造論』（丸善）のなかに詳しい記載が見られる。

醸造用具：酒造用具である木桶や小道具類,室（むろ）の中の床や壁板にも柿渋が塗られた。昔,造り酒屋のなかには,柿渋を自家生産していたところがあり,敷地内に渋ガキが植えられていたということもあった。

白ボケ酒への対処法として：白ボケ酒というのは,麹中の酵素蛋白が火入れ後,貯蔵中に,次第に変性・不溶化して白濁した酒のことである。その対処法として柿渋を添加することが昔から酒造家の間では言い伝えられており,慣習的技術とされていたようである。

製茶での利用　明治時代後半から大正時代にかけて製茶機械が普及する以前,茶はもっぱら手揉みによって製造されていた。渋紙が製茶の幾つかの工程で用いられたことが伝統的製茶法の重要文献である『製茶図解』（1871年）からわかる。

乾燥の終わった茶葉は渋紙の上へ移され,茶葉を選別する工程では渋紙が張られた大箕（おおみ）が使われる。茶を遠方へ送るとき用いる素焼きの茶壷と茶櫃（びつ）にも用いられ,茶壷の外側と茶櫃の木箱の内外に幾重にも張られた紙には柿渋が塗られていた。また,焙炉（ほいろ；内部に木炭などの熱源を置いた製茶の揉乾操作用の炉）による手揉みの場合，焙炉の上に載せた木枠に強靭な和紙を張った助炭（じょたん）の上で揉捻乾燥された。この助炭の底の和紙には丈夫にするために柿渋が塗られている。

宇治茶で著名な上林春松家14代目で，宇治・上林記念館長でもある上林春松氏は，「製茶用具と柿渋の関係は古く，現在でも柿渋を用いることは多く，箕などは全て和紙に柿渋を刷いたものである。また，葉茶壺の口覆いにも渋紙が使われている」と言われる（写真9，10）。

写真9　葉茶壺の口覆いに用いられた渋紙
（宇治・上林記念館所蔵）

写真10　現在も使用されている渋細工の「ぼて」と「箕」

柿渋の現代的利用──清酒清澄剤

現在，柿渋のメーカーは京都の南山城地方を中心とした数社と大阪の1社のみである。近年，塗料をはじめ，染色など多方面で利用されているが，多くを占めているのは清酒製造での清澄剤である。清澄の定義は，1997（平成9）年の国税庁長官通達によれば，「酒類の精製工程において，酒類中に存在する混濁物質，および混濁物質の生成要因となる原因物質を除去し，酒類の透明度を向上させたり，混濁の発生を予防することをいう」とされている。

清澄の方法には柿渋などを使う物理的清澄法とプロテアーゼを使う酵素的清澄法とがあるが，多くの場合，物理的清澄法が用いられている。近年の清酒の生産量の減少に伴い，柿渋の清澄剤としての利用は少なくなってきてはいるものの，柿渋の現在の主たる利用法が清澄剤であることには変わりない。

清澄剤としての利用の歩み　昭和40年代になると，瓶詰め清酒のサエとかテリが注目されるようになり，このサエやテリを良くするために，柿渋を用いた清澄法が広く行なわれるようになり，柿渋の需要は増加した。また，昭和40年代後半には，防腐剤のサリチル酸の添加が禁止され，これも柿渋の需要を更に増加させる一因となった。

清澄剤としての柿渋についての研究が体系的になされたのは，昭和40年代に入ってからで，この研究を通して，天然物である柿渋が持つ清澄剤としての優位性が確認されることとなったのである。

清酒清澄剤としての柿渋の品質に関わる研究は，国税庁の醸造試験所を中心に行なわれてきたが，1980年代半ばに，従前からの課題であった「異臭の無い柿渋製造法」が確立されたことは特筆すべきことであろう。従前の柿渋は，搾汁後，自然発酵のため，酢酸・酪酸などの揮発性有機酸が生成され，その結果，柿渋特有の異臭が発生するのが通常であった。新しい方法は，柿渋の優良な原料ガキである「天王」から分離された強力な酵母を用いて発酵させることで，異臭の発生を抑えた。

これは醸造分野での利用にとどまらず，ガム類や口中清涼剤などにおける食品素材として食品分野での利用拡大に貢献するものとなった。

清澄剤利用の現状　代表的な物理的清澄法である柿渋を用いる方法では，沈澱を促進するために柿渋とともにゼラチンが使われ，原酒1kL当たり，500 mL前後の柿渋が用いられる。酒の中には柿渋，ゼラチンの順で投入される。そうすると，まずカキタンニンは酒中の混濁物質（タンパク質）と化学的に結合し，フロック（微小凝集体）を形成して不溶化・白濁する。後に投入したゼラチンはカキタンニンと結合し，フロックはさらに大きくなり，不溶化して沈降する。また，柿渋は「玉渋」と称される十分熟成させた柿渋である。ただ，近年の特徴として，従来，大半を占めた柿渋による方法のほかに，二酸化ケイ素を用いる方法が増加してきていることがあげられる。

いずれにしても，これだけ科学技術が進歩し，様々な化学物質の開発が進んでいるにもかかわらず，天然物である柿渋が優位性をもち続けているのには驚くばかりである。

これからの柿渋の利用

柿渋は，先人の日常生活ならびに多方面での生産活動において必須の物資であったが，戦後その利用は極めて限られたものになっていた。しかし，20年ほど前から，柿渋の有用性が見直されるようになってきている。

今後の柿渋利用の可能性を示唆する2，3の特徴的な事例について述べる。

木材保護塗料としての柿渋　近年，住宅・建築関連の雑誌では建築塗料としての利用について，目立ったものではないが，木材保護塗料として，しばしば見かけるようになってきている。ただ，柿渋の建築塗料として利用するうえでの実証的研究は数少ない（写真11）。代表的な報告について紹介しておく。

漆とともに柿渋が他の地方に比べて高い頻度で建築塗料として利用されていた石川県の林業試験場の小倉光貴氏らによる「自然素材を用いた保護処理木材の機能性評価」（2006年）である。同報告では，「漆，柿渋，ベンガラ，蝋など天然物由来の塗料について，市販の木材保護塗料と比較して，表面性能については概ね遜色ない性能を有し，屋外耐候性能については顔料の添加により，2年程度の耐候性能が認められた」としている。「まとめ」において，「柿渋を屋外における木材の保護塗装に用いる場合，ベンガラなどの顔料を混合し，2年以内に再塗装を行なう必要がある」と，実際に利用するうえでの留意点が明示されていることは注目しておきたい。

柿渋で地域づくりに取り組む宮城県丸森町　10年ほど前から，地域振興の一環として柿渋の製造と利用を取り上げようという市町村が出てきており，いくつかの県，市，町の取組みに関わらせてもらった。ここでは，宮城県丸森町の事例を簡単に紹介しておく。筆者は，（一財）地域総合整備財団の新分野進出など事業のアドバイザー（2005年度）として関わった。

当該地区である丸森町大張地域は生糸生産と干し柿づくりの古い歴史があり，干し柿づくりは現在も続けられており，この地方では名の知れた「ころ柿」の産地である。古くは柿渋を製造・利用していたが最近では製造技術も途絶えていた。そこで，地域経済の活性化に活かす目的で，柿渋製造事業に取り組むこととなった。

大張地区は山間部で過疎などの問題は深刻で，2004年に地域振興を目的とした会（まゆっこ・かきっこ）が発足し，柿渋づくりを復活しようとする取組みがされてきていた。筆者は2005年度，3回にわたり実施された「柿渋講習会」の講師を務めた。その後，会として精力的に製造に取り組み，数年後には，製品をつくりあげられるまでにこぎつけた。その後も製品の品質向上に向けて研鑽を積んできた。2011年の東日本大震災とそれに伴う東京電力福島第一原子力発電所事故では困

写真11　建築塗料として柿渋を用いた住宅
（専門学校職藝学院）

難な局面がもたらされたが，会の結束した努力でそれも乗り越え，現在に至っている。

最近のことは，『現代農業』(2014年8月号）の特集「アク・シブ・ヤニこそ役に立つ」において，「カキ畑を守り，新たな特産に　みんなで柿渋つくっぺや」として紹介されている。同会事務局長である鎌田実氏によれば，「現在，会の動けるメンバーは限られてきてはいるが，在庫の柿渋が足りなくなるほどの人気である。昨年には，柿渋原料のカキを安定的に確保できるように，自分の畑に<蜂屋柿>を50本植えた」と話される。担い手が減少するなかで，5年，10年先を見据えて着実に歩を進めていることには感服するものがある。

その他の動向　日本経済新聞の文化欄（2005.11.15）で，「柿渋の妙味再び色づく」というテーマで取り上げられた折には，自動車の車体メーカー，米袋製造業者などからの問い合わせを受けた。これ以外にも，包装資材，水質浄化資材関連会社などからの質問を受けたことがある。

また，2人の外国人の訪問を受け，柿渋について話す機会があった。世界的な視野に立って柿渋を考えてみるうえで，その一人Valentine Dubard氏について紹介しておく。Dubard氏はルーブル美術館の一部であるパリ装飾美術館で紙の修復家の経歴があり，家人の仕事の都合で来日が決まった折，館長から同館所蔵の型紙（約1,500枚）の調査の依頼を受けた。まずは，文献目録の作成から始め，東京芸術大学や江戸小紋の染色家が所蔵する型紙を実見した。これら染色家からの聞き取りのなかで型紙の技法について学び，そこで欠くことができない柿渋を知るに至ったという。筆者が訪問を受け，柿渋について話をしたのは，2007年で，おりしも，翌年は日仏交流150周年にあたり，「<型紙>の新たな可能性を求めて－日仏交流プロジェクト－」というプロジェクトが組まれていた。

この訪問はDubard氏によるところの「柿渋旅行」の一環で，翌2008年にかけて行なわれた。内容は，京都，大阪と岐阜の柿渋製造家を訪ねて柿渋を搾る工程を，京都の染色家宅では染色現場を見学し，三重県の伊勢型紙製造業者も訪問している。また，富山県・石川県の柿渋が塗料として使用されている住宅などを見学し，さらに，愛媛県の柿渋原料ガキの生産農家まで足を延ばしている。こういうなかで，一層柿渋への魅力は強いものとなっていった。フランスに帰国後も，環境にやさしい天然素材である柿渋を普及させるために，精力的に活動を進めたが，国内の規格基準には適合せず，残念ながらこの計画は頓挫せざるを得なかった。

ただ，氏は現在，ルーブル美術館アートグラフィック部門修復アトリエ室長として，日本の伝統的文化を支えてきた素材である和紙，墨，漆などの調査を活発に行ない，レポートを定期的に発信しており，日本古来の柿渋の文化が世界に広く知られるきっかけになればと思うところである。

素材選択

原料植物としてのカキの特徴

カキは，カキノキ科カキ属の落葉性高木で，古くから中国，日本，朝鮮半島に分布する種である。学名は*Diospyros kaki* Thunb.と表わされる。

世界に分布するカキ属植物は400種ほどともされ，非常に大きな属で，その性状も灌木から高木にいたり，常緑性あるいは落葉性を示す。その大部分は熱帯から亜熱帯にかけて分布しており，温帯に分布するものは少なく，常緑性のものが多い。熱帯のカキ属の代表的なものとしては，コクタン類（*D. ebenum* Koenigなど）があげられ，それらの黒くて硬い材は黒檀として古くから器具材として賞用された。

これらカキ属植物のなかで，果樹として栽培されるのは，代表種であるカキのほかに，マメガキ（シナノガキ，*D. lotus* L.），アメリカガキ（*D. virginiana* L.），アブラガキ（*D. oleifera* Cheng）と，限られている。マメガキは西アジアからヒマラヤ，中国原産で，日本では古くから栽培がみられ，柿渋採取用とされ，カキの台木としても重要な植物である。

図4　柿渋の原料品種。『教草』（1873年）より

カキの起源地は中国南部を中心とした地域で，中国で分化したカキは東アジアで広まり，それぞれの地域に特有の品種が形成されていったと考えられている。ただ，これらの品種のほとんどは渋ガキで，甘ガキは日本で特異的に分化・発達し，多くの品種が生み出されている。

カキの果肉にはタンニン細胞が無数に存在し，その中に渋味物質であるカキタンニンを含んでいるのが特徴である。カキタンニンは可溶性の状態から不溶性に変化することにより渋味が消失する。一般に，樹上で自然に脱渋（だつじゅう）して可食できるようになるものを甘ガキ，脱渋しないものを渋ガキと呼んでいる。成熟した渋ガキでは1～2%の可溶性タンニンが含まれており，強烈な渋味を有する。そこで，渋ガキは古くからの干し柿をはじめ，温湯，アルコール，二酸化炭素などの脱渋処理により可食できるようにして利用されてきている。

カキの果実の利用法で，干し柿や生食とならび重要であったのが，柿渋としての利用である。

原料ガキの品種

柿渋の原料としては，タンニンを多く含む小型品種が適しているが，18世紀中頃の『家訓全書』（1760年）に「渋柿の中でも小柿ほど渋多し。大柿はよわし」という記載がみられる。このことは，当時すでに一般的な認識となっていたことがわかる。

明治時代初期に，東京国立博物館の前身である文部省博物局から刊行された諸職業の製造過程をわかりやすく図説した『教草』（1872～1876年）では，京都府の宇治・醍醐における柿油（柿渋のこと）の製造法が詳しく記され，「青ソ，小カキの二品，柿油を搾るに最良とす」と2品種のカキをあげている（図4）。ちなみに『昭和53年度果樹種苗特性報告書（カキ）』（広島県果樹試験場）の中で，「アオソ」は「近畿地方に多く分布。連年豊産，果実はやや長形，中果，柿渋採取用に適す」とある。

また，『教草』と同じ頃に著された『菓木栽培法』（1876年）の柿の項で関東地方の主要品種があげられ，「柿渋専用」として「赤山渋柿」が記されている。これは，埼玉県南部の赤山という地域を中心に江戸時代中頃から活発な柿渋の生産の歴史をもつ「赤山渋」の原料とされたもので，1913年の『埼玉県の果樹栽培』の柿主要品種のなかに渋専用品種として，「団子渋」と「本渋」が認められる。これらの品種は，本玉渋と総称され，昭和50年代のはじめに赤山渋生産の幕が降されるときまで，柿渋原料としては2番手の雑玉渋と称される「衣紋」，「百目」，「美濃」などの品種とは区別され，柿渋専用品種として利用されてきた。

柿渋の製法

伝統的な柿渋製造法

機械化される前の手作業で行なわれた伝統的柿渋製造法における製造工程の概要，採取時期，さらに，重要な工程となる搾汁後の貯蔵について触れる。

製造工程の概要　柿渋の伝統的製造法の工程の概略は次のようである（図5）。

柿渋製造の方法は，破砕後，加水をしてしばらく放置し搾汁するもの（次ページ写真）と，加水せず，すぐに搾汁するものに分けられる。

ここでは，前者は加水法，後者を無加水法と呼ぶことにする。ただ，両者ともに，出荷されるのは，前出の「因嶋の柿澁製造法（下）」に，「できあがった柿渋は大桶や甕に蓄えるが，貯蔵期間中も幾分発酵を続けるため，3～6か月まではそのままにしておき，発酵が収まり熟成も十分となったころあいを見て四斗樽に入れて出荷する」とあるように，搾汁してから一定期間貯蔵した後であっ

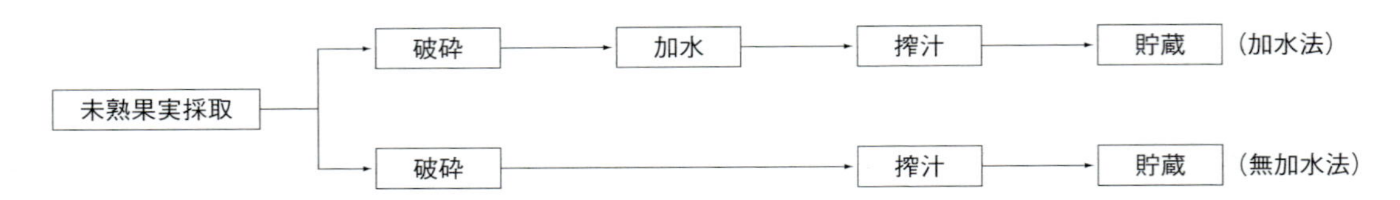

図5　伝統的柿渋製造工程の概略

た。

原料ガキの採取時期　原料ガキの採取時期は，二百十日を中心とした8月下旬～9月上旬が多い。前出の『教草』の「早きに過ぐれば液少して取実なし，遅きに過れば柿稔みて柿油にならず，若し一箇にても熟柿を交ゆれバ，総柿油皆腐敗して用をなさず」の記述から，採取時期の重要性がわかる。採取時期は，果実のタンニン含量が最も多い時期が選ばれるが（図6），気候や品種によっても異なり，それぞれの地方で採取適期についての伝承が認められる。

また，先述の『教草』でみられるように，熟柿が柿渋の原料として不適当であることは，ずいぶん古くからわかっていたようで，江戸時代中期の柿渋原料のカキの売買に関わる史料では，「熟柿」とともに「落柿」の混入を禁止した記載が認められる。これに関して，『果樹園芸大辞典』（1972年）には，「落柿は果実に傷がつき，腐敗発酵を起こし，酸化酵素も活発に働きタンニンは減少する。熟柿が混じってもタンニンの収量は減じることになる」という示唆がみられる。

搾汁後の貯蔵　搾汁後は甕や壷に入れ，味噌倉

1

2

3

4

柿渋の製造

1　石臼に入れた「まめがき」の未熟果を木槌で搗いて砕き，たらいに移す。
2　砕いたカキ果実が入った「たらい」に水を注ぐ。ヒタヒタになるくらいまでが目安。
3　砕いたカキを浸けた水ごとザルで濾す。
4　ザルで濾した直後はまだ緑がかった白濁液。これをできるだけ空気に触れないようにして暗い場所で1年ほどねかす（京都府宮津市下世屋）。

などの冷暗所に置くのが一般的であった。その出荷は柿渋の用途により異なるが，先述したように，少なくとも数か月，長いものでは2～3年貯蔵した後であった。ちなみに，伊勢型紙の地紙づくりに用いる柿渋の例では，その年につくられた新渋では柿渋が流れてしまうので，2年以上貯蔵された古渋が用いられる。また，清酒の清澄剤用の柿渋にも新渋では清澄効果の安定性が低いとされ，古渋が用いられている。

加水法では，破砕した果実に加水すると発酵が始まり，アルコール発酵を主体とした発酵が行なわれる。この期間，柿渋液面には泡立ちが観察されるが，これは各地の調査でも聞き取ることができた。発酵の進み方は，温度条件により大きく左右され，原料の果実の成分によっても影響されるので限定はできないが，これらの主たる発酵は，加水法の場合，破砕加水後ほぼ1か月の間に最も活発に行なわれるとされる。なお，この発酵の過程でできる有機酸は柿渋液を酸性に傾けさせ，腐敗に関わる微生物の発生を抑制し，柿渋の貯蔵性を高めるうえで大きな役割を果たすと考えられている。また，この貯蔵中の発酵・熟成過程を経て得られた柿渋は，小泉武夫氏の『発酵』では，「シブオールが均一に分散され，安定したものとなり，塗料や染料にした時，きめ細やかな収斂が起こり，平滑な塗面ができる」とされている。

柿渋は，『丸善食品総合辞典』に「未熟果を破砕，搾汁した液を発酵させたもの，…」とあるように発酵製品とされているが，全国各地に残る小規模な柿渋づくりについての聞き取り調査においても，大半の作り手の人々から聞き取った説明のなかに，「発酵」ないしは「発酵」を示すような表現を認めることができる。

また，貯蔵中，コンニャク状になることがあり，商品価値がなくなる。特に柿渋屋では，「コンニャク状になると樽全部がダメになり身上つぶす」とさえ言われて，恐れられた。コンニャク状になる凝固は，全く使用価値をなくすので，重要な問題である。経験的には，予防的措置や具体的な対策が考案されてきているが，凝固の仕組みはまだ十分解明されておらず，現代においても，凝固現象は見過すことができない課題とされている。

柿渋は，単に渋味成分，つまりタンニンを多く含んだ液であるだけでなく，それが一定期間，熟成されるなかで発酵が起こり，本来の柿渋の価値がもたらされるのである。柿渋は食品とはいえないが，酒，酢，醤油，味噌などとともに，日本人の生活において欠くことができない発酵製品であった。日本の発酵文化のなかで重要な役割を果たしてきたともいえる。

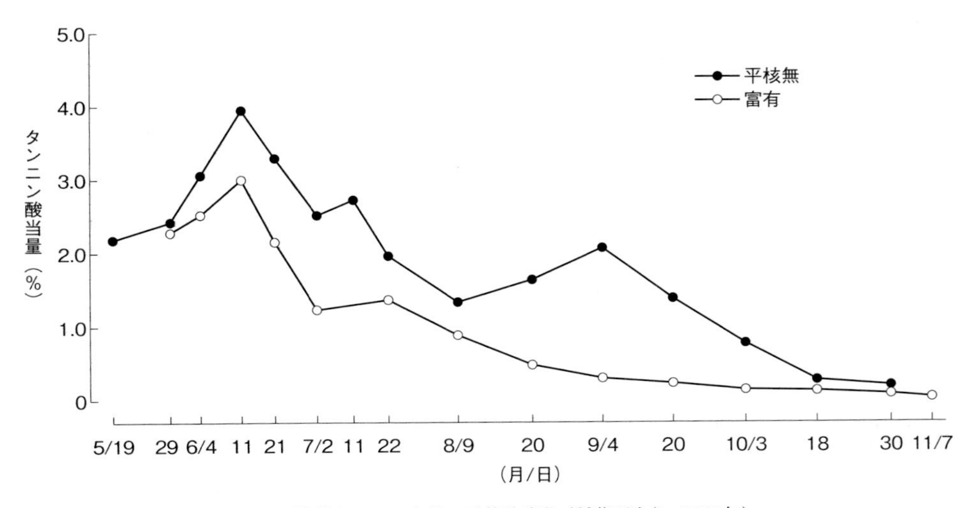

図6　可溶性タンニン含量の季節的変化（稲葉昭次ら，1971年）

柿渋エキス

柿渋と三桝嘉七商店

株式会社三桝嘉七（みますかしち）商店は，明治5（1872）年に曾祖父竹次郎が柿渋製造を始め，昭和45（1970）年には法人化して，柿渋を主力に製造・販売を行なってきた。柿渋の原料である高タンニンを含有する「天王柿」,「つるの子」の生産地に恵まれた京都・山城に本社工場を設けているが，将来的に原料確保が困難であると判断し，昭和57（1982）年から福島県会津高田町で契約栽培を開始した。会津高田町は，高級ガキ「身不知（みしらず）」ブランドの産地であり，この地で約10 haの天王柿を契約栽培してもらっている。

柿渋は，紙や布に塗ると，その強度を強める。また，防虫・防水効果もあるため，団扇，漁網，合羽，漆器の下地塗り，酒袋，友禅の型紙，木工品の上塗り用にと，日常生活を支える必要不可欠な天然塗料・染料として重宝されてきた。戦後は化学技術の進歩による合成塗料，合成繊維の出現で，昭和25（1950）年から数年の間に柿渋産地のメーカーは半減した。

現在では，主としてカキタンニンの除タンパクの特性を活用して，酒類・調味液の清澄剤として食品分野で利用され，その需要は戦前並みに回復している。ただ用途が食品用中心に変わることで，製品の高品質化が求められるようになった。そこで会社では柿渋を工業用から食品添加物としてとらえ直し，製造・設備面をすべて見直すとともに，自然発酵から独自の耐タンニン性酵母を開発し，これに合った発酵法に転換した。製造工程を見直した結果，柿渋特有のにおいが減少し，食品向けに対応できる高品質・無異臭の柿渋を生産している。また，無異臭の柿渋が製造できるようになり，柿渋の粉末化（粉末を顆粒に仕上げることもある）によって消臭・食品素材・健康食品などに広く利用されるようになった。

写真1　食用タイプの柿渋エキス「柿の精」
高血圧や二日酔い予防効果が注目される柿タンニンのエキス。顆粒タイプも開発されている

写真2　みます柿渋，柿渋カラー
自然志向，安全性から需要が伸びている。無異臭タイプの柿渋で，染色，塗料に使う。柿渋カラーは下塗り用で着色（色を濃くする）を目的に使う。必ず柿渋で上塗りする

近年では，自然志向と安全性が求められる時勢を反映して，綿布などの染色や木工，建材塗料としての需要も高まっている。ユーザーにとって，より取り扱いやすくするため，溶解性抜群の顆粒タイプの柿渋も開発し発売している。自然派・健康志向の高まりやライフスタイルの多様化などにより，天然染料・塗料としての柿渋が今後ますます注目されると思われる。会社としては柿渋をまったく知らない消費者には柿渋の魅力や使用方法などを伝え，柿渋を知っている人には柿渋を再発見してもらえるようピーアールすることが急務であると考える。また同様に，ライフスタイルが多様化し高齢化もすすむ時代に，販売も多様な形態が可能となるなかでよりユーザーの求めている商品をつくっていきたい。

柿渋の製造

原料のカキから柿渋発酵までの工程を写真で紹介する。

渋ガキを水洗いし破砕搾汁処理したあと，ろ過して殺菌し，酵母（耐タンニン性カキ酵母）を加え，搾汁液を発酵させる。発酵終了後，再度殺菌を行ない，貯蔵熟成の工程で製造する。粉末柿渋は再度ろ過し，スプレードライを行ないに仕上げている。

ただし，搾汁は原料が入荷するカキの収穫時期のみに限られる。

三桝嘉七商店（社長：三桝嘉嗣）の連絡先

京都府木津川市木津町宮ノ内9，TEL. 0774 - 72 - 0216

柿渋をつくる

1　原料となる渋柿「天王柿」
2　破砕されたカキの実
3　柿の搾汁液
4　貯蔵タンク

新たに開発された柿渋抽出技術

伝統製法の課題──原料安定供給の難しさと長期間を要する製造工程

今,「柿渋」が注目を集めている。平安時代以来の塗りや染めの材料だけでなく,抗菌・消臭作用や環境浄化能,高血圧や糖尿病に対する効果などが研究され,その機能を活かした商品も見かけられるようになってきた。しかし,需要の拡大に対し,柿渋の伝統的な製法には,2つの課題が存在する。

ひとつは,原料の問題である。柿渋は8月から9月初旬に採取する未熟な果実が原料となる。利用される品種は,主要成分であるタンニンをより多く含むものが長い年月の間に選抜され,また,最もタンニンの濃度が高く,糖などの夾雑物が少ない時期の果実ということで,盛夏期の果実が用いられてきた。しかし,その品種の果実は,柿渋以外には利用価値が低く,老木化や開発のあおりで生産現場から失われつつあり,原料の安定供給が難しくなってきている。

もうひとつの課題は製造期間の長さである。伝統製法は,1ロット生産するのに1～3年と非常に時間がかかる。このように,需要の拡大に即応するのは難しいのが現状である。

タンニン含有量の少ない品種も2週間で生産できる奈良式抽出技術

タンニン細胞の特性と伝統製法　奈良県で生食用に盛んに生産されている品種‘刀根早生’,‘平核無’などは,含有するタンニン量が少ないことから,これまで柿渋では利用されなかった(写真1)。上述のような現状を踏まえ筆者は,これら品種の果実を原料として,発酵に頼らず,最長でも果実採取からわずか2週間足らずでタンニンを抽出する技術を開発し,柿タンニンの高速抽出法(奈良式柿タンニン製造法)として,特許を取得した(特許4500078号「柿タンニンの抽出方法,及びこの方法で抽出した柿タンニン」)。

写真1　生食用のカキ「刀根早生」。含有タンニンは少ない

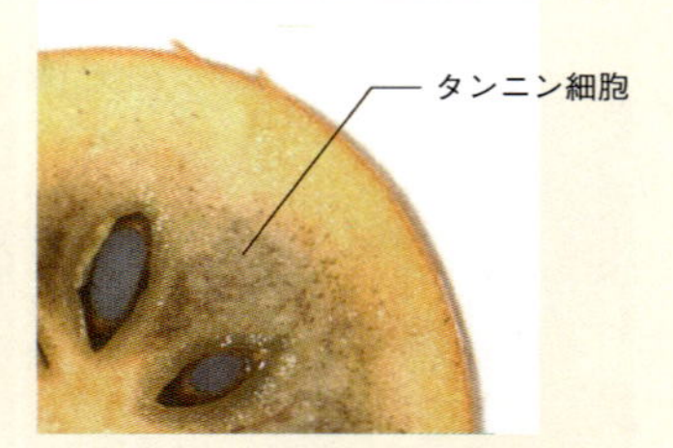

写真2　カキのタンニン細胞

その方法として着目したのが,「タンニン細胞」という組織である。タンニン細胞とは,タンニンを特異的に貯めこむ特性がある細胞の一種である。不完全甘柿では,俗に「ゴマ」と呼ばれる茶褐色の斑点としても見ることができる(写真2)。

伝統製法では,採取した果実を直ちに粉砕し,タンニン細胞を壊して貯めこまれたタンニンを搾汁液中に絞り出すが,この方法だと,糖などの他の成分とタンニンが混ざってしまうことが避けられない。そのタンニン以外の成分を,発酵・熟成でできるだけ取り除き,純度の高い柿渋液を得るのが,伝統製法の基本である。

脱渋で集めたタンニン細胞だけを分離・回収
これに対し,筆者は,タンニンがタンニン細胞に集まるのであれば,タンニン細胞だけを分離・収集すれば容易に高純度のタンニンが得られるのではないかと発想した。ここで問題になるのは,タンニン細胞を潰さずにどうやって選別・回収するかであるが,この課題は思いのほか簡単に解決された。それは,「脱渋」である。

脱渋は,渋柿を生食するために行なわれる加工技術で,その骨子はタンニン細胞中の水溶性のタンニンを凝固させ,咀嚼時に口の中でタンニンが反応しないようにして，渋味を感じなくさせることにある。したがって，脱渋すれば，タンニンは果実を粉砕しても搾汁液中に溶出せず，一種の顆粒状として粉砕物の中に残る。これをふるい分けてやれば，タンニンを選別・回収できる。さらに，タンニン凝固物は加熱することで，その一部が再び水溶性に戻ることが知られており，これを利用すれば，高純度のタンニンを伝統製法よりも素早く水溶液として回収できる。しかも，タンニン細胞さえ収集すればよいので，理論上はタンニン細胞を持つあらゆる品種の果実から，その熟度や状態を問わず，タンニンが得られるはずである。

奈良式柿タンニン抽出法の実際

上記特許に基づき，奈良式柿タンニン抽出法を解説する。

原料は，カキ果実ならあらゆる実が利用可能であるが，原料供給や抽出効率を考えると，生食用渋柿の未熟果実，具体的には‘刀根早生’，‘平核無’などの栽培で摘果される未熟果実を集めて利用するのが望ましいと考えられる（写真3）。

柿タンニン不溶化（脱渋）　まず，採取された果実を直ちに脱渋処理する。脱渋方法はどのような方法でもかまわないが，果実が軟化したほうがその後の処理が容易なため，アルコールかエチレンで脱渋するのが望ましい。‘刀根早生’をアルコールで脱渋する場合，果実1kg当たりエタノール2mLが適当である（写真4）。通常の生食用の脱渋と異なり，果実にアルコールによる障害が発生しても問題はない。

盛夏期の‘刀根早生’未熟果なら2日でほぼ完全に脱渋し，ヘタが外れ果実が軟化する（写真5）。それ以上おくと軟化した果実が崩れたり，カビの発生や臭気がきつくなったりして扱いが困難になるが，タンニンの抽出には影響しない。

粉砕　脱渋が終了した果実は，ヘタを外し，皮ごと粉砕機で粉砕する（写真6）。刀根早生のアルコール脱渋の場合，脱渋完了までにほとんどのヘタが自然に外れるため，処理が容易である。

分離・酵素処理　粉砕した果実を遠心分離機に

写真3　原料となる「刀根早生」の未熟果実

写真4　アルコールによる脱渋

写真5　ヘタが外れ軟化した果実

写真6　脱渋した果実を粉砕機ですり潰す

かけ，酵素を処理して，凝固した不溶性タンニンを分離・回収する（写真7）。酵素は，カキ果実がペクチンを豊富に含むので，適当なペクチナーゼで処理するのがよい。ペクチナーゼには様々な種類があるが，筆者は主としてヤクルト薬品工業株式会社製のペクチナーゼSSを用いている。果実重量に対し，0.05%程度添加し，60℃前後で数時間処理すればよい（図1，表1）。

再可溶化　分離した不溶性タンニンに，水を加え加熱するとタンニンが溶出し，使用可能な柿渋液が得られる。不溶性タンニンと水の分量は，水1Lに対し，不溶性タンニン50gが適当で，100gを超えると抽出効率が悪化する。加熱温度は高温なほど得られるタンニンが増加するが，一般に使用できる装置を考慮すると，一般家庭の圧力釜で得られる120℃程度で十分である（写真8）。加熱時間は30分〜1時間で，溶出するタンニンは頭打ちとなる。

得られた液は赤褐色の柿渋そのものの色を呈しており，渋味も強い（写真9）。この液の柿タンニン濃度はおよそ0.5%程度であり，最大でも1%未満である。また，この抽出法では，原料果実中の水溶性タンニンのおよそ半分から4割程度が抽出可能である。これを凍結乾燥すると，美しい結晶状粉末が得られる（写真10）。乾燥粉末化すれば，必要に応じて水に溶解することで，利用したい濃度の柿渋液を調整することができる。

家庭でできる奈良式柿タンニンの簡易抽出法

特許技術をもとに，家庭でも可能な簡易抽出法を紹介する。最低限必要な道具は，果実を粉砕するための家庭用ミキサー，丈夫な布，圧力釜の3点である。

前処理　脱渋・粉砕までは特許と同じく処理する。原料果実は，家庭果樹で栽培している果実でよい。ただし，家庭用ミキサーでは種子は粉砕できないので，種子ができる品種を使う場合は，ヘタとともに種子も取り除いておいたほうがよい。また，次の工程をラクにするために，粉砕時に果実と同量程度の水を加えて粉砕するとよい。

絞り　ミキサーで潰した果実を丈夫な布で漉す。このとき，しっかりと絞る必要があるので，できるだけ丈夫な布を用意する。使いやすいのは，ドレス生地などで利用されるテトロンのオーガンジー（ゴース布）である。ある程度絞ったら，絞り布の外側からタオルやペーパータオルなど吸水性に優れた物をあてがって絞ると，かなりしっかりと絞り切ることができる。

加熱抽出　絞りが完了した絞り粕を集め，水1Lに対し50〜100g程度混ぜて，圧力鍋で煮こむ。煮込み時間は，十分に温度が上がってから

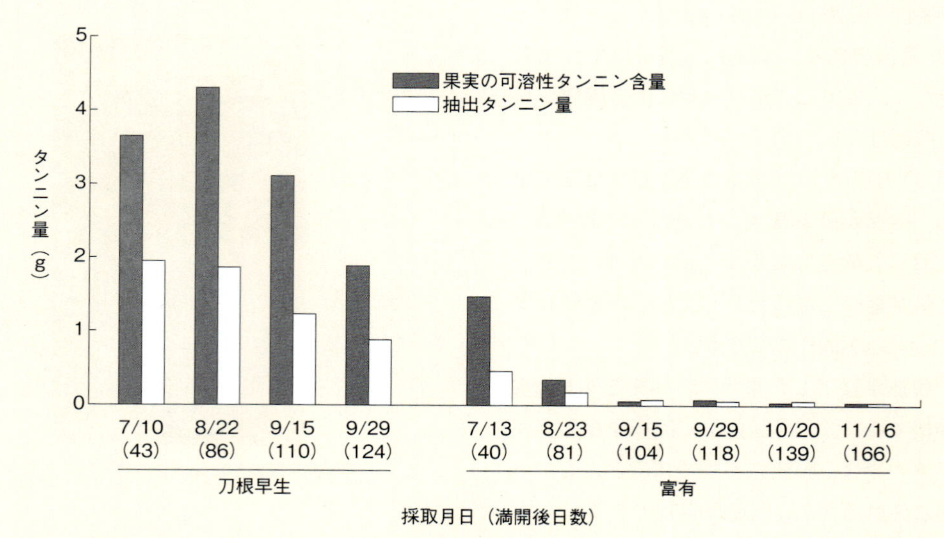

図1　果実の採取時期別タンニン含量と奈良式抽出法による柿タンニン抽出量（果実100g当たり）

1時間程度である。圧力鍋はマニュアルに従い正しく使うこと。

液の分離・保存　加熱が完了したら十分に冷まして布で漉す。このとき，あまり力を入れて絞ると，柿渋液以外の夾雑物が混ざってくるので，あまり絞らないよう注意する。

出来上がった柿渋液は，特許製法に比べると純度が低く，糖などが多く混じるため，常温で放置するとカビが生えるなど数日で劣化してくる。できるだけ早めに使い切るか，冷凍保存する。

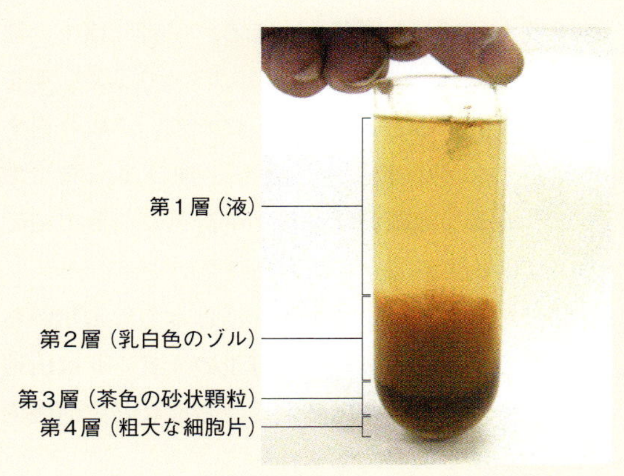

写真7　遠心分離で4層に分かれた果実粉砕物。第3層を回収する

写真8　圧力鍋で加熱して柿渋液にする

写真9　抽出した柿タンニン液

写真10　凍結乾燥した柿タンニン粉末

表1　遠心分離により調製されたカキ脱渋果粉砕物の各層の重量とタンニン抽出量

果実	遠心分離層	生重量[z]（g）	乾燥重[y]（g）	タンニン含量（mg/gDW）		果実100 gFW当タンニン抽出量（mg）
				水溶性	加熱可溶性	
未熟果（8月採取）	第1層	10.3 ± 0.3[x]	0.34 ± 0.01	3.7 ± 0.1	2.8 ± 0.4	2.0 ± 0.1
	第2層	25.4 ± 1.6	2.68 ± 0.17	3.6 ± 0.4	5.7 ± 0.1	32.0 ± 1.3
	第3層	8.1 ± 0.2	2.18 ± 0.06	1.7 ± 0.0	206.1 ± 0.8	954.4 ± 42.7
	第4層	3.4 ± 0.2	1.18 ± 0.05	1.0 ± 0.1	39.7 ± 2.0	99.2 ± 6.5
適熟果（10月採取）	第1層	33.8 ± 3.6	—	—	—	—
	第2層	9.0 ± 0.8	2.44 ± 0.21	1.3 ± 0.0	129.0 ± 2.6	674.7 ± 31.2
	第3層	4.0 ± 0.4	1.45 ± 0.14	0.8 ± 0.1	57.3 ± 0.8	178.6 ± 19.4

注　z 生重量は遠心管（50 mL）1本当たりの各画分の採取量を示す
y 乾燥重は遠心管（50 mL）1本当たりの各画分の乾燥物量を示す
x 数値は平均値±標準誤差（n＝4）

苧

Boehmeria nivea Hooker et Arnott

植物としての特徴

カラムシは，イラクサ科カラムシ属の宿根性草本で，学名は*Boehmeria nivea* Hooker et Arnott，英名はRamieあるいはChina grassである。日本での地方名には「からむし」のほか，青苧（あおそ），苧麻（ちょま），真苧（まお）などがある。

草丈は1～2m。葉はシソによく似ていて，辺縁に細かい鋸歯があり，先端の尖った心臓形あるいは楕円形で，互生する。葉の表は緑色で，裏に白い綿毛が密生して白く見えるものが白葉種，白毛がなく淡緑色のものが緑葉種である。程度はあるが，茎にも白毛が生える。

葉柄の根元に目立たない花が穂状につき，雌雄同株の風媒花である。雌花は茎の上部に，雄花は下部につくが，両者の間には両性の単性花を混生する。短日生植物で，日照時間の長短によって完全な雄花・雌花となる。

イラクサ科には鋭いトゲのある種類もあるが，カラムシにトゲはない。地表下の浅いところに地下茎を伸ばし，群落をつくる。生育旺盛で，地上部を刈り取っても根が残っていれば次々芽を出す。成熟すると茎は茶褐色になり，刈取りをするしないにかかわらず二番芽が伸びる。寒冷地では，地上部は霜が降りると茶褐色になって枯死し，翌春気温が上がると再び芽を出す。

熱帯から温帯に広く自生し，日本では本州から沖縄まで各地で見られる。野生のカラムシは山地などに多く生育しているが，住宅地など生活圏内でも見かけることがある。

原産地は東南アジアといわれているが，有性生殖による交雑が無性生殖によって固定される，繊維利用のために品種改良などが行なわれた，などの理由で品種・変異種が多く，同定が難しい。その結果，原産地や系統の解明も困難を極めている。

日本のカラムシは，日本列島に人類が渡来する以前の史前帰化植物，という説もある。よく混同されるタイマは，アサ科の一年草で雌雄異株。カラムシとは異なる。

利用の歴史

中国で紀元前4800年頃の遺跡から，カラムシの繊維でつくられた縄などが発見されている。エジ

1

2

3

植物としてのカラムシ

1 栽培したカラムシ
2 カラムシの葉
3 カラムシの花穂

プト・インド・ローマでも，紀元前に利用されていたとする研究報告がある。

日本では縄文時代から利用されていることが確認でき，江戸時代に木綿が，第二次大戦後に化学繊維が普及するまで，繊維素材として重要な役割を担っていた（写真1）。

長い利用の歴史のなかで呼び名も多く，植物としては苧（お），カラムシ，苧麻（ちょま），真苧（まお）などがあり，繊維になると青苧（あおそ）という。地域によっては植物状態でも青苧と呼ぶ。

写真1　カラムシの繊維

写真2　越後上布
からむしの糸で織られる

日本で文字記録が行なわれる以前に中国で書かれた『魏志倭人伝』にも，カラムシ（紵）で布をつくっていることが記されている。

奈良時代の『日本書紀』には，持統天皇の時代にカラムシ（紵）の栽培を奨励していることが記録されており，正倉院には税として収められた越布（からむし布）が残されている。平安時代には，庶民が着ることを禁止した法令も出された。

室町時代になると，武家の夏の式服が麻と定められる，公家や大名間で贈答品として用いられる，などの記録が確認できる。からむしを専売する青苧座ができ，大きな利益を生むようになった。

青苧座の権利を手に入れた上杉家は，原料の青苧（カラムシ繊維）と製品の越後布の販売で利益を上げ，からむしは上杉家の財政を支えたといわれるほどであった。

江戸時代には，武士の夏の式服が麻裃と定められ，需要は増大した。また染織技術が進んで上布はますます高級化し，幕府経済が逼迫して出された倹約令では，贅沢品として禁止されたりもした。

この頃青苧の三大産地は，会津，米沢，最上だった。どこも寒冷・積雪地域であるが，その環境こそが高品質な青苧を産んだ。またこの頃の大きな上布産地としては，八重山・宮古（薩摩上布の名で販売された），奈良（奈良晒），近江，能登，越後（写真2）があった。

明治維新で日本が開国すると輸入品が大量に入るようになるが，第二次世界大戦の頃までは政府も生産を奨励し，研究も盛んに行なわれた。

機械引き・機械紡績・機械織りができるようになって導入された，日本で一般的にラミーと呼ばれる品種は，生長が早く，丈は2mを超えて茎も太い。繊維収量は多いが繊維の質は荒いため，機械紡績に使われる。手績（てう）みの細い糸をつくるためには，各地で選抜淘汰された独自の在来品種が適している。

戦後，化学繊維の普及と安い海外原料の輸入によって天然繊維の価格は暴落した。また，粗雑な麻繊維を使用した布による皮膚への刺激や，シワになりやすい性質が敬遠されて，需要も激減した結果，ほとんどのからむし産地は生産を止めた。しかし近年，軽く涼しい特性が見直されている。

今もカラムシの生産が続けられているのは福島県昭和村と沖縄県宮古島である。昭和村の栽培と苧引き（おひき）の技術は国選定保存技術となっている。また宮古島の苧績みの技術も国選定保存技術である。昭和村で生産するカラムシを原料として，新潟県では小千谷縮，越後上布がつくられている。これらはともに国指定重要無形文化財であり，ユネスコ無形文化遺産でもある。

昭和村と宮古島で生産されたカラムシは，伝統的手法によってつくられる上布や縮となる。現在広く利用されているカラムシ（ラミー）のほとんどは，ブラジルや中国などの大規模農場で栽培されたものである。

用途と製造法

カラムシの用途

上布　カラムシは茎の表皮の内側に強い繊維をもつため，古くから繊維素材として利用されている。植物繊維のなかでも優れた特性をもち，主に衣料に用いられる。

カラムシの繊維は強靱・なめらかで，かつ細く裂けるため，薄布を織ることができる。軽くて丈夫なうえ，使い続けても張りが失われないため，薄布にしても腰があって型崩れしない。これの代表が「上布（じょうふ）」である。

繊維の化学的特性として，吸湿性と，特に放湿性に優れることから，汗などを素早く吸って乾燥する際に気化熱（蒸発潜熱）を奪う。物理的特性の繊維の張りが，衣服と体の間に空間をつくって空気の流れを妨げないため，放湿性はさらに大きくなる。この二つの特性が相まって，からむしは格段の涼感をもたらす。同時に，濡れるとさらに増す繊維の引っ張り強さは，繰り返す洗濯に強いことを示し，夏の衣料に最適であることがわかる。

かつては全て手績みで糸がつくられていたが，品種よって品質が異なるため，現在はその利用が分けられる。国内生産されている品種は，手績みによって糸がつくられ手織りされる上布用に使用される。収量は多いが繊維の質が劣る手績みに向かない品種は，機械紡績で糸がつくられ，主に機械織りされる。

漁網　繊維が水に濡れるとより強い，伸縮性が少ない，乾きが早い，軽い，などの特性から，漁網などにも利用された。

食用　同じイラクサ科のミヤマイラクサ（アイコ）が山菜として有名だが，カラムシの葉も食べることができる。栄養学的にもカリウム，鉄，ビタミンAなど多く含む。近年は，乾燥粉末にしてお茶やうどんなどの食品に添加利用されている。

カラムシとタイマ（大麻）

よく似た繊維素材として，タイマ（大麻）がある。日本では，古くからカラムシとタイマをはじめとする植物繊維を利用してきた。これらの繊維の糸のつくり方・布の特性が似ていることから，比較的長い植物繊維からつくった糸を「苧（お）・麻糸」，布を「麻・麻布・麻織物」と総称してきた。そのため混同されることが多い。

庶民の衣料素材として利用されてきたのは主にタイマと質の落ちるカラムシで，上質なカラムシからつくられた布は古くから支配階級で使われている。このカラムシ利用の二面性も，タイマとの混同の要因になっている。

両者の繊維特性として，カラムシと決定的に違うのが張りで，タイマは使うほどに柔らかくなって肌になじむ。普段着や作業着など，糸が太く厚い布にいつまでも張りがあっては肌が負ける。生地の厚いものにはタイマが適しているのである。

タイマの繊維は毛羽立って，皮膚に刺激を与えることもあるが，カラムシはなめらかで肌触りがよいことも，支配階級に好まれた理由であろう。物の特質をよく見極めて，適材適所に使い分けていたことがわかる。

カラムシから繊維を取り出す＝苧引き

刈取り後に清水に浸けたカラムシの表皮から，「苧引き（おひき）盤」と呼ばれる台の上で繊維を取り出す作業が苧引きといわれるもので，これは刈取りに引き続いて行なわれる。刈取りから苧引きまでは，1日のうちに終わらせることが肝要である。そのため刈取りの量は引き手の人数と技量に合わせ，適期の間に苧引きできる量を逆算して栽培面積を決める。

適度な弾力を持つ「苧引き板」の上に1～2枚の皮を置き，左手で皮を引きながら右手に持った「ヒキゴ」という道具で繊維以外の部分をこそげ落とす（写真3）。

苧引き板の弾力，ヒキゴの刃の研ぎ方，引き手の力加減，皮を引く速度がうまく合うと，昭和村で「キラ」と呼ばれる美しい艶のある繊維が残る（写真4）。これらのバランスが悪いと，いくら上質なカラムシでもキラは出ない。畑での栽培技術

写真3　苧引き

写真4　キラ

と引き手の腕，この両方があって初めて高品質な繊維を得ることができる。

取り出した繊維は，乾かないうちに小束にして棹にかけ，陰干しする。

明治の頃に小学生向けに作られたからむし生産の手引き書である『教草（おしえぐさ）』には，日干しをすると書かれており，昭和村の生産方法とは異なる。昭和村では越後上布の原料としての長い歴史があるため，より細い糸を績むためのからむしを生産するという，限定された目的に対して努力してきた結果であろう。

作業途中で乾燥すると繊維の質が落ちるため，どの作業も手早く行なわなければならない。

刈取り・皮剥ぎと苧引きは分業し，引き手（昭和村では女性）は1日座りっぱなしで作業する。1人が苧引きに専念して引けるのは，ひと夏に1畝（1a）が目安となっているが，かつては1日に100匁（375g）引いて一人前といわれた。1畝の畑から，およそ2,000～3,000gの繊維がとれる。

よく乾いたら，出荷用のものは出荷基準の100匁（375g）単位に結束する。からむしには虫が付かない。保存は日に当てないようにし，湿気に注意する。

カラムシは，茎（カラ）を蒸して皮を剥いて繊維を取ったから「苧蒸」，という説が広く見受けられるが，からむしの繊維を取る作業に蒸す工程はない。これは，カラムシと同じ「苧」，「麻」と呼ばれる，タイマの繊維の取り方である。文献中でも「苧」，「麻」という文字が出てきた場合，それがカラムシをさすのか，タイマの記述なのかの判別は難しく，十分注意が必要である。

糸づくり

績むと紡ぐ　からむしは，単繊維が集まって長くつながっている。平たいリボン状の繊維を裂いてつなぐことから糸づくりが始まる。

この作業を「績む（うむ）」といい，長くつないだ糸全体に撚（よ）りをかける作業は「紡ぐ（つむぐ）」という。紡績の2文字の作業があるのは，植物の靭皮繊維だけである。ただし，ヨーロッパ麻の亜麻は，靭皮繊維ではあるが繊維はあまり長くないため，紡いで糸をつくる。木綿も植物繊維であるが，種子繊維でその繊維は短い。

長繊維植物の糸づくり　績む方法は各地で多少の違いはあるが，織る際に引っかかって切れたりしないように，基本は結ばずに撚り合わせてつなぐ。

太さが足りなくなった部分に，その分の繊維を足していく。1本の繊維につなげていくやり方と，2本の繊維を合わせていく方法がある。どちらも，つなぐ部分は2本の繊維を撚り合わせた縄の状態となる。

より強度が必要なときにはその後で結んだりもするが，つないだ部分が太くならないこと，結び玉が大きくならないことが鉄則である。

毛羽立ちをおさえ，つなぎやすいように，裂くときも績むときも繊維を湿らせながら作業する。

つなぎたまったら，糸車で全体に撚りをかけて強度を増す。このときも，つないだ繊維を湿らせて行なう。撚りが多いほど糸は強くなるが，かけ過ぎると切れる。つくる布によって撚り加減が決まるが，撚りをかけなくても糸として使えるのも，長繊維の特徴である。

からむしなどの長繊維を扱ううえでの留意点がある。繊維の育つ方向があるため，根元のほうから触るようにして作業しないと逆毛が立って毛羽立ってしまうのだ。ひとつの作業が終わると，その先端は根元とは逆の方向になる。それを巻き直して根元のほうを頭にする作業が必要となり，それが「巻き返し」という麻独特の工程となる。歌に詠まれる「繰り返される苧環（おだまき）」は，これを意味する。

布づくり

越後上布や宮古上布は，撚りをかけた糸を先染めすることで絣（かすり）柄を織り出す。それを機に上げて織る。

越後上布から発展した小千谷縮は，緯糸に強い撚りをかけ，織ってから湯もみをすることでシボ（撚った糸によってできる表面の凹凸）を出す。

現在，上布産地の新潟県と沖縄県，原料産地の福島県昭和村で，着物用の反物や帯以外にも，洋装品，小物，装飾品などがつくられている。また，一度途絶えたかつてのからむし産地でも復興の努力がなされ，製品化しているところもある。

天然繊維は化学繊維と比較にならないほど高価だが，それを構成している物質は人体と同じ自然物であるから，体へのストレスがない。軽く涼しいカラムシ繊維は，日本の夏を快適に過ごせる素材である。

素材の種類・品種と生産・採取

カラムシの栽培

時期や工程などに地域による違いがあるが，以下に，福島県昭和村で行なわれているカラムシの栽培について記述する。

失せ口が立つ＝植付け，植替え　カラムシは種子の発芽率が低く，多年草であることから，選抜淘汰した品種を残すために根を植え替えることで更新する。

植替えは，「失せ口（うせくち）が立つ」といって，根腐れなどが原因でぽつぽつとカラムシが発芽しなくなると行なう。植え替えて5～7年で失せ口が立ち始めるが，畑の条件や管理の状況によっては何十年も使い続けている例もある。

植える根は，栽培3～4年の生長に勢いのあるときが望ましい。掘り起こした面積の2～3倍の種苗が得られる。

2～3年かけて十分に肥やした畑に植える。失せ口が立った畑には病菌などがいるため，数年，他の作物をつくったり，堆肥をたっぷり入れたりして養生する。

植替えの年は，からむし焼きも刈取りもせず根を育てる。翌年から通常の管理をして刈取りするが，出荷できるのは3年目以降となる。このため生産農家は，常に何枚かの畑を管理している。管理のよいカラムシ畑の土はふかふかしている。昭和村では「からむし畑のようだ」という言葉は，畑に対する最高のほめ言葉である。

からむし焼き　積雪の多い昭和村では，5月20日頃，二十四節気の「小満」の日を目安に作業が始まる。この頃になると，遅霜の心配がなくなるためである。

「からむし焼き」では地上部しか焼かないため，前もって畑の雑草をきれいにむしる。天気のよい日を選び，枯れた地上部，皮を剥いで畑に戻した茎，昨年使用して畑に入れた垣の材料の茅，などをかき立てて風が通るようにする。畑の周囲の枯れ草なども，きれいにしておく。前年の秋に刈り取って保存しておいた新しい茅を敷きつめて，1日よく乾燥させる。

夕方になってから火を入れる（写真5）。これは，夕方は風がやみ，火の粉が見やすいからであり，延焼を防ぐ知恵である。

「からむし焼き」は，ばらばらに伸び始めた芽を一度焼いてしまい，根を刺激することで発芽を促し，芽揃えして一斉に伸ばすことが目的となる。そのほかにも，焼いた後の灰が肥料となり，害虫の卵を焼く効果もある。そのため，焼き草の量に細心の注意が必要である。少なすぎると火が回りにくく，火力が弱くて芽を焼き切ることができない。また多すぎると，加熱しすぎて根まで傷めてしまう。

熱を長く残さないため，火が消えたら追いかけるようにたっぷりの水をまく。以前は，水で薄めた人糞尿を用いていた。

その後，むらのないよう，まんべんなく施肥する。現在でも有機質のものしか使わない。次に雑草除け，乾燥予防のわらを敷く。このわらも，伸びてきたカラムシの芽が曲がるため，多すぎないように気をつける。

垣結い　最後に，畑の周囲に茅で垣をつくる（写真6）。これは，風や小動物が入ることでカラムシ同士がこすれて繊維に傷ができるのを防止するためである。しかしここでも，垣が厚ければよいというものではない。厚すぎると空気が通らなくなり，畑の中が蒸れる。また垣をしないと，畑の外周のカラムシは背が低く脇枝が出て，生長と品質が揃わない。

この風当たりが繊維の品質に大きく影響するため，カラムシ畑は山裾などにつくられた。どの作業も，長年の経験で培われた技術が必要である。

収穫・調整　5月の下旬に焼いたカラムシは，2か月ほどで収穫できる。7月の土用から8月の中旬までが，刈取り適期とされている。繊維の状態を見極めて行なうため，この時期は場所や条件によって多少変わる。

刈取りは，朝露が残る早朝に行なわれる（写真7）。朝露のあるうちに刈り取ると，葉をきれいに落とすことができるからだ。茎の地面に近い部分は木質化して繊維が固いため，その部分を残して刈り取る。この際，脇枝が出てよく育っている「親苧（おやそ）」と，まっすぐに伸びた「かげ苧（そ）」に分別する。よく育った親苧は繊維が厚くて固く，極細の糸にはできない。また，脇枝が出ていると，その部分で繊維が切れて短くなったりする。葉を手でこき落とし，規格ごとに束ねて規定尺に切り揃える。

苧引き場付近には清水を利用した「浸け場」がつくられ，後の作業をやりやすくするために，冷たい清水（流水）に1～2時間浸ける。

表皮を2枚になるように茎から剥いで束ね（写真8），草の汁「青水」を抜くために再び清水に浸けた後，苧引きする。

写真5　からむし焼き

写真6　垣結い後の畑

写真7　刈取り

写真8　皮剥ぎ

黄柏

Phellodendron amurense Rupr.

植物としての特徴

キハダは高さ25m，直径1mにも生長するミカン科の落葉高木で，学名は*Phellodendron amurense* Rupr.，英名はAmur cork-treeである。日本の地方名には，しころ，しこのへい，みょうせん，さんぜんそう，おうばくなどがある。

樹皮は淡黄褐色（黄肌）で厚いコルク質からなり，深く密に縦裂し，内皮は黄色である。葉は対生，奇数羽状複葉で，小葉は狭卵形で腺点がありほぼ全縁，3～5対である（写真1，2）。雌雄異株で，花は小形の淡黄緑色で頂生し，花軸に細毛があり萼片と花弁は5枚，花序は5～7cmの円錐花序である。果実は直径約1cmの黒色の球形で芳香があり，種子は5個である。

用途と製造法

部位別の利用

樹皮は内皮にベルベリン，パルマチン，マグノフロリンなどのアルカロイドを含み，古くから漢方薬原料や民間薬として広く利用される。この内皮を乾燥して生薬の「黄柏」とするが，黄柏は日本薬局方に記載されている重要な医薬品の一つでもある。黄柏の主成分であるベルベリン含量は，種や産地ならびに個体によって異なり，一般に1.5～3.5%である。さらに，採取時期や採取部位によってもこの含量が若干異なり，根に近い部位は高く，冬より夏に採取したものが高い。また，この内皮は黄色染料としても利用される。

木質部は環孔材で，辺材部は黄白色，心材部は黄褐色で美しい。材は木目があらく軽軟で大径木になるため，民芸家具，建築材などに利用される。

工芸用，家具・建築用材

木質部は，環孔材で木目が美しいことから，箪笥，衝立，額縁などの民芸家具材や器具材として，また建築材やパルプ材などに幅広く活用されている。しかし，国産材全体の供給量は近年低水準で推移し，平成22（2010）年度の木材自給率は26%である。

薬用

黄柏は，オウバク末など多くの医薬品原料となり，整腸，腸内殺菌，外用消炎薬などとして利用される（写真3）。漢方では健胃，収れん，消炎薬として処方され，民間では，煎汁を腹痛や眼薬に，また粉末を下痢止め，打撲時などに利用する。

特に，古くから胃腸病の妙薬として各家庭で盛んに利用されてきた奈良県の「陀羅尼助（だらにすけ）」，山陰地方の「煉熊（ねりくま）」，長野県の「百草（ひゃくそう）」などは，いずれも黄柏の水製エキスからつくられたもので，今日も製造されている。

また，アイヌ民族は，果実も喘息や去痰などの薬として用い，甘いものは食用にし，乾燥保存したものを香辛料などとして利用した。現在，黄柏が浴用剤や染料としても利用されている

写真1　未熟果実をつけたキハダ

写真2　キハダの内皮。コルク層を剥ぐと下は鮮やかな黄色をしている

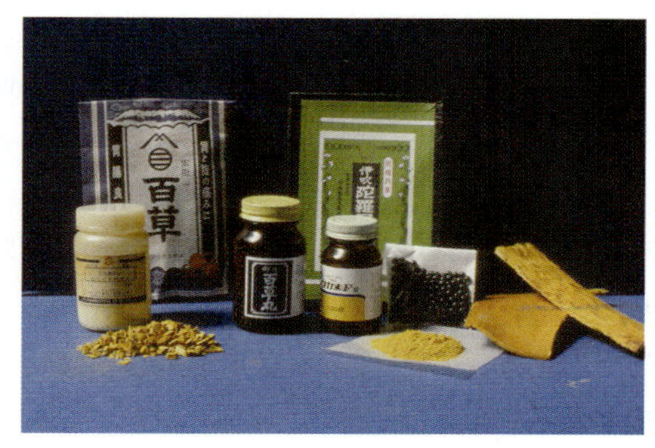

写真3 黄柏および黄柏を原料とした製品

ことなどから，今後，果実を食品や浴用剤として利用することも考えられる。なお，平成22年度の黄柏使用量は224tである。

素材の種類・品種と生産・採取

種類

キハダ属の仲間は東アジアに数種あり，わが国にはキハダとその変種が自生する。変種には，北海道および本州北部に多く分布し，母類に似ているが小葉の幅がやや広く，樹皮が薄く花序にほとんど毛のないヒロハノキハダ(var. *sachalinense* Fr. Schm.)がある。さらに，本州の富士山山麓地帯に自生し，樹皮が暗褐色で小葉の仮面の脈上に開出毛をつけ，花序に細毛のあるオオバノキハダ(var. *japonicum* Ohwi)，北海道および本州の海抜の比較的高いところに生育し，母種同様に樹皮が厚く小葉の基部が広楔形でその下面に短毛が密生し，葉柄および花序に細毛のあるものをミヤマキハダ(var. *lavallei* Sprague)として変種扱いするが，これらはいずれも連続的な変異である。

生産・保育のポイントと増殖

資源の分布・保全　キハダとその変種は，北海道から本州，四国，九州まで全国に自生する。しかし黄柏は，国内消費量の大部分を輸入に頼っており，国内生産の過半数が天然木から採取しているため，大径木が激減してその資源の枯渇が危惧されている。そのため近年，全国的に植林が試みられるようになったが，栽培期間が20～30年以上と長いことなどから，人口林からの黄柏生産量は少ない。国内の栽培状況は，平成23年度の統計資料では栽培戸数が88戸，栽培面積が270ha，生産量は12tである。

生育環境と植林　北海道から九州まで気象条件の異なる広範囲な林地に植栽され，さらに植栽事例が少ないうえ育成期間が長いことなどから，キハダの植林および保育体系はさまざまである。

育成期間（目標伐期）により保育体系は異なるが，林地の上木を全部伐採して一斉植林する場合，ha当たりの植栽本数は2,000～10,000本である。植栽本数が多い場合は，植栽木の肥大生長を促進するために除間伐を繰り返し，少ない場合は枝がよく生長するので下枝を切り通直な幹に仕立てる必要がある。

キハダの植林は，植栽地の選定を誤ると，また適切な保育管理を怠ると全くの不良林分になる。適地は，肥沃地で有効土層が深く，適潤で排水性のよい場所である。陽樹で耐陰性が低いことから，上木の下や林縁など陽光量の制限される場所での植林は避け，植栽木が草本の被圧を受けなくなるまで下刈りを励行する。また30年前後の短伐期施業では，黄柏の採取効率などの生産性から，特に樹冠の発達を助長して肥大生長を促進するため除間伐を繰り返す。

育種・増殖　黄柏は，ベルベリン含量に大きな違いがあるため，日本薬局方においてもベルベリンとして1.0%以上含むことと規定している。なお，黄柏の品質は主にこの含量によって評価され，生薬材料の生産者価格も異なる。また国産の黄柏は大部分が薬局方の規定をクリアしている。

今後，黄柏の安定供給と生産性の向上を図るため，生長量のほか内皮の厚さ，ベルベリン含量などを選抜因子として優良個体を選抜する必要がある。しかし，雌雄異株であること，育成期間が長く開化まで年数がかかること，植栽地が広範囲で気象および土壌条件がいろいろ異なることなどから，各地域に適合した優良品種の創出にかなりの時間がかかる。当面は，永年性作物のため将来の生長が期待できる優良種苗の確保が第一である。

桐

Paulownia tomentosa (Thunb.) Steud. ほか

植物としての特徴

キリはもともと，アジア大陸東部の原産であり，わが国には自生せず有史以前に渡来したというのが，おおかたの植物学者の通説である。現在わが国で植栽されているキリは，ニホンギリ（*Paulownia tomentosa* (Thunb.) Steud.），チョウセンギリ（*Paulownea coreana* Uyeki)，ラクダギリ（*Paulownia* sp.)，ウスバギリ（*Paulownia taiwaniana* Hu et Chang）の4種と考えられる。これらは，花の内側の紋様，あるいは樹形，樹皮などから識別ができる（写真1）。このなかで広く見られるのはニホンギリ，チョウセンギリ，ラクダギリである。一方，キリの原産地である中国には北緯20°の海南島から40°の遼寧省まで分布があり，種として10種内外に分類されている。

利用の歴史

古いキリ材加工品として，奈良・法隆寺（607年建立）に31面の伎楽面（ぎがくめん）があり，うち10面がキリである。また正倉院には，東大寺落慶（751年）に使用されたという百数十面の伎楽面があり，うち3分の1はキリで，奈良時代のものという。

写真1　ニホンギリの樹形

キリの代表的な加工品に箪笥（たんす）と下駄がある（写真2，3)。これらの文献での初出は井原西鶴の文学作品（1688年）にみられる。また，キリの植栽についても，同年代と思われる『百姓伝記』，宮崎安貞著『農業全書』にみることができる。

キリの計量単位

キリは建築構造材とは異なり特殊な用途に用いられたので，普通木材の計量単位の「石」ではなく，関東以北では「玉」，関西地方では「才」という単位で取引されていた。

計量単位の「玉」では，1玉とは丸太の末口無皮径18 cm（6寸），長さ1.94 m（6尺4寸）のものを標準とし，末口無皮径が3 cm増加するごとに1玉ずつ増加する。たとえば21 cmは2玉，24 cmは3玉となり，反対に15 cm（5寸）になると2分の1の0.5玉となるなど，実材積とは比例しない計量単位である。これは下駄の木取りから生まれたものと思われる。下駄材は長さ24 cm（8寸）に玉切り，幅12 ～ 15 cm（4 ～ 5寸）が男物の最大であることからであろう。

一方「才」は，長さ1.94 m（6尺4寸），末口径が正円で18 cm（6寸）の丸太は36才（6×6）で，末口径（寸）の自乗で示し，これは実材積に比例する。

かつては「娘が生まれたなら，キリを3本植えよ」といわれた。嫁入り道具の箪笥用としてである。箪笥1棹に必要なキリ板材は，東京箪笥の三つ重ねで250才を要するといわれ，これは約0.42 m^3である。キリを植えて20年もすると，1本から末口径30 cm内外，長さ2.0 mの丸太2本ずつ，3本のキリから6本の丸太が得られるとすれば合計1.08 m^3となり，製造歩留り50%とするとちょうど1棹分のキリ板となる。キリ材生産者（植栽者）は，箪笥製作者（指物師，家具屋）に丸太を与えて誂（あつら）えつくってもらったも

写真2　桐のたんす（会津桐タンス・株製）

写真3　昔ながらの桐の高下駄（桐乃華工房製）

のであろう。

戦後日本の生産・消費

戦後の日本では今までに，1959（昭和34）年，1979年，1996（平成8）年の3度の消費のピークがみられる。1959年前後は下駄材は減少し，家具材消費の増加によるものであった。当時輸入材は若干みられるが，国産材が主体である。これは同時に国産材生産のピークと一致している。その背景には材価の高騰がある。

1979年のピークに至る過程には輸入材の増加が著しく，消費量の90％を占めるようになり，国産材生産は減少の一途をたどる。1996年のピークに至る過程は，景気の好不況によって消費の増減はみられるが，国産材生産はさらに減少し，消費量の1％にも満たない状態となった。生産地はおもにキリ加工業者の多い福島県会津地方，新潟県加茂市地方と，キリ材共販場のある秋田県である。1959年は戦後の結婚ブームであり，1979年はその子どもたちが結婚適齢期に達した時代でもあり，家具の需要が増加したと考えられる。

キリ植栽の目的明確化

かつては，どんな田舎でも下駄屋のないところはなかった。またキリ材を扱う業者がみられたものである。農家の庭先のキリは，晩春に樹上高く紫色の花を咲かせ，芳香を漂わせていた。これは農村風景の一コマであったが，今はない。

国産の原料およびその加工品において，輸入品との差別化のできない多くの国内での生産物は，衰退，廃業に追い込まれている。差別化は情報の付加であり，キリの場合，品種によって材の色沢，木目の明瞭さがある。古くからの下駄・箪笥の加工技術などの情報付加が可能ではないかと考える。特に今後の建材という消費分野において多くの加工品に技術開発が望まれる。

植栽した苗木は20年ほど経過しなければ原木としての価値を生じないが，その間には価格の変動もあり，また予期しない輸入材の増加などがある。植栽動向にはこのような風潮が反映する。たとえば農村で農産物生産にあたり，すべて換金作目のみを作付けする農家があったなら，農産物の自由化の痛手をもろにかぶってしまうのと同じようなことである。キリを換金作目として植栽した結果が，国産材生産や植栽の減少をまねき，現在に至っている。さらに，キリの難病ともいえるてんぐ巣病の大発生が植栽減少に影響していることも見逃すことができない。

キリ植栽はキリ材生産を目的とするが，どんな原木をという具体的な目標が欲しいものである。単に換金性のみに捉われることなく，自家用としての活用を考えるべきではなかろうか。「家を建てるときキリ材を使おう」ということである。

建材への活用普及は，キリ栽培者が自家産材を使用し，加工は委託するが自家の建築，改修に活用することによって，一般の人々の認識が得られ，普及を可能とするのではないかと考えている。ものの保存環境に適したキリの容器は，人間の生活する建築物を容器と考えるならば，意外に健康を維持することに役立つかとも考えられるのである。

用途と製造法

キリ材の特徴

キリ材は国産樹種中で最も軽く，気乾比重平均0.3，また熱伝導度は0.63とよく，防湿性，通気性に優れた特性がある。

キリ箪笥への利用では，乾燥した板は伸縮による狂いが少ないが，湿気を含むと膨張して目が詰まり，隙間がなくなり外からの湿気浸入を防ぐ。逆に，乾燥すると収縮し隙間を生じて湿気を放出する。つまりサーモスタットのような機能がある。このような性質を，わが国のような高温多湿の風土において，多様な容物として工夫してきたことは先人たちの知恵であった。

ちなみに，中国大陸のような乾燥地帯での容器には竹製品が多い。キリ材の市場があるのも日本だけで，諸外国ではキリの植栽はあるが，多くは日本への輸出が目的である。

主な用途と利用の動向

利用は，ギフト商品箱，食品小箱，桐工芸品，衣裳箱などの箱物用材，和洋家具の側板，底板，ツキ板などの家具用材のほか，少量だが琴・建材用材などがある。

家具，建具，細工物　キリ材の軽さ，防湿性などから箪笥に用いられるほか，家具として机，椅子，長持，金庫の内箱などに利用される。また建具としては，障子・襖の骨に，楽器としては，琴・月琴・琵琶・太鼓の胴に使われている。

細工物としては，舞楽の面，能面，獅子頭，欄間，仏像，刳物（くりもの）の花びん・茶道具の棗（なつめ）・火鉢などにも用いられてきた。現在では下の写真のような細工物もみられる。小箱類としては，メダル箱，貴金属入箱，香類箱，軸箱，刀剣箱などがあり，キリベニヤ板による棺箱や干しシイタケなど乾物類のギフト商品箱に加工される。正月用のお節料理詰合せ重箱などもある。

そのほかとして羽子板，義肢義足，のこくずを利用した桐塑人形もある。キリを炭化した粉炭は懐炉灰に利用される。

建材としての利用　建材としては天井板，壁板，腰板をはじめ，床板あるいは押入れ，納戸などの内装に用いられる。そのほか階段（段板，蹴込板，手摺り），建具類（欄間），戸板（ドア）など，あらゆる面に活用されている。

内装材としての評価は，箪笥の表板や琴にみられるような柾目，板目のような美しさが自然素材

1

2

3

4

桐の細工物の例

1　積み木
2　鞄
3　飾り棚
4　ティッシュボックス

（いずれも高安桐工芸製）

を感じさせ，材質から感触的にも柔らかさがある。木地そのものでは汚れの欠点もあるが，近年は塗料にも種々の新製品が登場し，この欠点は解消できる。キリ材には特に古くから焼ギリ仕上げや拭漆（ふきうるし）仕上げなど，木地を表わして塗装する方法がある。内装材は装飾ということもあり，木目を生かした種々の加工アイデアが要求されるところである。

慶長年間（1596～1615年）の建造（1611年）といわれる，島根県松江市にある国宝・松江城の天守閣に上る階段はキリ材である（写真4）。幅1.25m，踏み板幅30cmで，厚さ6.5～7.0cm，蹴上げ幅21cmでやや登りづらいが，今から400年前のキリ材利用である。段板の磨滅はあまりみられない。

また最近の畳はポリウレタンなどが併用されており，箪笥を置くと凹みが元に戻らないという。これなどは和室の周辺を，長さ1.8m，幅45cmのキリの板畳を敷くことによって，あまり違和感なく解消できるのではないだろうか。

今までキリは建築材としてはぜいたくすぎるとか，高価だというイメージがもたれていた。このため，建材分野に入り込めなかったのではないかと思われる。

桐紙　特殊なものとしては，桐紙がある。

キリ材を台鉋（かんな）で，薄く3mmの厚さで60～80枚を剥ぎ取り，それを漂白して壁紙あるいは台紙の両面に貼り付け乾燥してハガキ，熨斗袋，名刺などにする。山形市内にはこうした桐紙の製造所が1か所ある。

桐枕　商品化されているものに桐枕がある。キリ材を使ってそろばん玉製造に使われた機械で，直径1cmの丸棒に切削し，それを長さ1cmに切断し，駒状にしたものを5,000個程度充填したものである。岩手県二戸市に製造所がある。

キリ材の生産

立木買いと野積み　新潟県加茂市や福島県会津地方には，今でも立木買いから箪笥の製造を手がけている人々がいる。同じキリでも，立木は品種

写真4　松江城・天守閣に上がるキリの階段

写真5　キリ原木の野積み

や生育条件が違い，買付けに苦労する。伐ってみるわけにもいかず，経験と勘で原木を選ぶのである。買った立木は生長休止期に伐採し，丸太で皮付きのまま1年は野積みにする（写真5）。これは板にした場合の材変色や狂い（あばれ）を抑えるためである。野積みが完了した後，材のどの部分を，どこに使うか見定めて製材所で板に挽いてもらう。

あく抜き作業　キリ材には他材種ではみられない，変色成分のある樹脂液（あく）を含むため，製材した板を露地に立て掛け頻繁に位置を替えながら，雨や雪にさらしてあく抜きをする（写真6）。その期間は板の厚さにより異なり，1cmで1～2年，2.5cmで3～4年，琴材では5年を要する。

これをやらないと製品にした場合，板が黒ずんでくる。また材の伸縮を防ぎ，耐湿性を高める効果もある。そのほか，箪笥の表面に貼る柾目材をより美しくするための「柾目直し」など，多くの細かい技術によってつくられる。「柾目直し」とは，木目（もくめ）の幅を等間隔に揃えるように，広い部分をカットし，同じような柾目板を剥（は）

ぎ合わせる作業である。

箪笥だけでなく下駄材でも，木取りした材をあく抜きのため輪積みして重ねた風景が見られたものであるが，今は見ることがなくなった。キリの箱や小物などは，箪笥をつくるときに生ずる端材を利用して製造することが多いので，当然あく抜き工程を経ている。近年はこのあく抜きを時間的に短縮するため，キリ材を煮沸する方法が開発され，徐々に取り入れられている。

素材の種類・品種と生産・採取

銘柄名と種名

明治期のキリの材質評価　江戸時代において，江戸の人口増加によって，その末期には関東一帯からの生産キリ材が不足し，おもに東北・北陸地方からのキリ材が深川木場に集品されている。

1912（明治45）年，農商務省山林局編纂発行の『木材ノ工芸的利用』には，当時集荷された産地ごとのキリ材質などの評価が記述されている。

古来南部桐と称した三陸地方（岩手県沿岸地方）のキリ材は，木目が太くあくが少なく，材色は赤みも薄い。乾燥すると銀白色の光沢があり，材質堅く軽いため下駄材として最も優れている。山形・秋田・福島県産キリ材も南部桐として取り扱っているとあるが，当時は船積み輸送だったと思われる。ちなみに東北本線の上野ー青森間の開通は1891年であった。いわゆるキリ材の銘柄（ブランド）として評価されていたことを示している。

また，1897年前後は中国キリ材の輸入もあった。その特徴としては，材質堅く，油気がなく，柔らかさ弾力性に乏しく，板材として木目がぼんやりし，光沢がなく，乾燥すると目割れを生ずるので，下駄材として外観が美しくないと評価している。当時はキリの品種という概念もなく，また種苗の移動も少なかった時代のことでもあり，いわば地桐材との比較でもあった。

種の植栽分布と地桐の名称　わが国で植栽されているキリは，ニホンギリ，チョウセンギリ，ラクダギリ，ウスバギリの4種があるが，ウスバギリは過去にタイワンギリ，ココノエギリなどと誤称されていたもので，この植栽分布は茨城県と福井県を結ぶ線から以南であり，以北では生育しえない。原産は台湾であるが，1975（昭和50）年に初めて台湾の学者によって種として命名されたものである。

写真6　キリ板材のあく抜き

したがって，古くから栽培されている，いわゆる地桐というのはニホンギリとチョウセンギリである。ラクダギリは初期生長がよいため，文献上では大正年代から植栽されたもので，全国的に見られる種であるが，材質は前二者に劣る。それぞれ産地の実態をみると，岩手県地方にはニホンギリが多く，福島県会津地方，新潟県にはチョウセンギリが多く分布している。

このようなことから，現在は南部桐，会津桐，津南桐という呼称は，当時苗木の流通も少なかったので，加工する材質的な違いから生まれた銘柄（ブランド）である。産地の地元では産材に決して名称はつけず地桐である。多くの産地から集材することによって，その区分名称が必要となる。

南部桐，会津桐の用途評価　近年まではキリ製品は下駄と箪笥であった。下駄は南部桐，箪笥は会津桐の評価が高かった。いずれも好みとして木目がはっきりしていて，同じ幅に年輪数の多い材が好まれたようである。

南部桐は別称を紫桐といわれているが，これは花の色ではなく材色である。キリ製品の色合いは時間経過とともに黒ずんでくる。しかし，下駄はあまりその変化には関係なく，この現象を黒といわず紫と表現することによって評価が高まる。

一方，箪笥ではキリ材は白いというイメージがあるため，店頭に各産地材の箪笥を並べて置いておくと，いつまでも白さを維持している会津桐の製品は売れ足が早いので，一級品という評価がある。

これはとりもなおさず，チョウセンギリとニホンギリの違いではないかと考えられる。

ラクダギリの名称と品質　ちなみにラクダギリを考えると，大正年代のキリ苗木品評会では，上位入賞にラクダギリの苗木が多かったという記録がある。当時は中国桐との雑種ではないかという評判もあった。前述の中国にあるどの品種とも固定ができない品種のようである。

このラクダという名称は，キリではあるが，質的に劣るということでつけられた。ナガイモ（トロロイモ）の種類にラクダイモというのがある。夏の暑さに融けるロウソクをラクダロウソク，消炭のように燃焼の早く粗悪な木炭をラクダ炭というのと同様である。

現実に20年を超えると，材中心部に腐朽がすすんでいることが多い。キリ材を購入する業者のなかでも価格は1ランク下げていた。しかしキリ材には変わりはなく，畳の下となる荒床に利用している人もいる。

栽培の概要

育苗　キリ苗木づくりには，種根と実生による2つの方法がある。

種根苗木　一般に行なわれている。地キリの優良木から，春期に径2 cm内外の根を掘り取り，長さ15 cmほどに切断し，畑地に畝幅・間隔それぞれ1 mとして埋根する。1年で1 m内外の苗木となる。

実生苗木　1個のさく果に1,000～2,000個の種子が入っており，これが飛散して自然実生稚樹が生育することになるが，その場所は家の軒下や石垣の間などに限られる。稚樹が発生しても雨による土袴（茎や葉への土粒の接着）の生ずるところは，病害をうけ枯死する。このような現象から，種子を軒下などにばらまきしておき，自然発生稚苗を，翌春に畑地に前者同様に植え込むことで，やはり1 m内外の苗木にすることができる。

植栽　次に述べるキリのてんぐ巣病をはじめとして，その他の病虫害対策を考えると本病の蔓延は集団大面積植栽地に顕著である。原因としては，関東地方から大量に罹病種根が移入されたこと，大面積のため不適地にも植えられたこと，媒介昆虫類の大発生などが考えられる。これらの反省から今後の植栽は，周辺に罹病木が少なく，土壌条件の良好な適地を選び，樹冠の広がりが20年ぐらいの成木で9 m^2に及ぶことを想定し，単木的あるいは列状に植栽することが望ましい。

てんぐ巣病の発生

植栽の減少は価格の安い輸入材の増加によるが，一方でキリ病害の，なかでも致命的な枯死をもたらすてんぐ巣病の蔓延も考えられる。

本病は明治年間（1868～1912）に九州地方で発見されており，しだいに北上して1953（昭和28）年には福島県中通り地方で発生，キリの産地である会津地方への蔓延を防ぐため，罹病木の伐採焼却が行なわれた。岩手県では1973年頃に枝先端部が枯れる現象が多くみられ，1977年に電子顕微鏡で検鏡の結果，本病であることが裏付けられた。

この病状は，葉腋部から小枝が多数発生し，翌年さらに枝葉を生じ，ほうき状となるのでキリてんぐ巣病といわれた。宮城県以北では冬期の寒さによって病枝が枯れるので典型的なほうき状とならず，毎年枯れを繰り返し，その箇所に炭疽病が発生して枝枯れ症状を呈する。花穂のつぼみが細長い葉状に変化することや，葉が萎縮するなどの病徴を示すので罹病していることがわかる。

この病原はファイトプラズマと称され，全身病であり，伝染は苗木養成に罹病木の種根を使うことや，吸汁昆虫のクサギカメムシ類によって媒介される。

罹病樹の鑑定に遺伝子（DNA）による方法が開発されているが，確たる防除法はなく，キリ栽培上の問題点である。

樟・大樟

Cinnamomum camphora (L.) Presl ほか

植物としての特徴

クスノキまたはクス（樟）の学名は *Cinnamomum camphora* (L.) Presl で，クスノキ科クスノキ属の常緑植物であり中国大陸南部地域，台湾，インドネシア，日本などに広く分布する（写真1）。クスノキの変種ホウショウ（芳樟）は，中国大陸南部地域，台湾の北部・中部および東部に分布する（写真2～4）。学名は，*C. camphora* (L.) Presl var. *nominale* Hayata subvar. *hosho* Hatushima で，別名「においクス」とか「台湾クス」とかいわれる。ただ，ホウショウはこの学名のほかにもいくつかあり，現在でも一定していない。

クスノキの樹皮は灰褐色から暗黄褐色で縦に細かく割れている。葉は互生し葉柄は長さ2～3 cm ほど，葉身は長さ6～10 cm ほどで卵形や楕円形をしている。三大脈ははっきりしていてやや硬めで，表面に光沢がある。

春，新芽の出る頃の葉の色は，緑色，黄緑色，赤みをおびた葉色などと多彩で，群生する姿はみごとである。花は，直径5 mm ほどの淡緑黄色や淡黄色の両性花で，4～6月にかけて新枝の葉腋から円錐花序に咲く。果実は直径7～10 mm ほどの球形の液果で，晩秋から初冬にかけて紫黒色に熟し，中に直径3～5 mm ほどの球形の種子を1個もつ。

クスノキは，樹高25 m ほど，幹が直径80～150 cm ほどになる高木で，なかには樹高40 m 以上，幹が直径5～8 m にも達する巨大なものもある。

日本では，関東地方から四国九州地方にかけて分布するが，自生地域は明確にはわかっていない。千葉県一宮町，神奈川県湯河原町，静岡県伊東市などには林分（種類・樹齢・生育状態などがほぼ一様で特徴的なひとまとまりの森林）として保存されている。

また，鹿児島市の城山には巨大なクスノキが数多く保存されている。鹿児島県姶良市蒲生（かもう）町の八幡神社には，樹齢推定1,500年のクスノキがあり，「蒲生の大樟（おおくす）」として有名である。樹高30 m ほど樹幹の周囲は25 m ほどで，日本で最大のクスノキといわれ実に圧巻である。これは国の特別天然記念物として大切に保存されている。神奈川県伊勢原市の大福寺境内にあるクスノキは「大樟（たいしょう）」として知られ，

写真1　クスノキ

写真2　ホウショウ（芳樟）の樹形

写真3　芳樟の花

樹高30 mほど樹幹7 mほどで，うっそうとした樹冠は王者の風格をみせ，これは県の名木100選に選定されている。

利用の歴史

クスノキの利用の歴史

クスノキの枝葉や樹幹に含まれている樟脳（しょうのう）成分を抽出するため，中国海南島や台湾で盛んに植栽された。これらの天然樟脳精油は日本へも輸出されていた。

また，古代朝鮮や中国では，クスノキが棺材としても使われていたことが知られている。

日本でのクスノキの利用は，考古学的にも歴史的にもたいへん古い時代からあったことが知られている。弥生時代後期の静岡県山木遺跡から出土した鉢はクスノキ製であることが確認されている。これは加工道具類が十分なかった時代，加工しやすく腐朽しにくい性質を当時の人たちがよく認識していたからだと考えられる。

わが国への仏像の伝来（552年あるいは538年）後しばらくして，国内で日本人の仏師の手による仏像づくりがさかんに行なわれるようになった。飛鳥時代の木造の仏像にはクスノキが材料として利用されており，数多く残された仏像のなかでも，法隆寺の観世音菩薩立像は代表的なものといえる。クスノキが香り高く，材料として手に入れやすく，加工しやすかったところから盛んに利用されたのである。

写真4　芳樟の実

クスノキ材は，黄褐色から淡紅褐色の散孔材で加工しやすい。樟脳成分を含むため防虫効果も高く，耐朽性，耐虫害性がきわめてすぐれている。また，木材が得られやすく保存性が高いことから，社寺建築の柱や土台に用いられた。家具，仏具などの彫刻にも広く利用されてきた。クスノキは神木的な要素があるのか，神社，寺院の境内に多く植栽されている。

芳樟の利用の歴史

芳樟は，枝葉を水蒸気蒸留して精油を抽出する。精油の主成分はリナロール（80%以上）で，化粧品用香料，石けん用香料として使われてきた。1965（昭和40）年代前期には年間約6 tの精油が抽出され，一部はフランスやほかのヨーロッパの国々へも輸出されていた。しかしその後，農産物の自由化，合成リナロールの開発成功，廉価な輸入品により，国内でのリナロール生産量は減少した。これは，クスノキの樟脳精油が合成樟脳油や廉価な輸入の増加により，国内での生産が減少したのと同じであった。

日本への芳樟導入には2つのルートが知られている。1つは，高砂香料（株）が台湾から導入したクスノキのなかに芳樟が混入していたものを選別し，和歌山県日高郡や高知県幡多郡に植栽して数年かけて改良を行ない，品質の高い種を作出して芳樟精油の生産にのりだしたものである。

もう1つは，1947（昭和22）年に台湾から鹿児島県の旧専売局樟脳試験場に導入されたものである。同試験場で選別改良され，のちに曽田香料（株）鹿児島農場が加わり，より品質の高い種の選別に取り組んだ。1962（昭和37）年に樟脳事業が旧専売局の手から離れるおり，曽田香料（株）は優良種の苗を譲り受けている。

また，鹿児島県の斡旋によって芳樟生産組合が組成され，薩摩半島の旧開聞町を中心に山川町，頴娃町，知覧町の生産者が芳樟精油の増産に取り組んだ。その後は，合成香料の技術の進歩や天然香料の自由化にともない生産量は減少した。

用途と製造法

クスノキの用途

クスノキは，枝葉，樹木全体に樟脳成分を含み強い芳香がある。この樟脳成分抽出のため，九州ではさかんに植栽が進められ精油抽出がされた。枝葉，樹幹はチップ状にして水蒸気蒸留され，天然樟脳精油が抽出された。精油の主成分はキャンファー（カンファー）50％ほど，シネオール20％ほど，サフロールが20％ほどである。精油は，主に石けん用，セルロイドフィルム用，防虫剤などの原料として用いられ，重要な資源植物であった。一時は外国へも輸出されて樟脳精油抽出は活気があった。

クスノキは生長が早いうえに公害に強く丈夫で長命なところから，関東地方以南の都市部で街路樹，公園樹，工場地帯の緑化事業などへの利用もさかんである。近年，東南アジア，カナダ，南アメリカなどの国々では，自国の自然林保護の意識が高まるにつれ，必要以上の木材用伐採を厳しくおさえてきている。輸入木材に依存するわが国は，それに対応できるように，いずれ木材の国内自給率を高めざるを得なくなるだろう。こうした情勢のなかでクスノキも重要な資源木材として再度見直される時機がくるであろう。一時的な植栽ではなく，国の緑化保全の点からも強く再認識が必要である。

芳樟の用途と製法

芳樟の用途　1975（昭和50）年はじめ頃から，合成香料や廉価な輸入天然香料の増加にともない，国内での芳樟精油生産は，樟脳精油生産と同じような状況をたどり衰退してきた。年間わずか数kgの生産となっている。

ただ，芳樟は，テルペン化合物，芳香族化合物の含有量が多いので，最近では森林浴などの面から大きな注目をあびてきている（写真5）。グリーンシャワーあふれる環境が，心身を癒し気分を落ち着かせてくれるとされる。

クラフト類・染料　蒸留のため伐採された太めの枝を自然乾燥させ，芳樟こけし，コースター，鉢カバーなどが加工され販売されている（写真6～8）。

1980（昭和55）年代後半には，大島紬に使われる代表的な染料シャリンバイが不足してきたため，芳樟葉の蒸留残渣が代替染料として注目をあ

写真5　森林浴に利用される芳樟の森

写真6　ハーブ染め

写真8　芳樟クラフト
芳樟こけし，コースター，つまようじ入れ

写真7　芳樟のリース

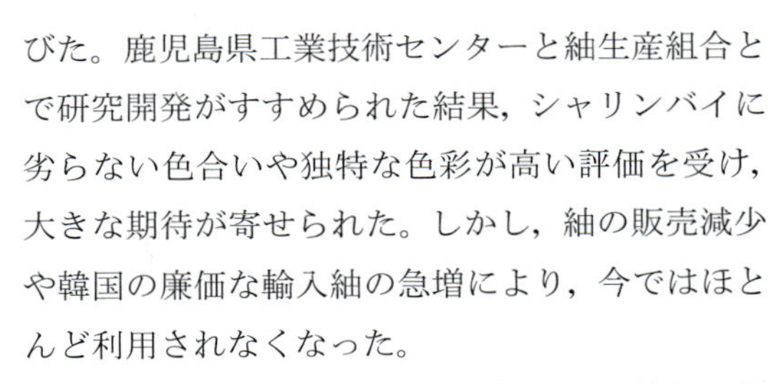

びた。鹿児島県工業技術センターと紬生産組合とで研究開発がすすめられた結果，シャリンバイに劣らない色合いや独特な色彩が高い評価を受け，大きな期待が寄せられた。しかし，紬の販売減少や韓国の廉価な輸入紬の急増により，今ではほとんど利用されなくなった。

国内産天然香料　国内で数十か所ほどあった樟脳蒸留所は，合成樟脳や廉価な輸入樟脳精油の増加にともない生産量は減少してきた。それでも1950（昭和25）年半ばまでは，九州地方では数か所の樟脳蒸留所があり，微量ではあったが精油抽出がされていた。

2008（平成20）年頃からアロマセラピー（芳香療法）への関心が高まるにつれ，安心して使える国内産の天然精油が注目されてきた。こうした状況をうけて，樟脳精油は福岡の歴史ある樟脳蒸留所のほか，和歌山県，佐賀県，鹿児島県の屋久島などでふたたび製造が始まっている。

一方，芳樟精油はアロマセラピー用だけでなく，石けん用香料として再度見直され，年間の精油抽出量が100 kg以上と増えてきている。また，芳樟精油の主成分リナロールが医療用香料としても注目されだし，今後が期待される。

芳樟精油の蒸留法　芳樟精油は，500 kgの葉から約3 kgが採れる。レモングラスやローズ・ゼラニュームは300～500 gほどで，ハーブにより収油率は異なるのである。以下に芳樟油の蒸留法を示す（図1）。

①芳樟の枝を切り落とし，さらに50 cmほどの長さになるように細かく折っていく。できるだけ葉の分量を多くするとよい。

②それらを10 kg位ずつ束ねて工場へ運搬し，蒸留釜（写真9）へ投入する。

③蒸し釜の中に芳樟の葉を入れる。このとき，できるだけ隙間がなくなるよう，押し込むように入れていく。隙間があると蒸気が葉に当らず，精油がうまく抽出されない。

④蓋をして120℃の蒸気で約1～1.5時間蒸す。

⑤葉に含まれた香気成分が蒸気とともに冷却器で徐々に冷やされ，油分（精油）を含んだ水分となって落ちてくる（写真10）。

⑥水分は二重構造のステンレス容器の内側に溜

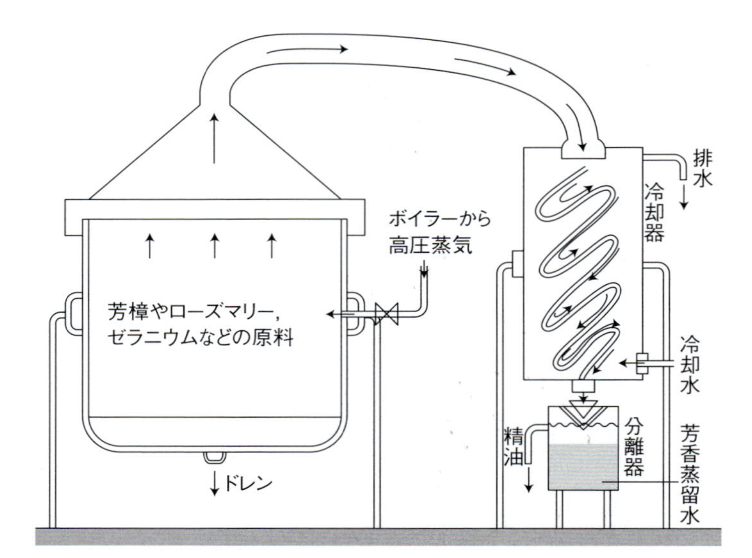

図1　蒸留釜による抽出法
約1時間ほど蒸留する。温水にまじり込んだ精油を冷却器の中を落下させながら冷やしたのち水と油に分離する

写真9　蒸留釜
500 kgずつ蒸留する。120℃で1～1.5時間

写真10　水分を含んだ芳樟オイルが落ちてくる

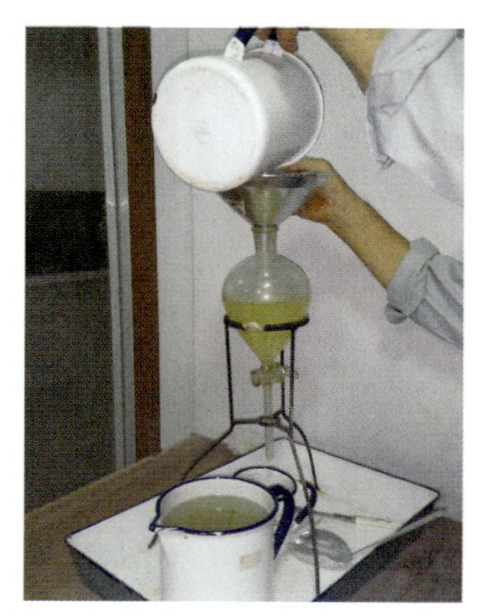

写真11　ろ過器にかけて水分から分離する

まっていき，精油は水より軽いため表面に浮いてくる。水分はいわゆる芳香蒸留水（ハーブウォーター）と呼ばれるもので，容器の外側の下部から放出される。

⑦一定量溜まったら精油の部分のみ取り出す。

⑧抽出された精油はろ過器に数回かけて，余分な水分などを分離する（写真11）。

素材の種類・品種と生産・採取

品種

クスノキの品種は，葉柄の色によりアカグス，アオグス，ボケグス，サンショウグスなどが知られている。また，クスノキの変種がホウショウ（芳樟）である。

増殖

クスノキの増殖　クスノキの増殖には，実生と挿し木の二つの方法がある。種子は10～11月頃に，紫黒色に完熟した状態のものを播種する。2～3日ほど水に浸して果肉をきれいに取り除き，よく水洗いし天日干しで十分に乾燥させる。茶色の瓶に入れ密閉して保存する。

播種は春，地温が18℃以上になった頃，堆肥などを混ぜて準備した苗床にまく。種子はまく前，1週間ほど水に浸しておく。

苗床に筋状にまき，あとは軽く覆土し，乾燥しないように発芽するまで水やりする。4～6週間で発芽が見られる。四つ葉になり苗がしっかりしてきたら，根を傷めないようヘラなどで掘りあげ3～4号鉢に鉢上げする。

挿し木は20℃ぐらいが適温で，市販の挿し木用土を使用するとよい。発根までにはかなり日数がかかるので水やりを続ける。根が十分出た挿し木苗を3～4号鉢に鉢上げし，生長させる。その後，実生苗と同じ作業をする。

芳樟の増殖　芳樟の増殖もクスノキと同じだが，実生苗の場合にはいくつかの注意点がある。クスノキの種子と芳樟の種子との区別は，専門家でも判別がたいへん難しい。芳樟の実生苗でもクスノキの成分が多量に含まれているので，幼苗での鑑別は無理である。また，発芽した実生苗は6～8割近くがクスノキの樟脳成分を含んでいるものがあるので十分注意する。

1年目の幼苗の硬めの葉を半分切り取り，1回目の香りの鑑別をしてクスノキの苗を取り除く。この場合，芳樟の香りをかいだ経験がある人か，逆にクスノキの香りをよく知っている人が鑑別し，クスノキの香りがある幼苗を取り除く。

しかし，まだこの1年苗の段階では，選別された幼苗がすべて芳樟の苗であるとは限らない。2年目，3年目の苗をしっかりと鑑別しなければクスノキの苗が混入してしまう。

こうして鑑別された苗木が芳樟といえるが，このほかにもサフロール系の香りのするクスノキが混入している場合があるので，この鑑別作業は熟練された専門家でないとできない作業である。

梔子

Gardenia jasminoides Ellis

植物としての特徴

クチナシの学名は*Gardenia jasminoides* Ellis，英名はCape jasmineという。日本ではクチナシに比べ葉や花が小さいものをコリンクチナシと呼ぶこともあるが，種として区別されない。

アカネ科の常緑低木で，高さは約2mでよく分枝する。葉は対生ときに3輪生し，広披針形～菱状広倒披針形で，長さ6～12cm，全縁，革質，上面は光沢がある。花期は5～7月，花は白花で芳香があり，径5～10cm，果実は黄紅色の卵形～長卵形で5～7稜がある（写真1～3）。

静岡県以西，四国，九州，琉球，台湾，中国大陸中南部，インドシナに広く自生する。以前は三重，徳島，鹿児島そのほか暖地で栽培されたが，現在では薬用としての作付けは記録されていない。主に暖地の公園や庭先・垣根として植栽されているが，植栽分布域は広く，本州北部にまでおよぶ。

利用の歴史

中国では庭木として古くから利用されてきた。また，乾燥させた果実は中国医学の三大古典の一つといわれている『神農本草経』（後漢時代，200年頃）では中品（体力を養う薬）120種類の生薬の一つに収載されている。同時代の有名な中国医学古典『傷寒論』や『金匱要略』に記載されている慢性肝炎などの治療に使用される漢方処方の「茵蔯蒿湯」にも使われている。

日本では飛鳥時代（6世紀後半～7世紀頃）から，クチナシの実を利用して衣類の黄色染料や食材の着色料として利用されてきた（写真4）。

用途と製造法

庭木として利用されるほか，乾燥した果実はゲニポシドなどのイリドイド配糖体やクロシンなどのカロチノイドを含み，山梔子（サンシシ）という名称で漢方薬や医薬品原料，民間薬として利用

写真1　クチナシの花

される。利胆，鎮痛，清熱，抗炎症などの作用があり，茵蔯蒿湯はじめ黄連解毒湯，防風通聖散など多くの漢方処方に利用されている。漢方では果皮が薄くて内部の赤黄色が強く，苦味の強いものが良品とされる。現在の医薬品原料としての市場流通品は，すべてが中国（長江以南の湖南省，江西省，四川省，湖北省）からの輸入品である（2010年度）。

また，クチナシの実は安全無害な天然色素原料として，餅，飯，きんとんや漬け物など食品の着色に利用され，需要が増大している。

果実を収穫後，萼や果柄を除去して天日乾燥するが，脂肪油を含むため乾燥には1か月を要する。あるいは，蒸すか，沸騰した湯中に5～10分ぐらい浸した後，天日乾燥する場合もある。

民間薬や染料として利用する場合には，乾燥した果実を砕くか2～3つに切り，一例として，約10 gの果実を300 ccの水で200 cc程度になるまで弱火で煎じ，ガーゼなどで濾して用いる。

素材の種類・品種と生産・採取

繁殖は種子または挿し木による。春挿しの場合，前年秋に伸びた枝に頂芽をつけて4～5節で切り取って挿し穂とし，3～4月に挿し木する。翌春移植を行ない，6月に追肥を施し，3年目の春に畑に定植する（条間・株間ともに1 m）。収量は15年樹で1本当たり乾燥果実150～300 gという記述がある。果実は秋になると黄色を経て橙色に熟すが，完熟前の黄色に変わったときに収穫する。

薬用としての品種は育成されていない。庭木用として八重咲きや斑入りの品種，全体が小型で葉が倒披針形のコクチナシ（*G. jasminoides* Ellis var. *radicans* Makino）があるが，いずれも薬用としては用いられない。なお，中国には水梔子（スイシシ，原植物は*G. jasminoides* Ellis f. *longicarpa* Xie et Okada）と呼ばれる類似の生薬（偏楕円形で長さが3～5 cmと長い）があり，日本へ輸出されている。しかし，薬用には山梔子が使われ，水梔子は主に染料として利用され薬用としては劣品とされている。

写真2　樹上での結実状況

写真3　採取した実

写真4　クチナシの実による染色

無媒染

アルミ媒染

鉄媒染

クチナシで染める

古くから使われてきた黄色染料

クチナシは，古くは飛鳥，奈良時代から天然染色の原料として用いられてきたとの記述が残されている。正倉院に納められている染織物には，今でもその色が美しく保たれているものもあるという。

クチナシの実を用いた染色は，赤みのある鮮や

前処理と染料液づくり

1　絹ハンカチの乾燥重量をはかる。
2　ステンレスボウルに中性洗剤を加えた約60℃の湯を用意し，絹ハンカチを浸す。ときどき動かして5～15分つけおき後，3回湯洗いして糊や汚れをとる（やけど防止に，木綿手袋の上にゴム手袋をする）。
3　布の重さの2倍のクチナシの実を用意する。
4　湯を2L入れた鍋に，水洗いしたクチナシの実を入れて火にかけ，沸騰後ふたをして15分ほど煮出す。
5　ボウルにぬらしたこし布を張ったザルをのせ，染料液をあける。
6　ボウルにとれた液が一番液となる。染料を鍋にもどし，手で実をつぶす。湯2Lを鍋に入れ，15分煮出す。
7　ぬらしたこし布を張ったボウルにあけて，こし布を軽くしぼり，二番液をとる。
8　左が一番液，右が二番液。ここでは，一番液と二番液を分けて染めてみる。

かな黄色が特徴である。絹の染色において，ほとんどの黄色の染料は，ミョウバンなどのアルミ媒染を用いて濃い黄色に発色するが，クチナシは媒染を用いなくても濃い黄色に染めることができる。なお，クチナシと同じように媒染をしなくても濃い黄色に染まる染料に，キハダがある。

冬に実が赤く熟した頃に染めると，いちばん赤みのある鮮やかな黄色に発色する。

冷凍のクチナシの実でもよい色に染めることができる。市販の乾燥のものを買うときは，できるだけ赤みのあるものを選ぶとよい。

ここでは，絹のハンカチをクチナシで染める工程を紹介する。

染色の方法

1　たたんで軽く手のひらで押して水をきった絹ハンカチを，70℃に加熱した染料液（一番液）に入れ，約20分間浸し染めにする。
2　二番液でも同様に染める。一番液と二番液を両方あわせて染めてもよい。
3　浸し染めの間，布を手前にたぐったり，向こうへ寄せたりをくり返して動かしつづけて，ムラなく染まるようにする。
4　ほどよく染まったら，絹ハンカチをたたんで，軽く手のひらで押して水をきる。
5　水を4回替えて，よく水洗いをする。
6　タオルで巻いて水分をふきとる。
7　陰干しにしてもよいが，写真のように2人で四隅をもって上下に波打たせて軽く振るとすぐに乾く。
8　出来上がり。乾くと色が落ち着く。右が一番液で染めたハンカチ。左が二番液で染めたハンカチ。

黒文字

Lindera umbellata Thunb.

植物としての特徴

クスノキ科クロモジ属の落葉低木で，雌雄異株。樹高は5m程度で，北海道南部から九州の丘陵地や山地帯の比較的明るい林内に普通に見られる（写真1）。早春，葉とともに淡黄色の散形花序を開く（写真2）。葉は互生し，長楕円形～狭長楕円形で両先端は細く尖るのが普通である。液果は直径6～8mmの円形で，当初緑色，秋に成熟して光沢のある黒色になる。

樹皮は若いときは緑色をおび，黒斑を有するが，古くなると灰褐色または黒緑色となり，細かい縦の溝が形成されることもある。

利用の歴史

利用の歴史は定かではないが，その名前は，古く万葉集や源氏物語などにもクロモジと考えられる記述があることから，何らかの利用がなされていたものと考えられる。かつては材に含まれる芳香を抽出し，香料として利用されたこともあるが，現在は楊枝としての利用が一般的である。

用途と製造法

クロモジの用途

楊枝への加工　最も一般的な利用法としては楊枝（妻楊枝：つまようじ）があり，一般にクロモジというと樹種名ではなく，楊枝を連想する人が多い。クロモジの材は柔らかく，縦に割りやすいこと，乾燥してもその芳香が持続することから，皮付きに削り，妻楊枝や菓子楊枝として加工・販売されている（写真3）。このため，クロモジの材は山村地域の収入源のひとつとして採取・取引きされてきたが，近年は中国から原材料が輸入されるようになり，その利用価値は減少している。

柴垣その他への利用　枝は細くて分岐し，緑と黒の斑紋が美しいこと，柔らかくしなやかであることなどから，落葉期に伐って束ね，クロモジ垣として柴垣に用いられるほか，束ねて箒（ほうき）に利用されることもある。高野山では禁忌十則のひとつに「竹箒を禁ず」とあり，金剛峰寺や奥の院では竹箒の代わりとして，今もヒメクロモジの枝を束ねた「箒」を使用している。

また，京都府から島根県に至る日本海側の地域では，ふくぎ，さいせん，もちばなのきなどと呼ばれ，正月や小正月にクロモジの小枝に餅花を飾る風習がある。

精油成分の利活用　この樹の成分利用として，一部の地域では枝葉を煎じたものを痔につけたり，根皮の粉末を切り傷の血止めに利用したりしている事例もある。これらクロモジ油の主成分は，α-フェランドレン，シネオール，リナロールなどであることが知られている。

材には芳香を含むことから，枝葉の蒸留によりクロモジ油を精製し，化粧

写真1　春のクロモジ
大きな木の下蔭にあり，直径1～2cm，樹高1～2m
写真2　クロモジの花⇩

写真3　クロモジの楊枝
皮付きに削り芳香も生かす

石けん，頭髪油，香水などの香料に利用され，わが国特有品として輸出されたこともあるが，化学製品におされ，現在ではほとんど市場に出ていない。

楊枝の製造法

ここでは楊枝のつくり方を紹介する。まず，通直な幹または枝を選び，目的とするものに合わせて6～10cmの長さに切ったのち，縦方向に8等分する。クロモジは縦方向に割れやすいため，この作業は比較的容易である。

縦割りしたものを削っていくが，このとき，中心部に柔らかい組織（髄）があるので，先に削り取っておく。その後，樹皮の付いた部分を目的の幅に決め，切り口が正方形または長方形になるよう成形していく。最後に，先端をナイフのようにとがらせたり，角（かど）を取って持ちやすくしたりするなどの細工をして完成させる。

なお，制作にあたっては，材を乾燥させると少し堅くなるため，あまり乾燥しない間に行なうほうが成形しやすい。

素材の種類・品種と生産・採取

大きく2群に分かれる日本のクロモジ

クロモジは世界に約100種が確認されているが，そのほとんどは中国からインド地域に生育しており，日本には4～5種が生育するのみである。

日本に生育するクロモジの種類と分布は，葉の側脈が7対以下と8対以上のものとの大きく2群に分けることができる。なお，ヒメクロモジ，ウスゲクロモジ，オオバクロモジを変種とする分類もある。

葉の側脈が7対以下のもの　葉の側脈が7対以下で，葉表は光沢があり，葉裏の細脈は隆起しないもの。

クロモジ　北海道南部～本州のほぼ全域に分布する最も一般的な種。側脈は5～6対でやや3行脈がみられる。葉の先はあまりとがらない。葉の表面にはやや光沢がある。

北海道～東北地方に生育する葉が大きくより細いものをオオバクロモジとして，別種とすることがある。

ヒメクロモジ　東海・近畿南部～四国南東部で，クロモジ，ウスゲクロモジよりも標高の低い地域に生育する。葉表はやや光沢があり，先端は鋭くとがる。

葉の側脈が8対以上のもの　葉の側脈が8対以上で，葉表に光沢はなく，葉裏の細脈は隆起して目立つ。葉に短毛がある。

ウスゲクロモジ　中部地方～四国・九州の高山地域に分布する。若い葉は長い絹毛に覆われるが，成葉になると減少する。葉の先はとがる。

ケクロモジ　中部地方南西部～四国・九州のクロモジ，ウスゲクロモジよりも標高の低い地域に分布する。葉はクロモジに比べて大きく，2～3倍で，葉の表面に短毛がある。本種は上記3種と異なり，日本固有種ではなく，朝鮮半島，中国の一部にも分布する。

栽培・採取の留意点

クロモジはその大部分が山採りで，栽培の事例は少ない。苗木は実生，および山採りを用いる。

生育環境に関しては適応性が広く栽培は容易であるが，比較的明るい，肥沃な土壌を好む。古くなったものは株立ちすることから，適当な太さになった幹から順次伐って利用することにより，継続的な収穫が可能である。

ケナフ

Hibiscus cannabinus L.

植物としての特徴

ケナフは，ムクゲと同じくアオイ科フヨウ属の一年生植物で，麻の仲間である。原産地はアフリカといわれ，紀元前4000年頃から西スーダンで栽培が始まった。学名を*Hibiscus cannabinus* L.といい，日本では洋麻の別名もある。

現在では，中国，インド，東南アジア，アメリカ南部，オーストラリアなどで栽培されている。日本では北海道から沖縄まで栽培されている。霜に弱く，露地では越冬できないが室内では越冬し，春から芽を出してくる。草丈は3～6m，茎の直径は4cmくらいに達する場合もある。収量は風乾で10～20t/ha，花の色はクリーム色，形はオクラ，ムクゲの花と同じである（写真1，2）。

写真1　ケナフの花

写真2　草丈6.5mに生長したケナフの草姿

葉の形は生育するにつれて丸葉，3裂葉，5裂葉，7裂葉と変化するものが多く，アメリカでは，大麻の葉に似ていることから丸葉に改良している。

利用の歴史

パルプや繊維のほか，食用，飼料，産業資材，環境保全などに広く利用されている。

ケナフは1908（明治41）年頃に当時の満州から麻袋へ利用するために伝来した。しかし戦後，石油製品の普及によりケナフの栽培は衰退した。その後，ケナフが注目され始めたのは1990（平成2）年のことで，森林保護と地球温暖化防止のために，木材に代わる草のパルプ素材として優れていることがわかったからである。現在，日本の各地で栽培されているが，原料ケナフの大半は輸入され，現地栽培に踏み切った企業も現われてきた。

明治時代から繊維作物として栽培され，麻縄，麻袋に加工されていたが，現在では，繊維やパルプにして紙，織物，ボードなど広く加工・利用され，植物として二酸化炭素の吸収，水・土壌の浄化にも利用されている。

ケナフは，戦前は農家が栽培していたが，現在は農村部，都市部を問わず全国至るところで栽培されている。栽培・収穫したケナフの加工・利用については，企業，団体，学校，施設，個人，行政などが知恵をしぼって取り組んでいる。

地球温暖化防止の観点から，ケナフに吸収させて二酸化炭素をいかに固定させるかが問題となっている。休耕地に転作作物として栽培している例も若干みられるほか，地域おこしに取り組んでいるところもみられる。また，環境保全への啓蒙運動の柱としてケナフを活用しているところもある。特に，学校では環境教育の素材に活用している。

最近では，食用種ケナフの栽培も普及し始めたので，食用への加工が進んできた。今後，園芸植物・観賞用植物としての活用が期待できると思われる。

刈取り作業には，なた，のこぎりが用いられるが，大面積の作業には不向きであり，現在，刈取機の開発が進められている段階である。

用途と製造法

ケナフはその特性によってさまざまな加工用途が開発され続けている（表1）。生育中の活用と刈取り後の加工とで，その用途はさまざまである。

ケナフ繊維の利用

植物繊維の特徴　ケナフと樹木との植物繊維を比較すると（表2），靱皮（じんぴ）部では針葉樹に近く，心部では広葉樹に近い。繊維の直径では樹木より短い。リグニン含量は靱皮部が著しく少なく，パルプ化しやすいことがわかる。ケナフの部位の特性を生かした加工・利用が大切である。

破裂強さ，引裂強さ，耐折強さでは広葉樹よりも優れ，特に耐折強さは約10倍である（表3）。

自動車部品　ケナフ繊維の特性を生かして自動車や車椅子の部品に用いられている。環境保全の視点から紙などにリサイクルでき，軽量化のうえからもケナフの素材は高く評価される。トヨタ自動車では，世界で初めてドアトリムにケナフ繊維を用い，加工のしやすさと安全性，環境に配慮した車を生産した（図1，表4）。

壁紙　壁紙へのケナフ素材の加工・利用も進んでいる。建物の新築にみられる新築病・シックハウス病は，ホルムアルデヒドなどの有害物質の揮発が原因のひとつとなっている。また，塩化ビニル製の壁紙では，火災時に塩化水素ガスなどを吸引して死亡する例がみられる。

壁紙の約95%が塩化ビニル製品である現在，気

表1　ケナフの利用形態

利用部位	利用形態
全茎	紙製品（名刺，封筒，便箋，卒業証書，その他），パルプモールド（鉢），食品トレイ，法面緑化
皮	紙漉き，糸，織物，タオル，自動車ドアトリム基材，壁紙，ボード，炭素繊維
茎	炭，脱臭・水質浄化，キノコ菌床，汚泥の固形化
葉	染色，粉末ふりかけ（食品），うどん，茶，てんぷら
花	染色，食用，ハーブティ（萼）
種子	食用油，薬用

表3　ケナフ手漉きシートの物理特性

	米国フロリダ産ケナフ			日本産混合広葉樹
	靱皮部	木質部	総合	
比破裂強さ $(g/cm^2/g/m^2)$	76	66	80	49
比引裂強さ $(g/g/m^2)$	271	76	154	75
耐折強さ（MIT）回	1,850	1,300	1,620	145

表4　ドアトリム用基材特性

	従来品		ケナフボード	
	縦	横	縦	横
最大曲げ荷重（N/50 mm）	41	38	54	60
曲げ強さ（MPa）	23	33	48	54
寸法安定性（A法）（%）	0.4	0.4	0.1	0.1

表2　ケナフと他の植物繊維の比較

分類	繊維長（mm）（ ）は平均値	繊維直径（μm）	灰分（%）	リグニン（%）	セルロース（%）
針葉樹	2.7～4.0（3.5）	32～43	1	26～30	40～45
広葉樹	0.7～1.6（1.5）	20～40	1	18～25	38～49
ケナフ（靱皮部）	2.6～5.0（2.6）	16～22	1～2	1～6	60以上
ケナフ（心部）	0.5～0.6（0.6）	10～11	2～3	23～27	31～33

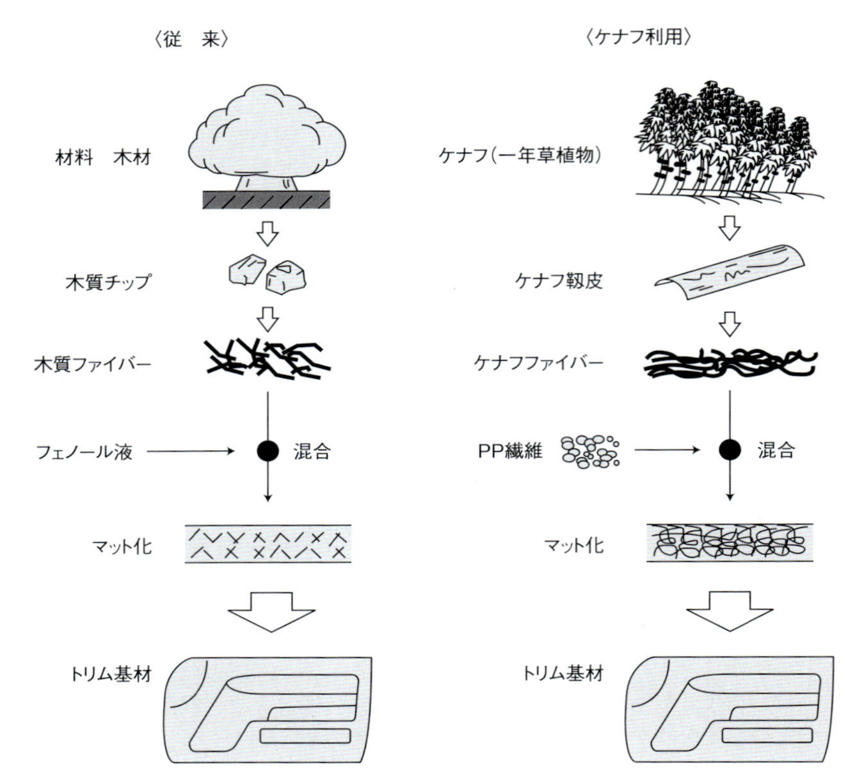

図1　ケナフドアトリムの製品化

写真3　ケナフの糸

写真4　ケナフの炭

密性，結露，有害ガスの発生，リサイクル，石油資源の枯渇化などの視点からケナフの加工・利用が望まれる。ケナフ壁紙はその加工過程においてケナフの特性を生かし，有害ガスの発生を抑える工夫がなされている(図2)。

衣料　衣料用繊維としてのケナフ素材の加工技術は，世界に誇れる水準にある。ケナフ繊維の特性を生かしたワイシャツは機能性，生理ストレスにおいて従来のワイシャツより優れているとの報告がある(図3，写真3)。

炭　ケナフからは炭もつくられている(写真4)。その繊維断面を電子顕微鏡で見たものが写真5である。繊維のなかの半分以上が空洞になっており，吸水性，発散性，消臭性が優れていることが一目でわかる。ハチの巣のようにあいた多くの孔は，毛細管現象により水を勢いよく吸収する。毛穴などに付着した汚れの成分は，水と一緒に除去される。このような繊維の特異性は，ケナフの生長が非常に速く多量の水分補給を必要とし，水分代謝が高いことに起因すると考えられる。

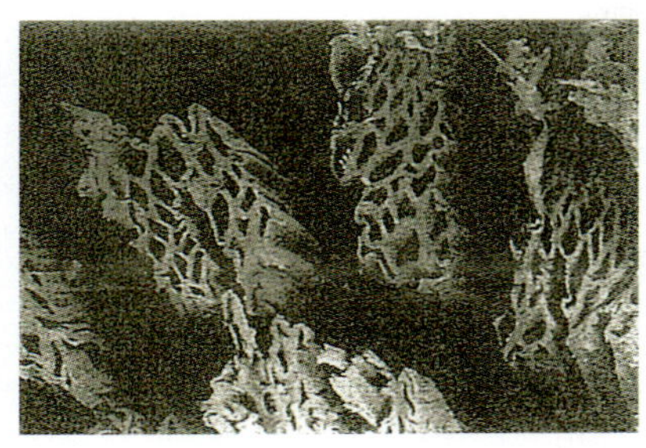

写真5　ケナフ繊維の断面（電子顕微鏡）

木炭とケナフ炭との比較試験の報告例は少ないが，ケナフは樹木ではなく草本であるために空隙が多い。これは繊維構造の断面写真を見ても理解できる。このように空隙が多いため，吸湿，消臭ともに優れていると考えられる（表5，図4）。

法面緑化　法面（のりめん）緑化へのケナフ繊維の加工・利用の利点は，種子を混合した液状をノズルから直接法面にスプレーできるために工法が簡単なことである。しかも，軽量で扱いやすく法面の安定性が高く，通気性と保水性がよく，植物の発芽・生育を促進する働きがある。

スラッジなどの固化材料　工事現場や湖沼，浄水場などの地下水，高含水土，汚泥（スラッジ）などの汲み上げへのケナフ素材の加工・利用も，環境保全の視点から今後，需要が高まることが予想される。

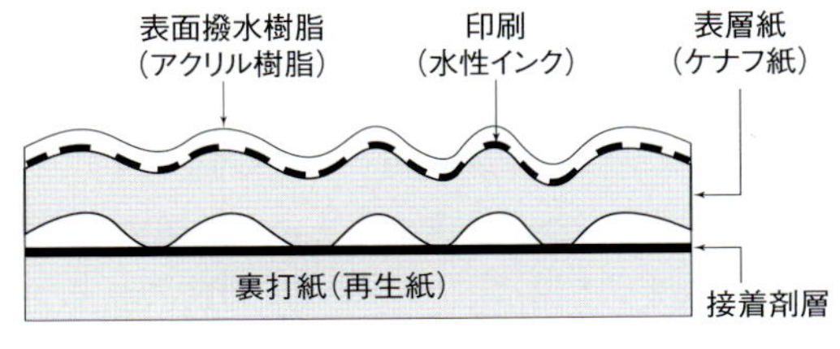

図2　ケナフ壁紙の断面図

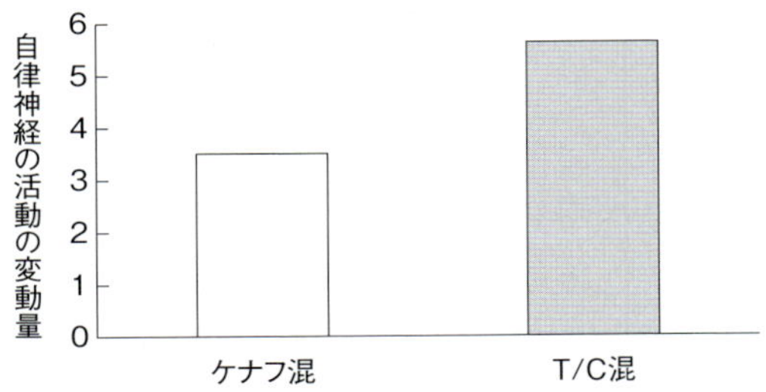

図3　着衣の生理ストレスへの測定結果
（洗濯1回後のワイシャツ）
タテ軸の「自律神経の活動の変動量」の数値が大きいほどストレスが大きく，自律神経の活動が不安定であることを示している。T/C：ポリエステル混合

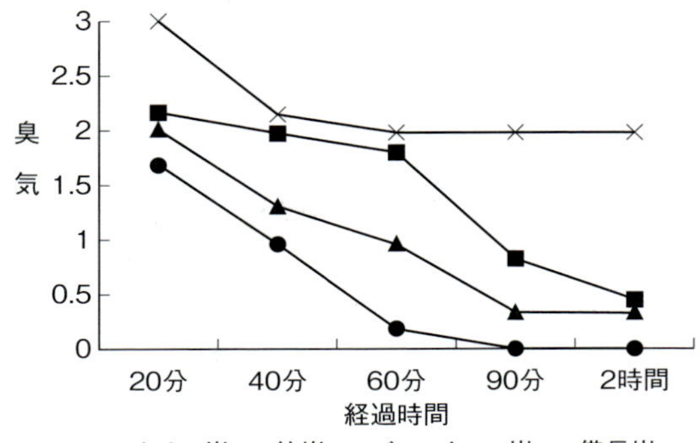

図4　アンモニアに対する各種炭の消臭効果と経過時間

表5　ケナフ炭，竹炭，バーベキュー用炭，備長炭の比表面積と見掛け比重

炭の種類	比表面積（m^2/g）	見掛け比重
ケナフ炭	約400	0.15 ～ 0.23
竹炭	約300	0.58 ～ 0.63
バーベキュー炭	約300	0.86 ～ 0.96
備長炭	約124	1.24 ～ 1.32

注　比表面積は，'98年竹資源フォーラム，和歌山工芸技術センターのデータを引用

これらは一般にセメントや石灰により固化処理されてきたが，その結果強アルカリの土壌汚染をまねいてきた。これに対し，ケナフを固化の材料として利用することで，中性の土壌として植物・作物の栽培を可能にした。

ろ過用フィルター　ケナフの繊維の特性を生かしたケナフのフィルターは，都市の滞留貯蔵池のストームウォーターろ過（渦巻く水）のフィルターに加工されて，重金属，窒素，リン，農薬成分，自動車排出油などの除去に利用されている。

生体利用

油で汚染された水の浄化には，水に油が混ざった場合，水より油のほうを早く吸い取る特性を活用している。しかも，ケナフは，自重の9～15倍も吸い取る能力をもっているので油吸着剤として利用価値がある。

生育中のケナフの利用としては，生長が速い特性を生かして，水の浄化，空気の浄化，土壌の浄化などへの活用がある。湖沼や水路の汚染，原子力や産業の活動による土壌の汚染，自動車道の空気の汚染などへの利用が期待される。アメリカではセレンの除去にケナフが利用されているので，ヒマワリ，ナタネと同じように汚染物質をケナフの茎・葉・実に蓄積させて徐々に減少させるような活用が増加するものと思われる。

食品としての利用

ケナフは，他の食品に比べてカルシウム，カロチン，ビタミンC，食物繊維などが多いため，幼児や高齢者の健康食品に適している（写真6，7）。特に，必須アミノ酸の種類と含量が多く疲労回復，健康増進，体内脂肪の燃焼，アトピー性皮膚炎の改善（美肌）などに効くと考えられる。

生葉はスカンポのように酢っぱいので，シソ葉のような利用が考えられる（表6）。また，塩漬や乾燥によって酢っぱみが少なくなる。食用種のケナフは酢っぱみと紅色のポリフェノール色素をもっているので嗜好性があり，ハーブティー（ローゼルティー）は，ハイビスカスティーの名称で市販され愛用されている（表7）。薬味，食品の着色にも用いられ，これを入れて卵を茹でると銀色となる（銀卵）。

種子の油は，オレイン酸，リノール酸，パルミチン酸などを含み，ダイズ油より安定性がよいといわれ，ダイズ油，綿実油と並んで食用油としての加工が期待される。

表6　ケナフの葉の栄養価
（可食部100 g中の含有量）

要　素	ケナフ	モロヘイヤ	ホウレンソウ
カルシウム(mg)	150	410	55
リン(mg)	54	98	60
鉄(mg)	2	2.7	3.7
カロチン(μg)	6,100	6,015	3,100
ビタミンB_1(mg)	0.15	0.72	0.13
ビタミンB_2(mg)	0.30	4.95	0.23
ビタミンC(mg)	130	62	85
食物繊維(g)	5.5	2.3	0.8

写真6　ケナフの加工品

写真7　ケナフのドリンク類

その他の利用

ローゼルティーを飲用した後に残った袋内の粉を取り出して，お茶と同じように利用したり，アトピー性皮膚炎に効果があるといわれるので，患部に塗ったりするような活用もある。ケナフの刈取り後に残った根はトラクターで粉砕できるが，太い根は掘り起こして炭に焼くこともできる。炭は二酸化炭素を固定しているので，使用済みの炭を土に返すような活用がある。

将来的には，ケナフの生育の特性を生かしたバイオメタノール（植物メチルアルコール）の生産にケナフの活用を検討する必要がある。ケナフの栽培とその運搬に要する総エネルギー量はメタノールの総生産量よりも少ないとの結果もあり，化石燃料資源の保全と二酸化炭素の排出抑制への活用が考えられる。

東南アジアのタイでは，野菜と同じように，葉を食べたり，ジュースにして飲用したりしてい

表7　ローゼル(食用ケナフ), 米酢, ビール酵母のアミノ酸比較 (mg/100 g)

栄養成分	ローゼル	米酢	ビール酵母
イソロイシン	260	16	23
ロイシン	410	56	35
リジン	330	57	38
メチオニン	99	14	8
シスチン	110	4	5
フェニルアラニン	300	43	21
チロシン	96	60	14
スレオニン	260	13	24
トリプトファン	70	9	7
バリン	320	32	28
ヒスチジン	170	32	12
アルギニン	250	146	26
アラニン	320	118	35
アスパラギン酸	1,790	44	50
グルタミン酸	820	66	60
グリシン	300	34	22
プロリン	440	43	18
セリン	280	21	26

注　分析試験:(財)日本冷凍食品検査協会

る。萼(がく)は収穫後ていねいに調製して薬用, ハーブティーとして輸出している。アメリカでは, 産業分野で広く加工・利用され, 新聞紙の原料, 工業用フィルターなどに利用されている。

商品化されたケナフ加工品を表8に示した。

ケナフを使って自作してみる

手漉き葉書のつくり方　少量のケナフであれば, 次のような方法でもなんとかパルプ, 紙漉きはできる。

パルプづくり(無薬品)　①刈り取ったケナフの靭皮部を茎から剥がす。

②靭皮部の表皮を櫛(くし)のようなもので削り落とす(ごみを取る)。

③きれいになった靭皮を3 mm以下ぐらいに切る。

④ミキサーで靭皮の繊維をほぐす(少量ずつ1分間ほど回す)。

⑤細かい繊維が流出しないように布などでこし, 金槌などで叩いて柔らかくする。

⑥脱脂綿のような柔らかさに近づけるよう, 数回, ミキサーと叩きを繰り返す。

⑦完了したパルプはすぐ紙漉きに使うか乾燥して保存する。

⑧ケナフ専用無薬品のパルプ化用機械「紙造くん」(発売元:優良パルプ普及協会, TEL. 048 - 794 - 7872) を使用すれば即時にできる。

紙漉き　①パルプにしたケナフと水とを食器洗いなどのボウルに入れてかき混ぜる。

②漉くのによい薄さになったら, 枠と金網・竹すのこなどで漉く。

③枠をはずし網の上から力を加えて水を切る。

表8　ケナフのおもな加工品と活用例

種類	商品名・内容	場所・TEL
ハーブティー	ハイビスカス(ローゼル)	東京　0120 - 238 - 827
ハーブティー	ハイビスカス(ローゼル)	東京　03 - 3200 - 0611
クッキー	森のともだち	士別市　01652 - 3 - 3825
めん	ケナフ健康うどん	士別市　01652 - 3 - 2410
キャンディー	ケナフ入りキャンディー	福岡県朝倉市　0946 - 62 - 2828
ハーブティー	ハイビスカス(ローゼル)	東京　0120 - 175 - 082
ハーブティー	ハイビスカス(ローゼル)	沖縄　098 - 994 - 6325
ハーブティー	ビューティーローズヒップブレンド	東京　0120 - 314 - 731
紙・パルプ	ケナフパルプ・紙	さいたま市岩槻区　048 - 795 - 0957
紙, ケナフ関連製品	ケナフ紙・ケナフ製品・種子	中央区茅場町　03 - 3667 - 3951
紙すき・繊維・食品	紙すき・ひも, 食品利用, 炭焼き	各県のケナフ団体(HP)

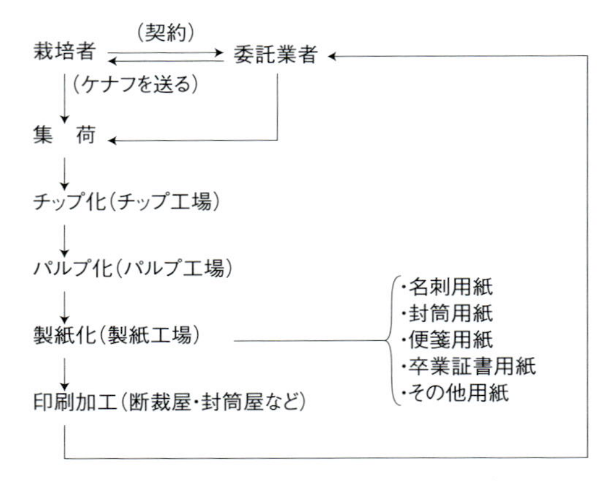

図5　業者に依頼して紙をつくってもらう場合の流れ

④手ぬぐい，新聞紙で水を吸い取り，アイロンなどで乾燥させて完了。

ただし，大量になってくるときわめて困難であり，業者（株式会社ユニパアクス，TEL. 03 - 3667 - 3951）に依頼することも考えられる（図5）。

ケナフの蒸しパンのつくり方　ケナフの葉を利用した蒸しパンのつくりかたを紹介する。材料は，小麦粉200 g，ケナフ粉4 g（2%），ベーキングパウダー小さじ2，卵2個，砂糖80 g，牛乳1,500 cc，塩少々，溶かしたバター大さじ1である。ミックスパン粉を使用すると簡単にできる。

①葉を乾燥：電子レンジに3分くらいかけてから粉にする。キッチンペーパー2枚の間に重ならないようにケナフを挟み，下に新聞紙を5枚，上に3枚入れて乾燥を速める。

②粉を混合：小麦粉とベーキングパウダーとを合わせて篩にかける。

③卵を泡立てる：卵を割り砂糖を少しずつ加えながらかき混ぜ，牛乳，塩，溶かしたバターを加えて混ぜ合わせる。

④生地・たねづくり：粉と卵とを混ぜ合わせ，これにケナフ乾燥粉末をトッピングする。

⑤パンを蒸す：アルミカップにたねを流し込み，蒸気の上がった蒸し器に入れ12分くらい蒸す。布巾を上と下に入れておく。ふたは少しずらしておく。

⑥完了：竹串を刺して何もついてこなければ出来上がり。

素材の種類・品種と生産・採取

北方系品種と南方系品種

戦前に栽培されていたケナフは，戦後の石油製品の普及により姿を消してしまった。現在栽培されているケナフは1990（平成2）年前後に輸入されたものである。

ケナフには，寒さに強い北方系と寒さに弱い南方系の2系統がある。南方系はタイケナフと呼ばれ，草丈は2～3 m，葉柄にはとげがなく，茎，葉は赤みを帯び，花はクリーム色やピンク色を呈している。タイケナフには2種類があり，ローゼルと呼ばれる食用種はホオズキのような実をつけるものと，この変種である繊維種でタイケナフと呼ばれているものがある。最近，この変種のタイケナフは全国各地で栽培されるようになってきたが，寒さに弱く北海道，本州での露地栽培では年内の開花は難しいと思われる。サトウキビのよう

写真8　各種の園芸・観賞用ケナフ

黄色。挿し芽で冬から春に開花できる

青・紫色

紫色。挿し芽で冬から春に開花できる

ピンク色

写真9　繊維用ケナフ（右）と食用のローゼル

写真10　中耕・土寄せ作業

写真11　中耕することで除草剤がいらない

に茎をしぼるとケナフジュースができ，ローゼルの果肉を発酵させるとローゼル酒ができる。

北方系はキューバケナフと呼ばれ，寒さに強く北海道でも開花するが，霜に弱く越冬はできない。10月末頃から室内で栽培すると開花，稔実が進み，翌年には芽を出してくる。

発芽能力をもつ種子を生産するためには，開花後40日くらいの期間に良い天気が続くことが必要である。このため日本での採種は難しく，中国，インド，アメリカなどから種子を輸入しているのが現状である。世界の採種地は，アメリカの南フロリダ，南テキサス，南カリフォルニア，中国の広東省，海南島，インドの一部などに限定され，これらの地域は北緯25～30°付近にあり，日本では沖縄の南部，石垣島の位置である。現在では，国内でも採種が可能になってきた。

特徴的な品種と利用

加工向き品種としては，ローゼル，タイケナフが適し（写真9），最近これらの加工食品の販売が始まった。

紙パルプ，繊維向きの新品種としては，中国種の中雑紅305は青皮3号に比べて約40％の増産が期待でき，生育速度が速く，耐病性，耐倒性に優れ，パルプ収率も高い紡績と繊維の兼用の品種である。中国種の晩熟KB 2の開花は10月上旬くらいであり，生育旺盛，有効株数が多く，耐倒性，耐病性が大で，全幹で20 t前後の収量がある。

園芸用・観賞用の品種は現在販売されていないが，花の色が紫，青，紅，赤の品種や，ガンマ線照射によって草丈が低く早咲きの品種改良も進められているので，イベント用に適するケナフの開発が期待される。

栽培，調製の留意点

ケナフは，感光性，感温性ともに強く，北海道，東北地方では，早生種を導入しないと開花しないことがある。開花を早めたい場合は，早春に種をまき，温室で育苗し，晩霜の心配のない5月頃から露地で栽培する。発芽温度は地温20℃以上であるので，発芽させてから種をまくのがよい。草丈が1 mくらいで7月には開花させることができる。ケナフは日当たりを好み，庭先の土でも栽培ができ，水は切らさないように絶えず灌水してやると大きく生長する。ケナフの初期生育はきわめて遅いので除草に気をつけ，倒伏防止をかねて土寄せをする（写真10，11）。

まき方は，点まき，すじまきでもよいが，密植では茎が細く，疎植では太くなる。病害虫は少ないが，ネキリムシ，フキノメイガ，マイマイなどに食害される。

収穫の時期は品種，用途により異なり，開花時期の前または後に分けて刈り取るのがよい。自家採種する場合には，早く咲いて充実したものだけ取る。刈り取ったケナフは雨や湿気に当てないようにして乾燥しておく。

楮

Broussonetia spp.

植物としての特徴

コウゾは東南アジア原産のクワ科の落葉性木本で，形態はクワに似る（写真1）。中国名は楮，構，穀，英名はPaper mulberryである。コウゾ属*Broussonetia*には，コウゾ，ヒメコウゾ，カジノキがあり，3者を総称してコウゾと呼び，いずれも和紙原料に利用する。以下，3者を総称した植物名のコウゾを楮と併記して，品種のコウゾと区別する。インド，中国，東南アジア諸国，日本に分布している。

写真1　コウゾの樹形。形態はクワに似る

利用の歴史

コウゾと紙

紙を漉（す）いたのは中国が最も古く，今から2,000年ほど前に蔡倫が製紙法を改良してから良質の紙ができるようになった。コウゾ（楮）が大量に使用されるのは宋代（10～13世紀）で，元代（13～14世紀）以降はコウゾのほかにタケが利用されるようになる。

世界で使われてきた紙の原料は，種子繊維のワタ，靭皮（じんぴ）繊維のアマ，タイマ，コウマ（以上アサ），コウゾ（楮），針葉樹繊維のトウヒ，モミ，マツ，カラマツなど，広葉樹繊維のポプラ，カバ，ブナ，ヤナギ，ユーカリ，ニレなど，葉柄繊維のマニラアサ（アバカ），そのほか稲わら，麦わら，エスパルト，アシ，タケなどがある。

日本での利用

中国で発明された製紙法は，西暦500年頃朝鮮半島に伝わり，日本へは610年に高句麗の僧曇徴が伝えたとされている。その後貴重な換金作物として各地でコウゾ（楮）栽培がすすめられた。宮崎安貞（1623～1697）は，『農業全書』のなかで農家に大切な四木の1つとしてコウゾ（楮）をあげ，副業に和紙を漉くことをすすめた。全国で多くの農家が和紙を漉き，地方色豊かなコウゾ紙が市場へ流通した。

和紙は古くは生活のあらゆる分野で利用され，良質紙は写経用，書画用として用いられた。保存性が高く，古文書が数多く残っている。明治時代になって和紙は安価な洋紙の大量供給にとって代わられたが，国の保護によって絶滅の危機はまぬかれ，高級和紙として越前奉書紙，本美濃紙，石州半紙，島根県雁皮紙が重要無形文化財に指定，保存されている。

さらに2014年11月には，「和紙　日本の手漉き和紙技術」として，「石州半紙（せきしゅうばんし）」（島根県浜田市）と「本美濃紙（ほんみのし）」（岐阜県美濃市），「細川紙（ほそかわし）」（埼玉県小川町，東秩父村）の3つがユネスコの無形文化遺産に登録された。これら3紙はいずれもコウゾだけを原料としている。

最近，和紙は書画用のほか，障子紙，賞状紙，手工芸紙，ちぎり絵紙，名刺，便箋，封筒などに利用され，また，紙が電気の不良導体であることを生かした電線や蓄電池の絶縁紙としての利用もある。

コウゾの生産

わが国における和紙原料の生産確保はごく零細

で，白皮加工，紙漉きも小規模のものが多い。全国の白皮生産量はおよそ50 t，輸入量は150 tにのぼる。需要量の多いのは高知，岐阜，福井の各県で和紙の主要な産地となっている。

原木の付加価値を高めるためには紙漉きまで，さらには和紙を用いた紙製品の加工まで進めることが望ましい。コウゾ（楮）加工は，大別して原木から白皮までの加工（白皮加工）と，白皮を漉いて紙をつくる紙漉きの2段階に分けられる。洋紙の大量生産と異なって，純粋な和紙加工は，小型の機械か道具を用いた手作業による零細規模のものがほとんどである。

用途と製造法

コウゾ繊維の特徴

コウゾ（楮）をはじめ和紙原料は，靭皮（じんぴ）部の繊維を利用する。靭皮部繊維は細くて長く，しなやかな紙が漉ける特徴がある。繊維には，生長に伴って生長点で体組織をつくるための一次繊維と，枝条の肥大生長に伴って形成層でつくられる二次繊維とがある。一次繊維は長くて堅いため和紙繊維としては必ずしも良質とはいえないが，その割合は全体の5分の1でそれほど多くはない（表1）。

表1　コウゾ（楮）の組織別厚さ
（6品種の平均，単位：μm）（農林省振興局研究部・高知県農業試験場，1961から作成）

組織	厚さ	割合%
コルク組織	24	1.5
コルク皮層	67	4.1
皮層	195	12.0
一次繊維層	340	20.8
中間柔組織	39	2.4
二次繊維層	966	59.2
靭皮計	1，631	100.0

表2　和紙原料と木材の繊維長と繊維幅
（繊維学会編，1977）

原料	繊維長（mm）	繊維幅（μm）
コウゾ（楮）	6～20	14～31
ミツマタ	2.9～4.5	4～19
木材（針葉樹）	2～4.5	20～70

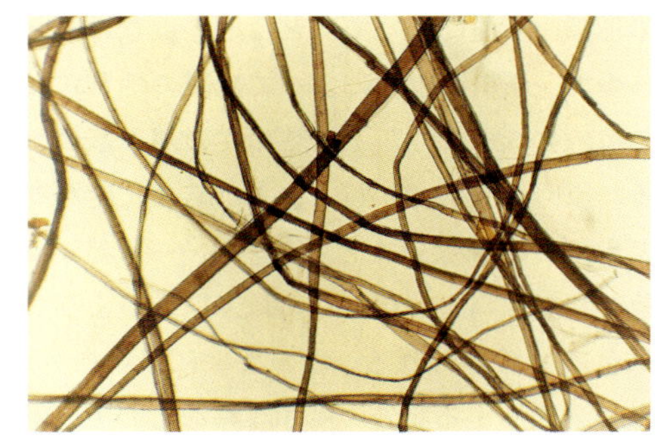

写真2　コウゾの繊維

また，コウゾ（楮）はミツマタと異なって，リグニンの含量が多い。リグニンは分解しにくく，蒸煮，漂白，洗浄などで除去できないので，原木にリグニンが多いと紙の品質が著しく低下する。したがって，収穫はリグニンが少ない，その年に伸張した枝条だけを対象とし，2年以上経過したものは使用しない。

コウゾ（楮）繊維はミツマタ，他の針葉樹と比べて太くて長い特徴がある（表2）。また形状はやや扁平，帯状で横断面は多くは長楕円形である（写真2）。長さ，幅は変異が大きい。繊維長は製紙原料中で最も長く，紙漉きにあたって繊維がよくからみあうように時間をかけて漉く必要がある。また，コウゾ（楮）紙は両者に比べて粗剛で強い特徴がある。

繊維の性質と紙質・強さ

コウゾ（楮）をはじめとして，すべての植物繊維は主成分がセルロースである。セルロース分子は，数千個から1万個のグルコースが縮合重合してできた長い鎖状の高分子である。重合度の異なるセルロースが集合してフィブリルを形成し，これにヘミセルロースやリグニンなどの化合物が複雑に組み合わさって繊維細胞を構成している。

鎖状高分子が集合するとき，分子が整然と並んだ結晶領域と不規則な非結晶領域ができる。フィブリルを構成するミクロフィブリルの大きさは繊維の種類，品種によってほとんど差はないといわれるので，原料の違いによって繊維の性質が異なるのは，すべて重合度と結晶化度の差に基づいている。重合度が大きいほど，また結晶化度が高いほど粗剛で丈夫な繊維となる。コウゾ（楮）繊維が他の和紙原料より粗剛なのは，以上のような理由によると考えられる。このように繊維の長短，細太で漉きあがる紙質・強さは異なるので，用途もおのずから決まってくる。

高い保存性

和紙原料の繊維の重合度は木材パルプよりかなり大きいので，熱，化学薬品，微生物などに対して抵抗性があり，紙の保存性が高い。コウゾ（楮）紙はミツマタ紙，ガンピ紙に次いで保存性が高く，木材繊維にはない優れた特徴をもっている。古文書が長い間保存されたのはこの機能に由来する。

和紙の再評価

コウゾ（楮）の生産・加工が激減した要因は，農業をとり巻く生産環境の悪化のほか，特に特産作物の立地条件がよくなかったこと，栽培・加工技術の改善・開発が遅れたこと，他作物と比較して収益性が劣ること，代替品が大量に出回ったことなどが関係した。

特に栽培・加工では地域性が強く，機械化・省力化が遅れたこと，パルプ原料の洋紙に追われたことなどが大きく影響した。しかし，日本の自然や伝統的な文化，和風の生活に和紙ほど適したものはない。健康で情緒ある生活を再発見した消費者は，天然，自然，本物を求める傾向が強まっており，和紙もそのひとつとして有望視されている（写真3）。日常生活に和紙を復活させるには，和風の生活を見なおし，住宅やインテリアにもっと和紙を使うことをすすめたい。そして，和紙を高級品として保存するだけでなく，新しい需要を掘り起こすことが大切である。

コウゾ（楮）は原木を白皮に加工して，紙を漉いてはじめて商品価値が生まれる。原木の生産

写真3　いろいろな和紙製品

写真4　和紙の染め紙

者・採取者は，そのまま加工業者に販売するよりも，自分で加工するほうが労力の換金化に役立つ。一次的に黒皮加工し，農閑期やほかの作業ができないとき白皮加工したり，紙漉きしたりして付加価値を高めることは有意義である。

新しい需要の開拓

地域で生産された原料を用いて紙に加工し，さまざまな用途の加工品を試作，商品化する努力が行なわれている。コウゾ（楮）の栽培は特別な労力は必要とせず，原料生産は比較的容易である。白皮加工，紙漉きも長年の実績で技術としては完成しているので，あとは漉いた紙を利用してどのように特色ある製品をつくり出すかにある。レトロ回帰，本物志向，趣味としての手工芸の拡大など用途はさまざまである。新しい加工品の開発・商品化で地域の活性化も期待できる。古きをたずねて新しい特産品を考えた。

染め紙　和紙づくりは単なる白紙だけでなく染め紙がおもしろい（写真4）。紙の染色はすでに1,000年の歴史があり，写経用紙の90%がキハダ（ミカン科の落葉高木）で染色した黄紙で，防虫効

果がある最高の経紙であったという。ムラサキ，アイ，スオウ，ベニバナなど天然染料で染色する。さらにミョウバンなどの媒染剤を加えると異なった色を発色させることができる。

紙子，紙布──衣料用素材　和紙をよくもんでしわをつけると，全体がしなやかになって衣料用に使える。それは紙子と呼ばれて，江戸時代には，厚手の丈夫なコウゾ（楮）紙を用いて防寒用に使われた。よくもんで柔軟にすると布のような感触になり，縫製もできる特色ある民芸衣料品の素材となる。

和紙で長いこより（紙糸）をつくり，経緯（たてよこ）に織った織物が紙布で，江戸時代には防暑に用いられた。経糸に絹や麻を使ったものもあり，織り方も平織，斜紋織，朱子織などの製品がつくられた。染色も洗濯もできるので，工芸品として服飾品やアクセサリーなどに仕立てて商品化する。

ちぎり絵，はり絵　ちぎり絵，はり絵など工芸画も古くて新しい造形芸術である。薄く漉いたコウゾ（楮）紙の染め紙を用い，色調の変化や濃淡をつくり微妙な絵を描き出すことができる。

紙製の鍋，酒燗　江戸時代の紙鍋は，美濃紙の両面にこんにゃく糊をぬり乾かしたもので，折って箱型の鍋をつくり豆腐などの煮物をしたり，筒型に袋をつくって酒燗に使用したりしたという。現代版オーブン用紙トレイに代わって，和紙の紙鍋に再登場してもらいたいものである。

和紙の製造

コウゾ（楮）は日本を代表する高級和紙原料のひとつであり，良質和紙を漉くためには良質の原料が必要である。適地で適正な管理のもとで栽培した充実のよい原木を，きず（傷），ちり（塵），ごみなどをていねいに取り除き，十分に水漬けして不純物を完全に洗い流す必要がある。コウゾ（楮）白皮には農林規格がある（表3）。ここでは，原料加工工程と紙漉き工程の概要を述べる（図1，2）。

白皮加工工程

収穫　コウゾ（楮）の収穫は，植付け後3年間経過した園の落葉後から萌芽前の冬季に行なうが，12月から1月ころが最適である。ミツマタのように大きく育ったものだけ択伐するのではなく，毎年全枝条を刈り取る。収穫の方法は手作業で，小さい鋭利な鎌を用いて株の基部を滑らかに切り取る。

蒸煮　刈り取った枝条は分枝を取り除き，120 cmの長さに切り揃えて大型の蒸し箱に詰め

表3　コウゾ（楮）白皮の農林規格

等級	靭皮の長さ	水分	外皮及び緑皮の除去，さらし，品質，夾雑物の混入並びに外傷及び腐敗
1等	75 cm以上*	13%以下	1) 外皮及び緑皮の除去がほぼ完全なもの 2) さらしが十分で，色沢等の品質が優良であり，夾雑物の混入がないもの 3) 外傷及び腐敗した個所がないもの
2等	75 cm以上*	13%以下	1) 外皮及び緑皮の除去が良好なもの 2) さらしが十分で，色沢等の品質が良好であり，夾雑物の混入がほとんどないもの 3) 外傷及び腐敗した個所がないもの
3等	75 cm以上*	13%以下	1) 外皮及び緑皮の除去がおおむね良好なもの 2) さらしがおおむね十分で，色沢等の品質がおおむね良好であり，夾雑物の混入が目立たないもの 3) 外傷及び腐敗した個所がほとんどないもの
等外	1等，2等及び3等に該当しないもの		

注　*長尺のものを切断したものにあっては60 cm以上

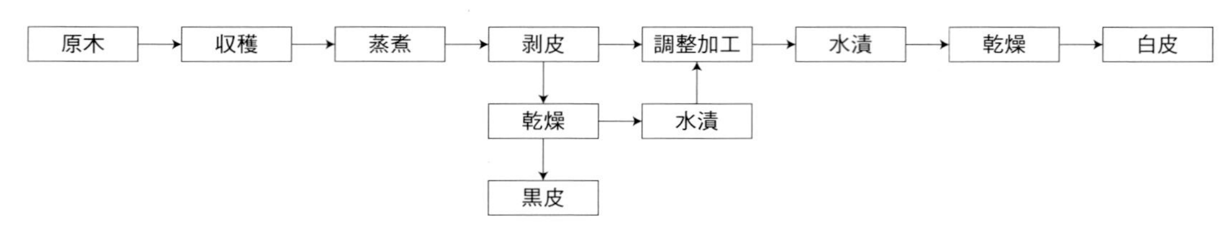

図1　原木の白皮加工工程

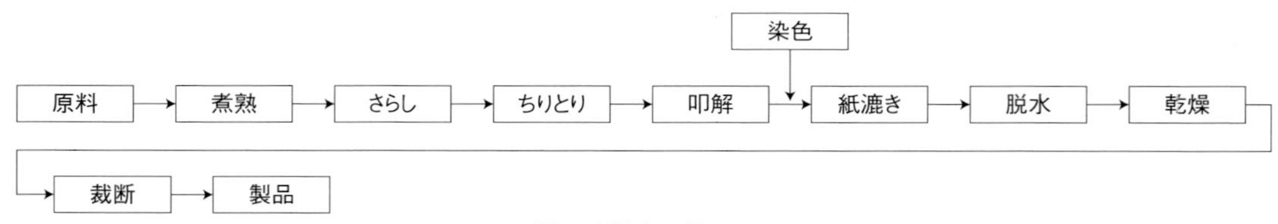

図2　紙漉き工程

て蒸煮する。沸騰後2時間ほど蒸すと蒸しあがるので，おろしてただちに剥皮する。冷めると剥（は）がしにくくなるので，むしろなどで覆っておく。かつては桶蒸し法が主流であったが，桶の製造者がいなくなったので現在は箱型に変わっている。

剥皮・黒皮加工　剥皮は，蒸しあがった枝条から靭皮部を分ける作業である。枝条を1本ずつ持ち，木部と靭皮部を左右に引き裂き，外側の靭皮部だけ剥いでいく。この皮をそのまま乾燥したものが黒皮と呼ばれる製品である。

白皮加工　乾燥した黒皮はそのままでは加工できないので，夏季3時間，冬季12時間ほど水漬けして十分柔らかくなったものを引き上げ，削り台の上で小刀で表皮を削り取る。これを流水に3～4時間浸した後，乾燥すると白皮ができる。

原木から，黒皮を経由しないで一気に白皮加工する場合もある。十分な労力があるとき，急ぎで白皮が欲しいときなどは，原木から剥皮した靭皮部を乾燥せず，引き続いて表皮を小刀で削り取り，水漬け乾燥して白皮まで乾燥する。両者間には，紙になる紙料歩留り（純粋な繊維の歩留りをさすが，一般には紙になる割合と考えてよい）に違いが出る。黒皮を加工する場合は，乾燥した製品を柔らかくなるまで長時間水漬けするので，白皮歩留りは悪くなるが紙料歩留りは高くなる。一方，生皮を加工して白皮をつくる場合は，短時間水漬けするだけなので非繊維部分が白皮に残り，紙料歩留りは悪くなる。

白皮加工工程での留意点　原木から紙漉き用の良質原料を仕上げるには次の点に留意する。コウゾ（楮）は落葉したらなるべく早く収穫する。蒸煮は十分時間をかけて行なう。そうすると皮を剥ぎやすく，加工もしやすくなる。そのような白皮は漉き工程での煮熟，叩解（こうかい）が容易となって，結果的に良質の紙が漉けるといわれる。

紙漉き工程

煮熟　白皮を釜に入れアルカリ液で煮て，繊維を柔らかくする工程である。白皮に含まれる澱粉，ペクチン質，糖分，リグニンなどを，石灰，炭酸ソーダ，重そうなどのいずれかを加えたアルカリ液で2～3時間煮沸すると，けん化作用（物質がアルカリ溶液で加水分解されること）で白皮が柔らかくなり，セルロース以外の物質が遊離して出てくる。

さらし　煮熟を終えた白皮のあくを抜いたり，けん化作用でできたあかを洗い流したりする工程で，純白の紙が必要なときはこの段階で次亜塩素酸ソーダなどの漂白剤を用いる。原料を川に広げてあくやちりを除き，日光で漂白するが，最近は溜め水で何回も洗いあげてさらしているところが多い。

白皮加工，紙漉きのための設備，用具

1

2

3

4

5

1　蒸し箱による蒸煮。
2　桶蒸しによる蒸煮。
3　剥皮の道具。右端のＶ字状の爪の間に靭皮部を挟んで引っ張り表皮を剥ぐ。
4　桁による紙漉き。
5　漉いた紙は湿床板に積み重ねる。

ちりとり　枝条を害虫が食害したり，きずがついたりした部分は，煮熟しても黒くて硬いままでほぐせない。このような部分をちりといい，ごみなどとともに板上か水中で手作業で取り除く。

叩解　ちりとりまでの工程で繊維以外の不要なものはほとんど除かれるので，次に原料を叩いて繊維をほぐす叩解作業を行なう。叩いた原料を水に入れ，機械で攪拌すると繊維が分離して紙漉き液ができる。

紙漉き　細かくなった原料を，トロロアオイから取った糊（トロ）とともに漉き舟という箱に入れてよく攪拌し，繊維を水中に分散浮遊させる。次に，簀（すのこ）をはめた桁（けた）に繊維を分散させた液を何度かすくい取り，所定の厚さに漉く。この糊を入れる漉き方を流し漉きという。漉きあげた紙は，湿床板に移して気泡ができないようにていねいに積み重ねていく。

脱水　湿床板に一定の厚さに積み重ねた湿紙を

ゆっくり脱水する。急いで脱水すると紙質を損なう。板干しの場合は水を多少多めに残し，蒸気鉄板干しの場合はよくしぼる。

乾燥・裁断　脱水を終えた湿床紙から1枚ずつ紙をはがして乾燥する。木板に張りつけて天日乾燥する板干しと，蒸気による鉄板乾燥とがあるが，両者にはそれぞれ日光による自然漂白で美しく仕上がったり，紙肌が平滑になるなどの長所，短所がある。乾燥した紙は所定の大きさに裁断する。

染色　染色が必要なときは，天然染料を用いて叩解を終えた段階で原料を染めると，染液が繊維によく入り込み，きれいに染色できる。合成染料を用いたり，媒染剤を変えたりして発色させると多様に染色できる。染色するときは，煮熟，さらし工程でのアルカリや漂白剤を完全に除去しておくことが必要である。

素材の種類・品種と生産・採取

品種と加工特性

品種・原木重と歩留り　コウゾ（楮）の原木から紙ができる割合は，紙漉き原料中の紙料の多少による。したがって，紙料としての有効成分の歩留りが大きな意義をもつ。コウゾ（楮）は，和紙原料中最高の歩留りを示しているが（表4），原木は10 a当たり1 t以上にもなり，重くてかさもある。これを手作業で収穫し，黒皮，白皮，紙へとほとんど人力で加工するので，少しでも量が少なく，歩留りが高く，そして加工しやすい原木が望ましい。

表4　和紙原料の黒皮，白皮，紙料歩留り（%）

原料	黒皮歩留り（対原木）	白皮歩留り（対黒皮）	紙料歩留り（対白皮）
コウゾ（楮）	20	50 ～ 60	40 ～ 55
ミツマタ	18	40 ～ 50	35 ～ 50
ガンピ	—		35 ～ 40

品種の特性としての歩留りは表5のとおりであり，高知県農業試験場によると黒皮歩留りは15.0～17.0%，白皮歩留りは6.8～8.0%である。白皮歩留りが高いのはヒメコウゾ（アカソ），低いのはヒメコウゾ（アオソ）で，コウゾ（タオリ）は両者の中間で品種間差はわずかである。

次に原木重と白皮歩留りとの関係は，原木が重いほど白皮歩留りは高い傾向にあり，品種特性というより生育の良否との関係がうかがわれ，作業性からみて少ない量で剥皮が容易で白皮歩留りが高い品種は見当たらない。

品種と繊維長・幅　表6に繊維の長さ，幅について示した。一次繊維は長さ，幅とも品種間差が大きいが，二次繊維はそれほど大きくはない。紙漉きしたとき紙質に影響するのは，長さよりも幅である。一次繊維，二次繊維とも太いのはコウゾ（タオリ）で，ヒメコウゾ（アオソ）は細い。総体的にみると，繊維長はヒメコウゾ，コウゾが短く，カジノキが長い。また繊維幅はカジノキ，コウゾならびにヒメコウゾ（アカソ）が太く，ヒメコウゾ（アオソ）が細い。

太い繊維からは粗い，力強い紙ができ，細い繊維からは緻密で薄い紙が漉けるので，それぞれの特性に合った用途に供される。コウゾは繊維が最も太いので紙質は粗く，力強い紙が漉ける。古くから言われてきたように，コウゾは強さが必要な用途に最適で，かつては障子紙に多用されていた。また，ヒメコウゾ（アオソ）は繊維が細いので，高級薄紙用原料として優れた特性を備えている。

栽培の要点

栽培適地　コウゾ（楮）の栽培適地は夏季高温で日当たりがよく，降水量の多いところである。特に梅雨から盛夏期の降雨は生育に非常に大切で，夏季に旱魃にあうと繊維の伸張と肥大が劣り繊維品質を低下させる。

枝条の伸張には窒素，リン酸，カリの三要素も大切であり，肥沃で排水の良い壌土か埴土が適するが，土壌条件の悪い山間部でもよく生育し，土性はそれほど選ばない。

植付けと栽培管理　新植はすべて栄養繁殖による。成木から採苗し，1年間育苗したのち本圃に定植する。育苗法には根挿し，挿し木，圧条取り木などがあり，最も一般的な方法は根挿し法である。根群がよく発達し，幹のあまり太くないのが良い苗で，4月上旬に定植する。

成園の標準的な栽植密度は，ヒメコウゾ（アカソ）が2～4 m^2に1本，コウゾは4～6 m^2に1本とし，畦畔などで1列に植栽するときは株間を1.5～2 mとする。10 a当たり堆肥1.5 t，三要素5～10 kgを基肥と梅雨時追肥の2回に分施する。年に3回ほど中耕・除草するほか，敷き草して乾燥を防止する。

病害には茎枯病，紫紋羽病，斑点病などがあるが，大きな被害はない。虫害はフクラスズメ，ハムシ，ハダニ，ハマキムシなどがあり，被害が予想されるときは薬剤散布が必要な場合もある。

収穫　1年生の枝条だけを収穫するので，通常植付けから3～4年生までの収量は多くない。5年目ころから増え，以後10～15年間10 a当たり170～200 kgの安定した黒皮収量が得られる。一般に収穫は12月中旬以降3月末までならいつでもよいが，良質の紙を漉くためには，1月中に収穫を終えるほうがよいといわれる。

表5　品種別黒皮歩留り，白皮歩留り
（農林省振興局研究部・高知県農業試験場，1961から作成）

品種		原木重（g）	黒皮重（g）	黒皮歩留り（%）	白皮重（g）	白皮歩留り（%）
ヒメコウゾ	アカソ	5,241	870	16.0	414	8.0
	アオソ	4,220	633	15.0	287	6.8
コウゾ	タオリ	5,165	832	16.1	392	7.6
カジノキ	クロカジ	5,180	803	15.5	378	7.3
	タカカジ	4,264	725	17.0	316	7.4
	マカジ	4,703	743	15.8	357	7.6

表6　品種別繊維長，繊維幅
（農林省振興局研究部・高知県農業試験場，1961から作成）

品種		一次繊維		二次繊維	
		長さ（mm）	幅（μm）	長さ（mm）	幅（μm）
ヒメコウゾ	アカソ	10.3	15.7	7.6	23.1
	アオソ	10.4	15.0	8.8	19.0
コウゾ	タオリ	12.6	26.2	8.2	26.5
カジノキ	クロカジ	19.8	28.9	9.6	22.4
	タカカジ	15.2	21.4	9.8	21.4
	マカジ	12.3	18.7	8.6	22.4

黄麻

Corchorus spp.

植物としての特徴

コウマ（黄麻，ジュート〈Jute〉）は中国南部原産で，シナノキ科に属する一年生草本植物である。2種の植物があり，外観は似ているが果実が球形に近い丸実種（*Corchorus capsularis* L.）と細長い長実種（*C. olitorius* L.）がある（写真1）。茎の靭皮（じんぴ）部（形成層の外側部分）に発達した繊維組織を採取して，糸，布，袋として利用され，穀物，綿花，砂糖，コーヒーなどの包装用の袋としての需要が大きい。紙やフェルトにもされる。長実種には草丈が低く，分枝が多く，葉や若枝を蔬菜として食用にする品種（モロヘイヤ）がある。

コウマは高温を好む植物で，発芽適温が類似作物のケナフなどより高いため，日本で栽培するときは他の夏作物より遅まき（名古屋では6月）にしないと出芽が揃わない。葉は互生し，披針状で長さは10～20 cmである。主茎頂端に花房が着生すると，その直下数節の葉腋から側枝が生長を開始する。それ以前の茎下部からの側枝の発生はまれである。側枝上では各葉の着生位置に花房が着生する（写真2）。

写真1　コウマの花と果実

丸実種の花　　丸実種の果実

長実種の花　　長実種の果実

写真2　開花期のコウマ
茎を中央にして各葉の反対側に花房が着生する

ベンガル地方では2～5月に播種して，4か月で草丈3～5 m（日本では1.5～2.5 m），直径約2 cmになり，6～9月に茎を収穫する。開花開始期頃は繊維の強度が低く，果実成熟期では繊維が粗剛になるため，それらの中間で花弁が落ちる頃が収穫適期となる。

コウマの繊維は直径約21 μm，長さ2～5 mmの繊維細胞がペクチンで接着して繊維束になったものである。茎中の篩部の外側に，多数の繊維束が篩部の外側をとり巻くように並び，それらが茎の放射方向に層状に発達する。表皮側よりも形成層側のほうが新しい繊維束の層であり，内層の繊維束ほど短いため，茎の横断切片では茎先端に近づくほど繊維層数が少なくなる。

利用の歴史

インドベンガル地方とコウマ紡績

コウマの主産地のベンガル地方では，古くから栽培が行なわれ，手紡ぎ，手織りの方法で普及していたと考えられる。1795年にヨーロッパへ，そして1836年に初めてイギリスに輸入された。これを契機として1854年にイギリス人がカルカッタに本格的なコウマ紡績工場をつくり，その後次々と工場が建てられて，ベンガル地方にコウマ栽培と産業が発展した。

最近は化学繊維におされて生産量が伸び悩み，1961年以降の世界のコウマ生産量は，多少の増減があるものの約260万tで変化がない。現在ベンガル地方はインドとバングラデシュの2国にまたがっているが，両国の生産をあわせると世界生産の90%を超えている。ただし，インド以外の各国で消費するコウマは，ほとんどバングラデシュから輸出されたものである。

日本での利用

日本では，1890（明治23）年にインドから輸入した原料コウマを使って本格的な紡績が始まった。日清・日露戦争で軍需品として重要性が認識され，コウマ工業が飛躍的に発展した。第二次世界大戦後は原料コウマの輸入が一時途絶えたが，北米からバラ積みで輸入されたコムギや雑穀の梱包用に麻袋の需要が増加し，1948（昭和23）年から原料輸入と加工が再開された。

1960年代後半には日本の輸入量が年間10万tで世界1位になり，製品の輸出も行なわれた。その後は化学繊維におされて輸入は減少の一途をたどり，2000（平成12）年には3,000t程度になってしまった。

日本国内での栽培は第二次世界大戦中に盛んになり，1942年には2,800haにもなった。戦後は大分，静岡，熊本などでわずかに栽培が行なわれ，シチトウイ（七島藺）やイ（藺）の栽培に随伴して，畳表の経（たて）糸に用いられた。1956年には栽培面積619ha，生産量1,027tであったが，1961年には360ha，720tというように年々減少を続け，1966年以降は栽培がなくなった。

コウマ繊維の特性

コウマ繊維が利用される理由は繊維の特性もあるが，価格の安さが大きい。したがって，生産費が高い日本の農村での栽培加工はきわめて不利である。今後，環境保全意識の高揚から，天然物に対する需要が高まり，耕作放棄された水田で栽培しようとする気運が盛り上がれば，日本での栽培加工が現実的になるかもしれない。

しかし，コウマは過去に世界各地で栽培が試みられたが，多くの場合失敗した歴史をもつ。これはコウマのもつ特殊な環境要求のためとされているが，筆者は生育に対する高温の影響以外のなんらかの影響も含まれると考えている。

用途と製造法

コウマの繊維はセルロースとリグニンの結合したリグノセルロースが主成分であるため（リグニン含有率約40%）肌ざわりが粗剛すぎ，衣服用とはされない。糸や布にすると伸度が少なくボリュームがあり，適度の吸湿性をもつ。繊維細胞の中心に空隙があるため断熱性に富み，麻袋中で貯蔵される穀物は最高温度と最低温度の差が小さくなる。したがって，米，コムギ，雑穀，綿花，コーヒーなどの包装に使われることが最も多い。

布への加工

ヘシアンクロス（Hessian Cloth）は，経に8.5～10番単糸，緯（よこ）に11～15.5番単糸を使って平織りしたもので，綿花，綿糸，綿布などの各種輸出品包装用袋に使われ，その他タフテッドカーペットの基布，いすの下張り，装飾壁貼用布にされる。また，ヘシアンクロスにコールタールを染み込ませ，上水道管やガス管に巻き付けて腐食と凍結防止用にする（写真3）。

ガンニークロス（Gunny Cloth）は，ヘシアンよりも少し下級の原料コウマを使い，経に10番糸を2本引き揃え，緯に27～32番単糸を使って平織りあるいは綾織りしたもので，生地がやや厚く，織り目が密である。麻袋や南京袋と呼ばれるガンニーバッグはダイズ，穀類，菓子類，砂糖などを入れる。また，日本ではあまり見ないが，買い物袋として世界各国で使われている。

リノリウムクロス(Lenolium Cloth)は，経に11.5番単糸，緯に7番単糸を使い平織りしたものである。床に貼るリノリウムは，これに酸化亜麻仁油，コルク粉末，鉱物性顔料，松やになどの混和物を圧着して乾燥したものである。

糸・その他への加工

糸の利用には畳表の経糸用，包装結束用ひもなどがある。油をしみ込ませた糸をワイヤーロープの心に使い，ワイヤーロープの錆防止と丸みをもたせる用途に使う。また，糸にはケバがあるため火薬の抱合性に優れ，導火線用にも使われる。

そのほか，畑に放置しても無公害であるため，自動稲刈機の結束用ひも，植木の根や幹の保護用の包装材，緑化前の裸地を保護する緑化用植生網にされる。木材パルプ代替として紙用に，また，フェルト製品として自動車のドアトリムや天井などの内装用にも使われている。ジュート製品のいくつかを右の写真で紹介する。

ジュート袋の製法

収穫茎から原料コウマの採取，紡績，織布，製袋は以下のように行なう。コウマ製品の製造には，精練作業を除いて水の使用量がきわめて少ないという特徴がある。

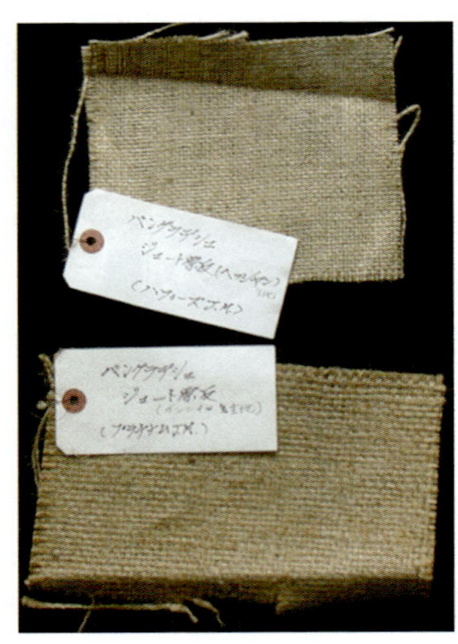

写真3　ヘシアンクロス(上)とガンニークロス

繊維採取　収穫した茎を12～25日間水に浸漬して発酵させ，茎から靭皮をはがし，繊維を取り出す(精練作業)。農家は乾燥した繊維を仲買人に売り，さらに梱包業者やシッパーに売られる。ここで，強力，繊維長，色沢などの外観によって格付けされて，1俵400ポンド(約181kg)の直方体にプレスされ，コウマ製ロープで緊括されて出荷される。

紡績　原料コウマの荷づくり縄を開俵機で切断し，繊維をときほぐす(開俵工程)。軟繊櫛梳(なんせんせつりゅう)機で，給油(流動パラフィンと界面活性剤と水を混合したもの)しながら軟繊櫛梳し，引き延ばして巻き取る(軟繊工程)。これを3～4日貯蔵発酵させて不純物が除去されやすい状態にする。荒梳麻機および仕上げ梳麻機で細く引き裂き，引き延ばしてスライバー(粗線)とする(カード工程)。第1練条機，第2練条機，仕上げ練条機により櫛で梳(す)きながら繊維を平行に揃え，均斉度を高くする(練条工程)。精紡機で所要の太さまで牽伸(けんしん)しながら，撚(よ)りを加え，精紡糸をつくる(精紡工程)。巻糸機で精紡糸を巻き上げ，それを撚糸機で所要の合成本数に合わせながら撚りを加えて撚糸とする(仕上げ工程)。

織布　ビームに経糸を巻き取り，緯巻機で織機のシャトルに挿入できる姿に緯糸を巻き上げ，経糸と緯糸の準備をする(準備工程)。普通織機またはスピア式織機で布を織る(製織工程)。検反機で目飛び，織りむら，キズなどを検査，手直しした後，つや出し機で均一に引っ張りながらプレスして，布面を平滑にするか光沢を出して所定の幅に仕上げる(仕上げ工程)。

製袋　布切断機で袋の寸法に布を切る(準備工程)。布の両端を三つ折りにし，十番手の単糸で縫い，次に布を中央から折り，両側を十番手三本撚りの糸で縫い合わせる(縫製工程)。袋の寸法，重量，縫製などの検査を行ない，荷づくり機で所定の枚数をプレスしながら梱包する(仕上げ工程)。

ジュートを使った製品

1　畳表経糸
2　麻袋
3　緑化マット
4　植物保護用包装材

1

2

3

4

素材の種類・品種と生産・採取

コウマ栽培

2種のコウマのうち，丸実種の繊維細胞は直径が約21μmで先端が鈍く尖っているが，長実種は直径が約32μmで先端が鋭く尖っている。

丸実種は乾燥に著しく弱いが，幼植物期を過ぎれば湛水に対する抵抗性が強くなる。湛水によって茎の水没部位から発根して繊維の品質を損なうが，かえって生長が旺盛になるといわれている。長実種は乾燥にはやや強いが，湛水には弱い。したがって，丸実種は水分不足の危険のある場所より，川の氾濫が起こり，他作物の栽培との競合がない場所で栽培されている。長実種は丸実種の適さない水分不足の危険のある場所で栽培される。

ベンガル地方ではホワイトジュート (White jute) とトッサジュート (Tossa jute) の区別があり，前者に丸実種，後者に長実種が多い。しかし植物学上の区別ではなく，商取引上の区別である。前者は生産量が多いが (全生産の約75%)，後者のほうが単価は高い。

栽培の留意点

側枝の繊維はくず物にしかならず，全体としての品質も損なう。地表から最下位側枝の分岐点までを有効茎長といい，この長さが繊維生産において重要である。側枝は主茎花房の分化とほぼ同時に花房付近から発生するため，各節間が長くなり，花房分化が遅れて主茎節数が多くなると有効茎長が長くなる。しかし，花房分化が遅すぎても栽培期間が長期化して生産効率が悪化するため，適当な開花特性をもった品種と栽培時期を選ぶ。。

茎の伸長促進には土壌・大気ともに水分が十分にあり，気温が高いことが重要と考えられる。また，収穫茎のロスを少なくし，輸送コストを低減するために栽培地近くで精練を行なうが，精練のための十分な水が得られることも重要である。これらが，高温多湿で洪水になるほど水が豊富なベンガル地方がコウマの主産地になっている理由のひとつと考えられる。

榊

Cleyera japonica Thunb.

植物としての特徴

常緑中高木で樹高5～15 m，胸高直径20～50 cmになる。小枝は緑色，頂芽は鎌形で細長い。葉は長さ5～7 cm，革質で無毛，表面は深緑色で光沢があり，縁には鋸歯がない（写真1）。6～7月に白色小型の花が1～3個下向きに咲く。果実は直径4～6 mmの球形の液果であり，11月に黒く熟す。耐陰性がやや強く，庇陰下でも生育する。適潤な砂質土壌を好み，谷間や中腹以下の斜面によく生える。

写真1　サカキの新梢
細長く鎌形の頂芽が見える。葉は深緑色でギザギザの鋸歯はなく，なめらかで光沢がある

本州（関東南部）以西～中国の温暖帯，亜熱帯に自生する。江戸末期にヨーロッパに持ち込まれた。またミクロネシアのパラオには純林がある。

利用の歴史

漢字では榊と表現され，古くから神事の樹木とされている。日本でしか利用されていない。山野の自生木から枝葉を採取しているが，栽培も始められていて2001（平成13）年当時には約700 haの栽培地があった。枝葉の生産量は，生産者から出荷されるときの荷姿である「束」で集計されており，福島県以西で3万束程度生産されている。大まかに本数換算すると約3,000万本の枝葉が生産されている。しかし中華人民共和国から低価格で高品質の枝葉が大量に輸入され，国内の生産は衰退傾向にある。

一般に，飾り榊は毎月1日と15日に神前に奉ずるため（写真2），需要は一時期に集中する。夏場は暑さで葉が傷みやすいので，出荷までの期間を冷蔵保存する。

用途と製造法

常緑性の緑化木として公園，神社などに植栽される。材は強靱なため農耕具の柄，天秤棒などに

写真2　祓い榊
1日と15日には，飾り榊を「祓い榊」として神前に奉ずる

利用される。

枝葉は神棚用の飾り榊，玉串，祓（はら）い榊など神事用供花に用いる。伊勢神宮では，飾り榊は枝の長さ35～40 cmのものを用いている。祓い榊は枝ではなく，長さ70～80 cmの四方に枝が出ている梢端部を用いている。

一般に生花店などで販売されているのは飾り榊で，葉の配置を考慮して10本程度の枝を輪ゴムなどで結束して，そのまま神前に供える状態にされている（写真3，4）。祓い榊の利用は神社，結婚式場などに限られ，受注生産で生産量は少ない。

素材の種類・品種と生産・採取

種類・品種

三重県では1990（平成2）年から，葉が大形で葉面方向が一様である，萌芽力が強い，などを目標にして県下の栽培地などから選抜されたものが一部保存されている。しかし，系統的な育種・増殖は行なわれていない。

また，サカキの自生が少ない関東・中部地方ではヒサカキ（びしゃことも呼ばれる）*Eurya japonica* Thunb.が，サカキの代用として神前に供される。なお，ヒサカキは西日本では仏事供花にされ，栽培もされている。

栽培，調製の留意点

一般には林野に自生するものから枝葉を採取するが，スギ人工林内でも栽培される。

写真5　スギ人工林内で栽培されるサカキ
林内照度（明るさ）が変化すると葉のつき方が変わるので，上木の密度調整が重要

繁殖は通常実生によるが，挿し木も容易である。実生は秋に果実を採取したら果肉を除き，水洗いし陰干しする。種子は乾燥を嫌うので，とりまきにするか，保湿低温で貯蔵して翌春にまく。播種後は敷わらをし，発芽する4月下旬に日覆いを設置して，霜害を防ぐため冬期もそのままにする。生長はよく1～2年養苗し，スギ林に密植せず定植する。林内が暗いと充実した枝葉ができにくく，明るさの調整が重要である（写真5）。裸地栽培では葉が厚ぼったくなったり，日焼け障害を起こしたりしやすい。

神棚用の飾り榊や玉串用には葉が小さめで，捲きの平たいものが好まれるため，母樹の選定が重要になる。

写真3　山取りサカキの結束作業
枝の先端部を35～40㎝に切り，10本ずつひもで結束する

写真4　国産の山採りサカキでつくった飾り榊
捲きの平らなものが好まれる

樒

Illicium anisatum L.

植物としての特徴

常緑の小高木で樹高10mに達する。葉は長楕円形または倒卵形でやや厚く，長さ5～10cmで鋸歯はない（写真1）。葉は互生し，短い葉柄がある。3～4月にやや黄みを帯びた白い花が咲く。果実は直径2cm前後の八角形をした袋果で，10～11月に熟して黄褐色で光沢のある種子をはじき出す。耐陰性があり，樹陰下でもよく育つ。適潤～やや湿気のある肥沃な深土を好み，生長はやや遅い。本州（宮城県）以西～中国の暖温帯まで分布する。

昔は各地で正月の門松の代わりにサカシバと呼ばれるシキミを飾るところがあった。この習慣は今でも伊勢神宮の周辺の一部地域で残っている。

林野での自生木の減少により，1900年代に入って西日本を中心に栽培地が増加した。2001（平成13）年現在，茨城県以西に約1,700haの生産地があり，枝葉生産量は3万5,000束とされているが，実態を示しているかは不明である。出荷単位となる「束」に含まれる枝の本数は，地域によりその数量が大きく異なるため本数換算が難しいが，商品として一般的な30cm前後の枝葉で約1,000万～3,000万本が生産されているものと推定される。

ここ数年，全国的にみると栽培面積や枝葉生産量は増減してないものの，害虫であるクスアナアキゾウムシによる枯損により，早くから栽培を始めた地域では栽培面積や生産量が減少している。

墓地用枝葉としての需要の大部分は，春・秋の彼岸と盆の時期などに限定されるので，需要に応じた生産体制の確立が必要になる。

用途と製造法

利用される枝葉の用途は，墓地や仏壇用となる「本バナ（芯バナ，上バナとも呼ぶ）」と葬儀の生花や装飾用として使用される「枝バナ（下バナとも呼ぶ）」に大きく区分される。

本バナには長さ35～70cmの葉着きがよく，通直なものが使用される（写真2）。高価格で，大

写真1　シキミ。葉は互生して鋸歯はなく5～10cm

写真2　墓地で供花として販売されているシキミ枝

規模な墓地や霊園と契約していれば安定した需要となる。栽培地で採取される枝葉から生産されることが多い。

一方，下バナには長さ60～70 cmのものが大量に使用される。さほど品質は問われないものの，安価である。主に，生花業者向けに自生木から採取されたものが多い。近年，プラスチック製の造花に代替されつつある。

樹皮や葉の乾燥粉末は抹香や線香（写真3，4）に使われる。葉にはアネトール，オイゲノールなどの精油が含まれ，強い香気がある。果実にはアニサチンなどの有毒成分を含み，同属で薬用や中華料理で八角として香料に使う大茴香と類似しており，誤食すると激しい中毒を起こす。

素材の種類・品種と生産・採取

種類・品種

琉球列島には変種で葉の狭いオキナワシキミがある。また，中国南部，ベトナム北部にはシキミより大きい同属のトウシキミ（*Illicium verum* Hook）が自生し，その果実は薬用や八角として中国料理に利用される大茴香（ダイウイキョウ）である。

栽培，調製の留意点

繁殖は挿し木もできるが，一般には実生による。飛び出す前の種子を陰干しして自然脱粒する。種子は乾燥を嫌うので，とりまきが無難である。発芽後1～2年は寒さに弱く，防寒が必要となる。挿し木は梅雨時に十分吸水させた長さ15 cmの当年枝を露地挿しする。日覆いはやや厚めにする。苗木は生長が遅く，床替えしながら3年間養苗する。

仕立て方は1.5 m程度で断幹して円筒形仕立てと，地際近くで台切りする低台仕立てがある。4～5年で収穫できるようになるが，枝葉の採取後には施肥が必要である。繁殖に際しては，葉が小形で新芽の緑が濃いものが市場で好まれる傾向にあり，母樹選定が重要になる。集団的に植栽すると，数年後にクスアナアキゾウムシや初夏に斑紋葉の出現する被害が発生しやすく，これらを防ぐことが栽培成功の鍵となる。

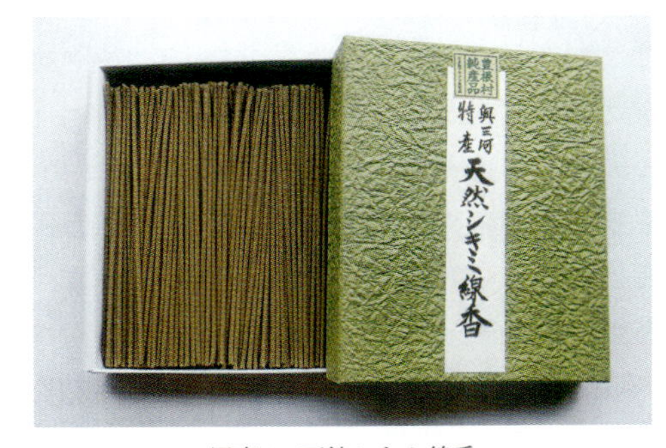

写真3　天然シキミ線香
イネの転換作物としてシキミを栽培する愛知県豊根村で，シキミの葉を使って製造されている。1970年代に開発され，最近製造が再開された。香料や着色料を使わず100％天然が特徴で癒しの香りとして評判になっている（写真提供：豊雲堂）

写真4　シキミ線香の製造
シキミの葉を4日ほど天日乾燥し，乾燥機で水分をとり，手でもんでから臼で搗いて粉にしたものを，線香に成形する（写真提供：豊雲堂）

七島藺

Cyperus monophyllus Vahl

写真1　刈取りまぢかのシチトウイ

植物としての特徴

シチトウイはカヤツリグサ科の多年草で，学名は*Cyperus monophyllus* Vahl，英名はChinese mat-grassである。地下茎は10～11節からなり，最終節から地上茎が伸長する。地上茎の表面は平滑で緑色，同化作用を営み，茎内部は白色の海綿状の柔軟組織からなる。茎断面は三角形で1～2mにまで伸長する。葉には葉身と葉鞘があり，茎基部に地下茎の鱗葉が発達した2～3の葉鞘と2～3の葉身，茎先端に2～3の葉身がつく。

8月中旬以降，茎頂に8本内外の穂梗からなる散形花序を生じ，穂梗上に15～25個の穎花を着生する（写真1）。1花中に雄しべは3本で葯は細長く黄色，雌しべは1本で先端は無色で三分し，糸状となる。

繁殖は主に地下茎で行なわれる。種子繁殖も可能であるが，自然栽培では開花後の温度低下のため登熟不足となり，発芽率は低い。

利用の歴史

現在，国内唯一のシチトウイの生産地である大分地方へは，約350年前に豊後の商人が琉球から持ち帰り伝えたといわれている。産業としては，農民の必要性から導入され発達したものではなく，徳川幕府の安定にともなって発達してきた交換経済に対応するために，藩や商人によって育成され発達してきた。

1958（昭和33）年に戦後最大の栽培面積1,516 ha（大分県）を記録したが，その後は日本の経済成長などが要因となり，その栽培面積は大きく減少した。2015（平成27）年では，国東，杵築地方に約1 ha栽培されているだけである。

写真2　シチトウイの畳表を使った和室

2013（平成25）年には国東半島宇佐地域が世界農業遺産に認定され，再び注目を集め始めている。

用途と製造法

地下茎は強靱な表皮組織をもち，耐摩耗性，耐食性，吸湿性にすぐれ，主に畳表に利用される（写真2）。イグサに比べ強靱で素朴な風合いをもつ。生産物のほぼ100％が畳表に加工されるが，若干がマット，円座などの民芸品の加工に利用される（写真3，4）。

素材の種類・品種と生産・採取

現在，日本における栽培は大分県の国東，杵築地方でしか行なわれておらず，近年，中国での作付け面積が増加している。

大分県の事例では，4月中旬に有機質肥料の施用をかねて耕起した後，元肥に窒素24 kg/ 10 a を施用し，前年の刈株を越冬させ，春に萌芽した再生茎を苗として用い，5月中旬に水田状態で移植する（写真5）。追肥は6月中旬，7月下旬にそれぞれ窒素8 kg/ 10 a ずつ行ない，移植後80 ～ 100日に鎌で収穫する（写真6）。収量（乾燥重量）は平均で1，000 kg/ 10 a 程度である。大分県の露地栽培では1年1作であるが，環境条件により，収穫後の再生茎をさらに収穫する二毛作栽培も可能である。畳表の加工用には，収穫茎を縦方向に2分割し乾燥させ（写真7），民芸加工品用には，不分割のまま乾燥させ使用する。

在来種の栽培が多く，育種などは現在行なわれていない。

写真3　織りあがった畳表を点検する

写真4　七島イ振興会が開催する体験学習
シチトウイを使ったわらじづくり

写真5　シチトウイの田んぼ

写真6　刈取りのようす
人の背丈を超えるくらいに生長している

写真7　乾燥前の分割作業
刈り取ったシチトウイは分割機で2分割して乾燥させる

科の木

Tilia japonica (Miq.) Simonc

植物としての特徴

シナノキはシナノキ科シナノキ属の日本特産種である。シナノキ属に属する樹種は世界に約40種あり，そのほとんどが北半球の温帯林に分布していて，日本にはシナノキ（写真1）のほかに，オオバボダイジュ，ヘラノキの3種が自生している。同属の近縁種であるボダイジュがよく知られているが，これは中国からの移入種である。

釈迦が悟りを開いたと伝わる菩提樹（インドボダイジュ）は，クワ科に属するまったく別の樹種だが，シナノキとは葉の形が似ている。

利用の歴史

海外での利用

樹皮に含まれる靭皮（じんぴ）の繊維が丈夫であることから，世界各地で古くから利用されてきた。シナノキ類の英名であるリンデン，あるいはアメリカ名でのバスウッドという名称は，ともに糸や繊維に由来している。花は蜂蜜を採取するための蜜源として重要であるほかに，ヨーロッパでは花を乾燥させてハーブティー（リンデンティー）として利用されている。材は，彫刻，楽器，家具あるいは合板の原料として広く利用されている。また，ドイツのベルリンにある有名なリンデン通りに象徴されるように，街路樹として使用されることも多い。

写真1　開花期のシナノキ

日本での利用

日本独特の織物利用　世界各地での利用のされ方にほぼ準じる。ただ，樹皮の利用は日本が技術的に最も進んでいる。古来，樹皮から繊維を取りだし「織物」として利用してきたのは日本だけであり，国外での多くの事例は縄が大半を占める。

樹皮衣として使用された樹種は，シナノキ，オヒョウニレ，ハルニレ，オオバボダイジュである。なかでも，シナノキは繊維が丈夫であることから珍重されてきた。シナノキからつくったしな布は，北海道ではアイヌ民族が「アットゥシ」と呼ばれる衣服として（写真2），また本州ではしな布として利用されてきた。アットゥシは伝統工芸品として細々と受け継がれているにすぎないが，本州のしな布は近年，山形県において新たなブランド（「しな上布」）として復興しつつある。

その一方で，日本ではシナノキの花をハーブティーに利用する習慣はなかった。現在でも，シナノキのハーブティー（リンデンティー）は，ヨーロッパから輸入したものがほとんどである。

山形県での「しな布」の生産　シナノキの樹皮からつくられたしな布は，軽くて通気性に富み耐水性が高い。山形県では古くからしな布を生産しており，近年はこれに麻を加えて耐久性と弾力性を強化した「しな上布」（2005年に「羽越しなの布」と改称）が開発された。この新たなブランドの開発を中心に，町おこし事業が展開されている。樹皮から繊維を取りだしてしな布へ加工する作業は，春および秋から冬の作業であり，農閑期をうまく利用することができる。

山形県鶴岡市に，日本に古くから伝わる古代布「しな布」を現在の感覚と技術でリニューアルし，

写真2　しな布を用いたアイヌの伝統工芸品「アットゥシ」
（アイヌ民族博物館所蔵）

写真3　「しな上布」の製品
（「しな織創芸 石田」製）

独自の製品開発に取り組んでいる「しな織創芸 石田」がある（写真3）。前身の呉服商「石田屋」の創業は1872（明治5）年。5代目にあたる石田誠氏（故人）は，東京での大学時代とその後の修業時代に得た経験と人脈を生かし，素材業者，工芸家などの職人をコーディネートすることにより，地元山形県に古くから伝わるしな布に現代的なセンスを融合することに成功した。シナノキからとった糸を緯（よこ）糸に，麻を経（たて）糸にして織り込まれた「しな上布」という新たな創作布を開発し，独自ブランドを確立している。

製品は実用的であるが美術品といった面をもち合わせ，きわめてクオリティが高い。自店舗の一部に，「創芸ギャラリー結（ゆい）」を開設して，美術工芸品レベルのものの展示を行なっている。また，しな布製作を通して，地域と文化の活性化に結びつけるあたり，大学時代に民俗学を修めた石田氏らしい一面である（連絡先：山形県鶴岡市大山2丁目17-7，ホームページ；http://www.shinafu.com/）。

表1　シナノキの利用法

利用部位	用途	備考
花	蜜源 飲用 その他	蜂蜜 リンデンティー（精神安定作用） 化粧水，石けん
樹皮	衣類	アットゥシ（アイヌ伝統工芸品），しな布，縄
樹	観賞用	公園樹，庭園樹，街路樹
樹木	木材	合板材，木工品，家具材，器具材

用途と製造法

樹体各部位の特徴と利用

シナノキの利用用途は，花から樹木まで幅広い（表1）。

樹皮の利用　シナノキの樹皮から取りだされた繊維は丈夫なことから，樹皮衣の代表的な素材である。シナノキからつくられた布は軽く，通気性や耐水性に優れている。また，色合いが優しいことから観賞的価値（癒しの効果）も注目されている。

材の利用　シナノキの材は淡黄色で柔らかく木目が緻密である。収縮が少なく狂いも少ないので，乾燥も加工も容易である。木工材，器具材，家具材，建築内材など用途は幅広い。材の表面は塗装に適しているので，建具や壁材などにも用いられる。

シナ材を扱ううえでの問題点は，ユリア樹脂系の接着剤の接着力が低いことである。その理由は，シナノキ材が多孔質で接着剤液を吸収して接着面に残るものが少なくなること，接着を害する特殊成分が含まれていること，などが挙げられている。

街路樹としての利用　シナノキは，花が甘く香ることから街路樹として日本各地で利用されている。なかでも，松本大名町通りのシナノキ並木は，環境省の「かおり風景100選」に選ばれている。

蜜源植物としての利用　蜂蜜の元となる蜜源植物としてのシナノキは全国に広く分布しており，蜜量が多く，味が濃厚である。また，開花時期の地域差が大きく，結果として長い開花期間が得られることは養蜂家にとって好都合である。たとえば，北海道でのサクラの開花前線は南から北まで10日前後で通り抜けるが，シナノキの場合は1か月以上かかる。

薬用利用　花から抽出されたシナノキエキスにはファルネソールが含まれており，鎮静，抗痙攣，血行促進，利尿作用がある。花をそのまま乾燥させることにより，ハーブティーとして利用される。ハーブティーであるリンデンティーは，頭痛，神経痛などに有効であり，利尿作用もある。精神安定作用があることから，カモミールティーと並んで，夜のお茶として人気が高い。また，水蒸気蒸留法により精製された精油は，精神安定作用のほかに強壮，皮膚軟化作用があることから，老化肌，しみ，そばかすなどの改善に効果があり，化粧品や石けんなどに利用されている。

しな布の製造方法

山形県では，しな布を用いたさまざまな製品開発が積極的に行なわれている。なかでも，麻を経糸にシナを緯糸にして織り込むことにより生まれた「しな上布」を使った製品は耐久性や弾力性に富んでいる。

しな布の製作工程を，図1に示す。しな布ができるまでの工程はさまざまな用語で表現される。シナノキの伐採のほかはすべて女性の仕事である。

シナノキの伐採（しな伐り）は梅雨前の4～5月に行なわれる。この時期を過ぎると樹皮が堅くなり，皮を剥（は）ぐのが難しくなる。山の傾斜地では山側の皮を剥ぎ，谷側は薄いので剥がない。採取された樹皮は，秋まで保管される。秋まで保管するのは，しな布が農家でつくられていたためである。

秋に保管されていた樹皮を釜で煮る（しな煮）。釜揚げされた樹皮は，水洗いした後に1枚ずつ繊

皮を剥ぐ

しな伐り……シナノキを切り倒す
しなへぎ……樹皮を剥ぎ取る
アマとり……内樹皮（アマ）を剥ぎ取る
アマを水に浸ける…池などに約2日間浸けておく
しな巻き……アマを釜に入る大きさにぐるぐる巻きにする
乾燥する……丸めて約2日間天日で乾燥する
＊秋のしな煮まで保管する

樹皮から繊維を取りだす

しな煮………巻いたアマと木炭，ソーダ，水を入れて，約10～12時間煮る
へぐれたてる…釜から取りだし水洗いし層ごとにはがす
しな漬け……大きな桶でこぬかと水で2昼夜漬け込む
しなこき……川で流れの方向へこいてゆき，最後には繊維だけが残り，幅広い一枚もので柔らかいものになる
洗う…………川できれいに洗う
乾燥する……軒先で吊して乾燥する

糸を紡ぐ

しな裂き……水で濡らして，指でたぐって裂き，糸のようにする
しな績（う）み…しな糸をつなぐために小さな穴をあけ，撚（よ）りこんで長い糸にする
へそかき……しな績みによりできた糸を丸める
しな撚り……へそかきから糸車を使って糸を撚る
枠うつし……「うったて」という台に木枠を載せ，手回しで「つむだま」から糸をうつしていく

経糸をつくる

整経…………「へば」整経台に糸をひっかける
「ちきり」にまく…機（はた）織り機の心棒（ちきり）に糸を巻いていく
くだ巻き……緯糸を「くだ」に巻く

織る

古くから使われている「いざり機」などで織る

図1　しな布のつくり方

維層を剥ぎ取り（へぐれたてる），ぬかに漬け込む（しな漬け）が，この2つの工程（へぐれたてる，しな漬け）はアイヌ民族のしな布製作過程では簡略化されている。特に，しな漬けの工程は，しな布の色合いを決定するうえで重要な位置を占めている。

シナ樹皮（繊維層）は再び乾燥した後に，糸を紡ぐ工程に移る。全20工程によってしな布が完成する。

素材の種類・品種の生産・採取

オオバボダイジュ，ヘラノキ

日本には，シナノキのほかに同属の近縁種として，オオバボダイジュ，ヘラノキがある。シナノキは，北海道から九州まで全国に分布するが，他の樹種の分布はシナノキに比べると幾分狭い。

オオバボダイジュは，北海道に多く本州中部まで分布している。ヘラノキは，近畿以西の本州，四国，九州に分布しており，一部の県ではレッドデータブックに登録されている。モイワボダイジュと呼ばれる樹種が北海道から東北地方に，ノジリボダイジュと呼ばれる樹種が長野と新潟に分布しているが，これらはシナノキとオオバボダイジュの雑種であると考えられている。これらは素人目には区別が難しく，たとえばシナノキ並木とされている街路樹のなかに，オオバボダイジュが数本混入していることも珍しくない。オオバボダイジュは葉も花も果実も大きいので，気をつけて見れば区別できる。

これらはすべて，シナノキに準じた利用の仕方をされている。ただし，シナノキとオオバボダイジュでは，シナノキのほうが靭皮組織が強く，アイヌ民族ではシナノキとオオバボダイジュをそれぞれ「シニペシニ」（本当の内皮のとれる木），「ヤイニペシニ」（ただの内皮のとれる木）と呼んで区別している。また，木材加工の面からは，シナノキを「アカシナ」，オオバボダイジュを「アオシナ」と呼び，材色がより白いアオシナのほうが好まれる。

苗木生産

シナノキ属の栽培は，主に街路樹などの緑化樹として苗木が生産されているが，年により生産量に変動があり，供給は安定していない。安定供給がされていない理由は，いくつか考えられる。

一つは，シナノキ属の種子生産に豊凶があり，毎年結実しないためである。

二つには，生産された果実にしいなが多く含まれているためである。ただし，シナノキの場合，充実種子が入っている果実としいなの果実は，かなり微細だが重さで区分することができる。果実重が0.03g未満の場合はほぼ100％しいな，0.03～0.06gでは7割が充実種子，0.06g以上では100％充実種子である。

三つには，種子の発芽率が低いためである。十分乾燥していない新鮮なシナノキの種子を秋にまくと翌春には10～20％が発芽するが，乾燥した種子は発芽に2～3年を要することがある。筆者の実験（播種後2年間観察）では，苗畑での種子の発芽率は，播種後1年目は1.4％，播種後2年目の発芽率は16.5％ほどだった。また，播種後1年目は種子でまいたものしか発芽しなかったが，播種後2年目では種子でまいたものと果実のまままいたものの発芽率はほぼ同じだった。このことにより，果実の精選が可能であれば，播種時に果実から種子を取り出さなくともよいと思われる。発芽したシナノキは2年で苗高が約30cmになる（オオバボダイジュは66cm）。

しな布生産のための植栽・保育方法

植栽場所は，沢や川沿いの土手などの水湿に富んだところで，土壌は埴土もしくは壌土（日本農学会法）である場所が適している。植栽間隔は数株の株立ちが可能な程度に樹間距離をあけて植栽したほうがよい。枝打ちによって側枝を取り除き，枝下高を上げて通直な幹に仕立てる。伐期は15～20年生で，胸高直径が15～20cmのときに伐採するとよい。萌芽株は全部伐採し，残さないほうがよい。

車輪梅

Rhaphiolepis indica var. *umbellata* (Thunb.) H. Ohashi

植物としての特徴

シャリンバイ属はバラ科に属し，日本と中国にわずかな種がある。シャリンバイ *Rhaphiolepis indica* var. *umbellata* (Thunb.) H. Ohashi は，庭園樹，生け垣に適し，材は薪炭材として一級で，把柄材・器具材にもよい。樹皮と材はタンニンを含み，大島紬の染料として重要である。実は救荒食料に価する（写真1）。

タンニンは一般に淡褐色無晶形粉末（まれに結晶）で，ほとんど渋味（無味，また強い甘味のものもある）をもち，水，アルコール類に溶けやすい。生物活性としては，収斂，止瀉作用のほかに，抗菌，抗ウイルス活性などがある。特に酵素活性に大きく作用することから，多くの生理現象に関与する重要な化合物と見なされている。また，多くの金属イオン，アルカロイド類と結合し，水に難～不溶の沈澱を生じる。これらの性質から染色のほかに鞣皮（なめしがわ），インキの製造，医薬品に利用されている。

ただし，タンニンというのはタンパク質と結合する特性をもった植物起源のポリフェノールの総称であり，加水分解型タンニンと縮合型タンニンに分類され，その種類は多く，それぞれ作用が異なる。

シャリンバイに含まれるタンニンは後者の縮合型タンニンとされ，エピカテキンを基本単位とする単量体から2，3，4，5量体とシンコナイン類まで同定されているが，分離，精製の難しさから完全には解明されていない。

利用の歴史

材としての利用

奄美ではシャリンバイをテーチ木というが，この由来は鉄のように堅い木（鉄木）からきているらしい。鉄のように堅い木であるから，昔は染料のほかに鍬（くわ）や手斧（おの），挽き臼の引き手，玩具の独楽（こま）などに使われていたという。

染料としての利用

シャリンバイと大島紬　シャリンバイの最も特徴的な活用といえば，奄美大島の伝統産業である大島紬であろう（写真2）。その歴史は奄美の養蚕

写真1　結実したシャリンバイ

写真2　大島紬

の歴史と密接な関係があり，遠く奈良時代にさかのぼるとされているが，はっきりしていない。4世紀頃に南方貿易によってインド系の製織法が沖縄の久米島に伝わり，同時期に奄美にも伝わったという説など，諸説ある。8世紀頃，奄美に自生するホルトノキ，フクギ，メヒルギなどを染料とした「褐色紬」が，東大寺，正倉院などに献上された記録があるという。この染色方法は今日のシャリンバイ染めの源流をなすものといえる。

確かな記録として1720（享保5）年，藩庁が役職以外の島民に対し，絹，紬着用禁止令を出しているので，この時代に紬はすでに生産され，シャリンバイも使われていたとみられている。『南島雑話』（幕末・名越左源太）にニチャ（泥）染めという泥染めの初期の方法が記されている。明治になって紬着用禁止令がとけ，西南戦争が終わると従来の自家用のほかに，上納品から商品としての生産と高級化が図られ，シャリンバイと泥を使う染め方が染色方法の主流をなすようになった。

生産量は，ピーク時近くの1975（昭和50）年次の27万788反から2014（平成26）年次の5,340反に大きく減少し，厳しい状況となっている。

なお，海外でのシャリンバイの加工事例についての情報はない。

名瀬市の大島紬　シャリンバイを染料として使う大島紬は，時代の流れによりその技法も改良を重ねられてきた。伝統的なシャリンバイと泥を使う染め方（泥染め）は手間と労力がかかるため，昭和30年代には化学染料による大量生産がなされた。しかし，その好況も5～6年で終わり従来の泥染めの良さが再認識されている。

名瀬市（現 奄美市）は1971年に，市の基幹産業であり，受け継がれてきた伝統の所産である大島紬を，より豊かなものに育て上げ，後世に引き継ぐことが責務であるとして，伝統産業振興モデル都市宣言を行なっている。このことからも紬産業に対する奄美の意識は非常に高いことがわかる。宣言以来，紬振興に対する働きかけは活発になり，さまざまな振興計画が出された。

現在でもさまざまな改良が試みられている一方で，その伝統的手法を後世に引き継ぐ努力が続けられている。

用途と製造法

タンニン成分の染料利用

シャリンバイは利用がほぼ大島紬に限られるため，成分などの研究も染料としての利用の面からのアプローチしかない。その特徴は，タンニンを多く含むことである。

シャリンバイから抽出されるタンニンは，泥に含まれる鉄分との化学変化によって，カラスの濡れ羽色とも呼ばれる独特の黒の色出しと糸を柔らかくする作用がある。その染色工程のなかで，シャリンバイの煮汁で染める工程が50～60回あり，また仕上がりの決め手となるため，よりタンニンの多いシャリンバイが求められた。表1に部位ごとのタンニンの含有量を示す。昔は含有量の多い根の部分を主として用いたが，作業の合理化のため幹を使うようになった。

表1　シャリンバイの部位別タンニン酸含有量

部位	含有量（g/kg）
葉	5.732
枝	7.182
皮	15.879
皮を含む幹	4.531
皮のない幹	2.583
根（皮付き）	6.183

注　鹿児島県大島紬技術指導センター，1967

染料以外の利用法

ほかの利用法としては，シャリンバイの実はほんの少し甘酸っぱく，戦前までは救荒食料としていたが，今はほとんど食べられていない。鹿児島県三島村では，現在でも実の煮汁を節句のだんごや白飯に混ぜている。また，あめが商品化されている。これらの目的は色づけ（赤茶色）が主のようであるが，防腐の目的もあるといわれている。

ほかに，シャリンバイの葉はトベラなどとともに，ヤギの飼料として使われている。

大島紬の織り工程

大島紬は糸の段階で染める先染織物であり，工程が非常に複雑である。このため分類方法が種々あり，絣（かすり）糸使用分類，染色方法別の分類，糸の密度別分類，絣糸の密度別分類，地糸の配列別分類，柄による分類などがある。また，そのなかの染色方法別では，泥大島紬，泥藍大島紬，草木染大島紬，色大島紬，白大島紬などがある。

大島紬の製造工程を図1に，織り風景を257ページの写真に示す。製造に要する日数はおおよそ半年である。

まずデザインされた図案を見ながら，方眼紙にひとマスずつ色づけをする。この設計書をもとに，経（たて）糸と緯（よこ）糸に分けて染色を行なう。地糸は模様の背景になる糸で単色に染められ，絣糸は模様を織りなす糸で，絣締加工において「しめばた」という機械で図案にあわせて，木綿糸で泥染めしない部分をくくり，染まらないよ

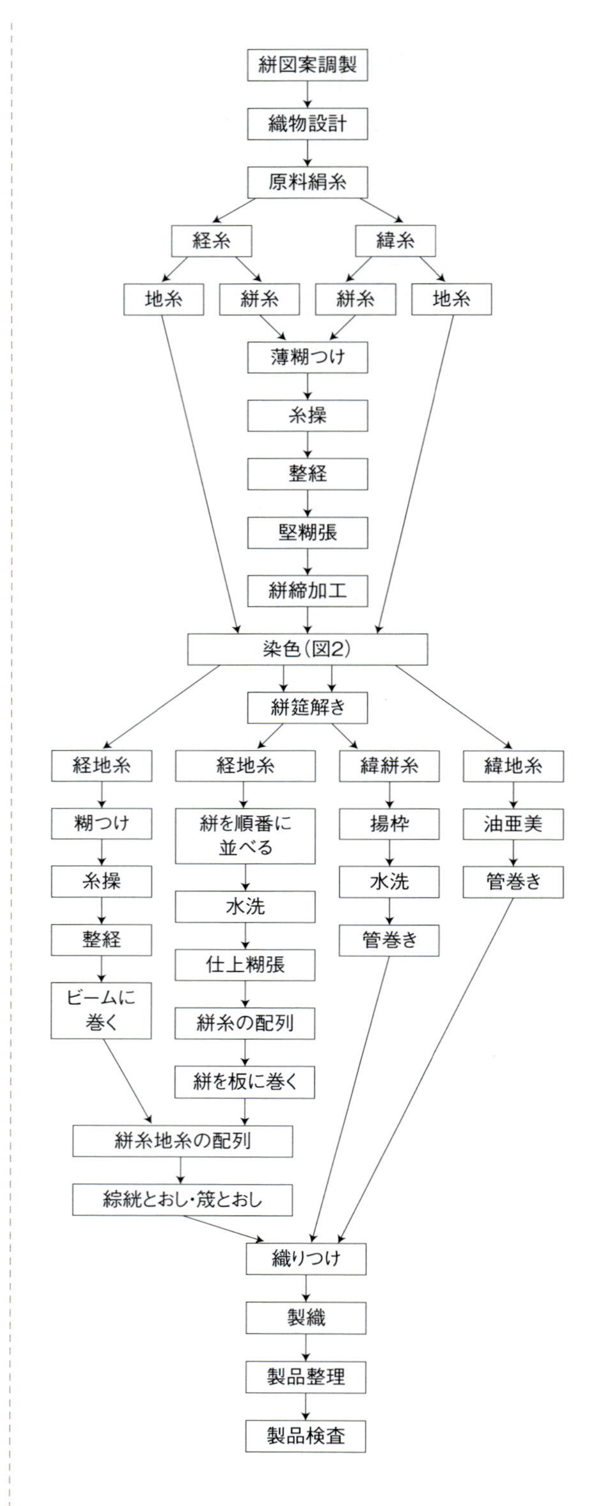

図1　大島紬の製造工程
資料：鹿児島県工業技術センター；元大島紬技術指導センター

1

2

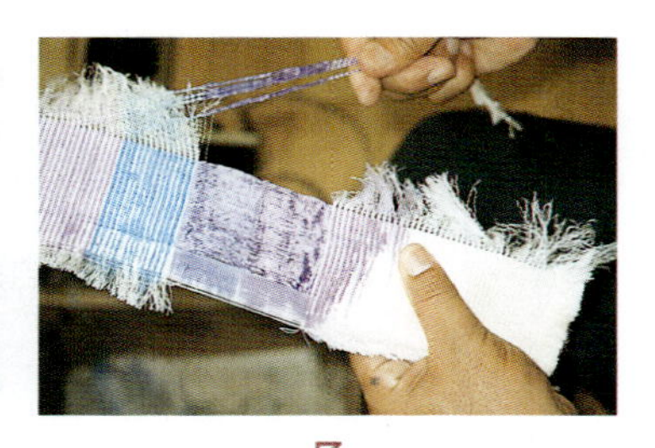

3

4

5

大島紬の織り工程

1　しめばた。絣締加工に使われ，力がいる男性の作業。
2　合成染料すり込み。
3　絣莚総解き。これは泥染めしていない莚。
4　高ばた。手織り用の機械。
5　絣合わせ。経糸をゆるめて，1本1本ていねいに針で模様を合わせる。

うにする。このくくられたものを莚（むしろ）といって，この莚の状態で泥染めした後，木綿糸をほどいて，泥染めされなかった白く残った部分に化学染料をすり込む。すべての染色が終わったら，木綿糸を全部ほどいて長い糸の状態にする。これが絣莚解きである。

以上，できた4種類の糸のうち経糸は設計された配列を組まれて「高ばた」という手織用の機（はた）にセットされる（綜絖〈そうこう〉とおし，筬〈おさ〉とおし）。緯糸は多くの管に分けて巻かれ，織るときに杼（ひ；シャトル）におさめられる。

また，織るときもその日の温湿度などで糸が収縮し，模様がずれるので，7 cm くらい織っては経糸をゆるめて，針で模様をあわせなければならない。一反の反物を織るのに，およそ40日かかる。

大島紬の染色方法

次に大島紬の染色方法を図2と259ページの写真に示す。まずシャリンバイの煎出液をつくる。シャリンバイの生木を刻んだものを釜に入れ，水で原木の表面をおおい，加熱は一定にする。タンニンの抽出を早めるために，シャリンバイ60 kgに対し，重炭酸ソーダ80 g程度を加える。煎出時間は刻み方により変わり，手割りの場合は10～12時間，機械割りの場合は6～8時間程度がよく，水は減ったら加える。煎出する採液量150～200 Lに対し，シャリンバイは60 kg必要である。このときの燃料は，煎出し終わったチップを用いる。

このようにしてつくったシャリンバイ染液にはタンニンが含まれており，この染液と泥中の鉄塩類が，水に不溶の化合物を絹糸の上につくること

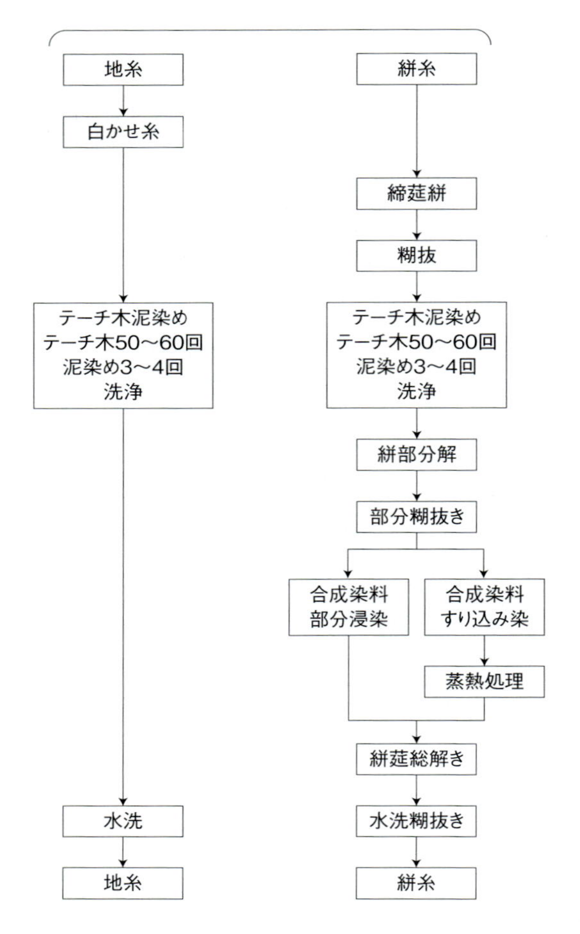

図2　シャリンバイ生木を使う染色工程（テーチ木，泥染め）
資料：鹿児島県工業技術センター

表2　シャリンバイの季節別タンニン酸含有量

月	含有量（%）
1	0.30
3	0.25
5	0.29
7	0.25
9	0.23
11	0.31

注　鹿児島県大島紬技術指導センター，1968

により染色される。煎出液を小さな容器に移し，その中で絹糸をもみ込んで染色する。1回のもみ込み染色では染着が弱いため，新しいシャリンバイ液と取り替えて数十回繰り返して染色する。なお，その途中でシャリンバイ液染め数回ごとに石灰液に浸漬操作し，終わったら乾燥させる。

茶褐色に染まった絹糸を，泥田で心まで泥水が通るようにもみ，泥の鉄塩類をしみ込ませる。染色後，水洗いしてしぼり，十分に空気酸化させると黒色に変色する。

素材の種類・品種と生産・採取

シャリンバイ属には，マルバシャリンバイ，タチシャリンバイ，アツバシャリンバイなどの型が名づけられているが葉形の連続的な変異であり，明確には区別しがたい。しかし奄美大島，徳之島の山地にはホソシャリンバイ *R. indica* var. *liukiuensis* (koidz.) Kitam. が自生しており，葉が細く，樹形が立性であることから容易に区別できる。

シャリンバイは沿海地から山地の土壌の薄いところに自生するが，染色業者の話では海岸近くのもののほうがよく染まるという。

この理由については海風が原因ではないかとよくいわれるが，ほかにも採取個体の差，また採取されるときの樹齢のちがい，山中で伐採されるシャリンバイは染色工場に運ばれるまでに長期間放置される場合が多いことなどの要因も考えられるため，その因果関係についてははっきりしない。

栽培，調製の留意点

過去の人工造林地をみると，シャリンバイの幹材を収穫できる適地は，海に近い浅い凹地である。この理由は次のように考えられる。奄美地域ではイタジイをはじめとする常緑広葉樹が圧倒的に多く，それらに比べてシャリンバイの成長は遅い。したがって，肥沃地では雑草や他の成長の早

1

2

3

4

シャリンバイによる染色工程
（テーチ木，泥染め）

1　シャリンバイのチップをかごに入れ，大きな釜で煎出する。
2　シャリンバイの染液。
3　シャリンバイ染液によるもみ込み染色。
4　泥染色。鉄分の多い泥田がよい。

い樹種に被圧されてしまうが，海岸地帯では他の樹種は生育不良であるうえに，シャリンバイには潮風への耐性があるためであろう。

いずれにせよ陽樹であるシャリンバイには十分な日照を確保することが必要であり，収穫後は萌芽によって更新することができる。

また天然林では，尾根に近いところに最高5mぐらいまでの亜高木として生育しており，やはり萌芽により伐採後も再生している。

収穫はおよそ20～30年生で，太さが約5cm以上の部分を対象とし，伐採は表2の季節別タンニン酸含有量から，冬季が適すると考えられる。しかし，伐採後日時が経過するとシャリンバイ抽出液の染色能力が低下するとされるので，伐採後は速やかに煎出したほうがよい。

病害でシャリンバイさび病が成木に普遍的にみられ，主に新葉，新芽，若枝がサビ胞子により侵される。現在のところ登録農薬はない。

棕櫚

Trachycarpus
H. Wendl.

植物としての特徴

シュロ（*Trachycarpus* H. Wendl.）はヤシ科の植物で，九州・四国・本州の関東のほか，中部以西から沖縄・台湾などの気候にも耐えて，広く温帯南部から熱帯に分布している。

シュロには「和シュロ」と「唐シュロ」があり，葉の特徴から見分けられる。和シュロの葉は軟質で，枝が長く，切り込みが深く，葉端が下方に垂れ下がり，裂片が長い。また，花穂は疎生する。一方，唐シュロの葉は剛強で，柄が短く，梢は斜上，切り込みは浅く，葉端は下垂せず破片は短くて先端に小突起があり，裂片下面・中央下部近くに一本の長毛がある。花穂は甚しく密生する。ここでは日本で古くから利用され，和歌山が主栽培地であった和シュロを紹介する。

シュロの品種については十分な研究はなく，一般に品種はないものといわれるが，和歌山県下では2種に大別し，「オン木」，「メン木」と称している。これは植物学上の分類ではなく，形態の相違によるもので，「オン木」を鬼シュロ，「メン木」を姫シュロということもある。鬼シュロは樹勢が強く成長も旺盛で，厚い上質の皮を生産する。一方，姫シュロの皮は比較的薄いが，新葉の品質は柔軟で艶があって上等の下駄表に用いられている。

写真1　シュロ皮の採取

利用の歴史

和歌山におけるシュロの栽培および加工の歴史は古く，文永年間（1264～1274）に有田郡安諦川庄の山中にあった自生のものを観賞用として持ち帰ったという記録がある。さらに弘和年間（1381～1384），篤農家である結城式部が大いにシュロの栽培を試みたともあるが，いずれも確かな情報はない。

シュロの利用の概略を1936（昭和11）年6月刊行の大日本山林会発行「山林」でみると，「主要生産地は，シュロ表は奈良，埼玉，東京，滋賀。縄・網類及び靴拭その他は和歌山」とあり，部位とその加工品は次のようなものが挙げられている。

・シュロ皮（写真2）：縄，網，マット，敷物，刷子，たわし，箒，シュロ蓑，鼻緒，敷マット，搾油材料包皮。

・耳皮：荒箒，荒たわし。

・新葉：シュロ表（白皮竹皮の代用として下駄や草履の表とする），夏帽子（パナマ帽の代用），真田紐，団扇，笠。

・硬葉：蠶網（かいこあみ），ハエ叩き，埃たたき，団扇。なお，蠶網（蚕網）とは日本唯一の支那油桐林を造成した有田郡岩倉村の今井嘉氏の創案になるもので，1886（明治19）年頃の考案とされ，世間に周知されたのは1908年頃といわれている。

・材幹：橋桁，枕木，根太木，橦木（しゅもく，鐘つき棒），床柱，額縁，玩具，土瓶敷など。

シュロの縄は漁業用として漁網，海苔縄として使用し，建築工業用として壁下地に使用された。明治中頃までは手綯縄が販路を得ていたが，1907

写真2　シュロ皮。これを梳いてシュロの繊維を取り出し，たわしや縄に仕上げる

（明治40）年頃から従来の手縄ではとうてい需要を充たし得ない盛況となり，パームや中国産シュロ抜毛の輸入が盛んになるにつれて機械縄が発達し，足踏みによる製縄機が備え付けられるようになった。製造家は機械を農家に貸し付けて綯わせるもの，農家自ら機械を購入して製造家から原料の供給を受けて工賃を得るもの，また農家自ら原料を仕入れて全く家庭副業とするものなど，その形態はいろいろだった。また「ヤン打網」の製造が盛んになるにつれて「撚付（よりつけ）」が盛況を極めた。ヤン打網の原料は主として中国産シュロ抜毛またはパームを用い，最初から完全な縄とせず，撚付機械によって片撚縄をつくり，これを数条ずつ合わせて製網機にかけ，網をつくるものだった。

葉柄の基部（俗にバチという）は切り離され，シュロ蓑などの原料にした。一般に細かく選別はしないが，大体「まくり皮」その他腐皮などと特に毛の長い厚みのある皮は選別して，鬼毛の原料または蓑製造者に販売した。「バチ（葉柄の基部）」は自家で加工することが多いが，山村農家の主婦たちの大事な副業であり，子供たちの小遣い稼ぎであった。「バチ」だけを集めて1貫目いくらと売買されることもあった。

シュロ蓑の製造を始めたのは1919（大正8）年頃，那賀郡東野上町森脇某氏が三河の国（愛知県東部）で製造しつつあるシュロ蓑製造を学び，同年帰宅して同郡上神野村に紀州シュロ蓑株式会社を創立したのに始まっている。当時，生産額は僅かで優良なシュロ皮を使用したため1枚3～4円で取引された。

シュロ皮の太い繊維を鬼毛といい，鬼毛を選出してたわしをつくる。これも製縄と同様，製造家の依託によって家内工業として発達した。マットと同じく需要が増加するに従って専業化するようになったが，パームの登場によってシュロはしだいに影をひそめるようになった。

皮の選別と処理法は，その用途・仕向け地によって異なり，優良品はなるべく他の地方に売りさばくようにしていた。まくり皮のなかでの不良品や枯死木の皮は，地元で網の原料となる縄などに加工していた。

シュロマットは主としてバチの繊維でつくられ，機械で織られて靴拭マットとして全国へ販売されている。明治末期においてはシュロ加工業の副業的生産にすぎなかったが，大正期から昭和初期にかけて需要が増すに従って靴拭マット，敷物マット加工が専業化されるに至った。しかし，パームが輸入されるようになってからシュロがしだいに衰え始め，ついにはパームがマットの主原料となった。

用途と製造法

シュロの用途

主なシュロ製品は，蓑，縄，網，マット，たわし，箒，履物表などで，シュロ皮を縫合してシュロ蓑をつくり，シュロ繊維の抜毛を鬼毛と二番毛に分け，鬼毛はたわし，箒などに，二番毛は縄に綯い，さらに網をつくる。バチ（葉柄の基部）の繊維はマット，箒などに，新葉は晒して履物表，帽子などをつくる。

シュロ皮・新葉の採取

シュロ皮の採取　普通，シュロは植付け後8～9年ほどで皮の採取に適当な樹高（1～1.5m）となる。この時期は下方の枯れしぼんだ皮が50cmほどになるため，手入れをかねて1回目の剥皮すなわち「根切り」（または「まくり」）を行なう。この皮を「まくり皮」または「根まくり」という。根切りの翌年には普通より少なく4～5枚を剥皮し，その翌年から本格的な採取となる。

栽培地では春皮のほうが厚く広くて良質のものが得られるので，春季に8～9枚採取される。また冬場はシュロ皮自体が冷気で凍り採取は困難である。かつて剝皮は一般的に男性1日1,000枚を標準とし，これを1荷といって重量のほかに皮の取引単位としていた。出荷の荷姿は10枚を1把とし，20把または25把をもって1束，4～5束をもって1荷（1,000枚）とするもので，普通4～7貫で重いほど上質とされたようである。

新葉の採取　通常7～9月の夏季，成長の最も速い時期に萌出したものを採取し，それぞれ1番葉，2番葉，3番葉という。もちろんその品質は1番葉が最良である。

晒し葉　新葉を大釜に入れて煮上げ，1時間くらい放置した後に釜から取り出し，日当たりのよい山腹や河原に広げて日光に晒すと，荒葉が仕上がる。生葉1kgから0.4kgほどが荒葉として仕上がるのが通常である。

夏晒し（土用晒し）が品質もよく，日数も10日前後で仕上がるが，秋晒しと冬晒し（寒晒し）は品質も落ち，秋晒しで2週間，冬晒しで25日から30日もかかる。もちろん秋冬でも晴天つづきの場合には日数も早く上がり，品質も良好となる。晒しは広い面積を要し，かつ水に浸しては干すことを繰り返すので，多くは河原付近で行なわれる。

荒葉は，新葉を水に浸して天日に干すことを数回繰り返し，青色を脱色する。かつては白色となったものをいったん乾燥させ，さらに防腐と漂白の目的で硫黄燻蒸していた。当初は荒葉をそのまま出荷したが，途中で腐食し大きな損害を蒙ってから，硫黄燻蒸が導入された。普通，燻蒸部屋を設け，内部に何段にも棚をつくり，この棚へ水に浸した葉を入れ，室を密閉して下方から硫黄を燻蒸させる。密閉燻蒸の時間は約12時間で，普通夕方から始めて翌朝解放し取り出すが，この晒葉は天候に左右されることが多く，曇天や雨天が続くときは2～3回繰り返して完全に晒白しなければならない。通常，燻蒸小屋1つで原料葉80～100貫（1貫＝3.75kg）が入るので，1貫ないし1貫2300匁（1匁＝3.75g）の硫黄を必要とした。

シュロたわしの製造法

シュロを使用した現在の代表的な製品として，たわしの製造方法について写真で紹介する。

採取したシュロ皮は繊維同士が絡み合っているので専用の機械によって繊維をほぐす。その際，長く強い繊維は1番毛とし，短く細い繊維は2番毛として分ける。高田耕造商店では上質な1番毛は「たわし」に，2番毛はすべて「シュロ縄」に加工している。

素材の種類・品種と生産・採取

シュロの栽培

和シュロの分布は温帯南部，暖帯にかけて広がっており，暖帯地方を原産地と見なすことができる。シュロの良好な生育を期待するためには年平均気温12℃以上，1月の平均気温1.5℃以上，2月の平均気温1.8℃以上を要する。

土壌は腐植質の多い黒みがかった砂壌土が最良である。砂土に傾く場合も粘質すぎる場合も生育が不良であるが，多少の粘性を帯びる土壌はかえって良好である。水の停滞するところは絶対に避ける。平坦地よりも山の中腹以下で傾斜25度くらいまでを限度とする傾斜地がよい。地味が良好であれば南面の生育がよい。傾斜の急な山間で日照時間の著しく短い地方では，北面は避ける。

種子の採取は11月頃，果実の完熟する時期を選んで果房を切り取り，しばらく乾燥して果実を打ち落とす。果実1升の粒数は4,200粒，重量1.3kgくらいが標準である。

シュロの幼時はやや陰性の強い樹種なので，強烈な日光の直射を受け日照時間の長い乾燥地は不適である。しかし陰地もまた，苗が徒長し軟弱となって植栽後の生育が悪い。

一般に自給苗の養成を行なうものは桑畑，果樹園などの間作として養成する場合が多く，そのほか山畑，山麓，屋敷周りなどの空間地も利用している。土質は砂壌土の肥沃地が最も適する。砂土に傾くよりも多少粘質のほうが安全である。

3月いっぱいに播種する。条播が一般的であり，90 cm床幅で2～3条播きである。3条播きは播き幅12 cmとし，2条播きの場合は18～21 cmくらいにとるのが適当である。まず床地に播き幅に応じた浅い溝をつけ，この上に播種して2～2.5 cm厚くらいの覆土を行なう。乾燥を防ぐため上をわらで覆う。

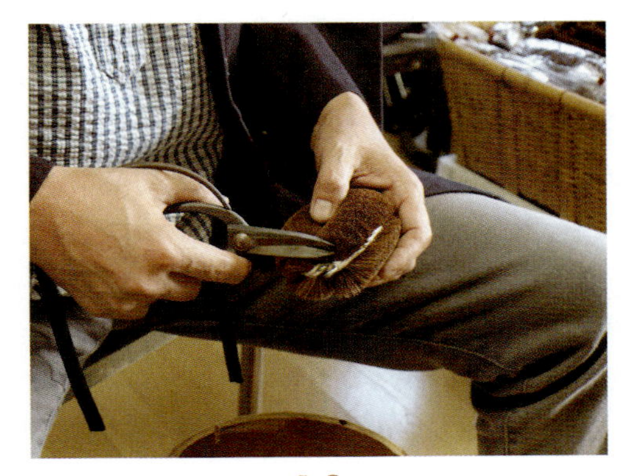

シュロたわしの製造工程

1 毛捌き。木の板に大量の太い鋼の針が取り付けられており，高速で回転させて繊維を梳いていく。
2 毛捌きを終えたシュロ繊維。
3 パン切り後の「太市」。毛裁きしてまとめたシュロ繊維を太市（たいし）と呼び，それを裁断機で必要な長さに裁断する。
4 たわし巻き。たわし巻きの機械に2つ折りでセットされた針金の間にパン切りした太市を適量はさむ。はさんだシュロ繊維を指先の感覚で均等にほぐしながら薄く広げる。
5 次に針金を一定方向に捻って成形する。
6 たわし巻きを終えた太市。
7 「サンパツ」前の太市。棒状に加工されたたわしを散髪機にセットし，回転させながら毛先を切り揃える。
8 散髪機
9 サンパツ後の太市。
10 仕上げ。シュロ縄を周りに巻いたり柄をつけたり，用途によって様々な形状に仕上げる。

除虫菊

Tanacetum cinerariifolium (Trevir.) Sch.Bip.

植物としての特徴

ジョチュウギクはキク科に属する多年生植物で，学名は*Tanacetum (Phyrethum) cinerariifolium*，「ムシヨケギク」ともいわれ，白花種と赤花種がある。原産地は白花種がかつてのユーゴスラビアのダルマチア地方（現在のクロアチア），赤花種がかつてのペルシャ（現在のイラン）である。

殺虫成分はピレトリンI，II，シネリンI，IIおよびジャスモリンI，IIで，主としてそう果の部分に含まれる。殺虫成分は白花種で多いため，殺虫剤としての利用はすべて白花種であり（写真1），赤花種は観賞用として栽培されている。

利用の歴史

ヨーロッパからアフリカへ

ジョチュウギクが殺虫活性をもつことが知られたのは1840年といわれているが，ダルマチア地方の原住民はそれよりもはるか以前にジョチュウギクの効果について知っており，野生のジョチュウギクが発見され報告されたのは1694年であった。

写真1　白花除虫菊の花

ジョチュウギクがヨーロッパ諸国で栽培され始めたのは1860年頃からで，原産地のダルマチア地方でも1875年頃から栽培が始まった。

ユーゴスラビアのダルマチア地方での栽培面積は次第に増加していったが，1914年に起こった第一次世界大戦で打撃を受け一時減少する。しかし，戦後は再び増加し，1925年には2,585 haとなった。ところが，その後日本での生産量の増加が引き金となって相場が下落したため，以後の面積増加はみられていない。

ケニアでの栽培は1928年に，当時の統治国であったイギリスの農場経営者Walkerがコーヒー園の害虫駆除のためユーゴスラビアから種子をとりよせて栽培したのが最初である。その後の栽培面積の伸びは驚異的で，1945年には2万2,000 haを超えて世界一となった。その後もこの地位は揺るがず，最近の生産量統計でも世界一の座を保っている。

このようなケニアの爆発的な栽培面積の増加は他のアフリカ諸国での栽培を誘発し，1940年代にはタンガニーカ（現在のタンザニア），ウガンダ，ベルギー領コンゴなどでそれぞれ生産が急増している。最近でもケニア，タンザニアを含むアフリカ諸国の生産量は依然として多く，他国の追随を許さない状況にあるが，新しい動きとして東南アジアのパプアニューギニアなどでも生産が増加している。

エキスによる用途の拡大

当時は乾花を粉にしてそのままノミとり粉として利用していたが，1916年頃アメリカでこれからエキスを抽出する方法が工業化された。エキスはその利用が簡便であるばかりでなく，効果も早くて高かったため，利用面は家庭用の殺虫剤から農薬にまで広がった。

現在ジョチュウギクはすべてエキスの状態で流通している。ジョチュウギクの最大の需要国はアメリカで，主として農産物のポストハーベスト農薬や食品工場での害虫防除薬として利用されている。また，一部の国々ではエアゾールとして利用

写真2　広島県因島馬神（尾道市）のジョチュウギク畑

されているが，正確な数字は把握されていない。

日本での利用

移入と栽培の広がり　ジョチュウギクが日本に初めて紹介されたのは1885（明治18）年で，ドイツ種が目黒の薬草園に，またアメリカ種が駒場の東京農林学校の農場に植えられた記録がある。

産業目的では1886年に大日本除虫菊株式会社の初代社長であった上山英一郎氏が和歌山県で栽培を始めたのが最初であった。その後，1889年には岡山県に，1892年には愛媛県に，1895年には広島県に種子が導入され，栽培が始まった。そして，1917（大正6）年頃から瀬戸内に面した広島，岡山，愛媛，和歌山，香川各県の特に島しょ部地域を中心に栽培面積が拡大していった。一方，北海道での栽培は1896年に始まったが，本格的な面積増加は1920年以降で，1926年には1万haを超え，全国の75%を占めるに至った。

このように日本では瀬戸内と北海道に二大産地が形成され，1950（昭和25）年頃までは北海道が，その後は瀬戸内が主要産地となっている（写真2）。

栽培面積の推移をみると，栽培開始以来一貫して増加したのではなく，第一次の増産は1917年で，このときの面積は4,300 ha，その後減少するが1926年には第二次増産が起こり，面積は1万4,000 haに達した。しかし，これが過剰生産となり価格が暴落したため，翌年と翌々年には大減産となる。ところが，この価格の暴落がかえって新しい需要を喚起し，1935年には第三次増産期を迎える。この頃は世界産額の90%近くを占めたという。しかし太平洋戦争に突入するとともに急激に減少し，戦後は1953年と1961年にそれぞれ小さなピークはあるが一貫して減少傾向が続き，1960年代以降の合成ピレトリン開発に伴ってさらに急激に減少したため，1969年以降の農林統計からは抹消されている。

蚊取り線香の開発　日本での加工で特筆すべきは蚊取り線香の開発である。開発したのは大日本除虫菊（株）初代社長の上山英一郎氏である。氏も栽培の始まった当初は江戸時代の蚊遣りにならって，乾花の粉末とおがくずを混ぜて火鉢などにくべて蚊を退治していたが，夏に火鉢は似合わず何よりも煙くて不快であった。そんなある日，仏壇にあげる線香にジョチュウギクを練り込んだらどうだろうと考え，試行錯誤の末に1890年に世界で初めて蚊取り線香の開発に成功した。しかし，この蚊取り線香は棒状だったため，燃焼時間はわずかに40分程度であり，また細かったため煙が少なく，蚊を殺すには2～3本を同時にたかなくてはならず，加えて折れやすく運搬にも不便であった。

その後，夫人の提案もあり，太い渦巻き状の蚊取り線香の開発に取り組んだ結果，1902年に現在の商品に近いものを開発した。現在の蚊取り線香の燃焼時間は7～8時間で，ほぼ一晩中もつようになっている（写真3）。

写真3　除虫菊を使った蚊取り線香

蚊取り線香のほかに，エキスを原料とした家庭用の殺虫剤や農薬が開発されている。

現在は輸入されたジョチュウギクエキスを原料とした農薬の出荷が若干あるが，蚊取り線香を含む家庭用殺虫剤のほとんどはその成分が合成品に置き換えられている。

用途と製造法

殺虫成分

ジョチュウギクには殺虫成分としてピレトリンI以下全部で6種類の成分が含まれている。成分の割合は品種や栽培法によっても変動し固定的ではないが，おおむねピレトリンIが38%，ピレトリンIIが30%，シネリンIが9%，シネリンIIが13%，ジャスモリンIとIIがそれぞれ5%ずつといわれている。

殺虫力はピレトリンIが最も強く，次いでピレトリンII，シネリンI，シネリンIIの順である。一方，物質としての安定度は殺虫力とは逆で，ピレトリンはシネリンより，またIはIIより不安定である。したがって，加工や利用の段階で強いアルカリや高い熱にあうと成分が分解され効力は低下する。

ジョチュウギクに含まれる殺虫成分（天然ピレトリン）の，昆虫を主体とした冷血動物に対する毒性は瞬時かつ強力である。しかし，ヒトを含む温血動物に対しては，血管や腹腔内への注入以外では，接触，皮下注入，経口的摂取などによる毒性はきわめて弱い。この人畜無害で多くの害虫に対して素早く効果を示す性質が，主に家庭用の殺虫剤としてきわめて適していると考えられる。

蚊取り線香

ジョチュウギクでは加工に利用されるのはほとんどが花だけである。一部で茎の部分を乾かして蚊取り線香の材料に用いる場合もあるが，大部分の茎は積み上げて乾かした後，有機物資源として畑に返す。

ジョチュウギクの乾花粉末を粗い篩でふるったものと，燃焼補助剤としての木粉（マツもしくはキリがよい），さらにそれらを接着して固める糊の役目をする資材（タブノキの葉の乾燥粉末，トロロアオイの根をしぼった液，布海苔など）と，マラカイトグリーンなど緑の着色料およびカビ防止剤（β-ナフトールまたは安息香酸）を用いる。木粉の代わりに乾燥したジョチュウギクの茎（天然ピレトリン含有率0.15%）を用いる場合もあるが，木粉に比べて燃焼のスピードが早いため，殺虫効果は高まるが燃焼時間が短くなり線香の色も悪くなる。

蚊取り線香のつくり方　つくり方は図1に示すように，容量でジョチュウギク粉60%，糊料

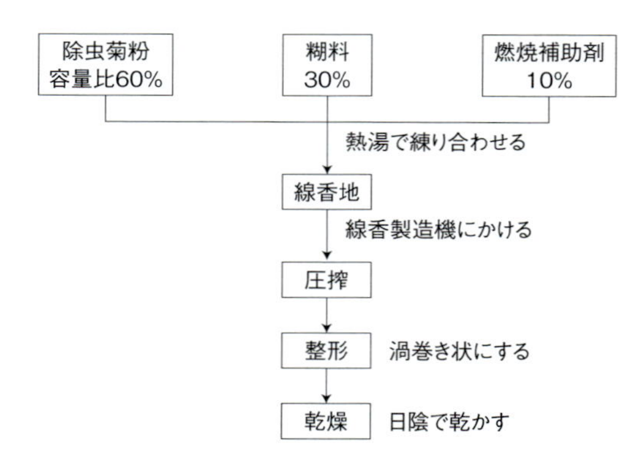

図1　蚊取り線香の製造工程
糊料にはタブノキの葉やトロロアオイの根を，
燃焼補助剤にはマツまたはキリの木粉を用いる

30％，燃焼補助剤10％を熱湯で練り合わせて線香地をつくり，これを線香製造機にかけて圧搾したあと，押し出し，30 cmに切断する。切断したものを2本セットにして少しずらし，渦状に巻いたものを日陰で徐々に乾かす（右の写真参照）。

線香が燃焼するときの燃焼点の温度は，天然ピレトリンが分解してしまう高温となるが，そこから少し離れた場所では天然ピレトリンの揮発に適した温度になっているため，成分が揮発して殺虫効果を発揮すると考えられる。

家庭用農薬

除虫菊石けん液　家庭菜園や鉢物園芸などにつくアブラムシなどの害虫を駆除するのに用いる。つくり方はジョチュウギク乾花粉末75 gと石けん75 gを水1.8 Lに入れて約30分煮沸したあと，これを濾過して使用する。

除虫菊乳剤　除虫菊石けん液同様，農薬として使用する。灯油もしくは軽油1.8 Lにジョチュウギク乾花粉末112.5 gを加えて2～3昼夜密閉浸漬したものに石けん75 gを加えて溶かし，これを濾過したものを25～50倍に薄めて使用する。

1

2

3

蚊取り線香の製造

1　花を乾燥させる
2　乾燥花を粉末にしたものを混合する
3　成形後の乾燥

素材の種類・品種と生産・採取

種類・品種

ジョチュウギクには赤花種と白花種があるが，殺虫成分含量の違いから，殺虫剤としての栽培は白花種に限られる。営利栽培の行なわれていた1960年代までに日本でも北海道でワッサム，広島県でシラユキという，いずれも高含量品種が育成されたが，現在はともに栽培されていない。

現在，観光資源や高齢者の生きがい対策などで細々と栽培されているのは，いずれもその地域で古くから栽培されていた在来種である。在来種の殺虫成分含量は乾花の1％程度で高くないが，病害に強く栽培は容易である。また，自家不和合性が弱いため採種量が多く，発芽率も20～30％と高い。

栽培適地

日本におけるジョチュウギク栽培の二大拠点は北海道と瀬戸内島しょ部地帯であった。北海道は梅雨がなく，瀬戸内島しょ部地帯も毎年水不足になるほど降水量は少ない。ジョチュウギクの栽培では，雨に留意する必要があり，特に梅雨季に滞水する可能性のある場所（転作水田など）での栽培はできるだけ避ける。

暖地での栽培

ジョチュウギクの栽培法は北海道と瀬戸内では若干異なる。瀬戸内の「暖地ジョチュウギクの栽培」を紹介する。

暖地のジョチュウギク栽培は播種して収穫に至るまで約22か月を要する。花芽分化は株が長期間低温に遭うことで起こるが，同時に株がある程度の大きさにならないと花芽分化しない。播種期は朝夕の気温が20℃以下になる9月以降が適期で，早すぎると高温で発芽不良となり，遅すぎると春先の仮植時に苗が小さすぎて植付け作業が難しい。肥料分が少なく，日当たりと水はけのよい場所に高さ30 cm程度の高うねの床をつくり，少し厚めに播種する。種子が隠れる程度に薄く覆土し，麦わらなどで軽く覆いをしてたっぷり灌水する。その後は出芽まで灌水はしない。

播種後10日程度で出芽が始まるので，被覆物を2回程度に分けて除去する。初期生育はきわめて緩慢なため，除草や過密部の間引きなどを行なって苗立ちの促進に努める。葉色が淡く生育が遅いようなら，500倍に薄めた液肥を約1か月おきに施用しながら，本葉4～5枚になったものを苗床から直接本圃に定植する春植えと，この苗を一度仮植床に移して秋に本圃に植える秋植えがある。

本圃・仮植床の準備と植付け　圃場は日当たり，水はけのよい場所が適する。特に梅雨季の連続降雨により滞水するような場所では根腐れを起こす危険性があり，その後の夏の高温乾燥時に株枯れが多発する。

本圃には堆肥などの有機物をa当たり200 kg程度とやや多めに施し，三要素はa当たり成分量で窒素とカリは1 kg程度，リン酸は黒ボク土の場合3～4 kg，それ以外の土では0.5～1 kg程度でよい。土壌のpHは5.5～6.5の微酸性でよく育つ。このうち，窒素だけは基肥に3分の1，残りの3分の2は11月と3月に追肥として施す。

仮植床での施用量は，堆肥は本圃なみ，三要素は本圃の約3分の1とする。苗の在圃期間は短いが，株数が多く，多くの要素の取合いがあるため，少し潤沢に要素を供給する必要がある。

植付けは，春植えでは地温が上昇する3月下旬頃から，また秋植えでは地温の低下する9月下旬以降に行なう。春植えのうね幅は55～60 cm，株間は25 cm前後で，秋植えは春植えよりやや密植する。

病害虫としては萎縮病，菌核病，アザミウマ，ハダニなどの被害が懸念される。状況によっては薬剤で防除する。

開花と収穫・乾燥　開花は定植翌年の4月下旬から始まる。キク科植物の花は頭状花序といって多数の小花が集合して1つの花を形成しており，この小花は外側から内側に向かって徐々に開花する。いちばん外側の小花には花弁がついており，これを舌状花という。その内側の小花には花弁はなく，筒状をしておりこれを筒状花という。単位面積当たりの殺虫成分量は開花が進むにつれて増加し，8分咲きで最高となる。

全部の花が一斉に咲くわけではない。圃場全体が白からやや黄色に変色した頃が収穫適期なので，採種用の株を残して収穫する。ちょうど梅雨季にかかるため，晴れ間をみて行なう。栽培面積が狭い場合は，花の部分だけを摘み取り天日乾燥する。

大面積栽培の場合は株を抜き取り，千歯（広島県では千引という）で花の部分だけをこぎ落とし，シートなどに広げて乾燥する。乾燥機を使う場合は乾燥温度を50℃前後とし，時間をかけて乾燥する。乾花を握ってばらばらに崩れるようになったら乾燥は終わりである。乾燥後は花についている茎の部分や土などの夾雑物をていねいに取り除き，乾燥した室内に貯蔵して適宜加工する。

採種と保管　採種は花が黒変し，花のつけねの茎の部分が白く変色した頃に，花冠が大きく盛り上がった花を選んで採る。よく乾かした後，手でばらばらに砕いて花びらと種子の部分を分離し，扇風機などを使って風選する。充実してよく熟した種子のみを選別することが大切。充実した種子は硬くて重く，色は淡褐色で形はやや丸みを帯びる。色が濃くて軟らかい種子は稔実不良なものが多いため採種しない。

採種種子は通気性のよいクラフト紙の封筒などに入れて冷蔵庫内で保管する。

麦わら細工——明治時代の輸出品「麦稈真田」

発見された明治の輸出品「麦稈真田」

真田紐のように麦わらを編んだ「麦稈真田」。かつては東海道の大森宿（今の東京都大田区大森地域）を中心に麦稈真田の職人が活躍し，明治時代の主要な輸出品の一つだった（写真1～3)。

写真1　精緻に平編みされた麦稈真田

写真2　古い旅行カバンの中にまとまって発見された輸出用の麦稈真田

写真3　高価な麦わら細工品だったカンカン帽や麦わら帽子

麦稈真田を生かす麦わら細工

麦稈真田でつくられた麦わら帽子。目を近づけて見ると麦稈真田の使われ方がわかる。写真5，6のような，さまざまな帽子や細工物がつくられている。

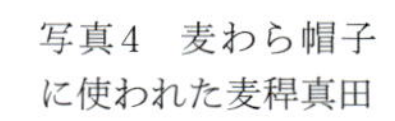

写真4　麦わら帽子に使われた麦稈真田

写真5　メキシコ，ヨルダンなどで入手した麦わら帽子

写真6　中東や中国の市で買った麦わら細工

Cryptomeria japonica
(Thunb. ex L. f.) D. Don

植物としての特徴

スギは*Cryptomeria japonica*という学名からもわかるように，わが国の固有種であり，分類学上，ヒノキ科スギ亜科スギ属に属し，スギ属ただ一つの種（1属1種）である。言うまでもなく，生物学的にも，資源的にも，わが国を代表する有用な高木針葉樹である（写真1）。

全国スギ巨樹マップによると，樹高40 m，胸高直径3 mを超えるような巨樹が日本各地にある。また，スギは樹木のなかでも長寿である。屋久島では樹齢1,000年までのスギを「小杉」と呼び，「屋久杉」と区別しており，全国的に見ても樹齢1,000年を超える個体が各地に点在している。

水平分布域は，北は青森県の西津軽郡鰺ヶ沢町にある矢倉山国有林（北緯40度42分）から南は鹿児島県の屋久島（同30度15分）まで，垂直分布は海抜0 mから2,000 mまでと極めて広く，適応力が高い樹種といえる。一方，天然分布は，図1でみるように日本海側に偏っていて，不連続であり，いずれも比較的小さなクラスターで存在する。それぞれの地域の土地条件や気象条件により淘汰されてきたことや，クラスター内での遺伝的浮動により，地域ごとの変異が大きく，結果として多くの地域品種が存在している。地域品種の一例として，鰺ヶ沢スギ（青森），秋田スギ（秋田），立山スギ（富山），吉野スギ（奈良），魚梁瀬スギ（高知），屋久スギ（鹿児島）などを挙げることができる。秋田スギの天然林は，木曽ヒノキ，青森ヒバとともに天然林の日本三大美林とされている。

後述するように人工造林の歴史は古く，現在では北は北海道の留萌付近から，南は鹿児島県の奄美群島にまで全国各地に植栽されており，人工林面積（1,035万 ha）のうち，43％がスギ林である。降水量が多く，多湿な気候をスギは好み，湿潤な土壌が適地とされ，谷筋を中心に植栽されることが多いが，湿地のような過度の水分量の土壌は生育には適さない。

利用の歴史

歴史のなかの杉材

わが国にあって有史以来，スギは人間にとって身近でかつ重要な素材であったと考えられる。720年に完成した日本書紀の巻第一には，素戔嗚尊（すさのおのみこと）が木の使い方について，宮殿を建てるにはヒノキを，船舶建造にはスギやクスを，棺にはマキを使うとよいと話されたという神話が載っている。

実際，福井県若狭町の鳥浜貝塚をはじめ，各地で出土する縄文時代や弥生時代の丸木舟にも，ス

写真1　スギの若齢林と高齢林（奈良県吉野郡）

若齢林

高齢林

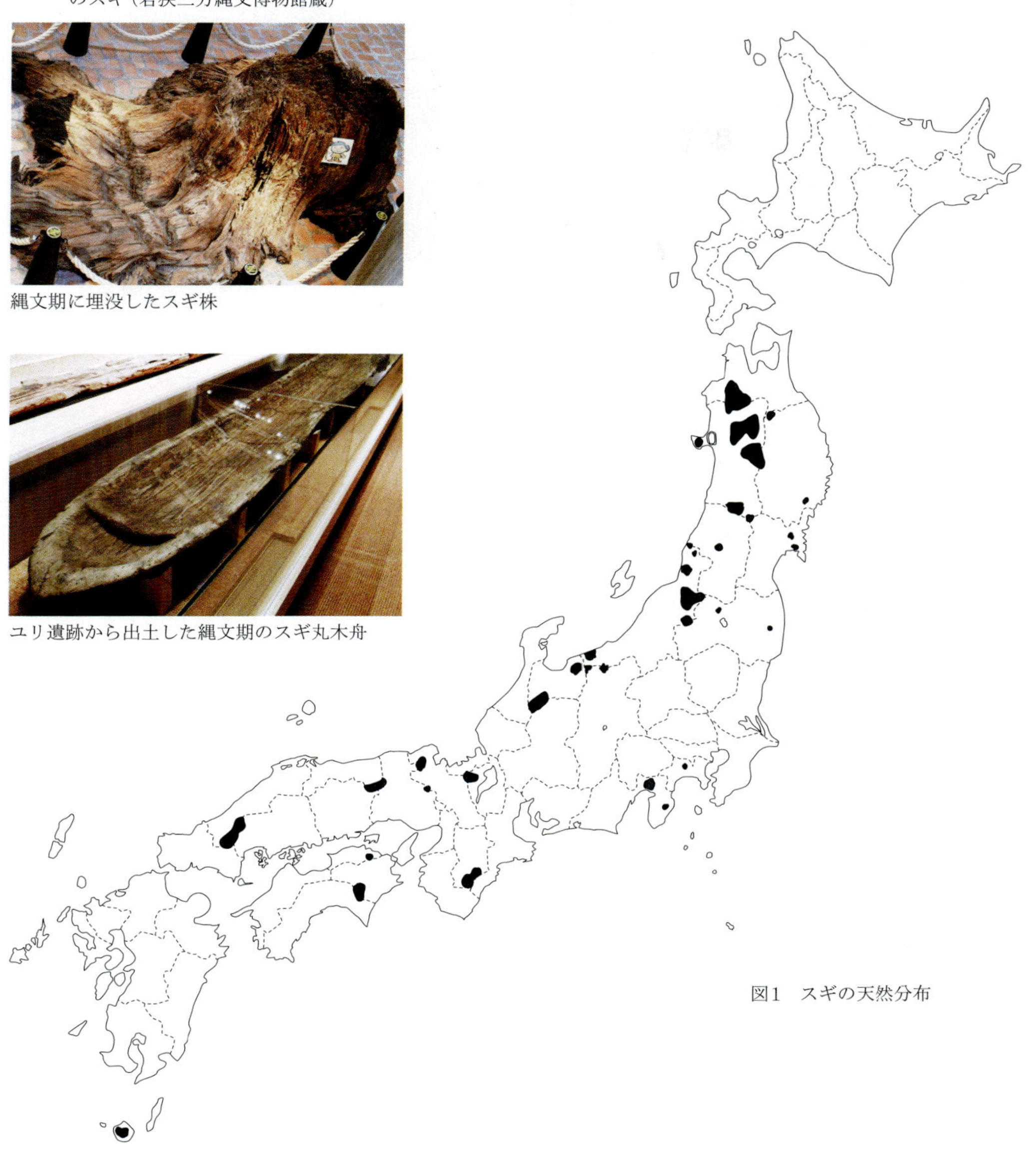
写真2　遺跡から出土する縄文期のスギ（若狭三方縄文博物館蔵）

縄文期に埋没したスギ株

ユリ遺跡から出土した縄文期のスギ丸木舟

図1　スギの天然分布

ギが使われている例が多く見られる（写真2）。大径材が得られたことや軽いこと，ヒノキほどではないが耐朽性があることなどがその理由と考えられる。また，弥生時代を代表する登呂遺跡の柱は，ほとんどがスギで，畦にもスギの矢板が使われている。加工しやすく，近くで大量に入手できたことが最大の理由と思われる。平城宮跡から出土する柱根はほとんどがヒノキとコウヤマキであるが，直径170 cmものスギ丸太をくり抜いて作った井戸（写真3）が見つかっている。鎌倉時代初期に造営された出雲大社本殿は，東大寺大仏殿をしのぐ高さだったとされてきたが，実際，直径約1.3 mのスギ材を3本1組に束ねた形状の柱根（写真4）が，2000年に現在の本殿北側で出土した。吉野スギの自生地である奈良県川上村では，室町時代の1500年頃にはすでに，人工的な造林が行なわれていたという記録が残っている。また，豊臣秀吉はその地域を領有して，大坂城，伏見城などの築城に大量の木材を伐出させた。さらに江戸時代に入ると，各地で城下町や宿場町などの造営

写真3　平城京から出土したスギ丸太をくり抜いた井戸枠（平城京跡遺構展示館蔵）

写真4　出雲大社から出土した鎌倉時代のスギ宇豆柱（古代出雲歴史博物館蔵）

が一層盛んとなって，都市の形成に伴い建築資材として木材の需要が急増した。

「総檜造り」や「檜舞台」という言葉からして，ヒノキは最高級の建築材として貴重であったことは間違いのない事実である。それから考えるとスギの流通量はヒノキよりも圧倒的に多く，木材需要の過半を賄っていたであろうことは容易に推量できる。関東を中心に，ヒノキは「火の木」につながり，火災を連想するので建築には使わないという風習があったと聞くが，それは高価で使えないことの裏返しであろう。

写真5　吉野スギと屋久スギの比較

吉野スギの中杢天井板

屋久スギの笹杢天井板

近代における杉材の用途

建築用材

在来工法の木造住宅において，スギは曲げヤング率（「曲げの力」が加えられたときの「たわみ」の程度を表わす数値。数値が大きいほど強度も強い）や部分圧縮強度が低いので，梁材（はりざい）や土台としてはほとんど使われないが，柱材や間柱（まばしら），筋交い（すじかい）などの構造材，野地板などの下地材として多用されてきた（図2）。このように書くと，スギはヒノキに及ばないようであり，実際，一般材の材価でもスギはヒノキに比べて安価である。しかし大径材で，杢（もく）が優れたものは銘木とされ，以前は秋田スギや吉野スギ，屋久スギなどは，最高級の天井板として大変重宝された（写真5）。また，長押（なげし）などの造作材や建具は，スギ心材の柾目木取りをしたものが最高級品とされている（写真6）。

しかし，住宅着工戸数の減少，木造率の低下や，生活スタイルの変化に伴う和室の減少，さらには印刷技術の飛躍的な向上による安価な代替品の登場など，様々な理由により，建築用材としての木材需要は減少しているのが現状である。

なお，木材の部位や材面などの名称は図3に示す。また，「木取り」については後述する。

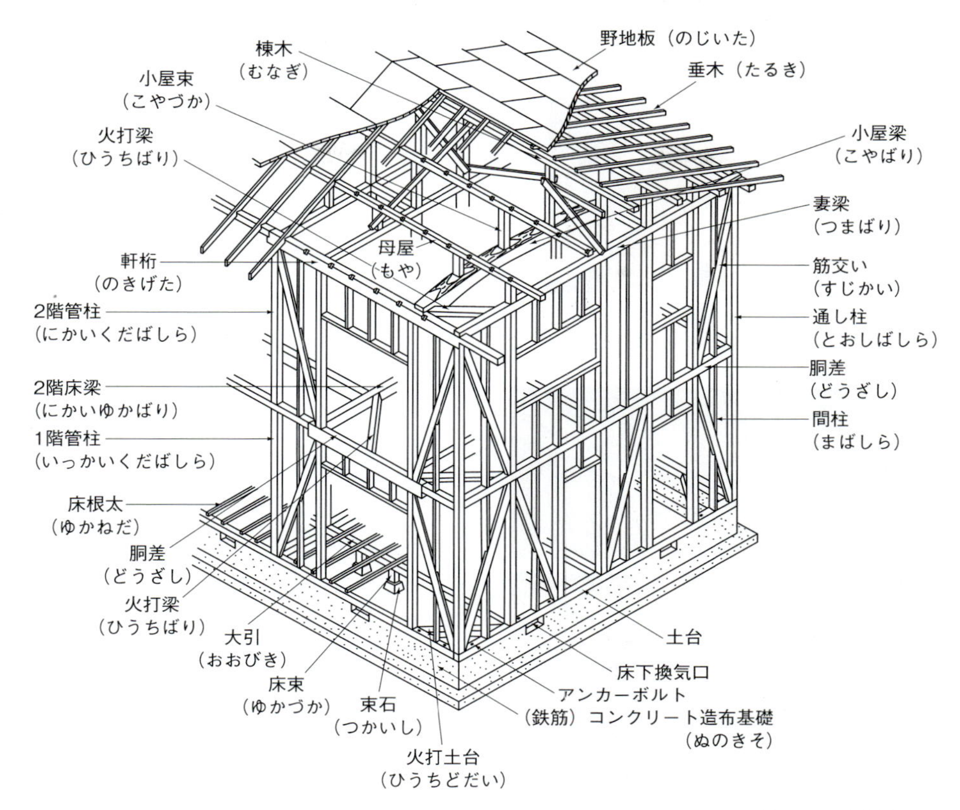

図2　木造家屋の構造材名称（在来軸組構法）

写真6　スギ心材の柾目（赤柾）造作材

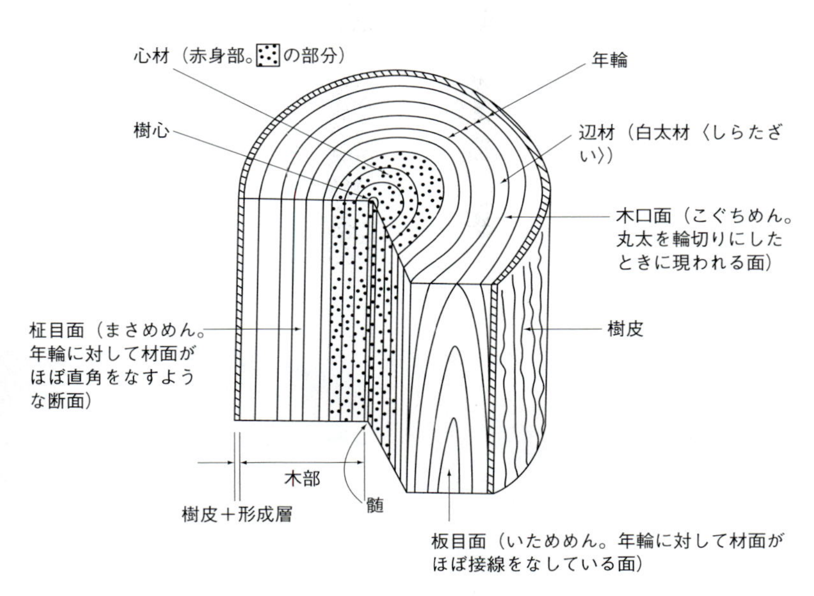

図3　木材の部位，材面の名称

写真7　最高級の樽丸
辺材から心材への移行部分

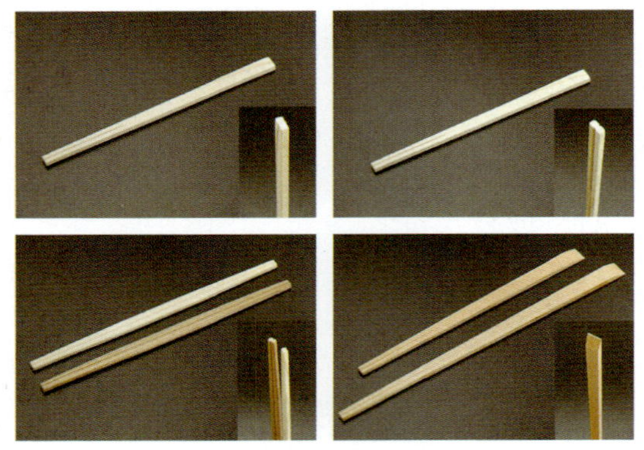

写真8　吉野スギ箸
左上から時計まわりに，小判，元禄，天削，利休

樽丸と箸

建築用材以外のスギの用途で特筆すべきは，樽丸（樽をつくるための材）と割り箸であろう。

樽丸生産は，江戸時代中期の1720年に吉野地方で始まった。最高の樽丸は辺材から心材への移行材を含む部分で（写真7），酒に香り付けをする（「木香（きが）」を与える）ために心材を内側に，白くて見栄えがする辺材を外側にして使う。また，樽として最も重要なことであるが，移行材は液体を通しにくく，製造時や保管時の目減りが少ない。実に理にかなった使い方であり，先人の知恵に驚くばかりである。灘，伏見の酒所が近いことや樽丸に適した資源が豊富にあったことなどにより，樽丸は吉野林業の主たる製品となり，「樽丸林業」とも呼ばれていたが，プラスチックやステンレス製の樽が出回るようになった1950年以降，生産量が激減した。

スギ割り箸は，樽丸生産で廃棄される端材を有効に利用する手段として，明治の初め頃，吉野郡下市町で考案された。当初は「丁六箸」といわれる材中央部に割れ目を入れただけの単純なものであったが，それ以降明治期には順次「小判箸」，「元禄箸」，「利休箸」が，さらに大正期に入って「天削箸」が開発された（写真8）。昭和期に入り機械化が進み，加工技術の進歩や需要の拡大と相まって，ヒノキも割り箸原料として使われ始め，近年ではタケ割り箸などの輸入製品が席巻するなか，スギ割り箸の生産量は極めて少なくなっている。しかし，現在でも最高級品として認知されており，料亭など格式ある場所では欠かせない品となっている。

用途と製造法

杉材の特徴と用途

辺心材の区別は明瞭で，辺材は白～淡黄白色，心材はピンク～赤色，ときには赤褐色，黒褐色まであって個体差が極めて大きい（写真9）。気乾密度（含水率15%）はそのほとんどが0.30～

写真9　スギ一般材。色の濃い部分が心材

写真10　スギ三段面の走査型電子顕微鏡写真

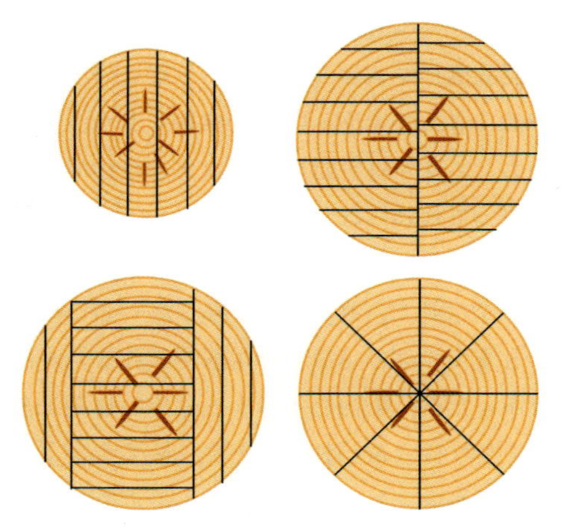

図4　木取りの一例
左上から時計まわりに，だら挽き，
樹心割り，みかん割り，太鼓挽き

0.45 g/cm³の範囲にある。平均値（文献値）は0.38 g/cm³で，針葉樹材のなかでも軽量である。通直であることからも，加工性はよいとされる。しかし，早材から晩材への移行は急であり，早材と晩材の密度差が激しいこともあって（写真10）。繊細な加工は困難で，熟練を要する。また，よく切れる刃物でないと仕上げ加工は難しいため，超仕上げかんな盤などの刃物切削では，研磨1回当たりの切削長は短い。

心材には独特な芳香があり，リラックス効果や鎮静効果をもたらす成分が含まれる。またこの芳香は，簡易な樹木識別にも利用される。心材の木材腐朽菌に対する抵抗性（耐朽性）はヒノキよりも劣るが，樹種全体では「中程度」である。イエシロアリに対する抵抗性はヒノキと同程度で，国産針葉樹のなかではヒバ材に次いで高い。

乾燥に伴う収縮率は小さく，変形や割れの発生が少ないので，乾燥性はよいとされるが，立木での心材含水率がヒノキなどに比べて非常に高く，平均で80%，ときには100%をはるかに超える個体も出現するので，乾燥効率はよくない。接着性は良好である。

強度性能はヒノキよりも劣る。たとえば曲げヤング係数の平均値は，ヒノキが8.8 GPa（ギガパスカル，10^9 Pa）であるのに対して，スギは7.4 GPaである。また，曲げおよび圧縮強さの平均値は，ヒノキがそれぞれ74 MPa（メガパスカル，10^6 Pa）と39 MPaであるのに対して，スギは64 MPaと34 MPaである（いずれも文献値）。さらにいえば，スギは強度的にもバラツキが大きい樹種で，たとえば曲げヤング係数では，上述のように平均値は7.4 GPaであるが，4 GPa程度の個体から13 GPaに達する個体まで出現する。

用途としては，「利用の歴史」でも触れたとおり，建築用材に限っても，柱材，間柱や筋交いなどの構造材，天井板や長押などの造作材，建具などに使われている。そのほか，磨き丸太は桁材，絞丸太は床柱，直径3 cm以下の銭丸太といわれる間伐木は茶室の垂木や格子戸などに使われてきた。

工芸的利用

建築材料以外にも，下駄材，樽丸，割り箸を含む箸材料，木目を利用した各種工芸品など，幅広い用途がある。最近では後述するように，合板用材や，集成材ラミナとしての需要が伸びている。また，わが国でもCLT(Cross Laminated Timber，詳しくは後述）生産が始まったが，その主原料としてスギが用いられている。

スギの樹皮は，その高い耐久性を利用して屋根下地などの建築資材として，かつては広く使われていた。また，針葉は現在でも「スギ線香」の原料として使われている。煙の量が多く，墓参や霊場巡礼時など，主として屋外で用いられる。

杉材製品化までの流れ

木取りと製材

木取りとは，歩留りや節などの欠点の位置を考えながら，原木丸太から柱や板材など様々な製品となる部材を採っていくことをいう（図4）。どのような木取りをするかは，製品の種類のほか，丸太の大きさや品質によって変わる。

たとえば，三寸五分（10.5 cm）角や四寸（12 cm）角の柱材は，髄を含む「芯持ち」がほとんどである。挽き曲がりや乾燥に伴う収縮，反りを考え，前者では末口径（立木の上方の口径）17 ～ 18 cm

写真11　帯鋸盤による製材作業

写真12　常設の屋根がある天然乾燥場

以上，後者では20 cm以上の丸太から，一丁取り（1本の丸太から1本の角材を取るやり方）をする。背板の部分は，品質がよければ，集成材などの化粧板（突き板）を採るためのフリッチ（突き板用加工板）や，割り箸の原料などとして用いられる。集成材ラミナなどの板材を専門に挽く場合，元の丸太の径が小さいときや曲がりが大きいときには「だら挽き（丸挽き）」，径が大きいときには「樹芯割り」や「太鼓挽き」をするのが一般的である。鴨居など，柾目木取りが必要とされる場合には，「みかん割り」といわれる木取りを行なう。

ところで，わが国では製材は昭和の初期頃より，帯鋸盤（写真11）で行なうのが一般的となっている。古くは丸鋸盤が主流であったが，製材用の丸鋸は直径が大きく，鋸幅が分厚いので，歩留りが低くなることや，切削抵抗が大きく作業性が悪いこと，挽き肌が粗いことなどの理由で，帯鋸盤に取って代わられた。

芯持ち柱材は製材後，乾燥に伴う表面割れの発生を防ぐ目的で，背割り（製材した一面に材の中央付近までの切り込み）を丸鋸で入れるのが一般的であったが，金物を多用する近年の建築工法では，背割り材は嫌われることや，後述するように乾燥技術が向上したことにより，最近では無背割り材が多い。

柱材や梁材など，断面形状が大きいものは，乾燥工程の後に再度，帯鋸盤で「すり直し」を行ない，乾燥に伴う反りや変形を修正するのが一般的である。

乾燥

樹木は多量の水分を含有しており，製材後に木材を未乾燥のまま使うと，使用中に乾燥が進み，収縮や反りが発生する。住宅にあっては，建てつけが悪くなったり，壁にひびが入ったり，設計どおりの強度が保てなくなったりと，欠陥住宅の一因になりかねない。また，最近では当たり前になった「高気密，高断熱住宅」では，乾燥した木材を使うことが不可欠である。ちなみに，木材を雨のかからないところで長く使っていると，わが国では含水率が15%付近で平衡になる（これを「平衡含水率」という）。

ところで，木材の含水率は，次式のように乾量基準で示すのが通例であり，木材の乾燥重量と同

写真13　高温乾燥が可能な人工乾燥機

乾燥機へ搬入されるスギ芯持ち柱材

乾燥機の外観

重量の水分が含まれているとき，含水率は100％となる。また，木材の乾燥重量以上の水分が含まれている場合，含水率は100％を超えることになる。

乾量基準の含水率（％）

＝木材中に含まれる水分量/木材の全乾重量×100

木材乾燥は，天然乾燥と人工乾燥（以下，それぞれ「天乾」，「人乾」という）に大別できる。天乾は風通しのよい日陰に材料を桟積みして，自然のエネルギーのみで行なう乾燥である（写真12）。環境負荷がほとんどないことが最大の長所であるが，スギはヒノキに比べて含水率が高い樹種であり，柱などの断面が大きな材料を天乾により乾燥させるには極めて長い時間，具体的には，半年から1年を要する。人乾のように熱をかけないので，色・つやの変化が小さいのはメリットであり，時間をかけてもコストが見合う銘木の乾燥には適した乾燥法ともいえる。しかし，天乾は場所の選定以外，人為的なコントロールはほとんど不可能であり，特に芯持ち材の乾燥にあっては，表面割れの発生が顕著となることが多い。

人乾（写真13）は温度と湿度，風量，場合によっては気圧などを人為的にコントロールする乾燥法である。ボイラーなどの熱源により，60～90℃の温度域で乾燥を行なう中温乾燥が最も一般的であるが，除湿器を併用して50℃以下で行なう除湿乾燥，反対に100℃以上の温度域を使う高温乾燥のほか，水の沸点を下げることにより乾燥を促進させる減圧乾燥，材料内部の温度を高め，乾燥速度を上げる高周波乾燥，さらにはそれらを組み合わせた乾燥法など様々な方法が提案され，実用化されている。その詳細は他書に譲り，本書では割愛するが，芯持ちのスギ柱材の乾燥についてのみ，以下簡潔に記述する。

断面積が大きな柱材や梁材は高温域で乾燥させるのが一般的になっている。それは，生材での含水率が高いスギ材を中温域で乾燥させると，含水率20％に到達するのに3週間か，それ以上の時間を要し，また，背割りを入れないと材面の割れが

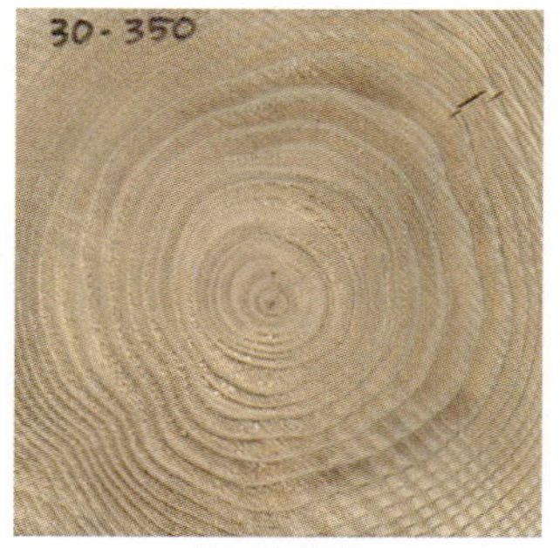

適正な乾燥

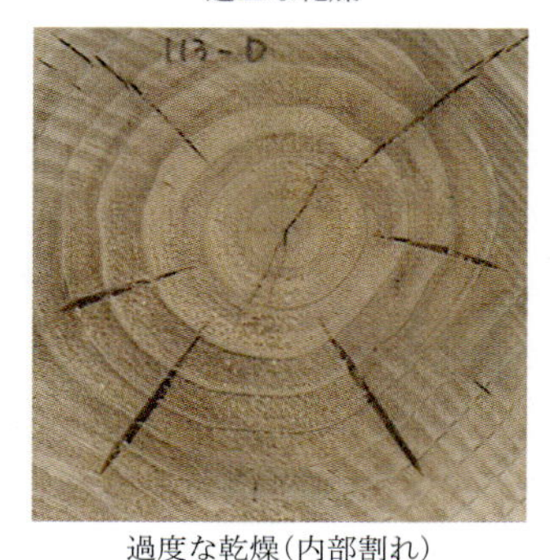

過度な乾燥（内部割れ）

写真14　高温乾燥後のスギ芯持ち柱材

顕著に発生するためである。仕上げ寸法が4寸角のスギ芯持ち柱材を高温乾燥する際の平均的な条件は次のとおりである。

初めに乾球温度，湿球温度をともに95℃として6時間蒸煮したのち，乾球温度を120℃，湿球温度を90℃に設定して24時間「高温セット」を行なう。高温を与えることで表面は乾燥して収縮しようとする一方，内部には乾燥が及ばないので，表面には引っ張り応力が働くが，蒸煮により表面の組織は軟化しているので，表面割れは発生しない。これを高温セットと呼んでいる。その後乾球温度を90℃，湿球温度を60℃として約1週間乾燥させる。高温乾燥では，背割りを入れなくても表面割れはほとんど生じない一方で，スギ材では若干の内部割れが見られることが多い。強度的な劣化はほとんどないとされている。しかし，乾燥条件が不適切な場合，内部割れは顕著になり（写真14），品質の低下を招くことに十分留意する必要がある。乾燥に伴い発生した変形や反り，曲がりは，乾燥後にすり直しを行なって修正する。

木材の含水率は全乾法によって算出することがJIS Z 2101で規定されている。乾燥機を用いて木

写真15　日本住宅・木材技術センター認定の含水率計

材を100～105℃で乾燥させ，その前後の重量から，前出の式を用いて求める。しかし，全乾法は一種の破壊検査であり，製品の品質管理には使うことができないので，現場では含水率計を用いて水分管理をしている。なお，日本農林規格(JAS)では，含水率測定には公益財団法人 日本住宅・木材技術センターが認定した機種（写真15）を用いることが規定されている。

製材品の規格

製材品はJASで材種や各種等級の区分が規定されている。まず，製材品をその使用目的で，構造用製材，造作用製材と下地用製材に区分して，それぞれの用途で求められる性能に関して規格を定め，等級の区分をしている。

詳細については他書を参考にされたいが，ここではスギを含む構造用製材の強度区分と含水率区分について簡単に解説する。

強度等級区分にあっては，目視による等級区分と機械を用いた等級区分とが併記されている。目視による等級区分では，強度に影響を及ぼす節，丸身，割れ，繊維傾斜や腐朽などにより区分している。さらに節については，使用時の荷重のかかり方により，それが及ぼす影響が大きく異なるので，甲種構造材（曲げ，引っ張り荷重を受ける部材で，さらに断面寸法によりⅠとⅡに分類）と乙種構造材（圧縮荷重を受ける部材）に分けて，節の大きさや位置などについて細かく規定をしている。いずれの用途区分（甲Ⅰ種，甲Ⅱ種および乙種）でも，それぞれ1級から3級までの3段階に区分して，基準強度を設けている。一方，機械等級区分では，ヤング係数と強度との間に高い相関があることを利用して，機械（グレーディングマシン）を用いて，曲げヤング係数を測定し，E 50，E 70，E 90，E 110，E 130とE 150の6段階に区分して，それぞれに基準強度を設けている。

グレーディングマシンには，実際に静的な荷重をかけてその際生じるたわみ量から静的ヤング係数を求める装置のほか，木口面の打撃音と材の密度から動的ヤング係数を求める装置（写真16）がある。等級区分，特に機械等級区分を行なうことで，無選別よりも高い基準強度で設計できること，設計者の間でもそれを望む声が高まっていることや，地域材の付加価値向上と需要の拡大を目的とした認証材制度が各地でできたことから，近年，機械等級区分をした製材品の比率が増加している。

また，構造用製材品の含水率区分は，人工乾燥した未仕上げ材の場合，D 15（含水率15％以下），D 20（20％以下），D 25（25％以下）の3区分，仕上げ材の場合，SD 15（15％以下）とSD 20（20％以下）の2区分，天然乾燥をしたものにあっては30％以下の1区分の規定がある。

杉材の新たな用途

「利用の歴史」および「杉材の特徴と用途」で述べたとおり，スギ材には建築用材のほか工芸的な利用など幅広い用途があるが，製材品など従来の用途に関してその需要は低迷しており，スギ中丸

写真16　打撃音により動的ヤング係数を測定するグレーディングマシン

写真17　スギ構造用合板

太1 m³当たりの材価も，ピーク時（1980年）には39,600円であったものが，2013年には11,500円にまで低下している。しかしその一方で，新たな動きや取組みも始まっている。ここにその幾つかの事例を紹介する。

合板，集成材

以前は国内合板工場で使用する原料のほとんどを外材に依存していたが，2012年には国産材比率が68%にまで高まっている。輸入品を含め，国内で消費する合板でも25%が国産材となっている。ここで国産材とは具体的にはスギ，カラマツとヒノキであるが，国産材のうち約2/3がスギである。したがって，国内産の合板用材のうち約50%が，また，国内で消費する合板でも1/6がスギ材になっており，スギ合板は汎用品となっている（写真17）。合板用材としてのスギ需要の高まりは，その利用を論じるうえで特筆すべき近年の動向である。

集成材ラミナについても，かつてはほぼ全量がホワイトウッド（欧州トウヒ）やレッドウッド（欧州アカマツ）などの外材であったが，スギをはじめとする国産材の割合が増加していて，近年では集成材原料の15%程度が国産材になっている。

CLT

CLTとは前出のとおり，Cross Laminated Timberの略称で，2013年に制定されたJASでは「直交集成板」と呼ばれている。挽き板を並べた層を，板の方向が層ごとに直交するように

写真18　スギを用いたCLT

写真19　スギCLTを使った3階建て社員寮

重ねて接着した大判のパネルである（写真18）。欧州を中心に近年利用が急増し，現在年間約500,000 m³以上のCLTパネルが製造され，海外では一般住宅から，中・大規模施設，6～10階建の集合住宅まで，様々な建築物が建てられている。

構法上，CLTを使うことのメリットは，プレハブ化などにより現場での施工が速く，工期が短いことや，RC造などと比べて軽量であることである。わが国ではスギ材の用途開発の一環として，林野庁が全面的に支援しており，CLTを使用した3階建ての社員寮（写真19）が2014年に竣工して以降，それを含めて8棟が既に完成した。さらに各地で建築の動きがあり，今後スギ材の主たる用途の一つになる可能性がある。

不燃木材

2000年に建築基準法が一部改正されたのを受けて，木材の不燃化に関する研究が各地で行なわれ，複数の企業でスギおよびヒノキの不燃木材が製品化されている。木材の不燃化には木材の乾燥重量とほぼ同程度の薬剤を木材中に含浸させることが不可欠であり，密度が低いスギ材は不燃化に

写真20　白華現象を抑えたスギ不燃材
（北陸新幹線・富山駅構内）

写真21　窒素加圧下で熱処理
したスギ材を使ったルーバー

適した樹種である。しかし，不燃木材は吸湿性が高く，薬剤の噴き出しや，噴き出した薬剤が固化することで生じる「白華現象」が各所で大きな問題となっており，その解決が不燃木材の今後を左右しかねない事態となっている。

今般，奈良県のメーカーが県などと共同で，吸湿性が低く薬剤の噴き出しが起こりにくい不燃化技術の開発に成功した。この技術による不燃スギ材は，北陸新幹線の富山駅（写真20）など，全国の公共的な物件に使われだしたが，実際の施工現場においてもこれまでのような白華などのトラブルはなく，スギ材の新しい使い方として注目されている。

熱処理材

木材を無酸素下で，200℃以上の高温で処理すると，疎水化が進み，耐朽性と寸法安定性が向上する。わが国では国内で開発した技術に加え，フィンランドの技術を導入して，熱処理木材を生産している。建物の外壁やルーバー（写真21）などの外構用材や，浴室などの水廻りの部材が主たる用途であるが，その原材料として圧倒的にスギ材が多く使われている。地域産のスギ材を使うという行政的な判断がその最たる理由であるが，技術的にみると，他の材料に比べてスギ材は，熱処理により耐朽性を付与しやすい材料であり，原料としてスギを用いることは理にかなっている。

床材

スギ材は柔らかく，床材，特に土足歩行用の床材としては不向きであり，ほとんど使われてこな

写真22　表層圧縮処理と特殊樹脂によるスギ床材（愛媛大学附属中学校講堂）

かった。スギ材の表面硬度を高める方法として圧縮処理は有望であり，材全体を厚さ方向に50%程度圧縮変形を加えることで，ナラなどの広葉樹と同程度の硬度を持ったスギ床材が開発されている。また，奈良県にあっては，ロールプレスによる表層部分だけの圧縮処理と特殊な樹脂との複合化により，従来の広葉樹床材の硬度をしのぐスギ床材が開発された。これらの圧縮技術により，スギが床材として利用可能になり，公共的な施設（写真22）や一般住宅に使われるようになった。

*

このように，これまでの需要が細るなかで，新たな用途が生まれ始めている。将来，本書の改訂版が出される折に，「スギ材の用途」の項を全く新しく書き換えなければならないという現実がくることを切に願いたい。

素材の種類・品種と生産・採取

育林

育苗

人工造林における苗は，その成立過程によって自然品種，人為自然品種と育成品種に分けられる。それぞれの地域で種子を採り，育成を繰り返すなかで無意識のうちに同じようなクローン群が分けられたもの（人為自然品種）や，意識的により良質な特徴を持つ集団をつくるために育成されたもの（育成品種）を用いることが一般的であるが，他地域の優れた品種を植栽することもある。たとえば，奈良県内の林地でも磨き丸太生産を目的とした場合，京都北山系の品種を植栽しているケースがほとんどである。

しかし，他の地域の品種を植栽する場合は，生長が悪くなる，病害虫の被害を受けるなどのリスクが高くなるので，林業種苗法ではその施行規則によって，種苗配布区域を定めている。また，公設の林業系試験研究機関では地域内の複数個所に次代検定林を設定し，各地で選抜された精英樹を植栽して，生長量などの基礎データを集積してお

写真23　スギの苗木生産

り，その地域における適正品種などの情報を提供している。

森林を遺伝的に管理すること，具体的にいえば，病害虫に強く生長が良好で，形質がよく利用価値が高いなどの長所を持つ，いわゆる精英樹や，無花粉，あるいは少花粉スギなど，新しい品種を選抜・品種改良により作り出すことを「林木育種」という。そのための施設は（林木）育種センター，育種場，あるいは育種園などと呼ばれるが，国立および都道府県立の林業系試験研究機関の付属施設として管理されていることが多い。また，同施設では，精英樹などの苗を生産するための施設として，穂木を採るための「採穂園」や，種を採取する「採種園」を併設している。

民間の苗木生産者は，育種園等で管理されている指定採取源（林業種苗法により指定された母樹）から，種子や穂木を採り，苗木の生産（写真23）を行なってきたが，植林面積がピーク時の約1/20にまで減少するなかで生産をやめた業者も多い。

実生苗では，あらかじめ耕耘，土壌殺菌，施肥，床づくりなどを行なった苗畑に，発芽率や育苗中の枯損率などを考慮して所定量の種を3～5月頃に播く。薄く土をかぶせたのち，雨水による種子の露出や乾燥を防ぐ目的でわらなどのマルチで覆う。発芽後は寒冷紗などでの日射量の調整，除草，間引き，施肥，必要最低限の灌水を行ない，8月からは徒長の防止と肥大生長の促進，根を発達させる目的で，根切りを実施する。スギ実生苗は育苗期間中に1～2回床替えを行ない，2年生または3年生苗で山行きにするのが一般的である。

写真24　挿し穂作業

写真25　コンテナを用いたスギの育苗

挿し木苗では，採取した挿し穂を長さ25～30 cmに切りそろえ，挿し穂長さの1/3～1/2の下枝を除去する。必要に応じて発根促進などの処理を行なったうえで，鹿沼土など保水性と通気性がよい苗畑に4月頃挿し付けする（写真24）。1回床替え後2年生苗で山出しするのが一般的であるが，大型の挿し穂を使い，かつ根系の発達がよければ1年生苗での山行きが可能である。施肥は行なわず，挿し付け後に十分に灌水すること以外は，実生苗の育成とほぼ同様である。

スギ花粉症が国民病となり，深刻な社会問題となっているなかで，森林総合研究所などの公設試験研究機関では無花粉苗あるいは少花粉苗の開発を進め，その植栽を推奨している。

また，林地での作業の省力化や活着率の向上が期待できる「コンテナ苗（写真25）」を国は推しているが，コンテナ苗は従来の苗よりも高価であり，価格をどこまで抑えられるかが，普及を図るうえでの鍵となるであろう。

植栽と保育

スギは疎植をすると，極めて生長が早い樹種である。肥大生長が優先される結果，年輪幅は広く，また樹幹の細りが激しくなる（梢殺，うらごけ）。製材時の歩留りが低くなるだけではなく，製材品の目切れも顕著になる。密植は肥大生長を抑制する効果があり，樹幹は完満になる。さらに下部の枝が早期に枯死して自然に落ちるので大きな節が出ない，節が減るといった効果も期待でき，スギの品質向上につながる。ちなみに，奈良県吉野地域での70～90年生の間伐材の2番玉，あるいは3番玉を原木とするスギ柱材の曲げヤン

写真26　枝打ち作業

写真27　風倒被害を受けたスギ林

写真28　鹿によって剥皮されたスギ材

グ係数の平均値は100 GPaを超え，文献値74 GPaの1.5倍近くになっている。一方で，植栽時のコストのほか，除伐，間伐などを頻繁に行なう必要があるので，保育のコストがかさむことになる。

ここでは，植栽，保育の一例として，吉野地域の典型的な大径材生産について記述するが，植栽本数や，その後の間伐の回数は，どのような林業を目指すかで全く異なることに留意されたい。なお，同地域はわが国の「造林発祥の地」といわれており，2015年に日本森林学会から，その技術体系や地域等が「林業遺産」の認定を受けた。

吉野林業地域では，かつて植栽本数は10,000本/haといわれていたが，近年は2年生の実生苗を7,000～8,000本植栽することが多い。植栽後には鹿害から苗を守るため造林地の周りを防護柵で覆う。下刈りは植栽後3年までは年に2回，それから6年までは年に1回，つる切りは8年まで実施する。9～13年までは，「ヒモ打ち修理」という下枝の切り落とし（地上から1.5mの範囲で）と劣悪木の伐倒作業を行なう。14～17年には被圧木や形質不良木などを対象として，全木の25～30%の除伐を行なう。間伐はそれ以降40年までは3～5年に1回（40年で1,800～3,000本/ha），70年までは7～10年に1回（70年で1,000～1,300本/ha），それ以降10～20年に1回行なう。30年までの間伐は主に保育を目的として，それ以降は利用を目的として行なう。

しかし，近年では需要が低迷している影響で，除間伐が遅れている林地や，放置された林地も多くみられ，その対策が喫緊の課題となっている。スギは下枝が枯死して自然に落ちるので，枝打ち（写真26）は大径材に仕上げる場合，基本的には不要であるが，間伐材の価値を上げるために，ヒモ打ち修理以降，20～30年までに数回に分けて，地上8～10mまでの範囲で行なうこともある。

森林被害と保護

森林被害は気象害，火災，獣害，病虫害に分けられる。気象害の代表的なものとして，暴風雨による根返りや幹折れ（写真27）のほか，「目回り」（年輪に沿った割れで，早晩材の移行が顕著なス

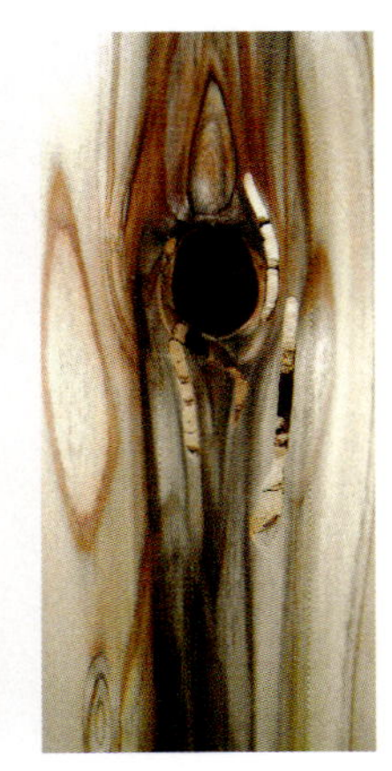

写真29　虫による被害
スギカミキリによる「ハチカミ」被害材（左）とスギノアカネトラカミキリによる「トビグサレ」被害材（右）

ギで多く発生する）や「もめ」（繊維と直行方向の破壊），雪害（湿った雪の冠雪による折れ）や凍裂などがある。暴風による被害は間伐直後，特に間伐率が高いときに起こりやすいとされるが，基本的に気象害を制御するのは難しい。火災は人災によるところが多いとされる。獣害は鹿害（写真28）が圧倒的で，各地で駆除による密度管理を行ない，被害を抑制する試みがなされているが，駆除が計画どおりに進んでいないのが現状であり，被害は深刻である。

虫害は写真29のように，スギカミキリによる「ハチカミ」被害が最も深刻である。本種は不健全木に寄生することが多く，被圧木や衰弱木の間伐を行なうことがその防除につながる。また，樹幹に粘着バンドを巻き，潜入した成虫を捕殺するのも有効である。次に，スギノアカネトラカミキリの食入による「トビグサレ」被害も林業経営上大きな打撃となる。製材品の強度にまで影響を及ぼすことはないが，材色変化や穿孔，その周辺に腐朽被害が付随して，著しく材価を低下させる。それは枯れ枝に産卵し，孵化した幼虫は枯れ枝から樹幹に潜入するので，適切な枝打ちである程度防ぐことができる。スギザイノタマバエの被害拡大も報告されている。元は九州地方にのみ見られた虫害であったが，山口県や島根県，紀伊半島にまで生息域を広げている。その幼虫に形成層を食

写真30　スギザイノタマバエの食害

樹皮のシミ＝皮紋

材のシミ＝材斑

害されると，材にシミができ，材価の低下を招く（写真30）。内樹皮が分厚いと材斑の発生を抑えることができることがわかっており，抵抗性品種の開発が進められている。

素材生産

伐採と造材

最近では積雪時期を除けば通年伐採をしているが，基本的には樹木の生長が終わった夏（8月）以降，春（3月）までが伐採に適した季節であり，現在でもその間の伐採量が多いようである。伐採後，樹幹部分の皮を剥ぎ，穂先を上にして林地で半年から1年間寝かす「葉枯らし」が，大径木では行なわれることもある（写真31）。その目的は，葉からの蒸散を応用した自然乾燥による軽量化と，心材色をよくする（渋抜き）こととされる。かつては必ずといっていいほど吉野地域では実施されていたが，伐採後半年以上資金の回収ができないことや，集材や搬出が機械化されたことなどから，最近では見かけることは少なくなった。

枝葉を打ち払い，使用の目的に応じて長さを決めて，樹幹を切断する（玉切り）作業を造材という。伐採した林地で，チェーンソーを用いて行なう場合と，山土場まで運び出して，そこでプロセッサ（写真32）などの造材機械を用いて行なう場合がある。後者のほうが圧倒的に効率的で安全であり，規模の大きな伐採地では山土場での造材が普通になっている。

集材と運材

林地（伐採現場）から山土場への集材は，古くは牛馬や，人力で引く木馬などで行なわれていたが，近年では，急傾斜地にあっては集材機を使った架線集材（写真33）が一般的であり，一部でタワーヤーダ（写真34）と呼ばれる鋼鉄製の支柱を備えた自走式の高性能林業機械が導入されている。林地の傾斜がなだらかで，林道や作業道の路網が整備された林地では，フォワーダなどの車両

写真31　スギ大径材の葉枯らし

写真32　プロセッサによる玉切り作業

写真33　架線による集材作業

写真35　フォワーダを用いた集材作業

写真34　タワーヤーダを用いた架線集材作業

写真36　ヘリコプタによる集材作業

による集材（写真35）が行なわれている。また，吉野地域では1970年半ば以降，ヘリコプタ集材（写真36）が主流になっている。林地が非常に急峻で，路網整備が著しく遅れている同地域にあって，付加価値の高い大径材を伐出する手段としては，ヘリコプタ集材は有効である。しかし，高級材の材価が低迷していることもあって，かつては数社あった航空会社が次々と撤退して，現在では1社が残るのみとなった。

山土場から原木市場などへ，造材した丸太を運び出す作業を運材という。かつては近くの河川を利用しての筏組みによる運材や，規模が大きな林地では森林軌道を敷設しての運材も全国各地で見られたが，現在ではすべてがトラックによる運材となっている。

野田の醤油醸造と桶・樽製造

醤油産地の安定・拡大と桶・樽の役割

関東の醤油産地である千葉県の野田市。かつてこの地には100軒を超える醤油樽職人がいたのだが，いまやすでに一人もいなくなった。筆者は40年ほど前から折にふれて樽職人の現場に出向いて聞き書きを重ねてきたが，いまや文献と写真にそのあとを留めるのみとなってしまったのはいかにも残念である。この間に筆者が集めたものと，『野田醤油株式会社二十年史』，同『三十五年史』によりながら，野田の醤油樽について紹介したい。

野田の醤油醸造業のはじまりには諸説あるが，寛文期（1661 ～ 72）以降生産地として成立している。この時期の醸造家は，飯田市郎兵衛，高梨兵左衛門，茂木七郎右衛門，茂木七左衛門らであった。その後の天明元（1781）年に7軒，文化7（1810）年には19軒と発展し，18世紀末から19世紀初頭には，江戸市場で地廻りの「関東濃い口醤油」が関西からの「下り醤油」を席巻し，野田は銘醸地としての地位を確立している。

このことは，醸造技術の安定化などの経営手腕を評価しなければならない。しかし，生産の安定・拡大には，それに対応する生産設備・用具の充実が前提となる。この条件を満たしたものに，仕込桶（通称大桶，6尺や7尺とも称す）と生産工程の作業用桶類がある。このほかに販売・輸送用の醤油樽という容器の存在を見逃すことができない（写真1）。

作業用桶類を製桶・修理したのが桶職人で，醸造家に直接雇用されて各蔵（工場）に蔵桶屋として配属されていた。また，仕込桶を作製・修理する特殊な職人（大桶職人）は自立していた。そして，表1のように仕込桶は大きいばかりでなく，その耐久年数は100年以上である。また，厳密に計算・設計されている理由は，明治期に醤油税が課せられ，その課税算定基準が仕込樽に仕込まれる醪（諸味）の量であったためである。

一方，醤油樽は樽屋が製作していたが，大正6（1917）年暮に野田醤油株式会社の設立で樽屋および職人たちが再編された。この法人化にともない，従来樽屋は各々の醸造家（個人蔵）と契約して「出入り樽屋」という自立した地位にあったが，会社側が樽屋の統制をはかり，結果として蔵出入り樽屋を「町樽屋」（会社出入り樽屋），町樽屋の下請を「下請樽屋」（下樽），会社以外に販売する「売樽屋」という樽屋の構造が出現し，新しい樽屋経営が求められた。

桶・樽の特徴と相違点

日常生活のなかから桶や樽が消えてしまい，現代人はその形体的特徴や相違点などを指摘できる人はまれである。桶の特徴は，柾目板を竹釘で接着して成形するので，箍（たが）の本数が少ない。上蓋は可動式または無い。樽は板目の割り板に竹釘を用いず，多くの箍で成形し，上蓋（鏡）を固定している。

なお，表2は桶と樽を比較してまとめたものである。

樽の構造・機能を見事にいい当てた言葉がある。「木で液体を包む」という表現である（『木で液体を包む――桶と樽と博物館――』）。この表現は桶より樽の構造と機能に該当する言葉である。上蓋を密封することで液体を包み，液体をより遠方へ運搬する機能が付与されたといえよう。

写真1　野田の醤油樽

表1　仕込桶の容量（『野田醤油株式会社二十年史』より）

種類	口径	胴径	底径	深	入実石数
5尺5寸	5尺87分	5尺82分	5尺45分	5尺03分	20石146合
6尺	6.68	6.57	6.00	5.29	26.901
6尺5寸	7.06	6.95	6.50	5.29	30.284
7尺	7.60	7.41	7.00	5.63	36.933
7尺5寸	8.29	8.14	7.59	6.23	48.841
8尺	9.11	8.90	8.17	6.60	61.587
8尺5寸	9.35	9.35	8.65	6.64	68.621

注　7尺5寸桶は明治中期以降導入する。6尺5寸桶の深は原表のまま

表2　桶樽の特徴と相違点

		桶	樽
原材料		杉・檜・椹（さわら）などの割り板や挽き板	杉の割り板
形状		円筒形や楕円形など使用。目的により大きさが多種	1斗，2斗，4斗樽のように円筒の定形
用途		液体の運搬や保管などの日常生活に活用する容器	液体遠距離輸送容器。再利用（2～3回）もあるが使用後の転用が多い
加工		使用目的や耐久性を考慮して漆や柿渋を塗る	塗装なし
技術	側・榑	基本的に柾目取りの側（板）で，上下幅が同じものを使用。側の接着に竹釘を用いる	板目取りの側を使用。上下の直径が異なるため，矢（カッパ・シッポ）と呼ばれる上下幅が極端に違う側を使用。側の接着に竹釘を用いず，箍の圧力のみで接着
	箍	竹のほかに銅や鉄製の帯，番線などのカナタガを使用。3本掛けが基本（仕込み桶は7～8本と例外）	竹のみ。6本掛けが基本
	蓋	基本的に上蓋がなく，目的に応じた可動蓋。底蓋は固定されている	上蓋（鏡），底蓋ともに固定されている
	小口	桶の上部の名称で平らに仕上げてある	小口の内側を削ってある（酒樽に多い）ものと，外側を削ってある（醤油樽に多い）ものの2種ある

醤油樽の構造

樽の容量　野田の醤油樽は，完全に規格化され，しかも結い立て作業（竹釘を使用せず，多数の箍だけで締め付けて樽をつくる作業。詳細は後述）の一部を機械化する試みが行なわれた。これが「製樽工場」（大正10〔1921〕年）の設立であった。樽材を新木（実際は「樽丸」と呼ばれ，割材を結束したもの）で結い立てる9升樽（16L詰）の「新樽」製作が目的とされたという。

なお，当時の町樽屋では，酒空樽（4斗樽）25丁と新木樽丸120で，9升樽を450丁結い立てて樽工場へ納入していた。

昭和5（1930）年，メートル制を採用したため樽の容量は16L詰（9升樽）や64L詰などと標記を

改定している。そして，昭和15年2月には戦時下樽材不足を解消する方策として，三印共同（キッコーマン・ヤマサ・ヒゲタ）で，小樽の16L詰を18L詰（1斗樽），大樽の64L詰を75L詰に改正し，いわゆる1斗樽が醤油樽の代名詞となった。

このように，町樽屋および製樽工場で1斗容量の樽構造が完成している。しかも製樽工場では，製樽工程が分業化され，手工業から工業製品へと変化し，この技術形態は中世以来の座業から立業へ変革され，その他の醤油樽生産地と差別化が図られた。

一斗樽の部分名称と寸法　まず，箍の名称と寸法（太さ）は次のとおりである（図1）。①口輪30mm，②重ね輪30mm，③腰輪45mm，④三番輪23mm，⑤二番輪20mm，⑥留輪（尻輪）17mm，の6本である。

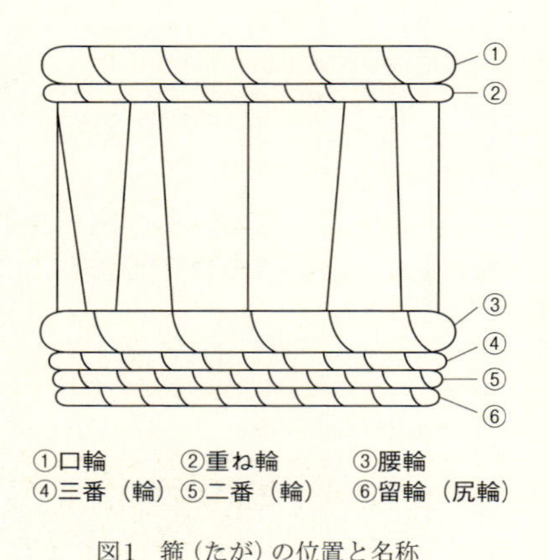

図1　箍（たが）の位置と名称

また，写真2は鏡（かがみ）と呼ばれる上蓋で，醤油注入口（栓口）があり，厚みは17mmである。図中の「小口（こぐち）」は，側の先端部で，鏡をはめ込んだ後に，仕上げとしてとして銑（せん）で削り取った部分をいう。なお，関西地方の酒樽は鏡をはめ込む前に樽（側）の内側を削るという違いがある。次に写真3が底蓋（底板ともいう）で，厚みは上蓋に同じ17mm。町樽屋の焼印がみられるが，この焼印は昭和29（1954）年4月から町樽屋も製樽工場同様に機械化して製樽し，会社へ納入する際に焼印を施して納めたためである。

このように，町樽屋が機械化製樽にともない，箍の作製も機械化され，丸竹を割る竹割具，割竹を削る竹削機（自動樽輪用竹削機）など実用新案を獲得した機械を導入し，他社にみられない規格化を完成させている。なお，町樽屋に対して会社側から，写真4のような箍幅用定規（正式名不詳）が配布されている。その寸法は，①の高さおよび④の幅が105mm。②の口幅は60mmで，口輪と重ね輪の合計である。③の口幅は43mmで，腰輪の幅である。

この定規と「出入町樽證」（通り札）を有することで，会社出入りの町樽屋という誇りを持ったと元町樽屋親方は回顧している。

次に樽全体の寸法をみると（図2），①高さ330mm，②上部の外径340mm，③同内径320mm，④下部の外径290mm，⑤下部内径

写真2　樽の上蓋（鏡）

写真3　樽の底蓋

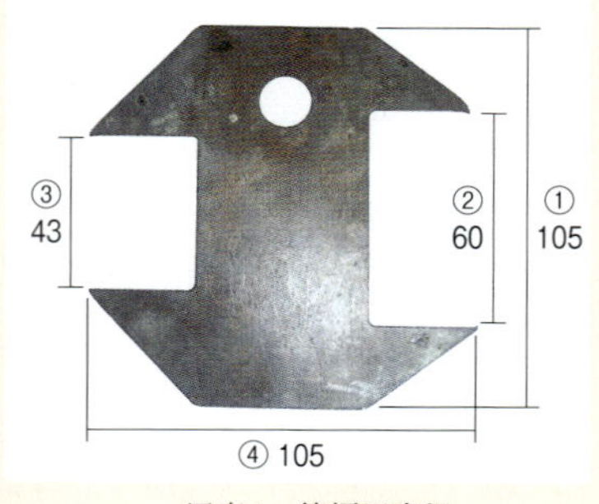

写真4　箍幅用定規
（単位：mm）

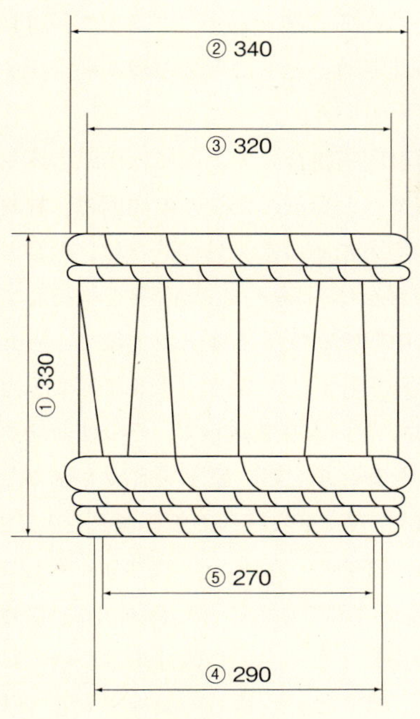

図2　樽の寸法（単位：mm）

270 mm。したがって，側の厚味は20 mmである。

水もれを防ぐ工夫　醤油樽は上部の径に比べて下部の径との差が50 mmあり，形状は寸胴（円筒）でなく，下部が狭く，正面からみると中央部がやや膨らんだ形状になっている。

このような形状になるには，側板の中央部の上下を正直台鉋（写真5）でわずかに削ることで，上下に差が生じる。この上下部分を箍で締め付けるためである。また，図3のように1枚の側を斜挽（ななめび）きした部材（幅の広いほうを「カッパ」，狭いほうを「シッポ」と呼ぶ）数枚をたくみに結い立て（組み立て），上下両端を箍で締め付けながら締め上げ，それぞれの側板を密着させて水漏れ（サスという）を防止する構造になっている。

素材となる樽丸の製造

樽丸とは，酒樽や醤油樽で代表される製樽用の

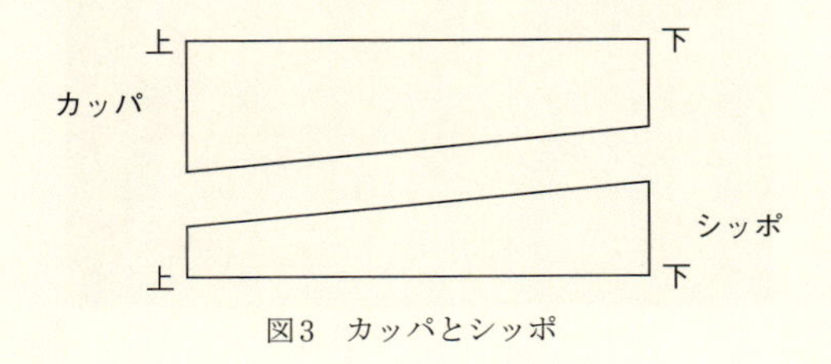

図3　カッパとシッポ

写真5　正直台鉋（かんな）

正直台鉋

樽の側板の中央部を削る

材料をいう。この樽丸の二大生産地が奈良県の吉野地方と秋田県の米代川流域地方である。両地方では現在も酒樽用の樽丸を中心に製造されている（写真6，7）。

吉野の樽丸づくり　吉野の樽丸製造は，『吉野林業全書』（復刻版）によれば，享保年間に和泉国堺港の商人某が，芸州の職人を吉野郡黒滝郷鳥住村（黒滝村大字鳥住）に連れてきて，樽丸を製造したのが始まりと記されている。

写真6　仕上がった樽丸

写真7　樽丸づくりに使う道具

この地方の樽丸づくりは，二人一組で「割り削り」という分業体勢で行なわれた。①伐採して乾燥させた杉丸太（樹齢80～100年）を，樽丸の長さ1尺8寸の3倍から5倍の長さに大鋸（おが）で切る。②さらに1尺8寸の長さに切ることを玉切りという。③「割り」方は，玉切りした丸太を大庖丁で二つ割り，さらに四つに割るというミカン割りを行なう。④さらに幅3～6寸，厚さ1寸に割ってから，これを5分に割る。⑤「削り」方は，小割りされた榑（くれ；側）片を，内側と外側の両面を銑で削って仕上げ，⑥乾燥させる。

なお，醤油樽用榑の規格は，長さ1尺1寸，幅1寸～4寸，厚さ4分5厘である。そして，仕上げされた榑の品質に名称が付けられている。玉切りされた断面は，外側部分が白色から，「白（しろ）」（白太〈しらた〉，白肌〈しらた〉）と呼ばれる辺材で，蓋材などに使用される。内側は「赤」（赤味〈あかみ〉）と呼ばれ，中等品であるが淡紅色な赤味は上等品扱いされた。また，白と赤の境に両方が入っているものを甲付き（内稀）といい，上等品である。これらの名称は基本的に全国共通用語となっている。

秋田の樽丸づくり　秋田の樽丸づくりのはじまりには諸説あり，定かでないが，次のように伝えられている。『樽丸と共に50年』や『伝統のぬくもり秋田の桶樽』などによれば，明治30年代半ば前後であろうと推定されているが，その先駆け物語が二つある。

一つは明治22（1889）年頃，現弘前市の芳嶋弥策（銚子で醤油仲買業）が，現盛岡市の醸造家川越千次郎から秋田杉を知り，銚子の醸造家岩崎重次郎が試験的に樽用杉として使用したのが嚆矢とされる。その後銚子から熟練職工が送られ，彼らが木取り法や製樽法を伝授・普及させたという。

二つ目は，明治21年頃に勝田英太郎という人が，野田で樽仲買を営む鈴木又七（桶屋）と一緒に能代港町にきて，塚本勘兵衛から秋田杉を仕入れて製樽を試みた。その後野田の醸造家茂木七郎左衛門の手代仁平富三郎と鈴木との研究により，樽用材として採用され，やがて鈴木は秋田杉樽丸の相場を左右する存在となった。そして同38年，奥羽線の全面開通とともに大量の樽丸が野田や銚子へ送られたという。

秋田県樽材同業組合　大正期に秋田県の木材業は，木材産業へと発展した。この要因は，杉材の県外移出の増大にあった。具体的には，板類は常に移出割合が全体の60～80％前後を維持していたが，明治中期頃まで県外移出の主役であった寸甫（すんぽ）の割合は0.69％（大正期平均）という割合にまで落ち込み激減して，その使命を終えたという。なお寸甫とは，原木をミカン割りした三角杉の材で，榑（平安時代の規格は長さ1丈2尺＝約3.6m，幅6寸＝約18cm，厚さ4寸＝12cm）とも呼ばれ，杮板（こけらいた），屋根小羽（こば），桶樽などの用材であった。この寸甫は県内で加工していたが，樽丸という新しい業種に取って代わられている。また，明治30年頃から機械加工も始まり，丸太角材類を押し退けていっそう板類が伸長した（『秋田の桶樽』）。

このような状況を背景に，新業種の樽丸業者たちは，大正11（1922）年12月に「秋田県樽材同業組合」を結成（当初81名）し，国有樽材の特定特売を営林署に陳情するものの，そのつど拒絶されたという。この陳情が実現したのが昭和3（1928）年12月で，年間9万石の特売数量が決定したという。

同組合が定めた樽材（9升樽用）の標準規格は，①側材は杉赤身材，板目割，無節にして柾目3筋（年輪）以上を有し，目切れなき物。長さ1尺8分＝約32.4cm以上。厚さ4分3厘＝約1.29cm以上。幅1寸5分＝約4.5cm以上。②蓋材は杉辺

写真8　大割（おおわり）

材，身材込，板目割，無節物。長さ1尺8分以上。厚さ7分5厘＝約2.25cm以上。幅1寸＝約3cm以上。③底材は杉赤身材，板目割，無節物。長さ9寸＝27cm以上。厚さ8分5厘＝約3.9cm以上。幅2寸＝約6cm以上，と規定している。

秋田の樽丸製造工程　①原木を選木するが，当初の伐採は降雪のため伐採点が高く，融雪後に残った伐根を原木としていた。②玉切りは，製品の寸法を物指しで決め，大鋸または製材機で切断する。次に③玉切りしたものを寸甫割り（大割り，ミカン割り）するには，末口を上にして大割鉈と大木槌を使い，樹芯に向って木の背腹を通し，二つに割れるように鉈傷を入れ，ここに割り楔を打ち込んで二つ割りにする（写真8)。さらに二つ割りした割丸太を二つ割りし，さらに二つ割りとミカンの房状に割って三角形状の寸甫を得る。④長さ決めは，寸甫を製品の寸法などを念頭におきながら，鋸や丸鋸盤で切断する。⑤巾割り（大割り）は，寸甫を作業台に立て，板目榑（側）を大鎌と木槌で年輪に沿って割る。⑥小割りは，巾割りした材を小鎌と木槌で年輪に沿って割る（写真9, 10)。⑦乾燥は，屋外と屋内で輪積みしてともに3～4か月間行ない，これを竹輪で結束して樽丸とした（『秋田の桶樽』）。

なお，樽丸は側と底蓋の2種類あり，側を丸（まる）といい，1丸に側10樽分，底蓋は玉（たま）といって，1玉20樽を底蓋用と上蓋用を別々に結束してあった。

野田の樽丸づくり　古くから材料加工である樽丸づくりが行なわれてきたが，明治期の潰し樽（改正樽）時代は，主に底蓋づくりが中心であった。しかし，大正後期の製樽工場（機械製樽）時代からは，工場内で樽丸づくりが行なわれたが，そのほとんどは秋田の樽丸で賄われていた。なお，町樽屋の場合，側材は秋田の樽丸を，底蓋は吉野の樽丸を使用し，樽丸づくりを終了した。

樽丸製造工程を整理すると，①原木は地元の杉を購入したが，この購入資金を出入先（得意先の醸造家）の旦那が貸付けしてくれた。②玉切り作業は，直径1尺以上の杉原木を長さ1尺1寸に，手

写真9　小割り作業

写真10　小割り

引鋸で切断する。③大割り作業（ミカン割り）は，玉切りされた原木の末口（径の細いほう）を直径とし，横断面の中心より放射する線にそって大割り鉈を当て，木槌で叩いて割る。ただし，原木に節，腐れ，虫喰いなどがあればそれを避けて割る。④小割り作業は，大割りされたミカンの房状のものを，小割り鉈と木槌で割る。そして，原木の外側の辺材，すなわち白太と内側を赤味とに区分し，白太は蓋材，赤味は側材に使用する。また，蓋材の厚さは6分から6分5厘，長さは9寸7分。側材は厚さ4分2厘に小割される。これらの片材1枚ずつ，胸に「胸当て」と「馬」という台をつけ，内銑と外銑で荒削りする。⑤乾燥作業は，荒削りされた材を積み重ね，直射日光の下で最短20日間を要した。⑥樽丸作業は，乾燥が終わると，側材は10樽分，底蓋材は20樽分を細い箍や針金で円筒形に縛った（『改稿新版　醤油』）。

桶樽づくりの基本技術──「結い立て」

桶樽づくりに「結い立て」という歴史用語があ

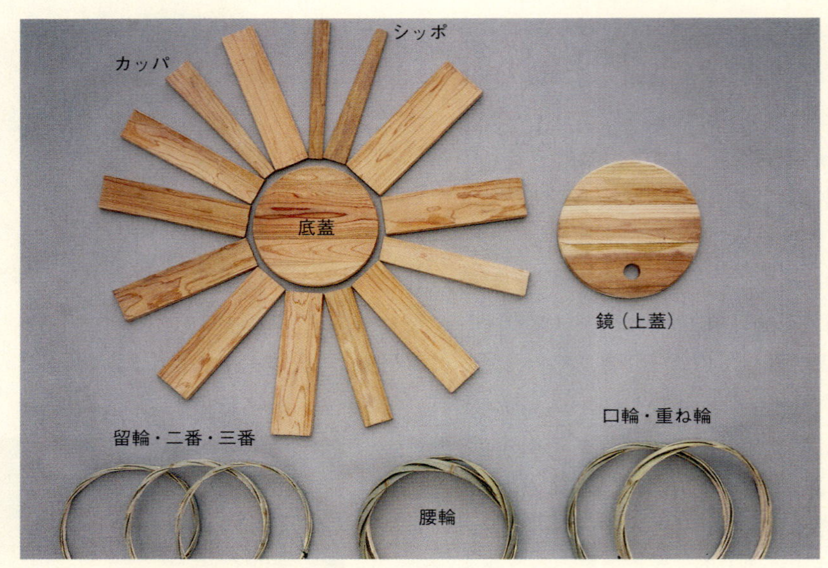

写真11　樽の展開図と名称

る。これは中世に藤づるなどで榑板を結って仕上げた桶づくり（桶結）技術をいう。その後，割り竹（竹輪・箍）の輪で締め付ける技術に変化しても「結い立て」，「桶結」という言葉が使われたという（『日本職人史の研究III』）。

この「結う」という技術を理解するには，「竹釘」というキーワードがある。現在の中国各地および日本の桶屋が箍をかける前の，榑板を成形するには，必ず「竹釘」を榑板に打ちつけて接着させている。この竹釘の使用技術が桶づくり技術伝来時から存在していたので，藤づるの皮などで結べたのである。これが桶は樽に比べて箍の本数が極端に少ない理由である。これに対して製樽技術は，竹釘を使用せず，多数の箍だけで締め付けてつくる特異な技術である。

また樽の出現は，液体を入れる容器であるが，これが広く醸造商品の販売容器であったばかりでなく，輸送容器としてもその地位を確立し，醸造業発展の隠れた存在であった事実を確認し，再評価すべきである。

手工座業としての樽づくり

近世以降発達した製樽技術は，中世以来の桶づくり技術が土台となっており，座業の居職という職人形態である。野田の樽職人は近世から大正6（1917）年まで座業の居職形態を続けてきたが，同7年以降昭和28（1953）年まで樽屋は醸造会社の準工場扱いという支配下に置かれ，その形態維持を堅守しようとした。しかし一方で大量の樽を納めることが利潤増加につながるため，製樽工程を分業化することで大量生産に対応した。

一人分の製樽作業（カッコ内は1日の生産量）は，①タタキ屋（16樽）製樽の仕上げ，②シメ屋（50樽）組立て作業，③腰輪（85本），④口輪（160本または80ブリ），⑤尻輪（330本），⑥底蓋屋（80枚）鏡を含み通称せんべ屋，⑦竹割り（300本），に分業化された。

また，一人で1樽製樽する場合は，昭和3（1928）年までは8樽（9升樽）で，戦後から7樽（1斗樽）が一人分の標準とされた（『野田の樽職人』）。

製樽の展開と技術

製樽は側板を成形し，箍で締め付ければできるというものでなく，口（くち）は丸形で，底はやや楕円形に仕上げなければならないといわれている。写真11は，樽結い立て前の側板，底蓋，鏡，各種の箍である。1樽に用いる側の数は14～15枚であるが，これを組み立てる前に，「積り」という側の組合わせを行なう。これが一種の技術で，最終段階の商標（印〈しるし〉という）を貼る位置や見映えを想定して積られる。

町樽屋の製樽工程

製樽工程は図4のような手順で行なわれたが，工程技術が視覚化しにくいので若干の説明を加える。なお，文中の数字は，図4の番号と一致する。

②は側の表を外銑，裏を内銑で削る。次に削った側の数枚を，任意の箇所を鋸で斜め挽きし，カッパとシッポ（図3参照）をつくる。⑤・⑥は口（くち）のほうに口金輪をかけ，仮に蓋をはめ込む。底のほうにも腰金輪をかけ，締木を木槌で叩いて締める。そして，これをひっくり返して，はめ込んだ蓋を外す。⑧は口の部分を小口切り銑で外側を削る。これは以前の工程で，現在は⑮の工程で行なっている。㉔は箍の余分な部分を，元切り鉋を当て，木槌で叩いて切断する。㉕は底の小口を小口切り銑で平らに削る。

次ページに昭和50年代の町樽屋での樽づくり作業の工程を示した。

結い立て工程の勘どころ

結い立て工程は，「積り」，「側立て」，「仮締め」の総称であり，勘どころが集中している箇所である。これらの工程の前作業に，側材の削り工程があり，なかでも図4③の工程も勘どころの一つである。この削りは側と側の接着面の削りで，正直台（鉋）で削り，カマ（鎌）という定規の面と同じになるように正確に削る（写真5参照）。この削りが甘いと接着面に隙間ができて水漏れ（サスという）が生じやすくなる。

この理由は，側の接着面が直線でなく，中央部が膨らむように削る必要があることと，桶のように直線に削って，接着に竹釘を用いるのでなく，6本の箍で締めて強圧する構造のためである。

第一の勘どころは，「積り」は見積りのことで，仮輪である2本の金属，輪（古くは竹箍を使用）を，上に口（くち）金輪を片手で持ち，下に腰金輪を両足で固定し，この内側に一方の片手で樽1丁分の側を計算して積るのである。「側立て」は，最初に「印前（しるしまえ）」といって幅広の綺麗な側

図4　町樽屋の製樽工程（上段：作業名，下段：道具名）

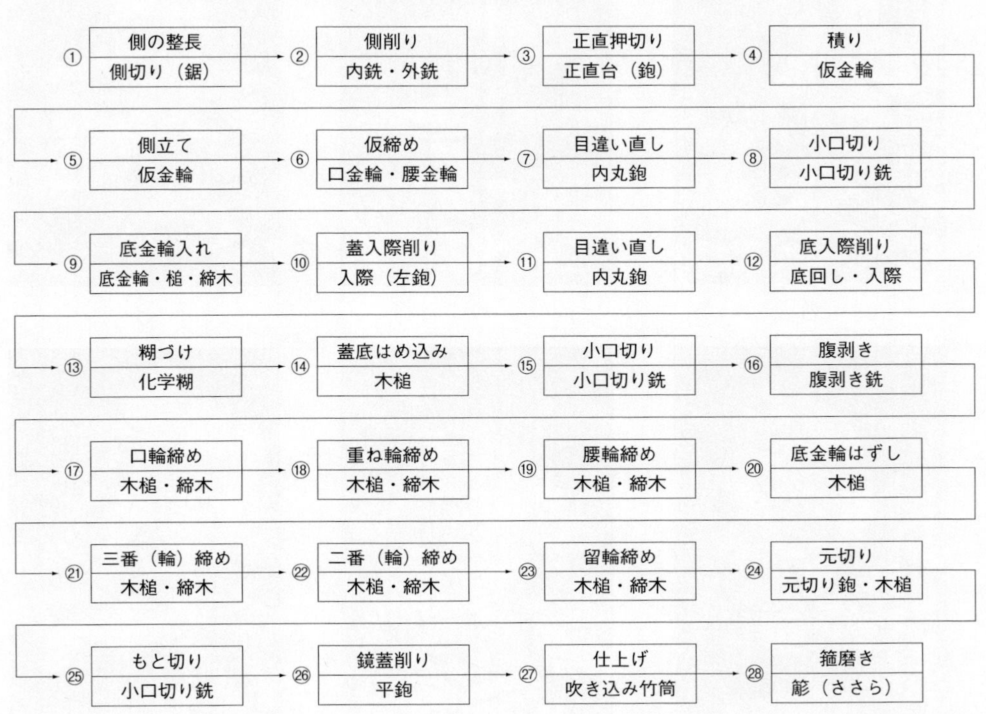

「樽恒・樽芳の町樽屋作業」より作成

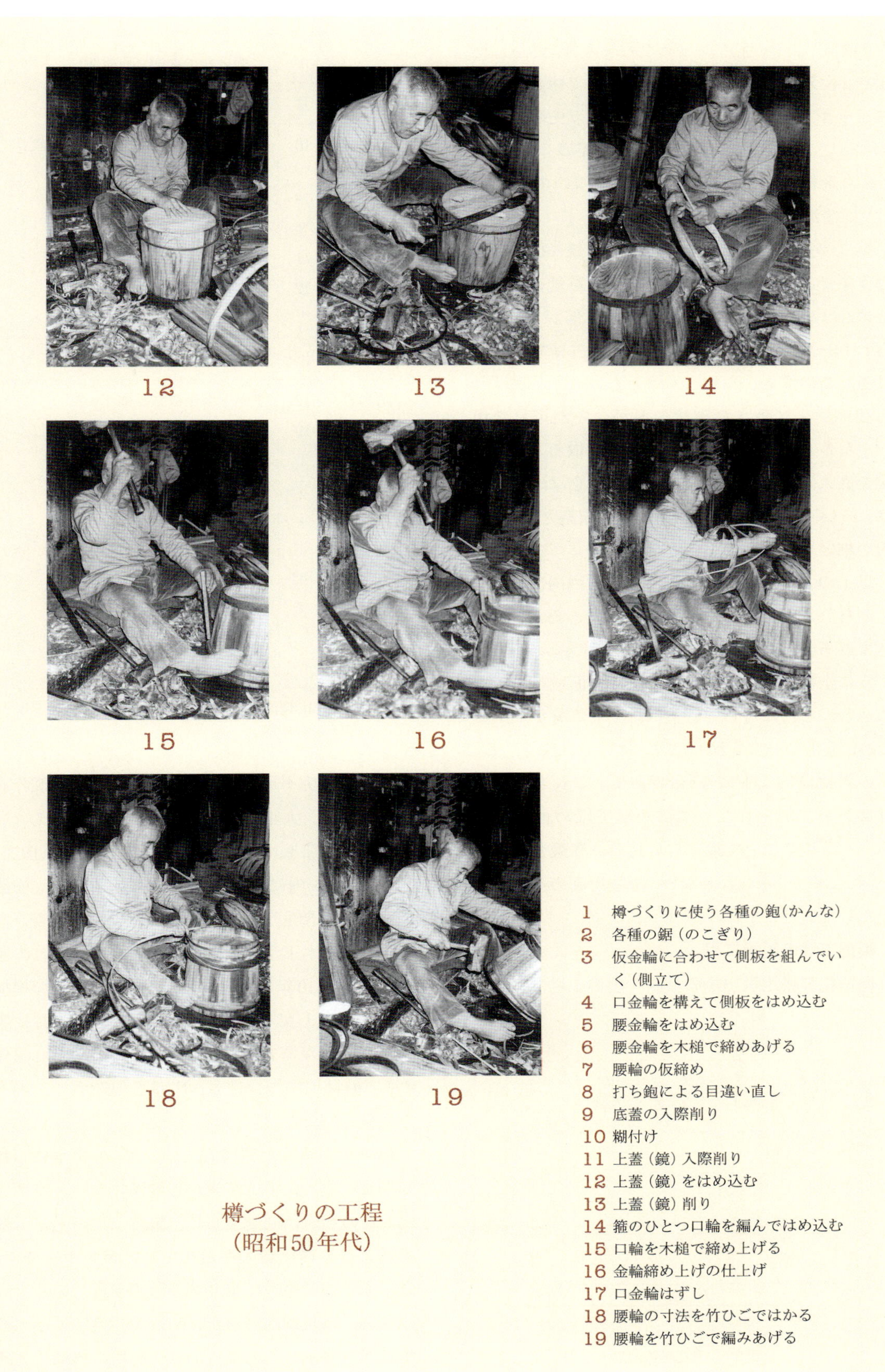

樽づくりの工程
（昭和50年代）

1 樽づくりに使う各種の鉋（かんな）
2 各種の鋸（のこぎり）
3 仮金輪に合わせて側板を組んでいく（側立て）
4 口金輪を構えて側板をはめ込む
5 腰金輪をはめ込む
6 腰金輪を木槌で締めあげる
7 腰輪の仮締め
8 打ち鉋による目違い直し
9 底蓋の入際削り
10 糊付け
11 上蓋（鏡）入際削り
12 上蓋（鏡）をはめ込む
13 上蓋（鏡）削り
14 箍のひとつ口輪を編んではめ込む
15 口輪を木槌で締め上げる
16 金輪締め上げの仕上げ
17 口金輪はずし
18 腰輪の寸法を竹ひごではかる
19 腰輪を竹ひごで編みあげる

を3枚並べ，その脇にカッパ2枚を入れ，さらに地側を2枚入れた後，順々に側を入れてゆき，最後にシッポを入れて調整する（『野田市史研究』第5号）。これを仮固定するのが「仮締め」であり，2本の金輪に締木を当てて木槌で叩いて締め付け，円筒形の原形ができあがる。

第二の勘どころは，底蓋と上蓋（鏡）をはめ込む作業である。底蓋は中身の液体全重量を支えるため，はめ込む位置は，定規で最下部から1寸から1寸5分のところを底廻しという道具で筋をつける。この筋を，左鉋（入際ともいう）と呼ばれる長い柄先に小さな鎌状の刃がついた道具を用い，左の方向に回転させて浅く削り取る。この作業を底入際削りと称した。一方，鏡をはめ込むには，口（くち）の内側を入際（形状は左鉋と同じで，刃が細い）で浅く削る。

以上のように，底蓋と鏡が納まる樽内部は，浅く削られた状態では水漏れしそうであるが，はめ込まれる蓋板に一工夫された技術がある。図5のように上蓋である鏡は，銑で斜めに面取りしてはめ込む。これに対して底蓋は，重量負荷がかかるため，蓋板の一方を深く削り，反対面は浅く削る。この対比は約7対3の割合である。これを底部にはめ込み，削られた先端部が箍で締め付けられる。こうすることで側に食い込み，底蓋としての「外れなく」，「水漏れしない」機能を高める役割を果たしている。

製樽工場の製樽工程

機械化製樽工場出場の波紋　製樽工場は，町樽屋の製樽能力不足対策と新木材による新樽製作を目的として，大正9（1920）年に建設を開始し，翌年3月に竣工している。その後の大正15（1926）年7月，工場内に「私立製樽工場青年訓練所」を設置し，寄宿舎生活しながら教科として，修身，国語，算術，木工学，軍事教練を教育した。この訓練所は昭和10年に廃止されたが，この間の製樽機械化に貢献している。そして，昭和9年2月に製樽工場は火災で700余坪も焼失したが，昭和12年4月に樽材工場を合併し，底蓋も製造する工場へと変貌している。

機械を利用した製樽方式は，表3のように昭和初期に確立し，手工座業から機械立業へと変遷した。この利点は期せずして，製樽工場の男子労働力および町樽屋職人不足を生じた戦時中までを，女子未熟練労働力で乗り切る結果を得ている。

なお，当時期は野田だけでなく，銚子のヤマサやヒゲタ醤油なども積極的に，製樽の機械化と新

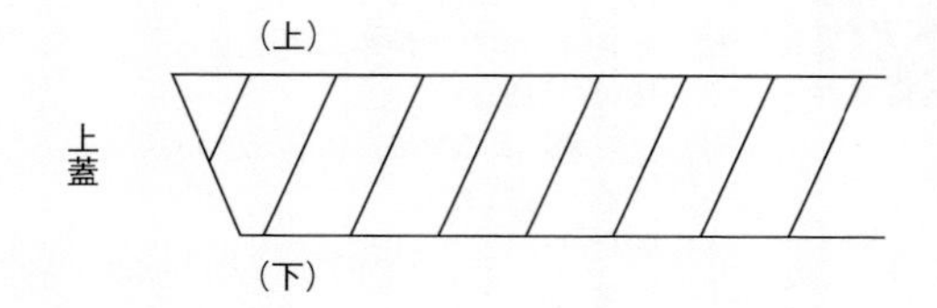

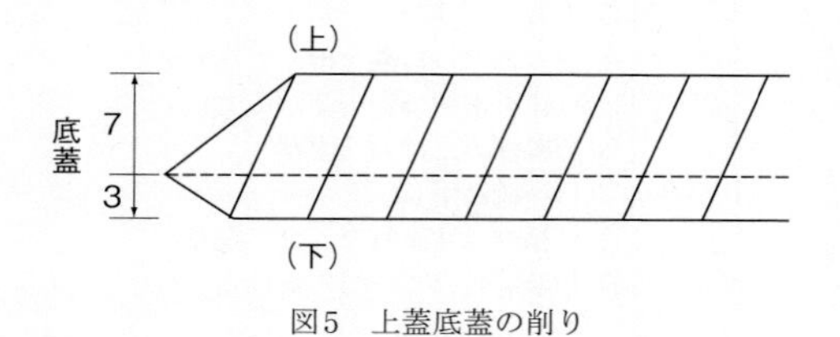

図5　上蓋底蓋の削り

表3　製樽機械化の変遷（戦前期）

年	月	名称
大正10	10	底蓋狂い取，正直削り，円形截りなどの機械化
13	12	側整長機
15	3	側正直機
	11	底蓋ソロバン面取機
	12	竹輪締機
昭和2	1	サンドペーパー使用樽胴摺機
〈特許と実用新案〉		
昭和7	12	（特許）樽側板整長機
5	10	（実用新案，以下同じ）樽洗滌装置
6	1	樽摺機
8	3	樽側板削成機
	4	止箍嵌入機
	4	樽摺機
	4	樽側内部削機
	4	底蓋張込機
19	3	開閉式箍締機
	6	自動樽輪用竹削機

注　『野田醤油株式会社二十年史』『同三十五年史』から作成

木樽の製造を目指して製樽工場を設置し，野田との技術交流がみられた。

また関西地方へ製樽機械移転の契機となったのは，野田の醤油会社が兵庫県荒井村（現高砂市）に，昭和4年工場新築，昭和5年仕込み開始，昭和6年製品出荷という計画で進出してからである。昭和5年には製樽場（工場）を設ける一方で，第1回製樽見習工65名を野田の製樽工場で1年間研修させている。同様に翌年も第2回製樽見習工64名を派遣している。初期の段階では，竹削り機や鏡削機が導入されたという（『キッコーマン醤油史』）。

そして，戦後から灘の酒造地帯の酒樽屋が製樽機械を導入し，現在でも竹削り機や箍締機が見受けられる（写真12）。このことは，わが国の文化や技術が西から東遷するという前提に反し，製樽の機械化技術は，東から西遷した数少ないUターン現象といえよう。

機械を導入した製樽法　図6は戦後の製樽工場の製樽工程である。機械と称しても全工程が機械化されたわけでなく，そこには従業員の能力（熟練力）を発揮すべき工程があった。この工程のうち，人力中心の工程をみてみる。

②の作業はいわゆるカッパとシッポを切断し，⑤や⑦の工程を想定しながら行なう相当の熟練を必要とした。③の作業も側材相互間の密接を高めなくてはならない作業のため，単純に削るという

写真12　箍締機（たがしめき）

作業でない。④の作業は，側材の中央部の幅がその上下端の幅よりやや大になるように削らなければならない。この作業は前作業と連継して行なわれる。⑤の作業は，印（マーク）を貼付する場所をつくる必要から，特に幅広い側材を瞬時に選択しなければならない。この作業は最も技術を要した。⑦の作業は，⑤作業で選定された側材を円筒状の機械に整列し，これを数本の金輪で結帯することで，初めて円筒状に組み立てられる。

その後は入際作業から底蓋はめ込み作業の中間で，⑫の作業が行なわれる。この作業は，樽の外側の側材が厚みの違いが生じるので，これを刃幅の狭い腹剥き銑で削る（『改稿新版　醤油』）。

図6　製樽工場の製樽工程——機械を利用した製樽法

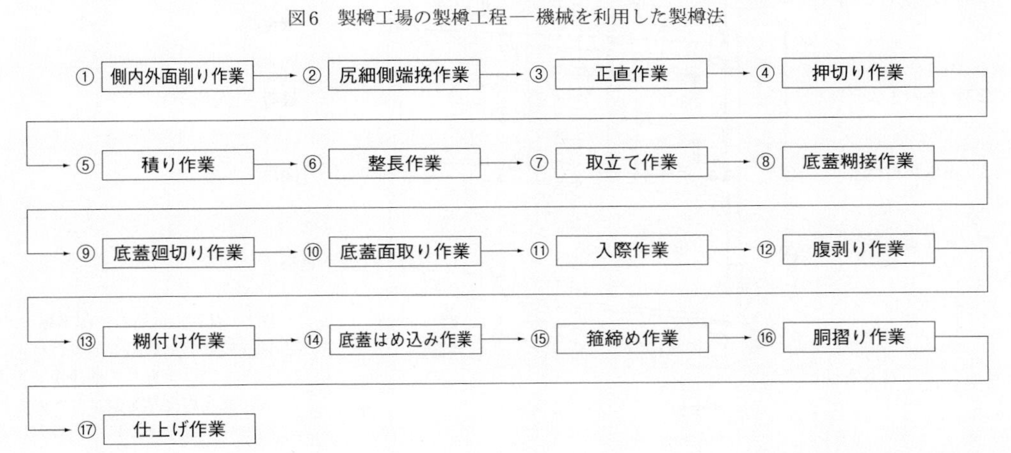

『改訂新版　醤油』より作成

岩谷堂箪笥

岩谷堂と箪笥の歴史

岩谷堂箪笥の起源は，江戸時代最大の飢饉といわれた天明の大飢饉の頃（1783年）にさかのぼる。当時の仙台城下絵図からもうかがえるように，東北地方の仙台領においても多くの死者が出た。仙台藩北辺の要衝の地「岩谷堂要害屋敷」であった岩谷堂藩でも同様で，飢饉の惨状を憂えた，時の岩谷堂城主の岩城村将は，米作だけに頼るのではなく，それ以後の産業奨励策として箪笥を製作させたとされ，これが岩谷堂箪笥の始まりといわれている。

天明3（1783）年に三品家六代茂左衛門という人が岩城城主の命を受け，最初に車付き箪笥あるいは長持などの製作をし，漆塗り仕上げから金具の考案に至るまで行なったと伝えられている。岩谷堂箪笥の特徴である金具づくりは，初代三品茂左衛門が創始ともいわれているが，鍛冶職喜兵衛・大吉（太吉）が箪笥用金具を創案し，文政時代に鍛冶職大吉の弟子徳兵衛という鍛冶職が，その後を継いで箪笥金具を研究して，それが今日の岩谷堂箪笥の土台を築いたともいわれている（写真1）。

写真1　車付き岩谷堂箪笥

伝統の岩谷堂箪笥は古くは車付き箪笥，押し込み箪笥であったが，明治時代になると棒栈箪笥に改良された。これは現代でいう閂（かんぬき）箪笥であるが，縦栈（たてさん）を閂としており，横木が縦になった変形閂の箪笥である。

第二次世界大戦で生産は一時中断したが，昭和42（1967）年，三品栄氏らが中心となって岩谷堂箪笥生産組合を設立し，岩手県江刺市（現奥州市江刺区）の7業者，岩手県盛岡市の2業者が生産を続けて，昭和51年に法人化（岩谷堂箪笥生産協

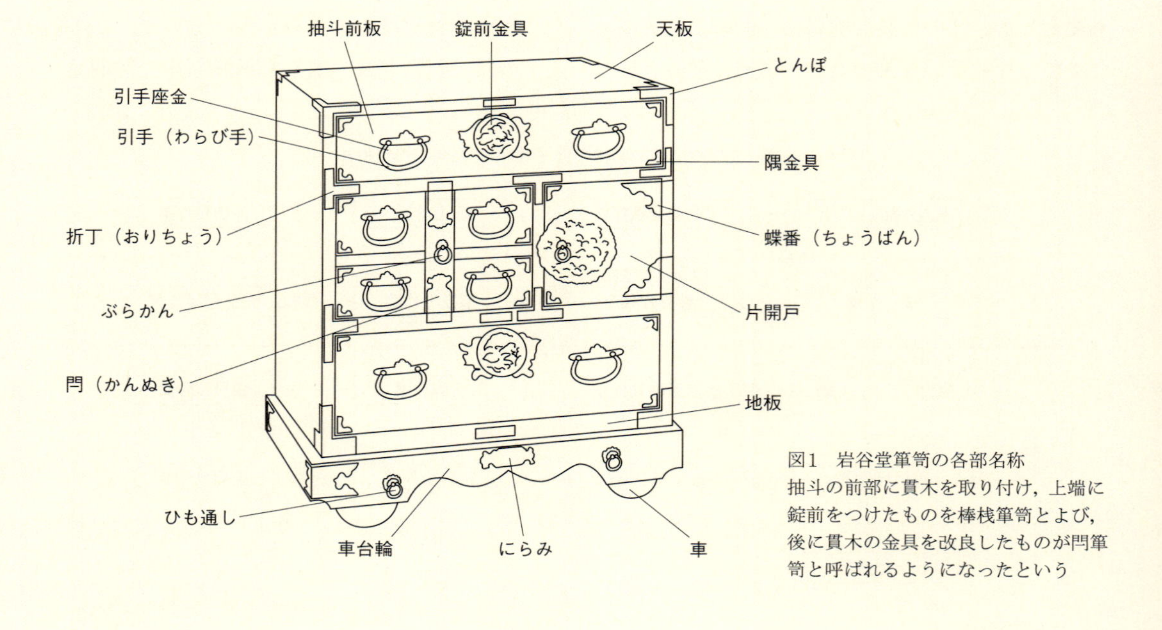

図1　岩谷堂箪笥の各部名称
抽斗の前部に貫木を取り付け，上端に錠前をつけたものを棒栈箪笥とよび，後に貫木の金具を改良したものが閂箪笥と呼ばれるようになったという

同組合）された。「岩谷堂箪笥」は伝統的工芸品の指定の申請にあたり，岩手県立博物館の梅原廉課長（当時）によって，「今野家所蔵の造り込みの岩谷堂箪笥の金具が天保初期（1830～1840年）頃の特徴をよく示している。また，鉄味もよく140～150年前の趣を示している」という鑑定がされた。そのほかにも，「天保十三（1842）年壬寅八月吉日信武代工人八重樫利蔵」と墨書のある車付き岩谷堂箪笥の存在，「安政六（1859）年未三月岩谷堂六日町大工及川屋六助」と墨書のある岩谷堂箪笥の存在などが申請の根拠に含められた。昭和57年3月5日に伝統的工芸品産業の振興に関する法律の規定に基づいて，「岩谷堂箪笥」は伝統的工芸品に指定された。

現在，「岩谷堂箪笥」は6種の基準形式が定められている（図1，2）。

製法からみた岩谷堂箪笥の特徴

伝統的工芸品の岩谷堂箪笥（以下，「岩谷堂箪笥」）の製作は「木地づくり」，「漆塗り」，「手打ち金具づくり（以下，「金具づくり」）の三つの部門に分かれている（図3）。

金具づくり　三部門のなかで，岩谷堂箪笥の特徴をあげるとすれば，第一に「金具づくり」をあげることができる。金具づくりに使用する鉄板や銅板の厚いものは錠前，蝶番，閂などに使用し，薄いものは隅金具，へり，通座，にらみなどに使い分けられている。

まず，図柄については，天保年間初期に製作された岩谷堂箪笥の抽斗（ひきだし）前板と片開き戸に打ち付けられている錠前金具は，鳳凰，蔦の葉，家紋が彫られていて菊座に打ち出しが施されている（写真2）。このように金具の図柄は古くから，花鳥，家紋などが用いられている。鏨（たが

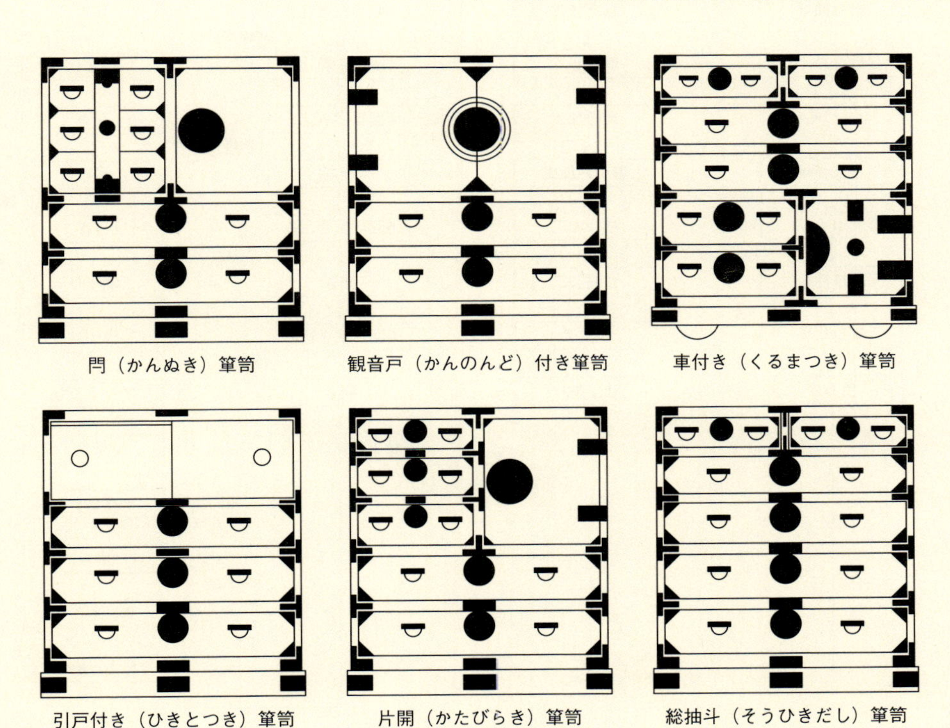

図2　岩谷堂箪笥の6種の基準形式

閂箪笥：閂とは一般に両開きの門を閉じるための横木の呼称である。図の箪笥は小抽斗三つを留めている縦桟を閂とする変形閂箪笥。観音戸付き箪笥：観音戸とは両開きの扉のことをいう。車付き箪笥：火災などから避難するために車を付けた箪笥。引戸付き箪笥：観音戸の代わりに引違い戸を付けた箪笥。片開き箪笥：閂箪笥と同じ形式であるが，閂を用いない箪笥。総抽斗箪笥：収納がすべて抽斗の箪笥

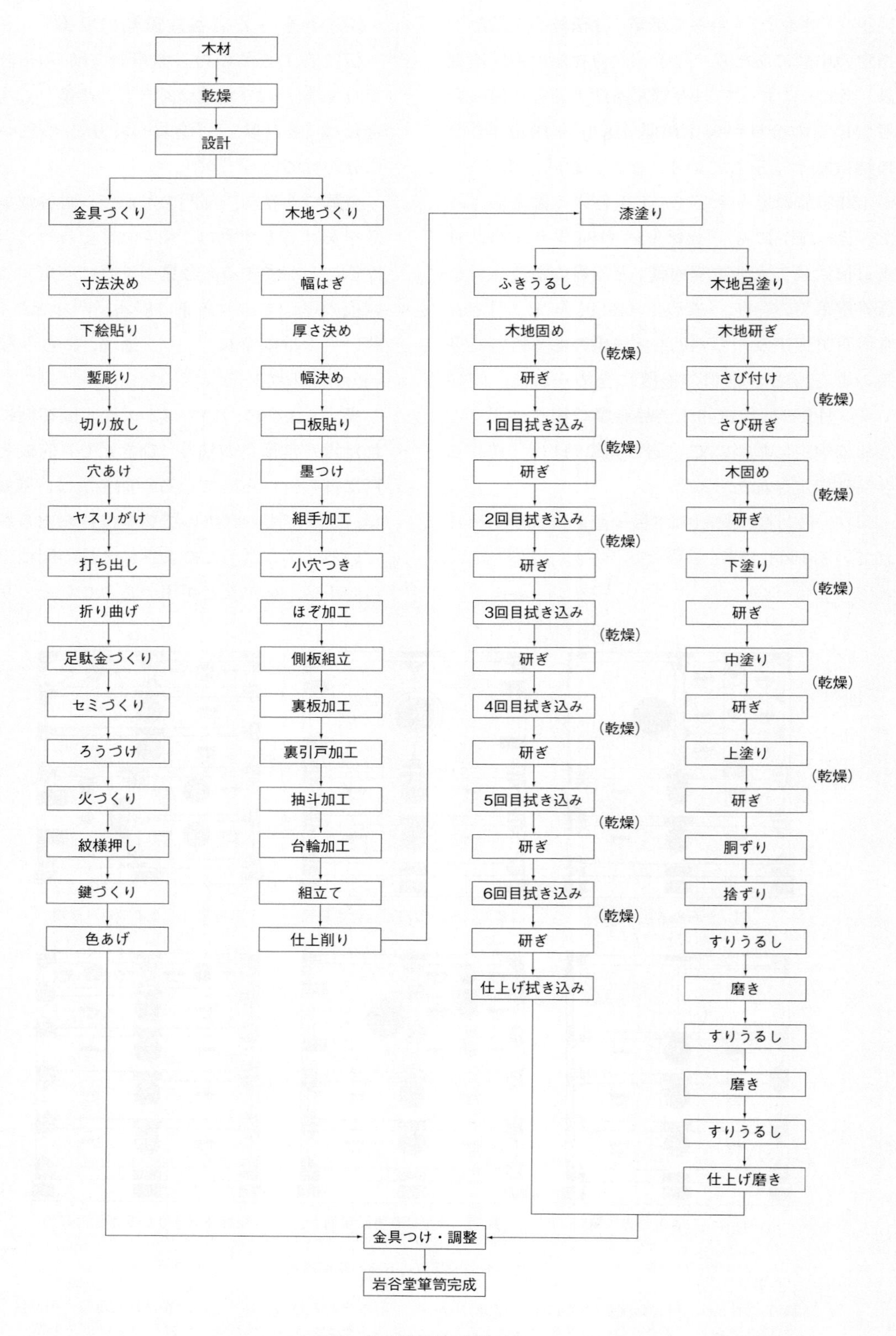

図3　岩谷堂箪笥の製造工程

ね）彫りの技法には，鏨を打ち込みながら線をつくっていく蹴り彫り，より尖った鏨で削り取って線をつくっていく毛彫りがある（写真3）。鏨は用途によって自作する。

彫金した紋様の立体感を表現するために，打ち出しという作業がある。金具職人の技術が進歩するにつれ，複雑な紋様の化粧金具はもちろんのこと，現在では蝶番，にらみ金具などにも打ち出し技法が施されてきている。

木地づくり　次に，木地づくりでは，基本工作として，小幅板を接合（幅はぎ）して広幅板をつくることがあげられ，それを適宜必要な大きさに加工し，本体の箱組，抽斗の加工，扉の加工，台輪の加工などに供用される。

一見，木地づくりは無骨で，単調に見えるが，押込み箪笥の伝統の影響から，職人の遊び心が「しのび」に現われており，現在にも伝承されている。「しのび」はからくりの一種で，小抽斗の奥，内抽斗の座，棚口の一部，あるいは束の一部に細

写真2　錠前金具の図柄
八重樫利蔵と名のある箪笥の図柄と菊座

写真3　鏨（たがね）彫り

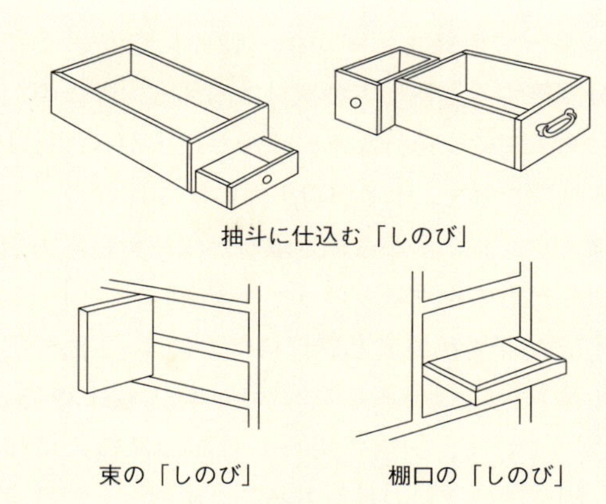

図4　隠し抽斗「しのび」

工をして，箪笥の外見からはわからない「隠し抽斗」である（図4）。

漆塗り　漆塗りには「拭（ふ）き漆塗り」と「木地呂（きじろ）塗り」の二つの方法がある。

拭き漆塗りは，生漆（きうるし）を繰り返し塗布した後に精製生漆，または透漆（すきうるし）を用いて仕上げ拭きをする。また，木地呂塗りは，クロメ漆を用いて下塗りをし，木地呂漆，または呂色（ろいろ）漆を用いて上塗りした後，上塗り研ぎをし，砥の粉で「胴摺り」し，角の粉（つのこ）で仕上げ磨きを行なうものである。

素材選択

原木の調整法　岩谷堂箪笥に使用する木材は，ケヤキ，栗，杉，桐，ニレ，タモ，キハダ，センノキ，ホウノキ，カツラで，直径，年輪の密度，杢の違いにより用途選定する。

側板，天板とするものは板目または柾目のとれるものとし，地板，棚板とするものは板目，柾目のとれるものを，前板にするものは杢がとれるものとする。

裏板には杉，ニレ，タモ，キハダ，センノキ，ホウノキ，カツラを，抽斗部材には桐を用いる。

原木は部材の仕上がり寸法より厚め（削り代）に製材する。製材した板材は，角材などでつくった「土台」の上に同じ厚さのものを揃えて桟積みし，屋外で6か月以上天然乾燥する。汚染変色する桐などは軒下で「はせ掛け」にする。

現在では，天然乾燥を終了した後に，人工乾燥

機によって最終含水率が9～12%になるように水分調整する。特に広葉樹材は内部応力除去のためにも人工乾燥を行なう。乾燥が仕上がった材は養生期間を経て，木地製造工程に供される。

漆　ウルシの木から掻き取った漆液から異物を除去したものを生漆という。

平成25年特用林産基礎資料によれば，生漆の国内生産量が約1tであるのに対し，輸入量は39.5tとなっていて，国内で用いられる漆は輸入に頼り，国産漆はほんの数%である。産地としては岩手県，茨城県，栃木県などが存続していて，そのなかで岩手県産が国内生漆生産の約60%を占めている。現在の岩谷堂箪笥に用いられる漆はほとんどが中国産である。

漆の品質は，ウルシの木の生長状態，採漆の方法，生育地の土質などによって異なるが，同一条件の場合には採漆時期の違いによることが大きい。夏に採ったもの（盛辺〈さかりへん〉漆）は，秋のもの（末辺〈すえへん〉漆）より良質である。

生漆に含まれる余計な水分を除去する「クロメ」と，漆に光沢をだすために行なう「ナヤシ」の作業を行なった漆を精製漆という。岩谷堂箪笥の漆塗りに用いられている呂色漆，木地呂漆は精製漆に分類される。

金具　岩谷堂箪笥に使用されている手打ち金具は鉄，銅，または銅合金製である。岩谷堂箪笥が発生した当時は，鉄または銅の丸棒を地元の野鍛冶職が叩いて延ばし，鉄板または銅板として使用していた。現在，金具の原材料はJIS規格品の0.8～1.2mm厚のものを購入して使用している。また，丸棒12mmや平鉄も同様に購入している。

製造工程

岩谷堂箪笥が伝統的工芸品に指定された当時は，「漆塗り」，「金具づくり」をそれぞれ専門とする企業が存在していた。現在では「木地づくり」の企業が「漆塗り」作業までを行なうところが増え，「金具づくり」専門企業が一社残るだけとなった。次に各製造工程の特徴を示す。

木地づくり　木地づくりでは，材の選定から木取りまでは同一作業である。かつて，木材の乾燥は天然乾燥のみであったが，現在では人工乾燥も併せて行なわれている。素材が整った段階で，本体加工工程，扉・引戸加工工程，抽斗加工工程，および車・台輪加工工程などに分かれる。その際，部材寸法の墨付けを間違いなく行なうため，3cm角程度の角材に部材の関係寸法を写した「棹の盛り付け」棒を利用する（写真4）。この角材は直定規にも使用するので柾目の木材を使用し，間口棹に間口寸法と高さ寸法を記入し，幅棹には奥行き寸法を盛る。製作する箪笥の名称なども表記して保存する。

本体の組手加工　本体の箱組みは組手加工によるものである。そのなかでも，昔から多く用いられている天板と側板の接合に組み接ぎがある。この技法は側板と地板の接合にも使われている。組み接ぎの技法が進歩して，化粧と強度を兼ねた蟻（あり）組み接ぎや留形隠し蟻組み接ぎなどがとり入れられるようになった。

扉・引戸の加工　扉・引戸の加工工程では天保初期作の岩谷堂箪笥の片開き戸は縦杢で上下が本

写真4　棹の盛り付け棒

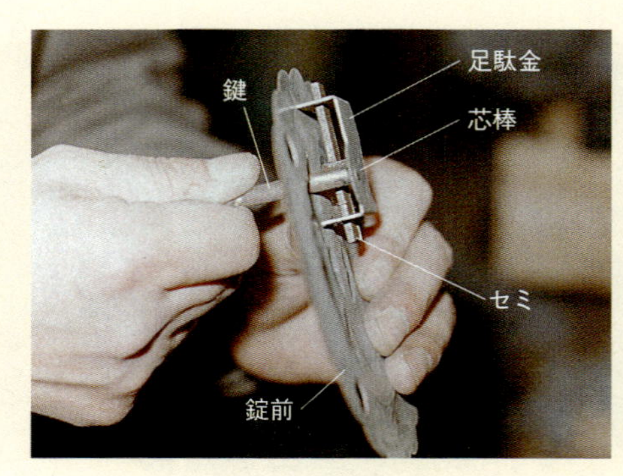

写真5　錠前合わせ

核端嵌留接ぎ（ほんざねはしばめとめつぎ）となっている。明治時代では桐の片開き戸の扉が四方留額の回し組みで鏡板が嵌め込まれていて，現在でもこのような技法は継承されている。

抽斗の加工　抽斗の加工工程では，前板と側板の組手はすべて包み打ち付け接ぎで，木釘（きくぎ）を使用し，底板はべた底である。抽斗の内側は古くは杉材が使用されていたが，指物（さしもの）技術が進歩するにつれ，材料は杉から桐の厚板に代わり，仕口も蟻形組接ぎを応用するようになった。

車付き箪笥の車・台輪加工　車付き箪笥の車・台輪加工工程はその台輪に特徴があり，台輪前面の化粧繰りと板輪は現代にも継承されている。車付き箪笥の化粧繰りは墨線に沿って廻挽鋸（まわしびきのこ）を用いて挽き，曲線の仕上げ加工は繰小刀（くりこがたな），南京鉋（なんきんかんな）を用いる。

漆塗り　「拭き漆塗り」は，漆塗りのなかでも代表的なものであり，漆塗り工程は生漆の拭き込みと研ぎの繰り返しを5～7回程度行なう。研磨材は伝統技法では「トクサ」を使用しているが，現在では耐水研磨紙を使用するようになり，艶出し技法も併用されている。

「木地呂塗り」は，木地呂漆，または呂色漆を塗り，さらに研磨して光沢を発揮させるものである。上塗り研ぎを経て，菜種油と砥の粉の細粉を混ぜ，少量の水分とともに綿布，ラシャなどの布につけて摺磨き，磨き終わった面のむらを確かめながら，角の粉の細粉を直接に指，手のひらに付けて，細部の磨きを行なう。

金具づくり　金具加工に使用する鏨（たがね）は，切り鏨，穴開け鏨，彫り鏨の大きく3種類に大別される。鏨はほとんどが用途によって自作し，鏨彫りの技法には蹴り彫り，毛彫りがあり，総称してヤカタ彫りと称されている。岩谷堂箪笥の特徴に多くの種類の鏨を使用する錠前金具がある。

鍵づくりの技術と錠づくり技術は表裏一体のもので，形式は3枚バネのものから，2枚バネのものになってきている。

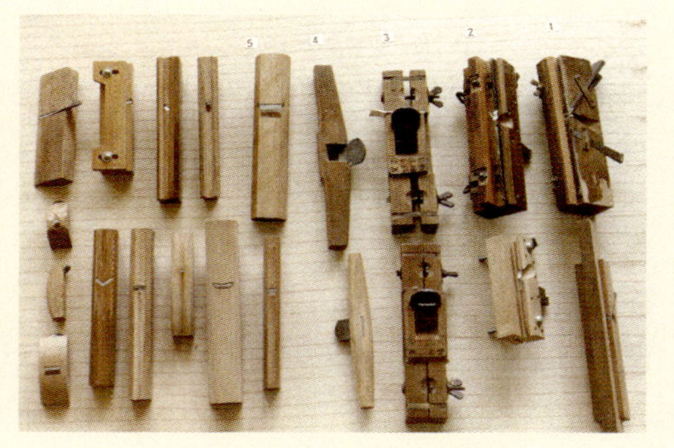
写真6　木地づくり道具の一部

写真7　漆塗り道具の一部

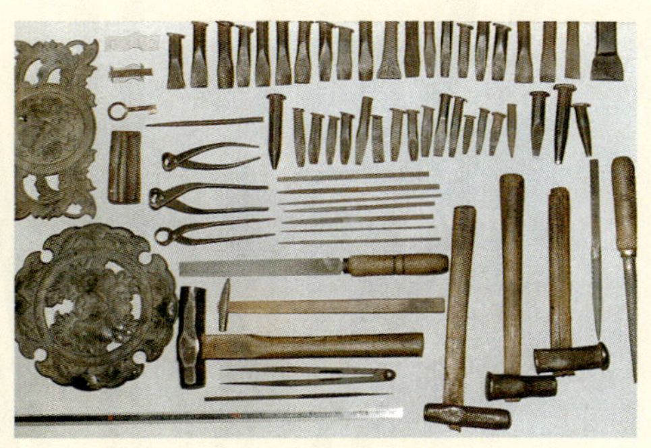
写真8　金具づくり道具の一部

錠は「足駄金（あしだがね）」，「セミ（バネ）」，「芯棒」の各部品を組み合わせた裏錠を錠前に組み合わせる。これを錠前合わせという（写真5）。

近年の錠前金具は銅板を使用することが多くなってきているが，裏錠は強度の面から鉄板でつくられる。

道具　岩谷堂箪笥を製作するには「金具づくり」，「漆塗り」，「木地づくり」によって道具類は異なり，種々の道具を使用している（写真6～8）。

箸

箸の歴史

世界の食文化と箸　食べ物を口に運ぶ方法は世界的にみると，「手食」，「箸食」，「ナイフ・フォーク・スプーン食」の大きく3つに分けられる。これは，主食とされる食べ物の違いに加えて，宗教的な食事マナーの違いによって特徴づけられている。

歴史的にいちばん古いのは手食であり，サルから進化した人間が最初に手でものを食べていたのはごく自然のことといえる。いまでも，粘りのないインディカ米を主食とする東南アジアやインド・ネパール，中近東では手食が一般的であり，タロイモやバナナなどの根菜・果実類を主食とする民族でも手食が基本である。これは主食の特徴や料理のされ方から，手で食べることがいちばん合理的でおいしいから選ばれている食法といえる。世界では手食をしている人が最も多く，10人に4人が手で食べている。

また，ヒンズー教国やイスラム教国では，手指が自分のものであり最も清浄である，という宗教的な考え方から手食がされている。このような地域では浄・不浄感から，道具を使って食べるのは，むしろけがれたことと考えられている。

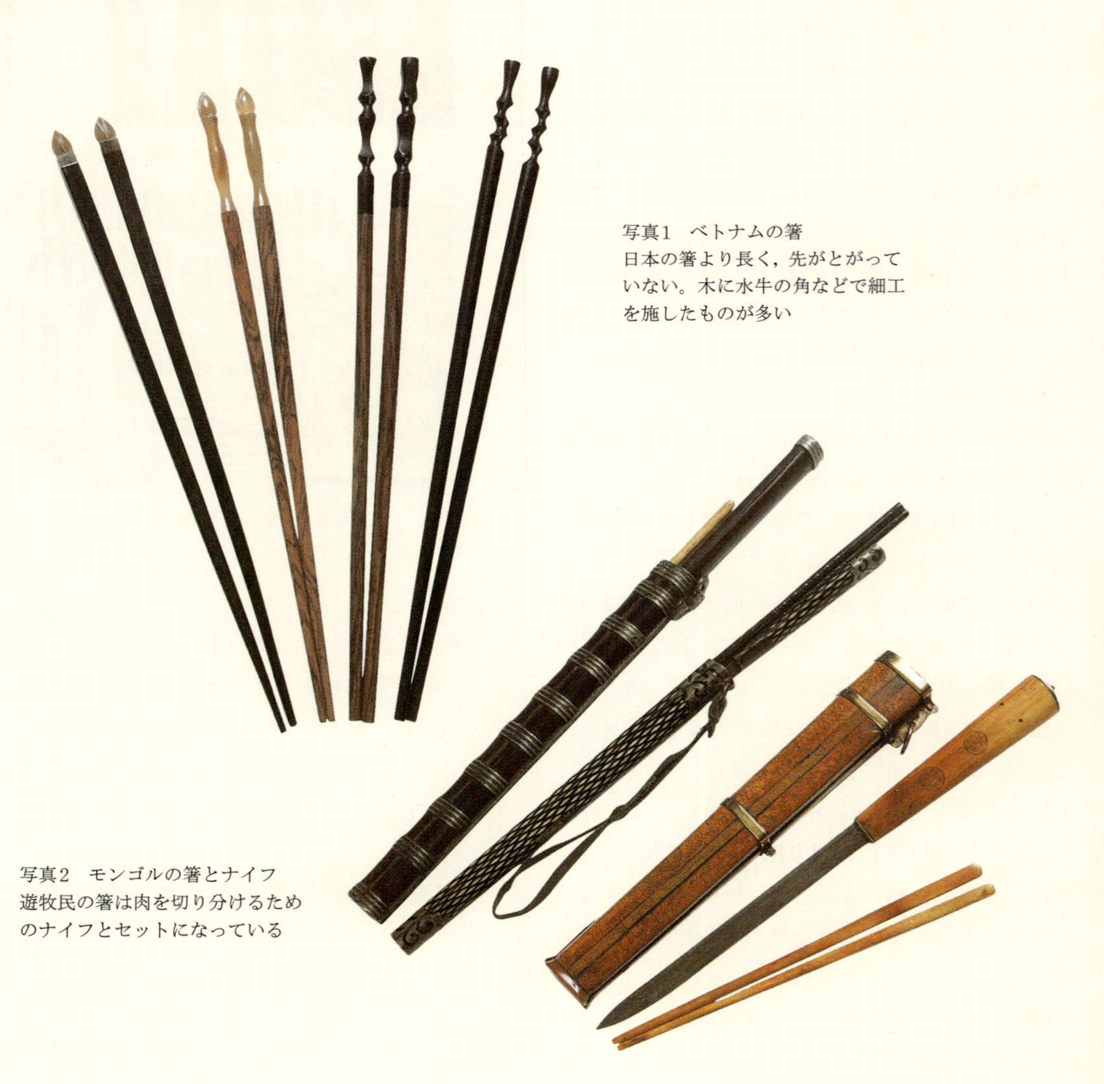

写真1　ベトナムの箸
日本の箸より長く，先がとがっていない。木に水牛の角などで細工を施したものが多い

写真2　モンゴルの箸とナイフ
遊牧民の箸は肉を切り分けるためのナイフとセットになっている

写真3　元日の雑煮と素木の箸(両口箸・祝い箸)

箸食は東アジアを中心に行われており，粘りの強いジャポニカ米を主食とするうえで，いちばん食べやすい食法である（写真1)。箸のほかにレンゲやスプーンを併用する国が多いなか，箸のみで食事をするのは日本だけといわれている。

ナイフ・フォーク・スプーン食はいちばん新しい食べ方とされている。パン類と肉類を主食にするヨーロッパ，南北アメリカ，ロシアなどでおもに行われている食法である。ナイフは切る，フォークは突く・のせる，スプーンはすくうというように，それぞれの食器が単一の目的で使われるのが特徴である。

箸を操るアジアの食文化　人類がいつ頃から箸を使用したかは未だ明らかになってはいないが，考古学や文学などの研究者によると，その発祥は中国で，その後東アジアの国々に広がっていったと考えられている。紀元前200年ころ，中国にすでに箸は存在していたが，食事は手食が主流で，箸は汁の実をつまむ程度の補助的な役割を果たしていたとされる。

やがて粘り気のある米が主食になると，箸が積極的に使われるようになるが，匙も一緒に使われていた。現在でも中国では箸と散蓮華がセットになって出てくることが多い。また，中国では大皿料理を各人の箸で直接小皿に取り分けたり，人に取り分けてあげたりすることが，親愛のしるしとされている。そのために日本の箸にくらべて長いのが特徴で，先端も細くなっていない。

箸の文化は中国から始まり西はモンゴル（写真2)，南はベトナムやラオス，カンボジア，インドネシア，東は韓国，日本へと伝わった。韓国の遺跡では匙のほうが箸より古い時代の地層から発掘されていることから，手食→匙食→箸食と変遷したと考えられる。また，箸の出土には，必ずといってよいほど，匙を伴うことから，箸と匙はセットで使われたようだ。現在の韓国でも，食事には金属の匙と箸が併用され，汁ものやご飯ものには匙，それ以外は箸を使うというように，匙と箸を合わせて使う食べ方である。

日本で開花した独自の箸文化　日本に箸が伝わったのは，女王・卑弥呼が邪馬台国を治めていた時代とされる。その頃，人々はまだ手で食事をしており，箸はおもに神々を祀る聖なる祭器として使われていた。神に食物を捧げるときに，最新の道具を使うようになったと考えられる。その頃の箸はピンセット型をした「折箸」であった。

箸が普通の食事に使われるようになるのは，7世紀はじめ聖徳太子が新しい国づくりをめざしていた頃になる。日本ではまだ手食が行なわれていたが，中国の随からの使節を迎えた聖徳太子は，その歓迎会の食事に2本の棒状の箸を用意したという。これ以降，箸による食事の習慣が貴族のなかに根づき，やがて庶民へと広がっていったとされる。

漆を使った塗り箸は江戸時代に登場する。神事などでは，「ハレの箸」としてスギやヒノキ，ヤナギを使った素木（しらき）の箸（別名両口箸・祝い箸）（写真3）がその場限りで使われたのに対して，日常使いの箸は「ケの箸」として繰り返し使われるようになったからだが，背景には武具などに施す塗りの技術の発展もある。箸食文化圏のなかでも，日本は箸のみを使って食事する純粋な箸食の国である。そのために汁物専用の椀を使う，箸先を細くしてあらゆる食材を扱いやすいようにするなど，独自の工夫とそれを使いこなす手技を築いてきた。また，自分の箸が決められているなど，食器が属人化していることも日本の特色である。

箸の素材

あらゆる素材が箸になる　日本人は，身近にある木の枝や竹を削り，自分の手で箸をつくって，客など大切な人の食事のもてなしをしてきた。箸に心を宿し，一期一会のもてなしの心として，その日の縁起にふさわしい素木（しらき）の箸を削るという木の文化が箸にはある。

箸にする樹種は口に入れて危険でない植物なら素材にできる。針葉樹ではヒバ，アスナロ，ヒノキ，スギなど，木材を売る店で，5～7mm角，長さ45～92cmの角材を入手する。節や木目がすなおできれいなものが適している。自宅近くの野山の木の枝，剪定作業のときの枝なども利用できる。ただし，害虫防除のための薬剤がかかっていないことを確認してから使うこと。

落葉樹もウメ，クリ，ホウ，竹などは比較的入手しやすい。また，クロモジなどを素材にすれば香りのよい箸に仕上がる。なかにはキョウチクトウの幹のように毒のある木もあるので，樹種が明らかな木の枝を選ぶ。

箸に使用する塗料　箸は直接口に入れるものなので，塗料には安全性の高いものを使う必要がある。加工する際，もちがよく，安全な塗料に漆があるが，素人が扱うには，かぶれをおこしたり，乾燥させるのが難しかったりする。その点，安心・安全で好ましい塗料は蜜蝋である。蜜蝋はハチの巣を溶かしてとりだしたロウ質の天然素材である。人体に害がないので，なめても安心の保護剤である。

このほかにも，エゴマやツバキなどの食用油を塗りこんで乾かすという方法もある。アマニ油やキリ油，エゴマ油やクルミ油は乾いて膜をつくる乾性油であるので，箸の生地を守ってはげにくい。クルミ油を塗るときは，割ったクルミの実を布に包み，箸に押しつけるようにして塗りこむと油がにじみ出てくる。ツバキ油やオリーブ油は乾きにくく膜をつくらない不乾性油であるが，何度も塗りこんでいくと，使いこんだよい色になってくる。ナタネ油やゴマ油はその中間の性質である。エゴマ油など，油によってはにおいの強いものもあるので，好みで選ぶとよい。

箸の製法

材料を手に入れる　箸の素材としては，5～7mm角，長さ45～92cmくらいの角材がよい。箸の長さは，使う人の親指と人差し指を直角に開いたときの，親指と人差し指の長さ（ひとあたり）の1.5倍がちょうどよいとされる。標準の目安として17～23cmくらい。箸の重さは8～21gが適している。標準的には20g前後といわれているが，東日本では重い箸が，西日本では軽い箸が好まれる傾向がある。

道具と箸づくりの手順　道具は，切り出しナイフ，指サック（6つ），サンドペーパー（60番，180番，400番），のこぎり，糸くずが出ないボロ布，定規，えんぴつ（もしくはシャープペンシル），蜜蝋を入れるプラスチック容器（口径がひろいもの），蜜蝋を用意する。

針葉樹の角材から箸をつくる手順は，写真によって追跡しよう。

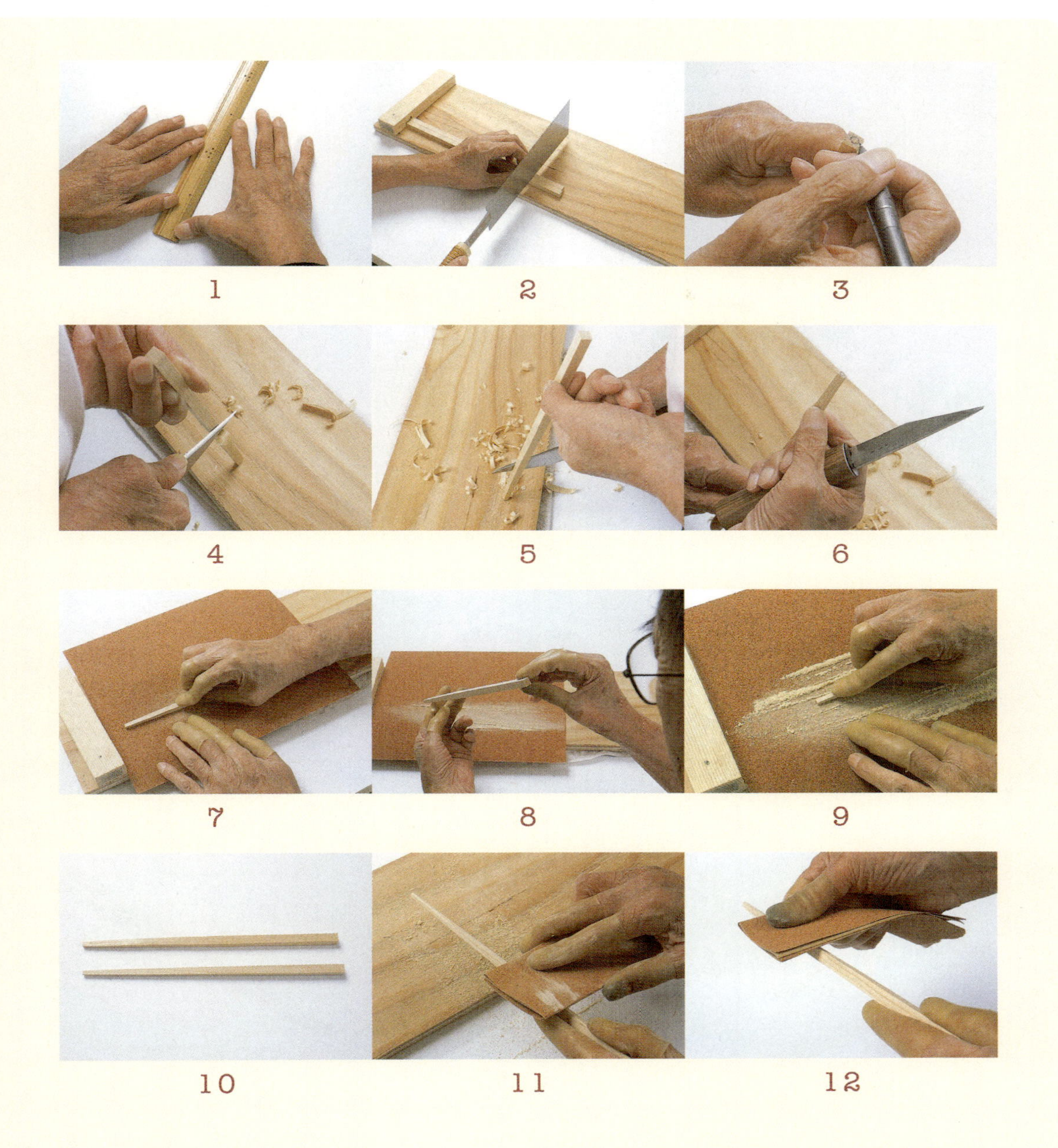

角材から箸をつくる

1 自分の手の大きさに合った箸サイズを決定する。
2 自分の箸サイズに合わせて原木を2本一緒にカットする。
3 箸先の太さを決めて印をつける（ここでは丸だが，角でもよい）。
4 いらない板の上で，写真のように原木を立てて削っていく。箸頭から箸先に向かって少しずつ，なめらかな傾斜になるように削る。まず箸先から3分の1の部分を箸先の太さに合わせてなめらかに傾斜をつけて削る。
5 4面ともに，同じような角度になるように順番に削っていく。箸頭から箸先をみて，均等に削れているか点検し，自分のつくりたい箸の形に近づけるよう削っていく。
6 ときどき箸先の印を確認しながら，必要な細さまで削っていく。
7 止め板をつけた作業台の上に紙ヤスリ（サンドペーパー）をおいて，全体を削る。最初は60番くらいの粗めの紙ヤスリを使う。すべりやすいので，親指，人指し指，中指に指サックをつけるとよい。
8 まん中が太く残りやすいので，点検しながら4面同じように削る。
9 箸先も予定の太さになるまで，4面を削っていく。
10 上が切り出しナイフで削っただけのもの，下が紙ヤスリで形を整えたもの。
11 全体の形が整ったら，角を少し丸みをつけるように削っていく。箸先が四角の場合，カドを整える程度でよい。
12 箸先を好みの細さ，丸さになるように180番くらいの細かめの紙ヤスリで仕上げていく。

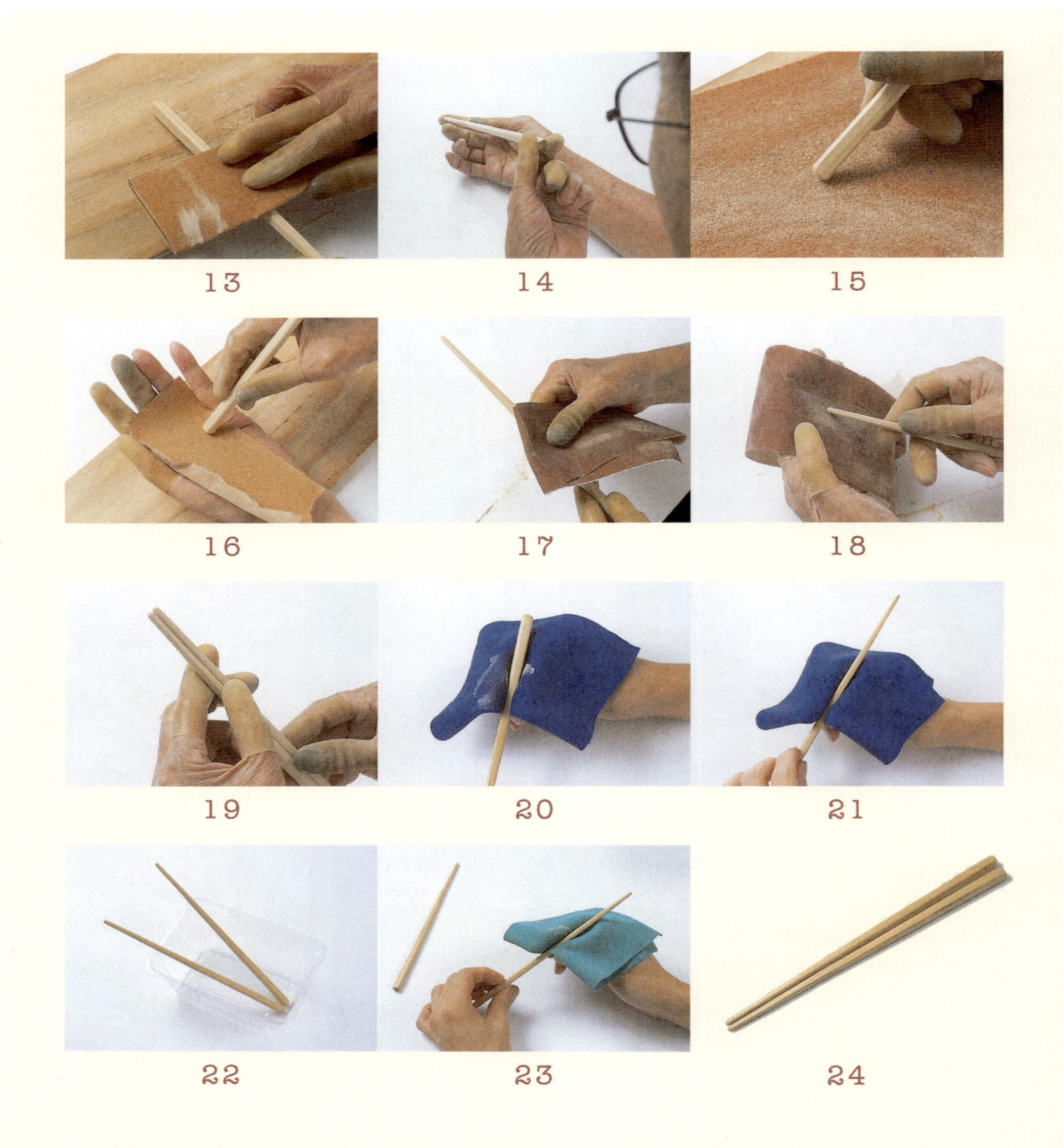

13 同じように持ち代のほうも，同じ紙ヤスリで仕上げる。
14 全体が均一な勾配でできたかどうかを，箸頭から箸先をのぞいて確認する。
15 箸頭の角を60番くらいの紙ヤスリにあて，箸をまわして転がしながら，箸頭を丸く仕上げる。
16 さらに，180番くらいの細かめの紙ヤスリを手のひらに持ち，その上で「ノ」の字を描くように回して転がし，仕上げる。
17 さらに400番くらいの細かい紙ヤスリで，全体をきれいに仕上げる。
18 箸を回しながら，箸先の形を好みの形にきれいに仕上げていく。
19 2本の箸が，同じ形にできたかどうかをよく点検し，同じに仕上げる。
20 糸くずの出ない古布に蜜蝋をとって，箸全体に塗りこむ。
21 別の布で，から拭きをする。
22 ふれるところが少ないような容器に立てて，一晩乾かす。
23 同じように蜜蝋を塗り，から拭きして乾かすことを3～4回くり返す。
24 出来上がり。使った後はきれいに洗って，すぐにふきんで水気をとるようにする。洗剤でゴシゴシ洗うようなことは避ける。蜜蝋がはげてきたら，塗り直すこともできる。

吉野杉皮和紙

吉野町と和紙「宇陀紙」

吉野町は人口8,000余人，奈良県のほぼ中央部に位置する自然豊かな町で，観光資源としては吉野山とそのサクラが全国的に名を馳せている。持統天皇の離宮とされる宮滝遺跡などがあり，『日本書紀』や『万葉集』にも登場する歴史の町でもある。

古くから吉野スギ，吉野ヒノキの集積地となっており，それを利用した木製品の製造が主産業の一つである。しかし，過疎化は深刻で，10年ほどの間に約3,000人の人口減少があった。

かつては和紙生産も盛んで，1940（昭和15）年頃には100軒を超す生産者があった。伝承では，大海人皇子（おおあまのおうじ，後の天武天皇）の一行が当地に滞在された折に，紙漉（す）きの技術が伝わったとされており，それが真実とすると1350年の歴史があることになる。天武天皇の皇后であった持統天皇の行幸先が近くにあり，また，天武天皇も吉野と関係が深かったことから，この伝承は全くの作り話とはいえないかもしれない。

文献上遡れるのは室町時代までであるが，それでも吉野地方での紙漉きには600年以上の歴史があることになる。当地で漉かれているコウゾ和紙の主な用途は，掛け軸の表装をする際の裏打ち紙である。この用途では最も高級な和紙であり，かつてはこの地域に隣接する宇陀地方の問屋が，全国に売り歩いたために，「宇陀紙（うだがみ）」という名前がついている。極めて手間のかかる，そして熟練を要する作業を経てつくられる和紙で，技術の伝承は重要と思われるが，残念ながら和紙の需要は年を追うごとに減少し，当地における和紙生産者は，1962（昭和37）年には21軒，2002（平成14）年には10軒，そして現在では6軒にまで数を減らした。

事業形態はすべて個人経営で，コウゾ（その内樹皮）を主原料とする和紙を，完全な手漉きの手法で生産している。原料のコウゾは一部，和紙生産者自身の手で栽培されたものが使われているが，ほとんどは高知県から購入している。また，それを漉くのに用いるネリ（「ノリ」ともいう粘性のある液体）を採るためのノリウツギの内樹皮は北海道産である。産地全体として，和紙需要の低迷のほか，老齢化と後継者の不足は大きな問題であり，現在40歳代以下の従事者は2名のみで，他は全員70歳代以上である。

写真1　吉野杉皮和紙とその製品（なら・グッドデザイン展入賞品）

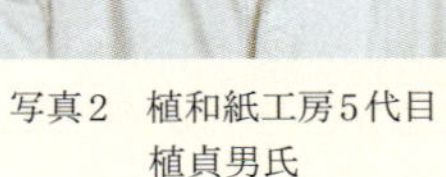

写真2　植和紙工房5代目　植貞男氏

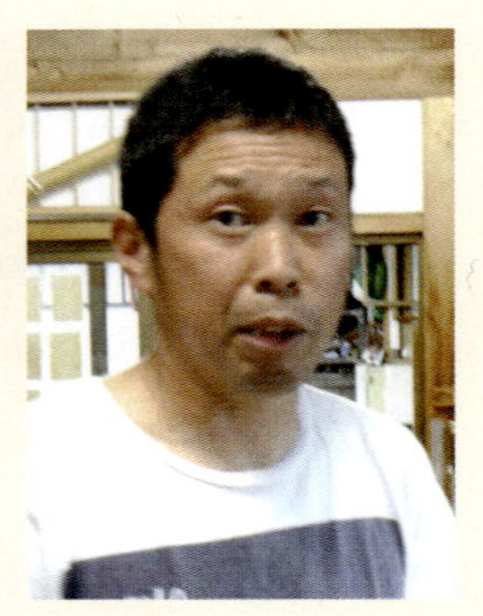

写真3　同6代目　植浩三氏

杉皮和紙の特徴と実用化の経緯

吉野杉皮和紙の特徴とその製品　コウゾによる宇陀紙に対して，杉皮和紙はスギ，ヒノキの内樹皮（甘皮）から取り出した繊維を主たる原料とする。これに従来からの和紙原料であるコウゾの内樹皮繊維を一部混合し，さらに目的によっては無機質の充填剤などを内添して紙料として，それを抄紙した和紙の総称を「吉野杉皮和紙」としている（写真1）。その最大の特徴は，柔らかな手触りと暖かみのある茶系統の色彩にある。

奈良県吉野町の植（うえ）和紙工房は，この「吉野杉皮和紙」を立体に漉きあげ，柿渋などを塗布して耐水性をもたせた器を「吉野森の香」，また，スギ，ヒノキの樹皮繊維を掛け時計の文字盤に用いた商品を「時遊時歓（じゆうじかん）」と名付けた。

開発のきっかけ──スギ・ヒノキの内樹皮を和紙に　「吉野杉皮和紙」の商品化は1992（平成4）年のことであった。植和紙工房では，5代目である貞男氏の長男浩三氏（写真2，3）が家業を継いだ時期で，主要製品である「宇陀紙」の需要に陰りが見え始めていた。また，宇陀紙には，変色や傷がない良質なコウゾの内樹皮が不可欠であるが，栽培農家の高齢化が進み，手入れ不足から良質な原料が不足して，その入手が困難になりつつあった。

そこで貞男氏は，できるだけ原料を備蓄する一方で，近隣の休耕田を利用して自らコウゾ苗の栽培を始め，地域の農家にも栽培を依頼して，宇陀紙の原料が長期にわたり安定供給される体制を整えた。

また，宇陀紙の需要減少に対応するために，新しい製品開発を進めた。その一つが「吉野杉皮和紙」であった。1980年代半ばに，奈良県森林技術センターでは，製材工場から排出されるスギやヒノキの樹皮の利用方法について検討するなかで，それらから和紙をつくる研究を進めていた。貞男氏はその技術に目をつけ，どのようにすれば実用化できるかについて検討を始めた。現有の装置をできるだけ使い，新たな投資を少なくすることで，リスクの回避を図った。

スギの内樹皮の効率的な分離法の開発　原料であるスギやヒノキの樹皮は，近隣の製材所などに行けば大量にあるが，圧力釜を使わない通常の和紙製造方法で繊維化できるのは内樹皮のみであって，外樹皮が原料に多く混じると，繊維化されずに塊になって紙中に残り，見栄えが悪くなる。したがって，外樹皮を取り除いて内樹皮だけを取り出すことが，実用化するうえでの最も大きな課題であった。研究の結果，シュウ酸アンモニウム水溶液による煮沸で内樹皮が軟化して，外樹皮と効率的に分離できることを見出し，それにより実用化へと踏み出すことができた。

開発当初は，それまで行なってきたような流し漉きという手漉きの手法で，書道用紙，色紙，葉書や便箋，名刺などを製造していた（写真4～6）。

販路開拓，新製品の開発

「民芸和紙」として販路を拡大　宇陀紙は，その

写真4　流し漉き
すくい上げた紙料液の一部を漉き舟に戻すのが特徴

ほとんどが問屋経由で表具店に売られていた。植和紙工房においても，吉野杉皮和紙を製造するまでは，商品は宇陀紙のみであり，問屋以外の販売ルートを持っていなかった。ところが新しく開発した吉野杉皮和紙は，宇陀紙とは用途が全く異なるので，これまで取引があった問屋を経由して販売することができず，自分たちの手で販路開拓をしなければならなかった。

とりあえずは「民芸和紙」という位置づけで，吉野山などの土産物店に委託して販売をしてもらったほか，百貨店などのイベントに出店して自ら販売を行なった。同時にPRと需要の掘り起こしを目的として，記者発表を行ない，新聞や雑誌などのマスコミにも取り上げてもらった。また，デザイン展に出品したり，コンクールに応募したりした結果，1993（平成5）年には，なら・グッドデザイン展奈良県商工会議所会長賞，翌年には第40回林業技術賞など，多くの賞をいただいた。

立体的な製品──「吉野森の香」，「時遊時歓」 PRや販路開拓と並行して，新商品の開発にも力を入れ，現在では従来の手漉きの手法による製品だけではなく，立体的な製品も販売している（写真7）。また，近年の健康志向，天然素材に対する志向を背景にして，湿度調整機能に優れた壁紙やタペストリーの需要も増えている。「時遊時歓（じゆうじかん」と名付けた時計は当初，遊び感覚でつくったものであったが，大阪の大手百貨店が販売を手がけるなど，思いもよらず好評を博した（写真8～10）。

「吉野スギ」の知名度も手伝って，販売実績は順調に伸び，植和紙工房の製品出荷額の20%程度を，吉野杉皮和紙とその関連商品が占めるに至った（表1）。

杉皮和紙の原料調達と装置・器具

原料はスギの建築用材，ヒノキの檜皮から 主たる原料はスギあるいはヒノキの樹皮であり，吉野町内の製材所などで調達している。前述したとおり，和紙原料になるのは内樹皮だけであり，外樹皮をあらかじめ除去する必要がある。したがって，リングバーカーなどで剥皮した樹皮は，その分離が困難なため使うことができない。そこで，

写真5 「吉野杉皮和紙」の色紙
前方は台紙加工品，後方は耳付き

写真6 「吉野杉皮和紙」の葉書と便箋，名刺

写真7　スギ・ヒノキ皮繊維を使った「吉野森の香」
（なら・グッドデザイン展入賞品）

写真8　「吉野杉皮和紙」の壁紙を貼った和室

写真9　「吉野杉皮和紙」を使ったタペストリー

スギ樹皮は建築資材用に，人の手によって採取されたものを坪（3.3 m^2）当たり800円程度で購入している。

また，ヒノキ樹皮は檜皮（ひわだ）を採取した残りの内樹皮（写真11）を入手している。この場合，シュウ酸アンモニウムを使っての内外樹皮分離作業は不要であり，効率的であるばかりか，入手価格もスギ樹皮よりも安く500～600円くらいである。

工房の設計上の工夫，ステンレス釜の導入　工房の南東にある商品の保管および選別や商談に使っている部屋は畳敷きの和室で，ここの部屋に

写真10　スギ・ヒノキ皮繊維
を使った掛け時計「時遊時歓」

写真11　檜皮（ひわだ）を採取した後のヒノキ内樹皮

は開発した和紙壁紙を使用した。ほかの作業場所はすべてコンクリート床であるが，長時間立ち仕事をする流し漉きや乾燥作業場の床は，疲れにくいように木製の床になっている。

吉野杉皮和紙をつくるために新しく設置したものではなく，表2に示すように，従来の宇陀紙製造用のものである。ただし，スギやヒノキの樹皮を繊維化するために，ステンレス製の寸胴鍋（写真12）を新たに購入した。それは，スギやヒノキの繊維にはポリフェノールが多く含まれているので，既設の鉄製の釜を使うと，著しく暗色化してしまうためである。

吉野杉皮和紙の基本製法

製造工程を図1に示す。まず，樹皮は20～30 cm程度に切断する。

内樹皮分離　建築資材用のスギ樹皮を原料として使う際には，0.2%程度のシュウ酸アンモニウム水溶液を用いて2時間ほど煮沸して内樹皮を軟化させ，外樹皮と分離する。桧皮採取後のヒノキ内樹皮を使うときには，この作業は行なわず，次

表1　スギ，ヒノキの樹皮繊維を用いた和紙製品一覧

商品名	製品名・形状等	入り数・サイズ等	参考価格*（円）	備考
吉野杉皮和紙（流し漉き）	葉書（耳なし）	8枚入り	400	・スギ・ヒノキ内樹皮繊維50%とコウゾ内樹皮繊維50%との混合（他の製品も同様の配合） ・スギ・ヒノキ樹皮繊維はビーターにより短繊維化して使用
	葉書（耳付き）	6枚入り	400	
	名刺（耳なし）	100枚化粧箱入り	2,500	
	名刺（耳付き）	50枚化粧箱入り	1,800	
	色紙（耳なし）	1枚単位（台紙加工品）	400	
	色紙（耳付き）	1枚単位	200	
	封筒	8枚入り	700	
	便箋	10枚入り	700	
	書道用紙（耳付き）	大145 cm × 46 cm	1,200	
		小145 cm × 32 cm	700	
	壁紙用紙（耳付き）	厚手145 cm × 32 cm	2,200	
吉野杉皮和紙（溜め漉き）	方形（平面漉き）	50 cm × 32 cm	1,500	・繊維は打解機により柔軟処理，長繊維のまま使用
	皿形（立体漉き）	小 ϕ 20 cm	800	
		中 ϕ 50 cm	1,200	
		大 ϕ 60 cm	1,500	
	舟形（立体漉き）	25 cm × 25 cm	800	
森の香	器	極小 ϕ 10 cm ×高さ3 cm	1,000	・繊維は打解機により柔軟処理，長繊維のまま使用 ・柿渋・ウレタン樹脂仕上げ
		小 ϕ 14 cm ×高さ6 cm	1,500	
		中 ϕ 20 cm ×高さ8 cm	3,500	
		大 ϕ 23 cm ×高さ9 cm	5,000	
		特大 ϕ 38 cm ×高さ14 cm	8,000	
時遊時歓（掛け時計）	ひし形	35 cm × 30 cm ×厚さ2.5 cm	10,000	・繊維は打解機により柔軟処理，長繊維のまま使用
	正方形	35 cm四方×厚さ2.5 cm	10,000	
	長方形（小）	27 cm × 24 cm ×厚さ2.5 cm	10,000	
	長方形（大）	45 cm × 30 cm ×厚さ2.5 cm	14,000	
	短冊形	78 cm × 25 cm ×厚さ2.5 cm	14,000	
タペストリー（溜め漉き）	小	27 cm × 35 cm	2,000	・繊維は打解機により柔軟処理，長繊維のまま使用
	大	45 cm × 140 cm	8,000	

注　＊消費税別途

の繊維化（蒸解）工程に進む。

繊維化　内樹皮はステンレス製の寸胴鍋で，約1%の水酸化ナトリウム水溶液を用いて2時間程度煮沸することにより，容易に繊維化できる。

軽く水洗したのち，漂白する場合は30%濃度の過酸化水素水を繊維の乾燥重量に対して10～20%水に添加し，その水中に蒸解した繊維を一晩浸しておく。その添加量により，漂白の程度を変え，色のバリエーションをつけることができる。

打解・叩解（繊維の調製）　十分に水洗した後，打解機（写真13）あるいはビーター（写真14）を用いて，繊維をより細かくほぐし，かつ繊維に柔軟性を付与していく。打解機は，横木をつけた心棒がカムで上下して，繊維を叩く構造になっており，その際，繊維を入れておく円筒状の容器が回転する（心棒が回転する装置もある）ことで，ま

表2　主な加工機器の概要

機器名	材質・サイズ等	用途等
蒸解釜・コンロ（小）	釜：ステンレス製30L容 コンロ：鋳物，LPG用	スギ，ヒノキ内外樹皮の分離と繊維化のための煮沸釜
蒸解釜・コンロ（大）	釜：鉄製300L容 コンロ：ステンレスおよび煉瓦	コウゾ内樹皮を繊維化するための煮沸釜
打解機	容器：ステンレス製 φ120 cm×深さ25 cm	繊維を柔軟化させる装置
ビーター	水槽部分：ステンレス製，小判型 180 cm×80 cm×深さ35 cm	繊維を細分化，短繊維化する装置
漉き舟（流し漉き用）	木製，内側ステンレス貼り 180 cm×100 cm×深さ40 cm	製紙原料を分散させる槽
漉き網（流し漉き用）	枠；木製，網：ススキの穂 製品寸法ごとに各種	紙を漉く道具
漉き舟（溜め漉き用）	ステンレス製，100 cm×70 cm×深さ17 cm	製紙原料を分散させる槽
漉き網（溜め漉き用）	ステンレス製ほか，製品寸法ごとに各種	紙を漉く道具
プレス	本体：鉄製，油圧ジャッキ：2 t 受け皿：ステンレス製175 cm×65 cm	圧搾して湿紙の水分を取り除く装置
乾燥機	本体：ステンレス製，三角柱 側面90 cm×180 cm（湿紙を貼り付ける部分）	加熱により乾燥させる装置

んべんなく打解が進む機構になっている。

ビーターは小判型の「流れるプール」のような構造になっている。水路に設置された歯車が回転して，それで水流を発生させる。ビーターにはった水に繊維を分散させた後，歯車を回転させる。歯車の下部には歯車と同じ形状をした歯があり，歯車の歯と下部の歯との間を繊維が通過する際にすり潰され，細かく，そして柔軟になる。ビーターでの作業を叩解（こうかい）というが，繊維を細かく解繊できるので，名刺や色紙など，きめ細かな紙がつくりたいときに用いる。

写真12　スギ・ヒノキ樹皮蒸解用ステンレス寸胴鍋

繊維の細かさはビーターを回す時間で調整することができる。一方，打解機は繊維の荒々しさを強調したいときに用いる。

紙料調製　打解あるいは叩解を終えた繊維は，ノリウツギの内樹皮からアルカリ抽出した「ネリ」とともに漉き舟に入れ，櫛状の攪拌機でよく分散させる。「ネリ」には漉き舟の中で繊維の分散性を高め，沈澱を防ぐ役割がある。また，このとき，

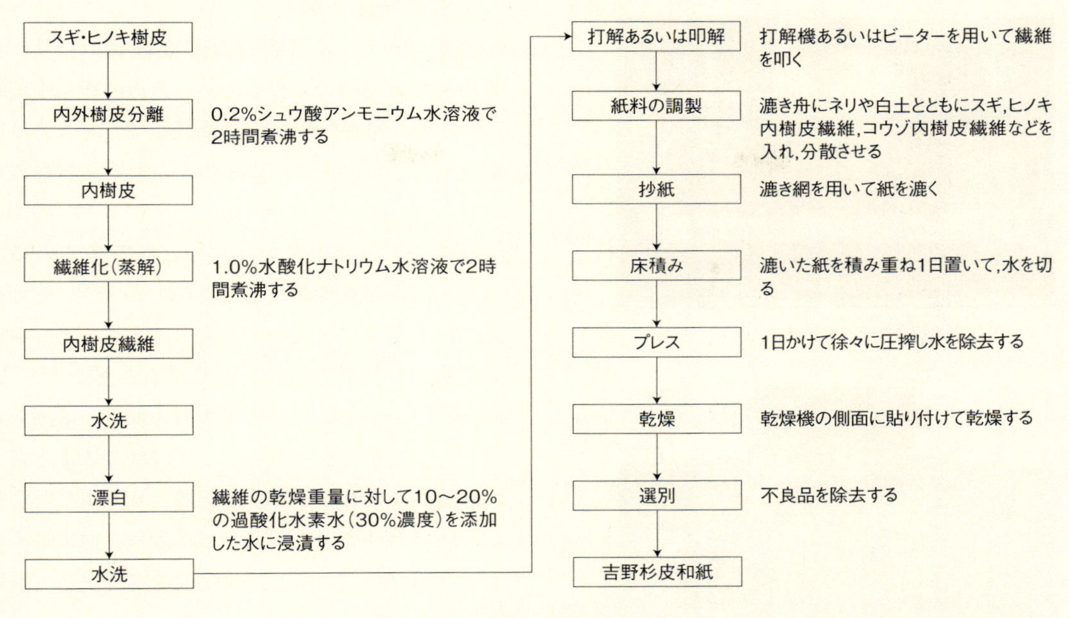

図1　吉野杉皮和紙の基本的な製造工程

写真13　打解機での作業

写真14　ビーターでの作業

スギ，ヒノキの内樹皮繊維と同様の方法で繊維化したコウゾの内樹皮繊維や，白土，湿度調整機能がある鉱物の粉体などを，使用目的に応じて加える。

抄紙（流し漉き）　このようにして調製した紙料を，ススキの穂でつくったすのこ状の漉き網で漉きあげる（写真4参照）。

床積み　このあと漉きあげた湿紙を重ねていく。これを「床積み」という。200枚程度積み上げた状態で1日置いて水を切る（写真15）。

プレス　床積みしたものを油圧プレスで1日かけて徐々に圧搾しながら，水切りを行なう。

乾燥　床積みから湿紙を1枚ずつ剥がして，ジュラルミンで作られた乾燥機本体の側面に刷毛で貼り付け乾燥させる（写真16）。三角柱のプレスの1面に2枚湿紙を，回転させながら貼り付けて行き，1回転する間に乾燥が完了するよう，乾燥機の温度を調節する。温度は，乾燥機本体の内部に導入する蒸気の量で調整する。

抄紙（溜め漉き）　以上は「流し漉き」という抄紙方法について説明したものであるが，このほかに「溜め漉き」という方法もある。これは，植和紙工房にあっては分厚い，小型の紙を漉くのに使

写真15　流し漉きで抄紙した後の床積み

写真16　乾燥作業

う手法であるが，ステンレス製の網を使って紙漉きをすることと，乾燥の方法が，流し漉きとは異なる。溜め漉きでは，床積みをすると剥がれなくなるので，漉きあげるごとに板を使って軽くプレスをして水を切ったのち，天日あるいは前出の乾燥機で乾燥する。

吉野森の香（器）の製法

立体の型に離型ができるよう薄い不織布をかぶせ，その上に打解を終えた紙料を粘土細工の要領で貼り付けていく。天日または送風式の乾燥機に入れて乾燥させ，型からはずす。耐水性を上げるために，柿渋あるいは水溶性のウレタン樹脂，または両者を順次塗布して，再度乾燥させて仕上げる。

時遊時歓（掛け時計）の製法

木型に粘土細工の要領で紙料を充填していく。森の香と同様，天日または送風乾燥機で乾燥させて時計の本体をつくり，それにムーブメントと針を取り付ける。

経営の現況と展望

直販ユーザーの要望に応じた製品づくり　百貨店や和紙専門の小売店，県内の道の駅や土産物店，旅館，保養施設などで委託販売，あるいは買取りによる販売をしているほか，直販も行なっている。

直販では，芸術家をはじめとする多くの顧客から，直接意見や要望を聞くことができ，それに基づいて製品に改良を加えたり，それをヒントにして新しい製品を試作したりすることができる。ユーザーの要望にできる限り耳を傾け，求められている製品を提供することで，口コミによる新たな顧客が生まれている。直販により開拓した顧客は，1人1回当たりの購入量は少なく，逆に求められる製品の種類は多く，販売の効率は決して良いとはいえないが，必ずリピーターとなって，安定した需要をもたらしてくれる。

紙漉き体験教室による広がり　本来の主製品である「宇陀紙」の需要が低迷しているのが最大の悩みである。これまでは，生産者の減少と，宇陀紙の需要減少とが，皮肉にもバランスがとれ，事業を継続している生産者は宇陀紙を専業としても何とか経営が成り立つ状態であった。しかし，現状では，宇陀紙の需要は激減しており，それが一因で廃業する生産者も現われた。従事者の高齢化，後継者不足も大きな問題である。

植和紙工房にあっても現状は厳しいが，宇陀紙をつくるのに求められる高い技術を継承する意味でも，吉野杉皮和紙など，宇陀紙以外の製品の販路拡大に力を注ごうとしている。その一つとし

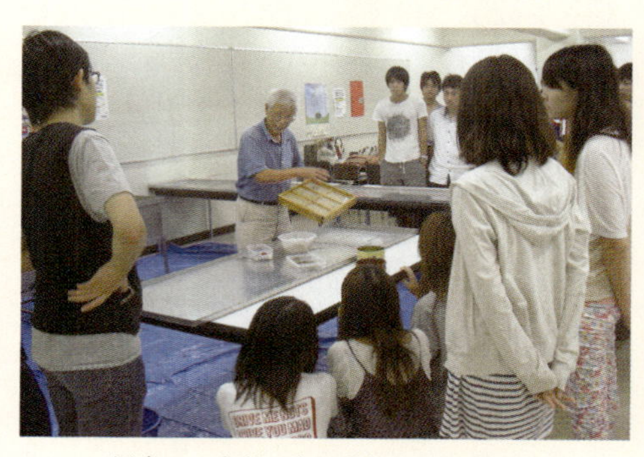
写真17　大学で出張講義をする貞男氏

て，和紙に対する理解を深めてもらう目的で，見学会を兼ねた工房での紙漉き教室のほか，各種イベントや大学での授業などでの体験学習に積極的に取り組んでいる（写真17）。基本的には一般の人に，吉野杉皮和紙と同一の原料で，葉書サイズの紙を漉いてもらう企画であるが，なかにはたびたび工房を訪れて，吉野杉皮和紙と同一の原料で，使いたい形状，サイズの和紙を自分で漉かれる「和紙マニア」も現われた。吉野杉皮和紙は，植和紙工房と顧客を結ぶ「架け橋」ともなっている（表3）。

▽植和紙工房（代表：植　貞男）の連絡先

奈良県吉野郡吉野町南大野237 - 1，TEL 0746 - 36 - 6134

表3　杉皮和紙発展の要因

植和紙工房代表である貞男氏の努力と行動力によるほか，日常の技術的なアドバイスや，展示会やコンクール参加の際の発表準備を，奈良県森林技術センターが担当したほか，県の研究委託事業に採択されて，湿度調整機能に優れた壁紙を森林技術センター，奈良女子大学とともに開発するなど奈良県のサポートも重要であった。
成功の秘訣は以下のような要素が複合的に寄与したと思われる。

1）「吉野スギ」の知名度が利用できたこと
2）和紙原料になる高品質なスギ・ヒノキ樹皮が近隣地域で確保できたこと
3）和紙製造のための技術があったこと
4）既存設備が利用でき，設備投資が最小ですんだこと
5）付加価値の高いオリジナル製品を生み出したこと
6）直販をすることで，消費者との意思疎通が図れ，顧客の意見を取り入れた商品が生まれたこと
7）積極的にPRしたこと
8）産学官の連携がうまくとれたこと
9）開発費の一部を公的な委託事業で確保できたこと
10）時流（消費者の天然志向など）に乗れたこと

線香

福岡県八女は，線香の原料になる杉粉の産地である。杉林業の副産物として杉粉が生産されている。明治末期から昭和50年代までは特に盛んに生産され，40軒以上の線香水車が稼働していた。現在では以下に紹介する馬場水車場の1軒だけになっている。

馬場水車の来歴

1918（大正7）年，横山村八重谷区（現八女市上陽町上横山）の有志21名が2，360円（現在の評価では約6，000万円相当）を出資して，井堰と水路，水車場を完成させた。それを先代の馬場次男が1961（昭和36）年に敷地ごと買い受けて生産を続け，現在の水車場の主人馬場猛はその2代目である。

木製の水車の寿命は20～25年といわれる。馬場猛は1987（昭和62）年に水車をつくり直し，2008（平成20）年には2度目のつくり直しの時期を迎えた。馬場猛は還暦を迎えていた。自分の寿命が70歳とすればあと10年。水車の寿命が20年なら10年余ることになる。大いに迷ったが，八女市内に「馬場水車場を応援する会」が結成され，八女の観光資源のひとつにもなることから，水車のつくり直しを決意した。

「応援する会」による募金活動にもささえられながら，馬場は水車の再建を現代の名工にも選ばれた中村忠幸（故人，馬場水車の製作者でもあった）の最後の弟子である水車大工の野瀬秀拓・翔平父子に依頼した。野瀬父子は21年前に中村がつくった水車を解体し，馬場が集めた杉材で再建にあたった。こうして同年10月に水車は再建された。「応援する会」の支援で杉粉だけでなく「香」（利用を広げるために，線香をこうよぶことにした）の生産・販売も始めた。

香（線香）をつくる

原料のスギ　奥八女地方には10種類以上の杉木がある。杉木のなかには粘りの強いスギ，もろいスギ，堅いスギ，軟らかいスギなどそれぞれに特徴があるが，粘りの強いスギ，堅いスギの粉が線香づくりには向いている。

1日に必要な材料は成木20～40本に相当するスギの葉である。年間にすれば，およそ5，000本。採取時期は秋の彼岸の9月と春の彼岸の3月であり，この時期は良質のスギ葉が手に入る。

杉粉，線香のつくり方　つくり方を写真で示す。杉粉は工程2～4で製造する。乾燥のさい粉にならない枝の部分は，重油などと一緒に燃料にする。水車の製粉能力は，1日に杉粉800 kgを生産できる。工程4でハネられた目の粗い杉粉は，再度水車の杵でスギ葉と一緒に搗かれる。

線香は，目の細かい杉粉とタブの粉を水で練り，うどんの生地のようにして，工程5～6のようにつくる。

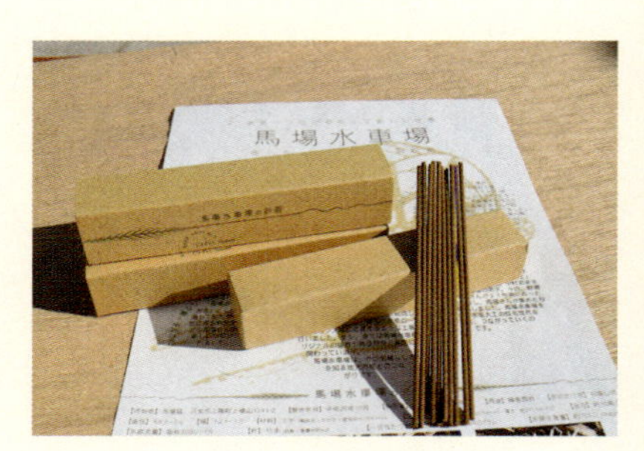

写真1　馬場水車の香

写真2　馬場水車場。現在の水車は2008年10月に完成した

馬場水車の香（線香）のつくり方

1 伐採現場で集めた杉の枝葉を乾燥小屋で一次乾燥させてから，リヤカーで火室に運ぶ。
2 裁断機で枝葉を裁断する。
3 スギ葉を乾燥する。集めたスギの枝葉から葉に近い部分だけを切り，火室で乾燥させる。粉にならない枝の部分は，重油などと一緒に燃料にする。
4 火室に入れた杉葉を攪拌し，まんべんなく乾燥させる。
5 乾燥させた杉葉を製粉する。杉葉を舟型の臼に入れ，水車の動力で重さ60kgの杵15本を動かし，杉葉を搗き丸1日かけて粉にする。1日に800kgの杉粉ができる。搗きあがった杉粉は篩にかけ，目の細かいものだけを20kgずつ袋詰めして出荷する。目の粗い杉粉は再度水車の杵でスギ葉と一緒に搗かれる。
6 一昼夜かけて搗いてできた杉粉はパウダー状になっている。
7 水車で搗いた杉粉とタブの粉を配合して水を入れて捏ね特注でつくってもらった押し出し機にいれる。押し出されてきたソーメン状のものを曲がらないように注意してダンボールの板にとり，端を切り揃えて，まっすぐなまま乾燥させる。
8 乾燥させて線香が完成する。

木製家具・加工品

利用の歴史

長い歴史をもつ木の文化の復興を

現在，鉄，プラスチックなどの石油製品に代用されてしまっている家具を，もう一度木材で製作することを考える必要がある。その場合，どの材がどのような商品に利用できるかを知ることが大切である。

また，日本の農村には，かすかに伝統文化が残っているが，そのなかから今日的に利用できるものを抜き出し，具体的な工法として定着させる必要がある。伝統的なものとして，漆，柿渋，指物（さしもの），曲木，挽物（ひきもの），竹細工，つる細工などがあるが，それらは現代においても研究しなおし，デザインしなおせば，十分に通用する。また，農山漁村に伝わる伝統文化を利用することは，健康，環境によい製品になる可能性が高い。たとえば，化学塗料ではなく自然塗料を使うことは，人体にとって安全であるし，孫子の代まで長く使え，使い捨てによる資源の枯渇を防ぐことにもつながる。

写真1　ナラ材でつくられた定評のあるタイム・チェア。広い座面の生む安心感は「時間を忘れるほど」くつろげる

日本は縄文時代から木の文化を発達させている。木の文化としては，世界で最古といっても過言ではない。特に漆は，約9,000年前から使われ始め，きわめて高度な美術工芸品を生み出している。一方では，三内丸山遺跡のような巨大な木を使った建造物もつくっている。それらの文化は連綿と伝播・継続されてきたのだが，最近になって急速に衰え始めている。しかし地域文化，伝統技術を学ぶ教育を充実させ，地場産業を発展させれば，今からでも木の文化を復興・継承させていくことはできる（写真1）。

日本での木の匠の歴史

伝統的な組み技法

家具や建具などの「指物（さしもの）木工」（釘などを使わずに木と木を組み合わせてつくる木製品）の世界では，組み技法を抜きにしては仕事は成り立たない。細かく分ければ，1,000を超える技法があるといわれ，そのほとんどが，すでに江戸末期までに完成されていたというから驚く。現在のような強力な接着剤も，ネジやボルトなどの補強金具もない時代に，先人たちは必要に迫られて知恵をしぼり，工夫を凝らして接合方法の開発に力を注ぎ，完成させたのである。

暮らしのなかで使われてきた木工品

私たちの生活は，木製品抜きには成り立たない。それらのどれにも，昔から使用目的に合った決まった樹種が使われてきた。まな板はイチョウ，割り箸はスギ，風呂桶はヒノキ，下駄はキリやホオ，スギ，すりこぎはサンショウ，つまようじはクロモジ，箪笥（たんす）はキリ，椀や盆などの食器はトチやケヤキといった具合である。どんな種類の樹がどういうところに使われているのか，そして使われている理由を知れば，樹に対する認識も新たになるし，作品をつくる際にも，どんな樹を選べばよいのか大いに参考になる。

これまで一般的につくられてきた木工品に使われる代表的な樹種と，その樹種が使われる理由を示せば，以下のとおりである。

下駄　キリ（軽くて丈夫。吸湿性が高いので，素足で履いても爽やかな肌ざわり）。他にホオ，スギ，マツ，ヒノキ，セン，サワグルミ，ネズコなど。

櫛　ツゲ（粘りがあり硬くて丈夫。静電気が起きない。長く使っているうちに油分であめ色に変化する）。他にマユミ，ヒイラギ，サカキ，ヤブツバキ，ウメ，モチなど。

風呂桶　ヒノキ（耐水性が高く，独特の芳香がある。殺菌作用もあり，保温性も優れている）。他にヒバ，マキ，コウヤマキ，サワラなど。

まな板　ヒノキ（木質に適度な反発力があり庖丁の刃を傷めない。殺菌作用と耐水性，水切れの良さも）。他にイチョウ，カツラ，モミ，スプルースなど。

割り箸　スギ（手ざわりが良く，挟んだものが滑らない。繊維が通直なのできれいに割れ，木肌は清潔感があって美しい）。他にヒノキ，マツ，ヒバ，シナ，エゾマツなど。

すりこぎ　サンショウ（凹凸のある木肌は手に馴染み，滑らない。独特の芳香と食欲増進などの薬効作用と殺菌性がある）。他にタラなど。

しゃもじ・へら，おたま　ブナ（断熱性があるので，手が熱くならない。清潔感のある白い木肌，手に馴染む肌ざわり。体に無害）。他にヒノキ，ホオなど。

つまようじ　ヤナギ(適度な弾力性があり無害。白い木肌が清潔感に溢れている）。他にクロモジなど。

米櫃（こめびつ）　スギ（吸湿性があるので，ご飯がべとつかない。保温性が高く，耐久性も優れている。白い木肌には清潔感がある）。他にサワラなど。

野球用バット　トネリコ（粘りがあり折れにくい。反発力にも富んでいる）。他にアオダモ，セン，ムク，ニレ，ヤチダモ，メープルなど。

鉛筆の軸　エンピツビャクシン（適度な弾力性があり折れにくい。軽くて削りやすい）。他にシナ，ハン，アララギ，インセンスシーダ，ジェルトンなど。

太鼓胴　ケヤキ（太い径の幹がとれるので大太鼓がつくれる。丈夫でひび割れず，音の響きが良い）。他にトチ，セン，タモ，ブビンガなど。

碁・将棋盤　カツラ（手応えが優しく，長時間打っても手が疲れない。木肌がきれいで耐久性がある）。他にカヤ，イチョウ，ホオ，サクラ，スプルースなど。

将棋の駒　ツゲ（堅くて粘りがあり，手ざわりが良い。耐久性が高く，目減りがしない）。他にホオ，カツラ，ツバキ，スプルースなど。

琴　キリ（軽くて丈夫。湿気に強く狂わない。音の響きも良い）。

椀　ケヤキ，トチ，カエデ（保温性，断熱性に優れ，熱い汁を入れても手で持てなくなることがない。美しい木目が現われ，口当たりも良い）。他にブナ，ミズメ，ヒノキなど。

曲げ輪っぱ　ヒノキ（加工性が良く殺菌作用がある。吸湿性に富み，ご飯やおかずが汗をかかない。軽くて耐久性もある）。他にネズコ，スギ，トウヒ，エゾマツなど。

盆　ケヤキ，カエデ，アカマツ（加工性，耐久性が高い。木肌，木目ともに美しく，長く使うと味わいがでる）。他にヒバ，ホオ，サワラ，カツラ，トチなど。

ほかにもこのような樹が，こんなところに使われている。

洋服掛け　ナラ，セン，ブナ，カツラ，サクラなど。

かまぼこ板　モミ，スギ，エゾマツ，スプルースなど。

定規　ツゲ，カエデ，サクラ，ヒノキ，カツラなど。

写真2　オークの酒樽を再利用したピュアモルトスピーカー。ウイスキーの樽材はアルコールと樹液が交換されていて，音質が優れている

スキー板　ヒッコリー，イタヤカエデ，ブナ，トネリコなど。

額縁　サクラ，カエデ，カツラ，ホオ，アガチス，ラワン，ケヤキ，センなど。

製図板　ホオ，カツラ，ヒノキなど。

マッチの軸　ドロノキ，サワグルミ，シナなど。

そろばん　カバ，シャムツゲ，シタン，コクタン，シデなど。

ラケット　ヒッコリー，トネリコ，ブナ，クルミ，イタヤカエデなど。

ゴルフクラブ　クロガキ，アオダモ，カバ，ブナの積層材など。

印材　ツゲ，ホオ，カツラ，アガチスなど。

棺桶　モミ，ヒノキ，マホガニーなど。

素材選択

素材や伝統文化を生かす

日本の伝統的な技にこだわり，なおかつそれを新しい着眼点をもって今日的に生かすことが個性につながる（写真2）。また，木工の場合，個性的な商品をつくるためには特に素材にこだわる必要がある。

家具，調度品の場合は素材主義とすることが大切である。材を考えるというと，すぐにスギ，ヒノキを思い浮かべるが，日本には100種類以上の有用木材があるので，それらの伝統的な使われ方を再確認したり，科学的な角度から材の特徴を研究したり，現在ほとんど消滅しかかっている技を再発掘したりして，今一度徹底的に研究し，適材を適所に利用する力をつける必要がある。

私が岐阜県で主宰する「オークヴィレッジ」では，徹底的に木にこだわってきた。特に広葉樹にこだわり，いろいろな木を使ってみた。ケヤキ，ナラ，クヌギ，シオジ，タモ，ニレ，キハダ，クリ，ブナ，カシ，ウバメガシ，ホオ，カツラ，トチ，ウルシ，サクラ，ミズメザクラ，カバ，クルミ，クス，タブ，イスノキ，ツゲ，ツバキ，セン，シナ，エンジュ，キリ，クワなどである。また，針葉樹もスギ，ヒノキ，ネズコ，アカマツ，モミ，トウヒ，ツガ，サクラ，イチイ，ヒメコマツ，カラマツなどを使ってきた。

これらの経験から「日本人として知っておきたい木30種」をテーマに『森の博物館』（小学館）を執筆し，同時に「森の博物館原物標本」を開発し，売り出した。これは，木のサンプルを30種集め，それを厚手の紙に貼りつけ，本のような形にしたものである。開くと，日本人が昔からよく生活のなかで使ってきた木30種の木片が並んでいる。これは，つくるとなると意外と難しい。

主原料の選択

一口に素材といっても，樹種により色，木目，香，強度，硬度などの性質が大きく異なるため，一律に扱えるわけではない。しかも日本の場合は，独特な自然条件により樹木が実に多種多様なので，それだけ個性をもった素材が溢れている。さらに，同じ樹種であっても，育ち方，場所などの環境，1本の木のどの部位にあたるかなどにより，実にさまざまな表情をみせる。木の部位ごとに，また1本1本の木ごとにまったく違う素材，つまり「生物素材」である。その意味では，樹木は常に個性的な商品を生み出す可能性を秘めているといえる。

ここでは，木製の家具や木工品の主な素材について，その特徴を述べてみよう。

ナラ

オークヴィレッジではナラを家具の主力材に使う。その理由は2つある。ひとつは，ナラは魅力ある材なのに日本では雑木とされてきたが（写真3），最高の家具をつくることができる素材だからである。ナラは，ヨーロッパではオークと呼ばれ，特にイギリスにおいては1500～1660年の間を「エイジ・オブ・オーク」と呼び，当時の材種のなかで最も家具材に適しているとして，貴重がられていた。ところが日本においては，明治初期にオークを「カシ」と訳したことも影響して，ほとんど評価されなかった。実際には，ロンドンは日本の札幌より北に位置し，常緑樹であるカシは育たず，イギリスでいうオークは日本のミズナラに最も近い。そのナラは，日本の他の材に比べて加工は難しいが，ていねいに仕上げれば，最高の家具に変身させることができる。

もうひとつの理由は，実際にナラでつくられた黒田辰秋さんのテーブルセットなどを見たり座ったりしてみて，こんな家具をつくりたいと思ったからだ。そこでオークヴィレッジでは，ナラに漆を塗った家具を主力にしている。特に，1本の大きな丸太から製材して樹皮のほうまである板（職人は「耳付き板」と呼ぶ）の厚いテーブルを多くつくっている。

ナラの木はケヤキとともども，数ある樹種のなかでも「暴れる木」として有名で，きわめて男性的で「キング・オブ・ザ・フォレスト」＝「森の王様」と呼ばれている。実際，山に入ってみると，尾根筋に近い，多少乾いた，それでいて肥沃そうな土地に，ナラの大木がドーンと控えていることが少なくない。大木になると多くの場合，周りの木より背が高く，かつ尾根にも近いことで風当たりを強く受ける。ケヤキと同じように豪快な枝振りに成長することが多いので，それだけ，気性が荒くなるのかもしれない。また，ドングリが落ちてからの成長過程をみても，地中の養分を吸う力が非常に強く，結果的に重くて堅い，木目も荒く変化に富んだ木になる確率が高いようである。

写真3　ミズナラの大木「彦左衛門」（岐阜県高山市）

このように変化の多いナラの木から，「素直で強く，見映えがよい，三拍子揃った材」を選んでテーブルにする。テーブルは素直でないと甲板が狂ってしまい，お話にならない。しかし，どんなに素直でも温室育ちのようにひ弱では困る。しかも使う人はついつい甲板に目がいくから，木目が美しくなくてはいけない。そうなると，一枚板のテーブルになる材は必然的に限られてしまう。

その粘り強さゆえ，ナラが家具材のなかでも，一番適しているといわれるのが椅子である。ナラの椅子は，ロイヤル・オークを紋章として採用している国イギリスでは16世紀からたくさんつくられている。ナラにいろいろな花を粗削りで彫刻した椅子は，常に人に何かを語りかけているような趣がある。日本でも30～40年前までは，小学校の椅子といえば四角くてカッチリしたナラの椅子と決まっていたのものだ。明治以来，公教育の発展とともに，このナラの椅子は，数限りなくつくられてきたのだろう。デザインらしいデザインもないこのシンプルな椅子に，多くの人がどこか愛着を感じるはずである。

オークヴィレッジでも，ナラの木で「タイム・チェア」と名付けた椅子をつくった（写真1参照）。分厚い材を背に使い，そこに「時が過ぎ行くままに」と英語で彫刻した椅子は，人間関係の煩わしさや，あくせくした仕事を離れ，木がもつ特別の時間に連れて行ってくれそうだ。ナラは1万年の昔から使われていたが，太いナラの木のなかには，代々受け継がれた1万年前からの遠い記憶と，1万年先まで木と人間が共生したいという希望が，詰まっている気がしてならない。

ホウ

ホウは日本にだけ存在する木である（写真4）。しかも材になると，その色が緑がかっている。葉っぱが緑なのは樹木の通例だが，材まで緑がかっている木はホウ以外にはまずない。神代欅という地中に埋まっていた木のなかには緑がかっているものもあるが，生木のときに緑がかっている木はホウだけだろう。もちろん灰色だったり茶色だったりするホウの木も多く，伐って間もなくは暗緑色のきれいな色をしていても，少し時間がたつと色がさめてしまうものも多い。特に紫外線には弱く，日光の強いところでは黒褐色に色が変わってしまう。

ホウの木に彫刻をして年賀用の版画にした経験がある人もいるだろう。版画用に素人向けにも売られるくらいだから，ホウは彫りやすい木の代表である。ケヤキやナラよりも柔らかくて軽いし，サクラよりさらに柔らかい。かといって，キリはもちろんスギやヒノキより重く，多少堅い。一番よく似た材はカツラだが，カツラよりほんの少し材が密で粘りがある。

ホウは本当に素直で中庸，色つやもまあまあで，材にバラツキがない。なにしろ欠点がない木なので，いろいろなところに使われるが，どちらかというと地味で控えめな使われ方をしている。たとえばホウの引き出しがあるが，今ではホウを引き出しに使う家具は超高級品といってよい。ホウの木は，背は高くなるがそれほど大径木にならず，せいぜい50 cmぐらいの直径にしかならない。ブナのようにまとまって森林を形成しないので，あまり蓄積の多い材とはいえない。

それでもその素直な性格が評価され，定規や製図板の超高級品，漆などの生地などにも使われる。寄せ木細工や指物にもところどころ使われ，その独特の色で，ささやかにやさしくアピールすることもある。ホウはまた刃物の柄にも使われる。刃物をいためないという特徴が生かされてのことだろう。

朴歯（ほおば）の下駄も有名である。ホウはキリより堅いが，広葉樹としては比較的柔らかいので，下駄の歯に使われると足に不必要な衝撃を与えないからだろう。特に男物の豪快な感じの下駄は朴歯が多い。

カツラ

カツラは，北は北海道から南は九州まで，日本全国に広がって育つ木で，日本固有の木である（写真5）。中国にはよく似た木があるらしいが，ヨーロッパ，アフリカ，オセアニア，アメリカの世界の他の国にはない。どちらかといえば北海道や中部地方の山に多く，一般に谷筋の肥沃な土地に生える。しかし，ブナなどと違ってカツラだけで純林をつくるようなことはなく，ぽつりぽつりと生えていて，そのため大量に入手できる木ではない。平地でもときどき大木があり，その独特の

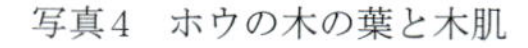
写真4　ホウの木の葉と木肌

葉

木肌（樹皮）

写真5　カツラ

箒（ほうき）型の樹形は一度見ると忘れられないほどである。切り株から出たひこばえが大きくなると，数本で株立ちし，扇形に広がったりもする。また，ときに，神社や寺のご神木になったりし，大きなものでは高さが30 m，直径が1 m以上にもなる。

「カツラは温かい木である」と，材になったカツラに対する感想を多くの職人が口にする。「温かい」とはどういうことだろうか。ものは一般に比重が大きいほど冷たく感じる。たとえば，金属やガラスは比重が大きく，それだけ冷たく感じる。この人間の感覚は物理的にも正しく，金属やガラスなどは人の手が触った瞬間に接触面から熱をうばう。木はどちらかといえば温かいほうに入るのだが，同じ木でも比重の大きい黒檀や紫檀は冷たい。カシやケヤキもどちらかといえば冷たく，キリやスギは軽くて温かく感じる。

カツラは比重が0.41～0.55で木材のなかでは中間に位置するが，繊維の方向の関係でヒノキやマツより温かく感じる。このように温かい材なので，北海道では一番よい床はカツラのフローリングだという。カツラは比重も堅さも強度も中くらいで，一般に木目による材のバラツキがなく，切削もしやすく，大変扱いやすい材である。そのため，生活の場面でオールラウンドに使われる。家具としては特に箪笥（たんす）や棚に多く使われ，仏壇や仏具，製図板，それに木琴やオルガンなどの楽器にも使われる。さらに大径木は彫刻用として重要な位置にある。

オークヴィレッジではカツラを家具の引き出しの側板に使っている。堅さが中程度であり，素直で狂いが少なく，時間がたつと堅さが増すからである。また，あまり重くなく，温かみがある特徴を生かして，盆や文箱にも使う。「ヒガツラ」と呼ばれる色のよい材を彫って，看板や装飾用の壁面を構成したりすると建物に変化が出る。北海道日高地方のヒガツラが有名で，色はまさに緋色（あざやかな赤茶色）で，材質も均一で温かい木の象徴のような木である。

さらにカツラは碁盤にも使われる。白と黒の石を置いたとき色の対比がよく，パチンと打ったときの音と感覚が，かたすぎもせずやわらかすぎもしない。また，石を打って一度ひっこんだところが浮き上がる力が材にある。もっとも高級な碁盤はカヤであるが，カヤがほとんどなくなり，カツラの出番がますます増えている。

トチ

トチ（写真6）も木肌が白い木である。シナの木も白いが，トチの木はかすかに卵白がかった白さで，木肌の色つやも含めるとトチの白さのほうが好きだという人が多いかもしれない。「トチの絹肌」といって，色だけでなく表面がことのほか滑らかで，削った後の感触は最高だという人が多い。

ナラやケヤキなどは堅くて木目がはっきりしており，しかも導管が粗い材なので，どうしても表面

写真6　トチ

がザラザラする。職人でも，ナラやケヤキの板に鉋（かんな）をかけた後にトチの板に鉋をかけると，半分くらいの力で，しかも滑りがよいので思わずホッとするという。トチはどう見ても女性的で「色っぽい」木である。トチはいわゆる散孔材で，導管が細く不規則に散在していて，しかも材が全般に均質かつ緊密なので感触がよいのである。

まれに直径が2m以上の大径木になり，材としていろいろな使い道がある。しかし一方では水分を多く含んで腐りやすく，ときには木立のときから空洞ができたりするし，材として狂いやすいという欠点もある。したがって，大径木に出合ったとしても，必ずしもよいトチ材がとれるわけではない。それで材が均質なので非常に割れづらいという特徴があるから，木の器としてよく使われる。木工のジャンルのなかに「刳物（くりもの）」とか「挽物（ひきもの）」とかいう分野があり，トチはこの分野にピッタリの材なのである。

オークヴィレッジでも，トチで菓子鉢やサラダボウル，皿，盆などをつくっている。これらの挽物の器をつくるためには，まずトチの丸太を買い，菓子鉢やサラダボウルなどの深い器に使うものは厚い板に，皿や盆などの薄めの器にするものは薄い板に製材する。その製材した板を「桟積」といって細い桟を入れて，風通しをよくしつつ数年にわたって天然乾燥をする。それから乾燥した枝を荒挽きし，再度乾燥するのだが，現在「燻煙乾燥」といって木を燻製にしながら乾燥する方法をとっている。燻煙乾燥はだいたい10日くらいで終え，今度は「本挽き」，「仕上げ挽き」という工程で器の形を完成させ，最後の仕上げに塗料を塗る。オークヴィレッジの場合はだいたい漆で仕上げ，木地が見えるように塗る「摺漆（すりうるし）」にする。特に仕上げをすると，「縮み」という繊維が交互に波打ったような木目が出ているものでは，3～5mmごとにある縮み模様が，光の当たる角度により微妙な反射の仕方をし，キラキラと輝く。

「縮み」だけでなく，トチは老木になると瘤状になったりするので，複雑な木目の材が得られる。また，白い木肌の中に節が出ると，節が茶なので非常に目立つ。この節のある木をブックマッチ（左右対称）に使うと，生き物の顔のように見えることがある。トチは腐りやすい木だが，腐る兆候が出たそのときにうまく乾燥すると，黒い帯線が非常におもしろい曲線を描く。この模様（マップ模様）も，ブックマッチを含めたうまい生かし方をすると，芸術性の高い作品になる。

ブナ

「世界で一番売れた家具は何だろうか」という議論をしたことがある。皆そこそこ家具の歴史に詳しいメンバーだったのだが，「それはきっとトーネットの曲げ木の椅子だ」ということに落ち着いた。つるのように柔らかく曲げたブナでつくられた優美な椅子たちである。1900年までに5,000万脚以上を生産したといわれ，今でも生産され続けているトーネットの曲げ木の家具は特許が消えたから，ライバル会社の椅子や偽物も加えると，よく似た曲げ木の椅子は膨大な数で世の中に出回っている。

ブナ（写真7）のほとんどは白太（白っぽい辺材）のわりに比重が大きく，その分けっこうな強度がある。しかも比較的真っ直ぐに伸びて繊維が通っている材が多い。そして，昔は蒸気，今は高周波で「蒸して曲げた後，冷ましながら乾燥すれば曲線は固定される」という曲げ木の手法にもっとも適した材であるといわれている。なかでも山奥の北斜面で育った元気なブナが曲げ木によいとされている。人手の入らない山奥では木が密集し，かつ北斜面であれば成長が遅く年輪が緻密になるからだ。しかも元気な木は偏向がないうえに強度も

写真7　ブナ

ある材となる。

ブナは，曲げ木以外にも木工芸品の材としてきわめて応用範囲が広い。家具ではテーブルや椅子はもちろん，箪笥や食器棚などの箱物にも使え，日本における洋家具の一番ポピュラーな材として親しまれている。以前は乾燥が難しい材として敬遠される傾向があったが，今では人工乾燥の方法も確立し，家具材だけでなくクラフト製品と呼ばれる器や文具，インテリアの小物の材として重宝がられるようになってきた。特にブナの木の肌ざわりの良さと強さのバランスから，子供用の玩具に使われることが多くなってきた。オークヴィレッジでも木馬や子供椅子をブナでつくっている。

現代ではこのようにブナの価値がそれなりに認められてきたが，歴史的にはどうだったか？　それを調べに東北の各地を歩き回ったことがある。ところが，ブナでできた「これぞ」という歴史的作品が見つからない。かろうじて「けぇしき」と呼ばれる雪かき用のスコップのようなもの，板の先に鉄がはめてある「風呂鍬」，荷をかつぐ棒や荷車の一部，そして「庄内杓子」と呼ばれるオタマやシャモジなどを見つけた。かつての東北では，ブナは「橅」という字から想像がつくが，「木で無い木」といわれるくらい無尽蔵と思われるほどあった。いってみれば，かつてブナの作品は現代のプラスチック製品の位置にあったのである。しかし，ブナの過去の作品は見事に消えてしまった。

その理由を考えてみた。ブナは材として比較的バランスがよく，木工のあらゆる分野に使われる。しかし，ひとつだけ腐りやすいという欠点がある。同じ広葉樹のケヤキ，ナラ，クリとは比べものにならないくらい腐りやすい。これは材のほとんどが白太（赤みをおびた心材に対し，白っぽい辺材をさす）であることとも関係しているが，樵（きこり）たちに「ブナの立ち腐れ」，すなわち森の中に立っているうちに腐るとまでいわれるくらいに腐りやすい。材料として天然乾燥させているときなども，よほど気をつけないと乾燥しているのか腐らせているのかわからなくなってしまう。ブナの腐りやすさが，古代のブナの作品が現代まで残らなかったひとつの大きな原因であるに違いない。

副素材の選択

漆

ここでは，塗料として使う漆についてふれる。

漆は日本古来の伝統材料である。漆は，短結合ではなく，縮合と重合が一緒になった縮重合という結合の仕方をしていて，湿度と温度がうまく調整され，かつ塗膜の厚さが適度に塗り重ねられていると，非常に強い塗料となる。熱に強いので，熱いカップを置いたからといって白く変色することもないし，水に浸しても大丈夫であり，白アリを含めた虫にも強い。またアルコールやシンナーにも侵されず，多くの金属のように錆びることもない。生漆を塗るだけの「摺漆」仕上げは，このような強さに加えて，木目がくっきり浮き上がり独特のつやもあり，非常に美しく魅力的なものである。

「摺漆」の場合，木地と漆の相性により，仕上がりは毎回のように異なる。また，使うほどに透明度が増し，時間を経るごとに木目が浮び上がる。使い方の違いが木目の変化に出る，塗料である。

製造法 — 木工の原理

木工品を製造するとき，基本的な技術は「組む」ことである。以下，その基本的な原理・方法をまとめる。

部材を組み合わせる

ホゾとホゾ穴

木を組む基本は，ホゾとホゾ穴との関係を理解することである。ここでは「四方胴付き一枚ホゾ」という，一番簡単で，よく使う仕口（2つの部材がある角度をもって接合すること）について述べる（図1）。

まずホゾ穴の幅は，穴をあける材の3分の1にする。3分の1以上にすると穴の幅が大きくなりすぎて，ホゾ穴を彫る材が弱くなってしまうし，逆に3分の1以下だとホゾのほうが弱くなってしまう。したがって，3寸の柱には1寸の穴を彫る。ちなみに，二枚ホゾのときは，ホゾ穴の幅は5分の1にする。これもホゾ穴をあける材とホゾのバランスを考えてのことである。

このように，尺貫法が人間のサイズから発した3と5の倍数になっていることには根拠がある。ただ，ホゾ穴の幅は昔からの鉄則を守ったほうが結局は強そうだが，キリのように軽い材と黒檀のように重い材を組み合わせるときなどはどうするか，研究の余地がある。いずれにしろ，3分の1とか，5分の1とかは単なる迷信ではなく，それなりの科学性がある。

ところで，図1において，ホゾ穴の幅が「B＋α」になっているのに対し，ホゾの厚みが「1/3A－β」になっているのはなぜだろうか。実はこのβは「木殺しによってへこむ量」である。「木殺し」とは，玄能（げんのう）でホゾを叩いて木をへこますことをいう。これは，ホゾ穴にホゾを入れるときは，ホゾ厚みの方向にきついとホゾ穴のほうの材が割れてしまうので，これを防ぐために行なう。ホゾに「木殺し」をしておけば，ホゾ穴に入りやすいし，それでいて，あとから少しずつ木が膨らんできて，ホゾとホゾ穴がピッタリ密着するのである。

それではホゾの縦方向（図のホゾ幅）が「＋α」になっているのはどうしてだろうか。このαを「しまりしろ」と呼んでいる。「しまりしろ」は，ホゾの縦方向を穴より大きめに，少し堅いが玄能で叩いて入る程度にするのだが，その穴より少し大きい部分を指す。木は縦方向には非常に強いので，ホゾは少しくらいきつくても折れるこ

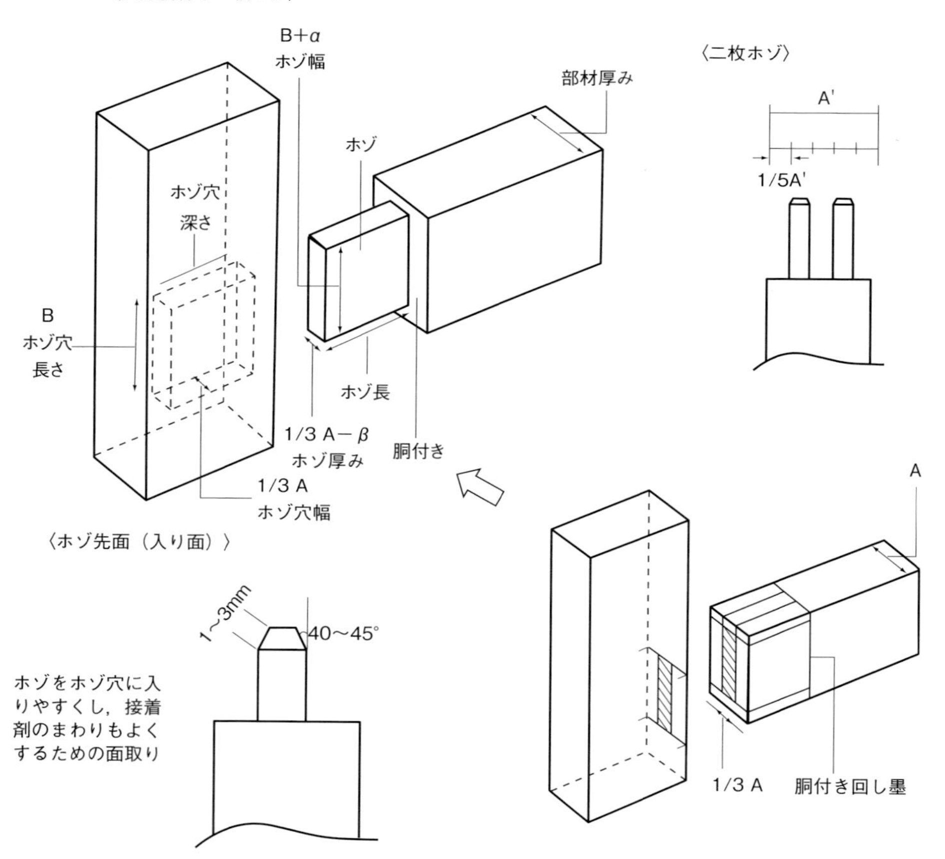

図1　ホゾとホゾ穴

となく，へこみながら，ホゾ穴に入っていく。「しまりしろ」は一般に針葉樹で5厘～1分（1.5～3mm），広葉樹で1～5厘（0.3～1.5mm）とされているが，そのときどきのホゾの組み方，木の堅さなどによって千差万別である。

このように，「木殺し」して木をへこませてから接着剤などの水分によって膨らませて密着させたり，「しまりしろ」をとっておいて木をへこませながら多少無理をして入れたりして，結果的に抜けなくしているわけで，木が伸縮する性質をうまく長所として利用する。この伝統工法においては，木はそもそも伸縮する「生き物」であるという観念がある。

なお，日本の伝統工法においては，ホゾとホゾ穴がピシッと入り，ピッタリくっついていることが要求される。ホゾとホゾ穴がしっかり入っていると，直角がピタリとくることにもなる。一枚ホゾにでも，これほどの神経をつかうのが，日本人の美意識ともいえる。

箱物と脚物

ホゾとホゾ穴の組み方は，箱物と脚物とでは違う。箱物とは箪笥（たんす）や食器棚のようなものをいい，脚物とはテーブルや椅子のようなものを指す。箱物と脚物ではなぜ組み方が違うかといえば，脚物はホゾの数があまり多くなく，それでいて椅子やテーブルにはいろいろな方向から力がかなりかかるのに比べて，箱物はホゾの数がかなり多く（箪笥一棹で300か所ぐらい），置いておくだけではそれほど力が加わるわけではないからである。

箱物は1か所の仕口（しぐち）にかかる力が少ない。一方，脚物は1か所でも仕口がゆるむとすぐにグラグラするので，仕口は木が割れない程度にできるだけ固いほうがよい。箱物はホゾが多くて互いに力がかからないし，数が多い分仕事の能率を上げなければならないこともあり，脚物より多少甘くてもよい（もちろんグラグラしてはならない）。

箱物と脚物とでは，どのような材を使い分ければよいのだろうか。箱物は，ほんの少し柔らかくて年寄りで，率直な材がよい。つまり，暴れや狂いは許されない。もし材の選択を間違えば，どれだけ神経をつかってホゾとホゾ穴を髪の毛1本の隙間もなくくっつけて，なおかつ，ぴったりカネ（直角）がきていても，材が曲がってしまえばすべてが無駄になってしまうからである。それに対して，脚物は比較的堅く，若くて粘りのある材がよい。少しばかりの暴れや狂いは許される。箱物の材と反対で，年老いた材を使えば，仕口をせっかく固くして絶対にぐらつかないようにしても，ポキリと折れてしまう可能性がある。

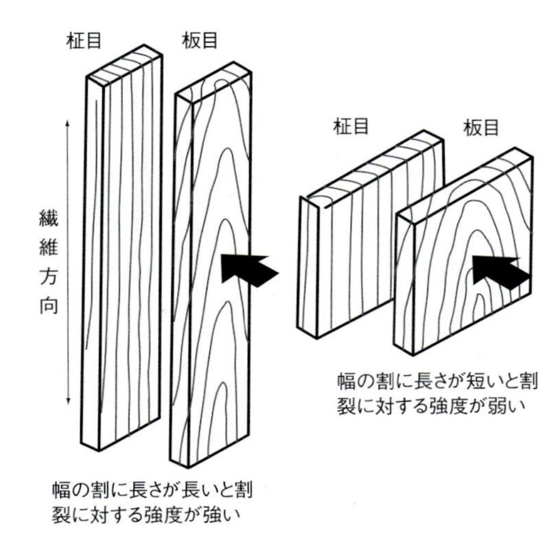

図2　木の割裂性

木の性質を知る

木の割裂性

木には，それを扱ううえで他の素材と基本的に異なった性質がある。それは，木には異方性があるということだ。プラスチックや金属は等方性だが，木は強度も伸び縮みも方向によってまったく異なる（図2）。

木は幅の割に長さが長いと強度が非常に強く，同じ重さの鉄などよりもはるかに強い。特に曲げの強度を示すヤング率などは，あらゆる素材のなかでも群を抜いて強い。これは導管とか，仮導管と呼ばれるパイプが束になっているからである。逆に幅の割に長さがないと，強度は見事に弱い。パイプ状の繊維を結びつけている主な物質リグニンは，接着材のようにかなり接着力はあるが，パイプの束が折れるか折れないかぐらいの力が加えられるとすぐに離れてしまう。特に長さがない場合は接着面が少ないこともあり，割れやすいという弱点につながる。

しかし日本人は，この割れやすい弱点を利用し，「木を剥（へ）ぐ」という手法をあみ出した。これは，材をつくるとき木を割って板などにすることである。飛騨などでは，屋根に使う板は絶対に「木を剥いだ板」でなくてはならない。なぜなら剥いだ板は繊維に沿って割れているので，雨水が流れやすいからである。スギやヒノキなどの針葉樹は非常に割れやすく，日本では建築にしても生活用品にしても，これらの木を割ったり剥いだりした材を上手に使ってきた。これは，繊維に沿って割るのが，木は一番強くて美しいということを意味する。

木は伸び，縮み，反る

木は方向によって強度が違うが，同様に伸び縮みも相当に違う。繊維方向をA，柾目方向をB，板目方向をCとすると，A：B：C＝1：50：100くらいの伸び縮みの差がある（図3）。もちろん木の種類や，同じ樹木でも1本1本の性質によってかなり違うから，あくまでも大まかな目安である。木は繊維方向，柾目方向，板目方向により，2倍から100倍も伸び縮みに差があり，繊維方向に対して板目方向は100倍くらい伸び縮みが激しい。これほど伸び縮みが異なるものを組み合わせるには，当然それなりの特別な方法が必要になる。

木にはもうひとつ，基本的なところで他の素材にはない独特の性質がある。それは，乾燥するに従って常に木表のほうに向けて曲がるという性質である。木の中心部に近い木裏は，より柾目的で伸縮がなく，年輪の数だけ古くでき上がっており，より乾いて硬化している。他方，木表はより板目的で伸縮が大きく，新しくできた組織のため，木裏と比べて乾燥しきっておらず，柔らかさが残っている場合が多い。それゆえ，板にしてから乾燥が進むと，どうしても木表に反ってしまう。

また，木には「元」と「末」がある。木の根元のほうが元で，先のほうが末である。両者の重さをみると，元のほうが，一般に末より重い。土に根を張り空中に枝葉を広げる木は，元のほうに重力

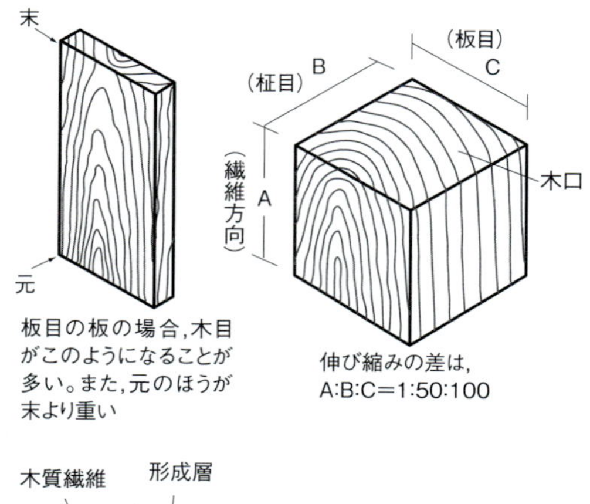

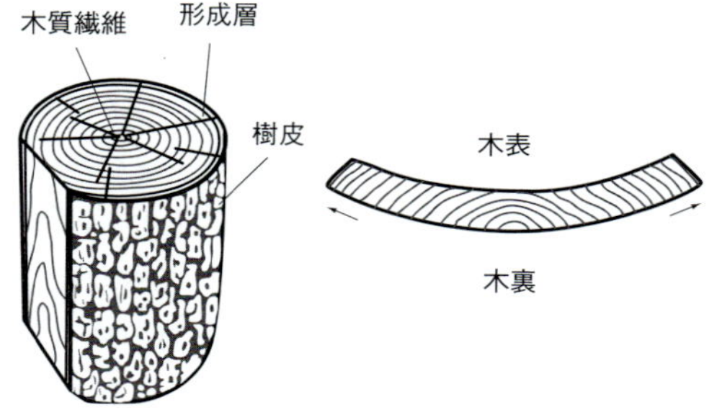

図3　木は伸び，縮み，反る

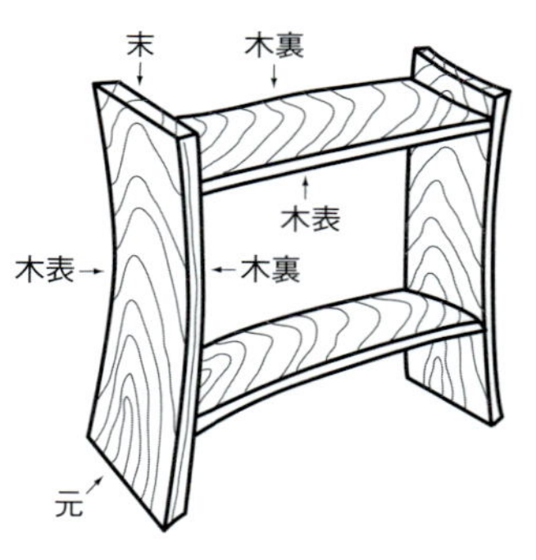

このように組むと，見た目もよく，機能的にも強く，反る性質もうまく利用できる

蟻桟。反り，伸縮，割れなどを補完し，しかも伸び縮みの味わいを消さないために蟻桟を用いる

図4　性質を利用した木の組み方

や風圧を集中して受ける。それにもちこたえなければならないため，より繊維を強固にするからである。なお，一般に板目の板は，図3のように木目が山型になり，元のほうが山の麓，末のほうが山の頂上の方向になることが多い。

性質を利用して木を組む

日本の伝統工芸では，木の性質（木の末と元，木表と木裏，板目方向と伸縮）を巧みに利用して木を組む。たとえば，板で棚を組む場合，図4のように側板は木表を外側に，元を下に，末を上にする。こうすると見た目にも「すわり」がよく機能的にも強くなる。一方，棚板は木表を下にする。こうすると，どちらかというと上弦の反り，板の上にものが載ってたわむのを防ぐ役をしてくれる。しかし，これも絶対ということではなく，いわゆる「アバウトの原則」でしかない。

テーブルの甲板などの場合は，木表を上にすべきだという人もいれば，木裏を上にすべきだという人もいる。木表を上にすると木目が美しいが，木表に向けて板が反るので，下手をすると水などがたまりやすくなる。一方，木裏を上にすると水はたまらないが，木目がぼけたり，木の中心部に割れが出たりしやすくなるので，気をつけなくてはならない。

木表を上にしようが木裏を上にしようが，やはり木があまり反っては困る。また，木は板目方向に1％近く伸び縮みするので，1 m幅の板だと乾けば99 cmぐらいになってしまう。最初に多量に水分を含んでいると，もっと縮んでしまう。そのうえ，木は繊維方向に割れやすい。このような性質をうまく補完しつつ，しかも木の伸び縮みという味わいを消さない方法がある。それは，板と直角方向に「蟻桟（ありざん）」と呼ばれる桟を通す方法である（図4下）。アリの足のような形をしたこの桟は，別名「すいつき桟」といい，板にすいつき，離れず，木が反ったり割れたりすることを防ぎつつ，木が伸び縮みするのを妨げない。

また，木の性質を補完し味わいを消さないために，板を框組（かまちぐみ）にはめ込む図5のような方法を用いることもある。このとき框に使う材は，なるべく柾目で曲がったりねじれたりしにくいものを使うのが原則である。たとえば，二段重ねの棚をつくる場合，棚には500ぐらいのホゾとホゾ穴があり，その組合わせは場所ごとに一番適切な仕口にしなければならない。ここは「四方胴付きの二枚ホゾ」とか，ここは「三方胴付きの一枚ホゾ」でよいとか，それぞれの場所ごとにある原則を踏まえ，適切な仕口を選び，「墨付け」をしていく。しかし，仕口だけを選べばよいのではなく，木表と木裏，木の元と末，板目と柾目，木目の粗い細かいなど，あらゆる木の性質を見抜いて適材適所に配置したほうが，よりよい作品になることが多い。

さらに細かいことをいえば，引き出しひとつをつくるにしても，次のようなことが重要である（図6）。一般に引き出しの板は，すべて木表が外側になるように使う。特に側板は木表を外側にす

図5　性質を利用して木を組む―框組の二段重ねの棚

ることによって摩擦を少なくする。同じ理由で側板は，中央部分を少し削る。また向こう板は，前板に比べて少し短めにし，引き出しが入りやすいようにする。そして，なるべくどこにも触らないように，少し余計に削る。

このように，日本の伝統工法は，引き出しのような家具のほんの一部についても，徹底的に木の性質を知り尽くして，適材適所に使い，科学的な観点からも十分に機能を満たしつつ，木目にまで気を配ることによって，美意識や感性に訴える配慮も十分に行なう，というものである。

1本の木を有効に利用する

自然木を生かす木工

樹は主に，太い幹部分が材木に加工される。種類や大きさにもよるが，1本の樹で幹の占める割合は60％前後である。板材や角材などに加工されるのは，そのうちの50～60％程度。つまり，樹は全体の40％程度しか有効利用されていない

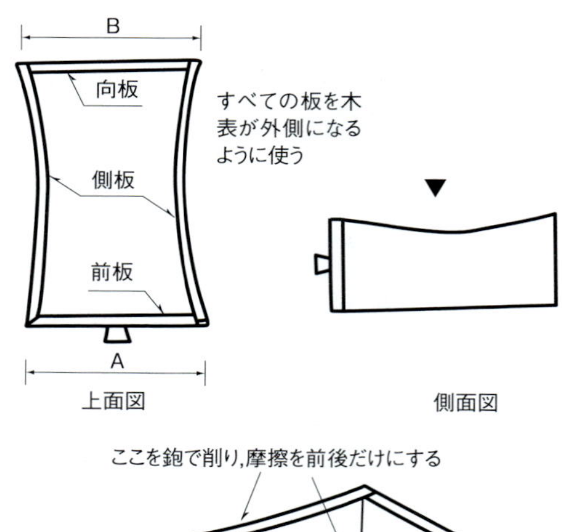

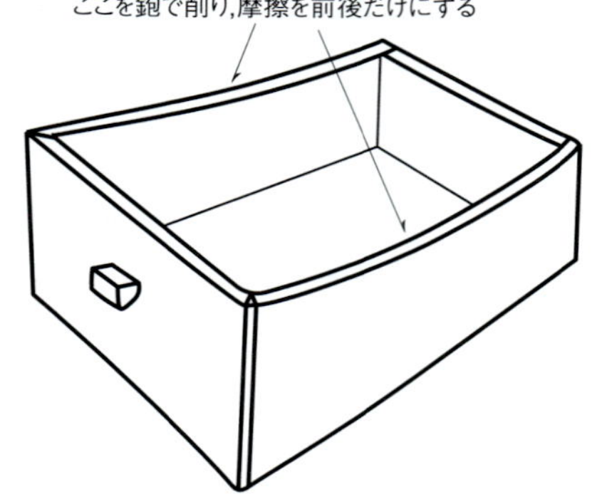

図6　性質を利用して木を組む―引き出し

のである。残りの60％は細かく粉砕されて，パルプの原料やきのこの栽培床などに回される。採算性の問題もあろうが，これは樹としての本来の使われ方ではない。

最近は，小径木や丸太，あるいは，あえて節穴や虫食い穴，割れなどのある自然材を生かして，個性的な家具や小物をつくる木工家が増えている。自然材には規格材からは決して発想し得ない創作の源泉がある。こうした作品には，貴重な自然資源を大切にしたい，というつくり手の思いが込められているのである。当然ながら，これらの材料は，里山や山林のある地域であれば，地域性はあるにしても入手するのにさほどの苦労はないだろう。

部位の特徴と製品例

1本の樹はどう利用されているのか，図7のように8つに分けて説明しよう。それぞれの部位の特徴を生かすことで，さまざまな木工品が生み出される。以下，太さごとの部位の特徴と，製品例を紹介する。これらの製品は，岩泉純木家具有限会社(TEL. 0194 - 22 - 3302)，どんぐりコロコロ(TEL. 019 - 692 - 3500)，有限会社丸祐製作所(TEL. 0242 - 22 - 5467)，曲げ輪師・星寛さん(TEL. 0241 - 75 - 2131)で取材したものである。

根元　直径1,000 mm以上の部位。図7の①の部位を使う。図8のように根元近くをスライスして，コブや根の曲がりまで生かすと，おもしろい作品ができる(写真8，9)。

幹のもっとも太い部分から中央部　直径は400～1,000 mmの部位。図7の②～④の部位を使う。玉切り丸太や，帯鋸（おびのこ）盤で製材した原板（図9）など，もっとも使い道の広い，良材がとれる部分である（写真10～14)。なお，曲げ輪っぱは図10のように斧で薄く剥ぐようにして裂くのが理想的なとり方だが，今はほとんどが鉋（かんな）加工である。

幹の中央よりも上の部位　直径300～400 mm。図7の主に⑤の部位を使う。

玉切り材を縦割り。板目板を，木裏面を上にし

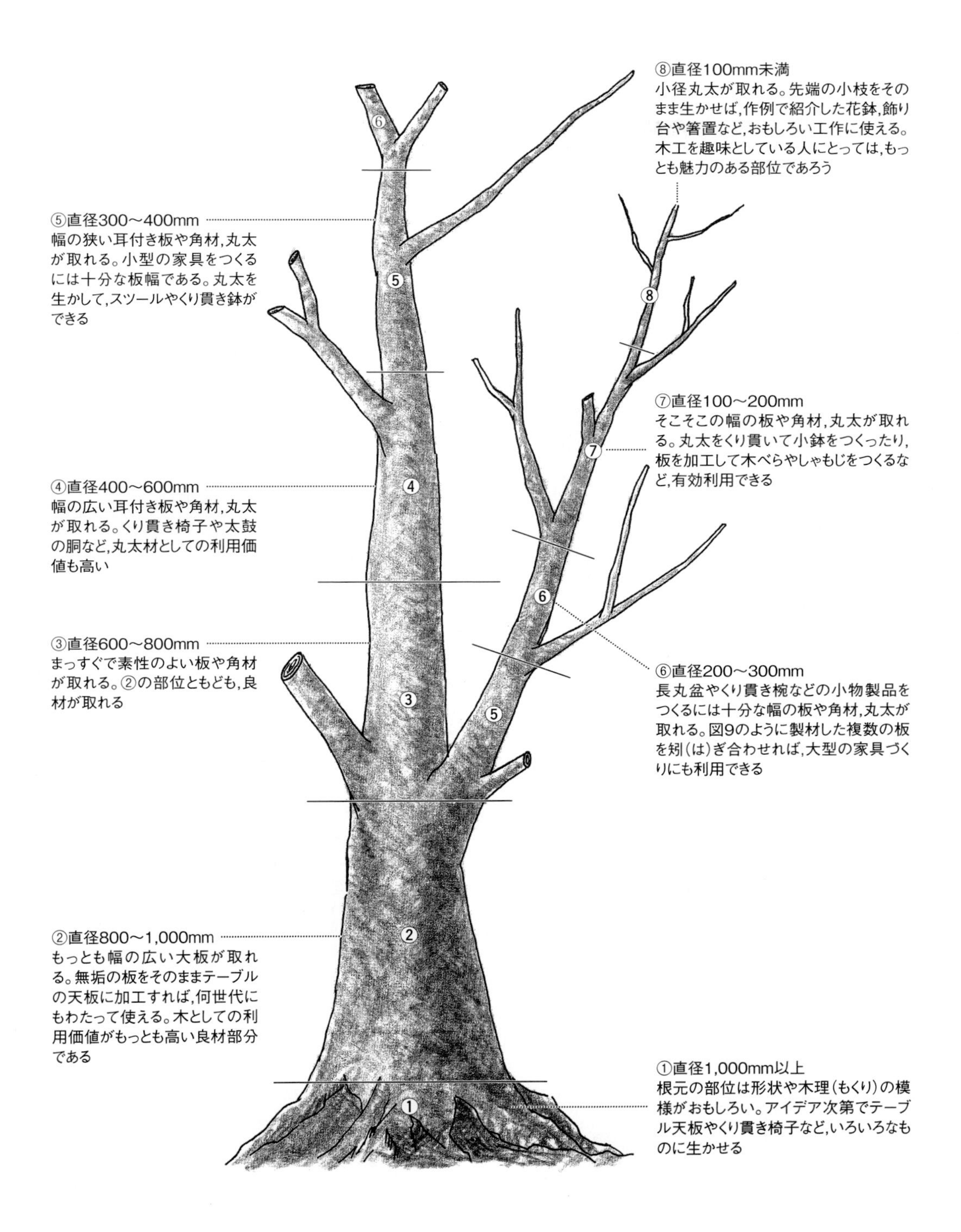

図7　1本の樹を根元から小枝まで活用する
図は，幹のもっとも太い部分の直径が1,000 mm，高さ22 mのトチの木をモデルに，デフォルメして描いてある。各部位の寸法は目安。なお，製品例として紹介した作品は，図の番号に該当する部位から木取りして加工した場合の一般的な例であるが，樹の大きさによって使う部位が違ったり，別の木取り法で製作することもある。掲載作品の樹種は，同一ではない

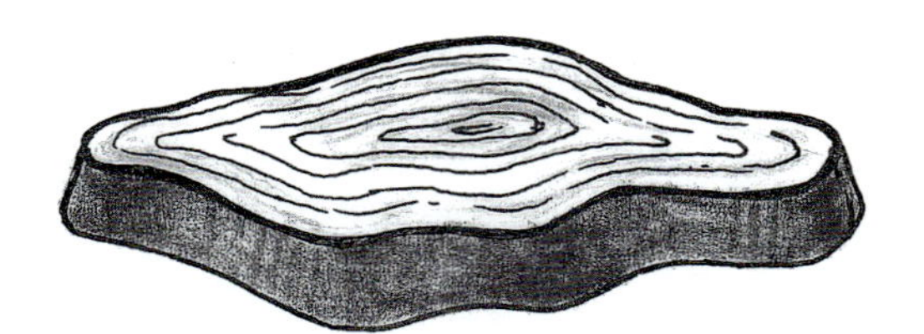

図8　根元近くをスライスして，コブや根の曲がりまで生かすとおもしろい

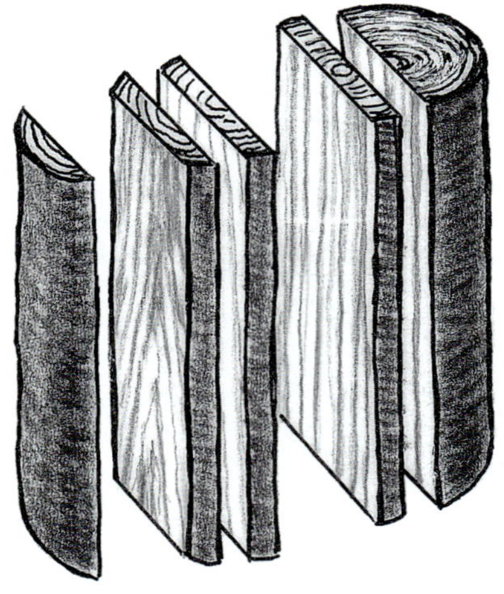

図9　帯鋸盤で製材して原板に加工する。耳を生かしたテーブルやベンチもつくれる

写真8　ティーテーブル

天板はトチの根元部分，脚はイタヤカエデの幹。根元に近い部分は，コブや捩（よ）じれなどがあって形が複雑でおもしろい。耐熱・耐薬品性に優れたポリウレタン樹脂のクリアー塗装仕上げ

写真9　ミニテーブル

天板はトチ，脚はアカシデ。中程度の太さの丸太でも，斜め切りすると楕円形の広い面積の板が取れる。木端部分の傾斜がデザイン的にもおもしろい効果を生む。ポリウレタン樹脂のクリアー塗装仕上げ

写真10　トチのくり貫き椅子

丸太を削り出して背もたれ部分を残した。座の中心部分には，ひび割れを防ぐために貫通穴をあけてある

写真12　ミニベンチ

材はセン。座板部分は，板を3枚接ぎ合わせてある。どっしりとして，重厚感がある。摺漆仕上げ（岩泉純木家具）

写真11　シラカバのスツール

巻き付けたアサ縄と，取っ手の鉄輪金具がアクセント

写真13　座卓

天板はナラの一枚板。擦漆仕上げ（どんぐりコロコロ）

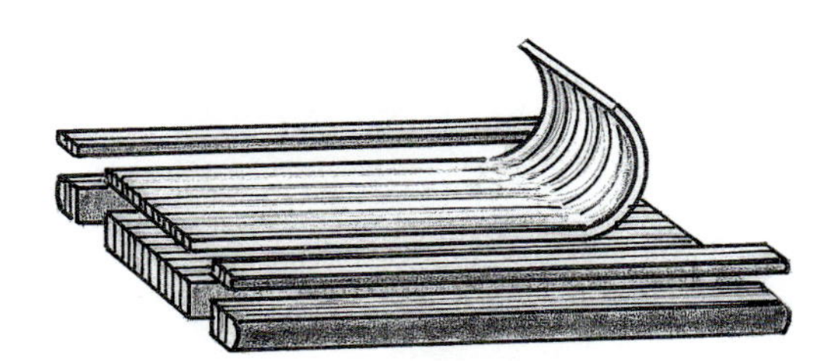

図10　両耳を落とした柾目板を斧で薄く剥ぐようにすれば曲げ輪っぱの材料になる

写真14　曲げ輪っぱ（メッパ）
両耳を落としたネズコやヒノキなどの柾目板を，斧で薄く剥ぐようにして裂く。薄板を曲げ，細かく裂いたヤマザクラの皮で留め，底やふたを付けた容器が曲げ輪っぱ。飯を入れるのでメッパという（星寛）

て墨付け。ロクロで挽いたり，手斧でくり貫いて仕上げる（図11）。

また玉切り材の赤身と辺材を落とした後，クリシゲという刃が湾曲した特殊な斧で，柾目に割った板を使う方法もある（図12）。作品例として，カレー皿，片手桶を紹介する（写真15，16）。

幹の先，枝の中ほどの部位　直径は200～400 mm。図7の⑤⑥の部位を使う。玉切り材を丸挽きする（次ページ図）。板目や柾目の板を使用。しゃもじやへらなどの小物は，個人の木工家なら，他の作品をつくった残りの端材を利用。量産の場合は，まとまった板を用意する。

太めの枝や小径木　直径は100～200 mm。図7の⑦の部位を使う。目的に合わせて，厚みを変えて玉切りする（337ページの上左図）。

枝先の部位　小枝も工夫次第で，337ページの上右図のような，いろいろな作品に利用できる。

樹の構造を知る

自然のままの小径木や製材された材木を上手に生かして木工品をつくるには，樹そのものを知ることが必要である。育ち方や構造，性格などを理解することで樹に対する親しみが生まれる。たとえ1本の小枝でも，無駄にせず大切に使おうという気持ちがある人には，樹はとてもいい顔で応えてくれる。

樹木の構造と各部の呼び方

広葉樹にも針葉樹にも，幹には髄（樹心ともいう）が通っている。髄から太い枝が生え，さらに細かく枝分かれしている。末端の小枝1本1本に至るまで髄が通っていて，太さは異なっても幹と同じ構造をしている（図13）。

樹木は髄を中心に成長する。1年輪のまわりに2年輪，さらに5年輪，10年輪と，まるで重ね着をしていくような状態で成長してゆく。樹幹の髄から枝分かれしたそれぞれの枝も，幹本体の成長に合わせて，同じように成長してゆく。

玉切り（輪切り）にした樹幹の丸太を，さらに縦割りしたのが図14である。木口を見ると，髄

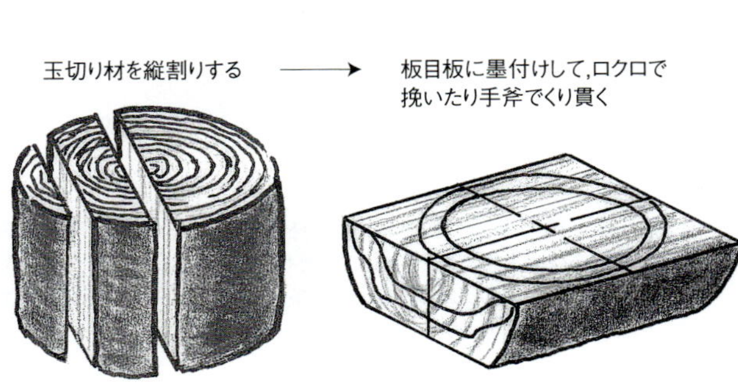

図11　玉切り材を縦割りして使う

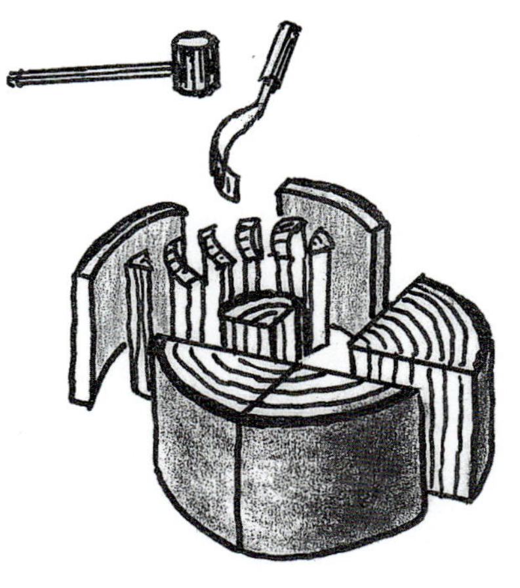

図12　玉切り材の赤身と辺材を落として、クリシゲという特殊な斧で柾目に割る

写真15　カレー皿
トチの木をロクロで挽いて加工。プレポリマー塗装仕上げ。焼物と違って木の皿は保温性が高く，料理が冷めにくい（丸祐製作所）

写真16　片手桶
材はサワラ。タガは銅製なので，耐久性が高い（どんぐりコロコロ）

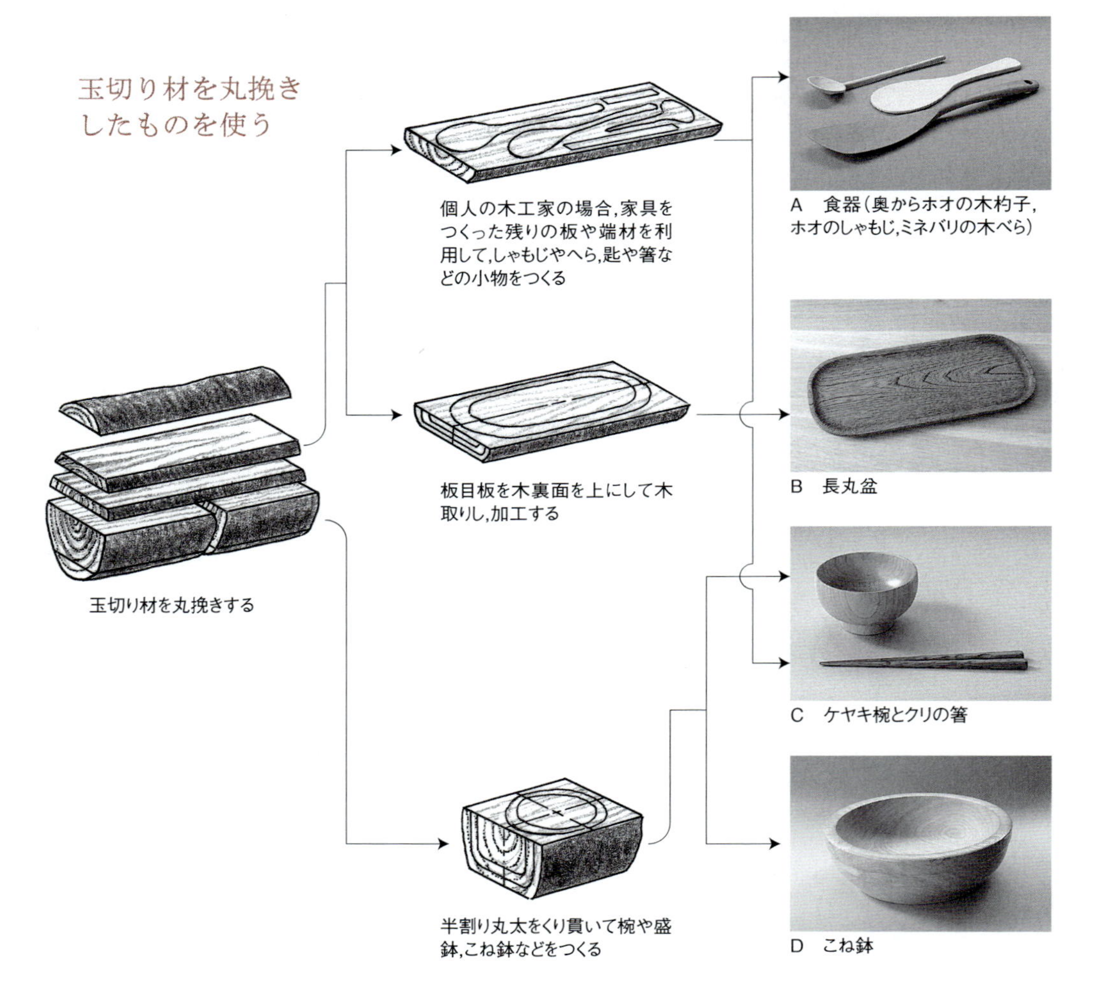

A　木杓子・しゃもじ・木べら　ホオの木杓子。全長205 mm。ホオのしゃもじ。全長230 mm。ミネバリの木べら。全長325 mm。（どんぐりコロコロ）

B　長丸盆　板目板を木裏面を上にして木取りし，加工する。美しい虎ふ模様が出るナラなどは，柾目板を使用する。幅330×奥行160×厚み20 mm。センの木に摺漆仕上げ。（岩泉純木家具）

C　椀と箸　ケヤキの椀は直径118×高さ70 mm。クリの箸は，太めで握りやすい。どちらも摺漆仕上げ。（どんぐりコロコロ）お櫃（ひつ）や盛鉢などの大振りの器は，半割り丸太を利用してつくる。

D　こね鉢　センの木をロクロ加工。内径343×高さ110 mm。縁の厚みは25 mm。（どんぐりコロコロ）

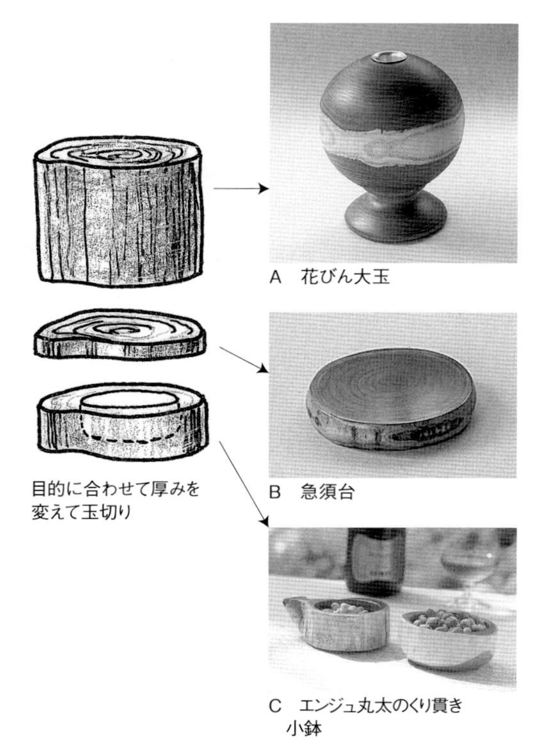

A　花びん大玉

B　急須台

C　エンジュ丸太のくり貫き小鉢

A　花びん大玉　エンジュ丸太は，表皮を残してロクロで加工。花を生けるための銅の落とし（直径25×深さ140 mm）が差し込んである。直径155×高さ205 mm。（どんぐりコロコロ）

B　急須台　直径100×厚み20 mm。材はクワの木。熱に強いポリウレタン樹脂のクリアー塗装仕上げ。残した樹皮に，趣がある。花びん敷としても使える。（どんぐりコロコロ）

C　エンジュ丸太のくり貫き小鉢　内側はロクロ仕上げ。内側と縁はオイルステインで着色し，ポリウレタン仕上げ。左＝幅140×奥行110×高さ50×内径80 mm。右＝幅125×奥行105×高さ50×内径90 mm。（どちらも丸祐製作所）

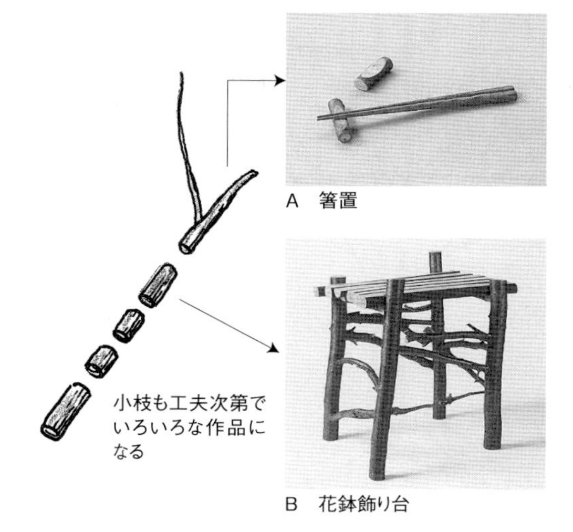

A　箸置

B　花鉢飾り台

A　箸置　サクラの小枝に，曲面状の削りを入れた箸置。塗装は，無害の植物油が主成分のオイルで仕上げてある。（どんぐりコロコロ）

B　花鉢飾り台　サクラとケヤキの枝を使用。幅400×奥行320×座高420×全高480 mm。（参考作品）

を中心に外側の樹皮に向かって順に，心材，辺材，形成層が同心円状にとり巻いている様子がわかる。製材する場合，年輪に対してどういう状態に挽くか（製材木取りという）で，材木の性格や木目の現われ方が異なる。接線方向に挽けば板目板，半径方向なら柾目板，中間が追柾目材という具合である。樹木の種類や太さ，コブや捩（よ）じれなどの状態を考慮しつつ，利用目的を考えながら1本の樹を効率よく木取ることに，製材に携わる人や木工家たちは神経をつかう。

玉切り（輪切り）した樹幹の構造

形成層は一定の周期で活動して成長する。髄を中心に，一成長期間に成長してできた環状の層が，成長輪である。わが国のように四季がはっきりしていて，一年周期で成長する場合は，年輪と呼ばれる。年輪は春材（春から夏にかけて成長した部分で早材ともいう）と，夏材（夏から秋にかけて成長した部分で晩材ともいう）から成りたっている（図15）。

一度できた年輪はその後いっさい成長しない。樹皮の内側にある形成層だけが成長して，新たな年輪をつくる。これを繰り返しながら，樹木は太っていく。年輪と年輪の境界線は，年輪界と呼ばれている。この数を数えることで，樹齢を知ることができる。

成長の活発な時期にできた春材は細胞が大きいため密度が低く，色も淡くて材質は柔らかい。一方，成長期の晩期にできた夏材は，細胞が小さくて密度が高いので，春材に比べて材質は堅く，濃い色をしている。たとえ同じ種類の樹であっても，傾斜地や日陰など，育った場所や環境の違い

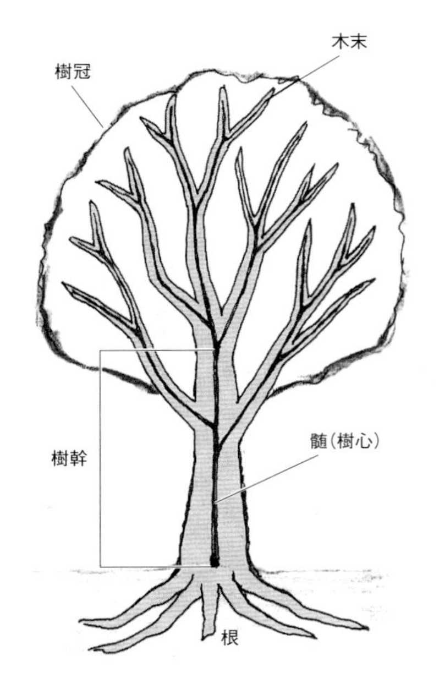

図13　樹木の構造と各部の呼び方

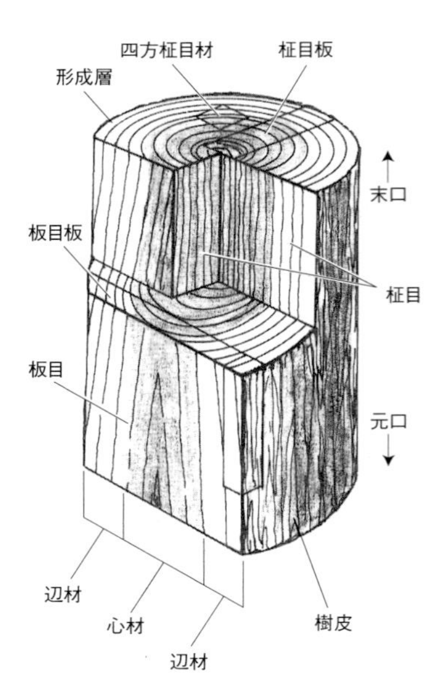

図14　樹幹の縦割り構造

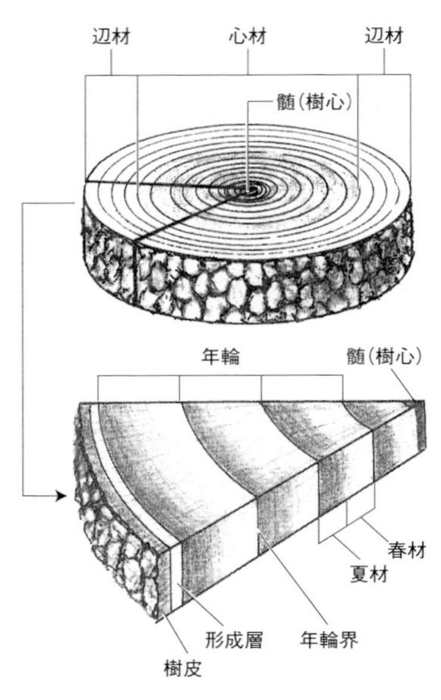

図15　輪切り（玉切り）した樹幹の構造と，年輪の成り立ちと各部の名称

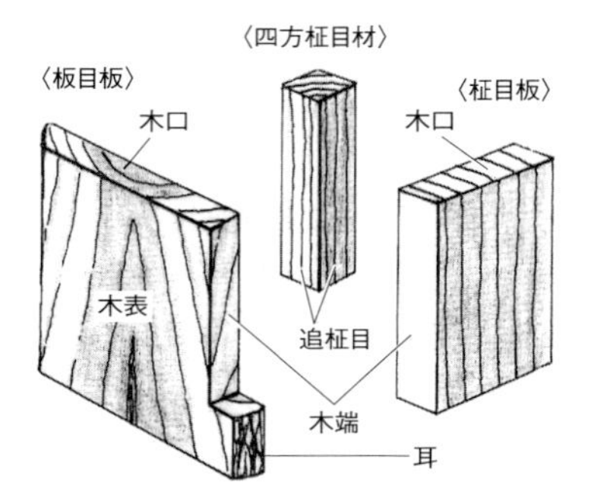

図16　木取る場所で異なる木目

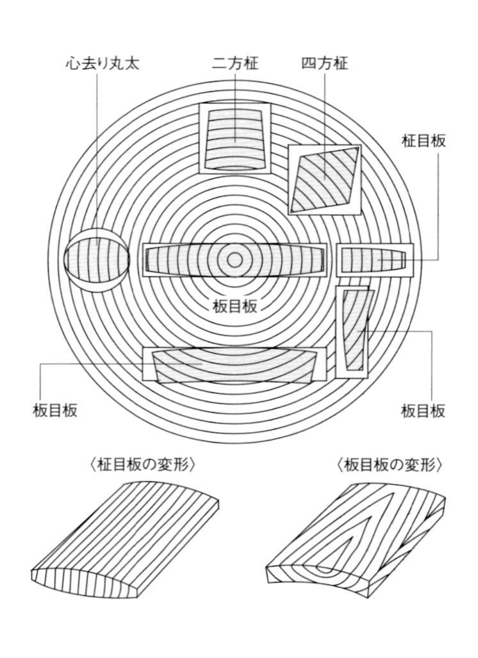

図18　木取る場所による材木の変形状態

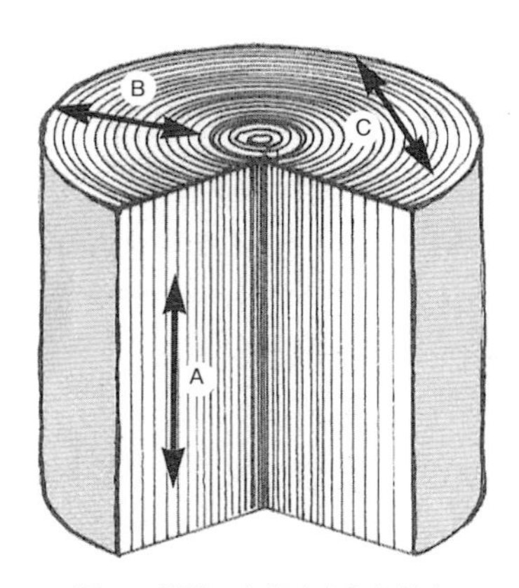

図17　樹幹の収縮方向と収縮率
Aは繊維方向，Bは半径方向（放射方向），Cは接線方向を表わす。樹種によって多少の違いはあるが，一般的な収縮比率はA：B：C＝1：50：100。収縮率の標準的数値はA≒0.1～0.3%，B≒2～8%，C≒4～14%である

によって個体差があり，年輪の現われ方はさまざまである。1本の樹から製材した材木でも木目や性質に違いがあり，それが自然素材ならではの樹の，最大の魅力でもある。

木取る場所で木目が違う

原木を製材する場合，樹の太さや使う目的によってさまざまな木取り方法がある。木目の現われ方により板目板，柾目板，追柾目材と呼ばれる（図16）。材木は乾燥によって収縮したり，反ったりする。板目板は柾目板に比べると，狂いの度合いが高い性質があるが，一概にどちらが良いとはいえない。それぞれに特有の木目の味わいがあり，また強度も違う。樹種により，また同じ樹でも個体差がある。

結局，どんな家具に使えばその材木がもっとも生かせるのか，木工家たちは長年の経験から木目を読み，木に問いかけて決めているのである。

製材後の材木の特性と生かし方

樹は製材されて材木に生まれ変わる。木取る場所によって柾目材，板目材，追柾目材などに区分けされる。それぞれの性質の違いを見極めたうえで，材木の個性が生かせる場所に利用する。これが木工で一番難しい作業であり，また楽しみでもある。

樹幹の収縮方向と収縮率

樹種によって収縮率は違うが，材木は乾燥する過程で必ず収縮する（図17）。収縮の度合いは繊維方向，半径方向，接線方向の順に高くなる。比率は一般的に1：50：100といわれている。また，収縮率の標準的な数値は，繊維方向で0.1～0.3%，半径方向（放射方向）で2～8%，接線方向で4～14%である。

木取る場所による材木の変形状態

図18は木取る場所による材木の収縮変形の状況を表わしている。なぜ，場所によってこのような違いが起きるかは，年輪の構造を考えれば，納得がゆくと思う。

年輪は髄を中心に同心円状に，幾重にも形成されている。さらに髄から樹皮に向かって放射組織が走っている。つまり年輪界と放射組織の緻密で堅い細胞組織のおかげで，半径方向への収縮が抑えられる。半面，年輪に接する横方向つまり接線方向は，収縮を妨げる組織がないため，半径方向よりも大きく収縮する。また，樹皮に近くなるにつれて収縮の度合いがなぜ高くなるのか，それは含水率の違いによるためである。心材よりも辺材，さらに成長過程にある形成層に近い部分ほど，細胞は若々しくて含水率は高くなる。その結果，製材した材木は水分を発散することで，より大きく収縮することになる。

材木は木取る場所で年輪の現われ方が違い，部位によって図18のように呼ばれている。1本の樹を製材した場合，狂いの少ない良材である柾目板は，わずかしか取れない。だから，一般的に板目板よりも高価になる。図は木取る場所による材木の変形の状態をわかりやすく表現したもので，実際には1本の樹をこのように木取ることはない。心去り丸太は，樹心を含まない二方柾や四方柾を加工したもの。床柱のように樹心を含んだ丸太は，心持ち丸太と呼ぶ。図17でみたように，収縮には方向性があるので，材木がどのように収縮変形するかは，木目から推測できる。

代表的な割れのパターン

収縮率の差は割れの原因にもなる。切り倒された樹は乾燥とともに収縮が始まり，髄から放射組織に沿ってひび割れを起こす。これが心割れである。風の強い地域に育ったり，虫害や強度の乾燥に見舞われたりした樹には，年輪界に沿って円心状に断続的な割れができる。これが目割れ，あるいは目回りである。

材木の宿命でもある割れや反りとどう付き合い，最小限度に抑えるか。背割りや矧（は）ぎ合わせに先人の苦労と知恵がうかがえる。

背割りで割れを逃がす

1本の樹をそのまま生かした丸太や心持ち材（樹心のある角材や挽き材など）は，心材と辺材の水分含有率が違うため，乾燥の際にひずみが出てひび割れる。床柱などには，あらかじめ裏側になる部分に鋸（のこぎり）で末口から元口まで縦方向に切込みを入れて，勝手な割れが生じないようにする。これを背割りあるいは背引きという（図19）。昔から行なわれてきた，表側に割れがでるのを防ぐ知恵である。

材木の収縮方向，木目の流れ，板面の状態を考えて矧ぎ合わせる

大きな天板のテーブルをつくる場合は，幅の広い板が必要になる。そこで複数の板を矧ぎ合わせて，必要な幅の材木を得る。木表に比べて水分含有率が低くて硬い木裏は，湿気や水分を吸収しにくい性質がある。木裏が表側になるように使用するのが理に適っている。しかし，すべての板を同じ方向で使うと，木表方向への反りが大きくなる。反りを最小限に抑えるためには，木裏と木表を交互にする。もうひとつ大切なことは，仕上げを考えて木目を準目（順目）方向に揃えること（図20）。

以上が矧ぎ合わせの基本だが，材木にはそれぞれクセがあり，理屈どおりにはいかない。家具製作では，木目の美しさを優先するために，あえて基本に逆らうこともある。

加工の基本技術と揃えたい道具

切る，穴をあける，削る，矧ぎ合わせる，接ぐ，組む。この作業から，作品は生まれる。基本の動作を繰り返して，技術の上達を図る。工具の選択も大事なこと。便利で作業効率をアップする工具を紹介しよう。

自然な趣を生かす技法

「木の自然な趣を生かしてつくる」ことが望ましい。これはプロの木工家たちも用いる基本的な技法である（図21）。墨付けや加工などを正確に行なわないと強度が損なわれ，まとまりも悪くなる。あらゆる手仕事がそうであるように，木工も技術の積み重ねで上達する。基本となる技法をおろそかにしていては，その先へは進めないのである。しっかりマスターして，作品づくりに応用してほしい。

伝統的な組み技法

材をL字型に接ぐ　文机の天板と板脚など，部材をL字型に接ぐ技法は，木工で頻繁に使われる。突き合わせた部材をクギで留めるだけの「矩折（くお）れ打ち付け接ぎ」から，「石畳組み接ぎ」や「蟻形七枚組み接ぎ」のように，複雑に切込みを入れたものまでさまざまな技法がある。部材の幅や，家具に求められる強度によって使い分ける。

材を幅方向に矧ぐ　もっとも簡単な方法は，木端を突き合わせただけの「平矧ぎ（いも矧ぎ）」だ（図22）。今は強力な接着剤があるので，よほどの荷重がかかる場所以外は，これで十分。接着面積を広くとり強度を高めたのが「斜めそぎ矧ぎ」や「相決まり平矧ぎ」。テーブルの天板などには，より強度の高い「雇い核（ざね）矧ぎ」を用いる。この技法なら確実に接合できるし，板の反りも防止できる。

材を十文字に接ぐ　部材の厚みの半分を切り欠き，もう一方の部材に直角になるように組み込むのが，「渡り欠き接ぎ」であり，両方の部材を互いに半分の厚みずつ切り欠くと「相欠き接ぎ」になる（図23）。組み強度が増すうえに，部材の上面が面一になるので体裁が良い。たとえば丸椅子の，4本脚をつなぐ貫き桟に使われている。

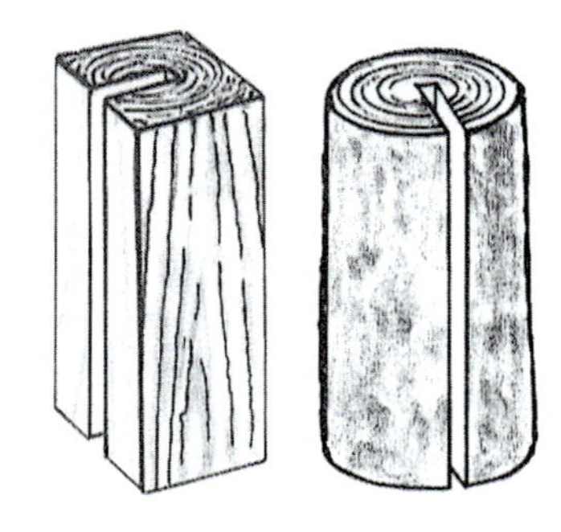

図19　心持ち材は，背割りで割れを逃がす

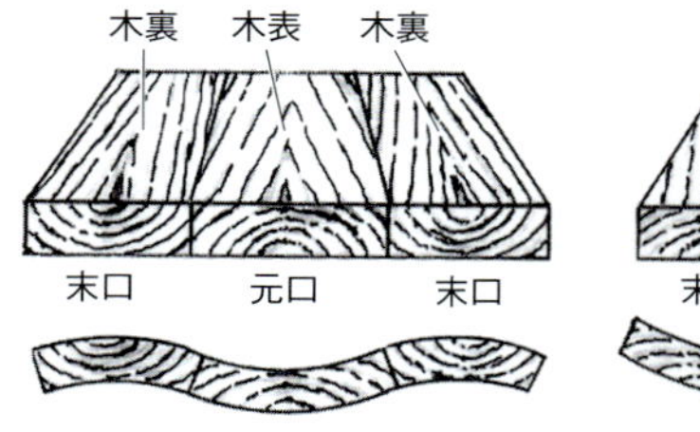

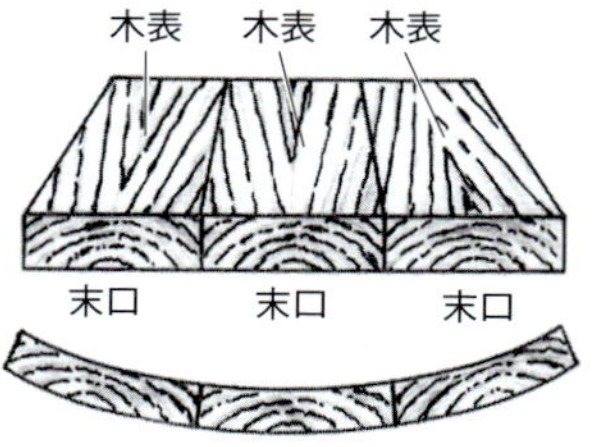

図20　テーブル天板のような幅の広い板は，材木の収縮方向や木目の流れ，板面の状態を考えて矧ぎあわせる

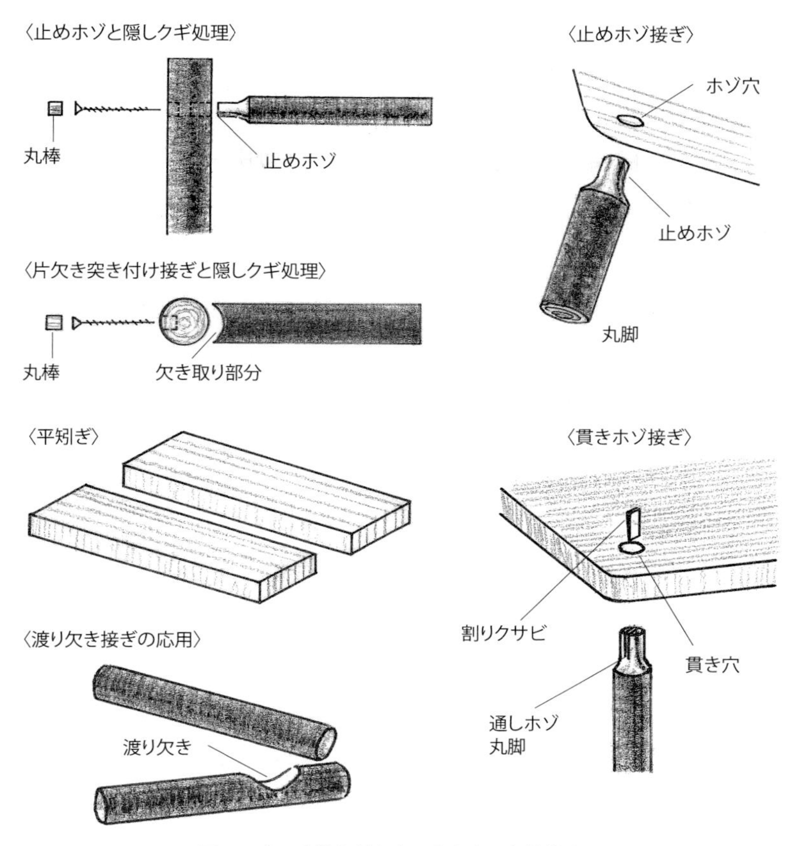

図21　木の自然な趣を生かすための各種技法

この発展形が「込み栓相欠き接ぎ」である。栓を打ち込むことで，横振れに強くなる。この技法は，小振りのティーテーブルの，十文字の摺り脚と支柱の組みなどに応用される。

鼓形千切りの墨付けと加工のコツ　「平矧ぎ」などの接合部分の補強や，ひび入り板を生かしたテーブル天板のひび割れの拡大防止のために埋め込む板片が，千切（ちぎ）りである。使用頻度が高い鼓形のほか鉄アレイ形がある。板の繊維方向に，縦長の状態に加工する。図24の要領で墨付けするのが効率的。溝はカッターナイフで墨付けし，彫刻刀で仕上げる。

どんな工具を揃えるか

木取りの際の粗寸法での墨付けから始まり，仕上がり寸法の確認まで木工には測る作業がついてまわる。巻尺，定規，サシガネ，スコヤ，シャープペンシルやケヒキ，シラガキやコンパスなどを上手に使い分けた正確な墨付けは，作業の能率や作品の完成度を左右する。

最初の作業は切ること。とりあえず両刃ノコギリと枝打ちなどに使う携帯ノコギリがあれば，本書で紹介した作品はできる。切り離した材の幅や厚さを揃え，面をきれいにするにはカンナで削る。カンナかけは難しいが，まず二枚刃の平ガンナと切り出し小刀を揃えよう。枘穴掘りなど組部分の加工にノミは欠かせない。木工でよく使われるのが追い入れノミ。いろいろあるノミはセット物もあるが，まずはバラで2，3本そろえる。一方，彫る道具の彫刻刀は，セットで揃え，買い足すのが経済的だ。穴をあけるのは，切る，削ると並ぶ木工の基本作業。手もみギリや手回しドリル，さらに丁字型ハンドル付きキリ，任意な角度で傾斜穴をあけられる可変タイプのキリなどさまざまにある。叩く，抜くための道具のゲンノウ，喰い切り，カジヤなどもないがしろにせずに気を配りたい（写真17～22）。

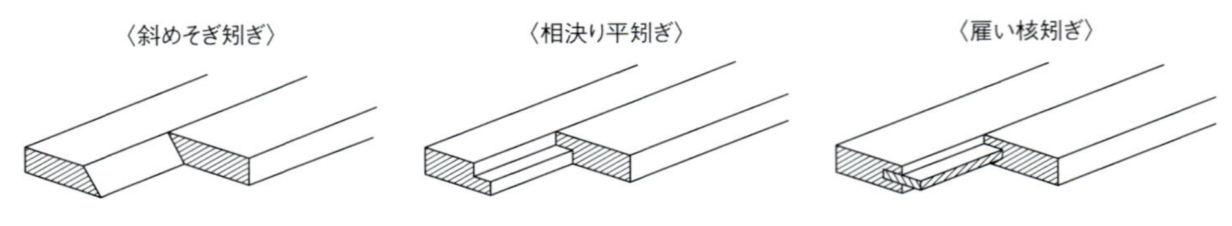

図22　伝統的な組み技法──材を幅方向に矧ぐ

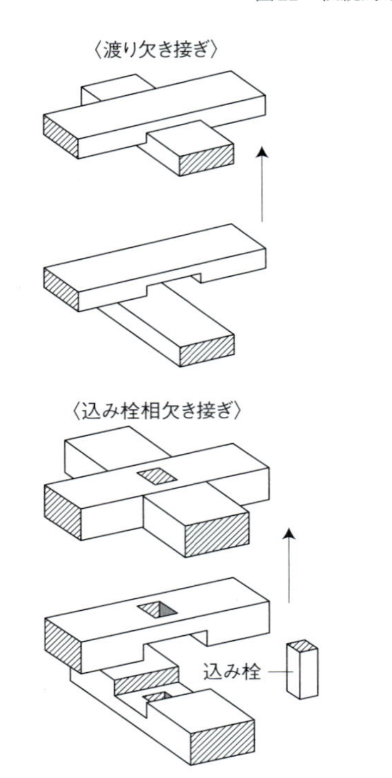

図23　伝統的な組み技法──材を十文字に接ぐ

〈平矧ぎ（いも矧ぎ）〉

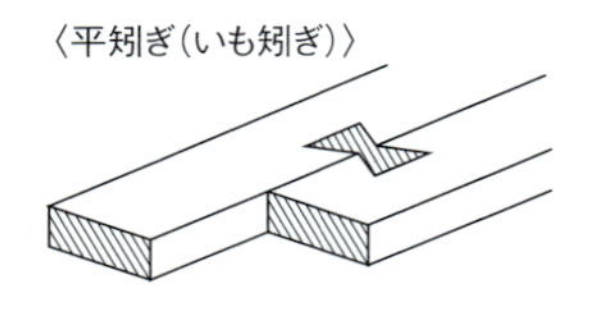

〈鼓形千切り墨付けの仕方〉

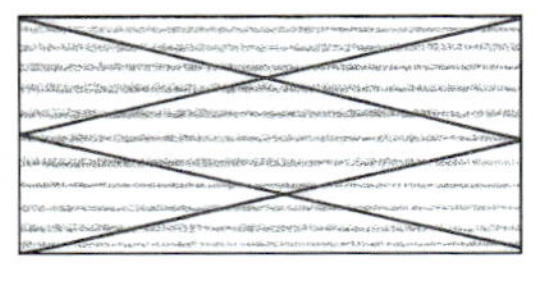

〈埋込み溝の墨付けの仕方〉

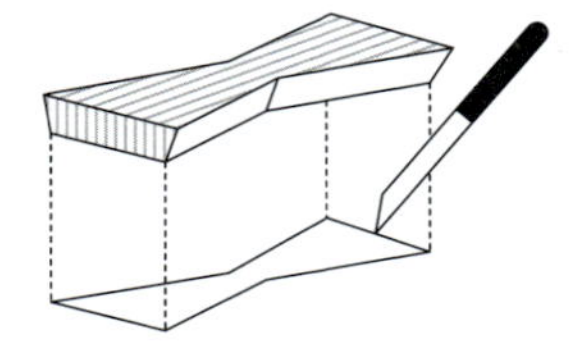

図24　伝統的な組み技法──
鼓形千切りの墨付けと溝加工

木の自然な肌合いを生かすオイル仕上げ

オスモカラーを勧める理由　オスモカラーは，ドイツのオスモ社（1900年創立）が，40余年前に開発した木材専用の保護塗料。自然の植物油（亜麻仁油）がベースなので，幼児向けの玩具や食器などにも安心して使用できる。自然な木肌を生かした塗装ができ，優れた撥水性のおかげで，水濡れや汚れに強く，木肌の変色や退色も防ぐ。塗り重ねも可能である（写真23）。

塗る際の注意点　オスモカラー専用のブラシで，木目に沿ってすり込むように塗る。塗装後20～30分で，余分な塗料を布で拭き取る。乾燥の目安は約12時間。重ね塗りすれば，撥水効果や味わいが増す。使用後の布は自然発火することがあるので，速やかに焼却処分する。

写真17　切断機　パーソナルソー
パーソナルソー PFZ 700 PE型：低振動で安全な切断を実現。木材切断能力195 mm。ストローク数毎分500～2,600回。ストローク幅28 mm（ボッシュ・株）

写真18　研磨工具　サンダー
オービタルサンダー PSS 180 A型：吸じん機構内蔵。毎分1万2,000回転。ストローク数毎分2万4,000回。プレートサイズ92×182 mm。ペーパーサイズ93×230 mm（ボッシュ・株）

写真19　丸歯のエグリカッターを付けプロガード
で覆ったディスクグラインダー

エグリカッター No. 520：補助ハンドル付きディスクグラインダー専用の万能カッター。曲面切削加工，面取り加工，溝切り加工，切断作業などに最適（株・スターエム）

プロガード：直線加工，深さ調節ゲージで正確な溝掘り加工が可能。透明強化プラスチック製で，加工状況を確認しながら安全作業ができる（株・スターエム）

ディスクグラインダー GWS 6 - 100型：毎分1万1,000回転。砥石径100 mm。砥石取付け穴径15 mm。ヘッドは4方向に向きを変えて固定できる（ボッシュ・株）

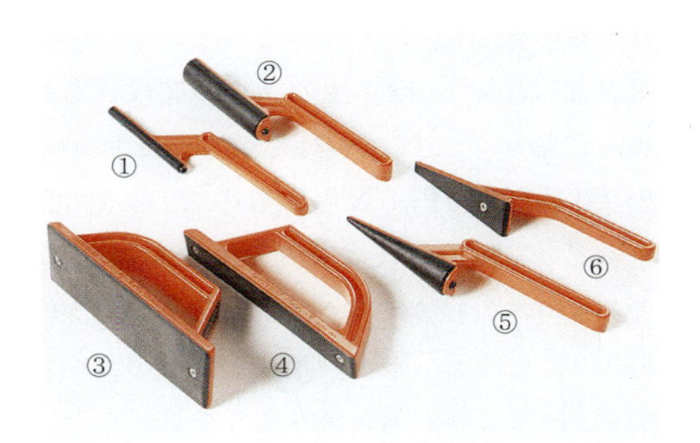

写真21　研磨砥石（中目製品）

NT ドレッサー：グリップ性が良く目づまりしにくい研磨工具。サンドペーパーに比べて研磨スピードは6～10倍，耐久性は200～300倍。木やプラスチック，アルミなどの仕上げに最適。ほかにも荒目，ヤスリ目，ステンレス中目などがある（エヌティー・株）　①RS 曲型，②RL 曲型，③L 平型，④M 平型，⑤RM 曲型，⑥S 平型

写真22　部材を固定する万能バイス

トリトン・スーパージョーズ：重量20 kg，折り畳むとコンパクト。足踏み式クランピングペダルで，最大締付け力1,000 kg。体重をかけて確実に部材を固定。バイス部分を逆向きに取り付ければ，最大幅900 mm までの部材に対応（有・エムワールド）

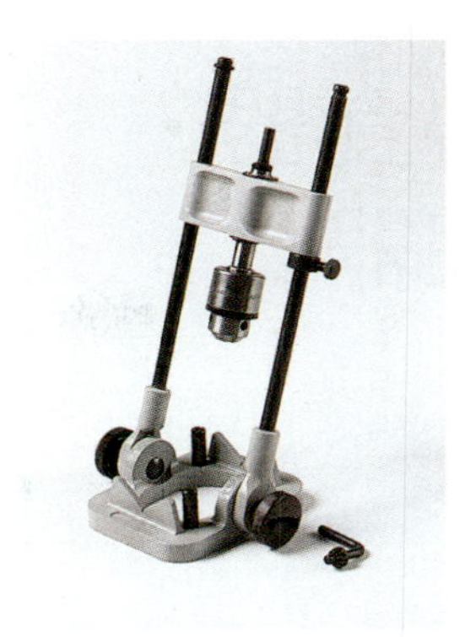

写真20　穴をあける補助具（電動ドリル）

ドリルスタンド No. 50 A：垂直穴から傾斜穴までが無段階であけられる。深さの設定も自由。丸棒中心への穴あけも簡単で正確，使い勝手が一段とアップ（株・スターエム）

写真23　オスモカラーと洗浄液，オスモブラシ

①シェルゾール（1,000 mL 缶）：オスモカラー専用に開発された刷毛洗浄液。少量でも洗浄力が高く，刷毛をいためない

②エキストラクリアー＃1101（750 mL 缶）：粘度が低く，浸透性が高い。手垢や日焼け抑制など，木材の保護剤として優れた効果があり，つやは与えない

③カラーレス＃000（750 mL 缶）：粘度が低く，堅木のクリアー塗装仕上げに使用すると，五分程度のつや。塗り重ねれば，鏡面仕上げも可能

④ウッドワックス＃3101（750 mL 缶）：粘度が高くよく延びる。撥水性に優れ，水汚れが残らない。広葉樹などの堅い木には，やわらか味のある三分程度のつや

⑤オスモブラシ（25 mm 幅，50 mm 幅）：腰が強いブラシなので，オスモカラーのすべてのオイルや塗料を効率よく塗り延ばすのに最適

＊掲載した製品の機種・仕様などについては各メーカーや販売代理店に問合せいただきたい。

木製食器・調理器具

利用の歴史と農山村加工の展開

樹の位置づけ

木材は植えて育てることで再生可能な資源となり，同時に樹種を選定することで地域資源としての固有性を保つことができる。

樹木図鑑によると，樹木は地球上に20万種あるといわれている。そのうち日本には約2,000種があり，建築や木工などの加工の対象になるものは200種といわれている。日本の国土の75%はいわゆる山林であり，日本のどの町村にも60～70種，南北の樹種の出合いの地域である島根県匹見町では，島根大学農学部付属匹見演習林資料によると150種以上の樹が確認されている。樹種の多い環境は，人にとっても他の生き物にとっても最も健康的な環境である。

かつて樹は燃料として使われ，薪や木炭は生活の必需品だった。しかし，現代では建築材でも外国産が多く使用され，里山の樹の活用は忘れられてしまった。林業で山の価値は，建材用の柱が何本取れるかで価格が決まる。それゆえに直径が大きく，長くて曲がりのない大径木が好まれる。また，ケヤキに代表されるように複雑な杢（もく）を生じ，とびきり美しい木目が尊重される。

しかし，木の調理器具や木の器についていえば，中に入れる料理を美味しく見せるために木目はさほど必要としない。重要なのは，形の構成を理解した機能美と審美性である。市場性のない小径木や曲がったり，風で折れたりした，いわば林業現場のごみとされる廃木でも，樹齢に合わせたデザインと加工技術があればどのような木でも生かされる（写真2）。

たとえば，10～15年生のスギの間伐材も厚み15mmに輪切りして，小皿を削り出せば小さいもので1枚1,000円，大きいもので1枚3,000円で売れる（写真3）。枝は箸置きにすれば1個300円で1本の木の枝から5～6個分とれ，1,500～1,800円にもなる。枝も利用することの大切さがわかり，枝とごみの関係がみえてくる。

柔らかい木を堅く，堅い木を軽く，そうした「補うこと」を真の技術とすれば，「樹権は平等，器にならない木はない」と思う。

写真1　いろいろな樹種からつくった椀

写真2　小径木の木も立派な器に加工できる

写真3　スギの間伐材（8年生）を削ってつくった小皿

地域の暮らしの背景を風景や人の感情，自然観を物語にしたデザインは，工業では，絶対につくれない。今，こうした地域の上質な特産品を，大手の百貨店も工芸専門店も真剣に捜し求めている。地域の自然環境をつくり，日常の生活に目線を置いて，安全で美味しい食品の加工や，安全で人にやさしい生活用具の生産をすることが，地域と都市の人々との信頼しあえる交流を生み出す。その波及効果は大きい。

食器の発達

食器と調理器具は，人類の生活の変遷に伴って進化してきた。人の手のひらを器として水をすくう。この両手で水をすくう手の形を原型として木の葉の利用へ，木の皮の利用から木片のくぼんだものの利用へと進み，これが器へと発展したことは想像できる。さらに火を使う調理の技術は，人類の文化の出発点であろう。

明治の西洋文化と食器の発達

食器や調理器具の発達は，食事の様式の違いによる広がりとともにある。様式のなかの洋食，つまり西洋式は欧米諸国の調理の総称であるが，洋風の文化圏はヨーロッパだけでなく，アメリカも含めて広範囲にわたり，地理的条件や生活習慣も同一ではない。

日本における洋食は，1543年種子島に漂着したポルトガル人によって伝えられたとされ，やがて1549年に南蛮貿易が始まり，室町末期から江戸時代にかけて広がった。1858（安政5）年日米修好通商条約の締結によって横浜などが開港されたのを機に本格的に普及し，明治になると，西洋文明の象徴として宮中の晩餐会の公式料理となった。日本国内で一般庶民が西洋料理を賞味できるようになったのは，高度経済成長をとげた昭和30年代といわれている。

現代の日本の食文化は，固有の日本料理に加えて世界のあらゆる地域の食文化をとり入れている。多様化を好み，正統派の洋式料理のほかに，多国籍の料理を取り混ぜて賞味してきた。同時に器のとり合わせも自由に楽しんできたのである。

工芸とクラフトマンシップ

日本は明治期になって西洋文化の吸収に努めたが，同時に明治以前からの日本人の文化観・器物観を正当に評価し，技・工・功・匠といった概念が明治に入って「工芸」という語に集約された。それ以来，日本の器や道具に対する用の美（使う美しさを追求する）の概念が定まった。

この「工芸」の思想に「近代デザイン」運動の流れが加わり，昭和30年代から暮らしにおける良質と調和を求める工芸の新しい展開として「クラフト運動」が始まった。これが現代の地域振興の一環として取り組まれている食器・調理器具の個性的商品開発へと展開している。

日本の工芸は日本人の感受性・美意識・器用さ・勤勉さ・自然との対話などもろもろの要素を組み合わせた独自の文化を形成した。和歌・俳諧・茶道・華道などの諸芸術とともに，加工技術においても侘・寂（わび・さび）の美を意識した工芸の世界が受け継がれてきた。そのなかで現代人の暮らしにあった日常の用具を提唱してきたのが「クラフト運動」であり，クラフトマンシップを学び，用と美・楽しさ・適正価格を理想とし，良質と調和を求めて生活技術を高めることを日常の暮らしのなかに位置づけてきた。

伝統的加工の特色

西洋は石の文化，日本は木の文化といわれる。日本は国土の70%が森林であり，そこで暮らしを営んできた農山村の農業や林業の形がいま，現代に問われている地球保全の理想的原形であると思う。農業や林業の副業として営まれてきた地域の食品加工や手仕事は，結果として国土保全にもつながっていた。その技が伝承され，発展して優れた伝統的工芸品が生産されている。

伝統的工芸品は，昔から伝わる技術やつくり方で職人が手づくりで仕上げるもので，材料は自然にあるものを使う。つくり方の基本は100年以上前から続いており，それが認定の条件となっている。現在，日本中に多様な技が点在し，それらは伝統的工芸品産業振興法により認定されている。伝統的工芸品では使用する材料は自然素材であり，材料の活用の仕方によって多様な職種が形成されている。伝統的工芸品を材料の面からみると，木工，竹工，金工，窯業，鍛金，鋳金，染色，織物，紙漉（す）き，印刷，焼き印などがあり，それぞれ独立した職業となっている。

木を利用する木工の伝統技術の展開も多様であり，それぞれが各々の職業として成り立っている。すなわち，建築，家具，指物（さしもの），挽物（ひきもの），彫刻，寄せ木，曲げ木，曲げ輪などであり，これらの日本の伝統技術に学び，生活に目線を向けた製作を心がければ，新商品は無限に可能性がある。

食器や調理器具は日常の生活用具であるが，良質と調和を目指す工芸の生産思想と生活思想，長年の安定した高いレベルに学ぶことが，農山村加工での商品開発に重要な着眼点を与える。

コミュニティー生産方式（里物生産方式）

コミュニティー生産方式と裏作工芸

農山村における食器や調理器具の開発加工は，工業化社会の生産とは異なる。工業化社会の生産システムの多くは，均質な素材をより合理的に機械加工し，その工程から人の感情を排除して大量生産し，低価格で供給・販売するシステムをもつ「企業型生産方式」である。そのほかに，焼き物生産組合や漆器生産組合のような「組合別生産方式」がある。

農山村での加工においては，これらとは別の生産システムを考えなければならない。農山村では，均質でない自然素材の木や竹を地域資源として加工するからである。生産方法は，人の手により人の感情で不均質な素材をより美しく見せる配慮がなされる。その結果，工業製品では表現し得ない多様な自然の色合いや，素材の表情・その土地の風土性などをもった楽しいものがつくられる。その生産システムとしては，少人数でつくる「コミュニティー型生産方式」がふさわしい。

コミュニティー生産方式（里物生産方式）は農山村においては農閑期の副業として，あるいは，個人の週末・夜間・老後を生かした「裏作」の工芸―「裏作工芸」―としての導入が有効である。

コミュニティー生産方式の利点は次の点にある。①不均質・不揃いで市場性のない素材でも手加工で高い付加価値がつけられる（写真4），②特産材による素材から製品に完成するまで一貫して責任をもった生産ができる，③技術の移動が容易である。高額な設備に人がしばられるのではなく，人が移動して教えたり，習ったりすることができ，無施設工法も可能となる，④「誂（あつらえ」のきく多品種少量生産である，⑤誂え（注文）をすることで個性的生活スタイルを維持する生活者の拡大になる，⑥誂えに応ずることで生活者の

写真4　林業現場の廃木も立派な食器になる

生産への参加復権に役立つ，⑦町や村で副業に工芸品をつくることで，コミュニティーに生産力を回復できる，⑧各々の生活にふさわしい用具を供給することで個性的な生活環境をつくることに役立つ，⑨足下の資源を有効に使い，省資源を目指すことで地域の自立的な展開のための主要なカギとなる，などである。

公民館教室の生涯学習ではなく，経済活動として社会に提案するものをもった生業であるためには，商品の基準やルールを確立してクラフトマンシップの向上に努めなければならない。

このような，人の感情と生活に目線を合わせた人の和によるコミュニティー生産方式は，工業的生産方式とは違った地域の個性をもった風土性のある特産品つくりが可能になる。地域のコミュニティーのなかに需要が広がることによるファンづくりと同時に，より上質な生産へと訓練を積むことで，地域外への商品普及に確かな道が開けてくることになる。

農山村にとっての有利性

木工品は木の食器や調理器具，手のひらに入る小さな弁当箱から家具や家に至るまで，それぞれに適切な技法が伝えられ，奥深い技が業種ごとに展開されてきた。技法は次のように大別することができる。木を削り，木の木造建築に始まり，建具・家具・指物（さしもの）・挽物（ひきもの：ロクロや旋盤で回しながら削るもの）・刳物（くりもの：刀や鑿などでくりぬいてつくるもの）・彫刻・寄せ木・曲げ木・曲げ輪・編組などである。

大別したそれぞれの分野のなかに，さらに細かく技法が分かれて技法名がつけられている。また，大別した異なる分野のいくつかの技法が組み合わされて，新たな技法が生み出されてきた。これらのなかで，木の食器は主に指物，挽物（木工ロクロ）や刳物，曲げ輪の技法でつくられてきた。

「農山村の木の食器づくり」は，林業と関連した食器づくりに特色をもっている。林業は森林を育成し，木材を伐採して販売する原材料の生産である。これに対して，木の食器・調理器具づくりは木材を材料に生活用具をつくる消費財の生産である。地域資源としての木材を活用することでは関連をもつが，生産の舞台がまったく異なり，異なる価値基準を構成していることを認識しなければならない。

また，一般につくられている「工場での企業生産」との違いは，単なる木材の活用からさらにさかのぼって，山林の富全体を見直し，林業現場でなければ入手できない素材の活用を目的としていることである。同時に，器の主役である食品加工―調理―食生活の向上を目指す。

木材として市場性のあるものは，市場へ向けることは当然であるが，市場性のない木材の根本の部分，樹梢部分や枝，アテ材，変形樹，風倒木，間伐材や小径木，流木，腐朽木，腐朽が早く移動しにくい樹種などの活用を有効に行ない，優れたデザインによって経済性，社会性，文化性を追求し，農林業の副業としての木の食器・調理器具づくりを目指すことである。

農山村の林業現場は，食器づくりに有効な広葉樹や風倒木，流木や根曲がり材が簡単に入手できる。これらは，木材市場では市場性はないが，伝統的工芸品の技術を学ぶことできわめて有用な工芸材料となり得る。たとえば，美しい木肌をもっているクヌギやエノキは腐りやすく移動しにくいが，農林業現場に近ければ，それらは新鮮で良い状態で入手ができ，青カビや変色が発生する前に，新鮮な美しい木肌の器がつくれる。そのような地域的・時間的制約のもとにある材料であっても，農山村ならば常に良い状態で入手加工できることで，他の工業製品のものとは異なる特徴を発揮できる。

新たな「木の食器」づくりは，木材に複数の技術を加え，付加価値の高い商品づくりを目指すことが消費財市場で評価を得られる（売れる）という商品づくりのセンスと，生産と経営の能力の習得を必要とする。主業の農林業を継続するには，これまでの林業の育成技術に新しく木材の加工技術を修得し，「食品加工と木の食器」を農林業の副業と位置づけ，主業を支える関係を確立したいと考える。

農山村での加工だから出せる品質

食器はその使われる場面で祝事用と仏事用，どちらでもないものがあるが，おおむねハレ（表）の場の演出に使用される。品種も多く，素材別にみると磁器，陶器，ガラス，合成樹脂，セラミックス，漆器，金属（ステンレス・錫・鉄），木，竹などがある。これらのうち全体の約70％は磁器，陶器，ガラスである。

伝統的生産の歴史があり，品質が安定した産地物が主流で，次に個性のある作家の作品や季節に合わせたデザインのシリーズが展覧会形式で消費者に熱心にアピールされている。百貨店やスーパー・量販店の商品構成は大部分が「企業型生産方式」によると思われるもので，品質は安定しているが何となく自然観・人間味・手のやさしさ・審美性に乏しいものが多い。どの売り場も似たような商品を扱っており，売り場の演出を変えることで売上げを競っている。調理器具はその多くが近年では海外（特にアジア）で生産され，価格は安価で画一化された感じを受ける。

一方，農山村で数人の気心があった仲間単位の「コミュニティー型生産」がユニークなデザインを生む場合もある。かつての農家の副業がこの形であり，そこには生活の知恵と工夫があり，ローカルで魅力あるものづくりが日本中に点在していた。このことの再来が今，都市社会や市場から最も期待されていることである。

物をつくる楽しみは人間の生産本能である。そして，自作自用から地域内需要へと進み，やがて商品として世に出る場合には，社会との関係と責任が生じてくる。社会に良質のものを提案することが社会性であり，良質なものを継続して提供することが信頼のある経済性である。それを深く高めることが誇りであり，文化性である。こうした関係の輪をつくりあげることが，これからの農山村加工のデザインに必須の着眼点である。

よい器の条件

よい器の条件には，①堅牢性：日常の厳しい使用に耐えられる，②機能性：使い勝手がよい，③審美性：美的感覚を満足させる，④風土性：素材の特性を生かしている，⑤生産性：量的な生産に向いている，⑥経済性：生産と流通と愛用者の利益が保障された合理的な価格，などがある。

これらの点を満たすものが，よいデザインの器であり，これらが愛用される生活スタイルの調和が生活文化となっていく。

食器と調理器具は互いに関連した商品でありながら，用途と使用現場の様式の違いによって使い分けられている。その結果，品種が多岐にわたり，豊富であることが特徴である。

食器の分類

素材別にみた分類　食器を素材別にみた場合，多い順から，磁器，陶器，ガラス，合成樹脂，セラミック，漆器，竹製，木製，銀器，錫（すず）器などとなる。そして一部にゴム，シリコン，和紙，布，かずら，木の葉などがある。

農山村の加工品として可能性の高い木製食器は，都市部や地方都市を含めて一般市場の食器売り場では最も少ない品種である。

生産からみた分類　食器生産を分類してみると次のようになる。

①特定のデザイナーによるデザイン企画シリー

写真5　有名作家による漆器製品

ズ生産品（伝統的産地でブランド化したもの）。磁器，陶器，プラスチック，ガラスなどがある。

②伝統的な産地で「伝統的工芸品」として指定された漆器製品や，磁器，陶器などがある。

③伝統的焼き物の産地（有田焼，伊万里焼，瀬戸焼など）で，従業員が10～30人規模の量産化の進んだ中小企業の生産品。素材としては磁器，陶器，ガラス，プラスチックなどである。

④個性のある作家の作品。

⑤趣味としての個人やグループによる作品。

⑥地域産品とされ，特産品展・物産展で見られる木製品など。

価格順からみた分類　食器を価格順にみると次のような分類になる。①海外の有名なデザイナーによるサイン入りのブランド品，②国内の有名作家による作品（写真5），③国内の伝統的生産地の漆器製品，④地場産業といわれる木製の椀などの食器，⑤有名デザイナーによるデザイン企画シリーズとする企業量産品，⑥国内の伝統的工芸品を含めた陶・磁器生産地の量産品，⑦趣味的なグループの作品，⑧海外の低賃金地域で生産された低コスト輸入品。

木材を活用した地場産品の価格は，量産ではなく，手づくり的感性を大切にしたものを目指すことである。当然，コスト高になり，高価格となる。そのため，価格に見合う品質向上が最も大きな課題となることに留意しなければならない。

調理器具の分類

器具としての条件　調理器具の条件としては，①清潔感のある素材で使いよくつくられたもの，②相方となる鍋や器や刃物をいためない素材として木・竹が好まれる，③高速に回転したり，手早く動かしたりしても壊れない弾性のある素材，④使用によって適度に摩耗し，相方の鍋や器の形状になじむもの，また，使用者の手の動作や癖による型崩れなどの修正が可能な素材，⑤食器の衛生面から，洗浄しやすい形であること，などが挙げられる。

料理の工夫によって，新しい道具が要求される。そしてそのような道具の素材には木材や竹材が好まれるのである。ここに地場産品としての開発生産する大きな可能性がある。

写真6　よい器に美味しい料理，美味しい料理によい器

用途と作業からみた分類　調理器具を用途によって分類すると，調理の容器として使うものとしては，鍋，釜，水桶，皿，鉢，ボウル，箱などがある。さらに，調理器具の作業別による分類としては，煮る，焼く，蒸かす，泡立てる，切る，刺す，はさむ，打つ，潰す，渡す，する，巻く，しぼる，すくう，練るなどがある。

素材別にみた分類　調理器具を素材別に分類すると，①木材，②竹材，③ステンレス，④陶・磁器，⑤銅・真ちゅう，⑥ゴム，⑦シリコン，⑧布，⑨紙，などがある。

生産と消費動向・価格　食器はそれ自体の審美性を楽しむ場合も多いが，真の目的は中に入れる食べ物を美しく，美味しく演出することであり，いわば表の道具である（写真6）。それに比べて調理器具は，安全に能率よく，清潔に料理する，いわば裏の道具である。したがって，売り場における位置関係も，同一フロアで表と裏の関係で購入に便利な配慮がなされている。

調理器具は食器の審美性や多様性に比べて機能性と清潔さが優先される。したがって，形状も単純，簡潔で量産しやすいものが多い。木のしゃもじ，竹の炒めベラのような地場産品として取り組みやすいものが多い反面，海外の低賃金による低コストの輸入品の価格は地場産品の3分の1程度であり，価格面では国内生産品は輸入品には太刀打ちできないのが現状である。そのため，国内のしゃもじの産地も自動加工機による量産化が進んでおり，製品もすべてが単純化し低価格に合わせたものが多い。

素材選択

原材料の調達

日本はほとんどの農山村に60～70種類の樹木があるといわれている。木を加工する木工の仕事にはいろいろな方法がある。

その加工方法には，①家具のように木材を木材乾燥機で人工的に完全に乾燥してから加工するつくり方，②そばを打つときのこね鉢のように，水の中に入れておいて削るときに水から上げて削り，途中でまた水の中に入れておくという工程を繰り返すつくり方（無設備工法；写真7，8），③木を切ってすぐに生木のまま荒加工をしてプレポリマーを含浸させ，自然乾燥するつくり方（プレポリマー木固め法），④漆器の木地に見られるように荒削りをしたら削りくずの中に埋めて水を散布して発酵させ，木の表面を腐食させて狂いを取り除くつくり方，などがある。これらの加工方法を知り，自らの条件を考えて，原材料の調達を行なうことである。

そのときに考えておくべきことは，樹はどんな樹でも人間と同じように生きている，「樹権」は平等であり器にならない木はない，ということである。樹を根本から末，枝まで使い切ることによって，原材料の経費は商品価格の10分の1以下に抑えることができる。樹を選ばずに適正適所に向けるデザイン，柔らかい木は堅く，重い木は軽くという，「補う」知恵を使うことによって木の原材料には不自由はしない。

写真9　身近なさまざまな樹種で各種の調理器具が加工できる

素材選択のポイント

日本列島は南北に長く，四季折々美しい。その美しさを際立たせてきたのが日本の農業の形であり，林業である。地域資源としての木材は森にあるだけではない。屋敷林から里山に至る生活林や防風林，魚つき林（漁つき保安林；水質の保全と水面に陰影をつくり魚の生息や繁殖を促す目的の森）も豊かに育っていた。

電化や工業の発達，スーパーマーケットの普及で生活スタイルが変わったことにより，足下の資源は価値を失っていった。それによって風土の形も失われていった。それは木材が価値を失ったのではなく，人が木材を活用する知恵を失ったからだ。風土性をもたない工業化社会が進展すればするほど，本当は地域の役割は高まってくる。いい

写真7　そば打ちのこね鉢の加工
水に入れておき，削るとき水から上げて削る。そしてまた水に入れておく。これなら無設備工法が可能になる

写真8　無設備でこね鉢をつくるときの道具
左から手じょんな，バンカキ，4本の丸ノミ

故郷をもちたいと願う都市社会の人々へ，農山村でなければつくれない安全で美しい木の器や調理器具，安全な食材を届けることが求められている（写真9）。また，その土地の風土の代表的な五種類の樹でつくった「五色箸」など，日常の生活用具を生産して，美しい特産品として提供することができる。

テンポの速い工業化社会につくれないものは，時間をかけて育った樹の年輪であり，風土性であり，五感を通した人の感性でつくられたものである。それは時間をかけて発酵して熟成した旨味のようなもので，工業化社会に対峙できる個性化への視点である。

主原料の選択

古来，日本食器としての木の椀は，造形の面からみても簡潔で美しい形をしていた。現在の食品衛生法からみても洗浄が容易にできるシンプルな形である。農山村での加工の素材となる樹種は地域によって異なる。一般的には針葉樹よりも広葉樹のほうが材質は緻密で堅く丈夫で，固有の色がはっきりしている。いわゆる雑木と称されているものは個性があり，樹種それぞれに固有の色をもっている。技術訓練が進んだ北海道置戸町のように，針葉樹のエゾマツで町づくりに成果をあげている例もある。どんな樹種でも直径が15 cmくらいあれば十分に椀がつくれるのである。

主原料の選択はデザインの重要な要素の一部であり，それは歴史や美しい習慣，風土の特徴を表現する過程で自ずと決まってくる。たとえ他の地域と同じ素材となっても，また同じ形状の椀であっても，その土地固有の生い立ちをもっていれば，その土地にしかない必然的個性となりうる。あえて他の地域と個性を競う必要はない。

大切なことは自分の地域の物語の必然性を愛し，地域内需要を高めることである。そうして，地域の食と器の美しい関係を築くことで，その地域の個性となる。

農山村での加工で，どのような樹種が主原料になっているか，例をあげると次のようになる（写真10 ～ 13）。北海道置戸町ではエゾマツ，シラカバ，トドマツ，岩手県大野村ではアカマツ，ケヤキ，セン，宮城県津山町ではスギの矢羽細工，ケヤキ，島根県匹見町ではミズメ，トチ，ヤマザク

写真10　エゾマツ，シラカバの食器（北海道置戸町）

写真11　スギの矢羽細工（宮城県津山町）
プランタースタンド

写真12　ミズメ，トチ，ケヤキの食器（島根県匹見町）

写真13　クヌギの食器（大分県湯布院町）

ラ，大分県大山町ではウメ，大分県湯布院町ではクヌギ，スギといった樹種が使われている。

また，「木の活用」を「樹の活用」と文字を変えることで視点が広がり，生活場面が新鮮に映ってくる。樹を根本から枝先，葉，と活用を考えると従来の木工とは違った広がりがみえてくる。かつて行なわれていた農山村の手内職や先人の知恵を，現状の生活に目線を移してリ・デザインすると，伝統を現代風によみがえらせることもできる。

副素材の選択

木質強化剤と中塗用，仕上塗用の塗料　副素材として重要なものに，塗料の選択がある。

農山村で加工する食器や調理器具は，資源として再生可能な木材を活用することに独自性がある。木の食器について，日本では古くから漆器の使い方が伝承されていて，日本人は使い込んだ漆器の美しさを知っている。

しかし塗料として最高とされている漆であっても，塗ったものはいつか必ず傷んで椀の縁が剥（は）がれる。剥がれたら早めに修理すると，また何年も使えて，人の一生と同じくらい長く上手に使い続けることができる。そうした伝統の生活の技に学び，漆の椀の品質をモデルとして，同等，もしくはそれ以上の良質な食器を農山村でもつくりたいと考えた。それは安全な食材の生産，食品加工，調理，食生活の向上へとつながる意識の変化でもある。

そこで，熱湯を入れる木の椀の表面処理を，木の表情をそのまま生かした，透明で，安全で，丈夫な塗料の開発をメーカーの寿化工株式会社に依頼した。そして，プレポリマー木固めを可能にした木質強化剤「PS」と塗料「エステロンカスタム（中塗用，仕上塗用）」が開発された（写真14）。そして，1988（昭和63）年1月25日付で，社団法人日本食品衛生協会の試験検査の結果，食品添加物などの規格基準に適合したものと認定された。これを受けて，木の食器用塗料として採用した。

木の食器の法的安全性に関わる塗料を副素材のひとつに選択した意義は，その後の農山村の木の加工を容易にした。以後，この塗料はさらに改良を重ねて，漆器用の塗料として，広く，今日まで使用されて，伝統工芸の技に学んだ「木の器と安全な食」の関係が，明るい事例を広げている。

寿化工（株）に依頼した理由は，社長が漆の研究家であり，塗料の開発担当者・友塚春樹氏が日本食品衛生協会員であったことによる。

製造方法
―木工加工の原理と工程

乾燥の重要性

木材は植物であり，生物体であるので伐採時には多量の水分を含んでいる。木材の樹皮に近い辺材の部分は木材の実質の重さの2倍以上の水分（200％）を含んでいる。心材の部分には約40％以上の水分を含んでいる。水分を含んだ状態を生材といい，水分を除いた材を乾燥材と呼ぶ。農山村加工で樹木の丸太をそのままにしておくと必ず切り口に放射状に割れが入ることは誰もが体験して

写真14　加工の幅が広がる食器専用の安全な塗料

写真15　工芸用乾燥機

いる。何とか割れが入らないものかと誰もが思っている。

木材を空気中に放置すると，空気の温度・湿度の変化に伴って含水率が増減する。完成された木製品が目的に応じて使用されている間も，常にこの現象は生じている。含水率が増減するとき，必ずその材料に寸法変化，すなわち膨張・収縮が生じ，その製品に結合部のゆるみ，接着層の剥離，段差，塗膜の亀裂，狂いなどの欠陥をもたらす。

そのため，あらかじめ使用場所の空気条件より，厳しく8～10%まで過乾燥し，その後数日放置して養生し，空気中から12～13%水分を吸って使用場所の条件に戻した材料でつくられた製品であれば，欠陥は最小限に抑えることができる。したがって木材の乾燥は，製造工程とまったく同列の加工工程と位置づけるべきである。

昔から厚み3 cmの板は1年，6 cmの板は2年，9 cmの板は3年以上乾燥したものでなければ使用してはならないという格言があった。現代ではコンピュータ制御による乾燥機械によって3 cmの板を10日間で完全に乾燥できる。しかし，その乾燥機は内容積が1 m^3当たりで約100万円と高額になる（写真15）。農山村では高額の設備を必要としない加工方法，たとえば今も行なわれている漆器産地の燻煙乾燥法や，水中に入れて木の樹液と水を置換しながら何度も刳〈えぐ〉りを繰り返す自然乾燥法なども考えてみたい。

木工ロクロでつくる木の椀のデザイン

木工ロクロの歴史は，遠くエジプトのピラミッドの歴史より古いといわれ，日本では，弥生時代の前期にはロクロがあり，奈良時代には百万塔がつくられ，中世には庶民の需要に応じて，膳や椀がつくられたといわれている。椀は，私たち日本人の生活になくてはならないものであり，現代の工人でも百椀展を開催することが，しばしばあるほどである。幾世代にもわたって使われてきたことは，日本の椀の形別の呼称の数が，100以上もあることからもわかる。

椀は，手の窪みを器とした時代から，ハスの葉やホオノキの葉，カシワの葉を器とした時代，土器が焼かれた縄文時代，大陸の食文化が伝来した時代と，プラスチック工業が発展した現代まで，日本人の生活に欠かせない器物となって続いてきた。椀の基本形は，昔も今も大きくは変わっていないが，その時々のつくる人の感性によって，形状のバリエーションは無限に豊かに表情を変え，美しい形を追い求めてきた。そのように，造形美への追求が無限に続けられるなかで，良いデザインの条件とはまず「基本」を習得することから始める（図1～5）。

ここでは，工業デザイナーの秋岡芳夫さん（故人）が書かれた『食器の買い方選び方』の中の，「手頃」の頃合から要約すると，椀の口径は身長の8%，椀の高さは直径の2分の1となるものが持ちやすい頃合で，基本の寸法ということになる。身長150 cmの人の手に合う手頃な椀の口径は120 mm，143 cmの人にぴったりの椀の口径は114 mmということになり，これが昔から夫婦椀の寸法の決まりであった。これを手がかりに基本の寸法を割り出すと，図6のような椀の基本形の寸法ができ，箸は，身長の15%の長さのものが使いやすいといわれている（表1）。

木工ロクロによる椀の木地加工

林業現場の小径木や変形木や根曲材の活用（写真16）は，丸太を直径と同じ長さに切り，二つ割りにする。この左右同じ椀が二つとれる半割方式が，小径木でも木目が最も華やかに現われる，木の特徴を生かしたつくり方となる（写真17）。

椀の加工工程は，原木の選定，木取り，荒挽き，荒乾燥，中挽き，仕上げ乾燥，木地仕上塗装と進む（図7）。以下，工程を細分すると，次のようになる。

木取り

①小径木などの椀加工は，素材は乾燥していない生の丸太がよい。丸太の節を除きながら，直径と同じ長さにチェーンソーで輪切りにする。

②左右同じ寸法になるように丸太を帯鋸で半割りする。

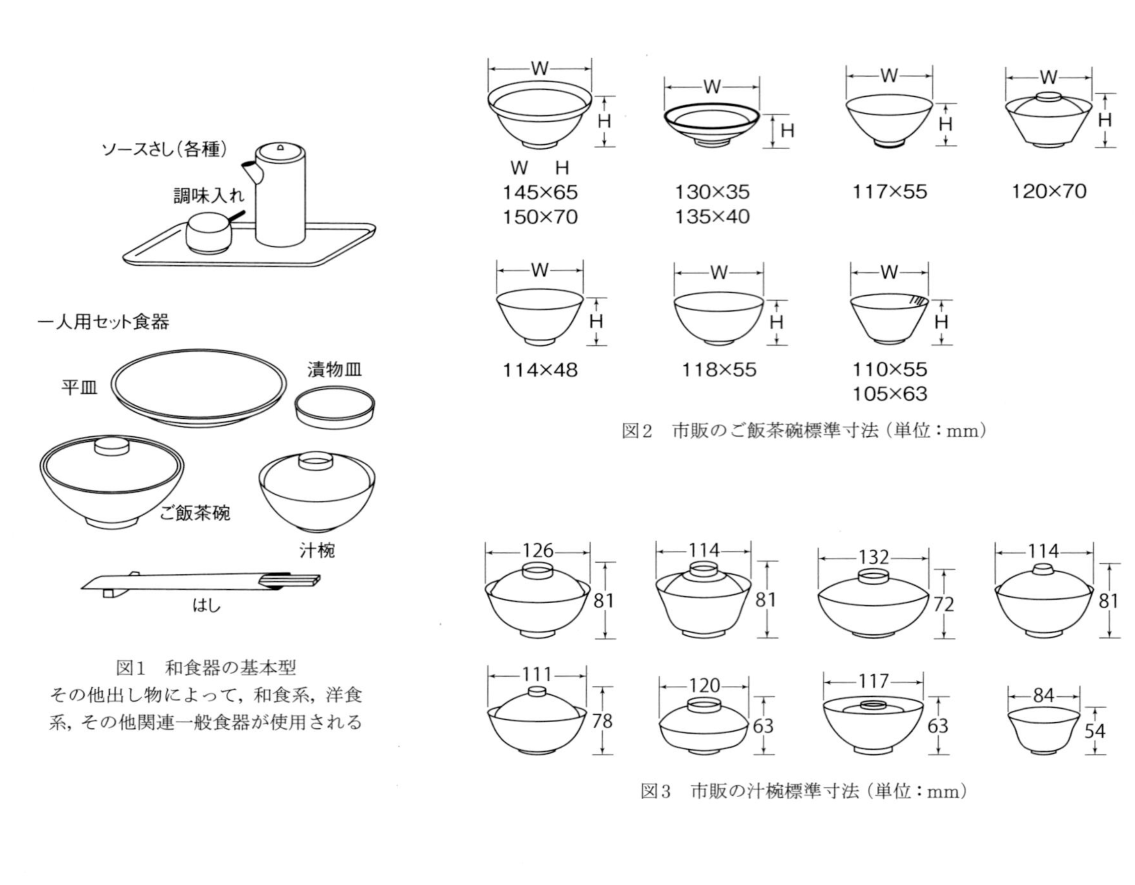

図1 和食器の基本型
その他出し物によって，和食系，洋食系，その他関連一般食器が使用される

図2 市販のご飯茶碗標準寸法（単位：mm）

図3 市販の汁椀標準寸法（単位：mm）

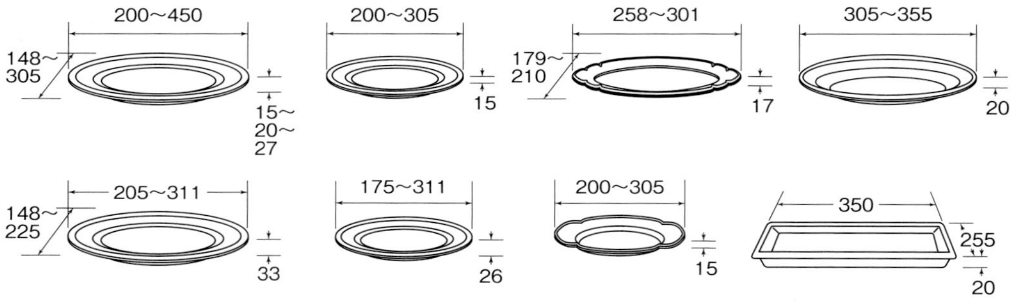

図4 市販洋食器・皿類標準寸法（単位：mm）

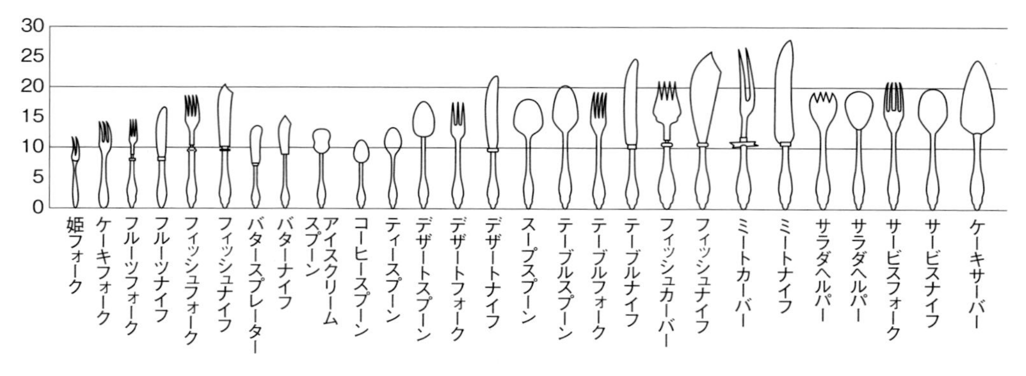

図5 市販のナイフ・フォーク・スプーン標準寸法（単位：cm）

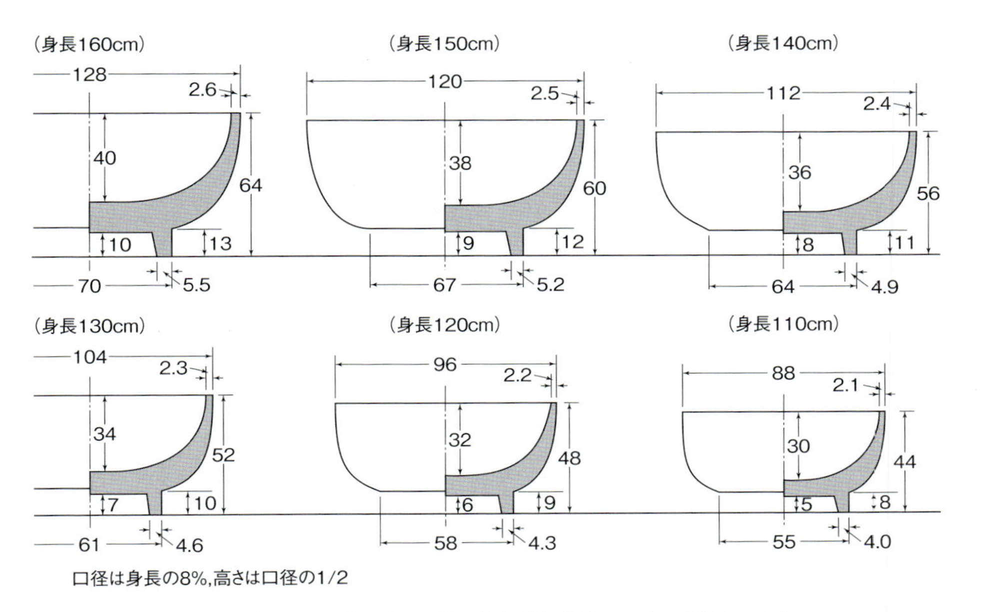

図6　児童の身長別持ちやすい椀の基本寸法（単位：mm）（秋岡，1993）

表1　児童の身長別の椀と箸（秋岡，1993）

児童身長（cm）	箸	椀
	身長の15%が長さ（cm）	身長の8%が口径（cm）
110	16.5	8.8
120	18.0	9.6
130	19.5	10.4
140	21.5	11.2
150	22.5	12.0

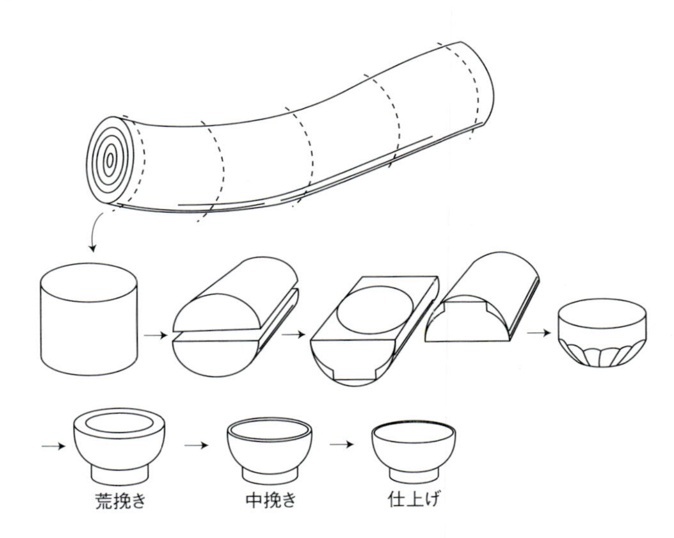

図7　木工ロクロによる木地加工での椀加工の工程図

写真16　雑木の小径木と木工ロクロでさまざまな形状の器がつくれる

写真17　直径15 cmの小径木でも椀ができる半割工法

③割面に写真17のように椀の直径の円を書く。

④割面から椀の高さをとるには，椀の直径の半分の厚みに，半割材の背（樹皮）を落とす。

⑤割面に書いた円にそって，円柱形に帯鋸で切り，木取りをする。

荒挽き

①円柱形の割面をロクロに据え付け，樹皮側から椀の外形の荒削りをする。

②外形の荒削りが終わった椀の足（高台）の部分をロクロの吸着フランジに打ち込み，材の割面を椀の内形に荒削りする。

荒乾燥

①椀の外形，内形の荒削りが終わった荒挽き材の木目面と，高台の付け根に，割れ防止のために，割止め剤を塗る（木工ボンドでもよい）。

②荒挽き材を約2週間，風の当たらない日陰で自然乾燥する。

写真18　真空吸着式木工ロクロ
直径1～900 mmまでつくれる

写真19　木工ロクロの技術を修得することで雑木や廃木が自由に生かせる

③自然乾燥した荒引材を，除湿式乾燥室に約1か月間入れる。乾燥室に入れて1週間の初期は，乾燥割れの発生に気をつけ毎日観察する。肉眼で，ひび割れを発見したら，その部分に割止め剤を広めに塗り，割れの進行を止める。除湿室の湿度調節は，1週間ごとに50%，30%，20%，15%と順次下げていく。スギやマツの針葉樹材の場合は，乾燥期間を3週間ほどに短縮できる。

乾燥期間は，樹種，材種，材質，木取りや，乾燥室に入れる時点の含水率の状態によって決まるので，何度かの実験，経験により適切な乾燥スケジュール（木材を乾燥するための主な条件である，温度と湿度の組合わせ）を把握することが大切である。除湿乾燥機の設備のない場合は，後に述べる燻煙乾燥法がよい。その場合は乾燥期間は約2か月となる。

荒挽き材の乾燥度が含水率15%に達したら，第一段階の乾燥を終えたことになる。荒挽き材は乾燥し収縮して，楕円形に変形する。この状態になれば，木材は半永久的に保存が可能となる。

中挽き

①荒乾燥を終えて，楕円形に変形した荒挽材を，中挽きする。中挽きは，荒乾燥で木が引きつった状態であるために，木の内部に発生した内部応力（木の内層部に引張り応力，外層部に圧縮応力）を除く，大切な工程である。楕円形に変形した椀の内側を，ロクロの角型の嵌（は）め木に打ち込み，椀の外形は完成品よりも直径を2 mmほど大きく余寸を取り，完成品に近い相似形に中挽きする。

②外形を中挽きした椀の高台の部分をロクロの吸着フランジに打ち込み，保持して，椀の内側は内径の仕上寸法より2 mmほど小さく余寸を取り中挽きする。

仕上げ乾燥

①中挽きした椀を仕上げ乾燥する。乾燥室内の目盛りを湿度8%に設定し，約1週間乾燥し，「木材の枯れ」を待つ。

②仕上げ乾燥が終わった椀は，乾燥室から出し，湿度の少ない場所に2～3日間放置して外気

に慣らす。この工程は，仕上げ乾燥が終わった椀でも，部分的に細かく見れば乾燥むらがあり，これをなくすための養生となる。8%に乾燥した椀は，外気の水分を吸って含水率10 ～ 12%に戻る。

これまでの工程で，材料の仕込みを終えたことになる。こうしてようやく仕上げ加工に移る。

仕上げ加工

①仕上げ加工は，中挽きした椀の内側をロクロにはめ，デザインの図面の寸法に従って，椀の外形を刃物で削り出し，薄刃の仕上げ刃物で指定寸法に正確に削り，逆目を完全になくす。

②高速用サンドペーパー180番で研磨し，型くずれを起こさないように整形しながら研磨する。

③高速用サンドペーパー240番で研磨し，180番の磨き傷を消す。

④高速用サンドペーパー320番で研磨し，240番の磨き傷を消す。

⑤乾布で軽く磨き，ペーパーの粉を払い，ロクロから取り外すと，椀の外側が完成する。

⑥外形が完成した椀の高台の部分を，傷つけないようにロクロにはめて，椀の内側を仕上げ加工する。外周から内側へ余寸2 mmの印線をつけ，その線まで正確に椀の内側を削り，椀の縁に丸みをつけて削り研磨する。

⑦椀の外形の仕上げ加工と同様に②～⑥までの工程を繰り返し，椀の内形が完成する。工程の合計は約26工程で，椀の木地が完成する。

⑧完成した椀と同形のものを反復生産するために，3 mmシナベニヤで木型を正確にとっておく。外側の形，内側の形，縁の形，高台の糸底の形と，それぞれに正確にとって，製作寸法と日付けを書き入れておく。

以上の工程を反復練習しながら修得すれば，どのような形のバリエーションにも対応できる技術を身につけることができる。

木工ロクロを使わない器の加工

木工ロクロを使わない食器制作の方法のひとつとして，丸ノミを使って食器（写真20）をつくる工程を紹介する。

写真20　丸ノミを使ったエゴノキの食器

木取り

まず食器をつくる原木を選定し，鉈（なた）で半割丸太にする（図8）。丸太のまま放置すると木口にひびが入り，割れてしまうので注意する。

器の底になる心を下に，樹皮を上に向けて置く。チョークでおおよそのイメージを樹皮の上に描く（図9）。

彫り

台に腰をおろして，丸ノミで彫る（図10）。丸ノミを叩く槌は大きなものがよく，ノミの頭のカツラ（金輪）をいためないように注意する。

深く彫り進んだら丸ノミを線に沿ってまわしながら，木口のところは逆目にならないようにノミの方向を考える（図11）。

整形

中を彫り終えたら外の形を整える。鋸（のこぎり）で無用な部分を切り落とす（図12）。

仕上げ加工

仕上げ加工の途中でプレポリマーに入れ，樹皮がはげないようにする（図13）。

仕上げはバンカキで行なう。電子レンジに入れて加熱・乾燥・滅菌をする。加熱は30秒程度で何度も点検をする。

調理器具の加工

調理器具は小は調理箸，すりこぎ，大は大きなしゃもじやお玉まで，さまざまなものがある。調理の工夫によって必要となる器具を気軽につくれることが，食の楽しみを広げることに役立つ。また，調理器具は塗装を必要としないものも多い（写真21）。

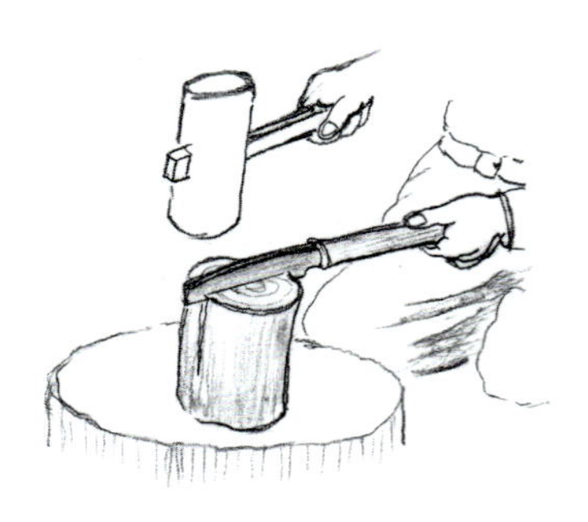

図8　鉈で半割丸太にする

図9　器の形のイメージを樹皮の上に描く

図10　丸ノミで荒彫りする

図11　匙（さじ）ノミで線に沿って器の内形を彫っていく

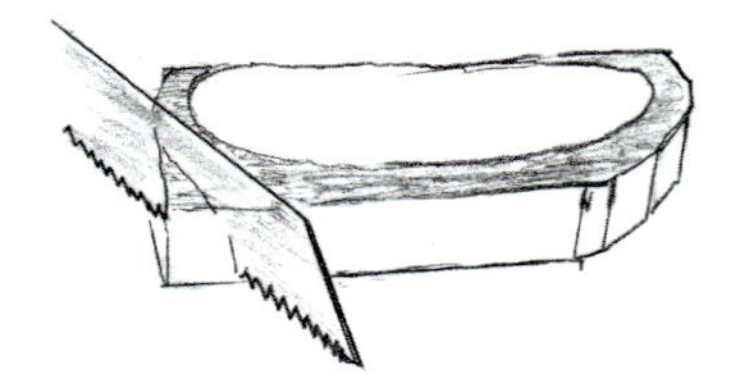

図12　中を彫り終わったら外の形を整える

図13　彫りあがったら仕上げ加工に移る

写真21　いろいろな調理器具。塗装を必要としないものもある

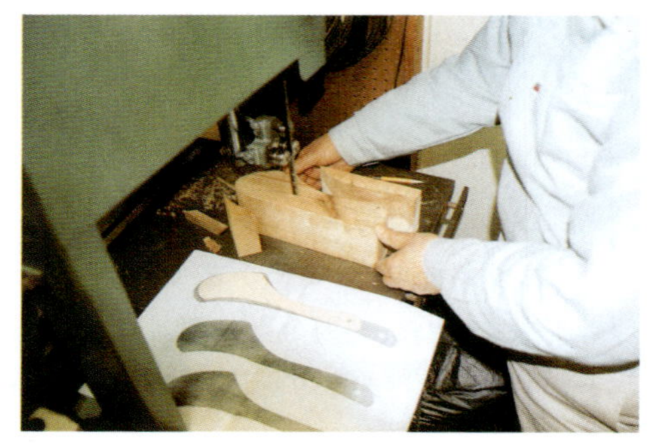

写真22　整形
帯鋸で型板の線に沿って切り抜く

写真23　仕上げ削り
型板の線に沿ってベルトサンダーで仕上げ加工する

ここでは調理器具の加工工程として，いためべらの工程を紹介する。

木取り

デザインによって平面の型板と側面の型板をつくる。材を無駄にしないように型板を使って型を描く。

整形

帯鋸で平面を先に切り抜き，次に側面を切り抜く（写真22）。材の形状によっては側面を先に切り抜くこともある。

仕上げ削り

ベルトサンダーで側面を先に削り，次に平面を仕上げ削りする（写真23）。ベルトサンダーをカバーで囲み，削り粉末が飛散しないように集塵ダクトで吸い取る。持ちやすく，美しく，使いやすく丸みをつける。持ち手の部分に穴を開けて木地が完成する。

木固め

完成した木地をプレポリマーに浸けて木固めを行なう。24時間おくと固まる。目止め剤を刷り込む。

仕上げ塗り

耐水ペーパー800番で軽くサンディングし，片面に7分消クリヤーカスタムをスプレーで仕上げ塗りする。

反対の面に7分消クリヤーカスタムを仕上げ塗りし，4時間おいて完成する。

施設・資材の選択

農山村の木の食器・調理器具づくりに必要な工具・機械・設備を表2に示す。以下，主なものを写真で紹介する。

必要となる基本工具

木材加工技術史上，最も古い歴史をもつロクロ技術は，古くは綱ひきロクロにはじまり，水車を動力としたロクロから，電動モーターを動力としたロクロへ発達をとげた。

なお，写真26のロクロ鉋に示す旋削刃物は，木工旋盤用の刃物が市販されているが，ロクロの刃物は市販されていない。したがって刃物は，使用者が鍛造技術を修得し，自ら鍛造製作する。刃物用鋼材はハイスピード（高速度）鋼第2種と第9種のみ鍛造可能である。鍛造手順を図14に示す。

ロクロ加工技術に必要な基本工具としては，写真24から写真30に示すようなものがある。

刃物鍛造技術に必要な基本工具としては，写真31から写真33に示すようなものがある。

塗装技術に必要な基本工具としては，写真34から写真37に示すようなものがある。

安全・衛生管理のポイント

地域資源を活用して木の食器や調理器具をつくるのは，豊かな食生活をすることが目的である。器の中に入れる食物の衛生管理と木の食器が密接な関連があることが衛生管理のポイントとなる。したがって，農山村加工でつくる木の食器や調理器具は，厚生労働省の食品衛生法における大量調理施設衛生管理マニュアル基準に適合するように，安全思想に立ったデザインで生産することが重要である。

食品衛生で大きな問題は消化器伝染病と食中毒の予防である。予防の三原則は①施設・設備が衛生的であること，②調理者が健康で，食品の取扱いの知識が充実していること，③食品の原材料や使用水などが衛生的であることであり，これらが着眼点となる。

木の食器や調理器具は，①の施設の中で，a.木の食器そのものが安全な材料の選択で，安全な製造マニュアルによって生産されていること，b.食器の形は洗浄しやすく食べ物の洗い残りが出ない形状であること，c.80℃，5分間以上で洗浄，またはこれに匹敵する方法で殺菌，乾燥させるなど確実な消毒方法に木の食器が耐えうる表面処理がなされていること，d.消毒後の保管場所，消毒設備の確保が適切であること，などの条件のもとで製作されなければならない。

また，木の食器を学校給食に用いる際には，文部科学省の食器の洗浄・消毒マニュアル基準に

表2　木工ロクロ加工に必要な工具一覧

用途	No.	工具名	数
ロクロ加工技術に必要な基本工具	1	ロクロ機械*	1
	2	作業板	1
	3	吸着フランジ・200 mm 径	1
	4	吸着フランジ・150 mm 径	1
	5	吸着フランジ・100 mm 径	1
	6	ゴムひも・5 m	1
	7	1.5分のみ	1
	8	ロクロ鉋（高速度鋼）	3
	9	ロクロ仕上げ刃物（高速度鋼）	3
	10	くし形砥石1200＃	1
	11	平砥石1200＃	1
	12	コンパス大250 mm	1
	13	コンパス中200 mm	1
	14	コンパス小150 mm	1
	15	外パス大300 mm	1
	16	外パス中200 mm	1
	17	外パス小150 mm	1
	18	内パス大300 mm	1
	19	内パス中200 mm	1
	20	ロールペーパー（15 m）180＃	1
	21	ロールペーパー（15 m）240＃	1
	22	ロールペーパー（15 m）320＃	1
	23	指金	1
	24	小刃	1
	25	四つ目錐	1
	26	シナベニア3 mm	1
	27	ラワンベニア2.4 mm	1
	28	ペンチ	1
	29	平ヤスリ長さ250 mm・中目	1
	30	玄能1.3 kg	1
	31	帯鋸機械	1
	32	帯鋸替刃	3
	33	除湿乾燥機**	1
刃物鍛造技術に必要な基本工具	34	アンビル20 kg	1
	35	爪	1
	36	フオージ	1
	37	耐火レンガ	5
	38	ドライヤー	1
	39	玄能2 kg	1
	40	玄能0.3 kg	1
	41	焼入油1.81	1
	42	グラインダー	1
	43	グリップ	1
	44	ドレッサーセット	1
	45	丸棒（柄材）長さ100 mm×径30 mm	3
	46	口金	3
	47	ドリル刃10 mm	1
	48	ドリル刃6 mm	1
塗装技術に必要な基本工具および塗料	49	エアコンプレッサ0.75 kW	1
	50	トランスホーマーRRA	1
	51	スプレーガン10 E－SG	1
	52	ガンカップPS－4	1
	53	計量器100 g	1
	54	ポリカップ	3
	55	ポリボール	2
	56	洗浄刷毛	2
	57	プレポリマー1000＃	4 kg
	58	目止剤（クリヤー）	1 kg
	59	DXクリヤー	3 kg
	60	DXクリヤー7分消	2 kg
	61	専用PSシンナー16 l入	1
	62	専用手袋	2
	63	漉紙	10枚
	64	耐水ペーパー800＃か1000＃	5
	65	塗装回転台	1
	66	換気扇	1
	67	電気工事・エア配管一式	1

注　＊新型で単相電力（家庭用）で使えるロクロ（550,000円）もある。30～40 cmの盆もつくれる
　　＊＊なくてもできる方法もある

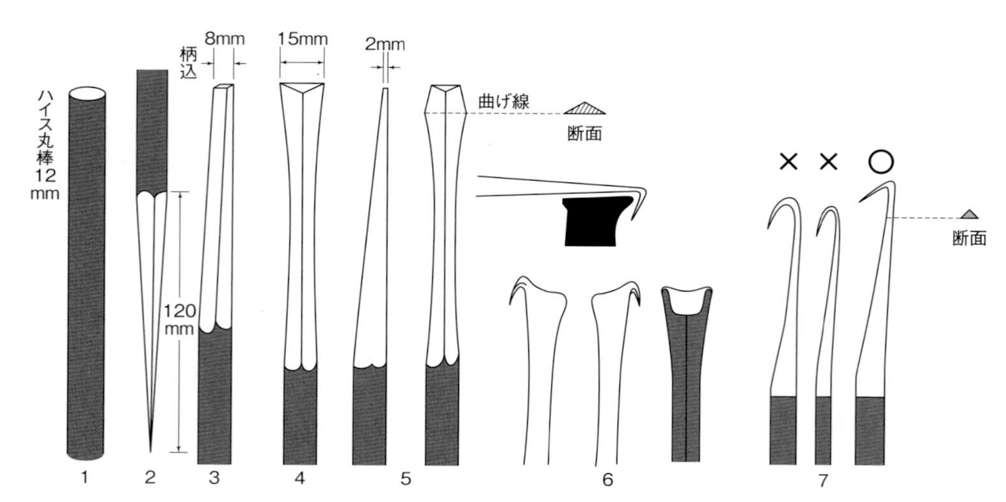

図14　木工ロクロ・鉋刃物の鋳造手順

高速度（ハイス）の鍛造温度は1,000℃。1,100℃を超えると鉄が溶けて刃物としての特性を失う。温度は火色で体得する

写真24　木工ロクロ機械
写真の「ときまつ式ロクロ」は幅110 cm × 奥行135 cmと最もコンパクトで，しかも高性能な真空吸着式ロクロである。動力0.75 kW，直径1 mmから90 cm（3尺）まで製作できる。なお，新型で家庭用単相電力で使えるロクロもあり，直径40 cmの盆まで製作可能

写真25　吸着フランジ（左）と保持具（右）
真空ポンプにより被加工材をロクロに吸着し据えるための吸着盤で，その大きさは被加工材の大きさに合わせて選ぶ。大きい吸着盤が必要な場合は，あらかじめロクロにつけた吸着盤に合板でつくった盤を重ねかぶせると，大きな寸法が得られる

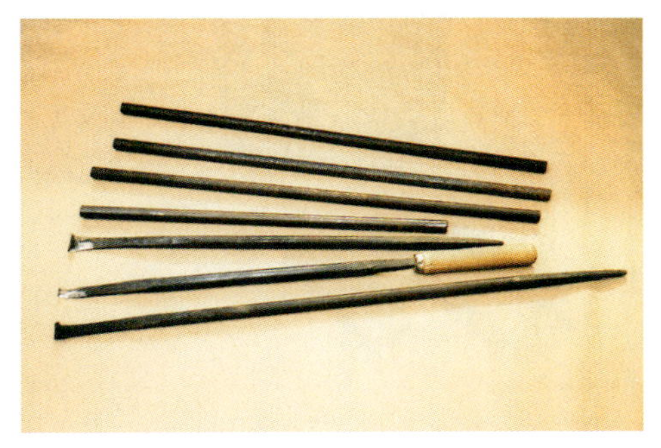

写真26　ロクロ鉋
ロクロ鉋（高速度鋼第2種）の鍛造は写真31の金敷（金床）で行なう

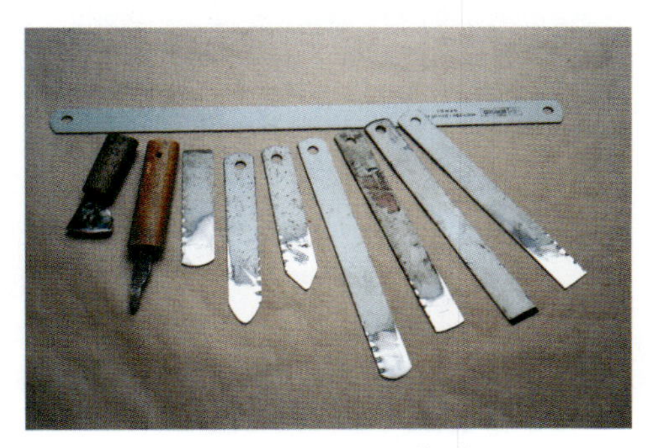

写真27　ロクロ仕上げ刃物
鉄工用の金属切断用鋸は硬度と弾性が高いので，ロクロ加工で仕上げ刃物に用いる。長さ420 mm，幅25 mmの金属用鋸を半分，または3分の1に切り，鋸の刃と，長さ方向の先端を，グラインダーですり落として刃をつける。刃の形状は，加工する器の形状に合わせて常にグラインダーで形を変える

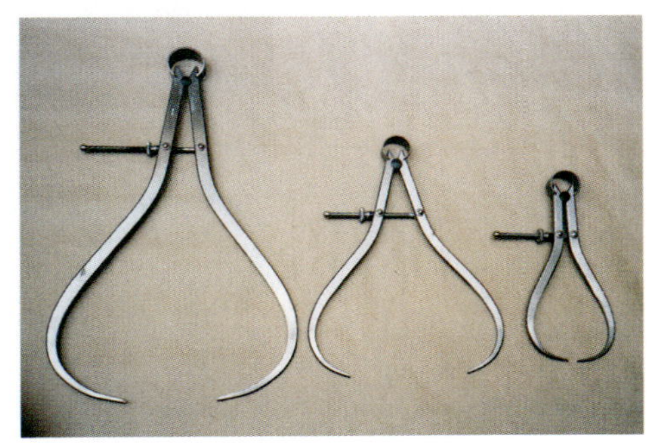

写真28　外パス
ロクロでの製作工程で，製品外径の寸法を測定する器具。ネジの調節で測定部が常に安定している。ほかにコンパスや内パスが必要

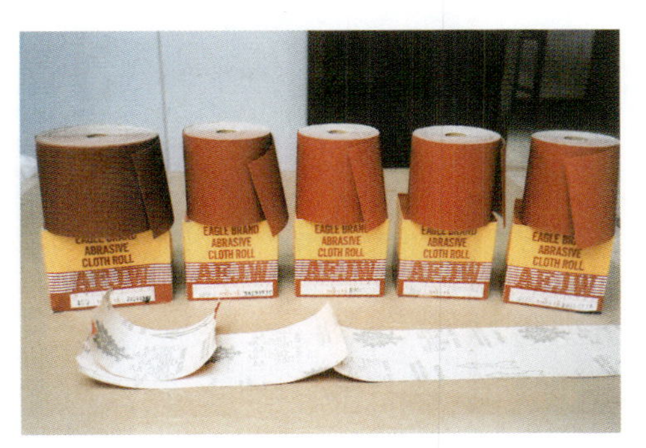

写真29　サンドペーパー。左から
100 #，180 #，220 #，320 #，400 #
ロクロ加工の最終工程の木地研磨はサンドペーパー（1巻15 m）で行なう。ペーパーは高速回転の摩耗に耐え，磨き筋が残らず，木目にペーパー粉が残らないものを選ぶこと。180 #で形状を，240 #で180 #の磨き跡を消し，さらに320 #で240 #の磨き跡を消す要領で完成させる。ロール状ペーパーは10 cm程度の適当な寸法に切って使う

写真30　帯鋸盤

林業現場にはどこでもチェーンソーはあるが，より正確な木取り作業には小型の帯鋸盤が必要。鋸幅70 mmが装着できれば，小径木や曲がり材の活用が容易になる

写真31　金敷（金床）と爪

ロクロ鉋（高速度鋼第2種）を鍛造する金床。上面が鋼張りになっているものが入手の条件である。上面に鋼が張ってないものは安価だが，重量20 kg以下では金床の上面が軟らかすぎて高速度鋼が鍛錬できない

写真32　自動車のホイルを利用したフオージ

鍛造の際に鋼材を熱処理するフイゴと炉。移動可能で単純にするために，自動車のホイルを利用した。ホイルに砂を入れ，耐火レンガで炉を切り，横に出した水道管からヘヤードライヤーで送風して木炭に火を起こす。高速度鋼の焼成温度1,100℃に達するには十分だ

写真33　グラインダー，グリップ，ドレッサーセット

グリップで整形したグラインダーの刃の表面をたたいて目立てをする重要な工具。グラインダーの刃の目立てが完全でなければ，研磨する刃物の刃先が焼けて切れ味を損傷する

写真34　エアコンプレッサー

作業場のすみずみの掃除や，衣服についたほこりを払うために便利であり，商品として完成品への表面処理塗装に必要な機械である

写真35　トランスフォーマー

表面処理の塗装作業におけるスプレー塗装時に，製品の形状や大きさによって，スプレーガンの空気圧を，作業中に手元で調節する。空気圧の調節とホース内の水滴除去の機能をもつ重要な器具

写真36　スプレーガンとガンカップ
スプレーガンは，スプレー塗料の主要器具で，被塗装物の大きさによって吹き口の大きさを選ぶ。ガンカップも塗面の広さや大きさによってカップの大きさを選ぶ

写真37　塗装回転台
塗装作業でスプレー塗装中，塗面の回転移動に使用する

沿って，熱風消毒保管庫（85～90℃，30～50分程度）で乾燥保管する必要がある。

食品衛生法で安全な規格基準に適合する塗料や接着剤の選択，製造工程による安全性や衛生管理は，品質の向上に欠かせない。

PL法（製造物責任法）や品質の安全表示，製造番号など安全に対する配慮は当然必要である。環境に優しく人体に限りなく安全性を追求する姿勢が求められている。

素材の違いと加工方法

木材は樹を切ってすぐのときは水分を200～250％含んでいる。この状態ではどの樹も刃物当たりが柔らかい。この柔らかいときに器の形に荒削りする。荒削りは，器の形以外の無駄な部分を除き，器の形に材をうすくし，乾燥を早めるために行なう。

水分が蒸発し，乾燥するにしたがって木材は収縮し，刃物当たりが硬くなってくる。

一般的にカシの木のように重い木が堅く，キリの木のように軽い木が柔らかい。広葉樹が堅く，針葉樹が柔らかい。堅い木は器の縁が2mm以下の椀のような薄い器をつくるのに適している。柔らかい木は加工がしやすいが，器の縁が5mm以上のデザインが適している。

「副素材の選択」の項のプレポリマー木固めの塗装法は，柔らかい針葉樹の器の表面を固める表面処理に有効である。

加工用の刃物は市販の使い捨てのものがあるが，切れ味が悪い。刃物は，高速度鋼（ハイスピードスチール）を使用し，使用者が自分の手にあったものを鍛造してつくるほうが，よく切れる。切れ味のよい刃物を使用すれば，素材の違いによる加工法は変えなくてよい。

削りくずなど廃棄物の処理

作業時に出る木の削りくずや鋸くずは木材を乾燥する燻煙乾燥の燃料に最適である。燃やすのではなく，煙を出すことによって木がもっているタンニンと煙が化学反応し，木が狂わなくなる。また乾燥室内の熱源となって空気対流を起こして，木材の水分を持ち去り，荒挽きした椀の木地となる木は60日の時間をかけてゆっくり乾燥する。

また農山村では牛や豚などの家畜の畜舎の敷料として削りくずなどは最適であり，筆者の工房では，予約制で順番待ちの状況である。

塗料や廃塵や器具を洗浄したシンナーは，安全性の高い食器専用の塗料を同一メーカーの同一品種を使用することによって，洗浄したシンナーを溶剤に使用し，循環して使用すれば捨てる必要はまったくない。

一部，ふき取りに使用した木綿の布は焼却するが，ほんの少しの量である。

梅檀

Melia azedarach L.

植物としての特徴

センダンはセンダン科の落葉広葉樹で，日本，台湾，中国，ヒマラヤの暖地に分布する。生長がきわめて早く，通常樹高は5～15 m，胸高直径30～40 cmであるが，大きいものは樹高30 m，胸高直径1 mに達する（写真1）。下向きの枝が優先して伸びるため，傘型の樹形になりやすい。

樹皮は暗紫褐色で縦に裂け目を生ずる。葉は互生し，枝先に集まり，2～3回羽状複葉をなす。5～6月に開花し，淡紫色の花をまばらにつける。子房は5室で，1室に2つの胚珠が入っている。核果は楕円形平滑で，長さ16～17 mmあり，熟して黄色となる。

利用の歴史

海外での利用

最近はアルゼンチン，パラグアイでも広く造林されており，合板や家具の材料に使われている。同科のマホガニーは中南米を中心に産し，良材として有名である。

日本での利用

センダンの材は建築材，土木用材，器具材，楽器材，下駄材，葉は肥料，殺虫剤，薬用として使われる。外果皮は薬用，種子は念珠用に使われている。ケヤキやキリの代替材として使われている。キリの代替としては，古くから嫁入りに持たせる箪笥（たんす）の材料によく使われていた。

熊本県天草郡や葦北郡では，水田跡地や果樹園跡地の有効利用として，センダンを造林し，住宅の内装や家具として利用している。このような立地条件では生長が良好なため，約20年以内の短期間での収穫が期待でき，収入が見込めることから，地域林業の活性化に貢献すると期待されている。

写真1　センダンの樹姿

写真2　センダンの果実
黄熟した実を乾燥させて苦楝子という薬にする

用途と製造法

樹体各部位の用途

表1にセンダンの利用法を示す。

果実　センダンの黄熟した果実を採取し乾燥させたものを苦楝子（くれんし）といい，薬用にする（写真2）。果実風乾物は水分約3%，粗脂肪約5%，粗タンパク質約8%，粗繊維約30%，可溶性無窒素物約48%，還元糖（果糖とブドウ糖）約18%，粗灰分約5%，リンゴ酸約0.2%，微量のアデニン，トリゴネリン，コリンを含む。タイワンセンダンの果実には約13%，種子には約38%の脂肪油を含む。

樹皮　樹皮は帯褐暗灰・暗褐色などを呈し，縦に不規則な割れ目ができる。その割れ目は暗褐色である。ただし，若枝や若木の平滑な幹では多数の皮目が目立つ。老樹皮の断面は赤褐色で，暗灰色を呈する粒状物質の層と交互に層をなして重なる。幹皮を刻んで，天日で乾燥したものを苦楝皮（くれんぴ）といい薬用にする。

苦楝皮は樹脂質でタンニン約7%，苦味質のマルゴシン，アスカロール，クマリン誘導体のバニリン酸，dl-カテコール，苦味のあるトリテルペン類，トウセンダニン，センダニン，メリアノン，メリアノールほか，クエン酸，リンゴ酸を含む。

材　材は環孔材で，心材は淡い黄褐色，辺材は黄白色ではなはだ狭く，心辺材の区別は明瞭である。年輪は明瞭で肌目（きめ）はかなり粗い。木口面に現われる導管の管孔は大きく，早材から晩材へと漸次直径が小さくなる傾向をもっていて，早材年輪界付近では1～数管孔が明らかに孔圏を形づくっている。孔圏外の小管孔は単独あるいは2～4個ずつ集合して散在している。柔細胞は周囲・帯状・散在各柔組織に存在し，その中接線方向の帯状柔組織は特に晩材に著しい。気乾比重0.58，絶乾比重0.54内外で中庸。曲げ弾性係数7.6×104 kg/cm²，圧縮強さ435 kg/cm²，引張り強さ680 kg/cm²，曲げ強さ575 kg/cm²内外で，強さも概して中庸，割裂しやすい材である。

表1　センダンの利用法

利用部	用途	備考
種子	工芸品	念珠
葉	食用	若芽（中華料理）
	肥料	
	殺虫剤	
樹皮	薬用	駆虫薬
果実	薬用	整腸，鎮痛薬
樹	観賞用	街路樹，公園樹
樹木	木材	建築材，器具材など

木目がケヤキやキリに似ていることから，その代替材として使われており，ケヤキの材色よりも赤みが強いことから，好む人も多い（写真3～5）。材は建築材（板類，土台，装飾用，内部造作など），土木用材（土工用など），器具材（家具類，指物，机，椅子，運動具，箱類，桶類，木魚，花台，寄木，ラケット枠，木象はめなど），楽器材（筑前琵琶の胴），下駄材に使われている。割れやすいことから，板にして1年近く天然乾燥させることが望ましい。

人工乾燥の場合，高温乾燥では材色，つやが損なわれるので，約50℃の中温乾燥で実施する。

葉，外果皮　葉は肥料，蚊，ウジ，シラミなどの殺虫剤，若芽は食用にする。外果皮は薬用，種子は念珠用に使われている。

写真3　市場に出材された丸太
30年で直径1mに達している

写真4　住宅の内装に使われている材
ケヤキの木目に似ているが，ケヤキより赤みが濃い

写真5　センダン材で制作されたテレビ台

苦楝皮の薬効

苦楝皮に含まれるタンニンにはすぐれた消炎，止血効果がみられる。タンニン質には駆虫効果もあると考えられている。一定濃度のタンニン液中では，多くの虫体は機能を停止し，その結果，吸いついた腸壁からも離れる。

駆虫効果は中性樹脂質にあるとの報告と，クマリン誘導体にあるとの報告がある。日本のセンダンの母種とされるタイワンセンダンの幹皮は，4～5g/kg煎剤で排虫率78％である。メキシコ・インドではタイワンセンダンの根皮・樹皮を駆虫用に供する。

苦楝子は整腸，鎮痛薬として腹痛や疝痛（せんつう）の薬とする。また，ひび，あかぎれ，しもやけに黄熟した生の果実の果肉をすり潰して，患部に塗布する。

素材の種類・品種と生産・採取

種類・品種

シロバナセンダン (var. *albiflora* Makino) は，花が白色の栽植品で，稀品である。

クサセンダン (var. *semperflorens* Makino) は，高さ2～2.5mの灌木で，1mで開花するのでイッサイセンダンともいう。栽植品である。

トウセンダン (var. *toosendan* Makino) は，果実が楕円形で大きく，長さ2.5cm，幅2cmあり，6～8室からなる。果実を川楝子といい，漢方で腹痛の薬とする。

インドセンダン（*Melia azadirachta*）は，センダンとはちがって常緑広葉樹で，高さ12～15m，枝は著しく拡開する。葉は輪生，1～2回羽状複葉，長さ20～40cm，センダンの葉より大型，長さ3～8cm。果実は黄色，紫色で長楕円形，長さ18mm，家畜が好んで食べるが，ヒトには有毒である。種子は4個あり，油をとる。これをジャワでミンバ油 (Mimba Oil)，欧州でマルゴサ油 (Margosa Oil)，スリランカでマルゴサ酒 (Margosa Toddy) といい，薬用とする。乾いた種子は装飾品にする。材はマホガニーに似て，工芸用とする。辺材は灰色，心材は赤褐色，堅くて耐久力がある。

適地と母樹の選択

暖帯に自生する樹種で，冬期の寒害，凍害に弱いことから，西日本でも標高400m以下に植栽することが望ましい。さらに，センダンは養分，水分要求度が非常に高い樹種なので，土壌の条件によって大きく生長が異なる。生長がよいのは，斜面下部や平地である。ケヤキの代替材であることから，生産目標は末口径30 cm以上，長さ4 mの直材とする。

現在のところ，挿し木は困難であることからほとんどが実生苗である。樹高，直径生長は遺伝性が高く，樹幹形に大きな影響を与えるので，種子は幹の形状が通直（まっすぐ）な母樹から採取するのが望ましい。

栽培の要点

他の樹種に比べ芽の展開が遅いが，4月上旬までには植え付ける。30 ～ 40 cm四方，深さ25 ～ 30 cmくらいの植え穴を掘り，植栽する。乾燥を嫌うので，周囲の落葉や腐植などで苗木の根元を覆う。植栽密度は400 ～ 600本/haで植栽する。

下刈りはセンダンの生長にもよるが，一般に2年間行なえば十分である。その後は，つる性植物の巻き付きには注意し，頻繁に処理する。

林冠が閉鎖すると，枝が枯れ上がり，自然落枝する。しかし，根元から完全に落枝することは少ないので，樹皮が材内部に巻き込まれてしまう入り皮の原因になるおそれがある。枝打ちは幹が通直で，はっきりした個体では有効である。枝打ちは鋸（のこぎり）による。ただし，幹が通直でなく，四方に分岐したような個体での矯正は困難である。さらに，直径が大きい枝では，枝打ち面が変色や腐朽の原因になるおそれがある。

そこで，熊本県ではこれらを解決する方法として芽かきによる施業を行なっている（写真6）。芽かきとは頂芽だけを残し，それ以外の側芽を取り除くことである。芽かきは成立密度が低くても樹幹を通直にできるので，短伐期施業を行なううえで，最も有効な方法である。芽かきは枝下高が4 mを超えるまで行なう。生長が早ければ2 ～ 3年で芽かきは終了する。枝下高が4 mを超えたら枝を張らせて，直径生長を促進させる。

地力が高い土地では，12年で胸高直径35 cm，成立密度140本/ha，20年で胸高直径50 cm，成立密度70本/haと短期間での収穫が期待できる。

写真6　造林されたセンダンの樹形
芽かきされているので，樹幹が通直である

竹

Bambuseae

植物としての特徴

生育適地

タケ類（本項では植物的な意味で使う際は「タケ」や「タケ林」，伐って利用する状態や熟語では「竹」「竹材」「竹資源」などと表記する）は，熱帯から暖温帯にいたる赤道を中心とした南北両地域の標高の低い地帯に生育していて，緯度では北緯40°から南緯42°付近まで，標高ではヒマラヤ山脈の5,000m近くまで，中・南米のアンデス地方で4,000m付近までササ類の生育が確認されている。

タケ・ササ類がこのように広範囲に分布できる主な要因は，気温と降水量にある。気温は緯度や標高で変わるが，タケ類では年平均10℃以上で最寒月でも平均－1℃以上の地域，ササ類ではさらに極寒の地域，たとえば最低気温が－10℃でも生存できる。降水量は，温帯地域では年間1,000mm以上で，乾期（無降水期間）が4か月以下，月間降水量100mm以上の月が年間最低2回あれば持続的な生育ができる。同様に，熱帯地域では年間降水量が1,000mm以上で月間降水量200mm以上の月が年間最低3回は必要である。タケ類の生育する赤道を中心とする南北両地域では，この条件が整っているといえよう。

形態と生長にみる特徴

タケは，節があり，強く，曲げやすく，稈の中が空胴だが，ほかの植物にくらべて生長が速い。普通の植物では茎や幹の枝先の生長点だけに植物生長ホルモンがあって，その部分が生長するが，竹は稈先端の生長点だけでなく，各節の上側に生長帯があって節部でも生長できる。つまり各節ごとに全体でぐんぐん伸びるのである。節数はモウソウチクで60節前後あり，下から上に向かって同時に伸びていく。

大部分のタケは稈の中心部が中空で，大きな空胴を持っている。断面をみると，周囲の材質部分よりも空胴のほうが面積的にも広い。もし稈に節がなかったら折れやすくなる。また，節は稈が割れないようにする支えの役割もしていて，しかもその間隔がうまく配置されている。力の加わるところでは節間が短くなっている。

タケノコには稈鞘と呼ばれている皮がついているが，皮が落ちてしまうとタケと名前を変える。このタケの皮は稈の下のほうから順次落下するのだが，皮がついているかぎり，タケノコと呼ぶ。

稈の節部についている芽や地下茎が伸びている期間中は必ず節にタケの皮がついている。このタケの皮がついている部分には生長ホルモンがあって，節間を伸ばすことができるので，タケの皮をむりにはがすと生長が止まって腐り始める。自然にタケの皮が落ちると，やがて節についている芽から枝が伸びる。この枝にも生長中はタケの皮がついている。1節から出る枝の数は，マダケ属では2本，ナリヒラダケ属やシホウチク属などでは3本以上である。

利用の歴史

日常生活用品に竹があふれていた時代

いまや身のまわりに竹の容器や道具をみつけるのはむずかしい。それほどにほとんどの生活用品や道具がプラスチックなどに置き換わっているが，人類が文明を築きはじめた太古の昔から，つい50年ほど前まで，竹は日本人の生活には欠かせない素材だった。

タケは同じ太さの木よりもずっと軽く，切ったり割ったりするのは，木よりも簡単である。切るだけで器にもなり，細く割って編むこともできる。そのうえ，腐りにくく，いくら伐っても毎年生えてくる。こうした竹の便利さがさまざまな利

いろいろな種類のタケ

1 モウソウチク。日本では最大の大きさ。食用タケノコとして知られる。炭・紙・床板などの素材。

2 マダケ。曲げの力に強い。工芸品，日用雑貨の素材。

3 ハチク。稈の表面にロウ質があり淡緑色に見える。細く割りやすいので茶筅や提灯ひごなどに。

4 キッコウダケ。モウソウチクの突然変異種。飾り床柱や造園材料に。

5 クロチク。稈が2年目から黒くなる。

6 ウンモンチク。節間に紫褐色の斑紋が現れるのを利用して茶室の飾りや床柱，造園材料になる。

7 ホテイチク。下部数節の節間が短くなるのでこれを釣竿のグリップなどに使う。

8 チシマザサ。モウソウチクの育たない中部地方山間や東北，北海道に生育する。食用タケノコのほか若い稈をかご材に。

くらしの中の竹細工品（昭和前期）

1

2

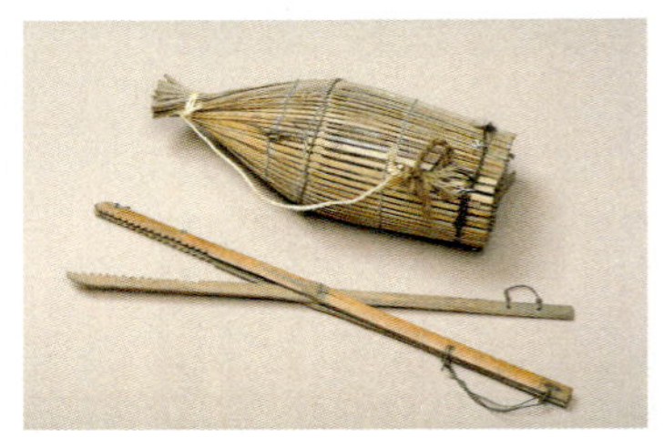
3

4

5

6

7

8

9

10

11

1　天秤棒で担いで売り歩く時の「うなぎぼて」（新潟県豊栄）
2　掘ったさつまいもを入れる「てる」（鹿児島県瀬戸内町）
3　魚採りの道具。「もんどり」（上）と「どんじょばさみ」（三重県伊賀地方）
4　魚の煮崩れを防ぐ「煮ざる」（三重県志摩地方）
5　うどん用の「あげざる」（大きいざる）と「すいのう」（ざるの中），左下は「とうじかご」（長野県長野市）
6　じゃこを煮る大鍋とすくいとる「じゃこかご」（京都府伊根町）
7　弁当といっしょに持参するタケの水筒（右上）（奈良県十津川）
8　祝い事の日に魚を入れて持参する「魚かご」（高知県南国市）
9　川魚漁に使う道具類（岡山県）
10　ナタネの脱穀用具。左からかご，ふるい3種，打ち台と箕（三重県鈴鹿）
11　茶摘み用の「かんご」。小さいかごに摘み，大きいかごに入れて運ぶ（京都府）

用につながっている。

竹は，けずって吹いたり，叩いたりすると，すぐに音が出るから，原始時代には，まず病気平癒を祈る呪術道具や祭りに使う楽器，踊りの装身具などに使われたと考えられる。また，容器としても早くから使われた。縄文時代の遺跡とされる青森県是川遺跡（八戸市）や亀が丘遺跡（つがる市）からは，藍胎漆器（らんたいしっき。竹を編んでつくった箱や容器に漆を塗ったもの），ざる・かご類，装身具などが出土している。また，九州や東北各地の遺跡からも竹の装飾品や雑貨品が出土しており，古代から竹が加工されて使われてきたことがわかる。

奈良時代の文化品を収納した高床式の正倉院には，竹かご，筆，杖，箱，楽器，武具など多くの竹製品が1,200年の時を超えて保存されている。奈良時代の平城京から平安時代の平安京に遷都されるまでのあいだ都がおかれた長岡京（784～794年）の遺構からは，排水溝に使われていたマダケが発掘されており，割って節を抜いた竹が水道管や樋（とい）にされている。このほか竹は建材としてもたくさん使われていた。

平安時代から中世の鎌倉，室町時代には，竹でつくった茶道の茶道具や，華道の花器などに，おしゃれな竹製品がつくられた。安土桃山時代にわび茶の世界を完成させた千利休も，竹製の茶道具や花器をたくさん使っている。その一方，竹槍など戦争のための武器にも竹は使われている。

日本文化が花開いた江戸時代には，竹の道具類は種類も多くなり，製造技法も増え，デザインにもさまざまな遊び心があふれるようになった。茶室の建材には太い竹，細い竹，窓枠のクロチクなど，それぞれの場所にあった種類の竹が使われた。竹は稈だけでなく，タケノコ，タケの皮，枝，葉まで利用されて，くらしや文化のあらゆる分野で活躍していた。明治時代には，スキーの板も竹でできていた。こうした竹の道具類は，昭和の中頃に至ってプラスチック製品に置き換わるまで，人びとのくらしを支えてきた。

プラスチック製品全盛後の竹材回帰の潮流

ところが戦後の，1960年代ともなると世相は急速に変わっていく。生活は洋風化し，便利さが求められた。タケは数十年に一度花が咲くと，開花した稈は枯れてしまう。1960年代の中ごろにマダケが全国的に開花して，たくさんの林が枯れてしまい，それまで日用雑貨品の大部分を占めていた竹加工品が生産できなくなった。海外から竹製品が輸入されたが，当時急速に発達してきた石油化学工業の合成樹脂（プラスチック）で竹製品と同じような商品開発を行なったところ，プラスチック製品は値段も安く，耐久性や見た目もきれいで，家庭の道具としてどんどんつくられるようになった。それ以後，竹製品の多くはプラスチック製品にとって代わられるようになった。

2000年代に入った現代では，日本の竹製品は工芸品として受け継がれてはいるが，日用品の竹製品は海外からの廉価な製品でまかなわれている。とはいっても，最近ではタケがまた見直されて，竹炭，竹酢液，竹紙，集成材といった竹材の二次的利用が新たに起こってきた。この二次的利用はタケが持っている特性を生かしたもので，地球環境への負荷が少ないとして広がっている。ここにはタケの素材が科学の発展とともに再び見直され，その活用が進むという状況がある。タケと人間との関わり方は，時代とともに変わってきたが，タケや竹材は，いま再び自然素材として科学的な視点からも見直され，その利用がはかられる時代を迎えている。

用途と製造法

くらしを支えるすぐれた素材であるタケは，刃物がなくても，縦方向なら叩いても割ることができる。少し工夫すれば曲げたり編んだりできる。しかもタケは，中が空胴で，そのまま容器として使える便利な素材で，人がくらすために必要な生活用品，たとえば，しゃもじ，かご，ざる，はし，すのこ，竹ぼうき，熊手，はしごなど，それに篠笛，よこ笛，尺八，小太鼓などの楽器にも使われ

材木として

竹小舞：和風建築の塗り壁の素地 ／ 竹筋コンクリート：鉄が不足で鉄筋の代用に竹の骨組を配したコンクリート工法 ／ 床材：集成材，パーティクルボードほか ／ すだれ：部屋の内外に吊るして風通しを良くする道具 ／ 建築外部足場：香港や台湾，中国，東南アジアで，比較的高いビルの建築現場の足場材 ／ 冬囲いの材料：降雪や風雪から植物を守る材料とする ／ 竹垣：光悦寺垣，金閣寺垣，袖垣，穂垣他 ／ 竹シーツ：小さく切った竹片に隙間を設けながらつづり合わせてシート状にしたもので，暑い時期に体を冷やしてくれる冷却寝具 ／ 火吹き竹：かまどの火に空気を送る，風呂や焚き火の着火用具 ／ 吹き矢の筒：吹き矢の容器 ／ 樋：半割にし，節をそぎ落として軒に渡した雨どい，流しそうめんの流路，水飲み場の導水，温泉の湯冷まし路などに ／ 楽器：尺八，篠笛，能管，龍笛，笙，篳篥 ／ 竹製の打楽器・琴：バリ島のジェゴグ，アコースティックギターなど ／ キセルの羅宇（筒）：喫煙具の中央部に使う羅宇竹（ラオタケ）のこと ／ 水鉄砲・紙玉鉄砲：竹筒の節部の中央に小穴を開け，後部から棒を押し込んで圧力をかける遊び道具 ／ ししおどし：本来は竹筒に水が溜まると筒が重みで石に当たって音をだし，鳥獣を驚ろかせるのが目的であったが，今日では庭石に当たる竹の風流な音を楽しむためにつくられている ／ 竹筒：水入れ，花器，上下に節を残し片方に小さな穴を開けて水筒に。米を詰め，火にかける調理法も ／ 爆竹：竹を密閉された容器として火中に投入すると派手な音を立てて破裂する。これが爆竹の由来 ／ 竹炭：竹を焼いて炭にしたもの。竹は木材に比べて維管束数が多く，より多孔質の組織構造であることから，竹炭は内部の表面積が木炭より5～10倍ほど広く，吸着能力が高いといわれる

縄・ロープ

樽のたが：桶や樽の外側に，数本の細く割った竹を撚るようにして締めつけるための竹の輪 ／ 上総掘り：やぐらに大きい滑車を仕掛け，これに割り竹を長くつないだものを巻いておき，その竹の先端に取り付けた掘鉄管で掘り抜く井戸の代表的な工法。人力だけで500 m以上掘り抜けるので，開発途上国援助に利用

工芸品・日用品

ざる・籠 ／ 花入・花籠・花生け ／ 虫籠 ／ 箸・菜箸 ／ 楊枝 ／ 耳掻き ／ 串：焼き鳥の串など ／ 行李などの藍胎漆器：竹製の行李やかごに漆を塗った道具類 ／ 茶筅：抹茶を立てる際に，お茶をかき回して泡立てる道具 ／ 茶杓：抹茶をすくう竹製のスプーン ／ 柄杓：手を持つところの長いスプーン ／ 竹ナイフ ／ 竹箒：竹の枝で作った箒 ／ 熊手：穀物や落ち葉を集めるために細く割った竹を，熊の手のような形にした庭掃除の道具 ／ 箕：穀物の殻やゴミを篩い分ける道具 ／ 易の筮竹：占いのときに使う竹の棒 ／ 孫の手：背中など手の届かない部分を掻くために手のような形につくられた竹の道具 ／ 青竹踏み ／ 竹皮：竹皮にはフラボノイドや高級脂肪酸などが含まれ防腐作用や殺菌作用があるため食品の包装材に ／ 草履 ／ 杖 ／ 物干しざお：そのまま使用したり，ポリ塩化ビニルを巻いたりしたものもある ／ 自動車の内装装飾：竹製の内装装飾パーツは竹の炭素繊維とプラスチックとの合成で

骨組みなど

うちわ・扇子の骨 ／ 和傘の骨 ／ 提灯・行灯の骨 ／ 鉄道踏切の遮断機 ／ 竹ひご：竹細工，模型飛行機など ／ 白熱電球のフィラメント：エジソンが白熱電球を改良した際に日本（京都府八幡市男山）の竹をこれに使い実用化 ／ レコード針 - 蓄音器用 ／ ササラ電車のブラシ：ササラ電車とは路面電車の線路上の雪を，竹でできたブラシを回転させて除雪する車両 ／ 枝条架：竹の枝を束ね，棚状に幾層にも積み上げたもの。流下式塩田や別府の鉄輪温泉の温泉冷却装置など

文具

竹ペン ／ 筆の軸 ／ ものさし：温度変化による伸縮が少ない性質を利用 ／ 万年筆

玩具その他

竹とんぼ ／ 竹馬 ／ 麻雀牌 ／ くす玉：竹かごを骨組みに使う ／ 釣り竿 ／ 魚籠 ／ 生け簀：捕った魚を料理するまでの間，竹垣のような囲いの中で飼っておく ／ 竹刀 ／ 和弓と矢 ／ 棒高跳の棒 ／ 竹槍母衣：ほろ。背後からの矢を防ぐために担ぐ盾の一種。竹籠に布をかぶせる ／ スキー・スケートの材料 ／ バンブーダンスの竹ざお ／ 竹炭 ／ キーボード，マウス：一部のメーカーが竹素材のコンピュータ周辺機器を発売

食利用

筍（たけのこ） ／ メンマ（麺麻）：マチクのタケノコを細長く切って半乾燥後に発酵させたものでラーメンの具とする ／ クマザサ茶 ／ 竹茶

薬用利用

竹葉：ちくよう，ハチクまたはマダケの葉。生薬で解熱，利尿作用 ／ リキュール「竹葉青」：葉を酒に漬けて香り付けしたもの。中国にある ／ 竹茹：ちくじょ，ハチクまたはマダケの稈の内層で解熱，鎮吐などの作用 ／ 竹瀝：ちくれき，タンチク，ハチクの稈を火で炙って流れた液汁，生薬

製紙

竹紙：中国四川省や広西チワン族自治区などの一部と日本。竹を原料としたパルプで紙を製造（中越パルプ）

バイオ燃料・エタノールとして

燃料・エタノール：静岡大学では，超微粉末にする技術と，強力に糖化する微生物を探すなどで，糖化効率を従来の2%程度から75%に高めた。3年間でさらに効率を80%まで高め，1L当たり100円程度の生産コストを目指している。毎年生産される量のうち，竹産業用のほか保全のために伐採できないタケの量が多くあり，詳細に調査した結果，現状ではエタノールなどの生産には年間50万t程度しか使えない

農業資材肥料

竹パウダー：竹を粉砕してつくるフワフワした肥料。糖分やケイ酸，ミネラルが豊富で，微生物の繁殖がよくなり作物の味，収量増，病害虫に強いなどの効果があるとされる ／ 竹酢液：竹炭を焼くときに出る煙を冷やして得る液体。80～90%は水分だが，主成分は酢酸・プロピオン酸・蟻酸などの有機酸類，アルコール類など約300種の有効成分を含む。タール分が少なく，透明度が高く，においもソフト。抗菌・抗酸化機能，消臭効果，有用微生物の活性化作用などから，減農薬栽培や土壌環境の改善，作物の生育の活性化に有効な自給資材，殺虫剤

表1　竹材のさまざまな利用

てきた。建築材としても古くから柱や窓枠，壁，部屋の内装材に使われた。いまではプラスチックや金属が使われているものが多いが，縄文時代から，つい50年ほど前までは，タケがそれら生活用具の主役だった。

タケは道具材として利用されるばかりでなく，新芽であるタケノコも食材として，人びとの食料になってきた。東北地方の南部から九州地方ではモウソウチクが代表的なタケノコとして各地で食べられている。また，標高の高い長野県や高緯度の東北地方，北海道ではチシマザサのタケノコが食べられている。ほかにもハチク，ホテイチク，シホウチクなどのタケノコがおいしい。昔の人の献立にも，タケノコは欠かせなかったのである。

以下では竹材の取扱いを中心に述べ，具体的な竹製品の製法は後段に譲りたい。

竹を選ぶ

竹材の特性　タケは横に折るのはむずかしいが，縦には簡単に割れる。折れにくいぶん，強くて弾力性がある。材は密で伸びたり縮んだりしないから，加工しやすい。木材と似ているが，木材とはちがった性質をもっている。竹材はこの特徴をうまく生かして，竹細工や建築材として利用されてきた。

かごなどの竹細工でよく利用されるのは，マダケとハチクである。モウソウチクは，繊維が粗いので細工しづらい。数十年前まで，棒高跳びではマダケの稈を使っていた。稈が軽くて，よくしなるから，その反動を利用して高く跳ね上がることができた。竹の稈は表面の構造が木材とはちがって弾力性と粘りがあるから，とても折れにくい。反面，縦には細く裂くことができる。この性質があるおかげで，竹細工をつくることができる。

曲げることができる竹の稈は表皮部が硬いけれど，細く割ったり薄くけずったりできるし，熱を加えて曲げると好きな角度で固定できる。しかも反動をつけると振動させることもできる。巻いたり，曲げたり，挟んだりしても折れにくいから，加工して細工物をつくる素材としてとても便利だ。また，硬さもあって，材が緊密だから，温度や湿度が変化しても伸び縮みしなくて，狂いが少ない。だから定規にもなったし，建材としても使われた。

よしあしの見分け方　加工によい竹材の見分け方は，通直で，元口と末口（上下の切り口）の大きさにちがいが少ないもの，節間の長さの長いもの，表皮に傷のない美しいもの，稈の比重が大きいもの，粘りのあるものなどである。表面に傷や虫食いの穴のあるもの，古くてかたいもの，割れの入ったものなどは素材としてはよくない。

竹材の選択と伐採　竹細工や竹工芸では，水分の多い1年生はほとんど利用しない。1年生の竹は含水量が多く，伐採後に縮んでしまうので，狂いが生じる。また，タケ林の持続的な利用ということを考えると，元気な1～2年生の竹を残しておいたほうがいい。だから，若い年齢のタケを伐採するのは，病虫害による被害竹や台風などで倒れたり枯れたりして折れたタケ，近くに密に生えすぎている細いタケなどに限られる。

竹細工や竹工芸の素材として適しているのは，適切に管理されたタケ林で育てられた2～4年生の竹（かごに使う場合は2～3年生）である。ちょうどいい間隔で生えるように管理されたタケ林だと，まっすぐで質のよいタケが育つ。タケの節間が30～40 cmくらいあるまっすぐなタケが適している。縁に巻くための材（縁竹）なら1年生のタケがいい。青竹をすぐに使ってもいいが，油抜きしないで急に乾燥させると，割れやすくなり，そのうえ虫害を受けやすく耐久性が少なくなる。油抜きした後は日陰において，上にむしろなどをかけてゆっくり乾燥させる。竹材が手に入いらないときは，竹材店から乾燥して油抜きした竹材を買ってくる。

伐採の時期は，作品をつくったあと，その作品が虫害を受けることのない秋がいい。というのは，タケノコや地下茎が生長するときには，貯蔵デンプンが糖類に変えられて利用されるので，この時期に伐採した竹では，チビタケナガシンクイムシやヒラタキクイムシなどの害虫がよく竹材の中にもぐりこんでいて，それが脱出するときに竹材に穴をあけてしまう。これらの害虫は梅雨期から夏にかけて活動するので，竹材を伐採するのは10～12月の寒い時期がいい。なお，害虫駆除には加圧消毒や熱処理，燻煙法などがある。

竹材の下処理

タケの伐り方　タケは，できるだけまっすぐに伸びているものを選んで，地ぎわから伐る。太くて大きなタケを伐るときは，倒す方向に受けまたは鉈目といって低い位置に伐り口をあらかじめつくっておき，その反対側の少し上部から，竹材用のこぎりで伐りこむと，倒したい方向に倒すことができる。普通は山側の高い方角に倒すと，らくに引き出すことができる。地中に残っている伐られたほうの株は，早く腐らせるために伐り口を割っておく。細く小さなタケは，鉈で，なるべく一刀のもとに伐る。枝のついているところは，節が高くとび出て，稈に溝が入っていたりするので，長いひごをとる細工用の材としては使わないで，短いひごをとるときに使う。

枝の落とし方　稈と枝の分枝点の下側（元口側）から鉈で稈に平行に鉈を入れる。このとき，刃がすべりやすいので注意する。つぎに分枝点の上側（末口側）から鉈の背で打ちこむと，表皮を剥がすことなく切り落とせる。ちょっとむずかしいが，なれるとリズミカルに枝落としができる。

籾がらで汚れ落とし　青竹を使うときは，籾がらでよくこすって洗うと，発色がよくなる。

油抜き　生きた緑色の稈は，伐採するとそのうち色あせてしまう。直射日光が当たるとさらに早く退色する。油抜きをすると色はクリーム色になるが，いつまでも表面を美しく保つことができる。炭火や電熱，あるいはガスコンロに魚焼き網をのせて，稈をかざして熱すると，透明な油が浮き出て表面が光ってくるので，まんべんなくタオルで油をぬぐい去る。そのあと太陽にさらすとクリーム色に変化する。

ただし，油抜きすると硬くなって柔軟性がなくなるので，少し編みにくくなる。

タケの食利用

日本のモウソウチク林の栽培面積は，竹材林よりもタケノコ採取林のほうが広い。竹材林では放任されているところも多いが，タケノコ採取林では，どこも管理と栽培がていねいに行なわれている。国産タケノコの生産量は，以前に比べてずいぶんと少なくなり，輸入ものが増えている。

タケノコは，香りや味を楽しむ旬の食品としてだけでなく，低カロリーの繊維食品としても評価されている。栄養成分でも，ビタミンB_1，ビタミンB_2，ビタミンC，ビタミンKやミネラルの亜鉛，カリウム，マンガンなどが含まれている。細胞分裂のはげしい頂端部にはタンパク質，ミネラル類，脂肪，灰分が多く，根に近い基部には粗繊維，ケイ酸などが多く含まれている。

タケノコの旨味は，たくさんの種類のアミノ酸による。タケノコは，皮を数十枚も取りはずさなければならないことや，タケノコに含まれている特有のえぐみ（アク）を取り除かないとおいしくないなどで，調理を厭う傾向もあるが，水煮や缶詰製品には代えがたい旬の味覚を味わえる。栄養分も加工処理中に低下することも明かになっている。手間をかけて旬の味を求めたいものだ。えぐみが少ないのは，日の出前に朝掘りされた先端が青くないもの，白子といってタケの皮が白っぽいもの，形がずんぐりしたものを選んで買うといい。

モウソウチクは，やや大味だが，部位によって料理に変化をもたせることができる。マダケは，タケノコの出たては苦味とえぐみがあるので，大きくなってから先端部を切り，焼いて食べると，サバイバル的な食味感がある。ハチクは，甘味があって繊細な味がする。モウソウチク以上の味と愛好者も多いホテイチクは，小さめのタケノコだが，甘味があってやわらかく，アクも少ない。カンザンチクは，食用タケノコとしては最高の味といわれている。暖地に多い種類のシホウチクは，秋にとれるので珍しがられるタケノコで，アクがなくおいしい種類だ。チシマザサは，すべてがやわらかく，甘くておいしい。長野県の山岳地帯や

単軸型または散稈型
湿帯性タケ類（温帯地域）

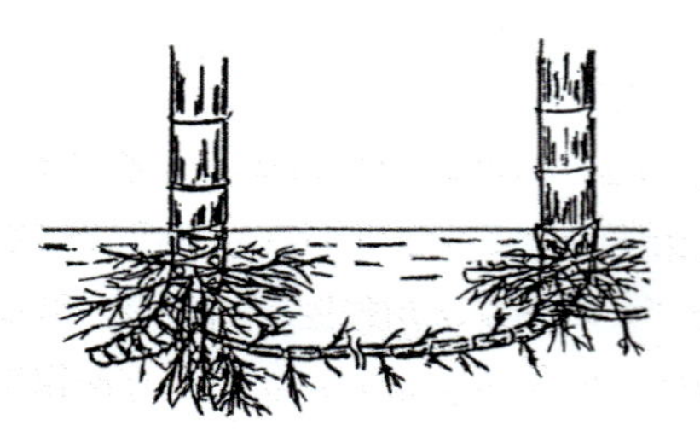

折衷型または散稈性株立型
亜熱帯性タケ類（亜熱帯地域）

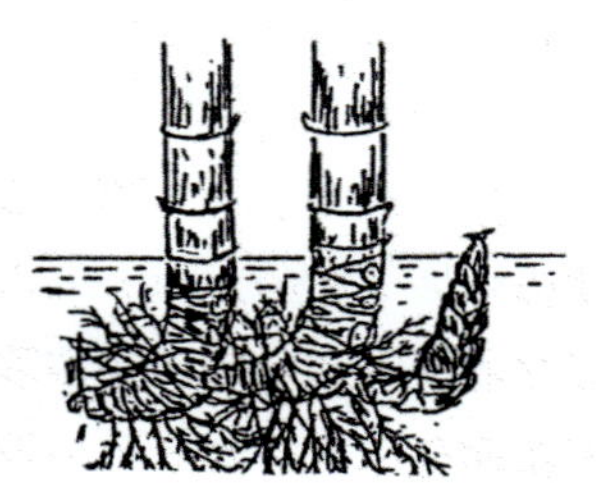

連軸型または株立型
熱帯性タケ類（熱帯地域）

図1　気候帯によるタケ類の生育型（原画・内村）

東北地方ではモウソウチクが少ないために，よりおいしいチシマザサを，多くの人が料理に使っている。

素材の種類・品種と栽培・採取

タケの種類と分布

最寒月の平均気温10℃以下の温帯地域には，温帯性タケ類が生育している（図1）。日本のタケはこのタイプで，マダケやモウソウチクのように地下茎を伸ばしながらバラバラと散らばってタケが生える林をつくる。最寒月の平均気温20℃以上の熱帯地域には，地中に地下茎を持たずに株をつくって生える熱帯性タケ類が生育する。このほか，亜熱帯モンスーン地域には，熱帯性タケ類でありながら，地下茎を伸ばすメロカンナ属（またはバンブサ属）のタケが生育する。

世界の地域別にみられるタケ類の属・種の数を表2に示した。

タケの生育

タケの最大の特徴は，有節植物（節をもった植物）であるということと，生長の速度が早いことである。稈の根元のほうから先端にかけて，各節と節の間の長さが，根元のほうは短く，しだいに規則正しく長くなって，また短くなっていくようになっており，これが生長の速度や，竹材としての強度にも関係する。多くの温帯性タケ類では春先に地温が上がるとともにタケノコが下方部から順に伸びはじめ，先端の部分の生長が終わるまでに要する日数は50～60日である。その後は肥大

	アジア	アフリカ	北米	中南米	オセアニア	マダガスカル	合計
温帯（属/種）	20/320	—	11/35	6/230	—	—	37/585
亜熱帯（属/種）	11/132	—	1/1	1/2	—	—	13/135
熱帯（属/種）	24/270	3/3	3/19	20/100	4/7	6/20	60/419
合計	55/722	3/3	15/55	27/332	4/7	6/20	110/1139

表2　地域別のタケ類の属と種の数（概数）

注　上記の数値は各国の調査レベルが必ずしも同一ではないために同一種が異種としてカウントされていたり，熱帯地域ではアジアの国々から他の地域の国に持ち出された種が順化したとみられる種も含まれている。さらに，アジアの熱帯高地には冷温帯に生育しているササ属がササ類としてカウントされており，中南米の熱帯高地でもチュスクエア属がササ類であるにもかかわらずタケ類としてカウントされている。これらの地域では種数が多くなっているのは，そのためである

と伸長生長を行なわない。これは，稈や枝には形成層と呼ばれる生長のための組織がないからで，2年目以後は肥大も伸長もできないふしぎな植物である。熱帯性タケ類ではこの生長期間が90～100日かかるが，生長の過程は同じである。

このスピード生長は，先端部の生長点と節ごとにある生長帯とが同時に生長することで起きる。このとき，タケの皮は，生長とともに，しっかりと硬い稈を完成させるために重要な役割を果たしており，人が取り除いたり傷つけたりすると，その部分の生長が止まって腐ってしまう。

温帯性タケ類では，稈の生長が終わると初夏から初秋にかけて地下茎の生長が始まる。この期間はおよそ100日あまりで，稈の生長期間よりも長くなるが，地下茎でも稈と同じように急速な生長のようすがみられる。地下茎の各節に1個ずつ交互についている休眠芽には，地下茎が枯れてしまうまでの10年あまりの間に発芽することなく終わるものも多い。熱帯性タケ類の場合は，地上部の稈の生長が終わると，この稈基（地中にある稈についている芽）が発芽してつぎのタケノコになるので，熱帯雨林では年間3～4回もタケノコが

2

3

海外のタケ

1 デンドロカラムス　ギガンテウス。熱帯雨林地域に生育し稈長30m以上に。水筒・建材のほか繊維を利用
2 バンブーサ　ブルメアーナ。フィリピンの海岸などで見られる。硬い稈は建築用柱材に
3 グュアドア アングステイフォリア。中南米からコロンビアにかけて生育する。1本が150kgにもなる大型のタケで建築用材に

出てくる。温帯性タケ類の場合は地下茎を伸ばして，地下茎についている芽が生長してふえる。こうしたふえ方を無性繁殖といい，開花タケの繁殖はタネでふえるので有性繁殖という。

株分けによる植栽

新たに植栽する場合には，①株分け，②挿し竹，③実生苗がある。ここでは①の地下茎を掘って苗にする方法をやや詳しく紹介したい。

11～12月または2～3月にマダケかモウソウチクの生えている部分の土を掘り取り，長さ0.5～1mの地下茎で元から20～30cmくらいの位置にタケが付いているように掘り上げる。このとき，地下茎の節には硬い芽が何個も付いていることを確認しておく。地上部は3～4節分の枝が付いている部分を残し，それより上は切り落とす。掘り上げた地下茎は乾燥しないように，ぬれた新聞紙などで包んでおく。

生長しない真冬をさけて11～3月に植え付ける。あまり乾燥しない西日の当たらない場所で傾斜の緩やかな丘陵地を選び，植付けにはタケ苗1～2本当たり5m四方で25m^{2}くらいの面積を確保する。地下茎の範囲を限定するために，植付けた土地の周囲には90cmくらいの深さの溝を掘っておくと，タケ林の拡大を防ぐことができる。植付け場所には，150×50cmで深さ90cmほどの長方形の穴を掘り，よく砕いた土を20cmほど埋め戻して水を入れ，どろどろにしたところに苗を入れて10cmくらい埋め，土と根を密着させる。その上から土や堆肥や腐葉土を混ぜた土を平らになるまで埋め戻す。2年目以降に肥料を施すが，窒素，リン酸，カリを2：4：3の割合で混合して，1年にタケ1本につき100～150g施用する。上から撒いて軽く耕しておく。2年目にタケノコを収穫したあと，1年分の施肥量の半分ほどを施用する。

②の挿し竹は，節をつけた節間を地中に埋めるのだが，温帯性タケ類では発芽率がとても低く，実用的な方法とはいえない。

③の実生苗は，花が咲いて実が成ることが前提だが，タケの種子は急速に発芽する力を失って発芽率は1%以下しかないから，種子がとれたらすぐ苗床に種子をまく取りまきで行なう。発芽は数週間後に始まり，最初は小さいタケ苗も，その後しだいに大きな苗タケになってくるので，地下茎が出たことを確認してから定植する。およそ播種から定植まで半年ぐらいかかる。もし運よくタケの花が咲いて，種子をとる機会があったら，ぜひ試してみるとよい。

熱帯性タケ類をふやすには，同じように①株分け，②挿し竹，③実生苗による方法があって，どの方法でも可能である。②については雨期に節付きの稈を地中に水平に埋めておくだけでも簡単に発芽し，発根する。③についても結実性が高く，発芽率も高いから，簡単に実生苗をつくることができる。ただし，どのタケも，いつ開花するかまったくわからないので，実生苗を計画的につくるのはむずかしい。

管理の仕方

竹材林の場合　良質の竹材やタケノコを毎年ある程度収穫するには，必要に応じたタケ林の管理をしないといけない。タケを育てるための基本的な管理は竹材林でもタケノコ採取林でも同じだが，タケノコか竹材か，どちらを採取するのかによって肥料の分量や間伐の仕方などが違ってくる。

原則的には，竹材の場合は，それほど手間はかけないでタケの種類に関係なく必要な最低限の管理を行なう。しかし，よけいなタケを間伐したり，林の中をきれいにしたりなどの管理は大切である。竹材採取の場合は，硬さに弾力性が加わっていることが求められるから，肥料のやり方にも気をつける。とくに窒素が多すぎると生長がよすぎて，材質がやわらかくなったり弾力性が弱くなったりするので，肥料はひかえめにしたほうがよい。標準の本数密度はモウソウチクで25m^{2}当たり15～18本，マダケで25～30本くらいで，平均直径が大きければ本数密度を少なくする。

タケノコ採取林の場合　タケノコは，味と出時期が重要なので土の管理に細心の注意が必要だ。まず，肥料についてはタケノコが出はじめる1か月前，タケノコを収穫したあと，初秋の3回に分けて与える。タケノコの収穫後に全施肥量の半分を与え，ほかの時期には4分の1量を施肥する。また，11月から年末にかけて敷わらや土入れを行ない，2月ごろの肥料をやるときに中耕して土をやわらかくしてやる。標準の本数密度は，25 m^2当たり10本ぐらいにする。

炭材林の場合　炭材として好ましい竹材は，肥料をやっていない，含水量の少ないタケがいい。湿気の多い谷筋などで育ったタケはあまり適さない。本数密度では，標準を25 m^2当たり12本ぐらいにする。また，炭材として使うときは，4～5年生のタケだけを使う。

伐採するタケの順序　タケ林を管理するときに，大事な作業のひとつが伐採だ。伐採をするタケは，つぎのような選定基準で伐採順序を考える。

1）病虫被害のあるもの，枯れたり枝が折れたりしたもの。2）勢いの弱いものや稈の細いもの，互いに近づきすぎて生えているもののどちらか。3）畑の広さに対して予定している本数にあわせるための伐採。以上の順序で伐採していく。

タケ林の現状と将来

最近の拡大タケ林　最近各地で，古くからのタケ林が周辺に拡大し，困まっているという話がある。もともと，タケは地下茎を伸ばして自由自在にどんどん広がっていくが，農業や林業が盛んだった時代には，地下茎がやたらと伸びだしても土地所有者が積極的に取り除いていた。しかし，いまのように休耕地や休閑地がふえ，都市近郊の里山地帯にベッドタウンができると，土地所有者以外の人が勝手に他人の土地に入れないので，タケ林は管理されずに放置されている。タケ林を好まない人にとっては迷惑なことで，稈が思わぬところに生えてきたときには，地下茎はすでにそれ以上先まで伸びている。だから不用な稈は，できるだけ早く徹底して取り除く必要がある。

竹材林の場合は，それほど手間はかからない。タケの種類に関係なく必要最低限の管理を行なって不用なタケは取り除く必要がある。タケ林が放任されていて外部に広がるときは，内部の老齢竹を伐採して明るくすれば，林内で地下茎が繁殖するので，拡大を多少とも防ぐことができる。また同一場所でタケが長期間育っていると土壌の酸性化が進むために，植物としてはより中性の土壌を求めて進出することもある。

タケの多面的利用への期待　これまでタケはタケノコとしての食用，そのままの形で造園用植物としての利用，伐採されて竹材として利用というのが，昔ながらの利用方法だった。最近では，タケを焼いた竹炭や，炭焼きのときにとれる竹酢液，竹の繊維を利用した紙やレーヨンの衣類なども評判になっている。

竹炭は，水質浄化や消臭などに使われている。竹酢液は炭を焼くときに出てくる煙を冷してとる液で，数多くのポリフェノールが含まれており，それらのポリフェノールのなかには，医薬的効果をもたらすものもあるのではないかと期待されている。タケ繊維の衣類は，タケの繊維に含まれるセルロースを薬品で溶かして，糸をつくりあげるレーヨンである。土にかえるし，燃やしても有害物質が出ないので，新しい素材としてますますの利用が期待されている。

タケは，古くから使われてきただけに，よく知られた素材のようだが，じつはまだまだ未知の部分も多い資源である。自然環境にも配慮できる資源なだけに，これからの時代には，うってつけの素材といえるだろう。

竹ひごをつくる

竹かごを編むためには，まず竹ひごをつくらないといけない。それには，ほとんど道具は必要ないが，竹ひごをつくるためには，いくつかの特別な道具の準備が必要だ。竹ひごづくりは，経験とカンが必要なむずかしい技術だが，竹材の性質を知るためにも，ぜひ挑戦してほしい。

竹加工のための道具

道具は，いずれも竹細工の道具を扱う店で購入できるが，ほかのもので代用できるものもある。

竹材用のこぎり　横に切るため。ホームセンターなどで竹用として売っているものなら使える。刃が細かく，ツルのついたもののほうが，切りやすい。

竹割包丁　たてに割るため。大小あれば，便利。小型の両刃の鉈でも代用できる。

幅引き小刀　ひごの幅を決める。代わりのものがないので，専門店で買う。

作業台　伐り株など。この上で竹を割る。角材などでもいい。

木づち　割るときなどに使う。

切りだし小刀　裏をすくときに使う。

メジャー　長さを計る。

鉛筆　印をつける。

ノギス　幅を計る。

たらい　材を水につける。

竹ひごづくりの手順

かごづくりは，まず竹を割って，ひごをつくることから始まる。つくるかごの形や大きさ，編み方によって，ひごの幅や厚さ，長さがちがう。竹をひごの厚さに剥いでいくことを「剥（はぎ）」，ひごの幅や厚みを調整することを「剥（すき）」という。字は同じだが，作業の中味も意味もちがう。

竹ひごをつくる工程は，竹を割る，剥ぎ（はぎ），幅引き（はばひき），剥き（すき）の順で行なわれる。

竹ひごづくりに必要な道具類

左上から下へ　鉛筆，メジャー，幅引き小刀，ノギス，木づち，切りだし小刀，竹割包丁，竹切り鋸，右上は竹切り鋸水を入れる容器（ヒゴが浸かる大きさの容器），右下は作業台（小さな切株をしっかりした机にクランプで止めて使うもの）

竹ひごづくりの工程

1　竹を割る

1

2

3

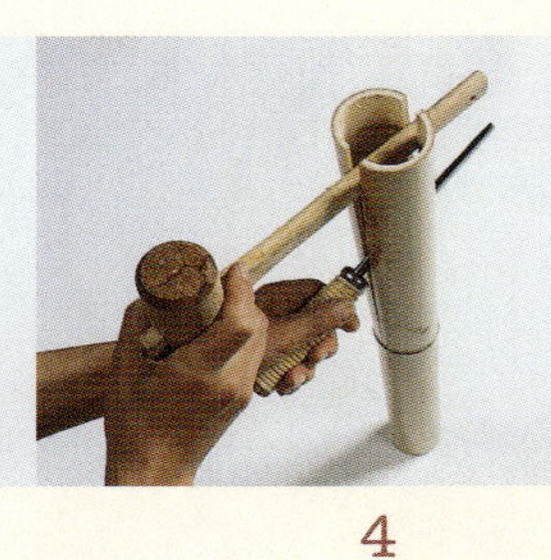

4

5

6

7

8

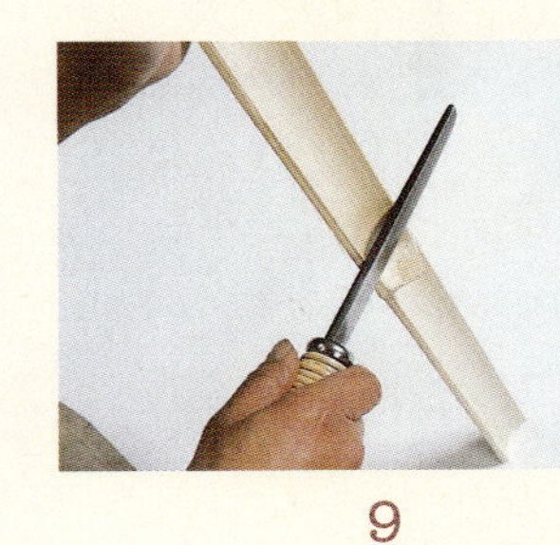

9

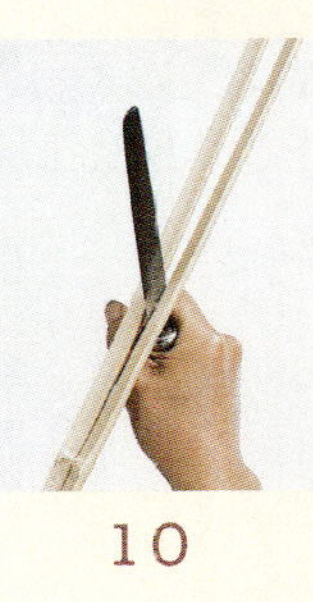

10

11

1　竹が動かないようにしっかり押さえ，節から2～3cmほど離れたところを切る。竹を向こう側にまわしながら少しずつ切る。

2　竹の末のほう（上のほう）から割る。真半分になるように包丁をあて，木づちでたたく。

3　包丁が竹にかくれたら，包丁の向こう側をたたいて，木づちの柄がはさまるくらいまで割る。

4　木づちの柄の幅の狭いほうを割り口にはさみこむ。このとき包丁が落ちるので，気をつけて包丁をはずす。

5　はさんだ木づちの柄を回転させると，竹が，一気に割れる。

6　半分に割った竹にメジャーをあて，皮の側に鉛筆でできあがり幅より1mm多い幅で印をつける。今回は6mmに印をつける。

7　印のところを割っていくが，なるべく中央に近い2の倍数の印のところから割る。印に包丁をあて，竹を床にトンとつくと刃が入る。

8　内側を上に向け，左手でしっかり竹を握り，竹と包丁が常に直角になるように刃を入れる。竹が自然に割れるのを助ける感じで。

9　割ったら，必ず節をたたき切るようにして落としておく。節があるときれいに割れない。

10　同じように12mm幅に割る。割るときも剥ぐときも包丁に竹を送るように進める。

11　6mm幅まで，同じように割る。割るとき幅が狂ったら，せまくなった側に刃を向けるように割ると修正できる。

2 剥ぎ（はぎ）

12　13　14

12 次に皮3と身7の割合で剥ぐ。両方の親指と人差し指で，竹をぎゅっとはさんでおいて，刃をグッと差し入れる。
13 刃が入ったら，竹が自然に裂けるのを助けるようにして，剥いでいく。
14 節のところだけは，包丁で力を入れて，割るようにする。剥ぎを2～3回くり返して0.5mm程度にする。

3 幅引き（はばひき）

15　16

17　18　19

15 幅引き小刀を木づちで打ちこむ。刃は内側に向ける。じょうずに削れるまで何回も試す。
16 竹片でひごを押さえながら小刀の間を通す。表を10cmほど通したら裏向けにして残りを通す。
17 ひごを水に2～3時間浸しておく。竹が水を含み，ふくれてやわらかくなる。
18 面とり用に幅引き小刀を打ち込みなおす。刃の角度が90°になるように。
19 皮を下にして，竹片で，ひごを軽く押さえながら，面とりする。

4 剥き（すき）

20　21　22

20 最後に裏を剥く。全体の厚さが一定になるように切りだし小刀を固定し，竹を引くようにする。
21 ひざの上に厚手の布をおいて，その上でこそぐようにして厚さを均一にしてもいい。
22 丸めてみて，きれいに丸くなれば，均一な厚さになっている。これで，ひごのできあがり。

刃物の持ち方に注意

とくに竹を割ったり剥いだりするときは，人差し指を竹に添えておかないように，また，刃の方向に手がないようにする。

竹ひごづくりのポイント

竹材を編んで利用するには，竹ひごが必要になる。つくり方の詳細は前述したとおりだが，ここでは竹ひごづくりのポイントを述べておきたい。

剥ぐときに包丁がうまく竹に入らない場合　なるべく一度で包丁が入るように，瞬間的に力をいれて剥ぐか，床に竹を押しつけるようにして，包丁で割れ目を入れる。何度も失敗していると，竹の切り口がつまって，なおさら剥ぎづらくなってしまう。また，竹に対して包丁の刃を平行に入れないと，うまく剥ぐことができない。

幅引き小刀の扱い　刃がついている面が内側になるように，木の台に打ちこむ。よく逆になっていることがあるので，気をつける。また，木の台から抜くときに，横にふらないように，たてに動かしながら上に引っ張って抜くようにする。よく横に動かして刃先を折ってしまうことがある。

裏を剥くときの注意点　ぬれているときと乾いているときでは，厚みがちがうので，同じ条件で剥くようにする。また，気温が高いときは，ひごを半日も水に浸していると，水がにごってくるので，そのときは水を取り替える。

長いひごをつくる場合　短いひごがつくれるようになったら，徐々に長い竹を使う。つくり方は同じだが，竹を選ぶときに末と元の太さが大きく違わないものを使う。また，元のほうは身の部分が末にくらべて厚いので，皮と身の厚みの比率が同じになるように保ちながら剥ぐ。

ざる編みのひごをつくるときには，割る前に2段になっている節の下のほうを，包丁を使って少しだけ削って，節を低くしておくといい。ただし削りすぎると，ひごをつくるときに折れてしまうので注意する。

刃物の使い方

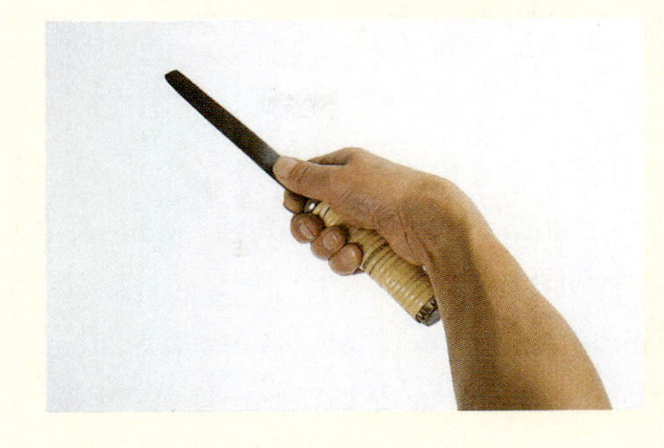

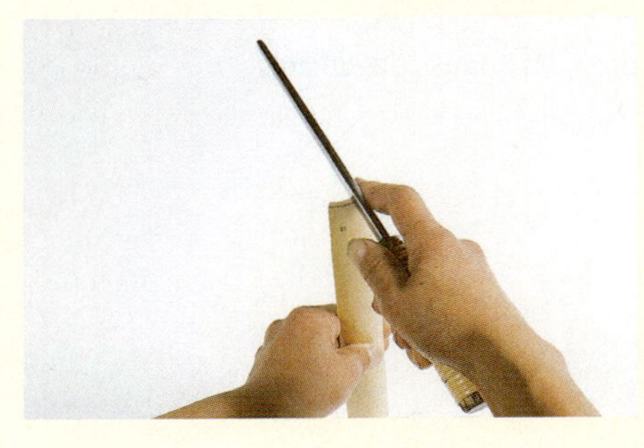

四つ目編みのかごを編む

四つ目編みかごの材料（マダケ）

・竹ひご40本：厚さ0.5mm，幅5mm，長さ70cmで中央に節ひとつ。

・仮止め用の身竹8本：幅3～4mm，長さ25cm。

・縁竹1本：5mm角，長さ75cm，面とりする。

・力竹2本：かごの底になる部分に差し込む。厚さ2mm，幅1cm，長さ30cm。

四つ目編みかごのポイントと注意点

節間の長い竹が手に入らないときは　節が2つあってもよいので，曲げ癖をつける部分や，かごの角になる部分に節がこないように節を移動させて編むようにする。

ひごは割れやすい　よく湿らせたひごで編むと割れにくくなるので，乾いてきたらスプレーなどで湿らせながら編む。また，ひごをひねると割れる場合もあるから注意する。かごが完成するとこの割れは目立たなくなる。

編んでいてひごが折れたら　ひごの薄い部分や，節の部分ではよく折れることがある。こんなとき2から3目の長さを重ねて接ぐ。曲げ癖をつけるときなど，むりに曲げると折れることがあるの

底を編む

1

2

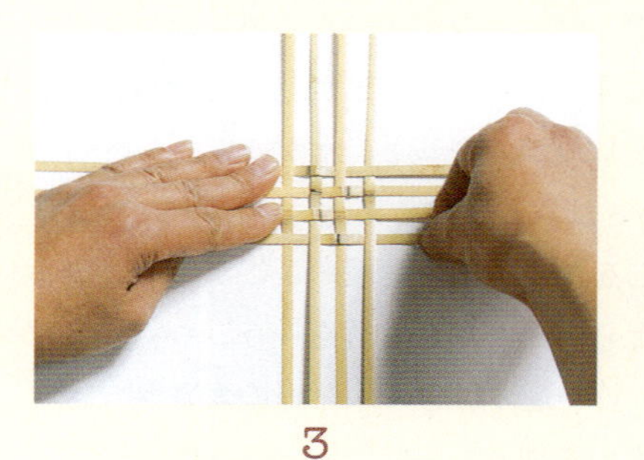

3

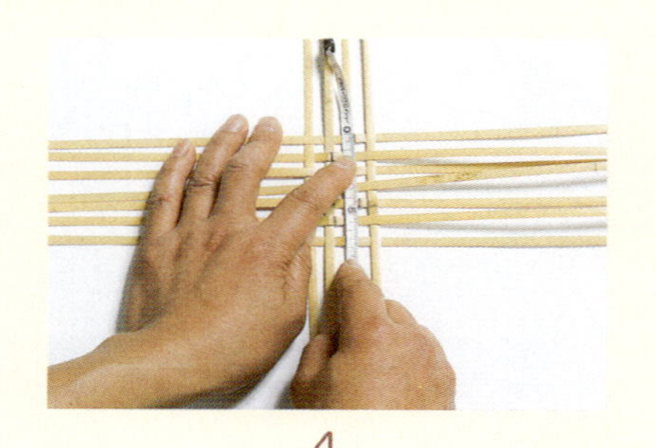

4

5

で，丸みをつけ，少しずつ癖をつけるようにする。

力竹について　底が平らなかごを編んでいる場合，底を編んでから立ち上げるときに，この力竹を使う。底に丸みをもたせるかごでは普通は使わない。力竹は，底の形の対角線上にとりつける。

立ち上げるときのポイント　かごの底を編んでから，立ち上げるときに曲げ癖をつける。そのとき，薄いひごや柔らかいひごの場合は簡単に癖をつけることができるが，厚いひごだと水分を含ませても曲げにくいので，湯につけたり，かるく小さな火の上で熱を加えたりしながら曲げると癖をつけやすい。火を使うときは焦がさないように慎重に行なう。

道具について　竹細工専用の道具も売っている。専用の道具でなくても，幅引き小刀以外は，ホームセンターで売っている大工道具で十分間にあう。作業する木の台はマツやイチョウのような中くらいの固さの木がよい。

かご編みの手順

ここでは四つ目編みのかごづくりの工程を紹介する。まず底を編んで，腰を起こして胴を編み，縁をつくるという段取りになる。

編み方のいろいろ

編み方にもいろいろあり，それぞれに用途やできあがる模様，作品の形などがちがってくる。それぞれ組み合わせて編むこともできる。

6

7

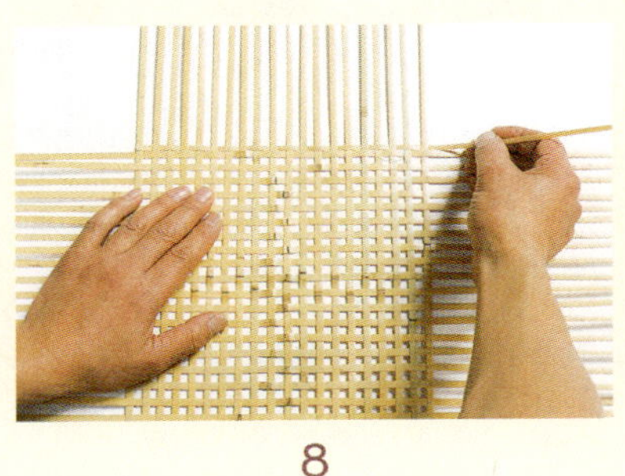

8

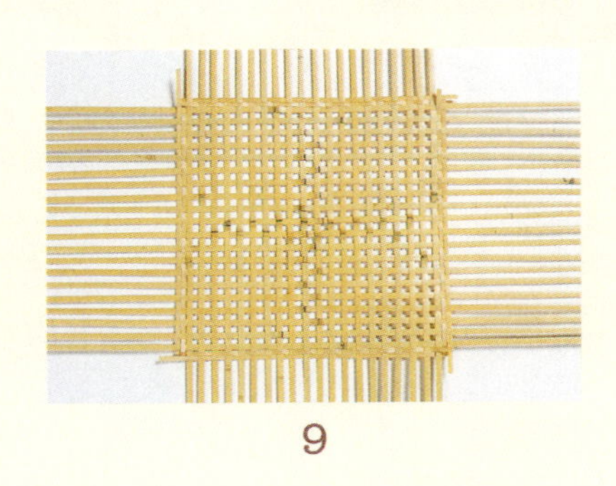

9

10

1　節を上にのせて編む。竹と竹の間隔は5 mmに。
2　節の位置に気をつけて，交互に1本ずつ足していく。
3　節が同じ位置にくるように，縦横4本編む。
4　間隔を調整しつつ，こんどは3本ずつ編んでいく。
5　左手で1本おきにとり上げ，右手でその間に差し込む。
6　4辺とも編んだら長さを計り，ひごの間隔を調整する。
7　20本ずつ編み終わり。最後の2本の節は左右に2目ずらす。
8　仮止めで，周囲に2本ずつ身竹をぴったり挟んでいく。
9　10本目と11本目の中心を結ぶ線が底のラインになる。
10　用意した力竹を中央の2目内側の目に挿しこむ。

腰を起こして胴を編む

1　底のライン上をよく湿らせてから曲げ癖をつける。
2　折りあとをつけたところ。
3　角の形をしっかり押さえて仮止めの身竹をはずし，編み始める。
4　中心の左右から，角を編み始めよう。
5　1本目と2本目の竹を組んだところ，角に3角形ができる。
6　かごの形を保ちながら上に菱形が5個できるまで編む。
7　右方向の竹が外側になるようにしておく。
8　編めたら，洗濯ばさみで止めて戻らないようにする。
9　同じように4つの角を編んでいく。胴の編み上がり。

縁をつくる

1

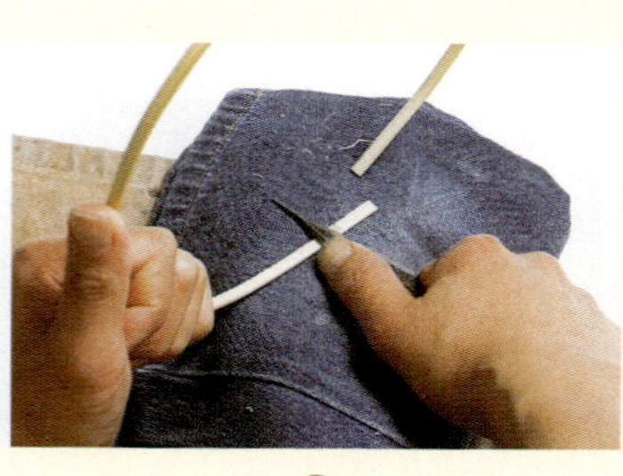

2

1　円周をきつめに計る。ここでは64 cm。
2　用意した縁竹を円周＋重ね代8 cmで切り，端を削る。
3　削りあわせた重ね代の側面に刻みを入れ針金で止める。
4　丸く癖をつけた縁を右と左方向の竹の間に挟む。
5　右方向の竹を，左方向の竹1本を押さえて内側から出す。
6　目を間違えないようにする。
7　同じように全部編んでいく。
8　右方向の竹を全部編み終えたところ。
9　右方向の竹2本，左方向の竹1本を越えて内側に入れる。
10　かごの内側に入った竹を切る。
11　縁の上に残った竹を切り取る。短く切りすぎないよう。
12　底の力竹の長さを切り直して差しかえる。
13　角と縁の部分を焦がさないように焼きを入れて完成。

編み方のいろいろ

1

2

3

4

5

6

7

1　ざる編み：ざるに使われる編み方で，この応用でいろいろな編み方もできる。

2　八つ目編み：八角形の形をした編み方で，底が正方形や長方形のかごができる。

3　鉄線編み：六つ目編みの変化したもの。六つ目編みよりも目をつめて編むことができる。

4　輪弧編み：中央に輪ができる編み方で，かごの底を編むのに使う。

5　菊底編み：菊の花に似ていて，底が丸いかごの，底の部分に使われる編み方。

6　麻の葉編み：六つ目編みを応用した編み方で，正三角形のくり返しが美しい。

7　三本網代編み：代表的な網代編み。いろいろな形，用途のかごに使われている。

竹細工に使えないタケの話

タケといえば，中は空洞とおもいきや，中身が詰まったタケがある。中が詰まっているから竹ひごもできず，当然竹細工には使えない。そんなタケがある。あるいは節の形が芸術的な曲線を描くようなタケもある。木本性タケ類の種数は世界中に800種あまり。そのなかから，ちょっと変わったタケを紹介しよう。

中が木質で満たされた デンドロカラムス　ストリクタス

デンドロカラムス　ストリクタス（インド実竹）は稈の中空部がすべて木質で満たされているか，空胴があってもごく小さい。胸の高さでの直径はマダケとほぼ同じくらいの中形種。インド，バングラデシュ，ミャンマー，タイなど年平均気温が40℃以下の低地熱帯に広く分布。稈そのものが堅牢で丈夫なため，現地では建築材，重い農機具を牛馬に運搬させる際のくびき，ポールなどに用いる。東南アジアやラテンアメリカでは家具材，製紙原料，製炭材，バイオマスに利用するため植林される。ただ，堅くて稈の表皮だけの剥ぎとりは困難で，竹細工には利用できない。

中に柔らかい髄をもった チュスクエア　クレオ

このタケは，外側の節には気根があり，中空部に繊維状の柔らかい髄がある。表皮はきわめて薄く竹ひごをつくることはできない。チリやアルゼンチンの比較的低地帯に生育。タケ科のなかで種数が最も多いのがこの属で多くの種が日本でいうササだが，その一種のチュスクエア　クレオはこのように中空部は空洞になっていない。染色体数が2n＝40（4倍体）でメキシコや中南米のアンデス山脈，マドレ山脈に33種，中央アメリカのタラマンカ山脈（コスタリカ）の標高2,500～3,000m付近やチリ，アルゼンチンのパタゴニア山脈の標高500～900mの温帯降雨林に49種，ブラジル東南の大西洋側にあるマンチケイラ山脈に37種，そのほかに合計120～140種が樹木類の下層植生種として広く分布している。

亀の甲状の節をもつ キッコウチク（亀甲竹）

モウソウチクの突然変異種。普通のタケなら水平状に稈を取り巻いている節が，このタケの場合は枝の出る側の部分でその下側の節と交互に接合し，その反対側の節間が膨出したようになっている。こうした亀の甲状の部分は稈の基部から2～3mまでのために節の接合部から枝が出ることは少なく，むしろ接合部に小孔の見られることが多い。床の間の飾り柱，花器，造園用の植物としておもに利用される。節や稈の形から竹ひごをつくることは難しく，折れやすいため繊細な竹細工には使われない。

椿

Camellia japonica L.

植物としての特徴

ツバキ（ヤブツバキ，学名*Camellia japonica* L.）はツバキ科ツバキ属の植物で，日本では北海道を除く各地に分布する。元来ツバキ属は熱帯～亜熱帯に起源をもつが，ヤブツバキは青森県夏泊半島にまで自生していることからわかるように，他のツバキ属に比べて耐寒性のあることで知られている（写真1）。

日本以外では，韓国の南部～南西部の沿岸部と，中国の浙江省，山東省などの沿岸部と島々にもわずかに自生がみられる。しかし，日本国内のような古木はないし，古くから日本と交易・交流のあった地域であることから，その自然分布には疑問がもたれている。

利用の歴史

中国大陸での利用

現在，ヤブツバキの資源としての利用は日本国内に限られるが，ベトナムと国境を接する中国の広西壮（こうせいチワン）族自治区，湖南省，広東省，海南省などでは同属の油茶*Camellia oleifera*や越南油茶*Camellia vietonamensis*から，また，雲南省では唐椿*Camellia reticulata*というツバキ属から搾油して，それぞれ食用に供している。

日本での利用

ツバキ材

ツバキ材利用の最も古い事実は，福井県若狭町（現三方町）の鳥浜貝塚遺跡（縄文前期，5500年前）から出土した「赤色漆塗りのツバキ材の櫛と石斧の柄」であろう。ツバキ材は堅くて緻密，粘りがあるために5500年の歳月を経てなお縄文文化の一端を今日に残してくれた。

しかし，ツバキ材は乾燥中にひび割れするものがあり，大型の木工品づくりにはいささか難点があるようで，戦前までは櫛（くし），箸，コマ，ロウソク立て，湯のみ，お盆，茶托，木槌（づち），

写真1　東北以西に広く自生するヤブツバキ

版木などの小物が多くつくられた（写真2）。これは，前記の特徴のほか，磨くと強い光沢がでることや，他の材に比べて重く，どっしりとした安定感があるためであろう。

こうした小物類は戦後の大量生産，消費の時代に合わず急速に衰退したが，今日の自然志向，天然素材としての価値が再認識されて，各地の土産品として復活しつつある。

ツバキ油

ツバキ材とともに，日本人に最も早くから利用されてきたのがツバキ油と考えられるが，ツバキ材と違ってこれは証拠が残らない。

歴史上，最初に注目されるのは奈良時代に入ってからである。733（天平5）年の第九次遣唐使は，唐帝への献上品のひとつとして，特に「海石榴油（つばきゆ）6斗」（海石榴；ツバキの中国名。中国における奈良時代の日本産ツバキの呼称。日本でも万葉集などで用いられている）をはるばる持参している。また，776（宝亀7）年には，現在の朝鮮北部とアムール地方を支配していた渤海国の朝貢使・史都蒙が，その帰国に際し，特に所望して「海石榴油1缶」を持ち帰っている。

その理由は記されていないが，当時の唐やその影響下にあった渤海国では，ツバキ油は単なる食用や整髪用ではなく，不老不死の霊薬のひとつとされていたのではないか，という考えが有力である。

昭和初期にまとめられた全国のツバキ油調査書（農林省，1931）によると，その産出県は全国37県に及ぶ。主な産地は南から鹿児島，宮崎，熊本，長崎，高知，山口，島根，東京（伊豆七島），新潟，岩手など10都県で，各地に小規模な搾油工場があった。

ツバキ油は，拾い集めた種子を乾燥して砕いたものを，蒸して搾油，ろ過して得られるが，戦前までの用途は，女性の髪油，金属の防錆，精密機械油，朱肉，染色，医薬，時計油，刀剣油などであった。

ツバキ灰

媒染剤　万葉集の時代になるとツバキの利用はさらに進み，歌にまで詠まれるようになる。「紫は灰指すものぞ海石榴市（つばいち）の　八十の巷にあへる児や誰」（巻12，3101。紫の染料には灰汁が要るのだ，海石榴市〈現奈良県桜井市金屋〉で会った娘よ，君の名は何というのか。紫を女に，灰汁を男にたとえた歌）に示されるように，枝や葉を燃やしたツバキ灰が，当時の高貴な色であるムラサキ染の媒染剤として欠かせないものとして登場する。

写真2　ツバキ材の加工品

ツバキ灰分中にはアルミニウム塩が多く，鉄塩がきわめて少ないので，ムラサキ染めをする際にはタンニン質が発色せずに，紫色のみが美しく染め出されるという。

酒造用種こうじへの利用　また，坂口謹一郎の研究によれば，日本古来の酒づくりのための「種こうじづくり」にツバキ灰が役立っており，しかもそれは奈良時代からではないかと推測されている。坂口はツバキ灰について「蒸米に灰をかけて麹を造ると，麹菌はそんな条件下でもよく生えるが，アルカリに弱い雑菌は生えることができない。灰はこのように害菌を防いで，麹菌のみを純粋に生やす力があるばかりでなく，灰の中のリン酸やカリ分が麹菌を強く育てる養分となる。また銅，亜鉛のようなミネラルが胞子を多産し，しかもその色をよくする力のあることが判った」とし，「京都で300年前から続いている「種麹屋」さんによると，灰にはツバキ灰が最良で，種麹の緑色を深くして美しくあがる。しかし，残念ながら量不足で，普通にはナラ，クヌギの灰を使う」と述べている。

ツバキによる地域活性化

ツバキは昔からさまざまに利用されてきたが，地域の発展に役立てている例を紹介する。

花びら染から始まった地域振興：伊豆大島町

伊豆大島町では全島いたるところにヤブツバキが自生する。花は早いもので9月から咲き始め，3月末には終わるが，最盛期は1～2月である。

ヤブツバキの花は，地表に落下したあとはまったく利用されることはなかった。この利用価値がないとされていた花を集めて「草木染」をすすめ，その指導を自ら買って出たのはツバキ好きの女優・磯村みどりさん（東京都在住）であった。

磯村さんは大島・三原山の大噴火の翌年，1987（昭和62）年から，島の女性有志グループにヤブツバキの花びら染を指導するため，足繁くボランティアで島を訪ね，それまで蓄積した草木染のノウハウをすべて大島町のために注ぎ込んだ。大噴火後，復興に燃える町の発展，活性化に，この花びら染の成功の意義は大きかった。主な作品はハンカチ，スカーフ，ストール，のれん，和・洋服，帽子，染め絵などである。

花染の材料であるヤブツバキの花は，他の花木と異なり，花弁がいたまないうちに花首から落下する性質がある。このため，落下した新鮮なものを拾い集めるだけで容易に材料が得られる利点があった。近年は集めた花びらを真空パックにして－30℃に冷凍保存をすると，3年間も使用できることがわかった（大島町，夢工房・金子ひろこ）。この成功によって，一年中ツバキの花染めをすることが可能となっている。

磯村さんの指導がきっかけで，それまでまったくかえりみられなかったツバキの花が，花びら染として「花の生命が再生」され，町の観光土産に欠かせないもののひとつに発展した（写真3）。毎年1～3月の町をあげて取り組む「ツバキ祭り」には，人気商品のひとつとして喜ばれるほか，修学旅行の生徒や先生，旅の女性グループなどの希望者には工房を開放して，旅の思い出の手づくり体験学習を行ない，好評を得ている（要予約）。

伊豆大島町のツバキの花びら染工房には，大島あしたばの会（富岡サカエ，東京都大島町元町2-10-10，TEL. 04992-2-2251）や椿染の会「夢工房」（金子ひろこ，東京都大島町元町新込126-94，TEL. 04992-2-2088）がある。

写真3　ツバキの花びら染（大島あしたばの会）

写真4　草木染の材料になる搾油後のツバキ果実殻

写真5　ツバキの小枝でつくるアンコ人形（伊豆大島町）

また，伊豆大島の町おこしにヤブツバキの花びら染が成功したことから，新潟県加茂市（ユキツバキを町の花に選んでいる）の加茂商工会（0256-52-1740）が，2002（平成14）年にユキツバキの花びら染に取り組んだのを機にその後「雪椿花びら染」の事業を推進している。

果実の殻を使った草木染：長崎県福島町　果実染の創始者は長崎県松浦市福島町在住の浜本誠氏である。

合併前の旧福島町は町の木にヤブツバキを選び，町章はその花がデザインされていた。町の北端には西日本でも有数な「ヤブツバキ原生林」があり，13haに3万本が自生する。また，県道沿いの4kmには600本の美しい園芸品種が並木として植栽され，小ツバキ園もある。

こうした自然環境のなかにあって，古くからツバキの種子を集めて搾油し，ツバキ油が家庭の整髪，食用油として利用されてきた。同町で呉服・衣料品店福樹染染工房「福寿」（長崎県松浦市福島町塩浜免2449，TEL. 0955-47-2125）を経営する浜本氏は，毎年大量に廃棄されるこの果実の殻（写真4）をリサイクルして，ツバキの町にふさわしい町おこしにつながらないかと考えた。このため京都在住の草木染研究家の奥田祐斎氏に師事し，1996（平成8）年から「新たな特産品で地域の活性化を」と試行を重ね，ツバキの果実の殻を利用した草木染に成功した。

できた製品は，店名の福寿と，福島町の町の樹・ツバキを利用した草木染，ということで「福樹染」と銘うって販売していた。ツバキを利用した製品は数多いが，果実の殻を使った草木染は全国でも当店のみであった。

製品は，渋味のあるたいへん落ち着いた感じのもので，肌に優しくて色あせせず，実用性が高いと好評を得ていた。販売も自店のほか，福島町郵便局，当時は国民宿舎だった「つばき荘」のロビーなどで行なっていた。また，自店では体験コーナーとして染め工房を開放するなど，観光スポットとしても町の活性化に役立ったと聞くが，町村合併後閉店したのは残念である。

アンコ人形づくり体験工房：伊豆大島町　東京都伊豆大島町では，観光客を対象にしたアンコ人形づくりの体験工房がある（藤井工房（藤井虎雄），大島町元町，TEL. 04992-2-1628）。直径2～4cm前後のツバキの枝を利用し，約2時間の指導制作（料金1,000円）でアンコの木彫り人形の体験ができる（写真5）。予約制であるが，ツバキの香りがただようドーム型工房で，楽しく旅の土産がつくれる。

写真6　ツバキ小枝の一刀彫り（島根県・八重垣神社）

一刀彫りのお守り：島根県松江市　同じツバキの枝でも，直径1～2cmの細いものを有効利用した一刀彫りのお守りが，島根県松江市大庭町の八重垣神社社務所で求められる。八重垣神社は夫婦和合，縁結びの社で，境内には神木とされる「連理の玉椿」の古木がある。一刀彫りはツバキの枝で祭神の須佐之男命（すさのおのみこと）と稲田姫（くしなだひめ）を，簡略ながらみごとにデザインし，それぞれを桐箱に納めた逸品である（写真6）。

こうした地方の神話や伝説，物語などに題材をとった一刀彫りなどの民芸品が，もっと各地に欲しいものである。

用途と製造法

ツバキの用途

ツバキは古くからさまざまな分野で活用されてきた（表1）。よく知られているのが材，油，灰，炭の利用である。

ツバキ材は，櫛，箸，こま，ロウソク立て，湯のみ，盆などの小物の木工品に利用されてきた。ツ

表1　ツバキの利用法

利用部	用途	備考
種子	椿油	食用，化粧用，整髪用，スキンケア用
	搾油後の残渣	洗髪用
	アクセサリー	ネックレス，キーホルダー
果実の殻	草木染	果実から種子を取り出したあとの殻を利用する
花	花びら染	ハンカチ，スカーフ，洋和服，団扇など
枝，幹	工芸，木工，日用品	お盆，皿，湯のみ，コースター，花びん，コマ，箸，箸置き，表札など
	こけし	手彫りの人形
	一刀彫り	手彫りの人形
	木口木版	輪切り材
	椿炭	茶席，脱臭と吸湿用
	木酢液	野菜などの栽培に利用
枝，幹（葉も含む）	椿灰	釉薬，媒染剤，種こうじづくり
蕾つきの枝	生花用	切り枝として（伊豆大島，京都・桃山など）
樹（花木として）	観賞用，造園用	全国的に需要が大きい
葉	椿餅用	春に季節限定で販売される

バキ油は女性の髪油，金属のさび止め，機械油，染色，刀剣油などに使用されていた。さらにツバキの灰は，媒染剤としての利用や酒造用種こうじづくりへの利用，陶器の釉薬（ゆうやく）などとしても利用されてきたし，また火の粉が飛ばない炭として火鉢用や茶の湯の炉の炭に使われてきた。

また，木酢の採取が行なわれたり，精製したツバキ油がアトピー性皮膚炎に効果があることがわかり注目を集めた。さらに，草木染にツバキの花を使った花びら染や果実の殻を使う方法が考案されているほか，種子を使ったアクセサリーなども製作されている。

写真7　ツバキ灰を釉薬にした
伊豆大島の陶器（椿の花工房）

陶器の釉薬

ツバキ灰は，古くから陶器の釉薬にも利用されてきた（写真7）。その来歴はつまびらかではないが，近年，宮崎市の日州窯や東京都大島町の元浪窯（大島町元町，川浪ときわ，TEL. 04992-2-3361），椿の花工房（大島町北の山，渡辺昇次郎，TEL. 04992-2-3148）では，独特の寂のある作品がつくられている。日州窯の永岡修氏は「ツバキ灰を水に溶かして，何度も何度も水を取り替えて灰汁（あく）を抜き，残った灰を器にかけて1,250℃の高温で焼成する」という。まことに，ツバキという植物は，灰になっても役に立つ。

ツバキ炭，ツバキ木酢液

ツバキ利用の復活の顕著な例はツバキ炭であろう。ツバキ炭は古くから「火つきよく，火の粉が飛ばず，火もちよく，熱おだやかな椿炭」と賛えられる高品質のため，江戸時代には火の粉が飛んでは困る呉服屋の火鉢用に重宝されたという。現在でも，茶の湯の世界では，炉の季節には欠かせないもののひとつで，伊豆大島などでも需要が高まってきた。木炭の質としては備長炭に次ぐ良炭として定評がある。

また近年は，燃料以外に一般家庭の脱臭，吸湿の素材としての効果が認識されてきた。これに対応して，伊豆大島町などでは容易に良質のツバキ炭が入手できるように生産が伸びてきた。

近年，炭焼き時に発生する煙を冷却して木酢液をつくることが各地で盛んであるが，伊豆大島町では全国的にも珍しいツバキの木酢液が生産，販売されている。ツバキ炭，ツバキ木酢液の生産者には，「椿の花工房」こと渡辺昇次郎の御神火窯（東京都大島町北の山154 - 7，TEL. 04992 - 2 - 3148）がある（写真8，9）。

写真8　ツバキの炭焼窯・御神火窯

写真9　ツバキの炭（伊豆大島町・御神火窯）

種子を利用したアクセサリー

一粒の種子でつくるキーホルダーや，数個をつないだネックレスの土産物も，伊豆大島町ならではの創意，工夫から生まれた（写真10）。

形のよい種子を大量にパチンコ玉磨機に投入し，塗装，穴あけ，金具の取付けの工程を経て完成する。大島町では「シルバー人材センター」などで加工されるが，種子一粒でも価値ある利用が可能な好例であろう。

写真10　ツバキの種子を加工したキーホルダーとネックレス

ツバキ油

薬用効果　近年になって東京のツバキ油専門業者・大島椿（株）（本社・東京都港区芝大門2 - 9 - 16　ダイワ芝大門ビル，TEL. 03 - 3438 - 3031）が，ツバキ油を精製して不純物を除去した精製ツバキ油（90％前後のオレイン酸を含む最良質の不乾性油）をつくり，これがアトピー性皮膚炎に効果のあることが高く評価されて，世の注目を浴びるようになった。最近はまた，ツバキ油に黄色ブドウ状球菌の発育を抑制する強い抗菌作用のあることもわかった。

こうして単なる髪油としての利用から，自然志向，安全性志向の高まりもあって，現在は髪と肌のケア商品として化粧品界への道が大きく開かれてきた（写真11）。

搾油方法　ツバキ油の伊豆大島でのしぼり方を紹介する（図1）。種子の採集は9月中旬から翌年3月まで行なう。1tの種子から約200Lの油がとれる。伊豆大島町の搾油場には，高田売店（TEL.

写真11　最近注目のさまざまなツバキ化粧品（大島椿（株）の製品より）

04992 - 2 - 1255）や阿部森売店（TEL. 04992 - 2 - 1288）がある。

花びら染

ツバキの花びら染の方法を紹介する（図2）。材料は次のとおりである。

新鮮な紅色の花（ハンカチ1枚で約50個ほど必要），絹布，木綿布，容器（ポリ製のものとホウロウまたはステンレス製のもの），薬品（染め液用として氷酢酸，媒染剤用として表2のように，クエン酸，酢酸銅，ミョウバン，塩化第一鉄），水（水道水を一晩汲み置きして，塩素分を抜いたもの），ゴム手袋，温度計，電気またはガスコンロ，アイロンなど。

果実の殻による草木染

ツバキの果実の殻を使った染め方を紹介する

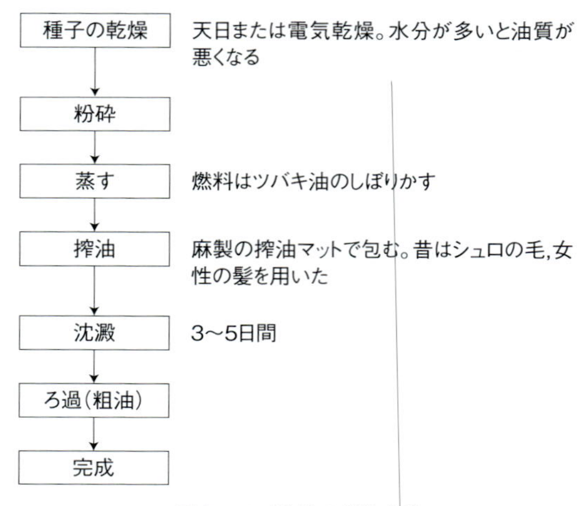

図1　ツバキ油の搾油方法

（図3）。材料は，果実の中から種子を取った後の殻，絹布（木綿布，ウール糸，麻布も可），容器各種，媒染剤（有機酸のスズ塩，水溶性の銅，第二鉄），天然水，アイロンなどである。

製品はハンカチ，ネクタイ，ショール，のれん，Tシャツ，手編みセーター，手編みベスト，小袋，小風呂敷など多様である。媒染剤による発色は，スズはカーキ色系，銅は褐色系，鉄は黒褐色系となる。

素材の種類・品種と生産・採取

新しい種間雑種の育成と品種特性の改善

ツバキの花は自家受粉による結実も見られるが，多くは他家受粉による。このため実生の場合，親とは異なった花が咲く。ツバキの園芸品種は，こうした自然実生から生じたものが圧倒的に多い。しかし，実生による変わりものだけでは，変化の幅は小さくて大きい進歩は望めない。近年は中国やベトナム産のツバキ属原種や沖縄の固有種であるヒメサザンカ（*C. lutchuensis*）など，いままでにないまったく新しい種間雑種づくりが盛んになってきた。

ツバキ属は他の植物と違い，異種間で雑種ができやすい性質があるため，趣味家でも容易に雑種をつくることができる。

最近の例では，中国産の黄花原種・金花茶（*C. chrysantha*）と他のツバキ（特にヤブツバキ系白花が有利）との間にできた黄花雑種は，育種の進んだアメリカでさえわずかに数種のクリーム色の花しかできないのに対し，わが国では30種ほど，しかも黄色のものができている。現在は，できた黄花雑種にさらに金花茶を交配する戻し交雑まで行なわれ，黄花の育種ではわが国は断然世界のトップの位置を歩いている。

また，ヒメサザンカは花径3 cmの白花であるが，花にはウメの花に似た甘い芳香がある。しかも花は葉腋ごとに2個ずつ着く多花性で，チャドクガと花腐菌核病に耐性をもつ。

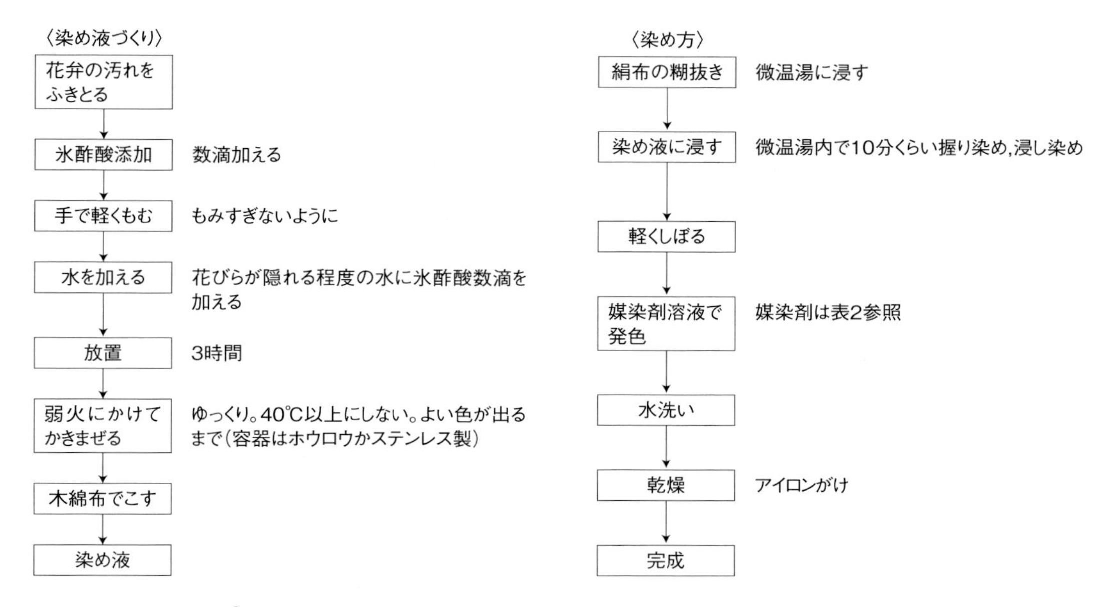

図2 ツバキの花びら染（あしたば工房の資料より）

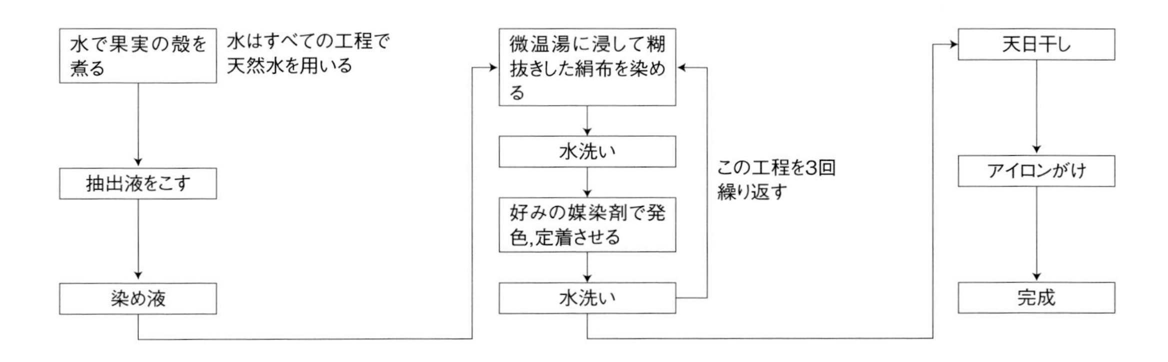

図3 ツバキの果実染（福寿の資料より）

表2 媒染剤の量と作業手順（水100 ccに対して）

発色	媒染剤	量	作業手順		
			加熱	染め方	水洗いの水
ピンク系	クエン酸	大さじ1	—	握り染	塩素分を除いた水
グリーン系	酢酸銅	大さじ1	30℃	握り染	塩素分を除いた水
ブルー系	酢酸銅	大さじ1	—	浸し染	塩素分を除いた水
イエロー系	ミョウバン	大さじ1	70 ～ 80℃	10分間以上浸し染	塩素分を除いた水
グレー系	塩化第一鉄	大さじ1	60 ～ 70℃	浸し染	水道水

近年，日本のツバキとの間に花径5cm前後で白，桃，紅色などの多彩な芳香雑種が多数作出されており，ヒメサザンカの優れた特徴がこれら次代に引き継がれている。

このような育種の技術や雑種の性質が生かされて，病害虫の防除に役立ったり，種子の増収やツバキ油の品質向上などに生かされたりすることが期待される。

挿し木，接ぎ木による増殖

挿し木　ツバキは実生，挿し木，接ぎ木，取り木などで増殖されるが，前述のように実生では親と異なるものができる。親と同じものを増やすには挿し木と接ぎ木は欠かせない。

挿し木の適期は，春に伸びた新梢が充実する6月下旬～8月下旬である。挿し穂の切り口を斜めに切るよりも，ハサミで垂直に切ってまっすぐに挿すと，切り口から放射状に発根し，その後の生育がよい。

接ぎ木　接ぎ木の適期は保護室があれば1月下旬～4月中旬ごろ。新芽のふくらみ始める前に，一葉一芽をサザンカの勘次郎（一名立寒椿）を台木とし，切り接ぎや三角接ぎをすると，その後の活着，生育がよい。接ぎ木の活着を左右するのは，新芽が伸びるまでの間，湿度を100％に保つことで，これを怠ると失敗する。また，夏に行なわれる接ぎ木には緑枝接ぎ，胴接ぎ，ピン接ぎなどがある。

栽培適地と植付け，剪定

ツバキの栽培には，なによりも排水のよい土地が適する。土質は重い粘土質や，石灰岩質のアルカリ土壌以外ならどこでもよく育つ。

植付け適期は新芽の動き始める前の3～4月と，梅雨期の6月下旬～7月中旬，残暑のおさまった9月下旬～10月下旬（東北以北ではこの時期を避ける）がよい。

ツバキ栽培で最大の関門は，苗木を確実に活着させることである。それには植付け時に，日覆いをし，たっぷり灌水したら，以後は土壌が乾かない限り与えないほうがよい。ツバキの根は酸素を好むため，水のやりすぎは根を窒息させて根腐れをまねくからである。

剪定は不要な枝（ふところ枝，垂れ枝，ひこばえ，平行枝，交差枝，車枝，徒長枝など）を除いて日当たりと通風をよくし，残った枝に勢力を集中させて元気な芽を伸ばすことにある。剪定の時期は，通常花が終わった3～4月であるが，更新剪定のように下部で太い幹を切断するときは，樹液の上昇が衰えている1～2月のほうがよい。3～4月では切り口から樹液が溢れ出るため，放置すると枯死をまねく。このようなときは株元の周りの根切りをするとよい。

花，種子の調整の留意点

ツバキの果実は隔年結果の傾向がある。毎年安定して花を咲かせ，種子を実らせるには施肥は重要である。

成木では1～2月ごろ樹冠下に発酵鶏糞や緩行性のIB化成などを浅く埋めるが，幼苗では開花後にも与えるとよい。

近年，ツバキの花に花腐菌核病菌というカビの一種が寄生して，花弁を褐色に変化させ，花の寿命を著しく短くする病気が日本中に流行してきた。この病気にはスミブレンドが多少の効果を認められているが，特効薬には至っていない。このまま放置すると花の早期落下から，果実の稔性にまで悪影響の及ぶ可能性が予想されている。

一方，害虫としては，若い果実の中に産卵して未熟な種子中の子葉を食害するツバキシギゾウムシ，幹や枝に穿孔して心材を食害するゴマフボクトウとコウモリガ，蕾に産卵して雌しべ，雄しべ，花弁などを食害するスギタニモンキリガなどの防除も欠かせない。

ツバキの育つ自然の豊かな山村部や山麓部では，これら病害虫の発生が多いので，絶えず注意深く見守らなければならない。

黄八丈

黄八丈の由来，歴史

八丈島の自然条件と黄八丈　八丈島で黄八丈がはじめられた理由は，水に恵まれたことが第一番に考えられる。八丈島は年間3,100 mm以上の降水量があり，年中涸れない湧水がある。伊豆七島では唯一水田をもっている島でもある。湧水は糸染めに不可欠のものであり，田んぼは泥染の沼を提供する。第二に上質のクワがあったことで，養蚕が盛んであった。シイとタブは八丈島では極樹であり，染料にも恵まれた。

黄八丈の由来と歴史　黄八丈は江戸時代から八丈島で織り出されてきた絹織物である。染料は八丈島に自生する植物を使った草木染めで，すべて高機による手織りである（写真1）。

はじめは八丈絹と呼ばれ，平安時代末期から産出され，八丈島が絹の島として知られる。一疋の長さが八丈あるところから八丈絹，その八丈絹を産する島ということで島名の由来にもなっている。室町時代に奥山，三浦氏，のち北条氏の支配を受け，八丈絹の貢絹が始まる。江戸時代になると徳川の天領となり，年貢は黄八丈で納め，1年間に630余反であった。

江戸時代以前は黄，樺，黒の3色が完成していなかったので，白か黄の無地といわれる。江戸時代になると3色の染色方法が完成し，縞と格子が現われ黄八丈と呼ばれるようになった。文化・文政のころに流行し，はじめは御殿女中，大名の抱え力士，医者の衣服であったが，後には町娘にも着られるようになった。明治30（1897）年ころもっとも流行し，昭和初期に流行した後は衰微し，現在に至る。

1977年には全国的伝統工芸品に指定され，さらに1984年に東京都無形文化財に指定されている。2014年現在の黄八丈の生産量は590反，金額にして9,000万円である。

黄八丈の特徴
──シンプルな柄で3色の染め色

黄八丈には絣（かすり）の技術がなく，縞（しま）

写真1　黄八丈「佳秋」（山下八百子・作）

写真2　縞と格子だけの黄八丈の反物
（有）黄八丈めゆ工房

写真3　集められたコブナグサ

写真4　コブナグサを煮てフシとよぶ煎じ汁をつくる

写真5　フシに漬けた糸を絞る

と格子（こうし）だけで，絵模様はない（写真2）。色も3色しかない。「これは素晴らしい教訓である」とは，柳宗悦先生の言葉であるが，黄八丈は黄，樺，黒だけで青と赤はないのである。日本中の染織りの産地を見て，藍染のない地域は八丈島をおいてほかにはない。デザインはシンプルがベストである。黄八丈が粋好みの江戸の人々にもてはやされたのも当然であろう。

染料の素材

コブナグサ　コブナグサ（小鮒草）はイネ科コブナグサ属の一年草である。別名はカイナグサ，八丈カリヤス，古名は藎草（じんそう）などがある。北海道から琉球およびアジアの熱帯に分布する。古名藎草は漢方薬の一種とされる。秋の出穂直前の充実したものを使う（写真3）。

タブノキの生皮　タブノキ（椨）は，クスノキ科タブノキ属の常緑高木である。その生皮を使う。乾燥すると染料が抽出されない。皮に個体差があって，色のよく出るものをクロタ，出ないものをシロタと呼ぶ。

シイの木の皮　シイ（椎）は，ブナ科シイ属の常緑高木。乾燥したものを使うが生皮でもよい。若木は不適で，古木は皮が剥がれ難い。樹齢30～50年が適する。木の皮は総じて6～10月までの生長期に採取するとよい。

染色

黄・樺・黒色の染色法

黄色　黄色はコブナグサで染色，ツバキ・サカキによりアルミナ媒染をする。まずコブナグサを2時間煮る（写真4）。その煎じ汁をフシといい，そのフシに糸を漬けて一晩おいてから翌日干す（写真5，6）。これを10回以上くり返し，最後にツバキとサカキの生葉を焼いてつくった灰汁に漬けて発色させる（アルミナ媒染）。

樺色　樺色はタブノキで染色，木灰によりアルカリ媒染をする。タブは生皮を3時間煮てフシを取る。十数回のフシ漬けの後，1回目の木灰（アク）漬け，さらにタブのフシ漬け5～6回の後，2回目のアク漬けで染め上がる（アルカリ媒染）。

黒色　黒はシイで染色，鉄媒染をする。シイの皮を3時間煮てフシをつくり，下染めを16回重ねたのち1回目の沼漬け，さらにシイのフシを5回ほど漬けるが，このときは冷ブシといって冷たいフシに漬ける。この後2回目の沼漬けで染め上がる（写真7）。漆黒を染めることは難しく，濃度に不足があれば，さらにシイ皮の下染めを3回くり返し，3度目の沼漬けをやることになる。しかし糸が弱くなり切れるので，2回以上の泥染めは好ましくない（鉄媒染）。

ツバキ・サカキの媒染剤づくり

媒染剤づくりは灰焼きといって，1年で一番雨風の少ない時期である8月上旬に行なう（写真8）。ツバキ・サカキの生葉は切ってから3日以内に焼く。枝葉の量は約3,000 kg，雨に濡らすと成分が流れるので雨天の日を避ける。灰は翌年に持ち越すことはできないので，当年中に使い切る。材料集めから灰にするまでは暑さとの戦いである。

織布（製織）

織りは高機による手織りで，平織りと綾織りがある。絵模様がなく柄も単調になるので，綾織りで変化をもたせている。

平織りは，タテ糸を1本おきに上下させ，そのたびにヨコ糸を直角に交わらせて織る。　綾織りは，斜文織ともいい，隣りの糸とヨコ1本ずつ以上ずれて交差し，玉虫の効果が生まれる。

写真6　天日に干す
降水量の多い八丈島では晴れの日を選んでの作業となる

写真7　生糸精錬後の糸晒し

写真8　灰焼き
ツバキやサカキの生葉を焼いて媒染剤とする

栃の木

Aesculus turbinata Blume

植物としての特徴

生育環境と分布

トチノキはムクロジ科トチノキ属の落葉高木で，冷温帯の渓畔林を構成する主要な樹種である。壮・老齢期には，樹高30 m，直径2 m以上になる（樹高35 m，直径4 mの老齢個体が最大級の大きさである）。山地の渓流に沿った湿潤な肥沃地をもっとも好む。渓畔林以外の山地では，やや湿気のある土壌層の深い肥沃地を好み，谷間，崖錐や斜面下部の緩傾斜堆積地に点生または小群生する。やや陰樹であるが耐陰性は中庸で，大きくなるとしだいに陽性になり，十分な陽光を必要とする。

分布は，北海道南西部（小樽市以南）から本州，四国，九州（福岡，大分，宮崎と熊本県境の北部に稀産）の山地に及び，資源量は東北，中部地方以北に多い。トチノキの天然林は伐採され，資源が減少しているため，養蜂業団体は蜜源林を造成している。また兵庫，福島では種子，花蜜，用材の収穫を目的に人工造林が行なわれている。

形状

トチノキは，7枚の小葉が集まった特徴的な大型の掌状複葉（写真1）と，白い大きな円錐花序をつける。幹の樹皮は若齢期には灰色で平滑，コルク質の厚い軟らかい感触であるが，壮齢期以降は灰褐色となり，断続する縦の割れ目を生じて大きな厚い片となって外樹皮が剥離し，波状の特異な紋様が現われる。

枝は太く張り，広い樹冠を構成する。小枝の先につく冬芽は，樹脂に覆われて粘り，光沢がある。冬芽は枝の先端に頂芽を1個つけ，側芽は対生する。葉は長い葉柄に対生し，小葉は5～7枚で葉柄はなく倒披針形で葉縁に鈍い鋸歯がある。掌状複葉の小葉は中央のものが最も大きく長さ25～40 cmである。葉の表面は無毛，裏面は赤褐色の軟毛がある。

トチノキは雌雄同株であり，花は5月上旬から6月中旬頃まで咲く。当年枝の枝先に長さ12～30 mmの直立する円錐花序をつける。円錐花序は1本の主軸から多数の側枝を出し，側枝1本に5～15個の花をつけ，雄花と両性花（果実になる）が混生する。訪花昆虫のハナバチ類を花粉媒介者とする典型的な虫媒花である。

1つの円錐花序に両性花が20～50個，雄花が150～450個着生する。花弁は白色で4枚，鐘形で5裂の萼がある。1つの花の直径は1.5 cm，基部に花蜜のありかを示す大きな斑紋（蜜標）があ

写真1　トチノキの葉と果実

り，花蜜の分泌や花粉の生産を行なっている期間は黄色を示し，のちに花粉の生産を完全に停止すると淡紅色あるいは赤に変わる。

雄花は長さ1.5～1.7 cmの雄ずいが7本あり，花弁の外に長く出て湾出する。雄花は退化子房を有する。雄ずいの先端につく葯は日中に裂開して，橙色の花粉を表面に露出する。両性花は7本の雄ずいと1個の雌ずいを有し，花柱は1.5 cm，開花期に突出して湾曲し，先端に向かって細くなり，上部が淡紅色を帯び，淡緑色の子房とともに軟毛を生じる。

子房は3室，各室に2個の胚珠がある。開花期間は雄花が10～12日，両性花は8～10日であり，両性花の受粉期間は3～5日である。開花後，6月上旬～7月中旬までの40日間に雌ずいが発達した幼果実の80～90%が未成熟のまま大量に落下する。両性花が完全な成熟果実になる割合は10%以下と低い。果実までに成熟する両性花は1つの円錐花序に数個（1～7個）である。

果実はさく果，倒卵状球形で黄褐色，果皮の外面に皮目状にわずかに隆起するいぼ状の突起がある（写真1）。直径3～5 cm，果皮は厚く，成熟すると3裂して1～2個の種子を出す。種子は扁球形，赤褐色で光沢があり，直径2.5～4 cm，重さ10～30 g，日本産の樹木種子としては最大級の大きさである。9～10月に成熟し，9月上旬以降に発芽能力をもつようになる。トチノキの種子は多量のデンプンとともに，苦味や渋味成分であるサポニンやタンニンを含む。

利用の歴史

トチノキの種子の利用は，他の樹種と比べても特殊であり，縄文時代にさかのぼる。日本国内の各地で発見される縄文時代の遺跡からは，貯蔵したトチノキの果実と灰汁（あく）抜きをしたと思われる遺構が出土している。かつて日本の山村では，古くから秋にトチノキの種子を拾い集め，種子の中身を刻んで木灰汁で煮て流水でさらし，手間ひまをかけて灰汁であく（渋）抜きをして食用にした。

食用の形態は，とち餅，とち麺，とち団子のような加工を行なってきた。自給食料が十分ではなかった山村では，飢饉や凶作の年の救荒食，あるいは半常食として，食用に供されてきた。祭りや正月の「ハレ」の日にとち餅を供える風習は今も残っている。このように冷温帯～暖温帯の山村に暮らす人々にとって，トチノキは身近にあるなじみの深い，大切な木であった。

用途と製造法

トチノキ見直しの機運

トチノキの種子は，主としてとち餅の製造原料に用いられているが，最近では健康食品，自然食品としての評価も高く，その需要は急増している。しかしながら，天然林からの収穫量は不安定で数量の確保が難しく，原料としてのトチノキの果実は不足ぎみである。このため最近はトチノキ用材の需要と相まって，トチノキの造林を行なう機運が高まっている。トチノキは付加価値が大きく，今後トチノキの造林を積極的に進める必要がある。

兵庫県但馬地方の中山間地域においては，古くから伝統的にトチノキの種子を食用あるいは民間薬として利用する習慣がある。この地方では最近，棚田を中心に増加している耕作放棄地，放牧放棄地などにトチノキの種子生産を目的とするトチノキ林を造成し，トチノキの種子をはじめ，花蜜，葉，樹皮，材などの原材料を安定的に生産しようとする動きがある。

樹形の利用

トチノキは整枝しなくても自然に美しい樹形になるので，高冷地の街路樹，公園樹，庭園樹に適し，観賞効果が高い。さらに，日陰を創出する緑陰樹として，あるいは秋の黄葉を楽しむために街路，公園，庭園に植栽される。皇居の桜田門外にはトチノキの立派な並木がある。栃木県ではトチノキは県木に指定されている。

写真2　トチノキ独特の木目が見られる盆

幹，枝の利用

トチノキは大木になり大径材が得られるため，建築造作用の大きな板材がとれる。材は散孔材で，心材と辺材の区別は不明瞭である。材色は黄白から淡黄褐色，帯紅黄白色あるいは淡黄褐色を示し，木理（木目）は美しく，削った面の光沢が上品で，均質かつ緻密であるため，削り肌が滑らかで割れにくく，軟らかいために加工性，工作性がきわめてよい（写真2）。

材はやや狂いが出やすいのと，耐腐朽性がやや低いのが欠点である。材の気乾比重は0.52 g/cm^{2}である。材は，床・柱，鴨居，床板，天井板などの建築材のほか，漆器の木地，器具材（箱類，臼，額縁），家具材，玩具材，楽器材，彫刻材，装飾材などの工芸用，車輛材，薪炭材として用途が広い。大径材を製材すると板目面に美しい微細なさざ波模様の紋様がみられるのが特徴である（リップルマークと呼ばれる）。さらに，美麗なトチ杢（縮み杢や波状杢と呼ばれる）が現われることがあり，漆器，工芸用（盆や鉢，指物工芸品），家具材に賞用される。

種子の利用

世界にはトチノキ科の樹木が北半球の温帯域に広く分布し，その大部分を占める25種のトチノキ属の種子は，サポニン等を含み有毒であるが，世界の各地で食用に供されてきた。食用利用の記録のある種は5種である。アメリカインディアンはトチノキ属の果実を魚毒として利用していたようである。

種子には75%以上のデンプン（アミロース）のほかに，タンパク質を多量に含む。しかし，強烈な渋みをもつ非水溶性のサポニンやアロイン，タンニンを含み，そのまま食べると苦く，胃腸炎などの中毒を起こすので，灰汁でアク抜き（アルカリ処理）したうえで，デンプンをとち餅，とちの実せんべい，とち麺など，食品の加工原料として利用する。

さらに種子にはクマリン配体のフラキシンが含まれ，収斂（しゅうれん）作用があり，薬用として，下痢止め，百日咳，打ち身（種子を焼酎に漬けた液体），水虫，皮膚病，しもやけに効果がある。種子の煎じ液は抗菌性が高く，溶血作用をもつ。また種子をつぶして真水に漬けた黄色い抽出液は，洗剤としての利用が古くから行なわれてきた。

その他の利用

トチノキの花は優良な蜜源植物であり，良質の蜂蜜（栃蜜）が集められる。栃蜜にはインベルターゼ，カタラーゼ，ジアスターゼの酵素類を含み，糖度77度以上と甘みが濃く，透明で香気のよい蜜がとれる。

樹皮，果皮は藍色の天然染料として貴重で，なめし皮に用いられる。葉は妙ってお茶にする。ケンペロール，クエルセチンを含むため，下痢止め，鎮咳作用があり，葉を煎じて飲むと効果がある。大形の葉は樹脂加工して接着し，菓子器，置き皿，茶たくなどの生活工芸品の生産開発が可能である。

木地師発祥の地・永源寺のトチノキ加工

滋賀県東近江市の永源寺地区（旧永源寺町）は，ろくろ（轆轤）を使って木をくりぬき（製材と同様に「挽く」という），椀や盆をつくる木地師発祥の地として知られる。同地区の蛭谷と君ヶ畑には木地師の総本山である神社と寺があり，江戸時代には各地の山を移動しながら家業を営む木地師たちの身分を保証する書付を発行していた。写真3のろくろは，旋盤機械を活用したものである。

材料の木にはケヤキ，トチ，ナラ，ブナ，クワなどが使われる。丸太から製材したものを大まかな形に整えて3年ほど乾燥させ（写真4），もう一度粗く挽いてそれらしい形に整えてから，さらに1年間乾燥させる。そのように時間をかけて乾かし，木の動きを完全に止めてから，ろくろにかけて椀や盆に仕上げる。

鋼の棒をハンマーで叩いて鍛え上げた専用刃物。木地師の多くは自分に合った道具を自作している（写真5）。

ろくろ挽きしたケヤキやトチの盆。通常はこの後に漆をかけて仕上げるが，この工房では白木のままで販売している（写真6）。

トチの盆は，木の繊維の乱れが微妙な味わいのある「杢」を生み出している。杢のある木は繊維の方向が一様でないため，木目を読みながら慎重に挽く（写真2参照）。

素材の種類・品種と生産・採取

実生による植栽

種子の採取　トチノキが開花結実を開始する樹齢は早くて15年生前後，通常は40～50年である。2～3年ごとに豊作年があり，隔年に並作年となる。果実は8月下旬～9月下旬に落下する。落下後は速やかに採集しないと，野ネズミなどに食害される。トチノキは虫害種子の割合が低い。

種子の貯蔵　種子を翌春まきつける場合は，低温保湿貯蔵を行なう。この場合，2日間日陰乾燥

写真3　ろくろによる作業

写真4　3年乾燥後にさらに1年乾燥させる

写真5　自作された専用の刃物

写真6　トチノキでつくられた盆など

（種子含水率は45％以下）して適度に湿った砂やバーミキュライトなどとともにポリ袋に密封し，3～5℃冷蔵庫内で貯蔵すると，1年間は発芽能力を保つことができる。しかし，種子は乾燥させる（種子含水率は25％以下）と数か月で発芽力を失うので注意を要する。なお，トチノキの休眠は非常に浅いので，まきつけ前の発芽促進処理は特に必要ない。

種子は1L当たり55～70粒，1kg当たり85粒，発芽率は平均80（52～98）％である。

播種　まきつけ時期は，とりまきの場合は10月，春まきの場合は3月下旬～4月上旬とする。なお，トチノキの種子は鳥類，野ネズミなど小動物の格好の餌となるので，板で囲いをした苗畑にまきつけ，とりまきの場合は冬季間，床面を金網で覆っておく必要がある。播種量は90粒（1,500 mL）/m^{2}である。

まきつけは深さ3cmの溝を掘り，そこに種子のへそを下に向けて（光沢のないほうを上に向ける）点まきし，その後，土を埋め戻す。

発芽後の管理　約1か月で発芽するので，寒冷紗で日覆いをする。5～9月にマンゼブ水和剤400倍，ベノミル水和剤1,500倍などを月1回散布し，病害を予防する。

トチノキ苗の伸長成長は6月頃までに停止する。発芽当年の苗長は25（18～38）cm程度である。得られた1年生苗木は，翌春3月中旬～4月上旬に25本/m^{2}の密度で床替えを行なう。この際直根を切り詰めると，細根の多い苗木となる。しかし切りすぎると床替え後の成長が低下し，場合によっては枯死することもあるので，直根の1/2までにとどめる。

2年目の秋には総長が45～55cm，3～4年生で総長60～90cmとなった段階で山行き苗として利用する。

優良個体の選抜，増殖

兵庫県立森林・林業技術センター，鳥取大学農学部（橋詰隼人名誉教授）では，1993年からトチノキを種子および花蜜，葉・樹皮生産の特用樹として位置づけるため，生殖生理，繁殖機構の解明に重点をおいた研究を進めている。

優良木の増殖法として，挿し木（発根性はよい），根挿し，株分け，接ぎ木によるクローン増殖がある。穂木は種子が大きく，豊産性の個体から採取する。壮齢以降の穂木を接ぎ木すると花が早く咲く効果があり，天然木では花が咲き始めるまでに30～40年かかるものが，接ぎ木すると10年前後に短縮できる。

穂木は11月中旬以降樹冠上部の充実した冬芽をもつ当年枝を採取する。20～30cmの長さに切った穂木に42℃融点のパラフィンで全体をコーティングし，3～5℃で低温貯蔵する。接ぎ木は居接ぎ（掘り上げずに苗畑で植えたままの台木に接ぎ木する方法）が適している。接ぎ木の時期は休眠期接ぎ（春接ぎ）とし，2年生の実生台木の冬芽が半分程開葉した時期（例年4月15日～5月3日）に接ぎ木すると活着がよい。

養成管理と造林

活着苗の養成管理は，寒冷紗を1mの高さに張り，7月まで台木の芽掻きをこまめに行なう。種子生産林は，空中湿度の高い肥沃な適潤地（有機質を多く含み，保水力をもつ深い土壌層で排水のよい場所）に造成する。活着した接ぎ木苗は苗畑で3～4年間養成し，樹高が1.5～2mになると5～7mの植栽間隔で正方形に定植し，樹高の底い樹形に仕立てる。樹形の誘導法は地上1m前後で断幹し，幹を数本以上に仕立て，樹冠をなるべく横に大きく広げて，着果枝が多くなるようにする。

トチノキの用材林を造成する場合は，谷筋の肥沃な平坦～緩傾斜地を選んで小面積に造林する。植栽は苗高が0.8～1mの実生苗を3,500本/ha造林する。下刈りは植栽後3～4年間行なう。

10年生になると樹幹調整のため，枝下高が4m以上確保できるように枝打ちをする。間伐などの事例はなく，中齢期以降の施業法は不明である。胸高直径50cm以上の大径木の生産には100年以上を要する。

農産物直売所でみつけた工芸品① 背負子とバッグ

シバのえじっこ（背負子）──福島県

「えじっこ（背負子）」は，山仕事に出る際の雑貨を入れるリュックサック。カヤツリグサ科のオクノカンスゲ（シバ）で編んだもの。7～8月ごろに採って天日で干したあと，編む前に水をかけてしなりをよくしてから撚り合わせて長くして，編みあげる。ショルダーバッグ型もある。

入手した南会津郡桧枝岐（ひのえまた）村は，福島県側から尾瀬沼への登山口にあたり，村内にはブナの原生林や尾瀬桧枝岐温泉がある。桧枝岐歌舞伎の伝承でも知られる。

写真　シバ（オクノカンスゲ）のえじっこ

背負子バッグ──青森県

もともと背負子だったものを，リメイクしてつくった手提げかばん。色鮮やかな縁どりは，東南アジアのタイの山岳民族モン族の刺繍リボン，麻の裏地を張り合わせてあるが，異国模様の縁飾りが日本伝来の素朴な質感にマッチしたものになっている。十和田市にある裂き織工房の作品。

写真　背負子をリメイクした手提げバッグ

白膠木

Rhus javanica L.

植物としての特徴

ヌルデはウルシ科ヌルデ属の落葉小高木である。学名は*Rhus javanica* L.であり，日本での地方名には，かつんぼ，かつのきがある。成長は早い。

ウルシと同じ仲間であるが，通常かぶれない。人によっては，ウルシほどではないが，まれにかぶれることもある。

葉は奇数羽状複葉。小葉の基部，中軸に翼があって，他のウルシ類と区別がつく。また，低木あるいは小高木で群がって生える傾向があり，ウルシ（ウルシの原木，小高木から高木），ハゼノキ（ハゼろうの原木，小高木）と区別できる。

利用の歴史

お歯黒は平安時代以降，あるいはそれ以前の古墳時代からの風習とされ，明治期にすたれた。東南アジアや中国南部にもその風習が見られる。あるいは見られたことから，日本との関連が考えられる。現在，日本ではこうした利用はなされていない。

軟質な材の特性から削りやすく，小正月の飾り物（削掛け）などに使われた（写真1～3）。

用途と製造法

ヌルデの葉には虫えいができる（写真4）。この虫えい（五倍子）はタンニンを含んでいる。このため古くはお歯黒に使用した。そのために庭の一部あるいは家の近くにヌルデを半栽培状態で管理することもあった。

材は軟質で腐朽しやすく，木材としての利用はない。

上述したように，ヌルデは古く，削掛け（けずりがけ）などの小正月の飾り物に使われた（写真

1

2

3

ヌルデの樹姿

1 樹肌
2 群がって生える傾向がある
3 葉と実

写真1　家々では小正月に削掛けを飾る
群馬県六合村（現中之条町）荷付場

5)。材は白色であり，軟質で削りやすいので特殊な刃物で削って花や稲穂などをつくった。

樹皮から樹液をとり，塗布することもあった。

果実には，白い粉がつき，なめると塩からい。リンゴ酸カルシウムを含み，昔は子どもがなめたものである。

素材の種類・品種と生産・採取

若い森林，伐採直後の林分あるいは道端に普通に生える。また放置した畑跡にも生える。したがって特に資源量を増やすことはしない。山地に普通に生えているところから，特に栽培することもない。

葉は，紅葉時に赤くなる個体と，黄色または緑のまま枯れ落ちる個体とがある。景観維持や修景的に用いるには紅葉時に赤くなる種類が有利である。こうした個体を選抜する可能性もある。

写真2　小正月の飾り物の一つであるカタナとタワラ
群馬県六合村荷付場

写真3　ヌルデを使った各種のツクリモノ
静岡県静岡市有東木

写真4　葉にできた虫えい

写真5　削掛けのいろいろ

群馬県六合村荷付場

群馬県六合村世立

静岡県静岡市有東木

芭蕉

Musa Liukiuensis
Makino

写真1　糸芭蕉の樹姿。2～3年で成熟する

植物としての特徴

バショウ（*Musa Liukiuensis* Makino）には実芭蕉，花芭蕉，糸芭蕉（写真1）の3種類がある。芭蕉布の素材になるのは糸芭蕉で，バショウ科の多年生草本，実は小さく黒種がたくさんあり，バナナとして食べられる実芭蕉にくらべ，食用には不向きである。

利用の歴史

芭蕉布の最古の記録は，琉球王国の正史『中山世鑑』（1650年）に見えるもので「生熟夏布」と記されている。それ以前の1372（洪武5）年に中山王，山南王，山北王の献上貢物のなかにある「生熟夏布」も芭蕉布と考えられる。朝鮮漂流民の見聞録『李朝実録』（1603年）にも芭蕉布の記載があるが，記載された製法はすでに現在の製法と変わらず，製法の確立を窺わせるものである。

沖縄の交易を1424年から記録した『歴代宝案』にも「生土夏布」として記載があり，年代を追うごとにその量は増え，地色も生成（きなり）色のほか黄，赤，青，紺などさまざまに織り上げられていたことがわかる。模様も縞や絣などがあり，江戸時代後期には江戸への貢物とされた。一方では庶民の衣服でもあった。

明治以降近代化の波が押し寄せ，芭蕉布も衰退したが，大宜味村の収入役や村議をつとめた平良真祥は糸芭蕉の栽培振興に取り組み，糸芭蕉による芭蕉布の生産を奨励した。昭和12～17年は芭蕉布の最盛期となって販路も飛躍的に伸び，昭和14（1939）年には東京銀座三越での特産物即売に出展し，300反を出品するまでになった。翌15年には大宜味村芭蕉布織物組合が結成されたが，その後の戦争で生産は中止となる。

戦後は倉敷からもどった平良敏子により再び芭

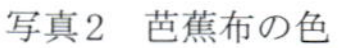

写真2　芭蕉布の色

生成色

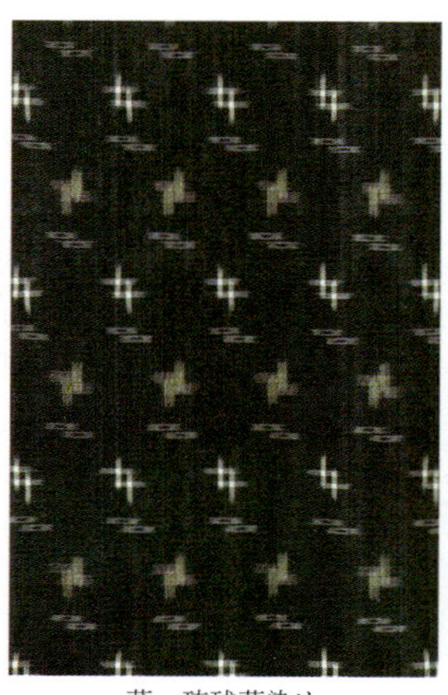

藍　琉球藍染め

茶　車輪梅染め

写真3　芭蕉布の着物

蕉布生産が復興された。昭和47（1972）年に平良敏子が県の無形文化財に個人指定，同49年には平良敏子と「喜如嘉の芭蕉布保存会」が国の重要無形文化財の総合指定を受けている。

用途と製造法

染料と素材の糸芭蕉

芭蕉布の地色は生成色（無染色無漂白の布地の色を指すごく淡い灰色がかった黄褐色）である。喜如嘉ではこれに藍（琉球藍）と茶（車輪梅，相思樹）を使って伝統色に染める（写真2，3）。

糸芭蕉は2年から3年で成熟する。沖縄県大宜味村の喜如嘉では，糸芭蕉を栽培している。柔らかい繊維を得るためには年に3～4回，5～9月の間に芯と葉を切り落とす（写真4）。この芯止め作業によって芭蕉布用の上質な実芭蕉が供給される。

緑色が残る外側の部分は「ウヮハー」とよばれ，座布団カバーやテーブルセンターなどに，2番目の層は「ナハウー」とよばれて，帯地やネクタイ地などに，3番目の層は「ナハグー」といわれて着尺地（反物）に，4番目の層は「キヤギ」といわれ，軟らかいが木灰で布を焚くと変色するので，主には染色糸用に使われる。

着尺地を1反織るのに約1kgの糸が必要だが，1本の芭蕉からはわずか20gしかとれない。10kgにするには200本の芭蕉の木が必要となる。

糸芭蕉から芭蕉布を織る

沖縄では糸芭蕉とその繊維を苧（うー）と呼ぶ。成熟した糸芭蕉の原木を切り倒す「苧倒し」は，10月から2月頃に行なわれる。ここでは喜如嘉での芭蕉布づくりの工程を，①原木の苧剥ぎ～苧績み，②撚りかけ～糸繰り，③仮筬通し～反物の洗濯に分けて紹介する。

写真4　糸芭蕉の栽培（葉の切除）。野生の糸芭蕉は繊維が堅く，喜如嘉ではすべて栽培芭蕉を使う

糸芭蕉から
芭蕉布を織る

1

2

3

4

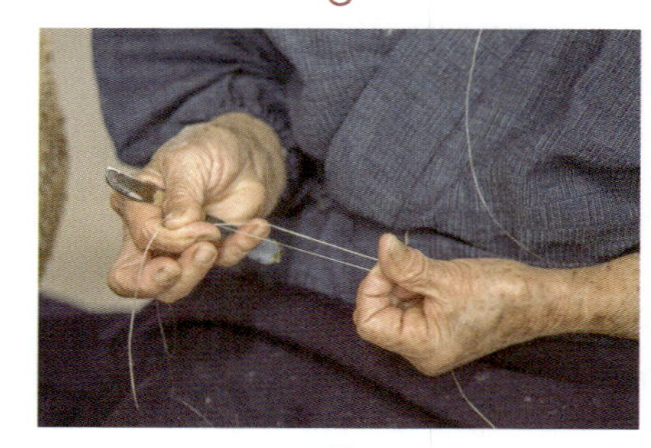

5

① 原木の苧剥ぎ～苧績み

1　苧剥ぎ（うーはぎ）：原木の切り口は20数枚の輪層になっている。切り口に小刀で切り込みを入れて表から1枚ずつ皮を剥ぎ，4種類に分ける。これらの原皮をさらに，表裏2枚に分け，繊維になる表側は鍋に入れやすいように折って束ねる。上質の裏側は絣結び用に使う。

2　苧炊き（うーだき）：木灰を入れた大鍋を沸騰させ，底に丈夫な縄を敷きその上に束ねた原皮を重ね，ふたをして煮る。煮る時間は繊維の分量によって異なる。煮た原皮は束をくずさず水洗いし，竹ザルに入れ重石をして水を切る。

3　苧引き（うーびき）：束ねた原皮をほどく。1枚の原皮を2つか3つに裂き，竹鋏「エービ」で根のほうへ何回もしごき，不純物を取り除く。しごきながら，柔らかければ緯糸に，硬いものや色がついたものは経糸にと分け，竿にかけて風の当たらない日陰で乾燥させる。

4　チング巻き：次の工程となる苧績み（うーうみ）するとき，長い繊維のまま水に浸すのは具合が悪い。そこで繊維を2～3本ずつ根のほうから左手の親指に巻いてこぶし大の鞠状にする。これをチングとよぶ。チングは苧績みの前に水に浸して絞っておく。

5　苧績み：片手に小刀を持ち，繊維の根のほうから繊維の筋に沿って裂く。用途に応じて糸の太さを決めるが，座布団カバーなどになる「ウゥハー」は太く，帯用の「ナハウー」，着尺用の「ナハグー」になるほど細く績む。裂いた繊維は機結びで結んでいく。結び目が抜けないように強く引っ張り，結び目はできるだけ短く切る。全工程中でも最も時間と経験のいる作業。

1 2 3 4 5 6

② 撚りかけ～糸繰り

1 撚りかけ：糸の毛羽立ちを防ぎ，糸を丈夫にするために，経糸と緯絣糸には撚りをかける。糸に必ず霧吹きで湿気を与えながら撚りをかけ，経管に巻く。撚りが甘いと織りにくく，撚りが強いと打ち込みにくく，絣合せが難しくなる。

2 整経（せいけい）：撚りかけした糸は湿気を含んでいるので腐りやすいため，4本建ての回転式整経台で手早く経糸の長さに整える。これを整経という。

3 煮綛（にーがしー）：染める糸は長い綛（かせ：糸をある一定の長さに何回も繰り返して束ねたもの）のまま，木灰汁で煮て精錬する。精錬により，糸は柔らかく染色しやすくなる。よく水洗いしてから軽く絞り，両端を竿にかけて干す。

4 絣結び（かすりむすび）：ピンと張って絣用の糸を固定する。絣模様に合わせて染めない部分にウバサガラ（原皮の裏側）をあて，ビニール紐で固く結ぶ。

5 染色：喜如嘉の芭蕉布では主な染料として，主に相思樹と琉球藍（エー）が使われる。染料がにじまないように，また乾かしすぎて糸が切れないように注意する。

6 糸繰り：染め上がった経・緯絣糸は，綛のまま結んだビニール紐を解き，生乾きのままウバサガラを外す。綛に湿気を与えてをピンと張りながら，糸を繰るための竹製の枠に巻き取る。

1 2 3 4 5 6

③ 仮筬通し～反物の洗濯

1 仮筬通し（かりおさどおし）：デザインに合わせて整経した地糸と縞用の諸染め（むるずみ）糸や経絣糸を組み合わせ，筬に仮通しする。

2 巻き取り：仮通しした糸の輪を，丸棒に通し，棒の根本で絣がずれないように結ぶ。経糸の張り具合を一定にして丁寧に巻き取る。

3 綜絖通し（ふぇえーどおし）：巻き取りに使った仮筬を外し，綜絖（そうこう：緯糸を通すために，経糸を上下に分ける器具）に経糸を1本1本通していく。一人での作業となる。

4 筬通し：綜絖に通した糸は1対ずつ順序よく，布抜きムン（筬通し）で筬に通していく。

5 織り：芭蕉は乾燥に弱くすぐに糸が切れる。織りに最適の季節は5～6月の梅雨時，織りにくいのは北風の吹く冬。陽が照りつける時間帯は織りにくい。絶えず湿気を与えながら織る。緯糸は水にしばらく浸し，軽く絞ってから杼（ひ）に入れる。苧績み，撚りかけなど，これまでの作業のよしあしがわかる。

6 反物の洗濯：織り上がった反物を木灰汁で炊き，最後の仕上げをするまでを喜如嘉ではまとめて「洗濯」という。石鹸で汚れを落とした反物は，木灰汁を沸騰させた大鍋で煮てよく水洗いする。次にユナジ液（米粥に米粉と水を加えて発酵させたもの）に約2時間浸けて中和させ，その後何度か，布を引っ張って幅を出したり丈を出したりして布目を整える。最後にアイロンをかけて折り目をのばし，完全に湿気を取り除く。

農産物直売所でみつけた工芸品② ストラップ

藍染・泥染のストラップ
鹿児島県奄美

木綿を藍の泥染めにした生地を使ったストラップ。奄美で有名な大島紬の場合は，シャリンバイの泥染によるもので，「カラスの濡れ羽色」といわれる独特の黒が特徴である。

写真　藍・泥染のストラップ

木彫りカエデのストラップ
宮城県

仙台市内の直売所で入手。東北地方には紅葉の名所が多い。山形県北の金山町では，寒暖差が大きくなる春先の雪解け前にイタヤカエデの樹液を採取して「メイプルサップ」，「メイプルシロップ」として販売している。

写真　木彫りの楓ストラップ

トチの実のストラップ　宮城県

仙台市内の直売所で入手。トチの実をそのままストラップにしてある。トチの実は，濃い茶色から次第に薄茶色に変化する。2か月くらい天日干しをして乾燥させると長期の保存がきく。このストラップは表面がくぼんでいるので，強めに乾燥したらしい。サクランボくらいの大きさのものに人気があるようだ。

写真　トチの実のストラップ

櫨

Rhus succedanea L.

植物としての特徴

ハゼノキ（ハゼ）はウルシ科に属し，リュウキュウハゼとも呼ばれ，秋には美しい紅葉を見せる。ウルシ科（Anacardiaceae）の植物は世界に約70属600種あり，熱帯から温帯，亜熱帯まで広く分布する。

果実の中果皮にロウ（蝋）を含む日本産ウルシ属（*Rhus*）の植物には，ハゼノキ（リュウキュウハゼ；*R. succedanea* L.）のほか，ツタウルシ（*R. ambigua* Lavallée），ヌルデ（*R. chinensis* Mill.），ヤマウルシ（*R. trichocarpa* Miq.），ヤマハゼ（*R. sylvestris* Sieb. et Zucc.），ウルシ（*R. verniciflua* Stokes）がある。

ハゼノキは葉の両面が無毛で裏面が緑白色をしており，この点でよく似ているヤマハゼ，ヤマウルシと識別できる。雌雄異株であり，雄木の花のほうが黄色が濃く小型である。ハゼノキはその結実量や中果皮の割合，含ロウ率から採ロウに最も適した樹種である。

5～6月ごろ黄白色の小花をつけ，緑色の果実は次第に熟して黄色のハゼの実となり，11月上旬から翌年2月頃までに採取される（写真1，2）。ロウ分は薄い外皮に包まれた中果皮部（果肉部）の繊維中に含まれており，ロウ含量は15～40％である。ロウ分は貯蔵中でも自然漂白が進行し（特に梅雨期前後が顕著），貯蔵期間の長いものほど上質とされる。採ロウしたロウを生ロウ，漂白したロウを白ロウと呼ぶ。白ロウは白色～淡黄色で，比重0.964～1.005，融点50～53.5℃である。

利用の歴史

モクロウへの利用

モクロウ（木蝋）の加工については，世界のなかでも日本が最も進んでおり，日本での加工が中心となる。中国ではハゼノキは野生種しかなく，ハゼノキの人為的な栽培が始まったのはセラリカNODAが福建省で始めた1993（平成5）年以降で

写真1　ハゼの実

写真2　ハゼの実の収穫

ある。一方，中国では漆産業は盛んで，漆をとるためウルシ（*R. verniciflua*）の木が栽培された。そのときウルシロウが副生するが，品質も劣り大きな加工事業には育っていない。

中国ではハゼノキはロウをとるのではなく，むしろ漢方薬として，根は解毒，止血，血尿の治療に，葉は止血やカイチュウの駆除に用いられていた。

日本のモクロウ

用途の変遷　日本では，ハゼはモクロウ採取を目的に特に江戸時代以降栽培が奨励され，各地で品種改良が行なわれた。明治以降，日本のモクロウはJapan waxとして，特にクレヨン，色鉛筆，高級石けん用として世界に輸出された。

モクロウの用途には時代的な推移がみられ，江戸時代半ばには京都などの都市が繁栄するのに伴い，ロウソクや鬢（びん）付け油としての消費が増大した。明治期以降になると頭髪の形も変化して鬢付け油の消費は減少し，大正期には電灯の普及でロウソクとしての需要も減り，代わって繊維の艶出し，石けん，クレヨン，研磨・油滑・剥離剤，靴クリーム，整髪料，化粧品，医薬品などへの用途が広がった。

風致樹としての導入　ハゼ栽培は採ロウが当初の目的であったが，その栽培により治山治水効果，景観の形成（写真3），そのほか二次的な産業をもたらすなど，多面的な事業展開の可能性を備えている。

特にその植物体としてのハゼそのものが郷土景観のフレームを形成し，ハゼちぎり（ハゼの実とり），ハゼさらしなどの加工工程は郷土の風物詩となり，人々に安堵感を与える。人々の身辺から地域らしさが消失し，また，とりわけ環境問題が重視されてきている現在，地域おこしとしてのハゼ，モクロウ産業を再度今日的感性で見直してみる価値がある。

ハゼ，モクロウ産業の地域活性化への活用の第一歩は，ハゼノキを風致樹として地域ぐるみで景観づくりに取り組むことである。かつて福岡県八女地方では，茶との兼作，ハゼの花からの採蜜やハゼ畑の養蜂基地としての活用なども行なわれていた。

写真3　ハゼノキの紅葉

モクロウの品質安定化　モクロウ産業については，モクロウの価格と品質の安定化が必須である。このため低木性・つる性（ツタウルシの活用など）品種の開発など，新しいバイオテクノロジーを駆使した研究も一部進められている。

ハゼノキの研究で博士号を取得した研究者も出てきている。品質に加え，課題である収穫の労力を低減させるため低木化技術の発達や，ロウの含有率が高く豊凶差が小さい優良品種の育成が行なわれている。

新しい用途・需要の開発　モクロウの新しい用途・需要の開発も必須である。たとえば，愛媛県内子町が編集した『ハゼノキ今昔物語』では，景観をよくするために高速道路の両側の土手にハゼノキを植えるとか，日本で生産が減少しつつあるモクロウの生産を始めるとか，心材を黄色材として生かして木工細工や草木染などに活用するなど幅広いアイデア提案もなされているので，ぜひ参照してほしい。

古代の天皇の袍（うえのきぬ）に用いた染色に黄櫨（はじ）染と呼ばれるものがあり，ハゼの近縁種であるヤマハゼの心材に，あく，酢などを混ぜて染めたといわれている。ハゼノキにも多量の黄色染色物質が含まれていることが明らかにされており，草木染などの地域特産品を開発することも可能である。

他国の追随を許さない世界で唯一のモクロウ特産国として，産業継続のための努力が望まれる。

化粧品の分野においても新たな需要が生まれている。日本産原料として国内外で関心が高い。

用途と製造法

モクロウの特徴と利用

モクロウは高級脂肪酸グリセリドで，厳密にはロウ（高級脂肪酸の一価または二価アルコールエステル）とは異なる。組成は一塩基酸グリセリド（90～91%），二塩基酸グリセリド（3～6.5%），遊離脂肪酸（3.7～5.6%），遊離アルコール（1.2～1.6%），グリセリン，ステロール（0.7%）である。

モクロウの他の追随を許さない特質として，粘靭性と緻密な結晶性があるが，この性質をもたらしているのが二塩基酸である。ちなみにこの粘靭性とは，現在でも正確な測定法がないが，「腰の強さをもった粘り」とでもいうべきものである。その性質を利用して力士のチョンマゲを結うのに使うポマードにも利用されている。親指と人指し指でこねたときの，粘りの強さを感覚的に把握しているのが現状である。1900年，Geitelはこれを日本酸（japanic acid）と命名した。

モクロウの主な用途を表1にまとめた。モクロウは自然で安全な天然油脂であることが注目され

写真4　製品になったモクロウ

て（写真4），その粘靭性から化粧品分野で重宝され，さらに軟膏などの医薬品分野や，ワープロ用プリンターの熱転写リボンへの用途も着目されている。さらに近年シックハウス問題が広がるに伴い，安全な木材塗料としての活用が注目されている。食用としては高級パンの焼き上げでの上品な照りやせんべいを焼くときの離形剤として利用されている。

今後さらに食品，医薬品あるいは飼料分野でのカプセルやマイクロカプセル用材料としての展開が期待される。

生ロウ，白ロウの製造法

生ロウの製造法には圧搾法と抽出法がある。その工程を図1に示す。抽出の溶剤としては，ほとんどの場合毒性がない，低価格である，抽出装置

表1　モクロウの用途

分野	品目	求められる特性
化粧品	ポマード，クリーム，チック，口紅，眉墨	粘靭性
医薬品	軟膏，膏薬，座薬，乳剤，外科用包帯	安全性
艶出し用	木材，家具，皮革，自動車，紙，繊維 菓子，パン	なじみ性 光沢性
文具	クレヨン，クレパス，鉛筆，チョーク（工事用），カーボン紙，プリンター熱転写リボン	タッチ性
研磨剤	ステンレス，金属	滑り性
潤滑剤	グリース，離型剤	滑り性
保護剤	レコード，塗料	滑り性
その他	和ロウソク，模型，彫刻	

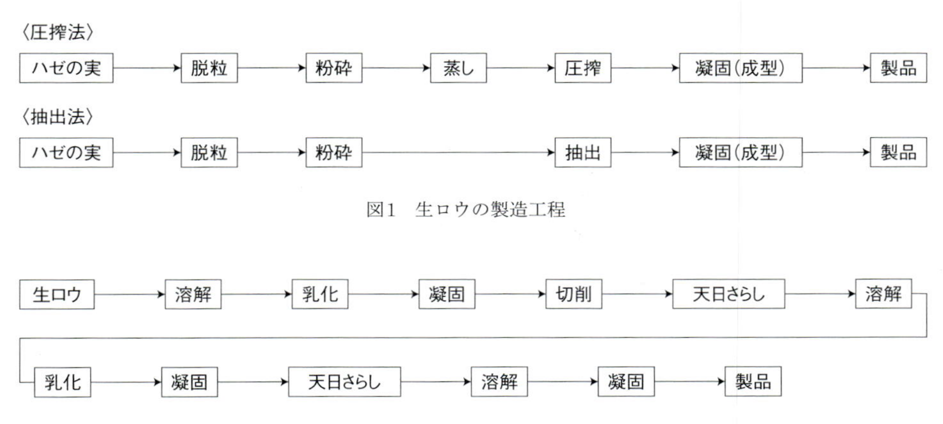

図1　生ロウの製造工程

生ロウ → 溶解 → 乳化 → 凝固 → 切削 → 天日さらし → 溶解 → 乳化 → 凝固 → 天日さらし → 溶解 → 凝固 → 製品

図2　白ロウの製造工程

を侵蝕しない，脂肪の溶解度が大きい，回収が容易などの条件を満たすn-ヘキサンが使用される。

このようにして得られた生ロウからの白ロウの生産工程を図2に示す。生ロウを50℃ぐらいで煮て溶解し，アルカリ水を加えて乳化後凝固させ，1～2mmの厚さの小片に切り，晴天で20日ほどさらす。この工程を再び繰り返し，この間に不純物を除くなどして精製する（写真5）。

モクロウ以外の利用

ハゼノキは採ロウを目的に栽培されているが，盆栽樹木としても栽培される。一方，鮮黄色の心材は，特に寄木細工の黄色材として用いられるほか，襖（ふすま）の引き手，定規，筆軸，マッチ軸材，和弓の心材などの用途がある。灰は釉薬（ゆうやく）となる。また，ハゼの花から採取された蜂蜜は「はぜ蜜」として珍重された。

モクロウによる和ロウソクの製造法（生掛け）

以下に手づくり法の代表例として，モクロウを原料とした和ロウソク（写真6）のつくり方について述べる。

モクロウを原料とした和ロウソクの一般的なつくり方としては，木型をつくっておいてそこに溶かしたロウを流し込む「射込み」と，芯に手でロウを塗り重ねていく「生（き）掛け」がある。ここでは「生掛け」法について述べる（図3）。

写真5　生ロウ

写真6　芯切りしながら使う「和ろうそく」
和ろうそくは芯が太い。燃えるに従い炭化した芯は残って長くなり、炎も大きくなるので随時芯を切りながら使うのがコツ

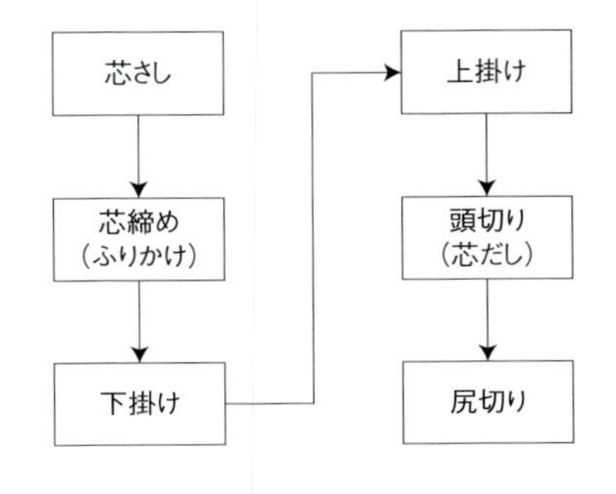

図3　生掛けによる和ロウソクの製造工程

芯さし　まず和紙に藺草（イグサ）の芯を巻きつけて真綿で留めて竹串に刺す。この芯のよしあしがロウソクの燃焼に大きな影響を与える。

芯締め　こうしてつくった芯に溶かしたロウをなじませて硬化させる。これを芯締め（ふりかけ）といい，このときのロウの温度は48 ～ 50℃ぐらいが最適で，これ以上の温度にすると竹串からロウソクが抜けなくなることがある。

下掛け　芯締めした上に順次溶けたモクロウを塗っては乾かす作業を繰り返し，目標とする太さまで塗り固めていく。

上掛け　次に52 ～ 55℃のやや融点の高いモクロウを表面に塗って化粧をし，固める。

頭切り（芯出し）　次にロウソクの頭の芯を出すため，熱した包丁で頭の部分を切る。このとき，力を入れすぎると芯まで切り落としてしまうので注意が必要である。

尻切り　竹串からロウソクを抜き，尻を切り，寸法を揃える。

以上の工程は通常2週間で行なう。熱いロウを何時間ものあいだ繰り返し均一に素手で塗り重ねる作業には，見ただけではわからない熟練した高度な技がこめられている。この技術によってつくられた和ロウソクは，その切り口の重なりが木の年輪のように均等に渦巻いていて，人間技とは思えぬ美しい層をなしており，熟練した職人ならではの完成された美が生み出される。

なお，次ページの写真では専業的な「射込み」法（型掛け法）を紹介する。木型の製造には2 ～ 3年かかるほどで，この木型製作はそれぞれの和ロウソクの特徴がでる大事な作業である。芯にするイグサ（灯心草，福井県では「とうすみ」ともいう）は，皮をむいて髄の部分を使う。

素材の種類・品種と生産・採取

種類・品種

ハゼノキについては，これまで品種と成分特性，加工特性，用途などについて，九州大学，各県林業部門，株・セラリカNODA，日本蝋商工業協同組合の産官学での研究が行なわれていた。現在は，優良苗木の大量育成法などについて，福岡県林業試験場の池田浩一，独・森林総合研究所林木育種センター九州育種場の平岡裕一郎により研究が進められている。

栽培と増殖

ハゼノキは一般に「ミカンと同じ」といわれており，関東地方以西の温暖（年平均気温15 ～ 17℃）な地方で生育する。また，15℃に達しない地域でも，寒暖の差が比較的少ない海岸地帯では十分生育する。

日陰では生育が悪く，南面の日当たりのよい場所を選定する。幼木は特に凍害や晩霜害により枯死することがあるので，寒気がたまりやすい窪地などは避けたほうがよい。

土壌は腐植質の多い肥沃地や砂質壌土が適地であり，乾燥しやすい砂質土や過湿になりやすい粘質土は不適である。水分条件としては乾燥より過湿のほうが悪く，水分が停滞するところでは生育が遅く，ときには枯死する。土壌の性質はハゼの果実に含まれるロウの質や量に敏感に影響するので，適地選定は重要である。

一般的な樹木の増殖方法としては，実からの実生法，枝による挿し木法，枝や芽による接ぎ木法，バイオテクノロジーを利用した組織培養法がある。ハゼの場合，実生苗では結実までに年月を要することや木の性質が不揃いで粗悪木が出やすいこと，挿し木法は発根が困難で技術的に問題があること，組織培養法は技術開発中であることから，現在は接ぎ木法による増殖が一般的である。

型掛け法による和ろうそくづくり

1　芯づくり。竹串に和紙を巻き，和紙の上から藺草（イグサの皮をむいて髄の部分を使う）を巻きつける。
2　ロウ付け。芯をロウに浸け，十分にロウをすわせて芯を固める。
3　流し込み。木型に芯を入れ，ロウを流し込む。木型の製造には2,3年掛るほどで，この木型製作にそれぞれの和ロウソクの特徴が出る大事な作業。
4　尻を切る。ロウが固まった後に，はみ出た尻の部分を温めた包丁で削ぎ落とす。
5　木型から外す。ロウが固まるのを見定めて，１本ずつ木型から外す。
6　成形。木型から外したろうそくの形を，きれいに成形する。

羊

Ovis aries

動物としての特徴

家畜羊と野生種の分布

動物分類学からみると羊は，鯨偶蹄目・ウシ科・ヤギ亜科・ヒツジ属の動物であり，ヒツジ属は家畜羊（*Ovis aries*）と4タイプの野生羊に分類される（図1）。

野生羊は中央アジアおよび西アジアからインド北西部に分布するユリアル（*O. vignei*），西ヨーロッパと西アジアのムフロン（*O. musimon*），チベットおよび天山山脈からアルタイ山脈にいたる中国北部に分布するアルガリ（*O. poli*），北アメリカと北アジアに生息するビッグホーン（*O. canadensis*）の4タイプに分けられるが，ビッグホーンは家畜ヒツジに関与していない唯一の野生羊である。

最初に家畜化されたのはユリアルである。家畜羊の大半はユリアルを祖先とする説が有力であるが，家畜羊の原型にはユリアルタイプとムフロンタイプがあり，ムフロンも初期の段階から家畜化されたことは確かである。また，アルガリはインドや東アジアの家畜羊に関与しているといわれている。

羊の特性

飼料の利用性　羊は牛と同じ反芻動物であり消化器の構造もほぼ同じであるが，その祖先が棲息していた環境の違いにより，それぞれ異なる特性を身につけている。たとえば，牛も羊も上顎には前歯がなく，歯の構造は同じであるが，平原を棲息地としていた牛の場合，上唇が鼻と連続して左右の区分がなく，長い草を舌で巻き込んで採食する。一方，標高3,000 m以上の高原地帯に棲息していた羊は，短い草を下顎の前歯と上顎の硬い歯肉にはさんで引きちぎるように採食する。

また，羊の上唇は左右が独立して別々に動かすことができるため，長く伸びた草は硬い茎を残して，柔らかい葉の部分だけを採食する。このような採食様式は羊が栄養価の高い飼料を選択採食していることにつながる。さらに，腸の長さを体長比で比べると，羊は反芻動物のなかで最も長く，消化吸収能力に優れている。

繁殖特性　野生羊が棲息する北緯30～45度の高地は，季節によって日照時間や気温が変化し，飼料となる草の量や質もまた大きく変動する。このような厳しい環境のなかで子孫を残していくためには，飼料が豊富な春から夏に子育てをしなければならないし，子羊も冬がくる前にできるだけ早く成長しておく必要がある。このために身につ

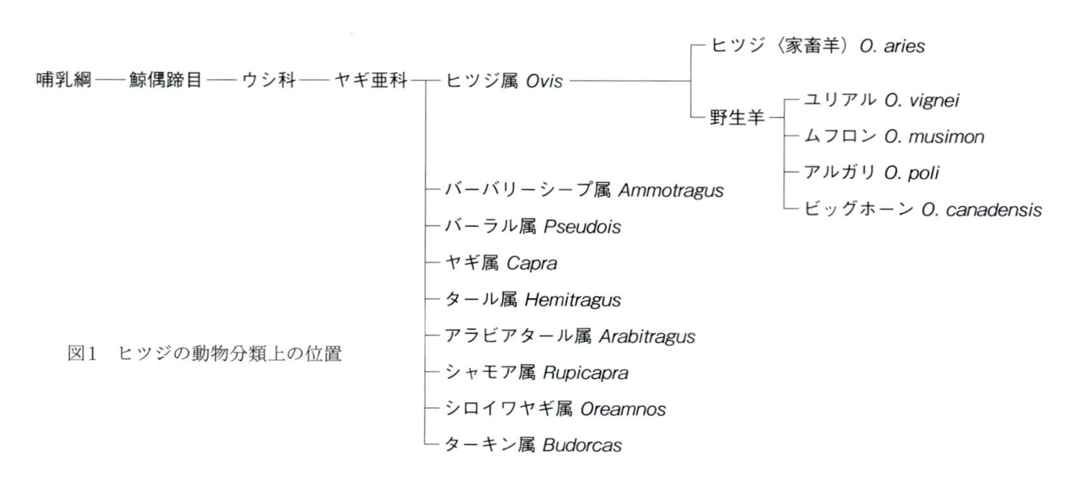

図1　ヒツジの動物分類上の位置

けた特性が季節繁殖性であり，羊は秋に交配し春に子を産むようになった。

環境適応性と多種現象　羊は環境に対する適応性に優れており，家畜化の過程や家畜化された後にも様々な環境によく適応し，現在では北極圏から赤道直下の熱帯地域に至る多くの国々で，多種多様な羊が飼育されている。

野生ヒツジの体格は体高100 cmを超えるアルガリから65～70 cmのムフロンなど，グループによって差はあるが，共通した形態的特徴として，一様に大きな角を持ち，体表は有色の粗毛で覆われ，耳は小さく尾も短いものが多い。しかし，家畜羊は無角のものや，体表が白い羊毛で覆われ，長い尾をもつものが多い。また，羊毛の長さや繊度も品種によって大きく異なり，全く羊毛のないものも存在する。このほか，大きく垂れ下がった耳をもつものや，大量の脂肪を蓄えた巨大な尾をもつもの（脂尾羊）など，家畜羊には野生羊とは異なる様々な形態が見られる。

このような形態の変化は，羊の優れた環境適応能力に加えて，それぞれの利用目的に応じて形質の人為的選択が行なわれてきた結果である。

世界のヒツジ飼育状況

FAO（国連食糧農業機構）の調べによると，2013年現在，世界では11億7,283万頭の羊が飼育されている（表1）。最も頭数が多い国は中国（1億8,500万頭）であり，羊毛生産大国のオーストラリア（7,555万頭）やニュージーランド（3,079万頭）は，1990年以降，著しく減少している。これは1989年に羊毛価格が急落し，その後も価格の低迷が続いたためであるが，2009年以降，羊毛の価格は回復基調にある。また，スーダン，ナイジェリア，エチオピアなどでは，人口とともに羊の頭数も著しく増加している。

羊の主な生産物としては羊毛，羊肉，羊乳がある。羊肉についてはどの国においても食料として利用されているが，羊毛と羊乳については国によって，その生産・利用状況が異なる。たとえばアフリカの北部，東部および南部では羊毛生産用の品種が飼育されているが，中部および西部アフリカで飼育されている羊は羊毛がないか，あるいは粗毛の羊であり，ほとんど羊毛の生産は行なわれていない。また，羊乳については地中海沿岸や東ヨーロッパと，遊牧の歴史がある国での利用が多い。羊乳は主にチーズに加工されるが，バター

表1　主要国におけるヒツジの飼育頭数と生産物の状況

国名	飼育頭数（万頭）			生産物の状況（2012年）		
	1990年	2013年	1990年比	羊毛（t）	羊肉（t）	羊乳（t）
中国	11,124	18,500	166.3%	400,000	2,080,000	1,580,600
オーストラリア	17,030	7,555	44.4%	362,100	556,375	—
インド	4,870	7,550	155.0%	45,500	295,800	—
スーダン	2,070	5,250	253.6%	56,000	325,000	532,000
イラン	4,458	5,022	112.7%	61,500	126,080	465,000
ナイジェリア	1,246	3,900	313.0%	—	173,800	—
イギリス	4,383	3,286	75.0%	68,000	275,000	19,000
ニュージーランド	5,785	3,079	53.2%	165,000	448,192	—
パキスタン	2,570	2,880	112.1%	43,000	161,000	37,000
トルコ	4,365	2,743	62.8%	51,180	272,000	1,010,007
エチオピア	1,085	2,650	244.2%	8,000	86,000	57,500
南アフリカ	3,267	2,500	76.5%	39,904	142,820	—
世界合計	120,569	117,283	97.3%	2,066,695	8,470,307	10,122,522

資料　FAOSTAT

表2　戦後におけるヒツジ飼育頭数および戸数の推移

年次	全国		北海道	
	飼育頭数	飼育戸数	飼育頭数	飼育戸数
1945	180,003	113,430	48,102	30,900
1957	944,940	643,300	257,600	138,790
1976	10,190	2,190	4,990	810
1990	30,700	2,840	16,100	960
2000	11,121	947	4,135	334
2005	8,650	623	3,560	169
2010	14,184	586	9,110	212
2011	19,852	906	11,725	258
2012	19,977	909	11,696	250
2013	16,096	873	7,963	192
2014	17,201	882	9,276	212

資料　1945～1990年は，農林水産省「畜産統計」，2000～2010年は（公社）中央畜産会「家畜改良関係資料」，2011年以降は農林水産省「家畜の飼養に係る衛生管理の状況等の公表について」

やヨーグルトとして利用する地域もある。

日本のヒツジ飼育状況

日本で本格的に羊の飼育が始まったのは明治時代初頭のことである。その後，第二次世界大戦の終結までは軍需羊毛の生産が目的であり，政府は羊毛を増産しようと100万頭増殖計画を打ち出したが，終戦時の飼育頭数は18万頭にとどまっている（表2）。ところが，終戦後は著しい衣料不足から，羊毛の自家利用を目的とした民間での羊飼育が急速に広がり，1957年には飼育頭数が94.5万頭にまで増加した。

しかし，1962年に羊毛の輸入が自由化されたことに加えて化学繊維の発達によって国産羊毛の需要と価値が低下し，国内の羊は加工原料肉として次々と屠殺されていった。このようななかで，羊の飼育は羊毛生産から羊肉生産へと切り替えられ，これまでの主要品種であったコリデール種に代わって，サフォーク種が導入されるようになった（写真1～10）。

現在，日本では北海道を中心に約1万7千頭の羊が飼育されており，サフォーク種を主体とした羊肉（ラム肉）生産が行なわれているが，その生産量は年間150～180 t程度であり，自給率は1%に満たない（表3）。また，羊毛についてはほとんど利用されておらず，ほぼすべてを輸入に依存しているのが現状である。

利用の歴史

羊の家畜化

羊は，山羊とともに最も早い時代に家畜化された反芻動物であり，その起源は紀元前8000年頃の西アジアから中央アジアにかけての高原地帯といわれている。

人類は羊の家畜化に先立って犬の家畜化に成功している。狩猟の対象であった羊を，犬の力を借りて駆り立てることから，行動を制御するようになり，次第に遊牧の形態に移行していったと考えられる。

狩猟の時代には，羊は肉と皮および脂肪を得るために捕獲されていたが，家畜化の後には乳や毛を利用することも可能となる。そして人類はより多くの生産物を得るため，それぞれの目的に応じた羊の改良を開始する。

紀元前5000年頃を境に，食用の羊が成羊から子

写真1　スパニッシュ・メリノ

写真2　サフォーク

写真3　サウスダウン

写真4　コリデール

写真5　ロマノフスキー

写真6　ブラックフェース

写真7　チェビオット

写真8　リンカーン

写真9　マンクス・ロフタン

写真10　フライスランド

表3　羊肉・羊毛の輸入量と国内生産量

年次	羊肉（枝肉ベース）			羊毛
	輸入量（t）	生産量（t）	自給率（%）	輸入量（t）
2010	23,673	143	0.6	15,044
2011	18,913	159	0.8	15,839
2012	19,634	178	0.9	15,880
2013	16,879	188	1.1	14,826
2014	18,169	156	0.9	15,014

資料　財務省貿易統計，厚生労働省食肉検査等情報還元調査

羊に変化していることが考古学的に明らかとなっており，これは羊の利用目的の変化と改良のための選抜が行なわれるようになったことを示唆している。つまり，家畜化の初期段階では，効率的に肉を得るために体の大きな成熟した羊が屠殺されていたが，乳や毛は成熟した羊からしか得られないため，子羊のなかからその目的によって好ましいものを繁殖のために残し，そのほかの子羊を食用として利用するようになったと考えられる。

こうして，意図的な羊の選択が繰り返し行なわれた結果，紀元前2000年頃のメソポタミアには細毛の羊や脂肪尾の羊など，特徴のあるいくつかのタイプの羊が誕生している。そして，これらのメソポタミアの羊は，後にヨーロッパやアフリカの牧羊と産業の発展に大きな影響を与えることとなる。

羊毛の利用

羊毛の最初の利用は，自然に塊となって抜け落ちた下毛を使ってフェルトをつくることであった。フェルトは住居資材として使われるなど，遊牧民の生活に欠かせないものとなり，利用価値の高い下毛を多く採取するための羊の選択が始まった。

糸を紡いで織物をつくることは，植物繊維に遅れて紀元前3000年頃からシュメール人によって行なわれるようになったが，この頃には抜け落ちた毛ではなく羊の体から毛を刈り取ることも行なわれていることから，下毛の発達もかなり進んでいたと考えられる。そして毛を取るために選択された羊は，羊毛加工の技術とともにシュメールからバビロニア，フェニキア，エジプト，ギリシャ，ローマの人々へと受け継がれ，より良質で紡ぎやすい羊毛への改良が進められた。

この改良の歴史のなかでも，最も重要な羊の系統は，紀元前2000頃のメソポタミアにいた円形に湾曲した角をもつ細毛羊である。ほぼ同時期にエジプトにも現われているこの羊は，セム族の移動によってもたらされたものである。セム族は遊牧民であり，紀元前2000年頃に現在のイラクからパレスチナに移住するが，その一部はエジプトにも移動している。この頃から異種間交配による羊の改良が行なわれるようになり，白く軟らかい羊毛をもつ毛用羊へと発展していった。その羊毛や毛織物はフェニキア人にとって重要な貿易物資となり，ヨーロッパや北アフリカなどに輸送されたが，貿易中継拠点となったフェニキアの植民地には羊そのものも持ち込まれている。

一方，エーゲ文明が開化する紀元前3000年頃にはギリシャでも牧羊が盛んであったが，紀元前500頃，古代ギリシャ人は良質な羊毛を求めて黒海に船を出し，コルキス（現在のコーカサス地方）から羊を故国に持ち帰っている。このことはホメロスのオデュッセイアに描かれたアルゴ号の黄金羊の物語として知られているが，この黄金羊とはフェニキア人がコルキスに持ち込んだメソポタミア由来の細毛羊である。ギリシャではその良質な羊毛をいためないよう，羊の体にカバーを掛けて飼育していたという。

やがて，ローマによる地中海世界の征服が始まり，紀元前146年にマケドニアに続いてギリシャが征服されると，羊の改良はローマ人の手に委ねられる。ローマ人は，ギリシャに持ち込まれたコルキスの毛用羊とイタリアの土着羊などを交配してタレンタイン種を作出した。そして，さらに西ヨーロッパへの侵攻とともにタレンタイン種をスペインに持ち込み，スペインの土着羊との交配も行なっている。

こうして，ローマ人は毛用羊の改良をすすめながら，牧羊と毛織物の製造技術をヨーロッパ全土に広め，これを一大産業に発展させていった。中世ヨーロッパでも毛織物工業はルネッサンスの原動力となり，この時期に発展した家内制手工業とは，羊毛加工にほかならない。

また，ローマ人は毛織物の製造技術以外に羊乳やチーズの製造技術も各地に伝えたと考えられる。チーズの製造は紀元前3000年頃の西アジアではすでに行なわれていたようであるが，その製造技術は現在のトルコやコーカサス地方を経由してギリシャに伝えられ，ローマ時代に大きな発展をとげている。おそらく，羊乳とチーズの食文化は，ローマの侵攻とともに，地中海沿岸やヨーロッパの国々に定着していったのであろう。

メリノ種の誕生

5世紀にローマが滅びた後，スペインは北アフリカの牧畜民族であるムーア人の支配下に置かれる。このときムーア人がスペインに持ち込んだ羊も，メソポタミア由来の細毛羊である。つまりメソポタミアの細毛羊の一群はコルキスとギリシャを経由し，そしてもう一群は北アフリカを経由してスペインに渡り，2,000年以上の時を経て合流したことになる。

ムーア人によるスペインの実質的な支配は13世紀頃まで続き，スペインは約1,300年にもわたってローマ人とムーア人に支配されていたが，このことは結果的にスペインを牧羊王国に発展させることとなった。そして，ムーア人がイベリア半島から追放された後，スペイン人自身の手によって繊細で優美な羊毛を生産するスパニッシュ・メリノ種を成立させたのである。

この頃，スパニッシュ・メリノ種は法によって生体の輸出が禁止されていたが，例外として国家間の友好のため，1765年にドイツのサクソニー家に，1786年にはフランスのルイ16世に贈られ，これが後にサクソニー・メリノ種とランブイエ・メリノ種の成立につながっている。また，1789年にはオランダのオレンジ王家にもスパニッシュ・メリノ種が贈られているが，オランダの気候がメリノ種の飼育に適さないと考えたオレンジ王家は，ケープ駐在のゴードン将軍に南アフリカでの飼育を命じた。これが後にケープ・メリノ種となり，さらに南アフリカからオーストラリアに持ち出されたスパニッシュ・メリノ種は，オーストラリアン・メリノ種の基礎となった。

このように，門外不出のはずであったスパニッシュ・メリノ種は，世界各国でメリノ系種の成立に貢献しているほか，毛肉兼用種の造成にも利用されている。メリノ種との交配によって造成された品種としては，ニュージーランドのコリデール種，オーストラリアのポールワース種，アメリカのコロンビア種，フランスのイル・ド・フランス種などがある。

表4　ヒツジの用途による分類

毛用種	スパニッシュ・メリノ，ランブイエ・メリノ，オーストラリアン・メリノ
肉用種	サウスダウン，サフォーク，ドーパー
毛肉兼用種	コリデール，ブラックフェース，チェビオット，ペレンデール，リンカーン
毛皮種	ロマノフ
乳毛肉用種	フライスランド，カラクール

種類・品種と飼養管理

羊の品種

羊は長い歴史の中で毛や肉や乳，毛皮などの多用な目的と世界各国の気候風土に応じた改良が行なわれ，1,000種以上の品種がつくり出されている。現在，日本国内にも20種以上の品種が飼育されているが，ここでは日本にゆかりのある主な品種について述べる。

スパニッシュ・メリノ種　スペインで成立した毛用種で，世界のメリノ系種の基礎となった。体格は小型で雄は湾曲した角をもち，雌は無角である。

日本では1869年以降，明治政府が数回にわたって導入しているが，湿度の高い日本の気候風土に適さなかったことや飼育技術が未熟であったことから，増殖に失敗している。

オーストラリアン・メリノ種　スパニッシュ・メリノ種を基に，フランスのランブイエ・メリノ種，ドイツのサクソニー・メリノ種，アメリカのアメリカン・メリノ種の交配によって成立した毛用種で，毛質によってファインウール，ミディアムウール，ストロングウールの3タイプに分けられる。日本では1918年から輸入を開始し増殖が行なわれたが，1929年にオーストラリアが本種の輸出を禁止したことから，次第に頭数は減少し消滅した。

コリデール種　ニュージーランドにおいてメリノ種にリンカーン種，ボーダーレスター種，ロムニー・マーシュ種などを交配して成立した毛肉兼用種。様々な気候風土によく適応し，非常に飼いやすい品種である。雄雌とも無角で，顔は白色短毛に覆われるが，頭部は額および頬から四肢のスネまで，体全体が白い羊毛で覆われており，黒い鼻先が特徴である。

日本の歴史のなかで最も多く飼育され，戦後の衣料不足を支えた。1957年には100万頭近く飼育されていたが，国産羊毛の需要減少と飼育目的の羊肉生産への転換によって頭数は激減し，現在では純粋種の姿はほとんど見ることができない。

サフォーク種　イギリスのサフォーク州で在来羊のノーフォークホーン種（有角）にサウスダウン種を交配して成立した大型の肉用種。雄雌とも無角で，頭部と四肢は黒色短毛で覆われる。早熟早肥で赤肉量が多く，海外ではターミナルサイヤー（肉生産用の止め雄）として毛肉兼用種との交配に用いられるが，日本では純粋種によるラム肉生産が一般的である。

日本には1967年から輸入されるようになり，現在では全国の飼育頭数の約60%を占めている。

その他の品種　現在，日本の主要品種はサフォーク種であるが，そのほかにサウスダウン種やポールドーセット種，テクセル種なども羊肉生産用として利用されている。また，観光や展示用としてはジャコブ種やマンクス・ロフタン種などが飼育されている。

飼養管理

羊の飼料　羊に与える飼料には粗飼料と濃厚飼料がある。粗飼料とは生草や乾草，サイレージなど，羊にとって主食となる飼料である。また，濃厚飼料は穀類やぬか類，配合飼料などのことであり，粗飼料だけでは不足する養分量を補うために与える。

表5には乾草給与時（舎飼期）における飼料給与例を示した。繁殖に用いる成雌羊の場合，妊娠期や授乳期のステージによって必要とする養分量が大きく変化するため，それぞれの時期に応じた適正な栄養管理を行なうことが大切である。

放牧と舎飼い　羊は牧草地以外にも耕作放棄地や林地の下草など，様々な草資源を放牧に利用できる。牧柵は高さ90 cmのネットフェンスまたは電気柵（4～5段張り）が一般的であり，放牧地内には水槽とミネラル補給のための鉱塩を用意しておく。

牧草地での放牧では，0.5 haの面積で成羊10頭の放牧が可能である。しかし，野草地の場合は草の再生力が弱く，牧草に比べて栄養価も低いため，より広い面積が必要であり，状況によっては濃厚飼料などの補助飼料の給与が必要となる。

また，羊は20 cm以下の短い草を好んで食べるが，効率的に短草を利用させるためには，ひとつの広い草地で長期間放牧する連続放牧よりも，放牧地を小牧区に区切って草の状態を見ながら羊を移動させる輪換放牧が適している。

舎飼い　放牧地がない場合や草のない冬期間は，羊舎の中で羊を管理することになる。羊舎は羊にとって快適に過ごせる場所であり，飼育者にとっては作業しやすい構造であることが望ましい。羊舎の広さは成羊1頭当たり2.2～3.3 m^2とし，舎内の設備として飼槽，草架，水槽，間仕切りのための柵などを用意する。飼槽や草架については，すべての羊が並んで採食できるよう，十分な給餌幅を確保する必要がある。1頭当たりに

表5　乾草給与時（舎飼期）における飼料給与例

区分		1日1頭当たり給与量		
		乾草	配合飼料	大豆粕
成雌羊（70 kg）	妊娠前期15週	1.5 kg	250 g	—
	妊娠末期6週	1.8 kg	350 g	—
	授乳前期6週	2.6 kg	450 g	200 g
	授乳後期6週	1.8 kg	500 g	—
成雄羊（100 kg）		2.0～2.5 kg	200～300 g	—
育成雄羊（60～70 kg）		2.2～2.8 kg	350～400 g	—
育成雌羊（50～60 kg）		1.8～2.0 kg	300～400 g	—

必要な給餌幅は成羊で40～50cm（妊娠末期は60cm），子羊で20～30cmである。

また，舎飼いにおいても，羊の健康管理のためには，適度な運動や日光浴が必要であり，羊舎の2倍程度の広さの運動場を設けておくことが望ましい。

繁殖

交配　羊は短日性季節繁殖の動物であり，日照時間が短くなる秋から冬が繁殖季節である。雌羊は8月下旬から2月上旬にかけて約17日の周期で発情を示すが，交配は一般に9月から10月に行なわれることが多い。

交配の方法は雌羊と種雄羊の同居による自然交配が一般的であり，人工授精はほとんど行なわれていない。自然交配では，種雄羊1頭あたりの交配雌頭数を50頭以内とし，交配期間は45～50日とする。

なお，受胎率や産子率を向上させるためには，交配前に種雄羊と雌羊を十分に整えておく必要があり，やせているものに対しては飼料を増給して栄養改善を図っておく必要がある。また，種雄羊は暑熱ストレスによって精液性状が悪化することがあるため，できるだけ夏場から涼しい環境で管理しておくことが望まれる。

妊娠期の管理　羊の妊娠期間は約5か月（144～151日）であるが，胎子は妊娠末期6週の間に急速に発育する。このため，妊娠前中期15週間は母体を維持できるだけの飼料を給与すればよいが，妊娠末期には胎子の発育に合わせて栄養摂取量を増加させなければならない。健康な子羊を生産するためには，妊娠期の適正な飼料給与が重要である（表5参照）。

分娩管理　分娩前には羊舎内の敷わらを交換または補充して床を乾燥した状態にしておくとともに，分娩後の母子羊を囲うための分娩柵（長さ120～150cmの柵）を用意しておく。

分娩2～3日前になると，母羊には腹部の著しい下垂や乳房および外陰部の腫大などの兆候が見られる。分娩直前には食欲が低下し，落ち着かずに歩き回ったり，寝たり起きたりを繰り返すなどの行動が見られ，やがて陣痛が始まり1次破水にいたる。正常な分娩では1次破水後30分～1時間で胎子が娩出されるが，それ以上時間がかかる場合には介助が必要となる。

分娩後は子羊の臍帯を希ヨーチンで消毒した後，分娩柵内に収容し，親子関係が成立するまでの3～7日間を母子一対で管理する。また，この間に母子羊の健康状態の確認や子羊の断尾，去勢，個体識別（耳標の装着など）を実施しておく。

哺育期の管理　分娩柵内で健全な親子関係が成立し，母子ともに健康であれば群管理に移行する。群管理では，子羊だけが出入りできる専用の餌場を設け，生後10～14日齢から濃厚飼料と乾草を与える。このように哺育期間中の子羊に固形飼料を給与する管理方法をクリープ・フィーディングといい，反芻胃の発達と発育の向上を目的として行なう。

一方，母羊は授乳前期には多くの母乳を生産するため，栄養摂取量を増加させなければならないが，授乳後期は泌乳量は著しく低下するため，授乳前期のように多くの濃厚飼料を給与する必要はない（表5参照）。

離乳と乾乳　通常，離乳は3か月齢程度で行なうが，子羊が濃厚飼料を1日1頭当たり400g程度採食していれば離乳が可能である。

離乳は子羊にとって大きなストレスとなり，発育が停滞してしまうこともある。このため，子羊と母羊を引き離す際には，母羊を別の場所に移動し，子羊は飼育環境が変わらないよう，これまで哺育していた場所に留めるなど，ストレスの軽減に配慮する必要がある。

また，母羊については乾乳（泌乳停止）のため，離乳の1週間前から濃厚飼料の給与を中止し，乾草だけを与えておく。通常は搾乳をしなくても，離乳後約2週間で乾乳は完了するが，乳房や乳頭が著しく腫脹してくるものについては軽く搾乳を行なう必要がある。

乾乳完了後は飼料を増給し，次回の交配に向けて母羊の栄養改善を図る。

羊の恵み──衣食住

人は，羊とともに8,000年とも1万年ともいわれる悠久の時間のなかで，乳を搾り，肉を食べ，その毛から服や敷物，フェルトをつくり，羊によって暮らしをたててきた。

羊の学名はOvis（オビス）＝人を護る。家畜である羊は，石油のように限りある埋蔵資源ではなく，人間が世話をすれば毎年毛，肉，皮という，人の暮らしに必要な衣・食・住を与えてくれる「家畜＝Live Stock」なのだ。

羊毛

毛を刈る　まず羊の毛を刈る。毛刈りしてすぐの羊毛のことをフリースといい，図1の斜線部分（裾物）は毛刈り時に取り除かれる。羊毛には次項「羊毛の特徴」で述べるように，自然のクリンプ（捲縮，カール）がある。

糸を紡ぐ──衣服　羊毛を糸にして衣服や敷物ができる。現代は工業生産されているが，近年まで世界の各地で，自家消費のための糸紡ぎや手織りがされていた。日本の岩手県でも，羊毛を紡いで織るホームスパンが，地場産業として発達している。そして現代の欧米や日本では，趣味で手紡ぎをする人も増えている。毛刈り後は，羊毛を洗い→染め→ほぐしてカードをかけ→撚りをかけて糸を紡ぎ→これを織ったり編んだりして衣服がつくられる。

フェルト──家　羊毛は水分や摩擦，アルカリ性でフェルト化する性質がある。モンゴルなどの遊牧民はゲル（ユルト）というフェルトでつくった移動式の家に住んでいる。

脂（ラノリン）──口紅，石鹸　羊毛に付着している羊毛の脂をラノリンという。1882年にドイツで羊毛の洗毛工程の第1汚水を遠心分離することによって羊毛脂の抽出，精製に成功し，これをラノリンと名付けた。ラノリンは人の皮脂に非常に近く，授乳期のお母さんの乳首の手入れに使われるほか，赤ちゃんの口に含んでも大丈夫なスキンケアとしても，口紅やハンドクリームなど化粧

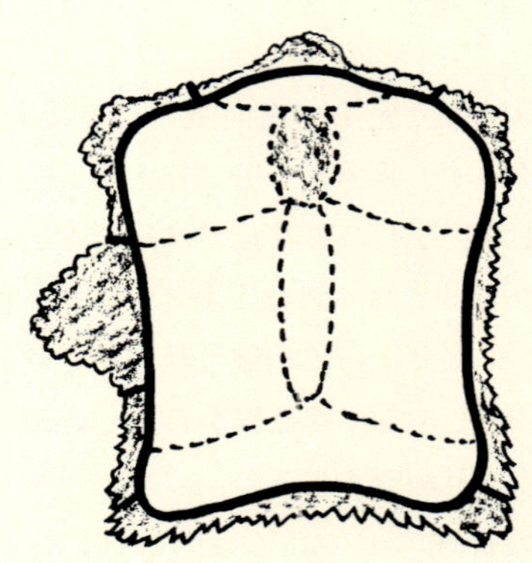
図1　フリース

写真1　毛刈り

毛刈りは鋏で行なう。写真は羊飼いの宮本千賀子さん

長毛の最太番手リンカーン種の羊毛

写真2　糸を紡ぐ
羊毛はスピンドルという紡錘（コマ）を回転させて糸に紡ぐ（田村愛さん）

写真3　フェルトの家「ゲル」

写真4　ラノリン（左）と石鹸

品の原料としても多く使われている。

またラノリンから石鹸もつくれる。オリーブ油，パーム油，ココナッツ油など他の脂と比べてラノリンはしっとりと重く，融点40℃付近の淡黄色の蝋状物質である。

羊毛の断熱材　羊毛は呼吸する繊維，すなわち空気を含み吸湿性よく，膨らみがあり，断熱効果にすぐれる。難燃性なので，カーペットや断熱材など建築資材にも使われる。そのほかテニスボールやテープの磁気の絶縁体，ピアノのハンマーなど日常いろいろなところに使われている。

空気の浄化作用　羊毛には空気を浄化する働きがある。ブランケット，敷物，椅子張りなどに羊毛を使うと，シックハウスの原因とされるホルムアルデヒドなどの有害物質を無毒化し，室内の空気を浄化する。

大気汚染が社会問題になった50年ほど前，室内の空気の汚れが外の大気汚染とどのような関係があるかという実験で，偶然明らかになったものである。モスクワ，ロンドン，シンシナティ，ロッテルダムで行なわれたこの調査で，モスクワ，ロンドン，シンシナティでは室内の二酸化硫黄の濃度が外気の半分に減っていたが，3都市に比べロッテルダムだけは外気の1/4以下にまで減少していたという結果が出た。その理由は室内装飾に非常に多くのウールが使用され，これが空気の浄化に関係していたのである。

その後の追試験がされ，一般財団法人 北里環境科学センターとWRONZ（Wool Research Organisation of Newzealand），そして2001年には大阪府産業技術総合研究所でも，ウールはホルムアルデヒドなど汚染物質を素早く吸着するばかりでなく，一度吸着した汚染物質はウールのタンパク質（アミド基）と科学的に結びつき，無害なものに変わり，しかも外部に放出されないという結果が報告されている（図2）。つまり有害な汚染物質はそのまま表面に付着しているわけではなく，無害化してしまうのである。

羊毛のリサイクル　羊毛はリサイクルできる繊維である。古紙回収された古着のうちから羊毛100％を選び，色分け（25～30色）→裁断→ほぐして，もう一度紡績原料として衣料品にできる再生可能な繊維である。この再生毛を反毛（はんもう）という。羊毛は，ペットボトルがリサイクル

写真5　羊毛製の断熱材

写真6　空気の浄化
ワッフル織のブランケット（作者：工藤聖美）

図2　羊毛のホルムアルデヒド吸着効果
（一財・北里環境科学センター）

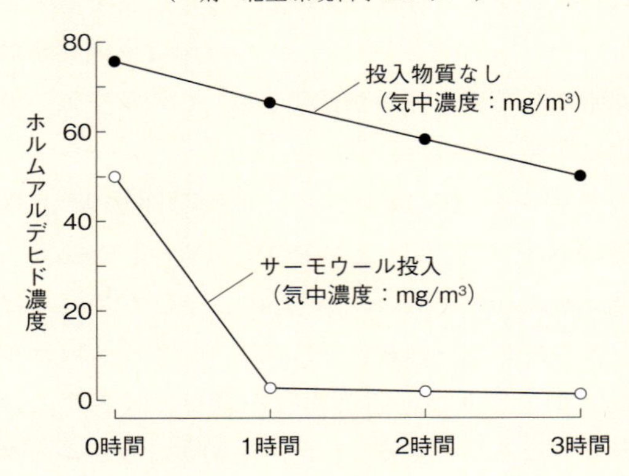

できると騒がれるずっと以前から，リサイクルされてきたのである。反毛の手順は次のとおり（図3参照）。

①ウール100%のセーターからボタンやファスナーをはずす。

②色分けされた赤いセーターばかり400〜500 kgに柔軟剤（紡毛油）をかけビニールをかぶせ，湿潤条件で2〜3日おく。

③ダックマシンでセーターを引きちぎっていく。

④ほぐされたセーターのわたをカード機で布団綿状にする。

堆肥　羊を毛刈りしたら，その手でゴミや糞の付いた裾物を取り除くスカーティングという作業行なう。本来この部分も洗って紡績し，衣料原料にされる。しかし藁ゴミなどの混入，糞尿などの汚染がひどい場合は堆肥にするとよい。毛は地熱によって3か月〜1年で分解し，動物性の肥料になる。

羊肉

ラム肉料理　羊肉（ラム肉）は古代から神様への貢物に使われてきた。ビタミンが豊富で，コレステロールは少なく，中央アジアのシシケバブ（串焼き），モンゴルのシューパウロウ（内臓や骨付き肉の塩茹で），アイルランドのアイリッシュ

写真8　リサイクル反毛（大阪府泉大津市・森反毛）

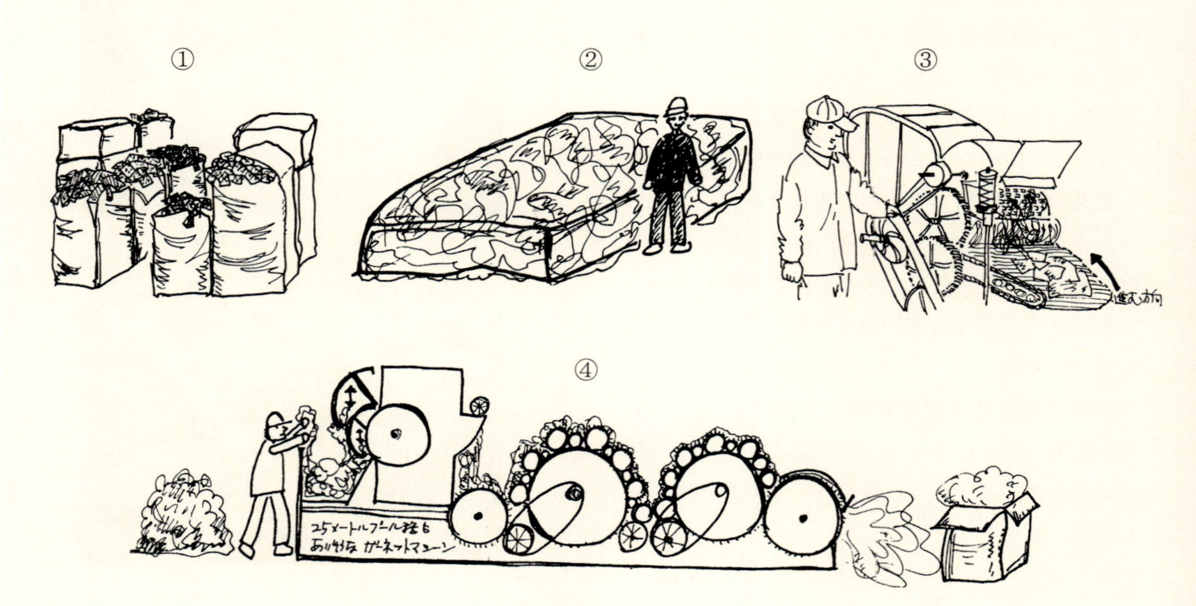

図3　反毛（羊毛再生）の手順

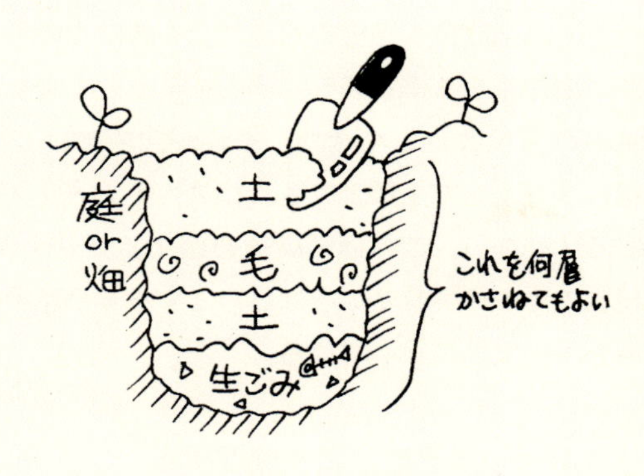

図4　堆肥にする

シチュー（タマネギ，ジャガイモの薄切りの上に羊肉のぶつ切りを置き，水を入れ，オーブンでじっくり煮込んだ料理）など，世界各地で様々な羊肉料理がある。

羊腸弦　羊の腸は1頭から15 m以上とれ，ソーセージを詰める袋（ケーシング）や，バイオリンの弦，テニスのガットにも使われている。

羊乳

羊乳チーズ　羊乳からはチーズなど乳製品がつくられる。モンゴルの遊牧民は，春～夏の羊乳が採取できる時期にヨーグルトやチーズ，バターに加工して保存し，それを夏の主食として暮らしている。

毛皮

シープスキン，羊皮紙　羊を屠殺して剥いだ皮は塩漬けにすると長期保存できる。羊の毛皮を明礬などでなめして，シープスキンなどの敷物，バッグやコートなどの皮革製品ができる。また，石灰液で毛を抜いた羊皮を，水洗い→木枠に貼って乾燥→小刀で表面を削り整えた「羊皮紙」は，紀元前2世紀にはすでにエジプトで使われていたという。羊皮紙は，ヨーロッパに紙の製法の伝わる14世紀までは，最も重要な書写材料であった。

写真9　ラム肉料理
ばら肉をロールにして煮込んだフランス料理「サバラン」

写真10　羊乳のチーズ
ヒツジのミルクからはヨーグルトやチーズがつくられる

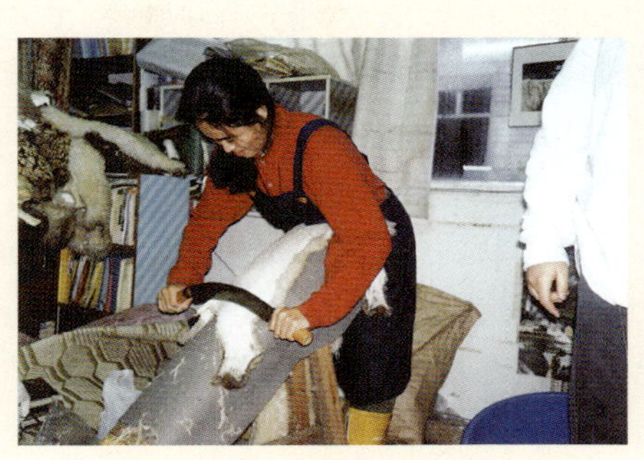

写真11　革なめし
特別な作業用ウマと刀で羊皮をなめす

写真12　シープスキン

羊毛の特徴

動物の毛の種類

羊毛（wool；ウール）とは羊から刈り取った繊維である。羊を毛刈りすると，まるでコートを脱ぐように1枚に広げることができる。それをフリース　(fleece) という。もともとフリースとは，羊から毛刈りしたての，ひとつながりの羊毛のことをさしている。

動物の毛には，大きく分けて①太くてまっすぐな毛＝外毛・ヘアー，②柔らかくて細い毛＝内毛・産毛・ウール，③固く太く中心に毛髄のある細胞を含む繊維＝ケンプ・メデューラの3種類がある。

毛は毛根（フォリクル）から発生する。ヘアーの太い毛を囲むようにウールの細い毛が密生して，1つのグループとなり，それが集まって「ステイプル」（羊毛の房）を形成する。野生の動物は，ヘアーで雨の雫を落とし，肌に密生した柔らかい毛・ウールで体温を保っている。したがって，原種に近い品種ほど，このヘアーとウールが1房の中に内在し，また，肩と尻の毛など部位によっても毛質が違う。

写真1　ナバホ（上）とメリノのステイプル

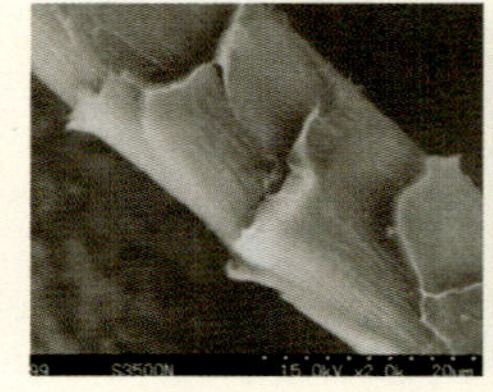

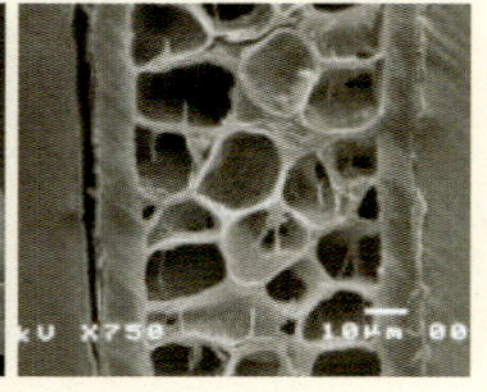

写真2　開いた状態のスケール（左），毛髄質（英国ハードウィック羊毛）（×750）（右）

羊の品種改良の歴史のなかで，人間はこの柔らかい毛を産する羊を残し，羊毛をより白くより細番手に品種改良してきた。それが究極には15世紀にスペインで品種育成されたスペインメリノである（写真1）。この極細繊維を産するメリノが，現代のオーストラリアをはじめとする羊毛産業の最も大切な羊になっている。

スケールは湿度により開閉する

羊毛は動物性の繊維で，ケラチンというタンパク質からできている。ケラチンは19種類のアミノ酸と，1種類のイミノ酸が組み合わされたものである。特殊なものを除いて通常，タンパク質は天然に存在するアミノ酸20種からできているが，ケラチンにはそのほとんどが含まれている。

撥水性　羊毛繊維の表皮部分はスケールといわれる鱗状のものが，根元から毛先に向かって重なり合っている（図1）。それが空気中の湿気や酸やアルカリで開いたり閉じたりする。「羊毛は呼吸する」といわれる所以がここにある。ウールの表皮，鱗状のスケールは顕微鏡で見ると（写真2），表面をエピキューティクルというごく薄い膜で覆われており，これが水をはじく性質（撥水性）を持っている。その内側のエンドキューティクル，エキソキューティクルは，反対に親水性の膜で，細かい孔を通過した湿気をウールの芯に伝える。この，水気ははじくが，湿気は吸うという矛盾した特徴を持っているのが羊毛である。

羊毛は気温20℃，湿度65％のときに16％水分を含有する。綿7％，ナイロン4.5％，ポリエステル0.8％にくらべ，ずば抜けた吸湿性を持っているこ

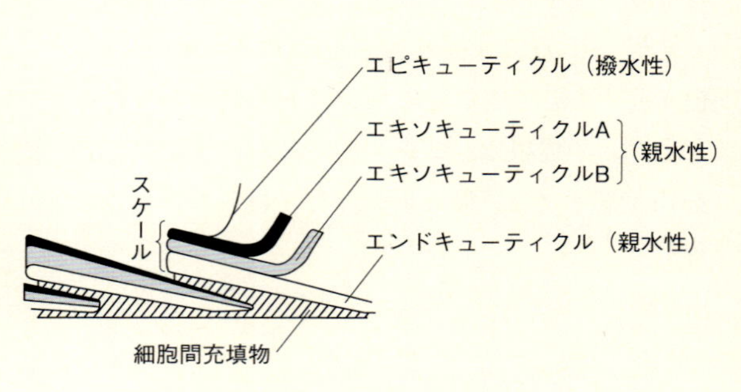

図1　スケールの模式図

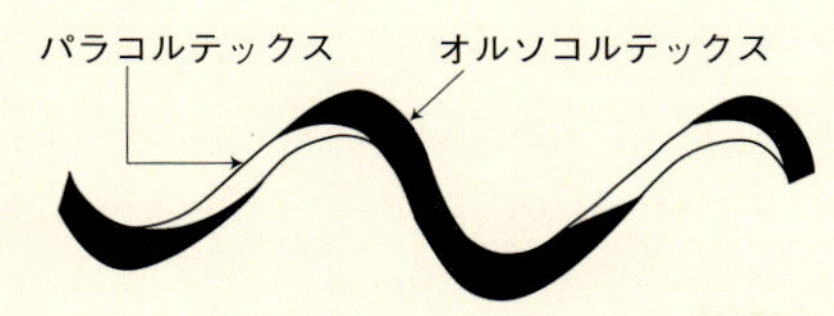

図2　クリンプのイメージ

とがわかる。羊毛製品が雨をはじいて体温を保ち，汗を吸って肌にはさらさらのままで汗冷えしない理由がここにある。登山やスポーツをする人にはウールの衣服は欠かせない。

しかしこのスケールを持っていることによって，表皮のウロコが肌にチクチクすると感じることもある。山羊の一種であるカシミヤにもその表皮にスケールがあるが，その厚みは薄く，エッジが滑らかなのでチクチクしない。

フェルト化　またスケールは湿度によって開閉する。羊毛は湿気に摩擦を与えると，スケールが絡みあってフェルト化する。たとえば羊毛のセーターを洗濯機で洗うとフェルト化するのは，このスケールが開閉することによる。フェルト化することは羊毛の欠点ともいわれるが，この特性があるからからこそ丈夫な毛織物ができる。すなわち，織りあげたのちフェルト化（縮絨）させるからこそ，切っても糸がほつれない丈夫な織物となるのである。遊牧民のゲルといわれるフェルトの家も敷物も，フェルト化させてつくる。

しかし洗濯で縮んでは困る衣料品には，フェルト化しないよう防縮加工される。防縮加工は，スケールを塩素で除去したり，樹脂加工することによって繊維の表面を滑らかにしたりして，フェルト化しないように加工したものである。

クリンプ（巻縮）が羊毛に弾力性，保温性をもたらす

表皮のスケールの下の皮質部分は，コルテックスと呼ばれる性質の違うタンパク質が交互に貼り合わさっている。すなわち，パラコルテックスは好酸性皮質組織，オルソコルテックスは好塩基性皮質組織である。この2種のタンパク質が，空気中の温度や酸，アルカリに対して異なる反応を示すので，繊維が弓なりに縮み，半波長に1回の周期で反転している「半波反転」に伸びていく。この縮みをクリンプという（図2)。クリンプは，引き伸ばしてもすぐに戻る性質があり，弾力性に富んでいる。この巻縮（クリンプ）は，羊毛の極めて大切な特徴といえる。繊維が巻縮しているので，絡みやすく糸に紡ぎやすい。またクリンプが弾力性を高めるから，ふくらみがあって，しわになりにくく，しかもこしがあって型崩れしにくい。空気を含むから保温性も高く，伸び縮みする肌なじみのよい衣服がつくれることになる。

また羊毛は難燃性にも優れている。羊毛の発火点は570～600℃と繊維中最も高く，加えて低い燃焼熱4.9 cal/gなので，燃えても溶融せず炭化し，皮膚を火傷から守ってくれる。このため消防服にも，飛行機のシートやカーペットにも羊毛は使われている。

羊毛は染色性がよいことでも秀でている。一般に染色性のよさは，染料とアミノ酸の相性できまる。ウールを形成するアミノ酸は，酸性，中性，塩基性とそれぞれの性格に分かれていて，染色には酸性と塩基性が関与する。19種ものアミノ酸から成り立っているウールは，この点からもさまざまな染料とも結合できるので染色性がよい。

このように動物性の繊維である羊毛の長所は，吸湿性がよい＝汚れや水ははじくが汗は吸う，弾力性に富み，空気を含み暖かく，保温性があり，かつ空気を浄化する。また燃えにくく，染めやすく，色落ちせず，紡ぎやすく，復元性があるのでしわになりにくく，型くずれしにくい。何より毛刈りすることによって毎年収穫できる持続可能な繊維ということができる。

羊毛の欠点は，動物性の繊維なので虫に食われ，アルカリに弱く，フェルト化＝洗濯で縮むことである。たしかに羊毛は虫に食われるが，だからこそ土中の微生物によって分解されやすく堆肥になりやすい。これこそ欠点が転じて長所になるともいえるもので，土壌改良に寄与することができ，土の再生にも力となるエコロジーな繊維ということができる。

羊の品種と羊毛

羊の品種は，肉用，毛用などの目的のほか，国によって様々な分類の仕方がある。羊毛に焦点をあててみても，①毛長については，短毛種（Suffolkなど），長毛種（Lincolnなど）に，②繊維の太さについては，細番手（Merino），中番手（Corriedale），太番手（Lincoln），粗毛（Herdwick）などに，③生息地についてはイギリスでは，丘陵種（Cheviotなど），山岳種（Blackface）などに品種が分類される。

ここでは代表的な羊の品種と，その羊毛の特徴を紹介する。羊毛繊維については，繊度／毛長／毛量（1頭当たり）を表わす。

メリノ（Merino）

やわらかい毛質（softness）

オーストラリア乾燥地帯など

60～100's／75～100mm／3～7kg

羊毛のうちで最も細番手であるメリノは，取引き上最重要視されている。油の含有が多く，肌着，背広，制服，高級衣料など，薄手の服地や肌触りのよい衣料がつくれる。

コリデール（Corriedale）

やわらかい毛質（softness）

オーストラリア東海岸など

50～56's／150～180mm／5～7kg

19世紀末，メリノ1/2とリンカーン1/2を交配して固定。毛肉兼用種。手紡ぎしやすく，光沢がありやわらかい。ニット織りに幅広く使える。

サフォーク（Suffolk）

弾力・嵩高性（bulk）

イギリス全域

54～58's／50～100mm／2.5～3kg

英国短毛種の一つ。顔と足が黒く，毛は短く弾力に富む。主に肉用種。日本に最も多い品種。服地，ブランケット，羊毛布団に適する。

ニュージーランド・ロムニー（N. Z. Romney）

光沢のある長毛（Long and uster）

ニュージーランド全域

44～50's／125～175mm／4.5～6kg

原産はイギリスの沼沢地。多雨多湿な丘陵地に適する。早熟で肉質もよく，毛は主にカーペット

写真1　オーストラリアン・メリノとそのステイプル

写真2　コリデールとそのステイプル

用の太番手，光沢がありアウトドアニットにも適する。

ハードウィック（Herdwick）

白髪っぽい毛質（Medula）
イギリス湖水地方の高原
粗い（coarse）／100～200 mm ／1.5～2 kg

ケンプ混じりの粗剛な毛。荒涼な風土で頑強に育つ。『ピーターラビット』の著者ポターが愛した鼻づらの羊。主にカーペット用ウール。ほかに狩猟用ツイードにも。

写真3　サフォークとそのステイプル

写真4　ニュージーランド・ロムニーとそのステイプル

写真5　ハードウィックとそのステイプル

羊毛の品種による分布チャート

図で，タテ軸は繊維の太さ，ヨコ軸は弾力の有無を示す。楕円の範囲は，その品種の毛質のバラツキ範囲を示す。

羊毛の太さを示す単位は，繊維断面の直径を実測したミクロン（1/1,000 mm＝1 μ）と，「セカント＝'s」との2つが使われる。「セカント」は1ポンド＝約450 gの洗い上がり羊毛から，560ヤード＝約512 mの綛（かせいと）が何玉できるかで，繊維の太さを示す単位である。

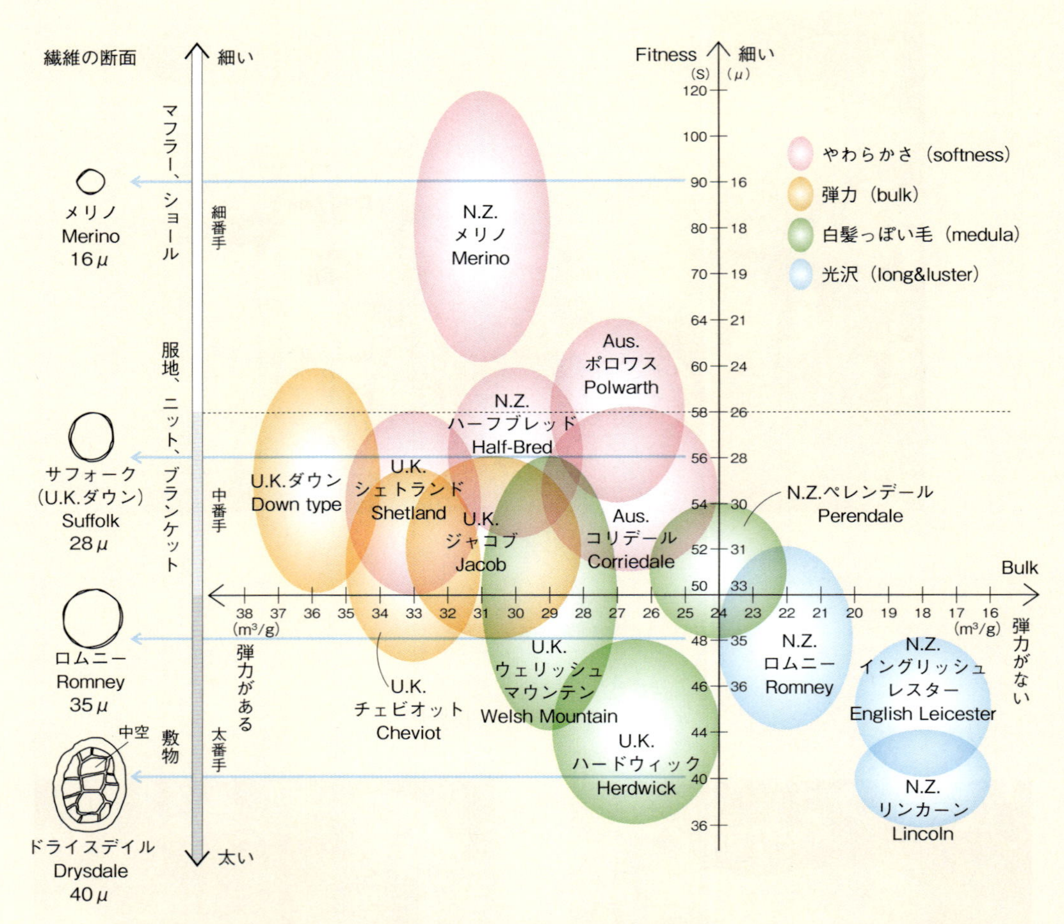

図1　ポンタチャート（羊毛の繊維断面の直径，その品種によるバラツキ）

毛刈り・スカーティング・洗毛

毛刈りとスカーティング

春は毛刈りの季節，冬のコートを脱ぐように羊の毛刈りをする。刈り取った羊1頭分の毛のことをフリースという。その部位の名称と毛質の違いを図に示す。

毛刈りをしたらすぐに，すのこ台（グランドシートでも可）の上にその毛を広げて，ゴミや汚れのひどいところ（裾物の部分）を取り除く。この作業をスカーティングという。スカーティングによって，それ以降の作業が楽になり，ゴミのない良質の糸ができる。

裾物を取った後，1枚のフリースのなかでも部位によって毛質が違うので，使い分ける。

羊毛を洗う

毛刈りしたばかりの羊毛（汚毛；Greasy wool）には泥やごみ，羊の脂（ラノリン）や汗分がついているので，モノゲン液で洗う。洗毛すると60～70%くらいに重量は目減りする。

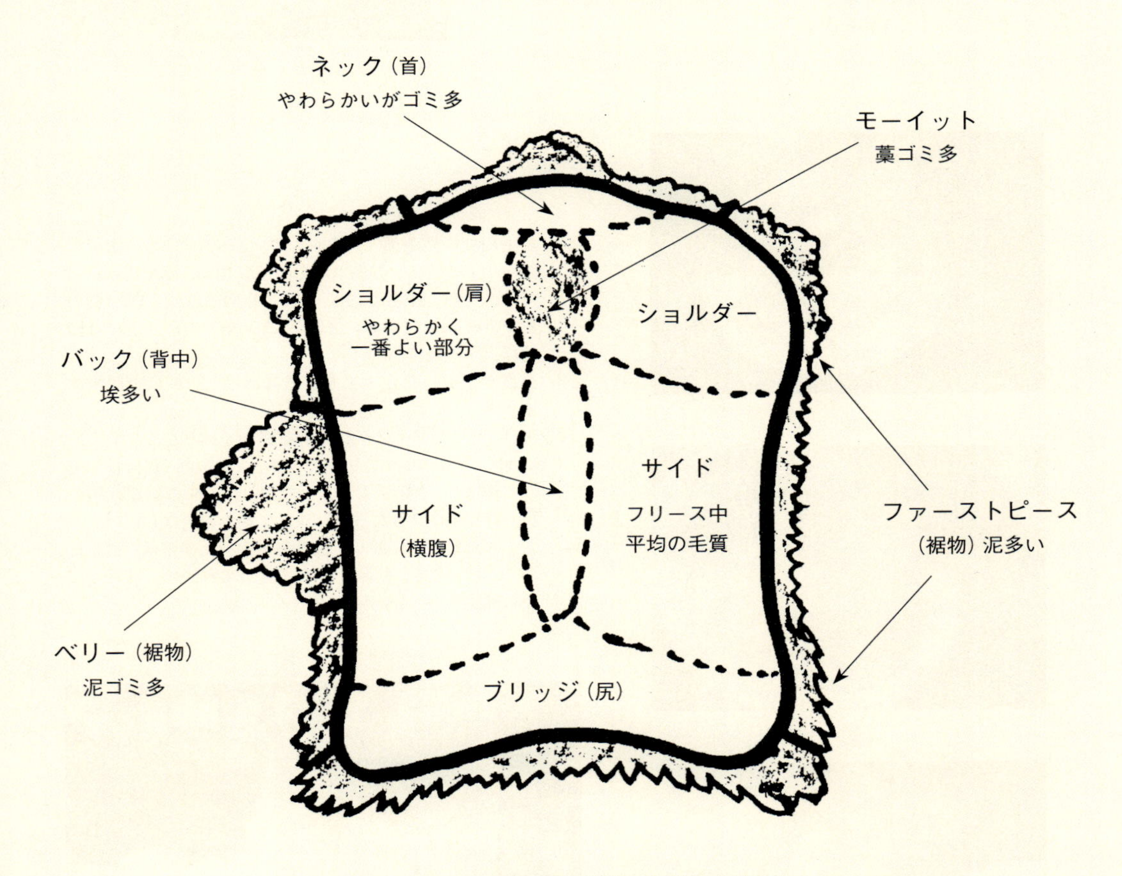

図1　フリース（ヒツジ1頭分の羊毛）の各部名称
斜線部は裾物，部位により毛質が違う

1

2

3

毛刈りとスカーティング

1　羊の毛を刈り残しがないように刈る。
2　毛刈りしたら，すぐにフリースのスカーティングをする。
3　すのこ台の上に広げると，セカンドカッツやゴミが落ちる。
4　すのこ台の上で裾物を取る。

4

1

洗毛

1　羊毛用の中性洗剤・ネリモノゲン（ペースト状）を湯に溶かす。モノゲンの量は羊毛の3～10%，脂や汚れ具合で加減する。羊毛の約30倍量の湯（約40～70℃，脂の量で加減）に，モノゲン溶液を入れ，羊毛を浸け込む（1時間以上～一晩）。
2　温度が下がったら羊毛をざるにあけ，30秒ほど脱水する。
3　再び3～5%のモノゲン溶液で泥脂を押し洗い。たらいに40℃の湯をはってモノゲン液を少し入れ（何回かに分けて使う），一握りずつ羊毛を取り，毛先の泥脂は指の腹で押し出すように洗う。決して揉み洗いはしない。
4　すすぎ，乾燥。一握りずつ毛先を洗った羊毛は，湯をためて2回すすぎ，ざるにあけて軽く30秒脱水。ほぐしてから風通しのよい場所に干す。

2

3

4

羊毛を染める

染色には化学染料と，天然染料による染色がある。羊毛は動物性の繊維なので酸性染料を使う。絹や植物繊維とちがって，羊毛は一浴でしっかり染着する。

天然染料で染める場合は，①染料となる草木（ヨモギやタマネギの皮，アカネの根など）から染液を抽出する工程，②染めたい羊毛を媒染剤（ミョウバンや鉄や銅など）で煮沸する工程，③媒染した羊毛を染液に入れて煮沸する工程がある。なお，染料によっては，先媒染するものと後媒染するものがあるので注意する。

まずは化学染料による基本の染色工程を写真でたどってみたい。工程のイメージは図1のようである。

染める前の下準備として，染める羊毛（被染物）は，ぬるま湯に浸けて湿潤したのち，軽く脱水しておく。

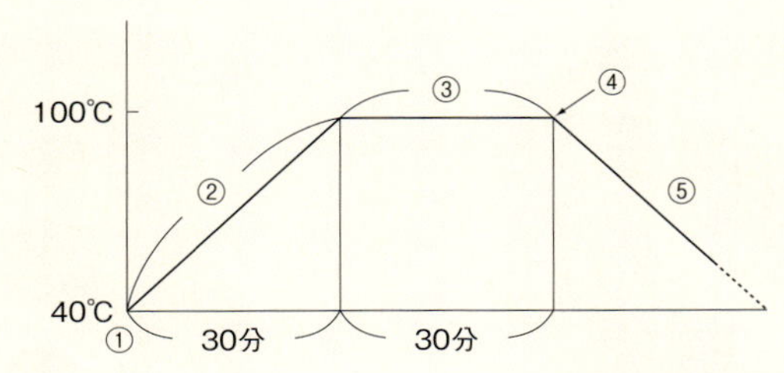

図1　染色のための加熱温度の推移

1　2　3

化学染料で羊毛を染める

1　染料を用意する。鍋に羊毛の40倍量の湯（40℃）を用意し，そこに少量の熱湯で溶いた染料と，酢酸（染料の吸収をよくする助剤，水1Lに対して0.5～2mL）を入れ，よく混ぜる。染料は被染物に対して0．1～5%（濃色）で使うが，染料によって必要な助剤は違うので確認してから使うこと。

2　羊毛を入れる。湿潤した羊毛をゆっくり染色液に入れ加熱。20～30分かけて温度を80～90℃に上げていき，途中で底からグルンとひと混ぜする。羊毛はフェルト化しやすいので気をつけること。ポコポコ沸騰に近い温度を保って30分。

3　放冷。火を止めて自然に温度が下がるのを待つ。温度が80℃前後まで下がると染料はしっかり羊毛に吸い込まれる。手が入れられるくらいの温度に下がったら，ざるにあける。

4　すすぐ。ぬるま湯で二度よくすすぎ，酢酸液で中和する。

4

毛質のちがいを生かす

1頭の羊からとれた羊毛フリースが，部位によって毛質が違うなら，それぞれ紡ぎ分けても楽しい。今回は柔らかいショルダーの毛は肌に触れるマフラーやパンツに，分量の多いサイドは服に，毛の太いブリッジはルームシューズをつくってみた。

素材の「特長」を生かすもの作り

今回は「チェビオット」という中番手を使い，ふくらみのある羊毛1頭分を，次項以降で紹介するように，紡いだりフェルトにしたりしてみた。

作り手である笹谷史子さん（atricot）の一言。

「毛質のちがいを使い分けるということは，意

1

2

4

3

5

身近な衣料品を自作する

1　全部を見につけてみる：作り手＆モデル　笹谷史子さん（atricot）

2　マフラー：マフラーのタテ糸は市販の8 plyの並太くらいの糸や，ファンシーヤーンなど手元にある糸を好みで使う。ヨコ糸は柔らかいチェビオットのショルダーの毛で0.8番手双糸の手紡ぎ糸を使う。

3　パンツ：肌触り極上でやわらかなショルダーは，オーガニックコットンと合わせて毛糸のパンツに。2.2番双糸＋リネン（麻糸）を引きそろえて，6号棒針で編んだ。

4　ワンピース：モケモケ～といった感じのネップの入ったサイドの毛でワンピースに。リネンを芯に糸を紡ぎ，袖と身頃を編み，前身頃正面にはモリーフ編みをアップリケした布フェルトを組みあわせた。4.5番単糸＋リネン糸，6号針機械編み。

5　シューズ：ごわごわのケンプ（毛髄のある毛）混紡のブリッジで，最強のあたたかいルームシューズに。1.9番紡毛双糸，アフガン10号針。

外と難しい課題でした。毛番手が違っても同じものを作ろうと思えば作れるし，この番手の微妙な違いをどう表現できるのか…。ということで，さっそくニッターの真骨頂であるサンプル作りをはじめました。

大体のゴールへのマップを作って，サンプルを作りながら軌道修正，ひととおり紡ぎ終えたらやっぱりイメージが湧いてきました。今回データをとっていろいろ分析もしましたが，今も思えば，私はちゃんと素材とむかいあえたのだろうか，ということです。

結局『なるようになってちょうだい』という気持ちで紡いでいました。チェビちゃんも『はいは〜い』って感じ。そういうことなんだ。すべてが対話なんだ。少しでも雑念が入ると対話はプチンと切れて，私一人が暴走してしまいます。

最後に，作品を身に着けて思ったこと。それは作品すべて自分が体感できたものに仕上がったということ，そして，素材と向き合う本当の難しさを知ったように思います」

フリース内での毛質のちがい

素材の「特徴」ではなく「特長」を生かす。その特長とは，フリースの部位別にまとめると次のとおりである。編みサンプルと併せて見ていただきたい。

ショルダー①　フリース中，一番良質の毛が採れ，クリンプス（羊毛房の巻縮＝縮れ）は明瞭。

サイド②　フリース中，平均的な毛質。ショルダーより色ツヤがやや劣り，クリンプスもやや不明瞭。

ブリッジ③　毛質も太くなりヘアー（直毛）やケンプ（白髪っぽい毛）を含むこともある。

ネック④　毛先はややフェルト化しているが，比較的細めの毛質。わら，ごみ，泥など混入。

ベリー（裾物）⑤　フリースのお腹の部分，スカーティング段階で最初に取る。フェルト化して，わら，ごみ，泥糞など混入多。

なお，上記の丸付き数字は，写真2の部位別ステイプルの数字に対応している。

写真1　編みサンプル
ショルダー，サイド，ブリッジをそれぞれ利用した。ネックはよいところだけをサイドに加えて使い，あとは堆肥に。ベリーは今回すべて堆肥にした

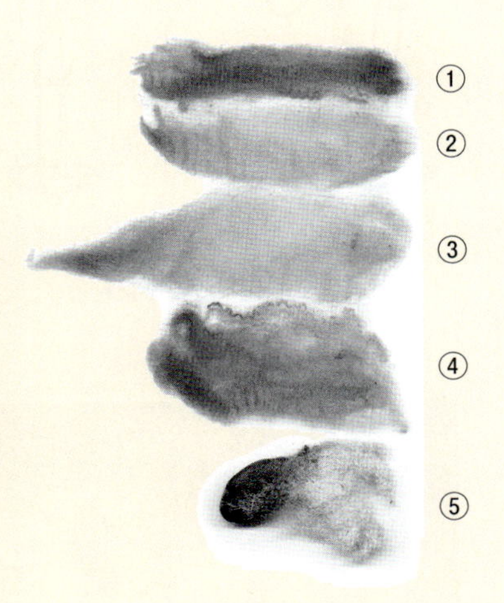

写真2　部位別ステイプル

糸を紡ぐ

本で見たような糸車がなくても，菜箸と厚紙だけでもスピンドル（紡ぎ紡錘〈コマ〉）はつくれる。参考作品のような糸を紡いでいると，気持ちがスーッと溶けて，まるで瞑想しているようだ。

糸紡ぎの手順

①種糸に羊毛をつける：スピンドルの軸棒に紙を巻いてボビンにする。そこに種糸（30 cm ほど）を結びつけ，その先に輪をつくっておく。その輪に羊毛をくぐらせる。

図1　手製のスピンドルで紡ぐ

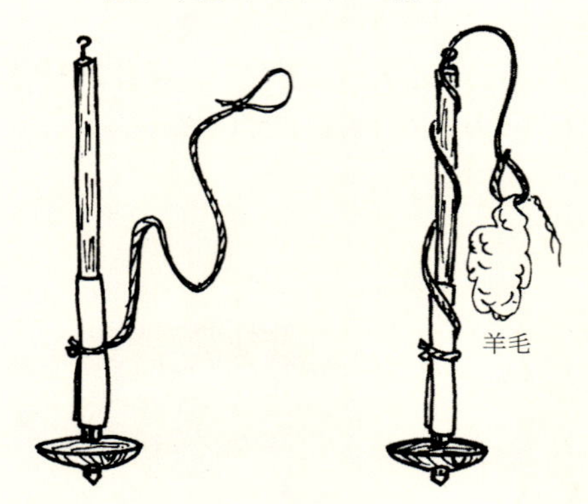

種糸の先に輪をつくる

軸棒にはボビンのかわりに紙を巻いておく

②軸の先に種糸をかける：羊毛を重ねて持ち，種糸を軸にクルクル巻きつけ，軸の先の溝あるいはヒートンにひっかける。

③軸を回転させ，紡ぎ始める：右手に羊毛を持ったら左手で軸の先を時計回り（Z撚り）に回し，紡ぎ始める。いつも同じ方向に回す。

④羊毛をのばす：右手で羊毛を十分にのばしたら，

⑤撚りを伝える：左手は糸にそって伝い上がって撚りを伝える。④と⑤の動作を繰り返す。

⑥追撚する：途中でスピンドルが回らなくなったら，右手で糸を支え，左手で軸を回して回転させる。

⑦糸を巻き取る：十分に手がのびるところまで糸ができたら，軸の先（ヒートン）から糸をはずし，紙の上に糸を巻き取っていく。

⑧軸の先に糸をかける：最初の②にもどって糸を軸に巻きつけ，軸の先の溝もしくはヒートンにひっかける。③と同じように紡ぐ。これを繰り返し，紙のボビンがいっぱいになるまで紡ぐ。

S撚りとZ撚り

糸の撚りには図2のようにS撚り（反時計回り）と，Z撚り（時計回り）がある。Z方向で撚りをかけた単糸2本を，S方向に撚り合わせて双糸をつくると，単糸のときより糸は太く，撚りが戻って空気を含んで柔らかく，しかも丈夫な糸になり安

写真1　糸の参考作品（作者：松谷恭子，木原ちひろ，伊地智妙）

定する。特にニットにすると，単糸だと斜めに斜行するが，双糸なら安定してまっすぐな編地になる。できた糸はカセにとって，湯の中に10分ほど入れ，タオルドライをして，ピンと糸が張る程度の重石をして干すと，撚り止め仕上げ（ニット用の仕上げ）になる。

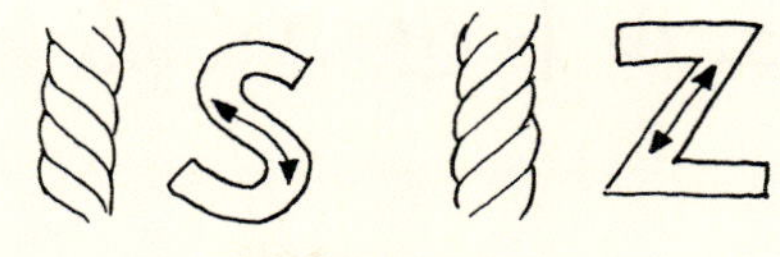

図2　S方向とZ方向の糸撚り

糸を紡ぐ手順
（解説は本文を参照）

フェルトをつくる

フェルト

ウールのセーターを洗濯機で洗ったら，縮んで小さくなった経験はないだろうか。ウール・羊毛は「アルカリ性」と「水」と「摩擦」によってフェルト化する性質がある。このフェルト化する性質があるからこそ，毛織物は切ってもほつれない服地をつくることができる。

ここでは羊毛から，石鹸水を使って行なうフェルトづくりを紹介する。まず図1によって，そのイメージを思い描いてほしい。

用意するもの　カードした（毛を梳いた）羊毛。梱包用エアーキャップ。

石鹸水は台所用洗剤でも，シャンプーでも，洗顔石鹸を溶かしたものでもよい。ごくうすい石鹸水を用意する。

フェルトづくりの基本工程　フェルトの基本は平面をつくることである。下の写真でその工程を追ってみよう。

フェルトに模様をつける　染色した羊毛でプレフェルト（1層か2層でつくった薄くて甘い絡みのフェルトのシート）をつくる。そして，デザインした文様を切りだし，それをベース羊毛に置いて一緒にフェルト化させると，しっかり絡みついて文様のあるフェルトがつくれる（写真1）。

1

2

3

4

フェルトづくりの工程

1　エアーキャップの上に羊毛を置く。方向を変えて偶数段重ねる。
2　石鹸水をかける。
3　摩擦する。
4　すすいで形を整える。

図1 フェルトづくりのイメージ

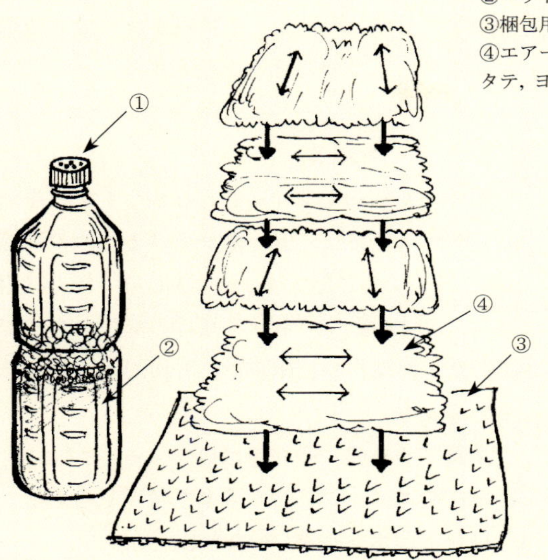

①ペットボトルのフタに穴をあける。
②ペットボトルには，うすい石鹸水を入れる。
③梱包用エアーキャップのでこぼこ面を下向きにする。
④エアーキャップの上に羊毛を置き，石鹸水をかけながらタテ，ヨコ，タテ，ヨコと重ねて圧をかけて押さえていく。

写真1 フェルトコースター（作者：林さとみ）

ニードルパンチ

近年「羊毛のチクチク」と，子どもたちにも人気のニードルパンチは，19世紀ヨーロッパで考えられた技法だ。本来羊毛のように絡まない麻繊維などを，針先に楔の刻まれたニードル針を上下に刺すことによって繊維をひっかけ，絡ませてつくったのが不織布である。現代では布おむつ，お手拭きなど身近なものに，このニードルパンチの技法が多く使われている。

ニードルパンチに必要なものと作品例を写真2～4で示した。

写真3 ニードルパンチでつくった羊とポニー（作者：田代秀子）

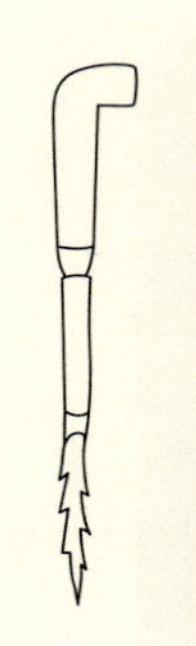

ニードル針

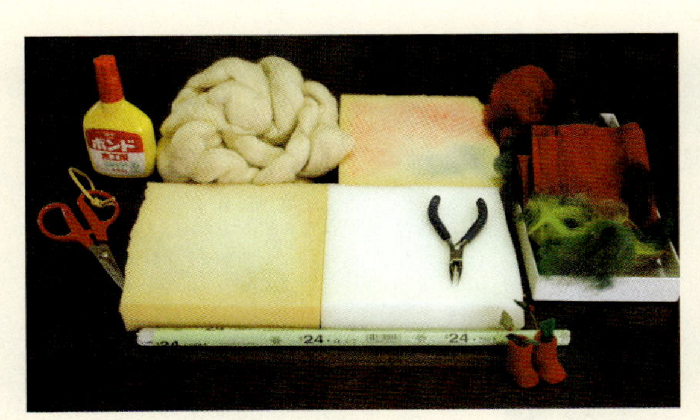

写真2 ニードルパンチに必要なもの。基本的にはスポンジ台，羊毛，ニードル針があればできる

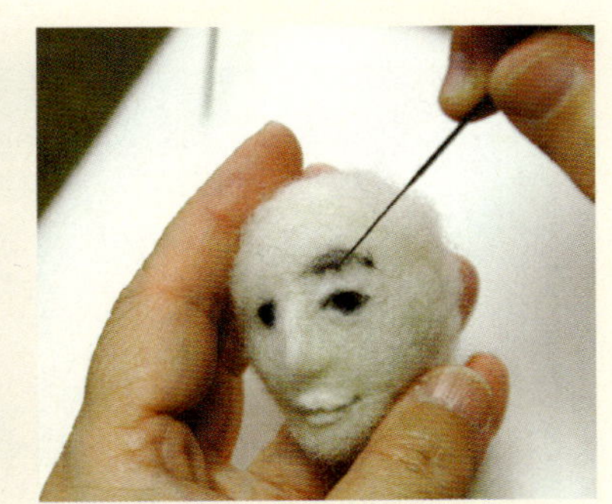

写真4 ニードルパンチに眉毛を描く

織る

織りと編み

テレビのアナウンサーでも,「このセーターはどのように織られたものですか?」と,織りと編みを混同して使っている人がいる。編物は,編み針で自由な形のセーターなどをつくること。織物は,ピンと張ったタテ糸に,ヨコ糸を入れ込んで布をつくることである。

原始機(げんしばた)の場合,交互にタテ糸が絡まないように整える綾棒や,タテ糸を引っ張り上げる筬綜絖(おさそうこう),ヨコ糸を入れるための隙間をつくる刀杼(とうひ),ヨコ糸を巻きつけた杼(ひ)など,いろいろ役割のある道具が使われる。しかし今回は,原始機がなくても段ボール箱を使ってできる織物を紹介する。

マフラーを織る

段ボール箱にぐるぐる巻きながらタテ糸を用意し,タテ糸を交互に引っ張り上げるための糸綜絖(いとそうこう)をつけ,ものさしを刀杼の代用として,ヨコ糸をくぐらせるだけの簡単な方法である。だが,織物の仕組みは,これでよくわかってもらえよう。

用意するもの　糸綜絖は自作する(写真2)。織物のイメージに合う毛糸を各種そろえる。ほかに段ボール箱,ものさし,丸棒。

写真1　原始機で機織りする星野利枝さんと原始機(下)

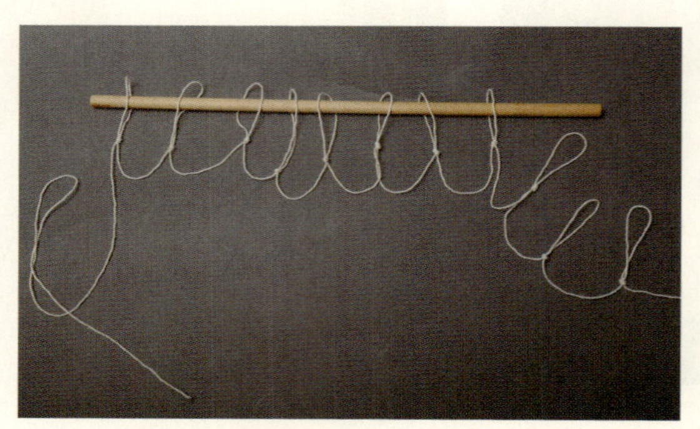

写真2　糸綜絖のつくり方
木綿のタコ糸などで写真のように結び目(10cm高)を,タテ糸の半分の本数+1の数だけ用意する

写真3　織りの作品例
段ボール箱を使って織ったマフラー

作例にみるようなマフラーくらいならこれで織ることができる。

織り方　段ボール箱を使ってマフラーをつくる手順を，下の製作工程の写真と対応させながら述べる。

①タテ糸をぐるぐると箱に巻きつける。糸を変えたいときは始まりの位置を同じところにする。

②ものさしでタテ糸1本おきにすくい上げ，ものさしを立て，上に上がってきたタテ糸を，あらかじめ作製しておいた糸綜絖ですくい上げる。

③糸綜絖の輪の部分に丸棒を入れる。

④丸棒を上げると，タテ糸（A）グループが1本おきに上がる。

⑤今度は，糸綜絖ですくわなかった別のタテ糸（B）グループを，ものさしですくっていく。

⑥ものさしを立てると，糸綜絖のかかってないタテ糸（B）が上がる。

⑦糸綜絖のかかったタテ糸（A）と，ものさしで立ちあげるタテ糸（B）を交互に上げながらヨコ糸を入れていくと織物になっていく。ヨコ糸を入れるときは斜めに入れ，糸に余裕をもたせないと，引っ張られて織幅が狭くなっていくので気をつける。

⑧全部織り切ってしまわず，房の分20 cmくらいを残して織り終わる。タテ糸を切って，房の部分はほどけないように結んでいく。羊毛は仕上げにモノゲン湯の中で揉んで絡ませ，少し縮めてやると，織地が安定する。

＊

ここまで，身のまわりにあるもので始められる一番簡単な糸紡ぎ，フェルト，織りを紹介してきた。織り仲間が見つかればぜひ，羊1頭丸ごと楽しんでみてほしい。

段ボール箱を使い
マフラーを織る

1

2

3

A

4

5

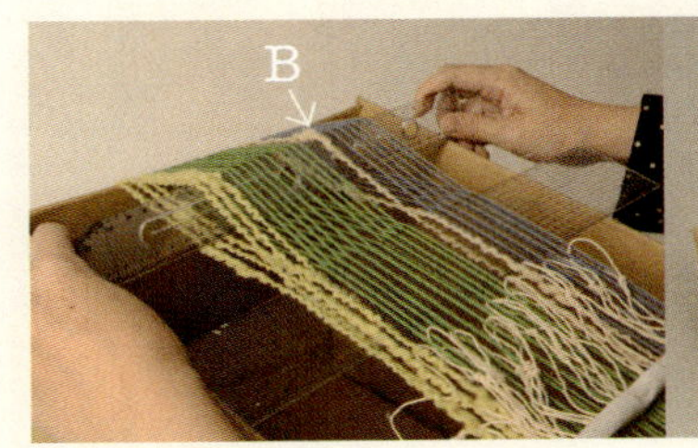

6

7

8

瓢箪

Lagenaria siceraria
Standl. var. *gourda*

植物としての特徴

ヒョウタンはウリ科ユウガオ属の一年草で，学名は*Lagenaria siceraria* Standl. var. *gourda*であり，英名はBottle gourdである。果実の形態に特徴があり，完熟したものは強固な殻を形成し，高さ数cmのものから2m，容量は50Lに及ぶものもある。形態は中間がくびれた「ひょうたん型」が有名であるが，つる首型，棒状，球状，偏平状など多様で，表面は滑らかなものが多いが，なかには突起を有するものもある。

西アフリカが原産地とされ，良好な生育には夏季の高温多照が必須である。

春に播種し，晩夏～晩秋に完熟した果実を収穫する（写真1）。生長力がきわめて旺盛で，ひと夏に10m以上も伸び，分枝もよい。雌花は側枝の1～3節に，雄花はその他の各節に着き，花色は白である。夕方開花し，夜間に訪花するヤガ（夜蛾）によって受粉が行なわれる。

利用の歴史

1万年くらい昔にひょうたん（くびれのないもの）が生活用品として利用されていたことは，日本国内や世界各地の遺跡で確認されている。土器や金属製の器がなかった時代，ひょうたんは自然が与えてくれた容器として便利に使われていた。日本に（くびれのある）ひょうたんがもたらされたのは鎌倉時代より後と思われる。戦国時代には腰にぶら下げて運べる水筒，あるいは酒入れ容器としてもてはやされた。江戸時代以降は生活用品としてより，工芸・装飾品としての利用が広がった。また，素瓢は各種穀物の種保存容器としても優れた特性をもっている。現代ではもっぱら置物，飾り物としての趣味的利用に限られている。

世界に目を広げると，ひょうたんの利用方法は200種類以上あることが確認されている。アフリカの一部では容器や台所用品として今でも利用されており，楽器の共鳴体としての利用も報告されている。

用途と製造法

用途

特異な形態の活用によりさまざまな造形を行なうほか，殻の表面を加工して（塗る，焼く，彫る，貼るなど）工芸品に仕上げ，置物，装飾品として利用できる。素肌の大ひょうたんを結婚披露宴，送別会などに持ち込み，出席者の寄せ書きに供するのも一案である。6個の小型ひょうたんを束ね「無病（六瓢）息災の縁起物」として神社仏閣で頒布，あるいは超小型のものをキーホルダーなどのマスコットにすることも可能である。絵付けは電気ペンで行なう（写真2）。

素瓢のつくり方

完熟した果実（写真3）を収穫し，電気ドリルなどで8mm～2cmほどの穴をあけ，水に浸す。浸すときには完全に水に沈められる大きめの容器を準備し，悪臭がでるのでふたも準備する。水面から出た部分があると仕上がりが汚くなる。

写真1　収穫期のヒョウタン

ヒョウタンを活用した工芸品

1 さまざまに絵付けしたものや右上にはヒョウタンの楽器も
2 ヒョウタンを使ったトランペット
3 ヒョウタンを使ったウクレレ，ギター
4 ヒョウタンを使った亀や沖縄人形
5 ヒョウタンを使った犬，フクロウ，だるま
6 ヒョウタンによる立体画
7 ヒョウタンを使った花嫁人形

1

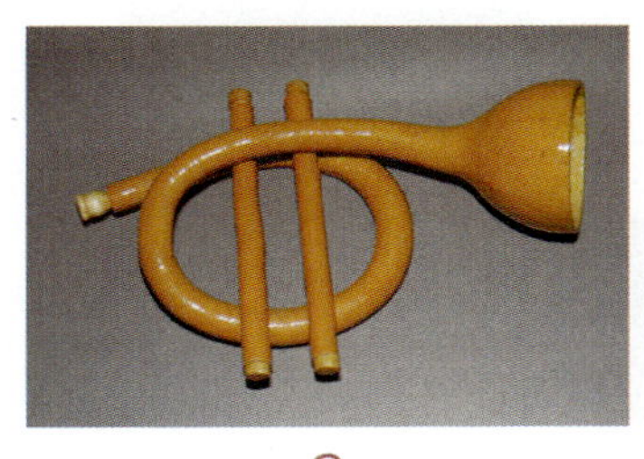

2

3

4

5

6

7

10日くらい水に浸けると内部が腐敗し，同時に表皮も腐る。表皮を取り除いて洗い落とした後，果実を逆さにして上下に振ると内容物は穴の部分から排出できる。きれいな水に1週間くらい浸してアクをとる。途中2～3回水を替えながらアク抜きを丁寧に行なった後，天日で乾燥させると，軽い素瓢が出来上がる。

素材の種類・品種と生産・採取

品種

東北南部から九州までの地域で主に趣味的に栽培されている。果実の形態によって50を超える品種名が知られているが，市販の種子は品種数が限られている（写真4）。

瓢箪愛好家の間での親睦会「ジャンボひょうたん会」と「全日本愛瓢会」が中心となって品種保存，種子配布および品種保存に必要な交配技術の指導を行なっている。また，マニアの一部は果実の形態に着目した育種を行なっている。

栽培

発芽温度が25℃前後であるため，早春の播種・育苗は保温条件下で行なう。定植場所は事前に有機物の投入と深耕により膨軟状態とするのがよ

い。通常の栽培は棚づくりであり，高さ2m程度の棚上に茎を誘導し，果実がぶら下がるようにする。地這い栽培で変形果実を楽しむ例もある。

強風による被害がしばしば生じる。主な病害は炭そ病，つる割病，うどんこ病，ウイルス病などであり，害虫被害はウリキンウワバの幼虫による食害が目立つ。また，ネコブセンチュウによる被害も大きい。

写真2　絵付け作業
電気ペンで絵付けをする

写真3　ひょうたんの内部構造
左は縦切り，右は内容物を除去したもの

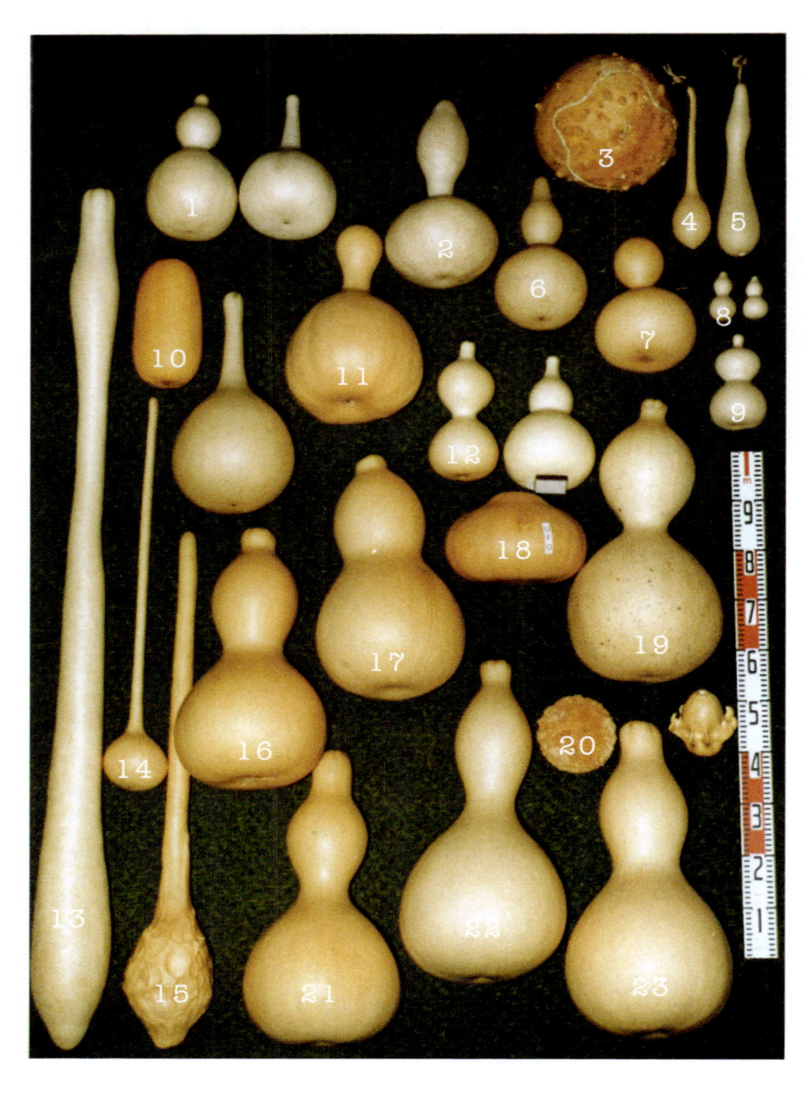

写真4　さまざまなヒョウタンの品種
（いずれも素瓢にしたもの）

1：中瓢，2：ウルグァイ，
3：ぶんぶく，4：つる首，
5：福寿，6：宝来，
7：アレイ，8：ミニ，9：千成，
10：枕瓢，11：ドール，
12：百成，13：大長，
14：ロングハンドルディッパー，
15：オニ坊，16：天下一，
17：国東一，18：UFO，
19：筑波一，20：いぼ瓢，
21：小坪日本一，22：館山一，
23：弥栄

なお，写真中で雑交のものは除外したので番号を振っていない

農産物直売所でみつけた工芸品③ ネックレス，ストラップなど

アケビ編みのネックレス，ストラップ
山形県

山形県ではアケビの栽培も盛んで，生産量・消費量ともに全国一である。写真のネックレスとストラップは，そのアケビの匍匐枝（ランナー）を編んだもの（真室川町，西川町）。

イチイで彫った鮭キーホルダーと エンジュで彫ったどんぐりストラップ
北海道・福島県

イチイを使った鮭の木彫りキーホルダー。鮭は，熊と並ぶ北海道の伝統的な木彫りの題材である。イチイは常緑針葉樹で，北海道ではオンコ，アイヌ語ではクネニと呼ばれる。エンジュを使ったどんぐりの木彫りストラップは，福島県会津郡の下郷町にある大内宿で見つけたもの。大内宿は江戸時代の茅葺屋根が並ぶ宿場景観で知られる。

わら草履と雪沓のストラップ
青森県・岐阜県

わら草履のストラップ（写真左）は，青森県津軽半島の太平洋側の付け根にある東北町道の駅小川原湖の直売所で購入。稲ワラ編みの細かさが際立つ一品である。雪沓のストラップ（写真右）は，合掌造りで有名な岐阜県白川村の直売所でみつけた。村では「白川郷の生活を支えた生活道具」としてワラ細工の手づくり講座も開かれている。

藤

Wisteria floribunda (Willd.) DC.

植物としての特徴

わが国にはクズ（葛），ツヅラフジ（葛籠藤），ツタ（蔦），アケビ（木通），マタタビ（木天蓼）などつる性の樹木が数多く生育しているが，フジ（藤）はそのなかで代表格の落葉つる性樹木と認められている。

生態

生育環境と分布　フジには，ノダフジ（野田藤）とヤマフジ（山藤）があり，野田藤のことをフジという。フジのつるは右巻きだが，ヤマフジのつるは左巻きで，別種である。フジは日本固有種で，本州・四国・九州の山地，野原，川端，海辺などに自生する。なお，ヤマフジの分布もほぼ同じであるが，こちらは本州の近畿地方以東には分布していない。両種とも庭園でよく栽培され（写真1），栽培品種には花色の変化品や八重咲きのものがある。

写真1　フジの花
花は付け根から先端へと咲いていく

写真2　フジの莢（果実）

フジには強烈な生活力があり，分布範囲が広いので，花の美しい野生種を採られても減ることはない。他のつる性植物と同様に，肥沃でやや湿った土地で最もよく生長するが，かなり乾燥した場所でも生活を続ける。

フジの太いものは胸高直径40 cmに達し，樹皮は灰色で，幹は著しく長く伸び分岐し，他の物に巻きつき，上へ上へとのぼり，樹冠で大いに繁茂する。スギ・ヒノキ・カラマツなどの植林地では，造林木に巻きつき，害をなすので嫌われている。

種子の散布　フジは花をたくさんつけるわりには実が少なく，一つの花序に2～3個の実をつける。フジの果実は扁平長楕円体をした莢で，長さは10～15 cmあり（写真2），果皮は硬く黒褐色で，中に数個の種子がある。種子は黒色で扁平，略球形，種皮は硬い。

この果実が爆（は）ぜて中の種子を遠くへ飛ばす現象は，フジを栽培している人には知られている。この樹の近くにある家のガラス戸に当たる音（ガラス戸を割ることはない），障子紙を破ることも知られている。東京では1月上中旬の乾燥続きで朝が寒く，午後2時ごろの気温が高くなるころ，全株の果実が1～2時間のうちに一斉に爆ぜて音を発し，種子を飛ばす。上原敬二が観察したところでは「藤棚よりの距離25 mまで飛んでいる」と，『樹木大図説』のフジの項で記している。フジの種子は炒って食べられる。また種肉を緩下剤とするところもある。

形状

つる性樹木のなかのフジ　つる性樹木は，自分では体を支えることができず，他の物にからみついて生活している（写真3，4）。幹（茎）は，他の物に巻きつくというしなやかさを持っているが，

写真3　樹木に巻きついた藤蔓。左巻きである

写真4　地表の藤蔓。ヘビのようにのたうっている

幹を切断するとくっきりと年輪が現われるので樹木だとわかる。

つる性樹木は，それぞれの樹種ごとに特徴のある樹形をもっているが，フジには決まった形がない。それはフジが草でも竹でも樹木でも，何にでも巻きつき，その植物の形に応じて形を変えるからである。江戸時代初期の寛永12年（1635）に書かれた軍記物の『大友興廃記』には，「藤は樹に縁（よ）り人は君に縁る」という言葉がでてくるが，フジが自然のまま樹にからみついている形からでてきたものである。なお，この書物は，大友氏の興亡について大友宗麟，大友義統の二代を中心に記されている。

葉は互生する奇数羽状複葉で，小葉は11～19個つき，卵形，卵形長楕円形あるいは披針形で，先端はやや鋭尖形，基部は鈍形または円形をなしている。葉質は薄く，成葉は両面ともほとんど無毛である。

若枝の葉腋から長さ20～90 cmの長い総序花序をだし，垂れ下がり多数の小型の蝶形花を4～6月に開く。フジの花は長い花序の根元から先端方向に咲き（垂れているので上方から下方へと咲く），ヤマフジの花は短い花序の先端から咲き始めるが花序全体がほぼ同時期に咲く。

開花は九州南部の4月中旬から始まり，開花前線をつくって本州を咲きのぼっていき，青森県の津軽湾に達するのは5月下旬となる。東京には4月下旬には達している。花の後，大きく平たい豆果ができる。

匍匐枝　フジは物に巻きつく幹以外に，匍匐枝（ほふくし）といって，地面をはう幹をもっている（写真5，6）。匍匐枝は幹の根元から芽を出し，1日当たり7～11 cmというという速度で，ひたすら地面の上を伸びていく。匍匐枝は1本の幹から数本，放射状に伸び，年を経るごとに枝を分岐させ，巨大な蜘蛛の巣のように広がる。匍匐枝の節の部分から根と茎が出て一つの個体となるので，種子がなくても繁殖できる。

利用の歴史

フジは繊維が長く強いことが古代から知られ，物を結束する紐（ひも）や荷物を曳く綱などにさ

写真5　まっすぐに伸びる匍匐枝

写真6　匍匐枝の節からできた個体

れたり，花や若葉は食用とされたりしてきた。

フジ繊維，つるの利用

フジの繊維は強く，古くはこれで衣服をつくったり，沓（くつ）を編んだりした。フジからの糸づくりは，フジのつる（藤蔓）を槌でうち砕き，皮をはぎとり，灰汁（あく）で煮て，流水にさらし，乾燥したのち手でもみほぐし，よりをかける。その糸から藤布（ふじぬの）がつくられた。『古事記』応神天皇紀には，兄弟が一人の乙女を巡って恋争いをし，母が弟にひいきして手織りの藤衣を着せ，恋が成就する話がある。このころには，上流階級でも着物の材料とされていたが，平安時代にいたると貴人の喪服とされた。

藤衣という名前は雅であるが，肌触りはよくなかった。しかし丈夫で長持ちしたので，作業着とされ，麻や絹などが普及する10世紀まで用いられた。『万葉集』巻三には「須磨の海人（あま）の塩焼衣の藤衣（413）」と，同巻一二には「塩焼く海人の藤衣（2971）」と詠まれている。

静岡県天竜川流域ではフヂギモノと呼び，家族用として冬の間に7～8反も織っていた。長野県下伊那地方の山間部では明治の中ごろまで，織ったり使ったりしていた。藤布の用途は麻布とほとんど同じで，単衣の着物，サクバキ・チョウバキとよぶ仕事着，股引などの衣服に用いられたり，穀物袋や豆腐の搾り袋に使われたりした。京都府宮津市上世屋ではフジヌノといい，単にヌノ（布）といえば藤布のことをさすくらい，藤布が織られていた。藤布は夏の山仕事用で，汗をかいても肌にべとつかなくて具合がよかったという。

藤蔓はねじれてもなかなか砕けることがなく，きわめて強靭な素材なので縄とされ，木材を上流から運ぶ筏（いかだ）をつないだり，薪や炭俵を束ねたりするのに用いられた。

食用利用

若葉や花は食用となり，花や葉は天麩羅とされる。若葉は，よく茹でて和え物や浸し物に，佃煮にされ，茶の代用ともされる。種子は炒って食べるが，過食すると下痢をおこしやすい。江戸時代に小野蘭山が著わした『本草綱目啓蒙』には，「嫩葉蔬（わかばそ）となし，飯となし食う，花も亦（また）食うべし」と記されている。『大和本草』もまた「葉わかき時食ふべし」とする。

盆栽

フジの花の観賞は，普通棚仕立てか庭木作りであるが，大きめの鉢に入れ盆栽にもできる。実生からでは開花まで数十年必要なので，挿し木も行なうが主に山掘りの木に園芸種を3月下旬に接ぎ木する。取り木でもよく発根するので，3～4月に取り木し，9月に鉢にあげ，培養する。花が長く垂れるので，懸崖作りにするのがよく，場所をとる盆栽である。また小品作りには向かない。盆栽には，木作りといって，つるを発育させず剪定して幹を太らせ，一本の幹立にする方法もある。

草木染

フジの葉は草木染の染料ともなる。葉を水に入れて熱し，沸騰してから20分煮出して，それを染液とする。2～3回繰り返して染液を煮出すことができる。灰汁媒染で薄茶色，アルミまたは錫媒染で黄色，銅媒染で金茶色，鉄媒染で海松（みる）色（＝黒ずんだ萌葱色）に染まる。

用途と製造法

フジを材料として利用する部位は，用途によって異なる。成形して器具類を作成しようとする場合や，フジの繊維を利用しようとする場合は，幹がその部材となる。フジを食用とする場合は，花と葉が材料となる。薬用の場合は，幹の瘤と根と，種子が材料となる。フジは根から幹，花と種子という全体が材料として使うことができる素材である。

藤布

縄文時代に遡る藤布

フジの繊維を使って縄文時代から布を織ってき

た。棉や麻という栽培植物から手軽に繊維が取り出されるようになり，粗い織り方しかできないフジの繊維から布を織ることはほとんど廃れた。しかし，山間部の藤蔓を比較的容易に手にいれることのできるところでは，現在も細々と布が織られている。また一方では，フジの繊維は新しい素材だという認識のもとで，従来の作業着程度の品質ではなく，さらに高級な着物の帯地製作を試みる人たちもいる。藤布作成の工程を簡単にたどることにする。

藤布づくりの工程

藤蔓採取　フジの繊維をとるには，山野に生育している藤蔓を切り採る採取から始まる。山から藤蔓を切ってくるのは，男の仕事である。採取する藤蔓は，太さが親指くらいになっているもので，細い藤蔓は親指の大きさに育つまで待ち，資源を残しておく。この程度の太さのものが柔軟性があるからで，木の幹のように太いものは，固くてよくない。

普通であれば他人の所有する山野に勝手に入ることは良くないとされているが，フジは植林したスギやヒノキを害する植物なので，山に入り切っても許された。採取時期は一年中いつでも可能だが，花の咲く前の4月から5月の上旬あたりまでが林の中が歩きやいので採取に向いている。藤蔓は木に巻きついたものは繊維がねじれていて，長い繊維がとれないので役に立たない。木と木の間をすっと木の梢まで伸び，太陽にもよく当たっているものが，よい布になる。葛布（くずぬの）を織るときの材料は匍匐枝でなければいけないが，藤布では匍匐枝より空中のつるを採る。

藤布材料に適当な藤蔓を見つけたら，できるだけ長く切る。切り取った藤蔓は一尋（ひとひろ。人が両手を広げた長さのことで，150 ～ 180 cm）の長さに切りそろえ，つる5本を1束の輪にして持ち帰る。1反の藤布を織るには一尋の藤蔓が50 ～ 60本も必要である。

フジの皮剥ぎ　皮剥ぎから中皮分離までの手順を以下に示す（写真参照）。

藤布を織る繊維は皮の部分なので，皮を剥ぎ

フジの皮剥ぎ

1　藤布をつくる藤蔓は，巻きついたものではなく，木にまっすぐのぼったものを採って使う。
2　採ってきた藤蔓は平たい石の上で木槌か金槌で叩き，皮をやわらかくする。
3　蔓を叩いたところ。鬼皮が剥がれている。
4　剥ぎ取った皮と木質部
5　剥ぎ取った皮の外側。黒い部分は鬼皮
6　小さく裂いたフジの繊維。この後灰汁炊き，川での洗い，藤コキをへてコキソに仕上げる。

取って木質部（芯）を取り除く。皮には鬼皮といわれる表面の黒くて固い皮と，その内側の白い中皮とがある。皮と木質部を分けるため，採ってきた藤蔓を平らな石の上に置き，木槌または金槌で根元から上のほうへと順序よく，鬼皮が割れるまでゆっくりと叩き，皮と芯がはがれやすくする。

叩き終わったら，手で皮を剥ぎ取っていく。藤蔓の皮は固いので，藤蔓の一方を足で踏みつけて引っ張るのだが，力がいる。春に藤蔓採りすると，樹液が流れているので皮が剥ぎやすいため，山で剥ぎ取っておく。皮だけを運搬すればよいので，多くの量を楽に持ち帰ることができる。

鬼皮と中皮の分離　藤布の繊維は中皮部分なので，鬼皮を取り除く。剥いだ皮の中ほどで直角に刃物で切れ目を入れ，そこから鬼皮を剥ぎ取っていく。分離された中皮を京都府丹後地方では「アラソ」とよび，これを細かく裂き，藤蔓5本分くらいを一つに束ね，2～3日陰干しして乾燥させる。十分に乾燥させないと，カビが生える。乾燥したアラソは，湿気のこない場所に冬まで保存する。

フジ繊維をやわらかくする灰汁炊き　乾燥したアラソ繊維は固いので，灰汁（あく）で煮てやわらかくする。灰汁炊きとよばれる作業で，降雪がはじまり，農作業のできない冬の仕事となる。アラソを前日から水に浸けておく。水から上げ，搾ったアラソに湯で溶いた木灰をまぶす。灰が十分にアラソにまぶされていないと，フジの繊維はやわらかくならない。

湯を沸かした鍋に，灰をまぶしたアラソを入れ，さらに木灰をふりかけ，約2時間煮る。これを灰炊きという。アラソを指でつまみ縒（よ）りをかけてみて，縒りがかかればよいとして，鍋の中のアラソの上下を返し，さらに1時間半ほど煮る。煮あがったアラソは，川で木灰を洗い流す。雪解けの川水なら，フジの繊維はより白くなるといわれている。

綺麗な繊維づくり　木灰を洗い流したものには，余分な細かい繊維や汚い部分があるので，これを割竹2本をV字形にしたコキバシという道具でしごいて取り除く。コキバシでアラソをはさみ，根元から先端に向かってゆっくりとしごき，先から根元へとしごいて戻る。それをもう1回，都合2往復しごく。これを藤コキといい，できあがったものはコキソといわれる。この仕事は冷たい川の中で行なわれる。

フジ繊維に油分を与える　コキソのままのフジ繊維だと糸にしても，滑りが悪く，織りにくい。織るとき滑りやすくするため，米糠（こめぬか）油をフジ繊維に与える。鍋に沸かした湯の中に米糠を入れ，コキソを鍋の中で数分浸し，軽く揉む。鍋から出してよく絞り，付着している米糠を叩き落として，陰干しする。これをのし入れという。

藤績（ふじう）み　のし入れの済んだフジの繊維を，細かく糸状に裂き，裂いた2本の繊維のスエ（先端）に，2本の繊維のアタマ（元口）を縒（よ）りながら1本ずつ繋ぎ，2本の繊維を合わせて1本の糸として長く伸ばしていく作業のことである。

糸に縒りをかける　績（う）んだ糸を糸車で縒りをかける。糸車の先端のツムにツメヌキという茅の茎を挿し，これに糸の端を巻きつけて左手で持ち，右手で糸車をまわしながら左手を後ろに伸ばす。こうするとツムが回転し，糸に縒りがかかる。そして糸車の回転方向を変え，糸をツメヌキに巻き取っていく。

糸の枠取り　ツメヌキに巻き取った糸を，糸枠に巻き取る。順序よく，しっかりと巻き取ることが大切である。

機に経糸を張る　機（はた）に決められた本数の経糸（たていと）をかけ，織りこむとき糸の毛羽立ちをおさえるため経糸に糊を塗る。糊は屑米にそば粉をわずか混ぜてつくる。糊を塗る道具には，一握りの黒松の葉を束ねたものが使いやすい。

緯糸を入れて織る　杼（ひ）に糸枠を入れ，経糸を交互に上下させ，糸と糸の間に杼をとおして緯糸（よこいと）を入れ，筬（おさ）を手前に引いて緯糸を押し寄せ，布に織っていく。

藤蔓の籠編み

丸のままの藤蔓で籠を編む（写真7）。

藤蔓切り　藤蔓を使って籠を編むことができ

る。空中にぶら下がった藤蔓も，地上を這う匍匐枝も使える。丸のまま使うので無骨なものが出来上がるが，野趣味がある。山野での藤蔓採取は落葉した冬期が，明るく歩きやすいし，藤蔓の葉をしごいて取らなくてもよいし，蔓の素性がよくわかる。

大きさの選別　採取した藤蔓は太さで太・中・細・別枠の4種類くらいに選別する。太は骨組み，中は横の編み，細は目じめ，別枠は特に形が面白いものや特別に太もので，取っ手や縁取りなどに用い，飾りとする。曲がった蔓は柄にすると変化がでる。

籠編み　まっすぐに伸びた藤蔓を縦の芯にする。4～8本を芯にして，1か所で固定する。そこから蔓を交互に入れ編んで，籠の底とする。底の大きさが決まったら，縦芯を立ち上がらせて，蔓を必要な高さまで編み，縦芯を折り曲げ縁とする。柄をつけたり，足をつけたりして完了。編み方にはムシロ編み，乱れ編みなどさまざまな方法がある。

補修　編みあがった籠を2～3か月放置すると，乾燥して蔓が細くなり，網目に隙間ができるので，残った蔓を編み加えてからニスを塗っておくと，室内では何年も保存できる。

フジの葉を食べる

若葉と種子は食べられる。

フジの葉の佃煮　藤の葉を単独で佃煮にすることはないが，山椒（さんしょう）の葉の佃煮にフジの葉をほどよく入れると山椒の辛みが軽減され味がよくなる。フジの葉は茹でて細かく刻んでおく。山椒の葉は，醤油を煮たてた中に直に入れ，味を染み込ませる。フジの葉は山椒の葉と混ぜておき，一緒に鍋に入れて煮込む。山椒の佃煮の量を増やすのが目的ではなく，北国ではフジの若葉は木通（あけび）の若葉とともに美味いものに数えられている。

フジの葉飯　フジの若葉を刻み飯に炊き込む。徳島県ではこれをフジの飯という。

フジの花天麩羅　フジの花を天麩羅にする。

和え物　江戸期の俳人上島鬼貫の句に「野田村に蜆（しじみ）和えけり藤の頃」があり，蜆の身とフジの花が和えられている。

素材の種類・品種と生産・採取

フジで物をつくる場合の素材は幹（茎）の部分であり，とくに名称はない。藤布を織る藤蔓も自家用にする量を山野に生育しているものから採取するだけで，藤蔓を販売目的として生産することはない。藤の生育場所はやや谷間の湿気の多い所である。特定の地域にみられるのは奈良市に鎮座する春日大社の宮域林であるが，人が採取することはできない。

写真7　藤蔓で編んだ籠（谷川栄子『あけびと木の枝を編む』より）

紅花

Carthamus tinctorius L.

植物としての特徴

ベニバナはキク科の植物（キク目キク科あるいはキキョウ目キク科）で，アザミの仲間である。学名は*Carthamus tinctorius* L.という。属名のCarthamusはアラビア語のquartom（染める）を語源とし，種小名のtinctoriusには「染料」という意味がある。古くから染料として使われてきた植物であることが，この学名にも示されている。

原産地は明確ではないが，中央アジアかエジプト・エチオピアのナイル川流域あたりだと考えられる。花弁から色素，種子から油がとれる有用な植物であるため，早くから世界中に広まった。

ベニバナの花はキクやアザミと同様に，たくさんの小さな花が集まって咲く頭状花序。花を包む総包は葉が変形したもので，生長するにつれて鋭いトゲが目立ってくる（写真1）。葉にはアザミと同じくトゲがあり，特徴的なきざみがある。葉は茎に対して144度の角度で回転しながら着くため，6枚ごとに同じ方向を向くことになる。根は直根であり，太い根が1本まっすぐに地中に伸びる。

写真1　日本のベニバナ代表品種「もがみべにばな」。枝分かれが多く，たくさんの花をつけるなど，染料用に適した性質を持つ

播種は3月から4月に行ない，4～5日で発芽する。生長すると草丈は0.5～1.3m，葉は5～10cmほどになり，6～7月に花径2.5～4cmのアザミに似た花を咲かせる。花びらの色は咲き始めの頃は黄色だが，次第に下のほうから紅い色に変わる。この花からとれる黄色および紅色の色素が古来，染料として利用されてきた。

開花から1か月ほどたつと，花弁の根元にあたる総包の中で種子が成熟してくる。種子はヒマワリの種子を小さくしたような形状で，花一つにつき10～100個ほどとれる。

利用の歴史

貴重な「紅」の原料

ベニバナの花からとれる色素は，古くから布・紙を染める染料，口紅・頬紅などの化粧品の原料として使われてきた。

ベニバナの花には黄色色素（サフロールイエロー）と紅色色素（カルサミン。カルタミンともいう）が含まれる。黄色い色素は簡単にたくさんとれるため，黄染めは手軽に行なわれた。ベニバナの色素には防虫・防腐効果や血行をよくする効果があり，パンの色づけや肌着などの布の染色に使われた。

これに対し，紅色色素は1kgの花びらから3～5g程度しかとれない。しかも自然界に赤色を出せる染料が少なかったこともあり，ベニバナの紅色は非常に大事にされた。

古代エジプトでは，赤は復活と永遠を願う色として尊ばれ，ミイラを包む亜麻の布はベニバナの染料で染められていた。またインドのヒンズー教徒は，紅を魔除けとして額や髪の毛の分け目などに塗る習慣がいまも受け継がれているという。こうした古代の魔除けの風習は，やがて中国に入り，化粧という形で完成されていく。

紀元前3～5世紀に中国北方を支配した遊牧民の匈奴は，ほおに臙脂（紅）を塗る化粧をしていたが，この臙脂は中国・燕支山のベニバナから

写真2　紅花で出せる染め色

左から
①濃紅（こいくれない）：紅の8回重ね染め
②朱華（はねず）：黄染めと紅の重ね染め
③朱華の淡い色
④紅色の色素だけでの染め
⑤黄染め
⑥黄の6回重ね染め
⑦藍染めと紅の重ね染め

写真3　紅花染めの着物

写真4　伝統的なベニバナの口紅。紅が猪口に塗り重ねられており，水で塗らした筆で紅を溶いて使う

とった紅でつくったともいわれる。これが女性のお化粧に欠かせない紅となったのであろう。

日本への伝来

日本へのベニバナの伝来は，奈良時代，裁縫や染色などの技術を持った渡来工人たちが中国から朝鮮半島経由で日本にやってきたときに種子を持ち込んだのが始まりとされる。奈良・纒向遺跡の遺構からベニバナの花粉が見つかっていることから，3世紀の中頃には日本に伝来していたと考えられる。ベニバナの黄色色素に防虫・防腐効果があることは早くから知られており，たとえば正倉院に納められている経巻は，紙にベニバナの「黄染め」が施されている。

一方，ベニバナからとれる紅は量が少なく貴重であったため，ベニバナの紅で何度も染めた濃紅（韓紅花＝からくれない）の衣を着ることができたのは身分の高い貴族に限られていた。

とくに深紅などの濃い紅色は「禁色」として使用が制限された。これは絹1疋（2反）を染めるのに約20斤（約12 kg）ものベニバナが必要で，当時の米価にして13石に相当する贅沢品だったからである。紅の化粧も宮中の貴族や女官たちだけがすることができる特別なものだった（写真2～4）。

江戸時代になるとベニバナの栽培は各地に広がる。なかでも出羽の国の最上川流域は土も肥えて水はけもよいことから，質のよいベニバナがとれる一大産地となった。幕末に発行された「諸国産物見立相撲番付」には東の関脇に最上の紅花，西の関脇に阿波の藍玉があげられており，ベニバナと藍が当時の二大染料であったことがわかる。

最上でつくられたベニバナは「紅もち」に加工されて京都や大阪に送られ，染めや紅に使われた。

紅は高価であったが，特権階級や金持ちに好まれよく売れたので，江戸時代末期には「紅花」で大儲けした多くの「紅花大尽」が生まれた。

しかし明治時代になると中国から安価な「唐紅」が，またドイツから安価な合成染料が入るようになり，さらに政府の養蚕奨励で紅花畑の桑畑への転換が進められたこともあって，ベニバナ栽培は急速に衰退し，一時はほぼ消滅状態となった。

現在，日本では観賞用ベニバナの切り花生産や，花弁から紅い色素をとるための栽培が行なわれているが，残念ながら栽培面積はそれほど広くない。なお，山形県では県花としてベニバナの栽培を奨励しており，毎年7月に紅花まつりが開催されている（写真5）。

写真5　紅花まつり（山形県）
毎年7月の開花期に県内各地で行なわれる

油糧作物としての利用

染料としての用途が主であった日本に対して，海外ではベニバナの種子からとれる油（サフラワーオイル）が食用油あるいは印刷インクなどの油として古くから利用されてきた。古代のエジプトやインドでも紅花油が使われていたことが知られている。国際的に見ると現在もベニバナは種子から油をとる油糧作物としてアメリカ，中国などでたくさん栽培されている（写真6）。

ベニバナ油（サフラワーオイル）には，他の食用油に比べて多くのリノール酸が含まれている。リノール酸にはコレステロールが血管にくっつくのを防ぐ働きがあり，動脈硬化の予防効果が期待できる。このためベニバナ油は健康によい食用油として人気がある。

ちなみに染料用に栽培されてきた日本のベニバナの花からとれる種子数は5～60個で，含まれる油分も21％程度にとどまるが，アメリカの油糧用ベニバナの花からとれる種子数は20～100個，油分は36％にのぼる。種子自体の大きさも，日本のものより油糧用の種子のほうが大きい。

医薬品としての利用

昔から「紅を唇に塗ると血行がよくなり肌荒れが改善する」といわれてきたが，実はベニバナの花びらには薬効があり，漢方薬としても使われている。「紅花（こうか）」という薬で，血行改善や発汗解熱などの効果があるとされる。

さらに最近の研究により，紅花の紅い色素「カルサミン」に，体内の活性酸素（フリーラジカル）を消す働きがあることがわかってきた。外傷性てんかんの予防や，脳梗塞などの際の神経細胞死を抑える働きがあると報告されている。かつて女性たちの唇を彩り，紅花染めとしてあでやかな衣装を染めてきたベニバナは，21世紀に入って医薬の原料として再び脚光を浴びつつある。

用途と製造法

ベニバナには黄色（サフロールイエロー）と紅色（カルサミン）の二つの色素が含まれており，どちらを目的とするかによって加工法も異なる。

黄色染料として使う「乱花」

黄色の色素を利用する場合は，収穫した花びらを乾燥させるだけでよい。この方法を「乱花（らんか）」と呼ぶ。摘み取るのは花びらが満開に近いが，まだ花びらの下が紅くなっていない時期。花弁が濡れているとうまくいかないので，必ず晴天の日を選ぶことが大切だ。

摘み取ったらゴミや子房などを丁寧に取り除いてから，目の細かい網や大ザルの上に広げて直射日光と風で乾燥させ，ときどき上下を入れ替えながら1日で仕上げる。うまくいくと花びらがきれいな橙色～黄色に仕上がる（写真7）。

この乱花をしばらく水に浸しておくと黄色の色

写真6　ベニバナの種子

油糧用の種子。油糧用は専用に品種改良され，形状も大きく油分も多い

もがみべにばなの種子

写真7　乱花（らんか）
摘み取った花弁を乾燥させただけの干し紅花。主には食品加工などに使う

写真8　紅もち
臼などで搗いて花弁に傷をつけ発酵させて発色させた紅い色素をとるための原料

素が溶け出して黄水ができるので，これを食品の色づけや布の黄染めに使う。

紅色に発色させる酸化発酵

紅色の染料をつくる場合は，花が満開になって花びらの下の紅色が強くなってきたころに収穫する。ベニバナの紅色色素カルサミンは，酸素に触れると酵素の働きで紅く発色する（酸化発酵）性質がある。そこで，搗いたりすったりして花びらに傷をつけ，色素を酸素に触れさせるというのが，ベニバナから紅色色素をつくる際の基本原理だ（写真8）。具体的には「すり花」，「紅もち」という二つの加工方法がある。

「すり花」のつくり方

①早朝の霧のあるうちに花びらを収穫し，湿った状態で4～8時間蒸らしておく（乾燥していたら，霧を吹いて湿らせる）。

②2～3mLの米酢と水を加えてよく混ぜ，専用の押しつぶし機にかけて粗く押しつぶす。

③機械による押しつぶしを3回ほど繰り返したのち，布袋に入れて黄色い汁を搾り取る。

④再度，米酢と水を加えて機械で押しつぶし，布袋に入れて水気を絞る。

⑤風通しのよい日陰に新聞紙を重ね，その上に袋から取り出し薄くちぎりながら広げて乾燥させる。完全に乾いたらできあがり。

「紅もち」のつくり方

①収穫した花びらをきれいな水に入れ，ゴミを取り除きながら洗い，花びらをよく揉んで黄水を出す。これを2～3回繰り返す。

②風通しのよい日蔭によしずを敷き，その上に水を切った花びらを広げ，むしろで覆う。

③3時間～半日おきに少量の水をかけて蒸らし，ときどき混ぜながら3日ほどねかせる。花びらが真紅色になる。

④発色した花びらを臼またはすり鉢で搗いて餅状にする。それを3cmくらいの大きさに丸めて，むしろの上に並べ，その上にむしろを載せて足で踏み、せんべい状につぶす。

⑤せんべい状の花びらをザルに並べ，直射日光と風を当てて，ときどき裏返しながら干す。これで紅もちが完成する。

紅染めの方法

用意するもの

紅もち（布100gを1回染めるのに，紅もち100gが必要）。絹の布（染める前にぬるま湯に浸けておく）。木綿のさらし布。ポリ容器，炭酸カリウム，クエン酸，レモン。

手順

①水洗い。紅もちをさらしの袋に入れて一昼夜水に浸ける。翌日，袋ごともみ，黄色い液を絞り出す（この液は黄染めの染料になる）。水を換えて5時間ほど浸け込み，日に3回，もんで絞る。これを黄色い液が出なくなるまで2～3日繰り返す。

②色素を出す。水洗いした紅もちを炭酸カリウムの0.8%溶液に浸け，10分ごとに色素をもみ出し，30分後に絞る（液はとっておく）。さらに新

しくつくった炭酸カリウム溶液に浸けてもみしごき，30分後に絞る。これをもう一度繰り返し，3回分の絞り液を集める。

③染め液をつくる。コップ1杯の水に10 gのクエン酸を溶かす。このクエン酸溶液の半分を，先ほどつくった紅もちの絞り液に加えてかき混ぜる。残りのクエン酸溶液は様子を見ながら少しずつ加えていく。最初は赤黒かった絞り液がきれいな赤色に変化したら染め液の完成。

クエン酸を加えすぎると紅が固まって沈澱してしまうので要注意。なめてみてほのかに甘酸っぱく感じる程度（pH 8前後）が最適なクエン酸濃度である。

④むらなく染めるために，染める布はあらかじめぬるま湯に浸けておく。先ほどの染め液に染める布を入れて静かにかき混ぜる。染め液が淡い黄色になったら染め上がり。染めた布を，水100 ccにレモン2個分の搾り汁を加えたレモン液に10分ほど浸してから水洗いし，脱水乾燥すれば完了。

⑤1回の染色では淡いピンク色にしかならない。紅色に染めるためには同じ作業を6～8回繰り返す。さらに韓紅の濃い紅色にするには，この重ね染めを12回繰り返す必要がある。それを思えば，その昔，紅色の衣がどれほど高価で貴重なものだったかがわかるだろう。

素材の種類・品種と生産・採取

主要品種の特徴

もがみべにばな　昔から出羽の国（山形県）でつくられてきた在来種。ベニバナがつくられなくなって途絶えたが，戦後に農家に保存されていたタネが再発見され，よみがえった。ギザギザととがった葉をもち，一本の茎から枝分かれして，たくさんの花をつけるのが特徴。花ははじめ黄色で，やがて下から紅色になる（写真1参照）。

とげなしべにばな　在来種から切り花用につくられた，葉が丸くてとげがない品種。枝分かれが少なく，葉の色が濃い。花の色は「もがみべにばな」と同じである（写真9）。

しろばなべにばな　在来種の突然変異で誕生した品種。花の色がクリーム色をしている。切り花用に栽培されている（写真10）。

栽培の留意点

ベニバナの播種は春，3～4月頃に行なう。ベニバナは播種時期によってその後の生育が大きく変わってくる植物で，できるだけ早めに播種したほうが失敗が少ない。

畑のつくり方　ベニバナは雨や湿気を嫌うため，畑は日当たりがよく，水はけのよい場所を選ぶことが大切。播種の1週間くらい前に，石灰（1 m^2当たり100 g），化成肥料（1 m^2当たり窒素：リン酸：カリ各成分量15 g），堆肥（1 m^2当たり5 kg）を施用し，深さ20 cmほど耕しておく。

種子消毒　ベニバナは病気に弱く，炭そ病などになりやすい。種子についた炭そ菌を減らすために，種子を洗剤で洗い，水洗いしてから播種する。

播種　畑は平らなままでかまわない。全体をならしたら，うね幅60～75 cmくらいをとって，

写真9　とげなしべにばな

写真10　しろばなべにばな

10 cm くらいのまき幅のところに，バラバラと条まきにする。播種量は1 m^2 当たり75粒程度。種子同士が重ならないように，播種したら上に2 cm 程度の土をかける。土が乾いているときは水をやり，新聞紙などで覆っておく。これにより乾燥を防ぐことができる。

発芽　播種から4～5日で発芽する。土がもこもこと盛り上がり始めたら，そっと水をかける。その際に，発芽でできた地割れを押さえておくと，根の伸びがよくなる。

間引き（1回目）　子葉がしっかり開いて本葉が2枚開いたら，間引きを行なう。子葉が縮れたり色が変わったりしているものを抜き，葉が大きく元気に生育した正常なものを残す。あまり近づきすぎているものも間引く。間引く際は，残す株の根元の土を押さえて引き抜く。

水やり　通常，水やりは必要ないが，雨が降らず土が乾燥し過ぎの場合のみ水をやる。水やりで土が葉や茎にはね上がると病気にかかりやすくなるので，水は直接株にかけず，株元から少し離れたところにやる。水をやりすぎると直根の伸びが止まって生育不良になるので要注意。

間引き（2回目）　本葉が5枚ほど開いたら，2回目の間引きを行なう。本葉が大きく，茎が太く，生長のそろっている株を残し，最終的に株と株の間隔が10～12 cm になるようにする。

追肥　普通は追肥の必要はないが，2回目の間引きのときに生育が不十分（葉が小さい，茎が細い，葉の色が淡いなど）であれば追肥を行なう。化成肥料を1 m^2 につき窒素：リン酸：カリの各成分量で5 g 程度，株元から少し離れたところに施す。

雑草取り　雑草は見つけ次第，引き抜く。

雨よけ　ベニバナは雨を嫌う植物である。とくに葉や茎がまだ軟らかい時期には，できる限り雨に当たらないようにする。雨の多い年はビニールハウスなどで雨よけをする。

土寄せ　20～30 cm くらいの草丈に生長したら，株が倒れないように土寄せをする。うね間の土を両側から株元に盛り上げるようにする。さらに大きくなってきたら，うねの両端に杭を打ち，株を両側から支えるようにひもを張って倒れないようにしてやる。

収穫の留意点

「乱花」にするか「すり花」，「紅もち」にするかによって，収穫の時期や時間などが違ってくる点に注意したい。

乱花にする場合は，花びらの下のほうが紅くなり始める前の満開に近い頃に摘む。すぐに乾燥させるので，収穫は天気のよい日に行なうこと。またトゲが手に刺さらないよう，厚手の作業用手袋をして摘むとよい。

すり花や紅もちにする場合は，開花から5～6日後，花びらの下の部分が紅く変わってから摘む。ただしあまり待ちすぎて花びらが垂れてくると，摘むのが難しくなるだけでなく品質も落ちるので要注意。すり花・紅もちにする場合は，花が濡れていてもかまわない。むしろ朝露で湿っている時間帯のほうが多少はトゲが柔らかくなっているので摘みやすいといえる。

ドライフラワーにする場合は，花がたくさん開いたところで株元から切り取り，日光が当たらず風通しがよく湿度が低いところに逆さに干しておく。

ドライ フラワー

利用の歴史

生け花の代わりとして

西洋ではカラッとした気候のためか，古くからドライフラワーがつくられていたようだ。とくに盛んなのが北欧である。

春から夏にかけて，野山に草花が咲き始めると，みんなが一斉に花摘みに出かける。家中に摘んできた花を飾り，春を喜ぶと同時に，盛りの花を納屋などの風通しのよいところに吊るし，乾燥させておく。そして長い冬がきたときには，春から夏の間に乾燥させておいた花を，手に入りにくい生花の代わりに部屋中に飾るのだ。

白い雪に閉ざされた北欧の冬を，ドライフラワーが鮮やかに彩ってくれる。こうした習慣により，北欧ではドライフラワーを使ったいろいろな楽しみ方が生まれた。

日本の気候とドライフラワー

ドライフラワーは湿気を嫌うため，かつては，梅雨に代表される高温多湿の時期をどう乗り切るかが，日本でドライフラワーを楽しむための大きな課題となっていた。しかし最近はエアコンなどの空調設備が家庭にも普及して，ドライフラワーを一年中よい状態で楽しむことができるようになった。

それにともなって消費者の要求も高くなり，よりよい品質のドライフラワーが求められている。最近では真空冷凍乾燥，溶液乾燥，電子レンジを

ドライフラワーの作品（例）

1　ドライフラワーのバスケット。ムギワラギク，センニチコウ，スターチスなどケイ酸質を多く含む，ドライフラワーにしやすい素材を使っている。
2　ドライフラワーを使ったリース
3　コサージュ。ドライフラワーとワタ，ツガ，ハンノキ，ドングリの実を組み合わせた。

1

2

3

表1　ドライフラワーとして利用しやすい植物

植物名	利用部位	色	入手時期	乾燥方法	植物名	利用部位	色	入手時期	乾燥方法
アイビー	葉	緑	通年	溶処	トウガラシ	実	緑・暗赤色	夏～秋	自乾
アゲラタム		青色・藤青	6～9月	自乾	トウモロコシ	実	黄・黒褐色	夏	自乾
アジサイ		桃色・藤青・淡碧白	6～7月	自乾	トウモロコシ	皮	薄茶	夏	自乾
アマランサス		赤・橙・黄・緑	8～10月	自乾	ドングリ（シイ）類	葉	緑	春～秋	溶処
アヤメ	実	緑	夏	自乾	ドングリ（シイ）類	実	茶	秋	自乾
アルケミラ		淡緑色	4～7月	自乾	ニゲラオリエンタリス		緑・暗紫色	5～6月	自乾
アワ	穂	緑	初夏	自乾	ハハコグサ		黄	4～5月	自乾
アンモビューム		白	5～10月	自乾	バラ		白・桃・赤・黄ほか	通年	乾剤・自乾
エリンジューム		淡青色	6～7月	自乾	バラ	実	朱赤	秋	自乾
オレガノ		桃紫色	6～7月	自乾	ハンノキ	実	茶	秋	自乾
カスピア		淡紫色	通年	自乾	パンパスグラス	穂	銀白色	9～10月	自乾
カスミソウ		白	通年	自乾	ヒエンソウ		赤・青・紫・桃・白	5～6月	乾剤・自乾
ガマ	穂	茶	6～7月	自乾	ヒカゲノカズラ	葉	緑	通年	自乾
カラマツ	実	茶	初秋	自乾	ヒノキ	実	茶	秋	自乾
キバナノノコギリソウ		黄	6～7月	自乾	ヒマワリ		黄	夏	自乾
クチナシ	実	朱赤	初秋	自乾	ヒメコバンソウ	穂	緑（薄茶）	5～6月	自乾
クリ	イガ	茶	9月	自乾	ヒャクニチソウ		白・黄・桃・緋紅色	6～10月	乾剤
クルミ	実	茶	秋	自乾	フヨウ	実	緑	7～9月	自乾
クロタネソウ	実	暗紫色	5～6月	自乾	ベニバナ		黄赤色	初夏	自乾
ケイトウ		赤・緑・桃・橙	7～10月	自乾	ペパーミント		淡紫色	6～8月	自乾
コバンソウ	穂	緑（薄茶）	5～6月	自乾	ホオズキ	実	朱赤	6～8月	自乾
サルスベリ	実	茶	秋	自乾	マツカサ	実	茶	晩秋	自乾
サンキライ	実	暗赤色	12月	自乾	マツムシソウ	実	緑	5～8月	自乾
シラカバ	皮	灰白色	通年	自乾	ミモザ		黄	2～3月	自乾
スィートバジル		白	7～10月	自乾	ムギ	穂	緑（薄茶）	春・初夏	自乾
スターチス		白・桃・紫・黄	通年	自乾	ムギワラギク		橙・桃・黄・白・赤	6～10月	自乾
セイヨウノコギリソウ		赤・桃・白・黄	6～7月	自乾	ムラサキバレンギク		紅紫色	6～8月	自乾
センニチコウ		紫紅・桃・白	7～10月	自乾	ユーカリ	葉	銀緑色	通年	自乾
タイザンボク	葉	緑	通年	溶処	ユリ	実	緑	6～9月	自乾
タタリカム		淡紫桃色	5～7月	自乾	ラグラス	穂	緑（薄茶）	5～6月	自乾
タンジー		黄	6～10月	自乾	ラベンダー		淡紫色	春～夏	自乾
ツガ	実	茶	秋	自乾	ラムズイヤー		銀白色	6～8月	自乾
ツバキ	葉	緑	通年	溶処	ルリタマアザミ		淡青色	7～8月	自乾
ツバキ	裂開果	茶	秋	自乾	ローダンセ		桃	春	自乾
ツルウメモドキ	実	橙	秋	自乾	ローレル	葉	緑	通年	自乾
デルフィニウム		青・紫・桃・白	5～6月	乾剤・自乾	ワタ	裂開花	茶（白）	夏	自乾
ドイツトウヒ	実	茶	秋	自乾	ワレモコウ	実	茶	初秋	自乾

注　溶処：溶液処理，自乾：自然乾燥，乾剤：乾燥剤。利用部位が空白のものは花を利用

利用したものなど，乾燥方法の研究なども進められている。

素材選択

素材選択のポイント

花材の性質と入手時期，処理法　以前は，花材をドライフラワーに向くものとそうでないものとに区別していた。しかし最近は，その花材の性質をよく知り，適切な方法で処理することによって，ほとんどの花材がドライフラワーとして使えるようになっている。

花材はその種類により，水分の多いもの，変色しやすいもの，ケイ酸質の多いものなど，さまざまな性質を持つものがある。花材ごとの特色，乾燥処理方法は表1にまとめたので参考にしてほしい。

湿気に強い花材　ドライフラワーの大敵は湿気である。常時空調の効いた室内で楽しむだけなら，そう気にすることはないが，制作したドライフラワーを直売所などで販売するような場合には

写真1　花が七〜八分咲きのころ，種類ごとに小束にする

写真2　ハンガーなどに花を下にし，吊るして乾かす

写真3　2〜3週間できれいに仕上がる

写真4　段ボール箱に立てビニール袋の中に入れる。大量の場合は横に寝かせて箱に入れ，積み重ねられるようにしてもよい

注意が必要だ。

農協や道の駅などの直売所では，生鮮野菜などと同じ店内に販売コーナーが設けられる場合も多いと考えられる。この状態はドライフラワー専門店や，雑貨類と一緒に販売されるのと比べて，かなり湿気の多い状態で陳列されることになる。品物の動きがないとどんどん質が落ち，売れない品物を引き取らなければならない率が高くなる。

こうした場合には，湿気などに対して比較的品質の低下率が低い（ケイ酸質を多く含む）花材を選ぶとよいだろう。たとえばムギワラギク，スターチス，タタリカム，センニチコウ，ベニバナ，ルリタマアザミなどである。

採集と調製のポイント

よいドライフラワーをつくるには，適切な時期に，よい条件のもとで採集することが大切である。晴れた日の午前中，理想的には朝露のひいた頃に採集する。夏の採集の場合などは，太陽の照りつける晴天よりは，薄曇りの日のほうが植物がいたまない。

加工適期は七〜八分咲き　多くの花は，乾燥させている間にも開花が進む。したがってドライフラワーづくりに使う花は七分から八分咲きの頃がよい。しばしばバラの花などを花びんにさして十分に楽しみ，散り始めた頃になって「かわいそうだから」とドライフラワーにする人がいるが，散り始めてから乾燥させた花では色や形をきれいに残すことは難しい。きれいなドライフラワーをつくるには，処理の適期を逸してはならないのである。

花卉農家の場合，出荷用に採集した花のなかから，葉にいたみがある，草丈が短い，数が揃わないなどの理由で取り除いた「はね物」でも，十分ドライフラワーに利用することができる。ただ，切り花として出荷する収穫時期（切り前）では，ドライフラワーに加工するには少し若すぎる。七〜八分咲きになるまで水などにさしておき，適期になったら干すようにするとよいだろう。

花の色をきれいに残す工夫　七〜八分咲きにな

るまで「水にさしておく」といったが，最近はさまざまな切り花用鮮度保持剤が市販されている。真水よりはそれらの鮮度保持剤に浸け，明るい窓際で開花させたほうが，ドライフラワーにしたときに色がきれいに残る。

またアントシアン系色素を含む花なら，市販の鮮度保持剤の中に1～3%のクエン酸を加えた液を吸わせて開花させると，よりいっそう鮮やかに色を残すことができる。

ドライフラワー用に花を栽培する場合，七～八分咲きになった頃に収穫してすぐに乾燥作業に入るというやり方でもよい。しかし，アントシアン系色素を含む花の場合は少し早めに収穫し，鮮度保持剤の中にクエン酸を加えた液で開花させるとよりよい。

製造方法

ここではあまり設備に費用をかけず，手軽にできる方法を中心に紹介する。

自然乾燥

自然乾燥の方法　束ねた花を下にして吊るし，自然に乾燥させる方法である。スターチス，ベニバナ，宿根カスミソウ，カスピア，ノコギリソウ，ムギ，イネ，アワ，ラグラス，コバンソウ，ケイトウ，バラ，リンドウ，デルフィニウム……と，たいていのものがこの方法できれいにできる。

花材によって採集の時期，適期をよく知っておく。それぞれの花が七～八分咲きの頃，種類ごとに集めて一握りほどの小束にし輪ゴムでとめ（写真1），ハンガーなどに花が下になるように吊るして乾かす（写真2）。バラの花などは5～10本，ラグラス，コバンソウなどは20本くらいが目安である。花の市場出荷の時のように頭を揃えてしまうと乾きにくいので，少しずつずらして束ねる。普通2～3週間できれいに仕上がる（写真3）。仕上がったものは，段ボール箱に入れ，箱ごとビニール袋の中に入れておく（写真4）。

ドライフラワーとしての茎長は5～60 cmが目安である。バラなどはもう少し短くてもよいので，市場出荷してもあまり値のつかない丈の短いものなどをドライフラワーにしてもよい。また，リンドウ，デルフィニウムなどは長いほうがドライフラワーとしても見ごたえがあるが，茎が長ければ乾きにくく，乾燥期間が長くなれば花の色の残りは悪くなる。ドライフラワーとして売るか，作品に加工して売るかなどから判断して決める。

不必要な葉は取り除き，輪ゴム（紐では乾燥して茎がしぼんでくるにつれて，抜けて落ちることがある）でしっかりと止める。できるだけ風通しのよい，乾燥した直射日光の当たらない場所に，針金のハンガー（1本のハンガーには5束程度）などを利用して干しておくと便利である。

ムギワラギクなど，はじめの1～2日天日でさっと乾かしたほうがよいものもあるが，しかし，その後は直射日光を避けて乾かさないと花色があせてくる。

ケイ酸質の多い花の場合　ムギワラギク，センニチコウ，アンモビューム……など，カサカサしたケイ酸質の多い花で，一輪ずつの色をきれいに仕上げたいときや，コサージュ・リースなどワイヤーをあしらってあったほうがデザインしやすい場合などには，三分から四分咲きの頃に，花だけ摘み取ってワイヤーをあしらうようにする（写真5）。

2分の1か3分の1の長さ（15 cmくらい）に切ったワイヤー（No. 24または26）を2～3 mm残した茎に挿し，コップやびんに立てて乾かす。茎が長いと挿しにくく，短いとあとでワイヤーが抜けやすくなる。挿しすぎると乾いた花の中心からワ

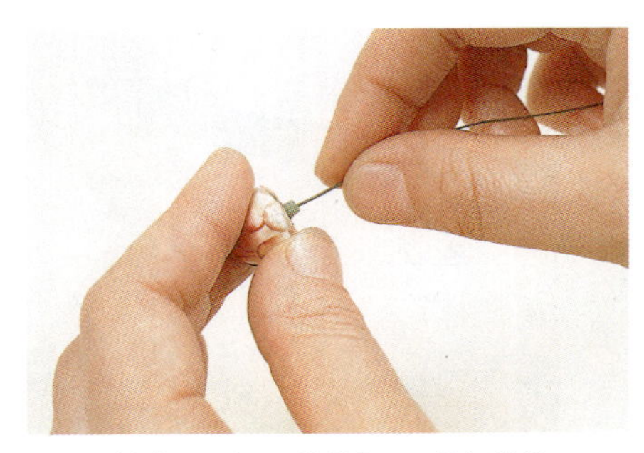

写真5　三～四分咲きのころに花だけ摘み取ってワイヤーをあしらう

写真6　木の実は木についているうちに採取する

イヤーが見えてしまうから注意する。ボンドなどをつけなくても，乾燥すると差し込んだワイヤーが，少し引っ張ったくらいでは抜けなくなる。

木の実類の場合　マツ，ハン，ツガ，カラマツ，ブナ，ツバキ，サザンカ，フヨウ，クチナシ，ヒノキなど，木の実にもフラワーデザインの材料として色や形がおもしろく，捨てがたいものがたくさんある。作品として販売する場合に素材の一部として利用することもできるが，本当によい品質のものであれば，都会では入手できないものだから，素材として販売しても十分な商品価値がある。

木の実の類も採集時期が大切で，まだ木についているうちに集めることである（写真6）。雨，霜，雪などに当たると色が悪く，質ももろくなってしまう。少し早めに収穫して，日当たりのよいところに広げておくときれいに乾燥する。

たとえばマツカサなどは，まだちょっと緑が残っているけれど上のほうからカサ（鱗片）が少し開き始めた頃に採集する。室内の日当たりのよいところで雨露に当てないで乾燥させると，赤茶色の本当にきれいなマツカサが得られる。

乾燥剤による乾燥

シリカゲルで生花に近い仕上がり　マリーゴールド，バラ，ヒャクニチソウ，デルフィニウム……など，花色，花形も生花に近い状態のドライフラワーをつくりたいとき，乾燥剤を使う。外国では昔から砂，ホウ砂，コーンミールなどの中に花を埋めてドライフラワーをつくっていたようである。自然乾燥ではつくりにくい水分の多い花も乾燥剤を使うときれいに仕上がるが，この方法でつくったドライフラワーは湿気に弱く，いたみやすいのが欠点である。この方法でつくったドライフラワーは作品づくりの中心となる素材としてではなく，作品にアクセントを加える素材として利用するのがよい。

乾燥剤にもいろいろあるが，早くきれいに仕上がるのがシリカゲルである。シリカゲルは薬局で売っているような粒の粗いものではなく，砂のように細かいもの（50 ～ 100メッシュ）を用いる。シリカゲルそのものは白だが，吸湿の度合いが目でわかるように塩化コバルトで全部ブルーに処理されているものか，一部混ぜたものを使うと便利である。処理されたブルーのシリカゲルは吸湿するに従って，紫，ピンクへと変わっていく。

吸湿して乾燥能力がなくなったピンクのシリカゲルは，フライパンや缶などに少しずつ入れて火にかけ，ゴマを炒るときのように手まめにかき混ぜて乾燥させる。再びきれいなブルーになったら器に移し，温度が下がるのを待って使用する。再乾燥すれば何回も使うことができる。ただし150℃を超えるとシリカゲルの乾燥能力を失うの

写真7　底にシリカゲルを入れてから花を埋め込むように並べる

写真8　花の形を崩さないよう花弁のすきままで静かにシリカゲルを入れる

写真9　花がすっぽり隠れるまで入れる

写真10　ビニールテープなどで密閉し，メモを貼っておく

写真11　花が見えるまでシリカゲルをこぼしてから取り出す

で気をつける。

使用する容器は密閉できる缶かタッパーウェアが適当である。花は茎を1cmくらい残して切り，乾燥後，使う用途によっては，入れる前に1つずつの花に短いワイヤーをあしらっておくとよい。バスケットなどに挿して使いたいときには，シリカゲルから取り出した後，長いワイヤーを足して使うこともできる。乾燥するととてももろく壊れやすくなるので，乾燥した花には上手にワイヤーをあしらうことができない。

乾燥剤による乾燥の手順　シリカゲルによる乾燥手順は次のとおり。

①容器の底に2～3cmの厚さにシリカゲルを入れ，その上に花が上向きになるようにして埋め込むように並べる（写真7）。ヒマワリ，マーガレットなどは花が下向きでもよいし，ヒエンソウなど穂状の花は横向きでもよい。

②容器に花を並べたら，花の上から静かにシリカゲルをかけていく（写真8）。花形を崩さないように，また花弁の間にも入るようにする。シリカゲルは花がすっぽり隠れるまで入れる（写真9）。

③容器にふたをしたら周りをビニールテープかセロハンテープで止め，花材，月日，数量などを記した紙を貼っておく（写真10）。早いもので2～3日，バラなども1週間もあればきれいに仕上がる。

でき上がったものを取り出すときには，ほじり出すようなことはせず，器を傾けてシリカゲルを静かに他の容器に移し，花が見えてから1つずつ取り出すようにする（写真11）。でき上がったものは，別の器にシリカゲルも少し入れて保存する。使用するまで長期間シリカゲルに埋めたままでも大丈夫である。なお，シリカゲルを多量に扱うと目やのどに刺激を受けることがあるので，あまり粉ぼこりを立てないようにする。床にこぼすと滑りやすくなるため，新聞紙などを広げた上で作業する。

溶液処理による方法

ユーカリ，タイザンボク，マサキ，ツバキ，ビワ，クヌギ，カキ……といった葉物に，グリセリンを吸わせる方法である。グリセリン処理をすると緑の葉が茶色になるが，しなやかで皮のような質感になる（写真12）。色といい，質といい，ドライフラワーと併せて使うのにふさわしい素材である。グリセリン処理をした葉だけを素材として販売することも可能である。

グリセリン1に対して，水または熱湯（温度が高いほど早く処理できる）2の割合に薄めて使う。そのまま水揚げをするようにして吸わせるか，葉を1枚ずつ取って薄めた溶液に浸して吸わせる（写真13）。

全体が透明感を帯びた茶褐色になったら取り

写真12　グリセリン処理をした葉

出して水で洗い，乾いたら新聞紙などで包んでしまっておく。グリセリンは何回か使用すると液の色も茶色になるが，布でこしてごみを取り除き，水を足したり，グリセリンを足したりして濃度を調整すれば，何回でも使用できる。

乾燥室の利用

商品としてより良質なドライフラワーを製作するためには，やはり乾燥条件が問題になる。なるべく早く水分を抜くことが重要である。地域によって（たとえば北海道と関東南部では）必要となってくる設備が違ってくるが，温度と湿度を一定に保つことのできる一室をドライフラワー製作の部屋として用意するとよい。効率よく乾燥させるため

写真13　グリセリンは水や湯で1対2の割合に希釈

には風が必要である。いちばん簡単なのが扇風機を使って室内の通風をよくする方法である。

より効率よく乾燥させるためには，除湿機能をもった冷暖房エアコンを利用するとよい。夏期には冷房，冬期には暖房を使って（時期によっては除湿機能のみ），室温を17～18℃から27～28℃，湿度を25～35％に保つ。温度が高いほうが花は早く乾くが，花の色，特に葉・茎の緑がきれいに残らない。この条件ではバラが完全に乾燥するには10日から2週間かかる。

早く乾燥させるためには，温風機などを使って35℃くらいまで室温を上げるようにする。バラでは3～5日で乾燥できるが，黄色系，白色の花は少し褐色がかかる。また，地域によっては，梅雨時や盛夏には除湿機を稼動することが必要になってくる。

ドライフラワー製作のために一室をつくるのなら，窓はないほうがよい。天井から吊り下げたドライフラワーに窓から入る光（紫外線）が当たると脱色によって品質が低下する。もし窓のある部屋を利用するなら，遮光カーテンを下げるか，紫外線防止フィルムを窓ガラスに貼って，紫外線による脱色を防ぐ必要がある。

天井には棒かパイプ，チェーンなどを渡し，ハンガーにかけた花が乾かせるようにする。紐では滑ってハンガーの位置がずれ，きれいに乾くよう

な間隔がとれない。1本のハンガーに5束くらいの花をかけるのを目安として，棒の間隔を調整する。はしごのように棒をかけて，縦に何段階かに乾かすこともできる。

土台と接着剤

ドライフラワー作品のための土台　ドライフラワーは生花と違って水を吸水させなくてよいので，作品を楽しむ範囲が広がる。飾りたい場所やつくりたい作品によって土台を選ぶ（写真14）。

・サハラ（商品名）：生花をいけるのに使うオアシスと同じ化学製品だが，水を吸わず，質は少し硬くなっている。ドライフラワーのアレンジメントをつくるときに便利である。

・サハラリング（商品名）：輪状のアレンジメントをつくったり，リースをつくったりするときに便利である。壁に掛けるリースをつくるときには，粘着テープで止めないとサハラが外れてくることがある。

・スタイロフォーム：ナイフで簡単に切れるから，好みの形に切って，スワッグ（壁飾り）やリースをつくる。リース用に丸くなっているリース用スタイロフォームもある。色は青，白，緑などがあるが，葉や茎の色と同じ色で，作品にした時に目立ちにくい緑が一番よいと思われる。

・サハラとスタイロフォーム：サハラのほうが質が軟らかいので，茎の弱いドライフラワー（カスピア，カスミソウ，ハーブ類など）の作品をつくるのに適している。スタイロフォームは質が硬く前述したような花材はさしにくい。しかし，木の実などの重い花材を使うときにはサハラでは支えきれないから，スタイロフォームを使う必要がある。

グルーとボンド　グルーポットあるいはグルーガンは固形の接着剤を熱で溶かして接着しようとするもので，ほぼ瞬間的につくが，グルーのあとが目立ったり，糸をひきやすいということがある。ボンド（木工用）は乾いて接着するまで時間がかかるが，ボンドのあとは目立たない。目的に応じて適当なものを選ぶ。

保存

ストックルーム　遮光・密閉されていて温度が25℃以下，湿度は35％以下に保った部屋で保管すると品質は保たれる。必要に応じて除湿機能のある冷暖房エアコン，除湿機，扇風機などを使う。規模によっては乾燥室とストックルームを一緒にすることもできるが，切りたての水分を多く含んだ花を大量に入れると部屋の湿度は一時的に高くなり，その湿気が乾いた花に戻り，品質の低下をまねく。

乾燥した花は一束ずつ新聞紙でくるみ，段ボール箱に横に寝かせて入れ，ストックルームに入れる。ストックルームがない場合には，ドライフラワーを入れた段ボール箱を大きなビニール袋に入れ（乾燥剤を入れたほうがよりよい），陽の当たらない涼しいところに置く。

防虫対策　ドライフラワーにはときどき，虫（体長2mmくらい，メスのカブトムシに似た形で，「骨董屋泣かせ」，「ビスケットビートル」などと呼ばれる）がつくことがある。特にキク科の植物を好むようである。虫がついてしまった花は早くに処分するしかない。虫が発生しないようにするには低温に保つことと，2～3か月に一度バルサンなどで部屋全体を燻煙消毒することである。

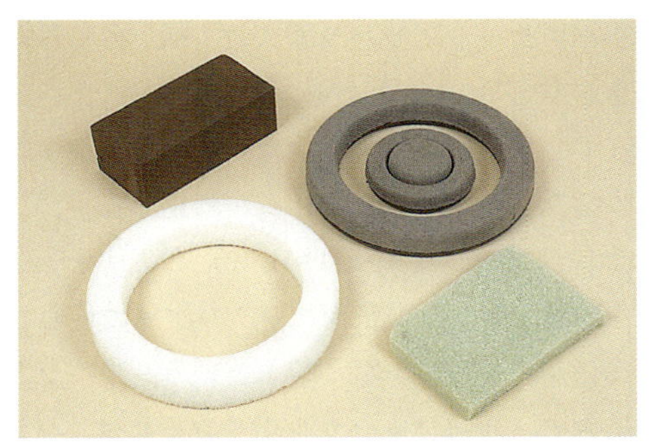

写真14　ドライフラワー作品に使う土台
上左：サハラ，上右：サハラリング，下左：リース用スタイロフォーム，下右：スタイロフォーム

ドライフラワーのバスケット，壁飾り，リース

ドライフラワーのバスケット

集合の美を楽しむドライフラワー　器としてバスケット（籠）を利用したドライフラワー作品を紹介する。ドライフラワー作品づくりには生花よりもたくさんの花材が必要になる。生花の場合は1輪1輪の美しさを楽しむが，ドライフラワーの場合は集合としての美しさを楽しむものといえるだろう。

なお，器にはバスケットだけでなく，陶器やコパー，テラコッタなどを使ってもよい。器や花材をさまざまに組み合わせることによって，多種多様な作品をつくることができる。

用意するもの　ドライフラワー（ユーカリ，スターチス，タタリカム，ラグラス，コバンソウ，バラ，ムギワラギク，センニチコウ），バスケット，サハラ，ワイヤー，リボンなど。

手順　ドライフラワーを利用したバスケットのつくり方を以下に紹介する。

①バスケットにサハラを入れ，No. 26くらいの太さのワイヤーで止める。ワイヤーでサハラを切ってしまわないよう小さな枝を置き，バスケットの編み目の間を通してしっかり止める。

②リボンのワイヤー（No. 22）にフローラテープを巻き，サハラの正面に，この作品の中心となる部分（フォーカルポイントという）のバラと一緒にさす。通常フォーカルポイントには，バラのように一番大きく美しい花を使い，見る人の視線をひきつけるようにするとよい。

バスケットのハンドルの少し後ろには，高さをつくるユーカリを入れ，だいたいの形をつくる。ユーカリはハンドルと同じ高さにならないように，高く，あるいは低くいける。また，少し後ろに倒したものをさすことで，広がりと奥行きをつくる。

③あとは生花のアレンジをつくるように，花材をサハラにさしていけばよい。アレンジメントに奥行きをつくるために，スターチスとタタリカムなどを中心部に深めに入れる。広がりの部分で短くするとバスケットの縁から花材があふれ出るような豊かな感じがなくなってしまうので，アレンジメントの底辺部分はユーカリと同じくらいの長さにする。

④高さと広がりをつくるようにコバンソウを入れる。1本ずつでは散漫な印象を与えるので，2本あるいは3本ずつさして印象を強める。

⑤ラグラスを同じように2～3本ずつ少し高さを変えて，組んでさす。

⑥バラをアレンジメントのときと同じ基本を守ってさす。フォーカルポイントに近づくほど花は大きく，間隔は狭くして，フォーカルポイントの部分で一番アレンジメントの厚みができるようにつくる。その後，ムギワラギクをバラと同じくらいの高さで，バラが入っていない空間を埋めるように入れ，さらに，センニチコウを少し深めに，しかし，スターチスやタタリカムよりは高く入れて，アレンジメントに奥行きと変化をつくる。

ドライフラワーの壁飾り

狭小空間を壁飾りで彩る　ドライフラワーの壁飾りは，壁面を有効に利用する花の楽しみ方のひとつである。ここではお正月（初春）のための壁飾りを紹介する。飾るのは1か月間くらいなので，生のヒバを使いそのまま乾燥させる。正確にはドライフラワーの作品とはいえないが，つくり方の基本は同じである。

用意するもの　ストラバスコーン（ストローブ松のマツカサ），金のペンキを塗ったマツカサ，ヒバ，リボン3種，水引（のし梅），赤い実，スタイロフォーム，モール，虫ピン，木工用ボンド，手芸用ワイヤーなど。

手順　ドライフラワーの壁飾りのつくり方は以下のとおり。

①完成時に土台の横が見苦しくないよう，土台

ドライフラワーのバスケットをつくる

1　バスケットにサハラを入れ，ワイヤーで止める。
2　フォーカルポイントのバラをさし，バラの下（中央）にリボンをさす。ユーカリでだいたいの形をつくる。
3　生花のアレンジのようにタタリカムとスターチスを深くサハラにさしていく。
4　2～3本ずつコバンソウを入れる。
5　ラグラスを2～3本ずつ組んでさす。
6　フォーカルポイントの部分に一番厚みが出るように花材をさす。

のスタイロフォームにヒバと同じ緑色のリボンを巻く。スタイロフォームに薄くボンドをつけてリボンを貼り，重ね目は虫ピンで止める。壁面側の角から竹串で穴をあけ，3の写真のようにモールを通して吊るすところをつくる。

②ストラバスコーンに手芸用ワイヤーNo. 22を2本あしらう。あしらったワイヤーに竹串を添え，一緒にフローラテープを巻く。ボンドをつけ，土台の下側にさす。

③ポイント・オブ・グロースはフラワーデザインの特徴的な考え方のひとつ。すべての花や葉が1点から出ているようにデザインすることで，その1点をポイント・オブ・グロースと呼ぶ。この作品のポイント・オブ・グロースは，土台の上から3分の1くらいのところにつくるとバランスがよい。ポイント・オブ・グロースからまっすぐ伸びて見えるよう，もうひとつのストラバスコーンとヒバを入れる。枝がさしにくい場合は竹串で穴をあけてから，ボンドをつけてさす。

④濃い緑のベルベットの上に金のリボンを重ねて結ぶ。リボンの足を長くして，デザインの流れをつくる。

⑤金のマツカサを4個，縦の流れに添うようにさし，左上（リボンの陰で見えにくいが）と右下に入れて，相対する動きをつくる。赤い実や水引を入れて，正月らしい華やいだ雰囲気をだす。

なお，フォーカルポイントが横から見てもデザインのポイントになるよう，一番高くつくるようにする。左右の枝や木の実は，壁にふれて，壁に溶け込むようにつくる。

ドライフラワーのリース

永遠の命を象徴するリース　リースとは輪状の飾りのことである。輪には終わりがないことか

ドライフラワーの壁飾りをつくる

1 出来上がった壁飾り
2 用意する材料
3 土台の横に緑のテープを貼り，吊るすところをつくる。
4 ストラバスコーンにあしらったワイヤーに竹串を添え，ボンドをつけて土台の下側にさす。
5 土台の上から3分の1のところにポイント・オブ・グロースをつくる。
6 リボンを重ねて結んだものをポイント・オブ・グロースのところにさす。
7 金のマツカサ，赤い実，水引で正月らしい雰囲気をだす。

1

2 3 4

5 6 7

ら，キリスト教では永遠の命を象徴するものとされてきた。リースというと，クリスマスの頃に飾られるヒイラギと赤いリボンのリースがまず頭に浮かぶが，これはキリストの愛を示す赤と，永遠の命・変わらざるキリストの教えを示す常緑樹でつくられている。

ドライフラワーのリースは，材料の取り合わせなどによってさまざまにデザインすることができ，一年中楽しむことのできる装飾品となる。ここでは土台にスタイロフォームを使うが，ブドウなどのツルを巻いたものを土台にしてもよい。

用意するもの　ドライフラワー(ムギワラギク，キバナセンニチコウ，マツ，タタリカム，シートモス)，スタイロフォーム，モール，リボン，木工用ボンド，ボンド用の皿など。

手順　ドライフラワーのリースのつくり方は以下のとおり。

①スタイロフォームの壁面につくほうはそのままにし，3の写真のように上面の中央を残して縁を削り，断面がカマボコ形になるようにする。

②壁に掛けられるように，モール（なければワイヤーにフローラテープを巻いたものでもよい）

ドライフラワーのリースをつくる

1 出来上がったリース
2 用意する材料
3 スタイロフォームの角を削り，断面がカマボコ形になるようにする。
4 壁にかけられるようにモールをつける。
5 シートモスで土台を隠す。
6 ワイヤーにボンドをつけて花材をさしていく。
7 細かいところはピンセットを使って作業するとよい。

1

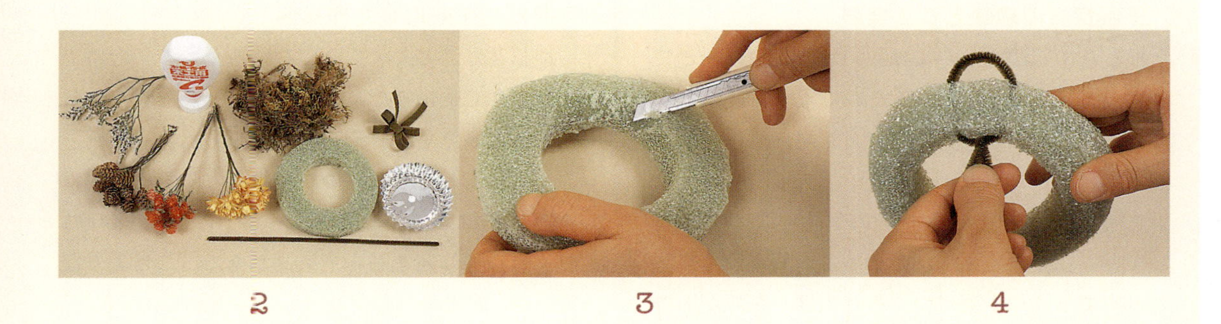

2　3　4

5　6　7

で吊るすところをつくる。壁面側の角から土台の上面に向かって竹串などで穴をあけ，モールを通し，ねじって止める。ねじったところは，ドライフラワーやリボンで隠す。

③シートモス（シート状に乾燥させた苔）で土台を隠す。苔を土台の上に全体的に広げ，短く切った材料にボンドをつけながら止めていく。

④リボンをまとめているワイヤーを短く切り，ボンドでつけ，さして止める。

⑤ムギワラギク，キバナセンニチコウは，生花のうちにワイヤー（No. 24または26）をさして乾燥させたものを使う。カラマツにもワイヤーをあしらっておく。それぞれのワイヤーを2 cmくらいに切り，ボンドをつけながらさす。タタリカムを3～4 cmに切ってさす。茎を斜めに鋭く切ると，ワイヤーをあしらわなくてもそのまま手でさせる。

手でさしにくい場合はピンセットを使う。どこも同じような太さに，花材の入り方も均等になるように仕上げる。

押し花

利用の歴史

王侯貴族の趣味として発展

押し花の起源は定かではないが，花を紙などではさんで乾燥・平面化するだけで誰でも簡単につくれることから，世界各地で自然発生的に生まれてきたと思われる。

古くは16世紀のイタリアの生物学者が標本として押し花をつくっていたという記録がある。また日本でも江戸中期につくられた押し花帳が旧豊岡藩主の古文書のなかから発見されている。

これらは植物標本としての意味合いが強かったが，やがてその美しさが人々の注目を集めるようになる。とくに近世ヨーロッパでは王侯貴族の趣味として発展し，イギリスのビクトリア女王も自作の押し花を額に入れて飾っていたという。

近年は押し花を作るための技術や表現方法も進歩し，自然の姿や色をそのままに再現するだけでなく，風景画調のもの，テキスタイルデザイン調のものなど，さまざまな押し花がつくられるようになった。モナコ王妃だったグレース・ケリーも押し花の愛好家として知られ，数多くの作品を残している。

そのように誰でも創意工夫により，自分だけのオリジナルな作品がつくれるのが押し花の魅力といえるだろう。

押し花を応用した作品例

押し花は，工夫次第でいろいろなものに応用でき，個人で楽しむだけでなく製品として販売することも可能である。押し花を活用した製品の例としては以下のようなものが挙げられる。

押し花はがき　はがき（あるいは便箋・封筒）の片隅に押し花を貼った製品がある。このような製品は，旅先からの便りとしてふさわしく，また，何かの折に文字では書きつくせない気持ちを伝える際にも利用されている。

押し花しおり　しおりも，土産品として利用しやすい作品である。台紙の表や裏に観光地の名前やその地に伝わる民話などの一節が書かれているものもある。また，プラスチックフィルムを使っ

写真1　押し花を応用したいろいろな作品

左上から，ろうそく，カード，手帳，しおり，はがき

額におさめた押し花作品

1

2

3

新聞紙を使った押し花づくり

1　四つ折りにした新聞紙の上にティッシュペーパーを敷き，花や葉を並べ，さらにティッシュペーパーをのせる。
2　一番下に板を置き，花材をはさんだ新聞紙を重ね，上にも板を置いて重石をする。
3　ティッシュペーパーではさんだまま，新聞紙だけを乾いたものと取り替える。

て押し花を傷や汚れから簡単に保護できるものも利用されている。

押し花ロウソク　少し太めのロウソク（できればロウソクの太さに対して芯が細く，穴をつくり，炎が沈むように燃えていくもの）に押し花を貼った作品は，炎が押し花を明るく浮き上がらせて見せ，とても素敵な雰囲気をかもしだす。野山の草花が移ろうように，押し花も時とともに色あせてしまうが，色あせてしまった押し花でも，ロウソクの炎を透かして見ると，また違った美しさが楽しめる。

押し花のカード，額　感謝の言葉を伝えるカード，バースデイパーティーへの招待状などにも押し花を使った製品がある。また，押し花を使った作品を額にしつらえたものも販売されている。

素材選択

素材選択のポイント

完成度の高い作品に仕上げるためには，素材選びが大切になる。まず，花の色・形がきれいに残っていることは最低限必要な要素だといえる。

また作品には何らかの特徴を持たせることが望ましい。身近には見ることが少ない珍しい花を使う，通常では色形の残りにくい花をきれいに押し花にする，デザインが素晴らしい，などである。

自分の趣味でつくるならコストはあまり気にする必要がないが，土産品として販売する場合にはコストにも気をつける必要がある。当然，単価の安いもののほうが気軽に買ってもらいやすい。高価な額を仕入れてデザインに意匠を凝らすよりも，友人知人への旅の土産としてまとめて購入してもらえるような価格設定にするほうが，効率がよいのではないかと思われる。

土産品として販売する場合は，リピートのためにどこで購入したかがわかるよう，包装やシールなどにも気を配りたい。最近ではパソコンを使ってオリジナルなシールを手軽につくることができる。創意工夫して楽しいものをつくろう。

押し花に向く花

水分が少なく，花びらの重なりが少ない小さめの花が，乾燥に時間がかからないので比較的きれいにできる。パンジー，ビオラ，ワスレナグサ，ノースポール，ラークスパー（ヒエンソウ），スプレーデルフィニウム，トレニア，コスモスなどである。

一方，一重のバラやカーネーションなど花びらの重ねの多い，厚みのある花は，花びらが取れない程度に萼（子房部分）を切り取ったり，半分に切って押したりするなどの下処理が必要になる。

製造方法

花の色をきれいに残す方法

押し花は手帳や電話帳に挟むだけでもできないことはないが，花の水分がページの間に封じ込められるため乾きが遅くなり，きれいな押し花にはなりにくい。花の色をきれいに残すには，できる限り早く水分を抜くことが大切である。ここでは新聞紙を使う方法，アイロンを使う方法，「押し花シート」を使う方法の3つを紹介する。

新聞紙を使う方法　新聞紙にはさんで水分を吸収させ，湿ってきたら新しい新聞紙に取り替えていく。新しい新聞紙に移すときに花材を痛めないよう，あらかじめ花材をティッシュペーパーにはさんでおき，ティッシュペーパーごと移すようにするとよい。

①四つ折りにした新聞紙の上にティッシュペーパーを敷き，花や葉をていねいに並べる。厚さが同じになるように，同じ紙の上には同じ種類の花や葉を並べる。並べ終えたら，その上にもう1枚のティッシュペーパーを静かにのせ，新聞紙をかぶせる。

②採集した花材を全部はさみ終えたら，湿気で床や机をいためないように一番下に板を1枚置き，その上に花材をはさんだ新聞紙を重ねて，一番上にも板をのせる。レンガ，百科辞典，漬物用の重石などで重石をする。重石は軽すぎると花や葉が波打ったようになり，重すぎると花や葉がつぶれてきたなくなってしまう。植物にもよるが，15～25 kgがよい。

③初めの1週間は毎日，ティッシュペーパーに花をはさんだままの状態で新聞紙だけを乾いたものと取り替える。その後は2～3日おきに，さらに2週間ほど新聞紙を取り替えればできあがる。ティッシュペーパーは替える必要がない。

なお，モミジやイネ科の植物は新聞紙を替えなくてもきれいに仕上がる。新聞紙は一度使ったものでも，乾かせば再利用が可能である。

アイロンによる方法　アジアンタムやシダ類など薄い葉のものは，アイロンだけで仕上げることができる。そのほかの花材については，新聞紙などを使ってある程度まで乾燥させたあとでアイロンを使うと，早く仕上がる。

①新聞紙の上に花材をのせ，上からティッシュペーパーと木綿の当て布をかぶせる。

②アイロンの温度は化繊布にかけるくらい（中～高温）に設定。当て布の上にアイロンを置いて，体重をかけるようにして押す。このとき通常のアイロンがけのようにアイロンを前後左右に動かすと，しわなどの原因となるので絶対に動かさない

1

2

アイロンを使った
押し花づくり

1　花材をティッシュペーパーにはさんで当て布をする。
2　中～高温にしたアイロンをのせ，上から体重をかけるようにして押す。

1

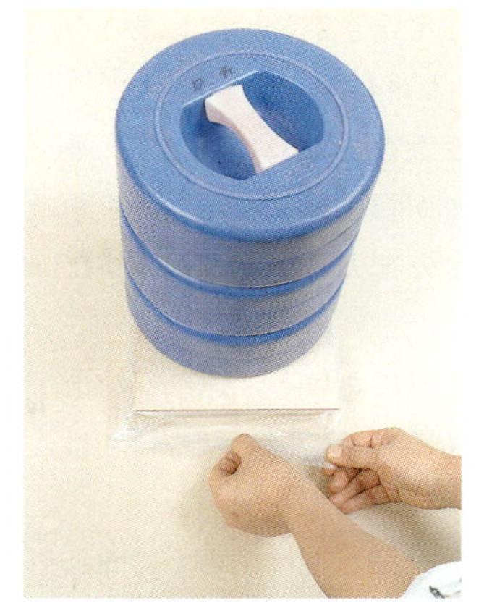

2

押し花シートを使った押し花づくり

1　押し花シート，ティッシュペーパー，花材，ティッシュペーパー，押し花シートの順で重ね，チャック付きのビニール袋に入れる。まだ袋の口は開けておく。

2　上下を板ではさみ，上から重石をのせてビニール袋の空気を抜く。空気が抜けたら袋の口を閉じて放置。5～10日で完成。

ことが大切。

③10秒ほどかけたらアイロンを上げ、植物から出る水蒸気をとばす。蒸気が出なくなるまで何回か繰り返す。

④かけ終わったら新聞紙にはさみ，重石をのせて1日ほどおく。

押し花シートによる方法　新聞紙を2～3週間，毎日交換するというのはなかなか大変な作業だ。こうした手間を省くために開発されたのが押し花シートである。布や紙に乾燥剤を封入したタイプ，吸湿性の高い化学繊維を使ったタイプなどがあり，手早く花の水分が抜けるよう工夫されている。ここでは恵泉女学園大学で開発した押し花シートを使う方法を紹介する。

①シートの上にティッシュペーパーを広げ，花や葉を並べる。その上にもう1枚のティッシュペーパーをのせる。この上に別のシートを重ね，たくさんの花がある場合には上記の手順を繰り返す。

②重ねた状態のシートに空気中の湿気が入らないようにチャック式のビニール袋の中に入れる。ビニール袋の上と下を板ではさむ。板の上に重石をのせてから，ビニール袋の中の空気を十分に抜き，袋を閉める。花材の含水量にもよるが，そのまま5～10日で植物はきれいに乾燥する。

このシートには次のような特徴がある。

・シート自体に適度なクッション性があり，花芯が厚い花材でも全体に均一な圧縮力を加えられる。

・花や葉のどの部分からも水分が急速に脱水されるので，色むらや縮みがなく美しく仕上がる。

・シートは再乾燥すれば何度でも使うことが可能（次ページ写真）。

・花材と乾燥剤は接触せず，乾燥剤の微粉が付着する心配はない。乾燥剤自体も人体に無害である。

再生乾燥については，ドライヤーを使う場合は，シートがすっぽり入る段ボール箱を用意し，箱の両側にドライヤーの風を送るための穴を開けておく。この箱の中に，シート間にすきまができるよう割りばしなどをはさんで，シートを重ね入れる。箱にふたをし，一方の穴からドライヤーで熱風を送り乾燥させればよい。

このほかアイロンやパネルヒーター，電気ごたつなどで乾燥させることもできる。

押し花での注意点

材料による押し方の注意点　たとえばツクシは胞子がかさの中にあるときに押すと，つぶれて緑のしみができてしまう。かさが開いて胞子が飛び出た後に押すと，きれいに色も形も残る。しかし時間がたってかさが乾いてしまうと，茶色く変色し，きれいな形に残らない。

ムスカリなど水分の多い花で，多少しおれても花形の崩れが目立たない花は，新聞紙などの上に広げて，水分を失わせてから押したほうがきれいに色が残る。

作品づくりにおける注意点　仕上がった押し花を作品にするときの扱いについては，次の点に留意する。

よく乾いた押し花は，薄くて壊れやすいので直接手で触れず，ピンセットで扱うようにする。また，押し花を貼るときには，花の色を変色させやすい有機溶媒を含まず，比較的乾燥の速い木工用ボンドを使う。しかし，ボンドの使いすぎは花にシミをつくる原因になるので，竹串かつまようじの先で，花の中心や葉の根元などにほんの少量つけ，デザインした花が動かない程度にとどめる。

押し花作品の保存

押し花の敵も湿気と紫外線である。美しい色と質を保つには低温下で保管することも大切である。でき上がった押し花はティッシュペーパーに挟んだまま密閉できる缶（湿気が入らないようビニールテープで止める）や，タッパーウェア，チャック式ビニール袋に入れて，冷蔵庫（3～5℃）で保管する。ドライフラワーと同様，虫がつくことがあるが，低温で管理することによって，それも防げる。

しおり，カード，葉書など，押し花の作品はそれほどかさばらないので，農閑期の時間に余裕のあるときにつくって冷蔵庫で保管しておき，必要に応じて店頭に並べるとよい。

1

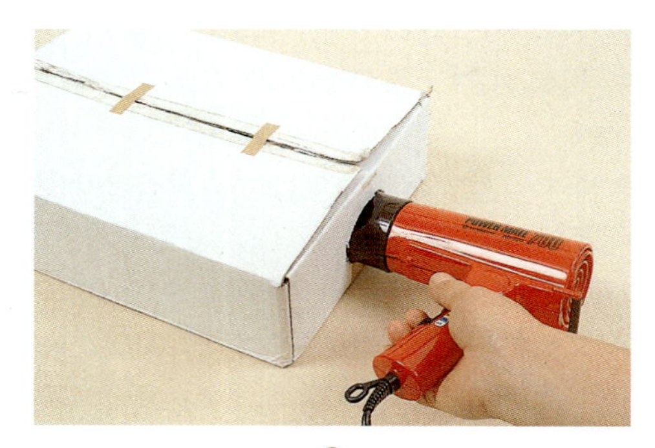
2

押し花シートの再生

1　両側に穴を開けた段ボール箱を用意。シート間に割りばしをはさんで重ね，箱に入れる。

2　一方の穴からドライヤーで熱風を送り乾燥させる。

押し花のカード，しおり，ろうそく

押し花カード

感謝の言葉を伝えるカードや招待状に押し花を使ってみよう。台紙の色や材質，花の取り合わせは目的に合わせて工夫する。花束風にまとめてリボンを貼ったり，絵を描いた中に押し花を貼ったりしても，おもしろい作品ができる。

用意するものは，押し花（数種類），カード用台紙，接着剤つきフィルム，枠（台紙と同サイズの厚紙に，デザイン部分の穴をあけた額縁状の紙），木工用ボンド，ピンセット，竹串，ボンド用の皿など。

①台紙の上に枠を置き，フォーカルポイントになる花を貼る。ボンドは花の裏全体に塗らず，花の中央の1点だけにつける。こうすればあとから自由にほかの花材をさし込むことができる。花弁の薄い花は，花びらではなく萼にボンドをつけると跡が目立たない。

②追加の花を貼っていく。フォーカルポイントの花と重なる部分は追加の花を下にするのが基本。ただし，少しの面積なら上に重ねることでデザインに奥行きをつくることができる。

③余白に自筆のサインを書き加えると作品らしくなる。

④仕上げに接着剤つきフィルムを貼る。フィルムが曲がらないよう台紙との間隔を見極め，まず1cmくらい貼る。静電気で花弁がめくれ上がらないよう気をつけつつ，フィルムを台紙からはがしながら貼っていく。張り終えたら完成。凸凹を目立たなくしたいときは当て布をし，低温のアイロンで仕上げてもよい。

押し花のしおり

市販のラミネートフィルムを利用して押し花のしおりをつくる。

用意するものは，押し花（数種類），しおりの台紙，ラミネートフィルム，ピンセット，竹串，木工用ボンド，穴あけパンチ，刺繍糸，ボンド用の皿など。

①しおりの台紙に押し花を貼る。

②台紙をラミネートフィルムにはさみ，専用のラミネーターで粘着させる。

③パンチで穴をあけ，刺繍糸などを通して完成。

押し花ロウソク

太めのロウソク（ロウソクの太さに対して芯が細く，火をつけると炎がロウの中に沈むように燃えていくもの）に押し花を貼ると，炎が押し花を明るく浮き上がらせ，素敵な雰囲気をかもしだす。時とともに色あせてしまうが，色あせた押し花も，炎を透かして見ると違った美しさが楽しめる。

用意するものは，押し花（ビオラ），少し太めのロウソク，木工用ボンド，刷毛，ピンセット，竹串，ボンド用の皿など。

①押し花を貼る位置を決め，押し花の面積だけ，刷毛でボンドを薄く塗り，押し花を配置する。

②押し花は正面の1か所だけに貼ってもよいし，表と裏の両面，あるいは周囲全面に貼ってもよい。

貼りたい押し花の面積だけ，ボンドを塗り広げ，押し花を貼る。

③貼り終えたら，仕上げに押し花の中心から四方に広げるように薄くボンドを塗って保護膜をつくる。もしロウソクがたくさんあるなら，ボンドを塗る代わりに，溶かしたロウの中をくぐらせて保護膜をつくると，より自然な仕上がりになる。

押し花はがき

はがきや便箋の片隅に押し花をあしらうのも風流だ。薄い和紙の裏面に粘着材を施した和紙ヒートシートを使うと和風の趣きがでる。

①はがきの上に押し花を貼る。

②和紙ヒートシートをのせ，アイロンをかける。

押し花カードをつくる

1 用意する材料
2 フォーカルポイント（焦点＝作品の出来上がりの中心となる部分）になる花を貼る。
3 追加の花はメインの花との前後関係を考慮しながら貼っていく。
4 全体の構図やバランスを考えながら配置する。
5 余白に自筆のサインを書き加える。
6 接着剤付きフィルムを貼る。端から少しずつ貼っていくと失敗が少ない。

押し花のしおりをつくる

1　用意する材料
2　デザインを考え，ボンドで花材を貼っていく。
3　ラミネートフィルムにはさみ，ラミネーターを通して完成。
4　完成したしおり

1　　2

3　　4

押し花ロウソクをつくる

1　用意する材料
2　刷毛でボンドを塗って押し花を配置する。
3　下の押し花に重ねて追加の押し花を貼る。
4　仕上げは上からボンドを塗って保護膜をつくる。
5　完成したロウソク

1

2

3

4

5

松

Pinus L.

植物としての特徴

マツの起源と分布

アカマツとクロマツ　私たちがマツとよんでいる樹木は，植物学的にはマツ科マツ属のなかでも，常緑で2枚の針葉をもつアカマツ（*P. densiflora*）とクロマツ（*P. thunbergii*）を総称したものである。もちろんこの両種の雑種であるアイグロマツ，アイアカマツも含まれる。

マツ科のなかにはほかにもモミ属，トウヒ属，カラマツ属などという多くの属があるが，これらはいずれも種名でよび，マツとよぶのはマツ科マツ属のこの2種だけである。

マツ科の樹木はおよそ1億5,000万年前に，陸続きであったベーリング海あたりで生まれた。環北極圏植物といわれ，北極圏をぐるりと取り囲むように北半球の世界に分布しており，南半球には自生していない。現在では南半球のブラジルでは，松脂採取を目的として栽培されている。

アカマツもクロマツも日本の固有種で，270万年前の化石が発見されている。アカマツの日本名は幹が赤褐色をしているところからきており，葉も細く別名を雌松という。クロマツの日本名は幹が黒っぽいからであり，やさしげに見える雌松に対して荒々しい感じがするところから雄松と呼ばれる。

表1　アカマツとクロマツの外観上の区別

	アカマツ	クロマツ
樹皮	赤褐色	暗黒色
冬芽	細く淡褐色	太く灰白色
葉片	細く短く柔軟	太く長く剛強
生育地	北方性・内陸型	南方性・海岸地方

マツの自生地　アカマツの分布は北海道（苫小牧市樽前山国有林ただ1か所），本州，四国，九州の各地方の主として内陸部にひろく分布し，南限は鹿児島県屋久島である。標高では本州，四国，九州の下限は1～4m，上限は長野県下の関東産地にある大山国有林の標高2,290mである。

クロマツの分布は本州，四国，九州で南限は鹿児島県屋久島・種子島である。生育地は主として海岸部であるが暖地では内陸部まで入っており，その生育地の最低地は標高0m，最高地は鳥取県大山国有林の950mである。

アカマツとクロマツの外観上の区別の仕方は，表1のとおりである。

マツは土地に対する適応性も高く，かなりの乾燥に耐える。岸壁上や岩石地，砂丘，荒廃原野など，一般に地味の瘦せた乾燥地でもよく生育でき，湿地でも陽光が十分だと育つ。

マツは陽光不足に耐えられない陽樹の樹木で，裸地に侵入しさかんに天然更新する。マツの植物社会での生態的位置は，新しい土地や森林が破壊されたときに他の樹木に先駆けて進出する先駆樹木である。

マツの形態的特性

アカマツもクロマツも常緑針葉樹の高木で，樹幹は直立または曲折する。樹高は30～35m，胸高直径60～80cm，大きなものは樹高50m，胸高直径250cmに達する。アカマツの樹皮は赤褐色，クロマツの樹皮は暗黒色，両種とも樹皮は幼木においては薄く，老樹は厚くて亀甲状に裂ける。両種とも枝は幼木においては輪生し円錐形の樹冠を呈するが，老樹では太い枝を水平に開くように出し傘状の樹冠をつくる。

マツの芽は長枝の先端につく（写真1）。これを頂芽という。頂芽のなかには多くの腋芽をつけている。マツの芽は頂芽だけで，他の位置から不定芽を出すことはない。頂芽は3月下旬から6月下

写真1　クロマツの新梢

旬にかけて一気に伸びる。頂芽が伸びて新しい枝となると，そこについていた腋芽も伸びて短枝と葉，または花となる。

針葉は短枝上に2個ずつ出て，基部に葉鞘がある。アカマツ針葉は，多少ねじれて細長く長さ7～12 cm，クロマツの針葉は，太くて濃緑色をして多少ねじれ長さは5～16 cmある。針葉は5～8月にかけてコンスタントに伸びる。

花は雌雄同株で，雌花は新梢の頂上にアカマツは2～3個，クロマツは数個つける。雄花は腋生で新梢の下部に多数つき，無数の黄色の花粉を出す。アカマツもクロマツも4月に開花し，翌年の10月に種子は成熟する。アカマツの種子は倒卵状菱形で灰褐色または黒褐色をしており，長さは4～4.5 mm，幅2～2.3 mmで，種子の長さのおよそ3倍の翼をもつ。クロマツの種子は倒卵形または菱状楕円形で，その長さは5～6 mm，幅2～2.3 mmで，アカマツと同じように種子の長さの約3倍の翼をもつ。アカマツもクロマツも，全体に樹脂をもつ。

マツの細根は菌根菌と合体し特殊な組織を形成しており，マツタケ菌と合体したものはマツタケを発生させることがある。

利用の歴史

花粉分析からの報告によると，本州，四国，九州でアカマツ花粉が優占する時期は，西暦500年ごろからで，さらに急激に増加するのは鎌倉時代以降とされている。江戸時代中ごろ以降の里山は，ほとんど松山となっていたと考えられている。

日本産の樹木のなかでマツは，まれにみる利用価値の高い樹木である。根から幹・枝葉まで余すところなく日本人は利用してきた。松材は強靭で耐久性にすぐれているので建築用材（構造材，内装材），杭，橋材，器具，電柱，枕木，坑木（炭鉱，鉱山），割箸，下駄などのほか，枝葉は薪炭材とされた。山地のアカマツはマツタケを，砂浜海岸のクロマツは松露を発生させ，食生活に潤いをもたらせてくれた。

建築材としてマツが使われたのは縄文時代であり，鳥取県湖山池の東側にある布勢遺跡から丸太が出土している。弥生時代中期～後期になると大阪府の鬼虎川遺跡から柱が4件，同府の若江北遺跡から掘立柱の根が2件出土しており，松材が建築用材としてこのころから使われていた。松材の丸木舟が青森・茨城・千葉・埼玉県から出土しているが，出土層準（2つの近接した地層に挟まれた面）が不明なので，製作年代は不明とされている。

マツはスギやヒノキと違って斧や楔での木割りが難しく，細工も扱いにくいので，板材として広く使われるようになったのは，縦引き鋸と台鉋が現われて以降のこととされている。

松炭は和炭（にこずみ）といわれ，平安時代中期の『延喜式』にも記されている。

マツは樹脂をたくさん含んでいるので，材がいわゆる肥松（こえまつ）となる。肥松を小さく割り束ねて松明（たいまつ）をつくり，夜の照明とした。また肥松を燃やすときに出てくる煤（すす）を集め，にかわで練って松煙墨（しょうえんずみ）をつくった。

松明が夜の外出のとき用いられたことを，平安時代の『枕草子』の「内裏の局」の段は，11月に行なわれる賀茂祭りのとき「主殿寮（とのもり）の官人，長き松明（まつ）を高くともして，頸は引き入れていけば」と，官人が長い松明をともして祭りに出かけるありさまを記している。

松煙墨については，『古今著聞集』巻第三に，後白河院が熊野詣途中の藤代宿に泊まったとき，紀伊国の国司が松煙を持ってご機嫌伺いにきたことが「国司松煙をつみて，御前におきたり」と記されている。当時は松煙墨のことを単に松煙とのみ称していた。後白河院は藤代産の松煙墨に馴染みがなかったので，どのような品質であるかを右大将に試させている。

用途と製造法

松材の利用

松材はむかしから建築土木工事に多く用いられてきた。アカマツ材の外観をみると心材は帯黄淡褐色，辺材は淡黄白色で，春材秋材の移り変わりは急，木理はだいたい通直，肌目は粗い。生節が出やすく，脂壺がよく現われている。心材の水中の保存性は高く，辺材は青変菌などで着色しやすい。クロマツはアカマツよりも辺材部が多いほかは外観がよく似ていて，製材品では素人目には区別しにくい。

松材が建築材として用いられているものは，梁，桁，胴差し，火打ち梁という水平に使われる部分で最も優れた材料として，全国で広く使われている（建築構造材の名称はスギの項参照）。また床板が乗る大引き，根太などの部材にも松材は適材で，造作の敷居にもマツはよく使われる。しかし樹脂が少ない良材からの柾目のものは敷居，鴨居，長押（なげし），落掛（おとしがけ），天井廻縁（まわりぶち），天井棹縁（さおぶち）などに用いても上品である。また柾目取りした垂木や板は，材の面が滑らかで艶があり，拭きこむに従って光沢が生じてくるので賞用される。幅の広い板は床板にも用いられる。原料を一度パルプ化し，その繊維を熱圧して成形した繊維板の原料としても，マツは大変優れた材料である。

マツには林業家の間で有名松と称される優良な材を出すマツの産地があった。北から順にあげると，甲地松，御堂松，東山松，白旗松，津島松，諏訪森松，霧上松，大山松，滑松，大道松，茂道松，日向松，穆佐（むかさ）松，霧島松，これ以外にも良質のアカマツ材とされるものに那須野松，刈安松がある。なかでも山口県の滑松は，昭和40年代に建設された皇居の昭和宮殿の内装材にされたこ

写真2　根引松を使った門松

とで，優れた材であることが認められている。

松材を製材せず丸太のまま使用するものに，赤松皮付磨丸太がある。アカマツの天然林の密度の高い林の中で，樹幹がまっすぐで枝下が長く枝跡がよく回復していて，材質が堅く緻密で，樹皮が平滑なものを選ぶ。用途は，太いものは主として床柱，または落掛あるいは床框（とこがまち）とし，細いものは茶席や本屋の垂木として用いる。

稚樹や枝の利用

正月に訪れる歳神様の依代（よりしろ。神霊が依り憑く対象物）となる門松は，地方によって根引した若松を用いるところや（写真2），竹や梅と組み合わせて松竹梅として用いるところがある。どちらも3～4年生の若松が用いられる。大きなものになると10年生程度の稚樹が用いられる。門松が詠われるのは平安時代後期の「堀川百首　除夜」に藤原顕季（あきすえ）が，「門松をいとなみたてるそのほどに…」と詠んでおり，そのころには京の街では門松をたてる風が行なわれていたことがわかる。

枝と幹を一緒に使うものにマツの生花がある。生花は仏前に花を供えることから始まっている。マツは繁栄を意味する目出度い木とされているところから，正月を飾る生花には欠かせない材料となっている。生花のマツは，マツだけのこともあるが南天，椿，水仙，柳，梅，牡丹と合わせてもどれもよく似あう。奈良東大寺大仏殿の立華には，真としてマツの若木が使われている。室町時代につくられた生花の本の『仙伝抄』には，12か月の花として月ごとの花が決められ「正月，松」とあり，五節句の花では「正月一日は松」とされている。

マツの盆栽

盆栽の樹木の王者はなんといってもマツである。平安時代の寝殿造りの庭の中心には必ずマツが植えられ，そのマツは名所の風景を縮小したものであった。江戸時代に入って，庭のマツをさらに凝縮して植木鉢に植え部屋に入れて観賞できるようにしたものが盆栽である。

写真3　マツの寄せ植え盆栽

盆栽のマツには，クロマツ，アカマツ，ゴヨウマツ，錦松，杜松などがあるが，クロマツの盆栽が代表とされる。クロマツは非常に丈夫で，寿命も長く数百年の樹齢を保つといわれている。どんな場所でも栽培でき，風雨や霜雪にも強く，盆栽に必要な刈込みにもよく耐え，病害虫が比較的少ないという特徴をもっている。クロマツは長く培養するほど樹格があがり，愛好者も多い。

松盆栽を手づくりするには，山や野に生えている松苗を抜いてきて鉢に植えることから始まるが，難しい。手づくりを楽しむには，鉢に松の種子をまき，発芽から育てるほうが愛着がわく。種子をまく時期は春で，ウグイスの初鳴きのころがよい。だいたい3月下旬から4月上旬である。何粒かを一緒にまき，2～3年目に間引いて1本にするか，寄せ植え（写真3）にするかを決めればよい。

松脂の利用

松脂の生産と用途

松脂（まつやに）はマツ科マツ属の木から分泌される天然樹脂のことである（写真4）。特有の芳香があり，主成分はテレピン油とロジンで，蒸留によって分離される。松脂はクロロホルム，酢酸，エーテル，アルコールなどに溶ける。水溶性の成分は少ないので，蒸留工場では貯蔵槽に入れた松脂の表面に水を張り，揮発成分であるテレピン油の気化を防いでいる。松の木の下に置いていた自動車に松脂が滴っていたときは，アルコールで拭けば取れる。

写真4　自然に流出した松脂

松脂の採取は，産業的には主に夏場の成長期のマツ科マツ属の樹木の幹の表面を刃物でV字型に傷をつけ，滲みだしたものを碗，缶，ポリ容器などに集めて採る。幹からにじみだした直後は透明で粘稠な液体で，これを生松脂という。だんだんと揮発成分のテレピン油がなくなって粘性を増し，ついには白色固形の物質を析出する。

日本での松脂の生産は第一次世界大戦後から始まり，前の戦争時には軍需用が重視され増産政策がとられたが，松は神聖なものと考えていた日本人は，戦争協力という国策に泣く泣く松を傷つけたものであった。戦後は復興という目的のため1965（昭和40）年まで細々と生産されたが，そこで途絶え以後は全く行なわれていない。最近国宝に再指定された松江城石垣上の松に，松脂採取の傷跡をみたことがある。

現在の主な松脂生産国は，中国，アメリカ，ブラジルである。中国やブラジルでは松の幹に傷をつけてしみ出した松脂を採取しているが，アメリカや北欧は製紙工場でクラフトパルプをつくるときに副産物として出る粗トール油を精製することで，トールロジンと硫酸テレピン油または亜硫酸テレピン油などを生産している。

松脂の用途は，精製し加工された製品は主にインキ用樹脂，合成ゴム用乳化剤，製紙用ロジンサイズ剤（にじみ止め），接着・粘着剤，香料，食品添加物，医薬原料に使用されている。そのほか，バイオリンなどの弦楽器の弓に塗布して音を出やすくする，滑り止めとして野球のロジンパックやハンドボールの滑り止め，バレエのトウシューズのつま先の滑り止めなどがある。ロジンは膏薬の粘着成分とされており，かつて松脂は粉末にして腫物，肩こり，筋肉痛，凍傷，咳止めなどの薬として用いられていた。

松脂の各種利用法とつくり方

松脂ろうそく　松脂ろうそくは平安時代終わりごろから使われ始めた。それ以前は蜜ろうそくであったが，輸入されなくなったために松脂に変わった。江戸時代になって櫨（ハゼ）の実からのろうそくがつくられるようになったが，東北や中国地方では明治末期まで松脂ろうそくが使われたという。

つくり方は，松脂を集めて，湯に入れ軟らかくし，こねて棒状にし，竹皮，笹の葉などで包んだ。竹筒などに入れて灯した。大きさも径13～35 cmまであり，一本で30分から1時間は点灯できたという。

松脂キャンドル　松脂をそのまま使うものとしては，野外の夜間照明用として松脂キャンドル（ろうそく）がある。キャンプやサバイバルのときに携帯できる。

つくり方は穴をあけた木の棒に，松脂を詰めるだけのことである。火口を松脂キャンドルの上に乗せて点火し，しばらくすると松脂がとけ，揮発成分が気化して燃焼を始める。はじめのうちは火口だけの燃焼なので，手で風をさえぎって炎が安定してくるのを待つ必要がある。松脂に点火すれば炎は安定し，少々の風では消えることはない。

金属板加工の固定　松脂が熱すると軟らかくなり冷めると固まるという性質を利用して，薄い小物の金属板の彫りや打ち出しなどの装飾品を加工するとき，金属板を固定するのに用いる。熱して柔らかくした松脂の塊に金属板を押し付けると，複雑な形でも密着するので，固まると軟らかめの当て金のような役割をしてくれ，鏨（たがね）を使って模様をつけたり，動物や植物のような自由曲面の多い形を表現したりするときによく用いられる。いわば金属用の粘土のようなものである。

松葉の利用

松葉の効用

松葉は仙人の食べ物で，中国の古い書物の『列仙伝』，『神仙伝』には，道士に松葉を食べることを教えられ，仙人になる話がある。戦後のこと松葉の食餌用法として，松葉食の流行があり，松葉を飯に炊込むことも行なわれたという。長野県安曇野では，松葉味噌というものがあり，桃の花の咲くころ，大豆を炊きアカマツの芽を入れて仕込むと，風味のある不老長寿の味噌ができるといわれている。

大本教ではマツを神木とし，全国各支部の集会では松葉を煮た汁をお茶代わりに飲むといわれる。松葉の干したものをお茶葉代わりとしており，これを飲むと不老長寿の利得があるといわれている。松葉を食べるとよいことは，古くから言われているが普及していない。10日や半月くらいでは思ったほどの効果がでないため，現代人はせっかちなので，ほとんどの人が本当に効いてくるまで続けず，途中でやめてしまうから，効果を疑うのである。

松葉の利用としては，松葉食，松葉酒，松葉ジュース，松葉茶などがある。松葉の成分には，ビタミンA・C・K，カルシウム，鉄，葉酸（クロロフィル），ケルセチンなどを含んでいる。これらの有効成分は葉の表面の蝋質（松脂）の部分に多く含まれている。効用としては血管壁を強くし，血圧を下げ，高血圧や脳卒中を予防すると考えられている。さらに葉酸には抗ガン作用があるといわれる。

松葉の各種利用法とつくり方

松葉ジュース　人によってつくり方が少しずつ違っているので，3種類記す。

その一つはアカマツのその年の春出た新しい葉を採り，はかまの部分を落として水洗いし，3つ4つに切り，一升瓶に水を半分または8分目ぐらい入れ，砂糖300gを入れて振り混ぜ，次に松葉を詰め込む。水が瓶の細首近くに昇るまでを限度とする。この場合，砂糖と水の分量が少なければマツの味が濃くなり質はよくなるが，慣れないう

1

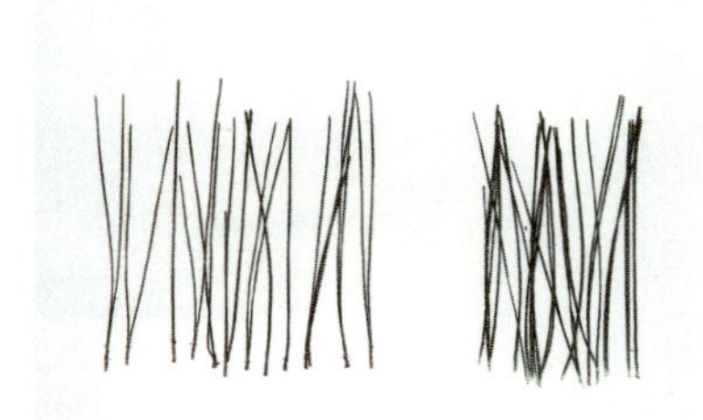

2

3

4

松葉ジュースのつくり方

1　用意するもの：空き瓶，じょうご，砂糖，松葉，水
2　松葉のはかまを除く。左が，はかまのある松葉
3　はかまを除いた松葉をよく洗う
4　よく洗った松葉を瓶に入れる。水を8分目くらい入れ，砂糖を加える。少し瓶を振ると砂糖が溶けて水となじむ。栓をして静置する

1 2 3

4

5

6

松明づくり

1　用意するもの：肥松，持ち手にする芯の棒，麻ひも
2　肥松をまず2つに割る
3　さらに肥松を小割りする
4　小割りした肥松を芯の棒の周りに並べる
5　芯の棒を中心にして肥松を巻きつけ麻ひもで縛る
6　麻ひもで約3cm間隔で固くしばって仕上げる。肥松の先端をつぶしておくと着火しやすい

ちは飲みにくいから適宜加減すればよい。次に割箸を折って栓をする。コルク栓だと発酵したとき爆発する危険性がある。日中は日当たりのよいところに置き，夜は温かい室内に入れる。発酵は夏なら10日以内，冬だと20日を超える。松葉は瓶に入れたままにしておくと，発酵して次第に黒褐色に変色し浮いてくる。そのままにしておいてもよいし，布で濾して他の瓶にかえてもよい。できたてはあまりうまくないが，時がたつにつれてうまくなる。

二つ目は，梅雨明けの晴れた朝に松葉の新葉を採る。その前に水を沸騰させ，一升瓶の場合だと砂糖200gくらいを溶かして，人肌程度まで冷やしておく。採ってきた松葉は，はかまを取ってよく洗い，瓶が一杯になるまでぎゅうぎゅうに詰め，瓶が9割がた満たされるまで砂糖水を入れる。その瓶を直射日光が当たる場所で2日間，曇りの場合だと3～4日間置いておく。1日中太陽にさらしておくと，少し水が濁ったようにみえる。2日目には泡が出てくるし，水は濁り始めている。飲むと甘くさわやかな松の香がする。

三つ目は，はかまを取った松葉を洗って瓶に入れる。そこに砂糖と水を加え，栓をして直射日光の当たらない場所に置いておく。だいたい2週間目くらいから飲めるが，1年ぐらいおくといいらしい。砂糖の量は一升瓶で茶碗に1杯，水は松葉がかぶるまで注ぐ。1年以上おく場合は，砂糖の量を茶碗2～3杯に増やす。ぶくぶくと発酵してくるので，ときどき栓を抜いてやる。これを茶こしで濾してそのまま飲む。老人が就寝前に飲むと，夜おしっこに起きず熟睡できる。体がぽかぽかしてくる。

松葉酒　果実酒をつくる要領で松葉酒もつくれる。一升瓶にホワイトリカーを800 cc入れ，砂糖300 gほどを加えて溶かす。松葉の量は，砂糖水ともに瓶の8分目くらいにする。あまり一杯に詰めると，松葉が発酵するとき，瓶が破裂することがある。瓶の栓を固くしめ，陽光の当たる場所に夏なら1週間，冬なら20日間ぐらいおいて温める。夜は室内の暖かい場所に置いておく。松葉酒は腐敗しないから，夏に1年分つくっておくとよい。

松葉風呂　青松葉を小さく刻んで風呂に入れたものである。湯が薄い松葉色になる。松葉の風呂は，高血圧によいといわれる。また湯上りは爽快で，疲れた足が元気をとりもどす。松葉を煎じた湯にシモヤケなどの凍傷部を浸して温めると，シモヤケが治る。

肥松の利用

樹脂分に富む肥松　肥松（こえまつ）とは，マツの幹や根の樹脂分が多く含まれている部分のことをいい，辺材（いわゆる白太）や心材の色に比べ，飴色にみえる。古くは続松（ついまつ）といわれ，松明と同義であった。なお，コエマツと呼ぶのは関西に多く，東北ではアブラマツ（油松），関東ではヒデマツ（秀松）と呼ぶところが多い。

幹の肥松は建築用材の柱や床板に，あるいは盆や茶托などがつくられ，根っこでは主として松明（たいまつ）がつくられた。1955（昭和30）年代までは根の肥松は乾留され，松根油と松根タールがつくられ，副産物として松炭ができた。松根テレピン油は塗料溶剤，薬局方クレオソートなどに，タールは選鉱剤，防腐剤などに，松炭は燃料や日本刀鍛造用に使われた。

優れた日本刀を鍛造するには，1ふり15 kg入りで50俵の松炭を必要とした。日本刀と松炭は切っても切れない関係にあった。マツの木を焼いてつくった質の柔らかな松炭は鍛冶屋炭ともいわれ，高温に燃え上がり，町や村の鉄工業の鍛冶屋が必ず必要とした資材であった。

松明のつくり方　松明（たいまつ）をつくる基本は，肥松を細く長く割り，何本か集めて縄で縛ったものである（492ページ）。火を灯して携帯する場合は，肥松だけでは燃え尽きる前に短くなって火傷をするので，適宜棒をつけて持ち手とした。肥松だけでなく，肥松の束を芯にして，細く割った竹で周囲を巻き，縄で縛ったものもある。松明の長さは短くも，長くもできる。

松明は今でも神事，虫送り，厄除け，葬送，芸能，法要などに使われる。神事では，和歌山県那智大社の那智の火祭り，静岡県秋葉神社の秋葉の火祭りなど，法要では奈良東大寺二月堂お水取りなどが有名である。それぞれの行事に合わせて使う松明のつくり方は異なるが，いずれも基本形を応用している。

素材の種類・品種と生産・採取

種類・品種

二葉のマツはアカマツとクロマツに分かれる。アカマツもクロマツも品種と区別するほどの相違はない。木材生産を目的とするアカマツの場合は産地の気象条件，土壌条件などによって，多少の違いがみられるくらいである。クロマツの地域差はほとんどない。

アカマツにウツクシマツ（美松）という品種が一つある（写真7）。滋賀県湖南市平松字美松のごく限られたところにあるマツで，全国でただ1か所ここに自生している。ウツクシマツは根元から30 cmあたりから枝幹が2～8本に分岐し，笠状の樹冠をつくる。樹形は枝幹の数によって異なり，おおよそ5種類に分類される。自然繁殖する。古くから里人はこの地にある松尾神社の神木として尊重していたが，現在は天然記念物に指定され保護されている。

ウツクシマツに似た樹形のマツに，タギョウショウ（多行松）があるが，こちらは接ぎ木で繁殖し，公園などに植えられている。クロマツの変種とされているものに錦松と呼ばれるものがある。樹が小さくても種皮が亀甲状で厚くて剥げ，奇妙な外観をしており，盆栽として珍重される。瀬戸内海のある島で産するといわれる。

写真7　美松の樹姿

生産と植林・造林

マツの林業地　現在アカマツ林業地として知られているところの一つは，中国地方の名峰大山の西側山麓にある鳥取県大山町の大山赤松林業地で，約1万haの広がりをもっている（写真8）。古くから優良な長大赤松材が産出されることで有名であった。

一時期，先の戦争時や戦後の過剰な伐採が行なわれたため，すぐれた赤松林は全国的にほとんど見られなくなっていた。ここの赤松林は，天然性のものと人工植栽のものと両方が入りまじっており，所有者に尋ねないと外見からは判別できない。大山赤松は枝下が長く，幹は通直という優良な樹形をしていることが特長で，見た目も美しい。樹皮は淡赤褐色でうすく，亀甲型に割れる根元部分の厚皮部は割合少ない。材の赤みは，普通の赤みより濃くオレンジ色に近く，年輪幅が小さく目が詰まって，樹脂の含量が少なく，それに直幹部が長い。大山赤松は京阪神を中心にブランドになっており，価格は高い。

もう一つは，岩手県北部の青森県に近い久慈市から洋野町種市にかけて広がる南部赤松林業地である。そのうち久慈市北部の丘陵地域の侍浜に生育する赤松天然林は侍浜松とよばれ，有名松に数えられ利用されてきた。南部赤松の系統で，材の目が詰んで年輪がはっきりと現われ，光沢があって樹脂が少なく，軽いので，品質良好とされてきた。現在は樹齢の高い松林はほとんどなくなり，間伐が行なわれる若い林がほとんどになっている。アカマツの生育に適した土地でよく伸びるため長材がとれるが，材質は白太が多く赤みが少ない。

生育環境と松くい虫被害　かつては青森県の北端から南は九州の屋久島に至るまで，アカマツをみない都府県はなかった。赤松林の面積は日本産の針葉樹のなかではスギ・ヒノキよりも多く，最大のものであった。アカマツは土地に対しても気候に対しても非常に適応性の強い陽樹なので，その分布面積は年々増加の傾向をたどるであろうと予想されていた。

アカマツの土地に対する適応性の事例に，本来はクロマツの生育地である海岸部に進出したアカマツに，福井県敦賀市の気比の松原がある。この松原は江戸時代の若狭小浜藩有の赤松林で，林床に松茸が生え，地元の人は落松葉を利用させてもらい，小物成（税の一種）として毎年松茸を領主に納めていた。また京都府の天橋立では，橋のように海面に細く伸びる陸地のマツはアカマツとクロマツが混交している。

このようにアカマツは陽性で各地に二次林として生育していたが，昭和40年代（1965～）から急激に広がったマツノザイセンチュウ病（俗にいう松くい虫）の被害で，マツの生育の中心地であった中国地方から近畿地方にかけての赤松林はほとんど被害にあって，標高の高いところくらいにしか存在していない。赤松林の残っているところは，松茸生産のためや，あくまで松林業を存続させたいとして，薬剤の空中散布を続行しているところである。松くい虫被害は，どんどん日本列島を北上し，青森県を窺うまでになっている。

松林をつくる方法　松林をつくる方法には二通りある。

一つは，山に松苗を植え，夏季に繁茂する草木を刈り払って，陽光を苗木に十分当てるなどの手入れをして育成する人工造林である。松苗も二通りのものがあり，畑に種子をまきつけて，手入れを行ないながら養成する方法と，山地に集団的に発生している松苗を掘り取って，植え付けていく方法とである。

もう一つは，天然更新といって，伐採や山地崩壊などで山地の樹木がなくなり裸地になっているところに，マツの種子が飛んできて芽生え，生育していくという自然の営みに委ねて松林を造成していくというものである。この方法では林を伐採するとき，母樹といって種子をあたりに供給する樹木を残しておくことがある。アカマツもクロマツも種子は翼をもっているので，風に乗り遠くまで飛散する性質を利用して，松林を造成する方法である。「後は野となれ山となれ」という言葉があるが，まさに伐採して裸山にしてもマツの種子が遠くから飛散してきて，いつの間にか松林が出来上がっている。

写真8　大山赤松林から生産されるマツ丸太

松林の10年生程度だと樹高は3mくらいで，大きめの門松や大寺院の立華の真（生け花＝立華の中心におくもの）としては利用できそうだが，松材としては無理である。30年生で樹高は10～15m，胸高直径で16～22cmとなり材としてはまあまあの太さだが，未熟材と考えられる。40年生で，一応なんとか住宅用材として用いてもよいだろうが，材には白太の部分が多い。樹木というものは，なかなか成熟しないものである。

建造物の構造材や内装材として良材とみられるようになるには，さらに年数を経る必要があり，80年から100年という歳月がかかる。松は早期に材木に活用できる樹木といわれるが，良材として評価されるまで成熟するには，人間の世代でいえば3世代もの年数をかけなければならない。

平成23年のアカマツ・クロマツ材の全国生産量は95万m^{3}で，樹種別の順位はスギ（965万m^3），カラマツ（242万m^3），広葉樹（230万m^3），ヒノキ（217万m^3）に次いで第5位である。このあとに，エゾマツ・トドマツ・モミ・ツガなどが一括された針葉樹（77万m^3）がつづく。マツ材の素材生産県の順序は，1位：岩手県，2位：青森県，3位：福島県であり，松くい虫被害の少ない東北の諸県となっている。

水木

Cornus controversa Hemsl.

植物としての特徴

ミズキは，ミズキ科の各地に普通に見られる落葉中高木で，樹高10～15 m，胸高直径30～40 cmになるが，まれに樹高20 m，直径70 cmに達するものもある。学名は*Cornus controversa* Hemsl.であり，英名はGiant dogwoodである。日本での地方名には，みずのき，だんごのきなどがある。

樹形は独特で通直な幹に階段状に枝が輪生し，1生長期に1段ずつ伸び，水平に近く展開する（写真1）。5～6月に白い花を群生し，7～8月になると直径5 mmくらいの緑の丸い実を多数つける。果実の成熟は10月頃で色は熟度の具合により緑～淡ピンク～濃ピンク～黒紫色と異なる。葉は互生で広楕円形または広卵形，長さ5～12 cm，幅3～8 cm，鋸歯はなく，表面は光沢があり深緑色でほとんど無毛，裏面は平伏した灰白色の伏毛あり，帯粉白色である。陽樹であり根は浅根性。適地は山腹の北～東斜面下部，緩斜地の適潤または弱湿性の土壌の深い肥沃地で，最深積雪1 m以下，標高500 m以下で生長がよい。

写真1　ミズキの樹形

名の由来は，春先に切ると多量の樹液を出すことによる。品種として，葉に白斑が入るフイリミズキ，小枝が緑色のアオミズキがある。

利用の歴史

農商務省山林局が編纂し，大日本山林會から1912（明治45）年3月に刊行された『木材の工藝的利用』によれば，ミズキが「材色白く清潔の感を起さしめ又彩色に適するを利用」して，柳箸，玩具挽物，喫煙用パイプに利用されていることがわかる。また，「材精緻にして工作容易なるを利用」して，挽物（柄類，花立，台類，組紐［ボビン］，糸巻，ラムネ玉抜，紡績用木管），下駄，看板，漆器丸物木地，洋傘柄，刷子木地などに利用されている。さらに，「材の負担力を利用」したものとして荷棒，馬鞍などがあげられている。

用途と製造法

木目は細く細工しやすい。心材・辺材の区別がなく年輪はやや不明瞭である。材色は白色，淡黄色で，加工性，塗装性がよいため木工芸品材料として広く利用されている。

建築材，器具材，彫刻材，ろくろ材など用途は広いが，現在は主として，こけし材，玩具，テニスのラケット，郷土民芸品などに用いられている。こけし・こまは小径木の芯持ち材を使用する地方が多いが，大径木を四ツ割にして芯去り材を使う地方もある。テニス用ラケットには2 mm厚の板を貼り合わせて使用している。

ミズキで小正月のお飾り「削掛け」づくり

群馬県中之条町大塚地域の家々では，小正月のお飾り用として，ミズキを材料におのおのが「削掛け（けずりかけ）」をつくる（写真2）。そのつく

写真2　小正月飾りにされる「削掛け」
（群馬県中之条町）

り方を取材したので，ここで紹介したい。

ミズキの採取　かつて，ミズキは1月2日のヤマイリの日に山へ採りに行った。3年生のミズキが最も適している。

乾燥　採取したミズキは樹皮を剥いて日陰で1週間ほど乾燥させたのち，天日で少し干す。乾燥しすぎていると削りが切れ，乾燥が足りないとうまく縮れないので，乾燥具合が重要となる。

専用のナタによる製作　ハナをカク（削る）のに用いるのは，ハナカキナタと呼ばれる専用のナタ。力を入れず，リズムをつけながら手前に引いて削る（写真3）。

素材の種類・品種と生産・採取

北海道，本州，四国，九州の山地に自生し，南千島，朝鮮，台湾，中国からヒマラヤまで分布する。天然広葉樹林の中で，イタヤカエデ，トチノキ，ホオノキなどと混生しているが，森林の開発などにより減少傾向にある。

材質の特性から，こけし，こまなどの木工芸品の原木として，各地で造林がすすめられるようになった。このため利用に最適な材の基準を満足する人工林の育成が期待されている。苗木は実生や山引き，挿し木により養成する。植栽は2月下旬から4月上旬，寒冷地はこれより遅れる。植栽密度は山地でha当たり3,000本，畑跡で4,000本が標準である。

初期生長が遅いので保育作業はていねいに行なう。下刈りは3年生までは年2回，その後1回刈りとし5年ぐらい行なう。利用上無節が要求されるので，枝打ちは枝径が3cm以下の細いうちに実施し，切り口には殺菌剤を塗布する。病害虫は幼樹木に，とうそう病，うどんこ病，コウモリガによる食害などが発生するので注意を要する。

ミズキ林の造成には他に天然下種更新や萌芽更新がある。

宮城県の鳴子地区，白石地区は伝統こけしの産地で芯持ち材を使用するため大径木は不適とされ，樹齢20～25年，直径5～12cm（年輪幅6mm程度），長さ1.8mに節が2個以内をこけし原木の最適材としている。群馬県のこけし原木や神奈川県のこま原木もおおむねこの基準である。両地区のこけし組合では，山引き苗を養成し，ha当たり4,000本植え，下刈りは3年生まで2回，その後7年生まで1回，除伐は10～20年生の間に1回実施し，54.1haを造林して原木の安定確保を試みている。

品種改良やバイテクによる増殖はまだ行なわれていない。

写真3　ミズキを削る

ハナカキナタで手前に削る

リズムよく力を入れずがポイント

弥治郎こけし
（宮城県白石市）

弥治郎こけし

弥治郎こけしの歴史

白石市の概要　白石市は宮城県の南端に位置し，市街地の中央を北緯38度線が通っている。西は奥羽山脈，東は阿武隈山系に囲まれた盆地のほぼ中央に市街地が広がり，この北部を西から東に白石川が流れている。市域の大部分は丘陵と山地である。蔵王連峰の東側に位置するため，冬は北西からの季節風が強く，山岳地帯は降雪が多い。

人口は約3万7,000人。農業産出額は49億円（平成20年度）で，そのうち米の生産額が11億7,000万円を占めている。そのほか，ころ柿などの生産が盛んである。

弥治郎集落とこけし　弥治郎は，市の中心部から北西5km，蔵王連峰最南端の不忘山の東麓にある集落である。東北の名湯「鎌先温泉」の北西1kmほどのところに位置し，昔から木地師が日用品の椀や盆などを挽いていた。

こけしは，江戸末期の文化文政期に東北地方の湯治場などの土産物として誕生したといわれる。木地師がその技術を活かして，湯治客相手に木の人形を温泉土産としてつくり始めたものがルーツという。こけしの起源には諸説あるが，かつての仙台藩の下級武士の手内職としてつくられた堤土人形や仙台張子玩具「おぼこ」に強い影響を受けていることは確かである。宮城県は現在も伝統こけしの約半分を生産している。

弥治郎も，こけし発祥地の一つとして知られ，こけし製造技術のうえでも数多くの分流を出している。弥治郎こけしは，形状は頭部が差し込み式で胴に比べて大きく，描彩は頭頂や胴部に二重三重の「ろくろ模様」を描き，全体的に色鮮やかな点に特徴がある。

こけしの材料となるミズキは，宮城県の平地，丘陵地や山地の沢沿いや川岸に普通に見られる樹木で，材が白色で柔らかいため，加工適性がよい。そのため，古くからこけしに利用されてきた。

素材の選択
──こけし職人によるミズキ造林

こけしの原材料であるミズキは以前，地元天然産のものを採取して利用していた。しかし，拡大造林による広葉樹林の減少，チップ・パルプ材としての広葉樹林伐採などにより，こけしをつくるための必要量が県内では確保できず，不足分は他県からの材料で賄うようになった。そこで，こけし工人たちの間では原木を購入するだけではなく，ミズキ材の安定確保のためにも自ら木を植え，自分たちで育てたミズキでこけしをつくりたいという気運が高まった。この考えに賛同した32名が集まり，共同でミズキを造林することにした。しかし，工人たちのほとんどは林業技術についての知識はなく，植える場所の確保の問題もあった。

このような状況のなかで，国有林の部分林制度の存在を知った。そこで，営林署の助言のもとに1972（昭和47）年に「白石こけし部分林組合」を結成した。組合は翌1973年に初めての造林を行ない，1993（平成5）年までに43.31 haのミズキ林を造成した。

施業は基本的に森林組合に委託しているが，職人自らの手でミズキを育て，そのミズキでこけしをつくることに意義を見出し，組合員も植付けなどの作業に参加した。造林してから23年たった1996（平成8）年度に初めての主伐を行ない，収穫した。原木を利用してつくったこけしを1998年開催の第40回全日本こけしコンクールに出品した。

現在，ミズキ造林地は一部にカモシカなどによる食害や寒風害がみられるが，まずは順調に成林したといえる状況である。部分林の契約は60年で，今後2回の主伐期を迎えるが，さらなるミズキの造林技術の確立と安定供給が課題となっている。

こけしの製造工程

こけし材としてのミズキの選定　伝統こけしでは，芯持ち材を使用するため，大径材は不適とされ，樹齢20～25年，直径5～12cmで，原木長1.8mに節が2個以内のものが最適である。

製造工程　こけしの製造の要点は次のとおりであり，その工程を写真で紹介する。

・原木の乾燥…木の皮をむいて6か月～1年かけて自然乾燥させる。

・玉切り…こけしの長さに合わせて原木を切る。

・木取り…木の余分な部分を切り取る。

・頭挽き・荒挽き・胴挽き…ろくろを回転させて頭の部分・胴の部分をそれぞれ鉋で削る。

・磨き…サンドペーパーやトクサで磨く。

・描彩…顔や胴の絵柄を描く。

・仕上げ…仕上げにロウをひき，胴と頭部をはめ込む。

・さし込み，はめ込み…胴や頭をたたき込む。

こけし製造工程

1　ミズキの原木を自然乾燥：皮をむいて6～12か月間。
2　玉切り：こけしの長さに原木を切る。
3　頭挽き：原木の余分な部分を削りながら，胴と頭をつなぐ溝を掘る。
4　荒挽き，胴挽き：ろくろで胴の部分を鉋で削る。
5　胴挽き：胴の頭への差し込み部分をつくる。
6　描彩：胴の絵柄（ろくろ模様）を描く。
7　描彩：頭にろくろ線の絵柄を描く。
8　描彩：顔の絵柄を描く。最も緊張する一瞬。
9　仕上げ：ロウを引いて仕上げる。
10　はめ込み：胴と頭部をはめ込む。

三椏

Edgeworthia papyrifera Sieb. et Zucc.

植物としての特徴

ミツマタは，ジンチョウゲ科の多年生落葉低木で，学名を*Edgeworthia papyrifera* Sieb. et Zucc.といい，漢名を黄瑞香，結香という。和名は，その枝が普通3本ずつに分かれていることから「みつまた」（三椏）といわれる。

高さは1.5～2mくらいで，幹は表皮，靱皮（じんぴ），木質の3部からなり，黄褐色で，若い枝は緑色で毛を帯びる。葉は薄く，葉柄があり互生し，広皮針形全縁であざやかな緑色をしている。秋の終わり頃，落葉するときにはすでに枝先には1～2群のつぼみが垂れ下がってついており，早落性の葉状の苞葉がある。春に新しい葉に先だって開く筒状花は4裂し，外部は白色，内部は黄色で，まれに赤色の突然変異もみられ，雄しべ8本，雌しべ1本である（写真1）。果実は痩（そう）果で，黒色の種子は緑色の果肉で覆われている。

写真1　ミツマタの花

靱皮部はコウゾ，ガンピなどと並ぶ製紙の主要な原料であり，ミツマタの靱皮繊維の長さは平均3.6mm，幅は0.02mmで光沢がある。

分布している地域は，日本，韓国，中国などが一般的に知られている。

利用の歴史

中国では，王宗沐（おうそうもく，1523～1591）編『江西省大志』に結香を原料とする結連紙，方以智（ほういち，1611～1671）著『物理小識』に結香紙がみられることから，16世紀にはミツマタ原料の紙をつくっていたと推察される。

わが国では，天然のミツマタから種子を採取して静岡，山梨両県で最初に栽培されるようになった。重要な製紙原料としての需要が増大するに伴い，栽培地が中国・四国地方に広がっていった。今日では高知県，岡山県，島根県，愛媛県，徳島県などで生産されている。

「ミツマタ」という呼び方は，今日では一般的な呼び方であるが，昔は駿河・伊豆地方の方言のようであり，三河地方の「じゅずぶさ」，伊勢地方の「みつえだ」，中国・四国地方の「みつまたやなぎ」あるいは「むすびき」，高知では「やなぎ」または「りんちょう」と，産地によっていろいろな呼び方があったようである。

ミツマタはわが国固有の製紙原料であるが，わが国において製紙原料としてミツマタを使用し始めたのは，平安時代の古文書に純ミツマタ製のものがあることから，この頃からだといわれている。また，計画的に生産されるようになったのは今から200年前，現在の静岡県富士宮市の白糸の近くで栽培されたのが最初と記録されている。

ミツマタが一般的に重要な製紙原料となったのは，明治の初めに現在の国立印刷局が初めて使用した頃からであり，その後日本銀行券用紙の原料（局納みつまた）として各地に栽培が広がり，山

写真2　ミツマタを原料にした和紙
金箔を保存するための箔合紙（はくあいし）とよばれ，岡山県津山市で生産されている

写真3　ミツマタの畑

間農家の重要な換金作物として盛んに栽培された（写真2，3）。しかし近年は，生産者の高齢化と後継者不足という構造的な問題や需要量の減少に伴って，将来的な生産基盤への不安は拭えない状況にある。

全国の手漉（す）き和紙産地では，手漉き和紙と手漉き和紙を支えてきた原料づくりの技術をしっかりと把握し，伝統ある姿を大切に保存してもらうため，小中学校などが生徒に卒業証書用紙を自ら漉かせるなど，紙漉き体験を取り入れた地域づくりに取り組む姿がうかがえる。

誰でも紙漉きが体験できる施設としては，徳島県の「阿波和紙伝統産業会館（アワガミファクトリー）」，高知県の「土佐和紙伝統産業会館（いの町紙の博物館）」，「土佐和紙工芸村」，福井県の「越前和紙の里」，岐阜県の「美濃和紙の里会館」，埼玉県の「埼玉伝統工芸会館」など，全国に二十数施設ある。

用途と製造法

生皮，黒皮，白皮

収穫したミツマタの原木（生木）は，製紙原料として使用できるように加工するため，蒸してから皮剥（は）ぎをする。皮剥ぎしたままの皮は生皮といい，これを乾燥したものを黒皮という。生皮または黒皮の表皮，甘皮などを取り除いたものが白皮である。

黒皮は，白皮を製造する過程での産物であり，一般的には黒皮のままでは製紙原料として流通していない。

生皮と黒皮の製造は，原木皮剥ぎが一部で機械化されているものの，手作業によるところが多い。白皮の製造は，通常手作業による方法が採用されている。労働力不足などの関係から白皮剥皮機の研究開発が行なわれたが，歩留りが悪いなどのため実用化には至らなかった。また，黒皮を除じんするための化学的処理方法も研究されたが，これも実用化されなかった。

黒皮の製造法　刈り取ったミツマタの枝（生木）は約2～3時間蒸してから皮剥ぎをして生皮と木質部に分ける。蒸煮法には，桶蒸し法と箱蒸し法とがある。

桶蒸し法は，掘込み式のかまどをつくり，その上に平釜を据え置き，束ねた生木を立て，上から丸桶をかぶせて蒸し上げる（写真4）。

写真4　桶蒸し
平釜に束ねた生木を立て，「こしき」と呼ばれる丸桶をかぶせて蒸し上げる

表1　白皮の種類と比較表

種類	精選水漬乾燥工程						備考
	皮削り	きず切り	水溶成分の溶出	日光漂白	日光漂白	乾燥	
山ざらし	○	—	—	—	—	○	じけ皮
半ざらし	○	△	△	△	—	○	さらし皮
本ざらし	○	○	○	○	—	○	さらし皮
雪ざらし	○	○	○	○	○	○	さらし皮
普通じけ	○	△	—	—	—	○	じけ皮

箱蒸し法には，鉄板鋲止（びょうどめ）式と木製組立式の2種類がある。鉄板鋲止式は生木をそのまま横に詰め込むので，作業が容易である。また，木製組立式は生木を縦に並べ，上部に空間があるときはさらに横にして詰め込み，煮熟する方法である。両方法とも1回当たりの蒸し量は桶蒸し法より多いが，設置場所を変更する場合に容易でないのが欠点である。

皮剥ぎは，蒸し終えた生木の幹と皮を1本ずつ引き剥がす工程である（写真5）。皮剥ぎした生皮は普通，一握り程度束ねて竿に掛け，天日で乾燥させ，できあがったものが黒皮である。

白皮の製造法　白皮の加工は，黒皮を水漬けして柔らかくし，黒皮の中の表皮，甘皮，傷などを取り除くことであり（写真6），これらの加工作業はほとんど手作業で行なわれている。加工作業には生木を蒸し，皮剥ぎしたままの生皮を乾燥させないで，短時間水漬けしてから加工する方法と，生皮を乾燥していったん黒皮にしたものを適当な時間水に浸漬し，柔らかくしてから加工する方法の2通りがある。

一般的に黒皮から白皮を調整する場合は，黒皮を12時間くらい（生皮は6時間程度）水漬けし，表皮，緑皮および繊維中の泥状物質を「剥皮器」でていねいに取り除き（写真7），傷や変質した皮がある場合には，小刀で切り取って乾燥させる。

次に清流の日当たりのよい浅瀬（または水槽）に2時間以上皮を浸漬する。このようにして，水溶成分を溶出させるとともに，水層を通して皮に達する太陽光線と水中に溶け込んでいる酸素との作用によって色素を酸化させ，水に溶ける状態のものにして，溶かし去ることによって漂白がなされる。浸漬が終われば，水洗いして引き上げ，水を切って乾燥させる。

白皮の種類

白皮には，じけ皮とさらし皮の2種類があり，黒皮からの歩留りはともに40％が基準である。白皮への処理加工工程と白皮の種類を表1にまとめた。

じけ皮は，水漬けして水洗，乾燥などの作業をする際，なるべく日光に当てないようにし，必要程度の色素を残し，皮が白くならないように製造したものである。

さらし皮には，山ざらし，半ざらし（中ざらし），本ざらし，雪ざらしがあり，市販のミツマタ白皮はこの4種類のいずれかに分類される。さらしという言葉は，1）精選して表皮を除くこと，2）水に浸漬すること，3）日光漂白をすることなどの意味に使われている。すなわち，少しでも日光漂白

表2　ミツマタを原料とする製品

区分	主な製品名
薄葉系統	金箔用紙，金糸銀糸用紙，複写用紙，改良半紙，図引紙
原紙系統	日本銀行券用紙，証券用紙，鳥の子紙
その他	元結および水引などの原紙，美術紙，書画用紙

写真5　皮剥ぎ作業
蒸し終えた生木の幹と皮を1本ずつ引き剥がす

写真6　水漬け
黒皮を一晩水に漬ける

写真7　剥皮作業
水漬け後の黒皮を剥皮器にはさんで引く

を行なう半ざらし，本ざらしおよび雪ざらしはすべてさらし皮であるが，山ざらしは日光漂白を行なわないことから市販「じけ」ともいわれている。

主な製品と局納みつまた

ミツマタを原料として使用する用紙を表2にまとめた。

ミツマタの有効成分は，ミツマタ皮から水分と水溶性成分を除いた絶対乾燥成分のことであるが，ミツマタ皮から紙をつくるには，ミツマタの種類，産地，製造方法により歩留りがたいへん異なっている。

日本銀行券（現在では主に1万円札）用紙用のミツマタは国立印刷局に納入することから局納みつまたと呼ばれていたが，現在ではその呼び名はあまり使われていない。国立印刷局では，局納みつまたの品質を確保するため，加工基準および規格を定めている。

なお，現在印刷局にミツマタを納入している県は，岡山県，島根県，徳島県の3県であるが，不足した場合は，他県や外国産のミツマタが納入されることもある。

手漉き和紙の製造工程

手漉き和紙の製造工程を以下に示す。

①煮熟：原料を一昼夜水に漬け，不純物を取り除いた後，釜の中に入れ，アルカリ性薬品（消石灰，炭酸ソーダ，苛性ソーダなど）で約2～4時間煮る。原料に含まれている非繊維物質（あく）は薬品の力で水に溶けやすくなる。

②水洗：薬品で処理した原料を水に漬け，あくを洗い流す。

③漂白：原料を流水中に3～4日間放置し，日光の作用でさらす。薬品漂白の場合は，さらし液などの漂白剤を利用する。

④ちりとり：原料に含まれている不純物を取り除くため，原料を少しずつかごに入れ，指先でちりなどを一つひとつ拾い上げる。

⑤打解：きれいになった原料をほぐれやすくするため，木棒や打解機で30分～2時間叩く。

⑥手漉き：漉き槽の中へ原料を入れ，棒でよくかき混ぜる。植物（トロロアオイ）の根などから取り出した粘液を加え，原料の繊維を均一に分散させた後，簀桁で1枚1枚紙を漉き，漉きあがった紙を重ねていく。

⑦脱水：重石またはジャッキで，漉き重ねられた紙の水を徐々にしぼる。

⑧乾燥：湿紙を1枚1枚はがし，干板（天日乾燥）やステンレス板（蒸気乾燥）にしわがよらないように刷毛ではり付け，乾燥する。

⑨断裁：できあがった紙を1枚ずつ検査し，不

良紙を取り除いた後，規格に応じた寸法に断裁して製品とする。

素材の種類・品種と生産・採取

種類・品種

ミツマタには，赤木種，青木種，かぎまた種の在来種と，品種改良による仁淀1号種，6倍体種などがある。また，品質の区分については，種子の多少あるいは地方的特性から，赤木種を稔性種または原産地が静岡であることから静岡種と呼び，青木種を半稔性種または中間種，かぎまた種を不稔種または高知種というように分けている。ただし現在，現実には品種の区別は栽培上や使用上で問題になっていない。

赤木種　着花・結実数が多く，発芽率も高く栽培が容易で，靱皮が厚く黒皮の収量は多いが，白皮の歩留りと品質がやや劣る。

青木種　着花・結実数が赤木種より少なく，靱皮がやや薄く黒皮の収量が少ないが，白皮の歩留りと品質がよい。

かぎまた種　着花・結実数が著しく少なく，股下と節間が長く黒皮，白皮の収量が多く，品質はきわめてよいが，繁殖に難点がある。

仁淀1号種　かぎまた種より生育がよく，良質な白皮の収量は多いが，種子による繁殖率がきわめて低く，埋幹法によって繁殖を行なっているので，栽培の普及は困難である。

6倍体種　他の品種に比較して著しく生育がよく，良質な白皮の収量は多いが，繁殖率が低く現状では栽培の普及が困難である。

写真8　ミツマタの傾斜地畑
北面の山腹の傾斜地が栽培に適している

表3　主要生産地の土質

主要生産地	土質
高知県および愛媛県	中生層および中生層のれき質埴土
徳島県	太古層（片麻岩および結晶片岩系のれき質埴土）
島根県	花崗岩，斑岩および石英粗面岩系のれき質埴土または壌土
岡山県	古生層および花崗岩系のれき質壌土または埴土

栽培の留意点

栽培適地　ミツマタの栽培地としては，関東以西の温暖地が適地であり，中国・四国地方の山間部に多く栽培されている。ミツマタは半陰性植物で強烈な日光を嫌うため，北面の山腹が適しているが（写真8），南西の場合は喬木（高木）と混植して樹陰を利用する方法がとられている。また，風当たりが少なく排水の良好な土地が最もよく，山間の傾斜地でしかも森林の多い地方は，一般に平地より降雨が多く，春夏の植物生長期に朝夕濃霧に覆われるような所が多いので，このような地域が栽培に適している。

ミツマタ栽培に適する土質は，一般に太古層，古生層，中生層がよいが，花崗岩，石英粗面岩，斑岩などから崩壊して生成した土質も適している。ミツマタの主要生産地の土質は表3のとおりである。

繁殖方法　ミツマタの繁殖方法には，実生法，株分け法（萌芽抜取り法），挿し木法，埋幹法などがある。普通は実生法（主として赤木種）が多く行なわれている方法で，萌芽抜取り法（主としてかぎまた種）が一部で行なわれている程度である。実生法では，6月中旬～7月上旬頃，種子が自然脱落寸前の時期に，植付け後5～6年の生育盛んな株から採取したものを砂と混ぜて埋蔵し，翌春播種時に取り出し，水洗して浮き種子などを除去

写真9　ミツマタの密植栽培畑

する。

ミツマタの栽培方法には，普通栽培法と密植栽培法がある。

普通栽培法　昔から行なわれてきた普通栽培法は，苗を平地につくり，1年間の育苗後掘り取って通常は山腹の傾斜地に雑木などを伐採して定植する。植付け本数は10a当たり3,000～6,000本程度とされており，1本植えと2本植えがある。定植後は年2回ほど下草刈りするだけで放任されることが多い。この方法は栽培効率がよくないため，現在ではほとんど行なわれていない。

密植栽培法　昭和30年代後半から盛んになった密植栽培法は，粗放的な普通栽培法に比較すると，普通畑に密植して施肥栽培するため，生長がきわめて速くなる（写真9）。この方法には，直まき密植栽培と移植密植栽培とがある。

直まき密植栽培は，普通畑に種子を条まきする。翌春，一列おきに全部掘り出して移植用の苗とし，残った一列は間引きをし，10a当たり8,000～1万5,000本程度を残して管理する。この方法は，普通栽培より効率的であるが，間引きなどの管理上の問題から普通栽培法と同様に現在ではほとんど行なわれていない。

現在，最も盛んに行なわれている移植密植栽培は，4月下旬～5月上旬に作条したうねに種を条まきする。ミツマタの苗は直射日光を嫌うため寒冷紗を利用して遮へいし，種をまいた後に1～2回程度間引き，除草，中耕，施肥などを行なう。翌春，畑に移植する1か月くらい前に苗を掘り取り，傾斜の比較的緩やかな山畑に束ねて日陰に仮植して発根させ（写真10），4月頃，10a当たり8,000～1万2,000本程度移植して管理する。

収穫期　ミツマタ原木の収穫期は，11月下旬（落葉後）から翌春の4月頃までが適期である（写真11）。それ以外の時期に刈り取った場合は，切り口が腐敗しやすいので，発芽が阻害されるおそれがある。移植密植栽培では，移植後3年目から3年ごとに収穫でき，株の寿命は3回収穫するまでといわれているが，それ以後も収穫できる強い株もある。

写真10　ミツマタの移植前の仮植
束ねて日陰に仮植して発根させる

写真11　ミツマタの収穫（昭和50年代）
11月下旬から翌春の4月頃までが収穫適期

和紙

利用の歴史

紙の歴史

古代中国で発明された紙は，火薬，羅針盤，印刷技術と並び，人類の発展に貢献した世界四大発明の一つとされる。後漢書によれば，元興元年（105年）に蔡倫という役人が，木の皮や麻，布，魚網で紙をつくって帝に喜ばれたという記録がある。この紙を「蔡侯紙」といい，紙の始まりとされる。しかし中国では，紀元前140年ごろの「放馬灘紙」や紀元前120年ごろの「はきょう紙」など，さらに古い時代の紙が古墳から見つかっている。したがって，紙はおよそ2,100年以上前の中国で生まれ，蔡倫がそのつくり方をまとめたと考えることができる。

中国で生まれた紙は，朝鮮半島を経て日本に伝わった。610年に高句麗からきた曇徴という僧が紙を知っていたと『日本書紀』にあり，これが日本の紙漉（す）き，和紙の始まりとされる。当時の日本は仏教で国を治めるために多くの経典を必要とし，経典を写す紙をつくるために紙漉きが始められた。701年には，山背（やましろ；京都府）に50戸の紙漉き家が定められ，国による本格的な紙漉きが開始されたことがわかっている。

和紙の誕生と発展

流し漉きの誕生　奈良時代の終わりから平安

原料の違いによる和紙のいろいろ

1　コウゾを使った吉野紙（よしのがみ）　奈良県
2　イトバショウを使った芭蕉紙（ばしょうし）　沖縄県
3　ミツマタを使った局紙（きょくし）　福井県
4　ミツマタを使った箔合紙（はくあいし）　岡山県
5　コウゾを使った美栖紙（みすがみ）　奈良県
6　コウゾを使った石州半紙（せきしゅうばんし）　島根県
7　コウゾを使った土佐典具帖紙（とさてんぐじょうし）　高知県
8　ミツマタを使った清光箋（せいこうせん）　高知県
9　アサを使った麻紙（まし）　福井県
10　コウゾを使った細川紙（ほそかわし）　埼玉県
11　ガンピを使った出雲民芸紙（いずもみんげいし）　島根県
12　ガンピを使った鳥の子紙（とりのこがみ）　滋賀県
13　ガンピを使った箔打原紙（はくうちげんし）　兵庫県
14　ガンピを使った泥間似合紙（どろまにあいがみ）　兵庫県

時代はじめにかけて，日本の紙漉きは大きく進歩した。ネリと呼ばれる粘り気のある液を原料に加えて，前後左右に揺り動かしながら紙を漉く「流し漉（ず）き」と呼ばれる方法が生まれたからである。これにより日本の紙は世界一の品質となり，和紙が誕生した。日本ではコウゾやアサなどの植物から繊維を取り出して紙を漉いていたが，きれいな紙をつくるために不純物を取り除いていくと，植物が持つ粘り気が失われ，よい紙にならなくなる。何とかよい紙をつくろうといろいろな植物を試すうちにガンピが発見された。これには強い粘り気があり，コウゾと混ぜて使われるようになった。

写真1　紙衣（かみこ）。紙でつくられた夜着

やがて中国から伝わったトロロアオイという植物の根に強い粘り気があることがわかり，その粘液（ネリ）をコウゾに混ぜて漉いたところ，まるで繊維を流すように漉くことができ，とても品質のよい紙ができた。こうして流し漉きという日本独特の手法が生まれたのである。

日本文化を支えた和紙　流し漉きは和紙の品質向上をもたらし，よい和紙がたくさん漉けるようになった。平安時代には和紙の種類も増え，模様がつけられた和紙や，和紙を使った工芸品もつくられた。貴族たちは和紙に和歌を詠み，文学や日記を書き，手紙を交換して楽しんだ。

時代は下って江戸時代になると，人口も増え，紙の生産も増えていった。瓦版（いまの新聞），浮世絵，読本など紙を使った出版文化が花開き，張子など紙のおもちゃも普及した。江戸時代は和紙の文化が一気に花開いた黄金時代といえる（写真1）。

江戸の紙文化を支えたのは，和紙づくりをする農民だった。農作物の収穫が少ない貧しい山村の農民は，冬に仕事がないため，副業として和紙を漉いた。現在の和紙産地の多くが山間にあるのはそのためである。

原料のコウゾは農地の土手などに植えられた。春に新芽が出たら草取り。夏に枝が伸びてきたら，余分な枝を引き抜いてまっすぐな木に育てる。秋，田んぼの仕事が終わったらコウゾの収穫。木を蒸して皮をはぎ，煮熟後，冬の冷たい水にさらして原料を用意する。手にあかぎれをつくりながらの作業は辛いが，水が冷たいほどよい和紙ができる。農民たちは1枚でも多くの紙を漉こうと，朝早くから夜遅くまで紙漉きを続けたのである。

高い保存性が特徴　私たちが歴史を知ることができるのは，考古資料などとともに文字や絵などの情報が残っているからである。記録媒体として和紙の果たした役割はきわめて大きく，日本では1,300年も前の記録が和紙によって伝えられている。

明治以降は材パルプを原料とする洋紙の生産が始まり，次第に主流となった。しかし近年，明治時代以降につくられた洋紙の本がボロボロと朽ち果て，ページをめくることもできなくなってしまうことがわかった。その原因は，紙に含まれるリグニンとパルプ処理に使う薬品による酸化。リグニンは日光に当たると茶色に変色し，紙を弱くする。また，酸化した薬品は紙の繊維をボロボロにする。

リグニンは和紙の原料であるコウゾなどにも含まれているが，100℃以下のアルカリ溶液でとけだすため，和紙にはリグニンはほとんど含まれて

写真2　コウゾ（クワ科）

写真3　ミツマタ（ジンチョウゲ科）

写真4　ガンピ（ジンチョウゲ科）

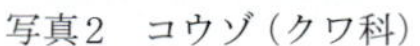

いない。またソーダ灰などのアルカリ分も水洗いされることにより中性になっている。だから和紙は劣化も少なく長持ちするのである。

また和紙は，繊維が長く強いことに加え，流し漉きにより繊維が互いに強く絡み合うため，破れにくいという特徴もある。

素材選択

素材の種類と和紙

和紙の代表的な原料植物はコウゾ，ミツマタ，ガンピである。原料の違いは，そのまま和紙の強さや滑らかさ，字の書きやすさなどに関係する（写真1参照）。

丈夫なコウゾ和紙　平安時代の公家は，東北の陸奥紙をとても好んだ。コウゾの厚紙で，表面にしわがあることから「まゆみ」とも呼ばれる。鎌倉時代に武士に好まれた杉原紙もコウゾ原料の厚紙である。

室町時代になると書院造りの建物が増え，ふすま紙や障子紙の需要が広がった。障子紙では江戸時代にコウゾを使った美濃紙（書院紙）が人気を集め，障子紙の代名詞となった。ふすま紙は，ガンピを原料に，火に強くするため泥を混ぜた泥間似合紙などが有名である。掛け軸などの表具に多く使われる宇陀紙は，コウゾを原料に，泥を混ぜて伸縮を少なくした紙である。

繊維が長く丈夫なコウゾの和紙は，折り曲げたり伸ばしたりして使う提灯紙（名尾和紙など）や傘紙（三河森下紙など）にも幅広く使われている。

ミツマタ，ガンピでつくられる高級和紙　ミツマタ，ガンピは繊維は短いものの光沢があり，高級和紙の原料となる。

ミツマタ原料の和紙としては，水墨画用の画仙紙として使われる清光箋，金箔を出荷するときに使われる箔合紙などがある。

ガンピを原料とする和紙は，紙の色が卵に似ていることから「鳥の子紙」と呼ばれ，表面がなめらかで艶があり，耐久性に優れる。明治時代初期に大蔵省抄紙部において，ミツマタを原料としながら鳥の子紙に似せてつくられたのが局紙であり，証券用紙や賞状の用紙として使われている。

主な和紙材料

コウゾ　クワ科の植物で，5月ごろ新芽がまっすぐ生長し，秋に2～3mに育つ（写真2）。それを刈り取って使う。2年目以上のコウゾには傷や節，繊維のすじなどがあり，よい和紙にならない。栽培しやすく，生長も早く，繊維もとりだしやすいことから，古く奈良時代から一番多く使われてきた。繊維は，長さが1cm近くあって粘り強い。長い繊維がしっかり絡み合い，折り曲げや引っ張りに強い。

ミツマタ　ジンチョウゲ科の植物で，3つに枝分かれすることからミツマタの名がついた（写真3）。和紙原料として使われだしたのは江戸時代ごろとされる。コウゾより生長が遅く，3年ほど栽培した木から繊維をとりだす。古くなった木からは，よい繊維がとれない。現在栽培されているミツマタの多くは，紙幣に使われている。繊維は短く，長さは約3.5mm。繊維には，光沢と特有の色がある。

ガンピ　ジンチョウゲ科の植物。奈良時代ごろに，コウゾに混ぜて使われ始めた（写真4）。繊維に強い粘りをもち，はじめはコウゾの粘りを助ける役目として使われたようだが，やがて単独で和紙材料になった。栽培ができないので，5月ごろに葉をつけた野生のものを採集して使われる。繊維の長さは約3mm，ミツマタ以上に光沢がある。生産量が少なく，高級和紙の材料として知られている。

原材料の皮について　コウゾやミツマタの皮の部分が和紙の原料になる（写真5）。皮は一番上の表皮の部分が黒皮，その下の部分が甘皮と呼ばれるが，和紙づくりにはこれらを取り去った「白皮」の部分だけを使うのが普通である。なお，模様入りの和紙を漉くときなどは，黒皮や甘皮を混ぜることもある。

ネリの原料となるトロロアオイ　ネリは，トロロアオイの根からしぼりとる（写真6）。春先に種をまき，花を咲かせないように花芽を摘み取って育てると太い根ができる。晩秋に根を収穫し，風通しのよい日陰で乾燥保存する。使う2日前から水にもどし，それを木づちで叩きつぶして水に浸すとネリがしぼりとれる。その日のうちに使わないと粘り気がなくなるので注意する。

なお，ネリはオクラでも代用できる。5～10本をきざんで布に包み，そこに水を入れながら，ボウルにもみしぼる。

紙漉きの方法

紙漉きに使う道具

用意するもの

家庭や学校で紙漉きを行なう場合は，まず道具をそろえなければならない。多くは身近にあるもので代用できるが，漉き枠については自作するとよい。

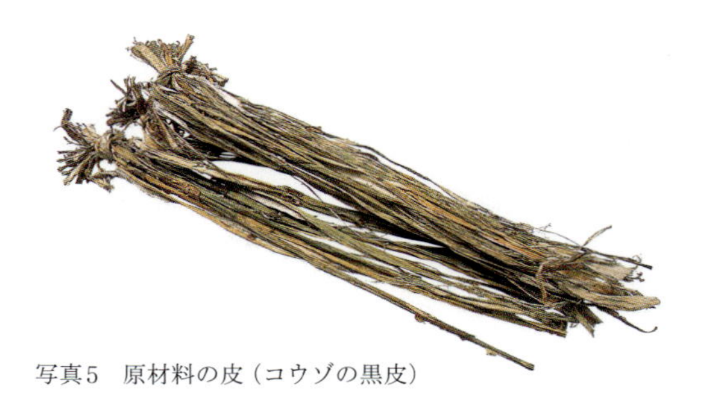

写真5　原材料の皮（コウゾの黒皮）

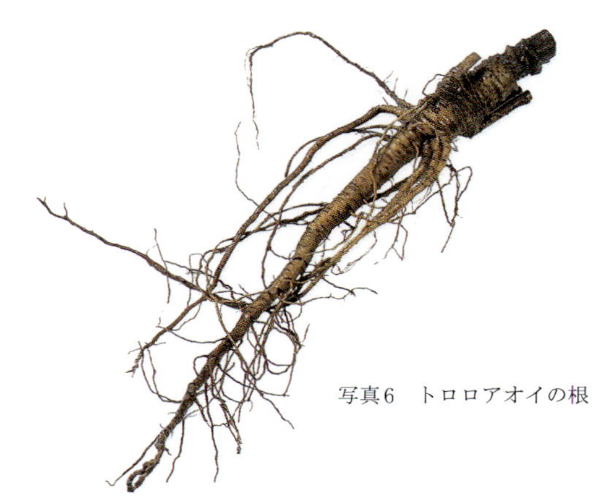

写真6　トロロアオイの根

・漉き枠…和紙を漉くのに使う道具。自作する

・果物ナイフ…原料から黒皮をとるのに使う

・厚めの木の板（まな板など）…黒皮とりや繊維を叩きほぐす際の台として使う

・木づち

・ステンレス製寸胴鍋（または一斗缶）…原料の皮を煮熟する際に使う

・プラスチック衣装ケース…紙を漉く際に舟水を入れる容器

・干し板…漉いた紙を貼りつけて干すのに使う。化粧板やラップを張ったベニヤ板など

漉き枠をつくる

一般的な手漉き和紙の漉き枠（漉き簀）は，竹ひごのすだれを木の枠ではさんだものである。竹ひごのかわりにカヤを編んだ漉き簀もある。ガンピのような繊維の細かい和紙を漉くときには，ひごの隙間に繊維が入らないよう，紗という薄い絹の布を敷く。すだれの漉き簀をつくるのは難しいので，ここではサランネットを利用した漉き枠

(A３サイズ) のつくり方を紹介する。

材料

・枠木用の木…約3×3×160 cmおよび約1×3×160 cmの木を各1本（長さ80 cmを各2本でもよい）

・サランネット…網戸用の20メッシュの網を50×40 cm程度

・ガンタッカー…サランネットを枠に固定する際にあると便利。大型のホチキスのような道具

・L字金具…幅2～3 cm，一辺の長さ約6 cmのものを8つ

・釘…真鍮またはステンレス製の約2 cmのものをL字金具の穴の数だけ用意

・木ねじ…長さ4～5 cmのものを4本

漉き枠のつくり方

①木の表面にサンドペーパーをかけてきれいにしたのち，太い木も細い木も，長さ48 cmで2本，長さ30 cmで2本に分ける。

②太い木同士，細い木同士で四角い枠になるように組む。その際，枠の内側が紙のサイズ（42 cm×30 cm）になるよう，長い木の間に短い木をはさむ。太い木は木ねじで4隅を留め，細い木は1 cmの面を合わせて組み，片面の角をL字金具で固定する（写真7）。

③太い木枠の，L字金具がついていないほうにサランネットを打ちつける。網の目が木枠と平行になるようにしてしっかり張り，横側をガンタッカーで約1.5 cmおきにしっかり留めていく（写真8）。

④ネットを張ったほうを上に向け，その上に細い木枠をのせれば完成（写真9，10）。紙を漉くときは，枠同士がずれないよう両手でしっかり持つこと。指がネットにかからないように気をつける。

コウゾから繊維をとる

コウゾ皮をはいでから，叩きほぐして繊維を得るまでの工程を述べる（512ページ写真参照）。

皮はぎ　刈り取ったコウゾを鍋に入る長さに切りそろえ，全体がかぶる程度の湯を入れて煮る。1時間ほど煮たらコウゾを取り出し，バケツ一杯の冷たい水をかけると，皮が縮んでむきやすくなる。冷めないうちに，根元側から幹と皮の間に人差し指を差し込むようにするときれいにむける。むき終えたら一握りずつ束ねて乾燥させる。

川さらし　コウゾの皮を使う分だけ水に1日以上さらす。皮が浮いてくるときは重石をのせてしっかり浸し，十分に水を吸わせることが大切である。

黒皮とり　コウゾの黒皮を上にして木の厚板（まな板など）にのせ，果物ナイフなどを使って根元から黒皮をそぎ取る。甘皮や節，すじ，傷なども取り除く。こうしてきれいにしたものを白皮と呼ぶ。

煮熟　不純物を取り除くために煮熟を行なう。ステンレスの寸胴鍋に水を沸騰させ，白皮の乾燥重量の15～20％のソーダ灰を加え，よく水を吸わせた白皮を入れて3時間煮る。手で簡単にちぎれるようになったら火を止め，そのまま冷めるまでおく。

水さらし，ちりとり　湯が冷めたら白皮をザルにとり，タライに入れて12時間ほど流水にさら

写真7　漉き枠の隅の金具

写真8　漉き枠へのサランネットの貼りつけ具合

写真9　一組になった漉き枠

写真10　漉き枠は二つを重ねて使う

し，ソーダ灰を洗い流す。洗い終わった白皮には，取りきれなかった傷や節などの「ちり」が残っている。水を入れた洗面器に白皮を入れて，ていねいにちりを取り除く。

叩解（こうかい）　ちりとりを終えた繊維を手で1cmくらいずつにちぎってから，厚手の木の板にのせ，木づちでていねいに叩きほぐす。叩いて広がったら，たたむように集めてまた叩く。これを1時間ほど繰り返し，水に入れるとさっと水に散るぐらいになるまで繊維を細かくする。

舟水をつくり紙を漉く

いよいよ紙漉きである。写真は，ネリづくりは512ページ，紙漉き工程は513ページを参照。

ネリを絞る　100～200gの白皮に対してトロロアオイの根1本を使う。根は2日前から水に漬けておく。よく水を吸った根を木の厚板にのせ，木づちで叩きつぶしたら，布袋に入れてバケツの上で冷水をかける。別のバケツを用意して，袋を絞るとネリがとれる。

舟水づくり　プラスチックの衣装ケースに水を張り，コウゾの繊維を入れ，竹の棒などを使って繊維がバラバラになるまでよくかき混ぜる。攪拌しながらネリを少しずつ加えていく。水を手ですくって糸を引くようになれば舟水の完成。

紙漉き　漉き枠を舟水に入れてサッとすくい，前後左右にゆすって繊維をからめる。これが流し漉きである。同じ動作を2～3度繰り返して厚さを整えていく。うまく汲みこめないときは，ボウルなどで舟水をすくって枠に流し入れてもいい。

脱水・乾燥　漉き枠の上の枠をはずし，干し板をかぶせてから天地をひっくり返す。このとき空気が入らないように注意。ネット側から水気をとり，静かに枠をはずすと紙が干し板の上に移行する。板を斜めに立てかけて天日乾燥。完全に乾いたら，角をピンセットで少しめくり上げてから，ていねいにはがせば，自作和紙の出来上がり。

1　2　3

4　5　6

7　8　9

皮はぎから叩解まで

1　川さらし：原料の黒皮を水に1日さらし，水を吸わせる。
2　黒皮とり：黒皮と甘皮の一部をこそげ取り，白皮にする。
3　煮熟：鍋に水とソーダ灰を入れて白皮を3時間煮る。
4　手でちぎれるようになったら火を止め，そのまま冷ます。
5　水さらし：一晩水にさらしてソーダ灰を洗い流す。
6　ちりとり：節や汚れなどをていねいに取り除く。
7　叩解（こうかい）：繊維を1cmほどにちぎってから叩きほぐす。
8　さっと水に散るくらいになれば完成。
9　左は叩解前，右は叩解後のコウゾ繊維。

1　2　3

ネリづくり

1　水に漬けておいたトロロアオイの根を木づちで叩きつぶす。
2　布袋に入れ，バケツなどの上で冷たい水をかける。
3　布袋を絞ると，粘り気のあるネリがとれる。

紙漉きの工程

1　コウゾ繊維を水に入れて攪拌し，ネリを加えて舟水をつくる。
2　舟水を入れた容器に漉き枠をななめに入れて舟水を汲む。
3　舟水が全体にゆき渡るように，漉き枠を前後左右に動かす。
4　ちりや繊維の固まりはピンセットでゆらしながら取り除く。
5　手前と奥に勢いよく舟水をゆき渡らせることで繊維がからまる。
6　上の枠をはずし，干し板をのせる。空気が入らないように注意。
7　天地をひっくり返し，ネット側から乾いた布で水気を取る。
8　そっと漉き枠をはずし，干し板をななめに立てかけて天日乾燥。
9　乾燥したらピンセットで端をめくり，ていねいに手ではがす。

麦わら

Hordeum vulgare subsp.

植物としての特徴

オオムギの特徴と種類

日本では，コムギ（パンコムギ：*Triticum aestivum* L.，デュラムコムギ：*T. durum* Desf. など），オオムギ（*Hordeum vulgare* subsp.），ライムギ（*Secale cereal* L.），エンバク（*Avena sativa* L.）を総称してムギ類としている。しかし欧米では総称的な用語はなく，それぞれが個別の作物として固有の名称で扱われている。

麦わら細工の原料としては，ムギ類のうちのオオムギ，なかでも茎の太い六条オオムギが最適である。ここでは，ムギ類のなかでのオオムギの特徴について述べる。

穂の形状（条性）による分類　穂の形状を図1によって見ると，コムギの場合には穂軸は20節内外で各節に1つの小穂を交互につける（互生する）。オオムギの穂軸は20～30節で，各節に3つの小穂を互生するが，3小穂がすべて稔るものと中央の小穂1つだけが稔るものがある（これを穂の条性という）。3小穂すべてが稔るものを六条オオムギとよび，1小穂のみが稔り，他の2つは退化してしまうものを二条オオムギとよぶ（写真1）。

図1　ムギ類の穂（原図：栗原 宏）

オオムギの収穫時期の穂を上から見た場合の模式図が図2で，穂軸の周りの小穂のつき方の違いがわかる。茎は六条オオムギが太く，麦わら細工には適している（写真2）。収量全体からみても六条オオムギのほうが多いが，二条オオムギは六条オオムギに比べて粒が大きく形もそろっているために扱いやすく，ビール醸造に使われてきたので，ビールムギともよばれる。

頴果の皮裸性（離脱性）による分類　オオムギ属の分け方には，条性のほかに皮裸（ひか）性がある。オオムギの頴果（穀粒）は内頴と外頴に包まれていて，この内・外頴からの頴果の離脱性に違いがあり，これが皮裸性といわれる。内頴・外頴ともに頴果に癒着しているものをカワムギと

写真1　オオムギの穂

六条オオムギ

二条オオムギ

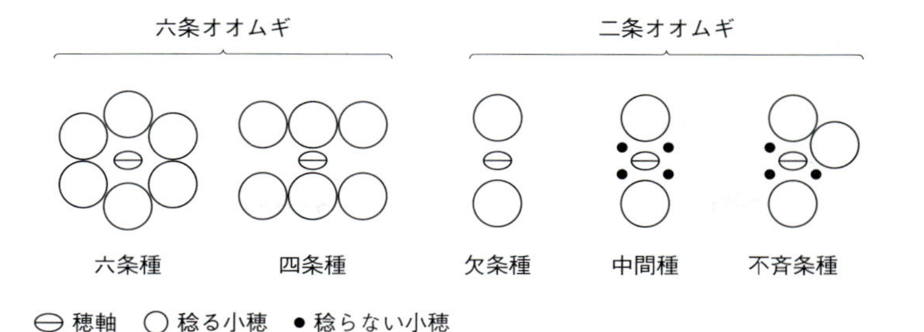

図2 オオムギの種類と穂軸への小穂のつき方

よび，内頴・外頴から頴果が簡単に離れるものをハダカムギとよぶ。ハダカムギは脱穀の段階で内頴・外頴が穀粒から離れてしまう。

六条種と二条種 条性と皮裸性という2つの特徴から，オオムギは4つに分類される。六条カワムギ，二条カワムギ，六条ハダカムギ，二条ハダカムギである。一般にオオムギという場合，六条カワムギをさすことが多い。二条カワムギはビールムギということが多い。一般にハダカムギという場合は六条ハダカムギをさすことが多い。二条ハダカムギはまれである。

カワムギはハダカムギに比べて耐寒性が強く，わが国では六条種の場合，カワムギは主として関東以北の地域に分布し，ハダカムギは主として東海近畿以西に分布している。そして，六条種はおもに食用として，二条種は飼料用のほかビール，ウイスキーなどの醸造用原料として利用される。

麦わらの構造と利用部位

麦わら細工に最適なのは，オオムギ，とりわけ六条オオムギの麦わらである。大森の編み細工では六条カワムギが，城崎の張り細工では六条ハダカムギがおもに使われていた。ハダカムギよりもカワムギのほうが，稈（茎の部分）が太くてやわらかい。コムギやライムギの麦わらは稈が細くかたいので細工には向かない。

張り細工と編み細工とでは使用する部位も違う。張り細工に最適なのは，稈の太い二節（上から1つ目の節と2番目の節の間の茎）である。白くて弾力があり，長く太いもの（長さ24 cm，開いたときの幅15 mm程度）が，張り細工に向いたよい麦わらである。三節以下の部分は，短かったり固かったり，シミがあったりするので使わない。

写真2 六条オオムギの草姿

なお，ハカマ（葉鞘）に黒さび病という病気が入り，稈の表面に独特の柄が出たものは，「サビ」と呼んで特別に珍重される。

一方，編み細工ではおもに先節（一節から穂のついている部分のこと。末ともいう）を使う。

利用の歴史

麦を食べるところ麦わら細工あり

麦わらはムギ（オオムギ）を脱穀した後に残る茎や葉のことである。古くから麦わらは，家畜の飼料，ベッドやソファーのクッション材，堆肥，燃料など，さまざまな用途に使われてきた。飲料に使うストローは，麦わらそのものだった。

西アジアやヨーロッパの国々では，農民や放浪民族の間で，麦わらを利用して，敷物やざる，かご状の入れ物などいろいろな生活道具がつくら

写真3　世界各地の麦わら細工

張り絵（ロシア）

左上から時計まわりに，手さげ籠（シリア），家の置物（中国），六角形の箱（ロシア），蝶の形の箱（中国）。いずれも現代の作品

れ，使われてきた。また麦わらを使った民芸品や工芸品なども盛んにつくられ（写真3），今に引き継がれている。

たとえばシリアでは，ざるやかごなどの入れ物が多く，タイ，インドネシア，中国などアジアの国々では，板，色厚紙，箱などに麦わらで植物や動物，人物，風景，祭りの様子などの風俗を表現したものがある。

ヨーロッパの国々では，毎年クリスマスが近づくと各地で市が立ち，キリストや聖母マリア像，天使，ヒツジやハートなど，麦わらでつくったクリスマスオーナメント（クリスマス飾り）が販売される。赤ちゃんのおもちゃのガラガラなども，麦わらを編んで，中に小石などを入れてつくられてきた。アメリカやメキシコ，チリなどアメリカ大陸の国々でも，ちょっと変わった麦わら細工を見かける。まさに「麦を食べるところ麦わら細工あり」といえるだろう。

稲わらにはない艶やかさ

日本では麦わらよりも稲わらの利用が盛んであった。しなやかで強い稲わらはどんな形にも加工できるが，麦わらは折れやすく切れやすい。このため日本では縄やむしろ，たわら，わらじ，容器などさまざまな生活の道具をつくる素材としてはもっぱら稲わらが使われ，麦わらが使われることは少なかった。

しかし麦わらは，稲わらにはない艶やかで金色に輝く美しさをもっている（写真4）。そこでこの美しさを活かして，江戸時代の中ごろから，子ども向けの玩具やちょっとした工芸品などがつくられるようになった。日本の麦わら細工には，色染めした麦わらを動物などの形に編み上げた「編み細工」と，木箱などの表に赤・青・黄などの色に染めた麦わらを切り張りして絵や幾何学模様を描き出す「張り細工」とがある。

立体的な造形が特徴の大森編み細工　日本で土産物としての麦わら細工が始まったのは，いまからおよそ300年前，江戸時代中期のことだ。東海道の大森村（東京都大田区大森）で始まり，土産物として人気を集めるようになった。享保年間（1716～35年）に，大林寺の日好上人という僧が不漁や不作で困っていた漁師や農民につくり方を

写真4　麦わらの張り細工が生み出すざらし（ずらし）文様

写真5　大森編み細工の作品

虎

でんでん太鼓，ふり槌（いかづち）

ほおずき籠

教えたという言い伝えがある。

大森では張り細工もつくられたが，とくに動物や，でんでん太鼓，虫かごなどの編み細工が人気を呼んだ（写真5）。

天明3（1783）年には江戸幕府の第10代将軍，徳川家治が職人を城に呼び寄せて細工づくりを見学したという記録がある。ときの将軍も興味をもつほど人気だったということだろう。歌川広重らの浮世絵や，江戸近郊の風俗・景観を絵入りで紹介した『江戸名所図会』（1834～36年）にも，大森宿の商店で麦わら細工が売られている様子が描かれており，往時の賑わいがしのばれる。

大森の編み細工は，平面に編む通常の編み方ではなく，菱形が立体的に連なる独特の編み方が特徴である。「麦わらを折って曲げて編む」ことと「菱形をつくる」ことを組み合わせる手法だ。1本の麦わらが，横芯と菱形（＝縦芯）を交互につくりながら折られ，たくみに編みこまれていくものである。

大森の編み細工には，かえる，虎，ねずみ，うさぎのもちつきなど，立体感をうまく表現した作品が多い。『江戸名所図会』には，子どもが乗れそうなほど大きな虎の編み細工が描かれているものもある。もちろん実際にはそこまで大きなものはなかっただろうが，体長38 cm，胴幅12 cm，背高16 cm程度の虎や犬のような大きな編み細工は現存している。

城崎で発展した張り細工　兵庫県の温泉地，城崎（兵庫県豊岡市城崎町）では，およそ300年前から麦わら細工の土産物がつくられてきた。享保年間に因幡国（現・鳥取県）から湯治にきた半七という人が，竹笛に赤・青・黄の麦わらを巻いて売ったのが始まりと伝えられる。

大森では編み細工が盛んだったが，城崎では張り細工が中心につくられた。色鮮やかに染め上げた麦わらを使って花鳥風月や人物などを描いた「模様物」や，幾何学模様を表わした「小筋物」などが有名である（次ページ写真）。

張り細工は分業制となっており，張り細工の木地づくりをする人＝「木素工（きじこう）」，張り細工の絵柄・意匠を描く下絵師＝「画工」，麦わらを張る細工師＝「麦稈工」と，それぞれ専門の技術をもった職人たちがおり，力を合わせてひとつの作品をつくっていたのである。

なお，城崎独自の編み細工として「根掛け」という髪飾りがある。のちには指輪，簾（食器にかぶせて，ハエやほこりを防ぐ），びん敷き，馬などもつくられるようになった。

シーボルトも魅了されたわら細工　文政9（1826）年に大森を旅した長崎・オランダ商館の医師シーボルトは，日記にこう記している。「わたしは，わらでつくったきれいな品を売っている商店に気づいた。たいていは子どものおもちゃで，……ニュルンベルクのおもちゃ屋にあるクリスマス用の小売店にそっくりである」（『江戸参府紀行』シーボルト著・斎藤信訳）。

オランダの国立民族学博物館には，シーボルトが大森で買った編み細工や，京都で手に入れた

いろいろな張り細工

1　手さげ箱（江戸時代後期，城崎）
2　菓子入れ（昭和前期，城崎）
3　扇型の盆（大正～昭和初期，大森）
4　茶壺（大正～昭和前期，大森）
5　文箱「蜀紅文」（小関寅雄作，城崎）
6　張り絵／額絵「阿吽（あうん）」（前野治郎作，城崎）

1

2

3

4

5

6

と思われる城崎の張り細工の作品が保存されている。また，これより少し前に長崎から江戸を旅したブロンホフ，フィッセルといった外国人たちも，人や犬，牛の形をした編み細工や美しい模様の張り細工を国に持ち帰っている。日本の麦わら細工は，外国人たちをも魅了したのである。

麦稈真田から麦わら帽子へ
──明治の外貨獲得手段にも

明治時代になると，大森では麦わらの編み細工とともに「麦稈真田」づくりが盛んになった。麦わらを真田紐のように編んだもので，主に麦わら帽子の材料として使われた。

麦わら帽子の工業生産は，明治3（1870）年に欧米で麦稈縫製機械が発明されたことに端を発する。大森の麦わら細工職人，島田重郎兵衛が外国人がかぶっているのを見て日本初の麦わら帽子をつくったのは，その翌年の明治4年のことだ。

さらに明治5年に大森の川田谷五郎が麦稈真田と，これを用いた麦わら帽子を開発し，そこから麦稈真田を使った麦わら帽子づくりが始まった。

明治19（1886）年には東京大学が麦わら帽子を夏の制帽に指定し，これを受けて全国の高等学校や中学校でも麦わら帽子が夏の制帽として広まる。ちなみに明治40年（1907）ごろ，子供用の麦藁帽子は2～4円であった。白米10 kgが1円56銭，銭湯が3銭だったから，当時の麦わら帽子はかなり高価なものだったといえる。

やがて日本の麦稈真田は，その種類の多さから海外でも人気となった。当時，外国人との貿易のために，いろいろな種類の麦稈真田を張り付けたカタログまでつくられていたほどだった。イギリスやアメリカに輸出され，貴重な外貨獲得に大きく貢献したのである。

真田組み唄

麦わら帽子の生産拡大に伴って麦稈真田づくりは，香川，愛媛，広島，岡山など全国各地に広がり，家族生産では追いつかず，人を雇ってつくられるようになった。真田づくりのために雇われた人たちは「組子」と呼ばれたが，当時の組子たちが歌った真田組み唄が伝わっている。

「一　真田組むのは　長者の暮らし　夏は木の陰　冬は火燵／二　真田組んでも　養いまするどうか私をふらぬ様に／三　真田組んでも　夫婦口ゃ食える　主が剣取りゃ　うちが組む／四　組子組子と見下げてくれな　組子はこの世の米とびつ／五　組子組子と軽蔑おしな　学校戦線にゃ負けはせぬ／六　話しゃご免なされよ　歌ならお出で　歌は仕事のまぎれぐさ／七　真田組むときゃわき目をするな　組んだ真田がペケになる／八　朝の疾(はよ)うから　弁当箱下げて　おかん行って来る　稈（わら）よりに／九　真田ひょうたん組ゃ　組子の業じゃ　染みのあるのは　選りの業」(岡山県浅口市鴨方町に残る「真田組み唄」)。

日本の麦わら細工産業は明治時代に最盛期を迎えたが，鉄道開通に伴う街道の土産物需要の減少などで徐々に衰退し，戦後，大森では完全に消滅してしまった。城崎でも数名の作家が細々とつくっているにとどまる。しかし近年，地元の有志などの手により伝統を継承・発展させていこうという動きもでてきている。

用途と製造法

麦わらの下処理

編み細工にせよ張り細工にせよ，その素材となる麦わらは，もちろんそのまま使うこともできるが，職人は下処理を行なっている。ここではその下処理の方法を紹介する。

湯煮・漂白　収穫したままの麦わらは，表皮のクチクラ層が邪魔をして色もつけられない。このクチクラ層を取り除くとともに殺菌・殺虫を行なうために，湯煮と漂白を行なう。

まず稈は，節を切り落とし，一節から三節に分ける。深めのほうろう鍋または一斗缶に，節を切り落とした麦わらを縦に入れ，ひたひたになるまで湯を注ぐ。落し蓋，重石をのせて茶さじ1杯の重曹を溶き入れ，100℃で約20分煮る。煮終えたら麦わらを取り出し，水でよく洗う。固さがなくなっていればよい。内側がぬるっとするようでは煮すぎである。

湯煮を終えたら，酢酸液（水10 mL，食酢約50 g）に約10 ～ 20分浸けて漂白する。その後，水でよく洗うと，つやのあるきれいな皮が出てくる。

染色　染色は市販の化学染色剤や植物染料などを使えばよい。布を染めるのと同じで，使用説明書の指示に従って染色を行なう。

染色を行なわずに麦わらの自然な色を楽しみたいときは，収穫・乾燥したものを熱湯で15 ～ 20分煮てから乾燥させれば，輝く麦わらになる。

裂いて平らにする　麦わらは裂いて広げ，平らにする（次ページ写真「下準備」参照）。平らに伸ばした麦わらは，用途に合わせて，長方形になるように定規を当てて幅を切りそろえる。

これを編み細工や張り細工に用いるが，その具体的な作例は別項で紹介する。

素材の種類・品種と生産・採取

ムギを育て，わらを得る

現在，日本では六条ハダカムギや六条カワムギはそれほど多くは栽培されていないので，麦わらの入手は簡単ではないかもしれない。自分好みの麦わらを手に入れたい場合は，自分でオオムギを育てるとよい。大きめのプランターを使えば，畑がなくても細工を楽しむ程度の麦わらを収穫することが可能である。

播種時期は10～11月。畑またはプランターの土をよく耕して元肥を入れ，すじまきにする。発芽して葉が4～5枚出てきたら，麦踏みをしよう。麦踏みは，冬の霜柱によって根が傷んでしまわないよう，25kgくらいの加重で麦を踏みつけていく。麦踏みをしておかないと強いよい株に育たない。麦踏みはひと冬に合計で3～4回行なう。

葉が立ってきたら，もう踏んではいけない。3月ごろ，根元に土を寄せておくと麦が倒れにくくなる。また，よい麦わらを育てるには窒素肥料はやりすぎないこと。

気をつけたいのは麦わらを収穫する時期で，あまり若すぎると稈に青みやしわが残って，つやが出ない。逆に実が熟しすぎると稈がかたくなり，色が染まりにくく，シミや汚れも出てくる。したがって細工用の麦わらの刈取り時期は，実を取るための時期よりも少し早めがよく，穂の上半分が黄色く熟したころに青刈りする。このように細工に適した刈取り時期のことを「刈旬」という。なお，刈る時期が少々遅くなっても，シミや汚れがなければ，麦わらの自然な色が楽しめる。これはこれで味わいがあってよいものである。

刈り取った麦は，穂を切り落として実と稈とに分け，同時にハカマも取り，根元を束ねて10日～2週間干して乾燥させる。実は食べてもかまわないが，一部は来年用の種子としてとっておくとよい。

1

2

3

麦わらの下準備

1　染色した麦わらの割れを防ぐため息を吹き込むか水に浸け，麦わらに湿り気を与える。
2　竹べら（ボールペン，つまようじでもよい）で裂き，麦わらを開く。つやのある側（外側）が表になる。
3　内側を竹べらか擦り竹（直径3cmほどの竹を裂いたもの，ボールペンでもよい）で押し付けるようにこすり，平らにのばす。アイロンを使えば簡単。表も同様に。

編み細工

麦わらを編んでつくっていく編み細工は，針金細工とはまた違った楽しみがある。まずは基本となる平面編みを覚え，続いてさまざまな編み方に挑戦してみるとよい。

平面編みで馬を編む

長さ30 cm程度の麦わら5本を，水を張った洗面器で浸けて全体をぬらしてから作業に入る。これは麦わらをやわらかくして加工しやすくするためである。乾くと折れて切れやすくなるので，編み細工の途中でもときどき水に浸けて湿らせながら作業する。

途中で麦わらの長さが足りなくなったときは，同じ色の麦わらの先端を斜めに切って編み目に差し込み，同じように編んでいけばよい。仕上がった馬の顔は，作例のように前向きのほか，後ろ向きや，まっすぐ前に出して下向きにすることもできる。

平面編みの馬の編み方

1　出来上がった馬
2　1本の麦わら（上から1/3）を2本の麦わらの間に挟んで交差させる。
3　写真のように折って編み始める。真ん中の1本の上の部分が尾になる。
4　残りの2本（黄と赤の麦わら）を足して編んでいく。右に出た黄と赤が脚になる。
5　左が背側，右が腹側になる。背側を4目，腹側を5目編む。
6　胴体が編めたところ。前脚の色は，後ろ脚と同じ黄と赤になる。

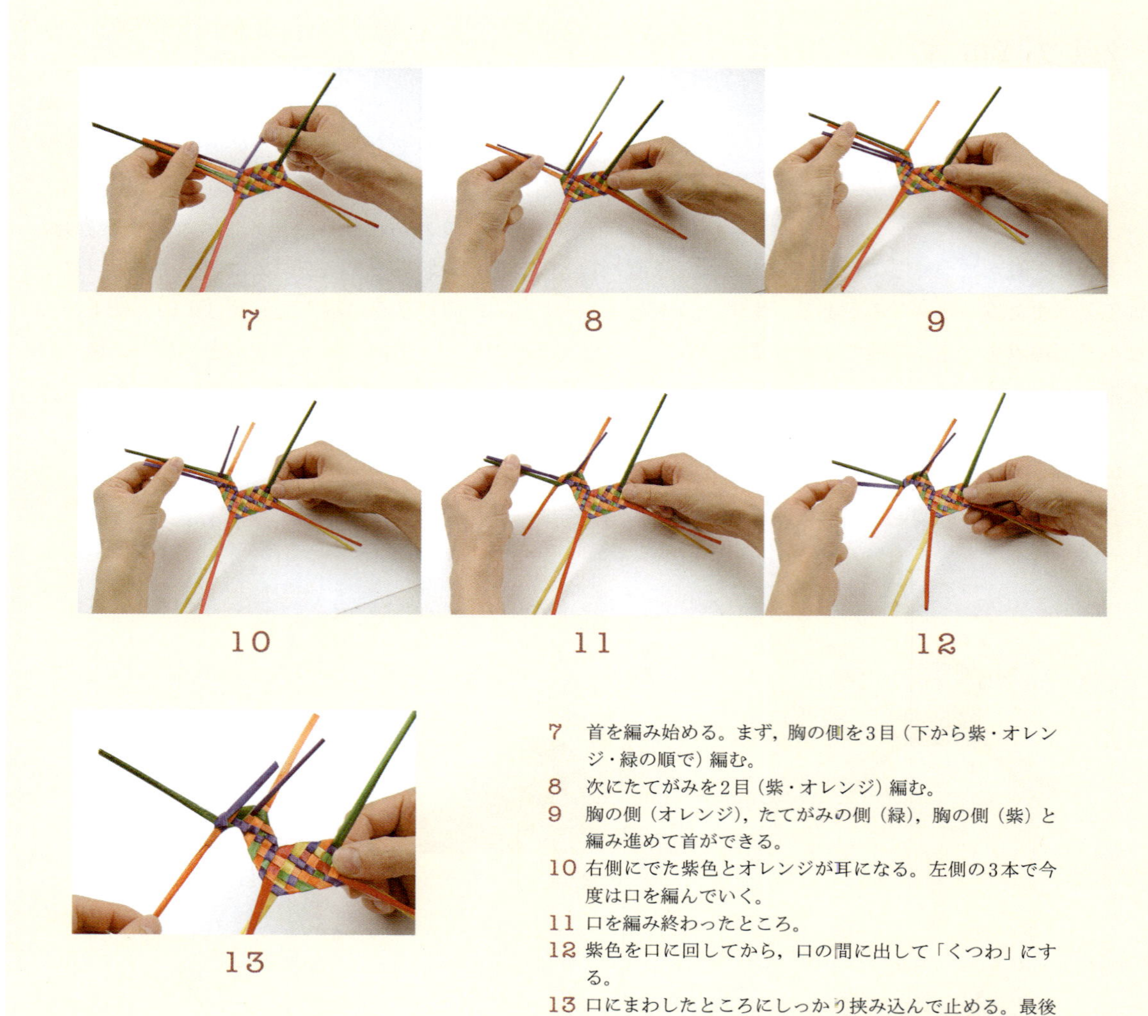

7 首を編み始める。まず，胸の側を3目（下から紫・オレンジ・緑の順で）編む。
8 次にたてがみを2目（紫・オレンジ）編む。
9 胸の側（オレンジ），たてがみの側（緑），胸の側（紫）と編み進めて首ができる。
10 右側にでた紫色とオレンジが耳になる。左側の3本で今度は口を編んでいく。
11 口を編み終わったところ。
12 紫色を口に回してから，口の間に出して「くつわ」にする。
13 口にまわしたところにしっかり挟み込んで止める。最後の馬の口は，「くつわ」をつくり，口が開いた形にして引き締める。編みあがったら，脚や尻尾，耳，口などをハサミで切って整形し完成。

立体的な編み方で指輪をつくる

長さ20 cmほどの，開いた麦わらの端から8 cmほどの部分を縦に7等分になるように裂く。これが指輪の「台」となる。一方，別の色の麦わらを，先の7等分の1本と同じ程度の幅になるように細長く切っておく。こちらは「ぬき」と呼ぶ。

台の切り込みの入っていない部分を指輪の太さに巻く。7分割の根元の部分に，ぬきを挟み込んで1回巻きつけたら，あとはぬきを巻きながらダイヤ型の模様が浮き出るように編み込んでいく。最後は余った台を切り取り，切り口を隠すように残りのぬきを巻いて，内側に挟み込んで仕上げる。

台の列の数は必ずしも7に限らないが，偶数よりも奇数のほうがよい。台と「ぬき」の幅を1～2 mmにして，台を5列にしてつくると，細い上品な指輪になる。

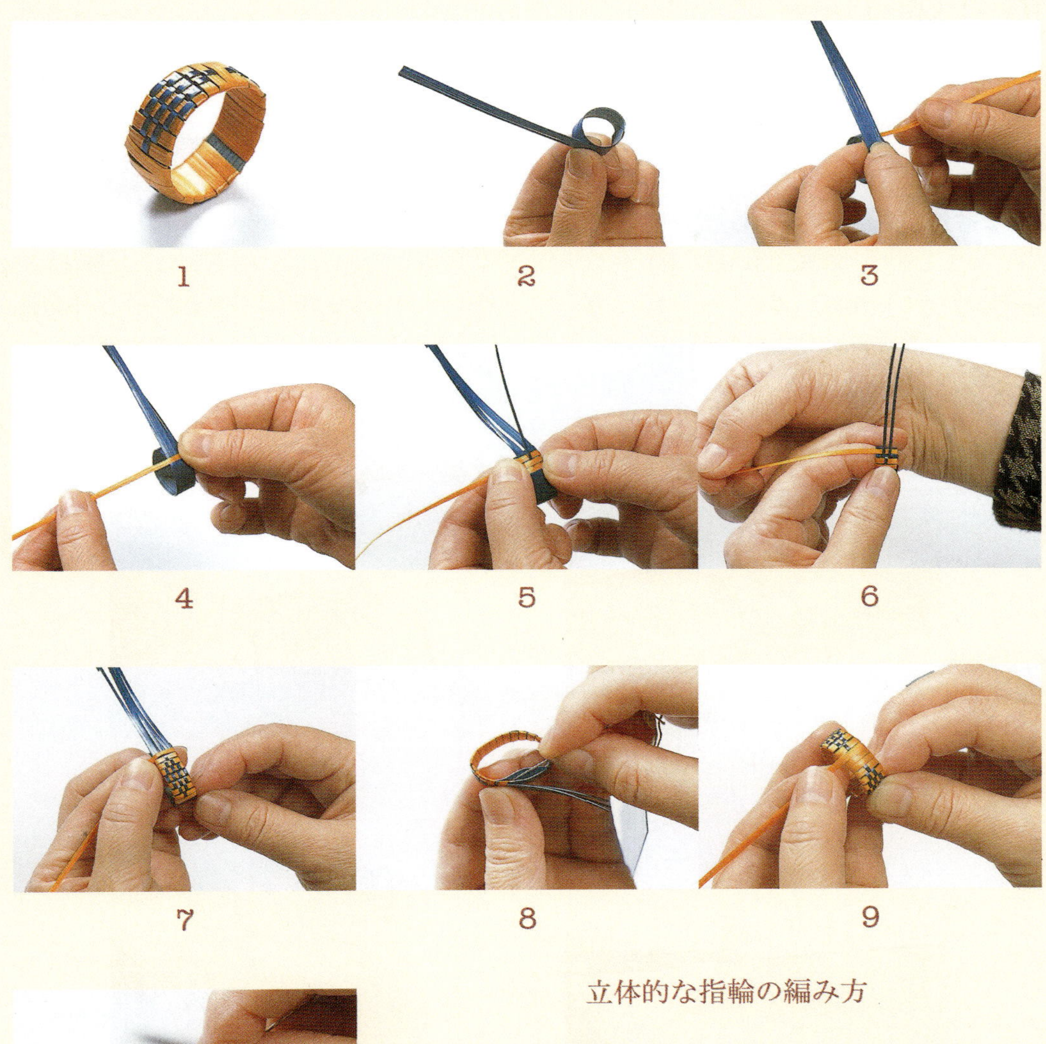

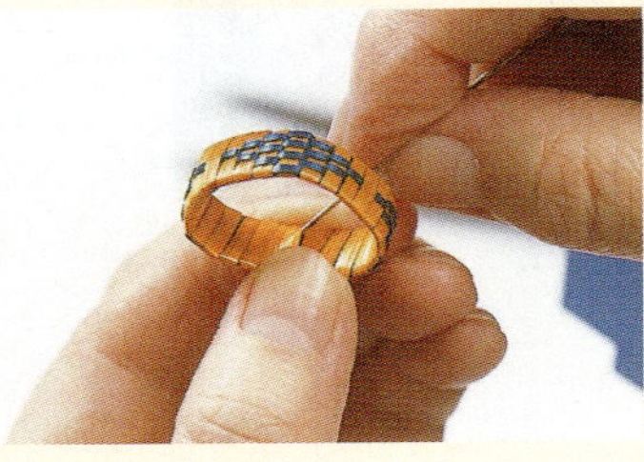

立体的な指輪の編み方

1 出来上がった指輪
2 台にする麦わらは，裂いていない側を指よりもやや太めに巻いて輪にする。
3 横に編む麦わら（ぬき）を台の端に挟んで１周巻いてから編み始める。
4 色のバランスを考えて初めに設計図をつくってから編み始める。
5 何本おきに編むかによって，描かれる模様が違ってくる。
6 横の麦わらの間に隙間をつくらないように，ていねいに編んでいく。
7 台の列の数は奇数がよい。台がつながる場合も５段以内でおさまる模様に。
8 横の麦わらの最後の端は，輪の麦わらの間にしっかりと挟み込む。
9 同じように輪の間に挟んで新しい横の麦わらを継ぎ足して編んでいく。
10 最後は全体にぐるぐると数回巻いて端をしっかりと挟み込む。

張り細工

モミジ絵柄の小箱をつくる

必要な道具と麦わら　竹べら，金べら，ピンセット，つまようじ，鉛筆，白い紙（トレーシングペーパーかコピー用紙），カッターナイフ，カッターボード，金尺定規，ポリ袋，やわらかい布，使い古したボールペン，木の板，針など。

張り細工に使う麦わらの下処理は総論で述べた。ここでは染色しない「サビ」の出た麦の「ハカマ」を地張りに用いた。

接着剤＝続飯のつくり方　米飯をつぶしてつくるのりが続飯（そくい）である。続飯は身近な素材ででき，張り直しがきくなどの利点がある。木工用接着剤でもよい。続飯には，炊飯後1～2日おいて少し水分がぬけた米飯を使う。小箱張りなら，飯の量はスプーン1杯分程度で足りる。

1　2　3　4　5　6

7 8 9 10

11

地張り

1 竹べらで地に張るサビ模様のハカマに，続飯（接着剤）を塗る。
2 縁張りをした箱の表面の端からていねいに張っていく。
3 はみ出ている部分を縁に沿って，ていねいに切る。
4 両端から張っていき，真ん中で張り幅を調整する。
5 真ん中の重なる部分は上下2枚を一緒に切り，下の部分の麦わらを抜き取ると，隙間なく張れる。
6 やわらかい布で，ていねいに押さえるとともに，わらの表面をふく。
7 最後にコーナー張りして仕上げるので，その分だけ少し角をあけて張り始める。
8 角は2面にまたがるように張る。重なりは，2枚一緒に切って下をはがす。
9 縁にあわせて，ていねいにきれいに切る。
10 ふたと本体にまたがるように張ると，ふた側面と本体側面のラインがそろい仕上がりがきれいになる。全部張り終えてから切るようにする。
11 4面すべてを張り終えたら，やらわらかい布で押さえて，余計なのりを取り除いて完成。サビの模様が味わい深い。

小箱のつくり方

張り細工を活用して，自分だけのお洒落な小箱のつくり方を紹介する。まず土台となる箱は表面が塗装されていない木の箱がベストだが，ボール紙の箱でもよい。最初に，縁取り用の麦わらを張る「縁張り」，次に「地張り」といって表面や側面の部分を張る。最後に，地をくり抜いて絵柄を嵌め込むように張る。

縁張り　まず3～5mm幅の色染めした麦わらを，必要な長さ分用意する。裏に続飯（のり）を塗り，縁にあわせてきれいに張っていく。はみ出た部分はカッターナイフなどで切り落とす。コーナーの上面は，2枚の麦わらを重ねた状態で45°に切り込みを入れてから，余分な部分を取り除くと，きれいに仕上げることができる。

同様に底部やふたの縁など，すべての縁を張っていく。縁取りの幅がまちまちになってしまったときは，張り終えたあとで切りそろえるとよい。

地張り　縁張りによって縁取りができたら，その内側に麦わらを張っていく。これが地張りである。手順は写真で前ページに示した。

絵柄を嵌め込む　縁取りと地張りだけでも立派な仕上がりだが，自分でデザインした絵柄を埋め込むともっと素敵になる。重ね張りもおもしろい。

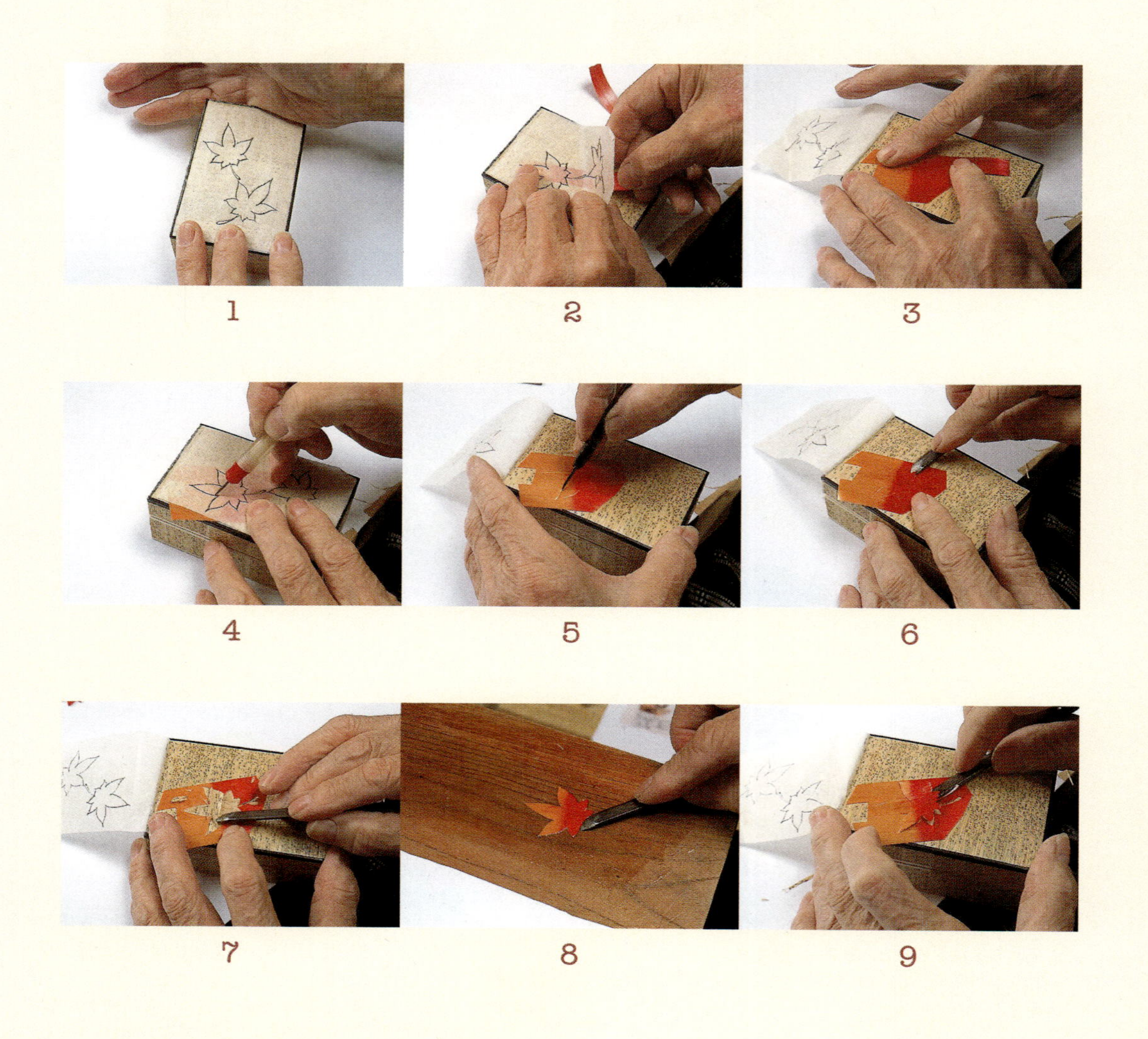

10　　11　　12

13

絵柄嵌め込み

1　下絵を描いたトレーシングペーパーを続飯（または接着剤）で動かない程度に仮止めする。
2　モミジの大きさに合わせて，もみじの色味をみながら麦わらをおく。
3　続飯でモミジの色の麦わらを仮張りする。
4　インクの出なくなったボールペンで下絵を強くなぞり，輪郭の形を下のモミジ色の麦わらに写しとる。
5　トレーシングペーパーをめくり，形に沿って地張りごと絵柄を切り抜く。
6　モミジの色の麦わらだけを一度はがす。
7　地張りのモミジ形を凸凹のないように，きれいにはがす。
8　モミジの色の麦わらに続飯をつける。
9　モミジ形に切り取った地張りの部分にモミジ色の麦わらを嵌め込むように張りつける。
10　周りのモミジ色の余分な部分をはがし取る。
11　しっかり押さえて，はがれないようにし，さらに柔らかい布でこする。上からポリ袋をかぶせてこすってもよい。
12　葉脈を鉄筆やインクぎれのボールペンなどで描く。
13　モミジ柄の張り細工小箱の完成。

以上は職人のやり方だが，道具や手順を自分で工夫してもおもしろい。

紫草

Lithospermum erythrorhizon Sieb. et Zucc.

植物としての特徴

ムラサキは，ムラサキ科の多年草で，その学名は*Lithospermum erythrorhizon*である。中国，朝鮮半島，アムール地方および日本の九州，四国，本州，北海道の山地や丘陵地の草原に自生する。茎の高さは40～70 cm，葉は無柄で長さ3～7 cmになる（写真1）。花は6～7月に開花し，白色で径が4～9 mm，のど部に黄色みを帯びた突起がある。2～3 mmの倒卵状球形の灰白色の種子をつける。

近年，生息地の減少や園芸・薬用または染色用採取により，自生のものは急激に数を減らしてきており，2000（平成12）年に発行された環境庁（当時）編『改訂・日本の絶滅のおそれのある野生生物―レッドデータブック』では，絶滅危惧種IB類に指定されている。47都道府県ごとのレッドデータブックでは，37都道府県で記録され，そのうち9都府県で絶滅とされている。

利用の歴史

中国での利用

利用部位は根茎部で表面が暗紅色をしており，乾燥させたものは「紫根（シコン）」という名称で知られている。

中国大陸では古くから紫根の効用が知られており，炎症，肌荒れの軟膏の原料として利用されてきた。代表的な医薬品に明代の医学書『外科正宗』に記述された「潤肌膏」がある。「潤肌膏」は紫根，当帰（トウキ），ゴマ油，蜜蝋（ミツロウ）を配合した膏薬である。

また紫色染料としても重視され，中国前漢代（紀元前1～2世紀）には皇帝が使用する色として，他の者の利用を禁ずる「禁色（きんじき）」とされた。

日本での利用

中国の影響を受けて，ムラサキは染色の原料として利用された。古代日本において紫色は，高貴

写真1　ムラサキの草姿
（武蔵丘陵森林公園）

な色として憧憬される染料であり，聖徳太子の時代の「冠位十二階の制」(604年）では，最高冠位である大徳の象徴が紫冠とされた。次いで高位の小徳の紫冠は薄紫とされていた。これは紫色の染料が希少なため，紫色を高位にし，色の濃いものほど最高位に位置づけたともいわれている。また，中国医学の模倣・改良も行なわれた。江戸時代に華岡青洲が前述の「潤肌膏」に豚脂を加え，配合量を改良したものが「紫雲膏」である。現在でも火傷の薬として有名であり，漢方薬店で販売されている。

平安時代中期の史料である『延喜式』(927年）民部には，特産地の記述があり，大宰府（福岡県)，相模（神奈川県)，武蔵（埼玉県，東京都)，常陸（茨城県)，下総（千葉県，茨城県)，上野（群馬県)，大隅（鹿児島県)，下野（栃木県)，甲斐（山梨県)，日向（宮崎県）が主な特産地と推定される。また，正倉院文書「豊後国正税帳」(737年）には直入郡（大分県竹田市）に官営の紫草園があったとの記述がある。

桃山時代以後は禁色の制も解除され，高価ではあったが紫根染の製品も一般に普及し始めた（写真2)。

江戸時代に入って八代将軍吉宗が武蔵野でのムラサキ栽培を奨励し，江戸近郊の各所で栽培が行なわれるようになった。たとえば幕府天領であった現在の埼玉県川越市周辺の栽培産地の記録が残されている。いまも関東地方西部にはムラサキにちなんだ地名が残されている。東京都三鷹市と武蔵野市の市境で玉川上水に架かる「むらさき橋」の橋名は市民公募により，かつての栽培地域であったことにちなんで命名された。校歌や校章にムラサキが用いられている学校もある。井の頭公園に隣接する大盛寺（三鷹市）には江戸町人が寄進した紫灯籠（石灯籠）が今も残っている。

また，江戸時代に地方では，南部（岩手県）が藩の財政増収のため，ムラサキを特産品栽培・保護専売化し，江戸への海運航路を使って，産出が最盛期を迎えた時代もあり，優品として名高かった。明治時代に化学染料が普及するようになると，他の自然染料と同様ムラサキの栽培は急速に衰退した。

写真2　高松塚古墳壁画の西壁女子群像装束の復元展示。制作は山崎青樹氏，高崎市染料植物園にて

各地のつくり手紹介──郷土の歴史にちなみムラサキの復活をめざす活動

大分県竹田市　律令期に官営のムラサキ園があったと推定されている大分県竹田市では，ムラサキを用いた地域活性化，都市交流を目的として「奥豊後古代紫蘇生研究会」が2000（平成12）年5月に発足した。近隣の生産農家・園芸家・行政が提携してムラサキの研究・栽培・商品開発に取り組んだ。

京都の天藤製薬株式会社から導入したムラサキを基に栽培を始めた。かつてムラサキが都に納められていた道であった竹田〜大宰府〜奈良間を結ぶ都市交流を契機に，古代紫の再現を合言葉にした地域づくりの活動が活発になる。染色家との交流がきっかけとなり，2002年9月に奈良東大寺大仏供養に用いる法衣の袈裟（けさ）の染料として，栽培した2年生紫根600本を京都市の染色工房「染司よしおか」に提供・染色を依頼し，紫袈裟を市長から東大寺に贈呈した。2005年に愛知県で開催された「愛・地球博」では，絞り染め研究家との共同作業による紫根染めの展示を成し遂げた。

こうしたプロセスを通じて，結果的に地域の紫根染め技能の向上が図られていった。同市志土知地区では，紫八幡社のある「し・ど・ち＝紫土地」

の地域づくりの担い手として，2006（平成18）年に地域内でムラサキの共同栽培を行なう農事組合法人紫草の里営農組合が発足し，女性部会による染色の活動や地域の小学校等への体験イベントの提供など，地域ぐるみでムラサキの栽培・活用を目指す活動が行なわれた。

京都府福知山市　天藤製薬株式会社（京都府福知山市）では，生薬の開発研究と併せて，企業における社会貢献の見地から，ムラサキ栽培手法の研究や自生地の保全，系統保存を行なっている。天藤製薬株式会社は長野県茅野産のムラサキを系統保存している。

埼玉県川越市　埼玉県川越市では，川越小江戸むらさき保存会が，江戸時代の地域特産として知られるムラサキの文化継承を目的として1983（昭和58）年から活動を開始し，伝統的な紫根染手法を，地場産業として現代に生かすべく新たな染色方法の研究に取り組んでいる。植物学的には異論もあるが，暖地の平野部では露地栽培が困難なムラサキに代えて，セイヨウムラサキにより地場での収穫を目指す活動や近隣の市民へのセイヨウムラサキの配布，染め方の実演会・作品展示会が実施されている。

埼玉県滑川町　国営武蔵丘陵森林公園都市緑化植物園（埼玉県滑川町）では，武蔵野にゆかりが深い植物であるムラサキを系統保存するため，ムラサキ栽培の研究家から長野県菅平産のムラサキを譲り受け，1984（昭和59）年に栽培を開始した。1990年の国際花と緑の博覧会では，政府苑展示で同公園と国営昭和記念公園で栽培したムラサキが展示された。

滋賀県東近江市　「茜さす紫野行き標野行き野守は見ずや君が袖振る」と万葉集にうたわれ，かつてムラサキの御料地であったと推定されている滋賀県東近江市では，八日市南高校食品科によるムラサキの色素を使った物産の開発が1997（平成9）年から行なわれ，現在も井上製菓株式会社との提携により，あんもちの「八日市名物　あかね」，近江酒蔵株式会社との提携によりリキュール類の「君か袖（萬葉）」が地域の名産品として商品化されている。2007年，東近江市の市の花にムラサキが制定されたことや，紫草を育てる会と八日市南高校農業技術科による栽培が同高の農場で続けられ，地域ぐるみの取組みが持続している。近年では増殖したムラサキのプランターを市役所や図書館，小学校に設置する活動も行なわれている。

一方，系統保存の観点からは，地元化粧品開発の研究所が八日市産の系統保存をしていたことから，市民が栽培に着手した。しかし，市民による栽培活動が活発になる過程で，全国各地からムラサキの種子を導入した経緯があり，系統保存は現在行なわれていないようである。

各地でムラサキを活用した特産品づくりなどを通じて，かつての栽培地域の歴史にちなんだ地域づくりの活動が試みられている。地域のオリジナリティーを共感するプロセスや内発的な地域づくりへの参加を広げるツールとしての役割が，地域素材としてのムラサキに期待されているようである。

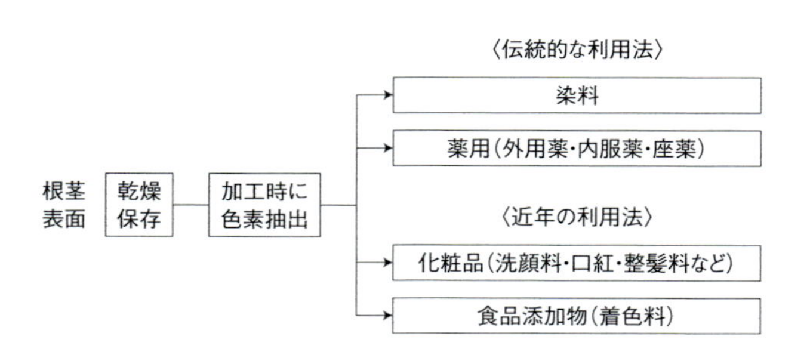

図1　利用形態と製法

写真3　紫根と紫根染の絹布

写真4　ムラサキ染の反物と小物

用途と製造法

ムラサキの利用形態を図1にまとめた。

染料

紫根染めには多くの色調がある。古代の「深紫（こきむらさき）」をはじめ著名なものに「京紫」，歌舞伎十八番「助六由縁江戸桜」にも出てくる「江戸紫」がある。俗に赤みを帯びると「京紫」，青みを帯びると「江戸紫」とされているが異説も多い。代表的な産地であった南部にも「南部紫」，「鹿角紫」など特徴的な染色技法がある。

現在の紫根染めは商品生産よりも主に伝統工芸の継承を目的として各地で行なわれている。2005年に高崎市染料植物園において奈良県明日香村にある高松塚古墳壁画に描かれた西壁女子群像装束の復元展示が試みられたが（写真3），その際に国産紫根を用いて染色した絹糸が使用されている。

一方で盛岡市の「有限会社　草紫堂」のように現在でも生産販売を行なっているところもある。なお紫根染の技法は大正時代にはすでに断絶の危機にあり，「鹿角染」の栗山文次郎・文一郎，父が「草木染」の創始者であり上述の西壁女子群像装束復元に取り組んだ山崎青樹など多くの先達によって今日まで技能の継承がなされてきた。「有限会社　草紫堂」の創業者藤田謙も，1933年に独立するまでは，南部紫根染復興を目的として1918年に開設された「南部紫根染研究所」の主任研究員であった。

現在国内産のムラサキだけで染色した工芸品は貴重品になりつつある（写真4）。紫根で染色した文化財を補修する需要もあり，この分野についても国内でのムラサキの栽培・生産体制の確立が望まれている。

薬用，化粧品

紫根には消炎，解毒，解熱などの作用があり，漢方では熱冷まし，血を涼し，腫れを消し，排便を促す。華岡青州が創製した「紫雲膏」などに配合され，腫よう，火傷，凍傷，湿疹，痔疾などに利用される。根には紫色色素としてナフトキノン誘導体が含まれ，代表的なものにアセチルシコニンがある。また，近代には痔疾治療薬としての開発研究が進み，1921年に天藤薬化学研究所（現天藤製薬株式会社）からナフトキノン誘導体を有効成分とした座薬が開発されるようになった。最近は肌を美しく保つという効果から，紫根エキスを主成分とした化粧品（洗顔料，口紅など）も開発されている（写真5）。

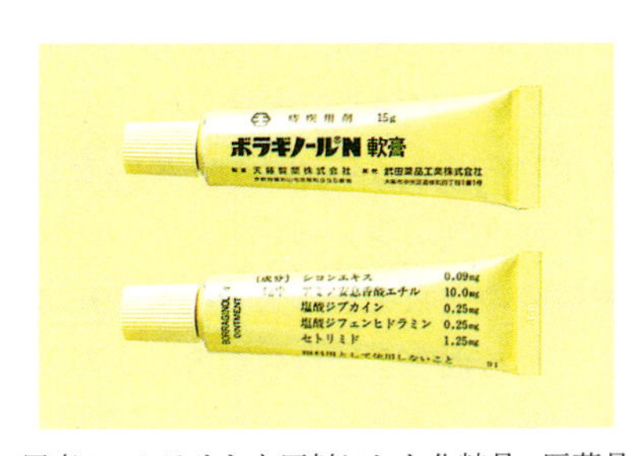

写真5　ムラサキを原料にした化粧品，医薬品

現在国内のムラサキは環境省レッドデータブックにおいて「絶滅危惧IB類」に分類されるほど稀少な植物となっているため，ナフトキノン誘導体の生成は化学的に合成するか，中国産のムラサキの輸入に頼っているのが現状である。国内でも主に製薬会社による生産栽培が試みられているが，2010（平成22）年における国内での医薬品原料としての紫根使用量は，中国産22,135 kgに対して日本産45 kgにとどまっている。

しかしながら近年は中国でも需要の増加や自生資源の枯渇などが理由で，日本への安定的な資源供給が困難な状況となっている。これらのことから，紫根の安定確保のために栽培技術の確立が強

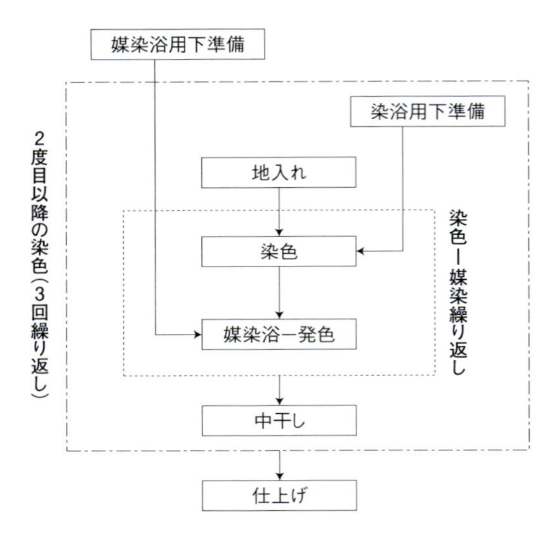

図2　伝統的な染色方法

く望まれている。

機能性と利用

紫根に含まれるナフトキノン誘導体には創傷，火傷の傷口の新生のほか，抗炎症，殺菌，抗腫瘍作用，解熱，解毒，消炎の効用が認められ，皮膚炎，湿疹，凍傷，火傷，切傷などの外用薬として現在でも用いられている。一方，染料としてのムラサキは現在薬効が認められていない。しかしながら紫根染めの衣服を着ると肺結核や皮膚病にかかりにくくなるなど，こちらも古くから効用が信じられていた。

紫根による染色方法

伝統的な染色の手法

材料　絹1枚（100 g）に対して，紫根600 g，椿灰120 g，湯。これらを材料とした染色の手順は図2に示す。

手順　①媒染浴用下準備。40 g の椿の灰に2 L の熱湯を注ぎ，2日以上おいて灰を沈澱させ，上澄み液を水嚢で濾す。

②地入れ。40 ～ 50℃の湯に布を入れる。

③染浴用下準備。1）200 g の紫根を水洗いし，50℃くらいの湯に10分間浸けておく。色素は水溶性なので水洗いは軽くする。

2）湯に浸けた紫根を臼や木槌で搗き砕き，麻

写真6　水洗い
伝統的な染色の再現イベント

写真7　陰干し
伝統的な染色の再現イベント

袋に入れて口を縛り，40 ～ 50℃の湯3 L の中でよく揉んで色素を絞り出し，ざると水嚢で濾す。

3）抽出を終えた紫根で，2）の作業を2回繰り返し，合計3回の抽出液を合わせた約7 L を使用する。

4）抽出液7 L を水嚢で濾し，2 L の水を加えて9 L の染浴をつくる。

④染色。1）②で地入れした布は絞らず，持ち上げて軽く水を切って染浴に入れ，布全体に平均的に染液が馴染むように約1時間繰る。染浴は弱火でゆっくりと温度を上げ，40℃で火を止め，40℃に保ちながら布を繰る。繰るときは絶えず液中で布を動かし，気泡を入れないようにする。

2）布についた余分な染液をさっと流すように水洗いする。

⑤媒染浴ー発色。1）9 L の水に椿の灰汁200 mL を加え，40℃くらいに温め，染色時のように繰る。

2）④染色の2）のように布を水洗いする。

⑥染色ー媒染の繰返し。④の染色と⑤の媒染浴ー発色の工程を2回繰り返し，3回目は，④染色の2）の染色後の水洗いで作業を終える（写真6）。

⑦中干し。新しくきれいな水で布をよく水洗いし，絞らずに陰干しにする（写真7）。

⑧2度目以降の染色。②の地入れから⑦中干しまでを3回行なう。

⑨仕上げ。3回目の⑦中干しが終わったら当て布をして，温度に注意しながらアイロンをかける。

ちなみに，『延喜式』（927年）では絹綾1疋（長さ12.12m，幅59.28cm，重さ1.125kg）を「深紫（こきむらさき）」に染めるのに紫草30斤（18kg），灰2石（146.48L），酢2升（1.46L）が必要であるとの記述がある。また，時代が下って明治時代の産業書『産業曼筆』（田中長嶺，1892年）では，絹15疋（16.875kg）を「江戸紫」に染めるのに紫草7貫500目（28.125kg），灰3貫目（11.25kg）が必要との記述がある。現代でも南部をはじめ，各産地における特徴的な染色技法がある。いずれにせよ特定の色相に染色するには熟練と高度な技術を要する。

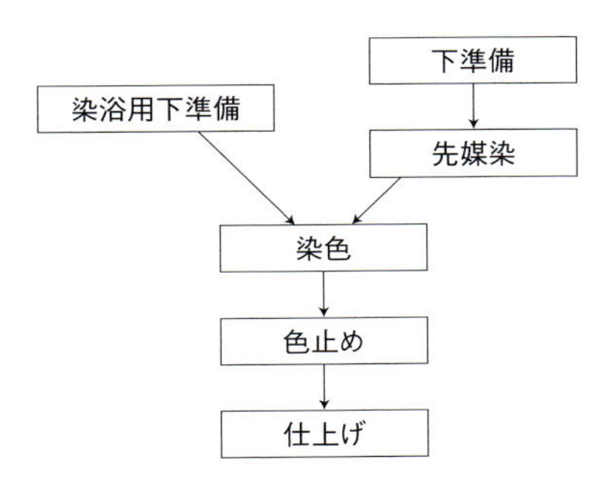

図3　教材に適した染色方法

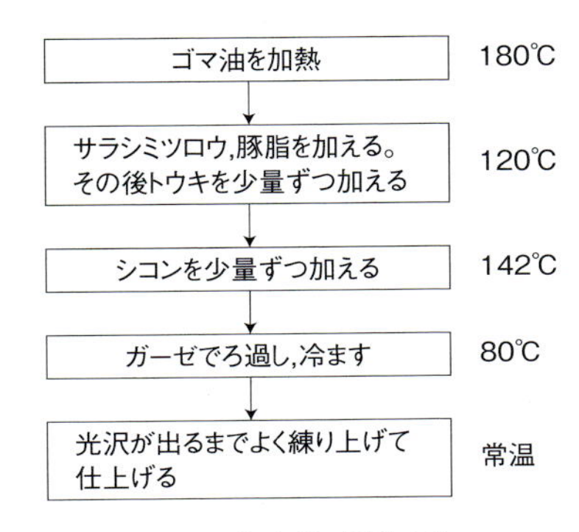

図4　紫雲膏の製造方法

比較的短時間にできる染色法

次に比較的短時間に出来上がる染色の手法を記述する（図3）。こちらは染色の学習・教育に適している（考案：向谷地又三郎）。

材料　組みひも2本（40g，目安）に対して，先媒染液：約2%液（水1Lに20g）のミョウバン，染色原液：80%アルコール1Lと紫根80g，色止め溶液：2%の塩化アルミニウム溶液。

手順　①下準備。染色用の糸や布はあらかじめ微温湯で手揉みして洗い，糊料，表面処理剤などを除いておく。

②先媒染。沸騰させた先媒染液に30分ほど浸し，放冷後，軽く絞って陰干しする。

③染浴用下準備。乾燥しておいた紫根の太い部分は，手で細かに折り（この際ナイフ，はさみなど金属製のもので紫根を細断しない），80%エタノール溶液に浸して色素を抽出し，染色原液をつくる。

④染色。染色原液の一部をホウロウまたはアルマイト製の鍋に入れ，染色する糸または布を入れ，ゴム手袋をはめて，むらのないように揉み，固く絞って乾燥する。乾燥時間は10～15分で終わらせ，むらの有無を調べ，淡い部分から先に染液に浸して再び揉み，染液が一様に染みたところで固く絞って乾燥する。これを繰り返して好みの色調にする。染色している間は，絶えず液中で布を動かし，気泡を入れないようにする。

⑤色止め。2%の塩化アルミニウム溶液を70℃に保ち，これに2～3分間浸して余分の色素を洗い落とす。

⑥仕上げ。冷水に浸し，色が流れ出なくなるまで洗った後，きつく絞って乾燥する。

薬品「紫雲膏」のつくり方

日本薬局方収載品に記載がある医薬品に基づいて「紫雲膏」の加工方法を記述する（図4）。なお，現在紫雲膏には配合量・製法に様々なバリエーションがある。

材料　シコン（紫根）120g，トウキ（当帰）60g，ゴマ油1,000g，サラシミツロウ340g，豚脂20g。いずれも日本薬局方収載。

つくり方 ①ゴマ油を鍋に入れ，180℃の温度で1時間加熱する。ゴマ油をよく重合させる必要がある。目安としては，ゴマ油を水中に1滴落としても拡散せずに玉になって浮くくらいまで重合させる。

②120℃くらいまで温度を落として，サラシミツロウ，豚脂を入れる，次にトウキを入れる。一度にトウキを入れると吹きこぼれるので，少しずつ入れる。10分ほどでトウキが焦げて浮き上がってくるので茶こし等で取り出す。

③シコンを入れる。色素のアセチルシコニンの融点が142℃なので，これに近い温度で抽出する。シコンはトウキよりも泡が立ち吹きこぼれやすいので，こちらも少量ずつ入れる。10分ほどでシコンも焦げて浮き上がってくるので茶こし等で取り出す。

④温度を80℃まで下げて，ガーゼで濾過する。そのまま冷えるまで待つ。

⑤冷ましたら軟膏板もしくはガラス板の上で，光沢が出るまでよく練り上げて仕上げる。真空攪拌機がある場合は，こちらを使用するのが望ましい。

海外の利用に学ぶ

中国では「軟紫根」とも呼ばれる別種の「新疆紫草 *Macrotomia euchroma*」の根茎部も薬用に使用しており（2010年中華人民共和国葯典），ムラサキの根茎部を「硬紫根」または「東北紫根」と呼んで「軟紫根」と区別している。色素の含有量について，「軟紫根」は「硬紫根」（ムラサキ）の約2倍のナフトキノン誘導体を含むことが早い時点で明らかになっている。

しかしながら日本国内では，「第16改正日本薬局方」で「シコン本品はムラサキ *Lithospermum erythrorhizon* の根である」と規定されており，軟紫根は収載されていない。また，2005（平成17）年の薬事法改正により生薬としての流通は困難となっている。このため，日本において「軟紫根」は染料としての使用に限られる。

西洋では同じムラサキ科のアルカンナがギリシャ・ローマ時代から薬草として知られている。アルカンナはムラサキ同様，根茎表面にナフトキノン誘導体を含み，紫根の代表的成分であるアセチルシコニンの光学異性体アルカニンが主成分である。使用方法も紫雲膏と同様，外用薬としてよく知られ，トルコ共和国では「アルカンナ膏」という，成分も製法も紫雲膏とよく似た民間薬が現在も使用されている（表1）。なお，日本国内でも花卉園芸店でアルカンナを入手できるが，根茎部にピロリジジンアルカロイドなど有毒物質を含む種もあるので安易な使用は避ける。

素材の種類・品種と生産・採取

ムラサキの種類

現在国内で栽培されているムラサキには特定の品種や系統はない。しかしながら前記の『産業曼筆』には産地ごとに優劣があるとの記述があり，南部産（岩手県）は特に優れていることで有名であった。栽培種についても律令期には直入郡（大分県竹田市）に紫草園が設置され，江戸時代には武蔵野で栽培が行なわれていていたことがわかっており，何らかの選抜が行なわれていた可能性もある。現在各地の自生地はほぼ壊滅状態にあり比較は困難であるが，今後何らかの形で各地域種ごとの特徴解明が待たれる。

表1 アルカンナ膏と紫雲膏の比較（本多，2001）

名称	消炎・肉芽再生	抗菌作用	成分の溶解基材	硬さ調節
アルカンナ膏	アルカンナ	マツの材	バター	ミツロウ
紫雲膏	ムラサキ	トウキ	ゴマ油・豚脂	ミツロウ

2013～2014年に岩手県・山梨県・埼玉県・京都府・高知県・山口県・福岡県の自生および自生由来の栽培ムラサキを対象として遺伝子解析を行なった結果，国内の地域系統は大きく東日本型（岩手・山梨・埼玉），西日本型（京都・高知・山口・福岡），セイヨウムラサキあるいは交雑種が疑われる型（一部の栽培ムラサキのみが該当）の3つに分類された。このため国内にはセイヨウムラサキとの交雑が起きていない地域個体群が現存する一方で，自生由来とされる栽培個体にも交雑種が含まれていることが明らかになっている。

この研究は国内すべての自生個体群を網羅したものではなく今後詳細な地域系統の把握が課題であるが，今もなお地域別の遺伝的変異を持つムラサキ自生個体群は存在しており，各自生地で保全のための取組みもなされている。

困難な経済栽培

ムラサキの栽培法は古くは中国6世紀の農学書『斉民要術』に見られるといわれ，国内では江戸後期の農学者大蔵永常による『広益国産考』（安政6年）に詳しい記述がある。野生のムラサキ（山紫根）に対して栽培ムラサキは里紫根と呼ばれ，江戸紫が流行した時代には各地で栽培されたが，現在では生産レベルで栽培しているところはほとんどなく，いまだに大量生産を可能とする栽培方法は確立されていない。

薬用，染料ともに中国産の紫根に頼っているのが現状であるが，中国産紫根の安定的な確保も困難な状況となっており，国内での紫根の安定供給を目指した栽培技術の確立が望まれている。また，栽培品のエーテルエキス含有率（シコニン系色素含有率と相関性が高いと考えられる）は，中国野生品の含有率（2～3%）に比べ著しく低く（0.7%前後），色素含有量を上げる栽培手法の確立も課題となっている。

栽培の概要

ムラサキは高温や湿害に弱く，特に暖地では栽培が難しい。現在栽培されているものは野生株からの増殖個体であるため，発芽や生育が不揃いで，播種後数年たってから発芽するものもある。寿命は3～4年で，2年目が最も勢いがよく，紫根の収穫にも適するとされている。乾燥根の収穫量は10a当たり1年生80～100kg，2年生100～180kg，3年生220～250kgという報告がある。乾燥根の歩留りは約25%である。

観賞用に少量栽培する場合は鉢栽培，大量に収穫する場合は露地で栽培する。露地栽培の場合は連作を避ける。挿し木増殖も可能だが，種子繁殖が容易である。

気候的には冷涼地，昼夜の温度差の大きいところを好む。排水がよく，西日が当たらない緩傾斜地がよく，粘土質は嫌う。明るいところを好むが，冷涼地以外では夏季は寒冷紗などで遮光する。

5℃以上では一定期間後，発芽してしまう可能性があるので，春までの管理が難しい場合は，種子の3～5倍量の湿った砂に混ぜて冷蔵庫で貯蔵し，翌3月に播種しても良い。採り播きがよいが，採り播き（10～11月播種）した種子は翌3月頃に発芽し，春播きは播種後15～25日位で発芽する。前述のとおり，当年または翌年発芽が見られないものも，灌水を続ければ夏にかけてあるいは数年後に発芽する場合がある。

露地植えの場合は苗を定植する方法と，直播きの場合があるが，大量に栽培する場合は直播法が現実的である。露地での直播きの場合は播種後切りわらやマルチフィルムなどで被覆し，乾燥を防ぐとよい（写真8）。また，鳥による食害対策が必要である。

写真8　露地マルチ栽培

写真9　鉢栽培

写真10　ビニール屋根をかけた高うね栽培

鉢栽培の場合は，育苗箱に播種して鉢上げする方法があるが，根を傷めるので，できれば直播きがよい(写真9)。秋まきの場合は屋外で越冬させ，用土が乾燥しないよう適宜灌水を続ける。

栽培管理　露地植えの場合は，梅雨時の多湿により根腐れを起こすことがあるため，80 cm程度の高うねにして排水をよくし，ビニール屋根をかけて雨水を避ける方法もある（写真10）。

肥料を施すことにより地上部や根の生長は早まるが，2年目の生存率や根の品質が著しく低下するため，施肥を控えるほうが無難である。発芽後は株間がおよそ5～10 cm間隔になるよう必要であれば間引きを行なう。雨による泥はねや夏季の根元の高温を防ぐため敷わらを行ない，また冷涼地以外では高温やアブラムシ対策として地上2 m程度に銀色寒冷紗を張り遮光する。苗の定植は，春または秋に行ない，以後の管理は直播きと同様に行なう。

鉢栽培の場合は5～6号の駄温鉢を用い，西日の当たらない場所でやや乾燥ぎみに管理する。用土は多説あり研究中だが，赤玉土などの排水のよい用土に腐葉土などの有機質を3割程度混合して使用することが多い。施肥は露地植え同様，控えめにするが，生育のようすを見て薄めの液肥を施すとよい。箱播きの場合の鉢上げは本葉2～3枚のとき，また苗の植え替えは早春の出芽前に，根に付いた土をできるだけ落とさないよう丁寧に行なう。

アブラムシ，ウィルス感染，キスジノミハムシ，萎凋病に注意する。なお，ムラサキは薬害が出やすいとの報告があるため，薬剤は通常より希釈して使用する。

収穫と調製　収穫は2年目のものがよいとされ，地上部が枯れる10月頃（適期を開花前後の5月頃としている資料もある）根を掘り取り風通しのよい場所で陰干しする（写真11)。根茎表面の色素であるナフトキノン誘導体は水で洗い流されやすいため，収穫の際には水洗いせずに人力で夾雑物をよく取り除く必要がある。この色素は収穫直後に空気中で徐々に昇華する性質がある（写真12)。このため収穫後はよく乾燥し段ボールなどの箱に入れて冷暗所に保管する。カビがつきやすいので湿度管理には特に注意する。通常は根茎のままの状態で保管し，加工時に根茎表面を取り分け熱湯もしくは油脂内で色素を抽出する。なお紫根には若干特有の匂いと甘みがある。

種子の採取と管理　種子の採取は地上部を刈り取って行なう。紫根を収穫する場合は同時に行なうと効率的であるが，地上部が完全に枯死した後では種子の大部分が落下しているため，この場合はやや早期に行なう。

種子を長期保存する場合は保管中に発芽しないよう，前述のとおり湿った砂に混ぜ5℃以下で保管する。

経済栽培にむけて　ムラサキのシコニン系色素は根の周皮にのみ存在し，重量に対し表面積の比率が高くなることによって色素含有率が上昇する。また，根茎のより深い部位（根の肥大が顕著でない）ほどシコニンが高含有率になることがわかっている。このため，色素含有率を上げるには鉛直方向への主根の伸長が抑制されない条件下で栽培を行なうことが望ましいとされている。

近年の研究によれば，生産栽培には，セルトレイよりもペーパーポットを用いて育成後，深く耕起した圃場への定植を行なうことが，直播よりも現実的であることが示唆されている。

末岡ら（2013）は直径10 cm × 長さ65 cmもしくは80 cmの塩ビパイプを用いてハウス内（最大温度35℃前後）で栽培を行なった結果（写真13），シコニン含量が一年生で0.4～1.1%，二年生で0.3～1.5%となり，また収穫量に大きな差がみられなかったことを報告している。

栽培期間・コスト・リスクを考慮すると生産栽培を行なううえでは一年間での収穫が現実的である。なお，パイプや筒などを用いた栽培では根が真下に伸びる利点があるが，うね栽培よりも用土の充填・収穫時に労力を要することに留意が必要である。

高うねの代わりに地上部に木製の枠を作成して栽培する方法もある。同一の圃場で栽培土を更新して栽培するにはよい方法であり，外側を分解できるので収穫も容易であるが，面積が広い場合は高うね栽培のほうがかえって作業性はよい。一例として高さ90 cm × 幅90 cm × 長さ180 cmの木枠を作成し，床面に木炭80 Lを敷き，その上に未使用の赤玉土720 L・腐葉土360 Lを撹拌した栽培土を用いると用土高さ約60 cmの栽培木枠となる（写真14）。

なお，施肥栽培したムラサキは無施肥栽培に比べて根が著しく肥大しナフトキノン含量が低下することが報告されているため，生産栽培を目的とする場合でも施肥は控えめにする。

その他の留意点　現在ムラサキの栽培は各地で行なわれているが，間違ってセイヨウムラサキ（*L. officinale*）やヒロハセイヨウムラサキ（*L. latifolium*）を栽培しているところもある。したがって，種子または苗を入手する際は専門家に相談し，ムラサキ（*L. erythrorhizon*）であることの確認が必要である。

由来の明らかでない栽培個体および他地域個体群を用いた自生地復元は避ける。また生産栽培を行なう際に近隣に自生個体群が存在する場合は，その系統を用いることが望ましい。

写真11　紫根の陰干し

写真12　紫根の乾燥保存
徐々に色素が昇華する

写真13　塩ビパイプを用いた栽培

写真14　木枠による高うね栽培

山桜

Cerasus L.

植物としての特徴

ヤマザクラは，バラ科サクラ亜科サクラ属に分類される落葉高木である。サクラ属は，主に北半球の温帯から亜寒帯にかけて多くの種が分布し，日本には9種が自生している。日本に分布するサクラ属には，ヤマザクラに近い種として，オオヤマザクラ，カスミザクラ，オオシマザクラがある。そのほかに，エドヒガン，チョウジザクラ，マメザクラ，タカネザクラ，ミヤマザクラが分布する（表1）。変種や種間雑種も多数記載されている。

ヤマザクラは宮城県・秋田県以南に分布し，オオヤマザクラ（写真1）は主に本州中部から東北，北海道に分布する。オオシマザクラは伊豆大島を中心に，房総半島，三浦半島，伊豆半島などに自生している。

表1　日本に分布あるいは栽培される主なサクラ

サクラ属	種・栽培品種
セイヨウミザクラ節	（略）
ミヤマザクラ節	ミヤマザクラ
サクラ節	ヤマザクラ，オオヤマザクラ，カスミザクラ，オオシマザクラ，エドヒガン，マメザクラ，タカネザクラ，チョウジザクラ，カンヒザクラ（台湾・中国大陸南部原産），栽培品種（‘染井吉野’‘関山’‘普賢象’‘枝垂桜’など多数）

利用の歴史

日本でのサクラ属の利用

ヤマザクラは古くから花を観賞するサクラの代表であった。‘染井吉野’が全国を席巻した現在でも，吉野山を筆頭に随所にヤマザクラの名所がある。

写真1　オオヤマザクラの花

ヤマザクラに限定せずに，サクラ属に属するサクラの用途をみると，その木材は浮世絵など木版画の版木として利用され，家具材や器具材となり，薪炭材でもあった。樹皮の利用も縄文時代まで遡ることが知られており，現在では樺細工としての利用が有名である。そのほかに，生薬の原料になり，葉は桜もちを包み，花は桜湯など食用に供され，草木染の材料や燻製用チップなどにも用いられる。

なお，オウトウを除くと，サクラ属に分類される樹木の世界における利用については十分な資料がないので，ここでは取り上げない。

サクラ利用の展開

農山村には，「種まき桜」などと呼ばれ，農作業の暦として親しまれてきたサクラの巨樹をはじめとして，数々の伝承をもつサクラの巨樹が各地に存在する。これらは，種類としてはエドヒガンとその栽培品種である‘枝垂桜’が大部分を占める。貴重な観光資源として活用されている場合が多い。「種まき桜」の多くは自然条件が厳しく稲作が困難だった地方に多く残る。農山村で観光資源とする場合は，単に花の美しさを愛でるだけにとどめず，稲栽培における先人の苦闘の歴史を背景にして花を見ることができるような工夫も有意義と思える。

写真2　ヤマザクラ「大坪の一本桜」(宮崎県国富町)

ヤマザクラなどはもともと日本の山野に広く自生するが，花見の場所や公園樹，街路樹に植栽されることも多い。農山村では自生するヤマザクラなどを中心にしながら，サクラ一色ではなく，他の樹木と調和した里山のサクラの風景がつくられている。人工的な公園に‘染井吉野’のみといった画一的な桜名所から脱却して，その土地の風土を反映した樹種と一体になったサクラの景観づくりが望まれる。

材や樹皮は山地に自生するサクラから採取されてきた。サクラを交えた自然林（二次林）を維持し適正に利用することが今後も重要である。一部では樹皮採取を目的にしたサクラ林の造成が行なわれた。葉を食用に利用する場合はオオシマザクラが暖かい地域の畑地などで栽培されている。

用途と製造法

部位別の利用

ヤマザクラなどのサクラは，花，葉，材，樹皮の各部位がさまざまに利用される(表2)。

花の利用　ヤマザクラなどのサクラの花を観賞してきた歴史は長い(写真2)。ヤマザクラやエドヒガンなどの自生種や多種類の栽培品種が花見に供されている。

塩漬けしたサクラの花を湯に入れた桜湯は，祝いの席の飲み物として，結婚式や結納，お見合いなどで飲用される。塩漬けにする花はヤマザクラではなく‘関山（かんざん）’など八重咲きのサクラの花が使われる。五分咲きの桜の花をていねいに摘んで，樽に漬け込んで秋まで置く。サクラの花の塩漬けは，木曽路では須原宿の名物「花漬」として江戸時代から知られていた。塩漬けしたサクラの花は，煮溶かした寒天に入れて固めた「桜寒天」，また「桜おこわ」としても利用される。また，サクラ属ではないがウワミズザクラのつぼみの花穂や緑色の若い実を塩漬けする地方もある。

表2　ヤマザクラなどのサクラの利用法

利用部	用途	利用例
花	観賞用	花見，公園樹，街路樹，修景，切り花
	食用	塩漬けして桜湯など
葉	食用	塩漬けして桜もちなど
	染料	草木染
幹（材）	用材	家具，工芸品，床板，楽器，版木
	燃材	薪炭材，燻製用チップ
樹皮	樺細工	工芸品
	薬用	生薬・桜皮，鎮咳薬
	染料	草木染

切り花用は，‘啓翁桜’や‘東海桜’などの園芸品種を促成的に早春に開花させて利用している。

小枝に花の咲いた状態のまま透明なアクリル樹脂に包埋したものが花の標本や装飾用として用いられている（写真3）。

葉の利用　塩漬けにしたサクラの葉は和菓子の桜もちに用いられる。桜もちは，白玉粉や小麦粉を用いて皮をつくるものと道明寺粉を皮に用いるものとがあり，関東風，関西風と呼ばれることもあるが，江戸時代のサクラの名所・向島の長命寺境内で売り出されたのが始まりといわれている。

桜もちを包むサクラの葉にはオオシマザクラの葉が使われる。静岡県賀茂郡松崎町を中心とした伊豆半島の南部で全国で使われるサクラの葉のほとんどが生産されている。葉の採集はクワに似た低い株に仕立てたサクラを畑で栽培し，毎年刈り込んで，萌芽した枝の若い葉を手摘みする。

収穫したサクラの葉は50枚を一束にまとめて，大きな樽に入れて荒塩で漬け込む。漬け込むことで葉の中のクマリン配糖体が加水分解されて特有のクマリンの香りがでる。約6か月漬け込んであめ色になったら出荷される。

幹（材）の利用　サクラの材は散孔材であり，年輪はほとんど目立たない。心材と辺材の境界は明瞭で，心材は淡紅褐色から褐色，辺材は灰白色から淡黄褐色である。気乾比重は0.60～0.68程度である。均質緻密で，中庸からやや重硬，心材の耐久性は大きい。均質で狂いが少なく，切削加工は中庸，削った面は滑らかで光沢がある。表面仕上げは良好で，耐摩耗性があり，着色性も良い。

サクラ材は家具あるいは建築の内装用としては高級材料である。器具，床板，楽器，彫刻，版木，こけしなどの用材として用いられる。

写真3　サクラの花のアクリル樹脂包埋

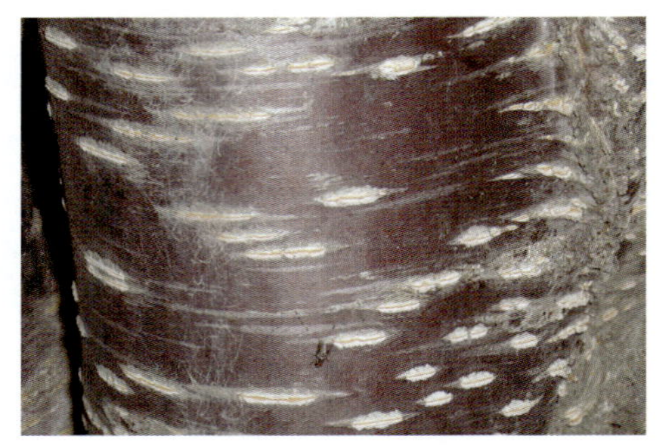

写真4　オオヤマザクラの樹皮

ガスや灯油が使われる以前は，サクラは薪炭材としても使われていた。房総半島など関東南部ではオオシマザクラが植栽された。また，近年では燻製をつくる際の燻煙材として使われる。

樹皮の利用　樹皮の代表的な利用法に，生薬「桜皮（おうひ）」と樺細工（桜皮〈かば〉細工）の2つがある。両者は樹皮の異なる部分を利用する（写真4）。

草木染

サクラの幹・枝や樹皮を細かくチップ状にしたもの，あるいは秋の紅葉する前の葉などが草木染

写真5　サクラの落ち葉による染色

無媒染

アルミ媒染

鉄媒染

の材料に使われる。染めの工程や媒染によって，赤肌色，赤樺色，煤竹（すすだけ）色，鳶色，鼠色などに染まる。

サクラの落ち葉も写真5のように染色に供することができる。

薬用利用

ヤマザクラの幹から樹皮を剥（は）いで，赤褐色のコルク皮を除去して，帯緑色の部分を剥ぎ取って乾燥したものを生薬名「桜皮」と呼び，製薬原料に用いる。成分はサクラニンのデヒドロ体であるグルコゲンクワニン，樹脂などを含む。桜皮抽出物を配合した鎮咳去痰薬が市販されている。また，漢方で用いる「十味敗毒湯（じゅうみはいどくとう）」には桜皮が配合されている。桜皮を煎剤として咳の薬として用いることもある。

樺細工

サクラの樹皮に特有な利用方法として樺細工がある。サクラの樹皮は強靱で伸縮性と弾性に富

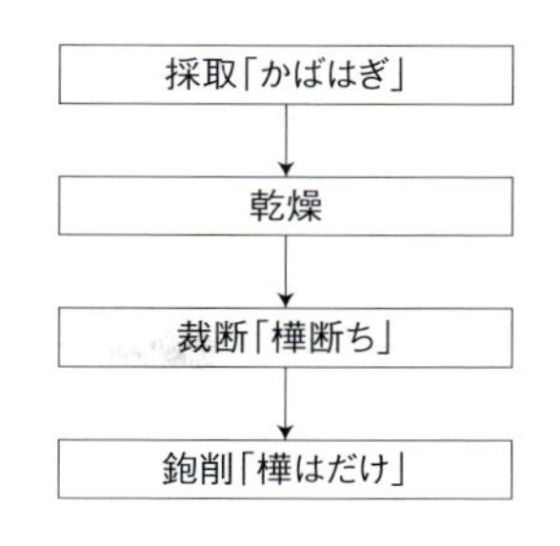

図1　樺細工用桜皮の準備工程

み，地模様の美しさがある。木から剥いだ樹皮を自然乾燥させ，薄く削って木地などに貼った工芸品が樺細工である（図1）。

秋田県角館町の樺細工が有名であるが，角館では約200年前の天明年間（1781～1789）に始まり，下級武士の手内職として発達してきた。明治以降は，有力な問屋の出現で産業としての道が開かれ，優れた職人によって伝統の維持と技法の飛躍があり，樺細工として発展してきた。1976（昭和51）年に国の「伝統的工芸品」に指定されている。

樺細工原料として使用されているサクラは，オオヤマザクラ（別名：ベニヤマザクラ，エゾヤマ

4

5

1　たたみもの（ブローチ）
2　たたみもの（ループタイ）
3　型もの（茶筒）
4　木地もの（箱）
5　木地もの（文箱）

ザクラ)，カスミザクラ，ヤマザクラである。このうち，東北のオオヤマザクラが最も良質で，ヤマザクラは皮目が高くやや品質が劣るとされ，全国に産するカスミザクラは汎用品質とされる。桜皮は樹齢30年以上の木から，梅雨明けから紅葉直前までの約2か月間に採取される。

樺細工の材料としてのサクラの樹皮は表皮，裏皮，二度皮に大別され，それぞれの形質によってさらに細かく分けられている。

樺細工の製品はその工程から，茶筒などの「型もの」，ブローチなどの「たたみもの」，箱形の「木地もの」に分類される。角館町では，郷土特産の伝統的工芸品として，茶筒，茶托，銘々皿，菓子器，盆，小箱，壁掛け，花器，文庫などさまざまな樺細工が生産されている。

素材の種類・品種と生産・採取

種類・品種

花を観賞するサクラの種類は多い。山野に自生するヤマザクラ，オオヤマザクラ，エドヒガンをはじめとして，サトザクラと総称される栽培品種があり，合わせて300を超える種類が記録されている。サトザクラには‘染井吉野’をはじめとする多種多様な品種があり，開花期，花型，花色に変化が大きい。

サクラの花の塩漬けには，花が大きくて紅色が濃く花弁が30枚程度あり，比較的丈夫で栽培しやすい‘関山’などの栽培品種が使われる(写真6)。

葉の塩漬けには，オオシマザクラを低台仕立てにして，毎年刈り込んで萌芽枝を出させてその葉を用いる。

材を利用する場合は，ヤマザクラやオオシマザクラだけでなく，ウワミズザクラ属に分類されるウワミズザクラ，シウリザクラ，イヌザクラなど多くの樹種の材がよく似ているので，特に区別されずにサクラ材として使われている。また，カバノキ科のウダイカンバ（マカバ，マカンバ)，ミズメ，ダケカンバなどのカンバ類を用材として用いる場合，木材業界では「サクラ」(「カバザクラ」「ミズメザクラ」など）と呼ぶことが多い。

生薬の「桜皮」には，ヤマザクラ，オオヤマザクラの樹皮が主に用いられる。

栽培

花の観賞を目的にしたヤマザクラなど自生種の植栽には実生苗を用いる。育苗の際に，風乾したタネを冷蔵庫で貯蔵した場合は，発芽を促進するための低温湿層処理をして，2～3月に播種する。採取した実を土中に埋蔵しておいて播種することもある。この場合には発芽促進処理は必要ない。栽培品種は，切り接ぎあるいは芽接ぎによって増殖した接ぎ木苗を用いる。

適潤で排水の良い土壌が栽培適地である。花見を目的としてサクラの苗木を植栽する場合には，成木になったときの樹高や枝張りを想像して，十分な間隔をとることが最も重要である。過度の剪定は慎まなければならないが，てんぐ巣病枝の除去は当然のことであり，健全に育て美しい花を咲かせるための適正な整枝剪定が必要である。

花を利用する場合には樹高や枝張りが低くなるように栽培すると採取しやすい。葉の利用では低い株に仕立てて萌芽枝を出させる。材を利用する場合は自然に成立したサクラを伐採・利用しており，材の生産を目的としたサクラ林の造成は行なわれていないようである。樺細工用の樹皮も主に野生のサクラから採取されるが，一部では植林も行なわれている。

写真6　栽培品種‘関山’の花

サクラの落ち葉で染める

身近なもので染める

晩秋，美しく紅葉したサクラの葉を拾い集め，煮だして染色するときれいな赤茶色に染められる。

染料液と媒染剤　染め上がった色は落ち葉の状態やサクラの種類によって異なるが，水から煮だすとより赤みのある色になる。染料液を数日おいてから染めると，さらに赤みが増す。

無媒染でも染めることができるが，媒染剤を使うことで染料を繊維にくっつけやすくなり，同時に発色を変化させることができる。ここでは，無媒染のほかにアルミ媒染と鉄媒染のふたつの媒染剤を用いた染色を紹介する。

絹のストールの前処理　染める布の前処理は，どの染色法でも同じである。まず布についた糊や汚れをとり，均一に染まりやすくするために，ウール用中性洗剤を加えた湯（約60℃）3Lの入った容器に屏風だたみにした布を入れて，ときどき動かしながら5～15分浸し，3回容器の湯をかえて水洗いする。

無媒染で染める

1　染料液をつくる。水洗いしたサクラの落ち葉（100g）を鍋に入れ，水から加熱して，沸騰してから15分ほど煮だす（道具類は変色を防ぐため，すべてステンレス製のものを使用する）。

2　こし布をはったボウルにあけて，1番液をとる（今回はクリアな2番液だけで染めるので，1番液は使わない）。

3　落ち葉を鍋にもどして，もう一度水から15分煮だし，2番液をこしとる。

4　左が1番液，右が2番液。1番液のほうが少しにごりがある。ひと晩おくと赤みが濃くなる。

5　ひと晩おいた染料液を3等分し，それぞれに湯を加えて各3Lずつにしておく。そのひとつをプラスチック容器に入れる。

6　前処理したオーガンジーの布をぬれたまま染料液に入れ，10分浸し染めにする。布は動かし続ける。

7　染料液を70℃にして，布を動かしつつ10分浸し染めにし，たたんで軽く手のひらでおさえて液を切る。

8　水を4回かえて水洗いし，手でおさえて水を切り，タオルで脱水してから，天日干ししてできあがり。

アルミ媒染で染める

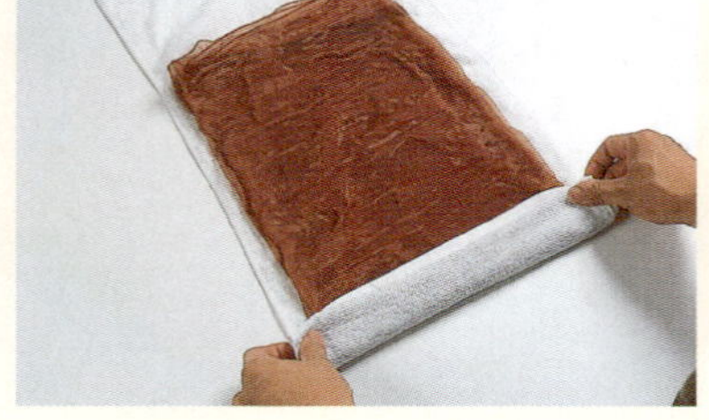

1 明ばん媒染液をつくる。ストールの乾燥重量を計り，布の重さに対して6%の焼明ばんを計る。
2 鍋に500 mLの湯をわかし，焼明ばんを入れ，弱火で完全にとけて透明になるまで熱する。
3 透明になったら，2.5 Lの水を入れたボウルに加えて，全体で3 Lにしてできあがり。
4 染色をする。「無媒染で染める」の項で3等分しておいた染料液のひとつで布を染めていく。作業は「無媒染で染める」の項の6までは同じ。
5 明ばん媒染液を入れたプラスチック容器に布を入れ，動かしながら15分浸し染めにする。水を2回かえて水洗いをする。
6 水を切ってから，70℃にした染料液に10分浸し染めし，水を4回かえて水洗いをして，軽く手のひらで水を切る。
7 タオルで脱水してから天日干しして，できあがり。ぬれていると濃くみえるが，乾くと色はうすくなる。

鉄媒染で染める

1　おはぐろ媒染液（原液）をつくる。新しい釘は洗剤で洗い，よく焼いてから水にぬらしておくと，1週間ほどでさびる。古釘ならそのまま使う。
2　酢と水それぞれ250 mLを入れたボウルにさびた釘250 gを入れ，火にかける。
3　水分が半量になるまで煮つめる。
4　釘ごとビンに入れ，1週間おいておく。釘をとりだして，紙フィルターでこすと，おはぐろ原液のできあがり。
5　染色をする。プラスチック容器に3 Lの水を入れ，おはぐろ原液6 mLを加えておはぐろ媒染液をつくる。
6　「無媒染で染める」の項で3等分しておいた染料液のひとつで布を染めていく。作業は「無媒染で染める」の項の6までは同じ。その後おはぐろ媒染液で20分媒染する。
7　水を2回かえて水洗いをし，水を切ってから70℃にした染料液に10分浸し染めし，水を4回かえて水洗いする。
8　手のひらで軽く水を切ってから，タオルで脱水し，天日干しして，できあがり。

棉

Gossypium spp.

植物としての特徴

生育特性と形態

ワタの木はハマボウ，フヨウ，ムクゲ，ハイビスカスなどと同じアオイ科の植物である。旧大陸のアジア綿のアルボレウム（*alboreum*）とヘルバケウム（*herbaceum*），新大陸のバルバデンセ（*barbadense*），ヒルスツム（*hirsutum*）の4つに大別されるが，もともと同じ種だったものが各大陸で独自に進化していったと考えられる。

熱帯原産の植物のため比較的高温（平均気温25℃程度）の環境を好み，灌漑施設さえあれば荒れ地や塩分を含んだ土壌でも育てることが可能である。春，最低気温が12℃を超える頃に播種すると，約2か月で着蕾，開花する。開花40～45日後に朔果が割れ，中のワタ毛が出てきて収穫時期となる。

草丈は通常150 cm以上（高性ワタ）だが，観賞用品種として草丈60 cm程度の矮性種（ドワーフコットン）もある。

ワタの花はハイビスカスに似ている。アジア綿は真ん中がえんじ色で全体に黄色い花が下を向いて咲く。アプランド綿の花はクリーム色。横や上を向いて咲き，しぼむとピンクやオレンジ色など濃い色に変わる。

ワタ毛の正体

ワタは「綿花」とも呼ばれるが，花ではなく実であり，白いワタ毛の中に種子（タネ）が入っている（写真1）。

めしべが受粉すると，子房の中の胚珠が生長して種子ができる。花が開いた直後から種の元になる胚珠の表面の細胞が伸び始め，だいたい24日で種子の周りをワタ毛が包みこむ。ワタ毛の内側にはセルロースの薄い膜が1日に1枚ずつつくられていき，この膜が年輪のように重なって壁を形成する。だから木綿の繊維は丈夫なのである。

1個の種子に，アプランド綿で8,000から1万5,000本，エジプト綿で8,000本，アジア綿で1,200から3,300本ほどのワタ毛がつく。ワタ毛に包まれた種子が6～9個集まって1つのかたまりをつくり，そのかたまりが3～5個集まって1つのコットンボールを形成している。

乾燥させたワタ毛の断面を見ると，内部は中空である。これが木綿繊維の軽さをもたらすと同時に，高い吸水性をもつ理由でもある。逆にこの空洞に空気を保つ工夫をすれば，暖かい毛布や肌着をつくることもできる。

ワタ毛は乾燥すると平たくなり，自然に「より」

写真1　ワタの実とは…

ワタ毛の構造。ワタの種子の表皮細胞が長く生長し，種子を覆っている

綿繰り機。江戸時代から使われていたもので，ワタは前方に，種子は手前に落ちて分離される

木綿製品

1 山吹のれん
2 紺縦縞の木綿反物
3 印鑑入れ

2

1

3

ができる。たとえばエジプト綿の場合，1cmの間に約100回の天然の「より」がある。そのおかげで，糸に紡いだときにワタ毛の繊維同士がしっかり絡み合い，型くずれしにくい丈夫な糸になる。

利用の歴史

世界での利用

子房が発達して形成される果実内部の種子表面から白いワタ毛が生じる。このワタ毛が木綿繊維として利用され，種子からとれる油（綿実油）は食用油として利用される。

気候が綿花栽培に向いていたインドや，ペルー，メキシコでは，大昔から木綿の布がつくられていた。5,000年ほど前に栄えたパキスタンのモヘンジョダロの遺跡から木綿の繊維の切れ端が見つかっている。またペルーでもインカ帝国以前の古墳から，木綿の布に包まれたミイラが発見されている。メキシコのテワカン渓谷からは紀元前5500年頃の綿花が見つかっている。こうしたことから7,500年以上前にはワタの栽培が始まっていたと考えられる。

これらの国々には，優れた技術によってつくられた美しい綿織物がある。インドには絣技法や更紗染色でつくられた綿織物のほか，伝説の布となってしまったダッカモスリンがあり，ペルーにはつづれ織りなどがある。

そんな古い歴史をもつ綿花は，暑いインドから時間をかけて寒さに慣れながら北へと広がっていった。中国では13世紀，朝鮮では14世紀に綿花栽培が始まったとされる。

日本での利用

日本で初めてワタの栽培が行なわれたのは8世紀の末のことで，コンロン（現在のインドシナ半島）から三河の国に流れ着いた青年がワタの種子を持っていたのだ。しかし日本の風土に合わず，あまり広がらないまま絶えてしまったといわれている。再び栽培されるようになったのは15世紀末，中国から種子が入ってきてからのことである。それまで戦国大名たちは木綿の生地や帆布などを中国・朝鮮からの輸入に頼っていた。

日本では昔から麻，苧（からむし），楮（こうぞ），藤，葛などの皮をはいで糸をつくり，布にしていたが，木綿に比べると布にするのに手間がかかり，染色も大変で，肌触りも悪かった。そのためワタの栽培が広まると，木綿は急速に人々の間に広まっていった。綿くり屋，綿打ち屋，かせ屋，染め屋，機屋などの専門業者が現われ，江戸時代には庶民の着るものは木綿が一般的になった。布団の中に綿が使われるようになったのもこの頃である。

木綿の生地は麻などに比べて暖かく，また植物からとった藍によく染まったので，藍染めの木綿が広まった。珍しい縞柄の見本を集めた縞帳がつくられ，全国各地で競って美しい縞柄の木綿が織られるようになった。いまもこうした綿織物が伝統として継承されている地域が国内には数多く存在する。

しかし戦国末期から江戸時代にかけて各地に広がったワタ栽培は，明治時代に入ると急速に衰える。それまで木綿は人の手で糸にし，布に織られてきたが，産業革命後，木綿の糸や布は機械を使って大量生産されるようになる。日本で栽培されていたアジア綿はワタ毛が短く，明治時代以降に入ってきた紡績機械に向いていなかった。さらに綿花関税の廃止により，外国から価格の安い綿花が大量に輸入されるようになった。

現在，世界の綿花生産はインド，中国，アメリカ，パキスタン，ブラジル，ウズベキスタンなどが上位を占め，日本はほぼ100％を輸入に頼っている。

用途と製造法

綿織物，綿ニット

ワタはそのまま布団の中綿や脱脂綿ともなるが，やはり最大の用途は綿織物や綿ニットへの加工である。身のまわりにある木綿製品を思い浮かべてみると，Tシャツ，ワイシャツ，ブラウス，ジーンズ，綿パンツ，肌着，靴下などの衣類，さらにはタオル，綿毛布など，直接肌に触れるものが多い。木綿は繊維が柔らかいため肌触りがよく，汗や湿気をよく吸い，摩擦による静電気が起こることも少ない。肌に直接触れる衣類などには不可欠の存在といえる。

比較的安価で丈夫なため日常着や作業着として多く使われる。たとえばジーンズも，本来はカウボーイの労働着であった。当初はテント用のキャンバス地が使われたが，やがてイタリア・ジェノア産の布地や，フランス・ニーム特産のサージという綾織物が使われるようになった。「ジーンズ」という言葉はジェノアがなまったものであり，ジーンズの生地を指す「デニム」はセルジュ・ドゥ・ニーム（ニーム産のサージ）が語源である。

木綿の性質を左右する毛羽

ワタの品種やより方によって，糸の太さやぬくもり，柔らかさなど，糸の味わいが違ってくる。とくに糸を特徴づけるのが毛羽（けば；糸をよったときにはみ出す短いワタ毛）である。

毛羽が多いほど，柔らかく，暖かく，水をよく吸い取ってくれるので，タオルや綿毛布は毛羽の多い太い木綿糸でつくられる。こうした用途には，ワタ毛がバルバデンセと比べても比較的短いヒルツスムが向いている。

一方，ワイシャツやブラウスには毛羽が少なく表面がサラッとした，つやのある生地が使われる。こうした用途には，海島綿など超長繊維綿（バルバデンセ）の，ワタ毛が長くて細い品種のワタが向く。

素材の種類・品種と栽培・採取

主要品種の特徴

アプランド綿（ヒルスツム）　新大陸メキシコ南部原産のヒルスツム，その代表品種がアプランド綿である。カリブ海の島々で栽培されていた海島（シーアイランド）綿に対し，高地（アプランド）で栽培されていたことからこう名付けられた。機械紡績に向いており，どんな土地でもよく育つことから，現在では世界の綿花の90％以上を占める。繊維の長さは中くらいで，海島綿とアジア綿の中間の性質をもつ。

超長繊維綿（バルバデンセ）　ペルー北部を起

アプランド綿

花

ワタ

葉

超長繊維綿

花

ワタ

葉

アジア綿

花

ワタ

葉

源とするバルバデンセは，海流に乗って海岸伝いに北へ伝わり，中央アメリカ，カリブ海の島々に海島綿として広がった。現在はアメリカ，インド，中国，エジプトなどでも栽培されている。ワタ毛が長いのが特徴で，とくに海島綿（シーアイランド綿）やエジプトのキザ45という品種は長くて繊細なワタ毛をもち，極細糸や高級綿織物をつくるのに使われるが，生産量は少ない。アメリカ・ピマ綿はこのバルバデンセをベースにして，これに一部ヒルスツムを掛け合わせた品種である。

アジア綿（アルボレウム）　アジア綿にはアルボレウムとヘルバケウムの2種があるが，後者は現在，イラン以外ではほとんど栽培されていない。アルボレウムはパキスタンのインダス川流域シンド地方を起源とし，東南アジア，東アジアに広まった。新大陸系の綿に比べてワタ毛が太く短いため，布団綿や脱脂綿，手紡ぎの太い糸などに使われる。代表的な品種にインドやパキスタンのデシ綿がある。

品種選択と種子の入手

栽培品種の選び方　アプランド綿は育てやすく，ワタがたくさんとれ，比較的繊維が長いため糸も紡ぎやすい。アジア綿は，あまり多くのワタはとれず，繊維が短いため機械紡績で糸にしにくいが，太めの糸を紡ぐと風合いのある生地をつくることができる。

海島綿やエジプト綿は暑い時期の短い日本の気候では育てるのが難しいが，アメリカ・ピマ種なら比較的早く結実するので，日本でも実らせることができる。

種子の入手について　種子は近くの種苗販売店などで購入できるが，しばらくは入手困難となる可能性がある。平成26（2014）年末に中国から輸入されたワタ種子の中に，国内では栽培が承認されていない遺伝子組み換えの種子が混入していたことが判明し，農水省の指導により大手種苗メーカーが種子を回収して出荷をひかえているためである。

農水省は遺伝子組み換えワタ種子の有無を判別するための簡易な鑑定法の開発を進めており，いずれ問題は解決するものと思われるが，現時点でワタ種子を購入できるのは，オーガニックコットンを扱う一部の種苗会社（谷中滋養農園など）のみとなっているので注意したい。

栽培の留意点

栽培環境　高温を好み過湿を嫌うので，日当たり・風通し・水はけのよい場所を選ぶ。酸性土壌を嫌うので，種子をまく1週間ほど前に畑に石灰を混ぜて耕しておく。肥料は効きすぎると花がつきにくくなる。前年に野菜をつくった畑なら元肥はいらない。やせ地でも1 m²当たり油かす一握りと化成肥料大さじ1杯程度を与えれば十分である。植木鉢で育てるときは，鶏糞か化学肥料，あるいは油かすに骨粉を混ぜたものを少量土に混ぜておく。

播種　種子をまく時期は最低気温が12℃を超える5月上～下旬とする。ワタ毛のついていないタネは一晩，ワタ毛の少しついているタネは一昼夜ほど水に浸けておく。うね幅70～90 cmの畑に30 cm間隔で2～3粒まき，種子が隠れる程度の土をかぶせる。

育苗　まいてから10日くらいで発芽する。土が乾ききる前に水をやる。過湿に弱いので，やりすぎないことが大切。本葉が5～6枚になったら，元気のよい1本だけを残して間引く。

管理　10 cmくらいに伸びたあと，1か月ほどは生長が穏やかになるが，これは根が育つ時期なのであわてなくてよい。小さいうちに草木灰をまくと根がよく育ち，実のつきがよくなる。6月末から7月頃に追肥をするが，やりすぎないことが大切。梅雨の時期は排水を心がけ，夏の暑い時期は乾燥しすぎないように注意する。

収穫　開花は8月。花が終わると小さな緑色の実，コットンボールができる。40～60日で乾燥してはじけ，中から白いワタが出てくる。早めに摘み取り，2～3日天日干しをしてから紙袋に入れて保存する。

綿糸を紡ぎ布を織る

東京都世田谷区の次大夫堀公園民家園では，かつて木綿で織られていた野良着を自らつくってみようという野良着再現プロジェクトに取り組んできた。以下では棉から綿糸を紡ぎ，綿布を織る工程を写真で紹介する。

綿糸を紡ぐ

工程はまず，綿繰り器を使って収穫した棉についている種を分離して除く。この綿繰り機は大幅に作業効率を挙げるものだった。次に，種を取り除いた綿を柔らかくするために弓を使って綿打ちする。そして糸紡ぎとなるが，糸車のハンドルを回すとツムにセットされた「わらしべ」が勢いよく回り，導き糸に引かれて撚りをかけた綿が糸となって巻き取られる。10 gの綿を糸にするのに1時間半を要する。最後に綛（かせ：糸をある一定の長さに何回も繰り返して束ねたもの）にした糸を煮沸精練する。

綿布を織る

機織り作業にかかる前の段階までを紹介する。経糸の長さと織幅，綾の順序と筬通しなど，綿布を織るための基本となる細かな作業になる。

1

2

3

4

綿糸を紡ぐ

1　綿繰り：綿繰り器のハンドルを回すと軸に挟んだ棉から，種は向こう側へ，綿は手前へ落ちる仕掛けである。
2　綿打ち：横にした弓の弦の上に綿を載せて弦を繰り返しはじくようにすると，綿がほぐれ，ふんわりした固まりになっていく。
3　糸紡ぎ：左手前にある2本の小さな柱のような形状の「ツム」と呼ばれる部分に「わらしべ」を固定し，ツムから出ている導き糸に綿の一部をつなぐ。写真はほとんど糸紡ぎが終わる直前。ツムには紡ぎ玉ができている。
4　精練：紡いだ糸を綛にしたあと，繊維の汚れを除くために煮沸する。

綿布を織る

1　木枠どり（経糸の準備）：染めあがった綛を「ふわり」や座繰りを使って木枠に巻き取る。緯糸も同様に行なう。
2　木枠に巻き取った糸
3　整経：経糸の長さをはかり同じ長さに揃えた整経（せいけい）を使って計算された経糸の長さを測り，必要な本数の経糸をつくり，経糸の順番（綾）を決めて整理する。
4　仮筬または粗筬（あらおさ）通し：綾の順に従って筬（おさ：写真手前の糸が挟まれたスリットの入った板）に糸を通し、織る布の幅出しをする。
5　男巻きに巻き取る：仮筬で幅出しをした経糸を「はこ」（男巻き）と呼ばれる木枠（写真6）に巻き取っていく。糸同士がからまないように糸の間には紙を巻く。
6　はこ（男巻き）
7　綜絖通し：男巻きに巻いた経糸を、織機に取り付けられた2枚の綜絖（そうこう；緯糸を通すため、経糸を上下に分ける器具。写真の白い糸をかけた部分）に，綾の順番に1本ずつ通していく。
8　本筬通し：織機に取り付けられた本筬に綾の順に経糸を通していく。筬は杼（ひ）の通り道をつくり，併せて緯糸を打ち込んで布を織り上げる役割がある。
9　たてつけ：筬を通した経糸を千巻き，織り出し棒に結ぶ。これで「機ごしらえ」が完了。あとは杼に緯糸の準備をして機織りが始まる。

1

2

3

4

6

5

7

8

9

植物・動物・品種名索引

ページ数が太字のものはタイトル項目である。
［　］は省略する場合があることを，（　）は言い換えが可能であることを示す。
《　》は説明または補注を示す。

あ

アイ（藍）……**2**，17，20，235
アイアカマツ……486
アイグロマツ……486
アイビー……467
青木種《アサ》……68，504
青茎小千本《アイ》……7
アオグス……217
アオシナ……253
アオソ《コウゾ》……238，239
アオソ（青苧）《カラムシ》……198
アオダモ……51，321，322
アオツヅラフジ……44
青ミカン……21
青柳《アマ》……78
赤木種《アサ》……68
赤木種《ミツマタ》……504
赤茎小千本《アイ》……7
アカグス……217
アカシナ……253
アカソ《コウゾ》……238，239
アガチス……322
アカネ（茜）……**16**，20，21，22，24，441
赤花種《ジョチュウギク》……267
アカマツ……321，351，486
赤山渋柿……189
アキタコマチ……98
秋田スギ……270，272
アケビ（木通・通草）……**32**，36，44，53，454
アケビカズラ……32
アゲラタム……467
アサ（麻・大麻）……**62**，66，507
アサ
　亜麻……74
　苧（カラムシ）……198
　ケナフ……224
　黄麻（コウマ）……240
麻《種類・用途》……76
アサ《利用分野》……63
あさなぎ《イグサ》……94
アシ……232
アジア綿……546，548，549，550
アジアンタム……480
鰺ヶ沢スギ……270
アジサイ……467
アスナロ……306
亜熱帯性タケ類……376
アバカ《アサ》……76，232
アブラガキ……188
アプランド綿……546，548，549
アベクヌギ……71，73
アベマキ（椨）……**70**
アマ（亜麻）……**74**，76，201，232
アマヅラ……45
アマヅル……45
アマランサス……467
アメリカガキ……188
アメリカセンダンソウ……21，23
アメリカン・メリノ種《ヒツジ》……427
アヤメ……467

アララギ……321
アルガリ《ヒツジ》……422
アルカンナ……534
アルケミラ……467
アルボレウム《ワタ》……546, 550
アワ……467, 469
アンバリ《アサ》……76
アンモビューム……467, 469
イグサ（藺草）……47, **80**, 420
いそなみ《イグサ》……94
イタドリ……21, 23
イタヤカエデ……21, 322
イチイ……21, 23
イチョウ……321
一才白アケビ……34
糸芭蕉……410
稲わら……232
イヌエンジュ（犬槐）……**154**
イヌザクラ……542
イネ……47, 99, 103, 469
イボタ……158
イボタロウムシ……**158**
いぼ瓢……452
イル・ド・フランス種《ヒツジ》……427
イロハモミジ……21
イングリッシュレスター《ヒツジ》……438
インセンスシーダ……321
インドアイ（藍）……8, 12
インドアカネ……16
印度麻……76
インド種《大麻》……62
ウイーラ《アマ》……78
ウェリッシュマウンテン《ヒツジ》……438
ウォード《アイ》……8
ウコン……20
ウスゲクロモジ……223
ウスバギリ……206, 210
ウダイカンバ……542
ウツクシマツ……494
ウメ……21, 22, 23, 306, 321, 352
ウメモドキ……21
ウリハダカエデ……21, 51
ウルシ……21, 302, 416
ウルシノキ（漆）……**166**, 172, 174
ウワミズザクラ……22, 539, 542
ウンモンチク……369
雲竜《アマ》……78
エジプト綿……546
エスパルト……232
エゾマツ……321, 351, 495
エゾヤマザクラ……542
エドヒガン……538
エノキ……347
エビカズラ……45
エビヅル……45
衣紋《カキ》……189
エリンジューム……467
エンジュ……21, 23, 156
エンピツビャクシン……321
苧（お）《カラムシ》……199
欧州アカマツ……279
欧州トウヒ……279
おうばく《キハダ》……204
オウレン……21
オオシマザクラ……538, 540, 542
オーストラリアン・メリノ種《ヒツジ》……427
オオツヅラフジ……44
大長《ヒョウタン》……452
オオバクロモジ……223
オオバノキハダ……205
オオバボダイジュ……250, 253
オオムギ……514
オオヤマザクラ……21, 538, 541
岡山3号《イグサ》……94
岡山みどり《イグサ》……94
オギ……47
オキナワシキミ……247
オニ坊《ヒョウタン》……452
オヒョウ……52
オヒョウニレ……250
オレガノ……467
温帯性タケ類……376

か

カーネーション……480
カイガラムシ……158
カイコ（蚕）……**176**
カイコ《成長》……180, 181
カイコガ……181
海島綿……548, 550
カイナグサ……400

カエデ……321
カキ……182, 471
かぎまた種《ミツマタ》……504
カシ……20, 323, 325
カジノキ《コウゾ》……232, 239
カシミヤ……435
カシワ……22
カスピア……467, 469, 473
カスミザクラ……538, 542
カスミソウ……467, 473
カゼクサ……47
カツラ……22, 301, 321, 324
カバ……232, 322
カバザクラ……542
ガマ……48, 109, 467
カミエビ……44
カミツレ……22
カモマイル……21
カヤ……105, 321, 325
カヤツリグサ……48
カラクール……427
カラマツ……232, 279, 467, 470, 495
カラムシ（苧）……76, **198**, 200
カリヤス……20
カワムギ……514, 515
関山《八重咲きサクラ》……539
カンザンチク……375
勘次郎《サザンカ》……398
カンスゲ類……43
ガンピ……238, 508, 509
カンボジアウルシ……166
キク……20
キザ45《ワタ》……550
キササゲ……21, 23
ギシギシ……21
キッコウダケ……369
キヅタ……45
キハダ（黄柏）…17, 20, 22, 52, **204**, 221, 234, 301
キバナセンニチコウ……476
キバナノノコギリソウ……467
キビ……21
キューバケナフ……231
丘陵種《ヒツジ》……436
キョウチクトウ……306
きよなみ《イグサ》……94
キリ（桐）……**206**, 266, 301, 321, 324, 325, 363
きりあさ市皮《アサ》……76
金花茶《ツバキ》……396
クズ……22, 44, 454
クスノキ（樟・大樟）……**212**
クチナシ（梔子）……20, 22, **218**, 220, 467, 470
国東一《ヒョウタン》……452
クヌギ…20, 21, 22, 23, 71, 72, 180, 347, 352, 471
クマヤナギ……46
グュアドア アングステイフォリア……377
クリ（栗）……21, 22, 301, 306, 327, 467
クリ《イガ》……22
クルミ……21, 22, 23, 51, 467
クロガキ……322
クロカジ……239
クロガネカズラ……46
クロタネソウ……467
クロチク……369
クロベ……51
クロマツ……486
クロマメ……21
クロモジ（黒文字）……**222**, 223, 306
クワ……22
クワコ……176, 179
啓翁桜……540
ケイトウ……467, 469
ケープ・メリノ種《ヒツジ》……427
毛刈り《羊毛》……440
ケクロモジ……223
ケナフ……76, **224**
ケヤキ……22, 52, 301, 321, 322, 323, 325, 327, 344, 351
ゲンノショウコ……22
硬紫根……534
コウゾ（楮）……109, **232**, 233, 235, 238, 239, 309, 310, 507, 508
コウマ（黄麻）……76, 232, **240**
コウヤマキ……271, 321
コーヒー……21
コクタン（黒檀）……188, 322
コクタン類……188
コクチナシ……219
コクワ……45
小上粉《アイ》……2, 7
コスモス……479

コチニール……21
小坪日本一《ヒョウタン》……452
コデマリ……21
コナラ……70 , 72
コバノガマズミ……21
コバンソウ……467 , 469 , 474
コヒゲ……81
コブナグサ……400
コムギ……514
薦草《イグサ》……80
ゴヨウアケビ……44
ゴヨウマツ……489
コリデール《ヒツジ》……424 , 425 , 427 , 436
コリヤナギ……44
コリンクチナシ……218
コロンビア種《ヒツジ》……427

さ

サイザル麻……76
サイド《羊毛》……439
サウスダウン《ヒツジ》……425 , 427 , 428
サカキ（榊）……**244** , 321 , 400 , 401
サギノー 1 号《アマ》……78
サギノー 2 号《アマ》……78
サクソニー・メリノ種《ヒツジ》……427
サクラ……21 , 22 , 50 , 321 , 542
ザクロ……22
サザンカ……398 , 470
ザトウエビ……45
サトザクラ……542
里紫根……535
サネカズラ……45
サフォーク《ヒツジ》……424 , 425 , 427 , 428 , 436
サフラン……22
サルトリイバラ……46
サルスベリ……467
サルナシ……42 , 43 , 45
サワグルミ……321 , 322
サワラ……321
サンカクイ……48
山岳種《ヒツジ》……436
サンカクヅル……45
サンキライ……467
サンショウ……321
サンショウグス……217
さんぜんそう《キハダ》……204
シイ……20 , 400
シーアイランド綿……550
シートモス……476
シウリザクラ……542
シェトランド《ヒツジ》……438
ジェルトン……321
シキミ（樒）……**246**
しこのへい《キハダ》……204
しころ《キハダ》……204
紫根……17
シザル麻《アサ》……76
シソ……21
シダ類……480
枝垂桜……538
シダレヤナギ……44
シタン……322
シチトウイ（七島藺）……81 , **248**
シデ……322
支那麻《カラムシ》……76
シナトネリコ……165
シナノガキ……188
シナ［ノキ］（科の木）……19 , 52 , **250** , 321 , 322
シニペシニ……253
シホウチク……375
シマエンジュ……156
シマグワ……50
シャムツゲ……322
シャリンバイ（車輪梅）……214 , **254**
秋月《アケビ》……35
ジュート（黄麻）……76 , **240**, 243
じゅずぶさ《ミツマタ》……500
宿根カスミソウ……469
シュロ（棕櫚）……109 , **260**
食用ケナフ……229
ジョチュウギク（除虫菊）……**264**
シラカバ……21 , 23 , 50 , 351 , 467
シラクチヅル……45
しらぬい《イグサ》……94
シラユキ《ジョチュウギク》……267
白木種《アサ》……68
白花種《ジョチュウギク》……267
しろばなべにばな……464
新彊紫草……534
藎草（じんそう）……400
ジンチョウゲ……42

スィートバジル……467
スイカズラ……36, 46
水梔子（スイシシ）……219
スイトウボク……45
スイバ……21
スオウ……20, 21, 235
スギ（杉）……21, 51, **270**, 306, 310, 318, 321, 324, 325, 344, 351, 352, 495
スギナ……21
スゲ……48, 109
ススキ……21, 22, 23, 47
スターチス……467, 468, 469, 474
スパニッシュ・メリノ《ヒツジ》……425
スパニッシュ・メリノ種《ヒツジ》……427
スプルース……321
スプレーデルフィニウム……479
ズミ……21
セイタカアワダチソウ……20, 21, 23
精麻《タイマ》……76
西洋アカネ……16
セイヨウノコギリソウ……467
セイヨウムラサキ……537
せとなみ《イグサ》……94
セン［ノキ］……301, 321, 322, 351
センダン（栴檀）……**364**
千成《ヒョウタン》……452
センニチコウ……467, 468, 469, 474
センリョウ……21
相思樹……411
染井吉野……538, 542
ソヨゴ……21

た

ターメリック……21, 22, 23
大茴香（ダイウイキョウ）……247
ダイオウ……20
タイケナフ……230
タイザンボク……467, 471
大樟……212
大青《アイ》……8
タイマ（大麻）……**62**, 76, 200, 232
台湾クス……212
タオリ《コウゾ》……238, 239
タカカジ《カジンキ》……239
タカネザクラ……538
鷹紫《アケビ》……35
タケ（竹）……**368**
ダケカンバ……542
タケ類……368
タタリカム……467, 468, 474, 476
立寒椿……398
タデアイ……2, 12
館山一《ヒョウタン》……452
立山スギ……270
タブ［ノキ］……266, 318, 400
タマネギ……21, 23, 441
タモ……301, 321
タラ……321
団子渋……189
タンジー……467
タンポポ……21, 22
短毛種《ヒツジ》……436
チェビオット《ヒツジ》……425, 427, 438
チガヤ……47
チカラシバ……47
筑後みどり《イグサ》……94
チシマザサ……369, 375
中国アカネ……16
チューリップ……22
チョウジ……20, 22
チョウジザクラ……538
チョウセンギリ……206, 210
超長繊維綿……548, 549
長毛種《ヒツジ》……436
苧麻（ちょま）《カラムシ》……76, 198
青麻《ボウ麻》……76
ツガ……467, 470, 495
ツクシ……481
筑波一《ヒョウタン》……452
ツゲ……321, 322
ツタ……45, 454
ツタウルシ……166, 416
ツタモミジ……45
ツヅラフジ……44, 454
つなそ《コウマ》……76
ツバキ（椿）…21, 321, **390**, 400, 401, 467, 470, 471
ツルウメモドキ……43, 45, 467
つる首《ヒョウタン》……452
つるの子《カキ》……192
テイカカズラ……46
テーチ木……254

テクセル種《ヒツジ》 428
デルフィニウム 467, 469, 470
天下一《ヒョウタン》 452
デンドロカラムス　ギガンテウス 377
天王柿 192, 193
ドイツトウヒ 467
東海桜 540
トウガラシ 21, 467
トウシキミ 247
唐シュロ 260
燈心草《イグサ》 80, 81
ドウダン 21
唐椿 390
トウネズミモチ 159, 163
トウヒ 232, 321
トウモロコシ 47, 467
トキワアケビ 44
ドクダミ 21
とげなしべにばな 464
杜松 489
トチ［ノキ］（栃の木） 22, 321, 325, 333, 351, **402**
とちぎしろ《アサ》 68
栃試1号《アサ》 68
トッサジュート 243
トドマツ 351, 495
トネリコ 158, 321, 322
刀根早生《カキ》 194
トレニア 479
ドロノキ 322
トロロアオイ 237, 266, 507, 509, 512
ドングリ（シイ）類 467
中瓢《ヒョウタン》 452
長実種《コウマ・ジュート》 240, 243

な

ナシ 22
ナス 21
ナツヅタ 45
ナツフジ 44
ナラ 22, 23, 281, 321, 323, 325, 327
ナンキンナナカマド 21
軟紫根 534
南捷《アマ》 78
ナンテン 21
南翼《アマ》 78
においクス 212
ニゲラオリエンタリス 467
ニシキギ 21
錦松 489
二条オオムギ 514
日本アカネ 16
ニホンギリ 206, 210
ニュージーランド麻 76
ニュージーランド・ロムニー《ヒツジ》 436
仁淀1号種《ミツマタ》 504
ニレ 232, 301, 321
ニンジン 21
ニンドウ 46
ヌルデ（白膠木） 20, 21, 23, **408**, 416
ネコヤナギ 21
ネズコ 51, 321
ネズミモチ 158
熱帯性タケ類 376
ネム 21
ノースポール 479
ノーブレス 78
ノコギリソウ 469
ノジリボダイジュ 253
ノダフジ（野田藤） 44, 454
ノフジ 44
ノブドウ 45
ノリウツギ 309, 314

は

ハードウィック《ヒツジ》 437, 438
ハーフブレッド《ヒツジ》 438
ハーブ類 473
バショウ（芭蕉） 19, **410**
バスウッド 250
ハゼノキ（櫨） 159, 166, **416**
パセリ 21
ハダカムギ 515
ハチク 369, 373, 375
八丈カリヤス 400
バナナ 410
花芭蕉 410
ハネミイヌエンジュ 156
ハハコグサ 467
バラ 467, 469, 470, 474, 480
ハルニレ 250
バルバデンセ 546, 548
パンジー 479

ハン［ノキ］……………20，22，126，321，467，470
パンパスグラス……………467
バンブーサ　ブルメアーナ《タケ》……………377
ビーグ《イグサ》……………82
ヒイラギ……………321，476
ヒイラギナンテン……………21
ビールムギ……………514
ヒエンソウ……………467，479
ビオラ……………479，483
ヒカゲノカズラ……………467
ヒサカキ……………245
ビッグホーン《ヒツジ》……………422
ヒッコリー……………322
ヒツジ……………422
ビナンカズラ……………45
ヒノキ……………21，51，270，271，272，277，279，306，310，312，321，324，467，470，495
ひのはるか《イグサ》……………94
ヒノヒカリ……………98
ひのみどり《イグサ》……………94
ヒバ……………51，306，321
ヒバ材……………275
ヒブラ《アマ》……………78
皮麻《大麻》……………76
ヒマワリ……………467
ヒメクロモジ……………223
ヒメコウゾ……………232，238，239
ヒメコバンソウ……………467
ヒメサザンカ……………396
百成《ヒョウタン》……………452
ヒャクニチソウ……………467，470
百目《カキ》……………189
百貫《アイ》……………7
ヒョウタン（瓢箪）……………**450**
平核無《カキ》……………194
ヒルスツム《ワタ》……………546，548
ビルマウルシ……………166
ヒロハセイヨウムラサキ……………537
ヒロハノキハダ……………205
ビワ……………471
ファーストピース《ヒツジ》……………439
フクギ……………255
福寿《ヒョウタン》……………452
ふくなみ《イグサ》……………94
フジ（藤）……………44，50，109，454
フトイ……………48
ブドウ……………21，42，43，50
ブナ……………232，321，322，324，326，470
ブビンガ……………321
フユヅタ……………45
フヨウ……………467，470
フライスランド《ヒツジ》……………425，427
フラックス《アマ》……………76
ブラックツリー……………166
ブラックフェース《ヒツジ》……………425，427
ブルーベリー……………21
ブロッコリー……………21
ぶんぶく《ヒョウタン》……………452
ヘクソカズラ……………45
越南油茶《ツバキ》……………390
ベニバナ（紅花）…20，22，235，**460**，467，468，469
ベニヤマザクラ……………542
ヘネケン《サイザル麻》……………76
ペパーミント……………21，467
ヘラノキ……………250，253
ペルノー1号《アマ》……………78
ヘルバケウム《ワタ》……………546
ペレンデール《ヒツジ》……………438
ヘンプ……………76
ホウ（ホオ）［ノキ］……51，301，306，321，322，324
ホウショウ（芳樟）……………212，217
ボウ麻……………76
宝《ヒョウタン》……………452
ホウレンソウ……………21
ホオズキ……………467
ボーダーレスター種《ヒツジ》……………427
ポールドーセット種《ヒツジ》……………428
ポールワース種《ヒツジ》……………427
ボケ……………21
ボケグス……………217
ホソイ……………47
ホソシャリンバイ……………258
ボダイジュ……………250
ホタルイ……………49
ホテイチク……………369，375
ポプラ……………232
ホルトノキ……………255
ポロワス《ヒツジ》……………438
ホワイトウッド……………279
ホワイトジュート……………243

ま

マーガレット……21
真苧（まお）《カラムシ》……198
マオラン《アサ》……76
マカジ《コウゾ》……239
マキ……270, 321
枕瓢《ヒョウタン》……452
マゲイ《アサ》……76
マコモ……48
マサキ……471
マダケ……369, 373
マタタビ……42, 43, 45, 121, 454
マチク……373
マツ（松）……21, 232, 266, 321, 325, 470, 476, **486**
マツカサ……467, 470
マツムシソウ……467
マニラ麻（アサ）……76, 232
マホガニー……322
マメザクラ……538
マユ……180
マユミ……321
マリーゴールド……20, 470
丸実種《コウマ》……240, 243
マンクス・ロフタン《ヒツジ》……425
マンサク……21
身不知（みしらず）……192
ミズアベ……73
ミズキ（水木）……**496**, 498
ミズナラ……72, 323
ミズメ……321, 351, 542
ミズメザクラ……542
みつえだ《ミツマタ》……500
ミツバアケビ……32, 44
ミツバツツジ……21
ミツマタ（三椏）……109, 233, 238, **500**, 508
みつまたやなぎ《ミツマタ》……500
南押原1号《アサ》……68
美濃《カキ》……189
実芭蕉……410
ミモザ……467
ミヤマイラクサ……200
ミヤマガマズミ……21
ミヤマキハダ……205
ミヤマザクラ……538
ミヤマタタビ……45
みょうせん《キハダ》……204
ムギ……467, 469
ムギ類……514
麦わら……232
ムギワラギク……467, 468, 469, 474, 476
ムク……321
ムスカリ……482
むすびき《ミツマタ》……500
ムフロン《ヒツジ》……422
ムベ……44
ムラサキ（紫草）……235, **528**
紫キャベツ……21
ムラサキバレンギク……467
ムラサキフジ……44
メープル……321
メヒルギ……255
メリノ《ヒツジ》……436, 438
モイワボダイジュ……253
モウソウチク……369, 375
もがみべにばな……460, 464
モクレン……21
モチ……321
モミ……232, 321, 322, 495
木綿……547
モロヘイヤ……240

や

ヤイニペシニ……253
弥栄《ヒョウタン》……452
屋久スギ……270, 272
野蚕……180
ヤチダモ……321
ヤナギ……51, 232, 306, 321
魚梁瀬スギ……270
ヤブツバキ……321, 390, 392
ヤブデマリ……21
山藍……8
ヤマウルシ……416
ヤマグワ……50
ヤマザクラ（山桜）……351, **538**, 542
山紫根……535
ヤマハギ……21
ヤマハゼ……416
ヤマフジ……44, 454
ヤマブドウ……23, 45
ヤママユガ……180

結い草《イグサ》……80
ユーカリ……232, 467, 471, 474
夕凪《イグサ》……94
UFO《ヒョウタン》……452
ユキツバキ……392
ユキヤナギ……21
油茶《ツバキ》……390
ユリ……467
ユリアル《ヒツジ》……422
洋麻……76, 224
ヨシ……48, 109, 113
吉野スギ……270, 272, 309
ヨモギ……20, 441

ら

ラクダギリ……206, 211
ラグラス……467, 469, 474
ラックカイガラムシ……162
ラベンダー……467
ラミー《苧麻》……76, 199
ラムズイヤー……467
ラワン……322
ランブイエ・メリノ種《ヒツジ》……427
リネン……76
リュウキュウアイ（琉球藍）……8, 12
リュウキュウハゼ……416
リンカーン《ヒツジ》……425, 427, 438
リンゴ……22
りんちょう《ミツマタ》……500
リンデン《シナノキ》……250
リンドウ……469
ルリタマアザミ……467, 468
レイナ《アマ》……78
レッドウッド……279
レモングラス……215
レンゲツツジ……21
ロウバイ……21
ローズ・ゼラニューム……215
ローズマリー……22
ローゼル《ケナフ》……229, 230
ローダンセ……467
ローレル……467
六条オオムギ……514
六条ハダカムギ……515
ロマノフスキー《ヒツジ》……425
ロムニー《ヒツジ》……438
ロムニー・マーシュ種《ヒツジ》……427
ロングハンドルディッパー《ヒョウタン》……452

わ

和シュロ……260
ワスレナグサ……479
ワタ（棉）……232, 467, **546**
ワッサム《ジョチュウギク》……267
ワレモコウ……467

事項・用語索引

固有名・一般名を含む工芸品名，工芸にかかわる
事項・用語（特徴，工程にかかわる用語など）をあげた。

［　］は省略する場合があることを示す。
（　）は読み・言い換えが可能であることを示す。
《　》は説明または補注を示す。

あ

藍建て……6，10
藍玉……5
会津桐……210
会津塗……167
藍の華……6
藍海松茶（あいみるちゃ）……15
アイロン……480
青藍……2，4
青いダイヤ……96
青苧……199
赤（赤味）……290
あく抜き……209
灰汁発酵［藍］建て……5
あげざる《タケ》……370
上げ山《漆掻き》……171
麻……10，200，251
麻《繊維》……64
麻糸……200
麻織物……64，200
麻裃……199
アサ切り……67
アサ抜き……67
麻の葉編み《タケ》……388
アサ剥ぎ……68
麻番手……78
アサひき……67，68
麻袋……224，243
アサ干し……68
脚物……329
アスカロール……365
アセチルシコニン……531
頭挽き……499
圧搾法……418
アットゥシ……250
アネトール……247
アバギ……169
油吸着剤……227
アベマキコルク……70，71，72
甘皮……502，509
アマとり……252
アマニ油（亜麻仁油）……75，306
網《シュロ》……261
網編み……132，133
編組……347
編み細工《麦わら》……516，517，521
編物……448
編む《蔓・草・樹皮》……40
綾織り……401
荒削り……350
荒挽き……499
荒味漆……168
アリザリン……19
蟻桟……331
α-フェランドレン……222
アロマセラピー……215
阿波藍……2
安息香酸……266
アントラキノン系色素……17
行燈の芯……90

安南漆 166
イ（藺） 241
イエシロアリ 275
イ切れ 87
イグサ乾燥茎 86
イグサ薬湯 91
イグサ石けん 92
イグサ灯心 161
射込み法 420
石包丁 103
椅子 323, 327
椅子《キリ》 208
板材 404
板干し 238
板目板 336, 337, 338, 339
板目的 330
板目方向 330
板目面 273
一次繊維 233, 238
一段架干し 126
イチノフシ《ワラ部位》 117
一文字《シメナワ》 115
一輪ざし《樹皮》 61
一個半仕舞 185
一丁取り 276
一刀彫り 393
遺伝子組み換えワタ 550
糸繰り 413
糸綜絖 448
糸紡ぎ 444, 551
イナスビ《ワラ部位》 117
稲ワラ 98
稲ワラ生産量 101
稲ワラ灰 119
イネの茎 98
異方性 329
伊保田（伊保多） 159
イボタセリルアルコール 160
イボタセロチン酸 160
イボタ蝋 159, 160
藺筵（いむしろ） 81
イリドイド配糖体 218
色鉛筆 417
イロリ 119
祝いばんどり《背中当て》 118
印材 322
インディカン 10, 11
インディゴ（インジゴ） 10, 12, 19
インディゴチン（indigotin） 2, 4
インド藍 3
インドキシル 10
苧（うー） 411
苧炊き 412
苧剥ぎ 412
苧引き 412
ウール 434
ウール《前処理》 25
ウクレレ《ヒョウタン》 451
渦円座《イグサ》 83
失せ口が立つ 202
打ち台《タケ》 370
打ち出し 301
団扇 192
打ちワラ 105
うったて 252
器 326
うなぎぼて《タケ》 370
産毛《羊毛》 434
馬の沓《稲ワラ》 106
績む（うむ） 201
うらごけ 282
裏目漆 168
ウルシオール 166, 168
漆掻き 169, 172
漆下地 183
漆塗り 301
ウルシロウ 417
漆蝋 168
うるち米ワラ 125
上塗り 175
上蓋 288
柄《農耕具》 244
柄《刃物》 324
絵柄嵌め込み《麦わら》 527
エキソキューティクル《羊毛》 434
エグリ《漆掻き》 170
エゴマ油 306
エジコ（嬰児籠） 53
エジコ（嬰児籠）《稲ワラ》 106
SP レコード 162

S撚り……444
枝打ち……283
エタノール……195
越後上布……199, 202
枝バナ……246
エチレン……195
江戸紫……531, 533
n-ヘキサン……419
エピキューティクル《羊毛》……434
塩化コバルト……470
円座《イグサ》……83
円座《稲ワラ》……99, 106
円座《シチトウイ》……249
延線……77
エンドキューティクル《羊毛》……434
鉛筆の軸……321
苧（お）……200
麻垢（おあか）……67, 68
オイゲノール……247
追柾目……338
追柾目材……337
黄色材《ハゼ》……419
桜皮《生薬》……540, 541
苧績み……199
オーガンジー……196
大島紬……19, 254, 255
オオヌサ《アサ》……63
大箕……185
大目織《花莚》……89
麻幹（おがら）……64, 67
桶……286, 292
桶蒸し法……501
筬通し……257, 414
押し花……478
押し花カード……483, 484
押し花シート……480, 481, 482
押し花しおり……478, 483, 485
押し花はがき……478, 483
押し花ロウソク……479, 485
小千谷縮……199, 202
麻種……67
おたま……321
苧環（おだまき）……202
乙種構造材……278
落し掛け……155
鬼毛……261
お歯黒……408
苧引き（おひき）……199, 200
帯鋸盤……276
おもり籠……53
親苧……203
御山御器……174
織り……40, 414
オリーブ油……306
織込花莚……88
織物……448
オルガン……325
オルソコルテックス《羊毛》……435
温風機……472

か

カーペット……431
開俵工程……242
外毛《羊毛》……434
街路樹……72, 250, 251, 403
カイロ灰……67
化学浸水……77
鏡《樽》……288, 292, 296
香川漆器……167
花器……169
柿油……189
掻き方《漆掻き》……171
柿渋……182, 190
柿渋臭……182
柿渋粉末化……192
カキタル《漆掻き》……170
カキタンニン……182, 187, 189
柿タンニン高速抽出法……194
垣結い……203
家具……323, 324, 347
家具材……404
隠し抽斗……301
額縁……322
掛川織《花莚》……88
かげ苧……203
掛干し（架干し）……125
かご（籠）……40
かご（籠）《タケ》……371
飾り榊……245
飾り棚《キリ》……208
果実殻《ツバキ》……392, 393

菓子鉢……326
加飾……182
加水法……189
上総掘り《タケ》……372
絣糸……256
絣莚解き……257
絣結び……413
綛（かせ）……551
型掛け法……420, 421
形蚕（かたこ）……176
片手桶……336
片開き箪笥……299
片開戸……298
型もの……541, 542
片撚縄……261
楽器材……365, 404
鹿角紫……531
合羽《柿渋》……192
カッパ《樽》……289, 292
門松……488
蚊取り線香……265, 266
蚊取り線香《製造》……266
金具づくり……299
樺細工……538, 540, 541
鞄《キリ》……208
花びん大玉……337
壁飾り《ドライフラワー》……473, 474, 476
壁下地……260
架干し（掛干し）……126, 127
カマ《漆掻き》……170
框組……331
かまぼこ板……321
紙漉き……229, 233, 237, 509, 511
紙・和紙
　アサ紙……66
　出雲民芸紙……506
　宇陀紙……309, 310, 508
　越前奉書紙……232
　改良半紙……502
　傘紙……508
　画仙紙……508
　壁紙……225, 227
　紙《アサ》……62
　紙子……184, 235
　紙鍋……235
雁皮（ガンピ）紙……232, 234
局紙……506, 508
金糸銀糸用紙……502
金箔用紙……502
楮（コウゾ）……232
コウゾ紙……234
コウゾ和紙……309
色紙……311
渋紙……183
書院紙……508
証券用紙……502
障子紙……508
書画用紙……502
杉原紙……508
図引紙……502
石州半紙……232, 506
染め紙……234
大麻紙……67
竹紙……373
提灯紙……508
土佐典具帖紙……506
鳥の子紙……502, 506, 508
泥間似合紙……506, 508
名尾和紙……508
日本銀行券用紙……502
箔合紙……501, 506, 508
箔打原紙……506
芭蕉紙……506
美術紙……502
複写用紙……502
ふすま紙……508
細川紙……506
本美濃紙……232
麻紙……506
三河森下紙……508
美栖紙……506
陸奥紙……508
三椏（ミツマタ）……500
ミツマタ紙……234
美濃紙……508
民芸和紙……311
洋紙……507
羊皮紙……433
吉野紙……506
吉野杉皮和紙……309

和紙……506
和紙《コウゾ》……232
ワラ紙……110
蒲生の大樟……212
蚊帳……64
火薬……67
可溶性タンニン……191
韓藍（からあい）……18
カラスの濡れ羽色……255
からむし焼き……202
仮筬通し……414
仮締め……296
刈旬……520
カルカヤ……161
カルサミン……460
カルナバ蝋……160
カレー皿……336
川さらし……510
皮剥ぎ（皮はぎ）……501，512，510
棺桶……322
玩具材……404
還元型インディゴ……4，12
かんご《タケ》……370
乾式（乾紡）……78
カンジキ……42
乾漆……167
稈鞘……368
含水率《木材》……353
含水率区分……278
乾燥剤……470，473
乾燥室……472
カンナ《漆掻き》……170
ガンニークロス……241
ガンニーバッグ……241
閂（かんぬき）……298
閂箪笥……298，299
観音戸付き箪笥……299
間伐……283
乾マユ……180
キーホルダー……395
木裏……330，331
生漆……168，302
木表……330，331
木香（きが）……274
伎楽面《キリ》……206
木固め……175
器具材……365，404
菊底編み《タケ》……388
木殺し……328
木地師……405
木地づくり……301
木地もの……541，542
木杓子……336
木地呂塗り……301
キセルの羅宇《タケ》……372
ギター《ヒョウタン》……451
木取り……275
絹……10，178，179
絹《前処理》……25
絹《養蚕》……177
絹糸……179
木の実類……470
黄八丈……19，399
木べら……336
キャンバス地……548
吸湿性……200
急須台……337
京藍……3
橋材……487
夾紵棺……167
京紫……531
漁網《アサ》……63，64
漁網《アマ》……75
漁網《柿渋》……182，192
漁網《カラムシ》……200
キラ……200
桐紙……209
桐下駄……161
桐（キリ）箪笥……161，208
桐箱……161
桐枕……209
キリ油……306
切りワラ……128
木枠どり……552
キワラ……105
木割り……488
杭……487
空気酸化……258
クエルセチン……405
クエン酸……397

草屋根……111
草［類］……40, 42
草類《採取方法》……43
草類《特徴・使い方》……47
櫛……321
クタダ《ワラ部位》……117
クチクラ層……519
口紅……461
靴クリーム……162
クッション材……515
靴縫糸……75
靴拭マット……261
熊手《タケ》……371
クマリン……365
クマリンの香り……540
クマリン配体……404
組み《稲ワラ細工》……132
クリシゲ《斧》……335
クリスマスオーナメント……516
グリセリン処理……471, 472
くり貫き……337
刳物……326, 347
クリンプ《羊毛》……435
クリンプス《羊毛》……443
グルーガン……473
グルーポット……473
車付き箪笥……299, 303
クルミ油……306
榑（くれ）……290
呉藍（くれない）……18
クレヨン……417
苦楝子（くれんし）《生薬》……365
苦楝皮（くれんぴ）《生薬》……365
黒江漆器……183
黒皮……236, 501, 509
黒皮重……239
黒皮とり……510
黒皮歩留り……239
クロシン……218
黒すじ……87
クロメ《漆》……168
クロモジ油……222
燻煙乾燥……326
燻煙乾燥法……353
燻煙材……540
燻製用チップ……538
ケイ酸質……469
芸州（安芸）藍……3
形成層……337, 338, 377
ケーシング……433
ゲートル……75
毛蚕（けご）……180
削り……290
削掛け《ヌルデ》……408
削掛け《ミズキ》……496
桁（けた）……237
下駄……321
下駄《キリ》……206
下駄《マツ》……487
下駄材……275
下駄の芯縄……66
月琴《キリ》……208
結晶化度……234
ケナフ炭……227
ゲニポシド……218
毛羽……548
ケバ……133
ゲル《移動式住居》……431
けん化作用……236
原始機……448
巻縮《羊毛》……435
建築材……365, 404
建築資材……62
建築用材……487
ケンプ《羊毛》……434, 443
ケンペロール……404
原木重……238
研磨……175
元禄箸……274
濃紅（こいくれない）……461
碁石入れ……156
公園樹……72, 403
叩解（こうかい）……237, 511, 512
高級石けん……417
硬質繊維……64, 76
甲種構造材……278
構造材……272, 273, 487
合板……279
コウマ繊維……241
広葉樹繊維……232

肥松 493
コート 433
固化材料 227
扱箸脱穀法 127
深緑（こきみどり） 15
深紫（こきむらさき） 531, 533
木口面 273
コサージュ《ドライフラワー》 466, 469
ござ織り 41
碁・将棋盤 321
小太鼓《タケ》 371
コットンボール 546
琴 321
琴《キリ》 208
こね鉢 336, 350
小鉢 337
五八間 84, 85
碁盤 325
ご飯茶碗《標準寸法》 354
小判箸 274
御幣 66
牛蒡《シメナワ》 115
ゴマ油 306
小松表《畳表》 84
米櫃 321
菰《稲ワラ》 144
こより（紙糸） 235
コルク 72, 233
コルク板 72
コルク質 402
コルク層 70, 71
コルテックス《羊毛》 435
ゴルフクラブ 322
殺し掻き《漆掻き》 170
ゴングリ《漆掻き》 170
コンテナ苗 282

さ

サージ 548
才《単位》 206
再生乾燥 481
サイド《羊毛》 442, 443
サイノカミ 122
サイノカミの火祭り 117
棹の盛り付け棒 302
酒樽 125
魚かご《タケ》 370
酒槽 185
盛漆 168
盛辺漆 302
先染織物 256
酢酸液 519
サクラ材 540
桜もち 538, 540
桜湯 538
酒燗 235
酒袋 185, 192
笹団子 80
ササラ電車《タケ》 372
匙 336
挿し木苗 282
指物 324, 347
雑玉渋《柿渋》 189
殺虫剤 264
薩摩上布 199
真田組み唄 519
サハラ 473
サハラリング 473
サフロールイエロー 460
三六間 84
サポニン 403
サヤワラ 105
皿 174, 326
さらし 236
晒し葉 262
さらし模様 516
サラダボウル 326
ざる《タケ》 371
ざる編み《タケ》 388
散孔材 540
山梔子（サンシシ） 218
桟俵編み 132
桟積 326
サンノフシ《ワラ部位》 117
三本網代編み《タケ》 388
仕上げ磨き 162
CLT 275, 279
シイタケ原木 70
地糸 256
シートモス 477
ジーンズ 548

シェラック……162
シオタッポ《稲ワラ》……106
紫外線……167, 472
敷居スベリ……162
敷き莚《稲ワラ》……106
敷物……433
敷物《イグサ》……81
敷物《稲ワラ》……145
仕口……327, 329
ししおどし《タケ》……372
獅子頭《キリ》……208
自然乾燥……353, 469
下刈り……283
下地材……272
下塗り……175
下バナ……246
シチトウイ……241
漆器《製造工程》……182, 183
漆器の下地塗り……192
漆芸品……167
湿式（湿紡）……78
シッツキ《ワラ部位》……117
シッポ《樽》……289, 292
しな布《製造》……252
しな漬け……252, 253
しな煮……252
しなへぎ……252
シネオール……222
シネリン……264
しのび……301
篠笛《タケ》……371
柴垣……222
地張り《麦わら》……525, 526
渋下地……183
渋抜き……284
渋塗り……184
シベ抜き……105
シボ……202
脂肪酸グリセリド……418
四方胴付き一枚ホゾ……327
四方柾……338
四方柾目材……338
地干し……49, 125, 126
搾り袋……185
絞丸太……275
しまりしろ……328
シメ飾り《稲ワラ》……105
シメナワ（注連縄, 七五三縄, 標縄）《稲ワラ》……105, 113, 114, 115, 116, 125, 140
しめばた……256
ジャガード方式……89
尺八《タケ》……371
じゃこかご《タケ》……370
煮熟……236, 510
ジャスモリン……264
車台輪……298
Japan wax……417
しゃもじ……321, 336
しゃもじ《タケ》……371
斜文織……401
車輌材……404
重合度……234
シュウ酸アンモニウム……310
収縮方向……339
シューズ……442
集成材……279
集成材ラミナ……275, 279
重炭酸ソーダ……257
十味敗毒湯……541
重要無形文化財《和紙》……232
樹幹……338
熟蚕……180
種根苗木……211
種子繊維……201, 232
樹芯割り……275, 276
酒造用種こうじ……391
樹皮……40, 42
樹皮衣……250, 251
樹皮加工……57
樹皮類《樹と特徴》……49
樹皮類《採取方法》……49
シュロ皮……261
シュロたわし……263
シュロマット……261
シュロ蓑……261
定規……321, 324
将棋の駒……321
梢殺……282
樟脳……213
樟脳蒸留所……215

上バナ…… 246
浄法寺漆…… 175
浄法寺漆器…… 174
浄法寺塗…… 174
消防ホース……75
錠前金具…… 298, 303
生薬《アカネ》……17
生薬《アケビ》……34
生薬《ヤマザクラ》…… 540
松露…… 487
植物性繊維……24
植物保護用包装材…… 243
助炭…… 186
除虫菊石けん液…… 267
除虫菊乳剤…… 267
食器棚…… 327
ショルダー《羊毛》…… 439, 442, 443
白藍…… 4
白太…… 290, 326, 327
白太材…… 273
シリカゲル…… 470, 471
端出之縄《シメナワ》…… 114
紙料歩留り…… 238
シルク…… 178
汁椀…… 174
汁椀《標準寸法》…… 354
白皮…… 235, 502, 509
白皮加工…… 233, 235, 236
白皮重…… 239
白皮歩留り…… 238, 239
白ボケ酒…… 185
人乾…… 277
芯切り…… 419
人工乾燥…… 277
心材…… 273, 338
心去り丸太…… 338
神事用供花…… 245
浸水工程……76
薪炭材…… 404
心縄…… 147
塵肺症問題……97
芯バナ…… 246
靭皮繊維…… 76, 201, 232, 233, 250, 500
靭皮部…… 240
新聞紙《押し花》…… 480
心持ち材…… 339, 340
針葉樹…… 233
針葉樹繊維…… 232
髄…… 338
水質浄化…… 124
すいつき桟…… 331
水筒《タケ》…… 370
すいのう《タケ》…… 370
水酸化ナトリウム発酵建て…… 5
末…… 330
末漆…… 168
末辺《漆掻き》…… 171
末辺漆…… 302
スカーティング《羊毛》…… 439, 440, 432
剥き（すき）…… 380, 382
スキー板…… 322
杉粉…… 318
スギ線香…… 275
漉き舟…… 237
漉き枠（漉き簀）…… 509, 510
すくも…… 5
すぐり……55
すぐりワラ…… 104, 105, 128
スケール《羊毛》…… 434
寸莎（すさ）《稲ワラ》…… 105, 119
筋交い…… 273
鈴緒……66
スタイロフォーム…… 473
ステイプル《羊毛》…… 434
すのこ《タケ》…… 371
スピンドル…… 444
スプーン《標準寸法》…… 354
炭俵……55
摺漆…… 326, 327
すりこぎ…… 321
スリッパ《イグサ》……83
すり花…… 463
すわり…… 331
生花・装飾用《葬儀》…… 246
整経…… 413, 552
製縄機…… 261
清光箋《和紙》…… 506, 508
製材木取り…… 337
清酒清澄剤…… 186
製図板…… 322, 324, 325

精製漆……168, 175, 302
正線……76, 77
製線……77
製線工程……76
清澄剤……186, 192
成長輪……337
静的ヤング係数……278
精紡工程……242
精麻……64
精麻干し……68
青藍……2, 4
精練……551
セカント……438
節間……98
石鹸……431
接線方向……338
雪中田植え……122
摂津藍……3
Z撚り……444
櫛梳（せつりゅう）……77
櫛梳工程……78
背中当て《稲ワラ》……105, 118
銭丸太……275
背引き……340
背広……75
セリルアルコール……160
セルロース……64, 233, 241
セロチン酸……160
背割り……276, 339, 340
繊維……64, 125, 330
繊維《性質》……65
繊維長……233, 239
繊維幅……239
繊維方向……330, 331, 338
先駆樹木……486
センコ《ワラ部位》……117
線香《シキミ》……247
線香《スギ》……318
千歳緑……15
染色
　藍染め……461, 548
　藍建て染め……14
　青柿果汁染め……29
　あかね染め……17
　柿渋染め……29
　重ね染め……15, 461
　黄染め……461
　草木染……18, 34, 393, 456, 538, 540
　草木染《素材》……21
　黒米ぬか染め……27, 28
　黒豆染め……26
　憲法染……15
　紫根染……530, 531
　渋染め……183, 185
　染色《紫根》……532
　染色《バショウ》……413
　染色《麦わら》……519
　チューリップ花びら染め……30
　ツバキ果実染……397
　ツバキ花びら染……397
　泥染色……259
　泥染め……255, 258
　生葉染め……10, 13
　南部紫根染……531
　煮出し染め……11, 14
　黄櫨（はじ）染……417
　花びら染……392
　もみ込み染色……258, 259
　ろうけつ染め……162
染色工程……258
染色性《羊毛》……435
扇子の骨《タケ》……372
先節……515
センダニン……365
剪定枝……42
千歯脱穀法……127
扇風機……472
洗毛《羊毛》……440
染料
　藍染料《アイ》……2
　赤系統《草木染》……20
　黄色染色物質《ハゼ》……417
　黄色染料《キハダ》……204
　黄色染料《クチナシ》……220
　黄色染料《ベニバナ》……462
　黄色系統《草木染》……20
　紫根《ムラサキ》……528, 532
　シャリンバイ染液……257
　赤色染料《アカネ》……16
　染料《アカネ》……16

染料《草木染め》……20, 23
染料《ベニバナ》……460
染料液《ヤマザクラ》……543
紅もち《アカネ》……463
紫, 青系統《草木染》……20
綜絖（そうこう）……552
綜絖通し……257, 552
早材……337
造材……284
造作材……72, 273
装飾材……404
総抽斗箪笥……299
総葺き替え……111
草履《稲ワラ》……106
続飯（そくい）……524
続線……77
側板……331
そぐりワラ……105
底入際削り……296
底蓋……288, 292, 296
素地……167, 182
粗線……76, 77, 242
粗紡……77
染め織り……18
染土……86
粗毛……436
反り……339
そろばん……322

た

胎（素地）……167
大径材……404
太鼓胴……321
太鼓挽き……275, 276
耐タンニン性カキ酵母……193
堆肥《羊毛》……432
松明……493
台湾漆……166
タオル……548
箍（たが）……286, 288, 292
箍（たが）《タケ》……372
高下駄《キリ》……207
タカッポ《漆掻き》……170
鏨（たがね）……303
鏨彫り……299
高機……401
箍幅用定規……288
竹釘……292
竹小舞……372
竹シーツ……372
竹筒……372
竹パウダー……373
竹ひご……380
竹ぼうき……371
凧糸……66
多色性染料……17
叩きワラ……105, 128
畳《間と規格》……84
畳糸……75
畳表《イグサ》……81
畳表《シチトウイ》……248, 249
畳表《日本農林規格》……85
畳表の経糸（たていと）……241, 242, 243
畳堤……90
畳の経糸……66
たたみもの……541, 542
多段架干し……126
立木買い……209
脱脂綿……548, 550
脱渋……194
脱水……237
脱水乾燥……511
タッパーウェア……482
建具……347
タテ材……52
たてつけ……552
経（たて）縄……142, 146, 147
立て干し……126
棚……325
種糸……444
束ね……132
タフテッドカーペット……241
タペストリー……66
玉《単位》……206
玉切り……284, 290, 291, 337, 499
玉切り材……335, 336
玉串……245
玉渋……185
溜め漉き……315
陀羅尼助《生薬》……204
だら挽き……275, 276

樽………286, 292
垂木………273
樽の寸法………289
樽丸………274, 287, 291
たわし………261
俵編み………131, 132
炭化コルク………72
単色性染料………17
箪笥………325, 327
箪笥《キリ》………206
単繊維………201
団地間………84, 85
タンニン………95, 192, 194, 254, 255, 403, 408
タンニン細胞………194
タンニン酸………256, 258
断熱材………431
力竹………384
ちぎり絵………235
竹酢液………373, 379
筑前琵琶………365
竹炭………372, 379
竹皮………372
チチオール………166
縮み………326, 330
茶杓《タケ》………372
茶筅《タケ》………372
チャック式ビニール袋………482
茶壷………185
茶櫃………185
抽出法………418
彫刻………347
彫刻材………404
彫刻用………325
長繊維植物………201
調理器具………344
丁六箸………274
直交集成板………279
ちりとり………237, 510
チング巻き………412
接ぎ木………406
机《キリ》………208
網編み………132, 133
ツバキ《利用法》………394
ツバキ油………306, 391, 395
ツバキ油《搾油》………396
ツバキ材………390
ツバキ炭………394
椿（ツバキ）灰………391, 394
妻梁………273
妻楊枝（つまようじ）………222, 321
積み木《キリ》………208
積み干し………126
ツム………551
紬………255
つむだま………252
積り………293
つやぶきん………162
釣り糸………64
つる（蔓）………36, 40, 42
つる切り………283
蔓細工………33
つる性樹木………454
つる類《採取方法》………42
つる類《特徴・使い方》………44
THC………62
庭園樹………72, 403
ティッシュボックス《キリ》………208
手打ち金具………302
テーチ木泥染………258
テーブル………323, 327
テーブルクロス………75
テーブルセンター《イグサ》………83
手がけ法………161
テキスタイル………41
テキスタイルバスケット………41
手漉き………503
手漉き葉書………229
鉄線編み《タケ》………388
鉄板乾燥………238
テニスボール………431
デニム………548
手揉み脱穀法………127
テレピン油………489
天乾………277
電気ごたつ………481
天削箸………274
天井板………272
電柱………487
天然乾燥………277
天然シキミ線香………247

天然樟脳精油……214
天秤棒……244
天幕……75
ドアトリム……225, 226
樋《タケ》……372
胴《太鼓》……208
導火線……242
陶器入れ《稲ワラ》……107
とうじかご《タケ》……370
灯心《イグサ》……83
とうすみ……420
動的ヤング係数……278
胴挽き……499
動物性繊維……24
道明寺粉……540
通し柱……273
床框……155
床の間……157
床柱……155
トスベリ……159
トチの絹肌……325
トバシリ……159
飛び円座《イグサ》……83
トビグサレ……283
土木用材……365
止め漆……168
ドライフラワー……466
ドラフト……78
トランペット《ヒョウタン》……451
トリテルペン類……365
泥染［め］《イグサ》……96
ドワーフコットン……546

な

内樹皮……310
内装材……487
ナイフ《標準寸法》……354
内毛《羊毛》……434
綯う《縄》……134
流掛……120
流し漉き……237, 315, 507
中塗り……175
中番手……436
長丸盆……336
中緑……15
長持《キリ》……208
ナタネ油……306
夏材……337, 338
捺染花莚……88
ナフトキノン……537
ナフトキノン誘導体……531
鍋敷き《稲ワラ》……106
鍋つかみ《稲ワラ》……106
生掛け……419
生葉建て……7
ナヤシ《漆》……168
奈良晒……199
奈良式柿タンニン製造法……194
縄《麻》……63
縄《イグサ》……81
縄《稲ワラ》……130, 134
縄《シュロ》……261
縄《フジ》……456
縄綯い……135, 136
縄暖簾《稲ワラ》……106
軟質植物繊維……109
軟質繊維……64, 76
軟繊工程……242
南部桐……210
南部紫……531
煮綛（にーがしー）……413
ニードル針……447
ニードルパンチ……447
二塩基酸グリセリド……418
煮ざる《タケ》……370
二次繊維……233, 238
二段重ね棚……331
丹土（につち）……18
ニノフシ《ワラ部位》……117
二番毛……261
ニホ（堆）……127
二方柾……338
糠……103, 104
ぬき……522
布
　麻布……200
　厚司（あつし）……19
　編布（あんぎん）……18, 40
　越後上布……199, 202
　越後布……199
　大島紬……19, 254, 255

大島紬《製造工程》…… 256
小千谷縮…… 199, 202
褐色紬…… 255
からむし布…… 199
黄八丈…… 19, 399
薩摩上布…… 199
しな上布…… 250, 252
しな（シナ）布…… 19, 250
しな布《つくり方》…… 252
紙布…… 235
上布…… 199, 200
奈良晒…… 199
芭蕉布…… 19, 410
八丈絹…… 399
帆布…… 75
藤布…… 456, 457
宮古上布…… 202
根株…… 103
根刈り…… 103
根切り…… 261
猫編み…… 131, 132
根駒…… 89
寝せ干し…… 126
ネック《羊毛》…… 439, 443
ネックレス…… 395
熱処理材…… 280
根引松…… 488
根まくり…… 261
ネリ…… 309, 314, 511, 512
煉熊《生薬》…… 204
ネリモノゲン…… 440
年輪界…… 337, 338
能面《キリ》…… 208
軒桁…… 273
ノシ（ノサ）《シメナワ》…… 117
野地板…… 272, 273
ノックス…… 95
野積み…… 209
ノミとり粉…… 264

は

葉藍…… 5, 9
パーム…… 261
灰被（はいかづき）…… 120
媒染（剤）
アルカリ媒染…… 400
アルミナ媒染…… 400
アルミ媒染…… 16, 219
塩化第一錫…… 22, 23
塩化第一鉄…… 22, 23, 397
おはぐろ媒染液…… 545
酢酸アルミニウム…… 22, 23
酢酸銅…… 22, 23, 397
炭酸カリウム…… 22
鉄…… 441
鉄媒染…… 16, 219, 400
銅…… 441
媒染剤《黄八丈》…… 401
媒染剤《草木染》…… 22
媒染剤《サクラの落ち葉染》…… 543
媒染剤《染め紙》…… 235
媒染剤《ツバキ染》…… 396, 397
媒染剤《ツバキ灰》…… 391
媒染剤《働き》…… 24
媒染剤《発色》…… 23, 397
媒染材《羊毛》…… 441
ミョウバン…… 235, 22, 397, 441
明ばん媒染液…… 544
葉書《スギ》…… 311
ハカマ《稲ワラ》…… 98, 104, 105, 133
ハカマ《麦わら》…… 515, 524, 525
羽釜入れ《稲ワラ》…… 107
葉枯らし…… 284
剥ぎ（はぎ）…… 380, 382
矧（は）ぎ合わせ…… 339, 340
履物表…… 261
白炭…… 72
爆竹《タケ》…… 372
白蝋…… 159
箱蒸し法…… 502
箱物…… 327, 329
架木干し…… 49
箸（はし）…… 336, 355
箸《重さ・長さ》…… 306
箸《スギ》…… 304, 307
箸《タケ》…… 371
箸置…… 337
はしご《タケ》…… 371
芭蕉布…… 19, 410
バスケタリー…… 41
バスケット《ドライフラワー》…… 466, 474

ハゼの実……90, 159
ハゼ蝋……160
肌着……548, 75
バチ……261
ハチカミ……283
八丈絹……399
初漆……168
八角……247
白華現象……280
麦稈真田《麦わら》……518
バック《羊毛》……439
バッグ《羊毛》……433
発酵浸水……77
発酵建て《藍》……12
伐倒作業……283
初辺《漆掻き》……171
花生け《稲ワラ》……55, 58
はなお……146, 149, 151
ハナカキナタ……497
花籠《アケビ》……53, 54
花鉢飾り台……337
花莚（花ござ）《イグサ》……88
花輪《イグサ》……81
ハニカム構造……90
朱華（はねず）……461
パネルヒーター……481
脛巾（はばき）《稲ワラ》……105
幅引き……380, 382
はめ込み……499
祓（はら）い榊……245
パラコルテックス《羊毛》……435
はり絵……235
梁材……272
張り細工《麦わら》……516, 517, 518, 524
春皮……262
春材……337, 338
パルプ処理……507
パルプ素材……224
版画……324
ハンカチ……75
版木……538
半径方向……338
晩材……337
半ざらし……502
杼（ひ）……257
皮革製品……433
ヒガツラ……325
ヒキゴ……200
抽斗……303
引き出し……331
引戸付き箪笥……299
挽物……326, 347
比重……325
ビスケットビートル……473
左綯い縄……110
左縄……132
左三つ子……132
ひとヒロ……146
火吹き竹……372
皮麻（ひま）……64
姫蚕（ひめこ）……176
ヒモ打ち修理……283
百草《生薬》……204
描彩……499
漂白……519
平織り……401
微粒子病……177
ピレトリン……264
琵琶《キリ》……208
桧皮（ひわだ）……312
備後表《畳表》……84
便箋……478
便箋《スギ》……311
ファルネソール……252
フィブリル……233
フィブロイン……179
フィラメント《白熱電球》……372
フイリミズキ……496
風致樹……417
風通織《花莚》……89
封筒……478
綜絖（ふぇえー）通し……414
フェルト《羊毛》……426, 430, 446
フェルト化《羊毛》……435
フォーカルポイント……474, 483, 484
フォーク《標準寸法》……354
フォリクル《羊毛》……434
深沓《稲ワラ》……106
拭き漆塗り……301
葺き替え……111

葺き重ね……111
服地……75
フクダ《ワラ部位》……117
袋織《花莚》……89
藤績(ふじう)み……458
藤づる籠……458
武州(武蔵)藍……3
二藍(ふたあい)……15
ふち縄……142
縁張り《麦わら》……525, 526
普通じけ……502
仏具……325
仏事供花……245
仏像……213
仏像《キリ》……208
仏壇……325
太番手……436
布団の中綿……548
布団綿……550
槽掛……185
ブナの立ち腐れ……327
舟水づくり……511
不燃木材……279
布海苔……266
文箱……325
フラキシン……404
ブランケット……431
フリース《羊毛》……430, 439, 434, 443
ブリッジ《羊毛》……439, 442, 443
プレポリマー木固め……350, 352
プレポリマー木固め塗装法……363
風呂桶……321
フローリング……325
分根法……173
ヘアー《羊毛》……434, 443
平脱……167
平面編み《麦わら》……521
β-ナフトール……266
ペクチナーゼ……196
ペクチン……240
ヘシアンクロス……241
ベトナム漆……166
ヘラ(へら)……321, 336
ヘラ(へら)《漆掻き》……170
ベリー《羊毛》……439, 443
ベルベリン……204
辺掻き《漆掻き》……171
ベンケイ……107
ベンケイ《稲ワラ》……106
辺材……273, 274, 338
辺心材……274
焙炉……185
ポイント・オブ・グロース……475
棒掛け……126
箒《稲ワラ》……106
箒《クロモジ》……222
箒《シュロ》……261
芳香蒸留水……217
棒桟筆笥……298
帽子《イグサ》……83
帽子《シュロ》……261
放湿性……200
芳樟こけし……214
芳樟精油……215
芳樟クラフト……215
縫製工程……242
紡績……201, 242
包装結束用ひも……242
棒干し……49, 125
朴歯下駄……324
穂首刈り……103
穂首節間……98
細枝……42
細番手……436
墓地・仏壇用……246
匍匐枝……33, 455
ポマード……418
ポリフェノール……169
ホルムアルデヒド……95, 225, 431
盆……321, 325, 326
盆《トチノキ》……405
本筬通し……552
本間間……84
盆栽……34, 456, 489
本ざらし……502
本玉渋《柿渋》……189
ボンド……473
本バナ……246

ま

曲がる……330

薪……72
巻編み……131, 132
巻き返し……202
枕木……487
まくり……261
まくり皮……261
曲げ木……347
曲げ強度……329
曲げヤング係数……275
曲げヤング率……272
曲げ輪……347
曲げ輪っぱ……321, 332, 335
孫の手《タケ》……372
柾目板……337, 338, 339
柾目材……338
柾目的……330
柾目直し……209
柾目方向……330
柾目面……273
抹香……247
マツタケ……487
マッチの軸……322
マット……249, 261
マツノザイセンチュウ病……495
松葉……491
松脂……489
松脂ろうそく……490
まな板……321
マブシ編み……132
マフラー……442, 448
マユ……176, 179, 181
マユ《大きさ》……177
まゆみ《和紙》……508
マラカイトグリーン……266
丸かご《稲ワラ》……142
マルゴシン……365
丸太……339
丸徳イボタ……159
丸鋸盤……276
丸ノミ……350, 357
丸挽き……276, 336
箕《タケ》……370
磨き丸太……275
みかん（ミカン）割り……275, 276, 290, 291
右綯い縄……110
右縄……132
右三つ子……132
ミクロフィブリル……233
ミゴ……105
ミゴ《ワラ部位》……98, 117
ミゴ抜き……105
箕ざる《樹皮》……59, 60
実生苗［木］……211, 281
実生法……173
ミシン糸……75
水藍……3
水さらし……510
水鉄砲《タケ》……372
水蝋……159
乱れ編み……37
三つ編み……132
三つ編み籠《チカラシバ》……55, 56
三つ編み縄《稲ワラ》……141
蜜源植物……252, 404
蜜蝋……160, 306
湊鼠（みなとねずみ）……15
蓑……53
蓑《稲ワラ》……105
蓑《シュロ》……261
蓑編み……132, 133
ミノボッチ《稲ワラ》……105
耳毛……86
耳付き板……323
宮古上布……202
無加水法……189
麦踏み……520
麦わら……514
麦わら帽子……518
虫白蝋……159
むしろ《イグサ》……80
莚《稲ワラ》……119
莚《大島紬》……257
莚編み……131, 132
無設備工法……350
無染土イグサ……97
棟木……273
無媒染……16, 219, 543
名刺《スギ》……311
名刺入れ……169
飯櫃（めしびつ）入れ《稲ワラ》……106, 107

飯椀…… 174
目迫織《花莚》…… 80, 89
目立て《漆掻き》…… 171
メデューラ《羊毛》…… 434
綿織物…… 548
綿花…… 546
綿ニット…… 548
綿毛布…… 548
毛根《羊毛》…… 434
毛長…… 436
モーイット《羊毛》…… 439
モーブ…… 19
木材保護塗料…… 187
木酢液…… 394
木製食器…… 344
木粉…… 266
モクロウ（木蝋）…… 90, 159, 416, 417
モクロウ《用途》…… 418
もち米ワラ…… 125
木琴…… 325
木工品の上塗り…… 192
木工用ボンド…… 482
木工ロクロ…… 353
木工ロクロ加工…… 360
元…… 330
元白…… 86
モノゲン溶液…… 440
ものさし《タケ》…… 373
籾殻…… 103, 104
籾殻くん炭…… 124
木綿…… 10, 199, 201, 548, 551
木綿《前処理》…… 25
木綿繊維…… 547
盛辺《漆掻き》…… 171
紋織《花莚》…… 89
もんどり《タケ》…… 370

や

野営用テント…… 75
焼物…… 119
野球用バット…… 321
弥治郎こけし…… 498
野生羊…… 422
八つ目編み《タケ》…… 388
屋根…… 330
屋根材…… 67
矢羽細工…… 351
山入り《漆掻き》…… 171
ヤマオシロイ…… 159
山ざらし…… 502
ヤン打網《シュロ》…… 261
ヤング率…… 329
結い立て…… 292
有節植物…… 376
友禅の型紙…… 192
有名松…… 488
釉薬…… 120, 394, 419
床…… 325
湯かけ…… 67
床積み…… 315
床根太…… 273
床臥せ…… 68
雪ざらし…… 502
雪踏み俵《稲ワラ》…… 106
指輪《麦わら》…… 522
ユリア樹脂系接着剤…… 251
洋家具…… 327
楊枝…… 222
陽樹…… 486
葉鞘…… 98, 515
養生掻き《漆掻き》…… 171
洋食器・皿類《標準寸法》…… 354
洋服掛け…… 321
葉柄…… 261
葉柄繊維…… 232
葉脈繊維…… 76
羊毛…… 426, 430, 434
ヨコ材…… 52
横綱の綱…… 66
緯（よこ）縄…… 142
よこ笛《タケ》…… 371
寄せ木…… 347
寄せ木細工…… 324
四日山《漆掻き》…… 170
四つ目編みかご《タケ》…… 384
より…… 546
撚りかけ…… 413
撚り強度…… 201
撚付…… 261

ら

ラケット［枠］…… 322, 365

ラック樹脂……162
螺鈿（らでん）……167, 182
ラノリン……430
ラミネートフィルム……483
乱花……462
藍胎漆器《タケ》……372
ランナー……33, 36, 37
ランプシェード……63, 66
ランプシェード《イグサ》……83
欄間《キリ》……208
リース《稲ワラ》……138
リース《ドライフラワー》 466, 469, 474, 475, 477
リース用スタイロフォーム……473
ろ過用フィルター……227
利休箸……274
リグニン……233, 241, 329, 507
リグニン含量……225
リグノセルロース……241
離形剤……418
リナロール……213, 222
リノリウム……242
リノリウムクロス……242
流備表……89
龍鬢表……89
緑化マット……243
輪弧編み《タケ》……388
林木育種……281
ルーバー……280
冷暖房エアコン……472
レース糸……75
練条工程……242
ロイコインディゴ（leuco indigo）……4, 12
ロウ……418
蝋燭（ろうそく）……161
浪人笠《イグサ》……83
ロウ物質……158
ロープ《アサ》……64
六一間……84
六二間……84
6倍体種……504
ろくろ……405
ロジン……489

わ

ワイシャツ……227
ワイヤーロープ……242
輪飾り《シメナワ》……115
輪島塗……167, 175
和食器《基本型》……354
綿打ち……551
綿繰り……551
綿繰り機（器）……546, 551
渡り欠き接ぎ……340
ワラ《稲ワラ》……98, 134
ワラ（刈取り・貯蔵）……125
わら《採取方法》……46
ワラ《選択基準》……125
ワラ《強さ》……99
わら《麦わら》……514
わら（ワラ）打ち……55, 129, 134
ワラ馬《稲ワラ》……133
草鞋（わらじ）《稲ワラ》……106, 120
草鞋編み……131, 132
ワラシベ……98, 133
ワラすぐり……55, 128, 134
ワラ草履《稲ワラ》……106, 146, 152
ワラ手袋《稲ワラ》……105
ワラ縄《稲ワラ》……106, 110, 142
ワラ縄生産……101
ワラ縄綯い……112
ワラ人形《稲ワラ》……133
ワラ灰……109, 119
ワラ蒲団《稲ワラ》……106
ワラ文化……100
ワラボー《稲ワラ》……123
ワラ利用……104
割り……290
割［り］箸……321
割［り］箸《スギ》……274
割［り］箸《マツ》……487
割れ……339
和ロウソク……90, 419, 420, 421
椀……321, 336, 355
椀《基本寸法》……355
椀《口径》……353
椀加工……355
ワンピース《羊毛》……442

参考文献

■アイ

川人美洋子．2010．阿波藍．文化立県とくしま推進会議．

小山弘．1983．徳島県立農業試験場八十年史．徳島県．

鳥羽清．1989．アイ．植物遺伝資源集成 第4巻（松尾孝嶺監修）．講談社．

山崎和樹．2006．草木染の絵本．農文協．

山崎和樹．2008．藍染の絵本．農文協．

吉原均．2012．日英対訳 津軽の藍（北原春男監修）．弘前大学出版会．

■アカネ

柏木希介．1971．草木染の研究1，2．家政学雑誌22（4）：253 - 257．

坂田佳子・片山明．1995．乾燥インド茜微粉末から単離した色素による絹布の染色．
日本蚕糸学雑誌65（1）：39 - 44．

関宏夫ら．1996．アカネの染料利用．山梨県総農試研究報告（7）．35 - 43．

成瀬正和．2002．日本の美術12．至文堂．

藤巻宏編．1998．地域生物資源活用大事典．農山漁村文化協会．

三橋博監修．1988．原色牧野和漢薬草大図鑑．北隆館．

村上道太郎．1986．万葉草木染め．新潮社．

山崎青樹．1994．草木染染料植物図鑑．美術出版．

渡辺誠ら．1994．草木染め．山梨県富士工業技術センター平成5年業務並びに研究報告書．20 - 24．

■アケビ

田中俊弘編．1997．日本薬草全書．新日本法規．25 - 27．

特産果樹情報提供事業検討委員会編．1995．特産果樹情報提供事業報告書（あけび・むべ）．
財団法人中央果実生産出荷安定基金協会．

堀込充ら．1995．アケビの品種特性と増殖法．群馬県園芸試験場報告1．27 - 43．

堀田満ら編．1989．世界有用植物事典．平凡社．132 - 133．

間瀬誠子ら．1999．群馬県及び山形県におけるアケビ属遺伝資源の収集．植物遺伝資源探索導入調査報告書．
独・農研機構果樹研究所．15 - 21．

山崎青樹．1997．草木染技法全書Ⅰ 糸染・浸し初めの基本．美術出版社．39．

葉橘泉編．1997．医食同源の処方箋．中国漢方．289

■蔓・草・樹皮で編む

谷川栄子．1994．あけびを編む．農文協．

谷川栄子．2000．草を編む．農文協．

谷川栄子．2000．樹皮を編む．農文協．

谷川栄子．2001．あけびと木の枝を編む．農文協．

■アサ

赤星栄志．2000．ヘンプがわかる55の質問．バイオマス産業社会ネットワーク．

上都賀農業振興事務所．2000．上都賀地区における「あさ」栽培．栃木県．

高島大典．1982．無毒アサ「とちぎしろ」の育成について．栃木農業試験場研究報告．

栃木県立博物館．1999．麻 大いなる繊維．栃木県立博物館．

栃木県立博物館．2001．野州麻作りの民俗．栃木県立博物館．

日本作物学会．2002．タイマ．作物学事典．朝倉書店．

農林水産省生産局特産振興課．2002．平成12年産特産農作物生産実績．農水省．

■アマ
大崎誠彦．1991．リネン（亜麻）．衣料用天然繊維の最新知識．繊維流通研究会．
西川五郎．1960．工芸作物学．農業図書．
升尾洋一郎．1962．亜麻．作物大系10．養賢堂．

■イグサ
安部薫．1979．シェイクスピアの花．八坂書房．
木村陽二郎．1991．草木名彙辞典．柏書房．366 - 367．
定平正吉・赤木豊樹．1985．イグサの栽培時期移動に関する研究．農林水産技術研究ジャーナル8（9）：48 - 51．
瀬谷義彦・豊先卓．1974．茨城県の歴史．山川出版社．196 - 197．
田中忠興．1983．い・しちとうい加工の手引．全国い生産団体連合会．
松崎哲．1990．備後表．広島県立歴史博物館．66 - 67．
吉田金彦．1996．衣食住語源辞典．東京堂出版．22．

■稲ワラ
岩手県立博物館編．1986．北国のわら細工．岩手県文化振興事業団．
佐藤庄五郎．1959．図解わら工技術．富民社．
坪井清足．1986．図説日本の技術文化．河出書房新社．
遠野市立博物館編．1999．藁のちから．東京大学出版会．
長野市立博物館編．1984．ワラと生活．図書刊行会．
古島敏雄．1975．日本農業技術史 古島敏雄著作集第6巻．東京大学出版会．
星川清親．1975．解剖図説 イネの成長．農山漁村文化協会．
宮崎清．1985．藁 Ⅰ，Ⅱ．法政大学出版局．
宮崎清編．1989．ワラの文化考．遠野市立博物館．
宮崎清．1995．図説藁の文化．法政大学出版局．
宮崎清編．2008．わら加工の絵本．三州足助屋敷．
柳田国男．1937．山村生活の研究．法政大学出版局．
渡部忠世．1977．稲の道．日本放送出版協会．

■イヌエンジュ
上原敬二．1959．樹木大図説第二巻．有明書房．
鈴木悌司．1985．イヌエンジュ林の仕立て方と育苗．山林No. 1213．大日本山林会．
竹内虎太郎．1975．緑化用樹木の実生繁殖法．創文．
福地稔．1992．異なる環境下に播種したイヌエンジュの発芽と実生の生残．103回日本林学会論文集．
福地稔．1996．樹木だより・イヌエンジュ．光珠内季報No. 102．北海道立林業試験場．

■イボタロウムシ
梅谷献二・河合省三．1996 - 1999．中国天然ロウ開発試験事業報告書．国際協力事業団．
梅谷献二・河合省三．1996．白蝋虫のふるさとを訪ねて一伝統的生産技術の謎を探る．インセクタリウム33（5）．東京動物園協会．
梅谷献二・河合省三．2003．中国〈四川省〉．輸入食糧協議会会報No. 658．輸入食糧協議会．
梅谷献二・河合省三．2004．イボタロウムシと白蝋一中国における伝統的生産技術とその検証．Biostory 1号．生き物文化誌学会．
梅谷献二・河合省三・坂井道彦．2013．桐箱用の虫蝋の謎を追って．アグロ虫17号．生き物文化誌学会．
沖田秀秋．1921．薬用動物製造学．大倉書店．
小野蘭山．1844．重修本草綱目啓蒙．
河合省三．1980．日本原色カイガラムシ図鑑．全国農村教育協会．
小山亮清．1934．いぼた蠟の研究Ⅱ．日本化學會誌55（4）．
蔀関月．1799．日本山海名産図会．

宋應星．1637．天工開物．
日本ナショナルトラスト．2002．蝋燭．自然と文化72号．日本ナショナルトラスト．
松香光夫・栗林茂治・梅谷献二．1998．アジアの昆虫資源：資源化と生産物の利用．
国際農林水産業研究センター．
矢野宗幹．1920．白蠟蟲養殖試験．林業試験報告11．農商務省山林局．
Rein，Johannes Justus（Hodder and Stoughton監修）．1889．The Industries of Japan（1995年復刻）．
Curzon Press.
李時珍．1578．本草綱目．
龙村倪．2004．中国白蜡虫的养殖及白蜡的西传．中国農業歴史与文化．中華人民共和国．

■ウルシ

伊藤清三・小野陽太郎．1975．キリ・ウルシ―つくり方と利用―．農山漁村文化協会．
岩手県県北広域振興局農政部二戸農林振興センター林務室．2009．ウルシ植栽のすすめ．至文堂．
小松大秀・加藤寛．1997．漆芸品の鑑賞基礎知識．浄法寺町．
（財）伝統的工芸品産業振興協会．2006．伝統的工芸品ハンドブック．理工出版社．
浄法寺町史編纂委員会．1997．浄法寺町史 上巻．北隆館．
寺田晃・小田圭昭・大藪泰・阿佐見徹．2002．漆―その科学と実技．（財）伝統的工芸品産業振興協会．
（独）森林総合研究所．2013．ウルシの健全な森を育て，良質な漆を生産する．法政大学出版局．
日本うるし掻き技術保存会．2014．木をつくり漆を掻く―鈴木健司の技―．岩手県県北広域振興局
農政部二戸農林振興センター林務室．
邑田仁監修．2004．新訂 原色樹木大圖鑑．（独）森林総合研究所．
四柳嘉章．2006．ものと人間の文化史 漆　Ⅰ，Ⅱ．日本うるし掻き技術保存会．

■カイコ

赤井弘・栗林茂治編著．1990．天蚕 Science & technology．サイエンスハウス．
伊藤智夫．1992．絹 Ⅰ，Ⅱ．法政大学出版局．
梅谷献二編．1997．昆虫産業 地上最大の未利用資源の活用．農林水産技術情報協会．
木内信．1998．カイコでつくる新産業．自然の中の人間シリーズ 昆虫と人間編．農文協．
国書刊行会編．1986．目でみる大正時代．国書刊行会．
小西四郎・岡秀行構成．1983．百年前の日本：セイラム・ピーボディー博物館蔵モース・コレクション/
写真編．小学館．
ジャン・ピエール・ドレージュ（中村公則訳）陳舜臣監修．1989．シルクロード文明誌図鑑．原書房．

■柿渋

五十嵐脩・小林彰夫・田村真八郎．1998．丸善食品総合辞典．丸善．
今井敬潤．2003．柿渋．法政大学出版局．
今井敬潤．2008．カキタンニンⅠ，Ⅱ．日本食品保蔵科学会誌34（1），（2）．
北川博敏．1970．カキの脱渋および貯蔵に関する研究（第6報）温湯脱渋果における渋味の再現について．
園学雑38：201-206．
傍島善次．1980．柿と人生．有明書房．
濱崎貞弘．2010．エタノールで脱渋した果実を用いたカキタンニンの迅速な調整法．園学雑9（3）：367-372．
米森敬三．2008．カキ．果実の事典．朝倉書店．174-190．

■カラムシ

尾関清子．1996．縄文の衣 日本最古の布を復元．学生社．
からむし工芸博物館．2002．苧，アジア苧麻会議．
博物館シリーズ2．（福島県）昭和村教育委員会からむし工芸博物館．
からむし工芸博物館．2005．運ばれゆくからむし．
博物館シリーズ8．（福島県）昭和村教育委員会からむし工芸博物館．

からむし工芸博物館．2007．からむしを育む民具たち．
博物館シリーズ10．（福島県）昭和村教育委員会からむし工芸博物館．
からむし工芸博物館．2011．からむし畑．
博物館シリーズ14．（福島県）昭和村教育委員会からむし工芸博物館．
からむし工芸博物館．2012．上杉家を支えた苧．
博物館シリーズ15．（福島県）昭和村教育委員会からむし工芸博物館．
からむし工芸博物館．2015．文字に見るからむしと麻．
博物館シリーズ20．（福島県）昭和村教育委員会からむし工芸博物館．
昭和村教育委員会．2013．会津のからむし生産用具及び製品．（福島県）昭和村教育委員会からむし工芸博物館．
鈴木牧之（編撰）．2014．北越雪譜．岩波文庫．
永原慶二．2005．苧麻（ちょま）・絹・木綿の社会史．吉川弘文館．
村川友彦．1981．会津地方の近世における麻と苧麻の生産．福島県歴史資料館研究紀要第三号．
福島県歴史資料館．
森浩一．2009．日本の深層文化．ちくま新書．
渡辺三省．1971．越後縮布の歴史と技術．小宮山出版．

■キハダ

日本漢方生薬製剤協会．2010．原料生薬使用量等調査報告書（2）―平成21年度および22年度の使用量―．
日本漢方生薬製剤協会．
公益財団法人 日本特産農産物協会．2012．特産農産物に関する生産情報調査結果3，薬用作物の道府県別
栽培状況（平成23年産）．
独立行政法人北海道立総合研究機構森林研究本部林業試験場．2013～．HOFLIS（研究成果文献データベース）．

■キリ

飯塚三男．2001．桐属の分布特性に関する研究（未発表論文）．
小泉和子．1982．箪笥．法政大学出版局．
蒋建平．1990．泡桐栽培学．中国林業出版社．
高村尚武．1982．キリてんぐ巣病に関する研究．93回日本林学会論文集．
中国林業科学研究院泡桐組編著．1982．泡桐研究．中国林業出版社．
農商務省山林局編．1912．木材ノ工芸的利用．大日本山林会．
八重樫良暉．1989．桐と人生．明玄書房．
吉川信幸ら．1999．遺伝子診断を利用した東北地方におけるキリてんぐ巣病の発生調査．森林防疫No. 565．
林野庁特用林産対策室．2001．平成12年特用林産関係資料（部内資料）．林野庁．

■クスノキ

柴田桂太編．1998．クスノキ．資源植物事典．北隆館．
日本香料協会編．1989．ホウショウ．香りの百科．朝倉書店．
堀田満他編．1989．クスノキ属クスノキ．世界有用植物事典．平凡社．
満久崇麿．1978．仏典の植物．八坂書房．
山田憲太郎．1979．日本香料史．同朋舎．

■クチナシ

岡田稔．2002．クチナシ．新訂原色牧野和漢薬草大図鑑．北隆館．496．
厚生省．1999．クチナシ．薬用植物，栽培と品質評価，Part 8．薬事日報社．3 - 14．
佐竹義輔・旦理俊次・原寛・富成忠夫．1997．日本の野生植物 木本Ⅱ．平凡社．194．
高橋秀男・勝山輝男．2001．クチナシ．山渓ハンディ図鑑5 樹に咲く花 合弁花・単子葉・裸子植物．
山と渓谷社．318 - 319．
日本漢方生薬製剤協会生薬委員会．2011．原料生薬使用量等調査報告書．日本漢方生薬製剤協会．4 - 8．
日本薬局方解説書編集委員会編．2011．第十六改正日本薬局方解説書 第4分冊．廣川書店．D 342 - 347．

水野瑞夫. 1995. クチナシ. 日本薬草全書』(田中俊弘編). 新日本法規出版. 220 - 222.

■ケナフ

門屋卓. 2002. ケナフの特性と加工および製品. 非木材紙普及協会.
釜野徳明・荒井進. 2001. ケナフで環境を考える. 文芸堂.
小林良生. 1998. 環境保全に役立つ紙資源. ユニ出版.
佐藤昭三・森佳代子. 2002. ケナフ植草祭インこうべ2002. 神戸市シルバーカレッジ社会還元センターケナフの会.
地球・人間環境フォーラム. 1991. 熱帯林保全のための代替資源利用技術の開発に関する予備的研究. 一般財団法人地球・人間環境フォーラム.
西松豊典. 2001. 一粒のケナフから (NAGANO ケナフの会編). 創森社.
非木材紙普及協会. 1997. 第2回ケナフ栽培・紙すき研究発表会.
非木材紙普及協会. 2000. ケナフ国際フォーラム予稿集.

■コウゾ

朝日新聞社編. 1978. 朝日百科 世界の植物7. 朝日新聞社.
小林嬌一. 1986. 紙の今昔. 新潮社.
繊維学会編. 1997. 繊維のはなし. 日刊工業新聞社.
丹下哲夫. 1978. 手漉和紙の出来るまで. 私家版.
農林省振興局研究部・高知県農業試験場. 1961.「コウゾ」「ミツマタ」に関する研究.
農林水産省畑作振興課. 1987. 日本の特産農作物.
町田誠之. 1989. 紙と日本文化. 日本放送出版協会.

■コウマ

片野學. 2002. ジュート. 作物学事典. 養賢堂. 425 - 426.
中村耀. 1990. 繊維の実際知識. 東洋経済新報社.
西川五郎. 1965. 工芸作物学. 農業図書. 146 - 155.
日本麻袋普及協会. 1981. 麻袋の製造工程と規格の変遷. 農産物検査読本56号:68 - 74.
道山弘康・山本良三. 1990. コウマにおける播種期の移動が繊維組織の発達に及ぼす影響. 日作紀59 (別2):223 - 224.
道山弘康・山本良三. 1992. コウマ (黄麻) における湛水によって発生する新根の形態と生長. 日作紀61 (別2):145 - 146.
道山弘康. 1994. コウマ (黄麻) における土壌の湛水が茎葉の生長並びに繊維組織の発達に及ぼす影響. 日作紀63 (別2):303 - 304.
道山弘康・和田恵里奈・平野達也. 1999. ジュートの生長に及ぼす気温の影響. 熱帯農業43 (別2):61 - 62.

■サカキ

上原敬二. 1959. 樹木大図説. 有明書房.
小林義雄. 1985. 有用広葉樹の知識ー育てかたと使いかたー. 林業科学技術振興所.

■シキミ

上原敬二. 1959. 樹木大図説. 有明書房.
関西地区林業試験研究機関連絡協議会育苗部会. 1980. 樹木のふやし方ータネ・ホとりから苗木までー. 関西地区林業試験研究機関連絡協議会.
小林義雄. 1985. 有用広葉樹の知識ー育てかたと使いかたー. 林業科学技術振興所.

■シチトウイ

大分県. 1988. 七島い栽培・加工の手引き. 大分県.
前田哲夫. 1986. 豊後の七島い その歴史を追って. 明治印刷.

■シナノキ

北の生活文庫企画編集会議編. 1997. 北海道の衣食と住まい. 北海道新聞社.

上村武．2001．木と日本人．学芸出版社．
倉田悟．1978．シナノキ．朝日百科世界の植物．朝日新聞社．
小松誠．1992．シナノキ林の造成技術に関する研究．山形県林業試験場業務年報．
佐竹義輔ほか編．1993．日本の野生植物（木本）．平凡社．
難波琢雄．1994．アイヌ衣服の素材について．シンポジウム アイヌの衣服文化．アイヌ民族博物館．
森徳典．1991．北方落葉広葉樹のタネ．北方林業会．
渡辺一郎．2001．シナノキの開花結実過程—花と果実の発達と生残—．日本林学会北海道支部講演集．

■シャリンバイ

天野鉄夫．1989．図鑑 琉球列島有用樹木誌．沖縄出版．
江崎恵美子．1983．シャリンバイ樹皮由来のタンニンの化学構造及びタンパク質との結合に関する研究．
　九州大学農学部修士論文（1983年度）．九州大学．
鹿児島県大島紬技術指導センター．1967．昭和42年度業務報告．
鹿児島県大島紬技術指導センター．1968．昭和43年度業務報告．
鹿児島県大島紬技術指導センター．1995．わたしたちの大島紬．
鹿児島県林業試験場．2002．亜熱帯林業研究委託事業報告書．
川崎敏男・西岡五夫編著．1986．天然薬物科学．廣川書店．
熊本営林局．1983．奄美群島におけるシャリンバイ造林に関する技術的調査．
建設省土木研究所．1987．土木研究所資料亜熱帯地域における海浜地植物の管理指針（案）．
ジャパンローカルプレス．1980．月刊伝統工芸．1980年4月増刊号．
和田全弘．1993．地場産業の振興とそれに結びついた林産物生産に関する研究．京都大学大学院農学研究科
　農学修士学位論文

■シュロ

野上町誌編さん委員会編．1985．野上町誌．和歌山県野上町．
林野庁指導部研究普及課．1952．林業普及シリーズ「しゅろ」．

■ジョチュウギク

池田長守．1952．薄荷・除虫菊編．農学大系 作物部門．養賢堂．
因島除虫菊の碑実行委員会．1999．因島除虫菊の碑記念誌．
熊田重雄．1935．工芸作物（下巻）．明文堂．
日本家庭用殺虫剤工業会．2001．日本殺虫剤工業会30年のあゆみ．
広島県立農業試験場．1965．暖地除虫菊に関する研究業績集．農林水産技術会議事務局・広島県立農業試験場．

■スギ

石川県林業試験場石川ウッドセンター編．2012．安全・安心な乾燥材の生産・利用マニュアル．
　石川県林業試験場石川ウッドセンター．
伊東隆夫・島地謙．1979．古代における建造物柱材の使用樹種．京都大学木材研究所木材研究資料No. 14．
伊藤貴文・横谷昭・春日二郎．2010．吸湿性の低い不燃木材の製造技術．木材工業70（11）．
伊藤貴文・増田勝則．2009．過熱蒸気処理による木材への耐朽性付与．
　奈良県森林技術センター研究報告No. 38．
岩水豊．1982．吉野林業と優良材．商品生産林業研究所．
岩水豊．1970．吉野林業の育林技術の成立と展開．林業試験場研究報告No. 231．
佐伯浩．1982．木材の構造．日本林業技術協会．
坂口勝美監修．1983．新版 スギのすべて．全国林業普及協会．
坂巻祥子・小藤田久・菅原正和．2013．スギ精油および精油成分の香気がヒトの脳波に及ぼす影響．
　Aroma research（アロマリサーチ）14（1）．フレグランスジャーナル社．
佐々木峰子・岡村政則・藤津義武・西村慶二．2003．スギザイノタマバエ抵抗性育種事業実施経過．
　林木育種センター研究報告No. 19．奈良県．

森林総合研究所編．2006．スギカミキリ被害の総合管理．森林被害対策シリーズNo. 2．森林総合研究所．
森林総合研究所編．2006．スギノアカネトラカミキリによるトビグサレ被害―発生の原因と回避法―．森林被害対策シリーズNo. 3．森林総合研究所．
農林省林業試験場木材部編．1996．世界の有用木材300種．日本木材加工技術協会．
全国木材検査・研究協会編．2013．製材の日本農林規格並びに改正の要点及び解説．全国木材検査・研究協会．
中田欣作・杉本英明．1999．川上産スギ製材品の曲げ強度試験．
日本木材保存協会編．2012．木材保存学入門 改訂3版．
林野庁編．2013．平成25年度版 森林・林業白書．全国林業普及協会．
林野庁編．2014．平成26年度版 森林・林業白書．全国林業普及協会．
〈野田の醤油樽〉
石村真一．1997．桶・樽 Ⅰ，Ⅱ，Ⅲ．法政大学出版局．
市山盛雄編著．1940．野田醤油株式会社二十五年史．野田醤油株式会社．
遠藤元男．1991．ビジュアル史料 日本職人史第2巻 職人の世紀（上）．雄山閣出版．
小川浩．1979．野田の樽職人．崙書房．
小川浩監修．2003．醤油樽の物語―醤油樽製造の全工程記録（映像・ビジュアル資料）．キッコーマン国際食文化研究センター．
桶樽研究会編．1994．日本および諸外国における桶・樽の歴史的総合研究．法政大学出版局．
小野和子編．2000．桶と樽 脇役の日本史．法政大学出版局．
加藤定彦．2000．樽とオークに魅せられて．TBSブリタニカ．
喜多川守貞．1996．近世風俗志（全五）守貞漫稿．崙書房．
キッコーマン醤油株式会社．1968．キッコーマン醤油史（昭和43年刊）．秋田杉桶樽協同組合．
小泉和子．1989．道具が語る生活史．名著刊行会．
小泉和子．1994．台所道具いまむかし．岩波文庫．
国史大辞典編集委員会．1979～1997．国史大辞典．吉川弘文館．
野田醤油株式会社社史編纂室．1955．野田醤油株式会社三十五年史．野田醤油株式会社．
銚子醤油株式会社．1972．社史 銚子醤油株式会社．銚子醤油株式会社．
遠山富太郎．1976．杉のきた道―日本人の暮らしを支えて―．中央公論社．
砺波の伝統技術を記録保存する会．2008．となみの手仕事 酒樽造り・石黒孝吉（映像・ビジュアル資料）．キッコーマン国際食文化研究センター．
灘 酒研究会．1997．改訂 灘の酒用語集．灘酒研究会．
日本風俗史学会．1979．日本風俗史事典．雄山閣出版．
日本民具学会．1997．日本民具辞典．ぎょうせい．
野添憲治編著．1989．伝統のぬくもり 秋田の桶樽．秋田杉桶樽協同組合伝統的工芸品産業技術・技法の記録収集事業委員会．
福田アジヲ他編．1999．日本民俗大辞典（上・下）．吉川弘文館．
室松岩雄編．1979．類聚近世風俗志（上・下）（原著：守貞漫稿）．平凡社．
吉羽和夫．1982．木で液体を包む―桶と樽と博物館．TBSブリタニカ．
〈岩谷堂箪笥〉
岩手県教育委員会．1991．岩手県の諸職．岩手県．
岩手県立博物館．1981．岩谷堂箪笥の金具の製作年代の鑑定について．
岩谷堂箪笥生産協同組合．1982．伝統的工芸品（岩谷堂箪笥）の指定の申し出に関わる意見書，並びに伝統的工芸品の指定の申出書（昭和57年1月）．
江刺市史編纂委員会編．1979．江刺市史 第5巻資料編近代Ⅱ．
瀬川経郎．1971．新いわて風土記．岩手県文化財愛護協会．
仙台市博物館収蔵品．18世紀 仙台城下絵図．

成田壽一郎．1997．岩谷堂箪笥．理工学社．

■木製家具・加工品

安藤光典．2004．自然木で木工 軽装版．農文協．
稲本正．1994．森の形 森の仕事．世界文化社．
稲本正．2000．循環シンフォニー．TBSブリタニカ．
稲本正．2002．えりもの春．小学館．
稲本正．2003．森を創る 森と語る．岩波書店．
オークヴィレッジ編．1997．森の博物館 原物標本ガイドブック―日本人なら知っておきたい木30種．オークヴィレッジ．

■木製食器・調理器具

秋岡芳夫．1986．木工入門 樹の器．講談社．
秋岡芳夫．1993．食器の買い方選び方．新潮社．
浅野猪久夫編．1982．木材の事典．朝倉書店．
伊東順二・柏木博編．1998．現代デザイン辞典．平凡社．
木固めエース普及会．1980．木固めエース手順説明書．東創．
全国林業改良普及協会．1993．山村クラフトVol. 6．日本木材総合情報センター．
梨原宏・佐藤和子．1984．東北工業大学工業意匠学科第三研究室資料．東北工業大学紀要1．
梨原宏・佐藤和子．1984．大野村の学校給食器．東北工業大学紀要1．理工学編4．
日本店舗設計家協会編．1968．商業建築企画設計資料集成．商店建築社．
文部科学省スポーツ・青少年局学校健康教育課．2011．学校環境衛生管理マニュアル「学校環境衛生基準」の理論と実践．文部科学省．

■センダン

家入龍二．1997．熊本県林業研究指導所業務報告書36号．11 - 12．
貴島恒夫ら．1962．原色木材大図鑑．保育社．
初島住彦．1976．日本の樹木．講談社．143 - 144．
福山宣高．1996．日林九支研論49号：83 - 84．
三橋博．1988．原色牧野和漢薬草大図鑑．北隆館．
横尾謙一郎．1997．熊本県林業研究指導所業務報告書36号．17 - 20．
横尾謙一郎．2002．九州森林研究（年刊）55号：62 - 63．日本林学会九州支部．

■タケ

内村悦三．1994．「竹」への招待．研成社．
内村悦三（編著）．2004．竹の魅力と活用．創森社．
内村悦三．2005．タケと竹を活かす．林業改良普及協会．
内村悦三．2005．タケ・ササ図鑑．創森社．
内村悦三（共著）．2006．そだててあそぼう69 タケの絵本．農文協．
内村悦三（編著）．2006．つくってあそぼう17 竹細工の絵本．農文協．
内村悦三（監修）．2009．現代に生かす竹資源．創森社．
内村悦三．2012．竹資源の植物誌．創森社．
内村悦三（企画監修）．2013．日本の原点シリーズ6 竹．新建新聞社．
内村悦三．2014．タケ・ササ総図典．創森社．

■ツバキ

桐野秋豊．2000．ツバキの花びら染め．ツバキ．家の光協会．
坂口謹一郎．1964．カビの力．日本の酒．岩波書店．
柴田桂太編．1949．ツバキ．資源植物事典．北隆舘．
高瀬重雄．1984．日本海を渡った椿油．日本海文化の形成．名著出版．

農林省山林局．1931．椿及山茶花に関する調査．農林省．
渡辺武．1980．歴史のなかのツバキ．花と木の文化・椿．家の光協会．

■トチノキ

谷口真吾・和田稜三．2007．トチノキの自然史とトチノミの食文化．日本林業調査会．

■バショウ

岡部伊都子．1997．宮古・沖縄・奄美 染と織の琉球王国―喜如嘉の芭蕉布/墨染織/琉球紅型/宮古上布/大島紬．特集 染と織のある暮らし．太陽（31）11．平凡社．
岡本紀子．2001．南島の貴重な衣文化 奄美地方の芭蕉布と芭蕉衣．月刊染織α（通号240）．染織と生活社．
沖縄県立博物館編．1993．芭蕉布と平良敏子．
カトリーヌ・ヘンドリックス．2002．私が魅せられた南島の植物繊維 沖縄の糸芭蕉と芭蕉布．月刊染織α（通号259）．染織と生活社．
川上カズヨ．2000．南部九州の古い衣料（第3集）芭蕉布の現状．鹿児島純心女子短期大学研究紀要（通巻30）：93 - 103．
平良美恵子．2004．伝統織物探訪 喜如嘉の芭蕉布．Fiber 60（12）（通号705）．繊維学会．
平良敏子．1998．平良敏子の芭蕉布．NHK出版．

■ハゼ

愛媛県内子町役場編．1993．ハゼノキ．今昔物語．
近藤隆一郎．1985．ハゼノキの色素について．第5回ハゼ・木ろう研究会発表要旨．セラリカNODA．
平山弘・外山修之．1949．ハゼノキ．名古屋産研報（1）27．名古屋産業科学研究所．
福岡県・福岡県特用林産振興会編．1992．ハゼと木蝋．

■ヒツジ

M.L.ライダー（加藤淑裕・木村資亜利訳）．1980．毛の生物学．朝倉書店．
亀山克己．1972．羊毛事典．日本羊毛産業協議会「羊毛」編集部．
京都造形芸術大学編．1999．織を学ぶ―美と創作シリーズ．角川書店．
佐野寧編．1984．ウールの本．読売新聞社．
正田陽一．1986．羊の品種．日本緬羊協会（現・畜産技術協会）．
スピナッツ編集部編．2008．羊の国 Sheep&Wool 1990 - 2008．SPINUTS（通巻71）．スピナッツ出版．
スピナッツ出版編．2004．はじめての糸紡ぎ．スピナッツの本棚2．スピナッツ出版．
D.A.Ross．1990．Lincoln University Woolmanual．Wool Sciece Department New Zealand．
D.C.Cottle編．1991．AustraLian Sheep and Wool Handbook．Inkata Press．
British Wool Marketing Board．2010．British Sheep and Wool．
本出ますみ．2014．羊の手帖．スピナッツ出版．
本出ますみ．2014．The Sheep Palette 羊からはじまる モノツクリ ガイドブック．スピナッツ出版．
森彰．1970．図説 羊の品種．養賢堂．

■ヒョウタン

（財）リバーフロント整備センター．FRONT 1999年11月号．公財・リバーフロント研究所．
大槻義昭．2001．そだててあそぼう29 ヒョウタンの絵本．農文協．
三枝敏郎．1993．おもしろ生態とかしこい防ぎ方 センチュウ．農文協．
森義夫．2000．ひょうたん・へちま 栽培から加工まで．農文協．

■フジ

有岡利幸．2005．資料 日本植物文化誌．八坂書房．
上原敬二．1961．樹木大図説．有明書房．
竹内淳子．1995．草木布 Ⅱ．法政大学出版局．
林弥栄．1969．有用樹木図説（林木編）．誠文堂新光社．

■ベニバナ
佐藤晨一・結城勇助．1973．紅花に関する調査研究．
社・日本繊維製品消費科学会．1997．消費科学1997年3月号．
泰流社編．1978．紅花染 花の生命を染めた布．日本の染織18．泰流社．
真壁仁．1981．紅花幻想．山形新聞社．
真壁仁．1979．紅と藍．平凡社．
山形県河北町教育委員会．紅花資料館 よみがえる紅花（くれない）．
山形県生活改善実行グループ連絡研究会．1983．べにばなの研究．山形県．
山形県紅花生産組合連合会．1991．加工用べにばな技術マニュアル．山形県紅花生産組合連合会．
山形県立農業試験場・山形県立園芸試験場・山形県立農業試験場最北支場．1987．'67国体向け秋咲きベニバナの作型確立に関する研究．
山形県．1996．べにばな栽培のてびき．
渡部俊三．1991．山形のベニバナ．私家版．

■マツ
有岡利幸．1993．松と日本人．人文書院．
四手井綱英．1963．アカマツ林の造成―基礎とその実際―．地球出版．
高嶋雄三郎．1975．松．法政大学出版局．
農商務省山林局編．1912．木材ノ工芸的利用．大日本山林会．
林弥栄．1960．日本産針葉樹の分類と分布．農林出版．

■ミツマタ
大蔵省印刷局製紙原料管理官室．1991．みつまた密植栽培の手引．みつまた密植栽培の手引―改訂版―．大蔵省印刷局．
農林省振興局研究部・高知県農業試験場．1962．「みつまた」に関する研究．「こうぞ」「みつまた」に関する研究．山脇印刷．

■麦わら
大田区立郷土博物館編．1999．麦わら細工の輝き．大田区立郷土博物館．
城崎町史編纂委員会編．1990．城崎町史資料編．
佐藤寛次編．1923．麦桿細工．成美堂．
「東京の帽子百二十年史」編纂委員会編．東京の帽子百二十年史．冬至書房．
中野朝司．1998．麦わら細工・大森編み細工復元の試み．大田区立郷土博物館紀要第10号（平成11年度）．大田区．
P.F.シーボルト（斉藤信訳）．1967．江戸参府紀行．東洋文庫．平凡社．
藤塚悦司．1998．「大森麦わら細工」調査資料について．大田区立郷土博物館紀要第10号（平成11年度）．大田区．
藤塚悦司．2000．大森麦わら細工（張り細工）の製造法．大田区立郷土博物館紀要第12号（平成13年度）．大田区．
文化服装学院編．2004．帽子 基礎編．文化ファッション大系 ファッション工芸講座1．文化出版局．
寄島町誌編纂委員会編．1967．寄島町誌．

■ムラサキ
太田祥子．2015．ムラサキの遺伝マーカーの開発に関する研究．2014年度国立大学法人千葉大学修士論文発表会要旨集．千葉大学．105 - 108．
柴田敏郎・川西史明・吉岡幸雄監修．2014．むらさきのゆかり．天藤製薬．
薬用植物栽培研究会ムラサキに関するシンポジウム実行委員会．2013．第1回ムラサキに関するシンポジウム講演要旨集．薬用植物研究35（別巻）：61 - 67．
林茂樹・菱田敦之・京極春樹・小野好一・柴田敏郎．2010．ムラサキの根における表面積／重量比がエーテルエキス含有率へ及ぼす影響．生薬学雑誌．

■ヤマザクラ
川崎哲也．1993．日本の桜．山と渓谷社．

小林義雄．1996．薬用樹木の知識．林業科学技術振興所．
鈴木實．1982．伝統産業樺細工．角館町樺細工伝承館．
藤巻宏．1998．地域生物資源活用事典．農文協．
木材活用事典編集委員会．1994．木材活用事典．産業調査会事典出版センター．

■ワタ

大野泰雄・広田益久編．1986．はじめての綿づくり．木魂社．
日下部信幸編著．1990．楽しくできる被服教材・教具の活用研究．家政教育社．
財・日本綿業振興会編．1998．もめんのおいたち．財・日本綿業振興会．
日比暉．1994．なぜ木綿？ 綿製品の商品知識．日本綿業振興会．
村山高．1961．世界綿業発達史．青泉社．

執筆者一覧

■アイ

南 明信（徳島県農林水産部）
山崎和樹（草木工房〈草木染研究所柿生工房〉）「藍染の方法」

■アカネ

関 宏夫（元 山梨県総合農業試験場，駒ヶ根シルクミュージアム）

■草木染

林 泣童（故人，雑華林）

■アケビ

間瀬誠子（独・農研機構果樹研究所）
千葉美恵子（農家〈岩手県一関市〉）「アケビ蔓を編む」

■蔓・草・樹皮で編む

谷川栄子（日本女子大学櫻楓家庭工芸研究所）

■アサ

山口正篤（元 栃木県農業試験場）

■アベマキ

谷口眞吾（琉球大学農学部）

■アマ

三浦豊雄（元 日本植物調節剤研究協議会十勝試験地）／大崎誠彦（帝国繊維・株）

■イグサ

定平正吉（元 日本い業技術協会）／森田 洋（北九州市立大学国際環境工学部）

■稲ワラ

宮崎 清（千葉大学名誉教授，アジアデザイン文化学会）
「縄の綯い方」「注連縄のつくり方」編集部
遠藤凌子（故人，ryo design）「稲ワラリースのつくり方」「ワラ縄でつくる」
　「敷物を手製の俵編み器でつくる」「ワラ草履のつくり方」

■イヌエンジュ

福地 稔（独・北海道立総合研究機構林業試験場）

■イボタロウムシ

河合省三（元東京農業大学）／北川美穂（京都府立大学共同研究員）

■ウルシ
中村景子（岩手県二戸市浄法寺総合支所うるし振興室）
■カイコ
木内 信（元 農業生物資源研究所）
■柿渋
今井敬潤（大阪府立大学大学院客員研究員）
三桝武男（三桝嘉七商店）「柿渋エキス」
濱崎貞弘（奈良県農業開発研究センター）「新たに開発された柿渋抽出技術」
■カラムシ
吉田有子（昭和村教育委員会からむし工芸博物館）
■キハダ
梶 勝次（元 北海道立林業試験場）
■キリ
八重樫良暉（故人，元 岩手県特用林産振興連絡協議会）
■クスノキ
宮崎泰（有・開聞山麓香料園）／宮崎利樹（有・開聞山麓香料園）
■クチナシ
柴田敏郎（国研・医薬基盤・健康・栄養研究所薬用植物資源研究センター）／杉村康司（国研・医薬基盤・健康・栄養研究所薬用植物資源研究センター種子島研究部）
山崎和樹（草木工房〈草木染研究所柿生工房〉）「クチナシで染める」
■クロモジ
萩原 進（元 和歌山県農林水産総合技術センター林業試験場）
■ケナフ
千葉浩三（宮城ケナフの会）
■コウゾ
石田喜久男（元 岡山県立農業試験場〈現岡山県農業総合センター作物研究所〉）
■コウマ・ジュート
道山弘康（名城大学農学部）
■サカキ
奥田清貴（三重県林業研究所）
■シキミ
奥田清貴（三重県林業研究所）
■シチトウイ
加藤貴浩（大分県東部振興局農山漁村振興部）
■シナノキ
渡辺一郎（独・北海道総合研究機構林業試験場）
■シャリンバイ
小林龍一（鹿児島県鹿児島地域振興局）／新原修一（鹿児島県林業総合技術センター）
■シュロ
高田大輔（高田耕造商店〈株・コーゾー〉）
■ジョチュウギク
船越建明（一財・広島県森林整備農業振興財団八本松事業所農業ジーンバンク）
■スギ
伊藤貴文（奈良県森林技術センター）
小川 浩（野田市史編纂委員，元 昭和女子大学講師）「野田の醤油醸造と桶・樽製造」

浪崎安治（元 岩手県工業技術センター）「岩谷堂箪笥」
中道久次（株・兵左衛門東京支店）「箸」
伊藤貴文（奈良県森林技術センター）「吉野杉皮和紙」
馬場 猛（馬場水車場〈福岡県八女市〉）「線香」

■木製家具・加工品

稲本 正（オークビレッジ・株）／安藤光典（フリーライター）

■木製食器・調理器具

時松辰夫（アトリエときデザイン研究所）

■センダン

横尾謙一郎（熊本県県北広域本部林務課）

■タケ

内村悦三（竹資源活用フォーラム）
内村悦三（竹資源活用フォーラム）「竹ひごをつくる」「四つ目編みのかごを編む」
近藤幸男（北の竹工房）「竹ひごをつくる」「四つ目編みのかごを編む」

■ツバキ

桐野秋豊（故人，日本ツバキ協会）
山下 誉（有・黄八丈ゆめ工房）「黄八丈」

■トチノキ

谷口眞吾（琉球大学農学部）／赤堀楠雄（林材ライター）

■ヌルデ

中川重年（京都学園大学）

■バショウ

平良美恵子（芭蕉布工房〈沖縄県大宜味村喜如嘉〉）

■ハゼ

野田泰三（株・セラリカNODA）／村田啓樹（株・セラリカNODA）／内尾良輔（株・セラリカNODA）

■ヒツジ

河野博英（独・家畜改良センター十勝牧場）
本出ますみ（羊毛のある暮らしスピナッツ）「羊の恵み」「羊毛の特徴」「羊の品種と羊毛」「毛刈り・スカーティング・洗毛」「羊毛を染める」「毛質のちがいを生かす」「糸を紡ぐ」「フェルトをつくる」「織る」

■ヒョウタン

大槻義昭（ジャンボひょうたん会）

■フジ

有岡利幸（植物文化史研究家，元 大阪営林局）

■ベニバナ

渡部俊三（元 山形大学農学部）／小野惠二（元 山形県園芸試験場，山形県農政部）

■ドライフラワー

本多洋子（恵泉女学園大学園芸文化研究所）

■押し花

本多洋子（恵泉女学園大学園芸文化研究所）

■マツ

有岡利幸（植物文化史研究家，元 大阪営林局）

■ミズキ

坂田照典（元 宮城県林業試験場）／今石みぎわ（独法・国立文化財機構東京文化財研究所）／梅田久男（宮城県林業技術総合センター）／伊藤俊一（宮城県林業技術総合センター）
新山 実（弥治郎こけし業協同組合）「弥治郎こけし」

■ミツマタ
澤村淳二（高知県商工労働部紙産業技術センター）
■和紙
冨樫 朗（豊田市和紙のふるさと）
■麦わら
金子皓彦（元 東京女学館大学，江戸麦わら細工研究会）
■ムラサキ
須之部 大（国営アルプスあずみの公園管理事務所）／永留真雄（公財・東京都公園協会向島百花園サービスセンター，千葉大学大学院園芸学研究科）
■ヤマザクラ
横山敏孝（元 財・林業科学技術振興所）
山崎和樹（草木工房〈草木染研究所柿生工房〉）「サクラの落ち葉で染める」
■ワタ
日比 暉（NPO法人 日本オーガニックコットン協会）
松浦瑛士（世田谷区教育委員会生涯学習・地域・学校連携課）／今田洋行（世田谷区教育委員会生涯学習・地域・学校連携課）「綿糸を紡ぎ布を織る」

＊稲わらでつくる人形・動物　宮崎 清（千葉大学名誉教授，アジアデザイン文化学会）
＊麦わら細工――明治時代の輸出品「麦稈真田」ほか　編集部
＊竹細工に使えないタケの話　内村悦三（竹資源活用フォーラム）
＊農産物直売所でみつけた工芸品①～③　編集部

写真提供・協力者一覧（五十音順）

会津桐タンス・株／赤堀楠雄／赤松富仁／秋田県能代市井坂記念館／姉帯正樹／伊地智妙／出雲大社／井之本泰／今石みぎわ／岩井淳治／因島観光協会／魚津市立歴史民俗資料館／宇治・上林記念館／梅谷献二／英国羊毛公社／株・エス・エフ・シー／越後上布・小千谷縮布技術保存会／株・王樹製薬／大分県くにさき七島藺振興会事務局／大田区立郷土博物館／小倉隆人／小澤章三／香川大学／金子皓彦／嘉納辰彦／紙の博物館／川上守／菊池四郎／キッコーマン国際食文化研究センター／木原ちひろ／木村しん／京都府立丹後郷土資料館／桐乃華工房（茨城県筑西市）／工藤聖美／熊本県いぐさ・畳表活性化連絡協議会事務局／倉持正実／小泉製麻・株（兵庫県神戸市）／小大黒屋商店（福井県福井市）／小林昌修／今野 周／ザ・ウールマークカンパニー／笹谷史子／佐保庚生／佐藤由美／しな織創芸石田（山形県鶴岡市）／島根県観光連盟／水車園（神奈川県相模原市）／鈴鹿市文化振興部／関 宏夫／世田谷区次太夫堀公園民家園／仙北市立角館樺細工伝承館／専門学校職藝学院／高崎染料植物園／高安桐工芸（茨城県石岡市）／田村愛子／樽屋「樽芳」（千葉県野田市）／千葉 寛／寺本安雄（広島県藺業協会・広島県藺製品商業協同組合）／中島満／長瀬公秀／新山 実（弥治郎こけし業協同組合）／能勢裕子／広島市こども文化科学館／古堅希亜／プレマ・株東京支社（東京都港区）／豊雲堂（愛知県豊根村）／星野利枝／本出ますみ／松谷恭子／水野ヒロシ／宮本千賀子／武蔵丘陵森林公園／真岡木綿会館／森 和彦／山崎和樹／吉野彰洋／依田賢吾／ライオンケミカル・株（和歌山県有田市）／和田正則

地域素材活用

生活工芸大百科

農文協 編

2016年 1月30日　第1刷発行
2019年 6月10日　第5刷発行

編者
一般社団法人 農山漁村文化協会

発行所
一般社団法人 農山漁村文化協会
〒107-8668　東京都港区赤坂7丁目6-1
電話：03（3585）1142（営業），03（3585）1147（編集）
FAX：03（3585）3668　振替：00120-3-144478
URL：http://www.ruralnet.or.jp/

印刷・製本
凸版印刷株式会社

ISBN 978-4-540-15134-7
〈検印廃止〉

装幀／高坂 均
本文フォーマット／tee graphics
DTP制作／（株）農文協プロダクション
定価はカバーに表示　乱丁・落丁本はお取り替えいたします。